中国農業史

NEEDHAM'S SCIENCE & CIVILISATION
IN CHINA : AGRICULTURE

［著］
フランチェスカ・ブレイ
FRANCESCA BRAY

［訳・解説］
古川 久雄
HISAO FURUKAWA

京都大学学術出版会

人類最初の三人は園丁，犂耕者，そして牧者だった．もし誰か人あって犂耕者は命を殺すものだと異論を挟むなら，犂耕者はそう思われた途端に仕事を止め大工になっただろう．想像するに，『集会の書』が農耕を嫌うなと命じた理由はここにある．ベン・シラは言う．"何故なら至高なるものが農耕を気高いものとしたのだから"．人は皆生まれながらにこのわざを知り，自然の教えにしたがって土に身を養う．人はその土で作られ，土に還り，生きた償いを行うべきものなのだ．原初の気高き人々を見よ．そうして今の世の身分高き人々が土を耕さないばかりか，土を踏むことすらないまでになっていることを見よ．人は百合を愛で，強いライオンを喜び，金と銀の野に鷲を放つ．だが人間の紋章は理性に導かれて作るのであれば，耕地にある犂こそ最も気高く，最も古い紋章というべきである．

エイブラハム・カウリー（1618-1667）
『古代の農業』

〔『集会の書』Ecclesiasticus は紀元前2世紀のギリシア語訳旧約聖書に取り入れられた智慧文学の一例．古代の信仰と習慣に帰依し，ユダヤ教の宗教教義を守る意図があったとされる．〕

そこで古代の王は民を農業と戦争に向かわせた．その故こういう．"百人が耕し，一人のみが耕さない国は覇者となる．十人が耕し，一人のみが耕さない国は強国となる．半数が耕し，耕さない者が半数いる国は危うい"．國をよく治めるものが民に農業を望む理由はここにある——

君子は国を治める要諦を知り，民が農業に努めるよう導く．農業に努めれば民は率直となり，率直であれば正しくなる．迷っても方向を指し示すことは容易く，信頼できるので防備と戦役に役立つ．一致団結しているので信賞必罰で対処でき，一致団結していればこそ国外でも役に立つ．

民は君主を愛し，命令に死もいとわない．農業に就かせれば朝から夕まで働こう．だがもし君主が放浪学者の巧言を喜び，姦商の一族が富を積み，技工が財をなす状況となると，民の献身はえられなくなる．民がこれら三つの生き方のほうが安楽でかつ得策だと知ると，民は農業を敬遠することになる．農業を敬遠すると故郷を疎んじ，自国を疎んじると，君主のためにこれを守って闘うことはなくなる．

『商君書』，ドゥイヴェンダック訳 (3), p. 191.

故先王反之于農戰．故曰百人農，一人居者王．十人農，一人居者強．半農半居者危．故治國者欲民之農也——
聖人知治国之要，故令民歸心于農．歸心于農，則民朴而可正也，紛紛則易使也，信可以守戰也．壹則少詐而重居，壹則可賞罰進也，壹則可以外用也．夫民之親上死制也，以其旦暮從事于農．夫民之不可用也，見言談游士事君之可以尊身也，商賈之可以富家也，技藝之足以餬口也．民見此三者之便且利也，則必避農．避農，則民輕其居．輕其居，則必不爲上守戰也．

犂はいにしえの聖人の業で，穀物の利用が始まって以来，民の生活は犂に依存している．どの國の君主も治者も犂なくして立つことはできない．争い取る必要なく糊口を満たし，平安に暮らせることこそ人にふさわしい．楊子のいう'獣の生活'と人が異なる所為だ．

耒耜經，著者訳

耒耜者古聖人之作也，自乃粒以來至于今，生民頼之有．天下國家者去此無有也．飽食安坐曾不求命，称之義，非楊子所謂如禽者耶．

本書を次の先生方の記念に献呈したい．

　　陝西武功西北農學院　　　石聲漢
　　北京農業大学　　　　　　王毓瑚
　　大阪市立大学　　　　　　天野元之助

中国農業史に関する本書はこれら先生方の先駆的業績がなければ，
あり得なかっただろう．

中 国 農 業 史

図表一覧

図 1　皇帝と諸大臣の行なう耕作儀礼.『王禎農書』11/2a〔「農器圖譜田制門，耤田」〕·· 3
図 2　北部草原地勢図. Tregear (2), p. 132··· 7
図 3　中国の耕作適地比率. Buck (2), p. 168··· 10
図 4　中国の 9 個の農業地域．北方の旱地穀物地帯と，南方の水稲地帯に大別. Buck (2), p. 25, 27··· 12
図 5　陝西レス台地の浸食. S. W. Williams (1), vol. 1, p. 97··· 15
図 6　広大な華北平原の鍬耕起. King (1), fig. 115··· 16
図 7　揚子江デルタの景観. *China, Land of Charm and Beauty*, p. 96······························ 18
図 8　四川の棚田. *China, Land of Charm and Beauty*, p. 162······································ 20
図 9　西南中国の峻険な森林山地. *China, Land of Charm and Beauty*, p. 151··············· 23
図10　漢代の資料が記す九州の産物·· 26
図11　ヨーロッパと中国の平均気温の長期変動. 竺可楨 (8), p. 495······························ 27
図12　中国の土の養分欠乏分布図. Shen (1), p. 25··· 29
図13　年間降雨量変動率の分布. Tregear (2), fig. 16··· 32
図14　灌漑地比率の地域分布. Buck (2), p. 187·· 33
図15　『耕織圖』の Semallé Scroll．乾隆帝の 1769 年の序がある. Pelliot (24), pl, X··· 57
図16　1590 年韓国で木版印刷された『四時纂要』(*Ssu Shih Tsuan Yao*) の最終頁．996 年杭州普及版の翻刻版··· 57
図17　『王禎農書』(1313 年) の農業暦図. 11/26*a-b*〔「農桑通訣授時篇」〕··············· 61
図18　柄ぶり「耘盪」．14 世紀，揚子江地域での革新.『王禎農書』13/28*a*〔「農器圖譜錢鎛門」〕·· 70
図19　『王禎農書』の異版にある挿絵の差違·· 71
図20　「泰西水法」の龍骨水車.『農政全書』19/15*b*-16*b*··· 75
図21　徐光啓の作った就労証明書の草案．灌漑施設の公的維持に参加した者は，この証明書を与えられる.『農政全書』15/13*a*·· 76
図22　漢陶俑の唐箕と臼．シアトル美術館·· 85
図23　まっすぐな木製犂床を持つ犂．ブリューゲルの『イカルスの墜落』にある一場面．ブリュッセル美術館·· 85
図24　明代の地税制度. Ray Huang (3), p. 83··· 92
図25　現代の華北の耕地配置に残る古代の帯状地の痕跡. Leeming (1), pl. 5··· 116
図26　「糸巻き」犂耕方式の推定·· 117

図27	水流制御の様子を示す漢代の水田模型. 広東博物館	122
図28	ショウガ栽培に畝立てした灌漑耕地. King (1), p. 91	126
図29	土堤囲い田（「圍田」）.『授時通考』14/5b	129
図30	'勘定台田'（「櫃田」）.『授時通考』14/8b	131
図31	'勘定台田'（「櫃田」）.『王禎農書』11/17a〔「農器圖譜田制門」〕	132
図32	'砂田'（「沙田」）.『授時通考』14/11b	133
図33	湖成干拓地（「圩田」）. Fei (2)	134
図34	浮き田（「架田」）.『授時通考』14/7a	136
図35	シルト田（「塗田」）.『王禎農書』11/21b〔「農器圖譜田制門」〕	137
図36	レス台地テラスの表土保全. Leeming (2), fig.5	143
図37	區田法のピット配置を示す図.『農政全書』5/2a	146
図38	様々な曲がり鋤 *caschrom*. J. Macdonald (1), p. 57	157
図39	犂のタイプ	160
図40	代表的な木製反転犂. 上図はイングランドのもの, Fitzherbert (1), Blith (2), Fenton (3). 下図は中国のもの,『王禎農書』12/13b〔「農器圖譜耒耜門」〕, Hommel (1), p. 41, Alley & Bojesen (1)	161
図41	耒耜の元代の復元図.『王禎農書』12/2b〔「農器圖譜耒耜門」〕	164
図42	「耒耜」の復元図. 左の図は1746年の『考工記圖』. 右の図は宋代の林希逸 (Lin Hsi-I) による『考工記解』で, 彼は「耒耜」を原始的な反転犂と考えた. 中央の図は程瑤田 (Chheng Yao-Thien) (2)	168
図43	神農と禹大帝の漢代画像石. 二股の耕起道具を使う図. 長廣 (1), p. 65, 林 (4), 6-4図	170
図44	「耒」の古代象形文字. 徐中舒 (10)	171
図45	「耜」の復元. 孫常敍 (1), p. 32	171
図46	斧型貨幣の様々なタイプ. 李佐賢 (1)	172
図47	アードを表すエジプトの象形文字と関連文字	174
図48	中国近世のアード. (a) 犂床・柄一体のアード. (b) 方形枠型犂	175
図49	荷車あるいは戦車を意味する「車」の古代象形文字	176
図50	牛犂耕を表すと推定される古代象形文字	176
図51	新石器時代の石製犂先	179
図52	V字型犂先. (a) 良渚文化の石製品. 著者不詳 (43), p. 29. (b) 河南出土の鉄製犂先. 天野 (4), p. 736	180
図53	初期ヨーロッパの鉄製犂先. (a) 槍型犂先. (b) 袖つき犂先. Balassa (1), figs. 1 & 4	186
図54	犂冠犂先を装着する現代の甘粛の犂. JN撮影	187
図55	漢代の犂. (a)漢代後期の木製模型, 甘粛省武威. (b)後漢画像石, 陝西省米脂. (c)後漢画像石, 陝西省綏徳. (d)王莽期の壁画, 山西省平陸. (e)後漢画像	

石，山東省騰県．(f) 後漢画像石，江蘇省雎寧·················· 194
図56 中国の犂先．(a) 漢代の犂先．林 (*4*), figs. 6-16, 6-17, 劉仙洲 (*8*), figs. 18, 20. (b)「鋒」と「冠」．林 (*4*), 6-15. (c) 犂先遺物，唐代の鉄製および青銅製犂先．劉仙洲 (*8*), figs. 21, 22, 金元代の鉄製犂先，遼寧省．天野 (*4*), p.781. (d) 明代の犂先．『王禎農書』13/10*a*, 13/11*a*〔「農器圖譜钁臿門」〕··· 196-197
図57 現代の中国の犂先．天野 (*4*), p. 800·························· 198
図58 中国の犂へら．(a) 漢代，対称形「鞍型」．著者不詳 (*510*) と劉仙洲 (*8*), fig. 28. (b) 明代．『王禎農書』13/3*a*〔「農器圖譜钁臿門」〕．(c) 枠に金属環で固定している，宋代．劉 (*8*), fig. 30, 現代の浙江省のもの，Hommel (*1*), fig. 62. (d) 現代．天野 (*4*), p. 800······························ 199-201
図59 ヨーロッパの平面木製犂へら．Leser (*1*), fig. 148················ 202
図60 中国のしりかせ．『耕織圖』．Franke (*11*), pl.XIV················ 205
図61 『耒耜経』が述べる犂の復元図····························· 208
図62 『王禎農書』の犂の挿絵の変異····························· 209
図63 三角型中国犂．山東 (J. ニーダム撮影の写真) と，山西および北京のもの．天野 (*4*), p. 798-799··································· 215
図64 犂先が下向きに曲がる犂．(a) 黒竜江省，J. ニーダム撮影．(b) 河北省，(c) 山東省，(d) 河北省，天野 (*4*), p. 798······················ 216
図65 草切り刃 (䦆鏵あるいは䦆刀)．『王禎農書』14/9*a*〔「農器圖譜銍艾門」〕··· 221
図66 削刀 (「剗」)．犂に付けて雑草を削り取る道具．『王禎農書』13/14*a*〔「農器圖譜钁臿門」〕·· 222
図67 初期新石器時代の河姆渡遺跡で発見された骨製掘起具．(a) 骨製刃．著者不詳 (*503*), fig. 7. (b) 木製柄．著者不詳 (*503*), fig. 5. (c) 刃と柄の装着．著者による復元図································ 225
図68 中国新石器時代の石鍬．(a) 著者不詳 (*43*), p. 29. (b) 著者不詳 (*503*), fig. 6. (c) 著者不詳 (*515*), fig. 7··························· 226-227
図69 花庁遺跡出土の壺にある刻画．重い鍬のようだ．K. C. Chang (*1*), p. 163 ··· 228
図70 広西の新石器遺跡出土の石'鋤'．(a) 単純な形．著者不詳 (*515*), figs. 4, 5. (b) 手のこんだ形．同上，fig. 6····························· 229-230
図71 戦国時代の鍬の鋳型．著者不詳 (*43*), p. 65·················· 231
図72 鉄製引き鍬．(a) 戦国時代の河北のもの．林 (*4*), 6-30. (b) 内蒙古和林格爾の後漢壁画．同上，6-31. (c) 明代．『王禎農書』13/7*a*〔「農器圖譜钁臿門」〕．(d) 現代．Hommel (*1*), fig. 93····························· 233-235
図73 中国の根切り鍬．(a)『王禎農書』13/1*b*〔「農器圖譜钁臿門」〕．(b)『農政全書』21/20*a*·· 236
図74 アジアの鍬．(a) 中国の耕地鍬．Wagner (*1*), fig. 60. (b) ジャワのパッチュル，

	18世紀後半. Raffles (1), p. 114. (c) 日本の鍬.『農具便利論』1/6b-7a. 本書図119も参照	237
図75	引き鍬と「長鑱」(chhang chhan) による耕耘.『授時通考』32/9a	241
図76	阮元が清初期に山東でスケッチした鋤	242
図77	漢代の鋤. 鉄製の刃あるいは縁を着ける. 林 (4), 6-1, 10	243
図78	韓国のタビ (tabi). (a) 青銅器にある刻画. 天野 (4), p. 1019. (b) 現代のもの. Pauer (1), fig. 27	245
図79	明代の鋤.『王禎農書』13/2b〔農器圖譜钁臿門〕	246
図80	平型ハロー(「耙」pa).『王禎農書』12/8a〔農器圖譜耒耜門〕	251
図81	縦型ハロー「杪」(chhiao). 南方の水田で使用.『王禎農書』12/9b〔農器圖譜耒耜門〕	252
図82	甘粛省嘉峪関の魏晋時代の彩絵磚. 犂耕, 播種, ハローかけを示す. 林 (4), p. 6-32, 33	253
図83	エリザベス朝のイギリスのハロー. Markham (2), p. 64	255
図84	現代中国のハロー. Wagner (1), p. 203	255
図85	中国の枝条ハロー(「勞」lao).『王禎農書』12/10b〔農器圖譜耒耜門〕	261
図86	卵型のローラー(「磟碡」lu thu).『王禎農書』12/14b〔農器圖譜耒耜門〕	265
図87	円筒形, 溝のあるローラー.『耕織圖』宋代版挿絵. Pelliot (24), pl. XV	266
図88	有歯ローラー(左)と刃付きローラー(右)(「礰礋」ko chih).『王禎農書』12/16〔農器圖譜耒耜門〕	267
図89	「礰礋」(ko chih) タイプの刃付きローラー. 現在の浙江の例. Hommel (1), fig. 89	267
図90	'削平板'(「刮板」kua pan). 苗床の均平に使う.『王禎農書』14/30a〔農器圖譜杷朳門〕	269
図91	籠に入れた種籾の浸漬.『耕織圖』. Franke (11), pl. XII	281
図92	種子の散播. 14世紀のヨーロッパ(Lutrell Psalter による)と, 南方中国(『耕織圖』, Franke (11), pl. XXII)	286
図93	種子を散播し, 杵槌で覆土. 内モンゴル和林格爾の魏晋壁画. 林 (4), 6-34	287
図94	南方の小麦栽培. 散播と足による覆土.『天工開物』明版の挿絵, 1/17a	288
図95	中国の播種ドリル(「耬車」).『王禎農書』12/17b〔農器圖譜耒耜門〕	291
図96	バビロニアの単管播種ドリル. Anderson (2)	292
図97	南インドの多管播種ドリルと覆土器. Halcott (1)	293
図98	タル(Jethro Tull) の播種ドリル復元図. Anderson (2)	294

図表一覧　vii

図99	定置板．Maxey (1) の表紙絵	296
図100	漢代の播種ドリル．山西平陸出土．著者不詳．(512), pl. 6	297
図101	漢代の播種ドリル．林 (4), 6-22, 23	297
図102	山東の現代の播種ドリル．Hommel (1), fig. 66	298
図103	耬の犂先「劐」(huo)．明版『王禎農書』13/15b〔「農器圖譜钁臿門」〕	300
図104	標題は，このドリルを小麦，大麦，あるいは粟の播種に使うとある．『天工開物』1/15b	301
図105	中国播種ドリルの種子送りの仕組み．(a, b) 劉 (8), p. 35. (c, d) 天野 (4), p. 792. (e) 著者不詳 (502), p. 257	303-305
図106	中国の一脚耬．現在の山東のもの．著者不詳 (502), p. 224	307
図107	重石をのせた覆土用の枝条「撻」(tha)．『王禎農書』12/12a〔「農器圖譜耒耜門」〕	309
図108	種子覆土用の車輪ローラー．『天工開物』1/16a	310
図109	播種用ひょうたん「瓠種」(hu chung)．清代の描画．『授時通考』34/17a	312
図110	苗取り後，稲束を本田へ運ぶ．『耕織圖』．Pelliot (24), pl. XVIII	314
図111	貴州出土の漢代水田模型．著者不詳 (520), fig. 17	316
図112	稲苗の移植．『耕織圖』．Pelliot (24), pl. XIX	317
図113	「秧馬」(yang ma)．『王禎農書』12/23b〔「農器圖譜耒耜門」〕	318
図114	現在の苗取り馬．1958 年，広東でのスケッチが人民日報に発表されたもの．天野，(4), p. 239	319
図115	稲の田植え用マーカー，調節可能．江西．著者不詳 (502), p. 386	321
図116	漢代陶製模型の豚小屋と屋外便所．Laufer (3), fig. 12	328
図117	円盤に固めた豆かす肥料．King (1), fig. 137	332
図118	稲苗の施肥．内府本『耕織圖』1/8b	334
図119	近代の手鍬．Hommel (1), fig. 91	340
図120	漢代の重い鉄鍬．林 (4), 6-29	340
図121	明代の鍬．『王禎農書』13/21a〔「農器圖譜錢鎛門」〕	341
図122	鳥首型鍬．隋代の石棺の刻画．アメリカ，カンサス市ネルソン美術館	342
図123	漢代鳥首型鍬．林 (4), 6-24	343
図124	刃が互換性の鳥首型鍬．天野 (7), fig. 50	343
図125	攪拌鍬．『王禎農書』13/25b〔「農器圖譜錢鎛門」〕	344
図126	草削り器．Hommel (1), fig. 98	345
図127	南インドの馬牽引鍬．写真は Axel Steensberg	348
図128	現代中国の牽引鍬．著者不詳 (502), p. 52	349
図129	明代の牽引鍬．『王禎農書』13/24a〔「農器圖譜錢鎛門」〕	351
図130	培土用の'ガチョウ翼'．著者不詳 (502), p. 80	352
図131	培土犂．著者不詳 (502), p. 82	352

図132	漢代の水田除草.『耕織圖』. Pelliot (24), pl. XXI	354
図133	除草爪.『王禎農書』13/29*b*〔「農器圖譜錢鎛門」〕	355
図134	四川の足除草. 著者不詳 (*524*), fig. 2	356
図135	除草ローラー(「輥軸」*kun chu*).『王禎農書』14/20*a*〔「農器圖譜杷朳門」〕	357
図136	現代中国の手持ちハロー. Hommel (1), fig. 97	358
図137	日本の除草車. Pauer (1), fig. 71	359
図138	鎌で稲の収穫.『耕織圖』. Pelliot (24), pl. XXIV	360
図139	ナトゥフ期の鎌. Singer, Holmyard & Hall (1), vol. 1, p. 503	361
図140	石製の穂刈りナイフ. 樋口 (*1*), p. 107	363
図141	中国新石器の穂刈りナイフ基本形. 飯沼・堀尾 (*1*), p. 34〔石毛, 1964 の引用〕	365
図142	紐輪付き穂刈りナイフ. 樋口 (*1*), p. 107	366
図143	柄付き穂刈りナイフ, 西マレーシアの例. A. H. Hill (1), fig. 5	366
図144	漢代の鉄製穂刈りナイフ. 林 (*4*), 6-42*b*	367
図145	現代中国の鉄製穂刈りナイフ. 劉 (*8*), p. 116	368
図146	穂刈りナイフと大鎌を使った稲の収穫. 四川省立博物館所蔵の画像磚	370
図147	平均のとれたイタリアの鎌 (*falx messoria*). K. D. White (1), p. 54	372
図148	平均のとれたイランの鎌. Lerche (3), fig. 12	373
図149	平均のとれていない中国の鎌. Hommel (1), fig. 103	374
図150	平均のとれていない日本の鎌.『農具便利論』2/24*a*	375
図151	鋳鉄製鎌の鋳型. 漢代, 河北出土. 劉 (*8*), fig. 125	376
図152	かがり縫い皮製の籠手を着けたイランの刈り手. Lerche (3), fig. 13	377
図153	貯蔵前のはざ架け (「笐」*hang*).『耕織圖』, Pelliot (24), pl. XXV	378
図154	大鎌を使った収穫. 小ブリューゲル	378
図155	イギリスのかせ付き収穫用大鎌. Partridge (1), p. 135	379
図156	中国の大鎌. 切り払う動作で使う. Hommel (1), p. 106	380
図157	中国のかせ付き大鎌 (「鐆」*pho*).『王禎農書』14/8*a*〔「農器圖譜銍艾門」〕	381
図158	現代のかせ籠付き大鎌. 王禎の「麥釤」(*mai hsien*) に相当. Hopfen (1a), fig. 89	383
図159	明代の「麥籠」(*mai lung*) の図.『王禎農書』19/21*b*–22*a*〔「農器圖譜麰麥門」〕	383
図160	*Vallus* 収穫機を示すローマ時代の石彫レリーフ. ベルギーのモントーバン-ブゼノル (Montauban-Buzenol). White (1), pl. 15	384
図161	'押し鎌'(「推鎌」*thui lien*).『王禎農書』14/4*b*〔「農器圖譜銍艾門」〕	385
図162	漢代脱穀場模型. 近くに臼と石磨用の台がある. Laufer (3), fig. 7	387

図163	二股殻竿を使って筵上で脱穀.『耕織圖』. Franke (11), pl. XLIII………	388
図164	風選籠と鋤を使って筵の上で風選.『耕織圖』. Franke (11), pl. XLIX…	389
図165	脱穀桶.『天工開物』1/59a〔「巻上粋精第四,攻稲」〕……………………	390
図166	脱穀桶. プラスチックの肥料袋を幕にしている. ブレイ撮影…………	391
図167	脱穀粒を桶内に落すための叩きつけ用木製梯子. Hommel (1), fig. 108	392
図168	ベトナムの足踏み脱穀. Huard & Durand (1), p. 129……………………	393
図169	指で籾をしごき取る.『農具便利論』巻末図………………………………	394
図170	こき箸で籾を削ぎ取る.『農業全書』1/5a………………………………	395
図171	『耕織圖』に描かれたこき箸脱穀. 風選場面の手前右. Pelliot (24), pl. XXVII ………………………………………………………………………	396
図172	打穀板.『天工開物』1/59b〔「巻上粋精第四,攻稲」〕…………………	397
図173	石の脱穀ローラー. 円周を行くため一端が細くなる.『天工開物』1/63b〔「巻上粋精第四,攻稲」〕…………………………………………………	398
図174	一本枷の殻竿. 甘粛出土の魏晋時代の彩絵磚. 林 (4), 6-44……………	400
図175	八本枷の現代の殻竿. Hommel (1), fig. 113………………………………	401
図176	千歯扱き, 別名'後家倒し'.『農具便利論』2/29a………………………	402
図177	日本の初期の脱穀機. 飯沼・堀尾 (1), p. 197……………………………	404
図178	現代の「みのる脱穀機」. Grist (1), p. 166………………………………	405
図179	箕で風選, 竹臼で籾摺り.『耕織圖』. Pelliot (24), pl. XXVIII…………	406
図180	風選用篩.『耕織図』. Franke (11), pl. XLVII……………………………	406
図181	木枝に吊るした風選篩.『王禎農書』15/29a〔「農器圖譜蓧簣門」〕………	408
図182	風選用フォーク. 甘粛嘉峪関の魏晋時代の彩絵磚. 著者不詳 (512), pl. 144 ………………………………………………………………………	409
図183	漢代の風選用二重扇. 林 (4), 6-54. 元の写真は四川省博物館…………	410
図184	近代日本の二重扇. King (1), fig. 159………………………………………	411
図185	筵で扇ぐ.『農具便利論』, 2/11b……………………………………………	412
図186	回転扇式唐箕を示す漢代明器. 徐扶危・賀官保 (1), fig. 4……………	413
図187	見かけは開放型の唐箕.『農政全書』23/11a………………………………	414
図188	閉鎖型唐箕の絵.『王禎農書』16/9b〔「農器圖譜杵臼門, 颺扇」〕………	415
図189	日本の閉鎖型唐箕 (左上部). 口が2箇所ある. 1688年の『日本永代蔵』. Pauer (1), fig. 53 に収録……………………………………………………	416
図190	風選籠 (vannus) を使うローマ人. モグンティアカム (Moguntiacum) (マインツ) の石板レリーフ. マインツ中央博物館…………………………	419
図191	ウェールスの風選扇. Spencer & Passmore (1), pl. IX……………………	419
図192	枝条編みの通気筒 (「穀盎」ku chung).『王禎農書』16/21a〔「農器圖譜倉廩門」〕………………………………………………………………………	428
図193	貯蔵籠 (「笓」thun). 底が四角く, 頭が丸い.『農政全書』24/13a………	433

図194 現代の籠に見る「筤」と同様の構造. *Eastern Horizon* (1978), XVII, 3, p. 27 ………………………………………………………………………………… 434
図195 種子容器 (「種簞」 *chung tan*).『王禎農書』15/31*a*〔「農器圖譜蓧蕢門」〕… 436
図196 滇文化の高床穀倉. 穀倉を満たす穂束は小さい丸籠で運ぶ. 雲南石寨山の青銅鼓装飾. 著者不詳. (*28*), pl. 21 …………………………… 437
図197 陶製貯蔵壺 (「儋」 *tan*).『王禎農書』15/22*b*〔「農器圖譜蓧蕢門」〕………… 438
図198 仰韶の貯蔵壺. Medley (*3*), fig. 8. ストックホルム極東古代博物館…… 439
図199 漢代の陶製貯蔵瓶. 林 (*4*), pl. 3. 陝西省博物館…………………… 440
図200 '穀物引き出し' (「穀匣」 *ku hsia*).『王禎農書』15/19*b*〔「農器圖譜蓧蕢門」〕 ………………………………………………………………………………… 442
図201 中央ヨーロッパレス地帯の穀物貯蔵穴の縦断面. Kunz (1), Füzes (2)… 444
図202 河堤に掘られた貯蔵穴.『王禎農書』16/22*a*〔「農器圖譜倉廩門」〕……… 445
図203 華北の村の藁縄で作った円形穀倉. J. ニーダム撮影…………………… 449
図204 筵と柳条編みの円形穀倉.『王禎農書』16/19*a*〔「農器圖譜倉廩門」〕…… 451
図205 広東出土の漢代高床穀倉模型. 著者不詳 (*42*), pl. 48…………………… 452
図206 漢代四川の裕福な農家の穀倉. Finsterbusch (1), vol. II, fig. 188………… 454
図207 藁葺きの村の穀倉.『耕織圖』内府本, 1/22*b*………………………… 456
図208 板を水平に積んで穀倉の扉を閉じる.『耕織圖』. Pelliot (24), pl. XXXI… 457
図209 農家の延長部を穀倉にする. 広東出土の漢代模型. 著者不詳 (*42*), fig. 31*b* ………………………………………………………………………………… 459
図210 穀倉棟のある河北の農家の平面図. 劉敦楨 (Liu Tun-Chen) (*4*), fig.94… 459
図211 開放穀倉 (「廩」 *lin*).『王禎農書』16/17*a*〔「農器圖譜倉廩門」〕………… 460
図212 石榴.『芥子園画傳』, vol. III, p. 175. 夏侯延玉 (965 年以降没) の絵… 474
図213 甘蔗.『授時通考』66/8*b*………………………………………………… 476
図214 華南のバナナ.『耕織圖』内府本, 2/11*b*……………………………… 477
図215 ジュズダマ, アワ, キビの東アジア, 東南アジアでの分布. Kano Tadao (1)………………………………………………………………………… 487
図216 アワ.『授時通考』23/5*b*……………………………………………… 489
図217 キビ.『本草綱目』(1885 年版) 2/24*a*. 本図も前図も同じ漢字「稷」(*chi*) が使われている……………………………………………………………490
図218 大粒種のアワ,「粱」.『本草綱目』2/25*a*…………………………… 495
図219 手持ちローラーでミレットを脱穀する.『天工開物』1/65*a*〔巻上粹精第四〕 ………………………………………………………………………………… 496
図220 ソルガム.『授時通考』24/11*a*………………………………………… 501
図221 『本草綱目』の三つの版 (1590 年, 1653 年, 1848 年) にあるトウモロコシの挿絵 …………………………………………………………………… 506
図222 'トルコの小麦' (トウモロコシ). Fuchs (1)…………………………… 507

図表一覧　xi

図223	野生雑草型大麦の分布図. Harlan & Zohary (1)	514
図224	野生雑草型一粒小麦と雑草型エンマー小麦の分布図. Harlan (1)	514
図225	小麦を表すと思われる甲骨文字	516
図226	小麦と棉の間作. 北京農業大学 (1), p. 330	520
図227	小麦.『本草綱目』2/22b	522
図228	大麦.『本草綱目』2/22b. 小麦も大麦も密生した芒を描くことに注意	523
図229	春小麦を播種ドリルで蒔く. 華北.『授時通考』34/13b	527
図230	稲植物の形態. Grist (1), pp. 69, 74	535
図231	野生アジア稲の分布図. T. T. Chang (2)	538
図232	稲.『證類本草』, 1249年版, 26/3a	539
図233	サラワクの山地陸稲畑. 撮影 A. F. Robertson	554
図234	龍骨車による水田の灌漑.『耕織圖』. Pelliot (24), pl. XXIII	557
図235	牛で龍骨車を回す.『天工開物』1/11b–12a	558
図236	稲の苗床.『耕織圖』. Franke (11), pl. XXIII	561
図237	豆類を指す甲骨文字. Ho Ping-Ti (5), p. 80	573
図238	大豆植物.『授時通考』27/7a	574
図239	赤いアズキ豆 (*chhih hsiao tou*).『授時通考』27/10a	576
図240	ソラマメまたは「蠶豆」(*tshan tou*).『授時通考』28/6a	578
図241	実を付けた麻.『證類本草』24/4a	582
図242	油質種子を付けたナタネ (「蕪菁」*wu ching*), *Brassica campestris*.『證類本草』27/6b	584
図243	油質種子を付けたナタネカブ (「蕓薹」*yün thai*), *Brassica rapa*.『授時通考』59/21b	585
図244	ゴマ.『授時通考』30/2a	587
図245	タロイモ (「芋」*yü*).『授時通考』60/3b	590
図246	ヤムイモ (「山薬」*shan yao*, より一般的には「蕷」,「藷」,「薯」*shu*).『授時通考』60/2a	591
図247	甘藷 (*kan shu*).『授時通考』60/7b	594
図248	半坡出土の土器に付いた麻布の圧痕. Li (6), fig. 2	597
図249	繊維用の麻.『授時通考』30/8b	598
図250	中国の棉植物.『授時通考』77/12a	602
図251	野菜園. 沈周 (1427～1509年) の庭園譜から. 米国カンザス市 Nelson 美術館	608
図252	野菜畦 (*chhi*) に井戸の水をやる.『天工開物』, 清代版の挿絵	609
図253	アオイ (「葵」) (*khuei*).『授時通考』59/15b	611
図254	中国キャベツ (「白菜」*pai tshai*).『授時通考』59/8a	612
図255	スイカ. 中央アジアから中国へもたらされた. India Office 収集品. Archer	

図256	キュウリ(「黄瓜」huang kua).竿に巻いて登る.『授時通考』61/3b	614
図257	ヒシ(「芰」「菱」).広く分布する水生植物.『紹興本草』1159年版の挿絵(Karrow (2), p. 55)	615
図258	ハス.食用になる根と種子のさやを示す.『證類本草』23/3a	616
図259	ショウガ(生姜).『授時通考』62/2a	617
図260	ナツメ(棗).華北の代表的果実.『證類本草』23/7a	618
図261	柿.牧谿の墨絵 (13世紀).京都大徳寺	619
図262	ライチとクチナシに鳥.北宋皇帝徽宗(在位1101～26年)作とされる絵巻.大英博物館収集品	620
図263	浙江の現代の中国犂.Hommel (1), p. 41	629
図264	モンゴルの大農場.和林格爾の2世紀の壁画.著者不詳 (512), pl. 34	637
図265	南インドの播種ドリルと種子送り装置.F. Buchanan (1), pl. 11	645
図266	ヨーロッパ播種ドリルの種子送り装置.Anderson (2), fig. 10	647
図267	ロザラム犂とジェームズ・スモールの犂.Spencer & Passmore (1), pl. 3	652
図268	犂部品.鞍型犂体を含む.Malden (1), p. 119	653
図269	多条犂.Scott (1), fig. 36	660
図270	ノンパレル(Nonpareil)播種器.Scott (1), fig. 69	660
図271	宋代絹産業の構造.Shiba (1), p. 121〔斯波 (1), p. 291〕	678

表のリスト

表1	中国の北方と南方農業比較	31
表2	中国新石器文化の時代層序	49
表3	『齊民要術』の目次	64
表4	『王禎農書』の目次	68
表5	『農政全書』の目次	74
表6	1600年頃の中国とヨーロッパの反転犂の比較	213
表7	『齊民要術』による作付け暦(李長年 (3), 93)	272
表8	『農桑揖要』(2/4b)が指示する移植間隔	321
表9	『齊民要術』の作物輪作	481
表10	中国の作物輪作の代表例	483
表11	中国のミレット類を表す語彙	491
表12	中国の稲の分類	551
表13	中国の稲収量.石/ムー	567

凡　例

1　翻訳について

　本書は，Joseph Needham, *Science and Civilisation in China, Volume VI, Biology and Biological Technology, Part II, Agriculture* by Francesca Bray, Cambridge University, 1984 の完訳である．Bray の *Agriculture* は 1984 年の初版以来，2004 年まで 4 回の再版がある．底本には 2004 年版本を用いた．ニーダムのこのシリーズは，Volume IV, Part III までが 1974 年から 1981 年にかけて，思索社から『中国の科学と文明』として 11 巻本の出版がある．本文および脚注で思索社刊とするものは，この翻訳シリーズを指す．また，本巻の中国語訳は，台湾商務印書館『中国の科学與文明』第 16 巻『中国農業史』（上・下），李學勇訳 1994 年の刊行がある．翻訳にあたって，これらを参考にした．

2　本文について

(1) カンマ，ピリオドについては，原著に準じたが，コーロン，セミコーロン，ダッシュは他の言葉か，カンマ，ピリオドで置き換えた．地の文章は当用漢字を用いた．

(2) 原著の年代表記は紀元前を−，紀元後を＋で表すが，本訳書では−を紀元前，英文については B.C. に置き換え，＋を紀元後で置き換えたが，後漢より後については省略した．

(3) 原著の中国人名，中国語書名はすべて漢字（正字）に戻し，書名は『　』，章名は「　」で示した．人名，書名，章名は，初出時にウェード＝ジャイルズ方式によるローマ字表記を（　）で示した．人名は正体字，書名，章名はイタリック体である．

(4) 原著中にイタリック体で表記されるコト，モノの中国語は，漢字（正字）に戻して「　」を付し，初出時にローマ字表記を（　）で示したが，必要に応じてローマ字表記は繰り返した．

(5) 上記二項については，必要に応じてひらがなルビをふった．

(6) 日本の人名，書名は上記 2 項に準じた．

(7) 他の言語の人名，地名，書名，コト，モノの言葉については，カナ書きもしくは翻訳を付し，初出時にローマ字表記を（　）で示した．翻訳書名は『　』で示し，原典名と，コト，モノはイタリック体の欧文表記で示した．

(8) 中国文献の英訳引用文は，原著の忠実な完訳を目指す方針から，英訳からの重訳を行い，細字の英訳引用文については，対応する中国語原文を併記して，比較対照の便宜を図った．ひと続きの中国語原文を著者が節に分けている場

合はカギカッコを閉じず，中略をはさんで著者が節に分けている場合はカギカッコを閉じた．
(9) 本文中の原著者の付記は，すべて原著どおり（ ）および［ ］で示した．
(10) 訳者の注記は最小限にとどめ，〔 〕かあるいは＊付き数字で示した．
(11) 植物，動物の学名はイタリック体欧文表記で示した．

3　脚注について

(1) 原著の脚注は，日本語訳によって記載の必要がなくなった箇所を除いて，すべて原著の記載を網羅した．
(2) 中国，日本の人名，書名，地名は原表記に戻したが，書物の巻立ておよび頁(葉)数をアラビア数字で，またその表面，裏面をa, bで表す原著の表記法は原則としてそのまま採録した．ただし，原典の章立てを通し番号で表記するこの方式は，実際的に入手可能な版本と引き比べて原典引用箇所の検索が困難な場合があり，この場合，原典の章タイトル，また必要に応じて節タイトルの原表記を訳注として〔 〕で示し，便宜を図った．この訳注は図のキャプションにも挿入した．
(3) 上記東洋人の欧文文献については，人名も欧文表記にした．また，それ以外の人名および書名は，タイトル，巻立て，頁数，すべて原著の方式を踏襲した．
(4) 原著の脚注は各ページごとに小文字アルファベットで示されているが、訳書では各章ごとに通し番号で示した。

4　参考文献について

(1) 原著に記載された参考文献A, B, Cはすべて収録した．Aは1800年以前の中国語および日本語文献，Bは1800年以降の中国語文献と日本語文献，Cは西欧語文献である．文献A, Bは原著のアルファベット順を日本語発音の五十音順に再配列した．文献Cは原著のままアルファベット順とした．漢字表記は，文献Aの書名，著者名は正字に戻したが，説明文は当用漢字にした．文献Bは原典表記にならったので，正字，略字，当用漢字が混在する．
(2) 本文および脚注に示される文献の著者名に続く番号は，正体数字と斜体数字に分けられている．正体数字は文献C，斜体数字は文献Bに属す．

5　索引について

(1) 原著の総索引項目を参考にしつつ，訳者が組み変えた．また，翻訳書として必要な日本語項目を若干加えた．
(2) 欧文文献と中国語あるいは日本語文献が含まれる著者の場合，カナ書き，ローマ字表記とともに漢字表記を示した．
(3) 配列は日本語発音の五十音順にした．

英語版への序文

　農業は純粋科学というより実践技術学であり，その点でこの巻は本全集のこれまでの巻と異なる．農業史の一里塚を築いてきたのは新たな法則ではなく，それまでになかった道具の進歩や，新たな作物の発見だった．過去の偉大な農学者例えばコルメラや賈子勰，徐光啓，ゲルヴァス・マルカムの関心は理論を作ることではなく，継承した確実な知恵を伝えることだった．一般則を単なる決まり文句におとしめないように，条件をつけて限界を明らかにしていた．植物栄養学や遺伝学が栽培法の進歩を先導する現在でも，実験室の成果が圃場の結果と合致することは少ない．人間は理論を提唱するが，決め手は自然が握っている．そして理論はいまだ実践に遠く及ばない．

　農業史は科学史と違って知的発見の軌跡ではない．とはいえ勿論単なる事実の羅列ではない．農業は優れて技術の体系であり，自然と社会をつなぐ．一方で自然条件は農業技術の形に影響を与え，社会の経済的，政治的関係を左右するが，他方，社会的および政治的条件が農業体系の発展様式を左右もする．自然環境と国家や社会がせめぎあう相互作用ゆえに，農業史の研究は大きな魅力がある．

　時として古典ローマや近世ヨーロッパ初期に例があるが，その時代の農業の様子を克明に再現でき，社会変化の中に占める農業の位置づけを明らかにできる場合がある．しかし他の多くの場合，例えば中世ヨーロッパの暗黒時代や植民地期以前の東南アジアについてはほとんど何もわからない．その点，中国は長い歴史的展望が可能な点で異様ですらあり，農業著作や経済状態を執筆する伝統は途切れることなく歴史上の最初期にまで辿ることができる．この状況は社会の変化と農業の変化を関連づけて検討するまたとない機会だが，この種の課題はヘラクレス的な力量が必要である．本書は農業体系と自然環境の関係を述べることに限定し，社会と経済についてはわずかに触れるにとどめた．その詳しい議論は第VII巻〔Needham, Vol. VII. *The Social Background*, Part 1, 1998,

和訳未刊〕で行われている．それにしても中国は，人間と自然の関係，上部構造と下部構造の関係を定式化する上で実に面白いテーマである．概観すると広大な領域が政治的文化的には単一だが，自然環境の面では二つのしかも大層対照的な地域から成っている．すなわち大陸的な北部平原と，亜熱帯の揚子江以南である．二つの地帯は農業技術の面でもずいぶん違う発展様式を辿ってきた．中国史の初期は北方が経済的にも政治的にも優勢だったが，中世までには南方が凌ぐこととなった．またとないこのような対比がある上に，中国の技術要素がヨーロッパの農業革命に刺激を与えたと考えたことから，私は社会学の知識の薄弱さも省みず仮説を出したい誘惑にかられた．乾燥地帯の穀物栽培農業と湿潤地帯の稲作農業には発展過程で根本的な対照があるだろうし，当然，生産関係の発展様式全体にも違いが生ずるだろうと考えて仮説を出したいと考えたのである．

　仮説そのものは本書の結論部分で述べるにとどめた．その他の部分は事実に即した記述である．本書は始めに中国農業史の生態的な基盤を簡単に述べ，同時に東アジアの農業起源について論じた．また西洋の歴史学者に馴染みのない議論が多いので，中国の文献の性格とその関心範囲にも触れ，農業史の形から何を言えるか述べた．次いで本書の本体部を構成するのは技術史で，これは主題ごとに分け，その配列は膨大な中国の農書によくある方法に従った．本書で取り上げた主要な主題は三つ，つまり農地システム，農具・農法，栽培作物である．水利灌漑についての一章をおくべきだが，その主要な技術はすでにIV巻のPart 3〔思索社刊第10巻〕で扱われているので割愛し，必要なものは農地システムおよび稲作の章で補足した．家畜は西洋の農作業では必須だが，中国の伝統ではごくマイナーな位置にあり，本書ではこれも割愛した．これについては他の巻で扱われる予定だ．中国の農学者は衣服の製作と農作業を，丁度アダムが耕しイヴが紡いだと言うように切り離せない仕事と考えてきた．そのどちらにも現物税が課せられた．こういう次第で農業と養蚕業（織物産業一般も含めて）は中国の伝統的農業文献には必ず含まれている．しかし西洋から見るとその関係が必ずしも明瞭ではないので，織物と織物生産は農業から切り離してV巻のPart 1〔*Textile Technology*, 1986，和訳未刊〕で扱われる．本書では繊維作物の栽培について簡単に述べておく．また中国の農村経済で重要な位置を占めていた砂糖と茶の生産・製法も本書では省略し，工芸作物に関する巻で詳細に扱

う．本書で扱うのはそれなしには中国人が生活することのできない作物に絞る．とりわけ穀物類，それを補う豆類，油糧作物，根茎作物，繊維作物，野菜そして果実である．これらはどの地域でも栽培され，経済的な苦境にあっては必須の自給食料となり，繁栄の時代には商業的農業生産を支えるものだった．主要作物に絞ったのには理由がある．商品作物が農村経済の重要な担い手であった場合も，生産と商品化のバランスを決めたのは主食作物の栽培様式だったからだ．この点は吟味を加える．

　本書の内容は多くの方から支援を得た．何といっても第一に研究費を頂いた東アジア科学史財団に感謝する．また1976～77年の1年間，マレーシア野外調査に援助を頂いた英国アカデミーと王立協会，1980年夏の中国と日本での調査旅行に経費を頂いた中国科学院，大学中国委員会，ブリティッシュ・カウンシルに感謝する．マレーシア調査が可能となったのは，カムブ農業開発局のチック・ロハイニ・ザカリア氏，それに稲作法を根気よく教えていただいたブヌット・スス村の村人の助力による．中国と日本では絶えず助力と親切を頂いた．とりわけ，有益な議論を次の方々と行えた．広東華南農学院の梁家勉とその同僚，昆明の国立少数民族研究所の馬曜，汪寧生とその同僚，四川農業機械研究室の金公望，陝西の西北農学院歴史学部の馬宗申とその同僚，北京にある華北農業大学と中国科学院の王毓瑚，范楚玉，楊直民，董愷忱，その他の農業史研究者，南京農業科学院の農業伝統研究グループと江蘇農業大学の李長年，上海古籍出版社の胡道静，浙江農業大学の遊修齢，大阪在住の天野元之助，東京在住の西山武一，京都大学人文科学研究所の飯沼二郎，専修大学経済学部の玉城 哲，横浜大学経済学部の加藤祐三の諸氏である．

　本書の原稿に目を通してコメントを頂いたのは次の方々である．
　　天野元之助（大阪）
　　グレゴリー・ブルー（Gregory Blue）（ケンブリッジ）
　　デルク・ボッド（Derg Bodde）（フィラデルフィア）
　　ティモシー・ブルック（Timothy Brook）（ハーヴァード）
　　T. T. チャン（T. T. Chang）（ロス・バニョス）
　　秦琨汪（Chin Kung-Wang）（成都）
　　G. ダルトン（G. Dalton）（シカゴ）
　　G. E. ファッセル（G. E. Fussell）（サドベリー）
　　クリーヴ・ゲーツ（Clive Gates）（キャンベラ）

ピーター・ガサコル（Pter Gathercole）（ケンブリッジ）
ピーター・ゴーラス（Peter Golas）（デンヴァー）
ケイス・ハート（Keith Hart）（モントリオール）
A. オードリクール（A. Haudricourt）（パリ）
ポリー・ヒル（Polly Hill）（ケンブリッジ）
ジョセフ・ハッチンソン（Joseph Hutchinson）（ケンブリッジ）
ビル・ジェンナー（Bill Jenner）（リーズ）
E. M. ジョプ（E. M Jope）（ベルファスト）
ディーター・クーン（Dieter Kuhn）（ハイデルベルク）
ダヴィッド・レーマン（David Lehmann）（ケンブリッジ）
グリス・レルヒェ（Grith Lerche）（コペンハーゲン）
ジョルジュ・メテリエ（Georges Métailié）（パリ）
中岡哲郎（大阪）
ジョセフ・ニーダム（Joseph Needham）（ケンブリッジ）
A. F. ロバートソン（A. F. Robertson）（ケンブリッジ）
フランソワ・シゴー（François Sigaut）（パリ）
ネーサン・シヴァン（Nathan Sivin）（フィラデルフィア）
アクセル・ステーンスベルグ（Axel Steensberg）（コペンハーゲン）
トーマス・ティロ（Thomas Thilo）（東ベルリン）
ドナルド・ワグナー（Donald Wagner）（コペンハーゲン）
R. O. ホワイト（R. O. White）（香港）

　キャンベラの元CSIROスタッフで，本来は本書の共著者となる予定だったC. T. ゲーツ博士には特別な感謝を捧げたい．自然，農業，社会が成す三位一体の関係を博士は深く吟味し，その意見は貴重であった．残念ながら遠く離れて共著をなすことが大変な難事だと判明し，熟考のすえ中国の科学と文明シリーズ中の本書は中国農業発展の技術的側面に絞り，広い検討を要する主題は削ることにした．ゲーツ博士は気候循環が中国農業と政治的変動に及ぼす影響を検討しており，その出版は今オーストラリアで進められている．

　フィリッパ・ホーキング（Philippa Hawking）には日本語の，特に天野元之助の難解な長文の翻訳に，貴重な援助を頂いた．ダイアナ・ブロディ（Diana Brodie）には最終稿をタイプしてもらった．またリアン・リエン・チュー（Liang Lien-Chu）には漢字の書き込みをしてもらった．索引が速く効率良く編集できたのはクリ

スティン・ウースウェート（Christine Outhwaite）のおかげである．最後の瞬間まで日本語の訂正にあたってもらった草光俊雄氏，またケンブリッジ大学出版の忍耐と効率よい仕事に感謝する．

　上記すべての方々のご助力に感謝したい．また絶えず励ましとヒントをもらったジョセフ・ニーダム（Joseph Needham）と，夫 A. F. ロバートソン（A. F. Robertson）に心から感謝する．二人の有用な批判と助力がなければ本書の完成はありえなかった．

フランチュスカ・ブレイ
東アジア科学史研究室
ケンブリッジ
1982 年 3 月

日本語版への序文

　中国の農業史を研究した私の著書はジョセフ・ニーダムの『中国の科学と文明』シリーズの一部で，今回京都大学学術出版会から日本語版で出版されようとしていることは大変嬉しいことです．さらに，農学者の古川久雄教授が翻訳の面倒な仕事を進んで引き受けられたことも大変な喜びです．この機会を借りて，翻訳書の出版を実現していただいたすべての方に心よりお礼申し上げます．

　本書の日本語訳が出版されることには特別の幸福感を覚えます．本書の完成は日本の学問に励まされ，そして日本の学者や友人の親身で寛大な姿勢に多くを負っているからです．

　最も大きな影響は天野元之助教授から受けたものです．1973年にこの研究に取り掛かったとき，ジョセフ・ニーダムはこの分野で先駆者的業績をあげていた中国と日本の著名な学者グループを挙げましたが，その中核が天野教授でした．私の日本語は当時も今もたどたどしいものですが，ジョセフ・ニーダムはそれより以前，司書のフイリッパ・ホーキンに依頼し，天野教授の大作『中国農業史研究』の翻訳原稿が準備されていました．この本は私が仕事を仕上げるまでの8年間，私の机の上にめくり慣れた聖書のようにして在りました．

　1980年，『中国の科学と文明』に出す原稿がほぼ完成に近づいていたとき，中華人民共和国へ初めての訪問を許可されました．本書の執筆は中国の歴史家の研究から大きな影響を受けましたが，この訪問でそれらの著作で有名な学者に多数会うことができ，さまざまな問題について直接その意見を求める機会をえたのです．中国のあと私が日本へ行く事を告げますと，中国の友人たちから本や論文その他，天野教授への友情の品を託されることとなりました．私も天野教授に会いたいと思っておりました．

　日本で私を迎えてくれたのは技術史家の中岡哲郎氏と奥さんの百合さんでした．お二人はニーダムの東アジア科学史研究室を訪問されて以来，私ども夫婦の親友でした．百合さんのお父上は1930年代末から1940年代初めにかけて満

州鉄道で天野教授の同僚だったのです．天野教授は健康が思わしくなかったのですが，百合さんとお父上のとりなしで，私は百合さんといっしょに訪ねることを許されました．日本は初めてだったし，日本の礼儀もよく知らなかった私にとって，賢い付き添い兼通訳を得たことは誠に幸運でした．百合さんは立ち居振る舞いと口にしてはならないことを特訓した後，高島屋で極上のメロンをお土産に選ばれました．天野教授のお宅へ着いて初めはぎごちない数分でしたが，お土産のメロンと中国の歴史家たちの論文，上海の胡道静博士が天野教授のため自ら筆を取られた掛け軸をお届けしました．そして中国の歴史の話や天野教授の体験談が始まりますと，場は活気づきました．天野教授のご夫人は教授が疲れないかと気にされ，90分だけと制限されたのですが，教授は話があきらかに氣に入られた様子で，私も嬉しく，ご夫人の気持ちを汲んで私たちが教授の書斎を辞したときは，すでに2時間が過ぎていました．天野教授をお訪ねしたのはこれが最初で最後でした．教授は数ヶ月後に逝去され，お会いできたのは本当に幸運だったと今にして思います．

　天野教授の研究からは多くのことで刺激を受けました．中国農業技術の歴史的発展に関する教授の分析は，技術と農具を自ら体験した人ならではのものがあります．この農民的知識を教授は植民地時代の東北部をくまなく詳細に調査されたときに身につけられたのです．農具・技術を基礎にして営農体系の変異と発展を辿るその研究法は，フランス学派と共通するものがあります．フランス学派の方法は私自身，中国の技術資料の探し方を組み立てるのに必須の方法と気付いていたもので，最も注目すべきはアンドレ・ルロイーグーランとアンドレ・ジョルジュ・オードリクールが発展させた技術人類学でしょう（パリでこの研究グループと親しくなりました）．文献研究と民族誌的記述をうまく重ねる天野教授の解釈を見て，古代中国文献を研究する際，稲作農業の実際的知識があれば巨大な情報を得られるだろうと思いました．そうした知識はケンブリッジ周辺の小麦とナタネの機械化農業を行う地域では手に入りそうもありませんので，私は再び野外へ向かいました．当時の中国は外国人の研究に戸を閉ざしていたので，代わりに私は1976年の1年間，マレーシアのケランタン州へ緑の革命が稲作に及ぼす影響の調査に行きました．

　東南アジアで緑の革命に付き合ったことから，日本人学者グループの情報をえることとなり，戦後日本が英国や合衆国同様，東南アジアの発展と研究に率

先していることを知ることとなりました．マレーシア人の共同研究者が，マクロ変化とミクロ反応を研究するなら必ず読む必要があると教えてくれた出版物のなかに，京都の東南アジア研究所や東京のアジア経済研究所など日本の研究組織から溢れてくる多数の社会学研究報告がありました．それらの著者は，メキシコからジャワまで扱う緑の革命計画が必ず前提とする普遍主義に，しばしばはっきりした批判を浴びせていました．彼らの主張は"日本モデル"つまり地方条件に合わせた方式の方が，西洋の大規模農業を中心とする緑の革命の技術パッケージより，継続的な農村開発に貢献するところが大きいというものでした．驚くことはありませんが，いくつかの著作はナショナリズムの色合いもありました．それにもかかわらず論議には納得させるものがありました．

　マレーシアでの野外調査で，稲作農民が泥にまみれて細心に行う仕事を知り，また良い収穫が正確な水制御に依存する農業では規模が必然的に制約されることも知りました．技術の論理を具体的に気付かされた結果，東南アジア発展の代替モデルとして日本人が行う提案がよく判るようになりました．ケンブリッジへ戻ってから，日本の学者がこの発想を歴史研究にどう生かしているか，探索を始めたものです．それらは玉城哲の『水の思想』から速水祐次郎の後に大きな影響力をもつこととなった"産業革命"論の初期の所説まで及びました．中国に関する私自身の研究では，北と南の営農体系，つまり畑「地」と灌漑「田」の社会と景観を中国人自身が区別することに気付いていました．さまざまな農書にある技術総体をフランス学派の技術人類学の視点から見続けるうちに，二つの大地域の間にある歴史的軌跡の違い，まさに論理の違いがあることが見え始めたのです．中国史の長期的潮流をこの違いから体系的に分析した仕事は稀ですし，対照的な二つの論理を分析すると歴史比較に新しい突破口が開ける可能性もあると思えました．私は水稲営農体系に特有な"技術力"概念を展開し始めました．それは"熟練志向"の技術目録で構成され，西洋の経験から作られた普遍的技術開発モデルと体系的に違っていると思います．この点で中岡教授から関連する日本と西洋の学派を教えて頂いたこと，また建設的批判を頂いたことは非常に有益でした．私自身の思考モデルは本書の一部 (6章　結論，第2節，3節) で初めて展開しました．後に，*Rice Economies: Technology and Development in Asian Societies* (Oxford: Blackwell, 1986) でさらに詰めました．

　これら2冊の農業とその歴史的位置付けに関する著作の出版後，私は技術史

の中の他の主題に向かうことにしました．例えば中国史でのジェンダーと技術の相互作用や，中国の伝統的技術像を作るもの，といった課題です．しかし帝政期中国は，前産業期のすべての文明と同じく農業社会だったので，営農問題を完全に無視することはとてもできません．科学と技術研究でフェミニストが"男性的覇権"と呼ぶものは，消費制度と統治形式を支えた中国営農体系の進化様式と切り離せないのです．"勧農"と言う一つの分野で官は伝達可能な知識とそのための版刻法や技術の図示法を精力的に追求してきました．最近，私は氣が付くと中国の農業史に，そしてその農具や技術の細部に繰り返し関心が向かい，そのたびに新しい疑問が湧くのをおぼえます．中国農業の豊富な典籍の世界に私は絶えず喜びを見つけるのですが，本書の読者とこの喜びを分かち合えることを願っております．

フランチェスカ・ブレイ
エディンバラ大学
社会人類学教授
2006年12月

目　次

図表一覧　　iii

凡例　　xiii

英語版への序文　　xv

日本語版への序文　　xxi

第1章　序　論——中国農業の起源と特徴　　1

1　中国農業の全般的特徴　　4
2　農業地域区分　　11

（ⅰ）トウモロコシ—ミレット—大豆地域　　13

（ⅱ）春小麦地域　　14

（ⅲ）冬小麦—ミレット地域　　14

（ⅳ）冬小麦—ソルガム地域　　16

（ⅴ）揚子江水稲—小麦地域　　17

（ⅵ）水稲—茶地域　　19

（ⅶ）四川水稲地域　　20

（ⅷ）水稲二期作地域　　21

（ⅸ）西南水稲地域　　22

3　中国農業の起源　　30

（ⅰ）農業開始への刺激　　31

（ⅱ）農業起源地の一般的仮説　　38

（ⅲ）中国の農業起源　　43

第2章　文献資料―――――――――――――53

1　『月令』，すなわち農業暦　58
2　農書　62

　（ⅰ）『齊民要術』　62
　（ⅱ）王禎の『農書』　67
　（ⅲ）『農政全書』　72

3　官撰編纂書　78

　（ⅰ）『農桑輯要』　78
　（ⅱ）『授時通考』　80

4　専門書　82
5　補足資料　84
6　中国資料の性格と歴史解釈の際の問題　88
7　ヨーロッパの伝統との比較　93

第3章　農地体系―――――――――――――103

1　開墾と開拓　105
2　移動焼畑耕作　110
3　永年耕地　113

　（ⅰ）北方中国　113
　（ⅱ）南方中国　120
　（ⅲ）特異な農地　128

　　　干拓地　128
　　　浮き田　135
　　　塩鹹地の開拓　138

テラス耕地　　139
　　　ピット栽培　　144

第4章　耕作体系——農具と農法——————149

1　耕耘具　150

　（ⅰ）犂　159
　　　古代中国の犂　163
　　　戦国時代の犂　185
　　　漢代の犂　193
　　　漢代以後の発展　204
　　　犂付属品　219
　（ⅱ）手耕具——鍬，根切り鍬，鋤　223
　（ⅲ）平滑化と均平化——槌，レーキ，ハロー，ローラー　247

2　播種　271

　（ⅰ）作付け暦と播種日の選定　271
　（ⅱ）種子の準備　277
　（ⅲ）播種法　284
　　　散播　285
　　　条播　289
　　　点播，移植　311
　（ⅳ）播種量　322
　（ⅴ）結論　324

3　施肥　325

4　除草と中耕　336

　（ⅰ）旱地農業　338
　（ⅱ）馬鍬中耕農業　346

（ⅲ）灌漑農業　350

5　収穫，脱穀，風選　359

（ⅰ）収穫　359
　　穂刈りナイフ　362
　　鎌と大鎌　372
　　機械収穫　382

（ⅱ）脱穀　386
　　脱穀床，桶，筵　386
　　足踏み脱穀，脱穀杖　392
　　打穀，殻竿　395
　　千歯扱きと脱穀機　400

（ⅲ）風選　405
　　箕，盆，篩　405
　　フォーク，シャベル　407
　　唐箕　407

6　穀物貯蔵　421

（ⅰ）貯蔵法の重要性——資料に見る位置づけ　421

（ⅱ）貯蔵技術　425

（ⅲ）貯蔵施設　431
　　籠，陶壺，木箱　431
　　地下貯蔵穴　441
　　穀倉建築　447
　　円形穀倉　448
　　方形穀倉　450

（ⅳ）官営穀倉　458
　　収税穀物　461
　　常平倉　462
　　飢饉救済——「義倉」と「社倉」　466

第5章　作物体系 ——————————————471

1　作物輪作　478

2　ミレット，ソルガム，トウモロコシ　482

　（ⅰ）アワとキビ　484
　（ⅱ）高粱（ソルガム）　500
　（ⅲ）トウモロコシ　504

3　小麦と大麦　512

4　稲　533

　（ⅰ）アジアの栽培稲起源　537
　（ⅱ）中国の稲品種群と名称　546
　（ⅲ）栽培法　553

5　豆類　571

6　油糧作物　579

7　根菜作物　589

8　繊維作物　595

9　蔬菜と果実　603

第6章　結論　農業の変化と社会—停滞か革命か？ ——————623

1　中国はヨーロッパの農業革命に寄与したか？　627

　（ⅰ）ヨーロッパ前近代の農業技術　632
　（ⅱ）ヨーロッパが探索したアジアの農業技術　638
　（ⅲ）ヨーロッパ農業の変貌　643
　　　播種ドリル　643
　　　曲面鉄製犂へら　649

(iv) ヨーロッパ農業革命へのアジアの寄与　654

2　中国に農業革命はあったか？　659

(i) 漢代華北の農業発展と農地制度の変化　661
　　土地への人口圧　663
　　小農経済の崩壊　665
　　大農場の成長　667
　　固有の矛盾　671

(ii) 華中，華南の'緑の革命'　673
　　農業発展への小農の対応　675
　　社会変化と経済変化の関係　679
　　水稲耕作社会の安定性　685
　　些少商品生産の役割　687

3　発展か変化か？　692

参考文献　695
訳者解題・解説　771
訳者あとがき　791
総索引　793
中国王朝表　839
ローマ字表記対照表　840

第 1 章

序　論
中国農業の起源と特徴

＊

　中国は優れて農業国家であると言えよう．礎を成す仕事，国家の富と安寧の根本であり根元であるのは農業だった．孔子以来，中国の哲学者も政経論者もすべてこのことは同意してきた．'土地と穀物の霊'（「社稷」she chi）は人民生存のシンボルであり，最高の忠誠が求められた．'諸侯が社稷を祀らぬ時，これを易えほかの諸侯がこれに替わる'[1) 伝統は当然だったといえる．周王室はその家系が農業神后稷，つまり稷侯に由来すると称したし，また，中国の皇帝は土地神の祭壇で春と秋，犠牲を捧げ，春には首都に近い藉田に出駕して耕田の儀礼を行った．その後初めて各君臣が耕作を始める習いだった（図1）.[2)

　中国の政治哲学で農業が儀礼的に重要なシンボルとなるのは，農業の経済的な重要性をまさしく反映している．最初の地税徴収は，紀元前594年，魯の宣公が行ったものだろう．[3) これはその後も統一時代の中国を通して続き，主要な歳入は地税（「税」shui あるいは「租」tsu）で，農民から土地産物を現物で直接徴収した．

　中国の耕作の歴史は新石器時代の渭河の村々以来数千年に及び，紀元前5000年頃には渭河の河谷と揚子江デルタでミレットと稲の栽培が始まった．かくて中国の営農を考える際，それが数千年紀にわたり，かつその広がりがほぼヨーロッパに匹敵し，パリと同緯度帯の蒙古，満州から熱帯の海南島まで及ぶことを念頭に置かねばならない．農業技術と歴史は地域ごとにまた時代ごとに巨大な変異がある．しかし全体として中国農業は，西洋の農業伝統と根本的に違う特徴が多々ある．人は自分の知っていることを物差しにしがちなので，始めに東洋と西洋の根本的な違いを述べておかないと，本書の読者は，特定の事柄が

---

1) 『論語』「泰伯」，巻8, VIII/9〔この語句は『論語』ではなく，『孟子』「盡心下」にある．似た表現は董仲舒『春秋繁露』「王道第六」にもある〕. Legge (2), p. 211.
2) この慣わしを公式なものにしたのは漢の文帝（在位紀元前179〜156年）だが，起源はもっと古い．Keightley(3)を参照．王による耕作儀礼は古代スリランカにもあった．例えば Paranavitana(1). ヨーロッパでこれに相当するのは，当然，キリスト教牧師による犂の祝福だが，これが異教徒時代に起源したことの証は犂の月曜日祭礼に見られる．
3) 『漢書』24A/6a〔「食貨志第四上」〕. Swann (1), p. 136.

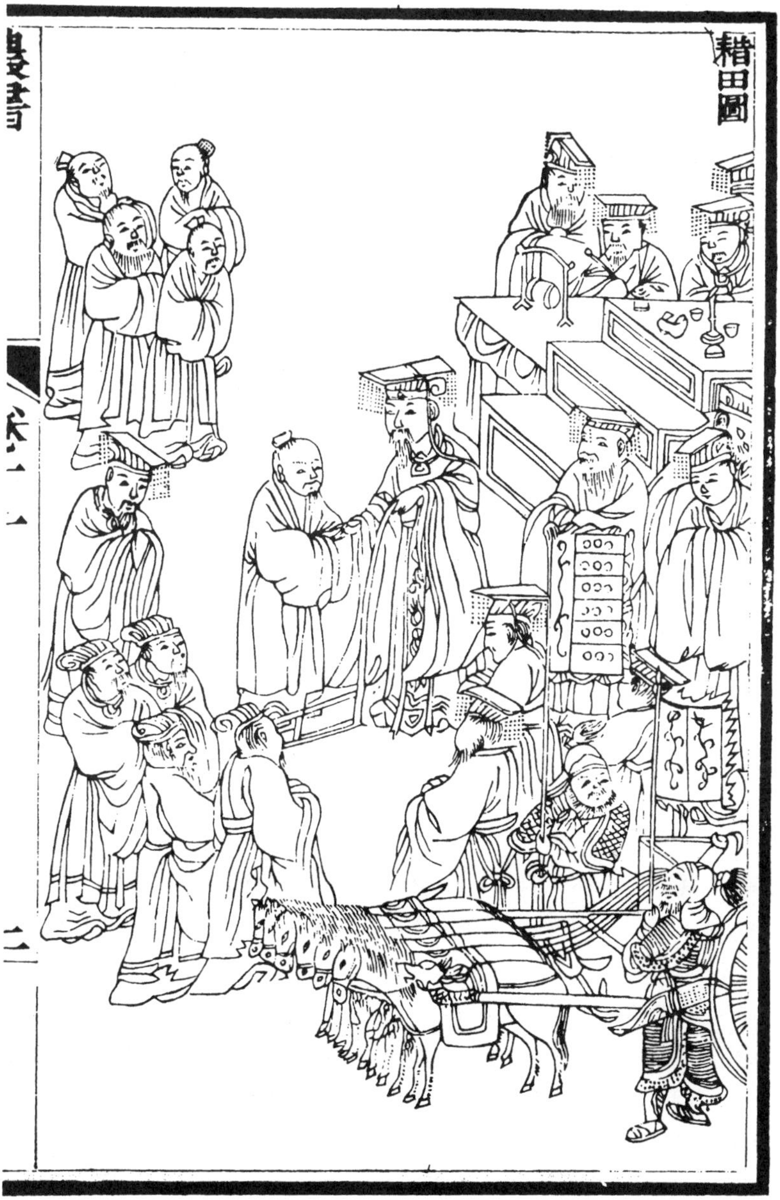

図1　皇帝と諸大臣の行う耕作儀礼.『王禎農書』11/2*a*〔「農器圖譜田制門，耤田」〕.

強調されてほかが無視されている感を持たれよう．そこで，中国農業の発展形態を特徴づけるうえに重要な西洋との違いを挙げてみよう．

1　中国農業の全般的特徴

近代中国の領域は内陸山地と黄河，淮河，揚子江，珠江の氾濫原のみならず，さらに蒙古のステップ，中央アジアの砂漠とオアシス，チベット，満州の広大な丘陵を含む．しかし今日でも主要な農業地域，つまり永年耕地での栽培が行われるのは中国文化の伝統地域で，西は甘粛と四川から東は東シナ海まで，北は北京，遼寧から南は熱帯島嶼の海南島にわたる地域である．この地域の境界は秦の中国統一時代からほとんど変わらず，この地域の中で中国農民は先祖が数世紀も耕作を続けた土地に住み，ミレット，小麦あるいは米を栽培してきた．この地域の境界は自然的な耕作可能限界とほぼ一致する．すなわち，その北と西は遊牧を主とする乾燥ステップであり，西と西南は険しい高山地帯に接する．南だけが農業拡大に障害がなかった．したがって南がフロンティアとなったのは環境要因というより政治的な要因だ．

中国とヨーロッパの農業伝統で大きく違う点は，家畜の占める重要性である．ヨーロッパでは穀物栽培は農牧複合の形で常に家畜飼養と組み合わされた．農地の大きな部分を永久草地，傾斜牧草地，共同放牧地や湿草地が占め，17世紀以降に近代的輪作が導入されるまで，休閑農地に家畜を放牧することが普通で，耕地は2年ないし3年に一度，1年間休閑した．休閑地に家畜を囲うのは，かつてのヨーロッパで土の肥沃度を維持する数少ない方法だった．牛と馬は牽引に広く利用され，北ヨーロッパで特に目立つことだが，牽引に用いた家畜は4頭，6頭，あるいは12頭もの多数を数えた．しかしほとんどの家畜飼養は，羊毛や毛皮，肉，乳製品の生産が目的だった．とりわけ肉と乳製品が食事の重要な材料だった．肉は富裕階層の贅沢品だったが，ミルクや特にチーズはヨーロッパの貧困階層にとって蛋白質の重要な給源となった．

中国の農業は歴史時代を通して穀物生産が中心であり，たぶん新石器時代もそうだったろう．1930年代に何らかの草地を所有した農民は6パーセントで，その面積は全農地のわずか1パーセントに過ぎなかった．[4] このような小さな数字は，数世紀にわたる人口増加と土地に対する人口圧増大の結果で，近世に

生じた現象とする意見もしばしばある．実際，人口扶養の点で穀作農業は牧畜より効率が高いからだ.[5] しかし中国文献をざっと見渡すと，古典時代でも地域経済に占める牧畜の役割はやはり小さなものだ．農書の中で家畜飼養の記述は短いし，ふつう最後にひとくくりにされ,[6] また土地改革あるいは農業集落について述べる史書の中で草地に言及したものはほとんどない.[7] 中国の農民も家畜を飼養したことは確かだが，その頭数はヨーロッパよりはるかに少ない．そして放牧地に当てられたのは，今もそうだが，耕作をしていない傾斜地や河岸などの放棄地だった．ムラサキウマゴヤシのような飼料作物がときに栽培されたが，大抵は子供が手当たり次第飼料植物をかき集めた．水牛，牛，ラバを耕作に使ったが，中国の犂はヨーロッパのものよりはるかに軽く，家畜1頭で牽引可能だった.[8] 車は北方では普通だったが，山がちの南方では道が少なく，運搬は船か天秤棒によった．牽引家畜を別にすると，中国人は家族の食事の食べ残しや生ごみで豚と鶏を飼うのが普通である．とりわけ豚は厩肥作りに重宝がられ，毛沢東の言う'自動肥料工場'だった．羊毛生産のために羊飼養は少し行われたが，そうでもなければ肉畜の飼養は稀だった．中国人の伝統的な食事で肉の役割は非常に小さく，豚と鶏だけは好まれるが，乳製品は完全に欠落する．

中国の食事は菜食が主である.[9] 平均してカロリーの 90 パーセントは穀物から摂取し,[10] 蛋白質は大部分が穀物か，豆類と蛋白質に富む豆腐や醤油のような豆製品からとり,[11] 南方では鮮魚や干し魚，魚醤でも補う.[12] ベジタリアンの食事は特定のアミノ酸，特にリジンが欠乏するが，中国では大豆製品や魚が

---

4) J. L. Buck (2), p. 174.
5) Perkins (1), App. F. を見よ．
6)『齊民要術』,『王禎農書』,『農政全書』を見よ．これらの農書が普通の作業を反映しているとすると，蚕は明らかに中国の最も重要な家畜と言えよう．
7) 例外的に，南北朝時代北朝の均田制では草地に4頭まで家畜を置く記述がある（萬國鼎 (10), 韓國磐 (1)）が，その諸王朝は遊牧民起源である．紀元前2世紀の『管子』「禁蔵第五十三」篇の記述によると，その時代の平均的な農家が生産の 60 パーセントが穀物，20 パーセントが果実と野菜，20 パーセントが飼料作物と家畜製品である．
8) 一対の牛かロバの使用は北方ではかなり一般的だったが，南方の水田では水牛一頭引きが普通である．牽引家畜と土地の比率については，Perkins (1), p. 306, Golas (1) を見よ．
9) 篠田統 (6), (7), K. C. Chang (3). 両者は中国の食事様式の発展を歴史的によく考証している．
10) J. L. Buck (2), p. 414.
11) 同上, p. 418.
12) Anderson & Anderson (1).

不足を補い，栄養的に十分な食事を取れる．[13]

'食物'あるいは'食事'に当たる中国語は「飯」(*fan*) で，炊いた米やミレットの粥を意味し，食事というからには必ず「飯」が要る．つまり「飯」のみが飢えを満たす．「飯」を引き立てるため，中国人は「菜」(*tshai*) を加える．この字は元来'野菜'を意味し，他の漢字と組み合わせて使われる．例えば，「白菜」(*pai tshai*) は中国のキャベツだし，野菜一般を意味する言葉としては，「蔬菜」(*shu tshai*) を普通に用いる．「菜」単独の用法はすぐに「飯」と一緒に食べるおかずを意味するようになった．今日，農村で食べる「菜」は主に野菜で，新鮮な緑葉野菜，白菜の漬物，甘藷や豆腐など，そして醤油，生姜，トウガラシ，酢などを混ぜて味をつける．酢と醤油は宋代にはどんな貧しい農民でも生活の二つの必需品になっていた．[14] 農民は多種の野菜を自分の農地に植えるか村の市場から買い，足りなければあちこちから野生のハーブや野草を集めて補った．[15] 手の込んだいろいろな肉料理が『周禮』(*Chou Li*) や『楚辭』(*Chhu Tzhu*) などの古代中国文献に登場するし，漢代以降の王墓からはそうした料理が干からびてはいるが十分元のままで発見されてもいる．[16] とはいえ当時，平民が肉を普通に食べていたとは考えにくい．農事や農民に関する周代の文献は穀物栽培については多くの記載があり，野菜や豆類についてもいくらか記載があるが，肉の記述は貴族階級についてだけである．

乳製品の消費は少なく，今日も，多くの中国人には離乳後のラクトース分解能が欠けている．乳製品を日常的に消費する地方で育つと，成人後にラクターゼを持っていることから見て，ラクトースが分解できないことは遺伝的なものではない．中国国内でも乳製品が短期間であれ流行した時期がある．それは北朝の諸王朝と唐代初期で，中国人上層階級がステップから侵入した新たな支配者と通婚した時代である．侵入者は馬乳酒，チーズ，その他，ふつう中国人がうまいとは思わない食物を好んでいた．[17] こうした乳製品を作っていたのは中

---

13) Buck (2), p. 418. 未調理の大豆は栄養十分とは言えない．何故なら，蛋白質含量は高いが，加水分解しない大豆は吸収されない．
14) 篠田 (6).
15) 『詩經』に記述がある 46 種の野菜は多くが野生だろう．例えば，のげし，おおあわがえり，やなぎたで，にがよもぎ，しだ，竹の子など．K. C. Chang (4), p. 28.
16) Yü Ying-Shih (1).
17) Schafer (25)，また『齊民要術』「養羊第 57」を見よ．

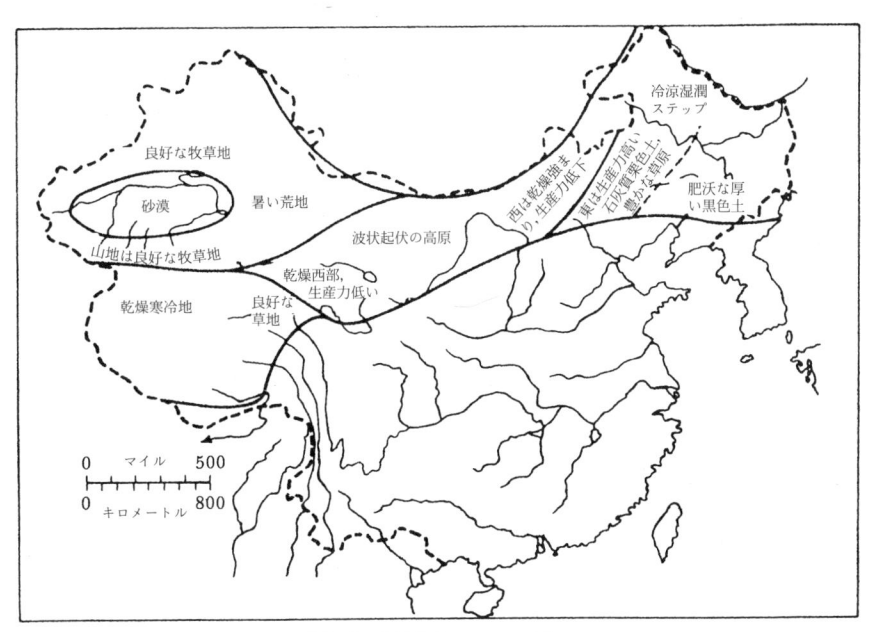

図2　北部草原地勢図．Tregear (2), p. 132.

国人ではなく，たぶん遊牧民起源の牧民だろう．今日の中国でも，蒙古と新疆の草原にいるチベット，モンゴル，ウイグル，カザフ，その他の遊牧民は多数の家畜（羊とヤギが主で，牛，馬，駱駝がこれに次ぐ）を飼い，中国の内省に肉，羊毛，牽引家畜を供給している（図2）．[18]

中国の農業耕作地帯と外域の遊牧牧畜地帯を分かつ境界は，歴史を通して大変はっきりしており，375ミリメートル等雨量線にほぼ合致する．中華帝国の伝統的境界は草原が始まるところで終わった．ステップは最も豊かな草原でも耕作地にはむかず，[19] 中国の国家機構は定着農民に対応して作られた．定着しない遊牧民は数を数えるのも課税するのも困難で，その忠誠心はプレーリーを吹く風任せである（しばしば事実である）と中国の支配者は考え，考慮外に置い

---

18) Tregear (2), pp. 130–139.
19) モンゴルの伝統では，'土地は神聖であり，昔からの部族法では必要最小限以上の土地を耕してはならず，また2年以上続けてはならない'．Lattimore (10), p. 202.

た.[20] 中国人移民がフロンティアを越えて農業を広げようとしても, 失敗に終わるのが常だった. フロンティアを耕作しても, 収穫は少なく不安定だった. 移民が遊牧民と同じ方法で豊かに暮らしたいと願うと, 彼らは中国からは捨てられた存在になるのだ.[21] このことは中国人支配者が明確に意識していた. 彼らは中国人農民と外域の牧民の間に, 支配上も物理的にも厳格な境界が必要だと感じていた. しかし, その政策は中国国家の利益に必ずしも結びつかなかった.[22] ラティモア (Owen Lattimore) は言う.

> [紀元前3世紀に秦 (*Chhin*) は] 初めて中国に統一帝国を創った. 秦はそれ以前の諸王国が設けていた分離壁を統合し, 辺境に万里の長城を築いた. この辺境の線引きは中華帝国の勝手な膨張に対しておのずと生まれた限界だった. 換言すると, 遊牧民が中国を攻撃するから必要となったのではない. そのような攻撃は中国人による線引きの後に起こり, 原因の多くは交易の不平等にあった. つまり中国人が欲する遊牧民の産物 (家畜, 皮, 羊毛, 織物, 毛皮) と, '蛮人' が欲する中国の穀物, 織物, 鉄製品といった産物は価格が釣り合っていなかった. この見解を証する事実は, 統一前, 華北の個々の王国はステップに分散した個々の部族と取引をしていたのに, 秦帝国の出現がただちに匈奴の部族同盟つまり遊牧帝国出現を引き起こしたことだ.

上述のように, 中国の家畜飼育の比重はヨーロッパの営農システムと違ってきわめて小さなものだった. 中国の食物の基礎は穀物であり, 耕作地の中で大きな面積を占めた. 作物輪作には土を肥やすためのマメ科作物や緑肥作物があり, それにアブラナ科や胡麻, 麻などの油糧作物と繊維作物も重要だった. しかし大多数の農地で少なくとも年に一度は穀物を栽培した. バック (J. L. Buck) の調査によると, 1930年当時, 全耕地面積の70パーセントは穀物が植えつけられた.[23] 中国の農書は漢代以降すべて穀物栽培に最大のスペースを割いている.

---

20) いつの時代も中国の政府は遊牧を禁止した. 特に, 放牧地が中国の境界にかかる場合は問題だった. 遊牧民を定着させ, 人口を数えて課税し, 普通の支配下に置くため, 様々な口実を使った. Lattimore(11)が述べているが, 中国とロシアと日本がモンゴル風生活スタイルを変えさせて, 驚いたことに突然, 独立のモンゴル共和国が出現した. しかし, 幸せを感じているモンゴル人は少ない. 近代の主権国家では, 通信ネットワークが発達し, 遊牧民が独立を保つことが困難になっている. サウディ・アラビアのベドウィンは先祖代々の生活スタイルを放棄した代わりに, 豊かになったが, 多くの遊牧民は, 例えばパミール高原のキルギス族が一例だが, 肉体的にはともかく, 経済的には消滅の淵にある.
21) Lattimore (12), p. 483.
22) Lattimore (12), p. 481.
23) Buck (2), p. 209.

近代ヨーロッパの標準から見ると，中国の伝統的農法の収量は高くはない[24]が，しかし近代的な輪作と化学肥料が導入される前のヨーロッパの収量と比べるときわめて高いものだった．中国では播種量の20倍から30倍の収量が得られたのに，中世ヨーロッパでは3, 4倍が普通だったのである（本書の作物体系の章，p. 532 を見よ）．この違いを生んだ大きな要因は，中国の播種技術が，華北のドリル播種や華中，華南の移植のように経済性に優れていたことに起因する（本書 p. 322, 播種量の節を見よ）．また，家畜の飼養に必要な土地も穀物飼料も不要なので，単位面積当たりの人口扶養力はヨーロッパより高かったし，人口増加につれ農民は才能を発揮して方法を改良し，生産を高めた．人口の集中する首都周辺の諸省でも，土地の肥沃度回復のための休閑は最後の手段とする考えが漢代にはすでに定着していたが（本書 p. 478），ヨーロッパでは 17, 18 世紀まであらゆる作物輪作で休閑は必須なものだった．その頃の広東の農民は1年三毛作を行い，稲を二作，油糧作物かウコンか藍，その他の商品作物を一作し，[25]また華北の農民は2年に三作していた．1930年代までに作付け指数[26]は1.4に達していた．[27] 大きな人口が存在するので，移植や丹念な除草といった労働集約的な技術が容易に普及し，このことがまた土地生産性を高めることとなった．中国の農民が農地にかける努力と細かな注意はヨーロッパではどこにも比類するものがなく，匹敵したのは唯一地中海地域のいくつかの地域だけだろう．そして，地中海地域と同様に農地は小さく，特に稲作を行う南方で小さかった．土地が小人数に集中する場合もあったが，土地所有の偏りはヨーロッパよりはるかに小さく，家族単位で行う営農が歴史を通じての規範だった（本書 p. 684 を見よ）．

　中国の土地生産性は高いものだったが，人口増加が続くにつれて新たな耕地が必要となった．中国は急勾配の丘陵や峻険な山地が広く，耕作適地の比率は高くない（図3）．人口密集地の多くで，生産力の高い土地は早い時代に余地がなくなり，土地なし農民が取りうる選択肢は二つに限られた．つまり人口の少ない地方へ移住するか，やせた土地で条件に合う何らかの作物を見つけて栽培

---

24) 同上，p. 223.
25) 『廣東新語』14 章，p. 371〔「巻十四食語」〕．
26) 全耕地面積で1年の作付け面積を除した数値．
27) Myers (2), p. 307.

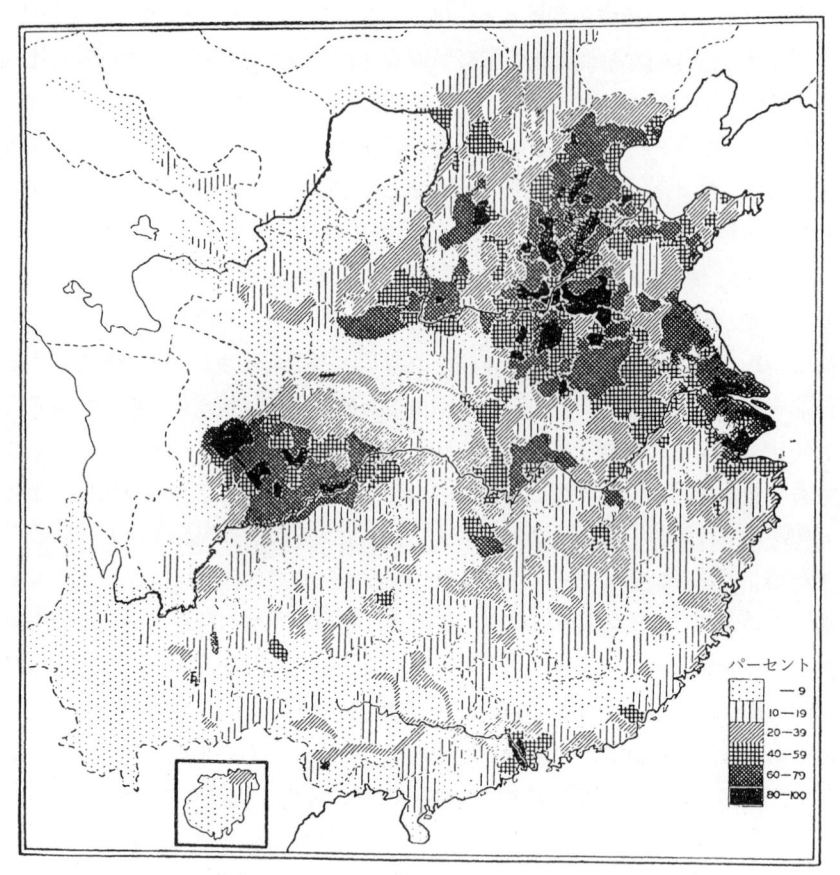

図3　中国の耕作適地比率．Buck (2), p. 168.

するかだった．

　中国の初期王朝時代，穀物生産の中心地帯は首都がある省（渭河と黄河の河谷）と，黄河下流の広い平原だった．そこで栽培するミレットと小麦の収穫物は王室の食料庫を満たし，朝廷とその軍隊と官僚を支えた．しかしこれらの地方が人口過剰となり，多くの土地なし農民が南へ移動し，揚子江流域には稲作民が膨れ上がった．唐代までに揚子江沿いの諸省は国家の食料庫に貢献する点で北と肩を並べ，宋代には経済中心は明らかに揚子江へ移った．揚子江デルタの諸省はすでに人口過剰となり，移民の流れは滔々と内陸の湖北，湖南へ，また南の広東へ向かった．こうした地理的拡大は 1800 年頃まで途切れることな

く続き，その頃には，雲南のような遠隔地まで漢人移民が入り込んでいた．

　農地を渇望する農民の中には，先祖以来の土地から離れようとせず，やせた土地の開拓に骨折りをいとわない者もいた．彼らは湿地を排水し堤で囲って水田に変え，山地の斜面に狭い棚田を刻み，海浜に作った農地を根気よく水で浸したり排水したりして塩を除き，稲を植えられるように努めた（農地体系，p. 138 を見よ）．このような倦むことのない開拓過程が必ずしもいい結果にならない場合もあった．とりわけ南方諸省の急峻山地では，基岩がむき出しとなり，不毛の結果に終わることもあった．しかし囚人の場合，他の選択肢はなかった．かくて土地は少なく，人口は大きく，無謀な開拓はしばしば餓死をもたらした．ヨーロッパでこれほどの熱意を開拓に発揮した所は，一つは地中海に山が没する地方だろう．そこでは古典時代に斜面をテラスに刻み，ブドウ，オリーブ，小麦を栽培した．もう一つは人口稠密なオランダで，その最良の農地は海を干拓して作った土地だ．最近数世紀の人口増加にもかかわらず，ヨーロッパには手のつかない傾斜草地や森を広大に残す余裕がある．中国でならば森ははるか以前に木を失い，穀物が植えられていただろう．[28]

2　農業地域区分

　中国の農業地域区分はアメリカの農学者バック(2)が1937年に最も完結した形で提出している．彼の区分は1930年代初期に行った詳しい調査に基づいている．区分の基準は気候，地形と土壌，自然植生，栽培植物と飼養家畜，土地利用とその分布，作物の平均収量，農村の生計状態，土地の所有関係などである．これらのデータに基づいて，彼は主要な農業地域八つを定義し，二つの異なる農業地帯に包括した．北方の小麦地帯と，南方の水稲地帯である．バックの区分は彼以降の農学者と地理学者が細部にいたるまでほぼそのまま踏襲して

---

[28] 王朝時代の中国は海外からの輸入品で農産物不足を補うことができなかった．19世紀，20世紀のヨーロッパはそれが可能だったが，タイやミャンマーが余剰米を市場へ出すようになったのは最近のことだ（Cheng Siok-Hwa (1), Tanabe (1)）．タイが米の輸出を始めるや直ちに中国人は買える量すべてを輸入した（Tanabe (1), p. 41）が，それは大海の一滴だった．他方，ヨーロッパは穀物と肉の需要を大部分アメリカとオーストラリアからの輸入で満たすことができ，そこへ移住したヨーロッパ移民は故郷の農業地帯では制約されて実行不可能な進んだ営農法を始めた．この結果，ヨーロッパでは土地に対する人口圧を減少できたのである．

1：トウモロコシ―ミレット―大豆地域
2：春小麦地域
3：冬小麦―ミレット地域
4：冬小麦―ソルガム地域
5：揚子江水稲―小麦地域
6：水稲―茶地域
7：四川水稲地域
8：水稲二期作地域
9：西南水稲地域

図4　中国の9個の農業地域．北方の旱地穀物地帯と，南方の水稲地帯に大別．Buck (2), pp. 25, 27.

いるが，バックの調査時に日本の占領下にあった満州は，中国東北部として後に追加されている（図4）[29]．バックの様々なデータは1930年代の数字で，歴史的な研究では意味が薄れるので，詳細な数字をそのまま使うことはしない．地形と気候の全般的な記述は第4部[*1]にすでにあり，気象学は第21部[*2]で，地質

学は第23部*3で，土壌形成は第38部*4で述べられるので，ここでは九つの農業地域の基本的な性格を提示するに留め，次いで北方と南方の農業地帯が持つ最も重要な特徴を対比的に列挙しよう.30)

(i) トウモロコシ―ミレット―大豆地域

この地域は以前に満州と呼ばれていた東北部の黒竜江，吉林，遼寧各省を含む．漢代と明代の植民期を除くと，この地域に漢人農民が入り始めたのは19世紀末だ．そこは古い時代からの確立した境界がないし，複雑な土地所有関係や慣習権がないので，生産性の高い，中国ではほかにない大農地営農システムを発展しうる点で，現代中国の発展に関心を寄せる研究者の興味を引く地域だ．最近に植民された日本の北海道同様，稠密な中国農業の中心地帯では実際上できないような機械化が可能となっている．緩やかな起伏の満州平原にたたずむと，アルバータ州かコーンベルトにいる気分になる．

東北部のステップ地帯は，大部分が肥沃なチェルノーゼム土壌からなる．気候は厳しく，長い苛酷な冬は気温がときに−35度まで下がる．河は11月末から4月まで凍結し，無霜期間は5ヶ月に過ぎない．作付け期間は120日から150日（緯度により変わる）に過ぎないが，夏の日照は14時間から16時間あり，気温は15〜20度に達するのでおぎないがつく．夏の雨は強く，規則的で，平均年間雨量500ミリメートルの半分は7月，8月に降る．この規則正しさがよい収穫を保証している．

起伏上部はミレットが広く，下部低地はソルガム，今はトウモロコシに置き換わってきている．また満州は大豆の主産地で，大豆の起源地はこの地域と推定される（本書p. 572を見よ）．中国本体部の近接地域では牽引用（主に牛とロバ）を除いて家畜は少ないが，北部では放牧地が広く，馬が数千年来同様，今も飼

---

29) 新疆，モンゴル，チベット高原は，すでに述べた理由で本書の範囲外なので，ここでは取り扱わない．
30) 詳しい記述はBuck (2), Tregear (2), Cressey (1) にある．1949年以来，集団化と農村産業化が中国の農村部に激しい変化をもたらしたが，本書ではその変化を取り上げない．本書で行う歴史的研究の構成は1600年で止めている．
*1 思索社刊第1巻, pp. 54–70.
*2 思索社刊第5巻, pp. 355–394.
*3 思索社刊第6巻, pp. 117–152.
*4 Needham, Vol. VI. Part 1, *Botany*, 1986, 和訳未刊.

われている．

(ii) 春小麦地域

バックがこう名づけたのは，中国本体部の中でこの地域だけは厳寒が冬麦の生育を阻んでいるためだ．切り立った浸食の激しい山地の上にあり，北は蒙古とオルドスの草原に接して，定着農業の拡大に自然の限界がある．土は主にレス起源で，養分はまずまずだが有機物が少ない．生産性の制限因子は雨量の少なさで，従来の農業は灌漑が可能な河谷に限られてきた．

気候は厳しく，気温幅は1月が−7度，7月が23度，無霜期間は5ヶ月である．降雨は夏に集中し，少ない（375ミリメートル程度）上に不規則である．農業生産を旱魃が阻害するし，夏の雹嵐，初冬の霜も作物に被害を及ぼす．

春小麦地域という名前と齟齬があるが，この地域の主作物はアワ，キビといったミレットで，これらはほかの穀物より乾燥条件への耐性が強い．他の重要な作物に春小麦，春大麦があり，北縁ではオート麦を栽培し，エンドウ，他のマメ類，ムラサキウマゴヤシの作付けは広いが，冬季の作付けや二毛作は行わない．家畜は多く，丘頂に羊の群れを放牧し，牛，ロバ，ラバ，馬を牽引と運搬に使う．この地域の北部と西部には回教徒や遊牧民が多く，食事にはマトンや乳製品が普通となる．

この地域の農業は限界線上にあり，天災が頻繁にある．しかし中国人はすでに漢代以前からここで農業を営んできた．ともすれば砂漠に戻るこの辺境地域に彼らは気候の温暖湿潤期に入り込み，原住民を追い払ってその集落を呑み込んできた．

(iii) 冬小麦—ミレット地域

これはとりわけレス台地に相当し（図5），風積レスが厚さ150メートルにも達する．村々はレスの崖に穿った穴居の家が伝統的だ．レス土の自然肥沃度は高いのだが，有機物と窒素が少ない．それに少ない雨量が耕作の制限因子となる．気候は春小麦地域と似ているが，やや暖かく，雨も少し多い．レス台地で雨は待ち焦がれるものだが，夏の嵐雨は崖を大きく切り取り，作物も家も流し去ってしまうので必要悪の側面もある．浸食の危険は農地のテラス仕立てである程度防げる．この地域のテラス造成はたぶん宋代以前に遡り，20世紀までに耕作

図5　陝西レス台地の浸食. S. W. Williams (1), vol. 1, p. 97.

地の3分の1以上がテラスに変えられてきた．それでも，過耕作が丘頂にも及び，植生に覆われていた土地を開発した結果，月世界のような景観がこの地域には広がっている．

　主な作物はミレットと冬小麦，ソルガムと棉で，棉は気候が少し温和な渭河と汾河の河谷によく適している．全体としてミレットとソルガムは斜面に，小麦は河谷に植えつける．冬作物と二毛作がかなり普及しているが，家畜が少ないため土の肥沃度の維持が難しい．家畜は羊が少しいるが，主には牽引用の牛，ラバ，ロバである．

　この地域の耕作は7000年前の新石器時代初期から継続している．気候の厳しさ，不規則さにもかかわらず，この地域は長期間驚くべき大人口をかかえた

図6　広大な華北平原の鍬耕起．King (1), fig. 115.

重要な経済地区の位置を保持し続けている．それでも厳しい旱魃が頻繁に起こり，土壌浸食が急速に進むため，数少ない管理地区を除くとほとんどの地区は豊かといえる状態にはなってはいない．過去数世紀，耕作の報酬は次第に低減し，不安定化している．

(iv) 冬小麦—ソルガム地域

　この地域は大黄河平原と山東半島の低丘陵から成る．平原は低平で(図6)，あちこちにあるくぼ地は夏の雨で湖や湿地と化す．しかしこれらの'湖沼地'は普通すぐに干上がり，秋には小麦やソルガムを植えつけられる(本書 p. 502を見よ)．この地方の河川は上流の一次的レス台地から運ばれる土砂のため，濃い

泥水である．平原は大変平坦なので，河川水路はしばしば堆積物で埋まり，洪水を起こしたり流路を変え，災害をもたらす．[31] 沖積堆積物からなる表土は概して肥沃だが，沿岸部には完全に不毛な塩性地域がある．

気候はレス台地より温暖で雨も多い．気温は0度から30度と変動が大きいが，無霜期間は7ヶ月と長い．降雨はやはり夏に集中し，年間平均500ミリメートルで，西部や北西部より相当多い．しかし不安定さは同じで，農民は農地の灌漑水を得ようと井戸を掘るが，特定の地域ではこれが塩類土化の問題を起こす．

最近の数世紀間，冬小麦が最重要な穀類作物で，ミレット，ソルガム，それに19世紀来トウモロコシも栽培される．ソルガムは旱魃と洪水に耐えるので特に有用，小麦は夏の洪水が引いた後の低い'湖沼地'によく生育する．大豆と甘藷は夏作に広く，また棉が明代に導入され春に植えられる．二毛作面積は広い．家畜は少なく，牽引用に牛，ロバ，ラバを少し飼う程度で，揚子江下流域を別にして他のどこよりも少ない．（豚はもちろん例外で，西北部を除いてどこも多い．）

歴史初期の長期間，この地域は中国の穀倉だったし，経済的重要性が南へ移った中世も高い人口密度を支え続け，西北部に比べると豊かだった．しかし旱魃，洪水，餓死といった災害が絶えずあり，多くの農民がもっと安定した生活を求めて南方へ移住することとなった．

(v) 揚子江水稲—小麦地域

ここは揚子江の氾濫原地域で，平坦ないしわずかにうねる平野に低い丘と山がいくつか点在する．平野には河と運河が縦横に走り，洪水に備えた堤が積まれ，あちこちに湖がある（図7）．土は様々だが，多くは洗脱の進んだペダルファー〔アルミニウムと鉄が相対的に濃縮した赤や黄色の土〕で肥沃度は中度ないし低度だ．しかし稲作を行うとポドゾル化が起こって土の酸性を弱め[*1]，そこそこの生産力となる（本書p.28を見よ）．

気候は冬季に温暖（1月も0度以上），夏は暑く多湿で7月の気温は30度を超

---

31) 黄河は歴史的に何度も流路を変え，その度に洪水は数千平方マイルを浸し，餓死者は数百万人を数えた．別名を「中国の悲しみ」と言う．第1巻〔思索社刊第1巻〕参照．バックの批評はやや冷淡である．'地質的に言って，定住に適する数千年前に人間が住み着いた．したがってそのリスクを負わねばなるまい'（Buck (2), p. 61）．

*1 水田で起こる酸性の軽減はポドゾル化とは関係がない．

図7 揚子江デルタの景観. *China, Land of Charm and Beauty*, p. 96.

える．降雨は華北のような季節的偏りが少なく，年平均雨量は1000ミリメートル，無霜期間は9ヶ月を超える．

　重要な作物は圧倒的に水稲だが，二期作は稀だ．代わりに冬作物に小麦（揚子江下流部）あるいは大麦（より上流部，そこの短い収穫期間に耐える）を植えて二毛作を行う．緑肥作物を栽培して，洗脱されたやせ土の有機物含量を高める慣

行があり，また油糧作物や棉は重要な商品作物になる．桑の栽培が揚子江の堤沿いに広く，養蚕は宋代以来の重要な産業となっている．二毛作面積は広く，土の肥沃度を保つため河泥や油粕，人糞尿を施す．家畜は少ないが水牛と牛を牽引用に使い，肉と厩肥用に豚を飼う．しかし水路に群れを成す魚が蛋白質補給に重要だ．

　この地域は数世紀にわたって中国経済の中心であり，大量の余剰米を国内市場へ供給してきた．また漆器や紙などの産業も発展させてきた．しかし何といっても揚子江下流部の卓越した産物は絹織物である．人口増に伴って揚子江の農民は内陸へ，また南へと，進んだ栽培法や他の技術を携えて移住し，移住先が発展すると揚子江平野の経済的比重は次第に低下した．とはいえかなめの地域であることに変わりはなく，揚子江沿いや北部との沿岸交易から富を積んだ．もちろんそれ自体，生産の豊かな地域でもある．その富，贅沢な生活スタイル，都市とりわけ杭州，蘇州の美しさは昔から有名で，今も中国の最も人口稠密な地域の一つだ．

(vi) 水稲—茶地域

　この地域は湖南省の洞庭湖，鄱陽湖を取り巻く内陸平野と，沿岸平野に注ぐ小河川の狭い平野から成るが，面積的には低山と丘陵が主で，そこは中国茶の大部分を生産する．土はすべて洗脱が進み，相対的にやせており，丘陵の多くはやせ土のうえに浸食が激しく，耕作は功が少ない．斜面の下部はテラス仕立てが普通だが，そうでない斜面は急速に激しい浸食を受ける．

　気候は亜熱帯的で気温は6度から30度の間を変動し，降霜は特に沿岸部では稀だ．年平均降雨量は1500ミリメートル，夏に多量に降るが雨のない月はない．丘陵上部や山地は霧が立ち込め，高品質の茶を生む環境となる．

　水稲が主要な穀類作物だが，稲の二期作はあまり普及していない．小麦と大麦を冬に栽培するが，小麦は気候に適さず収量が低い．ナタネもよく普及した冬作物で，二毛作に広く取り込む．桑，柑橘，甘蔗は沿岸部で栽培される．全体に穀物の収量はやせ土のため低く，そこで土の肥沃度維持のため大きな努力が傾注され，石灰，人糞，油粕，堆肥，緑肥を施している．牛，水牛を牽引用に，豚を肉用に飼う．

　沿岸部は人口稠密地区で宋代以来経済活動が盛んだ．重要な交易拠点の福建

図8 四川の棚田. *China, Land of Charm and Beauty*, p. 162.

港と揚子江沿いの諸都市に近く，このことが農業を進展させ，商品作物さらに工芸品の生産を促す要因となった．他方，内陸部は数世紀前まで人口希薄で発展が遅れた．しかし湖南省は移民の増加につれて稲作技術が着実に進み，農業生産が増大し，その余剰米は清代までに国内市場で大きな比重を占めるようになった．茶の輸出需要が増大したことも丘陵地区の経済発展を促した．1930年代にバックはこの地域が中国で最も豊かな農業地域だとすら考えた．

(vii) 四川水稲地域

この地域は高い山並みが取り巻く四川の'赤い盆地'である．山地は盆地から急傾斜で立ち上がり，耕作は下部斜面に限定される．盆地自体は緩い傾斜の丘陵に棚田が広がる（図8）が，西に向かって次第に起伏が小さくなり，全中国で一，二の農業生産を争う平坦な成都平野が位置する．'赤い盆地'の土は赤いというより紫色で総体に肥沃である．とりわけ成都平野の灌漑農地は肥沃度がき

わめて高く，高収量をもたらす．

　秦嶺山脈が冷たい北風をさえぎるため，赤い盆地は気候温暖で，冬の気温は5度前後，夏の気温は30度に達する．降霜は稀，年間雨量は約1000ミリメートルで年間を通して雨があるが，時に厳しい旱魃もある．

　水稲が主要な穀類作物だが，大麦，小麦，トウモロコシも重要だ．トウモロコシは斜面での栽培に適している．甘藷，ナタネ，胡麻の栽培も広い．商品作物に甘蔗，棉，茶，柑橘があり，また四川は絹織物の重要な産地である．冬作と春作の面積は広く，ほとんどの農地は二毛作を行うが，稲は一期作のみだ．土の肥沃度維持に人糞施肥が広く行われる．四川の農場は家畜の飼育が比較的多い．牛の頭数は南方中国のどこよりも多いし，水牛と豚の飼育もかなり多い．

　周囲を完全に取り巻く高山のおかげで，四川は一度ならず他の地域から政治的独立を保ったが，土の生産力が高く，生育期間は長く，孤立を保っても経済的に困ることはなかった．四川は昔から豊穣の土地として知られ，米は豊富で様々な果物もたわわだった．中国で最初に茶を栽培した地域であり，漢代までには絹も有名になった．しかし絶えざる内乱で多くの人命が奪われ，人口密度と繁栄は安定していれば期待できたであろう水準に達することはなかった．

(viii) 水稲二期作地域

　この地域の自然環境は水稲—茶地域に類似するが，有名なカルスト地形[32]が広西中部から広東の一部まで広く分布し，その点で異なる．耕作地は大部分が平坦で灌漑可能な河谷と，広い広東デルタに位置する．土は土としてラテライト質で往々にして浸食が激しく，洗脱されていて肥沃度が低いが，河谷の土は数世紀の稲作でポドゾル化されている〔水田で還元溶出により生じる表土の灰色化をポドゾル化と呼んでいる〕．

　気候は熱帯的で平均気温は12度から30度の間にある．雨量は多く年間平均1750ミリメートルに達し，どの月も雨があり湿度は高い．霜はなく年間を通して生育温度は十分だ．

　主な穀類作物は二期作の水稲が卓越し，農地は稲を通年植えるので冬作物の栽培は少ない．甘藷が田舎では重要な食物になる．主要な商品作物には甘蔗，

---

32) Needham, Vol. 1, fig. 4〔思索社刊第1巻図4〕．

野菜と，柑橘，バナナ，ライチ，ロンガンなどの果実がある．土は酸性のため石灰施与が慣行となり，ほかに人糞と油粕を施肥する．水牛と牛を牽引用に，豚を肉用に飼う．

この地域はベトナムのトンキンや紅河デルタと共通の環境単位を成し，長期間にわたって民族的，文化的にも共通の単位を作ってきた．これらの地域を中国では嶺南，'嶺の南'と呼んできた．華北の漢族は嶺南をジャングルに覆われ熱病の蔓延する蛮人の居住地だと見捨ててきたが，広東とハイフォンの両港は漢代までにすでに国際交易で繁栄していたし，沿岸平野の稲作は高度に発達して，後には嶺北の諸省が真似るほどに進歩していた証拠もある．初期の住民は非中国人で，この地域に北からの漢族移民が溢れるようになったのは中世の蒙古侵入以降だった．丘陵山地は今日も少数民族がまばらに居住する程度だが，沿岸平野は漢族の密度が高く，そこから中国人がさらに東南アジアへ再移住することが地域経済に重要な要因となっている．

(ix) 西南水稲地域

この地域は全体が高原をなすが，深い河谷と高い山脈で区切られ，深く切り込まれた卵型の盆地が無数にある．その斜面と谷底には棚田が広がり，定着農耕はほとんどそこで行われるが，ほかに昆明南の広い湖成平野にもう一つの場がある．定着農耕はほとんどが灌漑棚田（図9）で行われ，その面積は全体の中できわめて小さな比率に過ぎず，森林植生で覆われた丘陵には焼畑が広い．常時水田耕作を行わずポドゾル化されていない山土は農業的にはやせている[*1]が，短期の焼畑を行う場合，灰が養分を付与するのでそこそこの生産を挙げられる．

気候は大変温暖で，気温は昆明では9度から22度まで13度の変動にとどまるが，山地では変動はもう少し大きい．雨量は1500ミリメートル前後と相当多く，夏に集中するが毎月雨が降る．霜は稀で，昆明は中国で常春の里として知られる．

谷底低地で栽培する主要な穀類作物は水稲で，南部では二期作も少々見られる．もっと一般的なのは冬作物との二毛作で，小麦，大麦，ソラマメが稲に次

[*1] 水田表土の灰色化について誤解があり，文脈が歪む．

図9　西南中国の峻険な森林山地. *China, Land of Charm and Beauty*, p. 151.

ぐ重要な食料作物となる．ナタネ，棉，タバコ，茶，果実も谷底低地の重要な作物だ．焼畑民は斜面の畑でトウモロコシと陸稲を多種のマイナーな作物例えばトウガラシなどとともに栽培する．[33]　永年耕地の肥沃度を保つため人糞や厩肥を施肥する．家畜飼養は中国のどこよりも多い．豚は谷底低地の住民も山地の住民も飼っているが，山地で飼われる小さな黒豚は谷底住民の太った家

豚に比べて自由にあちこち動き回っている．牛と水牛は大事な牽引家畜だが，小さく気象の激しいポニーが引くトロイカ風代八車も昆明でよく見かける光景だ．

この地域の自然条件は中国よりも東南アジアに近い．雲南から発する大河に沿って自然の連絡路があり，東は紅河沿いに安南〔トンキン〕へ，南はメコン河あるいはサルウィン河を下ってタイ，ラオス，カンボジア，コーチシナへ至る．貴州は中国文化辺境の広西と湖南に結ばれていた．雲南省，貴州省が中国本体部と恒常的に結ばれるのは，鉄道が成都，長沙から 1949 年に敷かれ，また道路が四川，湖南に延びて以来に過ぎない.[34] 最近まで漢族住民は稀で，今日でも漢族は多彩な民族や人種のるつぼの中で少数民族にとどまっている．谷底低地に居住して水田耕作を行ってきたのは伝統的にいくつかのタイ (Thai) 族で，今日もそうである．ほかに苗 (ミャオ, Miao) 族と彝 (イ, I) 族は斜面の焼畑耕作でくらしていたし，また狩猟民，採集民の部族も多種がおり，彼らは耕作をまったく行わなかった．とはいえこの地域が文化的後進性にとどまっていたわけではない．例えば紀元前 1 世紀に滇王国を征服した漢帝国の軍隊の報告や考古発掘成果から見ると，紀元前 2 世紀の昆明の文化は洗練とは言えないにしても，繁栄と創意に富むものだった.[35] この地域の稲作はすでに進展していたし，また 9 世紀に鎮撫のため派遣された中国人将軍の報告は小麦と水稲の二毛作の存在を全中国で初めて述べたものだ (本書 p. 518 を見よ)．先史時代に遡ると，稲の栽培はこの地域を含む高地東南アジアで始まったかもしれないとの推定もありうる (本書 p. 542 を見よ)．とはいえ比較的近い東南アジア諸王国とすら迅速，恒常的に交流することが難しいため，この地域は経済的拡大よりも自給経済の維持が基調であったことは間違いない．

以上述べた特徴は主に 20 世紀に集めたデータに基づいているが，もちろん数世紀，数千年紀にわたって中国農業は相当な変貌を遂げてきた．技術は変化し，新作物が導入され，人口が増加し，人口移動が生じ，したがって例えば今日の

---

33) 19, 20 世紀，アヘンはこの地域で，また四川の一部でも，重要な作物だった．Fei & Chang (1) は河谷地域の経済に占めたアヘンの役割を明快に説明しているが，山地民ではもっと重要だった．Geddes (1) を見よ．今日ではアヘン栽培は政府が厳しく制限し，用途は医療用に限られている．
34) Buck は 1930 年代に，彼の調査員がこの地域を踏査することがいかに困難か，嘆いている．
35) Von Dewall (3).

湖南省の農村景観を16世紀の湖南の住民が見たとしたら，それとは判らないだろう．さて，本書の歴史的考察は原則として17世紀で終わるので，バックの行った農業地域の分類をとり上げることは妥当と言えるだろうか？

中国歴史文献の中には，全国の農業調査に基づいたバックの著作に類するものはない．[36] しかし諸王朝の正史，農書，植物学的著作などを広く読むと，もちろん細部は変わるが，バックの分類は本質的に非常に長期にわたって妥当なものであると感じる．例を挙げると，揚子江地域で冬麦は宋代に初めて普及したが，当時はチャンパからもたらされた早熟稲が二毛作を可能にした時だった（本書 p. 552 を見よ）．また華南の広東で稲の二期作は漢代にすでに知られており，また冬麦が黄河平原で初めて栽培されたのもほぼ同時代である（本書 p. 520 を見よ）．バックの農業地域区分に最もよく似た区分を中国史の中に探すなら，それは『周禮』にある「九州」の記述である．『周禮』は前漢時代に編纂されたが，「九州」の記述はもっと古い『書經』中の「禹貢」[37]に遡る．「禹貢」は農業生産そのものを扱っているわけではないが，『周禮』は図式的にだが扱っており，それに基づいて漢代初期あるいは漢代以前の地域区分を描いてみると，バックの図とほぼ合致する．その記述は九州各地域の最も代表的な穀類作物や飼養家畜に触れている（図10）．この図から，当時も西北中国の典型的な作物はミレットであったこと，淮河の南では稲が卓越したこと，また東部の平野や山東半島ではミレット，小麦，稲を含む混合経済が主だったことがわかる．

東北部中国で戦国時代と漢代に稲が重要な位置を占めたが，後代になると北方中国で稀になったのは気候変化が関係していた可能性がある．過去数千年間，中国の気候が変化してきたことは竺可楨（Chu Kho-Chen）(9), (*11*) がうまく示している．中国の史書に気候変化を詳細に辿れるようなデータはないが，梅の木や竹の分布，特定の木の開花時期についての記録などから，竺可楨は中国の平均気温変化を図示し，ヨーロッパの同様の結果と比較している（図11）．気候変化は，平均気温，雨量，雷雨の頻度，相対湿度など，どの指標で表そうと農業生産に影響を及ぼすことは明らかだ．このことはヨーロッパの地方史を使っ

---

36) 明清時代の地方誌の情報を集めても，同じ印象を受けるだろう．サンプリングの信頼性が問題になる．Buck の行った20世紀の調査も同じ批判は免れない．指摘された批判のいくつかは，Escherick (1) を見よ．

37) 本シリーズ第38部〔Needham, Vol. VI. Part 1, *Botany*, 1986, 和訳未刊〕の古生物史で，その年代と土に関する知識を論じている．

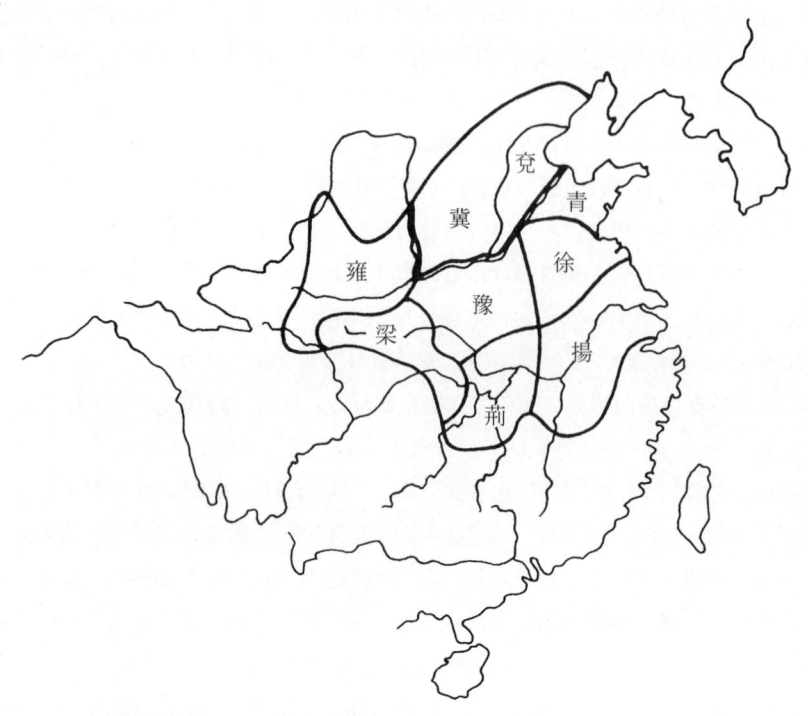

冀 (Chi) 州．アワ，キビ，家禽
兗 (Yen) 州．アワ，キビ，稲，小麦，馬，雄牛，羊，豚，犬，家禽
青 (Chhing) 州，徐 (Hsü) 州．稲，小麦，家禽，犬
揚 (Yang) 州．稲，家禽，鵝，山雉
荊 (Ching) 州．稲，家禽，鵝，山雉
豫 (Yü) 州．アワ，キビ，豆，小麦，稲，馬，雄牛，羊，豚，犬，家禽
梁 (Liang) 州．産物の記載なし
雍 (Yung) 州．アワ，キビ，雄牛，馬

図10　漢代の資料が記す九州の産物．

た詳細な研究で明らかになっているし，地方ごとに影響が違うことも判った．例えばバルト海で平均気温が下がると，地中海で雨量が減少する．また同じ変化でも地方ごとに起こる時期がずれる．[38]　中国の広さはヨーロッパ全体とほぼ同じであり，概括的な歴史資料から気候変化について単純な結論を引き出すのは望むのが無理というものだ．

　気候変動は農業に様々な形で影響する．第一に，顕著な気候変化が引き続く

---

38) Le Roy Ladurie (2), H. H. Lamb (1).

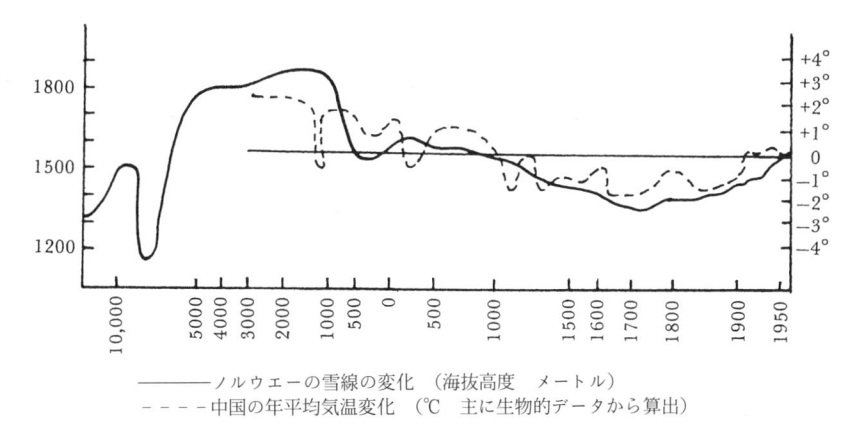

―――― ノルウエーの雪線の変化（海抜高度　メートル）
- - - - 中国の年平均気温変化（℃　主に生物的データから算出）

図11　ヨーロッパと中国の平均気温の長期変動．竺可楨 (*8*), p. 495.

と，栽培可能な作物の種類に影響が出る．例えば，北方中国の湿度と気温が上昇すると，そこにある湖沼湿地で水稲の栽培が容易になるだろう（漢代はたぶんこの場合に当てはまる）．揚子江下流部で湿度と気温が低下すると，冬麦に都合よくなるだろう（揚子江デルタで冬麦の導入が成功した宋代はこれに対応するだろう．p. 518を見よ）．またとりわけ華北と西北部での気候変化は，農業地帯とステップや砂漠との境界を変えるだろう．そこでは耕作は条件が好い時だけ可能な不安定な生活方式だ．したがって漢代，唐代に漢族農業移民がその地方を占拠したのは気候温暖期だった可能性がある．気候変化はまた作物収量を左右するが，その影響は作物ごとに違い，影響の仕方も違うだろう．その過程を追うには正確な数字がないと難しい．いずれにしても気候変化の影響を過大に見てはならない．人間は逆境でも受身一方ではなく，作物品種の改良や生産的な耕作方法など，巧みな技術革新の多くは自然条件の悪化を克服するために考案したものかもしれないのである．さらに，気候変化の影響が他の要因で完全に消去されることもある．竺可楨自身，次のように述べている．[39]

　　気候変動は農業方式に影響する諸要因の一つに過ぎず，他の要因，例えば，地主階級の強欲，市場の要求，灌漑システムの設置といったことが優先して，気候変化の影

---

39) 竺可楨 (Chu Kho Chen) (9), p. 18.

響を消し去ったかもしれない．時代が変わると違う農業方法が生まれてきたが，気候変化はその一部に関わった可能性を示すに過ぎないだろう．

気候変動を正確に把握したとしても，それが農業に及ぼした影響を正確に評価するのは難しい．同じことは地形や土など他の環境要因の変化についても言える．西北部中国のレス台地は一旦自然植生が破壊されると，浸食が急速に進む．新石器時代の農民が最初そこに定着した時，レス台地の地表面はもっと高く，もっと平滑で，地下水位はもっと高かったという説がある[40]が，その時代の村落はほとんどが大小の河川に沿った低いレス段丘で発見されている．[41]そうすると，レス台地のもろさから推定されるほどには景観は変わっていないのかもしれない．華南では森林消失に伴う浸食はもっと激しいので，表土は薄く，数年間耕作を続けると完全に流出するところが多かった．そのため森林伐採の悪影響を緩和しようとテラス耕作をしたり，河泥や緑肥を施したりし，これはある程度土を留めた．中国の土と耕作の影響は第38部[*1]でかなり検討されている．数世紀に及ぶ作物栽培の結果，中国のどの農業地域でも主に窒素，燐，またはカリウムの欠乏が生じている(図12)．しかし南方では灌漑稲栽培を継続した結果，やせた酸性土の構造と生産力が改善されてきた．バックはこう説明する．[42]

　　土は，浸透水に様々な有機酸が含まれていると，ポドゾル化する．有機酸は鉱物成分を溶かし粘土粒子を分散的にするので，これらはコロイド状態で下層へ移動し易くなる．水稲栽培では年の大半土地に水をはる．そうするとこの灌漑水はゆっくりだが継続的に表層から下層へ浸透し，コロイド状粘土と溶解成分を移動させる．種々の有機物や多量の下肥を施すと，ポドゾル化は強まる．時々石灰を施すと石灰が粘土を凝集させ，コロイド懸濁液になるのを妨げるので，このような流亡効果は打ち消される．
　　南方中国に分布するどの土でも，灌漑水さえ得られれば稲が植えられる．元は排水のよい旱地の土でも，数年間稲栽培を行うと特徴が変わり，赤い鉄化合物は溶けて表土から下層土へあるいは川へ流出して土の色は褪せていき，長年の間には沖積平野の水田地帯のような灰色土になる……南方中国のどんな土地も，水を保ち灌漑できるな

---

40) J. G. Anderson (1).
41) K. C. Chang (1), p. 94.
42) Buck (2), p. 155.
*1　Needham, Vol. VI. Part 1, *Botany*, 1986, 和訳未刊.

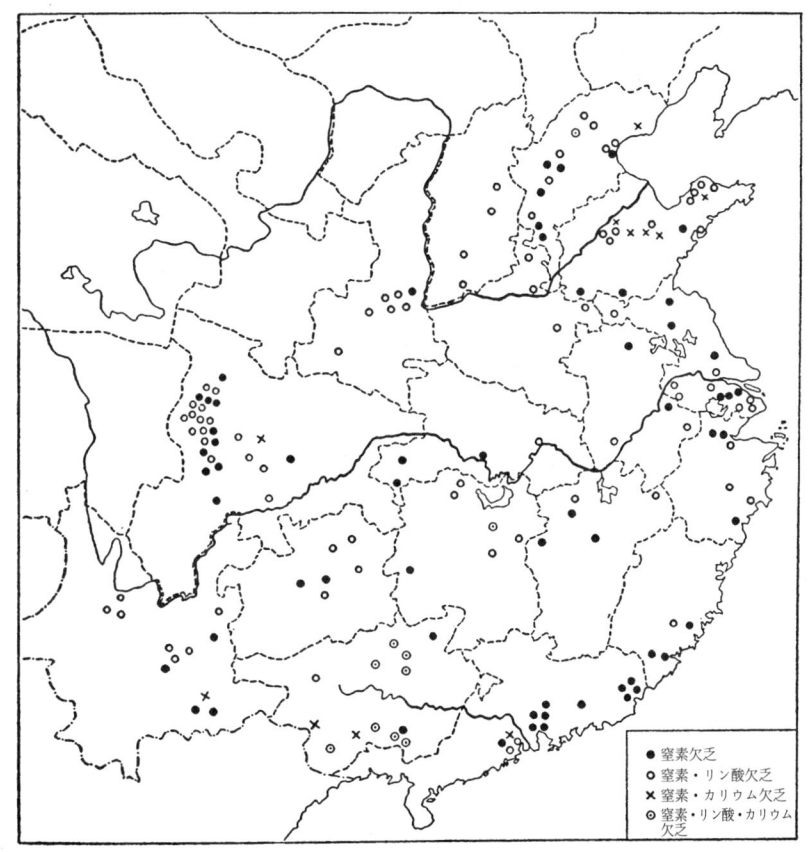

図12 中国の土の養分欠乏分布図. Shen (1), p. 25.

凡例:
● 窒素欠乏
○ 窒素・リン酸欠乏
× 窒素・カリウム欠乏
◎ 窒素・リン酸・カリウム欠乏

ら，少なくとも年のうち数ヶ月は稲を植えられる．元はどんな土であろうと，水田にして耕し，施肥をすると，水稲栽培に向くようになる．'水稲地帯'の名前はまさに南方中国にふさわしい．

かくして，水稲栽培の南方と小麦あるいはミレット栽培の北方は，基本の永続的な農業システムが大きく違い，その違いは小さな農業地域の微妙な違いとは比較にならない．バックが引いた中国農業地帯の南北の境界線はおおよそ秦嶺山脈と淮河に沿い(図4)，この境界は気候変動や技術変化を超えて，中国で農業が始まって以来ずっと継続したと考えられる．両地帯は気候，作物，農具，

農法が異なるだけでなく，農場経営，土地の所有関係，経済発展様式の全体が異なる．社会経済的様相については結論の章で議論を詰めたい．それはさておき，表1は北方と南方の営農システムについて，環境と農業の最も重要な違いを大まかに取り上げている．この表は本書で何度も想起することになろう．もっと詳細な記述はバック(2)を参照してほしい．しかしこの境界線を引いたのはバックが初めてというわけではない．実際には中国の撰者，著述家すべてが明確に意識していたことで，彼らは北方の乾燥農法と南方の灌漑農法を体系的に区別してきた．乾燥農法ではミレットや小麦といった作物，農具としては土壌水分の保持(「保澤」pao tse)と有効利用を狙った播種ドリルや枝条ハローが基本であること，灌漑農法では稲が第一の作物であり，典型的な農具は垂直に歯を埋め込んだハローで，これは粘土土塊をむらのない絹の手触りの泥にするためのもの，枢要技術は水分保持ではなく水の制御(「水利」shui li)であることを明らかにしていた．[43] 北方と南方の区分は今日の中国人が自国の農業を議論する際に誰もが言う事実であり，その淵源は中国農業の起源そのものに遡るように見える．

3　中国農業の起源

　中国農業の起源問題に取りかかる前に，中国発掘資料の解釈に大きな影響を与えてきた考古学説の最近の傾向を全般的に論議しておく．どのような学説を取るかによって，考古学的な解釈だけでなく，解釈の基礎となるデータの収集そのものも影響されるからだ．中国農業の系譜と新石器文化の発展について次々と理論が生まれたが，それらを理解し評価するには関連する広範な問題を知っておかねばならない．まず農業起源の一般的仮説に触れた後，その次の節で中国自体での農業の開始に関する諸仮説を要約し，現時点で利用できる発掘成果を簡単にとりまとめよう．以下数頁で指摘する全般的な問題は，技術の発展，土地システム，それに個々の作物の進化などの記述でも繰り返すことになる．

---

[43] 『陳旉農書』，『王禎農書』，『農政全書』，『授時通考』の多くの箇所を見よ．

表1 中国の北方と南方農業比較

	北　方	南　方
気候	冬と夏の気温差大きい 少雨（350–750 mm） 不安定で,[44] 夏に集中 無霜期間 150–250 日	冬と夏の気温差小さい 多雨（750–2000 mm） 比較的安定で,[44] 毎月雨がある 無霜期間 250–365 日
土	ペドカル，比較的若い堆積物起源 　で，肥えている 窒素，燐の不足	ペダルファー，洗脱進み，やせているが 　水田地域ではポドゾル化で補われる 窒素，燐，カリウムの不足
地形	平原が広く，耕作地比率高い[45]	山地が広く，未耕地比率高い[45]
灌漑	一般的ではなく（北西部を除く）， 　井戸取水が多い[46]	一般的，河流，タンク，運河から取水[46]
作物	旱地（農地は「地」ti と呼ぶ） 代表的穀類はミレット，小麦と大 　麦，ソルガム	灌漑地（農地は「田」$thien$ と呼ぶ） 代表的穀類は水稲（一期作，二期作）， 　冬小麦と冬大麦
営農	大土地所有 牽引家畜比較的多い（牛，ロバ， 　ラバ） 犂，播種ドリル，枝条ハロー， 　有歯ハロー 生産力高い家畜（豚，羊）多い	ごく少規模所有 牽引家畜少ない（水牛と牛） 犂，縦型有歯ハロー，均平具 生産力高い家畜（豚）少ないが， 　魚その他の水産物多い

(i) 農業開始への刺激

　農業と作物栽培の起源について，今，活発な議論が繰り広げられている.[47] 新たな論点は，特定の作物がいつどこで栽培化されたかに加えて，どのように，なぜという疑問である．農業活動を進展させた根本的な原因は何かが，現在，

---

44) 本書図 13.
45) 本書図 3.
46) 本書図 14.
47) 植物の栽培化を以下の議論で取り上げるが，動物の馴養は中国でも他の新石器社会でも植物の栽培化と関係が深いと考えられており（例えば，Ucko & Dimbleby (1), C. A Reed (2) を見よ），ここで列挙する問題点はどちらの過程にも当てはまる．

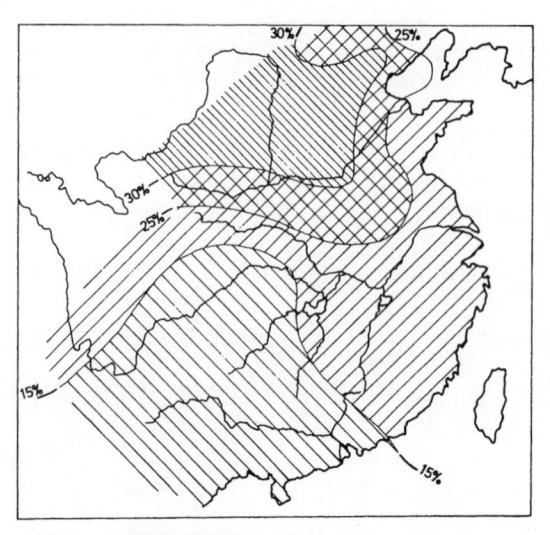

図13　年間降雨量変動率の分布．Tregear (2), fig. 16.

考古学者の主要な関心事になっているのだが，ごく最近までこうした疑問は問題にならなかった．何故かというと，人類史が始めの簡単な形から文化的で楽しい生活へ直線的に進むと考えるかぎり，農業の利点は原初的な狩猟採集よりはるかに優ることは議論の余地がないと考えられていたからだ．彷徨生活の狩猟採集者にはありえない幸せを農業生活者が存分に楽しめることは，疑問の余地がないと見えた．つまり定住生活を行い，食料と安全を十分に確保して，土器製作や織物や金属器加工に始まり，都市や国家へと社会組織が複雑に進展して行く文化的発展が，すべて余剰食料の確保によって可能になったことは疑う余地がないと考えられていた．他方，狩猟採集者はまずい根茎や地虫を探し回る哀れな生活に時間を費やし，文化を創る余裕もないと見られていた．

　農業に利点があることは明らかで，偶然に見つけたにしろ，あるいはどこからか伝わったにしろ，原始人はすぐにでもその利点を利用しただろうというわけだ．人間は最初，野生の穀物を採集して食料を補うことから始まり，次いで居住地の回りに捨てられたごみの山から同じ植物が芽を吹くのを知り，ここから推論して播種の法則を発見したという見解が出された．しかしこの仮説は，初期人類の知的な自然観察能力を低く評価している．初期人にもう少し知性を認める学派は，栽培化に適する一年生穀類だけを取り上げただろうと指摘する．

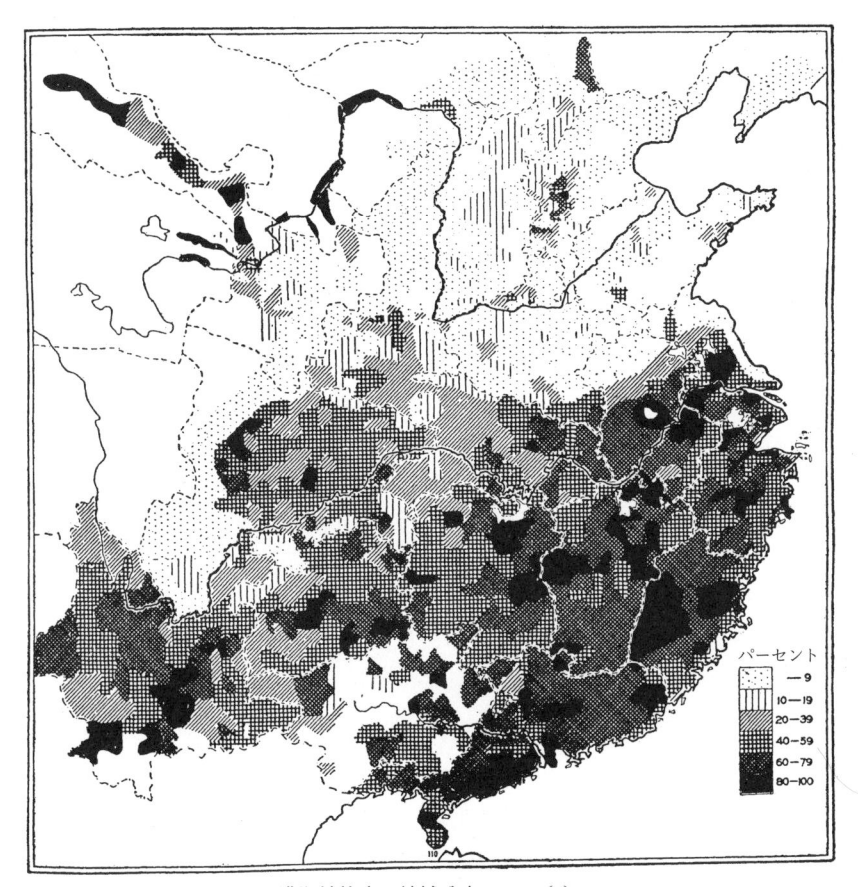

図14 灌漑地比率の地域分布．Buck (2), p. 187.

何故なら多年生穀類は種子のつけ方が不安定だが，一年生穀類は生き残りのため必ず種子をつけることに気づくだろうというわけだ．そこでこの学派は次のように考える．農業生活は，気候的な制約から一年生穀類植物が分布を広げるようになった時期に始まったと．最後の氷期末，紀元前約1万年から9000年頃，北半球の気温は全般に上昇し，降雨量が減少して乾燥が次第に進んだ結果，一年生植物の種数が増加した．ホワイト（R. O. Whyte）は言う．[48]

---

48) R. O. Whyte (3), pp. 214, 218.

不都合な環境が季節的に巡る場合，一年生になることはそれを回避する方策だ．一年生植物は無駄を見込んで多量の種子をつける．それはしばしば大量で，苛酷な環境でも次世代の苗が確立できるよう十分な余裕を見込んでいる．多年生から一年生へある種が進化する，あるいは低い属から一年生へ進化すると，それらの植物は多年生形態では生存できない環境へ偶然や人為によって運ばれても，分布を拡大することができる．大陸アジアの西部と西南部の砂漠周辺で狩猟・採集・遊牧に頼っていた原始人は，多年生の禾本科の穂をこそぎとって植物質食料の一部に当てていたが，完新世の高温期に入ると，旱魃と高温が繰り返す時期に直面した．旱魃の影響で多年生イネ科から取れる食物は減ったが，他方，大きな穂をつけた一年生イネ科が新たな食料供給源となることに気づき始めた．それはどんどん数が増え，いろんな変異があり，都合の良い季節に短期間で生熟するように適応していた．これら新たな一年生イネ科植物は，乾燥と初期遊牧者が行う動物の過放牧のため次第に影が薄くなっていた多年生植物草原の間の不毛地に進出していった．原始人は一年生イネ科植物の穂から種子がはじけ散る習性に気づいただろう．そこで鳥や齧歯類から守るため，種子を土中へ十分深く埋め込む必要を学んだ．これはやがて掘り枝，掘り棒へ，そして旱地耕作の始まりへ進んだ．

　しかし，一年生穀類植物の出現だけでは農業の開始に十分とは言えないだろう．現代の狩猟採集民について最近の研究を見ると，ホワイトが上に述べている完新世高温期の砂漠周辺と同じような乾燥地（例えばオーストラリアの砂漠やカラハリ砂漠）に追いやられている狩猟採集民は，こうした苛酷な条件下でも普通の伝統的な耕作よりはるかに短時間で食料確保をすませ，メニューはもっと多様，栄養ももっとよい．[49]　食料探しの合間には物語を語り，ゲームで遊び，精緻な形而上的思考を組み立て，長い昼寝をする．生活スタイルは大層魅力的で，サーリンス（M. Sahlins）はそれを'豊かな元社会'と名づけたほどだ．しかし多くの人が指摘するように，定着農業の拡大につれて，生き残った狩猟採集民は自分たちが環境の不都合な地域に押しやられたことに気づいた．彼らの以前の生活はもっと楽しいものだった．それどころかほとんどの狩猟採集民は実践的生物学の知識が豊富で，植物を世話したり，播種したり，簡単な収穫すらしていた．つまり農業の十分な知識があるのに，彼らは農業をしない選択をし

---

49) Richard B. Lee (1), (2), (3) がカラハリのクンブッシュマンの生活を報告している．Mulvaney & Golson (1) はオーストラリア・アボリジンの食料資源を述べている．より一般的な研究は Sahlins (1), Lee & DeVore (1), Kraybill (1) を見よ．

たのだ．アレン（J. Allen）が述べている．[50]

　　オーストラリアのアボリジンは正真正銘の狩猟採集民と見なされている．しかし彼らが相当多数の生態系を管理していることは注目に値する．火の使用にはよく通じ，また水を利用して微小環境を調整する．様々な食料保存法の報告もある……大きなトレンチを掘って草を敷き詰め，ソテツ（*Cycas media*）のナッツを保存する巧妙な方法である．明らかな意図を持って種子を植えるとか，収穫したヤムイモの一部を植え戻す報告もある……アボリジンのある一団は，農業へ向かう途中過程で長期間とどまっているのか，ずっと後戻りしてしまったのか，興味はつきない．

非農耕民が多少とも食料植物を育てることはよくある．ワーウィック・ブレイ（Warwick Bray）が次のような指摘を行っている．[51]

　　重要な分かれ目は初めて種子を植えたり，初めて動物を馴らした時ではない．十分有効な農業システムを作り，栽培した食料に依存し始めた時である……恣意的な数字を振り回す[52]より，もっと柔軟な定義を求めるなら依存ということを考えの基礎に置いたほうがよい．つまり，農業社会は（食料の何割を栽培から得ているかではなく）栽培食物に依存するに至った社会である……依存あるいは依存関係にはもっと簡単な基準がある，それは非可逆的ということだ．栽培食物の消費がたとえきわめて少なくとも，一旦農業に踏み込んだ社会が狩猟採集へ戻ることはできない．もし戻ろうとすると，餓死や移住で大きな人口減少を蒙る．実際上，農業確立の時点は，パートタイムの農民がふえて地域の狩猟採集だけで扶養できる人口を超えた時，あるいは景観が大きく変化（例えば自然植生が消滅）して，元の生活法が実際上できなくなった時だ．

考古学的にはきわめて短い期間，紀元前約8000年から同2000年までの間に，西アジアでも東アジアでも東南アジアでも，ヨーロッパ，アフリカ，中央アメリカ，南アメリカでも農業社会が出現し，栄え，膨張した．世界人口のほとんどは農民になったが，農業社会の発展を導いた決定的要因は植物栽培の発見ではない，栽培に適した一年生植物の出現でもない．それらは必要条件ではあるが十分条件ではない．気が向けば多少とも植物を栽培する狩猟採集民は多々

---

50) Jim Allen (1), p. 184, また例えば，Binford (1), Flannery (2) も見よ．
51) Warwick Bray (1), pp. 243-244.
52) 例えば，農業社会とは全カロリーの50パーセントを栽培から得るものを指すといった意見もある（Smith & Young (1), p. 58）．

る．しかしこの状態が農業生活へ必ず変化するわけではない．それでは新石器時代人がどちらかといえば気楽な狩猟採集生活を捨てて，重荷を背負う農民の生活に向かったのはどうしてなのか？

　採集から農業への変化を説明するのに，相関連した三つの仮説が出されている．第一の説は，気候変化，海水面変化，他の生物との競合，その他の原因で，自然から得られる食料資源が減少し，食用作物の栽培や動物の馴養によって食料を補足せざるを得なくなったと言う．この説に対してハリス（D. R. Harris）が次の論評を加えている．[53]

　　主にチャイルド（Childe）が唱えた説だが，近東で食物生産が進展したのは，最終氷期の氷床が後退した後の'乾燥'の結果というものだ．人間，動物，植物すべてが河谷やオアシスに集まらざるを得なくなり，栽培化と食物生産経済の開始に至ったと彼は思い描いた（Childe (2), (4)）．しかし彼はこの新しい生業の成立過程でどのような適応が行われたのか，きちんとした説明をしていない．後氷期の気候変化が新石器革命の主要原因だという彼の提唱は，その熱心さもあって多くの学者の考え方に長らく影響し，食物生産への変化を説明する唯一の説と最近まで捉えられていた（例えば Clark (3)）．

　チャイルドの仮説が受けた批判は，近東に後氷期の気候変動を示す考古学的な証拠がないというものだった．[54] とはいえサハラ砂漠の周縁部には採集以外に漁労にも依存しているため移動を好まない住民がおり，そうした地域で乾燥気候への変化は農業への変換を促す決定的な要因となっただろう．[55]

　農業の開始を促すもう一つの決定的要因としてよく言われるのは人口増加である．今日の狩猟採集民社会では人口増加はあるとしてもごく小さいが，[56] いつもそうだったわけではなかろう．コーエン（M. N. Cohen）(1) の考えはこうである．アフリカに起源した現代の人間の祖先はアフリカ全土へ，そして隣の大陸へと拡散していったが，それは生存に容易なように小さな人口密度を保つためだという．限界人口は地方の条件によって違ったが，狩猟動物の多いサバン

---

[53] D. R. Harris (3).
[54] Braidwood (1), p. 103, Flannery (1), Van Zeist (1).
[55] Thurstan Shaw (1).
[56] 女性の出産力は低い．厳しい生活スタイルが生む生理的な理由のためだ．子供の出産間隔は少なくとも4年，幼児殺しも普通である．Orme (1).

ナは好ましい環境だった．しかし人口が容赦なく増加するにつれ，人間は次第に不利な環境へ移動を余儀なくされ，まずい食物に変えざるを得なかった．結果的に食物が肉から植物へ変わり，人間は農民になったと．[57] しかし，こうした見解に対しても反対意見はある．新石器時代初期の人口密度は高いものではなかっただろうし，また農業が始まった地域にそもそもどうして人口集中が起こったのか，明快な理由がない．狩猟採集民が砂漠やツンドラでも十分暮らせるのなら，単に'周囲の空き地'へ移れば済むことだったのではないか．[58]

　何らかの条件に強制されて狩猟採集民が遊動生活から定住生活に変わったとすると，人口圧は確実に高まり，農業が必須となっただろう．前農業期に定着が生ずる理由は様々だ．ブロンソン（Bronson）(1)はこれを'局地的制限因子'と呼ぶ．例えば住民が島に閉じ込められている場合がある，あるいは防衛や健康理由のため隣接地へ移れない，あるいは獲物の多い湖があるなど住民を特定の場所に引きつける力が利く場合もあろう．[59] 短期で実る野生穀類が採集民の重要な食料である場合，彼らは後で使うために収穫の一部を貯蔵することになるだろう．中東のナトゥフィアン期や他の前農業期遺跡を特徴づける粘土塗りの穴倉はその例だ．この場合，彼らは食料穴倉の近くに定住したくなるだろう．そうでないと食料を食べないまま無防備で放置することになる．[60] 定住生活が持つほかの魅力として，集団生活では社交生活が楽しめる点も指摘されている．[61] 定住生活は必ずしも農業に限らず，非農業定着村の例は東地中海のナトゥフィアン文化にあり，北部ペルーの沿岸集落にあり，北アメリカ北西岸そのほかにある．そしてこの中には集落が大きくなって農業村に発展した場合もあるし，資源が十分なので農業を営む必要がない場合もあった．[62] ともあれ，定住生活では人口増加が急速に進んだと思われる．[63] 資源に比べて人口圧が高まると，住民は移動するか，何とか食料生産を増す方法，つまりは農業技術の

---

57) Gibson (1) は同様のモデルを使って初期メソポタミアで生じた農業技術と社会組織の進展を説明している．
58) Bronson (1), p. 44.
59) Bronson (1), p. 34 以下．
60) Flannery (1).
61) Orme (1).
62) Charles A. Reed (4), M. N. Cohen (2).
63) 定住条件では，最初の妊娠年齢が下がり，子供が増え，妊娠間隔が短くなり，幼児殺しも減る．Reed (4).

始動が必要になる．

以上，初期人類が生活方式を変えて農業を始めた理由を簡単に述べた．[64] しかしどこでも同じ要因が働いたとは考えにくく，今日の多くの考古学者は一つのモデルで世界中の農業の開始を説明できるとは考えていない．フラナリー（Flannery）は，'農業がどこでも同じように同じ理由で始まったとか，すべてを一つのモデルで説明できるとはまったく思わない'と言う．[65]

(ii) 農業起源地の一般的仮説

狩猟採集民がなぜ定着し農耕へ向かったのか論じてきた．さて次に農業がどこでいつ始まったか検討してみよう．これについても一般的な仮説がいくつか提唱されてきた．中国の農業起源と伝播を理解するために，それらを簡単に検討しておこう．

今日ほとんどの農業社会は穀類作物の生産に大きく依存し，したがってまた農業は穀類植物の栽培化から始まったと考えるのが普通だ．先に見たことだが，野生の一年生穀類植物が存在するだけでは栽培化（つまり農業の始まり）につながらない．そうではあるが存在しない植物を栽培化することは不可能だから，初期農業の発展を考えるに当たっては，潜在的に栽培化対象となる植物の分布に注意を払うのは当然だ．

19世紀の植物学者アルフォンス・ドゥ・カンドル（Alphonse de Candolle）は，様々な栽培植物の起源地を求めた初めての人だ．その目的で彼は可能なかぎりの情報を収集した．野生類縁種の分布，歴史資料，地方的名称，言語学的起源，当時利用できたわずかな考古学証拠などだ．こうして彼は1883年，『栽培植物の起源』（*The Origin of Cultivated Plants*）を出版し，その起源地，初期の栽培，他地域への波及過程を考証してこう推論した．[66]

> 主要な種に関するかぎり，農業は当の植物が存在した三大地帯で発生し，それらの

---

64) 詳しくはC. A. Reed (4)，Bender (1)，Megaw (1)，Harlan (5) を見よ．
65) Flannery (3), p. 272. 食料生産への移行について詳しい研究が増えた．例えば，メキシコのテオティワカン渓谷（MacNeish (1), (2), (3)）や，近東の遺跡（A. J. Legge (1), (2), Hole, Flannery & Neely (1), Helback (1), Noy, Legge & Higgs (1)）の詳細な研究の結果，特定の事例の説明でも結構複雑で，どこでも通用するモデルはありえないという印象が強まった．そうした説明モデルがいかに複雑になるか，いい例はHarris (3), p. 190 にある．
66) De Candolle (1), p. 17.

間に互いの交渉はなかった．それらは，中国，西南アジア（エジプトを含む），赤道アメリカである．ヨーロッパやアフリカでも原始人が狩猟・漁猟を補うため，いくつかの植物種を早い時期に栽培していただろうが，農業に基礎を置いた大文明はこれら三つの地帯で始まった．

1926年，ヴァヴィロフ（Vavilov (4)）はドゥ・カンドルの農業起源の中心という概念を取り上げ，進んだ生物学的方法を応用して変異の分布を分析すれば作物起源の中心地を決められる，起源地は遺伝的多様性が最大の地帯であるとした．彼の著書『栽培植物の起源，変異，抵抗性，育種』(*Origin, Variation, Immunity and Breeding of Cultivated Plants*) は1920年代，1930年代にソヴィエトの生物学者が行った世界的調査の成果を踏まえて，'世界の最重要な栽培植物の少なくとも八つの互いに独立した起源中心地' を認め，[67] それらは中国，インド，中央アジア，近東，地中海，エチオピア，南メキシコ・中央アメリカ，南アメリカだとした．しかしその後指摘されているところでは，多様性の中心は確かにあり遺伝的変異を説明するのに便利だが，それが起源中心地では必ずしもない．[68] 事実，ヴァヴィロフ自身この不一致に対応するため二次中心の概念を出さざるを得なかった．また栽培化された地域と起源地とは必ずしも一致しない．[69]

ドゥ・カンドルとヴァヴィロフは農業の起源地を求めるのに，主として植物学的立場に立ち，共にいくつかの地帯を指定し，それぞれ独立の起源地とした．そして共に中国をその一つに含めた．[70] ヴァヴィロフは次のように考えた．'世界農業の，また栽培植物起源地の最古最大の中心地は，中国中央部と西部の山岳地帯，および隣接した低地である'．[71] 他方，考古学者は文化進化に関心があり，彼らが重要視するのは作物の栽培化が起こった場所ではなく，栽培化の概念が初めて作られ実行された場所である．そして農業の発見は，'経済的，科

---

67) Vavilov (2), p. 20.
68) Zohary (3), Harlan (5).
69) 例えばWhyte (3) の意見だが，起源地では当該する種は環境にぴったりと適応しているので，新たな（栽培）形態への変化を促す刺激がない．野生種が自然条件では育たないような辺境でこそ，意識的な育成や，人為的選抜が必要になる（栽培化に導くことになる）．アワについて本書 p. 485 以下も見よ．
70) ヴァヴィロフ，ドゥ・カンドルどちらも，神農伝説が歴史的事実だと幻想を抱いていた．比較的起源の新しい中国の神話によると，神農つまり天の農夫は前3千年紀にいた聖帝で，民に犂の使用と穀類の栽培を教えた．
71) Vavilov (2), p. 21.

学的革命の一部分で，人間を自然の寄生者から自然の活発な協働者に変えることとなった'.[72] 新石器時代の初めの気候変化が食料不足を引き起こし，人間は（女も）農耕を学び動物を飼い馴らした．この革新は他の発見とも密接に関係していたとホークスとウーリー（Hawkes & Woolly）は言う.[73]

　定着集落で農業生活をすることは新石器革命の最初の合図であろう．一揃いの品物が物質文化に付き物となり，それらはどの面からも新石器文化と言えよう．例えば一つは磨製石斧あるいは手斧(ちょうな)で，それらは火成岩かフリントで作る．もう一つはまっすぐな鎌で，ナトゥフィアン文化のモデルが初めである．壺作りや織物技術がすぐに新石器文化に加わったが，それらは……二次的な随伴物に過ぎず，基本的革新は農業生活とその道具にある．

　このように考古学者は，植物の栽培化は重大な革命的概念で，人類史の中でたった一度だけ起こりうるものと見る．最古の農業集落は近東のもので，考古学者はここで小麦と大麦が栽培化され，壺や織物が発明されたと結論づけた．この唯一の起源地から新技術と定着生活が世界の他地域へ徐々に伝播していったと彼らは考えた.[74]

　［新石器革命］が長い時間の中でただ一度生じたことは何より明らかだ．約8000年から9000年前，その揺籃の地で始まり，西ヨーロッパ，中国へ3000年から4000年かけて波及した……新石器時代は……狩猟生活の終わりと金属器経済の間にある期間で，そこで始まった農業実践はヨーロッパ，アジア，北アフリカへゆっくりと波のように広がった．

　農業起源についてこの語り口は，最初に栽培化された作物は穀物であり，農業の発生はなによりも気候悪化で突然起こった食料不足への対応だという前提がある．1952年にサウアー（Sauer）はこの考えを公然と退けた．餓える人間が革新を遂行しうることも危険を冒すことも考えにくい，植物栽培の起源を探究するのなら，むしろ多様な植物がある地域に住み，食料を十分にとり，実験の暇も材料ももっている定住民を対象にすべきだと述べた．サウアーは，最初の栽

---

72) Childe (4), p. 48.
73) Hawkes & Woolley (1), p. 220.
74) 同, p. 219.

培者は農業者ではなく園芸者で，それはたぶん温暖な気候の森林帯に住む漁民であろう，彼らが繊維作物や他の有用植物を小さなガーデンに植え，バナナや食用になる芋類などの熱帯作物を栄養生殖で増やすようになり，その後，穀類や他の種子作物の播種に進んだと唱えた．'植物を栽培する動機の一つは食料を生産することだが，最重要の動機ではなかっただろう'．[75] サウアーは三つの中心地域を挙げた．それは東南アジア大陸部に一つ，アメリカに二つで，そこから植物栽培化の考えがゆっくりと拡散した．植物栽培の習慣が異なる生態圏に入ると新しい種が栽培化され，非熱帯地域で農業の重要さが園芸を凌ぐことになったと彼は考えた．

サウアーがこの新しい仮説を提唱した時，近東の新石器社会の考古学調査が詳細かつ広範に行われていたが，熱帯ではまったく調査がなかった．当時の知識ではサウアーの仮説は肯定も否定もできなかったが，文明揺籃の地に対する思い込みに挑戦するものだったため冷たくあしらわれた．しかし，超伝播論者が抱く農業起源単一中心説はすでに不備があらわだった．ヨーロッパや西アジアで調査の遺跡が増え，復元技術が進歩し，炭素14年代で文化の時間継起が明らかになると伝播論者の仮説に矛盾が生じ，'中心地域'や'中心'概念に疑問が投げられた．近東が要の役割を担ったのは単に調査が最も多かったからだろう．ヒッグスとジャルマンは問う．[76]

　　いくつかの要素がすべての地域で重要とされ，いくつかの中心地が後の発展を決定したと考えられてきたが，これらの要素と中心地は本当にもっと大きな時間と空間を代表するのか？

結局，ハーラン (Harlan) が指摘するように'中心'の概念は長期の継続を反映するだけで先行ではなく，'中心'からの伝播は隣接地域に先にあったが効率が悪くてパッとしない栽培植物を追い出しただけのことかもしれない．ハーランは非中心という概念を出す．

　　近東では明瞭な中心があり，そこで多数の植物の栽培化や動物の馴養が比較的狭い

---

75) Sauer (1), p. 27.
76) Higgs & Jarman (1), p. 3.

範囲で行われ，外へ拡散した．アフリカではこれに類することは何もない．証拠に基づくと，植物の栽培化はサハラ以南や赤道以北のどこでも，また大西洋からインド洋までのどこでも進行した．こんな広い地帯を'中心'と呼ぶのは言葉の意味を捻じ曲げるものだ．そこで私はそれを非中心と呼んでいる．[77]

サウアーの挑戦的仮説に応える面もあって，過去20年間に熱帯地域で多くの発掘が行われた．その結果，ここでも植物栽培は従来想定されていたより古い時代から広く行われていた証拠が出てきた．[78] 西北タイのスピリット洞窟で発見された植物遺体は暫定的にだが紀元前8000年とされ，一群の考古学者たちは東南アジアを旧世界で最古の栽培化中心と考えるサウアーの仮説が証明されたと考えた．東北タイのノン・ノクター，バン・チェンの発掘では採集と半栽培経済から湿地性植物種（タロイモ，稲）の栽培化へ，そして稲作に大きく依存していく過程が考えられている．この一連の経済的変化はこの地帯に在る未利用の環境が開かれる過程でもあった．[79] タイの遺跡の層序と年代やスピリット洞窟の遺物の同定については深刻な疑いが持ち上がっている[80]が，東南アジアの各地から初期農業を示す発掘結果が生まれており，これらは東南アジアで初期の栽培化があったとする考えを支持するものだ．[81] 遠く離れたアフリカでも最近の研究はハーランのアフリカ非中心の概念を支持している．[82] またメキシコやホンジュラス，アマゾン，オリノコ盆地の考古学的証拠から，その低湿地で行われた熱帯園芸の方が最古のアメリカの栽培化中心に想定されているメキシコやペルー高地の穀類と旱地イモ類に先行したという説が支持されている[83]（熱烈な大論争がある）．

---

77) Harlan (5), p. 56. Harlan は「非中心」という語を 1971 年に (6) で初めて使った．
78) Sauer の仮説に対する反対意見は熱帯林を金属斧なしに開くのは難しいという理由を挙げる．石斧を使った実験は，この見方の誤りを示した．Steensberg (7)．
79) Solheim (1), Gorman (1), Higham (1), (2).
80) 論争のまとめは Reed (4) を見よ．
81) ベトナムは Davidson (1)，インドネシアは Glover (1)，この地帯全般については Allen, Golson & Jones (1), Smith & Watson (1) を見よ．関連が深い例はニューギニア高地の灌漑農地の発見で，これは紀元前 7000 年に遡りうる．発掘者の Jack Golson によると，約 6000 年前に高地の湿地を横切って大きな排水路が掘られ，'短い水路がくもの巣状に走り，それらによって直径 1 メートルほどの，ほぼ円形の粘土の畝が区切られている'，そして耐水性のタロイモが水路の中に，ヤムイモ，バナナが畝の上に植えられたと言う．Golson (1), p. 616, Steensberg (7) も見よ．
82) Harlan, De Wet & Stemler (1).
83) D. R. Harris (2), Lathrap (1), (2), Puleston & Puleston (1).

熱帯各地から出る初期の植物栽培化の証拠を踏まえて，ハーランは三つの地域で相互に独立して栽培化システムが生まれ，それぞれは中心と非中心の対から成るという考えを提出した．(i)近東センターとアフリカ非中心，(ii)華北センターと東南アジアおよび南太平洋非中心，(iii)メソアメリカ中心と南アメリカ非中心である．彼は，'それぞれの系の中心と非中心の間で，考え，技術，あるいは材料が動く刺激とフィードバックの環'を思い描いている．[84]

　想定された栽培起源地は，チャイルド説の近東一つからヴァヴィロフ説の八つにわたり，伝播か独立発生かという問題が再び持ち上がった．もしチャイルドやホークスが言うように農業の'発見'は一度限りだったのなら，世界中に農業が出現した裏には（知識か人間の）伝播のメカニズムを想定する必要がある．現在，単一中心からの伝播論者は少数だがまだいる．[85] 反対の極にいる並行進化派は，作物栽培や土器製作その他は人間の必要に根ざした適応なので世界各地で同時期に独立に発生したものとする．この派は伝播説を宣伝のみと見て，反証がないかぎりあらゆる文化や技術は土着的に発展したと主張する．[86] 今日の考古学者は両極端の間にもう少し柔軟な見方を探っている．

　次に中国での農業の起源と伝播に論を移し，様々な立場によって解釈が大きく異なる状況を見よう．

(iii) 中国の農業起源

　1920年代から1930年代，河南，陝西，甘粛その他の西北部各省で，初期新石器時代の仰韶(Yang-shao)文化遺跡が初めて発見されると，それは西からの文化が流入したものと考えられた．アンダーソン（J. G. Andersson）(4)は中国陶器とトルクマン，ウクライナの陶器は様式に「顕著な類似性」が見られると述べ，小麦栽培をベースとした農業は彩陶とともにたぶん紀元前3000年から2000年頃中国にもたらされたと示唆した．数年後，1934年までに彼は意見を次のように修正した．[87]

---

84) Harlan (5), p. 56.
85) 例えば，George F. Carter (10).
86) Meacham (2).
87) J. G. Anderson (1), p. 335.

1925年に甘粛発掘調査予備報告を執筆した時，私の頭を占めていた考えは，進んだ農業段階が主要作物の中で最も適した作物の小麦を持って西から中国へ，仰韶期の初めに来たというものだった……しかし同定された作物はまったく違う方向を指した．ストックホルムで仕事を始めて間もなく，仰韶鎮から出土した壺の破片をたまたま検査していた．それは常になく器壁が厚く，多孔質で植物圧痕がたくさんあった．二人の植物学者，エドマン (G. Edman) とセーデルベルク (E. Söderberg) がこの小破片を検査した結果は1921年の仰韶住居跡の発見以来最も重要な発見となった．破片中の植物圧痕は間違いなく栽培稲 (Oryza sativa) の籾殻だったのだ．この発見は大変センセーショナルだった．稲の歴史がはるかな昔へ遡ることになったし，稲の故郷が乾燥中央アジアではなく雨の多い南部アジアを指し示すのだから．

　当時，伝播説が主流だったことを頭に置かないと，アンダーソンと同僚たちが熱心に中国農業の外来起源を見つけようとしたことが理解できないだろう．当時ですら仰韶遺跡を代表する作物はアワ *Setaria italica*,[88] つまりドゥ・カンドル，ヴァヴィロフ二人が共に中国起源とした作物であることははっきりしていた．もっとも，アワをインド起源とする植物学者も少しいたし，[89] 他方，アワはヨーロッパの新石器時代に小麦の不足を補足するため栽培されていた[90] ので，アンダーソンの仮説にそれなりの妥当性はあった．彼はアワの栽培種がインドか西アジアから中国へ運ばれたか，あるいは中国人が小麦の栽培法を学んでから土着のミレット類を栽培化したと考えていた．

　西北中国の仰韶文化は彩陶が特徴だったが，それ以外にもう一つの新石器文化が山東で知られていた．仰韶文化以上に技術的にも文化的にも洗練された龍山 (Lung-shan) 文化で，それは様式と地層の層序から仰韶より後代と見なされていた．[91] 龍山文化期と同定された遺跡は広域に分布し，華北中央部だけでなく，東岸，東南岸まで及んだ．その遺跡の多くで稲の遺物が発見され，これはこう考えられた．仰韶期の農民が農業技術を発展させ，移動焼畑農耕から定着農業へ進んで人口が増大した結果，'中核地域' から東および東南中国へ移動したと．'農民はミレットに加えて稲と小麦を栽培し，ミレットは華北ではたぶん主な主食作物の位置を保った……稲は龍山文化の農民が南方で栽培化に成功した作

---

88) 石興邦 (*1*).
89) 何炳棣 (*5*), p. 58.
90) Hawkes & Woolley (1), p. 255.
91) K. C. Chang (ed) (1), 1963., p. 89.

物の一つで，華北へ逆移入された'．[92]

　表面だけ見ると仰韶文化は確かに西アジアや中央アジアの諸文化と似ているが，中国で新石器遺跡の数が増えるにつれその特徴的な文様の起源を西に求める仮説は捨てられ，中国農業の発展は西アジアやインドとは独立に生じたと考えられるようになった．[93] 中国新石器文化と農業起源の独立性を最も強力に論じたのは何炳棣（Ho Ping-Ti）[94]だ．彼は初期中国農業の技術と作物（つまりアワとキビ）は，仰韶文化が成立した西北レス台地の半乾燥気候に独特の適応を果たしていたと主張する．レス土壌の高い肥沃度を前提に，何炳棣は初期の中国農民が移動焼畑をまったく必要とせず，始めから短い休閑期をはさむ定着農業を営んだと唱えた．[95] 1969年までに中国新石器時代の遺物の炭素年代が得られるようになり，[96] それによると'中核地域'のミレット栽培は紀元前5000年に遡り，初期中国の稲遺物は龍山期のものがインドのどの遺跡よりも数千年古いことが判った．ハラッパの紀元前1700年に対し，揚子江デルタでは紀元前4000年に達したのである．[97] 現在の中国に野生稲が広く分布することを引いて（本書p.540を見よ），何炳棣は稲が龍山期の農民によって栽培化されたのだと推論した．[98] 広く認められたその見解を要約すると，中国の作物栽培化は華北'中核地域'である仰韶のミレット栽培農民が紀元前5千年紀に行った，そして仰韶農民は稲やそのほかの栽培植物を携えて龍山拡大期に東と南へ移動したということになる．何炳棣がその論文を出版する直前にバーロー（Barrau）も類似の説を唱えていた．稲は最初，南方中国あるいは大陸東南アジアで華北から移動して来た農民が栽培化したもの，その理由として華北の農民は穀物栽培に慣れていたが，熱帯気候下でミレットがうまく育たなかったからという説だ．[99]

---

92) K. C. Chang (ed) (1), 1963., p. 93.
93) 同上，p. 55.
94) Ho Ping-Ti (何炳棣) (5), (6), (7).
95) Ho Ping-Ti (5), p. 71.
96) 中国の炭素年代は半減期を5730年としており，西欧で普通用いる5570年ではなく，そしてよく（常にではないが）樹輪年代で校正される．樹輪校正と半減期の問題は Renfrew (4) が論議している．中国の慣行から生じるデータの差異は他の計算と比較する場合，調整が要るが，国内で前後関係を比較するのに問題はない．いずれにしても，炭素年代は目安であり，絶対ではない．この点を留意すれば中国のデータの正確さは他と変わらない．
97) ハラッパの証拠は後に同定の誤りがあると判った．C. A. Reed (4), p. 918.
98) Ho Ping-Ti (5), p. 71.

ところが南東部の新石器文化を作ったのは華北の中核地域からの移民だという解釈は，南部にもっと古い遺跡が発掘されて大きく後退した．1976年に揚子江デルタの河姆渡(Ho-mu-tu)遺跡で大量の稲が発見され，最も古い稲遺物の炭素年代は紀元前5000年を示し，陝西の仰韶文化最初期の半坡(Pan-pho)遺跡と同時代となったのだ．[100] この展開の前にも他の学派が力を増していた．東南アジアで行った考古学調査に基づいて，ソルハイム(Solheim)(2)は1967年，極東の植物，動物の最も古い馴化は大陸東南アジアで紀元前1万年の後期ホアビニアン(Hoabinhian)[101]に起こったという説を初めて発表した．ソルハイムや他の東南アジア考古学者の考えは，仰韶や龍山など中国の新石器文化が南のホアビニアン文化の影響で生まれたというものだ．[102] 広西の初期遺跡仙人洞からホアビニアン文化の要素一式が出土していることは農業技術の伝播方向が南から北へ[103] であって，以前の定説が言う北から南へではないことの証拠とされた．ソルハイムはかくて'華南文化のいくつかは中国文化(一般の)最初の先祖である'可能性を提唱した．[104]

東南アジアからの伝播を強調する論者が華北の文化は南の直接の影響下に生まれたと見たのに対して，保留する他のグループは旧石器以来の伝統が中国新石器文化に共通していることは認めるが，例えば張光直(K. C. Chang)はそれらが独立に発展したことも十分考えねばならないと言う．[105]

---

99) Barrau (1a), また K. C. Chang (6), p. 183.
100) 著者不詳 (*503*), (*504*), 游修齢 (*1*).
101) ホアビニアンという術語が考古学文献に入ったのは，1932年ハノイでの第1回極東先史学会議においてである(Matthews(2), p. 86). トンキンの石灰岩洞窟でフランス人考古学者が目覚ましい発見をしたことによる．その文化は比較的原始的な技術で作られた剝離石器や，川原石を打ち割って片側のみ細工した道具類を持ち，円盤状石器，短斧，アーモンド形石器，ハンマー，砥石，骨角器などが含まれる．ホアビニアン文化は3期に分けられた．I 期：大きな，粗い剝離石器，II期：小さな石核石器，使用剝離石器，研ぎだした刃のある礫，III 期：刃を研いだ石器が増え，縄文のついた土器もある．
　　最近のホアビニアン遺跡では，炭素年代が洪積世一沖積世境界に達するものからごく最近のものまで発掘されている．ホアビニアンを一つの文化を指す意味で用いるには困難があるとGlover(1)は指摘し，'類似性を正確に規定せず，重要な差異を無視している'と言う(Matthews(1), p. 1). Gorman(2), p. 300 は D. Clarke (1), p. 357 に続いて，ホアビニアンを'技術複合'と規定し，東南アジアの植物と動物の馴育はホアビニアン技術複合の枠組みの中で，独自に発展したものだと強調している．
102) Bayard (1).
103) Aigner (1).
104) Aigner (3), p. 25.
105) K. C. Chang〔張光直〕(ed) (1), 1977., p. 141. Meacham (2) も見よ．

人々は中国の新石器文化が近東から由来したと証明あるいは反証することに注意を奪われてきた．今や関心は，旧石器時代最後の人間が食用植物に依存し始めてから主要な食料源にするまでの過程を詳細に知ることだ．

今利用できる考古資料に基づくと，旧石器から新石器時代へ生活が転換した最初の場所は二つある．一つは華北黄河平原でミレットが中心，もう一つは東南の沿岸地域でたぶん根菜が重要だった．細かなことはまだ不明だが，仰韶文化と大坌坑文化(Ta-phen-kheng)(台湾)がそれぞれの旧石器文化の伝統から独立に進展したことは疑問の余地がない．仰韶文化も大坌坑文化も縄蓆文土器(刻文を持つ)が特徴で，両者は相互に関係があるかもしれないが，生活文化の道具が相当異なる点，どちらか一方が他方から由来したとは思えない．仰韶文化は北方中国に限定されるが，大坌坑文化はある点でベトナムのホアビニアンやインドシナの他の文化に類似し，両者をどう考えるかで変わる問題は多々ある．

張光直はさらに淮河平原と揚子江下流平野にある三つ目の新石器文化，青蓮崗(Chhing-lieng-kang)文化を上げたが，今の知識ではその起源は明確にできないとした．[106] その時点で揚子江流域最古の文化は紀元前5千年紀だったが，張光直は仰韶文化か大坌坑文化の新石器時代農民がこの地域に流入したと見なした．

その後，中国では刺激的な発見がいくつかある．最も劇的だったのは1976年，紹興近くの河姆渡で発見された新石器時代の村だ．最も古い文化層は炭素年代が紀元前5000年で文化的な成熟を示していた．高床の木造家屋は進んだ建築技術を示し，陶器はやや粗い砂質だが，見事な装飾を施した刻文土器は中国のどこにもない．そして発見された大量の稲米は栽培種の稲 Oryza sativa と同定された．[107] 河姆渡文化が時代的に古く文化的に成熟しており，稲が主要作物であることから同時代の仰韶文化による影響という見方はありえなくなった．その間にも多くの新石器時代遺跡が南中国沿岸と広東，広西で発掘され，それらは縄蓆文土器と磨製石器を出したが，農業の形跡はなかった．[108] やがて華北'中核地域'の河北，河南，陝西で，先仰韶期の新石器遺跡が続々と発掘された．[109] よく知られたものは河北の磁山(じざん)(Tzu-shan)，河南の裴李崗(はいりこう)(Phei-li-kang)だ．こ

---

106) 同上，p. 142.
107) 著者不詳 (503), (504), 游修齢 (1).
108) 著者不詳 (515), (516). 華南の有機質土地帯の遺跡では土中の炭素の影響で，炭素14年代が正確に測定できない．妥当な値より早い年代を示すからである．しかし，絶対年代は出せなくとも層序は正確である．夏鼐 (6).

の二つの遺跡の特徴は粗い縄蓆文あるいは櫛文土器と，安志敏（An Chih-Min）が'農業の証拠'と呼ぶ品々で特徴づけられる．つまり，磨製の磨り臼，磨り棒，円形の石'鋤'や石鎌，炭化ミレット，豚の土偶〔陶猪〕，豚〔猪〕の骨，犬骨などだ．[110] しかし猜疑の目で見る人たちは，ミレット遺物は採集品で真の農業経済を反映してはいないと解釈する．[111] ミレット遺物は科学的な同定をまだ受けていないようだ．[112]

表2は考古発掘に基づいて中国農業の起源と発展を経時的にまとめたものである．より古い遺跡が北方でも南方でも，また隣接する東南アジアでも相次ぐので，個々の文化を一つに統合する理論はいよいよ困難になっている．[113] 単一のセンターから中国農業が伝播したとする説明には十分注意することが必要だ．特に南部の稲作が北部のミレット栽培農民の移住で始まったとか，仰韶の農業がそれに先行する南部の稲作から派生したなどの説はそうだ．ただ，前農業期の遺跡から磨製石器や縄蓆文土器が広く出土することから，東アジア，東南アジア一帯にホアビニアン文化が基層としてあり，それは採集経済を半栽培で補っていたと考えることは可能だ．食料資源に対する人口圧の増加が気候変化や海面上昇をきっかけに生じ，ある地域のホアビニアン人は狩猟採集から食料を生産する方向に進み，熱帯地域では根菜類を，亜熱帯の湿地では稲を，乾燥の強い北部ではミレットを栽培化したということかもしれない．

別の考え方はゴーマン（Gorman）やソルハイムの見方である．彼らは作物栽培化の原理が東南アジアで発見され，そこから次第に拡散したと言う．しかし，東南アジアの栽培化起源説は決定的とはまったく言えない．リード（Reed）は関係文献を注意深く検討した後，冷やかに，'東南アジアで農業が始まったとする説を述べる人がおり，無意識にその説をなぞる人もいるが，それを支持する根拠は不十分である'と述べている．[114] とはいえ状況証拠はあり，挑戦をそそる点はある．まず主要な栽培作物，特にアワ，キビ，稲，根菜の起源地分布の問

---

109) 安志敏 (*4*)，周本雄 (*1*)，邯鄲 *CPAM* (*1*)，河北 *CPAM* (*1*)，開封 *CPAM* (*1*), (*2*), (*3*).
110) 安志敏 (*4*), p. 253.
111) 邯鄲 *CPAM* (*1*).
112) アワの野生種と栽培種を見分けるのは困難である．本書 p. 487 を見よ．
113) 中国人考古学者はこの分野に踏み込むのを明らかに避け，同時代の隣接文化との関係や文化の前後関係の研究を好む．
114) Reed (*4*), p. 909.

第1章 序論　49

表 2　中国新石器文化の時代層序

	甘粛	陝西	河南	湖北	江蘇北部/山東	江蘇南部/浙江	福建/台湾	ベトナム北部
紀元前								バクソン（初期園耕?/豚と鶏?）
5500年			原仰韶 裴李崗 磁山（収穫具/ミレット?/豚?）					ダブート（園耕?/豚?と鶏）
5000年		半坡（4800–4300）（粟、アブラナ、犬、豚、蚕）	後崗（4150）		青蓮崗（稲なし?/ミレット/犬、豚）	河姆渡（5000）（稲、水生植物/犬、豚、水牛?）	Quemoy（5300–4200）（貝塚/初期園耕?）	
4000年	仰韶（粟、麻/犬、豚）	廟底溝I	（3900）	仰韶	劉林（4000）	馬家浜（4700–4000）（稲、水生植物/水牛?）		ドンダウ（稲/牛）
		大河村			花廳	松澤（4000–3000）（稲）		
3000年	馬家窯（3100–2000）	廟底溝II（鶏、犬、豚）	（3800–3100）（2800）	屈家嶺（稲、ピーナッツ?/犬、豚、羊、鶏）	大汶口（犬、豚、牛、羊）	良渚（3300–2300）（籼、粳）	大坌坑（4300）（貝塚/初期園耕?）	
2000年	半山（2400） 馬廠（2300–2100） 齊家（2150–1700）（ミレット/豚/青銅）	陝西龍山（犬、豚、羊、牛）	河南龍山（2350）（豚） 二里頭［夏?］（2050）	'河南龍山'	'典型龍山'（ミレット/豚、犬、牛、羊）	湖熟（時に幾何学的と形容）	鳳鼻山（2500–400）（稲作発展）	紅河文化（低地稲/水牛）
	商	西周	商		商			青銅文化

題がある．李惠林（H. L. Li）(15)は華中と華南を二つの栽培起源地の緩衝地帯と考えている．つまり華北のキビ・アワ栽培化地域と，大陸東南アジアの稲，ハトムギ（*Coix lacryma-jobi* L.）そしてタロイモ，ヤムイモなどの根菜が最初に栽培化された地域の間の移行帯とする．これに対してハーランは華北起源とされる作物の多くがたぶん南で起源したと考えている．彼の推測では，華北の中核地域起源が確かな作物は少なく，ミレットもそれから外れる．[115] 稲とミレットの起源問題は後に（本書 p. 537, 485）詳しく検討するが，ハーランに同感できる点が多い．ミレットも稲も温帯よりは熱帯起源だ．さらに，ハトムギは農作物というより園芸的な作物[116]だが，東南アジア各地でミレットや稲より前に存在し，そのさらに前にはヤムイモやタロイモなどの根菜があったことを示す民族学や言語学的な証拠がある．[117]

張光直は台湾の発掘と花粉分析結果から，たぶん根菜類の原始的な焼畑栽培が台湾の森林で縄蓆文土器の文化によって紀元前約9000年から行われ，紀元前約2200年に中国本土からの移民がミレットと稲の栽培で置き換えたと言っている．[118] この解釈が正しければ，中国で後期ホアビニアン人が園耕を行い，根菜を主にし少し穀類を交えた耕作を行った可能性も生まれる．ミレットと根菜類は東南アジアで今日も同じガーデンで栽培されているし，陸稲畑でも同じ光景がある．稲は元来タロ・ガーデンの雑草として出現し（タロイモは稲同様，湿地に良く育つ），稲作技術のいくつか（移植とかナイフで一本ずつ穂を摘む方法など）はたぶんタロイモ栽培から直接借用したという意見がある．[119] この意見によると，こうした園芸的方法は東南アジアの熱帯にうまく適応しているが，ホアビニアンの農耕者が乾燥の強い北へ拡散すると湿地に向いた根菜類の栽培を放棄せざるを得ず，ミレットのような熱帯起源ではあるが乾燥に耐える作物に集中することとなったと考える．揚子江デルタのような温帯の湿地では根菜と稲の両方が可能だったが，稲の収量が熱帯より増えるので根菜はやめてしまうこととなった．[120]

以上の説明は今日のところすべて仮説である．中国の多くの地方で前農業期

---

115) Harlan (5), p. 214.
116) A. K. Koul (1).
117) Kano Tadao (1), Golson (1).
118) K. C. Chang (6). Chang 説の評価は C. A. Reed (4), pp. 909–911 を見よ．
119) Haudricourt (13), (14).

や初期農業期の遺跡が出現しているが，考古学的な復元技術はまだ不十分な感があるし，経済と環境の関係を詳細に検討した例はなく，メキシコや近東で最近に行われた研究に類するものはまだ計画段階である．ホアビニアン文化の影響を考えた仮説は証明にせよ反証にせよ，南中国とタイだけでなく，日本，インドシナ，ミャンマー，アッサム，島嶼部東南アジアなど，全域の資料を検討する必要がある．中国だけでも大きな空白地域がある．例えば四川，雲南の初期文化はほとんど判っていないが，どちらも決定的に重要な地域だ．近年の東南アジアの政治的事件のためたぶん多大の資料が破壊されたが，ベトナムの考古学者は興味深い報告を出版しているし，[121] 日本の発掘では，作物栽培は紀元前3世紀の弥生時代に稲が導入されるずっと以前に行われていた証拠が出つつある．[122]

　もう一つ考慮すべき点は，提唱されているホアビニアンの園芸耕作者がどの程度耕作に依存したのかである．作物栽培化の起源を求めるだけでなく，食料源が次第に園芸や農業への依存を強めていった過程を辿ることが重要だ．これは気候変動や，人口増加，海面変化などの問題に関係するだろうが，東アジアで農業を促した条件は何かほとんど注意されていない．こうしたことを考慮に入れて中国自体での農業の起源と発展を考えねばならない．明瞭な結論を得るまでにはまだしばらく時間が必要だ．とはいえ明瞭な事実がある．紀元前5千年紀（表2参照）には今日の北方中国と南方中国の領域に二つの明瞭な農業伝統が出現し，華北の平原では旱地穀物特にミレット類が栽培され，淮河以南では河谷やデルタで水稲が栽培された．本書の以下の部分はこれら二つの伝統が磨かれ，洗練されていく過程を追う．

---

120) Grist (1) を見よ．彼によると，稲の収量は熱帯より温帯のほうが高くなる，これは日長の長さに比例するからである．
121) Davidson (1) が引用するベトナムの報告によると，技術の進展が継続し，紀元前6000年に作物栽培が始まり，稲の栽培が紀元前4000年に始まった．
122) 佐々木高明 (1).

第2章

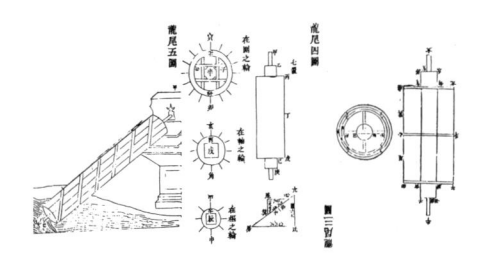

文献資料

*

　中国農業史の研究は中国だけが持つ利点に恵まれている．2000 年以上も前から農書や農業専門書の伝統が続いていることだ．清朝終わりまでに農業文献は 500 を超え，[1] その多くは完全な形で残るか少なくとも断片が残る．この数はヨーロッパで 17 世紀以降急増した農業文献に比べると一見少ない．漢代や漢代以前の著作は少なく，今もそのまま残る大ローマ帝国の農書に比べると見劣りがする．しかし中国の農業文献を集めると，その継続性は断然際立っており，途切れることのない学問伝統ならではの期待を裏切らない．つまり農業家の知識と経験は世紀を超えて成長し，初期の教科書は乗り越えられ，無視され，ついには忘れ去られて新しい作品で置き換えられる．最初期の教科書は後代の引用にのみ残る状態だが，復元版が世紀を追って着実に増えた．宋代以前に書かれたことの判っている農業文献は合計 78 種だが，宋代 300 年間に 105 種，元代に 26 種が加わり，明清の 550 年間にさらに 105 種が加わった．後代の書は中国の形式に従って，それ以前の書から逐語的にかつ長々と引用をする．引用はふつう出典を記載するのでそれ以前の書を復元することが可能になる．中には中身はほとんど引用のみで，新たな材料が何もないこともあるが，[2] 一，二の著者は恐ろしく独立不羈で他を省みない．その好い例は宋代の陳旉 (Chhen Fu) による『農書』で，1149 年に出版された本書は『齊民要術』(Chhi Min Yao Shu) と『四時纂要』(Ssu Shih Tsuan Yao) の「空言」や「見当違い」を正す[3] と明言しているが，この姿勢は他に例を見ない．

　中国で農業著作の伝統が途切れないのは，国家が農業を重視していることに一因がある．国家歳入は大部分が農民層に直接依存し，政治家や官吏にとって妥当な農業生産レヴェルの維持がおのずと重要となる．周代後期の政治思想家たちは，農民に効率的な営農をさせること（同時に，不急不要の仕事でエネルギー

---

1) 王毓瑚 (1)．
2) これは要約集だけでなく，中国の農業文献の通例である．その点でヨーロッパの伝統と異なる．
3) 『陳旉農書』1/1〔「序」〕．陳の公慎は北魏や唐代の著述が華北の経験に偏っていることに因るだろう．彼自身は揚子江下流部の水田地域で経験を積んだ点に違いがある．胡道静 (12)，萬國鼎 (6) を見よ．

を失わせないこと）が重要だと説いた．特に法家は農業の成功と政治権力の関係を主張し，その結果，当時の重要な二種の農業文献が法家の政経書『管子』(Kuan Tzu) と『呂氏春秋』(Lü Shih Chhun Chhiu) に収められている．[4] 中国の農業書の著者たちはほぼ例外なく官吏の一時期を送っている．公的位置にいることで，行政的な任務の面から農業と直接接触する機会があり，また（初期王朝では）自身の収入を生み出す手ごろな農場で農業に携わる機会があった．もちろんほとんどの場合，官吏は地主層の出身であった．陳旉は閑居して官職にはつかなかったが，有名な農書の著者たちは，前漢の氾勝之 (Fang Sheng-Chih)，『齊民要術』の著者である北魏の賈思勰 (Chia Ssu-Hsieh)，『王禎農書』(Wang Chen Nung Shu) の著者である元代の王禎 (Wang Chen)，『農政全書』(Nung Cheng Chhüan Shu) の著者で明代後期の徐光啓（Hsü Kuang-Chhi）など，一回ないし数回公職についている．これらの著者は農業の実践，例えば農地の開墾，耕作，灌漑排水，圃場での栽培方法などに大きな関心を持った．別のグループに退官した官吏あるいは官職についたことがなく，犂を押すよりもっと郷土風な農村生活を送った人々がおり，こうした人々も園芸や余暇手遊びの著書を多数書いている．[5]

中国の国家機構は農業書執筆に当たるこれらエリート階層を支えたが，さらに農書の出版を援助した．印刷技術が発展してからは特に顕著である．政府が関与して出版された最初の農書で今日まで残っているのは元代の『農桑輯要』(Nung Sang Chi Yao) だが，この分野で最古のものは唐代にはあっただろう．[6] 宋代には『齊民要術』と『四時纂要』が朝廷の命令で出版，配布された．[7] 中国の皇帝が個人的に楽しみにしたのは農業養蚕図説の『耕織圖』(Keng Chih Thu) で，これは魅力的な本である．1145年頃，樓璹 (Lou Shou) は高宗帝に稲作と養蚕の各過程を20枚の絵に描き，それぞれに詩を賦して献呈した．高宗帝と皇后は共に書道家で，詩に注釈をつけた．この全図は樓の甥と曾孫が1210年頃に石刻し，また印刷も版を重ねた．清朝の三皇帝康熙，雍正，乾隆がさらに詩を絵に添え，

---

4)『管子』の「地員篇」は中国各地の土と産物を記述する．中国の土壌学の発展にとって重要な教科書であり，第38部〔Needham, Vol. VI. Part 1, *Botany*, 1986, 和訳未刊〕で詳細に解説されている．王毓瑚 (*1*), p. 3, 夏緯瑛 (*2*) も見よ．『呂氏春秋』は農業について，「上農」（農業を第一に置く），「任地」（土地の管理），「辯土」（土を辯ずる），「審時」（季節を識る）の4章を当てる．これらの章は昔の農事作業について，『神農書』からの引用が多いと言われる．王毓瑚 (*3*) を見よ．
5) 胡道静 (*7*), p. 53.
6) 楊直民 (*1*), p. 4.
7) 同上．

朝廷命で印刷が重ねられて，大きな名声を博した（図15）.[8]

　印刷技術が宋代までに発達し，政府は新旧の農業書を編纂して普及できるようになり，多くの民間人も営農経験を出版するようになった（図16）．先に触れたが，中国の農業書は宋代から飛躍的に増えた．木版印刷でも図版印刷が可能だったが，不思議なことに中国の農業家はこれをほとんど使用しなかった．図版分野の先駆者は1313年に『王禎農書』を著した王禎だ．しかし技術史研究には残念ながら，その後の著者たちは『王禎農書』か『耕織圖』から無断で図を引用するにとどまった．

　雑多な中国の農業書を整理して分類するのは複雑かつ困難な仕事だ．中国人は文献の訓古注釈の名手で，農業書に関する最古の文献集はすでに『前漢書』にあり[9]，それは9人の農業家を挙げ，その書は合計114章（「篇」）を数える．『神農書』(Shen Nung Shu) 20篇，『野郎書』(Yeh Lao Shu) 17篇，『宰氏書』(Tsai Shih Shu) 17篇，『董安國書』(Tung An-Kuo Shu) 16篇，『尹都尉書』(Yin Tu-Wei Shu) 14篇，『趙氏書』(Chao Shih Shu) 5篇，『氾勝之書』(Fang Sheng-Chih Shu) 18篇，『王氏書』(Wang Shih Shu) 6篇，『蔡葵書』(Tshai Kuei Shu) 1篇である．これらの原典はすべて失われ，後代の引用に散在するだけだが，[10]『氾勝之書』は『齊民要術』に長い引用があり最も保存がよい．それを見ると漢代の農学者は技術に優れた営農家で，詳細な観察をしていることが判る．[11] 原典の形は今や想像できないが，1篇の長さが当時の標準的なものだとすると，『神農書』や『氾勝之書』はローマの農書に匹敵する分量と分野を擁する．

　これ以降の文献集は諸王朝の正史や本紀に収録され，中国の農業書を探す上に計り知れない便宜がある．消失して久しい文書のタイトルや分量ばかりか，著者の名前，時には人名録的な情報，内容の要約すら得られる．かくて周後期から現代までの中国農業書のリストがほぼ完全に組み立てられた．この仕事は今世紀に行われたものだ．この分野のパイオニアは毛雝(Mao Yung(1))で，その

---

8)『耕織圖』と図集の異版がどう変遷したかは解明不可能にちかい．O. Franke (11) は，二種の図版，一つは明代の原図に基づく日本の版，もう一つは1739年の中国版にまとめられた図を重版している．P. Pelliot (24) は Semallé Scroll 図を重版しているが，それはたぶん元代か宋代の原図に基づく．D. Kuhn (2) が異なる図版とその由来を広く吟味している．F. Jäger (4) も見よ．

9)『漢書』「藝文志第十」30/20 a-b．

10) 清代の学者馬國翰がその復元を行ったが，復元テキストは厳しく批判されてきた．王毓瑚 (1)．

11) 石聲漢 (2), (5), 萬國鼎 (1)．

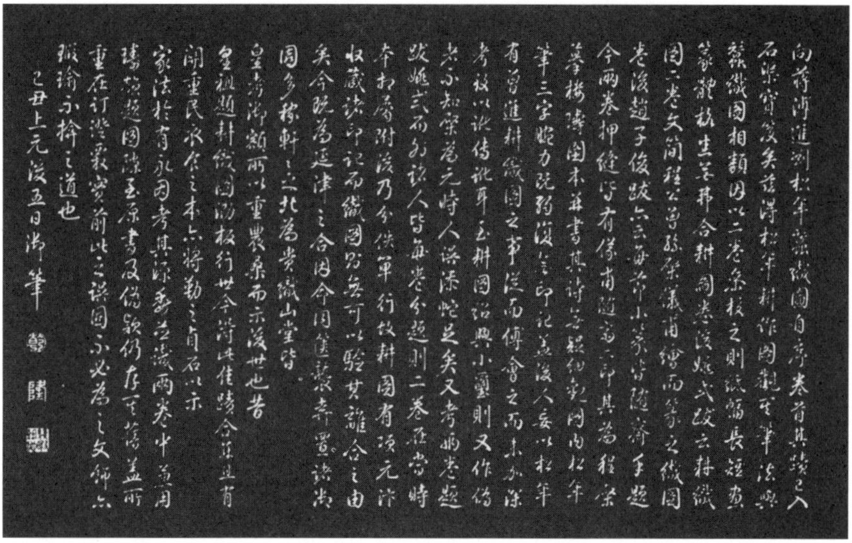

図 15 『耕織圖』の Semallé Scroll．乾隆帝の 1769 年の序がある．Pelliot (24)，pl，X．

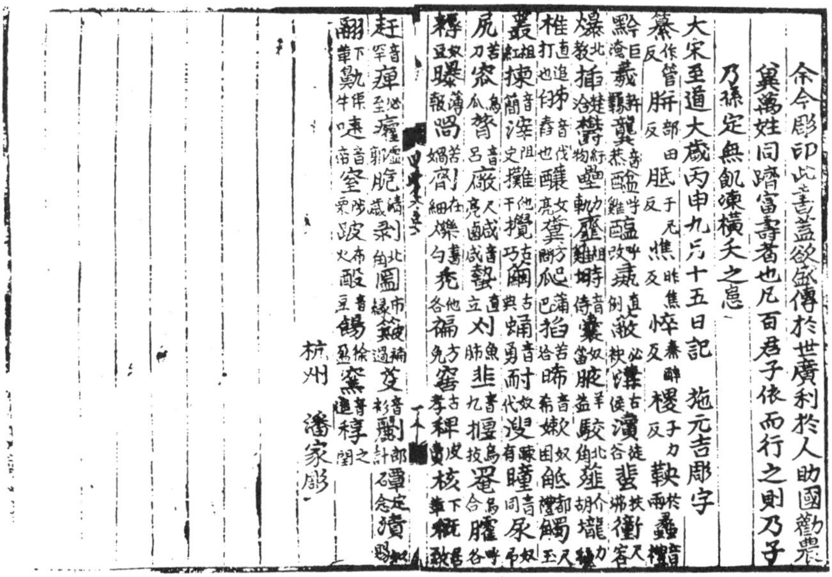
余今彫印此書蓋欲盛傳於世廣利於人助國勸農
冀萬姓同躋富壽者也凡百君子依而行之則乃子
乃孫定無飢凍橫夭之患
大宋至道大歲丙申九月十五日記　施元吉彫字
杭州　潘家彫

図 16　1590 年韓国で木版印刷された『四時纂要』(*Ssu Shih Tsuan Yao*) の最終頁．996 年に公式印刷より 25 年以上早く出版された杭州普及版の翻刻版．宋代の農業書の原典はどれも残っていない．

最初の文献集は1924年に出版された．しかしこの分野で，注釈を施した文献集を出すという決定的な仕事をしたのは二人の傑出した学者，王毓瑚(Wang Yü-Hu)(1)と天野元之助(9)である．王毓瑚の著作は1964年に初めて出版された．それはすべての農業書を時代を追って20世紀まで配列し，著者の簡単な履歴，内容の概要，異なる版に関する記事がある．さらにタイトル，著者名，主題別の索引が付されている．[12] 1975年に日本の歴史家天野元之助は王毓瑚の文献集の日本語版(8)とその補遺(9)を出版し，各農業書の異版を詳しく比較した．この二人の本は中国農業史に関わる人の必携書だ．[13]

王毓瑚は農事を14の分野に分類したが，もちろん他の分類も可能で，実際そうしたものもある．[14] しかし困難は農業文書の分類ではなく，どの著作を収録するかである．先に指摘したが，教育のある中国人は誰でも何らかの立場から農業に関心を持っているので，多くの著作がこの関心に応えている．例えば，宋代の有名な学者沈括(Shen Kua)は水利改良に多大の時間とエネルギーを費やしたが，灌漑を述べたそのノートを農業著作集の中に収録すべきかどうか？[15] 以下の数節で農書と広く認められている著作を分析するが，私の分類は王毓瑚より簡単だ．主な分野四つに簡単に触れよう．それらは，農業暦つまり月令 (yüeh ling)，個人の筆になる農書，官撰の編纂書，そして専門家による専門書だ．これらの中から卓抜した文書を取り上げて内容に触れ，評価を試みよう．その後，より一般的な他の資料も中国農業の全体的知識に益するものは取り上げることにする．

1 『月令』，すなわち農業暦

この叙述形式は中国で非常に古くに遡る．厳しく予測の難しい気候のため，中国農民は自然の生物気候(「物候」)を注意深く学ぶ習慣を身につけた．[16] 星座

---

12) 王毓瑚は14の分野に分類している．総論，気象学と易断，耕作技術と水利，農具，作物，樹木と竹と炭，飛蝗防除，園芸，栽培および野生蔬菜，果実，花卉，養蚕，家畜飼育と獣医学，水産である．
13) 曲直正(1)，胡道静(6)，(11)，華南農学院(1)も見よ．
14) 楊直民(1)．
15) 胡道静(7)．沈括は紛れもない農業書を2冊書いている．『夢溪忘懷録』と『茶論』だが，どちらも失われている．胡道静(8)，(13)．

の位置，特定の植物の開花などの自然現象と農事を結びつけた最古の著作は『詩經』(Shih Ching) の中の，「豳風」(Pin Feng) の詩にある「七月」だろう．[17] 中国人の暦法はもちろん『詩經』より古く，殷商時代までには科学に発展していた．[18] 農民は甘い香りの花ショウブの開花を合図に農作業の時を計るといった伝統を，農業の始まり以来持っている．現代の科学者は直線的発展の考えに毒されていて，環境観察は時代を下るほど進歩したと思いがちだが事実は逆で，人間は技術が発展するほど自然から離れ，注意を払わなくなっている．採集狩猟民や初期の農民，特に苛酷で信頼できない環境に生きる人々のほうが自然現象を敏感に観察して生活を支えている．このような逆転現象は中国の農業暦の記述にも見られる．例えば初期の文献には植物や星の記述が多いが，次第に陰暦（「月」yüeh）や太陽暦による季節（「二十四節気」chieh chhi）で時期を指すようになる．

　最初の農業暦は周王朝に始まる．夏の『夏小正』(Hsia Hsiao Cheng) がそれで，淮河と黄河の間の自然環境を述べる．残存する文章は 473 文字から成り，12 ヶ月に対応して分かれ，星座位置，生物気候，農業，養蚕，牧畜，狩猟に細分される．[19] 成書の年代は推測によるが大きな相違があり，ある人は天文的根拠から商以前の文章[20] とし，ある人は後漢代の編纂と見る．[21]「五行」(wu hsing),「陰陽」(yin yang)，あるいは六十紀年に触れていないことからすると，遅くとも後漢代の印象がある．初期の農業暦で影響力の大きいものは『禮記』(Li Chi) の「月令」篇で，ここからこの分野の名前が由来する．『禮記』は儒教の経典の一つだったのでその中の「月令」は文人が必ず読み，中国の農業暦の中で最もよく知られている．内容は『夏小正』よりもっと変化に富み，農事の基本とともに儀礼や礼節その他の主題を含む．[22]

　この二つの初期文献は長い伝統の範例となった．『禮記月令』は一連の暦の中で，農業処方のほかに，心霊・宗教記事，礼儀，飲食規定，その他農業格言な

---

16) 竺可楨 (10).
17)『詩經』15/3a〔「豳風・七月」〕．訳 Legge (8), p. 226.
18) 董作賓 (1), (6), 唐漢良 (1).
19) 夏緯瑛 (4). Grynpas (1) が仏語訳をし，注釈を加えている．
20) 陳久金 (1).
21) 石聲漢 (2).
22) 鄒樹文 (1).

どを記述する形式の祖形となった．この分野で主要な文献は次のようなものだ．2世紀の『四民月令』(Ssu Min Yüeh Ling),[23] 6世紀の『荊楚歳時記』(Ching Chhu Sui Shih Chi),[24]『唐月令』(Thang Yüeh Ling),8世紀の『四時纂要』(これは『齊民要術』とともに宋代初期に朝廷命で出版された初の農業著作となった),[25] 明代の『便民圖纂』(Pien Min Thu Tsuan)と18世紀の『農圃便覽』(Nung Phu Pien Lan)[26] などだ．『夏小正』は農業の実際面に重点があり，心霊記事や宗教は除いている点ですべての農書の原型と見なせる．農作業を時期を追って数節で数え上げ，月別，時には季節あるいは節気に従って細分している．同様の記事がある文献は，1314年に魯明善が出版した『農桑衣食撮要』(Nung Sang I Shih Tshao Yao)(本書 p.78 に述べる『農桑輯要』の補遺的役割が多分にある),[27]『農政全書』，明代後期の『沈氏農書』(Shen Shih Nung Shu)と清代初期のその『補農書』(Pu Nung Shu),[28] 清代の官撰書『授時通考』(Shou Shih Thung Khao)，清代中期の『三農紀』(San Nung Chi)などだ．この実用的分野の中で卓越した成果は1313年に出た王禎の『農書』にある農業暦図(図17)だろう．これは「十干，十二支，四季，12ヶ月，24節気，72の5日時節〔候〕に対応して，農作業，その合図となる自然現象，星座の位置，季節，生物気候，農産物が巧妙簡潔に配列され，農業暦に必要なすべての項目が一つの円盤にまとめられている」．[29] 月令の原理をうまく表現するこの方法はその後の文書に広く取り入れられた．

　王毓瑚(1)のリストは月令分野で21種の農書を上げる．このうち現存は7種のみだが，そのほかの多くの農業文献に月令形式の章節がある．伝統は形を変えて今日も生きる．竺可楨(9)が月令の20世紀版を作ろうとしたが，あまり成功していない．今日，もっと人気があるのは毎年中国で出版されるいろいろな話題を盛り込んだ暦で,[30] 最も広く使われる農業暦は王禎の農業暦図を底本にしている．日を追った詳細な表があるので一年の営農を前もって計画できるし，化学肥料や農薬，作物種も記載されている．ただし榆の花粉の飛散とか，香り

---

23) 石聲漢 (2).
24) 董愷忱 (1).
25) 萬國鼎 (8).
26) 董愷忱 (1), 王毓瑚 (3).
27) 王毓瑚 (4), 董愷忱 (1).
28) 陳恆力・王達 (1).
29) 石聲漢 (7).
30) 董愷忱 (1), Tung Kahi-Chhen (1).

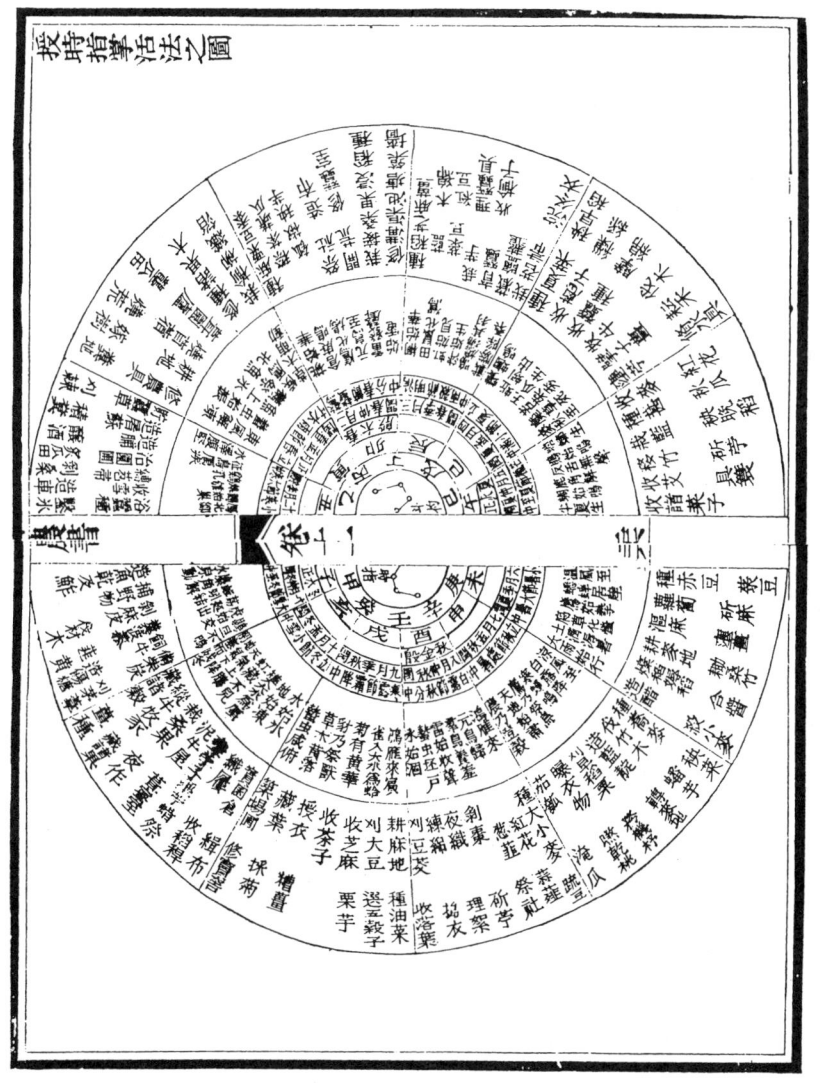

図17 『王禎農書』(1313年) の農業暦図. 11/26a–b (「農桑通訣授時篇」).

のよい花ショウブの開花といった記載は消えたが.[31]

2 農書

　農書と言う時，それは農業の方法と技術を体系的，包括的に述べたものを指す．中国では二種の農書がある．一つは個人の手になるもので創意に富む記載が比較的多い．これは本節で扱う．他は官撰の編纂になるものでほとんど引用からなる．これは次節で扱う．

(i)『齊民要術』

　『神農書』や『氾勝之書』は，残る断片から見てそれなりに重要な農業文献だが，535年頃の『齊民要術』は完全な形で残る最初の農書である．大部で強い印象を与え，配列は論理的で体系的，叙述は広い視野から詳細に及び，その後の中国の農学者すべてに手本を提供することとなった．著者賈思勰自身の序がある．[32]

　　私は經や傳の文から俗謡に至るまで落穗を拾い，老農に学び，自身の経験から学んだ．犁耕作から漬物にいたるまで，家事と農事で叙述を尽くさぬものはない．私はこの書を'齊民要術'と名づけた．全部で92編からなり，10巻に分かれる．各巻の始めに目次表をおいた．これでもって本文は複雑であっても，記事を見出すのは簡単である．……
　　本書執筆の意図は私の家族の若者たちに教えることで，読書子の目に触れることは意図にない．何度も繰り返して述べ，農事それぞれの要諦を教え込むことに努め，美文にこだわらなかった．願わくば読者笑うことなかれ．

　　　「今採捃經傳，爰及歌謡，詢之老成，驗之行事．起自耕農，終於醯醢，資生之業，靡不畢書，號曰『齊民要術』．凡九十二篇，束爲十卷．卷首皆有目録，於文雖煩，尋覽差易……」
　　　「鄙意曉示家童，未敢聞之有識，故丁寧周至，言提其耳，每事指斥，不尚浮辭．覽者無或嗤焉．」

---

31) 例えば，著者不詳 (519)，新疆農業科學院 (1)．
32)『齊民要術』0.12〔序〕，著者訳．私の使う底本は石聲漢 (3) 1957年版で，章，段落に番号が付けられていて便利．

当時の文体は洗練され装飾的で暗示的だったが，賈思勰の文章は断固として簡潔平明で，15世紀を経た今日でも明瞭に理解できる．その間の文体の変遷を考慮すると驚くべきである．[33] 賈思勰の筋道だった方法と節度ある文体はその後の農学者が手離さないものとなった．

『齊民要術』は10万字を超える大部の本であり，引用書は160種を超え，引用文はしばしば長い．[34] 今日見る『氾勝之書』や『四民月令』はほとんど『齊民要術』の中の引用に基づいた復元版である．また醸造と割烹技術の章は隋代以前の文献多数を引用し，そうでなければこれらの文献はその存在が知られなかっただろう．外来植物に関する最後の章は華南，ベトナム由来の植物を扱い，初期の植物誌から引用した貴重な記述に富む．文章のほぼ半分は引用だが，文脈の主体は賈思勰自身の考えである．著者の経歴については中級の官吏だった程度のこと以外は判らない[35]が，農業経験を山東半島で積んだとされる．[36] 記述は農場の経営，自給作物と商品作物の耕作，家内産業と割烹など，実際的で詳細にわたる．表3は『齊民要術』の内容目次である．配列の順番は当時の作物や作業の重要性に従い，この原則は後の農学者のほぼすべてが踏襲している．

『齊民要術』の執筆は対象がタイトル通り自作農なのか，それとも大農場の地主向けのハンドブックなのか多くの議論がある．[37] 当時大農場はあったが，小圃場に細分して地主が個々の小農に貸して管理させた可能性はある．しかし『齊民要術』には大面積の紅花や材木の栽培，あるいは補助労働力の雇用，また穀類市場での投機なども述べられており，北魏の地主が大部分の面積を自身の管理下に置いていたと推定される．賈思勰自身が相当の営農経験を持っていたことは確かだし，家内労力を使った醸造や漬物作り，染色などについてもそうだろう．どの章にも実際的なツボを抑えた表現があり，彼の知識が決して机上

---

33)『齊民要術』の各種の版について，その由来，派生関係，結末については，石聲漢(3)，天野(7)，pp. 29-43，西山・熊代(1)，pp. 1-23を見よ．石聲漢には古典中国語から現代中国語への訳がある（大寨大隊(1)も参照せよ）．西山・熊代には日本語訳がある．これらの学者は解釈に多くの差異があるが，大体は微細な違いで，根本的な差異ではない．私も『齊民要術』の英訳を準備しており，できれば近いうちに出版したい．Bray (5)．

34) 石聲漢(4)．

35) Herzer (2)，浙江農業大学(1)，梁家勉(4)．

36) Amano (1)，天野(7)，Kumashiro (1)，(2)，石聲漢(1)，(4)，梁光商(1)，李長年(3)，萬國鼎(4)．

37) 例えば，Kumashiro (1)を見よ．

表3 『齊民要術』の目次 [*1]

巻	章	内容
1巻	1章	耕田
	2章	收種
	3章	種穀（粟）
2巻	4–16章	禾穀類（穀類，豆など）
3巻	17–29章	蔬菜類
	30章	月令
4巻	31章	園籬
	32章	栽樹（通則）
	33–44章	果樹と椒
5巻	45章	桑と養蠶
	46–51章	樹木と竹
	52–54章	染料植物
	55章	伐木
6巻	56–61章	畜産類（家禽と魚を含む）
7巻	62章	貨殖
	63–67章	醸造など
8巻	68–79章	割烹（醤油，酢，貯蔵肉など）
9巻	80–89章	割烹（肉，穀食，菓子など）
	90–91章	膠作り，墨・筆
10巻	92章	華北の非在来植物

のものではないことが判る．警戒して保守に傾きがちな人々にためし済みの技術を提供し，賈思勰自身は落とし穴に注意しているが新技術の実験に強い関心を持っていた．次の文はその例だ．[38]

　　私自身羊を200頭飼っていたが，飼料の草も豆もあまりなかったので餌がやれず，一年以内に大半が餓死した．生き残ったものは疥癬にかかり，やせて弱々しく，病気になった．死んだと同然で，羊毛は短くて薄く，かさかさでつやがなかった．最初，私の農場は羊に向かないのかと思い，病気のはやる疫病年かと疑った．しかし実際は，こうした病気は単に栄養不足の結果だった．

38）『齊民要術』57.7.4.
[*1] 原典の章表記は，例えば，耕田第一，收種第二などと，章の題目およびその通し番号から成る．Brayの引用表記，例えば上記注38の57.7.4は，養羊第五十七の章，その中の段落を，石聲漢が1957年の注釈本で細分した方式に則って，7.4とさらに特定する．ふつう入手可能な書版では，章番号を頼りに引用箇所を探すが，元来通し番号なので探しやすい．本訳書ではBrayの引用表記をそのまま踏襲する．p. 62の注32参照．

「余昔有羊二百口，茭豆既少，無以飼，一歲之中，餓死過半．假有在者，疥痩羸弊，與死不殊，全無潤沢．余初謂家自不宜，又疑歳道病痩，乃飢餓所致，無他故也．」

　賈思勰の農業手法は全体に実際的で，神秘的あるいは易判断にはまったく注意を払わなかった．時に，吉兆の日に植えつけるといった文章を古い著作から引用することもあるが，賈思勰自身は陽暦の節気に従って植えることを薦めている．全編を通して正確な数字と詳細な観察が際立つ．各作物の適正播種量を示し，さらに播種日と土の肥沃度によって変わることも述べている（期待できる収穫量に触れていないのは残念だが）．[39] 彼はまた輪作を初めて述べた中国人で，次のような記述がその例である．[40]

　粟畑は緑豆あるいは普通のササゲの跡地（「底」）が最適．それに次ぐのは麻，もち黍あるいは胡麻の跡地，最後はカブあるいは大豆の跡地である．

「凡穀田，緑豆，小豆底爲上，麻，黍，胡麻次之，蕪菁，大豆爲下．」

『齊民要術』に基づいて多くの作物から成る輪作リストが作成できる[41]（麻，ヒョウタン，香菜，それに普通の穀類と豆類が含まれる）．作物数はローマや中世ヨーロッパよりはるかに多い．実際，『齊民要術』から受ける印象は当時の華北農業の生産性が非常に高いレヴェルにあり，ローマの最盛期のそれに比肩できるもので，1600年頃以前の北ヨーロッパよりはるかに高かったようだ．事実，華北の農民は様々な農具，例えば発土板を調節できる犂，種々のハローと畝立て具，播種ドリル，ローラーなどを工案した．また家畜と緑肥をうまく使った輪作システムでは，休閑せず継続的に農地を利用することが可能だった．多くの作物それぞれに多くの品種があり，選ぶことができた（賈は例えば粟について100の品種名を挙げ，その特性を説明している）．自給用の穀類，野菜，果実の栽培のほかに，材木あるいは染料植物などの商品作物も栽培し，家畜を飼い，多種の食料（酒やビール，酢，醤油，保存食品）も自家生産が可能だった．

---

39) 李長年（3），p. 106 は種々の作物の播種量を『齊民要術』，と『氾勝之書』から作表している．
40)『齊民要術』3.3.1.
41) 天野（7），p. 482 はそれらを表にまとめている．本書 p. 481 の表9も見よ．

『齊民要術』はいろいろな点でユニークで卓越した作品であり，後代に広く手本となった．しかし後代の著者が賈思勰の手本からあえて離れた点もままあり，それなりに意味がある．例えば『齊民要術』は農業技術と割烹技術をともに扱い，醸造や漬物作り，麹の作り方からロースト肉，団子，ねぎ入りスクランブル・エッグなどの献立まで述べる点で，中国の農書の中でも独特だ．唐代以降は割烹や食事に関する記述は農業書から外され，食事に特化した本（「食譜」shih phu）に入るようになった．他方，賈思勰は当時の華北経済に重要でなかった養蚕を小さなスペースにとどめている．しかし華中の農業書や，宋代以降は華北向けの本でも養蚕と織物生産にはるかに大きな注意を割いている．さらに『齊民要術』では10巻のうち畜産を扱うのは1巻だけだが，その記述から見ても，農民が管理している家畜の労働量から見ても，牽引と生産用の家畜が後代より大きな経済的位置を占めていたことは明らかだ．

『齊民要術』に現れている知識と技術レヴェルは，前近代条件で期待しうる最高のレヴェルにあった．賈思勰の記述するシステムでは，同じ土地で連続栽培をし，多種の作物を生育し，農民は多様な農具を揃え，どう使えば利点があるか良く知っていた．そのシステムは土地集約的かつ労働集約的で高い生産力を持っていた．賈思勰は華北農業の最盛期を扱ったと言えよう．実際，華北でその後の技術進展はほとんどなかったように見え，後代の人は『齊民要術』を引用して賛美し，賈思勰の時代後の営農水準が衰微したことを嘆くのである．宋代の『種藝必用』(Chung Yi Pi Yung)，金あるいは元代初期の『種蒔直説』(Chung Shih Chih Shuo)，『韓氏直説』(Han Shih Chih Shuo)，清代の『知本提綱』(Chih Pen Thi Kang)，『農言著實』(Nung Yen Chu Shih)，『馬首農言』(Ma Shou Nung Yen)などどれも明らかに水準は低下している．[42] それは華北諸省が貧困化した結果であり，そのため経済的中心はより生産力の高い南方へ移った．それ以来，中国農業の技術的，学問的改革，それを述べる農書などすべて南方に中心が移るのである．

---

42)『種藝必用』については胡道静(4)，(5)を見よ．『種蒔直説』と『韓氏直説』は『王禎農書』，『農桑輯要』などの文に引用されて残るのみである．王毓瑚(1), pp. 106-107を見よ．清代の三種の著作は地方的なハンドブックで，西北中国の農業事情と慣行を述べる．そこでの生活はきわめて難しく，これらの著作が興味を引くのは，気候と土が農業慣行に与える影響を克明に述べる点である．王毓瑚(2)を見よ．

(ii) 王禎の『農書』

　王禎は山東省人だったが，官吏として安徽と江西に長らく住んだ．『王禎農書』の序は1313年の年代が記されるが，書が成ったのはたぶんその数年前だろう．[43] 元代の版は残らなかったようだが，明代と清代の版が多数残り，その一番古い版は嘉靖9年 (1530年) だ．本書が参照する版は22巻本の武英殿版で，1774年の序があり，完成は1783年である．[44]

　元が中国全土を統一支配下に置いたのは1279年である．中国の漢人と侵入した遊牧民の戦争は長く激しいものだった．モンゴル人は被征服者を残酷に扱うことで悪名高く，14世紀初期まで中国農民の生活はまさに窮乏生活だった．モンゴル人は華北全体を'巨大な馬放牧地'に変えようとしても無益であるとすぐに悟ったが，数十年にわたる戦闘のため中国農民は餓死寸前の状態にあった．少しましな地帯でもモラル，生産ともに低かった．憐憫の情と民の福祉への儒教的気配りから，王禎は農書を著し，中国全土で農業生産を高める手助けにしようと願った．広い情報を持つ官吏が鼓舞して教えること以外に改良を実現する手立てはないと王禎は確信した．農民は放っておくと何もできず，無知な官吏は間違った政策を押しつけて事態を悪化させるだけだと．プラスの方向に転ずるつもりなら，支配階層は農民が直面する問題と困難を完全に具体的に理解せねばならぬ．かくて『王禎農書』はまず第一に地方官吏の教育を目指した．それも当時利用できた農法のうち最良のものを教えることを目指し，その情報を管轄下の農民に伝えるものでなければならなかった．

　『王禎農書』は『齊民要術』よりも少し長く，全部で約11万字，主要3部から成る(表4を見よ)．「農桑通訣」(*Nung Sang Thung Chüeh*) がどの版でも始めに置かれ，耕作，播種，灌漑，桑の栽培などについてそれぞれ短い完結した叙述が行われる．この部分は『陳旉農書』(*Chhen Fu Nung Shu*) が熱心に手本とする部分だ．次いで，22巻版では (36巻版では最後に)「百穀譜」と名づけた部が置かれ，穀類，野菜，果実，竹，その他 (茶と繊維作物を含む) を述べる．この部分にはまた短い

---

43) 石聲漢 (7), p. 55.
44) 明代，清代6種の版を比較検討するには，天野 (9), p. 141以下を見よ．『王禎農書』の奇妙さは本文が22巻のものと36巻のものがあり，主要3部の配置はそれぞれ異なるが，内容は変わらないことだ．

表4 『王禎農書』の目次

1-6章	農桑通訣	
7-10章	百穀譜	
	7章	穀類（牧草，麻，胡麻を含む）
	8章	瓜類と蔬菜
	9章	果実
	10章	竹と雑類（ラミー，棉，茶，染料植物を含む）
11-22章	農器圖譜	
	11章	田地
	12-14章	農具
	15章	編織と籠
	16章	調製装置と穀倉
	17章	儀礼具と運搬
	18-19章	灌漑施設，水碾など
	19章	小麦用の特殊具
	20-22章	養蠶と紡織

注．この表は22巻版による．36巻版は少し違う．[*1]

結論が付され，その材料は主に『齊民要術』から取られているが，「備荒論」(*Pei Huang Lun*) と題されている．この項目を別に分けて論じたのは農書の中で初めてである．最後に「農器圖譜」(*Nung Chhi Thu Phu*) が置かれ，農具や調理道具，灌漑施設だけでなく，種々の農地，儀礼道具，穀物倉庫，車，船，織機を図説する．この部分は『王禎農書』が中国の農学に独自で傑出した貢献をした部分である．

「農桑通訣」と「百穀譜」(*Pai Ku Phu*) はオリジナルな部分が少ない．王禎は『氾勝之書』や『齊民要術』などから広範に引用している．しかも時に引用の出典を記載しなかったり，短縮したり，変更している．自身の見解はごく少しである．しかしこの二つの部分には注目に値する特徴がある．北と南の農業技術を体系的，念入りに対比していることであり，[45] この対比は技術史研究家に興

---

45) 比較表は天野 (9), pp. 153-154 を見よ．
[*1] 著者は武英殿本22巻版を底本とする．原典の章表記は通し番号ではないが，Brayの引用表記は，各章を通し番号で整理し，何葉目の表か裏かを数字とa, bで指定する．ふつう入手可能な書版は36巻版が多く，著者の引用表記からの検索はかなり難しい．本訳書では，引用箇所の章名を「農桑通訣墾耕篇」，「百穀譜穀属」，「農器譜田制門」などと表し，必要に応じてさらに節名を訳注で表記し，引用箇所の検索に便宜を図った．

味深いものとなっている．概観すると，北方の農業技術は旱地耕作で作られ，南方の農業技術は灌漑耕作で作られた．北の旱地耕作は見かけは洗練されていたが，南の灌漑技術は北よりもはるかに進んでいた．王禎は北方の旱地技術と道具が持つ利点を南方の農民に普及しようとし，逆に南方の水田技術を北方に普及しようとした．大きな視点に立って，新しい進んだものならどんな技術でもその情報を広めて，農民の負担を軽くしようと懸命に努めた．一例を挙げよう．[46]

　柄ぶり（「耘盪」yün thang）（図18）は浙江地方の道具で，木靴に似た形……20本ほどの釘が一列に打ち込まれている［長い竹柄がある］．「耘盪」を使うと，……広い農地を一日で除草できる．江東その他の地方で手除草をする農民をよく見るが，彼らは作物の間に手と膝で這いつくばり，背を陽に焼かれ，体は泥まみれになる——まことに哀れな運命だ……この道具をもっと広域で使わないのは残念だ．そこで私は絵に説明をつけ，仁者が普及してくれることを願う．

　　「耘盪，江浙之間新制之，形如木履……底列短釘二十餘枚，簨其上，以貫竹柄，柄長五尺餘．耘田之際，農人執之．況所耘田數，日復兼倍．嘗見江東等處農家，皆以兩手耘田，匍匐禾間，膝行而前，日曝於上，泥浸於下，誠可嗟憫．……惜不預傳，以濟彼用．茲特圖録，庶愛民者播爲普法．」

　王禎は読者に新しい見慣れない技術を伝える際，どのような農具や機械も正確できれいな挿絵で図示し，構造と用法，由来を文章で述べた．方言名や昔の呼び名を簡単に列挙し，詩を添えることもしばしばあった．詩は梅堯臣（Mei Yao-Chhen）（1060年死去）などからとったものもあるが，多くは王禎自身の作だった．これが有名な「農器圖譜」である．

　先述のように王禎が述べる道具の範囲はまことに広い．鍬から水車，蚕の筵まで，農業にわずかでも関係するものは何でも取り上げている．王禎については徐光啓のような権威ですら，農業より詩に才能があると認めている．[47] 実際，その農書は文章にも図にも不正確さと不一致がある．しかし徐光啓自身，「農器圖譜」を『農政全書』の中にそっくりそのまま収録し，すばらしい仕事だと称えている．記述はほぼ正確だが，製作設計図として使う（たぶんその意図だった）

---

46)『王禎農書』13/28b–29a〔「農器圖譜錢鎛門，耘盪」〕．
47)『農政全書』5/19a．

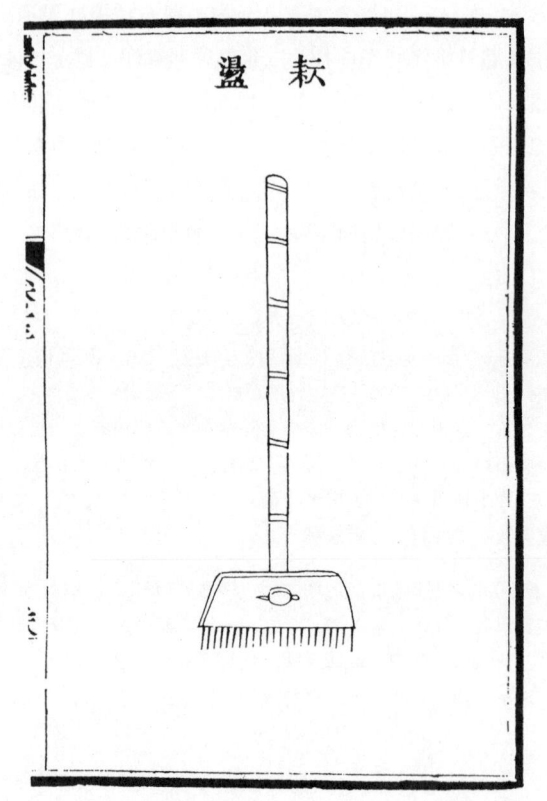

図18　柄ぶり「耘盪」，14世紀，揚子江地域での革新．『王禎農書』13/28a〔「農器圖譜錢鎛門」〕．

には必ずしも十分詳しくはない．例えば播種ドリル（図95）の場合，王禎自身はこの道具をよく知らなかったらしく，記述は十分詳しくはない．挿絵が最高水準でないとしても，王禎を責めるのは公平でない．原典は遠い昔に失われ，後の版の図は相当粗雑に復刻されたものが多いからだ．版ごとの不一致は確かに目立つ（図19）．それらの不正確さは単に伝え方の齟齬，遠近法や断面図の描き方の習慣が違うこと（例えば図187の唐箕）による場合がある．また，画家が描くべき道具をまったく知らないらしい場合もある（例えば図95の犂先）．このような場合，挿絵と文章に明らかな不一致があるが，知らなかったのでなく，たぶん王禎が校正を怠けたものと思われる．彼自身は農業のありとあらゆる細部まで知ろうと努力を重ねたようだ．賈思勰や徐光啓は気軽に衣冠をとり去っ

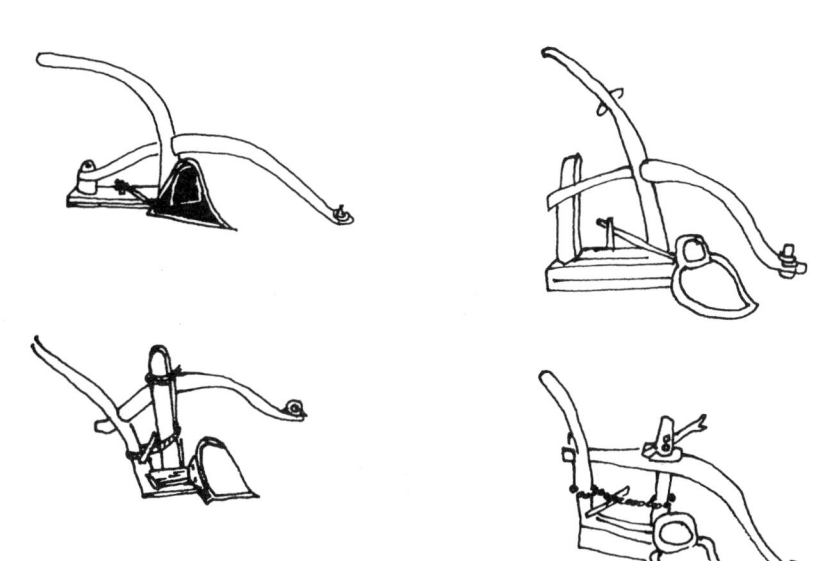

図19 『王禎農書』の異版にある挿絵の差違．左は明代版，右は四庫全書版．

て自ら犂を操り，白菜列に鍬で土を寄せた．読者は爪に泥が食い込む感すら覚える．しかし王禎にはより儒教的姿勢を感じさせるものがある．農場の乾いた一隅に水牛から距離を置いて重々しく立ち，農夫から犂とハローの大きさや造作を熱心に聞き取る姿を想像できるが，しかし水田の泥に膝まで浸かっている姿は想像できない．徐光啓が嫌ったのはたぶん『王禎農書』にあるこの潔癖さだったろう．

それにもかかわらず，王禎の「農器圖譜」は天才の作品であり，中国の農学に独自の貢献を加えた．それは華北の旱地と揚子江沿岸の水田で使われる広範な農具と関連器具を正確にそしてかなり詳細に記録した．干拓地や棚田，様々な灌漑法にもそれぞれの章が振り当てられた．これらのトピックはそれまできちんと記述された例がない．王禎自身は困難な時代を生きたが，記述された技術は宋代の最盛期に完成していた．宋代は技術革新と急速な経済発展，繁栄の時代だった．中国の科学と技術は宋代に最盛期を迎え，その後凌駕されなかったとよく言われる．[48] これは大げさな誇張だとしても，農業に関するかぎり

---

48) 例えば，M. Elvin (2), B. Gille (17) を見よ．

『王禎農書』に見られる中世の農具と 20 世紀初期(後期ですら)の使用農具を比べると，1300 年から 1950 年までの間に重要な発展も改良もないとすら思える.[49] 他方，『王禎農書』があまりに好評を得，引用，再版されたため，多くのマイナーな発展が書籍に収録されず知られずに終わった．明代，清代の例えば織物技術の改良はいくつか重要なものがあったが，今やそれを復元することは難しい．これは当時の本が新たな記述を加えるより，単に王禎から抜粋するだけで十分だと努力を怠ったためである（第 31 部）[*1]

(iii)『農政全書』

偉大な農書伝統の最後を飾ったのは徐光啓の『農政全書』である．徐光啓（1562～1633 年）は中国史で傑出した人物だった．高潔な政治家であり，第一級の科学者であり，イエズス会士の友であり，初期の改宗者の保護者であった．彼の科学的業績はすでに本シリーズ第 19 部[*2]，第 27 部[*3]，第 33 部[*4] で概観されている.[50] そのほかの面では彼は国の必要事に敏感な行政官で，そこから科学的才能を天文学と科学以外に農業，灌漑，肥料にも向けることとなった．

徐光啓の活動の原動力はつきつめると愛国心に根ざしていた．王禎と同じく徐光啓も困難な時代に生きた．明朝は崩壊しつつあり，汚職はいたるところにあり，絶えず内戦の脅威があり，国境の北には満州族が首都を席捲して奪う機会を窺っていた．徐光啓は明国を防衛し強化する方策に多大な努力を払った．明国は一方では防衛を全うせねばならない（ここから軍事駐屯地と砲術への興味が生ずる）し，他方では経済建設を果たさねばならない，何故なら民一般が栄えてこそ漢族に力と忠誠心が戻るのだから（ここから灌漑，飢饉救済，商品作物への関心が生まれる）．

徐光啓は農業の行政面と技術面で相当の経験があった.[51] 人生の大部分を高い官位で過ごしたが，1607 年から 1610 年まで官職を離れざるを得なくなり，故

---

49) 他の農業分野で発展，改良がなかったと言うつもりはない，逆である．中国農具が相対的に技術停滞をしたことは，いくつかの理由を結論部で説明したい．
50) 著者不詳 (529) も見よ．
51) 胡道静 (10), L. A. Marverick (2).
*1 Needham, Vol. V. Part 9, *Textile Technology*, 1986, 和訳未刊．
*2 思索社刊第 4 巻
*3 思索社刊第 9 巻
*4 Needham, Vol. V. Part 2, 3, 4, 5, *Spagyrical Discovery and Invention*, 1974, 1976, 1980, 1983, 和訳未刊．

郷の上海で暮らした．その時，彼はイエズス会士から聞いていた西洋の灌漑技術を試してみた．[52] また甘藷や棉，女貞木(ニョテイボク)（*nü chen*）[53] のような馴染みのない作物を栽培した．この期間，彼は甘藷に関する短い作品『甘藷疏』（*Kan Shu Su*）（今は失われている）や，二，三の短い農業書を著した．[54] 間もなく彼は官位に呼び戻されたが，農業は続けた．1613年から1620年まで天津に足を運び，自立軍事集落（「屯田」*thun thien*）を組織し，東北部に改良灌漑と水稲栽培の導入を図った．[55] その前から，自身の経験に基づきまた先人の業績を取り入れた完全な農書を書こうと準備していた．営農法だけでなく人口分布の不均一さ，低い農業生産性，農村の貧困，飢饉の恐怖など，中国の主な経済的問題に取り組む著作を考えていた．材料を集め，その幾分かは原稿になっており，いくつかは短期間上海へ引きこもる前から独立した論集として出版された．[56] しかし役所の仕事に絶えず妨げられ，大作『農政全書』は1633年の彼の死去の際にも未完だった．完成は江南の有名な学者陳子龍（Chhen Tzu-Lung）に託され，陳は同士を集めてその協力で原稿を編集し，6年後の1639年に出版した．[57]

『農政全書』は70万字に及ぶ膨大な書物であり，『齊民要術』の実に7倍である（表5）．その大部分は299冊を超える書籍からの引用であり，[58] しかも必ずしも正確ではない．例えば徐光啓は王禎の農業面の才能を評価しなかったが，『農政全書』には王禎の「農器圖譜」をそっくりそのまま，ただし順番を変えて収録している．農民営農の実際に関して，徐光啓は王禎の農具，作物，技術の知識に何も加えていない．『農政全書』で加えられた刷新は農政を強調したことだ．先述したように彼は明国が後期に直面した経済上，政治上の根本問題を知り尽くしていた．揚子江下流部や他の肥沃な地域は著しく人口過剰で，収穫がわずかに減少するだけでもたちまち飢饉に見舞われるが，北方諸省では広大な土地

---

52) 徐光啓は，ヨーロッパの灌漑法を簡単に述べた『泰西水法』（*Thai Hsi Shui Fa*）（北京，1612年）の著者 Sabatino de Ursis と親友だった．
53) *Ligustrum japonicum*，〔ネズミモチ〕，虫蝋を産する．
54) 『蕪菁疏』（*Wu Ching Su*）ともう一冊の棉に関するものはともに失われているが，この時期のものだろう．胡道静(9)を見よ．徐光啓はまた肥料その他農業関係の未刊ノートを書き，それらは上海市立図書館に現存する．
55) この時期，徐光啓は『農遺雑疏』（*Nung I Tsa Su*）を書いた．胡道静(9)，(10)を見よ．
56) 梁家勉(3)．
57) 本書で底本に使うのは1843年版である．石聲漢(8)の新しい注釈本が上海で1979年に出版されている．
58) 康成懿(1)．

表5 『農政全書』の目次[*1]

1-3 章	農本	勧農の重要性を説く古典の引用
4-5 章	田制	土地配分，農地管理
6-11 章	農事	開墾，耕耘，他に移住計画の詳細案
12-20 章	水利	様々な灌漑方法と灌漑施設，19 章から 20 章は泰西水法
21-24 章	農器圖譜	『王禎農書』の同名部分をごっそりと引用
25-30 章	樹藝	蔬菜と果樹
31-34 章	蠶桑	
35-36 章	蠶桑廣類	木棉，麻
37-40 章	種植	植林
41 章	牧養	牧畜
42 章	製造	割烹
43-60 章	荒政	飢饉防止，43-45 章は行政の対処，46-60 章は救荒本草

が荒れたまま打ち捨てられ，その空白地帯へ満州騎馬軍が何時なだれ込むやも知れなかった．農村の貧困は広域に社会不安を引き起こし，農民一揆が国のどこかで毎年のように起こった．失政と汚職で帝国の金庫はほとんど空っぽとなり，軍隊は兵，資金，食料ともに不足だった．徐光啓はこうした状況打開のため，緊密に連携した一連の農地政策を提案した．

第一に，北方諸省は自給できる軍・民農業基地（屯田）を設立して強化し，防衛せねばならない．この地域の旱地農業は生産性が低いが，大規模な灌漑施設を建設し水稲を栽培すれば事態は改善できよう．この政策は軍隊の経済的基盤を作り，また南方の過密地域から水田移民を誘致できるので一石二鳥となろう．このような利点を実地に見せ，農業移民地の組織方法を説明するため徐光啓は多数の報告書を引用したり，天津に農業移民地を作ったときの自分の経験を交えて必要な労力について長い文章を書いている．灌漑の計画と技術についても施設の建設や維持に必要な労力をどう調達するかなど，相当詳しく議論している（図 20, 21）．

第二に，絶えず起こる各地の飢饉を防がねばならない．20 世紀後半ですら，長距離通信の効率化は中国の直面する最も困難な問題だ．明代では，福建のよ

[*1] 原典の章表記は，巻之一から巻之六十まで通し番号で示す方式．Bray の引用表記は，例えば，図 20 の 19/15b—16b は巻之十九，第 15 葉裏面から第 16 葉裏面までを指す．本訳書では著者の引用表記をそのまま踏襲する．

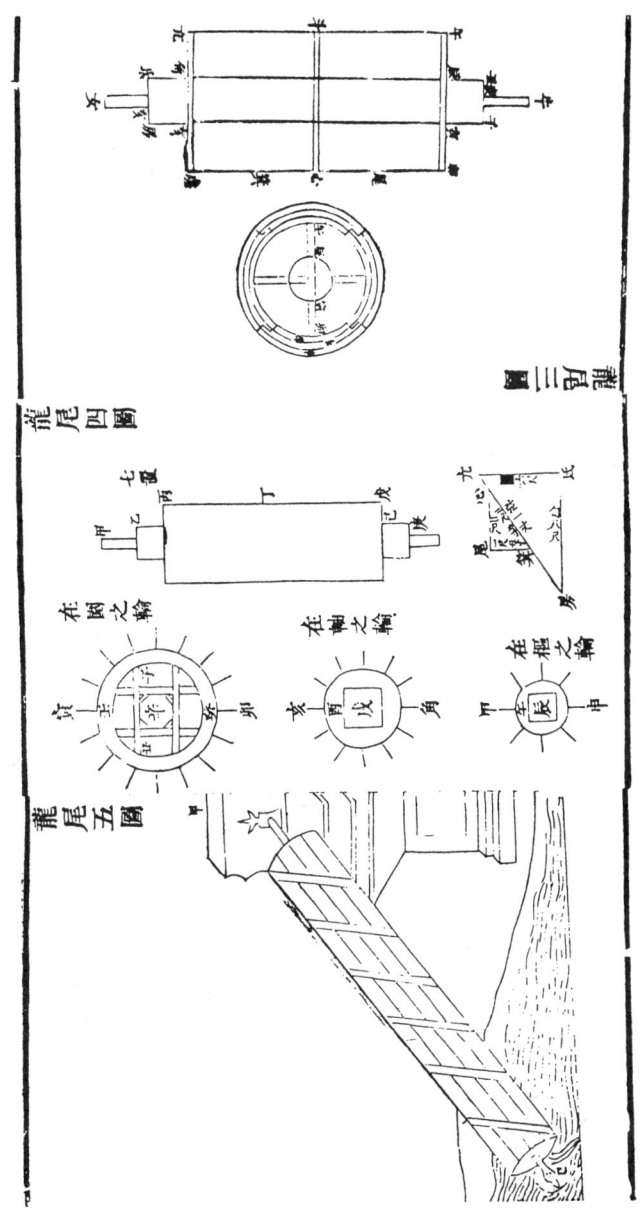

図20 「泰西水法」の龍骨水車.徐光啓はこの西洋の装置で灌漑技術のレヴェルアップを願ったが,普及はしなかった.『農政全書』19/15b-16b.

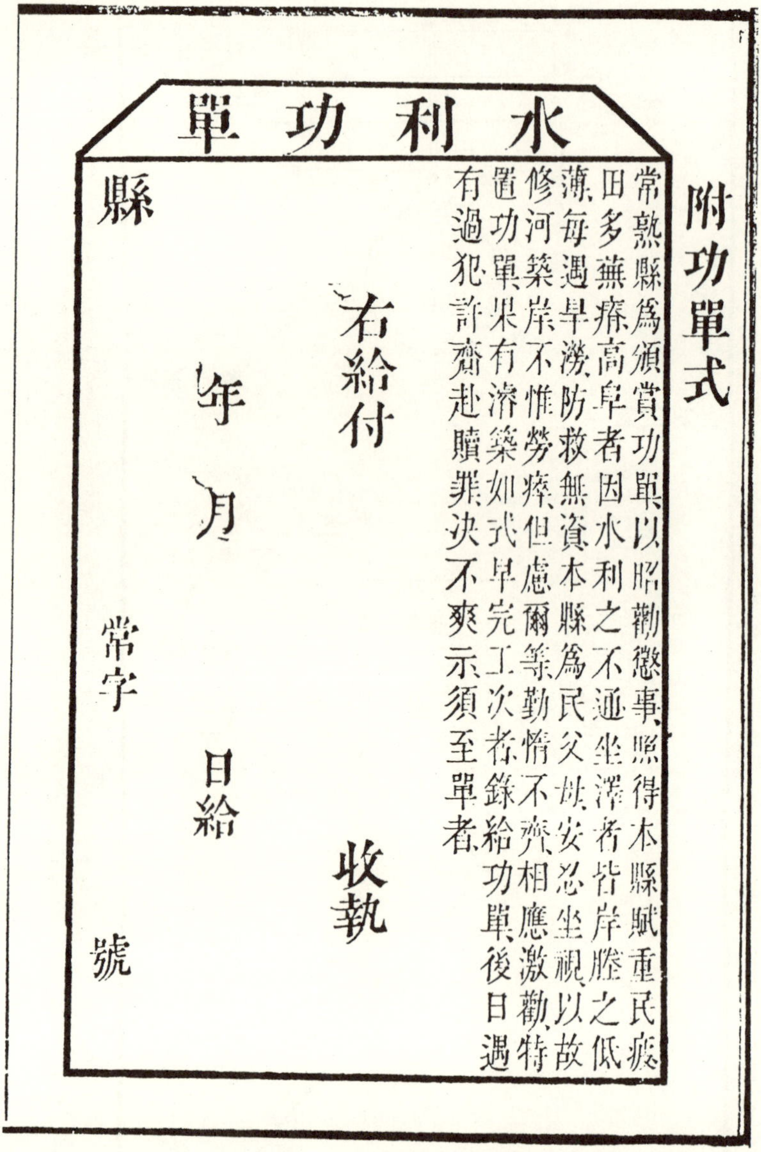

```
附功單式

水利功單

常熟縣為須賞功單以照勸懲事，照得本縣賦重民瘼，
田多燕瘠高阜者因水利之不通坐澤之不通坐膣以之故
薄，每遇旱潦防救無資，本縣為民父母安忍坐視以之故
修河築岸不惟勞瘁但慮爾等勤惰不齊相應激勸特
置功單果有濟築如弍次者錄給功單後日遇
有過犯許齎赴贖罪決不爽示須至單者

　縣　　　　　右給付　　　　　　　
　　　　　　　年　月　　日給　收執
　　　　　　　　常字　　　號
```

図21　徐光啓の作った就労証明書の草案．灌漑施設の公的維持に参加した者はこの証明書を与えられ，水利分配に違反した者は証明書を引き渡さねばならない．『農政全書』15/13a．

うな遠隔地を飢饉が襲った場合，外からの救援が間に合う望みは薄かった．ほとんどの郡に設けられた公立，私立の義倉はそのような緊急時に対応するはずだったが，悲惨なまでに不足していた．[59] 徐光啓はもっと信頼できる飢饉対策は救荒作物の栽培だと感じていた．例えば甘藷，トウモロコシ，キャッサヴァなどは穀類を植えられない荒地でも生育しうるだろう．これらを好んで食べる中国人は少ないかもしれないが，豊作年は家畜の餌にすればいいし，凶作年は不平を言う者はいないだろう．かくして徐光啓は全体の3分の1に当たる18巻を「荒政」(Huang Cheng)，つまり飢饉制御にあてた．3巻はその行政的対処法，残りは救荒作物の圖譜「救荒本草」(Chiu Huang en Tshan) にあてた．これは朱橚(しゅしゅく)(Chu Hsiao) による1406年の著作で，摘んで食べられる400種以上の野生植物を述べている．実際，徐光啓自身もこれらの植物の多くを試食している．[60]

　第三に，飢饉の恐れを避けえたなら農村の収入を高めねばならない（国家歳入を増し不満と反乱の恐れを減らす上に，間接的だが望ましい効果を生む）．これは家内産業と商品作物の奨励で達成できよう．『農政全書』は江南経済に占める養蚕業の重要性を確信しているが，同時に木棉とラミーを使う比較的新しい織物産業の拡大を呼びかけている．彼はとりわけ河北での棉栽培に熱心で，実際その試みは成功した．彼はまた他の多くの商品作物，茶，油糧作物，バナナ，甘蔗，竹，零細農民が栽培できる多種の木材についても，その経済性と栽培法を述べている．

　『農政全書』の卓抜したオリジナリティーと魅力は，農業発展に果たす行政の役割を力説した点にある．道具の改良や新しい技術，品種の改良は農業の改良をもたらし得るだろうが，導入と普及を適切に計画し連携させて初めて最大限の利益が得られる．徐光啓の大作の題名は無意味に選ばれたのではなかった．まさに農業行政に関する書である．官による農業勧奨は常に各階層の中国人官僚が責任を負う課題だったが，えてして陳腐でジェスチャーに終わりがちだった．徐光啓はよい意図だけでは不十分だと知っていた．よく練られた実際的で連携した政策を立て，その運用は経験ある人間を必要とした．計画は模糊とした前例に拠らず正確な数字に基づく必要があり，人員の動員数や農民が負担す

---

59) P. E. Will (1).
60) 石聲漢 (7), p. 68.

る灌漑費用や詳細な数字を前もって立案せねばならぬ．徐光啓の存命中に『農政全書』が完成しなかったのは残念だ．彼が忠誠を尽くして支えた明朝は1644年に崩壊し，漢人の愛国心はどんな形であれ許さなかった満州族は徐光啓の大作を無視し，代わりに『授時通考』のような独自に編纂した農書を重用した．徐光啓の提案を実地に移す試みは時々行われたが，[61] 実際的な専門家を欠き，農政全書にある数量的な正確さや視野の広さに欠けていた．中国の国家は一度ならず今日の開発政策に似た土地改革を導入したが，[62] どれも中国の史書に体系的な記録がないことはまことに皮肉である．彼の農村発展戦略は，より恵まれた政治環境下なら巨大な成功を収めたかもしれない．しかし『農政全書』に詳細かつ確信的に書き残されたその戦略的大計画はかつて実施されたことがない．

3 官撰編纂書

この類の文献はそれ以前の著作からの引用で構成され，新しい所説はほぼ含まれないという点で先述の農書と異なる．オリジナリティーがあるとすれば収録著作の配列とバランスのとり方ぐらいで，まさに伝統的儒教スタイルの含蓄の多い言い回しになる．このような著作も研究対象から省くことはできない，何故ならこれらの著作は公式ルートで帝国全域に配布され，農学上の価値と無関係に大きな影響を与えているからだ．

(i)『農桑輯要』

この文献は1273年の日付があり，官撰編纂の著作として現存する最も古いものだ．この分野ではそれ以前に二種の著作が完成していた．唐代の『兆人本業』(*Chao Jen Pen Yeh*) と北宋の『眞宗授時要録』(*Chen-Tsung Shou Shih Yao Lu*) だが，残ってはいない．『農桑輯要』の王磐 (Wang Phan) の序によると，1271年，元の世祖は農業と養蚕の振興および教育の責任官庁として司農司 (*Ssu Nung Ssu*) を設け，主な仕事の一つを元帝国全土で使用できるハンドブックを作成することとした

---

[61] 清代初期の治世下，北方諸省で行われた水稲栽培の普及努力は，例えば，T. Brook (1) を見よ．
[62] 漢人の開発政策は Hsü Cho-Yün〔許倬雲〕(1), F. Bray (3), 宋代のものは James T. C. Liu (2), F. Bray (4) を見よ．

（1279 年まで元帝国の領域は北方諸省と四川の数地域だけだった）．1273 年に司農司は皇帝に『農桑輯要』を献呈し，それは直ちに印刷され全国に配布された．

『農桑輯要』の元代版はまったく残っておらず，後代のあまたの版は多くの追加があり，まったく新たに追加された章節もあろう．[63] このような条件を念頭に置きながら内容をかいつまんでみよう．文は全体で 6 万字，10 門に分かれる．(i) 引用文献（「典訓門」 *tien hsün men*），(ii) 耕作（「耕墾門」 *keng khen men*），(iii) 作物（「播種門」 *po chung men*）（穀類，油糧および繊維作物を含む），(iv) 桑（「栽桑門」 *tsai sang men*），(v) 蚕（「養蠶門」 *yang tshan men*），(vi) 野菜（「瓜菜門」かさい *kua tshai men*），(vii) 果実（「果實門」 *kuo shih men*），(viii) 竹，木（「竹木門」 *chu mu men*），(ix) 薬草（「藥草門」 *yao tshao men*），(x) 畜産（「孳畜門」しちく *tzu chhu men*）（養鶏，養魚，養蜂を含む）．この配列は『齊民要術』に倣ったものだが，醸造や他の家庭技術を削り，『四時纂要』に基づいて「歳用雑事」（*Sui Yung Tsa Shih*）という章を最後尾に加えている．文章はほとんど引用で，特に『氾勝之書』，『四民月令』，『齊民要術』，『四時纂要』からが多い．宋代と元代初期の文書もいくらか引用されるが，面白いことに『陳旉農書』は引用されていない．たぶんこれが南方の水稲耕作を記述しているからだろう．当時，そこは元朝の境界外だった．引用文献は年代を付け，年代順に配列されている．したがって『農桑輯要』はそれ以前の文書を見るのに重要な資料となり，また農業史の様々な現象を展望するにも重要である．『農桑輯要』にあるオリジナルな記述は，政府が勧めようとした新作物，すなわち華南由来のラミー，中央アジア由来の棉，スイカ，ほかに甘蔗の普及に関するものぐらいだ．

『農桑輯要』10 門のうち 2 門は養蚕に当てられ，このことは華北で絹の増産を目指す元朝政府の決意を反映している．その前の金政府同様，元朝政府でも輸入品は絹布と華南からの茶が最多を占めた．当時，飲茶が華北で突然大流行していた．茶は以前は贅沢品で富裕層が時々たしなむ程度だったが，13 世紀には大衆もご主人たちと同様あらゆる機会に茶をたしなむようになった．茶の消費を 7 等級以上の階層に制限する努力は失敗し，茶を北方のアルカリ土で栽培する試みも同様に失敗に終わった．唯一の解決策は茶の輸入継続を認める代わ

---

63) このうち，區田の部分はたぶん新しい．『農桑輯要』の各種異版については，劉毓瑔 (*1*)，天野 (*9*), pp. 130–140 を見よ．最近の版は大多数が 1775 年の武英殿版に基づいている．

りに,絹の生産を増やすか消費を減らして,茶の代金に当てられる絹を増やすことだった.『農桑輯要』は進んだ養蚕技術すべてを集めて「栽桑門」と「養蠶門」で述べ,「播種門」で棉やラミーなど代替繊維作物を勧めて元帝国内での絹消費に置き換えようとした.政府のこの運動は大成功を収め,華北で絹生産が増えただけでなく,短時日のうちにラミーととりわけ棉が華北で重要な経済的位置を占めることとなった.

『農桑輯要』の編纂者たちは土さえよければどんな外来作物も中国で栽培できると確信していた.気候が合っておればそれは正しい.棉やスイカは華北の気候にも土にも合っていたので,急速に普及し根付いた.しかし土の化学や植物栄養の知識を欠く状態で,司農司はときに大失敗をした.施肥と灌漑を行う現在でも北方では生育が難しい作物の茶,甘蔗,柑橘などを普及しようという企てがその例だった.

全体としては『農桑輯要』は見事に目的を果たした.それは実用的ハンドブックで,新旧の作物を扱う情報は徹底的,実用的で正確だった.また政府の政策を具体化して繊維製品の増産や改良耕起法の普及を行った.しかし温情的朝廷が大衆の指導,保護の面で示す家父長的姿勢,それは他の公式編纂書にも顕著だが,それに対して『農桑輯要』が示した非協力的姿勢は見事に洗練されている.

(ii)『授時通考』

清代のこの編纂文書にはまったく逆の性格がある.これは乾隆帝が1737年に編纂を委託し,1742年に鄂爾泰 (O-Er-Thai) とその50人以上の共編者が献呈した.この著作の目的は天命体得者である慈悲深い皇帝を称え,堯舜以来の精妙な伝統に連なる農業を鼓舞することだった.結果的に実際面を抑えて儀礼の面が強調され,著作全体を通して儀礼慣行が第一,生産技術は二の次となっている.

最初の内府本つまり1742年の武英殿版は皇帝命により印刷され,清帝国の隅々まで配布された.[64]『農政全書』に比べ少し短いが78巻を数え,農書の中

---

64) この書は版本が多く,1956年に北京で出版された中華版まで含む.本書で底本とするのはもとの武英殿版の1847年復刊本である.

で最大のものの一つで，八つの主題に分かれる．(i) 天の季節（「天時」thien shih）（農業暦），(ii) 土地の特性（「土宜」thu i）（地方産物，土地制度，灌漑の章を含む），(iii) 穀物（「穀種」ku chung）（誉むべき禾即ち瑞兆ある穀，瑞兆ある小麦（「嘉禾瑞穀瑞麦」）と題した序がある．この表現にある形容詞は，皇帝を優雅に賛美する際いつも添えられた），(iv) 任務（「功作」kung tso），(v) 奨励（「勧課」chhüan kho）（司農司の条令，春秋の犠牲などを含む），(vi) 備蓄（「蓄聚」hsü chü）（慈善倉，常備倉，村倉など），(vii) 補足物（「農餘」nung yü）（園芸，商品作物，畜産を含む），(viii) 養蚕（「桑蠶」tshan sang）（棉，ラミーを巻末に補遺）．

　清の皇帝たちはすでに全国から貴重な古書を収集して朝廷収集本つまり『四庫全書』(Ssu Khu Chhuan Shu) を準備しており，1742年に収集は完成していなかったが，『授時通考』の編纂者たちは 427 種以上の文献を引用することができた．そのうち引用が多いのは『廣羣芳譜』(Kuang Chhun Fang Phu)，『農桑輯要』，『農政全書』である．農業育成に朝廷が果たした功績を無数の報告から引用しているが，不幸にして引用はあまりにも誤りが多い．『授時通考』はオリジナルな記述がないが，『王禎農書』や『農政全書』から図を引用する際に図を追加している．特に『耕織圖』の内府本全体を組み入れている．

　清帝国がいい心象を得るため，『授時通考』は儀礼，国家農業政策，土地分配の理想化された形の井田法などに相当のスペースを割き，結果的に当時の実際の農業からかけ離れた姿を描いている．実際には18世紀末までに中国の人口は明清変動の戦乱と荒廃から立ち直って，急速に増加していた．その状況下では飢饉は杞憂ではなかった．土地の人口圧は急速に高まっており，既存農地の農業生産を高める方策を見出し，また耕地を拡大する必要は明らかだった．加えて農村地域の多くはこの時期までに商業化が著しく進み，商品作物，小規模な家内産業や工芸が農民の生き残りに必須となっていた．したがって土地開発，灌漑，飢饉防止，商品作物などが『授時通考』の大きな課題になるだろうと期待するのは当然だ．しかし，儒教的著作で商業が目立つべきでないという配慮は判るにしても，土地開発や飢饉防止がまったく扱われず，商品作物が畜産や園芸など収入補助の仕事と一緒に一つの章「農餘」に押し込まれているのは奇妙な感じを受ける．灌漑は「土宜」の章で小さく扱うほか，別に「功作」の章に『農政全書』から引き写した西洋の灌漑法が置かれている．「功作」の章のほかの部分は農業技術に当てられているが，400年前に書かれた『王禎農書』からの逐語

的な引き写しに過ぎない．

このため『授時通考』は薦められるものが少ない．あるとすれば資料集としての価値だ．というのは引用の正確さは保証のかぎりでないが，ともかく広範な文献からの引用があり，予想しえない文章や技術を見出すことがある．そしてたぶん最も重要な点は，中国農書の最後を飾るものであり，中国全土に配布して読まれ，外国人すら知っていることだろう．

4　専門書

中国では膨大な数の農業専門書が書かれ，早いものは漢代にすら遡るが，今日まで残るものは少ない．話題の範囲は狭く，中国人学者の心を捉える主題はヨーロッパの撰者と異なる．

予想できることだが，一見して行政的な主題がきわめて目立つ．例えば飢饉防止や，清初期以降は蝗害の防止などだ．『救荒本草』や『捕蝗考』(*Fu Huang Khao*) はほんの一例だ．[65] 技術に関する主題は比較的少なく，目立つのは水利[66]とそれに関連する土地制度，例えば『築圍説』(*Chu Wei Shuo*)，『築圩圖説』(*Chu Yü Thu Shuo*) などだ．畑のタイプで最も多い記述は，いわゆるピット耕作（「區田」おうでん *ou thien*) 法に関するものだ．「區田」法は『氾勝之書』に初めて登場し，清代にはこれだけを取り上げた本が10冊以上ある．[67] しかし農具と機械への関心は薄かった．教養ある中国人は犂の改良で人類を裨益しようなどとは考えない．西洋でこの種のトピックに関しては技術的実験の文献が多いが，中国では皆無だ．9世紀に陸龜蒙 (Lu Kuei-Meng) が揚子江下流域の犂を詳細に記述し，『耒耜經』らいし (*Lei Ssu Ching*)（本書 p. 206 を見よ）を著して以後，犂を述べる者はすべてこの小論文を逐語的に引用するのみだった．『王禎農書』はもちろん農具のすばらしい図を網羅するので，必要となるとやはり逐語的に引用された．17世紀後半の学者陳玉瑱ちんぎょくき (Chhen Yü-Chi) が農具について，地方的な名前の差異など新鮮味のある『農具記』(*Nung Chü Chi*) を著したが，残念なことに挿絵がなかった．ほかに農具に関するこうした本は残っていない．作物は棉について多くの専門書があ

---

65) 王毓瑚 (*1*), pp. 311, 313 にさらに多くの書名が掲載されている．
66) Needham, Vol. IV. Part 3〔思索社刊第10巻，11巻〕．
67) 萬國鼎 (*3*)，王毓瑚 (*5*)．

り，甘藷についてもいくらかあるが，[68] 穀類は不思議にもほとんどない．宋代の学者曾安止(Tsheng An-Chih)が5巻本の穀類の専門書『禾譜』(Ho Phu)を書いたが，明代後期には失われた．辛うじて残っているのは，16世紀の黄省曾(Huang Sheng-Tsheng)が編纂した稲品種に関する短いリスト『稲品』(Tao Phin)と，19世紀の学者劉寶楠(Liu Pao-Nan)(1)の歴史言語学的な作品『釋穀』(Shih Ku)ぐらいだ．

他方，外来の風変わりで優美な植物はどの時代にも好んで扱われた．例えば茶は8世紀の『茶録』(Chha Lu)で初めて取り上げられ，[69] その後に出た茶の専門書は王毓瑚が20種を記録し，[70] そのうち12種が現存する．王毓瑚によると，ライチの専門書は13種，現存する最古の本は宋代の『茘枝譜』(Li Chih Phu)，ほかに9種が残る．[71]

中国とヨーロッパで専門書の傾向が類似する分野は二つあり，それは獣医学と園芸だ．中国人はイギリス人同様，園芸には熱狂的で，菊，芍薬，蘭，椿，それに園芸全般について無数の専門書がある．[72] これはそれなりの理由があった．獣医学の専門書やパンフレットが東西で溢れたのは必要だったからだ．家畜は一見頑丈そうに見えるが実は繊細で，多くの不快な病にかかりやすい．ヨーロッパでも中国でも主な対象は馬だった．馬の力と美が人をとりこにするからだが，驚くほど様々な病気にかかりやすく，痛みを伴い，力を失う．多くの長々しい論文が馬の判断法(「相馬」hsiang ma)を論じ，またもっと細心の注意が必要な，自分の乗る馬の生気と健康を保つ(判断を誤った場合は老いぼれ馬となる)方法についてはなおさらだ．馬は家畜の中で一番魅力的だが，中国では最も少ない家畜で，ふつうほとんどの著者はもっと世俗的な家畜の牛，羊，ヤギ，鶏，そしてかの貴重な生き物の蚕を扱う．[73]

以上，中国農業史の研究に利用できる主な資料を述べた．ほかに利用できる補足資料について簡単に触れ，それら全体から引き出せる中国農業と農村社会

---

68) 王毓瑚(1), pp. 309–310.
69) 『茶酒論』がたぶんより早いだろう(Chen Tsu-Lung (1))が，これは農業専門書とは言えない．
70) 王毓瑚(1), pp. 310–311.
71) 同上, pp. 313–314.
72) 本シリーズ第38部〔Vol. VI. Part 1, Botany, 1986, 和訳未刊〕を見よ．
73) 王毓瑚(1)は馬に関する専門書60種以上，ほかの馬類の動物や，牛，羊，鶏について50種以上，魚について12種，蚕について40種以上の書名を挙げている．

の像を考えてみよう．

5 補足資料

補足資料は，第一に植物誌で，これは『南方草木狀』(*Nan Fang Tshan Mu Chuang*)，『本草綱目』(*Pen Tshao Kang Mu*)など数多くがあり，そこから栽培植物，その進化，多様な品種，地方的な分布，用途，栽培条件など貴重な情報を得ることができる．これらの作品は第 38 部〔前頁注 72 を参照〕ですでに扱われているので，ここでは詳しくは触れないが，中国農業史の研究に植物学研究が重要な位置を占めていることは指摘したい．[74]

次に，よく普及している百科事典，例えば『太平御覽』(*Thai Phing Yü Lan*)，『三歳圖會』(*San Tshai Thu Hui*)，『圖書集成』(*Thu Shu Chi Chheng*)などがあり，どれにも農具や作物の章節がある．内容は古典や農書から引用したもので独自の面白さはないが，挿絵は時に専門書の挿絵と少し違うことがあり面白い．[75] 独自の内容があって興味を引くのは，宋應星(Sung Ying-Hsing)による 1637 年の『天工開物』(*Thien Kung Khai Wu*)だ．これは完全に独創的な内容で，明代農業技術の実体，特に北方，南方の地域差について非常に面白い情報がある．[76]

次に考古発掘資料がある．先史・古代に関してはこれが我々の持ちうるほぼ唯一の情報源であり，古代諸王朝についても史料の少なさを補う貴重な情報が得られる．明器，画像石・磚，絵画，古代農具などは不十分な文字資料を補い，中国農業の道具と技術の発展過程を年代ごとに再構成することを可能にする．もちろん図像資料は扱いに注意が必要だが．[77] 周，漢，南北朝の愉快な明器や画像石・磚は特に農業に関する材料が多い（図22）．しかし唐代以後はそうした材料は減る．膨大な芸術作品もあまり手助けにはならない．中国の絵画は農書の挿絵を除いて偶然にでも農業シーンを描くことが稀だ．ブリューゲル(Brueghel)のイカルス(*Icarus*)にある耕作シーン（図23）のような例は探しても無駄である．

---

74) 例えば，梁家勉 (*1*), (*2*), 李明啓 (*1*), 彭世獎 (*1*), 石聲漢 (*6*), 友于 (*1*), (*2*), H. L. Li (11).
75) 例えば，天野 (*4*), p. 777.
76) Sung, Ying-Hsing (1), 天野 (*6*), T. Thilo (1).
77) 本書 p. 173，また B. Gille (16), p. 92 以下を見よ．

図22　漢陶俑の唐箕と臼．シアトル美術館．

図23　まっすぐな木製犂床を示す犂．ブリューゲルの『イカルスの墜落』にある一場面．ブリュッセル美術館．

教養ある中国人はほとんどが都市ではなく，地方の農場に生活の場をおいた．官職につくと全員が何がしかの期間地方を管理する仕事に従事し，農村問題を扱った．彼らは灌漑に関して，また肥培法，あるいは新作物の導入に関して，その作品を見ると判るように博覧振りを発揮した．例えば沈括(Shen Kua)は全国に知られた水利の専門家で，農業についても『夢溪筆談』(Meng Chhi Pi Than)の中でいろいろ言及している．しかし彼が書いた2冊の農業書『夢溪忘懐録』(Meng Chhi Wang Huai Lu)と『茶論』(Chha Lun)は失われてしまった．[78] もう一人，宋代の撰者鄭御夫(Cheng Yü-Fu)(1032〜1107年)は120章以上の大冊『農書』に生涯をかけたが残念にも出版されず，数人の友人の目に触れただけだった．[79]『農政全書』の著者徐光啓には，華北の新たな作物や肥料，灌漑と水田耕作に関する未刊原稿が多数ある．これらの原稿は上海の市立図書館に保存されている．出版された作品も，『農政全書』以外に農業を論じたものが多い．[80]深刻な問題をもっと気軽な態度で扱った者もいた．例えば唐代の著述家柳宗元(Liu Tsung-Yuan)の寓話「種樹郭槖駝傳」(Camel Kuo the Gardener)[81]では，園芸の原理が道徳の喩えに使われている．政治的エッセイ，地方長官の懐旧談，司法官の労作などにも貴重な情報の断片がある．中国の文字作品全体を体系的に篩いにかけることは怖気をふるう仕事だが，南京の中国農業伝統グループが挑戦を始め，広範な農業トピックを収めた資料集を編纂している．これまで栽培植物について数巻が出版された[82]だけだが，さらに技術史，畜産，水利，作物，果実野菜の巻が間もなく出版されよう．

　もう一つの興味深い情報源は中国人の系図である．最初期の系図は貴族の家系が漢代以降の正史に記録されるだけだったが，宋代からは昇進した家族も系譜（「祖譜」tsu phu）と宗法を編纂し始めた．こうした文書から数百年にわたる社会的流動性[83]や営農を始めたきっかけ，宗族農場の小作地の状態をうかがい知ることができ，中国農村の社会的関係史を知る上で貴重な情報源だ．[84]また私有農場の管理を述べている二，三の作品もある．例えば後漢の『四民月

---

78) 胡道静 (7), (13).
79) 同上.
80) 著者不詳 (529), 胡道静 (9), (10), 王重民 (4) を見よ.
81) 『柳河東集』(Liu Ho-Tung Chi) 巻27, 商務出版社編, Section 3, pp. 69–70.
82) 陳祖槼 (1), (2), 胡錫文 (2), (3), 李長年 (2), (4), 葉静淵 (2).
83) 中世初期については Ebrey (1) を，明，清は Beattie (1), 一般的な扱いは Eberhard (28) を見よ.

令』,[85] 南朝の『顔氏家訓』(Yen Shih Chia Hsün), 17 世紀の『恆產瑣言』(Heng Chhan So Yen)[86] などだ.

こうした通常の農書のほか, 二種類の歴史文書が中国農業史研究に重要な資料を提供する. 各王朝の正史と地方誌 (「方志」fang chih) である. 最初の地方誌は宋代に始まり, その頃はまだ数も少なく性格もはっきりしないが, 清代には数千の作品が編纂され, 記述は国の隅々にまで及んだ. 地方誌は地方物産の章があり, 農法のデータ, 特定の地方の作物や平均収量のデータがある. それには地税や地代, 価格や交易, 目をひく地方慣行などの記事もある. これらはありとあらゆる経済データの貴重な情報源で, 時にはその詳細なデータに基づいて複雑な分析が可能となり, ラウスキー (Rawski) (1) が福建と湖南で農業と商業の関係を研究したのはその例だ.

正史はさらに広範な情報がある. まず最初に見るべきは経済書の「食貨志」(Shih Huo Chih) で, これは前漢以来各王朝が編纂している. 中国の政府は紀元前6世紀以来, 歳入の大部分を地租に依存したので, 「食貨志」に土地分類と配分, 収量と地代, 人口と政府の農業勧奨方針などのデータがあるのは当然ということになる. なかんずく, 飢饉と災害, 価格変動, 交易状況, 運河や灌漑システムの建設と維持, それに国有穀倉の管理が記載されている. 正史のほかの部分には農民反乱 (そしてその引き金となった困窮), あるいは農業政策に関わった政治家の伝記などもある. 例えば宋代の改革家王安石 (Wang An-Shih) は農民の生活水準改善を目指す一連の改革を導入し, 有名な農業ローン '緑の苗' (「青苗銭」Chhing miao chhien) や土地の再分類と栽培面積拡大を実施した. 王安石の改革は有名な司馬光 (Ssu-Ma Kuang) や蘇東坡 (Su Tung-Pho) が強く反対し, その抗議の陳情書が王安石の政策建議とともに宋史や宋の公式文書に長々と記録されている. かくて王安石の改革が最終的に失敗に終わるまでの過程を詳細に追うことができる.[87] 別の政府資料としては『唐六典』(Thang Liu Tien) のような勅令や黄色登録 (『黄冊』huang tshe) のような書類がある. 『黄冊』は全人口を数え上げた労役調査表で, 年齢, 性別, 職業などと, 所有土地および財産の総計,[88] さらにいわゆる

---

84) その価値はそれらを使って行われた研究から見れる. Twitchett (9), 仁井田 (3), 牧野 (1), H. C. W. Liu (1), 羅香林 (6) など.
85) Ebrey (2), Herzer (1) を見よ.
86) 訳 Beattie (1), App. III.
87) Williamson (1), Meskill (2), James T. C. Liu (2).

'魚鱗地図と登録'(「魚鱗圖册」yü lin thu tshe)を含む．これは土地全筆とその所有者名を記録したイギリスのドームズデー地図〔土地台帳〕に類似する．[89]

6 中国資料の性格と歴史解釈の際の問題

　以上，利用できる主要な文書資料を瞥見しおえたところで，ここから抽出できる中国農村史がどのような像になるか吟味せねばならない．まず本書のような著作の場合に最も重要なことだが，技術的な情報は十分豊富にあり，栽培作物，耕作法，農具の進展について継続的かつ詳細な記述がある．[90] 中国の農学者や技術書の撰者が使う術語は広範かつ正確で，多くは今日も十分理解可能である．難解な部分や不明瞭な文章は，同時代の挿絵や考古発掘資料とつき合わせると解釈が可能だ．中国農業の技術的発展は，漢代以降継続的に，正確かつ詳細に復元可能と言えよう．ヨーロッパではこのような状況は16, 17世紀まではとてもありえないことだ．

　しかし中国の社会経済史はまったく別である．中国の朝廷政府は，租税の収入源を農業に置いてきたので農業に関する政府文書の保存には留意したが，経済史家トゥイチェット（D. C Twitchett）は次のような問題点を指摘している．[91]

　　中国の官僚機構が制度として残す正史は，政府にとって財政が第一であることを考えると経済問題に主要な関心を払うはずだが，そうではない．国家財政全般についても，利用できる資料には深刻な問題がある．正史は基本的に朝廷を中心に置いた著作である．そこで首都で行われる最高レヴェルの行政については十分な情報があるが，中央政府が指令して政策を強制的に実施させた各省の状況はほとんど情報がない……一般に言えることは，利用可能な資料は机上の計画や政策布告に関するものに偏り，日々の実施状況は軽視される．もちろん，これは官僚的伝統の中で執筆する歴史家にとってはまさに目的に適っているのである．

---

88) Ho Ping-Ti (4), p. 3.
89) Ho（同上）は明の太祖が全国最初の地籍調査を指示した功績を挙げるが，Ray Huang (3), p. 42 はその起源が宋代に遡るものの，明代でも全国地籍調査と言えるものではなかったと指摘する．一般に地籍資料の編纂は調整されていなかった．
90) この種の早期の研究は，作物については中国農業遺産叢書を，農具と農業機械については劉仙洲 (7), (8) を見よ．天野 (4) は犂や棉生産など，特定の問題を経時的に扱う．
91) Twitchett (4), p. vi.

こうした制限は正史に関しておおよそ事実である．とはいえ後代にはその情報の不足を地方誌など他の詳細な情報で満たすことができる．ただし地方誌は行政レヴェルが下がるので記述が特定的になる．時と空間が非常に限定されたこうした情報源から一般化をすると，落とし穴に落ちる危険が多いことはもちろんだ．

机上の計画や政策一般から行政の実際を見ることは相当難しい．しかし必ずしも不可能ではない．特に伝統的方式が進展，変化する場合がそうだ．華北での政府による土地分配，辺境の農業拠点（屯田）設立，大灌漑システムの建設と水田普及事業など，農業開発の重要政策を輪郭づけることは，完全とはいかないにしても可能だ．[92] 歴代朝廷の農業政策の中には，今日の開発方針を暗示するものすらある．それらは今日の開発計画のような嵩高い統計データや予算書は欠くが，漢代や宋代の農業開発政策は今日のアジアの国際開発機関や政府計画局が描く政策と多くの点で類似している．これは社会経済史分野で研究に値する面白いテーマだろう．[93]

より詳細な，ヨーロッパ史の理解に貢献した類の社会経済分析を試みるとなると，頭痛の種は情報不足ではなくて解釈の困難さだ．中国農業史の研究家にとって特に悩ましい問題は生産関係を記述する術語の用法がばらばらなことだ．ヨーロッパの資料では土地所有関係を正確な法律用語で規定することが多く，それに慣れていると，例えば'謄本保有権者'，'自由保有権者'，'無条件相続地の小作人'といった用語は違いが明確に判るが，中国で「佃」（tien）と書かれているときその小作人は定額借料を払うのか，分益小作なのか，時には農奴であるのかすら区別がなく，(a) 原典の時期と場所，(b) 原典を解釈する歴史家の恣意的用法によって変わり，紛らわしい上にいらいらさせられる．時々，原典に当たって契約関係が「佃」か「租」か判ることもあるが，そうした場合は稀である．[94]

中国史の様々な時期にあった農業の生産関係をどう解釈するか，二つの見方がある．中共のマルキシズムの硬い枠では，土地所有の性格は歴史段階から自

---

92) 中世初期の土地配分と屯田制度については，韓國磐 (1)，李劍農 (3)，Eberhard (26). T. Brook (1) は清代に直隷省へ水稲栽培の導入が試みられたことを述べる．
93) 本書 p. 78 を見よ．
94) そうした小作契約例は宋代の一例が残存するのみ．

動的に規定される.⁹⁵⁾ もう一つの見方はより柔軟で, いろいろな所有関係がどの時代にも共存しつつ進展しと考える. こちらの見方は中国国外のマルキスト, 非マルキスト両方にあるが, 作業に使える資料が残念ながら乏しく, はっきりした結論は出せない. 激しい論争が例えば宋代の小作人は農奴だったのか, それとも法的に独立した農民だったのかといった問題をめぐって行われており, 結論の出る見込みは薄い.⁹⁶⁾ 中国の大きさを考えると, 社会経済関係を一般化することは誤解を招きやすく, 典型的あるいは主要な生産様式を重視しすぎると方向を誤るだろう. しかし土地所有関係が社会と技術の発展に根本的影響を及ぼすことは疑問の余地がなく, その正確な定義づけが現在の中国農村研究でも完全に無視されていることは残念なことだ. 19世紀, 20世紀になって明瞭な資料がある場合でも, 土地所有の研究者が「所有者」,「共同所有者」,「小作人」といった割り切り方で満足して, 契約条件や期間を問題にしない.⁹⁷⁾ これでは農民が所有地にどの程度の管理権を持っていたのか, 国内変動の際に所有面積がどの程度変わったのか, 小農や地主が改良に投資する可能性があったのか, 考察が不可能となる. こうした知識は中国農業の進歩（あるいは進歩の欠如）を理解する上で決定的な役割を果たすのだが.⁹⁸⁾

　土地所有に深く関係するのが農地管理の問題である. ここでも情報は乏しく, 具体的な情報は少なく, 推察に頼らざるを得ない. 郷紳所有の大農場つまり'荘園'は中国各地にいつの時代もあったが, 違う状況では寺領や宗廟領も重要だった. ある種の著作例えば『四民月令』や『沈氏農書』のように荘園管理を扱うと言えるものはある.『齊民要術』にも大きな荘園経営に間接的に言及する部分がある. ところが, 荘園経営に関する文章の解釈が大きく異なる.⁹⁹⁾ この

---

95) 陳登原 (1), 萬國鼎 (4) を見よ. 私が扱う歴史時代は, マルキストの分析では一様に'封建'時代に属する. 実際は, 中国の歴史学者が'封建的'と見なす土地所有関係は相当に広く, 農奴と小農両種を含む. しかし, その違いは不明で, 技術発展と変化を生産関係から明確に説明することはできない.

96) Golas (1) は論争を要約し, また日本の文献集について有用なまとめを提供している. Beattie (1) が指摘するように, 論争の主役である京都と東京両派の論争は, 根拠とする材料が中国の違う地方から取っていることに原因する. 宋代の土地所有関係について最もよい分析は Lewin (1) にある.

97) Chang Chung-Li (1), J. L. Buck (1), (2).

98) 土地所有関係の正確な定義と記述ができないのは中国を研究する学者だけではない. 経済発展パターンに及ぼす小作契約の違いは, 新古典派, マルキスト両者による広範な研究がある (Bray & Robertson (1) を見よ) が, 現代の開発に関する文献が用いる統計は,'自作農','半自作農','小作'の区分に基づいており, 不正確なため無意味である.

分野で突出した例はたぶん張英（Chang Ying）の『恆產瑣言』だろう．これは1697年に完成された文書で，張英の遺産相続者の利益のため書かれた．しかし比較的腹蔵のない特殊な主題のこの著作にも，西洋のこの分野の著作に見られるような詳細な記述がない．張英はありふれた言葉で支出を切り詰めるよう語っているが，労賃，借料，収量予想，あるいは投資の報酬など，どんな数字も示していない．中国で土地は利益の源泉としてよりも安全な投資先として工業や商売の損害を補うものと見なされ，例えば張英が土地改良を語ってもその方法はあいまいな指示があるだけだ．荘園視察の重要さを力説するところでは語り口は明瞭である．[100]

　家族の若者は毎年の春と秋，直接農場に赴き，徹底的に視察することだ．天候不順のときも馬を駆って荘園を旅行しなさい．しかし旅行だけが目的では意味がない．重要なことはまず土地の境界を知ることだ……第二に，農夫が仕事に勤勉か怠けているか，犂き起こしや播種が早いか遅いか，蓄えが十分か不足か，農夫と家畜が多いか少ないか，出費は多すぎるか適当か，土地はよく管理されて良くなっているか，見ることだ．第三に，池は浅いか深いか，堤は強いか弱いか見て補強することだ．第四に，斜面の木が枯れていないか良く茂っているか視察することだ．第五に，穀物の価格が高いか安いか尋ねることだ．すべてこうしたことを正確に知らねばならない．

　　「人家子弟，每年春秋，當自往莊細看．平時無事，亦可策蹇一往．然徒往無益也．第一當知田界．田界不易識也．……第二當察農夫用力之勤惰，耕種之早晚，蓄積之厚薄，人畜之多寡，用度之奢儉，善治田以優劣．第三當細看塘堰之堅窳淺深，以爲興作．第四察山林樹木之耗長．第五訪稻穀時值之高下．期于眞知確見．」

まことにすばらしい方針だが荘園を効率よく経営するには十分ではなく，実際の詳細はほとんど判らない．小作人が農地をどう経営するのかそれはさらに判らない．張英はよい小作人を選ぶことが必要だと強調することにこだわっている．[101]

---

99)『四民月令』については，石聲漢(2)，Herzer(1)，Ebrey(2)を見よ．Kumashiro(1)は『齊民要術』の場合を要約している．より詳しい分析が『沈氏農書』では可能である．陳恆力・王達(1)を見よ．
100) 訳 Beattie(1), p. 149.
101) 同上, p. 146.

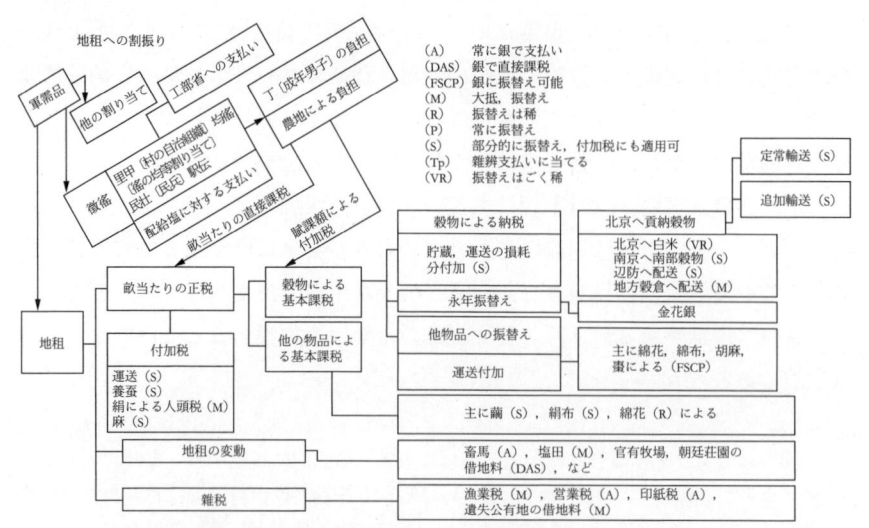

図24 明代の地税制度．16世紀後期の地租構成．Ray Huang, (3), p. 83.

諺に言う，「良い土地より良い小作人のほうがよい」……良い小作人を持つと三つの利点がある．犂き起こしと播種の時機を逃さない，土を肥やすことに労を惜しまない，一滴の水も節約する．

「諺云．……良田不如良佃．……良佃之益有三，一在耕種之時，一在培壅有力，一在蓄洩有方．」

しかし張英は小作の契約条件などまったく無視して何も語っていない．

伝統的中国で農村階層間の関係がどうだったか判っていることは少ないが，農民と行政の関係はもう少し判っている．政策一般に関する情報はトゥイチェットが示唆するように図式的だが，完全な例外もある．ある種の緊急でかつ繰り返して起こる問題は，官僚が個人的にも公務の上でも時間をかけて議論を行い，公式ハンドブックで詳細に述べられていることもある．例えば地租だが，フアン (Ray Huang) は，[102] '明代後期の地租は20世紀アメリカの個人収入にかかる税金と同じぐらい複雑だった'と言う．すべての小農にかけられた明代後期の税制度の迷路を，粘り強い細心の調査で彼が明らかにした状況（図

---

102) Ray Huang (3), p. 82.

24) は一つの例だ．中国の官僚の恒常的な任務はもう一つあった．それは飢饉救済で，これは救援穀物の徴収，貯蔵，分配から成る．この問題では公的，私的救援制度についてやはり十分な資料があり，詳しい分析が可能だ．[103]

したがって要するに，中国資料から中国農業の進展に関して詳細な情報を得ることは可能だし，朝廷政府とその歳入を支える農民の関係もいくつか有効な推察が可能だ．しかし農村の各階層間の関係といった問題になるとほとんど情報がなく，資料の性格を考えると今後の研究がその点を今まで以上に明らかにできる見込みは薄い．

7　ヨーロッパの伝統との比較

ここまで中国の資料についてその内容と性格を少し詳しく述べた．中国農業史がヨーロッパと必然的に異なる理由を説明できると思ったからだ．ヨーロッパの歴史家は土地制度史理解のための基本的な題目が本書に少なくて落胆するかもしれない．本書が詳細に扱うのは農具の発達に関してだが，それでは土地所有形態の発展と結果を分析することにつながらないと読者が考えても無理はない．我々が利用可能な資料の性格上，主題の選択に制約があるとお答えするしか方法がないが，中国農業の非常にかわった目新しさが刺激的な魅力になれば幸いだ．西洋の農業文献資料に馴染みのない読者のため，ヨーロッパと中国の伝統が内容と形の面でいかに異なっているか，簡単に比較対照しておこう．

すでに見た通り，中国の農業文献は漢代以前まで絶えることなく遡る．初期の著作は失われ断片的に残るだけだが，文献集に記録されている書名から見て伝統に隙間はない．時代の進行とともに農業著作も数が増えた．宋代に印刷技術が普及し，文章の伝達がより正確になり，当然著作の流布は大きく増大した．しかしヨーロッパで印刷術が伝来した後に生じたような農業文献の飛躍的増大はなかった．

西洋の農業文献はギリシアとフェニキアに始まるが，ヘシオドス (Hesiod) の

---

103) ごく一般的な分析を本書 p. 466 で行っている．18 世紀中国の飢饉救援について，印象的な分析を最近 P. E. Will (1) が出している．

『仕事と日々』，クセノフォン（Xenophon）の『家政論』（*Oeconomicus*）を除いて，引用にすら残っているものは少ない．[104] ヨーロッパの農民の手本は17世紀頃までローマ帝国の偉大なラテン文書だった．それは理由がある．ホワイト（K. D. White）がローマの作者とそれ以前の作者の違いをはっきりさせている．[105] 'ギリシアの作品は哲学者や科学者の手になるが，ローマの農業書は始めから実際の農業経験を述べるものだった．ローマと今の著述家が，農民の長い経験を反映した共通の格言や諺でつながっている'．この言葉は中国の伝統を思い起こさせるが，ローマの古典作品は中国人と関心が非常に違う．

ローマの最初の偉大な撰者は大カトーだった．その『農業について』（*De Agri Cultura*）は紀元前2世紀半ばに書かれ，『氾勝之書』にわずかに先んじた．[106] この本は先駆的作品で構成が整っておらず，書体に統一がなく構成も支離滅裂だと本当の作品か疑問視する学者もいるが，大多数は全章が真実の作品だと認めている．重要な部分はぶどう酒とオリーブ油を生産する農場の組織と運営を扱っているところだ．[107] 後のローマの撰者は大カトーを手本にし，速かに改善した．例えばウァロ（Varro）の『農業論』（*De Re Rustica*）（3巻本）は紀元前37年に出版され，はるかに洗練され入り組んでいるし，コルメラ（Columella）の『農業論』（*De Re Rustica*）（12巻本）と『樹園論』（*Arboribus*）（1巻本）〔2巻本〕はオリジナルな大作で，食料作物，ぶどう酒，オリーブの栽培技術を詳細に扱っている．[108]

ウァロとコルメラはローマ時代の農業知識の最高峰だが，後代への影響は最大とはいかなかった．この栄誉はウェルギリウス（Virgil）とパラディウス（Palladius）のものとなった．ウェルギリウスの『農耕詩』（*Georgics*）は文句なく文学的傑作だが，ウェルギリウス自身は農業の経験がなく，実際の知識は同時代人のウァロの作品から多数の引用をせざるを得なかった．それでもなお彼の意見は信頼性のないものが多い．ホワイトによると，'耕起，ハロー，土の吟味など基本の文章数節を読むと，詩人は仕事が半分しか判っていない'．[109] しかし，農

---

104) K. D. White (2) が詳しく述べている．
105) 同上, p. 18.
106) ローマの大農学者たちの作品について，詳しい叙述，分析，評価は K. D. White (1), (3), そして特に (2) を見よ．
107) K. D. White (2), p. 19 以下．補遺 A で *De Agri Cultura* の内容を詳細に収録している．
108) K. D. White (2), pp. 22-28.
109) 同上, p. 40.

業技術に熟練していなくても栄誉を失うことはなかった．事実，15世紀，16世紀の出版と判明している750版の農業古典の内，412版以上はウェルギリウスの『農耕詩』だった．[110]

パラディウスの『農業論』(*De Re Rustica*)はたぶん4世紀の著作で，カレンダー形式の教科書だった．オリジナルな材料はほとんどなく，コルメラその他の権威の文章を解説し格言風にまとめたものだ．形式の単純さと内容が受けて，彼の人気はルネッサンス期まで引き続いたし，彼の作品は15世紀初期に英語の詩に翻訳すらされた．[111]

ローマの著者たちの記述は，奴隷を使って市場向け商品を生産する大農場の経営に関するものだった．つまりぶどう酒とオリーブがカトーとウァロの扱った主要な作物だった．コルメラとパラディウスでは小麦の生産が重要となり，ローマ帝国に生じた政治経済変化を反映しているが，ブドウ栽培が重要な仕事であることは変わらなかった．家畜飼養は重要な副業で，牽引力と肥料を農場に供給し，さらに収入源の一つとなった．共和国時代の初期，農業文献はまったく姿を消したが，それは共和国時代の後期になって独立農民が衰退し，市場向け生産に奴隷を使役する大農場が成長して新たな文学形式が発展した結果だろう．[112]

パラディウスから最初のヨーロッパ人農学者ピエトロ・ドゥ・クレセンツィ (Pietro de Crescenzi) までの間には900年の断絶があった．この期間，多くの寺領荘園はラテン語の農書を使い続けた．[113] しかしムーア人のスペインだけは中世も新しい農業書が出版された．その中で卓越した作品は『農業書』(*Kitab al Filāḥah*)で，セヴィリヤのイブン・アル・アッワム (Ibn al-'Awwām) が12世紀に書いた百科全書的な本だ．[114] 多くの点でこの本はローマの偉大な著作を継

---

110) Beutler (1), p. 1297.
111) Ernle (1), p. 33, 419.
112) '大カトーからアウグストゥスの時代まで，奴隷労働に依存した産業が確実に成長し，経済活動の主要形態となったと言えよう．ローマの農業書撰者たちは，ほとんどの仕事は奴隷が行い，自由農民は収穫に従事するだけであることを当然とした……' (M. Weber(4), p. 318). イタリアのラティフンディウムの性格と組織は K. D. White (2), p. 384 以下に，外領の荘園については Percival (1) にやや詳しく述べられている．
113) 例えば，Duby (1), Fussell (5) を見よ．
114) 訳は Clemént-Mullet (1) にある．また，Imamuddin (1), Vallicrosa & Azīmān (1), Bolens (2) を見よ．

承したが，またイスラム世界の政治的，経済的拡大の流れが背景にある．というのは同時代に貴重な作品が地中海世界のスペイン，北アフリカ，エジプトだけでなく，メソポタミアやペルシアでも生まれていたからだ．[115] 地中海世界の著作はラテン文書と共通点が多数あったが，アラブの伝統も明瞭でその特殊な性格は灌漑を多用することだった．アラブ人は広域の交易接触から，甘蔗，オレンジ，稲などの外来作物をすでに知っており，彼らの灌漑技術はペルシアやスペインの乾燥地帯すら亜熱帯農園に変え，これらの貴重な作物を茂らせていた．つまりムーア人スペインの農業書はローマの農書に負うところが多かったが，それらが生き残りえたのは特定の政治形態に依存し，そのうえ高度に特殊化した農業形態に依存していたからだ．しかしウァロやコルメラの作品と違って，封建時代のヨーロッパにはどこにも灌漑などありえなかったので実用性は限られていた．スペインでもムーア人の国家が崩壊して灌漑施設が退化した後は，アラブの大百科事典は読まれなくなってしまった．

ラテンの大農学者たちの作品は，内容的に地方条件に全然そぐわなくても，17世紀まで版を重ね実際に用いられた．[116] これらの農書は地中海地域の乾燥気候と軽い土を頭において執筆されたので，その技術は大西洋岸の湿潤気候と重い土にまったくそぐわないものだったが，中世の読者をひきつけたのはラテン文書の農学的な内容ではなくて経営的な内容だっただろう．事実，中世に現れたわずかな農業文献は，修道院領地か貴族地主の荘園経営のために書かれたものだった．[117]

これらの作品が注目を集めたのは農業的内容よりも経営的内容のためだった．約900年の断絶を経てヨーロッパで最初に出た独自の農業書は1304年のピエトロ・ドゥ・クレセンツィの『農業園芸全書』(*Opus ruralium commodorum*) だった．クレセンツィはラテン語の著書から多くを引用したが，彼は引用を批判的に行い，古典の引用を補うものとしてロンバルディアの広範な旅行で得た観察と，ボ

---

115) Lewis, Pellat & Schacht (1) の *Filāḥah*〔農業〕の項, Bonebakker (1), Ḥusām (1), Lambton (1).

116) 北ヨーロッパの農場で地中海農業の技術を応用または誤用した例について，Duby (1), p. 22以下を見よ．

117) 例えば，13世紀の英語の作品があり，その中には Walter of Henry の *Husbandry* (1280年頃) があり，Midlands での農業と管理の実際を概述している．Robert Grosseteste 主教による荘園管理の *Rules* は，Lincoln 伯爵夫人のために1240年，フランス語で書かれ，また，著者不詳の *Seneshaucy* は種々の荘園事務所で行われる法的事務の詳細を含む．Oschinsky (1) が詳しい分析とともに全文を収録．

ローニャのドミニコ修道院で行った農業実践知識を当てた．彼は土壌浸食に特に関心を持ち，防止するための代替方法や補助手段を考えた．クレセンツィの作品はヨーロッパ農学のルネッサンスを画するものとなった．『農業園芸全書』は熱狂的に迎えられ，すぐラテン語からイタリア語へ翻訳された．さらに 1373 年，フランスのシャルル 5 世はフランス語への翻訳を命じ，1471 年にはアウスブルグの出版社からも出版された．かくてこの書は'農業に関して初めて印刷された本'の栄誉を受けたが，[118] 正確には西欧では初めてというべきだ．何故ならすでに見た通り，中国の農書は 10 世紀には印刷されていたからだ．

ヨーロッパで農業著作が復活した時期は印刷の発展と重なり，その一つの結果と見なされてきた．印刷術が農書の普及を助け，また多くの人の著述意欲を鼓舞したことは間違いない．ブートレ（Corinne Beutler）(1) が指摘するように，他人の書いた本を読むことほど，同じ主題でもっとよい本を書こうという誘惑に駆るものはない．しかしこの新たな開花の背後にはもっと深い理由があるにちがいない．かつてはラティフンディウムの成長がラテン農学書の読書熱をもたらしたが，新たなヨーロッパ農学書の読書熱の背景には，封建土地所有の崩壊と前資本主義的営農の成長があった．新たな著者たちは当然，教養を積んだエリート層出身だが，彼らは学者のためのラテン語ではなく，仲間にわかるように口語で書いた．'彼らの授業は……その地域の地主仲間に向けられ，収量はどのようにすれば増やせるか，農夫にどのように指示すべきか，新品種を気候に慣らして余剰生産から最大限の利益を生む方法を教えた'．[119] この時代の地主は封建時代のような自給生産ではなく，[120] 商品生産に狙いをつけた．イタリアとドイツが農学復興を最初に経験したことは偶然の一致ではない．[121] 何故ならそこは新たな自由都市が農産物の市場をますます拡大し，地方の地主たちは営農方法を改善して儲けを増やしたいという欲望を膨らましていたからだ．利益が重要な動機だった．例えば，イギリスで新しく出たベストセラーの題名に，『金持ちになる方法』というものすらあった．[122]

古典ラテン農書は中国古典と同様に，普遍性を強く志向した．ウァロやコル

---

118) Olson (1), p. 40.
119) Beutler (1), p. 1291, 著者の訳.
120) Kula (1).
121) Meuvret (1).
122) Markham (3). 初版は 1623 年だが 1631 年までにすでに 5 刷を数えた．

メラのような経験を積んだ農民は土や道具が地域ごとに異なることをもちろん知っていたが，全体に彼らはどこでも使える指針を生み出そうとした．他方，16世紀ヨーロッパの農学者はそれぞれに分かれた独立国や都市国家に住み，地方的な差異を強く意識した．この時期の農業文献は地方的な適用にはっきり限定されていた．'私はここドイツの土に立ち，善良で正直なドイツ人の中におり……他人が書いていることはドイツの我々には合わない，何故なら他人が書く空や空気，水そして土はここと大変違うからだ……だから私は一人のドイツ人作家として私の本でドイツの農村だけを語る'，とコーレル(Coler)(1)は述べている．関心を広く国内全体に向ける作家たちも少しいたが，他の多くはもっと限定すべきだと感じていた．人気のあったイギリスの作家ゲルヴァス・マルカム(Gervase Markham)(4)の作品は『ケントの丘の肥沃化について』(On the Inrichment of the Weald of Kent)(4)という題名だった．地方環境の独自性意識はいや増したが，とはいっても農業文献をヨーロッパの他の言語へ翻訳する作業が妨げられたわけではなかった．もちろん外国の作品を有効に使うためにかなりの変更と追加が必要だったが．[123]

　印刷術が急速に発展し，農業や園芸に関するものならどんな作品でも市場で捌ける状況は，専門的知識の商品化を進めた．1600年より以前の農業著作は百科全書的だったが，17世紀に入ってからは調査，馬術，ホップ栽培，養蜂に関する専門書が急増した．[124] 1700年までにはヨーロッパの農業文献のリストは，中国以上ではないとしても中国に並んだ．

　このあたりでヨーロッパと中国の農業伝統をまとめてみて，比較するのが適当だろう．18世紀まで両者は互いにほぼ完全な隔絶状態にあったからだ．[125] ラテンの偉大な農書と中国の傑作『齊民要術』や『王禎農書』などは，百科全書的な方法が共通しており，特定課題への対応より一般原則を強調していた．しか

---

123) 例えば，Markham が Estienne & Liebault の *Maison Rustique* (1) に行った追加は1616年版の中で大きな部分を占める．

124) 例えば，Bourde (1), Ernle (1) の補遺Ⅰなどの文献リストを見よ．書名が多様なので，剽窃はかなりのものがあった．Poynter(1), p. 33 は Gervase Markham がこの点でこうむった不名誉を明らかにしている（*Markham Maister-peece* (5), 1610年出版の馬の飼養に関するハンドブックは彼の作品の中で最も剽窃されたものだ）．未刊作品の著者はもちろんさらに大きな被害を受けた．例えば，1651年の Samuel Hartlib の *Legacie* (1) は Sir Richard Weston (1) が6年前に草稿の形で息子に託した論文をほぼ逐語的に盗んだ印刷物である．

125) 一つの例外は徐光啓がヨーロッパの水利技術に関心を抱いたことだ．

し，ヨーロッパで独立国家が成立し，さらに印刷術が発展すると，ヨーロッパの農学者は差異と変化を強く意識し始めた．その時代の最重要作品，例えばオリヴィエ・ドゥ・セル（Olivier de Serres）(1)の『農業の実践』(Theatre d'Agriculture)，フィッツハーバート（Fitzherbert）(1)の『農業書』(Boke of Husbandry)，マルカム(2)の『イングランドの農民』(English Husbandman)，ヘレスバッハ（Heresbach）(1)の『農業書』(Rei Rusticae)などは特定の地域を念頭に置いて書かれたことがはっきりしている．他方，中国の農業文献は北方と南方で異なる農業を明確に反映していたが，地域的な効用のために書かれた専門書はごく少ない．

　16世紀, 17世紀のヨーロッパでは，普遍化と特殊化の思考が相互に作用して科学的，実験的手法が他の分野で始まり，それは農業でも同様だったと期待したいところだが，必ずしもそうではなかった．ヨーロッパの農業著述家は著作を伝統的経験の結晶と見ていたようであり，この態度は中国の農学者と共通していた．ここで我々は導入と刷新を区別する必要がある．中国でもヨーロッパでも，農学者にとって改良と変化の概念は相容れないものでも矛盾するものでもなかった．逆に，外国の作物や技術が自国で果たしうる可能性を速やかに見抜く能力は注目すべきものがあった．王禎が北方の小麦収穫技術を南方へ普及しようとしたこと（明らかな失敗だったが）や，フランスのフランソワ1世の次の言葉，'多くの巡礼者にわずかな給料と心づけを施した結果，我がフランスは植物やハーブ，きれいな樹木を手に入れたが，それらは形や栽培法はもちろん，名前すらまったく知らなかったものだ'[126]を思い起こす．中国とヨーロッパのどちらの農学者も他地域から新たな発想を喜んで導入したが，独自に新しいアイデアを発展させることは稀だった．18世紀までの農業改革は教育を受けた人が体系だった実験を行って生まれたのではない．それは土を耕す農民の努力から生まれたのだ．これは東でも西でも例外のない事実だ．農業書の古典は変化，刷新を記録するが，その変化や刷新はまったく無名の農夫たちが少しずつ行った改良によるものか，彼らが突然のひらめきから得たものだった．つまり技術変化は上からではなく，下からもたらされたのだ．啓蒙思潮の科学的精神が昔からの農業技術も対象とするに及んで初めて，農学者は意識して合理的に考え，農学の境界を明確にし，新装置や技術の発明を始めた．つまり刷新を上

---

126) Charles Estienne (1).

からもたらし始めた．[127]

　要するに，ヨーロッパと中国の農学的な伝統はよく似ていた．それでは文献資料に基づいて二つの大文明の農業の姿を同じような詳細さで描けるのか？答えは否である．西欧の資料が中国にはるかに勝る分野があった．それは農業の法的文献の分野だ．ローマ時代ですら法的文献が豊富にあるが，とりわけヨーロッパの国民国家になると，地主と小作人の権利義務，所有形態の変化などの明確化と精緻化を示す資料が豊富にある．会計簿や契約書から労力雇用の条件が判り，教区記録，財産目録，遺言などから遺産相続の様子をかなり詳しく復元できる．農村の階層ごとにあるいは個人についてすら，その身分，財産，権利，義務に関して資料があり，ヨーロッパ史では資料の豊富さゆえの混乱に直面する．ヨーロッパ農村社会をどう解釈するか歴史家の意見は変化に富むが，資料の詳細さが論争を呼んでいるむきがある．というのはどんなに一般則を語っても例外の事例がいくらでも引用できる．小さな社会の歴史，場合によっては個人の生涯すら復元を可能にするその詳細な資料の厚みにおいて，ヨーロッパは中国を寄せつけない．中国の農村史を骨組みから肉付けする試みは，スペンス (Spence)(1) が17世紀末の山東省のある郡の生活を描いた作品があり，彼の文章は魅力的で最も成功した試みの一つだが，地方経済や社会関係の記述はラデュリ (Le Roy Ladurie)(1) が1300年の南フランスの農村モンテイユー (Montaillou) について述べた内容に比べると，何もないに等しい．フランスのアナール派[128]が初めて採用した方法は技術，理論両面で洗練，精緻化されてきた[129]が，方法を活かすには大量に原資料があることが必須条件だ．日本とアメリカの中国学学者は大量の地方誌の研究にコンピューターを使い始めたが，ヨーロッパに関して書かれた著作の深みと質に匹敵しうる地域研究や専門書が生まれそうにはない．[130] 今の状況では，ブロック (Marc Bloch)，ファン・バース (B. Slicher van Bath)，デュビー (Georges Duby)，あるいはポスタン (M. M. Postan)

---

[127] ヨーロッパの農学者に生じた科学的精神の発展，またその革新を刺激したと考えられる中国の役割については，本書 p. 624 以下を見よ．

[128] その創始者は Marc Bloch で，彼の『フランス農村史の性格』(*Caractères de l'histoire rurale française*)(7) は歴史的手法の一里塚となった．アナール学派の原型的作品はたぶん Braudel (1) の『地中海』(*La Méditerranee*) で，これは '全体史' を目指した記念碑的試みである．(アナール派の 'パラダイム'，その狙いと方法について有用な議論は，McLennan (1), pp. 129-144 を見よ．) フランス農村の新たな歴史が Duby and Wallon (1) の監修で最近完成した．

[129] 例えば，Macfarlane, Harrison & Jardine (1), Dahlman (1) を見よ．

などの著作にある説得力が，中国農村社会の歴史的解釈にはいかに技巧がこらされていても感じられない．仮説が多すぎるのだ．

　ヨーロッパでは豊富な個人データから個人財産や農村社会での個人の位置を推論できるのだが，中国のデータにはそうしたものがない．しかしある面では，中国学の学者がヨーロッパ学の学者より有利な点もある．官僚政府の記録文書が重視されることに加えて，土地歳入に基づく租税システムの記録があることから，政府の農業政策，課税方法，財政改革，開発計画など，最貧農まで影響の及んだ事柄について多くの情報が得られ，さらに人口密度の一連の数字，土地所有分布，仕事の種類など，信頼性は完全でないにしても解明を助ける情報がある．さらに中国の最良の農書は技術の詳細を体系的に述べている点で，18世紀までのヨーロッパのどんな農書も及びえない．実践的で詳細なウァロやコルメラの大作も，『齊民要術』やそれに続く農書と肩を並べられるのは，ブドウ栽培など特殊分野のみだ．また中国の著作は西欧に比べて広い範囲の栽培植物を扱い，種々の穀類，繊維作物のほかに，野菜，果実，柑橘，甘蔗，茶などを網羅する．多数の種，品種の記録と記述が中国の農業文献にはあり，その数は前近代西欧に比べ比較にならないほど多数にのぼる．

　技術に関しても，中国の農具と用法は18世紀まで，西洋よりはるかに詳しく判っている．個々の道具についてはヨーロッパの文献も時に詳しいことがあるが，『王禎農書』にあるような農具の体系的な図説に比類するものはヨーロッパにない．それは草履から水車まであらゆる道具を網羅する．本書第4章で見るが，王禎の情報に他の情報を補足すると，ほとんどの中国農具の時代的発展をたどることが可能だ．

　これが1700年までの状況だった．ヨーロッパと中国は17世紀を通して接触を深めつつあったが，この段階ではどちらの農業伝統も相手から影響を受けておらず，重点の置き方は違うが同程度の発展状況にあったと見なせる．18世紀の間にこの状況は変わった．中国の農業著作はゆっくりと数百年変わらぬ方針で進んでいた．西洋の影響が感じられるものは19世紀末までほとんどなく，最

---

130) 注目すべき地域研究はフランスの『日常生活』(*La Vie Quotidienne*) で，例えば Soulet (1)，より専門的な作品には例えば，P. Léon (1) もある．さらに専門的な主題，例えば地方の農地システム (Baker & Butlin (1))，地方的な土地所有形態 (Merle (1))，遺産相続の形態 (Cicely Howell (1)) あるいは社会的流動性 (Raftis (1)) なども研究を深めるのによい．

近50年に初めて科学とか近代化といった概念が中国農業で大きな位置を占めることとなった．1975年以来，中国政府は農業を西洋モデルに変換しようとしているが，皮肉にもそれは始め中国モデルの影響を大きく受けたものである（本書 p. 627 以下を見よ）．他方，18世紀ヨーロッパでは画期的飛躍が起こっていた．農業は伝統的技術から実験科学へ変貌した．ここでは詳論しないが，[131]

社会，経済，政治の発展で，地主層が農業の改良に活発に取り組むようになった．作物輪作や家畜の品種選抜など新たな方法を試し，投資は新しくて効率の高い，労力を節約できる技術に向かった．工学者や，土壌学者，調査マン，植物学者，専門家，アマチュア，すべてが自分の最新の理論と発見を出版しようと殺到した．そしてそれらの長所と短所が吟味され，直ちに出版された．18世紀以来，農業出版物は雪崩のように続いている．本，パンフレット，特許申請，雑誌などなど．17世紀に中国を訪れたヨーロッパ人は中国農業の精緻さに感銘を受け，中国農書をヨーロッパへ持ち帰りできるだけ学ぼうとした．しかし18世紀以来，ヨーロッパで農業の知識も実際も一変し，すぐにヨーロッパの農業科学は東洋から得られるものをはるかに凌駕したのだ．

---

131) 例えば，Bourde (1), Brandenburg (1), Mingay (1), Winch (1) を見よ．

第3章

農地体系

*

　この章では中国の主要な農地類型についてその機能，分布，歴史を述べる．農地類型の分類に何故こまごまとこだわるのか読者には奇妙に見えるかもしれないが，ヨーロッパで我々が知っている農地と成立の必然性が異なることを理解して欲しいのだ．イングランドで歴史を辿ると，古くは正方形の'ケルト'耕地，中世は細長い耕地がパッチワークに集まった広大な開放耕地，囲い込み時代は柵囲いや生垣囲い耕地（フランス語の *bocage*），近代は東アングリアの柵のない広大な農場といった具合だ．温帯気候となだらかな起伏では耕地の形や大きさを規制する環境要因は少なく，上記の変化は主に社会的かあるいは技術的な原因で起こった．[1] 中国でもある地方では，土地区画が政治的な時にはイデオロギー的な要因に影響される場合が確かにあるが，一般的に言って土地区画を決めているのは土地の性格と，水稲地域では灌漑耕作という特別な条件だ．国家と地主層の対立が続いたことや，政府が平等主義的土地分配を行ってもやがて私有大農場が復活するといった政治的要因はここでは触れない．「井田」や「均田」，関連した土地所有制度の理念と実体はVII巻[*1]で詳しく扱われる予定だ．中国農村景観を進展させる基礎は環境要因と技術的要因であり，ここではそれらの要因に記述を絞る．

1）方形のケルト耕地から中世の帯状耕地への変化は，様々な技術的，社会的要因に原因が帰されてきた．ある学者たちは変化の原因が技術的要因にあると見る．つまり，方形耕地は軽いアードすなわち作条犂に合うもので，これは交差耕を行わないと効果がないと考える．重い反転犂が導入された後は細長い耕地が便利となり，中世の普通の耕地システムとなった（H. C. Bowen (1), C. S. & C. S. Orwin (1), Lynn White (7)）．他の学者は，'犂はもちろん多くの原因の一つではあるが，耕地システムが犂耕技術によって決まったというのは間違いだ' と考え（Baker & Butlin (2), p. 634），開放耕地制と共有地の発展を社会的要因への対応と見た．この派は封建農村の博愛主義的考え（G. C. Homans (1), Vinogradoff (2), Ernle (1)）だとか，相続分割の影響（Joan Thirsk (1)），協同開墾（T. A. M. Bishop (1)），あるいは混牧農業を維持する際の取引費用を妥当な額に抑えられる（Dahlman (1)）といったことは関係がないとする．

[*1] Needham, Vol. VII. *The Social Background*, Part 1, 1998，和訳未刊．

1　開墾と開拓

　土地が耕作可能となる前に，まず開墾し農地にする必要がある．必要な開墾の広さはその農地の作付け頻度と人口密度に関係する．一般的な見方では，農業は進展するにつれ耕作方法の集約度が次第に高まってきたとされる．始めは移動焼畑でこれは森林やサバンナを開いて栽培を 2, 3 年だけ続け，その後農夫は移動する．次は短期休閑輪作で 1, 2 年だけ栽培し，その後 1, 2 年休閑する．最後は連続栽培で，土地は休閑せず年に一作から二作，時には三作栽培する．[2] 例えば，華北の農民は移動焼畑耕作を周代まで行っていたが，周代に短期休閑輪作に進み，連続栽培は中世にやっと普及したと考える学者が多い．[3] 他の中国学学者は，短期休閑輪作も連続栽培ももっと早くから行われていたと反論する．[4] 次第に増えている見方では，集約度の異なる栽培システムは発達段階を示すものではなく，異なる自然環境への適応だという．この見方だと熱帯の森林地帯は土がやせていて浸食も速いので，移動焼畑耕作が適していることになる．他方，平坦で水が十分ある地方では永年耕作が最初期から行われた可能性もある．[5] さらに農民が二種類以上の栽培方式を同時に行う場合がある．例えば水稲農民の場合，主農地は永年耕作地だが，ジャングルに小さな焼畑を開墾して収入を増やすこともままある．[6] あまり知られていないが，森林や泥炭地に住むヨーロッパや北米の農民は永年耕作のかたわら，移動耕作を 19 世紀，時には 20 世紀初期まで行っていた．[7]

　人口がかなり小さいと，農業生産を増やすには同じ種類の土地を開墾すればよい．しかし耕作適地がなくなると，既耕地の生産を高めるか，これまで農業を拒んできた土地を開拓するかどちらかが必要になる．この状況は必ずしも言うほど絶望的なわけではない．北西ヨーロッパの最も肥沃な地帯はローマ時代

---

2) Boserup (1) は，この順番は農業技術の発展段階の違いと見る．本書 p. 151 を見よ．
3) 楊寛 (11) が周代農業の変化を，李劍農 (4) が漢代の作物輪作の初期発展を述べている．
4) 友于 (3) は，連作さらに多毛作も華北では漢代までに普及していたと論じている．
5) D. Freeman はイバンがサラワクの熱帯多雨林で行う焼畑耕作の利点を数え上げている．Rawski (2) は中国の灌漑水稲栽培では間歇的作付け休閑がまったくなかったという説を述べている．
6) Leach (2) はこの慣行がスリランカの古典の記述にあると例を挙げる．
7) Sigaut (3).

にまったく放置されていた所だ．その粘土質の土は今は最良の小麦地帯の一つだが，ローマ時代のアードつまり作条犂には重すぎた．発土板犂が紀元後の数世紀に導入されて初めてこの豊かな土地の開拓が可能となった．同様に東アングリアの泥炭地は最初の排水が大変な仕事だったが，今はブリテン島で最も豊かな収穫を上げる地方といった具合だ．中国では土地にかかる人口圧はヨーロッパよりいつも大きなものだった．そこで集約的生産法が初期の段階で生まれたが（本書第4章「耕作体系――農具と農法」を見よ），地方によっては耕地拡大は平野から丘陵，さらに山地斜面の目もくらむ棚田作りを必要とした．湖は排水され，塩沼地は水田に変わり，浮き畑が葦筏の上に作られた．土地不足の解決がこれほど巧妙にしかも継続的に行われた所はどこにもない．しかも人口が増えれば増えるほど，世紀を追って中国人はさらに工夫をこらしてきたのである．

　開墾を表す中国語は多種多様だった．中世以来もっとも多用される語は「開荒」(khai huang) と「墾田」(khen thien) だが，漢代以前は「萊田」(rai thien)，「作田」(tso thien)，「裒田」(phou thien)，「甸」(tien)，あるいは単に「田」(thien) などと表現された．大多数の見方では，商，周時代，土地は肥沃度がなくなるまで一回に数年のみ耕作し，したがって次々と新しい土地を開く必要があった，またほとんどの土地開墾は国が組織し賦役労働で行ったとする．8) 『詩經』にある詩は神話時代の皇帝禹が直接開墾を指揮したことを詠っている．9) '南山が長く延び，禹が［耕地に］それを開いた'．

　商，周時代はともかく統一王朝時代を通して，政府が開墾と開拓に積極的だったことは間違いない．辺境地帯の入植は軍事的なもの（「屯田」）であれ一般のもの（「營田」ying thien）であれ，二重の目的があった．第一に，政治的臣服の疑わしい地域へ漢人入植者が流入することで安定化と'開化'の効果があった．第二に，新しい農業入植地は人口稠密地帯から避難民や土地なし農民を受け入れる有効な受け皿だった．前漢時代，数十万人の移住民（「流民」liu min）を政府は江蘇や黄河大屈曲帯の朔方の過疎地帯に入植させ，10) 多数の屯田を西北地方

---

8) この仕事につかされる強制労働者は「衆人」(chung jen) と呼ばれ (Keightley (3), 張政烺 (2))，その徴役は一時的に過ぎなかった．しかし，数人の学者は，商代の開墾や農業一般の労力は強制労働ではなく，奴隷によったという（沈文倬 (1), 于省吾 (2))．

9) 『詩經』．訳 Karlgren (14), no. 210, 1, 「信彼南山維禹甸之」〔「小雅・信南山」〕．

一帯に配置した．土地を開墾し，多くの屯田では灌漑も設け，入植者は食料，種子，家畜，道具を無料で供与されあるいは借り，税金も数年間は免除された．[11] 農業入植地は非常に有効に働き，この方式は中国史を通じて多くの時期に繰り返され，明，清まで続いた．実際，農業入植地と国家農場は今日の人民共和国でも重要な役割を果たしている．[12] しかしその全体的な効果を過大評価してはならない．屯田の面積はいつの時代でも全耕地のごくわずかな部分であった．[13]

ある見方では，初期の開墾は長期にわたる煩わしい仕事を想定している．張政烺 (Chang Cheng-Lang) (2) によると耕作地の準備には3年を要した．1年目は木を切り草をとる（「菑」tzu），2年目は土をほぐす（「畬」yü），3年目に土地を均らし，畝と溝に分け灌漑溝を掘る（「新田」hsin thien）．開墾に3年を要した土地がその後2, 3年栽培するのみだとすれば，商の農民の労働は大変なものだっただろう．他の中国学学者の見方では，『詩經』にある「菑」，「畬」，「新田」の語は耕作を継続する3年の各年を表し，そののち土地は放棄された．[14] 他の学派の見解では，商代までに農業はすでに定着的となり，周代までには永年耕作が多数の地域で行われていた．[15] 私の見方は本書第4章農具と農法の一節で述べる理由から，最後の解釈と同意見だ．後代の多くの文章が『詩經』に出る用語を春耕と秋耕を指す意味で使っており，各年を順番に指す語ではないと思う．

今も普通に使われる「墾田」という語は『國語』(Kuo Yü)[16] に初めて出るが，開墾技術について現存する最古の記述は『齊民要術』にある．次の文章で賈思勰が述べるのは休閑地の開墾でないことは明らかで，林地あるいは藪の開墾だ．漢王朝の崩壊に引き続いた戦争で華北は荒廃し，広大な土地が長年荒れたままに置かれ，その多くは政府の指示で入植地か屯田のため開墾されたが，私設農場

---

10) 『前漢書』23B/315b 〔この記述は24B「食貨志第四下」，28B「地理志第八下」などにある〕，『西漢會要』巻五十六．
11) Bray (3).
12) 韓國磐 (1), (2), 李劍農 (3), (4), 青山定雄 (12), Twitchett (10), Ho Ping-Ti (4), 『農政全書』巻8, 巻9.
13) 元代に全部で多分1万平方キロメートル，明代に3万平方キロメートル（多くは河北），清代に1万8000平方キロメートル程度 (Leeming (1), p. 161).
14) Maspéro & Balasz (1). どの語が何年目の耕作地か，学者によって意見が異なる．
15) 胡厚宣 (3), (4), 友于 (3).
16) 『國語』「周語」の節．

の開拓が許された土地も広かったようだ.[17]

　　山地や沼地で新しい畑を作るために土地を開く(「開荒」)時,必ず7月に草を切る.草が乾くと,火をかける.耕作は春を待って始める.([草の]根が腐ると,仕事はたやすくなる.)
　　大きな木や灌木は巻き枯らし(「罋」weng)で絶やす.葉が枯れて影を投げかけなくなれば,犂き起こしと播種を始めてよい.3年後に木の根はしぼんでしまい,幹は枯れて焼き尽くすによい.(火は土の表面の下を焼き,根を絶やす.)
　　荒地の犂き起こしが終われば鉄歯のハローを二度,交差してかける.ミレットをばら撒き,枝条ハロー(勞)を二度かける.翌年には穀物畑とするに適す.

　　　「凡開荒山澤田,皆七月芟艾之,草乾卽放火.至春而開墾.(根朽省功.)
　　　「其林木大者罋殺之.葉死不扇,便任耕種.三歳後根枯莖朽,以火燒之.(入地盡矣.)
　　　「耕荒畢,以鐵齒鋜榛再遍杷之.漫擲黍稷,勞亦再遍.明年,乃中爲穀田.」

　王禎の記述はさらにいっそう詳しい.それ以後の農書は王禎か賈思勰を引用するにとどまる.[18]

　　春に土地を開墾することは荒地を焼く(「燎荒」liao huang)という(例えば植物で厚く覆われた平坦地は春に焼く.土は凍りが解け,若芽が出ようとしている.その根は[まだ]柔らかく,犂耕すれば容易に除ける).夏に開墾することは緑を覆う(「掩青」yen chhing)といい(若芽は緑肥に犂き込む),秋に行う場合は草を切る(「芟夷」shan i)という(下生えは最も厚く,焼く前に鎌で刈らねばならぬ.その後,春に根が腐ると,犂込む)……
　　葦が茂る水面下にある土地(「泊下」pho hsia)はまず草切り刃を別の枠につけて用い,その後,犂につけて犂耕する.こうすれば土を起こすことが容易で,牛の負担を減らせる.
　　湿った丘やしばらく耕作しなかった地域は根と木株が多く,それらはつるはしと鍬で取り除く.錬鉄の犂先(古い犂先の根元にはめる)が木株に当たると,割れはしないが進行を妨げる.もし[開墾面積が]大変広いと,すべてを鍬で耕起はできず,木株と枝を折り裂き,木株の上に置き,乾けば直ちに火をかける.根は容易に腐る.そして夏雨の後,裂けた木株があるところは,牛で引くローラー(「碡碾」thu nien)〔磟碡とす

---

17)『齊民要術』1.2.1-1.2.3,訳は著者.
18)『王禎農書』2/1a-3a〔「農桑通訣墾耕篇」〕,著者訳.開拓の組織については,『農政全書』巻8,巻9も見よ.

るもあり〕か脱穀用ローラー（「輥子」*kun tzu*）を使い，地面の高さに均す．木株が乾けば梃子で掘り出す．1，2年後，土地全体の犂耕と播種が可能になる．

大きな木や灌木があれば，巻き枯らしで絶やす．〔ここで王禎は『齊民要術』を引用する〕……

土地を開墾するとき，作業は雨の後に行うべきである．また，畝間溝の深さと幅を注意深く調整せねばならぬ．浅すぎると根を全部取り去ることができない．深すぎると畝を程よく立てられない．広すぎると苦労しても土のこなれが悪くなり，狭すぎると土はよくこなれるが開墾できる面積が小さくなる．

新しい耕地の犂耕を終えたら，鉄歯ハローをかけ，キビ（「黍」*shu*）かアワ（「稷」*chi*）かアマ（「脂麻」*chih ma*）あるいはササゲ（「緑豆」*lü tou*）を〔緑肥用に〕ばら撒き，もう一度ハローをかける．翌年，畑は栽培に使える．

このごろ，漢水，沔水（漢水の支流），淮河，潁水（淮河の支流）地方では開墾の始めにアマや他の種子を初年に蒔く．そして時々，倉と金庫を豊かな収穫で満たすことに成功する．

古い稲株の間を開墾し終えたら稲籾をばら撒き，熟すまでそのままに置く．除草や移植の必要はない．

新たに開墾したところで，草の根が枯れて生えてこないようなら，どのような作物を播種する場合でも，毎年きれいに〔草から〕守り，イヌビエ（「稗」*pai*）やカラスノエンドウを生やしてはならない．こうなれば数年後もカラスノエンドウは生えず，常に収穫は古い畑の2倍となる．何故なら休閑が長いほど土地は肥えるから．諺に言う．'商売を始めても，新しい開墾地の利益に及ばない'．

「凡墾闢荒地，春日燎荒（如平原草萊深者，至春燒荒，趁地氣通潤，草芽欲發，根荄柔脆，易爲開墾）．夏日掩青（夏月草茂時開，謂之掩青，可當草糞……）．秋日芟夷（秋暮草木叢密時，先用鐮刀徧地芟倒，曝乾放火．至春而開，根朽省功）…….」

「如泊下蘆草地内，必用劚刀引之，犂鑱隨耕，起撥特易，牛乃省力．
「沿山或老荒地内樹木多者，必須用钁劚去，餘有不盡根科，……當使熟鐵鍛成鑱尖（套於退舊生鐵鑱上），縱遇根株，不至擘缺，妨誤工力．或地段廣闊不可徧劚，則就斫枝莖覆於本根上，候乾，焚之．其根卽死而易朽．又有經暑雨後，用牛曳礪碌或輥子，於所斫根查上和泥碾之，乾則拼死．一二歳後，皆可耕種．「其林木大者則劄殺之…….」

「大凡開荒必趁雨後，又要調停犂道淺深麁細，淺則務盡草根，深則不至塞墢，麁則貪生費力，細則貪熟少効，唯得中則可．
「耕荒畢，以鐵齒鑼鏃過，漫種黍稷或脂麻，綠豆，耙勞再徧，明年乃中爲穀田．
「今漢沔淮潁上率多創開荒地，當年多種脂麻等種，有收至盈溢倉箱速富者．
「如舊稻膛内，開耕畢，便撒稻種，直至成熟，不須蒔拔．」

「縁新開地内草根既死,無草可生,若諸色種子年年揀浄,別無稊莠,數年之間,可無荒薉,所収常倍於熟田,蓋曠閒既久,地力有餘,……諺云,坐賈行商,不如開荒.」

　王禎が新開墾地は金鉱だといって勧めたのは正しかった.森林から新しく開いたところは古い畑より収穫が多い.ただその始めの豊かさは短期で終わりがちである.[19)] 南方では湖辺部が掘り出しもので,資産家が排水と堤囲いに大きな投資をしたが,大抵の開拓は大きな初期投資が必要で富裕層以外には手が出なかった.[20)] '新しい土地を開けるのは,労力と土地を十分持つ家族だけだ'.沼沢地を排水したり,湖周辺に干拓地を作る仕事は労力も資本も必要だったが,地主も役人もいない山地で森林を少しばかり開くことは,資本も要らず労力も少しで足りる.そこで貧しい中国農民が最後の頼みの綱として行うこともしばしばあった.原住民部族は中国の山地ではるかな昔から移動焼畑を続けていたし,今も続けている.

2　移動焼畑耕作

　中国で周代まで移動焼畑耕作が主要な耕作方式だったという学者がいるが,その見方には同意できない.私の感じだが,レス台地や南方の川谷では永年耕作が始まる前に移動耕作が行われたとしても,短期間だったのではないか.一方,中国の多くの地域とくに山地では非漢族部族が移動焼畑耕作を昔から今日まで続けている.また新たな入植地へ入った漢族も焼畑を始めた.こういう次第で,焼畑は今日の中国の景観を作った一要素にはちがいない.
　焼畑は世界中でいろんな名称があり,今も行われるし行われてきた.よく知られた名称は *swidden*(古い英語名), *culture à brûli*(フランス), *chena*(スリランカ), *huma* あるいは *ladang*(マレー), *rây*(インドシナ), *milpa*(南米のある地域) などだ.中国語では「畲」(*she*) と言う.[21)]

---

19) 中世ヨーロッパで森林伐採の結果生じた大災害について,Slichter van Bath(1)を見よ.12世紀,13世紀に辺境地を無分別に開いた結果,土地は急速に荒廃し,14世紀の農業低下を招いた主因と考えられている.
20)『知本提綱』,王毓瑚 (2), p. 17.

焼畑は非効率とか環境破壊的と考えられているが，そうではない．逆にきわめて調和的システムであり，最適条件では普通の永年耕作より少ない労力でより高い収量を挙げられる．[22] ただ，土地が少なくなり焼畑地の耕作が長くなると，浸食，低収量，そして多年生雑草が深刻な問題になる．もちろんこの熟練を要する技術をアマチュアが行うと，広大な森林地帯を急速に破壊してしまう恐れがある．[23]

中国で焼畑は北方ではなく，大体は南方の現象である．『史記』(*Shih Chi*) が神農について述べる文は焼畑を行っているように見える．こうである．[24] '彼は草や木を緋色の鞭で打った(「以赭鞭鞭草木」)'．神農が中国の文書に出現するのは比較的遅く，孟子は神農の従者たちが南方から来た'外国人'であることを強調している．[25] エーベルハルト (Eberhard) は地方文化の研究で「瑤」(ヤオ) 族が中国で唯一の焼畑民だと述べている．[26] 瑤族はかつて揚子江以南の中国全体に分居していたし，彼らの中には今も畬(She)の名で知られるものがいる．司馬遷のよく引用される文は南方の住民が'火で耕し，水で草切る(「火耕水耨」*huo keng shui nou*)'と述べる．この文は焼畑を指すと解釈されることが多いが，焼畑民が耕地を水で灌漑することはないので，刈り株を犁耕の前に焼いて行う水田耕作を指すと見るほうがよさそうだ．[27] 瑤族は山地の農地で主にタロイモ(「芋」*yü*)を栽培したが，その生育法は灌漑を用いず，使う鋤はペルー高地で根菜栽培用に使われるタクラ (*taclla*) を思い出させるものだ．しかし中国の焼畑民は豆，ミレット，ハトムギ，陸稲，その他多くの作物も育てていた．そのうちでトウモロコシが16世紀の導入以来重要性を増してきた．[28] 唐代の詩人 劉 禹 錫（りゅう う しゃく）（Liu

---

21) この字は，休閑地を開くことを意味するときは *yü* と発音し（本書 p. 107 を見よ），焼畑栽培を指すときは *she* と発音する．

22) 焼畑耕作民が住む環境の変異や，栽培作物と使用技術をある程度理解しようとする場合，Sigaut (3)（ヨーロッパ），J. E. Spencer (4)（東南アジア），D. B. Grigg (1) を見るとよい．また無数の民俗誌的作品があるが，中では W. Allan (1), N. A. Chagnon (1), Condominas (1), D. Freeman (1), Geddes (1), E. R. Leach (2) が薦められる．

23) この現象は今日の雲南で起こっている．北からの移民は地形，気候，熱帯植生の間の微妙な関係をまったく理解せず，全山を焼いて裸にし，モンスーンの雨で土が流亡するに任せている．

24) 『史記』1/2b〔「三皇本紀」の引用だが，この章は唐代の司馬貞が補って加えたもの．二十四史の『史記』は「五帝本紀」から始まる〕．

25) 『孟子』3A/4〔「滕文公上」〕．

26) Eberhard (2), p. 92 以下．Eberhard によると，「傣」(タイ) と「越」(エツ，ユエ) は水稲栽培民だったが，他の大多数のグループはまったく農業をしていなかった．

27) 『史記』129/12b〔「貨殖列傳第六十九」〕．天野 (7)，米田 (1)，Bray (3) を見よ．

Yü-Hsi) はベトナムの一部族が林を焼いて耕地を作る様子を新鮮な感覚で詠っている。[29]

　　どこであれ，焼きて畑とす，
　　畑，めぐりめぐりて，山腹を這う．
　　亀甲を穿ちて，雨の卦を得るや，
　　山に登りて，倒木に火を放つ．
　　キョンは驚きて走り，振り返り，
　　雉の群れは，イーアクと啼く．
　　紅炎は遠き夕べの雲を染め，
　　軽き灰は城郭に落つ．
　　風は高き峰に巻き上げ，
　　青き林をゆらゆらとなめる．
　　遠望すれば，青き林は疾風に溶け，
　　赤光は沈み，また立つ．
　　輝けるアジサシはみずちとなり，
　　はじける竹は，山鬼を驚かす．
　　夜色来たりて，山を見ず．
　　孤星，銀漢の間，
　　星の如く，また月の如く，
　　一つまた一つ，曉に風止む．
　　曙光石を打ち，
　　熱顕れて，光天に達す．
　　種，熱灰に埋もれ，
　　陽を受けて，蕾と芽を現す．
　　青く清々，一雨の後，
　　のうぜんかつら，棘雲の如し．
　　蛇人，*1 腕を組み唄い，
　　犂も鍬も意になし．
　　もとより地勢を心得，

---

28) Fogg (1) は現代台湾の原住民が行う焼畑の粟栽培について，興味深く述べている．
29) 『劉夢得文集』9/4b-5a．訳 Schafer (16), p. 54. Schafer は訳に次の注を付けている．'亀甲を穿つ'は亀の甲を用いて卜占を行うこと．星漢は天の河．蛇人はシャーマンか儀礼の導師のようである．ここに見られる考え方は，山地民の部族的知恵であり，南部森林の林床にある天与の冷気と湿度（陰）と，天与の熱気（陽）をかみ合わせて，肥沃度を完整なものとすることである'．焼畑に言及する唐代，宋代文献については，李剣農 (5), p. 20 以下にさらに情報がある．
*1　元の詩では巴人．

寸土にも陰満つ．

　　畬田行
　　何處好畬田，團團縵山腹．
　　鑽龜得雨卦，上山燒臥木．
　　驚麏走且顧，群雉聲呼喔．
　　紅焰遠成霞，輕煤飛入郭．
　　風引上高岑，獵獵度青林．
　　青林望靡靡，赤光低復起．
　　照潭出老蛟，爆竹驚山鬼．
　　夜色不見山，孤明星漢間．
　　如星復如月，俱逐曉風滅．
　　本從敲石光，遂致烘天熱．
　　下種暖灰中，乘陽折牙蘖．
　　蒼蒼一雨後，苕穎如雲發．
　　巴人拱手吟，耕耨不關心．
　　由来得地勢，径寸有餘陰．

　焼畑はしかし部族民に限定されたことではなかった．永年耕作は地拵えが煩わしく，辺境へ入植した漢族移民は慣れた方法を捨て時として焼畑を行った．例えば漢水上流の高地は陝西，甘粛，河南が境を接する山地だが，中原から18世紀に来た入植者はやせ土に焼畑を開き，トウモロコシを植えた．他方その頃，満州へ向かった入植者はミレット，ソルガム，ソバを新しい開墾地に植え，耕地を放棄するまで6，7年の連続栽培が可能だった．[30] しかし漢族は焼畑が得意ではなかった．清朝時代，トウモロコシ栽培が漢水上流で拡大して山地は森林を失い，その結果起こった浸食は大きな問題を引き起こした．[31]

3　永年耕地

(i) 北方中国

　中国の農業景観は千変万化だが，大枠は北方中国が旱地耕作，南方中国が灌

---
30) Rawski (2), p. 11.
31) Ho Ping-Ti (4), p. 150.

漑耕作である．灌漑耕地と旱地耕地の基本的違いはまず文字で表され，灌漑耕地は「田」(*thien*)，旱地耕地は「地」(*ti*) と呼ばれる．灌漑耕地は排水すると旱地の作物を植えることが可能だが，「田」と「地」の間には，配置，構造，耕耘法の面で大きな違いがある．

「地」景観の原型はたぶん華北平原だろう．耕地は一般に細長い．広さ平均3000から4000平方メートルの方形耕地[32]が規則正しい塊状か数百メートル幅の長い帯状に配列されている．伝統的に華北の農地は最初期から，国家によって均等または家族の大きさに比例して農民に配分されていた．孟子[33]によるとこうした土地システムの最初のものは井型農地(「井田」*ching thien*)システムとして知られ，土地は9個の正方形に分割されていた．外側の8個の耕地は農民一家族ずつに割り当てられ，真ん中の耕地は8戸が共通に耕作してその収穫はたぶん封建領主に納められた．後代，北朝は類似の均等土地割付方式(「均田」*chün thien*)を導入し，成人一人ずつに一定の土地を割り当てた．しかし「均田」法が実際に実施されたか，強い疑いが投げられてきた(Vol. VII*を見よ)．周代に土地配分が何らかの方法で行われたと信ずる人も，孟子が言うような正方形を格子状に配したものだったとは考えていない．同様に「均田」法の研究者も，1筆個々の大きさや配列は文書の記録よりもっとばらばらだったと見ている．しかし華北の大縮尺地図を使った最近の研究で，リーミング(Frank Leeming) (1) は華北景観の特徴が直線的な計画的配置であることを例示し，その配置の大きさと形は様々な均等配分システムで提案された内容と矛盾しないと言っている．リーミングは，「均田」法の耕地配置は先行した直線配置，つまり井田法が変形したものだとまで述べている．[34]

変形を生じさせた過程は，「均田」法の格子状境界線(「阡陌」*chhien mo*)が一方向に開くことだったようだ．この場合，一方向にのみ開くことが重要で，これで元の正方形システムが帯状に変形し，地図上にその景観が顕著に現れるのだ．この帯は「均田」の測量士が依拠した基準線だったと思われ，それは秦から北魏までの数百年にわたって土地所有や譲渡の基礎だったろう．遺産相続，売買，小作の際に実際に機能するため，

---

32) J. L. Buck (2)，統計資料，p. 47.
33) 『孟子』3A/3 〔「滕文公上」〕，訳 Legge (3)，p. 116.
34) Leeming (1), pp. 202-203.
* Needham, Vol. VII. *The Social Background*, Part 1, 1998，和訳未刊

景観は土地境界を必要とし，それは課税にも公式の土地配分にも必要である．どのような土地システムでも，古代の（本当に古代のものだとして）目に見える帯が土地単位を規定する基準となるだろう．この数百年，土地配分や社会組織をどんな形で政府が制御したにせよ，これらの帯は支配の基礎として少なからぬ意味があったにちがいない……

　国家による土地の各戸配分は，歴史資料によると秦代，漢代にあまり行われなかったのだが，そうだとしても帯状システムは細部が壊れても全体が消え去ることはないだろう．広大な地域を覆う公式土地配置が唐代以来数百年間保存されていることは，その後の中国で大規模な土地配分がなくなったことを考慮すると，景観の中にある土地境界の永続性を見事に証明する．

　リーミングの結論は大胆すぎると多数の読者は感じるだろうが，彼の説は，南方とまったく違う華北の景観の規則正しさを見事に説明する（図25）.
　リーミングが示す大きな格子状単位の中で，土地は細い帯状耕地に区分されている．土地を測る単位のムー「畝」（*mu*）は伝統的に幅1歩（6中国尺），長さ240歩の帯状地である．ほとんどの家族の耕地はもとは隣接する何本かの帯状耕地だっただろうが，数世紀の分割相続の中で幅数尺の帯になり，全体として中世ヨーロッパの開放耕地を思わせるものとなっている．実際にはもちろん中国システムとヨーロッパとの共通性は形だけで，中国の帯状耕地は共同管理や共同放牧地としての使用とは無関係だった．王禎が述べる華北平原の農民の犂耕技術を見てみよう.[35]

　　華北の習慣では，春は朝早くか午後遅くに犂耕し，夏は夜に，秋は日が高い間に犂耕する．中原地方は平坦，広大で，旱地では一つの犂は2, 3頭，時に4頭の牛を必要とし，男一人が操る．犂き起こしの面積は牛の力に比例する．農民は必ず特定の方法で次のように犂く．
　　耕地の中心でまず平行に2列を犂き，犂いた土を中心の方へはねて，「浮瞵」（*fu lin*）と呼ぶ高畝の「壠」（*lung*）を立てる．そしてこの畝を出発点にして外側へ巻き（「繳」*chiao*）進む．この断面が一つできると糸巻き（「繳」*chiao*）と呼ぶ．次いで，最初の糸巻きの隣にもう一つの糸巻きを描く．糸巻きを三つ描き終えると止まる．次に外側から中心へ反対方向に巻き戻り，犂き起こし単位 selion（「畼」*chhang*）を作る．一つの「畼」は三つの糸巻きから成る．ほとんどの平坦地はこの方法で犂き起こす．

---

35)『王禎農書』2/5*a–b*〔「農桑通訣墾耕篇」〕．

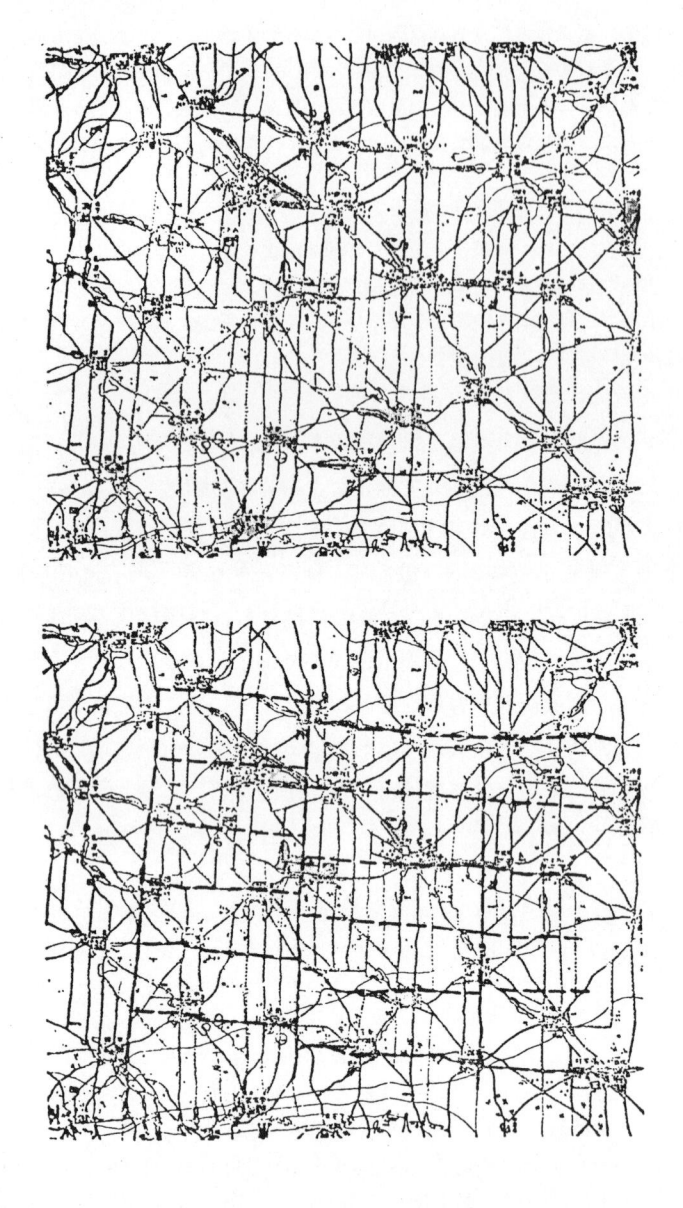

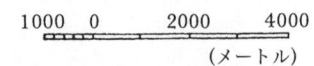

図25 現代の華北の耕地配置に残る古代の帯状地の痕跡. Leeming (1), pl. 5.

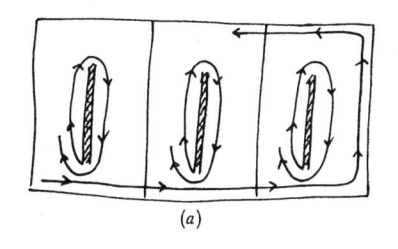

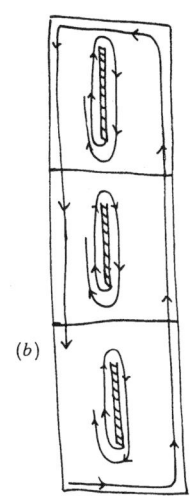

図26 「糸巻き」犂耕方式の推定.

「北方農俗所傳,春宜早晩耕,夏宜兼夜耕,秋宜日高耕.中原地皆平曠,旱田陸地,一犂必用兩牛,三牛或四牛,以一人執之,量牛強弱耕地多少.其耕皆有定法.
「所耕地內,先並耕,兩犂墢皆內向,合爲一壠,謂之浮驎.自浮驎爲始,向外繳耕,終此一段,謂之一繳.一繳之外,又間作一繳.耕畢,於三繳之間歇下一繳,却自外繳耕至中心,䎦作一畼.蓋三繳中成一畼也.其餘欲耕平原,率皆倣之.」

　長い帯地を方形単位に分割するこの方法（図26を見よ）は，土を徹底的にこなすことができた．最後に反対方向へ犂を進める目的は，表面を均し，耕地の端に犂き残しを残さないことだったろう．当時の中国の犂は発土板が固定して土を同一方向へはねた．
　華北の丘陵では耕地の方形配置はむつかしかったし，犂耕方法も平原のように規則的にはできず，土が斜面を流れ落ちないよう帯状の高畝を立てねばならなかった.[36]

---

36) 『知本提綱』,王毓瑚 (2), p. 9 を見よ.

斜面を犂くときは，水平に犂くため発土板をつけない犂（「耩」こう *chiang*）を使い，（ドリル播種器を使わないで）種子を点播する（「横耩單掩」）．［注釈］……斜面の耕地では，犂で円形を描いたり，犂を回すことができないからである．せいぜいできることは，犂に発土板をつけないで斜面に沿って犂き，斜面下側に点播することだ．これを毎年変わらずに続けると，耕地は次第に平坦になり，土起こしが容易になる．

　　「山耕，横耩單掩。（注……　山坡之田，不能廻旋轉，惟用横耕，單掩下坡一面，歲歲不易，自然漸平而易於耕野矣。)」

　この一節は浸食が深刻だった陝西のレス台地の状況を述べている．そこでは風と雨による浸食を抑える目的で特別な耕起方法が行われた．軽い犂とハローを使い，細かく砕いた土塊で地表面を覆い，また斜面のテラス化で土の水分保持を狙ったのだ．他方，黄河下流部では十分な排水が土壌水分の保持同様に重要だった．

　華北農民が相手にした雨は，ヨーロッパ人が慣れた陰鬱ないつまでも続く霧雨とは違って，ごく短期に降る豪雨だった．しかも英国式農法のような排水路や溝に類するものは何一つ設けなかった．[37] これがあれば雨水はそこへ浸み込みゆっくり流れたろう．中国の夏雨は実に強く，引き続いて起こる洪水は農民の手には負えず，しばしば被害を受けた．そこで洪水にも旱魃にも臨機応変に対応可能な対策が必要だった．中国農民が見つけた対策は高い畝と深い畝間溝を掘り分け，天候に応じて過剰な水は排水し，旱魃に対しては作物根を守れるようにすることだった．この方式は紀元前3世紀の『呂氏春秋』に畝と溝（「畮ほ畎けん」 *mu chhüan*）として初めて記述された．それによると，畝は広く平坦に，溝は狭く深くして，作物根は陰になり茎は陽を受け，旺盛な成長ができるよう計られた．[38] 他のところで述べたが，「畮畎」は趙過が紀元前1世紀に関中（陝西）へ導入を図った「代田」（*tai thien*）法とよく似ている．[39]「代田」法の性格については多くの議論がある[40] が，はっきりしていることは要するに耕地を高い畝と溝に掘り分け，翌年は畝と溝を反転して前年の畝を溝にすることである．同じような方法は広く分布する．英国のブリテン島で畝作りは普通の犂耕法だった

---

37) Fussell (2), ch. 1.
38) 夏緯瑛 (*3*), p. 72.
39) Bray (3), p. 5.
40) 最新の議論が原宗子 (*1*) にある．

し,[41] アイルランドでジャガイモを植える大畝はまったく同じ方針で作られる. ただしアイルランドの大畝は鋤で作る[42]が,「代田」法は発土板犂の使用と密接に関係していただろう.[43]

今日ではこの畝立て法は北方, 南方ともに広く普及し, もちろん灌漑を取り込んでいる. 乾燥が厳しい時, あるいは要水量の大きいショウガや藍などの作物を栽培するときは畝間に灌水し, 多雨の際は畝間が排水路となる. キング (F. H. King) は20世紀満州の畝立て耕地を次のように述べる.[44]

> 向こうの畑で1頭の小型のロバが長さ3フィート直径1フィートの石ローラーを引いて, 狭く尖る, 最近作ったばかりの畝を一度に2列締め固めていた. 粟, トウモロコシ, 高粱がここの主な作物だった. 満州の耕地は中国より大きく, 4分の1マイルもの長さがある畝列も見た……深い畝間掘りと畝立て作業をしている畑では, 1頭の大きな牛と2頭のロバが並んでつながれ, 3頭は相接した畝間を歩いている.
>
> 高い平頂の畝を間隔狭く立てる方式が大々的に採用されているのは, 雨水の有効利用に顕著な利点があるからだろう. 特に初めにどっと降る雨やしばらくして豪雨となる雨に有効だろう. 急角度の狭い畝では豪雨が深い畝間の底へさっと流れ去り, 畝の土が水で過飽和しない. 他方, 畝間底の湿った土は畝下を底から横に動く毛細管流の深い浸透を促し, 浸透水は水分と栄養分を最も緊急に必要としているところへ運ぶ. 豪雨が来ると畝間は長いダムとして働き, 土の流出を防ぎ, また速やかな浸透を助ける. 畝は冠水せずかき回されないので, 畝間から水がしみこむ時に土中の空気は容易に抜ける. 平畑では豪雨が来て土中の孔隙を水が満たすと, こうはいかない. 何故ならこうなると下から抜けようとする空気を塞いでしまうからだ. 水が浸透するにはその前に空気が抜けていなければならないのである.
>
> 畝列の間隔が24から28インチと狭い畝立ては,――表面積が増えて蒸発散が大きくなるので――土の水分保持に不利で, ほかの利点を帳消しにすると見えるかもしれないがそうではなく, 前節で述べた慣行はこうした条件を考えると健全なものだと思える.

キングが描写する畝立て畑は, 紀元前3世紀に『呂氏春秋』で初めて記述された, 幅広の平頂畝と狭く深い畝間から成る「畮畖」とほとんど変わらない. 畝立

---

41) Sigaut (4).
42) Gailey (2).
43) Bray (3), p. 4.
44) King (1), pp. 310–312.

て耕地やリーミングが示唆する直線配置は華北の耕地形態の古さを示し，'時間を超えた'，'不変の'アジア社会という解釈になじんでいるように見える．しかし，南方に視線を振り向けると，進展，拡大，変化が絶えず進行している過程に気づくのである．

(ii) 南方中国

現代の灌漑計画，例えば西マレーシアのムダ計画，オーストラリアのマラムビジー灌漑地域，あるいは成都平原の人民公社など，水田は旱地耕地に匹敵する規則性と美しさを持って配置されている．これらの水田は近代装備を使って土地をきわめて正確に均平にしている．ごくわずかでも均平度に差があると効率的な配水は著しく損なわれる．伝統的な水田景観でも，旱地の農民には分からないだろうが，水田の境界は等高線にぴったりと沿っている．そのため灌漑耕地は形が不規則となり一般に小さい．小さいと均平作業が容易になり，[45] また水流，水深，温度をより正確に制御できるからだ．精密な均平装置やポンプが利用できる現代の条件下でも，中国の専門家は水田の最適サイズを6分の1エーカーとする．[46] つまり，水田耕地の形とサイズは大部分自然条件に規制され，社会的圧力はほとんど反映しない．例えば水田は相続の際にも分割されることはほとんどない．1筆の耕地が二人もしくはそれ以上の相続者に残された場合，各自の所有地を分けるのに畦や堤を作ったりはしない．代わりに彼らは目印の木を植えるとか，前からある畦に石を置くなどの方法で境界を示し，水田の耕作はあたかも全体が一つであるかのように続けられる．[47] 小作地の間の境界も大体同じことだ．

水稲栽培には水利が決定的だ．重要なことは水の質[48]のみならず，必要量を必要な時に確保できることだ．グリスト (D. H. Grist) は次のように述べる．[49]

> 稲作の成功は生育期間の大部分，水田を十分湛水できるかどうかにかかっている．

---

45)『齊民要術』11.6.3．'1筆の大きさは決まっていない．土によって大きさを決め，湛水の深さを均一にせねばならぬ'．
46) 丁穎 (*1*), pp. 294-436.
47) Fei Hsiao-Thung (*2*), p. 195.
48) Grist (1), p. 38. '水稲の収量は灌漑水の質に依存するところが大きい．水はミネラル養分の故に肥効があり，また，毒物や有害物質で作物に害を与えることもある'．
49) 同上, p. 37.

これは簡単に聞こえるが，この要件を満たすには多くの課題があり，しかも場合によってそれらの重要度が変わる．それを解決して初めて達成できる．多くの地域で，十分量の水を供給することよりも水を制御することのほうが重要であり，また場合によっては水の供給よりも排水が重要なこともあり，あるいは水の供給とその後の排水の両方が課題となる場合もある．

さらに稲は水温に敏感で，夏，水の温度が上がりすぎると害を受ける．[50]

世界を見ると，例えば西マレーシア[51]のように畦囲いの田に溜まる天水だけで水稲を育てるところもあるが，稲の敏感さを考えると別の水源を利用して水の量と温度を適切に制御できる方が望ましい．これが灌漑の意味であり，中国の灌漑水田は普通の条件下なら，必要に応じて取水も排水もできるものが大多数である．

中国の稲作は古い時代に相当な完成度に達していた．前漢の著者氾勝之は華北の出身だが，稲が温度に敏感なことを述べている．[52]

> 稲を蒔いたばかりの時は暖かく保つことが必要である．そのため畦の水口は水が［田の中を］まっすぐに流れるようにする．夏至の後は暑くなりすぎるので，水が［田の中を］斜めに流れるようにする．
>
> 「始種，稻欲温．温者缺其塍，令水道相直．夏至後大熱，令水道錯．」

萬國鼎[53]は次のように注釈する．

> 水田の水は浅く，陽光で温められるが，谷川の水やため池，灌漑水路の水は，ふつう温度が低い．そこで若苗の生長初期は，入口から出口へ水流をまっすぐにして田中の水を乱さず，温度を保つ．夏は水温が上がりすぎるので，田中全体の水流にして，温度を下げる．
>
> 「稻田裏的水是淺的，容易因日光的照射而提高温度。山澗，水塘或渠道裏的水，温度一般會比較低些。……稻苗初種時，……把田埂上所開的兩個缺口，上下相對地開在這一條直線上，使水局部地在這一直線上通過，就可以保温。夏至以後，

---

50) 同上, p. 46.
51) R. D. Hill (1).
52) 『氾勝之書』．『齊民要術』11.15.3 に引用．
53) 萬國鼎 (1), p. 123, 訳 Philippa Hawking.

図27 水流制御の様子を示す漢代の水田模型. 広東博物館.

水曬得太熱，就該使水流的方向錯開，使田中的水温低。」

　漢代明器の水田模型も古い時期から水流が注意深く制御された様子を示す（図27）.
　華北では壮大な灌漑組織が漢代あるいはそれ以前に確立し，水は水路，掛け樋，溝を通して農民に送られた．理想化された記述が『周官』(*Chou Kuan*)〔『周禮』の別名〕にある.[54] 農民はこの水で小麦やミレットを灌漑したが，湛水はしなかった．華北では稲はほとんどあるいはまったく栽培されなかった．これら華北で行われた政府事業は Vol. IV. Part 3[*1] に詳しく述べられている．南方の灌漑システムはまったく違うものだった．南方では水は全体に豊富だったので，政府による河川や運河の制御に頼ることはなかった．農民は個人や小グループを作って河川から小さな分水路で水を引き，貯水池を掘り，あるいは川に接した田では跳ねつるべや龍骨車をかけて水を確保できた．ウィットフォーゲル (K. A. Wittvogel) (9) が'水力文明'論を提唱して以来，中国や他のアジア社会の灌漑施設は官僚が丹念に制御しているものと考えられてきたが，都合のよい自然

---

54) Needham, Vol. IV. Part 3, p. 257〔思索社刊第 10 巻, pp. 348-350〕.
*1　思索社刊第 10 巻.

条件さえあれば，相当複雑な灌漑施設すら小さな農民組織で建設も維持も可能だ．D. & J. オーツ (Oates)(1) が示唆するところでは，メソポタミアの偉大な水力組織すら農民社会が独自に作った地方組織から始まったし，また有名なバリのスバックはすべて小さな農民グループが始めたもので，維持も行ってきた.[55] トゥイチェット (6) が指摘しているが，唐代に灌漑水路の日常的維持は地方的な小グループが行い，国の機関が大規模な労働動員をしたのは緊急時のみだった.[56]

西山武一(1) は中国に三種の灌漑組織を認めている．第一は黄河システムで，その特徴である等高線に沿う水路（「渠」chhü）は黄河の支流から取水した水を下流域の農地へ配水した．渠の建設はこの地域では戦国時代以降続いた．第二に華中の淮河，泗水地域では河水を堰き上げた（「陂」pho）．こうして作った貯水池から水は樋口（「水閘」shui cha）を通して水路（「渠」chhü）へ流され，重力で耕地へ導かれた．第三は揚子江システムで，その特徴はタンク（「塘」thang）だ．この地域は平坦で湿地が多く，排水した水を人工池に貯めた．日本の灌漑に関する玉城哲(1) の面白い研究が示唆するところでは，日本の最初期の灌漑システムは十数戸の小さな単位村が持つ池を利用した．日本の政治組織が進むと，タンクシステムは谷川や河を水源とする重力灌漑システムに取って代わられ，その水域は'封建領主'の領域に相当した．後代にはより大きな集団が複数の河川をつなぐ運河網を建設するようになった．

技術と社会形態が対応するこの例は魅力的だが，南方中国の灌漑にはまったく類するものがない．そこの灌漑形態は環境と人口密度で一義的に決まったようだ．時代的進化を見分けることが中国では難しいのだ．中央政府による灌漑システムは華北では漢代に建設されたが，南方では四川や揚子江，広東の農民は独自に掘ったタンクや池に依拠した．このタンクで蓮や菱を栽培し，魚や亀

---

55) Liefrinck (1).
56) 個人やグループで管理する灌漑システムと中央管理のものと，どこで線を引くか必ずしも簡単ではない．一般的に言えることは，水源が小さく不規則だと紛争が起き易く，共同管理の面積は水が十分ある場合より小さくなる．'灌漑システムには，共同作業から管理調整に移り変わる境界があり，その境界値に達すると，共同作業のシステムは決定権と紛争解決力が弱まる．この重要な機能をになう権威と責任は他の種類の管理機構に移管される．これは共同作業システムがなくなることではないが，それが運営の主体ではなくなる．管理機構への移管は灌漑面積に依存するだけでない．もっと直接的に，単一水源から水を引く農民の数に依存する' (B. Pasternak (3), p. 194).

を飼い，岸には木を植え水牛をつないだ．水田の各筆は小さく，土地の等高線に平行な，堅固な畦[57]で囲まれていた (図 27)．こうした漢代の明器が南方での灌漑を示す最古の証拠だが，畦囲いの灌漑田はそれ以前から知られていたにちがいない．そうでないとこれだけ多数の明器がこれだけ広域に発見されることはなかっただろう．司馬遷 (Ssu-Ma Chhien) の，江南は'火で耕し，水で草切る'（本書 p. 111 を見よ）という記述は，まさに畦囲い水田での稲作を表現するものだ．宋代の撰者陳旉は二種類のタンク灌漑を区別している．まず斜面に位置した重力灌漑方式がある．[58]

> 高地では水が集まる場所を見つけてタンク（「陂塘」*pho thang*）を掘れ．10 ムー（「畝」）のうち，貯水のため 2, 3 ムーを当てよ．春の終わり，雨季が始まるとき，堤（「隄」*thi*）を高くし，[タンクの] 内側を深く広くして容量を大きくする．堤に桑と「柘」(*che*)[59] の木を植えてこれを強化し，木の影に水牛を欲するままにつなぐ．水牛が踏むので堤は強められ，桑によく水をやり立派な木に育てると，乾季ですら灌漑水が十分に得られる．豪雨にもタンクは溢れず，作物を害することがない．

> 「若高田，視其地勢高，水所會歸之處，量其所用而鑿為陂塘．約十畝田卽損二三畝，以瀦畜水．春夏之交，雨水時至，高大其隄，深闊其中，俾寬廣足以有容．隄之上，疎植桑柘，可以繫牛．牛得涼蔭而遂性，隄得牛踐而堅實，桑得肥水而沃美．旱卽決水以灌漑，潦卽不致於瀰漫而害稼．」

このようなタンクは南方ではすでに漢代に使用され，当時，北の淮河地域でも灌漑タンクを建設する事業がしばしば行われた．[60] このタンクシステムは全村の耕地を灌漑したインドやスリランカのタンクより少し小振りである．[61] しかし文献には「堰き上げた湖」あるいは貯水池（「陂湖」*pho fu*）の語があるので，もっと大きなタンクも中国にあったはずで，たぶんそれは陳旉が述べる小さなものより大きかっただろう．宋代の撰者馬端臨 (Ma Tuan-Lin) が語っている．[62]

---

57) 天野 (*4*), p. 185, 秦中行 (*1*), 貴州 CPAM (*1*), 劉志遠 (*4*).
58) 『陳旉農書』1/2〔「巻上地勢之宜篇第二」〕．
59) *Cudrania tricuspidata*〔ハリグワ〕，蚕の餌にもする．
60) 秦中行 (*1*).
61) E. R. Leach (*2*).
62) 『馬氏通考』〔『文獻通考』〕巻六．

明越地域[63] はどこにも貯水池(「陂湖」)がある．一般にその湖は耕地より高く，耕地は川あるいは海より高い．旱魃時，湖水を放水して耕地を灌漑し，水が多すぎると耕地から海へ排水する．こうして自然災害を免れる．

> 「明越之境，皆有陂湖．大抵湖高於田，田又高於江海．旱則放湖水溉田，澇則決田水入海，故不爲災．」

これら斜面にあるタンクや貯水池の場合，水を耕地へ流すには水路さえ設ければ十分だった．谷底では水は当然最低地に貯まるので，『陳旉農書』が述べる方法は少し違った．[64]

低地は洪水が起こりやすいので，水流が最も強く当たる場所を観察せねばならぬ．そこを高くて幅広い堤(「圩」$y\ddot{u}$)で囲め．その法面に豆類，麻，ミレットと大豆を植え，また堤に沿って桑を植え，家畜をそれにつなげば水草を食うに便である．

> 「其下地，易以撐浸，必視其水勢衝突趨向之處，高大圩岸環繞之．其歓斜陂陀之處，可種蔬，茹，蔴，麥，粟，荳．兩旁亦可種桑牧牛，牛得水草之便，用力省而功兼倍也．」

これは干拓地(「圩田」$y\ddot{u}\ thien$)だった．これについては後でも詳述する．水利の制御はここでは過剰水を耕地から排水することで，何らかのポンプ装置が必要だった．これは Vol. IV. Part 3[*1] に詳述されているのでここではこれ以上は触れない．

灌漑田の耕作法はあまり差異がなかった．『王禎農書』はこう述べる．[65]

南方の水田では土を泥にする．土地の高低，耕地の大小にかかわらず，方法は同じだ．犁は1頭の水牛で引き，前進，停止，反転，回転，すべて犁き手の思うままだ．[66]

> 「南方水田泥耕，其田高下闊狹不等．一犁用意一牛挽之，作止回旋，惟人所便．」

---

63) たぶん南部だろうが，場所を特定できなかった．
64) 『陳旉農書』1/2〔同前〕．
65) 『王禎農書』2/5*b*〔「農桑通訣墾耕篇」〕．
66) 若い家畜の場合，水牛のほうがより便利だったようだ．
*1　思索社刊第10巻．

図 28　ショウガ栽培に畝立てした灌漑耕地. King (1), p. 91.

　基本は耕地表面をかき回して液状の泥にし，その下の硬い不透水層〔犂き床〕で漏水を防ぐことである．犂き床は数年で生じ，不思議にも旱地と違って水田は古くなるほど肥沃度が高まる．[67]

　灌漑水田はほかの作物も裏作にしばしば植える．時として高い畝を立てて灌漑し，野菜やショウガを育てることも可能だ(図28)．また時には排水して旱地作物，小麦，あるいは豆類を植えることもできる．『王禎農書』はこう述べ

---

67) 例えば，Liefrinck (1), C. Geertz (1) を見よ．

る.[68)]

　　高畝耕地は早く耕す．8月に乾いた土を耕やして［普通は雨や灌漑水を待って耕作をするが，この場合は待たない］，土を干し，小麦あるいは大麦を植える．耕起法は次の通りだ．畝を立てて高畝（「䮾」lin）を作り，その間を排水路（「甽」chhüan）とする．1筆の耕起が終わると高畝を横に切り，溝の水を排水しやすくする．これは'腰排水'（「腰溝」yao kou）と呼ぶ．小麦あるいは大麦を収穫すると，排水路と溝を均して耕地に水を蓄え，その後，深く耕す．これを人々は二度熟す耕地と呼ぶ．

　　「高田早熟，八月燥耕而㷊之，以種二麥．其法，起墢爲䮾．兩䮾之間，自成一畎．一段耕畢，以鋤橫截其䮾，洩利其水，謂之腰溝．二麥既収，然後平溝畎，蓄水深耕，俗謂之再熟田也．」

　　灌漑地は生産性が高い．年に2回ないし3回の穀類生産や，あるいは穀類と豆類，野菜，タバコなどとの多毛作も可能である．しかし水供給が確かなことや完全な均平が必要なので，普通の灌漑田はデルタや谷底平野に限定される．もっとも，周りの丘陵斜面下部には旱地作物を植えることも多いし，河谷から丘頂まで斜面の高度と土の差異など微小環境の違いを利用して，インカ式耕作も行う．フェイとチャン（Fei & Chang）[69)]は急峻な谷にある雲南の村で四種類の違った土地があることを述べている．それによると，山頂部に'旱地'があり，ピーナッツ，タバコ，棉その他少しの旱地作物を栽培する．次に'乾田'があり，黄色い粘土地で重力灌漑を行って稲を一作する．三番目に'灌漑田'あるいは'水車田'があり，大きな水車で灌漑し，毎年ソラマメと稲を一作ずつできる．四番目に川沿いの'砂地'，ここは肥沃だが稲には砂質に過ぎ，トウモロコシ，豆類，小麦あるいは野菜を栽培した．

　　要するに灌漑水田は最も生産力が高く，特に自作農には最も価値があり，最も望ましいものだった．中国の人口が増加し，谷底や河成平野が一杯になると，それまで不可能だった所に灌漑水田を作ろうと農民は工夫をこらした．海岸，川の屈曲部，湖岸，あげくは山の斜面にすらである．

---

68)『王禎農書』2/5b〔同前〕．
69) Fei & Chang (1), pp. 136-140.

(iii) 特異な農地

　様々な開拓地が中国ではきわめて古い時代から知られているが，開拓が経済的に重要になったのは宋代以来である．騎馬遊牧民が侵入して華北が荒廃した結果，避難民が急速に揚子江地域へ流入した．当時，南方の人口は宋代初期の平和と繁栄の中で着実に増大していた．結果として土地への圧力が増え，政府をはじめ富裕な地主層から貧しい農民まで社会の全階層が，古い見捨てられた土地を開発して耕地化する新たな方法を求め始めた．干拓地や階段畑，シルト田〔「塗田」〕は数世紀以前に知られていたが，以前の開拓地は多くが宋代初期までに荒廃していた．それらは再開発され，拡大され，[70] 宋代，元代以降，再開発過程が続くこととなった．19世紀になってついに拡大は限界に達した．[71] しかし人民公社の下で，土地，資金，労力の再編を行い，また科学技術の進歩によって中国の開拓事業は過去30年間，特に華北と中央アジア[72]で復活した．

干拓地

　中国語で「圩田」(*yü thien*)あるいは「圍田」(*wei thien*)として知られる干拓地は，耕地が高い土堤で囲まれ洪水から守られている．これは低地の沼沢地方の景観で，ヨーロッパ人にはオランダの干拓地で馴染みのものだ．中国での出現は早く，紀元前1世紀に書かれた『越絶書』(*Yüeh Chüeh Shu*)[73]は，古代蘇州の南門である蛇門近くの水没地の中に耕地が作られたことに言及している．これはたぶん土堤で囲まれていただろう．同じ文章は以前の呉王たちが土堤囲いの耕地を作ったことにも触れている．繆啓愉(Miao Chhi-Yü)[74]が引用する他の文章では，太湖地方でも春秋時代に干拓地作りが進行していたようだ．繆の信ずるところでは，揚子江下流域のこの地方は漢代から唐代中期まで干拓地が広く開かれた

---

70) 李剣農 (*5*), p. 12 以下.
71) Ho Ping-Ti (*4*).
72) 中共時代の開墾で最も有名なものは，もちろん陝西のレス台地にある大寨の人民公社である．大寨のような急激な開墾がいいかどうか疑問が投げられてきたが，間接，直接，大寨は西北部の広域を開墾する一つの例を示した．南方では，開墾できそうなところは残っておらず，洪水制御や灌漑改良のほうが農業生産増大にもっと大きく貢献した．K. Buchanan (1), (2), F. Leeming (2), N. Maxwell (1).
73) 『越絶書』「巻二呉地傳」.
74) 繆啓愉 (*1*), p. 140.

図 29　土堤囲い田（「囲田」）．この図は完備した単位を示し，それぞれに排水路を持つ田群に分かれ，高い土堤に家，樹木が立つ．『授時通考』14/5b．

が，唐代中期に大農場がそれらを破壊してしまった．王禎[75]　によると干拓地の起源は非常に古いが，繁栄したのは宋代になってからである．他方，唐代の資料が南京地域で湖岸を干拓した豪族に触れている．[76]　宋代の撰者の范成大（Fan Chheng-Ta）は長さ数十里の大都城壁のような土堤を持つ干拓地を述べている．その中には川や運河が走り，外側に水門や樋口を備え，旱魃時には揚子江から取水し，飢饉時も隣接地方へ穀物を供給できたという．[77]

王禎は「囲田」と「圩田」の技術的な違いを明らかにしている（図29）．[78]

　　「囲田」［字義通りには囲まれた田］は土壁を回りに築いた田である．揚子江と淮河の間に多くの沼沢地や川堤があり，それらは季節的な氾濫害を受けずに作物栽培が行われている．豪族が土地の地勢を検分し，そののち切れ目なく土堤（「堤」thi）を築き，あるいは数百頃［1「頃」(chhing) は 100 ムー「畝」］，あるいは数十ムーを囲い，全面に

---

75)『王禎農書』11/15a–b〔「農器圖譜田制門」〕．
76)『全唐文』巻三百十四．Twitchett (6) 中の参考文献も見よ．
77) 李劍農 (5), p. 115 より引用．
78)『王禎農書』11/15b．〔同前〕．

作物を植える．過去の或る時，軍屯任務の将軍たちが自給のためこの方法をまね，それ以来，官も民も異なる場所でこれを行った．

また土堤囲い田（「圩田」）もある．これは［土の］層（「疊」 tieh）を積み上げた土堤を作って外水から土地を護るもので，ことの進行は［「圍田」と］同様である．

どちらも洪水あるいは旱魃に耐え，一作の余剰は地方の民を養うのに十分であり，また隣の省へ輸出も可能である．

>「圍田，築土作圍，以繞田也．蓋江淮之間，地多藪澤，或瀕水，不時淪没，妨于耕種．其有力之家，度視地形，築土作堤，環而不斷，内容頃畝千百，皆爲稼地．後値諸将屯戍，因令兵眾分工起土，亦倣此制，故官民異屬．」
>「復有圩田，謂疊爲圩岸，圩護外水，與此相類，」
>「雖有水旱，皆可救禦．凡一熟之餘，不惟本境足食，又可贍及鄰郡．」

もう一種類のよく似た開拓地に'勘定台田'（「櫃田」 kuei thien）があった（図30, 31）.⁷⁹⁾

「櫃田」では土を［土堤に］築き上げ，田を守った．「囲田」に似るがより小さい．四周に樋口（「涵穴」 chien hsüeh）を設け，形は店の勘定台［つまり，方形］に似て，耕作に便である．沼沢が非常に多いと田は小さくなる．堅固な土堤を高いところに築いて外水の浸入は難く，内水は鎖ポンプ（「車」 chhe）でたやすく排水が可能なようにする．冠水の浅い場所は黄色い早熟米（「黄穋稲」 huang lü tao）を蒔くのがよい（播種から収穫までわずか60日で，したがって洪水害の恐れがない）．水が過剰で水草が勝手に生えるようなら，「穇稗」（hsien pai）⁸⁰⁾が収穫できよう．高く排水のよいところはいろんな畑作物も植えられる．これらの作物で飢饉をしのげよう．これは沼沢地開拓の最良の方法である．

>「櫃田，築土護田，似圍田而小，四面俱置涵穴．如櫃形制，順置田段，便於耕蒔．若遇水荒，田制既小，堅築高峻，外水難入，内水則車之易涸．淺浸處宜種黄穋稻（自種至收，不過六十日則熟，以避水溢之患.）如水過，澤草自生，穇稗可收．高涸處亦宜陸種諸物，皆可濟饑．此救水荒之上法.」

砂州と川中島も土堤をめぐらすと'砂田'（「沙田」 sha thien）（図32）を作れる．⁸¹⁾

---

79)『王禎農書』11/17b．〔同上〕．
80) たぶん Echinocloa crus-galli L. Beauv. イヌビエの野生品種．沼沢地を好んで生え，稲の有名な雑草．世界には，食用にするところもある．日本では，栽培品種 E. frumentaceum が広くある．
81)『王禎農書』11/24b〔「農器圖譜田制門」〕．

第3章 農地体系 131

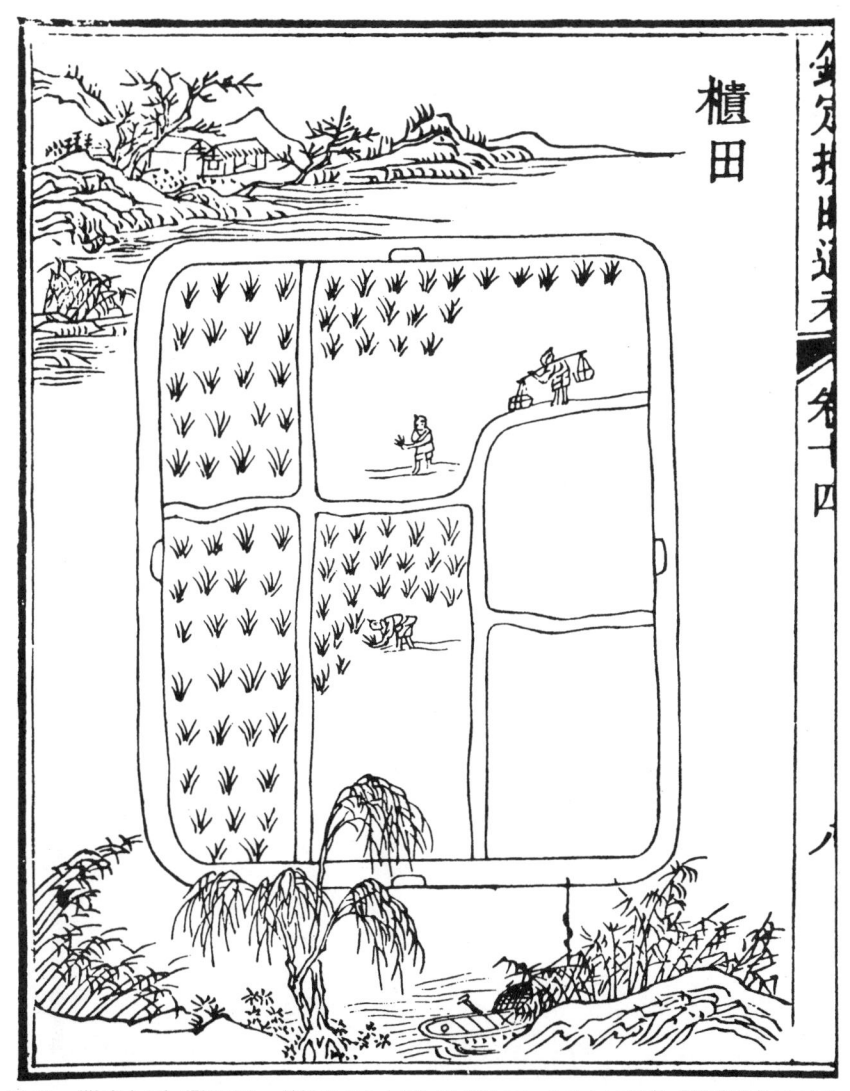

図30 '勘定台田'(「櫃田」).外堤はどれも樋口を設けていることに注意.『授時通考』14/8b.

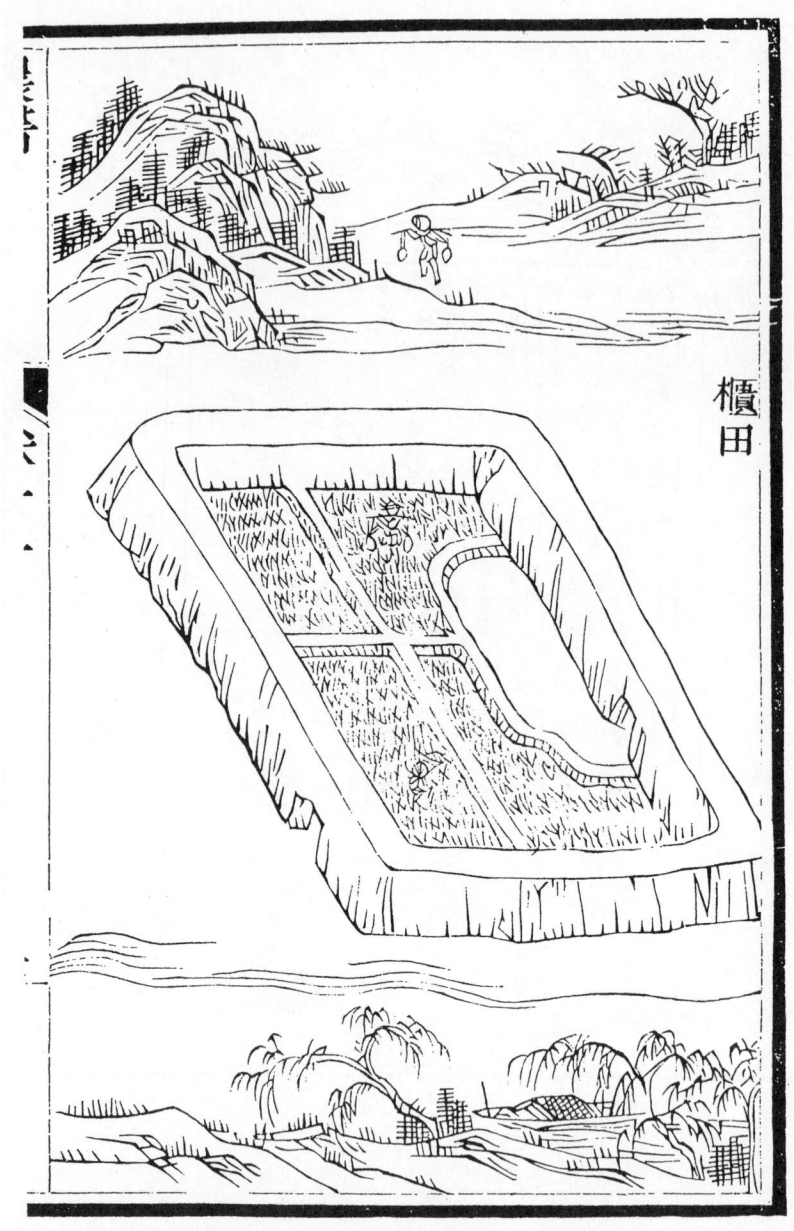

図31 '勘定台田'(「櫃田」). この図では, 一部を池とし, 水田の水の出入りはここを通して制御する.『王禎農書』11/17a〔「農器圖譜田制門」〕.

第 3 章　農地体系　133

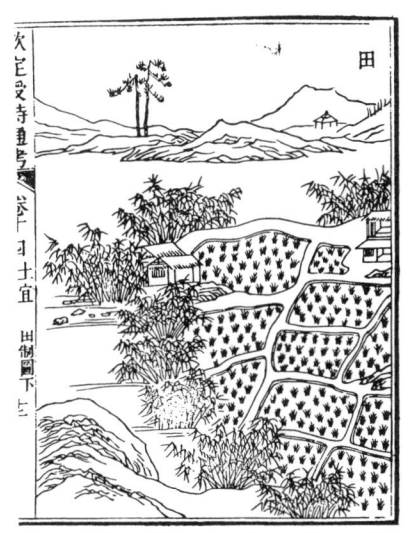

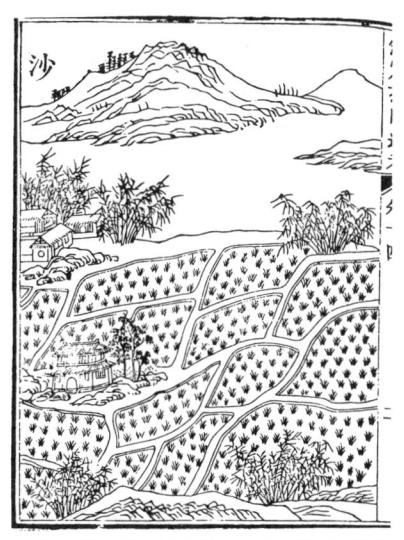

図32　'砂田'（「沙田」）．水田の周りや前景のクリーク脇に葦の群が厚く茂ることに注意．『授時通考』14/11b．

　「沙田」は南方で揚子江と淮河の間の砂州や揚子江の砂州，時には丘陵部の川中島に作られる水田で，四周を厚く茂った葦に囲まれ，水田は土堤で護られている．土は常に豊かで肥えており，よい収穫が確実である．一般に畦で囲み，排水し，普通の稲あるいはもち米に適している．水田の間には小さな村があり，そこは桑あるいは麻を植えられる．時に運河と水溜りが水田の間をぬって続き，旱魃の間，その堤を灌漑できる．大きなクリークが水田の脇を曲流していることがあり，洪水時の排水路となる．旱魃と洪水がないことは他の水田に勝る点だ．以前，'揚子江に没する水田'（「坍江之田」）と呼ばれたものは実際は「沙田」だった．これは不規則に出現したり消えたりして，広さは一定せず，地税を課徴されなかった．

　　　「沙田，南方江淮間沙淤之田也，或濱大江，或峙中洲，四圍蘆葦駢密，以護堤岸．其地常潤澤，可保豐熟．普爲塍埂，可種稻秫，間爲聚落，可藝桑麻．或中貫潮溝，旱則頻溉，或傍繞大港，潦則洩水，所以無水旱之憂，故勝他田也．舊所謂坍江之田，廢復不常，故畝無常數，稅無定額，正謂此也．」

---

82) 今日，なお拡大し続けている．雲南昆明郊外の滇池は大部分が，近年の埋め立てで干陸された．しかし，不幸にも新田はほとんどがやせており，龍門寺から湖を見渡す美しい景色も台無しになった．

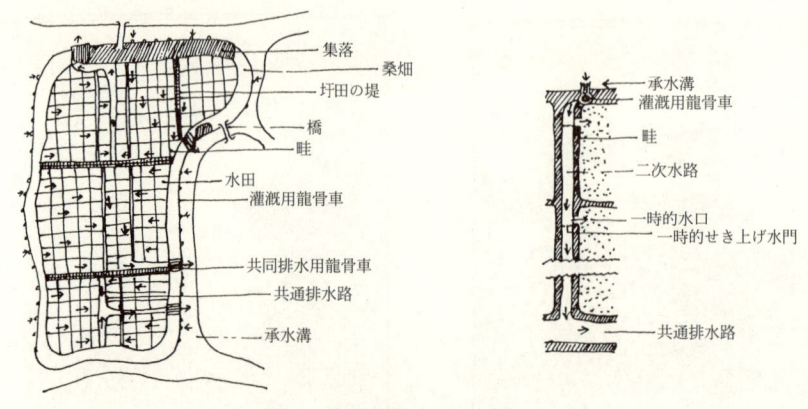

図 33　湖成干拓地 (「圩田」). Fei (2).

　土堤囲いの水田はどれも非常に肥えており，すぐに太湖地方から華南の他地方，湖北，湖南，広東，広西へ拡大した.[82]　元代の末までに，揚子江が溢れたときの遊水地だった湖南の洞庭湖は大面積が干陸され，洪水の危険が高まって政府はその地方での開拓を禁止した.[83]　揚子江デルタの沼沢湖は 12 世紀までにほとんど干拓地に変えられ,[84] そこの「圩田」は現在も残っている．この地方の生まれの費孝通 (Fei Hsiao-Thung) が述べるところでは，太湖湖岸の住民約 1500 人のある村は 11 の「圩田」から成り，その面積は 450 エーカーに及ぶ.[85]　各「圩田」は数十個の小さな水田に分かれ (図 33)，水は圩の端の承水溝から来るので，圩の中央部に近い水田ほど，水を得るのが難しくなる．そこで，圩の水田は各筆が全体に中央部へ皿状に緩くくぼみ，また中心部が深水すぎるのを防ぐため水田各筆の間の畦は端の畦に平行に作らねばならない．外の承水溝から圩の外周部の水田に水を上げるには，適当な土堤に龍骨車を置いて水を小さな灌漑水路へ揚水するが，この水路は排水路でもあり，したがって水田から水田へと水を灌漑すると同時に，最後には「圩田」の最も低い部分に掘られた溝へ水を導き，そこから役済みとなった灌漑水は外の承水溝へポンプで排出される．

---

83) 李剣農 (5), p. 17.
84) 李剣農 (5), p. 16 に引用された馬端臨の文.
85) Fei Hsiao-Thung (2), pp. 17, 156.

浮き田

時として湖辺があまりにも沼地で土堤を作れない場合，中国人は浮いている田を作ることがあった．それらは'枠田'(「架田」 chia thien) あるいは'マコモ田'(「葑田」 feng thien) と呼んだ．陳旉は次のように述べている．[86]

> 水が深く泥炭質な場所では，木材を縛り合わせて田を作り，「葑田」にせねばならない．これは筏のように水面に浮く．木組み枠に泥と水草(「葑」)を盛り，そこに播種する．木組み枠の表面が田になり，水面に合わせて上下し水をかぶることはない．
>
> 「若深水藪澤，則有葑田，以木縛爲田坵，浮繫水面，以葑泥附木架上，而種藝之，其木架田坵，隨水高下浮泛，自不湮溺．」

王禎がさらに説明を進めて，木組み枠は竹筏(「筏」)に似，「葑」は水草「菰」(ku) (*Zizania latifolia*) の根であると述べている．彼は浮き田が中国東南部のどこでも見られると言い，杭州の西湖に浮く浮き田をうたった蘇東坡の詩を引用している．'水が引き，草が芽生え，次第に「葑田」が姿を現す'(「水涸草生，漸成葑田」)[87]

浮き田の最古の記述は梁代の文献中にある郭璞(Kuo Phu)の揚子江をうたった詩だ．[88]

> 翡翠のすだれを拡げ，
> 菰の漂うに従う．
> 野卑に蒔かれた芒種，
> 無垢の稲を展生す．
>
> 「標之以翠翳，
> 泛之以游菰，
> 播匪藝之芒種，
> 挺自然之嘉蔬．」

清代の書籍『周官義疏』(*Chou Kuan I Su*)[89] は，浮き田が淮河，揚子江地域だけでなく雲南の滇池にもあると言う．浮き田はまた日本の霞ヶ浦，[90] ミャン

---

86) 『陳旉農書』1/2〔巻上地勢之宜篇第二〕．
87) 『王禎農書』11/19a〔農器圖譜田制門〕．
88) 紀元後 300 年頃の『江賦』．『文選』12, 天野 (4), p. 175 に引用．
89) 天野 (4), p. 175 に引用．
90) 同上 p. 176．

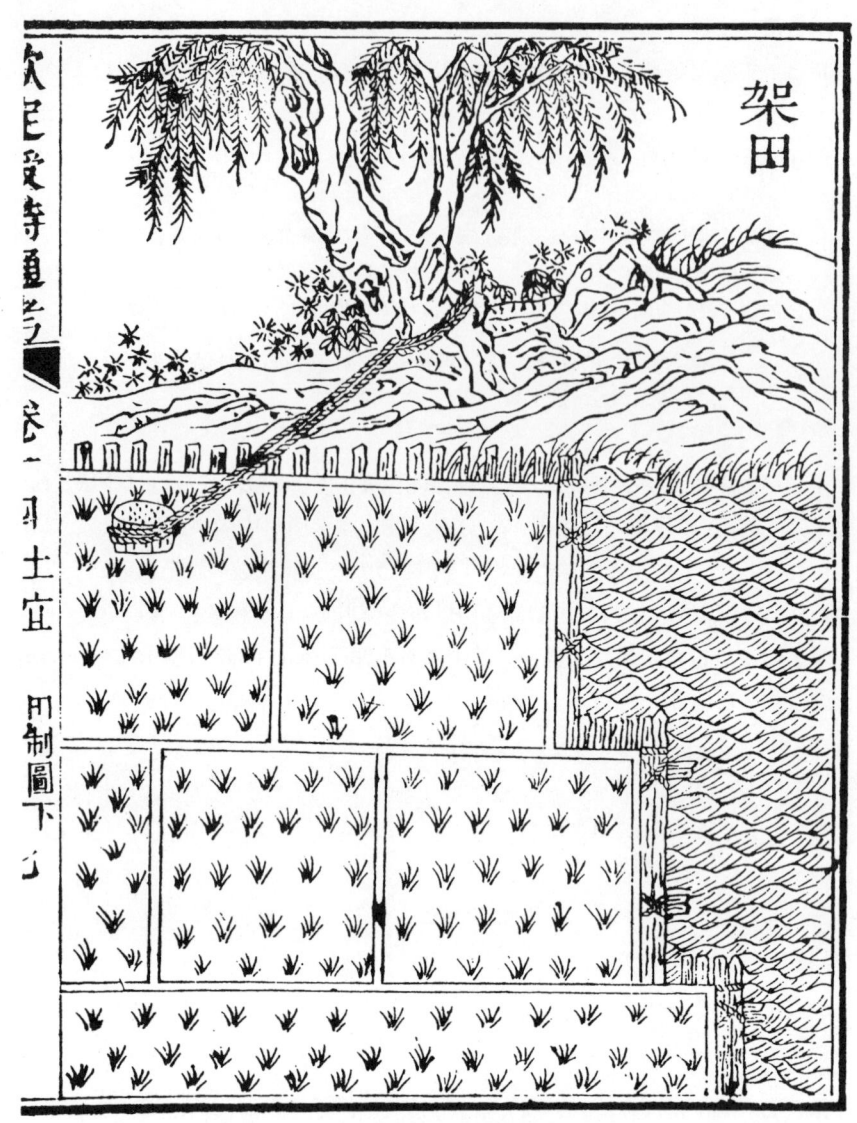

図 34　浮き田（「架田」）.『授時通考』14/7a.

第 3 章　農地体系　137

図 35　シルト田(「塗田」). 前景は海壁に打ち寄せる高い波, 背景にはまだ完成していない開拓過程が見える. そこはまだ葦や塩性草本が湿地に茂っている. 『王禎農書』11/21b〔「農器圖譜田制門」〕.

マーのインレー湖，カシミールのダール湖，それにメキシコ[91]にもある．

塩鹹地の開拓

江蘇海岸に海壁が作られて塩性湿地を水田に転換したのは宋代よりずっと前である．というのは 1026 年に范成大が泰州，楚州の海岸で数百里の「海堰」(*hai yen*)を改築して荒れた塩性地の再開拓を進めた事実がある．事業は見事に成功し，喜んだ多くの農民が恩人の名をとって[92]子供に范の名をつけた．こうした水田は'シルト田'(「塗田」*thu thien*)という名で知られていた（図35）．『王禎農書』が次のように述べる．[93]

> 黄河，[94] 淮河，揚子江のデルタでは確かな土が少ない．そこにあるのは柔らかいシルト（「塗」）と泥（「泥」）ばかりだ．灌漑作物もすべてシルトと泥の上で栽培する．ふつう海浜では積み上げ地 stepped fields（「等田」*teng thien*）法を行う．潮流で打ち寄せられた泥とシルトが小さな島状地を作るが，また渦巻く波に呑み込まれ固定した土地とはならない．そこで［シルトの］上に塩性草本の草むらが密生すると高潮を待ち，泥を次第に積み上げる．まず「水稗」(*shui pai*)[95] を播き，これが塩類土（「斥鹵」*chhih lu*）の塩を取り去ると，作物を植えることができる．'塩を洗えば，稲とミレットが育つ'，と詩にある．
>
> 川水が溢れるところや海浜沿いには壁を立て，杭を打ち込んで潮の侵入を防ぐ．水田脇に排水路を掘って雨水を排水し，旱魃時は田を灌漑する．これは甘水排水溝（「甜水溝」*thien shui kou*）と呼ぶ．
>
> シルト田の収穫は通常水田の 10 倍にも達することがある．人々はこれを相続できる財産（「永業」*yung yeh*）と考えている．
>
> 中原でも黄河のほかに淮河の蛇行地，あるいは二川の合流地や屈曲部の湿地，池，後背湿地，そのほかシルトが堆積し水が引いた跡に泥堤（「淤灘」*yü than*）を残すところは，どこであれ作物を植えることができる．秋が終わるころ，泥は乾き，土がひび割

---

91) これらの地方では，一般に野菜栽培に用いる．Ojea (1), p. 3 は，'浮き野菜畑は移動し，長さと幅が20から30フィート……そこに野菜を植える'という．ラテンアメリカで浮き田よりはるかに広いものは，メキシコの *chinampas* と呼ばれる造成畑で，これは枝条で壁を作り，中に草と湖泥を交互に積んで島状にする．この方法は沼沢地を排水して格子状の運河と畑に変換する上に，効率的である．Nigel Davies (1), p. 38, R. A. Donkin (1), の各所，A. Palerin (1), pp. 19 – 31, 88, West & Armillas (1) を見よ．カシミールの浮き畑については Ames (1), p. 77 を見よ．
92) 李劍農 (5), p. 14.
93) 『王禎農書』11/22*a*〔「農器圖譜田制門」〕．
94) 当時，南流をとっていた（1194〜1853 年）．
95) 近代エジプトで，稗は塩性湿地の干拓によく使われる．

れると小麦あるいは大麦をそこにばら撒く．収量は普通の2倍である．これらの泥田「淤田」(*yü thien*) がいかに利益が大きいか分かる．

「塗田」も「淤田」も高波を利用して作る．その土は異なるが，収量が大きいことは同じである．

「淮海惟揚州，厥土惟塗泥．大抵水種皆須塗泥．然瀕海之地，復有此等田法．其潮水所泛，沙泥積於島嶼，或墊溺盤曲，其頃畝多少不等，上有鹹草叢生，候有潮來，漸惹塗泥．初種水稗，斥鹵既盡，可爲稼田，所謂潟斥鹵兮生稻粱．

「沿邊海岸築壁，或樹立椿橛，以抵潮泛．田邊開溝，以注雨潦，旱則灌漑，謂之甜水溝．

「其稼收比常田，利可十倍，民多以爲永業．

「又中土大河之側，及淮灣水滙之地，與所在陂澤之曲，凡潢汙洄互，壅積泥滓，水退皆成淤灘，亦可種藝．秋後泥乾地裂，布掃麥種於上，此所謂淤田之効也．

「夫塗田，淤田，各因潮漲而成，以地法觀之，雖若不同，其收穫之利則無異也．」

汽水地の開拓は揚子江地域に限定されたものではなかったし，范成大の海壁の例は政府の援助だったが，必ずしもいつもそうとは限らなかった．ワトソン (J. L. Watson) (1) が述べているが，マン氏族の始祖が13世紀に香港の新界へ来たとき，最もよい水田は他の有力な四つの氏族がすでに占めていた．仕方なくマン氏は残っていた土地，それは Deep Bay 〔今の后海湾〕に注ぐデルタの汽水性湿地だが，そこを開かざるを得なかった．マン氏は閘門を備えた土堤を築いて土地を囲い，湾を干拓した．土堤は雨水を貯め塩水の浸入を止め，閘門は灌漑水の塩濃度を下げるように操作された．干拓過程は后海湾の緩やかな地質的上昇とデルタのシルト堆積にも助けられた．その'新地'（「新田」*hsin thien*）でマン氏は耐塩性の高い赤米を年に一作した．この品種の収量は中程度に過ぎず，品質も高くはなかったが，「新田」は肥料を必要とせず，赤米栽培はほとんど労力を要しなかった．今日，マン氏族は耕作をやめてもっと有利な仕事に替わっているが，塩性湿地の干拓で贅沢とは言えなくとも十分な生活を600年間送ることができたのである．

テラス耕地

中国の代表的な景観を問われると，ほとんどの西洋人は棚田を挙げるだろう．

しかし棚田は中国本体部ではむしろ最近の発展だ．テラス農地の造成は世界的な現象で，最もよく知られた例はたぶんバリの棚田，インカの灌漑トウモロコシを栽培したペルーの石壁段畑，フィリピン北ルソンのイフガオ地域に見られる密集した棚田，そして華南の棚田だろう．しかしテラス耕地の造成はラテン・アメリカ全域，地中海の周囲，中東，ヒマラヤの諸王国，南アジアと東南アジアの山地，日本，アフリカにも見られる．テラス耕地は灌漑地も旱地もあり，作物は稲，トウモロコシ，ミレット，ジャガイモ，豆類があり，また緩いテラス，急傾斜のテラスがあり，石壁テラス，土壁テラスがあり，多種多様だ．中国では華南の典型的な灌漑テラスと，レス地帯の旱地テラスを区別する必要がある．

テラス造成は古い技術で，その起源はさだかでない．伝播論者の意見では，テラス耕地の造成は中東で旱地テラスとして起源し，ユーラシアに伝播して適応的な技術変化を受けた．この学派の代表はスペンサーとヘイル (Spencer & Hale) (1) [96] であり，彼らの暫定的な見方では，華南で紀元前約2000年に旱地テラスが東アジア水力社会と結合して生まれたのが灌漑テラスつまり棚田で，これはその後華南からアジアのほかの地方へ伝播したと言う．スペンサーとヘイルは各地で灌漑テラスが平地の灌漑耕地から独立発生した可能性を認めない．[97]

　　　［東アジアでの］独立発生説には無理があるのではないか．棚田が東アジアでの独自発明だと仮定した場合の経過は次のようなことになるだろう．自然湿地から，川床，湿潤耕地での泥テラスと，石壁，石畦の灌漑テラスを経て，芝土，泥畦の灌漑テラスへ発展という経過だ．我々の今の判断では，自然湿地が灌漑テラスの出発点になることはなかった．発展経過に'不整合性'が生ずるのは，テラス造成の考えが外から東アジアに入ったからだ．初期の稲作民は灌漑稲作のまったく新しい方式を外から受け取ったのだ．

他方，ホイートリー (Wheatley) (4) は，テラス耕作が大陸部東南アジアで地方的環境に適応しながら発展し，歴史時代を通じて次第に北の中国へ波及したという見方をとる．例証として彼はコラニ (Colani) (7) の発見を引用する．それによると，テラス造成の伝統が高度の発達を遂げ，農業と儀礼が独特の結合を

---

96) J. E. Spencer (5) も見よ．
97) Spencer & Hale (1), p. 26.

見せており，ベトナムのクァンチ省ジャラン高地では紀元前2000年に遡る．彼の次のような指摘 (p. 132) は適切である．

> 東アジアの灌漑テラスを議論するとき，灌漑稲作とテラス作りは初歩的段階から切り離せないことを銘記すべきだ．畦を作る際，個々の水田面の高さに違いが生じる．はじめは小さな差であっても高さの違いを増大させる可能性は常にある．特に稲作が山麓地方や谷の上流部へ押し寄せるときはそうだ．

私はホイートリーの意見に完全に同意する．ドンキン (Donkin)(1) はラテン・アメリカのテラス形態を分類しているが，その中に'跨流テラス'と'等高線テラス'以外に'谷底テラス'がある．このテラス壁は傾斜方向にほぼ直交する．谷底テラスはラテン・アメリカ（ここのテラスの目的は作物の霜害を避けるため急勾配を利用する）では比較的稀な形だが，中東，[98] 東南アジア[99] には多い．そして雲南のメコン河支流の岸で見た谷底テラスは，河傍と谷背では高さに30フィート以上の差があった．灌漑テラスが畦水田から自然に発展したという説明が通用するなら，旱地テラスが帯状の高畝から発展したという説明も可能だろう．帯状の高畝はヨーロッパでも中国[100] でも斜面の耕作では普通の方法だ．

テラス耕地作りには多大な労力が必要であることを考えると，テラス農地は一般論として，伝播論的説明より自然条件と人口圧に呼応して地方的に発展したと考えるほうがいいのではないか．

テラス造成の目的は多様だ．儀礼や宗教的動機からテラスが作られた場合があるし，また健康上問題のある谷底よりも斜面を耕作するほうが単に好きだった場合もある．メキシコのクスコ地域のテラス農地は防衛目的にも利用された．北ミャンマーのシャンはテラスを見張り台に使い，通行人を襲って通行料を取り立てた．[101] しかし，大多数はもっと平凡な目的だった．中国ではテラス農地は'三重保護者'（「三保」 *san pao*）の名でも知られる．浸食を防止し，土の水分と養分を保全するというわけだ．実際，テラス農地で栽培すると普通の条件より

---

98) Zohary (1), p. 22 と Mayerson (1), p. 31 がネゲヴ砂漠の例について述べている．
99) Wheatley (4), p. 132 は西マレーシアのヌグリ・スンビランにあると述べている．私も見た．ヌグリ・スンビランはマレーの中で稲の伝統的栽培技術が最も進んでいる．これは過去200年間，多数のミナンカバウ移民がスマトラから流入したためである．
100) Curwen (1) と，本書 p. 117.
101) Donkin (1), E. R. Leach (3).

収量が数倍多い場合がよくある.¹⁰²⁾ 乾燥の厳しい西北中国の非灌漑レス台地で, テラスの穀物収量はテラスを切らない斜面に比べてふつう2倍から4倍に上り, 旱魃時は10倍にも達する.¹⁰³⁾ リーフリンク (Liefrinck) (1) は灌漑テラスの生産性が年数を経るほど大きくなるのは, 灌漑水が斜面から肥沃な土を運びこみ, 表層に堆積して肥沃にするからだと述べている. しかし灌漑テラスの第一の利点は急斜面でも灌漑作物が栽培可能となることだろう. そこは普通なら旱地作物に限られるか, 放置されるところだ.

中国本体部でテラス造成がいつ始まったか, あるいは西北部の旱地テラスは華南の灌漑テラスと伝統が違うのか, 正確に答えるのは難しい. ホイートリーの意見では, トンキンのラク族 (「雒」,「駱」,「洛」,「鵅」) (Lac) が紀元前2世紀, 漢帝国に併呑されたとき, ラク族は灌漑テラスを耕作していたかもしれないという. 他方, 唐代の将軍樊綽(はんしゃく)は山地の灌漑田 (「山田」*shan thien*) に触れており, それは9世紀雲南の蛮(マン)族の棚田だったにちがいない. また四川と江西の景観が唐代の詩人杜甫 (Tu Fu) と張九齢 (Chang Chiu-Ling) の詩に詠われており, それは棚田を指しているようだ. テラスを表す現代中国語「梯田」(*thi thien*) を初めて使ったのは宋代の作家范成大で, 1172年, 首都から桂林への旅行記の中に出る.¹⁰⁴⁾ 陳旉は1149年のその農書で彼が'高地田'(「高田」*kao thien*) と呼ぶ耕地の造成法を述べているが,¹⁰⁵⁾ 王禎の記述のほうがより詳細だ.¹⁰⁶⁾

> 梯田造成は山地に段を切って耕地にすることだ. 山岳地方では岩石地や断崖, 不毛地を別にしても平坦地が少なく, 土がある所なら谷底からはるかな山頂までどこでも, 棚(「磴」*teng*)に分かち作物を育てる. 石と土が等量なら, 石を列に積んで土を囲い, 耕地にする. また山地によっては大変な急斜面で足をかける場もないことがある. 耕作限界では人は地面にぴったりと這って上る. そこに蟻のように土を運び, 鍬(犂を使うには狭すぎる) で耕して播種し, 除草時は岩の割れ目に落ちないよう足元に注意する. こうした耕地は段々というより梯子の桟を上るのに似ており, そこから「梯田」の名がある.

> より高所に水源がある場合はあらゆる種類の稲を栽培できるが, 旱地作物に限られ

---

102) Raikes (1) は農業テラスが気候的な圧迫を緩和する古代技術だと述べている.
103) 方正三 (*1*), Leeming (2).
104) 『驂鸞録』14*b*.
105) 『陳旉農書』1/2〔「巻上地勢之宜篇第二」〕.
106) 『王禎農書』11/20*b*〔「農器圖譜田制門」〕.

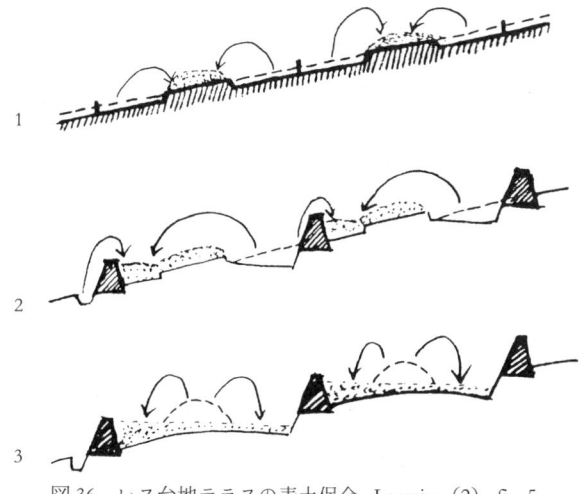

図36 レス台地テラスの表土保全. Leeming (2), fig. 5.

る場合は粟と大麦がよい．

> 「梯田，謂梯山爲田也．夫山多地少之處，除磊石及峭壁，例同不毛，其餘所在土山，下自橫麓，上至危巓，一體之間，栽作重磴，卽可種藝．如土石相半，卽必疊石相次，包土成田．又有山勢峻極，不可展足，播殖之際，人則傴僂蟻沿而上，耨土而種，躡坎而耘．此山田不等，自下登陟，俱若梯磴，故總曰梯田．
> 「上有水源，則可種秔秫，如止陸種，亦宜粟麥．」

　王禎は斜面に棚を刻んだような石積みテラスと，もっと急斜面に土を積んで作った耕地を区別している．李劍農 (Li Chien-Nung) (5) は，前者は灌漑できても後者は旱地作物のみだろうと示唆するが，王禎自身はこの区別はしていないようだし，よく似た土壁テラスが今日レス台地で灌漑されている．レス台地では新たにテラス耕地にする場合も古い表土を残すよう多大の注意を払う(図36)．テラス壁が石か土かは一般に勾配による．つまり斜面の勾配が強くなるとテラスの壁は高くなり，強度保持のため石壁になることが多い．北ルソンのイフガオ地方や上ミャンマーのカチン地方はともに熱帯で，テラス壁は巨大な高さに達するが，[107] 陝西や甘粛のような乾燥地帯で25度以上の斜面をテラスにする

西北中国でテラスは浸食防止に役立ってきたが、バランスは微妙だ。荒れ狂う暴風や夏の豪雨はレス台地を急速に刻んで巨大な亀裂やガリー地に変える（図5）。しかし浸食問題は華南ではそれほど深刻でない。今日、レス台地は改造され、灌漑が行われているが、浸食は大幅に減少している。

ピット栽培

湯王（商王朝の伝説的創設者）の治世に、長期の厳しい旱魃があった。そこで宰相の伊尹はピット栽培の「區田」(*ou thien*) 法を開発し、人々に種子の処理法と作物の灌水法を教えた。ピット栽培（「區種」*ou chung*）は土を肥やす堆肥の力に依存するので、よい土地は必要でない。斜面、高地、町近くの急斜面、市城壁の内壁でもピット栽培ができる……。

最良の土では、ピットは15センチメートル四方、22センチメートル間隔である。1ムー（「畝」）に3700のピットを作れる。1日に［一人が］1000ピットを作れる。各ピットに20粒のミレットを播く。よい堆肥1パイント（「升」*sheng*）［1ピット当たり］を土と混ぜる。1ムー当たり2升の種子を必要とする。秋の収穫時、各ピットは3升のミレットを産するので、1ムーは全部で100ブッシェル（「斛」*hu*）を産する。夫婦は10ムーを管理でき、その収穫は1000「斛」となる。1年の必要穀物は36ピクル（「石」*shih*）なので、これは26年に足る。[109] *1

> 「湯有旱災，伊尹作爲區田教民糞種，負水澆稼．區田，以糞氣爲美，非必須良田也．諸山陵，近邑高危傾陂阪及丘，城上，皆可爲區田．」
>
> 「上農夫區，方深各六寸，間相去九寸，一畝三千七百區．一日作千區．區種粟二十粒，美糞一升，合土和之．畝用種二升．秋收，區別三升粟，畝收百斛．丁男長女治十畝，十畝收千石．歲食三十六石，支二十六年．」

紀元前1世紀の農学者氾勝之はピット栽培をこのように称えたが、簡単には信じがたい。だが賈思勰は『齊民要術』で氾のピット栽培法を詳しく引用して、付け加えた。[110]

---

107) イフガオの棚田には壁の高さが50フィートに及ぶものがある．Keesing (1), p. 312.
108) Leeming (2).
109) 『氾勝之書』．『齊民要術』3.19.1-12 引用．
110) 『齊民要術』3.19.12.
*1 漢代の1升は日本の0.93合．畝当たり100斛の収穫は当時の標準の10倍，日本風では反当たり22石に相当．信ずるには難しい値．また，Brayは升をパイント，斛をブッシェルで表現するが，妥当な換算は諦めて文学的な表現にしているようだ．

［河北の］西兗州知事の劉仁之は経験があり信頼できる人だが，その話では彼が洛陽にいたとき，屋敷地に 70 歩を取り，ピット栽培を試したところ，粟 36 ピクルを収穫したと．これが事実とすると，1 ムーは 100 ピクルを産することになる．このような方法は土地の少ない家族に最も適切なものだ．

「西兗州刺史劉仁之，老成懿德，謂余言曰．昔在洛陽，於宅田以七十步之地，試爲區田，收粟三十六石．然則一畝之收，有過百石矣．少地之家，所宜遵用之．」

漢代の穀類平均収量は 1 ムー（「畝」）当たり 2 ピクルを超えなかっただろうから，ピット栽培は普通の栽培法に比べて途方もない利点があったようだ．その理由はとりわけ水と肥料を集中的，効率的に使ったことにある．どの時代でも中国の農学者はピット栽培の考えに惹かれた．生産性が高いことがその理由だ（そしてまた，多数の美しい幾何模様（図 37）を描いて楽しむ機会にもなったからではないか．この楽しみは中国の知識層が病みつきになるものだ）．王禎と徐光啓はピット栽培を貧農に適した栽培法として特に水が不足する地方に勧めた．特に徐光啓はピット栽培が東北中国に多い井戸灌漑システムに取って代われると考えた．[111] 清代の郷紳農民多数がまた熱狂的に取り上げた．彼らもその高い収量を絶賛し，ピット栽培が貧農に適していると勧めた．[112] 1958 年に河南と湖北で行われた実験では，ピット栽培の収量は氾勝之が言うほど天文学的なものではないが，普通の方法よりも相当高かった．[113] しかしこの方法を実行した実例は少数の風変わりな富裕農以外になかったようだ．ピット栽培が貧農の要請に見事に応える可能性があるのに，貧農が興味を持たなかったのはなぜか？ 理由は肥料と労力が大量に必要だからで，そのどちらも貧農家族は持っていなかったからだ．[114]

結論すると，中国人は世紀を超えて様々な農地システムを発展させてきた．その結果，きわめて峻険な山地と不毛の砂地を除いて，あらゆるところで耕作

---

111)『王禎農書』11/11a〔「農器圖譜田制門」〕，『農政全書』5/6a．
112) 王毓瑚 (3)．
113) Hsü Cho-Yün (1), p. 119.
114) 貧農の多くは結婚も叶わず，多数の子供をもうけられたのは富裕な農民だけだった．加えて，貧農は堆肥供給源の家畜を持てず，買うと高くついた．面白いことに，區田に酷似した方法は中世のイラクで (Husam (1), p. 72)，またウェールズでも (Sir Joseph Huchinson, 私信) 行われたようだ．

図 37　區田法のピット配置を示す図.『農政全書』5/2a.

が可能となった．斜面，沼沢地，湖，海浜は肥沃な土地に変換した．そのエネルギーと工夫は自然条件がもっと温和で人口も少ない西洋の我々が知らないものだ．新しい耕地を開拓した者の社会的な広がりは必要な資本に逆比例した．例えば海堤や大規模運河の建設は政府のみがよくするところだったが，富裕な

地主は多数の小作人を抱え，資本と労力を持って湖の周りや河沿いなど利益の大きい地域を開拓した.[115] 一方，貧しい土地なし層も彼らなりの方法があった．彼らは山地斜面に鍬を振るって小さなテラスを開き，そこは肥えた低地に比して魅力的ではないが，少なくとも土地を所有することになったのであり，しかも政府が課税するまでには相当の年月を経ただろう．富める者にも貧しい者にも新たな耕作地を開く刺激が等しくあることを考えると，18世紀末までに絶壁を除いてすべての土地が何らかの耕作地となったことは不思議でない．

---

115) 地主たちは小作人に開拓を進めさせた．湖底地はきわめて肥沃で，租税は非常に高かった．Lewin (1)，李劍農 (5) を見よ．

第4章

耕作体系
農具と農法

1 耕耘具

およそ営農方法の最も目立つ特徴は，作物を別にすると栽培のための耕耘方法にある．耕耘方法はどのような営農であれ最も基本的で，最も変化に富む特徴と言えよう．したがって，農業タイプの分類には耕耘道具を基準に取り上げるのがふつうだ．例えばニューギニア高地は'掘棒耕作'，コロンブス以前の南アメリカやサブサハラ・アフリカは'鍬耕作'，ヨーロッパ，北アフリカとアジアの大部分は'犂耕作'と呼ぶことになる．イングランドで営農というとまず連想されるのは頑健なシャー馬につけた犂であり，秋空の下，マフラーを巻いてそれを操る農夫だ．今日風なもっと俗っぽい風景では，4輪駆動のトラクターと金色の刈り跡をかき分けていく多条反転犂だ．耕地の耕耘に使う道具は栽培方式や耕地形態の特徴を表し，[1] '犂耕作'とか'鍬耕作'といった表現には単に道具を指す以上の意味がこめられる．また，犂や鍬は確かに最も目立つ耕耘具だが，それらが唯一のものでないことにも留意する必要がある．[2]

この意味で，アメリカの人類学者が'特性の機能的な集合体'[3] を定義する際に使った'複合'概念を農業にうまく適用したのはレーザー (Leser)[4] で，一連の農具の組み合わせを耕作タイプの定義づけに利用した．例えば北西ヨーロッパの'犂複合'は彼の分類では犂，ハロー，ローラーの組み合わせとなる．つまり犂で土を反転耕起こし，ハローで土塊を砕き，ローラーで土塊をさらに粉砕し土地を均す．この三種の道具を使って土は播種準備が整う．ジャングルに覆われたボルネオでこれに相当する複合は鉄の斧と木の堀棒になるだろうし，[5] 英国の菜園だと鋤とフォークとレーキだろう．'道具複合'概念の有用性は仕事の性格を適切に表現することだけではない．一つの複合が二つの異なる場所でまったく同様に見られる場合，一つ，二つの要素が合致する場合よりも文化接触あるいは技術伝播を示すより確かな指標となりうる．逆に，同じ複合が隣接

---

1) Boserup (1), H. C. Bowen (1), Baker & Butlin (1).
2) 中世ヨーロッパでは多頭数の牛で重い犂を引くことが通例だったが，農夫はやはり'鍬を持つ人'と呼ばれた．Ernle (1).
3) Jacobs & Stern (1).
4) Leser (5).
5) D. Freeman (1).

地域で異なる要素を持つ場合，その差異を生じさせた環境要因や社会経済要因が何なのか注意を喚起しやすい．要するに農業での'複合'概念が最もうまく当てはまる場面は耕耘つまり作物栽培のための地拵え作業だ．耕耘は農具の種類も変異も最も大きいし，さらにその後の作業の例えば播種，除草，収穫などの方法にも影響する．

栽培方式が異なると'耕耘'の意味は様々で，原始林を少し切り倒して焼き，伐開地に掘棒で穴を開けることも'耕耘'だし，数百年耕やされてきた耕地で土をよくほぐして深いまっすぐな畝間を切ることも'耕耘'だ．栽培方式を分類する際に，ボズラップ(Boserup)[6]は道具の違いと栽培方式の違いをうまく関連づけている．例えば掘棒は原始林を伐開した土地の柔らかい灰と落ち葉を耕すに十分だが，藪や密生した下生えを伐開した土地では，火入れ後も残る根と堅い土のためもっと強力な道具つまり鍬が必要になる．耕作頻度の高い土地や永年耕作地ではイネ科や他の雑草を除草せねばならず，最も効率的な方法はアード[7]で交差耕をするか，反転犂で雑草を覆土することになる．[8]

ボズラップはマルサス理論を逆転させ，農業発展は人口増加の結果であって原因ではないと説明する．彼女の仮説によると，農業が発展するにつれ一般に栽培頻度は高まる．例えば長期森林休閑法では原始林を少し開いた耕地を1, 2年使った後，20年から30年の長期間休閑し（この方法はきわめて生産力が高いが，面積は小さい），次の段階の短期叢林休閑では3年から8年連続的に栽培した後，次に栽培するまで同程度の期間休閑する．さらに次の段階の永年耕作では1, 2年以上土地を休閑することはない．ボズラップの考えではこれらの耕作形態ごとに労働に対する報酬は順次減少する[9]（つまり同量の生産物を得るのに，犂耕システムではジャングルのガーデンよりも労働量が増える）が，それでも農業を続けるのは人口が増えたからだという．

ここで私は同意できなくなる．異なる栽培システムを研究して，ジャングルの焼畑が永年耕作より必要労働量が少ないことが判ったとしても，ジャングル伐開の仕事がきつい時に危険なことをこうした研究は考慮していない．[10] 自然

---

6) Boserup (1), p. 24 以下．
7) '作条犂'．犂先は対称形で，浅い溝を掘る．
8) より重い犂で，犂先はふつう非対称，そして土を反転する犂へらを備える．
9) Boserup (1), p. 41, Sahlins (1) も見よ．

植生の伐開は永年耕作では一度限りの仕事だが，森林や叢林焼畑では毎年の仕事だ。[11] 加えて栽培システムごとに生態環境の中のどの部分を利用するか異なり，その関係はボズラップが想像する以上に特定的で，結局，彼女の農業発展段階を世界的に当てはめることはできない．例えば長期森林休閑は顕著な乾季がある地域では最も実際的だが，英国のような湿潤気候が続くところでは適合度は低い。[12] 他方，熱帯では土は洗脱されてやせており，露出すると浸食が急速に進むので森林休閑はここでこそ必要だ．長期休閑システムは短期間の耕作のために（窒素の豊かな落葉層とカリウムに富む灰の形で）肥沃度を高めるが，この肥沃度は忽ち失われ，耕作を2, 3年続けると収穫は急速に低下し，土は熱帯の豪雨で浸食されてガーデンは使い物にならない荒廃地となる．[13]*1 大量の堆肥で肥沃度を維持することもかなわず，テラス造成のような土を安定する技術もなく人口密度が小さい条件下では，森林焼畑は熱帯のジャングルを利用する方法として最も適切かつ有効だ．[14] 温帯ではしかしその適合度は小さい．

温帯では逆に土の肥沃度は一般により高く，浸食の危険はより小さく，熱帯に比べて耕作期間は長く休閑期間は短かくできる．事実，ある種の肥沃なローム〔粘土質で可塑性に富む土〕や堆積物では最初から永年耕作が可能だ．さらに熱帯よりも生育期間が短く，生産量も一般により低いので，同じ人口を養うには温帯のほうが熱帯より大きな耕作面積が必要となる．[15]

一般化が危険であることは承知の上だが，何らかの強制——経済的，政治的，あるいは宗教的であれ——がないと，人間は快適に暮らすのに必要最小限度以上働くことはない．つまり，仕事を増やすよりも仕事を省くほうを好むものだ．1エーカーの土地を耕すのに牛と犂を使うほうが鋤や鍬よりも速く，簡単（動物はともかく人間にとって）なので，ほかの条件が同じとすると農夫は鍬よりも犂

---

10) 鉄斧なしにジャングルを抜開する困難さは，オリノコ盆地のヤナマモ族のガーデンを記述した Chagnon (1), p. 33 によく出ている．
11) 森林休閑焼畑については，Freeman (1), Geddes (1) を，叢林休閑焼畑については，W. Allan (1) を見よ．
12) 湿潤気候でうまく焼くことの困難さは，Freeman (1) を見よ．
13) Freeman (1).
14) 熱帯の谷底で行う水稲栽培は，低い肥沃度と侵食問題を回避し，道具と技術がまったく別になる．
15) Harris (1). この意見は前近代の農業システムだけを問題にしている．
*1 熱帯森林を開くと，草が猛烈に増える生態的な反応をまったく考慮しておらず，焼畑についての典型的誤解．

を耕具として選ぶだろう.[16] しかし耕地の作物収量は，犂耕で連作すると森林休閑や叢林休閑の耕地より一般に低くなる．その理由は後者の場合一時的にだがきわめて肥沃度が高く，同時に多種の作物を混作すること,[17] また作物の手入れがよいことが挙げられる.[18] それにもかかわらず生産を増やしたい農夫は耕地面積を増やすほうを選び，集約度を高めようとはしない．だから余分な土地が手に入ると，農夫は労働が少なくて済む非集約的耕作法へ急速に後戻りする．その好例は北アメリカ初期の植民者で，その農地の手入れの悪さは英国人訪問者を驚かせたものだ.[19] 耕作用の余分な土地があるかぎり農夫は耕地面積を増やすほうに向かい，労働の集約化には向かわないものだ．しかし耕作可能地が一旦限界に達すると,[20] 人口増加に立ち向かう唯一の方法は生産性を高める以外にない．そのためには栽培頻度を高める（毎年一作するとか，2年で三作，あるいは毎年何作もする）こととなり，結果として肥料使用量が増える．あるいは耕耘をより徹底的に行って，土の構造と肥沃度を高める．また水分補給を注意深く規則的にするとか，作物の手入れを改善し，除草頻度を増し，中耕，灌水を行ってすべての茎に種実がつくようにする．こうなると農夫の目的はできるだけ容易に暮らすことではなくなり，いかに犠牲を払おうと生産物を確保することになる．要するに土地当たりの報酬のほうが労働当たりの報酬より重要となり，寸土といえどもその生産を搾り出さねばならない．人口圧が高まり土地飢餓が深刻になると，耕地は細分，再細分され，ついにはハンカチ1枚ほどにまで小さくなり，そこに作物を1本ずつ移植し，肥料を施し，水をやり，草を取る．土地は貴重品となり，牛の草地に使うことはもっての外，そして犂耕もできないほど小さなものとなる．日本や東南中国，ジャワの'箱庭'のような耕地では，鋤と鍬が犂とハローに取って代わること

---

16) マレーシアの泥炭質水田では，水牛が土に沈むので鍬で耕さねばならない．その地方の農民がこうした水田で必要な余分の労働を大変な負担と見ていることは，借地料に表れている．地主は収穫の1/3を取るに過ぎない．これに対し普通の土地では，半分ないし2/3を取る．Bray & Robertson (1).
17) 例えば，メキシコではカボチャートウモロコシーマメ，アジアやオセアニアではイモ―穀物―ツル作物の混作が一般的である.
18) 1筆が小さいので，個々の作物の手入れが可能である.
19) F. G. Payne (1).
20) 時に，大面積が未耕作のままに置かれ，農用地への転換は住民が特別な技術を生み出さないとできないことがある．西ヨーロッパの堅い粘土地は肥沃だが，反転犂の導入まで未利用地だった．華南と東南アジアの山地は急傾斜のため，テラスが発明されるまでやはりそうだった.

になる.[21]

　一般的な見方では掘棒や鍬は最も簡単な道具で，また最古の農具だと考えられてきた．もっと複雑な道具はこれらの単純な道具から後に発達したものと考える学者は多い．例えば次の意見だ.[22]

　　掘棒は堅固でまっすぐな棒の先を尖らせたもので，たぶん石で加重されていた……これから鋤，園芸フォーク，さらにヘブリデス諸島の例でよく知られるような角型の掘棒が発達した．鍬は硬木か石あるいは金属で作った刃に柄を急角度で取り付けたもので，根掘鍬やつるはしの祖先である．

　犁についてカーウェン (Curwen)[23] はビショップ (Bishop)[24] の説を借用して基本的に二つのタイプを区別し，一つは引き鋤から発達したもの('鋤犁')，もう一つは原始的な鋤あるいは二股枝から発達したもの('曲がり犁')としている．別に，すべての犁は鍬に由来する[25]と言う学者がおり，また掘棒から考案された,[26] あるいは鋤に由来した[27]と考える学者もいる．(中国の犁の発達を研究している学者はこれらの説のどれかを熱心に応援していることは後で見る.) 他方，オードリクールとデラマール (Haudricourt & Delamarre)[28] はこれらの道具がそれぞれ独立に発展したとする説を説得的に述べている．鍬，鋤と犁ではその機能と力の働き方がまったく違うだけでなく,[29] メソポタミアでは鋤と犁，エジプトでは鍬と犁など，初期文化の'耕耘複合'のあり方がまったく違うことを挙げ，これは異なる道具が機能を同じくするというより相補的に働くことを示しているのだと言う．

　様々な耕耘道具の起源と伝播の問題はきわめて複雑だ．過去の技術を検討する際忘れてならないことだが，どんな道具もそれだけというわけではなく，一

---

21) この集約化過程は植民地期ジャワについて, Geertz (1) がうまく述べている．農産物の総量を増やすため労力投入の増える過程を，彼は'農業内旋 (インヴォルーション)'と呼んだ．
22) Curwen and Hatt (1), p. 63.
23) 同上, p. 73, Nopsca (1), Montandon (1) も見よ．
24) C. W. Bishop (13).
25) 例えば, Hahn (1), Chevalier (3).
26) 例えば, Wissler (1).
27) 例えば, Leser (1), Steensberg (2).
28) Haudricourt & Delamarre (1), p. 318 以下．
29) 掘棒は土をかき混ぜて穴を開けるのに使い，鍬は土を打ち砕き，鋤は土を切って反転し，作条犁は浅い溝を切る．

連の道具と組み合わせて使うことだ．つまり'原始的な'あるいは'単純な'道具を'発達した'あるいは'複雑な'道具とともに使うことは，どの社会のどの時代でも事実なのだ．例えば小麦栽培社会は耕地を耕すのには犂を使い，除草には鍬を，溝掘りと野菜畑には鋤を使うのが普通だ．根菜依存社会では大畝立てに鋤を使い，ジャガイモ植えに堀棒を使い，肥大したイモ収穫にはまったく別のタイプの鋤を使う．とはいえ同じ文化圏でも道具の選択に地方的な差異があり，話は複雑になる．例えば北フランスの重い土では反転犂を使うが，南フランスの乾燥地域ではアード犂が普通だ．さらに道具の選択は社会の中での経済的位置によってまた変わる．例えば地主は耕作に多数の牛で引く犂を使う地方でも，貧乏な刈分け小作が農作業で使える道具は鍬と鋤だけということもある.[30] 富の不均一配分のため使用できる農具が違うのみならず，素材の質も違ってくる．金属製は鉱石の精錬法や金属加工が発見された後も長らく贅沢品であり，石器や骨角器の加工場と鍛冶屋が一緒に出土する考古遺跡は多い．石器や骨角器は平民用のナイフや鎌作りに，鍛冶場は貴族用の剣や槍作りに使ったのだ．したがって冶金術を十分知っている社会でも金属製農具を発見できないことはありうる．それは農業を行っていなかったからではなく，農民が使えたものは木製のアード犂や骨の鍬だったということだろう．こうした状況は中国でいつの時代も圧倒的多数の貧農に当てはまるだけでなく，8世紀から9世紀の豊かなフランスの修道院荘園でも同じだった.[31] したがって古代であれ現代であれ社会を考える際，文化や技術が均一であると思い込まないことが必要だ．

　掘棒は，現代の民俗的証拠に基づくかぎりジャングルの焼畑ガーデン農業に特定されるように見えるが,[32] 狩猟採集民も掘棒を広い範囲の環境に用いる．このことを念頭に置いて古代の道具の分布を考える必要がある．例えば新石器時代の遺跡から石製ディスクが出土すると，'掘棒の重石(おもし)'という解釈が普通だが，これは誤解かもしれない．他方，鍬は確かに汎世界的な道具で，農業の存

---

[30] B. Moore (1), W. Hinton (1).
[31] G. Duby (1), p. 22. しかし実際は，Duby が言うよりも中世ヨーロッパで鉄器農具は一般的だった．
[32] Leroi-Gourhan (1), Hirschberg & Janata (1) を見よ．幅広で先端がへら型の種類を掘棒でなくて鋤に分類するのは妥当だ．特にイモ栽培用の高畝作りに使う場合，妥当だ．Lerche & Steensberg (1) を見よ．

在するところならどこにもある．初期の農民にとって基本的な道具だったことは世界中の初期新石器時代遺跡から出土する数からも明らかだし，現在も多くの農民にとってそうだ．ただしその用途は特定の場所では耕作用の主要な道具だが，普通は主に除草，覆土，あるいはちょっとした耕地の土を搔くのに使った．サイズと形は千変万化し，[33] 円形，尖形，方形と様々だが，今日は方形が最も多い．鍬は新石器時代以来ナイフやチョッパーと同じく普遍的だったと思われ，起源の時期や場所を特定することはほぼ不可能だろう．

鋤は歴史的にも地理的にももう少し分布を限定できそうだ．これは排水の必要な重い土に特に有用で，主要な機能は多くの文化圏で排水溝の掘削にありそうだ．[34] 湿潤地方の根菜栽培では鋤は排水のよい畝立て畑，いわゆる大畝[35]作りに使うのが普通だ．多くの鋤の主な用途は芝土切りだ．少なくともヨーロッパでの鋤の使用は草原に耕地を開かねばならない所に最も多く，北西スコットランドやアイルランドの泥炭地，バスク地方の急峻な草斜面など辺境地へ農業が及んでその重要性が高まった．これらの地方では農民の貧窮化が進んだ18世紀以来，鋤が犂にとって代わることもあった．[36] スコットランドの'曲がり鋤'（図38）は犂の祖先と考えられたこともあるが，実際はスコットランドの高地と島々で17, 18世紀に発達したもので，斜面の石だらけの草地を開くのに使った．[37] 鋤のサイズと形は様々で，柄が長いか短いか，まっすぐか曲がっているか，鋤先が平坦か船底型か，刃は1辺だけか2辺か，まっすぐか曲がるか，二股かなどの相違がある．[38] 鋤の操作はふつう一人で行うが，引き鋤は二人が対で行うとか，もっと多数で行うことも珍しくはない．[39] 鋤は旧世界でも新世界でもその歴史は長く分布は広大で，タイプの変異も巨大であることを考えると唯一の起源地を求めることは難しいが，農具としての重要さは鍬あるいは犂よ

---

33) 例えば，Leroi-Gourhan (1), vol. 1, p. 91, vol. 2, p. 127, Hirschberg & Janata (1).
34) シュメールおよびアッシリアの農業で，*marr* と呼ぶ鋤が重要だった理由はこのためか？（Haudricourt & Delamarre (1), p. 64). 中国で灌漑や排水用の鋤の使用について，本書 p. 242 を見よ．
35) 西ヨーロッパに関しては Gailey (1), Gailey & Fenton (1), ニューギニア高地は Lerche & Steensberg (1) を見よ．
36) Estyn Evans (1), Fenton (1), (2), Caro Baroja (1), p. 146 以下．
37) Fenton (2).
38) この形は通例，芝土削りに用いる．ペルーの *taclla* (Estyn Evans (1))，バスク地方の *laya* (Caro Baroja (1))，マヨ郡の *gabhal*, *gob* (Fenton (2)) など．
39) 例えば，スコットランド（Fenton (2)）とインカ時代のペルー（Prescott (1), p. 82). 中国，韓国の引き鋤については本書 p. 242 を見よ．

図 38 様々な曲がり鋤 *caschrom*. J. Macdonald (1), p. 57.

り低い．というのは使用が難しい上，穀物栽培では鋤で行うような深い耕起は不要だ．[40] ただし根菜栽培には理想的な道具で，ジャガイモ栽培がヨーロッパ辺境の草原地帯に最近 300～400 年間に広がった結果，鋤使用が顕著に拡大したことはその例だ．元来，鋤は排水が主目的でトレンチや溝掘りに使われ，たぶん最古の社会でもこれが主目的だっただろう．

掘棒，鍬，鋤の機能とその使い方は違いが大きく，どれかが他から発展したと考えることは馬鹿げている．それにほとんどの社会でこれらのうちどれか二つは同時に使われる．機能に注目する視点は犂の検討にも有効で，犂は'簡単な'耕起具とは独立に発展したとするオードリクールとデラマールの意見に賛成だ（アッシリアの農夫が鍬を牛に引かせることを思いついたという考えは見かけは面白いが，方形の板をある角度で土中を引くのは難しいことだ）．

犂の起源はまったく不明だが，新石器時代中期には広く使われていたことは

---

[40] しかし，トウモロコシには用いる．これは大抵の穀類と異なり，相当な深耕が必要だ．ヨーロッパにトウモロコシ栽培が広がった結果，鋤が顕著に発展した（François Sigaut，私信）．

確かだ．そして，必要以上の労働はしたくないことを前提にすると，犂の発展は牛あるいはバッファローの家畜化と関係が深いと考えてよかろう．[41] アードつまり'引っかき犂'はもっと重い反転犂より古いことは確かだ．

　要約すると，最古の農具は鍬，鋤，掘棒で，どれも新石器時代の最古期以来使用されてきただろう．これらの道具の機能は明瞭であり，互いに独立に発展したと考えられ，鍬あるいは鋤が掘棒から発展したとする見方は成り立ちそうにない．どれも少なくとも二つ以上の独立した中心で発明されたものだろう．何故ならコロンブス以前の新世界でも旧世界同様に存在するからだ．鍬は最初の手農具の中で最も普遍的なものだった．それに対して掘棒はたぶん森林環境に限定され，鋤は排水用か芝土を耕起することが主用途だっただろう．アードつまり作条犂は新石器時代中期に初めて登場する．それは鍬や鋤より少し手の込んだ作りで動物に引かせるので，その出現は家畜化と密接に関係しているように見える．アードの複雑な作りはその起源地がたぶん一つで，新石器時代に旧世界の他の地域へ動物牽引の考えが伝播したことを示している．起源地がどこか正確には判らないが，西アジア，南アジア，ヨーロッパでの拡散が新石器時代と金石併用時代初期に急速に生じたようだ．犂が旧世界の穀物栽培地域に急速に拡散したことを考えると，中国でも同じ頃の犂の証拠があるだろうと考えるのは当然で，とりわけ西アジアの典型的作物の小麦や大麦が中国の文化圏で新石器時代の末までに普及していたことを考えるとなおさらだ．多くの中国学学者が牛に引かせる犂は紀元前 500 年まで中国になかったと言うのはこの点でショックを受ける．しかもその見方を支持する証拠として彼らが挙げるのはまったくあやふやなものだ．私は少し違った根拠に基づいて，もちろん結論には遠いにしてももっと早い時期の出現を示す確かな事例があるのではないかと考える．これは後述する．

　中国の農具の進展を辿る際，各農具は多様な複合の一部分であることを念頭に置くべきで，耕耘複合の一つの要素が発展するとふつう複合の中の他の要素も影響を受ける．伝統的な中国で耕耘はふつう「耕」(*keng*) と言う．耕耘されていない土地は'生'あるいは'未熟'な状態,「生」(*sheng*) と言い，耕耘後は'準備の整った'あるいは'熟した'状態,「熟」(*shu*) と言う．[42] 伝統的中国という言

---

41) 本書 p. 162 を見よ．

葉は融通の利く言葉でここではおおよそ漢代から20世紀初期までを指すが，そこには三つの代表的農業形態に対応して三つの異なる耕耘複合があった．華北の軽い土から成る旱地，特に西北部のレス台地では細かい土塊マルチ〔表土を耕起して水分の毛管上昇を切ること〕を施して乾燥気候下の水分蒸発を防ぎ，また土を安定させて強風による浸食を防いだ．その耕耘複合は，軽い犂，特にアード（対称形の引っかき犂），有歯ハロー，枝条ハロー，それにローラーから成った．重粘土質の揚子江下流域では水分保持よりも排水が重要で，交差犂耕に取って代わったのは深い畝間作りであり，したがって大きな犂へらを持つ反転犂が必須となった．これは堅固な金属歯を装着した耙と併用され，ローラーや枝条ハローの重要性は減った．華中と華南の水田では水牛1頭引きの軽い反転犂と，様々な形の長い歯のある耙や有歯ローラーを使って土を代掻きし，べとっとした泥にこなした．しかし水牛が深水でもがくような湿地帯では人力で引く重い鉄製の引き鍬を使った．

　伝統中国の主要な耕耘具の進展を以下に辿るが，便宜上，犂，鍬，ハロー，ローラーを分けて述べる．ただし，耕耘複合の中の一要素が発展，変異すると他の要素がどのような影響を受けたか，その関連はできるかぎり明らかにしよう．

(i) 犂

　アードも反転犂も多くの変異がある[43]（図39, 40）．アードは対称形のすき先を装着した対称形の犂で，土をかき分けて2ないし5インチの浅い条溝を掘れるが土の反転はできない．ふつう木製で軽く，金属の犂先がある．新たな耕地を開墾するには適していない（アードを耕耘によく使う所では草や下生えを鍬かつるはしで切る）が，交差耕を行うと除草効率もよい．交差耕は圃場を縦横両方向に耕すことだ．アードで作る犂溝は浅く，穀類を播くのに丁度よい．種をばら

---

[42] 驚くほどレヴィ・ストロース的な対比が中国の分類の基本で，様々な場合に使われる．「熟」は何らかの処理を加えることを指し，例えば，新しい糞肥「生糞」(*sheng fen*) は時間をおいて腐った糞肥「熟糞」(*shu fen*) になり，鋳鉄「生鐵」(*sheng thieh*) は錬鉄「熟鐵」(*shu thieh*) の原料である．Needham (32), p. 10 見知らぬ人「生人」(*sheng jen*) は始めの用心の時期を経ると，知り合いの人「熟人」(*shu jen*) になる．中国語のこの用法を比較であれ何であれ研究した例はない．
[43] 比較的小さな地域でも巨大な変異があることは，ドイツ犂に関する Leser (1) 論文を見ると納得がいく．Šach (1) に犂タイプの分類と命名がある．

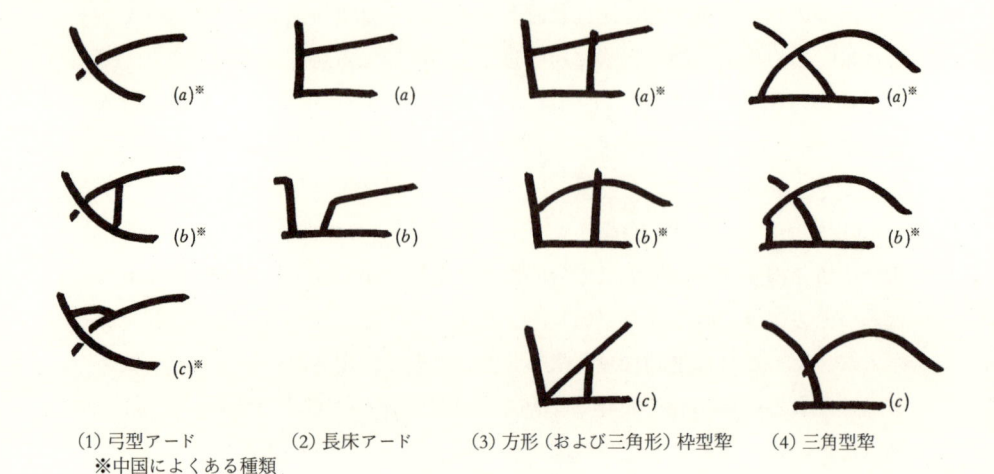

(1) 弓型アード　　(2) 長床アード　　(3) 方形（および三角形）枠型犂　　(4) 三角型犂
※中国によくある種類

図39　犂のタイプ．

撒いた後，アードを使えば覆土後の苗立ちが列状になる．したがってよく言われるように，西南アジアでアードが発達したのは土を耕耘するためではなく，種子を覆土するためだった．[44] こう考えるとメソポタミアで播種ドリルが早い時代に発達したことも納得がいく．アードの有用性は軽いロームや砂質土，土の浅い山地の畑で際立つ．深耕ではハードパンを掘り起こしたり，塩類化，浸食を招く危険があるが，それを避けることができるからだ．[45]

反転犂は犂へらを装着し，非対称形で，土を反転して畝を立てる．溝は深さが普通4ないし8インチになる．アードより重くて堅固，家畜で牽引し，牽引家畜の数は12頭にもなることがある．アードでは歯が立たない堅い粘土にも使用可能だ．北西ヨーロッパでは紀元後1千年紀の初期に反転犂が発達した結果，耕地面積が飛躍的に増大した．[46] 反転犂発達が遅れたのには理由がある．アードでも犂体を一方に傾けると土の反転が可能で，特に（よくあることだが）土を跳ね上げたり溝を深くするための板や藁束を付加すると反転ができるからだ．[47]

犂の初期の形はたぶん単純なアードで，まっすぐな棒か曲がった棒の先に

---

44) Haudricourt & Delamarre (1), p. 62.
45) Arnon (1), Lambton (1).
46) Slicher van Bath (1), p. 56, Fussell (1), p. 47 以下, J. Percival (1), p. 106 以下.

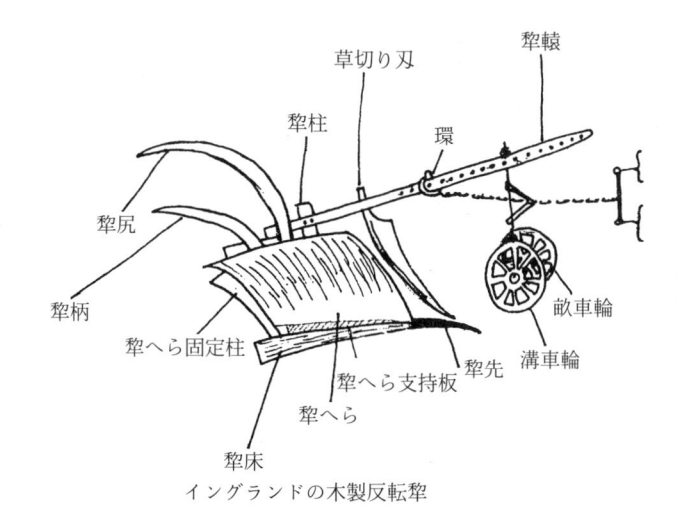

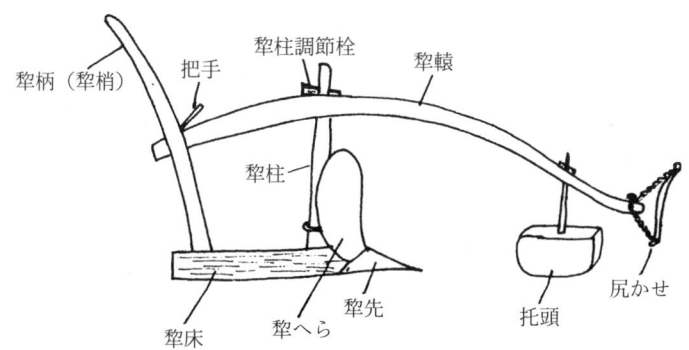

図40 代表的な木製反転犂．上図はイングランドのもの．Fitzherbert (1), Blith (2), Fenton (3). 下図は中国のもの．『王禎農書』12/13b〔「農器圖譜耒耜門」〕, Hommel (1), p. 41, Alley & Bojesen (1).

尖った犂先をつけてロープで引っ張るものだったろう．木と石で作った実例が紀元前5千年紀のシュレスヴィッヒのサトラップ (Satrup) 泥炭地や，紀元前3千年紀から2千年紀のシリアのハマ (Hama) の遺跡で発見されている．[48] アードの最古の絵は紀元前3000年のウルック (Uruk) にあり，それは上記のものより発

---

47) 例えば，ローマ時代の著者たちの *aures* や *tabellae* (K. D. White (1), p. 139, Leser (1), fig. 25)，もっと最近の例はフランス，スペイン，北アフリカにあり (Leser (1), p. 317 以下)，また北方中国にもある（天野 (4), pp. 747-748).
48) Steensbeg (2).

達した形で，程よい柄を犁床に付け2頭以上の牛で牽引している.[49] 紀元前2千年紀のスウェーデンのボフスラン (Bohuslän) でも洞窟壁画に同様の絵が描かれている.[50] 考古学的証拠によると様々な形のアードはアッシリアとエジプトだけでなく西アジアで広域に使用され，またハラッパ時代のインド，さらにヨーロッパの大半の地域(ブリテン島を含む)で紀元前4000年紀か3000年紀には使用されていた.[51]

犁を最初に引いたのが人か家畜か，これはまだ論争中だ．中国の歴史家は一般に人力牽引が古いという見方に傾く．ヨーロッパの学者でも，ラウ (Rau)，レーザー，ビショップとステーンスベルグ (Steensberg) などはその見方を支持している.[52] オードリクールとデラマール[53] は逆に犁に限っては動物牽引が人力牽引より古いと考えている．何故なら犁を人力で引くのは大変な労力で，鍬耕に比べて労力の節約にならないからだ．私はこの見方に賛成だ．西アジアやヨーロッパで牛の家畜化と犁の出現が時代的に接近している[54] ことを考えるとなおさらだ．実際，最古の犁の絵はどれも牛が引くものであり,[55] また人力で引く絵はそれよりずっと後の時代になる．人力で犁を引く実例が古代も現代も多いことは事実だが,[56] それは牽引動物が流行病や戦争で不足したり，人口増のため耕地が増えて放牧地が不足した場合など極端な事例に限られることは証拠がある．牛の極端な不足はエジプトの第2王朝でも,[57] 紀元前1世紀の漢代中国でもよく起こった．『漢書』に例がある.[58]

　　人々は牛が不足し，[雨の]水分を利用できなくて困っていた．そこで，光という名

---

49) Haudricourt & Delamarre (1), pl. 1, fig. 1.
50) Leser (1), pl. 7.
51) G. Clark (3), Hutchinson (1), Renfrew (3).
52) Rau (1), Leser (1), C. W. Bishop (15), Steensberg (2), (3).
53) Haudricourt & Delamarre (1), p. 62.
54) C. A. Reed (1) の考えによると，考古学的な確証がない状況では，人口増加およびそれと関係した家畜馴化が犁使用の証拠となるという．
55) 例えば，エジプトの寺院壁画や南フランスの洞窟壁画 (Haudricourt & Delamarre (1), pl. 2, fig. 5, Leser (1), pl. 12).
56) 人力牽引は華北で最近まで普通だった．貧困のため農民は牛を飼う余裕がなかったからだ (Hommel (1), p. 44). フィンランドのいくつかの地方にもあり，非常に軽い socha 犁を使って焼畑で灰を土に犁き込んだ (Leser (1), p. 176). もっと古くは，エジプトの第9王朝にあり (Haudricourt & Delamarre (1), pl. 2, fig. 4), 紀元前1千年紀のアッシリアにもあった (Leser (1), p. 249).
57) Haudricourt & Delamarre (1), p. 72.
58) 『漢書』24A/16b〔「食貨志第四上」〕, 訳 Swan (1), p. 189.

の平都[59]の県令は趙過に[60] 人力で犂を引くことを教えた．趙過は，人民が相互に助け合って犂を引くことを教えるため，光を自分の補佐官として迎えることを朝廷に建議した．[61]

> 「民或苦少牛，亡以趣澤，故平都令光，教過以人輓犂．過奏光之爲丞，教民相與庸輓犂．」

畜力牽引の犂はアジアの他の地域では，紀元前4千年紀から3千年紀に一般化していたにもかかわらず，中国史の学者は中国に畜力犂は紀元前5世紀までなかったと大多数が信じている．

古代中国の犂

牛で引く犂は中国で春秋時代までなかったと最初に主張したのは，元代の偉大な農学者王禎[62]のようで，その結果，伝説では帝舜(Shun)の大臣后稷(Hou Chi)の曾孫叔均(Shu Chün)がはるかな過去に牛で引く犂を発明した[63]とされていることと矛盾が生じた．しかしこうした考えは決して新しいものではなく，王禎よりずっと前，漢の偉大な辞典編纂者や古典学者たちは，古代の人民は人力引きの，私見では奇妙な形のまったく非実用的な道具「耒耜」(*lei ssu*)(図41)を使って畑を耕したと唱えていた．後代の学者は明瞭な証拠がない状況で主に言語上の証拠に依存せざるを得ず，王禎に同意して，商も初期の周も国家を支えたのは原始的な耕作法だったと論証しようとした．[64]

しかし最近，中国の考古学者がいたるところで初期遺跡を続々と発掘し，我々は今や歴史時代初期の王朝および新石器文化について今までと比べものにならないほど明瞭な姿を描くことができる．また漢代の発展した農業についてもっと詳細な考古学的証拠を手にしている．この新たな情報を加えて，中国初

---

59) 現代の四川．たぶん山岳地方のため家畜牽引が無理で，光は人力牽引に慣れていた．
60) 趙過が在職した官位は捜粟都尉と呼ばれ，軍隊用の供給を確保し生産する任務だった．武帝が中央アジアで長期間，出費の大きい戦役を行ったので，この官職が紀元前57年に必要となり，趙過はその最初の任官者となった．
61) この文章は，紀元前1世紀でも牛で引く犂を知らない農民が中国に多数いた証拠とされる（夏緯瑛(3)）が，事実は牛牽引犂に人々は十分慣れており，牛なしでは耐えられなかったことが文中に明らかである．
62) 『王禎農書』12/6*a*〔「農器圖譜耒耜門」〕．
63) 『山海經』．
64) 例えば，徐中舒(10)，萬國鼎(5)，天野(4)，楊寛(11)，および許倬雲(1)を見よ．

耒耜

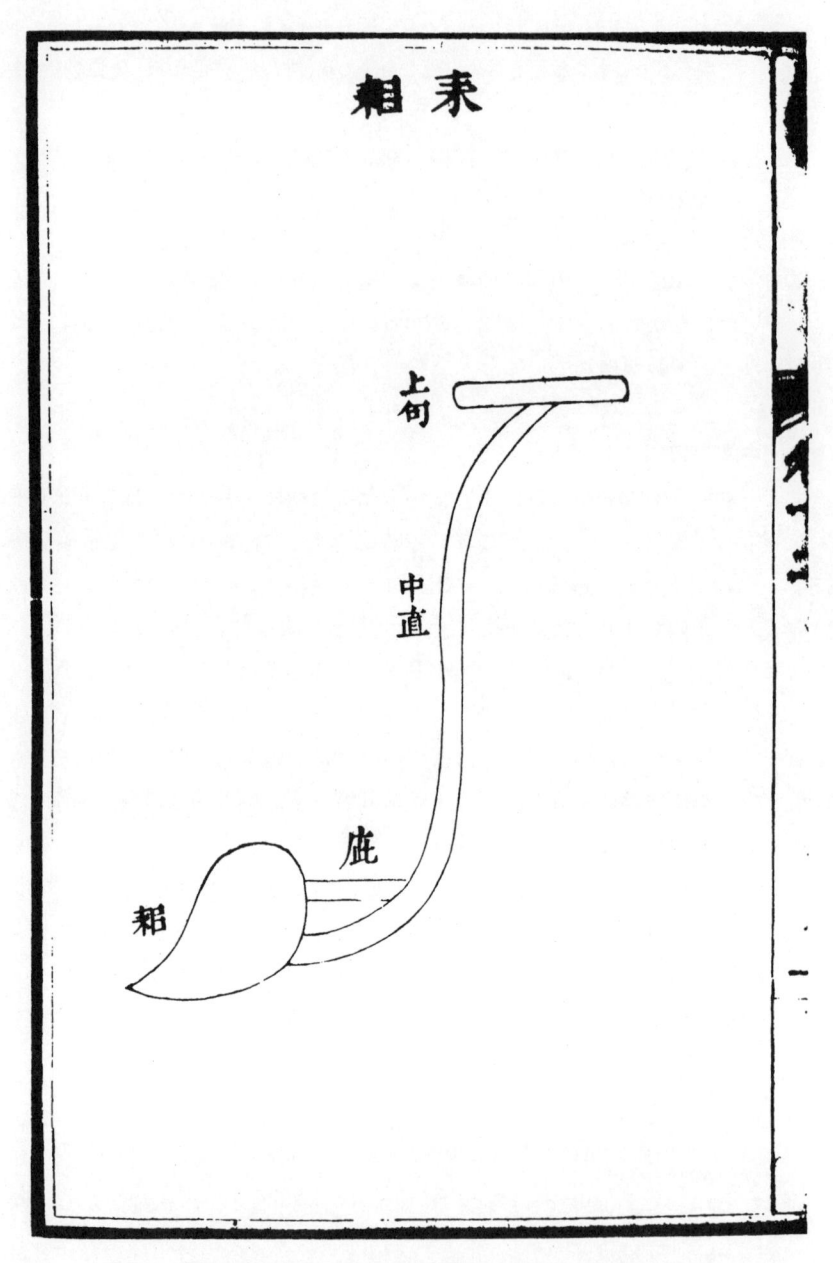

上句

中直

庛

耜

図41　耒耜の元代の復元図.『王禎農書』12/2b〔「農器圖譜耒耜門」〕.

期の犂が辿った発展過程を再検討することは大いに価値がある．

　古代中国を研究する学者がなかなか古代農業の姿を復元しえなかった一つの理由は，農具や農法に関する証拠が少なかったことだ．紀元前 500 年以前の時代から残っていたものはせいぜい石や骨を使った鍬ぐらいだったが，これらが古代中国の主要な道具だと額面どおりに受け取るのが普通だった．たまたま残ったこれらの遺物は代表的なものとはとても言えず，古代社会の像を正確に復元するには使い物にならない．道具が失われたり，つぶれてしまっていることはおくとしても，木や布，葦やその他腐朽する材料で作ったものは，当時重要な役割を果たしていたとしても，普通の気候下では急速に分解してしまう．よく言われるように現在の多くの社会もその物質文明は大変豊かであるのに，将来の考古学者が推論するとなると，哀れな貧困生活を送っていたということになるだろう．それほど我々の持ち物は耐久性に乏しい．今日の世界各地の農具はほとんど木製であり，中国もその歴史時代を通して同じ状況だった．[65]

　古代中国を研究する学者は，農業に直接関係する材料がない中で代わりに文献資料に依存することとなった．文献依存の度合いは我々ヨーロッパ人以上で，背景に中国では書かれた文字が深く尊敬され，他のどんな証拠より確かなものと扱われてきた事情がある．ところが不幸にも初期の記録文書は政治，社会，宗教により大きな関心を払い，農業のような下層階級の仕事には関心が薄く，農業関係の文献は少ない上に短く，他の記述中に埋もれているのが普通だ．しかもこうした断片的記載を研究する場合でも初期中国社会の全体像から切り離してしまう傾向もあった．中国社会の集落形態や政治機構，技術水準については新石器時代のものすら多くの事柄が判明しているにもかかわらず，中国農業の研究者は考古学者や歴史家，経済学者や民俗学者の研究をほとんど参照してこなかった．また社会の特徴を技術や経済の発展と関連させて考えることもなかった．[66] ましてや中国農業を同時代の旧世界の他地域と比較することなど思いもしなかった．もっと広範な比較の視点を持っておれば，商のように高いレヴェルの技術と組織を達成した文明では，灌漑や高収量品種はなくとも牛で引く犂はあったにちがいないと考えるはずだ．[67]

---

65) 木製遺物が残ったところでは，例えば上海近くの紀元前 5 千年紀の河姆渡遺跡のように，種類と完成度は驚くべきである．著者不詳 (*503*), (*504*) を見よ．
66) 例えば, Goody & Tambiah (1), Haudricourt (14), Ucko, Tringham & Dimbleby (1).

伝統的見方では，中国初期の犂は天の農夫である神農が伝説的な夏王朝以前の黄金時代に発明した．『周書』の記述がある．[68]

　　神農の時，粟は空から雨となって降った．神農はそこで土地を耕し，粟を植えた……神農は犂（「耒耜」）と鍬を作り，荒地を開拓した．

　　　　「神農之時，天雨粟，神農遂耕而種之．……爲耒耜鋤耨，以墾草莽．」

もう一つの伝説は先に触れたように，牛の引く犂は神農の曾孫が王朝時代のはるか前に発明したという．

　もちろん神話を歴史的事実と考えることはできないが，ふつうそれは何らかの真実を伝えており，この二つの伝説は犂が新石器時代に遡ることを民衆の記憶として伝えていると解釈できる．[69] しかし漢代の学者もその後の人も，周公に関する伝説以外については慎重で，その想像力を捕えたのはこれらの伝説の言外の意味ではなく，神農が発明したとされる道具つまり「耒耜」の形状だった．

　二つの語を合わせた「耒耜」という表現は，周代後期と漢代初期の文書に現れる．例えば『周書』（*Chou Shu*）と『世本』（*Shih Pen*）である．『周書』は「耒耜」の発明を神農に帰し，『世本』はその大臣の一人倕（*kua*）[*1] に帰す．[70] 秦代か漢代初期に最終的に完成した『爾雅』（*Erh Ya*）は材料を主に周代から取るが，この作品に「耒耜」への言及がないことは意味がある．「耒耜」を一つの道具として考えるようになったのは漢代で，『説文解字』（*Shuo Wen Chieh Tzu*）に次の定義がある．'「耒」（*lei*）は曲がった木片で，手で耕すに用いる……「耜」（*ssu*）は「耒」の端に付ける木片である'．

　それ以降，中国の農学者も辞典編纂者もこの定義を追認し，「耒」と「耜」は古代にあった一つの耕起具の二つの部分とした．880年，陸龜蒙は当時の揚子江

---

67) Bray (1).
68) この文は『齊民要術』1.1.1 が『周書』からとして引用するが，原典はすでに遺失．
69) この二つの神話は，他の多くとともに，周代のかなり後期に初めて記録された．そのため，多くの有名な学者はこれらがあまり古くないと見なすこととなった．しかし，J. S. Mayor (3) が指摘することだが，神話が古く神聖であればあるほど，それを記録する年代は新しくなることもありうる．文書にすること（したがって不敬な視線にさらすこと）は冒瀆だと考えられるからだ．
70) これら二つの文書は遺失するが，文章は『齊民要術』1.1.1 に引用．
*1　著者は Kua と記すが，『大漢和辞典』ではスイ．

第 4 章　耕作体系　167

デルタの犂を述べた自著に『耒耜經』[71] の名を冠し，王禎も「耒耜」の断面図を彼の農業全書の農具に関する章[72] に取り入れ，その後の辞典編纂者はすべてその例に倣った．[73] 古典的な図（図 41）は「耒耜」を支柱はあるが牽引用の部分を持たないアードとして描くが，これは『周禮』の中の「考工記」（Kao Kung Chi）車人の条にほどこした漢代の解釈が基礎になっている．この書はたぶん春秋時代に遡り，次の記述がある．[74]

  車大工（「車人」chhe jen）は「耒」（lei）の「庇」（tse）を作り，「庇」は長さ 1.1 尺，中間の直線部は長さ 3.3 尺，上部の湾曲した部分は長さ 2.2 尺．「庇」の端から［耒の］頭までは長さ 6.6 尺である．堅い土では直線状「庇」が，柔らかな土では曲がった「庇」が必要である．直線状の「庇」は［土中を］強く進むに便利だが，曲がった「庇」は［土を］反転するに便利である．これが石磬のように一辺が長く一辺が短いと（「倨句磬折」），［「庇」は］どのような土にも適す．

    「車人爲耒庇，長尺有一寸，中直者三尺有三寸，上句者二尺有二寸．自其庇，緣其外，以至於首，以弦其內六尺有六寸，與步相中也．堅地欲直庇，柔地欲句庇．直庇則利推，句庇則利發．倨句磬折，謂之中地．」

漢代に初めてこの文章に注釈を加えた鄭玄（Cheng Hsuan）（じょうげん）の解釈では，「庇」は耒の末端に金属の犂先つまり耜を装着するための部品だが，耜を作る材料は別のものなので上の文で耜が言及されないのだという．「考工記」の中で「耜」に関する記述は水利工の「匠人」（chiang jen）の章に現れ，[75] それは排水路，溝，水路の複雑な体系と，それらを掘るのに幅 6 インチの刃を持つ「耜」を使うことを述べている．この「耜」は鋤の類で，「車人」の節に出る耕起具の「耒」と何の関係もないことは明らかだったが，唐代の注釈家賈公彥（Chia Kung-Yen）は意に介さず，「耒」と「耜」は杵と臼の関係だと言っている．[76]「考工記」の中で農具製作者「段人」（tuan jen）の章が完全に欠落しているのは不運なことだ．

---

71)『耒耜經』．
72)『王禎農書』12/1b–3a〔「農器圖譜耒耜門」〕．
73) 例えば，『農政全書』21/1b–2b，『授時通考』32/2a–b．
74)『周官』「考工記」，『考工記圖』12 章．訳は著者．
75)『考工記圖』2 章, p. 120.
76)「耒」と「耜」を同じ道具の異なる部分とは見ず，複雑な子音群を持つ単語を「耒耜」という二名法で表現しようとしたのだという議論がある．

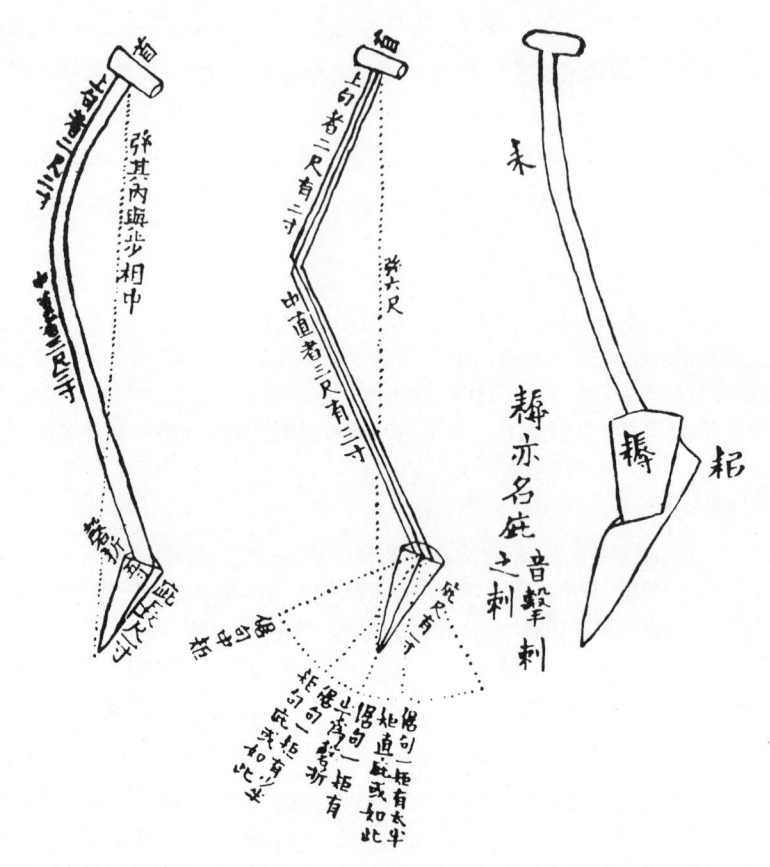

図42 「耒耜」の復元図．左の図は1746年の『考工記圖』，右の図は宋代の林希逸(Lin Hsi-I)による『考工記解』で，彼は「耒耜」を原始的な反転犂と考えた．中央の図は程瑤田 (Chheng Yao-Thien) (2).

後代の学者は「耒耜」の復元を試み，各部分の角度まで確定しようとすら試みている[77]（図42を見よ）．その解釈の中には王禎の『農書』のように柄のないアードとする解釈もあり，そこでは「庛」は木製犂体と金属の犂先の間の支柱と解釈されている．この形は8世紀に日本の天皇が斎田の春耕儀礼に使った子日手辛鋤（ねのひてからすき）と類似し，[78] また，ヘブリデス諸島の曲がり鋤

---

77) 例えば，宋代の作品『考工記解』や，清代の作品『考工記圖』や『考工創物小記』．
78) この道具の詳しい説明は Iinuma (1) を見よ．これは正倉院御物として保存されている．徐中舒 (10) と天野 (4), p. 720 は上記の解釈をまじめに考えている．

caschromと同様の方法で使う足踏み台つき鋤だという解釈もある.[79]

しかし初期中国の青銅器や甲骨文の発見が増え，その検討が進むと漢代の学者たちの解釈は間違っていたのではないかという疑問がわき始めた．そして清代の学者，徐灝(Hsü Hao)と鄒漢勛(Tsou Han-Hsün)が初めて,「耒」と「耜」は実際は二つの別個の道具であると述べた.[80] 1920年代，1930年代に安陽で発見された商の大量の卜辞から，初期中国社会についてのまったく新しい展望が開け始め，甲骨文と青銅刻文〔金文〕の比較研究から,「耒」と「耜」の文字がこれらの文に一体では現れないことがはっきりした.「耒」は商の文書に多く,「耜」は周代初期の文書に多かったのだ．商と周の明らかに農業を暗示する'象形文字'についても研究が進み，初期中国の農具がどのような形をしていたかそれらの識別が試みられた.

金文や甲骨文以外に，検討は神農や禹大帝が二股の鋤に似た道具で掘る姿を描いた漢代の様々な画像石（図43），さらに鄭玄が「考工記」の「匠人」[81]に加えた注にも及んだ．鄭玄の注はこうだった．'古代，耜の刃は一つだけだったが，二人が並んで掘起作業を行った．今日，耜は二股に分かれ，刃は二つある……'.

1930年，徐中舒(Hsü Chung-Shu)は「耒」と「耜」に関する論文でそれらが別々の道具であると初めて明確にした.[82] 農業に関する様々な象形文字（図44）を検討して，彼は「耒」が商代の主要な農具であると推論し，それは漢代画像石に見るような二股の木製鋤であり，東北中国〔中国語訳は西北中国とする〕の柔らかい土で二筋の溝掘りに使ったと結論した．また「耜」は平たい卵型の木片で掘棒の端に取り付け（図45），その道具は鋤のように使い，周王朝が根拠地を置いた西北中国で主要な道具だったと彼は考えた．徐中舒の考えでは鋤に似た「耜」は次第に発展して，紀元前500年までには牛で引く犂の形になった.「耒」が二股の鋤であるという彼の考えは，漢代の画像石にある形や二股の鋤に似た周代後期の斧型貨幣が主に商王朝の栄えた地方で主に発見される事実から生み出された.[83] 徐中舒の仮説，つまり二つの別々の道具が別々の地方に分布したものだ

---

79) 孫常敘(1), p. 7.
80) 楊寛(11), p. 2.
81)『周官』「考工記」11/18a. ここで述べられている道具は，禹帝の漢代画像石にあるものに類似し，用途が灌漑水路掘削に限定されているので，二股の耜が耕耘具として使われたと見なす根拠はない．本書p. 242を見よ.
82) 徐中舒(10).

図43 神農と禹大帝の漢代画像石. 二股の耕起道具を使う図. 長廣 (*1*), p. 65, 林 (*4*), 6-4 図.

という考えは，多くの著名な学者も支持している．[84] 日本の関野 雄[85] の考えでは，牛で引く犂に発展したのは「耜」ではなく「耒」だという．彼によると「耒」は二股に分かれていようがいまいが，先端が尖っているものを指し，山西（ここでは周代の斧型貨幣も尖っている）の重い土で鋤のように使った．また「耜」は方形の鍬で，河南（斧型貨幣も方形をしている）の軽い土で使った（図46）．他方，楊寛 (Yang Khuan)[86] は「耒」も「耜」も鋤のような使い方をする掘起具で，違

---

83) 青銅貨幣は周代に広く使われた．貨幣の形は，ナイフ形，円形，鋤形があった．最後のものは布幣「布」と呼ばれ，徐中舒その他によると二種類があった．端が直線のものと，尖るものである．多数の中国学学者は布幣が流通していた時代の最も重要な農具を表していると短絡的に考えがちだ．しかし貨幣の形は実際的な考慮に強く制約され，したがっていかに経済的に重要であっても，戦車，船あるいは犂といった三次元の物体が貨幣の手本となることはありえない．周代の貨幣から農業について意味ある推論を下しうるとはまず考えられない．貨幣の形の地方的差異は純粋に形についての価値観に由来したものだろう．
84) 例えば，天野 (*4*), 孫常叙 (*1*), 許倬雲 (*1*).
85) 関野 (*1*), (*1*).

図44 「耒」の古代象形文字. 徐中舒 (10).

図45 「耜」の復元. 孫常敍 (1), p. 32.

いは「耒」が尖り,「耜」が方形だとする. 楊寛は二股に分かれているかどうかは問題でないとするものの, 傾向として「耒」は古代に二股だったが漢代に先が尖り, 他方, 「耜」は古代は方形の一枚歯だったが漢代までに二股も現れたと見ている.

　結局, 初期中国の農業技術に関する解釈は主として次のようなものだ. 主な用具は鋤ないし鍬で, 初期は木製, 骨製, あるいは石製だが, 青銅や鉄が一般的になると金属の先端や刃を装着した. 鋤は時に二人以上で扱い, 一人が柄を抱え, もう一人が鋤の歯に付けたロープを身体に結んで前へ引いた.[87] この人力牽引が次第に変形して鋤が犁に発展したと徐中舒やその同調者たちは言う. 始めは人力牽引だけだったが, 紀元前6世紀に鉄が普及すると犁先が鉄で作られ, この時点で犁は人力で引くには重くなりすぎ牛に引かせることとなったという. この考えを証明するものとして徐中舒は次の事実を挙げている. 紀元前500年まで牛を意味する字の「牛」(niu) は耕起に関係した使い方がまったくないが, 紀元前5世紀になると, 「耕」(keng) の字が名前に入っている孔子の二人の弟子は「牛」とあだ名をつけられた.[88]

---

86) 楊寛 (11), p. 29.
87) 近代の引き鋤の例は, 1930年代に陝西で犁あるいは搶犁 (chhiang li) と呼ばれ, 二人で操作するもの (天野 (4), p. 725) と, 1950年代に韓国で見つかったものがある. 後者は12フィートの柄をつけたV字型の鋤を4人が引き, 一人が柄をもった (Clayton Bredt, 私信). 両方とも鋤様に使用し, 深く掘り, 持ち上げて土を反転し, 再び進めた. 力のかかり方は不連続で, 犁では長柄に連続的に力がかかることとずいぶん違う.

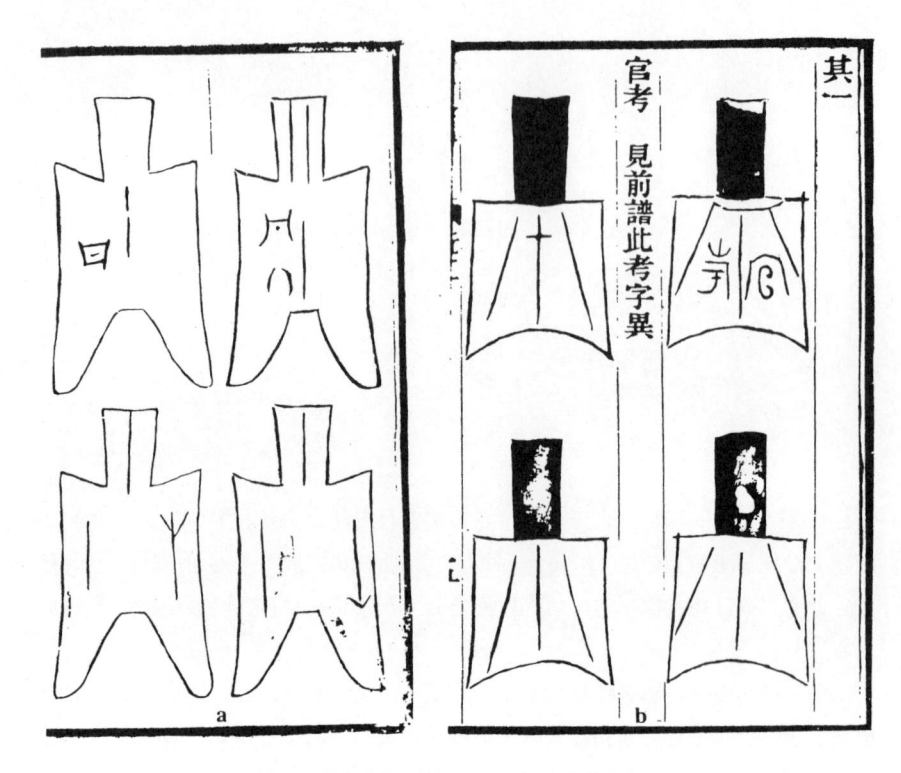

図46 斧型貨幣の様々なタイプ．李佐賢(1)．

　他方，中国初期の耕耘具は鍬あるいは鋤だけだったという仮説に対し，商から周初期までの農業は焼畑耕作だと述べる学者も相当数いる．漢字の「田」(thien)は周代後期以来，'耕地'もしくは'耕作する'を意味するのが普通だが，彼らの解釈ではそれは元来'狩猟地'を意味し，商代の文書に農業の記述はないという．[89] またほかに，甲骨文にしばしば現れる「燒田」(shao thien)あるいは「焚田」(fen thien)は'[耕作準備のため]耕地に火を入れる'ことだと解釈し，つまりは焼畑を意味すると考える人もいる．[90]『詩經』にある'初年度の耕地'(「菑田」 tzu thien)，'2年目の耕地'(「新田」hsin thien)，'3年目の耕地'(「畬田」yü thien)[91] の

---

[88] 徐中舒はまた漢代の多数の注釈を引用して，戦国時代から今日まで牛犂を意味する li(「犂」，「犁」，「㸝」)は，孔子の時代に，'斑点のある'，'ぶちの'という意味で使われたという説を出している．
[89] 例えば，呉其昌(4)．
[90] この説は胡厚宣(4)によって論破されている．

表現は，周代の農民が焼畑を行っていただけでなく，最長でも 3 年間耕作した耕地は放棄したことの反映だと確信する人もいる.[92]

鋤鍬説を採る学派は，紀元前 500 年に牛牽引の犂が突然現れたこと（つまり中国農業の変貌）を様々に説明してきた．例えばこの時期は人口増加が急速であった，あるいは相争う都市国家群が軍隊を養うため大量の余剰食糧を必要とした，また鉄製品がこの時期までに普及したなどだ．いずれにしても中国の牛牽引犂は土着の道具で引き鋤から発展したというのが普通の見方であり，牛牽引の犂耕は漢代後期まで必ずしも一般化していなかったとし，多くの地方で鍬，鋤を使った耕作が引き続いたとする考えはいまだに多い.[93]

商代，周代の農業が短期焼畑だったとする考えは様々な点で不備がある．最近の論文は，初期中国の農業が従来の想定より発達していたと見るものが多い．また考古学的証拠が増えるにつれ，犂が中国先史時代に広く知られていたことが明らかになっている（本書 p. 178 を見よ）．加えて，商代後期と周代の農業が原始的だったと言う際に挙げられた例証には欠陥が多い.

反論の第一に挙げるべきは，商周の刻文が'象形文字的'という解釈についてだ．現在知られている中国最初の文字は半坡遺跡の土器にあった刻文で，紀元前4000年頃に遡る.[94] ごく初期の刻文は断片的で符丁のようなものが多いことは事実だが，中には今も書かれている文字に驚くほど似たものもある．2000年後の商代までに，中国文字は大量の音声記号を持つにいたっており，残っている象形文字や表意文字は多くがはるかそれ以前に発明された文字を高度に様式化したものだった．筆刻者はいずれにしても写字の専門家であって，農業や大工，技術の専門家ではないので，象形文字がどんなに早くにあったとしてもその記述は一般的な印象であり，そのまま信頼できる絵画的証拠とはならない.[95] さらに，商代の甲骨文が扱う農業的記述は一般的なものにとどまる．例えば，収穫はよいか？ 雨が適時に降るか？ ある地方が今年はどれだけの小

---

91) 『詩經』,「頌」178 と 276, (17/29b, 27/1b) 〔「小雅・采芑」と「周頌・臣工」〕, 訳 Legge (8), pp. 284, 582.
92) 例えば，張政烺 (2), 楊寛 (11) の意見では，これは西周時代のことで，東周時代には中世ヨーロッパの二圃制，三圃制に似た輪作を指すようになっていた.
93) 例えば，夏緯瑛 (3), 天野 (4), p. 723.
94) 郭沫若 (12), Cheng Te-Khun (17), Ho Ping-Ti (5).
95) 絵画表現の非信頼性について，驚くような例が Haudricourt & Delamarre (1), p. 41 にある.

174

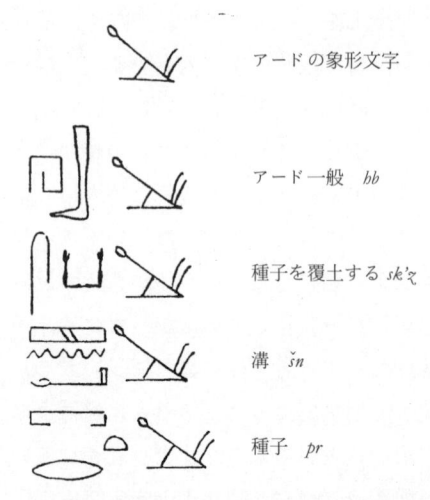

```
            アードの象形文字
            アード一般 hb
            種子を覆土する sk'z
            溝 šn
            種子 pr
```

図47　アードを表すエジプトの象形文字と関連文字.

麦を貢納したか？　などだ．これらは耕作の実際を詳細に述べたものではないし，これらの記録にある語彙も当時話されていた口語そのままに多岐にわたるものではないだろう．金文の対象はさらに限定されている．どちらも当時行われていた農業の実際を正確に伝え得るものではない．

　こうした点に注意しながら耕耘に関する中国の初期象形文字を覗いてみよう．先に触れたが，「耒」(lei) 偏は耕起に関する多くの字に含まれ，足踏み台を持つ二股の掘棒とする解釈が普通だ．それはまたエジプト第6王朝の，農業用語に組み込まれたヒエログリフに驚くほどよく似る（図47）．このヒエログリフはアードを指すもので，「耒」との相違点はエジプトのアードが双柄という点だけだ．中国の象形文字にある水平の線は後代の中国犂によくある横棒〔「策額」，図61参照〕で，足踏み台ではないだろう．ヒエログリフのアードはまた中国各地で1920年代，30年代に使っていた単柄のアードに似ている（図48）．絵画的な分析だけでも初期中国である種の犂を使っていたという推定が可能で，この推定は使っていなかったという断言よりはるかに妥当だ．

　同様に，農業に関する初期の象形文字が「牛」の字画を含まないことを理由に，家畜牽引の犂耕が紀元前500年以前の中国になかったと断言することも妥当ではない．商では遅くとも紀元前1350年までには馬に戦車を引かせた．[96]　牽引動

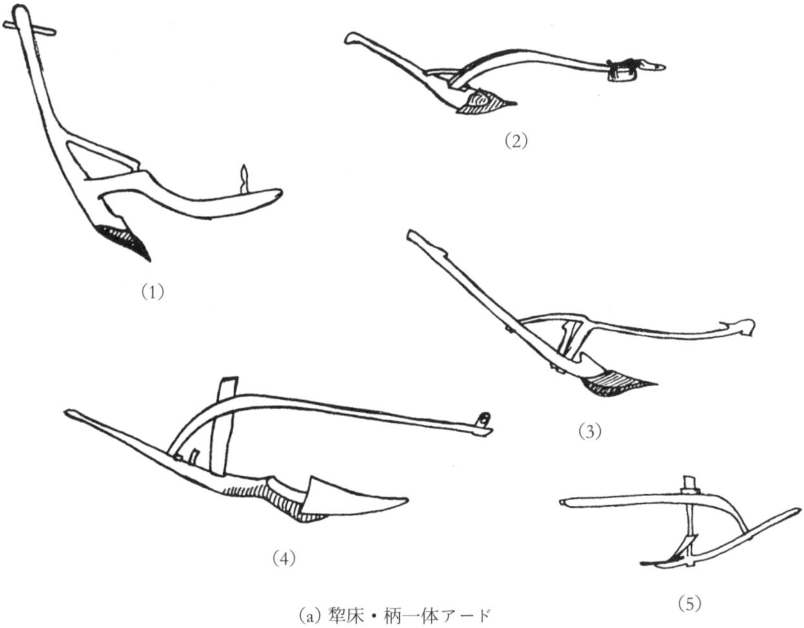

第 4 章　耕作体系　175

(1)

(2)

(3)

(4)

(5)

(a) 犂床・柄一体アード

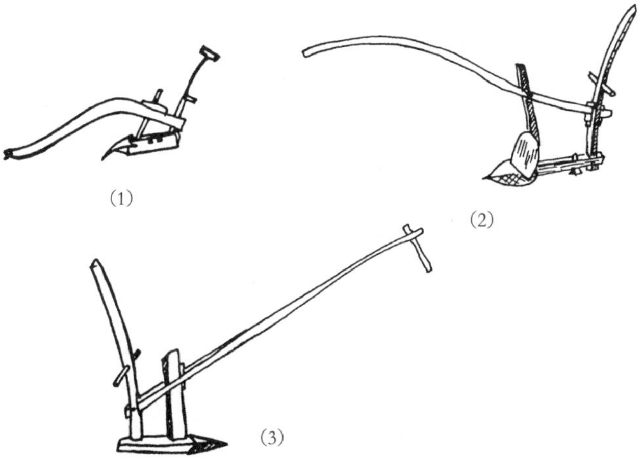

(1)

(2)

(3)

(b) 方形枠型犂

図 48　中国近世のアード
　(a) 犂床・柄一体アード．(1) 甘粛（著者不詳 (502), p. 4），(2) 陝西（同，p. 5），(3) 陝西（同，p. 8），(4) 広西（同，p. 52），(5) 海南島（天野 (4), p. 799）．(b) 方形枠型犂．(1) 満州（天野 (4), p. 798），(2) 西北部（Wagner (1), p. 200），(3) 山東（Hommel (1), p. 44）．

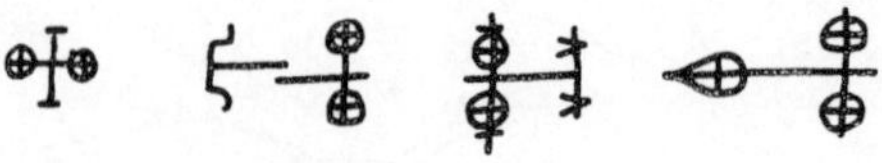

図49　荷車あるいは戦車を意味する「車」の古代象形文字.

図50　牛犂耕を表すと推定される古代象形文字.

物として馬は牛より扱い難いことを考慮すると，牛に犂を引かせたかどうかはともかく，牛車は馬車より以前からあっただろう．商代，周代の文字で'戦車'あるいは'荷車'を意味する「車」の字に馬が関わった証拠はない（図49）が，だからといって商代の人が人力で戦車を引いたと言うのは馬鹿げている．この点では常識に合致する議論の余地のない考古学的証拠がある．確証のない言語学的事例に頼りすぎると誤るということだ．古代文字の解釈に携わる現代の権威[97]によると，商代の文字に牛犂耕を示すものは多いと言う．一つの例は「襄」(*jang*)の古代形（図50）で，今日の意味は'手伝う'だが，漢代の辞典編纂者はこれを'犂で耕やす'とも意味づけていた．[98]

漢代以前の文献にある農業記述は，吉凶占いの甲骨文や青銅に刻まれた金文と同じぐらい頼りにならない．それは少ないし，はるかな昔のことだし，意味も不明瞭だ．その時代の残っている文献は政治経済を扱うものでも農場経営の実際や使用具についてほとんど何も語らない．[99] しかし初期中国文献が技術の詳細を伝えないことは不思議ではない．『農耕詩』(*Georgics*)のように情報の豊富な著作を材料に詳細な研究を行っても，ウェルギリウスの犂の復元は行えていない．[100] ウェルギリウス自身はその細部まで完全に通じていたはずだが．そして確信できることだが，技術情報の重要な源と我々があてにする漢代以前

---

96) Needham, Vol. IV. Part 2〔思索社刊第 8 巻〕.
97) 許進雄, 1972 年の私信.
98)『説文解字』.
99) 例えば，『呂氏春秋』,『商君書』,『管子』,『孟子』.『呂氏春秋』は「畝畝」あるいは「畝甽」(*mou chhüan*) 耕作法についてかなり詳しく述べ，生産力が高いと勧めているが，この文章の正確な解釈は難しい．夏緯瑛 (*3*) と本書 p. 192 を見よ.
100) K. D. White (1), p. 128 以下.

の思想家は，このラテン詩人より技術に無知で，鍬の前後も判らなかっただろう．

ひとつ確かなことがある．もし牛犂が，多数の中国学学者が言うように，紀元前6世紀か5世紀に発明されたものなら，その発明は誰か同時代人がその功績を認めたにちがいなく，政治経済の論文も繰り返し取り上げたはずだ．播種ドリルは漢代に初めて登場したが，その発明すら一官吏の皇甫隆 (Huang-Fu Lung)[101] の功績と特記しているのだ（ただし，趙過が紀元前1世紀に発明したとされる三脚犂がその原型かもしれないが）．[102] 戦国時代，それは各国が生産増大を競い合い，[103] 政治思想家が土壌学と耕作法を議論していた時代であり，[104] 鍬が犂のような革命的道具にとって代わられたことに何の注意も払わないことはありえない．

ここで考古学的証拠を取り上げよう．徐中舒が研究成果を出版した1930年より，今やはるかに資料が増えている．留意すべきは，ある遺跡からある物が出土しなかったことはその物がなかったということではない．ケニョン (K. Kenyon) の証言がある．'[紀元前6000年のジェリコで] 奇妙なことは，斧，手斧(ちょうな)など木材加工用の重い道具が完全に欠落していることだ……[しかし] 壁に軸穴があることから，住民が木を切り倒し，多量の建築用材木を加工する能力があったことは判る'．[105] 原始的な犂はもちろん，木製の道具や加工品が残るのは例外的な気候条件がある場合だけだ．上エジプトの暑熱の砂漠やユットランドの泥炭地は木材や有機物を保存するのに理想的環境で，これらの地方からは完全な形でアードが出土している．[106] 世界を見ると犂そのものは出土しなくとも，犂溝の痕跡が埋葬塚や他の記念物の下に保存されていたため，従来の想定より早い犂の使用が判明した地方もある．[107] これまで中国の初期遺跡で重要な木製遺物の出土は，揚子江デルタの寧波に近い河姆渡遺跡[108] が唯一だ．そこは泥炭質の酸性沼沢地で，大量の有機物がほとんど完全な形で保存され，

---

101) 『齊民要術』序, 7.
102) 本書 p. 295 を見よ.
103) '富国は強国である' は法家の変わらぬ信念であった.
104) 特に,『管子』の土壌学〔地員篇〕と『呂氏春秋』の農業に関する章〔巻二十六の最後の4章〕.
105) K. Kenyon (1), p. 57.
106) Haudricourt & Delamarre (1), p. 39.
107) C. Renfrew (3), p. 547, Steensberg (3).
108) 著者不詳 (*503*) と (*504*).

木製道具や，栽培種と同定された水稲が出土した．河姆渡遺跡の居住は大変早く紀元前約5000年から3500年にさかのぼり，[109] 犂が出土しなかったのは不思議ではない．ましてこの遺跡は深い沼沢地帯にあり，今日でも動物が沈むので牽引家畜を使うことはできない所だ．ここに比べてもっと乾いた，初期の犂耕が期待できそうな所は残念にも遺物の保存に向いていない．特に華北の極端な温度や湿度条件下では，漆や塗料が塗られていないと木製品は数世紀ももたない．

このように初期中国に木製犂の証拠は出ていないが，河姆渡に少し遅れる時代からは三角形の石製犂先が出土し，犂耕の存在を示している[110]（図51a）．例えば杭州に近い太湖湖畔から発見された3個の石製犂先のうち，一つは紀元前3000年，もう一つは紀元前2000年の地層から出土し，[111] ほかに上海からは紀元前2000年の地層から出土したものがある．[112] 片状の石製犂先で時代のさらに下る（たぶん西周時代の）ものが内蒙古から出土し（図51b），[113] モンゴル人民共和国の考古学者の報告では3000年前の牛犂耕をかたどった彫刻がある．[114] 青銅製犂先は商では発見されていないが，ベトナムでは紅河デルタで紀元前1500年のものが出土している．[115]

新石器時代の石製品で犂先に結びつきそうなもう一つのタイプが浙江省の良渚文化から出ている．良渚文化は紀元前3300年に遡り，紀元前3千年紀には間違いなく確立していた．[116] そのV字型石製品は単に'両翼型耕田器'[117] と呼ばれるが，その形は周後期の青銅および鉄製の'犂先の冠'（「冠」 *kuan*）（図52a）に驚くほどよく似ている．あけた孔は一つだけで，垂直あるいは斜めの柄を取り付けて打ちつける道具（例えば鍬）とするには適していない．むしろ木製の犂床上面にピンで固定したと考えられ，ピンにかかるずり応力はこの場合小さくなるだろう（石や板に柄をつけた道具は西アジアやヨーロッパ[118] で犂に使ったが，中

---

109) 夏鼐 (*6*).
110) 劉仙洲 (*8*), p. 10.
111) 著者不詳 (*514*), fig. 15.
112) 張秉權 (*2*).
113) 劉仙洲 (*8*), fig. 13.
114) *Far Eastern Economic Review,* 21 July 1978, p. 35.
115) J. Davidson (*1*), p. 90.
116) 夏鼐 (*6*).
117) K. C. Chang (*1*), p. 181.

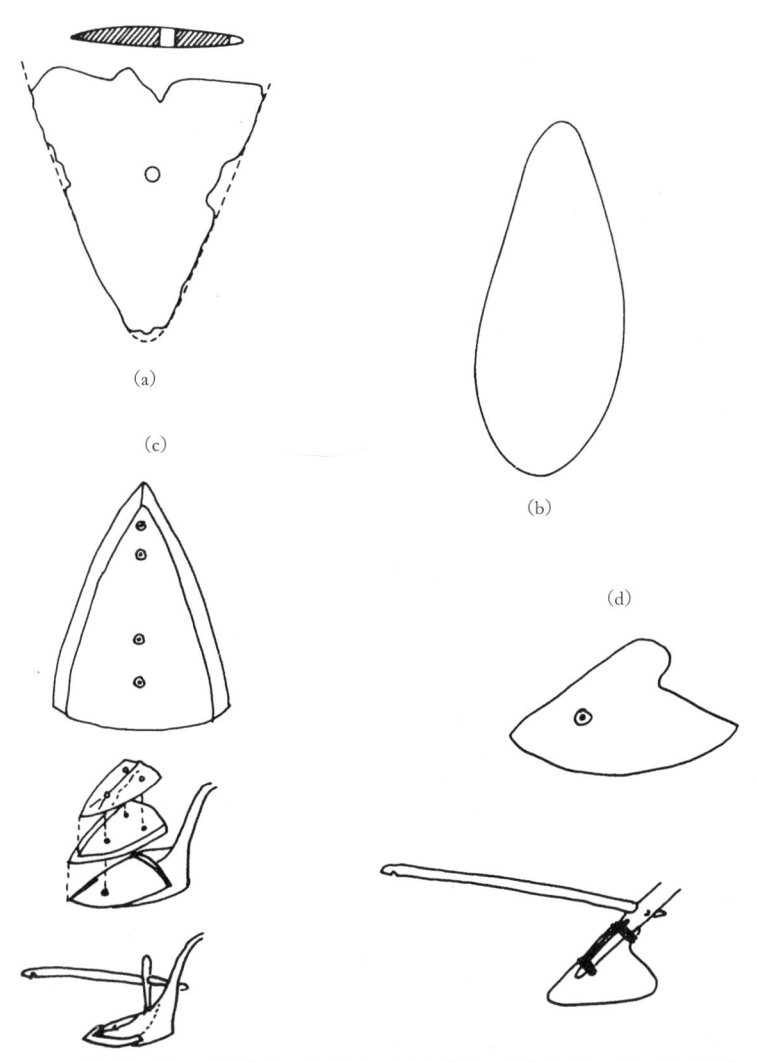

図51 新石器時代の石製犂先.(a) 杭州.(b) 内蒙古.劉仙洲(8).(c),(d) 揚子江デルタ.牟・宋(1).

国にその痕跡もないことは興味深い).揚子江デルタの多くの遺跡で石製の'犂先'や'破土器'の発見が相次ぎ,上記の解釈は強まっている.出土遺跡の年代

---

118) Steensberg (2) and (4).

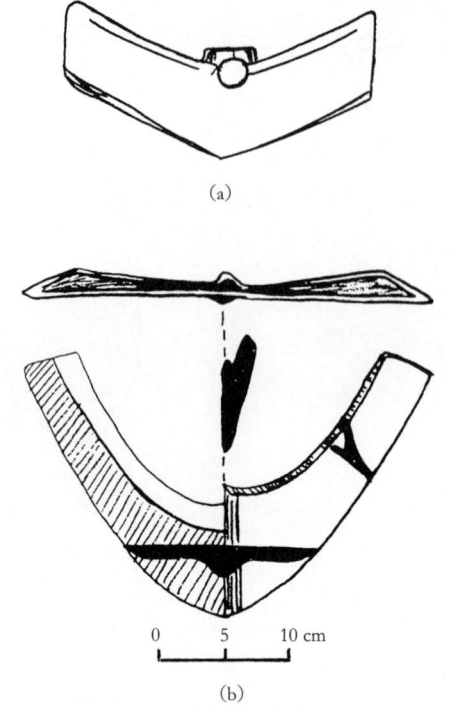

図 52 V字型犂先．(a)良渚文化の石製品，著者不詳(*43*)，p. 29. (b)河南出土の鉄製犂先，天野(*4*), p. 736.

は馬家濱文化から商周に及ぶ．[119] 石製'犂先'の形やサイズは様々だが，基本的には大きな頁岩の薄片を三角形にし，中央部数箇所に穴をあけ，先端は砥石で砥いでいる．形と摩滅痕から，この大きなやや割れやすい製品は幅広の犂床に装着した犂先で，三角形の板で覆って石の刃だけを突き出していたと考えて間違いなかろう（図 51c）．'破土器'は薄くて不規則な形〔嶺南からベトナムの出土品で，靴型といわれるものに当たる〕で，牟と宋(Mou & Sung) (*1*) は土を垂直に切る目的の犂刀の一種とし，湿地の水田開拓で排水路作りの補助に用いた（図 51d）と考えている．彼らの考えでは，この道具で水田用地を切り開いた後，石製犂をかけて溝を掘り，交差耕をした．

---

119) 牟永抗・宋兆麟 (*1*).

これら最初期の石製犂先——と仮定してだが，というのは考古遺物の同定に不確定性は付き物だから——の年代は中国で龍山文化が急速に発展していた時期だ．中国の初期新石器文化は性格の異なる4群に分かれる．黄河平原の仰韶文化は河川の上のレス台地の隣りあった村々に集中し，主な作物は粟だった．台湾と華南の大坌坑文化は漁猟に依存し，タロイモ，ヤムイモなどの根菜，それに稲も栽培した可能性はあるが，今のところ植物栽培化の確証はない．淮河と揚子江海岸平野の諸文化はしばしば一つにまとめられるが,[120] 揚子江の北，江蘇から山東南部の青蓮崗文化と，南の浙江の馬家濱(Ma-chia-pang)文化を分けるほうが妥当だ．[121] 青蓮崗文化の地域は気候が基本的に北方的で，今日も旱地の穀物が主だ．そして新石器初期の時代に仰韶文化と多くの類似点があり，同様にミレット栽培文化だっただろう．他方，馬家濱文化はごく初期から大量の米を産出し，早い時代に水牛も家畜化していただろう．[122] 以上四つの文化はいずれも紀元前5千年紀には確立し，数千年にわたってそれぞれ発展してきた．

紀元前3千年紀末，これらの文化は相互影響の様相を呈し始めた．広域にわたって一連の龍山系文化(Lungshanoid)が発展し，華北と華中，東南岸のほぼ全域に波及した．張光直(K. C. Chang)の意見はこうだ．[123]

> 初期龍山文化の遺跡は規模が大きく，中国の広域に高密度で分布し，この時期の人口規模も人口密度も高かったことを示している……初期龍山期は紀元前約3200年から2500年，すべての新石器文化が急速に発展した時代で，相互に接触し影響しあった．
> どこでも二つの文化発展期が認められ，初期龍山文化期は漸移的，後期龍山文化期はその前の平和で平等な村落生活から好戦的で階級に分かれた社会へ移り変わり，文明や国家形成の準備期となった．

龍山文化期の遺跡は最初から大規模で人口密度は高く，相互に接近していた．集落が一定のサイズに達すると，歩いて行ける範囲内の耕地の生産力が相当高くないと自給は困難となる．熱帯地域ではタロイモ，ヤムイモなど生産力の大きい作物に依存できるので焼畑でも相当の人口が扶養可能であり，特に気候条

---

120) 呉山菁 (1).
121) K. C. Chang (1), p. 134 以下は，この区分に賛成と反対の議論を整理している．今では中国の考古学者はこの区分を使っている．例えば，著者不詳 (505).
122) 著者不詳 (503), (504), (501).
123) K. C. Chang (1), pp. 172, 174.

件が周年栽培を可能にする．しかしこれが常態というわけではなく，熱帯でも焼畑集落が100人ないし200人を超えることは稀だ．[124] 穀類を主作物とする温帯で焼畑に依存する場合は小人口集落すら永続しないだろう．[125] 一般的には，小人口の自立的な散村社会から中央権力と従属的農民の社会へ移行することは，'焼畑依存民の場合大変困難で，ほぼありえない'．[126]

主にヨーロッパと西アジアに関してだが，フェントン（A. Fenton）が述べている[127]

> 最近数十年，遺物と栽培の痕跡が増え，その比較研究から，耕作道具は驚くほど初期から精巧だったことが明らかになった．古い教科書的な，掘棒と'引っかき'犂といった考えは通用しない．加えて，耕作道具の種類も相当なものである．

中国の農業起源が肥沃な三日月帯ほどには古くないとしても，中石器時代から新石器時代へ，さらに青銅器時代への発展は地中海地域と並行するだろうし，すべての技術において東の文化と西の文化の競合があったのに，食料生産のみ例外だったとは考えにくい．中国の考古学研究は，他地域で初期社会の解明に役立った入念な復元技術と空間的研究[128]をこれまで利用していないが，中国龍山文化期の犂使用はすでに十分な証拠がある．先述のように石製の'犂先'が発見されているし，牛と水牛の家畜化は紀元前4千年紀以前は例が少ないが龍山期には全中国に及んでいる．また，人口は（主に穀物栽培に依存して）増加し，急速に拡大したし，社会の階層化と生業の分化が進展した．[129] さらに神農の伝説を思い起こす必要がある．神農による犂の発明は商王朝に先立つばかりか，伝説的な[130] 夏王朝よりもはるか以前であり，夏の年代はふつう新石器時代と

---

124) 大きな集落では間隔が遠くなる．D. R. Harris (1).
125) Harris はチェコスロヴァキアで新石器時代の穀物栽培集落が分裂した証拠を挙げている．D. R. Harris (1), p. 255.
126) 同上，p. 256.
127) A. Fenton (4).
128) E. S. Higgs (1) を見よ．またメキシコについて Byers (1), MacNeish (1), (2) を，パレスチナについて Vita-Finzi & Higgs (1) と Legge (1) を見よ．
129) K. C. Chang (1), ch. 4.
130) たぶん，'未発見'というほうが適切だろう．安陽発掘以前，大抵の中国学学者は商を伝説だと考えていた．最近，中国の考古学者は発掘した新石器時代後期の発達した文化のうち，一，二は夏国家の可能性があると示唆している．例えば，佟柱臣 (1).

される．すべてを考え合わせると，これらの事柄は龍山文化期の農民が牛牽引の犂を知っていたことを強く示唆する．とりわけこの農具が紀元前4千年紀にはアジアのほぼ全域で周知だったことを考えるとなおさらだ．中国の文化がアジアから孤立していたことはないのである．[131]

龍山期文化は，それがやがて商代の文化に発展していったことを考えると，牛犂を既に知っていた可能性はさらに高まる．自給レヴェルの農業生活者でも余剰生産を確保し，不作年の必要を満たすものだ．しかし焼畑耕作から進展して定着農業になっても，'天水依存では鍬耕作者の休閑輪作を超えることはない．その余剰生産物は少々の交易や直接的な支配者を支えることは可能でも，高度に職業分化した複雑な社会を維持するには足りない'．[132] 商の都市は大きく，巨大な版築城壁で囲まれ，その建設は数千人の人夫が数年を要しただろう．社会は高度に階層分化していた．貴族は宗教と祭儀を司り，領地を支配し，軍隊を指揮し，彼らの使う贅沢品を供給するため多数の熟練した手工芸人や職人が都市の中にいた．農民は首都郊外に居住して多数の非農業者を扶養せねばならなかった．非農業者の一部は途方もない豪奢な生活をしていた．穀物のように重い品物の運送は後の統一王朝時代より時間がかかり高くついた[133]ので，必要な食料品は都市近郊で生産することが必須だった．ということは土地の耕作は集約的だったにちがいない．こうしたことを考えると，都市国家の商を焼畑で扶養することは不可能だっただろう．巨大な軍隊を擁した周ではなおさらだ．[134]

他の初期文明を見ると，小地域が都市を扶養するに十分な生産性を得る方法は様々だ．第一は高収量の作物を栽培することで，その例はメキシコとペルーだ．[135] 第二は自然あるいは人工の灌漑を行うことで，エジプトやメソポタミアはその例だ．[136] 第三は耕作面積を増やし，必要労力を減らすことで，それは畜

---

131) W. Watson (6).
132) W. Allan (2). 余剰生産が文明を発生させるとの考えにはまだ注意が必要 (G. Dalton (1)) だが，農業生産を行わない階層の出現は，それを支える余剰生産を必要とすることは確かだ．
133) Hoshi (1), Ray Huang (3) を見よ．
134) 肉食が商，周の食事で大きな比率を占め，作物生産が少なくても狩猟，漁撈で補えたという意見がある (Bill Jenner) が，『詩經』の頌に明らかなように，少なくとも周初期まで農民の食事はほぼ例外なく菜食だった．K. C. Chang (1), p. 209 は商代に狩猟の経済的意味は小さかったとする．'農業が自給を支えたこと，つまり技術は発展しており，収穫は相当なものだったことに，疑問の余地はない'．

力を使用すれば可能だ．この場合は輪作システムで永続的に大農地を耕作することになり，小さな短期休閑農地は消える．犂耕では小農地を手で耕すより収量は落ちるが，全体的な生産性は大幅に増大する．牽引家畜の厩肥も農地を肥やす効果がある．犂農業はエジプトでは直ちに灌漑を補足するものとなったし，[137] メソポタミアではたぶん灌漑より早かった．[138] 一般に犂は乾燥農法で農地拡大を成功させる必須条件と認められている．[139]

商文明は西部と中原の大部分を支配しあるいはその宗主となったが，その中心は黄河平原にあった．そこは乾燥気候と多孔質のレス土壌で，ミレット類が主作物だった．[140] 他の穀類に比べミレット類は現在の栽培法でもとりたてて高収量というわけではない[141]が，旱魃抵抗性がきわめて高く，このことは華北の半乾燥気候で重要だ．灌漑は華北で商代にはたぶん行われたが，多少とも大きな規模になるのは戦国時代になってからだ．[142] 高収量作物も灌漑も（上記のようにふつう犂の使用を伴う）ない条件で農業生産を高めるため，商の農民は耕作に牛犂を使用したにちがいない．経済的な必要もあったし，また彼らは畜力牽引の方法によく通じていた．犂はたぶん彼らより前の龍山期の農民も知り，また同時代のトンキンの青銅時代でも知られていた．[143] 将来の考古学者が商の村落遺跡を発掘する際は，ここではまだ状況証拠だが，それを確証にする努

---

135) メキシコのマヤ文明は生産力の大きい *Brosimum alicastrum*（ramon tree）〔ジャマイカのパンの木という〕に支えられたようだ．この木は年に 2000～3500 キログラム /ha の炭水化物種子を生産する（Puleston & Puleston）(1)．インカの主要作物はトウモロコシとジャガイモで，ともに収量が高く，手入れが少なくて済む．

136) エジプトでは年々のナイル河の氾濫が畑に肥沃な沖積土をもたらした．メソポタミアの大規模で複雑な灌漑事業が発展したのは文明が十分確立した後だが，小規模な運河やダムは王国時代のはるか以前に遡る（C. Gabel (1), p. 49）．

137) F. Hartmann (1), W. L. Westermann (1).

138) '……鍬あるいは掘棒農業は……灌漑農業に不適である．灌漑農業は潜在的に拡大傾向があり，また畑を耕すだけでなく，灌漑水路や排水路を掘る必要があった'（J. Oates (1), p. 303）．

139) H. Aschmann (1).

140) 西アジアの作物の小麦と大麦はこの時代までに伝来していた（メソポタミア，イランから直接にか，インドを経由して間接にかは判らない）が，宋代までその経済的役割は比較的小さかった．

141) 伝統的な栽培法では，粟や黍などのミレットに比べて，トウモロコシの収量は倍するが，小麦，大麦の収量はわずかに高い程度だ（Arnon. (1), vol. 2, Purseglove (2) を見よ）．しかしミレット類は粒が小さいので，少なくとも播種量がわずかで済む利点はある．

142) Needham, Vol. IV. Part 3, p. 260 以下〔思索社刊第 10 巻, p 364 以下〕, Ho Ping-Ti (5), p. 46, Chi Chhiao-Ting (1), p. 63 以下．

143) 商国家はトンキンと商業ないし貢納関係があり，神託に使う亀甲，真珠，その他の贅沢品を輸入した．

力を期待したい．トンキンでは紀元前 1600 年の青銅犂先が出土している．*1 これは華北，華中でも発見の可能性がある．とはいえその時代の華北では木製の犂がほとんどだったかもしれない．144) 考古学者が求めるべき証拠は，インドやヨーロッパで発見されたような墓塚や他の記念碑に埋もれた古代の犂溝だろう．145)

戦国時代の犂

商王朝について指摘した問題点は周の場合さらに強まった．都市の規模と数は商よりも増大し，146) 農業生産に寄生する人口は一層増大した．従属国家が紀元前 8 世紀以降保持した大軍隊も同じ結果をもたらした．『詩經』に見るように西周では新たな農地開拓が継続し，耕地となった．この時代，ほとんどの農地は 3 年に少なくとも 1 年，時には 2 年休閑した（本書 p. 478 を見よ）．戦国時代には多くの国で人口密度が高まり，耕作は継続的となり休閑はもはや行われず，一方では二毛作すら行う地方もあった．147) 緑肥や他の肥料が初めて一般化した時代であり，148) 大規模な灌漑工事が始まり，土地売買の自由市場が成長した．149)

鉄製の犂先が中国で現れるのもこの時期からだ．中国最初の鉄器が出現したのは南部の楚で春秋時代後期に遡るが，その中に犂先は発見されていない．150) 戦国時代になると鉄製犂先は中国全土の遺跡から出土するが，鉄製鍬や鋤には及ばない．151) これらの犂先は「冠」(*kuan*) として知られるタイプ（図 52b）で，小

---

144) 新石器時代の犂先は中原とモンゴルの粘土質地帯で発見されているが，レス台地ではまったくない．これは意味がある．土が粗鬆で作業が簡単だと，木製犂先の使用が多い．バビロニアと初期エジプトでは土を灌漑で柔らかい泥にするので，木製犂が普通だった (Leser (1), pp. 245–246, 251, 257)．カトーの言では，カンパーニャで犂先は木製だったし (K. D. White (1), p. 132)，全体が木製のアードは今も中東とインドにある (Leser (1), pp. 369, 374, 375)．
145) D. J. Breese (1), J. Hutchinson (1), V. Nielsen (1), C. Renfrew (3).
146) P. Wheatley (2).
147) 『荀子』「復古篇」．友于 (3) は広範な文献資料を引いて，周代の農業集約度が増大したことを明らかにしている．多数の学者（例えば楊寛 (11)）は反対するだろうが，紀元前 100 年までに首都圏で休閑はほとんど行わなくなったことは明らかだ（『氾勝之書』1.7）．
148) 本書 p. 330 を見よ．
149) これはふつう土地飢餓の証拠である．Duyvendak (3), p. 41 に詳細がある．
150) 発掘された楚の遺跡がほとんど王墓だからだろう．K. C. Chang (1), p. 430.
151) 鉄製犂先が比較的少ないのは，古くなり磨り減ると，鋳直すからだろう．
*1 著者はフングエンからドンソンにわたる紅河流域の文化を古く見る傾向がある．

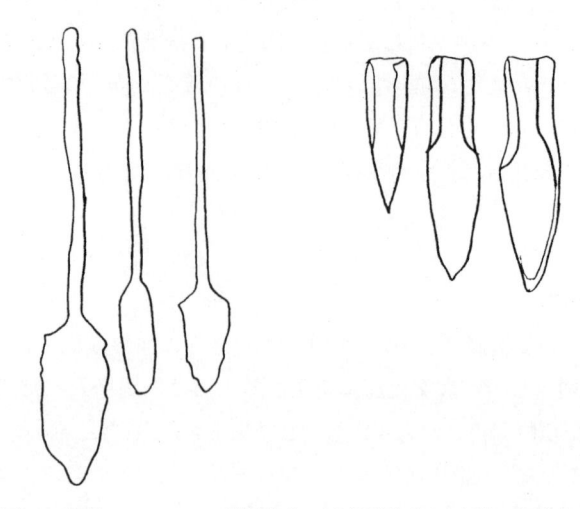

図53　初期ヨーロッパの鉄製犂先. (a)槍型犂先. (b)袖つき犂先.
Balassa (1), figs. 1 & 4.

型でしっかり装着できず，あまり深く反転できないと言う人もいるが，ともかくかなり精巧な形の犂先となっている．西の初期鉄製犂先はこれに比べると非常に軽く簡単で，装着がもっと不安定だ．ギリシア，ローマでは，アードの犂先は犂床にロープで縛り付けるだけということも普通だった．[152] ヨーロッパの初期の鉄製犂先は中国に先んずることはなく，二種の簡単なタイプだけだった．[153] 第一のタイプ槍型（スタングル）犂先は金属柄の部分を犂床か犂柱に固定し，槍先が一定の角度で土中に入る形だ（図53a）．このタイプの金属製犂先は同型の硬化させた木製犂先から発展した．[154] 第二のタイプ袖つき犂先は平たい三角形ないし五角形で，木製犂床を包み込んで犂の先端とする（図53b）．両方とも中国のものに比べて薄く装着が不安定だが今日も使用され，槍型犂先はヨーロッパ全域，西アジア，インド，さらに東南アジアまで広がっている．[155] 犂冠は今も使うが（図54）わずかな僻地に限られる[156] ことは，漢代に鉄

---

152) Leser (1), fig. 92, 96 を見よ．
153) Leser (1), fig. 161, Marinov (1), Balassa (1).
154) Hansen (1).
155) Leser (1), fig. 196 は，ローヌ地方の現代のアードに付ける袖付き犂先を示す．ヨーロッパとアジア全域の槍型犂先を Leser (1) と Haudricourt & Delamarre (1) が示し，Leser (3) は，地中海から東南アジアへの伝播経路を追っている．

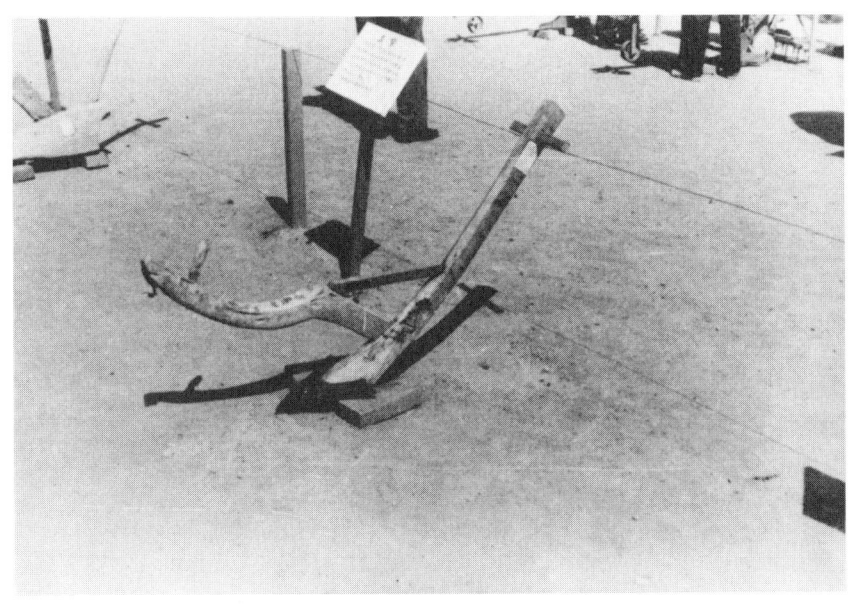

図54 犂冠犂先を装着する現代の甘粛の犂. JN 撮影.

供給と鋳造技術が改良された結果,「冠」がスリッパ状の犂先「鏵」(*hua*) に発展したためだろう.「冠」自体は犂床先端の周りを包む簡単な金属片の加工度を高めたもので, 鋤先と同定されている初期の鉄器も多くは小さな犂先かもしれない.[157] 初期の鉄製「冠」もデザインが相当改良された跡があり, 中央稜部の端が鋭く尖って土を切る効率が高まり, 土が離れやすくまた摩擦を減らすよう, 翼は中央稜部へ緩やかに高まっている.「冠」の下面はふつう平坦なので, これを装着する犂床は単純な弓型無床アードではなく平坦だったことが判る. しかし '長床アード' タイプの犂 (図 39-2)[158] は中国文化圏にほとんどないので, これらの「冠」を装着した犂は, 漢代に普及した犂床の平坦な枠型犂 (図 39-3) だろう.

　この点は重要だ. というのは「冠」の使用が始った同時期に, 新たな言葉「黎, 犁あるいは犂」(*li*) が登場したことを説明できるからだ. ここで中国の犂について初期の発展段階を要約しておこう. 中国史を通じて, 一, 二の例外はあるが, 犂はすべて '弓型アード' と呼ぶ犂〔無床犂ないし短床犂〕か枠型犂〔長床犂〕だ. 弓型犂 (時に厳密な意味でのアードでなく, 非対称で土を反転するものもある) は今日, 少数民族ないし山岳地方に限られる.[159] 古代的タイプのこの犂は, 低地耕作に適した犂が発達した後代に辺地へ追いやられてしまったことが分かる. 枠型犂は遅くとも漢代以降, ないしはそれ以前に中国の主要農業地域に普及した. 先に考古学および文献証拠を考慮して, 中国での牛犂の使用開始は龍山期, たぶん紀元前 3000 年頃と述べた. 華北の軽鬆土レス台地の初期の犂は木製だったが, 湿地の耕作 (揚子江デルタの水田) あるいは草地に対処せねばならなかったところ (蒙古) では, 時に小さな石製の犂先を装着した. 現存する犂タイプの証拠も踏まえると, 中国の最古の犂は弓型だった可能性がある. 旧世界全体でも, この非常に簡単なタイプがもっと複雑なものより先行したようだ. 例えばスウェーデンのボフスラン (Bohuslan) にある岩画[160] や, フランスの

---

156) 現代の事例は, 山東 (天野 (*4*), p. 800), 甘粛 (著者不詳 (*502*), p. 4), 日本の横浜 (Leser (1), fig. 254), さらに驚いたことにバルト海諸国 (Leser (1), figs. 79, 80) に見られる.

157) 著者不詳 (*506*), p. 23. 漢代, '鋤' と '犂先' を指す多数の方言があり, それらは混乱していた. 『方言』に見ることができる.

158) '*Araire dentale*'. Haudricourt & Delamarre (1), p. 78.

159) 例えば, 雲南 (胡厚宣 (*3*), p. 80a), 甘粛と陝西 (著者不詳 (*502*), pp. 3-8), 広西 (同上, pp. 52-53).

160) Leser (1), pl. 7.

フォンタンアルバ(Fontanalba)の岩画[161]は，弓型アードに付けたまっすぐな犂轅を一対の牛が引く図だ．エジプトとバビロニアの最古のアードも弓型だが，それらは双柄で，犂轅は二つの柄の間に楔状に割り込んでいる．[162] 西アジアと地中海地域では弓型アードは早い時期に長床アードに取って代わられた．その最も古い例はメソポタミアで発見され，ギリシア，エトルリアで出土する犂も長床アードが最古のものだ．[163] 北ヨーロッパでは弓型アードがローマ時代まで続いた[164]が，その後，重い正方形枠型犂に取って代わられた．これは犂刀を装着し，犂先は非対称で犂へらがある．[165] この発展経過は中国と類似している．

中国の弓型アードが外部の影響を受けず独自に発展した可能性はあるが，西方から伝来した可能性のほうが高い．西方ではこれまで犂の最古の証拠が発見されており，それはたぶん小麦，大麦，麻などの栽培に使用しただろう．これらの作物も新石器時代後期に西アジアから中国へ伝来した．中国初期のこの弓型アードの名前が何だったか，地方ごとに名称は違っただろうし判らないが，[166]「耒」(lei)，「耜」(ssu)，「耒耜」(lei ssu) などの名がその中にあったことは確かだ．

軽い弓型アードは当初，2頭の家畜で引いただろう．この推察の根拠は，曲がった取っ手も，1頭の家畜をつなぐためのしりかせ(whipple-tree)〔図61を参照〕も漢代以降でないと出現しないことだ(本書p. 204以下を見よ)．現在，牛は特に冬期の飼養に経費がかかり，小農が飼えるのは1頭がやっとで，裕福な農民を除くと2頭以上飼うことはなさそうだ．中世のヨーロッパでは1頭も飼えない農民が多く，[167] 農民が出し合って犂耕用のチームを作る習いだった．[168] 中世ヨーロッパの荘園では犂耕用チームは牛12頭から14頭の多数を数えた．[169] 他方，初期中国では2頭がきまりで，ここから1対による犂耕，つまり「耦耕」

---

161) 同上, pl. 12.
162) 同上, figs. 102, 103, 106, 107.
163) 同上, figs. 104, 93-8, Haudricourt & Delamarre (1), pls. 10-13.
164) Hansen(1)は紀元前350年のデンマーク Døstrup 出土の弓型アードを述べている．Leser(1), figs. 25, 26 は Cologne 出土の後期ローマ弓型アードを示す．
165) Pliny, 18.172, K. D. White (1), p. 141 以下, F. G. Payne (1), p. 77.
166)『方言』を見ると，漢代でも鍬や鋤などの基本道具はいかに多くの地方名があるか判る．
167) 13世紀のウィンチェスター主教荘園で，小作人の半分は家畜をまったく持っていなかった(Postan (2), p. 555).
168) Baker & Butlin (2), p. 635. H. G. Richardson (1) も見よ．
169) 4頭が最も普通だった．H. G. Richardson (1), G. E. Fussell (1), p. 68.

(*ou keng*)の語を説明できそうだ．この言葉は『詩經』および他の周や漢の文献に現れる．

「耦」(*ou*)の解釈はほとんどが2冊の文献に依拠している．一つは『周禮』の「匠人」の節[170]で，こう言う．'匠人は灌漑具を作る．「耜」の幅は5寸，2本の「耜」で対(「耦」)をなす'．〔匠人爲溝洫，耜廣五寸，兩耜爲耦〕．もう一つは『漢書』の中の趙過に関する記述だ．趙過は紀元前1世紀初めに，新しい犁耕システムを普及させたことで知られる．[171] '趙過は「一対の犁」(耦犁) *ou li*)を2頭の牛で引き，三人で操った'．〔用耦耕，二牛三人〕．「耦耕」について初めて注釈を加えたのは漢代の大注釈家鄭玄で，その注釈は今も論争を呼び，[172] 様々な解釈がある．例えば，向き合った二人が二つの鋤で溝を掘ること，[173] 二人が1個の鋤を使って一人が掘りもう一人がロープで鋤を引くこと，[174] また普通の犁を一人が操縦し一人が引くこと，[175] あるいは一人が犁耕しもう一人が種子をレーキかハローで覆土すること，[176] 一人が犁を操縦し一人が牛を誘導しもう一人が轅を抑えること，などだ．[177] 多くの文書は一緒に耕すこと(「耦耕」)だけでなく，一緒に除草すること(「耦耘」*ou yün*)，あるいは一緒に耕しレーキをかけること(「耦耕耰」*ou keng yü*)も述べる．「耦」(*ou*)と「庸」(*yung*)の熟語も『左傳』その他の秦以前の文書が使い，その熟語は労働交換を意味する．[178] これら多くの例から判ることは汪寧生(Wang Ning-Sheng)が言うように，「耦」は圃場でいつも一緒に働く仲間あるいはグループを指している．この習慣は雲南の少数民族ではごく最近まで普通ですべての農作業を数人で一緒に行った．[179] 今日，犁耕の作業はグループの協力単位作りに役立っている．二人の農民の一人が牛を持っているなら二人で一つのチームを作り，一人が犁を操縦しもう一人が牛を誘導す

---

170)『周禮』「考工記」18b．
171)『漢書』24A/16*b*〔食貨志第四上〕．
172) 各種の解釈とその支持者の詳細なリストが王寧生(*1*), p. 74 にまとめられている．
173) 楊寛(*11*), pp. 9, 41.
174) 孫常敍(*1*).
175) 天野(*4*), p. 721.
176)『論語』Hui Tzu の一節に基づく〔『論語』の「微子」Wei Tzu に耦耕の記述があるが，Hui Tzu という章はない〕．萬国鼎(*5*).
177) 宋兆麟(*1*).
178) 汪寧生(*1*), p. 75.
179) 同上，p. 76，宋兆麟(*1*), p. 6. 日本，タイ，マラヤ，インドネシアで互助組は水稲栽培と密接に結びついている．そこでは一般にもっと多人数で，対象は移植と収穫作業に限定される．J. F. Embree (1), M. Moerman (1), Bray & Robertson (1) その他を見よ．

るという具合だ．この習慣は西方ではるか昔から行われていた．その絵がフォンタンアルバの洞窟壁画[180]やエジプトの壁画[181]にあり，ペイン（Payne）はこう語る．[182]'ケルト諸国ではゆっくり着実な歩調を確保し，犂き手を助けるため御者はチームの先端で後ろ向きに歩いたものだ……彼はチームに歌いかけて着実に歩かせた'．

犂耕の際のこうした協力はウェールズやスコットランドで18世紀まで続いていた．[183] チームの人数は二人以上だっただろう，そしてそれには利点が多い．第一に仲間全員が牛を持っている場合，家畜は交代できるので負担が軽くなっただろう．第二に家畜を持っていない人も自分の農地を犂耕することができ，その見返りにたぶんほかのメンバーの除草や収穫を手伝ったり，家畜を放牧させたり，飼料やりを担当した．第三に犂耕の人手を増やすことができた．犂耕の際に轅によりかかったり，その上に乗って犂を押し下げることがしばしば必要で，こうして溝を深くしまた犂を安定させた．[184] ほかにも，余分な人手は犂の後ろに種をばら撒いたりレーキでの覆土に都合がよい．協力関係が長く続くと除草や溝掘りも一緒にするようになる．都合がいいという理由だけでなく，一緒に働くともっと楽しいからだ．

結局，これが「耦耕」の最もうまい説明ではなかろうか．つまり犂耕の協力関係は他の農作業にも生きるということだ．漢代までにこの言葉は古典主義を意識する場合以外は消えてしまったようだが，その理由はたぶん大農場が出現して労働再編を引き起こしたことにあるだろう．

初期中国の弓型アードは軽くて扱いやすい利点があるが，耕深が浅く，粘土質の土では能率が悪い．ふつう何回も交差して犂をかけ，土を十分に細かくする．春秋時代末に始る中国人口と経済の急速な拡大は，私の考えでは，方形枠型犂の発達を促進したものだ．この犂は鉄製犂先を付け弓型アードより重いが能率はよいので，それまで放置されていた粘土質の排水の悪い土地で耕地拡大が可能になった．このような農業の潜在的生産力の拡大こそ，当時の政治経済

---

180) Leser (1), pl. 12.
181) 同上, fig. 112.
182) F. G. Payne (1).
183) Baker & Butlin (2).
184) Payne (1), p. 80, 宋兆麒 (1).

論者が理にかなった農業発展を最重視し，労力と耕地の適切なバランスを重視した背景だろう．[185] また，『呂氏春秋』の中に畝溝システム（「畝畖あるいは畝畝」 *mu chhüan*）の記述が現れることも説明できる．というのはこの畝溝システムを作るには，金属犂先を付けた重い枠型犂が必要だからだ．『呂氏春秋』の記述にこうある．[186] 'これは 6 尺の「耜」で立てた畝であり，その幅 8 寸は溝の幅となる．（「是以六尺之耜所以成畝也，其博八寸所以成畖也」）'．この文章は [187] 鋤に似た道具（アイルランドの畝立て用鋤 loy に似る）で畝を立てることの説明だが，溝の幅が鋤刃の幅とどうして正確に合致する必要があるのだろうか．どんな鋤でも掘る溝の幅は調節できるが，もし呂不韋が枠型犂を念頭に語っているとすると，犂床の幅は溝の幅と正確に合致する（ただし，犂へらや類似の装置が付属していない場合）．呂不韋の示す寸法，長さ 6（周）尺（約 120 センチメートル）と幅 8（周）寸（約 16 センチメートル）は，880 年に陸龜蒙が述べる枠型犂の寸法，125 センチメートル×12.5 センチメートルにほぼ対応し，[188] また 20 世紀の中国枠型犂にも対応する．[189] 幅広の凸型犂先を持つ枠型犂なら『呂氏春秋』に述べる通りの犂き方，つまり深く狭い溝で分けた広い畝を作ることが可能だ．[190]

『呂氏春秋』の農業に関する章は，たぶんそれより前の作品『后稷書』（*Hou Chi Shu*）から取って，紀元前 4 世紀に書かれた．[191] それは畝と溝に掘り分け（土の水分が管理できる），穀物をきちんとした列で植える利点を繰り返し強調し，この方式に無知な農民が多いことを残念がっている．このことは紀元前 4 世紀までに枠型犂が十分普及し，知識階級の注意を引いたということだ．また生産性の高い畝溝耕作方式が弓型アードによる浅い耕作方式に取って代わり，公式に奨励されたことを示す．[192] 『呂氏春秋』の「任地」（*Jen Ti*）篇では *ssu*（「耜」）と呼んでいるが，農民の間では枠型犂を指す言葉として *li*（「棃」，「犁」，「犂」）がもっと一般的であり，この言葉が漢代までに次第に広がり，枠型犂の普及と歩調を揃

---

185) 例えば，『商君書』巻 2 の § 6, 訳 Duyvendak (3), p. 214.
186) 『呂氏春秋』「任地扁」，夏緯瑛 (3), p. 40.
187) 同上，pp. 41-44, 133-5.
188) 『耒耜經』p. 1. 寸法の数字は呉承洛 (2) の換算表による．
189) 例えば，Hommel (1), p. 40, 著者不詳 (*502*), pp. 8, 11, 55, 56.
190) 『呂氏春秋』「辯土篇」，夏緯瑛 (*3*), p. 80.
191) 同上，p. 2.
192) この点では，金属製犂先の遺物発見地と，歴史資料から「井田法」の正方形耕地が帯状の畝耕地で置き換えられたと判る地域を突き合わせることは（例えば，楊寛 (*11*), p. 112），意味がある．

えてどこでも使われるようになった[193] と考えてよいだろう．

漢代の犂

初期中国で犂が十分な発展を遂げたという私の考えは，証明もないままに自信過剰に陥っていると思う人も多いだろう．しかし漢代までに完成した中国犂の精巧さは——世界のどこも達成していなかったもので——私の論点を十分に支持するものだ．

中国の犂は前漢時代ですらほとんどすべてが方形枠型犂だった (図 55a, b, c, e)．もっと簡単な弓型犂は例えば江蘇省には現在もまだある[194] が，これとても簡単な弓型犂ではなくもっと手の込んだもので，重い犂先と犂へらがあり，犂柱の調節ができる (図 55f)．前後に調節できる犂柱は中国犂が生み出した基本的な発明で，犂床と轅の間隔を変えて耕深が調節可能だ．かくして 1 本の犂で作物や土のタイプ，季節あるいは天候に応じた深さの溝を掘れるのだ．農書の著者たちはこのような柔軟性を当たり前のことと見なしていた．例えば『齊民要術』の一節はこうだ．[195] '秋耕は深く，春耕，夏耕は浅くする'．'秋に犂耕するときは……最初の犂耕 (「初耕」*chhu keng*) は深くし，二回目の犂耕 (「轉地」*chhuan ti*) は浅くせねばならぬ'．

ローマ時代のヨーロッパで溝の深さを調節する方法は，唯一，犂き手が犂柄にかける力を変えることだった．[196] ローマ時代後期の北欧や中欧では重い車輪枠型犂をすでに使用しており，[197] 溝の深さは車輪に付ける轅の位置を高くすることで調節可能だったかもしれないが，この方法を行った確実な証拠は中世以降に下る．[198] その時でも耕深の調節は犂き手の技量に頼るか，轅に乗るもう一人の体重に任せるのみだった．[199] そのような方法は今世紀でも中国の僻地から報告があり，[200] 王莽期以降の絵画や画像石ではすべて犂柱の調節可能な

---

193) *li* (犂，犁) はまた元来，犂耕単位の広さを指した．中世ヨーロッパの oxhide あるいは *charruée* と同様である．例えば，『管子』の一節 (1.20.5)〔「乗馬第五」〕にある．'三日で成人は二犂を耕すことができる．五尺の青年は一犂を耕せるに過ぎない'．
194) 張振新 (*1*), fig. 4.
195) 『齊民要術』1.3.3 と 1.3.5, 訳は著者．
196) K. D. White (2), p. 176.
197) Pliny 18.172, K. D. White (1), p. 141, F. G. Payne (1), p. 77.
198) Haudricourt & Delamarre (1), pp. 340, 381, Gille (15).
199) F. G. Payne (1), p. 80.

図55 漢代の犂. (a)漢代後期の木製模型, 甘粛省武威. (b)後漢画像石, 陝西省米脂. (c)後漢画像石, 陝西省綏徳. (d)王莽期の壁画, 山西省平陸. (e)後漢画像石, 山東省滕県. (f)後漢画像石, 江蘇省睢寧.

犂だ(図55e, f). 調節方法[201]は600年後に陸龜蒙が正確に記述している(本書p.206以下を見よ). それによると, 刻みを付けた楔を轅の上に置いて, 犂柱が轅を突き抜ける溝に差し込む. この方法は20世紀でもまだ使用している.[202]

犂先など金属部分を見ると, 漢代は戦国時代を超える偉大な改良が量的にも質的にも, 種類や普及の面でも起こった. 鉄は入手がはるかに容易になったが, これは小さな民間の鋳造所が漢代初めの数十年に帝国のいたるところで出現し,

200) 例えば, 雲南の少数民族. 張振新(1), p.57, 汪寧生(1), p.76, 宋兆麟(1), p.5.
201) 張振新(1), fig.2と3に山東と江蘇のもの.
202) Hommel (1), p.40.

紀元前100年までに大きな国営の鋳造所もほとんどの省と領地に建設されたからだ．鉄は炊事鍋から刀剣まで，遼寧から雲南，山東から新疆までの統一領土の中であらゆるものに使われ，[203] 品物の質も著しく改良された．事実，漢代の鋳鉄は戦国時代の鉄よりも硫黄含量が低く，炭素含有量が低かったので，脆さが減り，研ぐことが容易になった．[204]

漢代の犂先はタイプもサイズも種類が大変多い（図56a）．スリッパ型の犂先，嵌合部が四角の犂冠，継ぎ合わされた犂先，槍型犂先，薄い青銅犂先，小型で尖り胴のくびれた犂先など様々だ．また重さは単純な犂冠[205]の0.3キログラムから，最大級の'舌状'の犂先[206]では12.5キログラムを超えるもの，サイズは長さ数センチメートルから幅，長さともに40センチメートルに達するものまであった．[207] このように漢代犂先は様々なタイプがあったが，最も普及していたのはV字型の「冠」だった．これは戦国時代，木製犂床の先端に直接取り付けたようだが，漢代には重い鉄製の'舌'を犂床先端の突出した木部に固定したようだ（陸龜蒙はこの舌を'亀の肉'（「鼈肉」*pieh jou*）と呼んでいる）（本書 p. 206 以下を見よ）．「冠」はふつう「鋒」（*feng*）[208] と呼ぶこの舌の先端にしっかりと押し込んだ（図56b）．「鋒」はふつう下面が平坦，上面が凸形で中央部に稜が走り，「冠」中央部の稜と合致するようになっていた．その嵌合はしっかりしたもので発掘者が二つを分けるのに苦労するほどだ．[209] 舌を金属で作る利点は，木製に比べて重いが摩擦を著しく減らせることだった．土は「冠」の先端とつばできれいに切り分けられ，「鋒」の滑らかな緩く傾いた上面で容易に反転し，浅い溝を掘れた．「鋒」と「冠」の組み合わせは大変好評で，後漢には二つを一体で鋳造するようになった．[210] 「冠」のつばは損傷すると叩き出したり，研ぎなおしが可能，[211] また一体化することで製作に必要な鉄の量も節約できた．つばで継ぎ合わされたこの犂先は唐代，さらに今日まで使用が続いている[212] （図

---

203) 著者不詳（*506*），注7.
204) 著者不詳（*507*），p. 52 と（*509*），p. 71.
205) 著者不詳（*509*），p. 69.
206) 著者不詳（*506*），p. 22.
207) 同上．
208) 林（*4*），p. 269.
209) 著者不詳（*506*），p. 23.
210) 劉仙洲（*8*），fig. 19.
211) 著者不詳（*506*），p. 24.

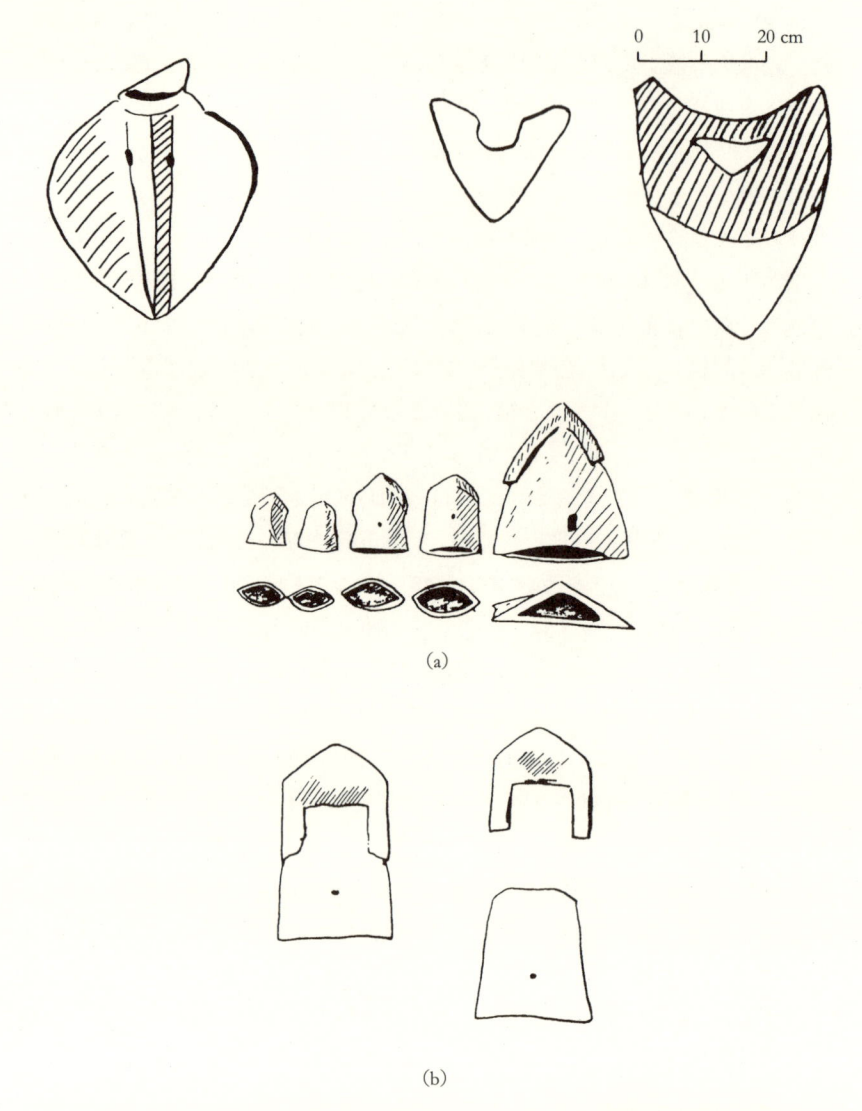

図 56　中国の犂先．(a) 漢代の犂先．林 (*4*), figs. 6-16, 6-17, 劉仙洲 (*8*), figs. 18, 20．(b)「鋒」と「冠」．林 (*4*), 6-15．(c) 犂先遺物，唐代の鉄製および青銅製犂先．劉仙洲 (*8*), figs. 21, 22, 金元代の鉄製犂先，遼寧省．天野 (*4*), p. 781．(d) 明代の犂先．『王禎農書』13/10*a*, 13/11*a*〔「農器圖譜钁臿門」〕．

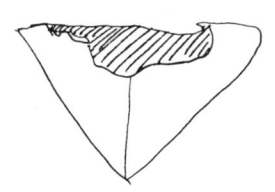

第4章 耕作体系　197

唐代の犂先，湖南省 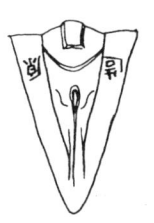　　　　唐代の青銅製犂先

金元代の犂先，遼寧省

図 56（c）

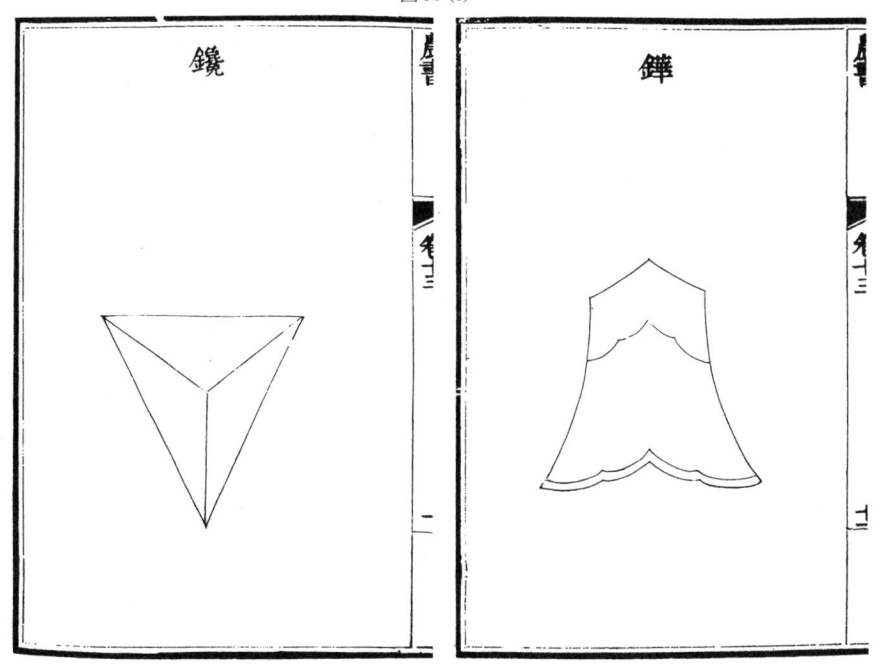

鑱　　　　　　　鏵

図 56（d）

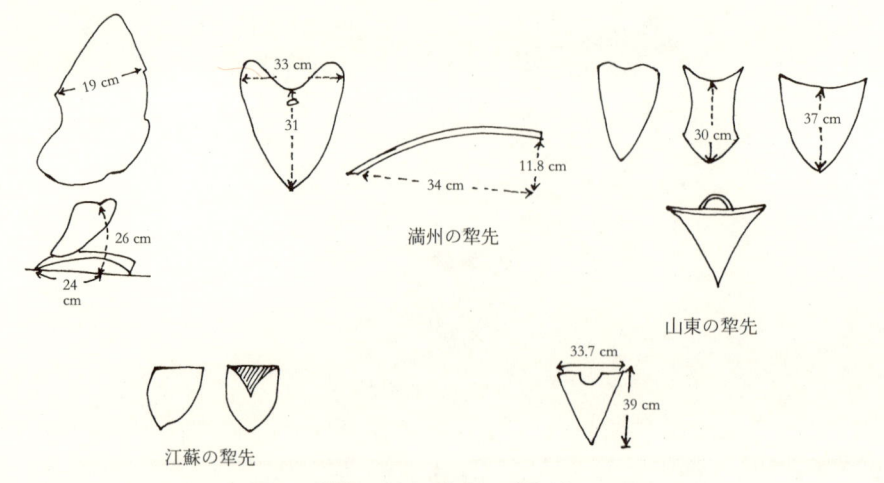

図 57　現代の中国の犂先．天野 (4), p. 800.

57) が，次第にもっと軽くて簡単なもので置き換えられた．

「鋒」と「冠」の組み合わせに犂へらを足すと，土を反転する性能は大いに高まる．犂へらは，「鐴」あるいは「壁」(*pi*)，「犂耳」(*li erh*)，あるいは「鏡」(*ching*) などの名で呼ばれるが，中国で4世紀まで現れないというのが以前の考えだった[213]（ただし漢代の絵図には，江蘇省の画像石（図 55f）のようにかなりはっきりと犂へらを描くものがある）．しかし最近の考古発掘によると，鉄製の犂へらは中国で前漢時代にすでに使用していたことが判った．[214] そればかりか，漢代の犂き手は4種の犂へらの'鞍型'，'葉型'，'瓜型'，それに方形の一隅を欠くもの（図 58a）のどれかを選択することができた．'鞍型'は時に二つの部分を別々に鋳造したが，[215] 機能的には両側へ土を反転し，他の三種は一方の側へのみ反転した．'鞍型' 犂へらは「鋒」(*feng*) の中央稜の切り目にぴったりと合い，その上部はたぶん犂柱の前縁で支えた．非対称形の犂へらはその固定に注意を要し，犂身と犂柱に付けた3, 4本の鉄製突起にロープでむすんだ．漢代の犂へらで最も感心することは，その下端が皿状にへこみ犂先にぴったりと接合するよう作られて

---

212) 天野 (4), p. 772, 著者不詳 (502), p. 5.
213) 天野 (4), p. 758 で詳細を参照せよ．
214) 著者不詳 (506), 林 (4), p. 268 以下．
215) 『説文解字』に「䎱」(*fei*) という字に関する言及があり，二つの犂へらを持つ犂を指す．林 (4), p. 270 を見よ．

第 4 章　耕作体系　199

図 58 (a)

いることだ．

　湾曲した金属製犂へらは，摩擦を大幅に下げるので非常に能率のよい仕掛けである．[216] 1784 年，スコットランド人で科学的な犂の創始者であるジェームズ・スモール (James Small) は，湾曲した犂へらをヨーロッパへ導入した直後に次のようにその原理を述べた．[217]‛犂先と犂へらの曲面は途中で途切れたり急変することなく，一続きの面でなければならない．曲面は犂先の先端のどこからともなく始まるべきで，犂先と犂へらの製作も同じ方式に則ることが必要

---

216) Leser (1), p. 454 以下．
217) James Small (1). G. E. Fussell (2), p. 49 に引用．

図 58 (b)

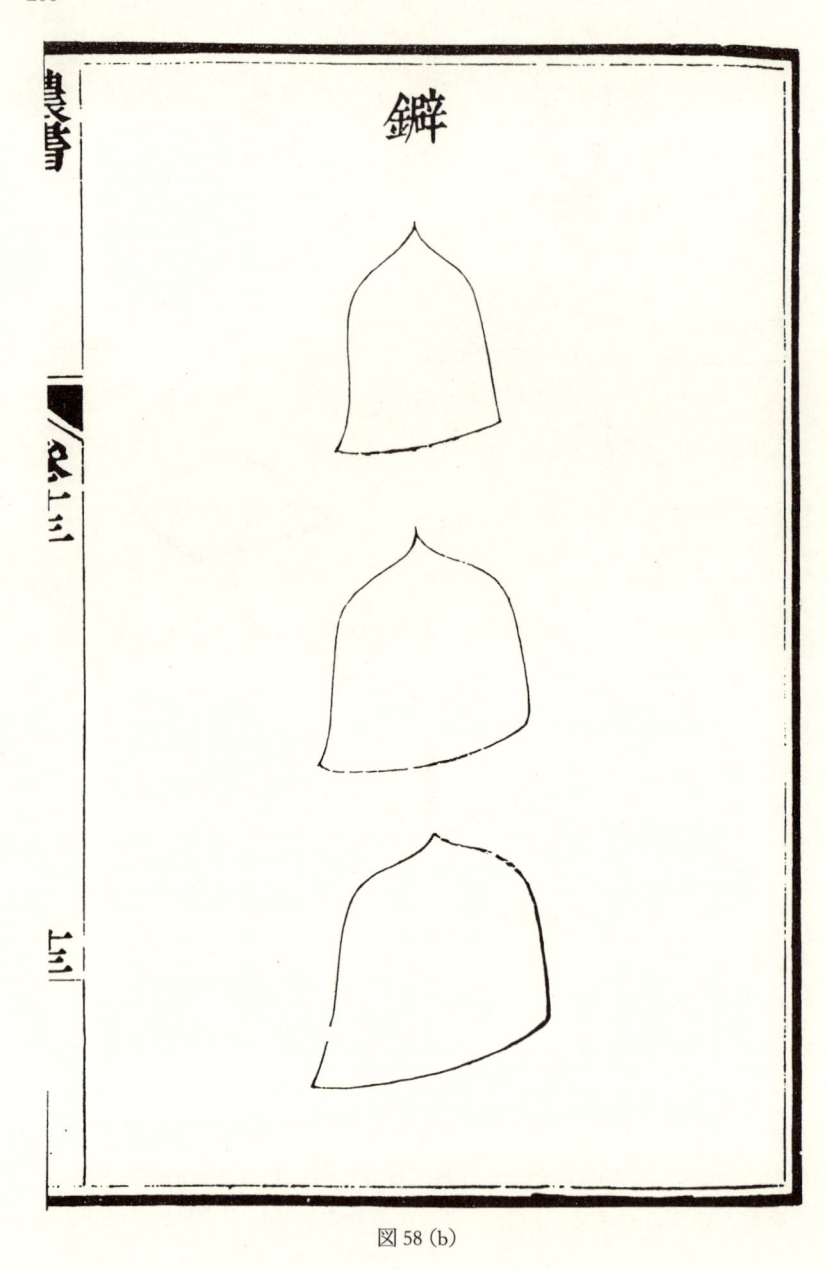

1) 宋代の犂へら，四川

2) 現代の犂先と犂へら，浙江

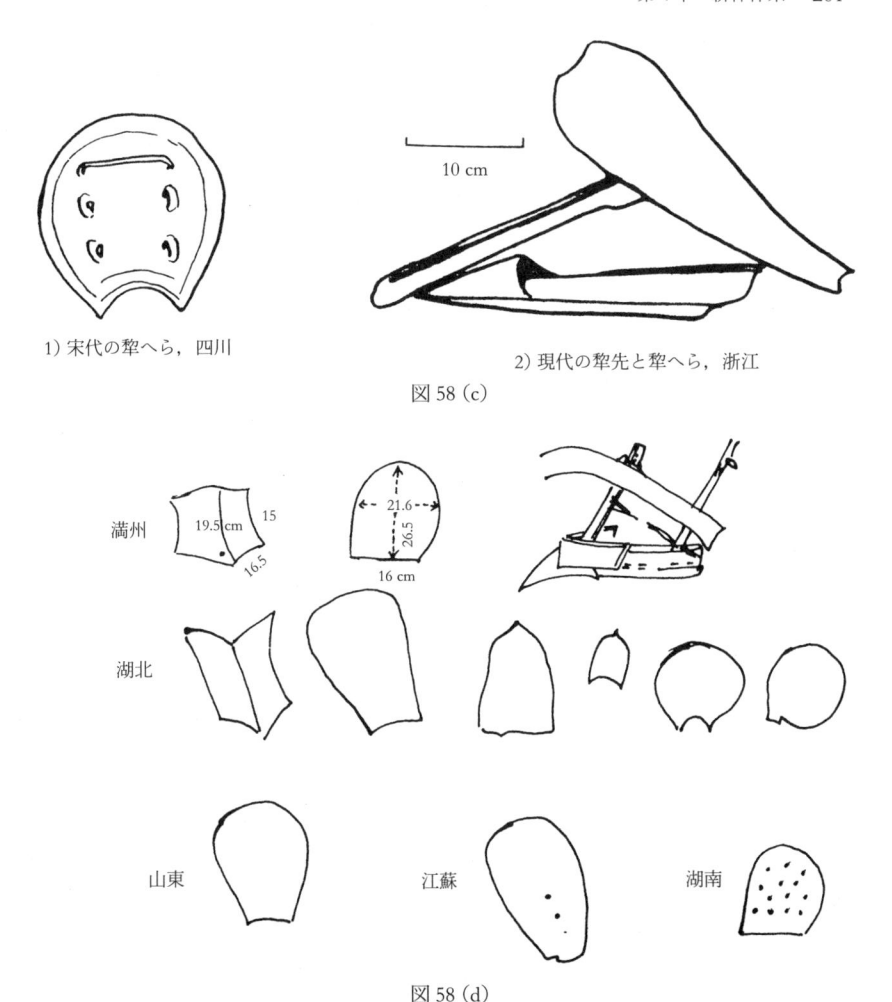

図 58 (c)

満州

湖北

山東　　江蘇　　湖南

図 58 (d)

図 58 中国の犂へら．(a) 漢代，対称形「鞍型」，一隅を欠く方形の葉型，瓜型，非対称形のものの耳に注意．著者不詳 (506) と劉仙洲 (8), fig. 28. (b) 明代．『王禎農書』13/3a〔「農器圖譜钁臿門」〕. (c) 枠に金属環で固定している．宋代．劉 (8), fig. 30. 現代，浙江省．Hommel (1), fig. 62. 〔犂へらと犂先の向きが逆〕(d) 現代，天野 (4), p. 800.

だ'．図 58a 鞍型犂へらの側面図を見ると，漢代の犂へらのうち少なくとも数種はスモールの言う原則を実現している．土は犂面に粘着することなく円滑に離れるので，西欧では普通だった犂先の土落とし役[218]が中国の文献に出ないのはこのためだろう．鉄製犂先と犂へらで加わる余分な重さは摩擦の減少で十

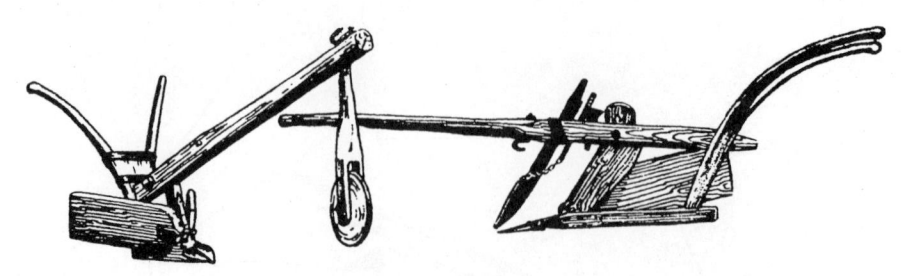

図59　ヨーロッパの平面木製犂へら．Leser (1), fig. 148.

分相殺できる．アーサー・ヤング（Arthur Young）が1797年に述べている．[219] '犂の重さは常識に反して重要なことではない……犂の重さは馬にかかる負担のうちで最小のものだ．大きな問題は土が粘着することだ．犂を軽くすることは何の効果もない．それはまさに比率の問題だ'．実際，犂が重ければ重いほどまっすぐに平坦な溝が作れる．ヤングはさらに言う．'犂先のヒレの幅は犂のかかとの幅とぴったりではなくても同じ程度にすることが決定的だ．[220] これは土を押し上げるのでなく，切るために必要である'．

　漢代以降の中国の犂は，すべてがこの効率性の条件を満たしている．犂を引く牛は漢代には2頭だけで十分だったし，後に1頭になった理由はここにあるだろう．ヨーロッパでは18世紀に湾曲した犂へらその他の新しい意匠が入るまで，4頭，6頭，あるいは8頭で引かざるを得なかった．ヨーロッパにへら付きの犂が現れたのは，ローマ後期までは下らず中世初期だったが，18世紀まで犂へらは木製で平面だった[221]（図59）．その構造は稚拙で，牽引には大頭数の家畜が必要，そのため大面積の放牧地を確保する必要があった．中国では少数の牽引家畜で用が足り，ヨーロッパのような耕地-草地型の混合経済を維持する必要はなかった．かくて休閑地を減らし耕作面積を増やすことが可能で，その結果，同一面積の土地で養える人口はヨーロッパよりかなり大きくなりえた

---

218) ローマでは *rallum*（Pliny 18.179, K. D. White (1), p. 140）と呼んだ．中世イングランドでは plough-staff あるいは pattle と呼んだ（Fenton (3), p. 186）．
219) 犂デザインの優劣を評価する一節だ．G. E. Fussel (2), p. 54 に引用．
220) ヨーロッパの犂の多くは同時代の中国の犂と異なり，犂床の後部を幅広くしたり，二股にした．これは溝の幅を広くするのに有効と考えられた．
221) Haurdricourt & Delamarre (1), ch. 16. 曲面の木製犂へらがヨーロッパのいくつかの地方では14世紀に発展していた証拠がある（F. Sigaut，私信）．しかしそれらも金属製に比べると効率は低かっただろう．

のだ．

　中国の犂へらは漢代に高度に発達していたので，戦国時代には当然その原型があるはずだが，証拠資料は残っていない．その理由は最初期の犂へらが金属製ではなく木製だったからだろう．ここで宋代の学者林希逸が，例の神秘的な「庛」について述べた面白い考え[222]を思い出す．「庛」は「考工記」の車人の節で「耒」の構造に関連して記述されるが，林希逸はこれが木製の犂へらだったと言う（図42）．『周禮』の記述を思い出そう．[223]'「庛」は長さ1.1（周）尺……堅い土にはまっすぐな「庛」が，柔らかい土には湾曲した「庛」が要る．楽器の石磬に似た角度で曲がる「庛」は中間の土に良い'．堅い土に作条するには直線状で犂身と鋭角を成す犂へらが良く，柔らかい土では大きく曲がった犂へらのほうがうまく反転できると林希逸は正確に指摘している．この説は興味あるものだが，「考工記」の文章自体は意味を成さない不完全なもので，何かの結論を引き出せるものではない．

　要するに，中国の犂が漢代までに高度に発達していたことは明瞭だ．そこには開拓用に先端の鋭く尖った犂があり，溝掘り用の巨大な犂先を持つ重い犂があり，一般用には耕作地の土をこなす幅広い犂先と犂へらを備えた犂があった．[224]反転犂で起こした土は砕土の必要があり，そこで漢代末に家畜牽引ハローが出現する（本書p. 254を見よ）．畝溝システムには直播より条播が適すので，漢代には播種器も出現する（本書p. 295を見よ）．さらに異なる地方ごとに異なる発展経過が生じた．甘粛や陝西では土が軽く風が強烈なので反転犂の使用は必要でも賢明でもなく，軽くて犂へらの小さいアードの使用が続いた．[225]ベトナムのある地方や敦煌では，中国人官吏が漢から晋代に初めて犂を導入した[226]ようだが，こうした遠隔地は別にして漢代には中国のほぼ全域に犂が普及した．[227]『史記』の一節，'［揚子江の南は］火で耕し，水で草切る（「火耕水耨」）'，はふつう南方の野蛮人が焼畑方式で稲を栽培したと解釈されるが，実際は永年耕地での水稲栽培を指すことは確実だ（焼畑の稲栽培では'耕地'に水

---

[222]『考工記解』2/59b．林希逸の説は劉仙洲（8），p. 15以下で支持されている．
[223] 本書p. 167を見よ．
[224] 作溝犂は著者不詳（506），林（4），p. 271，宋兆麟（1），p. 8を見よ．
[225] 張振新（1），図1，図7．
[226]『齊民要術』0.6〔序〕．汪寧生（2）も見よ．
[227]『史記』30/15a, 129/12a〔「平準書」と「貨殖列傳」〕

を貯めることはできず，したがって草を除くことはできないから）．この語句が述べる方式は，今も華南や東南アジアでよく見る方法に酷似している．稲株は耕起前に焼いて肥料とし，畦囲いの耕地に水を貯めて若い稲苗の中の雑草を抑える方法だ．高度な農業技術が揚子江文化圏で新石器時代に発達していたことを考えると，江南にも他の地域と同様の発達した犂があったことは不思議でない．実際，江西その他で鉄製犂先が大量に発見されている．[228]

漢代以後の発展

以上，漢代の犂の分化と高度の特化を述べた．しかし一つの共通点があった．長いまっすぐな轅を幅広のくびきにつないで，2頭以上の家畜で牽引するようにしたことだ．しかし家畜は漢代にしばしば不足し，農民は時として自分で犂を引かねばならないこともあった（p.163を見よ）．その際はたぶん非常に小さい犂先を付けた小型の犂を使った．[229] このような状況の繰り返しは1頭引きの犂を出現させることとなった．これは短い弯轅の先端に横木のしりかけ（「槃」*phan*）があり，それはくびき「軛」(*o*) と引き綱で結ばれた．くびきは1頭ごとに合わせ，首の下に回すバンド「鞅板」(*yang pan*) で引き締めた．この引き具は滑らず，擦れず，漢代のまっすぐなくびきに比べて一段と進歩したものだ（図60）．弯轅としりかけの組み合わせは，何頭の家畜でも対応できる点で有利だった．『王禎農書』はこう述べる．[230]

> 昔，しりかけ「耕槃」は今より短く，1頭か2頭の牛をつなぐだけで，犂自体に付いていた．しかし今は犂耕法が地方ごとに異なり，3頭か4頭の牛も使う．この場合，しりかけは幅5尺（約150センチメートル）のまっすぐな木片を使い，中央に鉤か環を付け，犂耕の際犂の先端をこれにつなぐ．
>
> 「耕槃舊制稍短，駕一牛或二牛，故與犂相連．今各處用犂不同，或三牛，四牛，其槃以直木，長可五尺，中置鉤環，耕時旋攬犂首．」

1頭引きの最初の証拠は晋代に最も早いものがある．甘粛省嘉峪関（Chia-yü-

---

228) 著者不詳 (*511*).
229) 著者不詳 (*506*), fig. 2.
230)『王禎農書』12/22*a*〔「農器圖譜耒耜門，耕槃」〕，訳は著者．

図 60　中国のしりかせ.『耕織圖』, Franke (11), pl. XIV.

kuan) の 220 年から 310 年の壁画に, 1 頭の牛を引き綱で犂基部に近い横棒につなぐ図だ.[231] 他方, 広東の 300 年頃の陶製明器は 1 頭引きの犂とハロー〔耙〕を示す.[232] この牽引法がどの程度急速に広まったか判らないが, 880 年の『耒耜經』は弯轅としりかせを標準的なものと述べている (本書 p. 206 を見よ). 唐代以降, 中国のほぼ全域で犂は牛か水牛 1 頭引きが普通となったが, 華北や西北中国では長い轅と 2 頭引きが今日も見られ, 2 頭の牛ではなくロバとラバ, あるいは駱駝の組み合わせもある.[233]

『耒耜經』が書かれた 880 年までに, 今日の中国犂の特徴はすべて備わってい

---

231) 著者不詳 (512), fig. 52.
232) 徐恆彬 (1), fig. 1. 私が見た模型は不明瞭で詳細は分らない. 林(4), fig. 6-21 と著者不詳(512), fig. 6 は 1 世紀の山西平陸の絵を示す. 牛 1 頭引きの播種ドリルが描かれているが, つなぎ方は紐か犂轅かどちらか判らない. 漢代の戦車や荷車ではもちろん長柄が普通だった.
233) 現代の長柄犂は耠子 (huo tzu) と呼ぶ. 張振新 (1) を見よ. 天野 (4), p. 738 は敦煌の宋代壁画にある例を示す.

た．20世紀の農学者がさも軽蔑したように中国犂は数世紀も変化していないと言うことは，無意識のうちにそれが長期の試練に耐え得たことを誉めているのである．[234] 宋代は農業の改良や革新が広範に生じた時代だが，宋元の農書を見ても犂の変革に触れた記述はない．犂に関する標準的説明として後代のあらゆる文献や辞典が逐語的に引用するものは，880年の陸龜蒙による『耒耜經』である．[235]

[犂は] 全部で木，金属，11の部分がある．犂が跳ね上げる土は畝（「墢」 fa）あるいはかたまり（「塊」 khuai）と呼び，畝を跳ね上げる部分は犂先（「鑱」 chhan），畝を反転する部分は犂へら（「鐴」 pi）と呼ぶ．雑草は土を反転してその根を切らないと畝の上に移動するだけである．

犂先は下で平たく伸び，犂へらはその上で後ろに傾く．犂先は先端が尖り，犂へらは基部が湾曲する［犂先にしっかりと合着する］．犂先を装着する部分は犂床（「底」 ti）と呼ぶ．犂床の先端は犂先の中にしっかりと嵌め合わされ，[236] 大工はこの部分を'亀の肉'（「鼈肉」 pieh jou）と呼ぶ．[237] 犂床への接合具は'犂先おさえ'（「壓鑱」 ya chhan）と呼ぶ．［犂へらは］背面に二つの耳があり，犂先おさえの両側に結びつける．[238] 犂先に連結する部分は「策額」（tshe o）といい，犂へらを保持する．これらの部分はすべて結び合わされる．

「策額」から犂床へ下る部分は犂床のほぞ穴に垂直に組み合わされており，犂柱あるいは'矢'（「箭」 chien）という．犂から前方へ延びる車軸のように湾曲した部分はながえ（「轅」 yuan），後方で柄として立ち上がる部分は高足あるいは'舵'（「梢」 shao）という．ながえの上に突き出る犂柱の延長部は締めたり緩めたりできる．ながえの上面に犂柱［の中の切れ目に］に対応した溝があり，段を刻んだ木片が犂柱の中へ嵌め込まれる．段は前方が高く，後方が低い．その段は［必要に応じて］前後にずらすことができる．この木片は楔あるいは'調節器'（「評」 phing）と呼ぶ．楔を前へずらすと犂柱は緩まり，犂は土を深く切る．後ろへずらすと犂柱は上を向き，耕深は浅くなる．犂柱を'矢'というのはその高さの調節法が［矢を番える］石弓に似るからである．楔を'調節器'というのは正確に位置を調節するからである．楔の頭に突き刺してこれを留める木片はかんぬき（「建」，「犍」 chien）〔「犍」は「楗」が普通〕と呼ぶ．これはながえと楔を固定し，そうしないと両方がばらばらになり，犂柱がしっかりと留まらない．

---

234) F. Bray (8).
235)『耒耜經』, pp. 1-2. 訳は著者によるが，東ベルリン科学院のThomas Thilo教授との議論に助けられた．Thilo (3) 参照．
236) 原文の「實」を「貫」と読む．
237) 陸はつば付き犂先を装着した犂を述べている．
238) 犂へらは全部で4個の耳を持つことになる．

ながえ先端の棒はしりりかせ(「槃」phan)と呼ぶ.これは旋回し,その両端の引き綱(「掔」hsien)でくびき(「軛」o)に結ぶ.ながえの後尾は把手となり「梢中」(shao chung)といい,これで犂を実際上保持する.

「通謂之犂.冶金而爲之者,曰犂鑱,曰犂壁.斲木而爲之者,曰犂底,曰壓鑱,曰策額,曰犂箭,曰犂轅,曰犂梢,曰犂評,曰犂建,曰犂槃.木與金凡十有一事.耕之土曰墢,墢猶塊也.起其墢者,鑱也,覆其墢者,壁也.草之生必布于墢,不覆之,則無以絕其本根.故鑱引而居下,壁偃而居上.鑱表上利,壁形下圓.負鑱者曰底.底初實于鑱中,工謂之鼈肉.底之次曰壓鑱.背有二孔,係于壓鑱之兩旁.鑱之次曰策額,言其可以扞其壁也,皆肔然相戴.自策額達于犂底,縱而貫之曰箭.前如桯而樛者曰轅.後如柄而喬者曰梢.轅有越加箭,可弛張焉.轅之上又有如槽形,亦如箭焉.刻爲級,前高而後庳,所以進退,曰評.進之則箭下,入土也深,退之則箭上,入土也淺.以其上下,類激射,故曰箭.以其淺深,類可否,故曰評.評之上,曲而衡之者,曰建.建,楗也,所以柅其轅與評.無是則二物躍而出,箭不能止.橫于轅之前末,曰槃,言可轉也.左右繫以掔乎軛也.轅之後末,曰梢中,在手,所以執耕者也.」

続いて各部分の寸法が述べられており,それに基づいて道具の復元図が描ける(図61).ほぼ完全に明瞭だが,やや不明瞭なのは「壓鑱」と「策額」の二つだけだ.「策額」は犂柱から前に突き出す木製のかすがいで,犂へらを支えるものだろう.[239) 「壓鑱」は犂へらの耳と細引で縛り付けるためのもので,たぶん犂床に固定した木栓だろう.類似のものが現代の中国犂にもある.[240) 陸が示す寸法はこの解釈と正確には符号しないが,陸自身の告白によると,彼がある日,農民に各部の名称を尋ねるまで犂の構造をまったく知らなかった.'私は神農の小屋へ入り込んで農事を教えられたような驚きを体験した'と彼は言う.したがって彼の記載は細部まで完全に正確というわけではないだろう.[241)

陸龜蒙が記述したのは揚子江デルタで使われた犂だった.それは方形枠型犂で,弯轅にしりかせが付き,鋭く尖った三角形の犂先を除いて,完全な木製で,(陸龜蒙の示す犂先の寸法は長さ1.4尺,幅6寸,つまり約45センチメートルと19センチメートル),卵型の犂へらは直径1尺(31センチメートル)だった.初期の図

---
239) 図64dの河北の犂を見よ.
240) Leser (1), fig. 243, Ctarikov (1), fig. 3を見よ.『王禎農書』の挿絵,図62 (a) も見よ.
241) 陸龜蒙の犂の復元図が閻文儒によってなされ,国立歴史博物館にあり,劉仙洲 (8), fig. 33が図示するが,あまり明瞭でない.

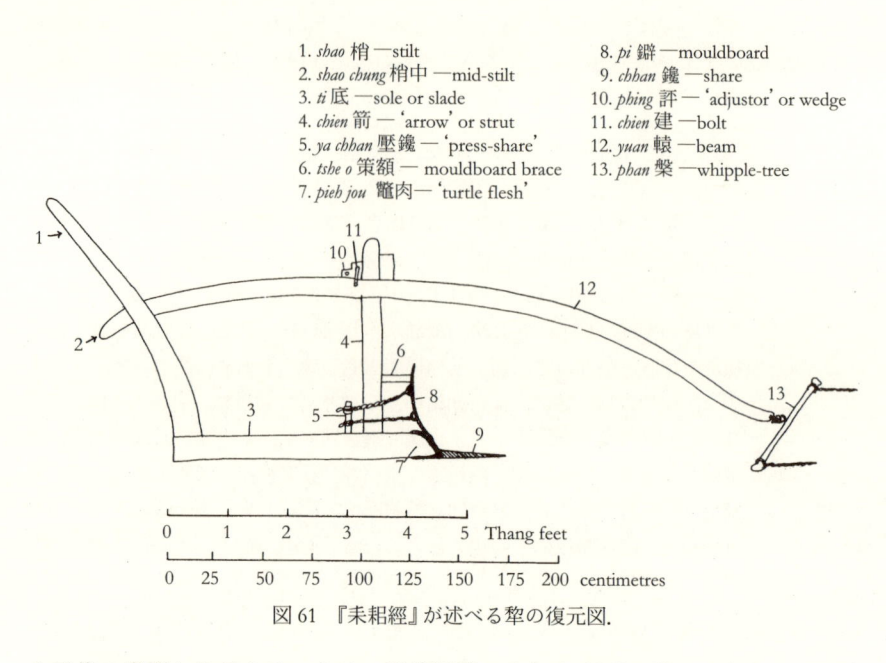

```
1. shao 梢 —stilt                    8. pi 鐴 —mouldboard
2. shao chung 梢中 —mid-stilt        9. chhan 鑱 —share
3. ti 底 —sole or slade              10. phing 評 — 'adjustor' or wedge
4. chien 箭 — 'arrow' or strut       11. chien 建 —bolt
5. ya chhan 壓鑱 — 'press-share'     12. yuan 轅 —beam
6. tshe o 策額 — mouldboard brace    13. phan 槃 —whipple-tree
7. pieh jou 鼈肉— 'turtle flesh'
```

図61 『耒耜經』が述べる犂の復元図.

や元代の実例から言えることは，唐代以降に生じた変更は唯一，宋あるいは元代のもので，王禎『農書』の明版に絵が残っている．[242] その犂は弯轅の三角枠型で，犂柱が長く延びて後方へ曲がり，柄となる．『農書』の挿絵（図62）が示す轅は短い「梢」に固定されており，この形は中国の所々で今も見られる．[243] ときに轅は犂床の背に直接固定され，鋭いカーブを描くものがあり，犂柱の前方に固定されるものすらあった（図39-4c, 63b）．[244] 天野[245]はこの形では鉄の轅が前提になると断言している．中国には金属轅を持つ現代の実例が多くあるが，東南アジアではすべて木製だ．ホンメル（Hommel）[246]は犂の轅にする目的で農民が木の枝をしつけることを述べている．

陸龜蒙が行った犂の記述は後代の農書にそのまま注釈も推敲も加えずに引用

---

242) たぶん，元代の原図に基づいている．『王禎農書』の異版の挿絵について，その由来と信憑性は天野 (4), p. 777 を見よ．
243) 例えば，湖南省．天野 (4), p. 799.
244) この形は現在，中国と東南アジアに広く分布する．天野 (4), pp. 798-799, 著者不詳 (502), pp. 7, 9, 10, 58, 60 など．Raffles (1), p. 113 には18世紀のジャワの形がある．Mayer (1), Leser (1), fig. 269 も同じ．同 fig. 285 はシャムの形を示す．
245) 天野 (4), p. 789.
246) Hommel (1), p. 64. この方法はローマにもあった (Virgil, Georgics I, 169-70).

第 4 章　耕作体系　209

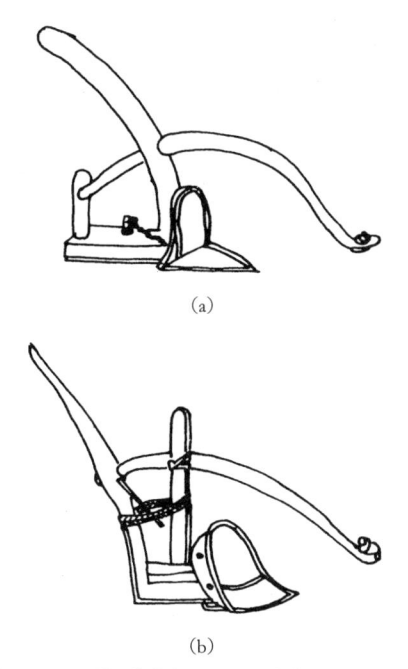

(a)

(b)

図62　『王禎農書』の犂の挿絵の変異.

されている．後代の農書著者たちも多くが揚子江デルタ出身であり，彼らは陸の記述が十分正確だと感じたし，それにたぶん見知っている数百もある様々な犂の変異を記述する仕事の大変さに頭をかかえたこともあるだろう．『耒耜經』に追加できる記事で唯一有用なものは，王禎の1313年の『農書』にあり，犂とは別に犂先と犂へらに関する項にある．王禎は小型で鋭く尖った犂先「鑱」(chhan) と，より広幅で凸型上面の「鏵」(hua) を区別している（図56d）．[247]

　「鑱」と「鏵」はまったく異なる．「鑱」は幅が狭く，厚みがあり，まっすぐに犂き起こす場合にのみ使える（「惟可正用」）が，「鏵」は幅が広く，薄く，土を即座に反転できる．農事の古い諺にある．'未耕地には「鑱」を使え，こなれた土を反転するには「鏵」を使え'……しかし今日，北方では「鏵」が普通となり，南方では誰もが「鑱」を使う．

　　　「鏵與鑱頗異. 鑱狹而厚, 惟可正用, 鏵闊而薄, 翻覆可使. 老農云, 開墾生

---

247)『王禎農書』13/12a-b〔「農器圖譜钁臿門」〕.

地宜用鑱，翻轉熟地宜用鏵……然北方多用鏵，南方皆用鑱.」

　王禎は，手当たりしだいにどんな犂でも使うことは誤まりで，常に仕事に合った犂先を選ぶべきだと言う．しかし元代の農民は王禎が言うほど不注意だったわけではない．というのは「鏵」と「鑱」の言葉は地方ごとに今も使い分け，また幅広の犂先と尖った犂先は北方にも南方にもあるからだ．

　王禎の『農書』明版の挿絵（図62）[248]は，先の尖った大きな犂先の犂，比較的小さな犂へらの犂と，犂先犂へらをたぶん一体で鋳造した犂を示す．他の百科全書にある挿絵は例えば『天工開物』の挿絵[249]など，大抵がありえない類の絵になっているが，賢明にも犂の上半部だけ見せて下部は泥や水に隠れて見えないようにするものもある．[250]『農書』の「鑱」と「鏵」の挿絵（図56d）[251]は，犂先「鑱」が鋭いピラミッド状，「鏵」はそれより幅が広く凸型で，現在の多くの例同様，下に曲がっている（図48b，図64）．[252] 中国の犂先は鋳鉄製が現在まで続いている．鋼鉄製のほうがより鋭利で能率も良いが，製造のコストが上がり，中国農民には出費がまず気になることだった．王禎は次のように言う．[253]'もし［犂先を］使用して土を切ることが頻繁だと，その尖った先端は必ず鈍くなるが，溶かして鋳直せる．しかし貧しい民はそれを研ぎ直すだけだ'．焼き入れて硬度を上げた鋳鉄で研ぎ出し犂先を作る技術が中国にあったかどうか資料はないが，ヨーロッパではこれはやっと1755年にノーウイックのロバート・ランソム（Robert Ransome）が特許を取った．[254]

　犂へらについて王禎は言う．[255]

　　犂へら（「鐴」pi）は犂の耳である……犂へらはいくつかの種類がある．水田を耕す種類は「瓦繳」(wa chiao) あるいは「高脚」(kao chiao)，旱地用は「鏡面」(ching mien) あるいは「碗口」(wan khou) という．使用する種類は土の性質による．

---

248)『農政全書』と『授時通考』の挿絵画家が模写したもの．
249)『天工開物』1/6b〔「巻上乃粒第一，稲工」〕．
250) 例えば，『耕織圖』，『便民圖纂』の各種の図．
251)『王禎農書』13/10b, 11b〔「農器圖譜钁耞門」〕..
252) 天野 (4), p. 800, Hommel (1), fig. 61. 実例をJoseph Needhamが黒龍江で観察し，撮影している．
253)『王禎農書』13/11a〔同前〕．
254) G. E. Fussell (2), p. 61.
255)『王禎農書』13/13b〔同前〕．

「鐴, 犁耳也. ……夫鐴形不一. 耕水田曰瓦鐴, 曰高脚, 耕陸田曰鏡面, 曰碗口, 隨地所宜制也.」

　　王禎はここで円形と方形の犁へらを区別するが，面白いことに非対称形と対称形[256]を区別していない．犁へらの考古遺物はすべての王朝時代から出土し，漢代にあったことが分かっている種類すべてが出ている．唯一の目立つ変化は，宋代以来，犁へらを突起で固定するのでなく，数本の金属環か袖をとおして犁柱に固定するものがあることだ（図58c）．犁柱に回す環の高さを厚さの違う木片で調整すると[257]犁へらの角度が調整できる．突起のある犁へらでは締めつけコードの長さを調節するか，縛り付ける木釘の位置をずらせば同様の調節が可能である（『農書』の挿絵，本書の図62を見よ）．この調節法を最初に述べたのは『齊民要術』中の一節で，[258]刈り株の間を犁く際に根を掘りもせず，埋めたくもない場合に農民に勧めているところで，こう述べる．'犁耳〔へら〕を後ろに縛る（「弭縛犁耳」）'，換言すると犁へらのコードをきつく締めて犁へらがほぼ水平になるようにすれば，土を反転しなくなる．[259]犁へらのこのような調節法は絶えずあったにちがいないが，古典の文中には現れない．事実，王禎は[260]'畝間の深さを調節するには犁柱があり，幅を調節するには把手がある'，と言い，このことは犁へらでは畝間の幅を変えられなかったことを示している．中国の犁へらは左右両方があり，驚いたことに犁先はいつも対称形だが（したがって犁へらを変えれば，左右どちらにも反転可能である），ヨーロッパのような可変犁がない．可変犁についてはフィッツハーバート（Fitzherbert）が述べている．[261]'ケントには違う犁がある．端まで行くたびに犁へらの向きを切り替え，いつも一方向に土を起こす'．これは中国の犁耕法と大変違う方法を示している（本書p. 117を見よ）[262]．

　　さて，異文化間の波及や相互影響の問題に触れよう．中国と西洋の間で犁耕技術が交流した例と考えられているのは，18世紀に中国からヨーロッパへ導

---

256) 後者の円筒形曲面のものを天野(4), p. 783は「蹚頭」(chhang thou) と呼んでいる．
257) Hommel (1), fig. 62.
258) 『齊民要術』14. 6. 1.
259) この文章の様々な解釈は天野(4), p. 762を見よ．
260) 『王禎農書』2/3b〔「農桑通訣墾耕篇」〕．
261) Fitzherbert (1), 2節.
262) Leser (1), pp. 393-394を見よ．

入された曲面の犂へら，有歯ローラー，唐箕などの道具である（本書 p. 624 を見よ）．[263)] さらに東では完形の枠型犂が韓国，日本，インドシナ，さらにはフィリピン，インドネシアにもあり，そこでは典型的な中国のハローやローラーと一揃いになっており，[264)] このことは技術伝播の波を示している．中国の犂の発展を最初期から簡単にもう一度振り返る価値はある．

中国最初期の犂である弓型犂は西アジアあるいはヨーロッパから家畜飼養と同時に来た可能性がある（本書 p. 182 を見よ）が，他方，独自に発展した可能性もある．弓型犂は東アジアから東南アジア全域，特に小数民族の住む山地で今も見られる．弓型犂を犂柱で強化したものが日本，韓国，ベトナム，ジャワにあり，また甘粛，陝西，広西，広東，雲南にもある．[265)] この分布はこの種類が中国から他地域へ伝播したことを示す．その時代は分からないが，他地域へ人口が移動したある一時期にたぶん生じただろう．[266)]

犂へらを持つ方形枠型の反転犂が紀元前数世紀に中国に，紀元後1世紀に北西ヨーロッパと，同じ頃に出現したことは注目すべきだ．一見するとこれは明らかな技術伝播の一例のように見える．考え方としては反転犂がまず中国で発展して，そこから漢代初期の中国人の拡大と外国接触の中で北西アジアとヨーロッパへ波及したか，逆にスラヴ系農民がまだアジアに居住した頃に彼らが発明し，中国人はこの知識を間接的に入手し，ヨーロッパへはスラヴ人の移動とともに伝わったかのいずれかだ．しかしまた考慮しなければならないことは，ヨーロッパと中国の反転犂が非常に異なっていたことで，発展完成期のものに限らず最初期からそうだった．漢代の枠型犂は後代と同様に曲面の金属製犂へらと対称形の犂先を備え，草切り刃や車輪はなく柄は1本だった．これに対しヨーロッパの反転犂は，最古の遺物も非対称形の犂先と大きな草切り刃を持つ．

---

263) Leser (1), p. 442 以下, Leser (2), Slicher van Bath (2).
264) Leser (1), figs. 264, 270, 296-298.
265) Leser (1), p. 403 以下, Raffles (1), p. 113, Huard & Durand (1), fig. 28, 胡厚宣 (3), p. 80a, 著者不詳 (502) の随所.
266) 日本で弥生期以前（紀元前4世紀）に犂耕があったかどうか，まだ証拠はないし，東南アジアの古代史はいまだ曖昧さに覆われている．しかし考古学的作業がここで進みつつあり，これまでの想定以上に進歩していたことが判明しつつある．何人かは大陸東南アジアが植物栽培化や金属精錬の非常に古いセンターだったと考え，新石器時代の文化伝播は東南アジアから中国へと（逆方向ではなく）北向きに及んだと考えている（例えば, Meacham (2)）．彼らは中国の弓形アードの起源をベトナムやタイに求めるべきだと思っているだろう．

表6　1600年頃の中国とヨーロッパの反転犁の比較.

	中　国	ヨーロッパ
枠	方形または三角形 把手　常に1本 犁床　細い 長柄はふつう湾曲し，しりかせ付き	方形 把手　ふつう2本 犁床　ふつう幅広い 長柄はまっすぐ，車輪またはしりかせ付き
犁先	対称形 常に1個	非対称形 時に2個[269]
犁へら	ふつう鋳鉄製 対称形，非対称形 凸曲面 犁先の上に垂直に置く 多くは調節可能	木製 非対称形 平面 犁先の後ろに縦に置く 時に切り替え可能
草切り刃	なし	必須
耕深	犁柱の調節で変える	草切り刃，犁耳，長柄の高さで調節
作条幅	取っ手と犁へら角度で変わる	草切り刃，犁先，犁床の調節で変わる
摩擦軽減	車輪なし 細い犁床 曲面の鉄製犁へら しばしば浮き橇を使用[270]〔図40の托頭〕 犁床の下に石，木のかかとを足す[272]	車輪あり 車輪を時に浮き橇で代える[271] 時に犁床に石を埋め込む[273]
重量	ごく軽い，1人で運搬可	重い，しばしば荷車，橇で運ぶ[274]
作業	ふつう水牛1頭 華北では時に3～4頭の牛 犁は1人で操る	ふつう牛または馬4頭 重い犁では14頭までの家畜 しばしば2～3人，1人が操り，1人が家畜を導き，1人が犁轅を抑える

　ローマ時代の文献によると，ゴールとゲルマニアでは重い車輪付きの犁を使っていた．また18世紀までヨーロッパの犁へらは木製で平面だし，その枠型犁は（近代の少数例を除いて）把手が2本あった．こうしたことは取るに足りない違いではなく，[267] 犁の機能と作業にとって基本的な違いであり，結局，反転犁の原形は東と西で別々に発展したと言わざるを得ない．しかしどちらの場合も，そ

---

267) この違いの重要性は Bratanic (1) を見よ.

の発展を促したのはたぶん同じ動機だったと思われる．それは人口増加に伴って農業が重い粘土の地域へ拡大したことだ．

さて，次に東南アジアとの関係という厄介な問題に行き当たる．通例の見方では交流は中国から南へまったくの一方通行が想定されており，これは方形枠型犂についてはその通りだろう．というのは19世紀初期のジャワでそれは中国犂と呼ばれていた．[268] 1817年に呼び名がまだ'中国犂'(luku Cina)だったことは，その導入がごく最近であることを示すものだ．実際，それはジャワへの初期の華僑移民がたぶん17世紀に持ち込んだものだろう．[275] その証拠は'中国犂'が主に市場向け産物の園地で使用され，その多くは中国人が経営し，水田では使わないことだ．方形枠型犂はフィリピンへはたぶん少し早く，スペインが征服して中国人移民が増えたときに導入されただろう．[276] 三角型犂はまったく違う問題をかかえている．純然たる三角型犂（図63a）は中国で山西と河北に見られ，またタイにもある．[277] ほとんど四角形に近い型（図64）は私の知るかぎり中国にのみ見られる．[278] Z型犂といわれるものは長柄が犂床まで降りず，後ろに曲がった把手に連結するもので（図39-4c），中国では例えば陝西，山東，江蘇，浙江にあり，[279] またアンナン，タイ，スマトラ，ジャワ，さらに日本にもある．[280] 三角型犂とその変形は中国では方形枠型犂より後期になるが，インドネシアでは方形枠型犂より早い．さらに方形枠型犂は大陸部東南アジアにはなく島嶼部東南アジアにだけあり，中国から後に導入されたようだ．三角型犂

---

268) Raffles (1), p. 113.

269) Blith (1).

270) Leser (1), figs. 234-7. 天野 (4), p. 785 は『便民圖纂』にある明代の例を示す．現代の例は著者不明 (502), pp. 6, 8, 10 にある．橇は旱地でのみ使い，現在はひとつの小さな車輪で置き換えられている．著者不詳 (502), p. 16 以下．

271) Leser (1), fig. 34, p. 501, Haudricourt & Delamarre (1), pp. 343, 363. この方法は北西ヨーロッパで17, 18世紀に，車輪犂よりもっと融通の利く揺動犂が普及してから一般的となった．

272) Leser (1), figs. 234, 236 の山東の例と Joseph Needham が黒龍江で撮った写真が私の知る唯一の例だ．

273) 北西ヨーロッパで一般的．Lerche (1), (2), D. V. Clarke (1) を見よ．

274) Leser (1), pp. 538-540.

275) C. Geertz (1).

276) V. Purcell (1).

277) 天野 (4), pp. 800-801, Leser (1), fig. 285.

278) 本書図62．天野 (4), p. 801 に湖南の現在の例がある．

279) 著者不詳 (502), p. 10 以下．直轅と犂柱のある現在の変形が湖南と広西にある．同上, p. 61 以下．

280) Leser (1), figs. 268-9, 274, 277 and 261.

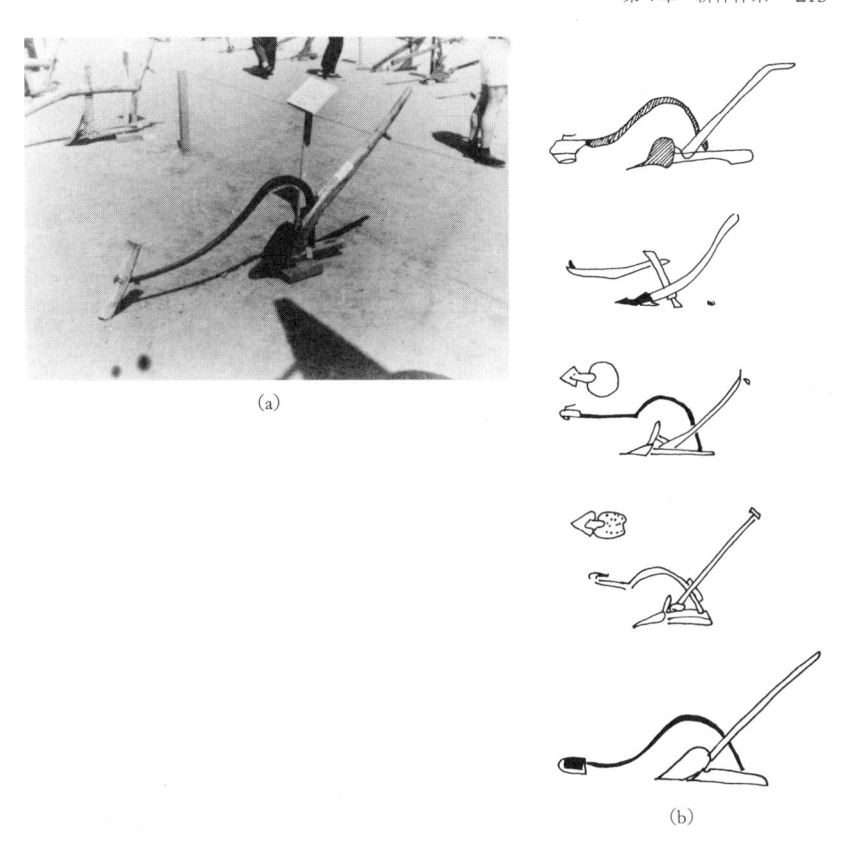

図63 三角型中国犂．山東省(J. ニーダム撮影の写真)と，山西省および北京のもの．天野(4), pp. 798-799.

が東南アジアから中国へ来たものとすると，たぶん中国人が交易と探索を旺盛に進めた元代，明代だろうか？　前植民地期を見ると，東南アジアの大部分は中国よりもインドの影響が強く，[281] 影響を考えるとすると北向きのほうが南向きより考えやすい．ところが三角型犂はインド自体にはないのでこの形は東南アジア土着であったように思える(東南アジアの他の犂は明瞭にインドの影響を示すものが多い．[282]　インドの影響は中華圏のいくつかの犂にも見られるが，それはチ

---

281) Coedès (5).
282) 例えば，シャム，マレー，クメール，安南の犂．Leser (1), figs. 280 - 1, A. H. Hill (1), fig. 1, Hickey (1), p. 136.

216

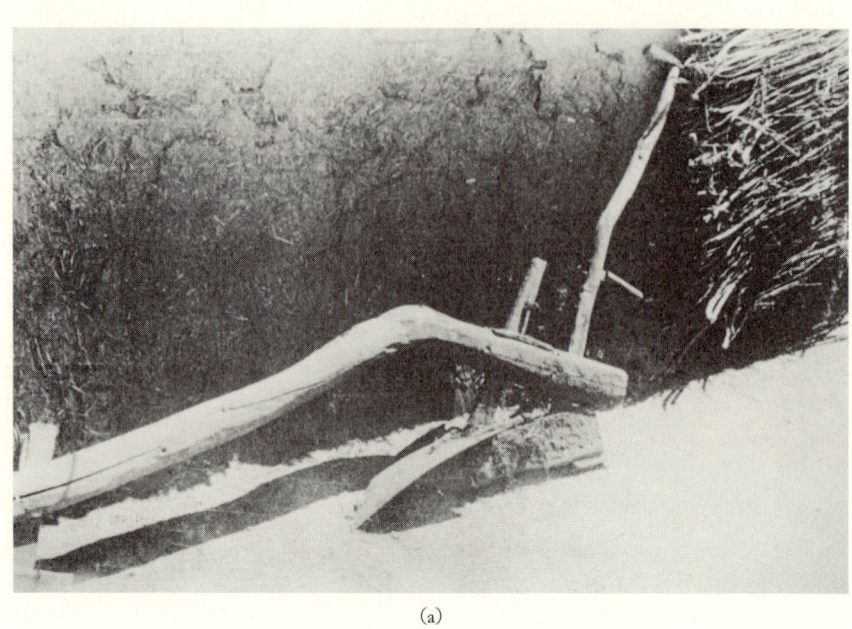

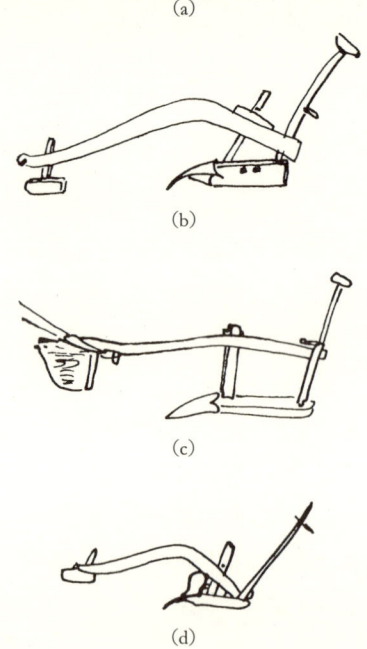

(a)

(b)

(c)

(d)

図64 犂先が下向きに曲がる犂.(a) 黒竜江省, J. ニーダム撮影.(b) 河北省, (c) 山東省, (d) 河北省, 天野 (4), p. 798.

ベットやトルキスタンのような遠隔地に限られる[283])．

　18世紀ヨーロッパの場合，接触の影響はより明瞭である．ヨーロッパはイエズス会士や他の旅行者を通して中国をよく知っていた．中国は偶像化され，中国の事物はすべて完成の極致にあると考えられた．農民や芸術家，哲学者までもがこの熱狂に感染したのは不思議に見えるが，この時期，少なくとも北西ヨーロッパでは農業が卿紳層の職業になっており，急速な発展を見せてほとんど実験科学の位置に達していた．そして有用で利益を生む刷新は市場に歓迎された．1651年，早くもハートリブ（Samuel Hartlib）は当時の多数の犂が非能率であることを嘆いて，科学的な研究の必要を強調していた．[284)]

> 　多くの優れた機械技師が永久運動や他の珍奇なものについて頭脳を働かせ，あらゆる運動を軽やかにする最良の方法を見つけているだろうに，犂（世界で最も必要な道具である）を称えることなく，それについて何の研究もないことは不思議だ……この最も必要であるのに軽蔑されている道具の製作法とそのすべての部分を正確に書きとめる者は，国民の称賛を受けるにちがいない．何故なら造船やそのほかの事柄と同じく，犂の作製に正確な法則が要ることは疑問の余地がないからだ．

　ハートリブ時代のヨーロッパ犂の非効率性は，平面の犂へらで生ずる大きな摩擦に原因があった．犂へらの軸が犂先とずれていたため土を円滑に反転できず，また畝間を広くするため必要とされた広幅の重い犂床も摩擦を大きくした．この問題は17世紀末に曲面の金属製犂へらがオランダと東アングリアへ導入されるまで解決されなかった．本書の第6章結論の第1節（p. 624以下）で，私はこの刷新が確実に中国の影響であり，直接あるいは東南アジアを通してきた[285)]ことを示す．それは西洋の比較的農業先進地域，オランダとフランダース，イングランド，スコットランド，北米の一部へ急速に広がったが，フランスとドイツでは普及は遅かった．[286)]

　スコット・J・スモール（Scot James Small）が1784年に曲面犂へらデザインの

---

283) 著者不詳（502），p. 4, R. A. Stein (6), p. 126, Leser (1), fig. 217.
284) Hartlib (1), p. 5.
285) 多くの場所で，曲面鉄製犂へらを使うようになった時期は，有歯ローラーや唐箕といった典型的な中国農具の導入と同時期だった．本書 p. 420, Leser (1), p. 442.
286) ドイツでは19世紀初期でも，曲面犂へらはまだ稀だった．Leser (1), p. 443.

原理を初めて系統的に解明したが(p. 199 を見よ), デザインを完成するまでさらに数年を要した.[287] ともあれ,曲面鉄製犂へらと'ロザラム' (Rotherham)型無床犂[288] の組み合わせは堅固, 軽量, 操作の簡単さでヨーロッパの営農に革命を起こし,[289] 必要な牽引家畜と労力を大幅に軽減した.

中国とヨーロッパの犂へらの大きな違いは, 前者では犂へらが犂先と犂柱の間にあるのに対し, 後者では犂体に沿っていたことだ. そこには余分の空間が大きいのでヨーロッパの設計者は選択に大きな幅と自由度を持つこととなり, 19世紀ヨーロッパの犂製作者は大きな刷新を生み出して, 犂へらに凹凸両様のひねりを加えた.[290] この刷新と軽量で強い無床の犂体とが一体となって新しいヨーロッパ犂の効率を著しく高め, 19世紀末から20世紀始めに中国へ導入されると, 中国犂は不格好で非効率にすら見えることとなった. 清代末年の政府刊行物はこう言う.[291]

　　　[中国犂は]深耕に適していない. かつ, 犂先と犂へらの接合部が柔軟に曲がっておらず, その結果, 土塊を完全に反転できない……[西洋の犂は]犂先と犂へらの面が[滑らかな]曲線で接合し, 土塊を完全に反転できる.

熱烈な支持者たちは新型の犂を中国全土に普及しようと努め[292] (見事に失敗した), 同時にウインチ牽引犂耕, 蒸気犂耕など[293] 他のヨーロッパの驚異も導入に努めた. そして間もなく, 人々も伝統的な中国の犂は原始的な道具だと農学者たちに同意したのである. わずか2世紀前には中国犂は西洋で完成モデルと受け取られていたし, さらにその前のほぼ2000年間, 中国犂はその操作性と効率の高さで西洋のものをはるか後方に置いてけぼりにしていたのだが.

---

287) G. F. Fussell (2), 2章にすばらしい叙述がある.
288) 同上, pl. 20. 車輪のない揺動犂, そして無床犂が18世紀にイギリスで普及したが, これは中国の無車輪犂の影響と見る意見がある (Haudricourt & Delamarre (1), p. 381 以下).
289) F. G. Payne (1).
290) Leser (1), p. 448.
291)『棉業圖説』巻1. 天野 (4), p. 790 に引用, 訳 Philippa Hawking.
292) 例えば,『農學纂要』1/28a.
293) 天野 (4), p. 728 以下. こうした発展はすべて1800年以降であるので, 本書では取り上げない. 非畜力動力の犂に関して言うと, Samuel Hartlib が中国の風力牽引を耳にして, 17世紀半ばに風力犂の開発を試みたが, 成功しなかった (G. E. Fussell (2), p. 40).

犂付属品

休閑草地を作物輪作に組み込んでいる北ヨーロッパと中部ヨーロッパは，ごく最近まで草切り刃が犂の必須部品だった．草切り刃は長柄にしっかり装着した鋭いナイフのことで，犂先で土を反転する前に芝土を切り開くので摩擦を大幅に軽減できる．その説明はこうだ．[294]

> 草切り刃は曲がった鉄片で長柄中央部のホゾ穴に据えて楔で両辺を固定し，その背は厚さ半インチ，幅は3インチ以上で，土を切る前に鋭く研いでしっかり留めねばならぬ．こうすると牽引は容易になり，鉄刃は長もちする．

ヨーロッパ最初の草切り刃はローマ時代に遡り，反転犂の普及と関係が深い．[295] もとの形ではたぶん刃は犂体に固定せず，ナイフを別の木製柄に縛り付け，犂とは独立した簡単な'抜開器'として使用しただろう．こうした道具は今もヨーロッパの山地で見る．[296] しかしナイフを犂の長柄に直接縛り付ける方が便利と分かるまでに長くは要しなかっただろう．そのような道具はバイユー(Bayeux)・タピストリー〔北仏，ノルマンディー公のイングランド遠征を描く壁掛け〕その他の初期絵画の中に描かれている．[297]

草切り刃はヨーロッパとロシアの反転犂には必須品だが，草地とステップ地帯の外ではほとんど知られていない．中東，中央アジア，南アジア，東南アジア，中国，日本の犂には今日でも草切り刃がない．とはいえ草切り刃は宋代に中国で知られていた．『集韻』(Chi Yün)[298]は，切り刃，「劙刀」(li tao)について触れ，それは休閑地の抜開に使った．王禎は収穫具の節に収録しているが，それはたぶんその形のせいだろう．王禎はこう述べる．[299]

> 形は短い鎌に似るが，背部はより分厚い．私はそれでアシやヨモギの藪を開くのを見たが，そこは根がびっしりと厚く覆い，力の強い牛で犂を引いても及ばないような

---

294) Fitzherbert (1), iii 以下．
295) F. G. Payne (1), p. 79.
296) Leser (1), p. 302, Haurdricourt & Delamarre (1), fig. 48 など．
297) 草切り刃付きの犂をアングロ-サクソンが描いた10世紀の絵が Haurdricourt & Delamarre (1), p. 357 以下で検討されている．〔バイユー・タピストリーは11世紀の刺繡．〕
298) 『王禎農書』14/9b〔「農器圖譜銍艾門」〕に引用．
299) 同上，14/9a-b.

ところだった．耕耘犂をかける前に，切り刃を1本小さな犂に付けて1頭の牛に引かせ，土を薄く切って犂溝を1本開く．次いで程よい犂先でこの犂溝をなぞり，片側に畝を掘り上げる．これで仕事は半減できる．あるいは切り刃を犂轅の手前端に［直接］装着してもよい．この方法は余分の人も牛も要らないのでより経済的，便利である．

「其制如短鐮，而背則加厚．嘗見開墾蘆葦藜萊等荒地，根株駢密，雖強牛利器，鮮不困敗．故於耕犂之前，先用一牛引曳小犂，仍置刃裂地，鬭及一墢，然後犂鑱隨過，覆墢截然，省力過半．又有於本犂轅首裏邊，就置此刃，比之別用人畜，尤省便也．」

しかし，王禎の挿絵（図65）は明らかに間違いだ．というのは，王禎が述べる「劃刀」はヨーロッパの草切り刃に似た鎌のような刃物であるはずだ．彼が異なった二種類に言及することは興味を引く．一つは反転犂の犂体から離れたもの，もう一つは犂体に装着したものだ．しかし残念ながら使用の頻度がどの程度だったか，どの地域で普及していたのか彼は述べていない．後代の要約は単に王禎の記述を引用するだけで，『授時通考』が耕耘に関する部分でそれを再録する[300]が，多くの農書は土地抜開の記述でも触れようとはしない．草切り刃は時々，今日も中国犂で見るが，[301] 主に北の辺地のものだ（現在は「犂刀」li tao と呼ぶ）．ただし伝統的な形ではなく，最近の模造品のようだ．1902年の『農學纂要』（Nung Hsüeh Tsuan Yao）は草切り刃に触れ，ヨーロッパ，アメリカからもたらされた刷新であるとして'近代犂'の部分で言及するに過ぎない．[302]『集韻』が述べる草切り刃もたぶん西から，とりわけロシア平原から伝来しただろう．当時，ロシア平原は華北平原同様タタールの騎馬民に席巻されつつあった．

王禎は犂のもう一つの付属品，'削刀'「剗 (chhan) あるいは鎊 (pang)」に言及している．[303]

その刃は除草鍬に似るが，幅がより広い．深い袖があり，ふつう犂先を嵌める犂床の部分にくさびで留める．[304] 使用する犂は小型で軽く，牛1頭か一人でも引ける．華北の冬季水たまり[*1] になる暗い陰鬱な低地[*2] で使う．春，雪解けが始まり，土が息

---

300)『授時通考』32/23a-b.
301) 著者不詳 (502), p. 15, 20, 22 など．
302)『農學纂要』1/38a.
303)『王禎農書』13/14b〔「農器圖譜钁臿門」〕．
304) つまり，'龜の肉'，本書図61を見よ．

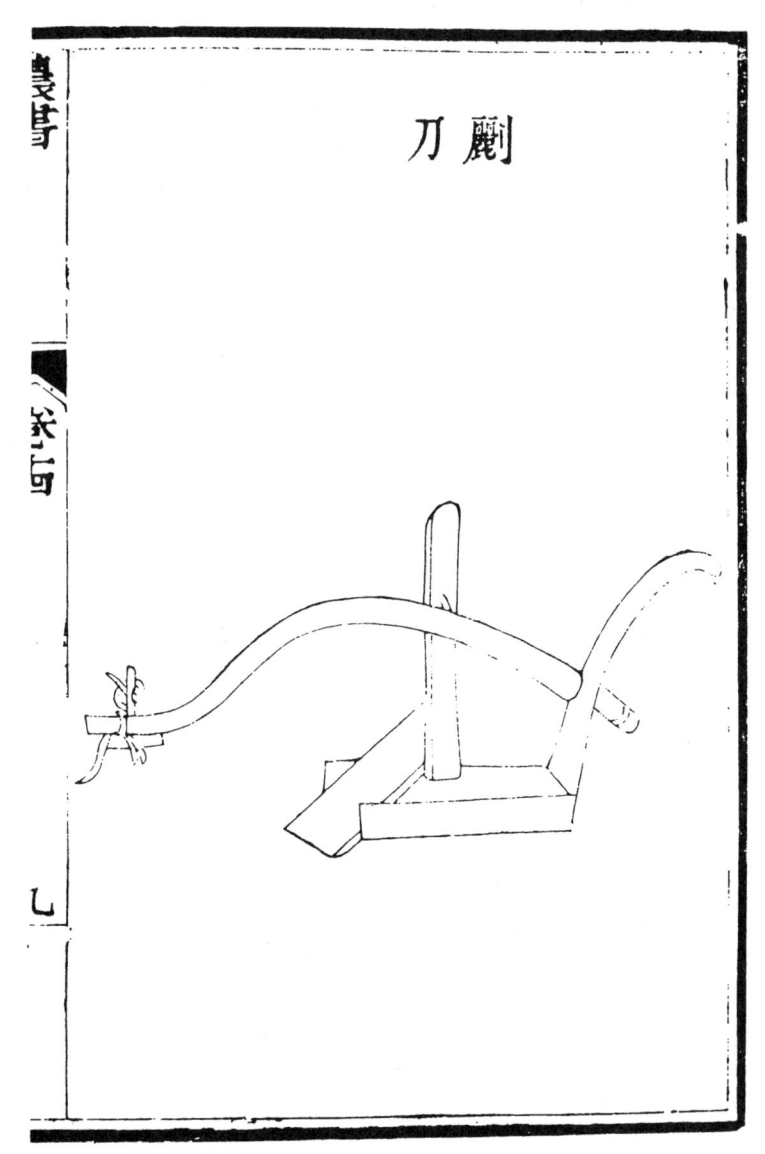

図 65 草切り刃（劂鏵あるいは劂刀）．挿絵画家は何を描くべきかまったく判っていない．『王禎農書』14/9a〔「農器圖譜銍艾門」〕．

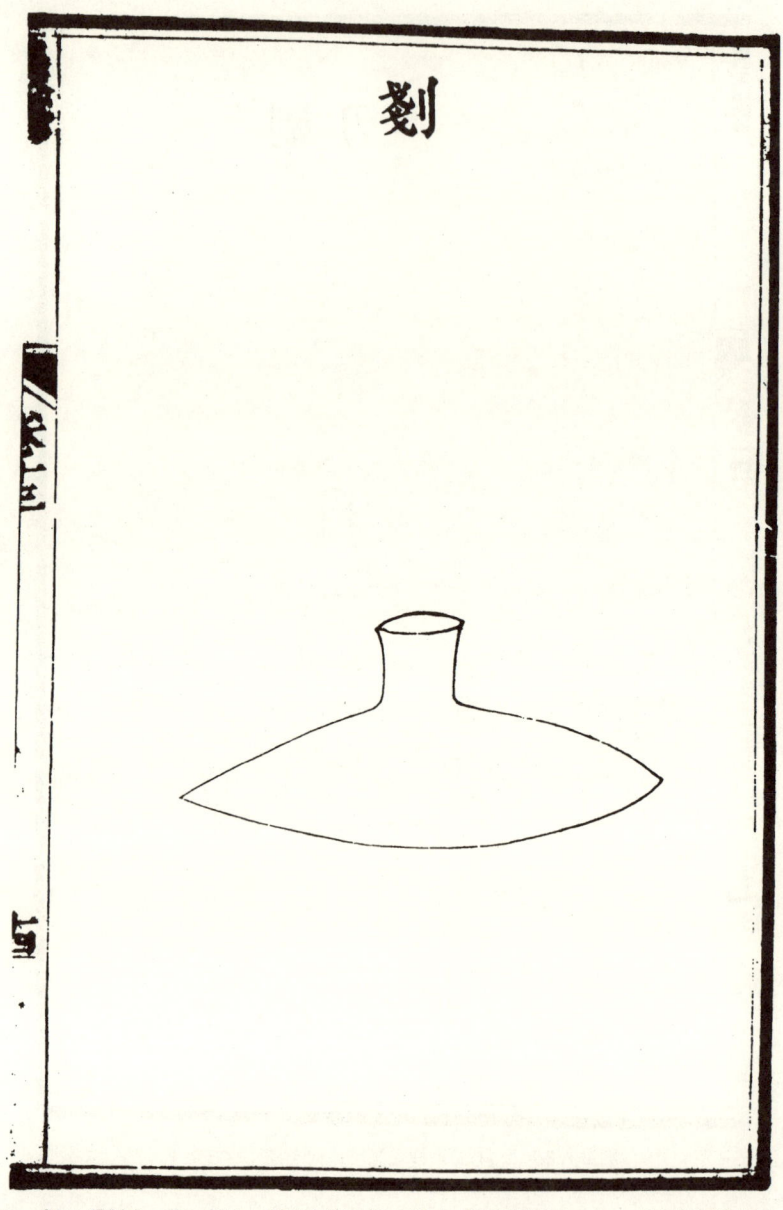

図66　削刀(「劚」).犂に付けて雑草を削り取る道具.『王禎農書』13/14a〔「農器圖譜钁臿門」〕.

吹きを始める頃，「剗」（chhan）で土を削り，雑草の根を掣き起こし，土の水脈を阻む．[305)] 「剗」は春撒き大麦と小麦によく合い，湿地の草地はどこでも使うのがよい．そうすれば深耕しなくとも土は肥える．[削り取った]草を積んで播種前に焼けば，収穫は倍する．

>「其刃如鋤而闊，上有深袴，挿于犁底所置鑱處．其犁輕小，用一牛或人輓行．北方幽冀等處遇有下地，經冬水涸，至春首浮凍稍甦，乃用此器，剗土而耕．草根既斷，土脈亦通，宜春種麰麦．凡草莽汙澤之地，皆可用之．蓋地既淤壤肥沃，不待深耕，仍火其積草，而種乃倍收．」

(ii) 手耕具──鍬，[306)] 根切り鍬，鋤

19世紀，20世紀の中国と日本で手耕具が幅を利かしているのを見て，西洋の旅行者の多くは東洋の農業を'園芸的'と述べることになった．家畜牽引や関連の道具を重用しない方式というわけだが，この状態は中国では比較的最近のことだ．犂は伝統的に耕地農業の基礎だったが，根切り鍬，鍬，鋤といった手耕具は，新たな開墾，耕地の隅，野菜畑の準備，溝掘り，畝立て，その他様々な作業にいつの時代もなくてはならないものだった．王禎は『農書』で[307)] 手耕具について，'開墾や排水路掘りなどの際に農夫になくてはならないもの'と述べる．鍬と根切り鍬について彼はこう言う．[308)] 'これらは既耕地や園地で使い，また新たな開墾にも使う．その形と大きさは様々だ'．これらの手耕具は農村人口が増え，牧草地が耕地に変換するとともに重要性が高まった．例えば17世紀江戸期の日本で，'鍬はあらゆる農業方式にとって最も重要な農具だった'[309)]し，20世紀の江蘇で二股の引き鍬（「鐵搭」thieh tha）がよく使われるのを見て，アレーとボーイェセン（Alley & Bojesen）はそれを'万能具'と呼んでいる．[310)]

英国ではフォークと鋤が本来の掘り具で，その最も多い用途は園芸と耕耘である．[311)] 中国には掘起用のフォークはなく，灌漑と土工に各種の鋤を使うが，

---

305) 地表への水分上昇を防ぐ．
306) 便宜上，ここでは砕土用の重い鍬を単に'鍬'とし，除草や土寄せに使う軽い鍬（第4節）は'除草鍬'と呼ぶ．
307) 『王禎農書』13/1a．〔同前〕．
308) 『王禎農書』13/2a〔「農器圖譜钁䦆門」〕．
309) 堀尾(1), p. 174.
310) Alley & Bojesen (1), p. 89.
*1　原文は水涸．
*2　原文の幽翼は二つの地域名．

これは耕耘に重要な道具ではない．理由は簡単だ．[312] '鋤は足で押し込むので堅い履物が要る．中国人は耕地でほとんど裸足なので，長時間，鋤を足で押すことはできない'．[313] 打ち鍬，根切り鍬といった打ちつける道具は最もよく使う手耕具で，それは中国だけでなく全アジアとアフリカでそうだし，新石器時代以来そうだ．

中国新石器時代の遺跡から出土する多くの石器は'鋤'（spade）と同定され，たぶん垂直に柄を付け，土掘りに使ったと解されている．[314] 私は，この解釈は誤りだと思う．何故なら掘起具の場合，重い石の刃はもっと軽い木や骨の刃に比べて何の利点もないからだ．効率を高めるには掘起具の刃は柔軟さが要り，強い柄を刃にしっかり固定せねばならない（フォークや鋤といった掘起具は柄と刃の結合部が壊れやすい）．袋状の袖で柄をしっかりと固定できる金属の刃が出現するまで，すべての鋤は一木作りだった（刃の縁を鉄で巻いていた可能性はある）．[315] 石の鋤という見解はありえないものだ．しかし鍬のような打ち付ける農具の場合，石の刃を付けることは非常に有利となる．先端が重いと打ち下ろす回転モーメントが高まるので効率が上がるし，先端の石刃が地面を打つ際に柄とある角度をとるので結合部にかかる歪は垂直の掘起具の場合よりはるかに小さくなる．したがって'鋤'と同定された新石器時代の道具は，多くが実際は鍬だと私は考える．新石器時代にあった鋤はほぼ全体を木で作ったことはまず間違いない．

浙江の河姆渡遺跡で発見された骨器（図67）は例外的なものだ．最下層で発見されたこの道具は紀元前5000年に遡り，その後，紀元前4千年紀にもまだ製作が続いていた．中国人考古学者はこれを単に「耜」と呼ぶだけだが，この語は先に見たように（本書p. 169）きわめてあいまいだ．構造から見てこれらの骨器は垂直の柄を付けて鋤に使ったのか，柄を斜めに付けた鍬として使ったのか問題がある．角度のついた木製柄が河姆渡の最下層からも発見されているし，いわゆる耜の多くは端が一股ではなく二股なので，私はこれらの初期骨器は角度の

---

311) Gailey & Fenton (1) を見よ．
312) Hommel (1), p. 61.
313) これは，中国初期の耕耘具を論じる際に留意すべき点だ．本書p. 169 を見よ．
314) 劉仙洲 (8), fig. 6 の復元図を見よ．
315) 例が林 (4), K. D. White (1) にある．

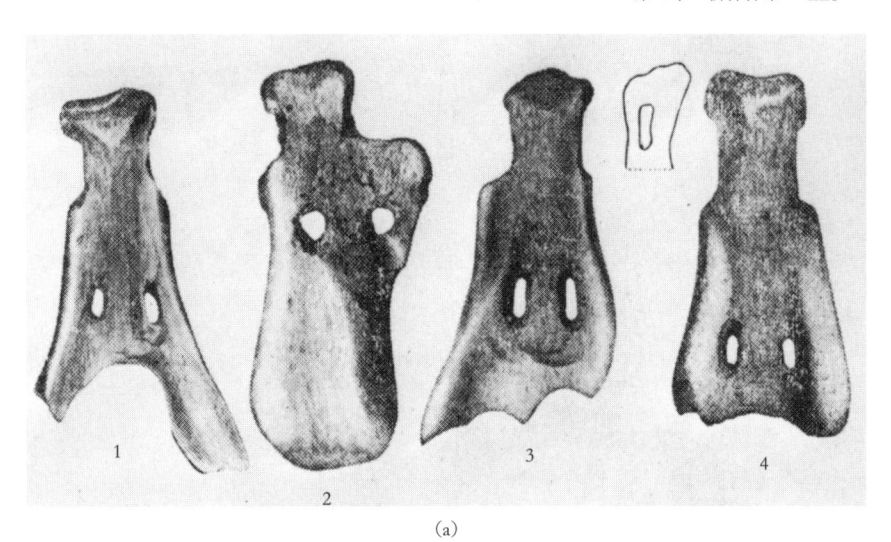

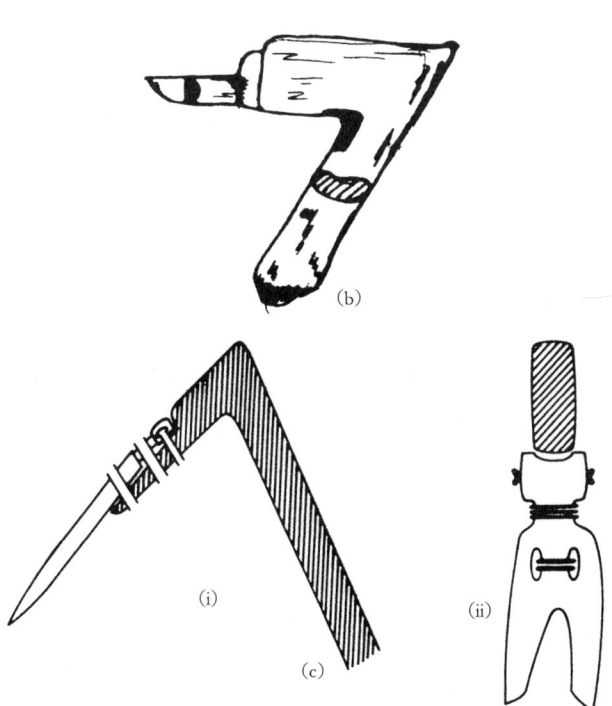

図67 初期新石器時代の河姆渡遺跡で発見された骨製掘起具.(a) 骨製刃.著者不詳 (503), fig. 7.(b) 木製柄.著者不詳 (503), fig. 5.(c) 刃と柄の装着.著者による復元図.

図 68 (a)

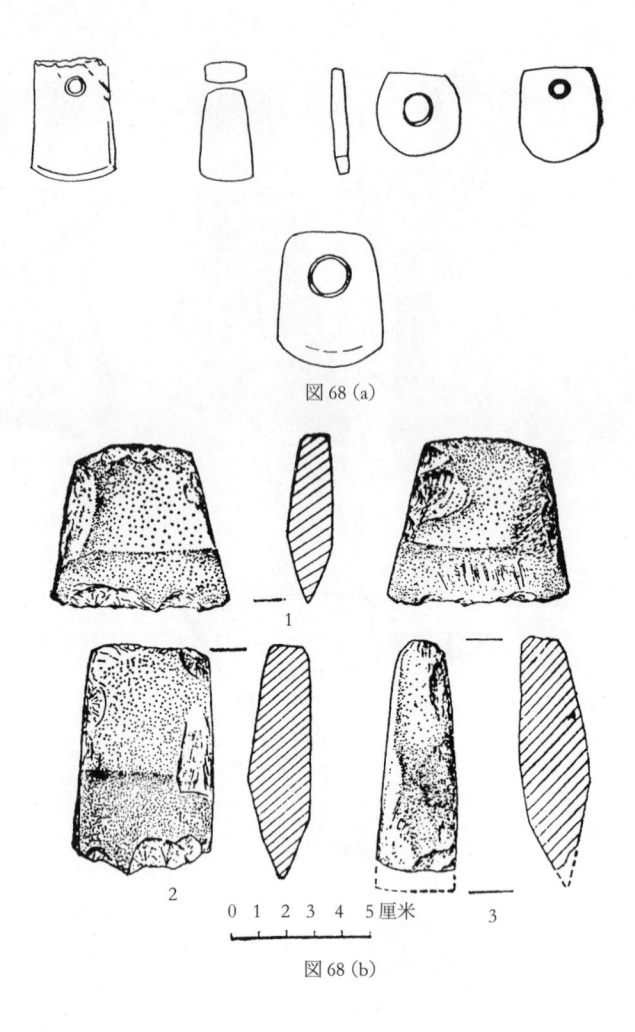

図 68 (b)

ついた柄に装着し,掘起具〔鋤〕ではなく,今も中国で使う根切り鍬や二股鍬のような打ち込み具として使ったと考えるほうに傾いている.これらの骨器は強靭で弾力性があり,まっすぐな柄を付けて鋤とすることも簡単だ.[316] その場合は河姆渡の人々が水稲栽培をした水田の周りで畦や溝掘りに使った可能性がある.

---

[316] 華泉(ƒ)の意見では,直柄のほうが角度をつけたものより〔鍬より鋤が〕一般的だとする.摩滅具合の検討が有効だろう.

図 68 (c)

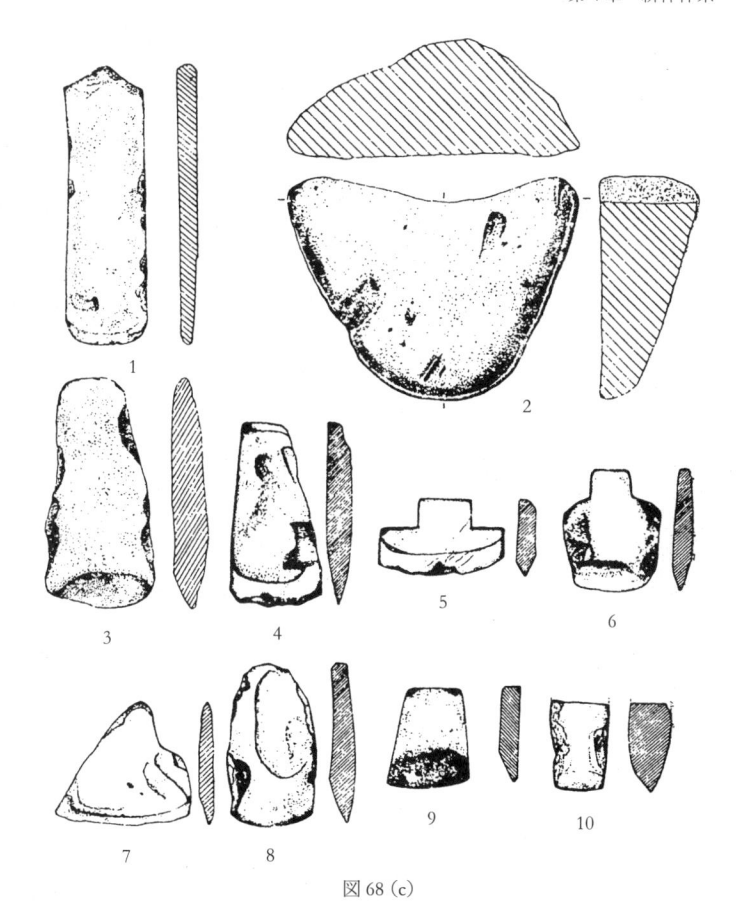

図 68　中国新石器時代の石鍬．(a) 著者不詳 (*43*), p. 29〔左 2 例は屈家嶺，右 3 例は青蓮崗，下 1 例は良渚〕，(b) 著者不詳 (*503*), fig. 6〔浙江河姆渡〕，(c) 著者不詳 (*515*), fig. 7〔広西〕．

　中国新石器時代遺跡からは，様々な種類の広幅の石'鍬'や幅の狭い石製'根切り鍬'が出土する（図 68）．それらの機能を正確に特定することは，はるか昔のことなので不可能だが，[317] これらの道具はたぶん密生叢地の抜開や砕土に使い，小型で幅の狭い石刃は作物の間の除草に使った可能性がある．重い石製の鍬や根切り鍬には，ほかに木，骨，貝などで作った補足具があっただろう．

---

317) K. C. Chang (1), p. 64.

図 69 花庁遺跡出土の壺にある刻画．重い鍬のようだ．K. C. Chang (1), p. 163.

それらは特に，砕土，均平，若い作物への土寄せなど軽い仕事に必要だった．[318] 最初期の石鍬はたぶん柄を付けず単に手で持ったが，小さな幅の狭い石鍬は角度のある枝を柄として装着したことだろう．穴あきの石が中国の新石器時代にあるが，それらは鍬または斧の可能性がある．例えば山東の花庁（後期青蓮崗文化の遺跡，紀元前4千年紀）から出土した壺の刻画は鍬の可能性があり，そうだとすると現存する最古の図の例となる（図 69）．

新石器時代の石器の中で最も変わった種類が，最近広東と広西で発見された．[319] その年代はこの地域の炭素年代の信頼性が低いためはっきりしないが，[320] 新石器時代であることは明らかだ．簡単な形のもの（図 70a, b）は重い鍬のように見え，幅広の刃は下部で次第にすぼまり，上端の短い取っ手を木製の柄に差し込んだようだ．もっと手の込んだものはきわめて精巧で明らかに日常品ではなく，たぶん祭祀品か地位の象徴だろう．[321]

---

318) 骨製鍬の稀な例が劉仙洲 (8), fig. 5 にある．
319) 著者不詳 (515), (516).
320) 炭質岩石が卓越するため．

図70 (a)

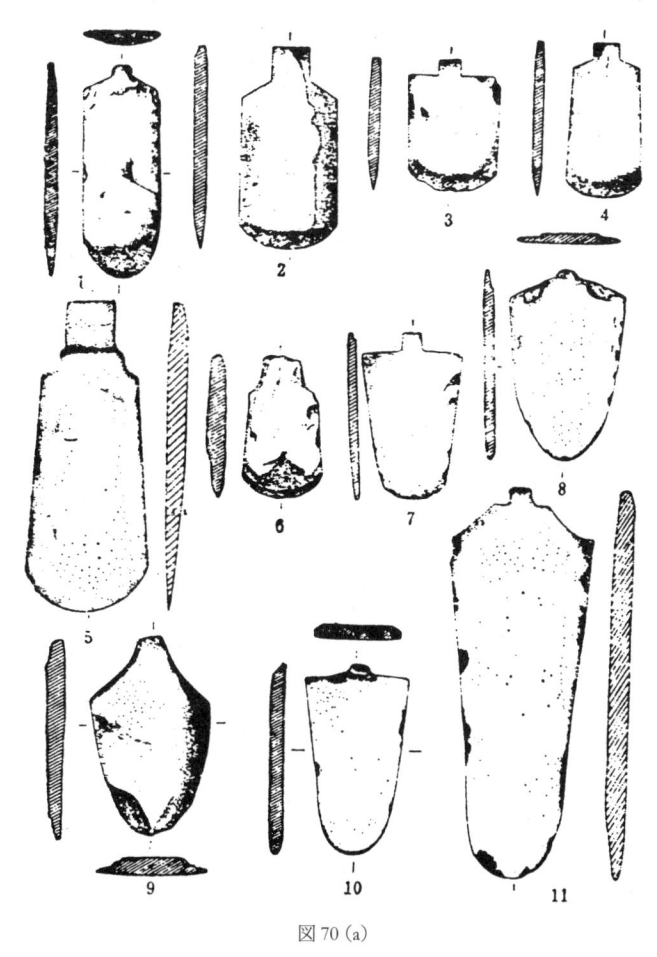

図70 広西の新石器遺跡出土の石「鋤」．(a) 単純な形．著者不詳 (515)，
figs. 4, 5．(b) 手の込んだ形．同上，fig. 6．

　商代の全期間，さらに周代に入っても，大多数の農具は根切り鍬や打ち鍬などで，貝や骨，木の製品が続いた．[322] それらは大量生産だった可能性がある，というのは貝や骨の加工所が多くの商代遺跡から発見されるからだ．[323] 残念

---

321) 公式にはこれらもすべて鋤と分類されている．
322) K. C. Chang (1), p. 227.
323) 同上, p. 236.

図 70 (a) つづき

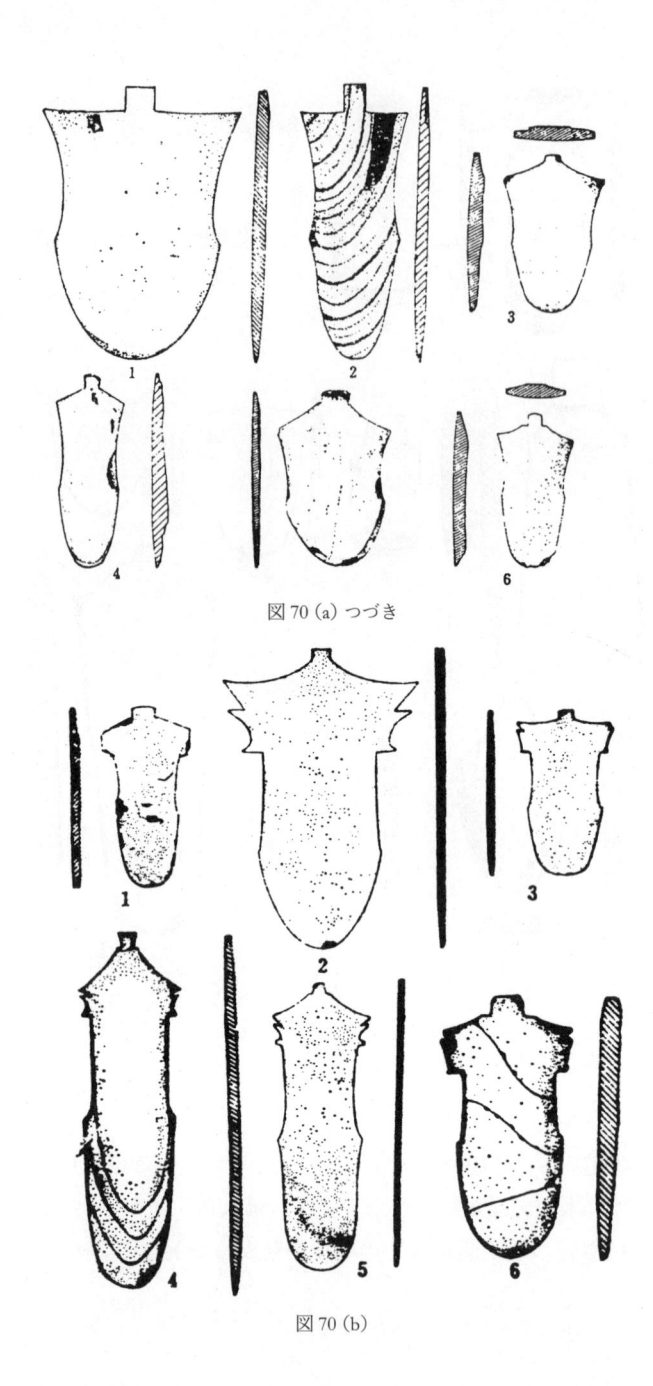

図 70 (b)

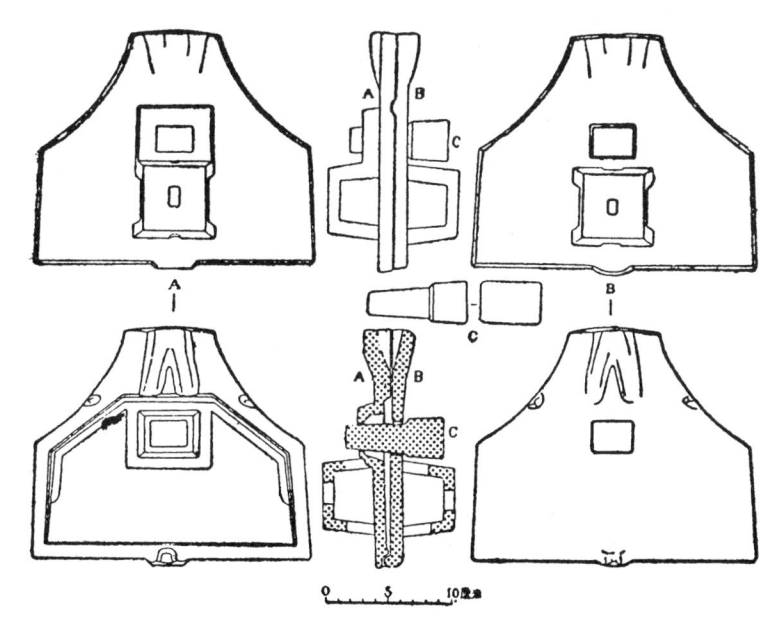

図 71 戦国時代の鍬の鋳型．著者不詳 (43), p. 65.

ながらこうした素朴な道具の図や記述はほとんど出版例がない．この時代のもっと華麗な品物，例えば立派な青銅製品に比べると注意を引かないのも無理はない．青銅は犠牲に捧げる容器や剣，その他地位の高い品物に使い，青銅製の農具はきわめて稀だ．[324]

春秋時代後期，鉄の使用が中国で広がり始めた．青銅と違って鉄は武器だけでなく日常道具にも使用し，戦国期までには鉄製の斧，犂先，鍬の刃，鎌が一般化した．図 71 は戦国期遺跡から出土した鋳鉄製の根切り鍬や打ち鍬だ．周代末期と漢代の木製鍬や根切り鍬は，縁に幅の狭い金属の枠をかぶせ，鋤にも同様の仕掛けを施した．[325] 初期の金属製鍬は刃の幅が 10 センチメートル，長さ 15 センチメートルくらいで，[326] 現在の中国の鍬が時に幅 15 センチメートル，

---

324) 天野 (4), p. 687 以下，K. C. Chang (1), p. 351, 著者不詳 (517), p. 259 を見よ．青銅製の鍬，鎌，さらにたぶん犂先も戦国時代の南方でごく一般的となった．杭州，広東，昆明その他の博物館の収集品に見る通りである．
325) 鍬については，林 (4), fig. 6-27, 劉仙洲 (8), figs. 83-4, 鋤については，著者不詳 (43), fig. 29 (i), (iv), 林 (4), figs. 6-2, 6-6, 7, 8, 9, 10 を見よ．
326) 林 (4), p. 273.

長さ 50 センチメートルに及ぶ[327] のと比べて，小さいものだった．

古代の辞典はこれらの重い打ち鍬あるいは根切り鍬に多くの字を当てる．「钁」(khuo)，「斫」(cho)，「斸」あるいは「欘」(chu)，「櫡」あるいは「鐯」(chüeh)，など．除草鍬とされる道具（第 4 節を見よ）はもっと多くの語がある．しかしこれらの道具は江戸期の日本の例[328] のように，機能の入れ替えが可能だったようだ．『百姓傳記』に説明がある．'新しい鍬は重いので砕土に使う．重い鍬はうまく打ち振ると土に深く入る．使い古した鍬は軽く，刃が薄くなっているので除草に使い，また作物の根の周りに土を寄せるに良い'．今日の中国では重い方形の鍬は「鋤頭」(chhu thou) と呼ばれることが多いが，古代は「鉏，鋤」(chhu) という語は理屈の上では（頭部が丸い）除草鍬を指すものだった．ホンメル (Hommel) は「鋤頭」についてこう言う．[329] '一回目の犁耕の後，これを使って耕地全面の土塊を砕く．その後，それで小麦あるいは野菜を植える畝を立て，また除草をし，苗の脇に肥入れの穴を開ける'．

鍬は漢代の辞典編纂者や元・明の百科全書家の頃，著しく特化していたが，現在はそれほどではない．様々な鍬がきわめて普及していたはずだが，探しても漢代およびそれ以降の画像石や壁画の中に描かれた例は一例に過ぎず（図 72b)，初期の農書『氾勝之書』，『四民月令』，『齊民要術』もその用途を明確に述べていない．それはたぶんこれらが汎用道具であることによるだろう．当時も今も鍬の使い方を習わねばならぬ農民や庭師はいないだろう．最も古い記述は王禎の『農書』に出,[330] その挿絵と記述を少し変更して『農政全書』が再録している（図 73a, b).[331] 図 73b はホンメルが図示する鍬に似,[332] 図 74a は世界各地に今もある古典的な鍬だ.[333] どちらも砕土が効率よくできるし，図 73a は開墾の際や休閑地に適した草切り鍬を示す．重い鍬は極東各地で今も使い（図 74），多くの国で伝統的に地方の鍛冶屋が作っていたが，今では輸入品や国内での大量生産品だ．中国では今も広く使う．1930 年代の雲南について報告がある．

---

327) Wagner (1), p. 205.
328)『百姓傳記』44-45, 訳は Horio (1), p. 174 を著者が修正．
329) Hommel (1), p. 62.
330)『王禎農書』13/1b-2a〔「農器圖譜钁臿門」〕．
331)『農政全書』21/20a．
332) Hommel (1), figs. 93, 94.
333) 今日，これらはヨーロッパでは大量生産だ．バーミンガム製の二股鍬が遠くマレーシアやウガンダでも見られる．

第 4 章　耕作体系　233

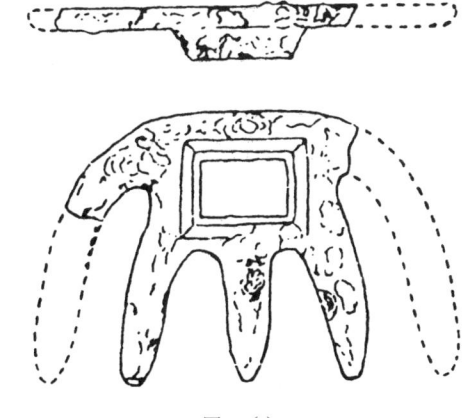

図 72 (a)

図 72 (b)

鐵搭

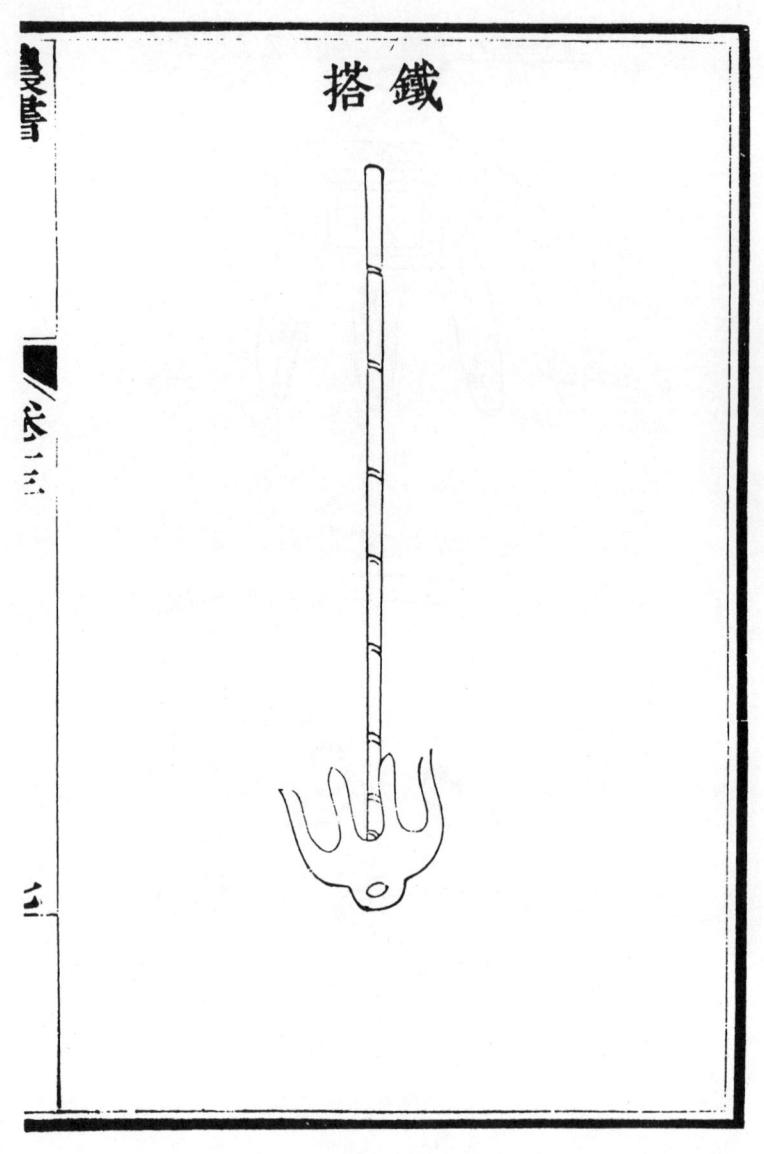

図72（c）

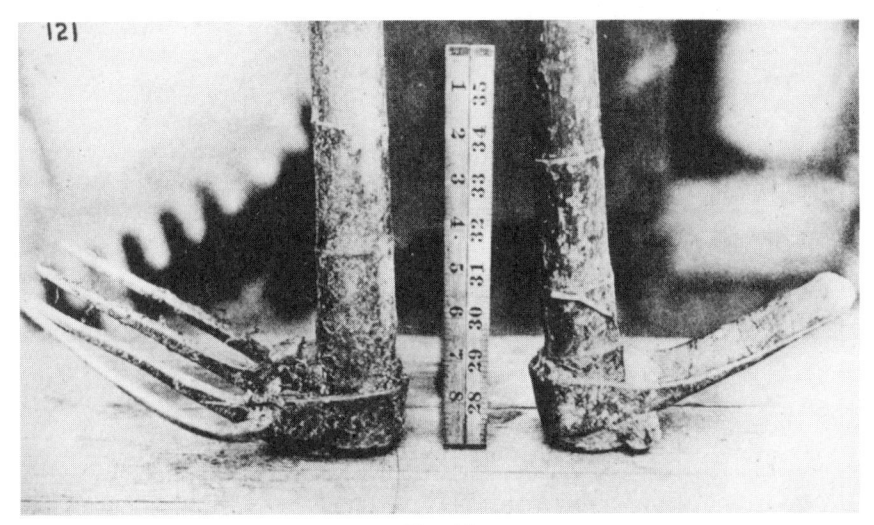

図72 (d)

図72　鉄製引き鍬．(a) 戦国期の河北のもの．林(*4*), 6-30. (b) 内蒙古和林格爾の後漢壁画．同上, 6-31. (c) 明代．『王禎農書』13/7*a*〔「農器圖譜钁臿門」〕. (d) 現代．Hommel (1), fig. 93.

'水牛を持たず他から借りる普通の農民は，鍬を3丁，鎌を3丁持つのが普通で，それぞれ単価50セント，そして10年以上もつ'．そして鍬は男の道具（鎌は女の道具），水田の灌漑からソラマメ用の畝立てまであらゆることをこれでこなした．[334] ワグナー (Wagner) の指摘によると，[335] 華北では鍬の刃全体を鉄で作るのが普通だが，南方では木の刃の周りに鉄の覆いをかぶせており，漢代と同じ方法だ．

長い歴史のあるもう一つの打ち付け農具は鉄製股鍬（「鐵搭」*thieh tha*）（図72）だ．天野[336] はこの道具がたぶん水田耕作と平行して発展したと考えているが，彼が引用する明代の学者朱國禎 (Chu Kuo-Chen)[337] はそれが唐代以後にたぶん海南島から来たと考えている．しかし，「鐵搭」の最も古い発見例が，河北の1965年に発掘された戦国期の墓から出土する[338] ので，朱の考えは誤りだ．「鐵搭」の形と機能はローマ時代の *rastrum*[339] によく似る．戦国期の例は幅15センチ

---

334) Fei & Chang (1), pp. 73, 22.
335) Wagner (1), p. 205.
336) 天野(*4*), p. 812.
337) 『湧幢小品』巻2.
338) 林(*4*), p. 275.

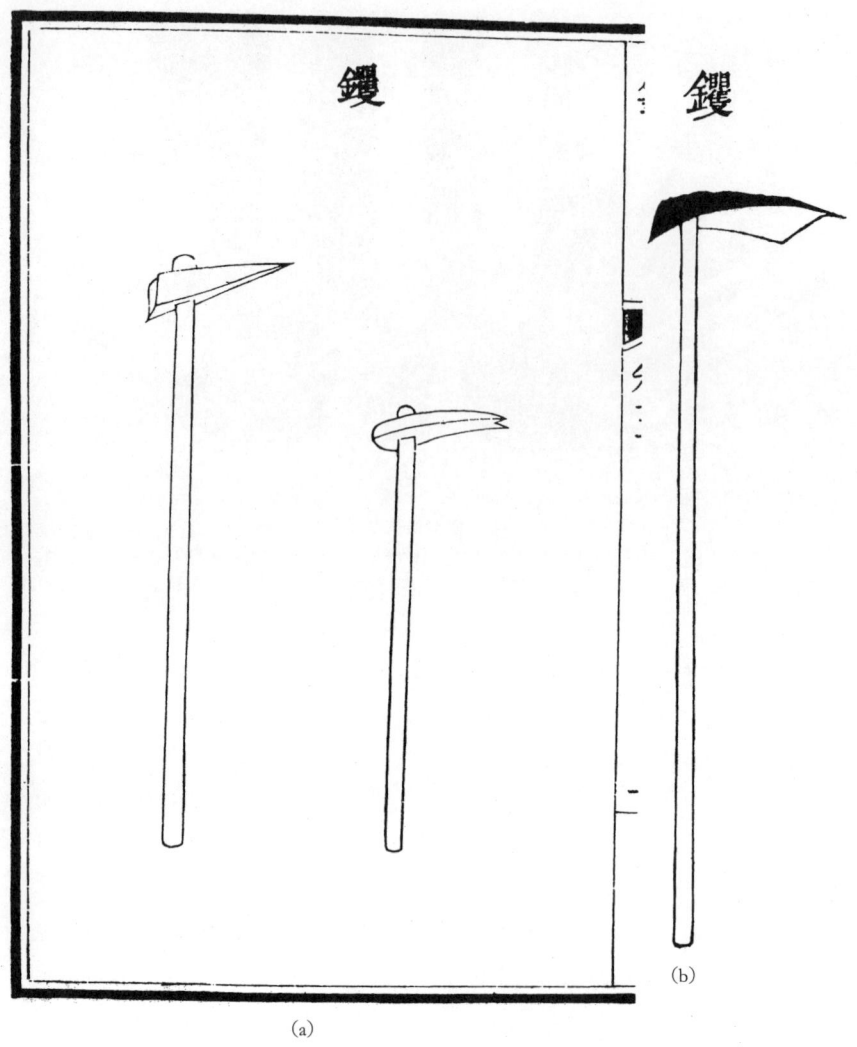

図 73　中国の根切り鍬．(a)『王禎農書』13/1*b*〔「農器圖譜钁䰀門」〕．(b)『農政全書』21/20*a*.

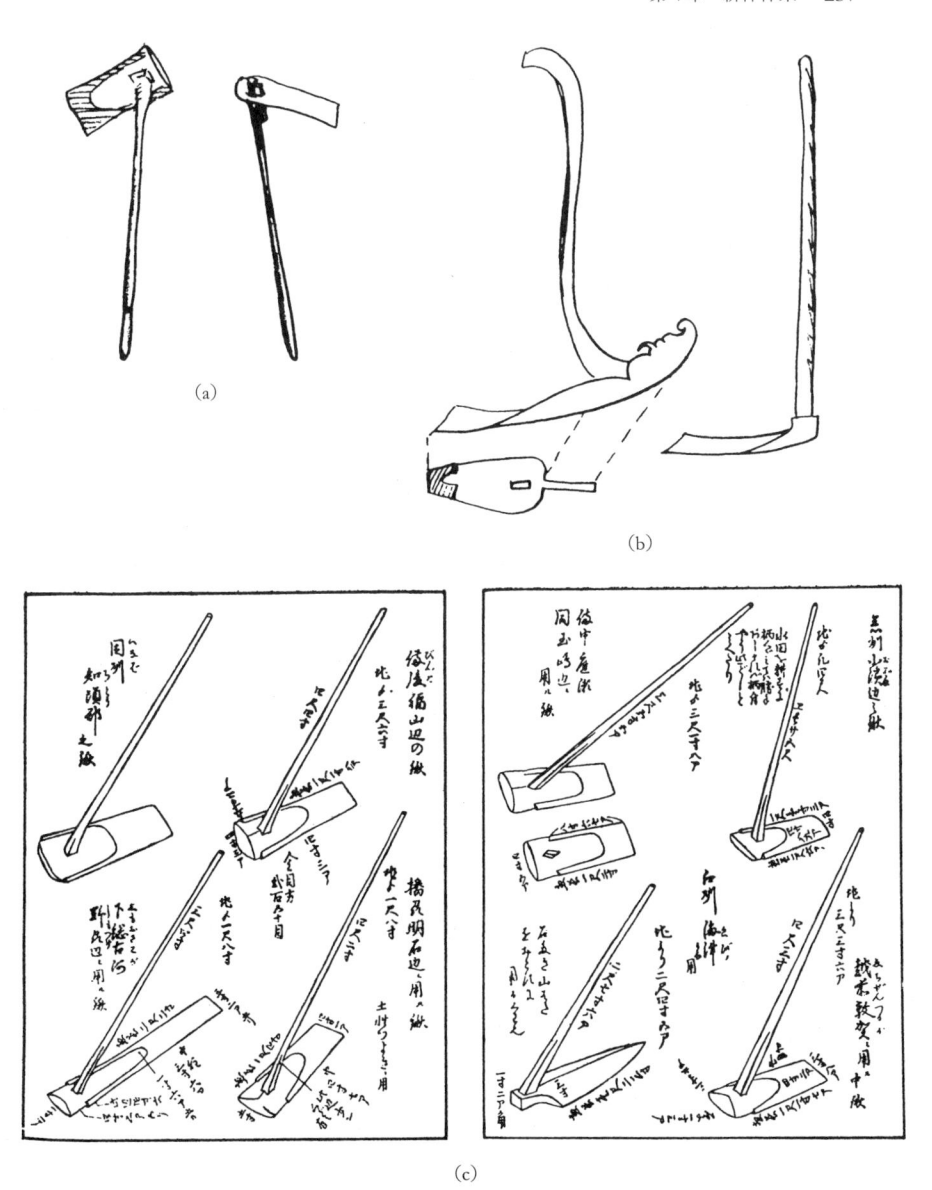

図74 アジアの鍬．(a) 中国の耕地鍬．Wagner (1), fig. 60．(b) ジャワのパッチュル，18世紀後半．Raffles (1), p. 114．(c) 日本の鍬．『農具便利論』1/6b-7a．本書図119も参照せよ．

メートル，5本の股指があり，また漢代の3本の股指の例が山東から出土している．[340] 他方，内蒙古和林格爾の漢代壁画が示す図では，園地を耕す二人のうち一人は重い鍬を使い，もう一人は「鐵搭」を使う．しかしこの道具の漢代の呼び名は分からない．「鐵搭」の名を初めて記録するのは王禎だ．[341]

> 「鐵搭」は4本ないし6本の鋭い，わずかに曲った歯があり（レーキに似るがレーキではない），土を切り刻む……頭に丸いソケットがあり，それに長さ4フィートの木柄を差し込む．南方の農家には牛犁を持たない者がおり，犁耕の代わりにこの道具で土を打ち刻む．股の刃が分かれているので土塊をハローで砕くのと同じ効果があり，ハローと鍬を兼ね備えている．親しい家族が一つに集まって[「鐵搭」で]作業する光景をよく見る．こうすると一日でよく数ムーを耕すことができる．

> 「鐵搭四齒或六齒，其齒銳而微鉤，似杷非杷，斸土如搭……就帶圓銎，以受直柄．柄長四尺．南方農家或乏牛犁，舉此斸地，以代耕墾，取其疏利．仍就編鏒塊壤，兼有杷钁之効．嘗見數家爲朋，工力相助，日可斸地數畝．」

1930年代，「鐵搭」(*thieh tha*，方言では*tid'a*) は江蘇の太湖地方で唯一の耕耘具だった．耕地がきわめて小さくかつ所有地が分散していて，牽引家畜を使えないほどだったからだ．[342] 一群の農夫はこれを使うのに組を作った[343]が，一人が耕せる広さは柔らかい土でも一日平均4分の1ムーばかりだった．[344] 股のサイズ，数，長さや，頭と柄の角度は，水田や石の多い山地など作業する土地の種類によって変わった．[345]

「鐵搭」に関する王禎の記述は，『齊民要術』がよく言及する農具「鋒」(*feng*) を思い起こさせる．賈思勰はこれを使うようしばしば勧めるが，道具を説明していない．最も古い記述は王禎によるもので，彼は「鋒」を耕耘具の部分に含めている．しかし元代には語の意味は廃れて既に久しかった．[346]

---

339) K. D. White (1), p. 52 以下．
340) 林 (*4*), p. 276.
341) 『王禎農書』13/7*b*〔「農器圖譜钁臿門」〕．
342) Fei Hsiao-Thung (2), pp. 159-160.
343) Alley & Bojesen (1), p. 89.
344) Fei Hsiao-Thung (2), p. 160.
345) Alley & Bojesen (1), p. 89.
346) 『王禎農書』13/4*b*-5*a*〔「農器圖譜钁臿門」〕．

「鋒」は古代にあった農具で，刃は小さく犂先（「鑱」chhan）より鋭く尖っており，柄は「耒」と似ていた。[347] ……堅い土で犂耕の前にこれを使うと，牛の労力を節約できる……古い農事諺に，'耕していない土は深く「鋒」し，若い苗の間は浅く「鋒」せよ'とある……今日の農夫はこの道具がどのようなものか知らないし，名前すら判別できない。

> 「鋒，古農器也，其金比犂鑱小而加鋭，其柄如耒，……地若堅垎，鋒而後耕，牛乃省力，……古農法云，鋒地宜深，鋒苗宜淺……近世農家不識此器，亦不知名。」

王禎はどこで「鋒」の構造を知ったか語らない。『農書』の挿絵[348]は「鋒」を犂と鋤の中間的なものに描き，王はそれをもう一つの鋤に似た道具「長鑱」（chhang chhan）のすぐ次に置いている。有名な歴史家の劉仙洲（Liu Hsien-Chou）[349]や石聲漢（Shih Sheng-Han）[350] も王禎に同意して「鋒」を鋤の種類とするが，『齊民要術』が述べる機能とは一致しない。「鋒」の文字通りの意味は'鋭い先端'であり，剣や槍の先端に似る。賈思勰が薦める「鋒」の用途は，畝作り，土を固めず粟の古株を掘り起こさずに若苗に土寄せするとき，また休閑地を開くときである。[351]「鐵搭」はこれらの作業をうまくこなせるようなので，私は「鋒」は「鐵搭」の古名だったと考えている。そして，「鋒」が華北で長らく通用していたことは判っている。ただし王禎がその『農書』を執筆していた当時，華南での呼び名は違うものだった。

土寄せではなく掘起に使った道具は，「長鑱」（chhang chhan）だった。王はこう記述する。[352]

> 「長鑱」は掘起［字義通りは「踏」'踏むこと'］用の道具である。これは犂先「鑱」よりかなり幅が狭く，長い柄を付けた……その長さは3尺を超え，緩く手前に曲がる。柄頭には横棒があり両手で握る。柄の後ろに突き出る'踵'を足で踏み，尖った先端を土中に押し込んで柄を後ろにぐいと動かし，土塊を持ち上げる。この道具は野菜畑と「區田」で犂に代えて使う。鍬ほどの力が要らず，広くこなせる。昔は'踏み犂先'（「蹠

---

347) つまり，曲がっている。
348)『王禎農書』13/4b–5a〔同前〕。
349) 劉仙洲 (8), p. 22.
350) 石聲漢 (3), vol. I, p. 7.
351)『齊民要術』1.5.1, 3.11.2, 6.2.4, 7.2.1, 13.2.1.
352)『王禎農書』13/6a–b〔「農器圖譜鑱臿門」〕。

鑺」chi hua)と言ったが，今は掘起鍬（「踏犂」tha li）と呼ぶ．

> 「長鑱，踏田器也，比之犂鑱頗狭，制爲長柄，……柄長三尺餘，後偃而曲，上有横木如拐，以兩手按之，用足踏其鑱柄後跟，其鋒入土，乃捩柄以起墢也．在園圃區田，皆可代耕，比於钁斸省力，得土又多．古謂之蹠鑱，今謂之踏犂．」

王禎の挿絵[353]はその道具で掘っている農夫を描くが，柄が見えるだけでほかは泥と水中に隠れている．後の『農政全書』[354]や『授時通考』[355]は奇妙なアラビア風の道具を描いているが（図75），製作にも使用にも非現実的な代物だ．普通の鋤に足台を付けたものは類似した種類を阮元(Juan Yuan)が清初期の山東で描き（図76）[356]，ホンメル[357]も触れているが，こちらのほうが王禎の説明する「長鑱」あるいは「踏犂」にもっと合うようだ．ただし刃の端が尖っておらずまっすぐである．

この道具が古いことは疑いなく，たぶん『淮南子』(Huai Nan Tzu)の'根切り鍬'（「蹠钁」chi khuo)[358]に相当するだろう．王禎が一節を引用する．'伊尹が築造を実施していたとき，脚の強い者を「蹠钁」に配置した'．[359]唐代には詩人杜甫の詩にあり，[360]すでに「長鑱」の名で流布していたにちがいない．天野[361]は「踏犂」(tha li)つまり'掘起犂'に関する七つの中国文献を挙げる．そのうちの一つ，元代の王禎の記述する「踏犂」は一人で操作したが，後にこの言葉は引き鋤に当てられるようになった．天野の引用では，20世紀の引き鋤を西山武一が次のように述べている．[362]

> 踏犂は土に挿しこんで前方に墢土し，後退しながら耕す．これに補助棒を接着してV字形のものを作り，両人対峙して甲が足で挿し入れ，乙が手でこれを引き上げ，甲

---

353)『王禎農書』13/5b〔同上〕．
354)『農政全書』21/21b．
355)『授時通考』32/9a；32/20a．
356) 天野(4), p. 719.
357) Hommel (1), p. 61.
358)『淮南子』11/11b．
359) 王禎はこの文の引用に際し，「蹠钁」を「蹠鑱」で置き換えている．
360)『九家集注杜詩』巻六，古詩第十六首．
361) 天野(4), p. 727.
362) 天野(4), p. 725, 訳 Philippa Hawking．〔西山の原文に拠った．〕

図75 引き鍬と「長鑱」(*chhang chhan*) による耕耘.『授時通考』32/9a.

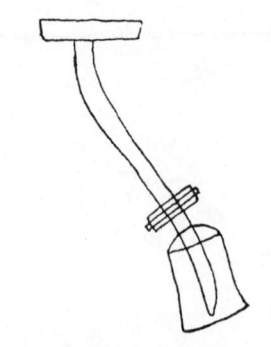

図76　阮元が清初期に山東でスケッチした鋤.

は後退しつつ, 乙は前進しつつ耕すという形の踏犂は, 今でも山西省で鏹犂（*chhiang li*）と称して日用されているが, 普通の踏犂に比し約3倍の能率があがるといわれる.

「鏹犂」（*chhiang li*）を山縣がスケッチした図[363] は, まっすぐな鋤に緩く曲がった長柄が付き, 刃先は尖る. 図75のような奇妙な代物ではない.

引き鋤は近代の韓国にも報告がある.[364] それは一人が刃先を押し込み, 他に四人または4頭が一団で4メートルもの長い棒で前方に引く. この大きな鋤は一回目の春耕に用いるが一地方に限定され, そこは牽引家畜に不足せず, 重粘土の地表がしばしば凍り, 下層は冬の終わりまで滞水する地方だ. このような鋤で深耕すると, 滞水した下層土が掘り起こされ春の風で乾く. 韓国と山西の引き鋤は極東で私が知るかぎり本当の引き鋤だ. 西南中国から報告されている他のいわゆる引き鋤は, 実際は人力で引くアードだ.[365]

「長鑱」や「鏹犂」といった鋤状の道具はヨーロッパ風の掘起作業に使った. 鋤つまり「臿」（*chha*）本来の主用途は灌漑水路の掘削と維持だったし,[366] 今日もそうだ. ホンメルの説明がある.[367]

　　鋤は耕地ではあまり使わず, 灌漑溝の維持や新たな灌漑溝の掘削, また犂き残しの

---

363)　天野 (*4*), p. 725.
364)　Clayton Bredt, 1977年の私信.
365)　Steensberg (3), p. 50.
366)　『王禎農書』13/3*a*〔農器圖譜钁臿門〕の定義を見よ.
367)　Hommel (1), p. 61.

第 4 章 耕作体系 243

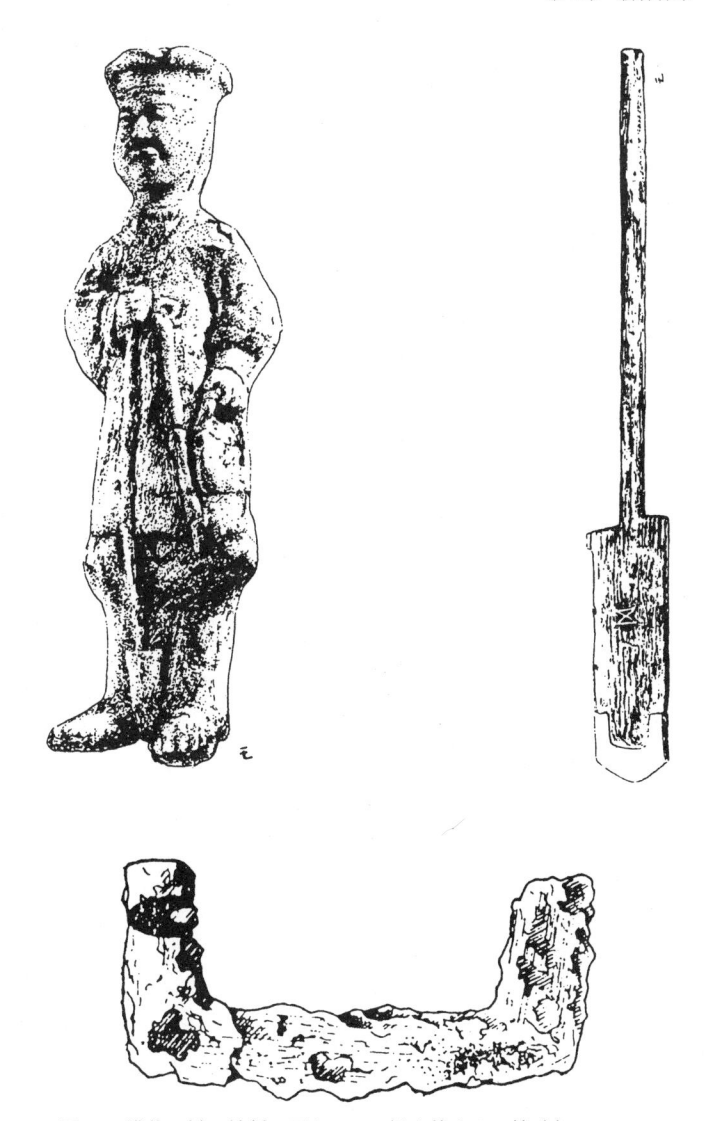

図 77 漢代の鋤．鉄製の刃あるいは縁を着ける．林 (4), 6-1, 10.

縁を耕やすのに使う．それ以外は深耕が必要な場合，例えば木を移植したり，株を掘り出すときに根の周りで使う．

鋤とシャベルもまた土工に用い，起源は非常に古い．堅固な柄の装着法に問題があり，最初期は石でなく木製だったことは先に論じた．したがって考古遺物の可能性は金属刃が現れる時代まで期待できないだろう．[368] 青銅鋤が商代遺跡[369]から発見されているが，除草用（本書 p. 339）のようで，掘起用ではなさそうだ．戦国期と漢代は鉄がまだ比較的稀で，木製鋤に鉄の薄い帯を装着するのが普通だった．[370] その刃は方形，円形以外に尖形も普通だった．漢代以前の文献はしばしば鋤に言及し，それは禹帝と彼が行った水利に関することが多く，鋤の名前は，「鍤」(chha)，「鍬」あるいは「喿」(chhiao)，「剧」あるいは「銚」(yao)，「鏵」(wei)，「梩」(ssu)，「鑵」あるいは「枱」(hua) など，多種多様だった．『説文』は「枱」を二つの刃がある鋤（「鍤」chha）とするが，この定義には様々な解釈があり，先の尖った刃を持つ鋤，あるいはよく知られた二股の掘起具「耜」(ssu) などの見解がある（図43）．[371] この道具を描いた漢代の絵は多数残り，多くが禹帝の伝説に関係し，たぶんこれら鉄片を巻いたフォークは初期中国でありふれたものだったろう．しかし漢代以降の図像にはまったく現れない．漢代の形は直刃でたぶん溝掘りに使った．外縁地域の韓国では，柄が折れ曲がった二股の農具タビ (tabi) が耕耘具として長らく使われた（図78）．最近発見された紀元前3ないし2世紀の青銅器にある刻画は，一人がタビで狭い畝を立て，一人が鍬で土塊を砕く様子を描いている．韓国と日本の学者が指摘するように，[372] 同様の技術は今日アンデス高地にある．現在のタビは時々水田でも使うが主には園地で使い，二股と単刃の両方がある．刃には鉄を嵌め，アンデスのタクラ (taclla) にまことによく似ている．

　漢代の鋤は形もサイズも多様だが，一般に平たく，しかし柄は少し曲がる．王禎の『農書』明版の挿絵（図79）は鋤の柄頭に横棒があり，方形の刃は少し窪

---

368) 反対の立場は劉仙洲 (8), p. 23, 著者不詳 (515), (516) を見よ．
369) 天野 (4), p. 688, 劉仙洲 (8), p. 24.
370) この方法はローマにあったが，全体が鉄の刃は漢代の中国より普及していたようだ．K. D. White (1), p. 17 以下を見よ．雲南と揚子江デルタで青銅が広範な道具に使用され，漢代にも及んだ．昆明と杭州の博物館収集品に見られる通りである．
371) 林 (4), p. 262.
372) 天野 (4), 1979年版, p. 1018.

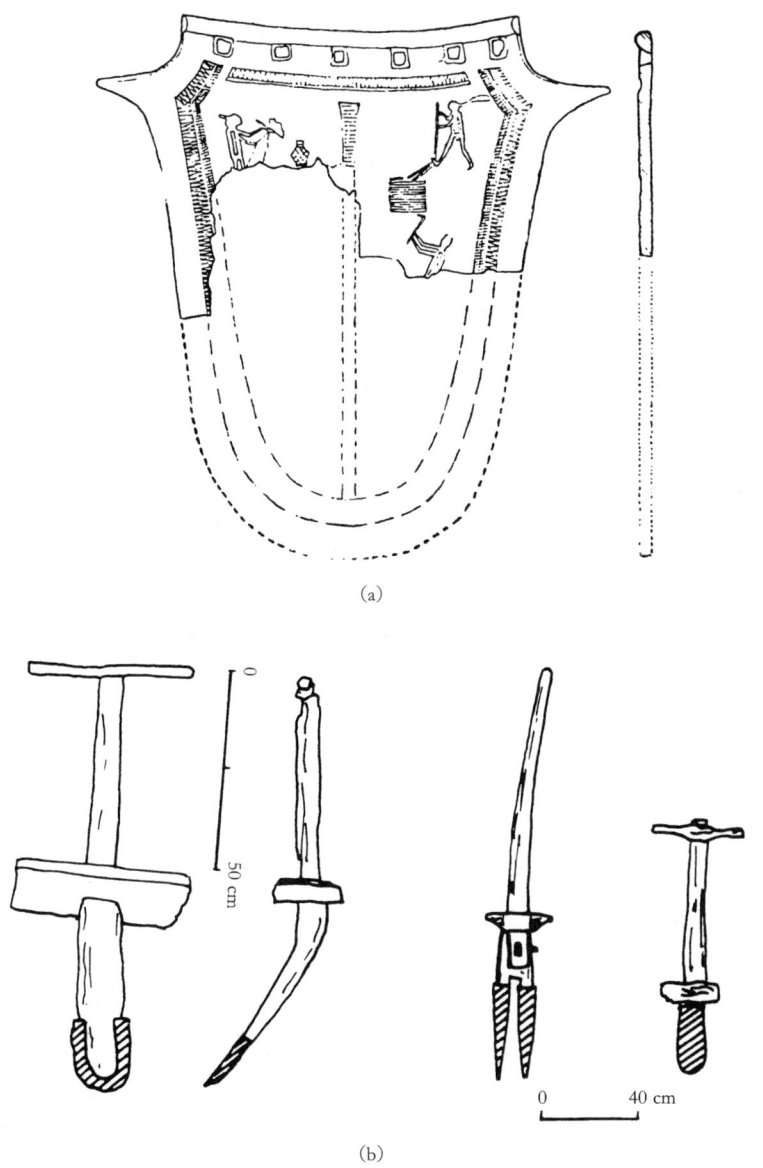

図78 韓国のタビ (*tabi*). (a)青銅器にある刻画. 天野(*4*), p. 1019. (b)現代のもの. Pauer (1), fig. 27.

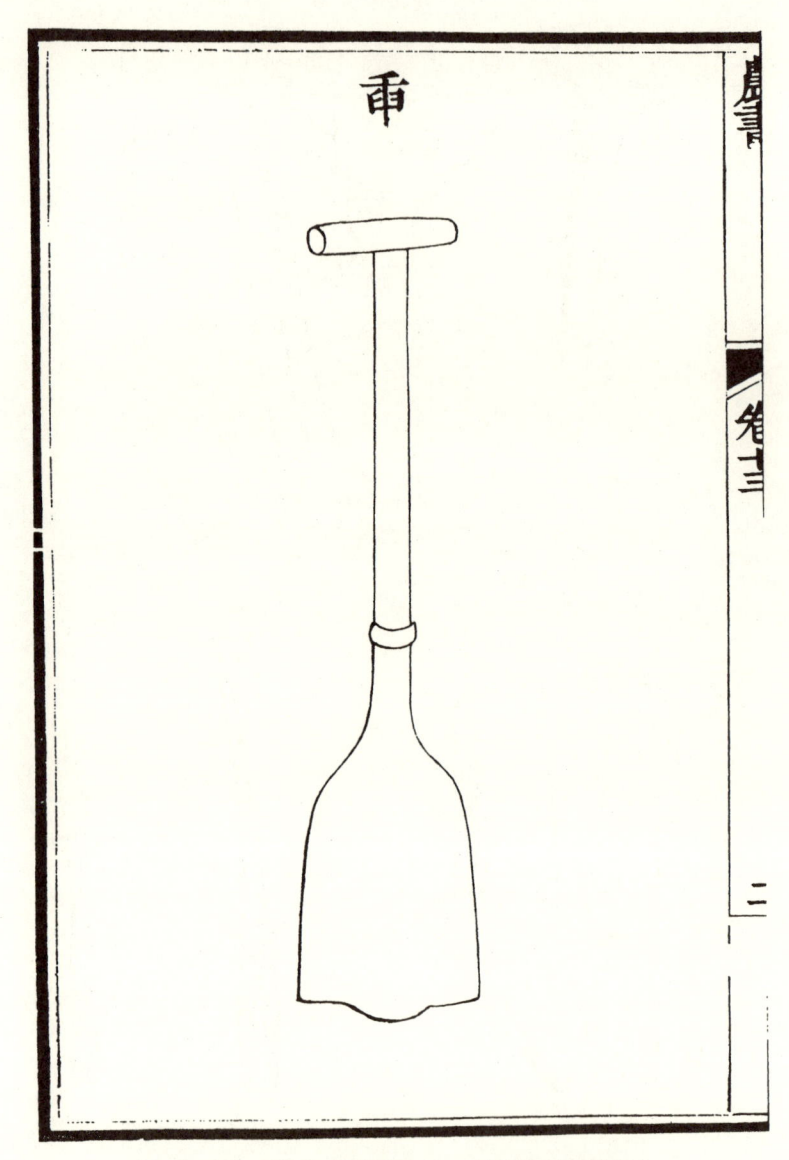

図79　明代の鋤.『王禎農書』13/2b〔「農器圖譜钁臿門」〕.

む．現代の中国鋤は刃が平たく横棒のないものがほとんどだ．鍬，除草具，斧，犁先は一般的だが，鋳鉄製の鋤あるいは鋤先の遺物はどの時代にもなく，たぶん鋤刃はすでに漢代から錬鉄製で鋳鉄ではなかっただろう．今日でもその通りで，[373] 鋳鉄製は鋭く作れるが脆く，効率のよい鋤とするには弾力性と柔軟性が足りない．

(iii) 平滑化と均平化——槌，レーキ，ハロー，ローラー

初期の多くの理論家は農学者も生物学者も，植物が土の微細粒子から養分を吸収し同化すると信じていた．つまり土粒子が小さいほど植物は養分の吸収が容易になる．[374] この仮説は経験則に基づいていた．農夫は誰でも，'土塊が大きいと健全な植物が育たない'ことを知っている．[375] 犁耕だけでは播き床はしっかりとした湿気のある団粒状にならず，植物がうまく芽生えない．しかしハロー，ローラー，その他の道具をうまく使うと，播き床は壌土質の肥沃な土になるだけでなく，収量の低い軽すぎる砂質土や滞水する重粘土も改良が可能となる．中国の農学者が古い時代からこの事実を知っていたことは，『呂氏春秋』の次の一節からも明瞭だ．この一節は『后稷書』(Hou Chi Shu) から引用したと言う．[376]

　　低地の湿地を実り豊かな地に変えることができるか？　旱地を保護し湿りを保たせることができるか？　土を浄化し，溝を作って洗うことができるか？　……粟の穂を丸く，殻は薄く，無数の実が丸々とふとり，かくして食料を豊富にすることができるか？　どのようにすればすべてができるか？　次の耕耘の法則によるのだ．
　　強い［土］は弱くし，弱い土は強くする（「力者欲柔，柔者欲力」）．休むは働かせ，働くは休ませる．瘠せるは肥やし，肥えるは瘠せさせる．堅いは緩め，緩いは堅くする．湿るは乾かし，乾くは湿らせる……五度耕し，除草鍬を五度使え．（「五耕五耨」）．この法則すべてを必ず守れ．

---

373) Hommel (1), p. 61.
374) 植物栄養のこの説は，ヨーロッパでは古典時代の撰者たちが初めて唱えた．その萌芽はアリストテレスとテオフラストスに見られる．しかしこの議論を敷衍し，まったく新しい営農法を発展させた者は 18 世紀の農学者 Jethro Tull (1) だった．西洋初期の植物栄養論の詳しい記述は Fussell (3) を見よ．
375) 『鹽鐵論』．『齊民要術』1.3.2 に引用．
376) 『呂氏春秋』〔「巻第二十六，任地」〕，夏緯瑛 (3), p. 27 以下．

「子能以窒爲突乎．子能藏其惡而揖之以陰乎．子能使吾土靖而甽浴土乎．
……子能使粟圜而薄糠乎．子能使米多沃而食之彊乎．無之若何．
「力者欲柔，柔者欲力，息者欲勞，勞者欲息．棘者欲肥，肥者欲棘．急者欲緩，
緩者欲急．溼者欲燥，燥者欲溼……五耕五耨，必審以盡．」

呂の言葉使いはヨーロッパの農民にも馴染みの深いものだろう．1616年の
『イギリスの農夫』(English Husbandman) の中で，マルカムは土の水分保持，肌理，
手触りの特徴をたくみに述べ，'粗鬆'土と'堅硬'土を分ける（『呂氏春秋』の表
現では'強い'と'弱い'に当たる）．[377]

　さて私の二つの言葉，粗鬆と堅硬を説明しよう．どのような土もからからになった
り，干天時や焦がすような太陽が土を焼くとき，そしてこのような極端な乾燥が土を
襲うとき塵となり，湿っていたときに重く堅く割れなかったものが，粘りを失い，足
の下で灰のようになる．こうした土は粗鬆と呼び，その土地は何も生えない．何故な
ら土が種を留めず，あるいは覆わないからだ（霜が降りると話は別だ，これは偶然ので
きごとで土の性格ではない）．湿った土，あるいは雨の後の土は柔らかく柔軟で軽く，
たやすく練れる．しかし水分を失うと，また太陽の力がその水脈を干上がらせると，
土は固く締まり大塊となる．こうした土は堅硬，連結と呼ぶ．農民が熱心さを適時に
発揮して種子を丁度頃合のときに蒔かないと，犁き手は犁くことができず，種子は発
芽できない．土は固まり，いわば石のように固結してしまう．

　'粗鬆'な土と'堅硬'な土を区別し，農具と方法を適切に選択することが'農
夫のすべての技法'であるとマルカムは言う．[378]『イングランドの農夫』の第1
巻は，粗鬆と堅硬の度合いが様々に異なる土に合う犁耕とハロー，ローラーの
方法に当てられている．

　『呂氏春秋』は，強い土を弱くし弱い土を強くする方法について，繰り返し耕
す（「耕」）ことと鍬をかけること以外は詳しく述べていない．タル (Jethro Tull)
は，'鍬をかけないと植物は栄養不良になる，丁度動物で五倍子と膵液がなくな
るのと同じことだ'[379] と信じていたので，播種後も土を絶えず耕せと言う呂不
韋の主張に同意することだろう．『呂氏春秋』でいう鍬かけは明瞭だが，「耕」は

---

[377] Markham (2), pp. 96–97.
[378] Markham (2), p. 96.
[379] Tull (1), p. 89.

何を意味するのだろうか？ 少し後の文献は,[380] それは犂耕だけでなくハローかけからローラーかけまで，よい易耕性を実現するに必要な一連の過程と解していた.『齊民要術』は田舎の諺を引用する.'耕耘の要諦はハローかけにある(「耕田摩勞也」)'.[381] 漢代初期の氾勝之は『呂氏春秋』の一節について詳述(少し変更)している.[382]

　　杏の花が咲き始めたとき，軽い土と弱い土を直ちに耕せ．杏の花が散ったとき，再び犂をかける．犂耕の後，直ちにローラーをかけよ(「藺」 lin)[383]……軽すぎる土は牛か羊に踏ませよ(「踐」 $chien$)．これが'弱い土を強くする(「弱土而強之」)'ことの意味である．

　　「杏始華榮, 輒耕輕土弱土. 望杏花落, 復耕. 耕輒藺之. ……土甚輕者, 以牛羊踐之. 如此, 則土強. 此謂弱土而強之也.

　氾勝之や崔寔(さいしょく)(Tshui Shih)など漢代の農学者は犂耕を正しく時宜に合わせるよう強調し，他の砕土過程は特に述べない傾向がある.『齊民要術』は後に伝統的中国農法の基礎となったハローかけを初めて詳しく述べた書で，考古資料から見てハローがたぶん漢代に初めて現れたことと符号している．漢代末まで，中国の砕土と平滑化の方法はもっと簡単だが必要労力はもっと大きかったと思われる．その方法だが，上述の氾勝之は軽い土を家畜に踏ませて固めることに触れている．氾勝之の記述対象は西北部の関中であり，土はレス質で，農民の直面する主な問題は乾燥と浸食だった．このため'水分を土中に溜める'ことと'弱い土を強くする'ことが必要だった．しかし，黄河の下流および黄淮の地方では粘土質の沖積土が卓越し，問題は犂耕後の大土塊を砕き，また種子が水漬けにならないよう水分を蒸発させることだった．先に言う'湿めるは乾かし'，'堅いは緩める'である．犂耕の際にどんなに注意深く時宜に合わせても，また厳しい冬の霜で土が砕けても土塊は残り，そこで農民は鍬や大槌，木槌の「耰」(ゆう)(yu)あるいは「椎」(つい)($chhui$)で大土塊を砕かねばならなかった．この大きな木槌の記述は後期周代文献の『論語』や『呂氏春秋』,『管子』に初出する.[384] それは

---

380) とりわけ『齊民要術』巻1.
381)『齊民要術』1.3.2に引用．
382)『氾勝之書』.『齊民要術』1.12.1に引用．
383) 本書 p. 270 を見よ．

たぶん砕土だけが目的ではなく，ばら撒いた種子の覆土も行った．[385] 最古の大槌の例は新疆の尼雅 (Niya) から出土した漢代のもので，[386] この道具は華北で今日も普通に使う．ただし，今は「榔頭」(*lang thou*) あるいは「木榔頭」(*mu lang thou*) と呼ぶ．[387] 賈思勰と王禎はどちらも木槌を'木のハンマー'(「木斫」*mu cho*) と呼んでいる．[388] 大槌のような比較的原始的な道具が，洗練され効率の高い道具の鉄歯ハローと1500年間も共存したことは奇妙に見えるが，それは野菜園など特定の場所や，堅い土塊が重い鉄のハローでも砕土できない場合，たぶんより有効だった．実際，大槌，木槌はヨーロッパの農民でも17世紀まで標準装備だった[389] し，英国では1800年頃ローラーに取って代わられるまで続いた．[390]

もう一つの砕土具は，漢代ないしそれ以前まで[391] 手持ちのレーキ，「杷」(*pa*) だった（『方言』によると，華中で「渠挐」(*chhü nu*) あるいは「渠疏」(*chhü su*)[392] という名で知られていた）．レーキの用途は多様で，脱穀場に穀物を広げたり，稲や粟の草取りにも使ったが，漢代には耕地の砕土と平滑化に，鉄製引き鍬の「鐵搭」に似た強い種類を使った．レーキがたぶん漢代末に家畜牽引の有歯ハローへ発展し，それが普及するとともに手持ちレーキの用途は家庭菜園に限定された．人気は続き，王禎は多数の種類を挙げる[393] が，用途は元代までに'砕土と石礫除去'1種だけとなり，菜園に限定された．1920年代にホンメルが見つけたのは穀物用と除草用のレーキだけだった．[394]

レーキの衰退は家畜牽引の有歯ハローが急速に普及した結果だった．中国には二種類の有歯ハローがある．平型 (図80) の「耙」，「耮」，「爬」(*pa*) と，縦型 (図81) の「耖」(*chhiao*) である．たぶんどちらも手持ちレーキから発展した[395] と思われるが，前者は中国全土で水田，旱地どちらにも使い，後者は南部の水田

---

384) 林 (*4*), pp. 276–278, 劉仙洲 (*8*), p. 75.
385) 鄭玄は『論語』38. 18. 6〔9. 18. 6,「微子」〕に注を加えて，「耰」を'種子の覆土'用とする（「耰，覆種也」）．
386) 劉仙洲 (*8*), fig. 45.
387) 著者不詳 (*502*), p. 99.
388)『齊民要術』11. 6.1,『王禎農書』12/14a〔「農器圖譜耒耜門」〕..
389) G. Markham (*1*), pp. 12–13.
390) Fussell (*2*), p. 67.
391)『書經』と『左傳』にレーキ（「杷朳」*pa pa*）の言及がある．
392)『王禎農書』14/15*b*〔「農器圖譜杷朳門」〕に引用．
393)『王禎農書』14/15*b*〔「農器圖譜杷朳門」〕．
394) Hommel (*1*), pp. 66–67.

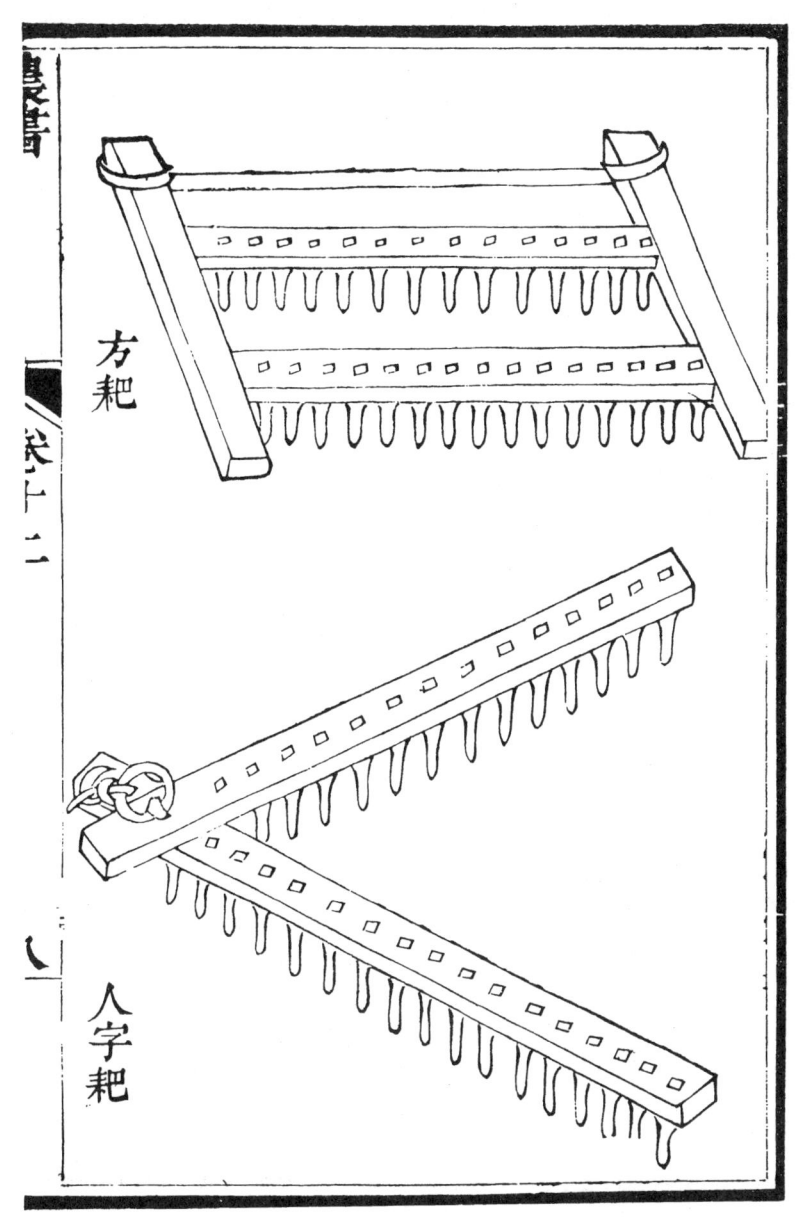

図 80　平型ハロー(「耙」*pa*).『王禎農書』12/8*a*〔「農器圖譜耒耜門」〕.

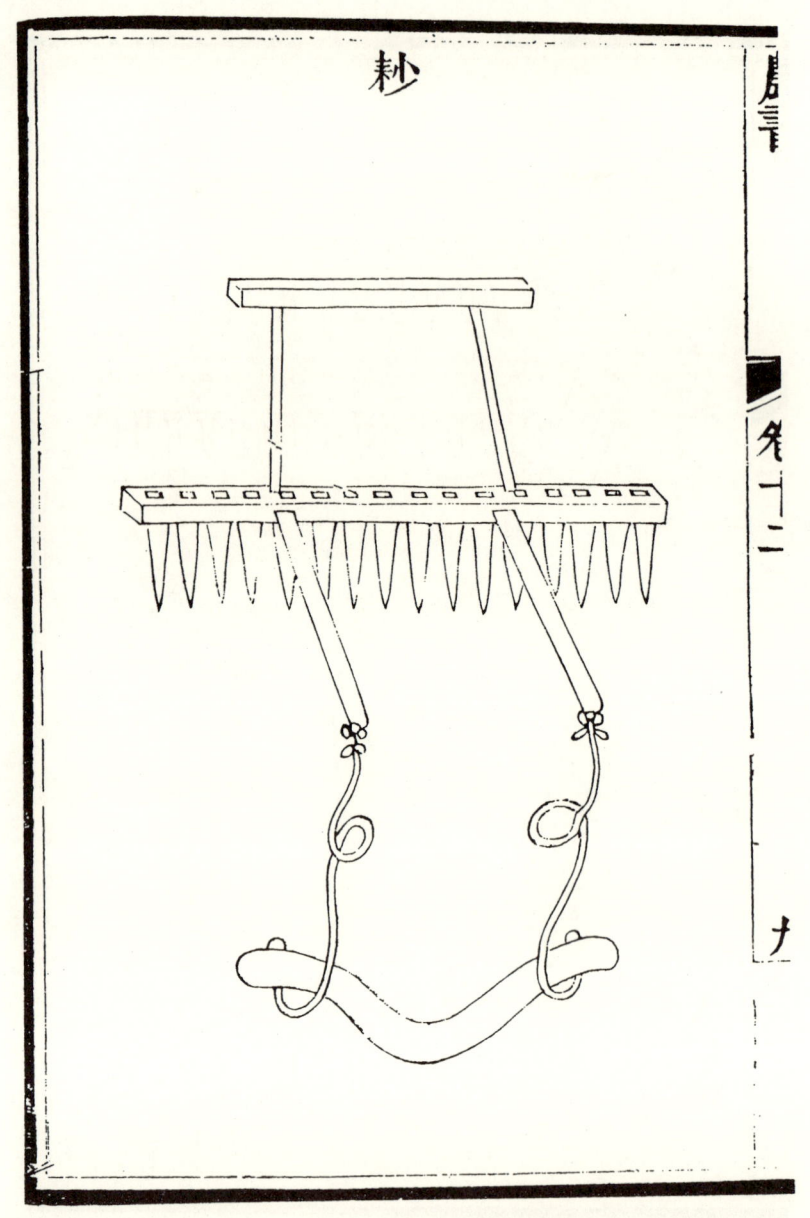

図81　縦型ハロー「耖」(*chhiao*)．南方の水田で使用．『王禎農書』12/9*b*〔「農器圖譜耒耜門」〕．

図 82 甘粛省嘉峪関の魏晋時代の彩絵磚．犂耕，播種，ハローかけを示す．御者がハローを片足で（上図），また体全体で（下図）押し下げることに注意．林 (4), pp. 6-32, 33.

に限定される．どちらも漢代末に発展したようだ．というのは漢代絵画にはどちらも現れないが，「耙」は魏晋期（220-316年）に描かれた甘粛嘉峪関の3枚の壁画に見え，[396] 他方，「耖」は知られるかぎり最も早い画像が広東の陶製明器にあり，年代は310年から312年の間だ．[397]

395)『耒耜經』で陸龜蒙は「耙」を「渠疏」（*chhü su*）という用語で注釈している．漢代はこれがレーキ「耙」（*pa*）を指した．『王禎農書』(2/7a〔「農桑通訣耙勞篇」〕)は元代でもなお「渠疏」が普通の用語だったことを述べている．
396) 林 (*4*), figs. 6-32, 33.

ホワイトの推測では，有歯ハローやあるいはローマ時代の *irpex*〔三角形平型有歯ハロー〕の発展は，労力不足のため従来の犂耕を繰り返す砕土法が不都合になり，地方的な対応として起こった．根拠として，彼はコルメラやプリニウスが労力不足や労力節約型の装置に繰り返し言及することを指摘する．[398] 中国農村部も漢帝国の崩壊前後に続いた国内紛争と外国の侵略期に，労力不足に見舞われた可能性はあるが，大農場が発展してきておりそれを経営した地方豪族は小作人と家臣を保護する見返りに労力提供を受ける形で，農場の労力不足を防いだにちがいない．[399] 自営の零細農民は不安定な時代に牽引家畜の維持・保護は難しく，どんなに労力が不足したとしても自ら牛牽引のハローを発明する余裕はなかっただろう．他方，大農場は自営農民が平和時すら望みえない規模の大頭数の家畜を手許に集めた．大農場が保有した家畜特に牽引用の牛の頭数は，嘉峪関の壁画に描かれているが，驚くべきものだ．したがって，こうした大農場は家畜牽引のハローや各種の機械を発展させ，[400] 余った熟練労働力を利益の大きな労働集約的家内工業，例えば醸造，漬物，織物などに振り向けることが可能となり，漢代末のハンドブック『四民月令』[401] が効率的な農場経営の要諦として取り上げることになった．

　有歯ハローは中国でもローマでもほぼ同時期に発展したが，接触や交流があったとは思えない．というのは西側のハローは基本的に格子状だが，中国のハローは一対の横棒の間に1本，2本，ないし3本の平行棒がある形だからだ（図84）．

　有歯ハローを述べた最初の文献は6世紀の『齊民要術』で，賈思勰は「鐵齒鋃榛」(*thieh chhih tou tshou*) [402]*1 に何度も触れ，また王禎[403]はそれを鉄歯の付いた平たい「杷」とする．『齊民要術』が薦める用途は，休閑地を耕起した後，[404] 湿

397）徐恆彬 (*1*).
398）White (1), p. 149.
399）P. B. Ebrey (1), pp. 17, 42-45 に，漢代後期と北朝時代の豪族農場の描写がある．
400）畜力を利用する多様な製粉所について，Vol. IV, Part 2, p. 192 以下〔思索社刊第8巻，p. 228 以下〕を見よ．
401）『四民月令』3.2, 6.3.3, 6.6, 12.7.4 など．
402）『齊民要術』1.2.1, 1.3.1, 3.10.4.
403）『王禎農書』12/8*b*〔「農器圖譜耒耜門」〕．
404）『齊民要術』1.2.3.
*1 〔『大漢和辭典』では，ろうそう〕

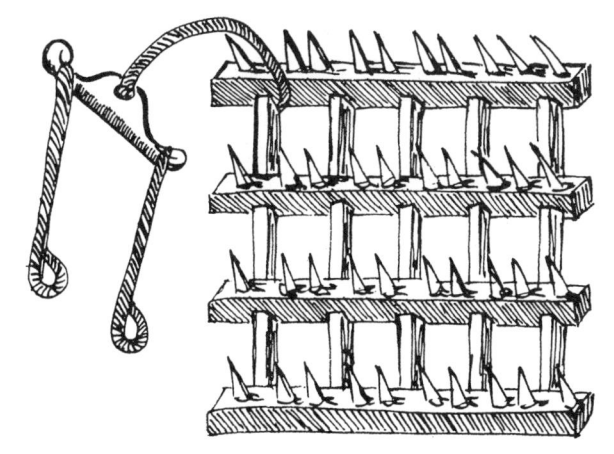

図83　エリザベス朝のイギリスのハロー．正方形枠に注意．Markham (2), p. 64.

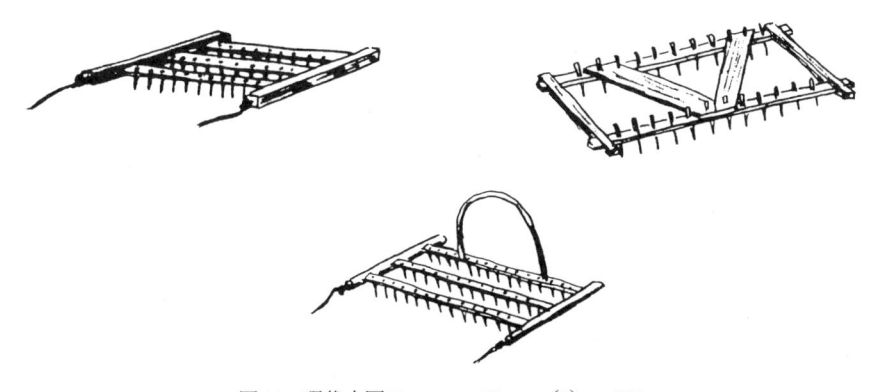

図84　現代中国のハロー．Wagner (1), p. 203.

土の犂耕で堅くなった土塊の砕土や,[405] 苗立ちした粟畑の除草によいというものだ．[406]

　［粟が］畝に芽生えたなら，雨後に土が白くなる［つまり，土が乾き始める］度に，直ちにレーキをかけ，鉄歯「鎺榛」(tou tshou)で縦横に均しなさい「縦横杷而勞之」．（方法．その上に座った男に絶えず草を取り除かせること．歯に土が詰まると苗がいた

---

405)『齊民要術』1.3.1.
406)『齊民要術』3.10.4.

「苗既出壟，每一經雨，白背時，輒以鐵齒䎱榛，縱横杷而勞之（杷法．令人坐上，數以手斷去草．草塞齒，則傷苗）……．」

　この文から，「䎱榛」が「杷」型の有歯ハローであることは明らかだ．単なるレーキなら作業中に男がその上に座ることはありえない．加えて，「䎱榛」の使用は当時の粟栽培で標準的だったようだ．嘉峪関の壁画は犂き手のすぐ後ろで男が播種をし，一対の牛が引く1本棒のハローで覆土し，ハローの御者は棒の上に座って押さえつけていると解釈できるが，上記の文はこれを確認する．

　『齊民要術』の「䎱榛」が嘉峪関壁画にあるような1本棒だったのか，あるいは後代に発展していたV字型や平行棒型のハローだったのかそれは判らない．しかし，『齊民要術』が'鐵齒'と指定することは，木歯のハローも後代同様あったことを示唆する．880年の『耒耜經』が次いで言及するが，これも明瞭ではない．そこでは犂耕後の砕土と除草に常にハローを使用し，それは有歯だと述べるだけだ．しかし面白い点は，ハローを「爬」(pa)としているのは陸龜蒙が初めてであることだ．彼の記述対象は揚子江デルタの水田地帯であり，平型ハローの使用は当時の華中でも華北同様一般的だったことが分かる．陸龜蒙は南方の水田地帯で後代に一般的だった縦型のハロー「耖」(chiao)に触れていないが，それより500年前のある明器が広東で作られたものなら，「耖」は華南の一部で使用されていたにちがいない．唐代には「杷」と「耖」を言葉の上ではっきり区別していなかっただけかもしれない．[407] 視点を変えると，「耖」は東南アジア起源で，嶺南の広東地域より北の中国へまだ浸透していなかった可能性もある（嶺南は，中国歴史のなかでごく最近まで中国本体の一部とは考えられず，その文化的親和性はトンキンやベトナムの伝統に向かう）．縦型ハローは東南アジア水田耕作の特徴で，ベトナム（そこでは *cái bwà* という），[408] ミャンマー (*htun*),[409] マレー (*gěrap*),[410] ジャワ (*garu*),[411] そしてフイリッピン [412] にもある．注目に値するのは，平型ハロー

---

407) この区別は近代中国では明瞭でなく，名前の区別があるのは華南諸省に限られるようだ．著者不詳 (*502*), p. 127-129 を見よ．
408) Huard & Durand (1), p. 124, G. C. Hickey (1), p. 140. Leser (1), fig. 298 にはトンキンの実例がある．
409) Cheng Siok-Hwa (1), p. 32.
410) A. H. Hill (1), fig. 3, Bray & Robertson (1).

(「耙」)がこれらの国にないことだ．これは縦型ハローが東南アジア土着〔西アジアにも多い〕の種類であり，南から中国へ比較的最近に波及した証拠と考えることも可能だ．

ハローかけの技術は1千年紀に中国で急速に広まり，宋元時代の著者たちはすでにその衰退を嘆いていた．「耙」つまり平型ハローは二種の形が標準形だった．『王禎農書』はこう述べる．[413]

> 横棒（「桯」*thing*）の長さは5尺，幅は4寸にすべし．2本の棒の間隔は5寸以上とする．それぞれに四角い穴をあけ，6寸以上の木歯を固定する．交差棒の各端は長さ約3尺の木梁に留め，それは前端がやや上向きに曲がり，木釘を打ちこんで牛をつなぐ綱を結ぶ．これは方形ハロー（「方耙」*fang pa*）である．
>
> またV字型ハロー（「人字耙」*jen tzu pa*）がある．それは鋳鉄の歯がある……このハローを使う際，一人がその上に立ち，より深く土に食い込むようにする．男は頻繁に足を土に下ろして，[歯の間に]詰まった草を取り除く．この道具は土が湿っているときに使う．

> 「耙桯長可五尺，闊約四寸，兩桯相離五寸許．其桯上相間各鑿方竅，以納木齒．齒長六寸許．其桯両端木栝長可三尺，前梢微昂，穿兩木橛，以繋牛輓鈎索．此方耙也．
> 「又人字耙者，鑄鐵爲齒……凡耙田者，人立其上，入土則深．又當于地頭不時跐足，閃去所擁草木根芟．水陸俱必用之．」

王禎は木歯の方形「耙」と鉄歯のV字型「耙」をはっきり区別するが，今の方形「耙」は，鉄歯（しばしば曲がっている）のほうが木歯より一般的だ（効率を高めるため，しばしば揺する）．[414] V字型「耙」は完全に姿を消してしまっている．[415]

縦型の「杪」について，王禎は言う．[416]

> 「杪」は[水田]耕地の泥を分け，攪拌するための道具である．高さは約3尺，幅4尺，上に水平の握り棒があり，下に歯列がある．歯は「耙」のものより2倍長く，間隔

---

411) Raffles (1), p. 114, L. Th. Mayer (1), Leser (1), fig. 303.
412) Leser (1), fig. 296.
413) 『王禎農書』12/8*b*「「農器圖譜耒耜門」」．
414) Hommel (1), p. 56, 著者不詳 (502), p. 105 以下．
415) Wagner (1), p. 204 は，彼の中国人学生の誰もそのようなものを見たことがないと言う．
416) 『王禎農書』12/10*a*〔同前〕．

も密である．両手で「耖」を保持し，前方の引き具を付けた家畜に引かせる．「耖」には一人と1頭の家畜が要るが，時に2台の「耖」をつなぎ，一対の人と家畜で行う．この方法は耕地が大きい場合の特別な手筈で，早く仕事を了えるためである．「耖」は犂耙耕の後に泥をよく練るために使う．

「耖，疏通田泥器也．高可三尺許，廣可四尺，上有横柄，下有列歯．其歯比耙歯倍長且密．人以兩手按之，前用畜力輓行，一耖用一人一牛．有作連耖，二人二牛，特用於大田，見功又速．耕耙而後用此，泥壤始熟矣．」

王が特別な注意を払っていることから，これら有歯のハローは広く使われたことが分かるが，1世紀ばかり前に『種蒔直説』の著者は，適切なハローかけに誰も注意しないと不平を漏らしていた．[417]

古代の農法では，犂耕後，有歯ハローを必ず6回［傍点は著者］かけたものだが，今の人々は深耕の効能のみに関心があり，ハローによる精耕がもっと効果的であることを知らない．ハローかけを適切に行わないと大土塊が残り，実りが良くない．播種後に若芽が出ても，根は大土塊の間で育つことになるので土になじまず，したがって旱魃に耐えられない．しおれて死ぬ苗もあり，虫にやられて死ぬ苗もあろう．あるいはしぼんで死に，病気でやられるものもあろう．しかしハローかけを適切に行うと土は細かくなり，よい実りをもたらすものになる．根は細かくて実り多い土に張り……植物は旱魃に耐え，病気にもかからないだろう．

「古農法，犂一耰六．今日只知犂深爲功，不知耙細熟爲全功．耙功不到，則土麤不實，後雖見苗立根，根土不相著，不耐旱，有懸死，蟲咬，乾死等病．耙功到則土細實，立根在細實土中，……自然耐旱，不生諸病．」

かくて，ハローかけは土の易耕性をよくするだけでなく，土の水分保持を助け，植物の生育を良好健全にし抵抗性を高める．王禎[418]はハローかけを繰り返すと厚さ4寸（鶏卵が十分隠れる深さ）の表土が肥沃な，油のような土（「油土」 *yu thu*）になると述べる．この表現は，土の細砕は土の肥培に堆肥と同じほど重要だとするタルの断言を思い起こさせる．[419]

---

417) 『王禎農書』2/7a〔「農桑通訣耙勞篇」では『韓氏直説』，「農器圖譜耒耜門」では『種蒔直説』を引用〕，『授時通考』33/2a.
418) 『王禎農書』12/8b〔「農器圖譜耒耜門」〕.
419) Fussell (3), ch. 6.

元代以降ほとんどの農書撰者は不平不満を漏らしたが，有歯ハローの地拵えでの重要性は全中国で現在まで続き，1957 年，北京での全国農業展示会陳列品の数と種類の多さはその証拠である．[420] 先に触れたようにこの種のハローは作物発芽後の除草と中耕にも使用したが，主な用途は播種前の砕土だった．これは西でのハローの用途と面白い対照を見せる．プリニウスはこう言う．[421] 'ある種の土は肥沃すぎるので，[若い小麦]作物に櫛をかけて間引く必要がある．櫛は別種のハローを指し，先端に尖った鉄歯を嵌める (*cratis est hoc genus dentatae stilis ferreis*)'．一般にローマ人は，種子を犂で覆土後にハローかけが必要な農民は拙劣だと見なした[422] が，後のヨーロッパ農民はそうは思わなかった．マルカムは同時代人同様，作物を播く前よりも播いた後の砕土を勧め，次のように言う．[423]

> 播種後に軽くハローをかけよ．最初は木製ハロー，次に鉄のハロー，あるいは 2 頭の牛で引くハローをかける．というのはこの土は堅く固まっているからで，砕土には十分な注意と勤勉さが要る．
> 大麦を播いた後，4 月の後半頃，畑を平滑にし，きれいに手入れせよ．これらの作業は枝条ハローとローラーで行う．砕土し残した土塊があれば，大槌でそれをばらばらに打ち砕いて土をできるだけ細かくし，畑をできるだけ平滑にせよ．

西洋の農民が，きめの細かい苗床の有利さは明らかなのに，播種後のハローかけを好んだのは何故か説明は難しい．理由になりそうな点は，西洋の穀類作物が中国の粟や小麦と違って冬作物であり，霜や雪が降る前にやや播き急ぐことである．16 世紀のイングランドの全播種作物のうち，よい播き床が必要とされたのは次の詩にあるようにライ麦だけだ．[424]

> 大麦と豌豆は播いた後にハローせよ，
> ライは始めにハローし，播いた後は滅多にせぬ．
> 小麦は土塊を多くし，頭を覆えば，

---

420) 著者不詳 (*18*), Part 2.
421) Pliny 18, 186, K. D. White (1), p. 146 を見よ．
422) Columella 11. iv. 2.
423) G. Markham (2), vol. I, p. 86.
424) T. Tusser (1), §§ 72, 10–11.

　　　　霜の後，芽を出し広がる．
　　　　実を篩い，扇げ，犂はそこにない，
　　　　9月，ライの播種を命じよ．
　　　　畝をハローし，常に打て，
　　　　農夫の眼目，ライ畑は斯くする．
　　　　冬作物に，欲求を満たさせよ，
　　　　望みのままに小麦を播け，
　　　　だがライは塵に播け．

ハローかけは，英語の慣用句では，へとへとに疲れる仕事だった．[425]

　ハローかけは牛に大きな負担と苦痛である．2日犂をかけるほうが1日ハローをかけるより楽だった．古い諺に言う．'牛は嘆かない，ハローを着けるまでは'．それは2回行い，決して1回で終わらないからだ．

　こういう次第で，ヨーロッパの農民が犂耕とハローかけの間に牛を休ませたのも驚くにあたらない．
　有歯ハローは堅い土塊砕きに理想的だが，表土を平滑な細粒状にし，播種と水分保持に最適の状態を調える道具は枝条ハローだ（図85）．王禎はこう述べる．[426]

　枝条ハロー（「勞」lao）は平たいハロー（「耙」pa）の歯がないものである．代わりに，ハローの棒の間に細い枝条を編み込み，耕地を平滑にする．農夫は交互に犂耕し，「勞」する．眼目は土の水分保持である．「勞」の使用は確実に耕地を平滑にし，土を肥沃（「潤」jun）にする……犂と有歯ハローをかけた後，播種前の枝条ハローかけは必須である．諺にある．'犂耕しても平滑にしないのは災いを求めるようなものだ（「耕而不勞，不如作暴」）'．

　　　「勞，無齒耙也，但耙梃之間用條木編之以摩田也．耕者隨耕隨勞，又看乾溼何如．但務使田平而土潤，……凡已耕耙欲受種之地，非勞不可．諺曰，耕而不勞，不如作暴．」

枝条ハローは東洋でも西洋でも有歯ハローよりわずかに早く出現した．地中

---

425) Fitzherbert (1), 15 以下．
426) 『王禎農書』12/11a〔「農器圖譜耒耜門」〕．

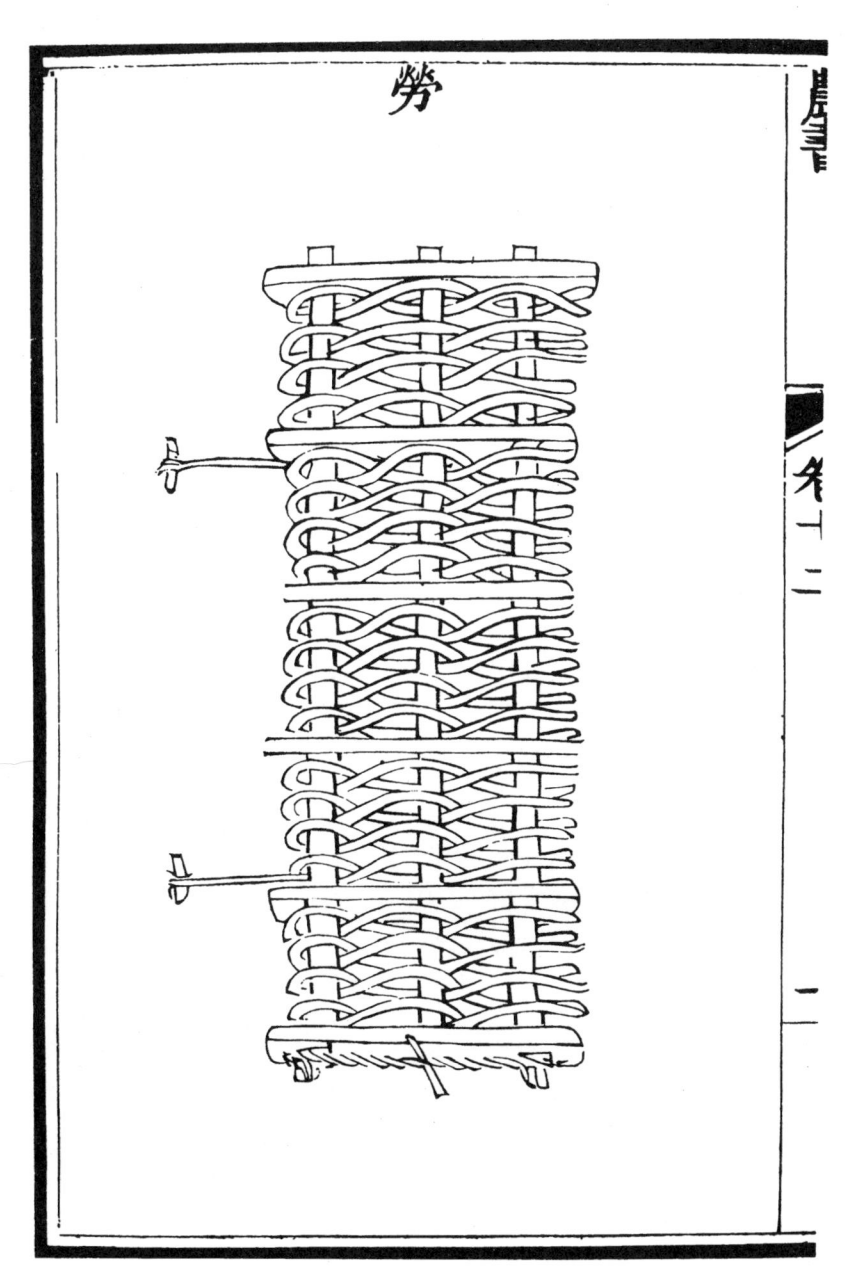

図 85　中国の枝条ハロー（「勞」lao）．『王禎農書』12/10b〔「農器圖譜耒耜門」〕．

海地方で枝条ハローはローマ以前にはたぶんなかったが，ウェルギリウスやウァロなど数人の撰者は言及している．[427] 中国で使用の最初の証拠は紀元前1世紀の『氾勝之書』にある．[428]

> 春，地の生気（「氣」chhi）が解き放たれると，堅く強い地と黒土を耕す．枝条ハロー（「摩」mo）で直ちに土塊を均す……土をむらなく，土塊がないようにする……これが強い土を弱くするの意味である．

> 「春, 地氣通, 可耕堅硬強地黒壚土. 輒平摩其塊, ……勿令有塊, ……所謂強土而弱之也.」

賈思勰[429]は「摩」（mo）（字義通りには，擦ってむらなくする）は「勞」つまり枝条ハローを指す別の語とする．この説明は今日でも河南と陝西の一部で「耱」の字を枝条ハローに当てることで裏付けられる．[430] だから，枝条ハローは前漢代にすでに使用し，その時代の砕土具の急増は反転犂の発展と波及に対応する事柄．『齊民要術』（535年）の頃には枝条ハローは犂自体と同じほど重要となり，次のように春耕と秋耕後に「勞」を少なくとも2回かけた．[431]

> 春耕の後，直ちに「勞」をかけよ．……秋耕の後は土の表面が白くなるまで待ち，その後,「勞」で滑らかにせよ．春は風が強く，直ちにハローしないと土は乾き，小穴が多数生ずる（「虚」hsü）．秋，土は水で充ち，表面がまだ湿っている間にハローをかけると，土が乾いた後で硬くなる……春耕と夏の犂耕は浅くし，溝は狭くし，「勞」は2回行え（「勞」を2回行うと土はよくこなれ，水分を保持して旱魃に耐える）．

> 「春耕尋手勞……. 秋耕待白背勞. （春旣多風, 若不尋勞, 地必虛燥. 秋田濕實, 濕勞令地硬…….）……春夏欲淺. 犂欲廉, 勞欲再. （……再勞地熟, 旱亦保澤也.）」

事実，枝条ハローかけは土を砕土マルチ状態にするための作業で，乾燥地帯の農民は今も好んで行う．[432]

---

427) K. D. White (1), p. 146.
428)『氾勝之書』1.3.1.『齊民要術』1.11.1 に引用．
429)『齊民要術』1.3.2.
430) 劉仙洲 (8), p. 27.
431)『齊民要術』1.3.2-3.

『齊民要術』で「勞」の言及箇所は多すぎて，引用をつくせないほどだ．「勞」の言葉は元朝時代を生き抜き現在にも伝わるが，枝条ハローを指す言葉はほかにも多い．『齊民要術』の序と注釈[433]には「蓋」(*kai*)という言葉がしばしば現れるが(「蓋」の字義は'覆う'であり，この用法はばら撒いた種子をハローで覆うことにたぶん由来する)，この部分はたぶん唐代初めの執筆だろう．[434]「蓋」という名は現在の河北でそのまま使い，現在も「勞」という言い方が一般的なのは山東と河南北部，他方，「摩」が一般的なのは河南南部と陝西だ．[435]

枝条ハローはヨーロッパの重粘土地でも時々見かけるが，[436] そこでは有歯ハローがより重要だ．[437] 中国では王禎の時代，「勞」は水田で使わなかったが，彼によると，[438] 南方でも畑の作業にはこれを使って易耕性を改良した．しかし現在ではその使用は華北に限られ，アードと一緒に使うことが多い．この使い方は地中海地方，中東，トランスコーカシア，イランとインド[439]に広く分布し，これらはやはりアードを使うところだ．レーザー(Leser)の示唆によると枝条ハローは弯轅アード (Pflüge mit Krumel, *araires chambiges*) と密接に関連し，この犁は彼の考えでは地中海地方に起源してたぶんローマ後の時代に東方へ伝播した．[440] しかし中国での犁の発展の土着性と特異性を考えると，この見方は漢代初期の枝条ハローの出現を説明できそうにない．枝条ハローの中国への伝来は犁の伝来とは独立に生じたものだろう．漢武帝が中央アジア以遠へ派遣した軍隊がその知識を持ち帰った可能性はありうる．しかし古代世界の東西どちらにしてもその歴史がほとんど判らないので，起源と伝播を十把一からげに断言すると誤るだろう．

華北では枝条ハローで耕地の易耕性を播種前に仕上げたが，華中，華南の水田ではローラーで代掻きし，泥に仕上げた．『齊民要術』は「陸軸」(*lu chu*)というローラー[441]をこの目的に使ったと述べる．ローラーに関するもう一つの初

---

432) Arnon (1), vol. I, ch. 13.
433) 例えば，『齊民要術』00.8〔雑説〕．
434) Kumashiro (1), p. 431 はこの年代について肯定，否定両方の証拠をまとめている．
435) 劉仙洲 (8), p. 27.
436) ドイツやボヘミアの地方からも報告がある．Leser (1), p. 489.
437) Fitzherbert (1), G. Markham (1), (2), G. E. Fussell (2) など．
438)『王禎農書』2/8*a*〔「農桑通訣墾耕篇」〕．
439) Leser (1), pp. 488-490.
440) Leser (1), p. 492 以下．

期の記述が唐代の作品『耒耜經』にある.'「爬」(pa) の後,「礰礋」(ko chih) あるいは「磟碡」(lu thu) をかける.「爬」と「礰礋」は歯があるが,「磟碡」は単に卵型で全体が木製, 堅く重い木材が最高である'.「磟碡」の挿絵は王禎の『農書』明版にあり, それは卵型で溝を刻んだローラーだ (図 86). 王禎はこう説明する.[442]

　　　「磟碡」の字は石偏なので, 私自身, このローラーは元々石で作ったものと信じるし, 事実北方では石のローラーもしばしば見かける. しかし, 南方では木を使う. 水田と旱地では条件が違うからだろう……「磟碡」は幅約 3 尺……木の枠があり, 木の軸が [ローラーの] 中心に通り, 回転は容易だ.

　　　　　「余謂磟, 碡, 字皆從石, 恐本用石也. 然北方多以石, 南人用木, 蓋水陸異用, 亦各從其宜也. 其制長可三尺,……刊木括之, 中受簨軸, 以利旋轉.」

「磟碡」を示す『耕織圖』の 1769 年の挿絵はほぼ確実に 1237 年宋代の原本[*1] (図 87)[443] に基づき, また 1676 年の日本語版〔和刻本〕の挿絵も 1462 年明版の挿絵[444] に基づいていて, 両者とも「磟碡」を稲播種前の最終段階で使う様子を示す. 宋版に基づく絵は大きなローラーを示し, それは溝があり, 卵型というより円筒形である. 他方, 日本語版の絵は表面が平滑な円筒形ローラーだ. 1739 年の清版[445] は絵を「磟碡」と題するが, 実際は有歯ハローを描き, これは意味ありげだ. 現代中国では滑らかなローラーを水田ではもはや使わない.[446]

他方, 有歯ローラー (「礰礋」)[447] は改良が進み, 稲作農民の農具中, 最も重要な道具の一つだ.『王禎農書』に詩がある.[448]

　　　……歯は密集し, 鋭く硬いので, 土塊を切り進む.

---

441)『齊民要術』11. 2. 3.
442)『王禎農書』12/15a〔「農器圖譜耒耜門」〕.
443) Pelliot (24), pl. XV.
444) O. Franke (11), pl. XIX.
445) 同上, pl. XX.
446) Alley & Bojesen (1), p. 89. 著者不詳 (502) と Hommel (1) は水田で使う平滑なローラーの例を示していない.
447)「礋」を ko と発音することは『耒耜經』と『王禎農書』によるが, より正統的な発音は li だろう.
448)『王禎農書』12/17a〔同前〕.
*1　元の程棨模写本を乾隆帝が石刻させた拓本——渡部武の教示による.

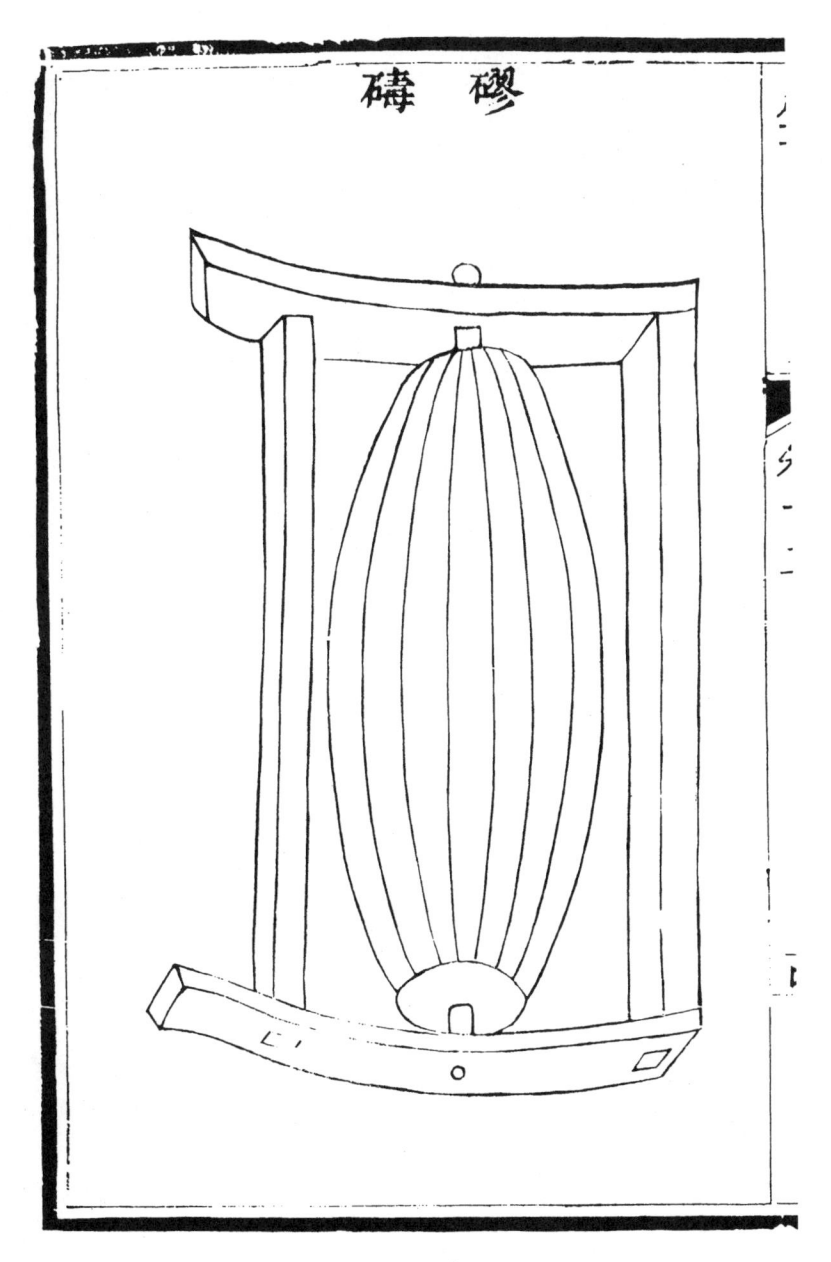

図 86　卵型のローラー（「碌碡」 *lu thu*）．『王禎農書』12/14*b*〔「農器圖譜耒耜門」〕．

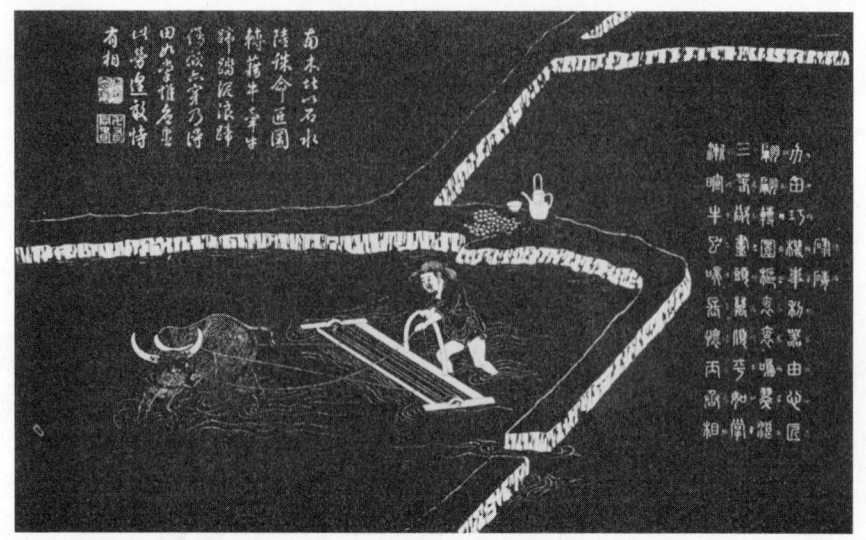

図87 円筒形, 溝のあるローラー.『耕織圖』宋代版挿絵. Pelliot (24), pl. XV.

初めに地を実り豊かな顆粒にし, 春, 泥に練る.
繰り返して地に転がし, 肌理をできるだけ滑らかにする……

「……齒齒鋩鍔堅, 就彼破塊功.
一轉土膏潤, 再轉春泥融,
輾轆復輾轆, 妙用終無窮. ……」

『農書』の文章は短いが, 王禎は二種の「礰礋」(ko chih) を図示する. 一つは歯があり, 他は刃がある(図88). どちらも泥をかき混ぜて練るのに大変効果的で, 今日の中国でも多数見受ける. ただし今のローラーは王禎が示すものより直径が小さい. ホンメル[449] が詳細に述べるローラーは刃があり, 操る人にはねがかからないよう泥除けの柳細工をつける(図89). 彼はきわめて多数のローラーの種類を述べ, 単一ローラータイプ, 複数ローラータイプ, また様々な針や歯, 櫂あるいは刃を持つもの, 加重用の座席を上においたものなどがあり, それらは著者不詳(502)に報告がある. これら今日のローラーを指す語は'ローラー・ハロー'「滾耙」(kun pa) あるいは「蒲滾」(phu kun) だ.

---

449) Hommel (1), pp. 57–58; figs. 89–90.

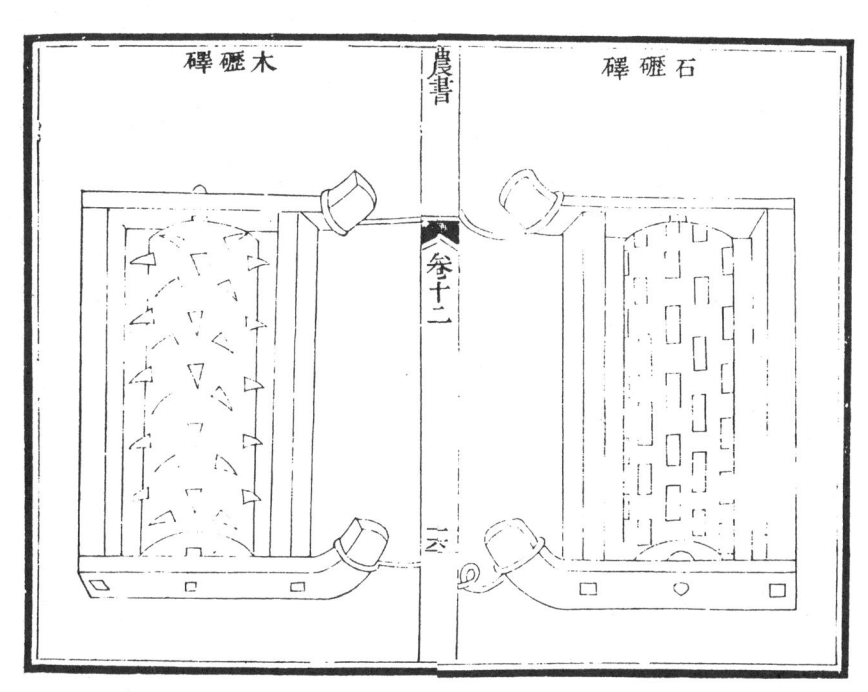

図88 有歯ローラー（左）と刃付きローラー（右）（「礰礋」ko chih）．『王禎農書』12/16〔「農器圖譜耒耜門」〕．

図89 「礰礋」（ko chih）タイプの刃付きローラー．現在の浙江の例，泥除けの柳細工に注意．Hommel (1), fig. 89.

ヨーロッパでローラーの主用途は牧草地や転換牧草地の土に通気することで，18世紀半ばの企業農民はその細工に不平をもらしたが，[450] 1700年頃から時々使ったことは間違いない．ランドール(Randall)は'樫のピンを着けたロル'を当時エッセクスで使ったと述べる．[451] しかし北ヨーロッパで有歯ローラーの実例は18世紀以前にはない．したがってレーザー(Leser)が示唆するように，[452] たぶん東アジアから曲面犂へらに伴った伝来品だろう．

水田では泥をかき混ぜあるいは練って手触りを均一にした後，特に苗床では水深の均一化が必須で，均平作業を行った．王禎は強調する．[453] '田は完全に均平にして，苗が均一に育つようにする'．多くの道具がこの目的に使われた．'均平板'(「平板」*phing pan*)は'表面が滑らかな方形の板で，木製突起2本を上面に打ち，水牛のくびきにロープで結ぶか，人が引く'[454] ものだった．'田撹拌器'(「田盪」*thien thang*)は'長さ6尺の二股棒を取っ手とし，幅5尺の板にほぞ穴を開けて取っ手を固定する……田面を前後して土と水をかき混ぜ，凹凸をなくして種子の播種を容易とする'．[455] '削平板'(「刮板」*kua pan*)は──[456]

> 土を削る道具で幅2尺ほど，長さその2倍の木板で作る．ある種のものは錬鉄の舌［切削刃として］が付いている．板の背後に2本のまっすぐな貫木を釘で打ちつけ，横棒を固定して把手にする．板の両端に鉄環を固定し，引き綱を結ぶ［図90］．「刮板」は両手でしっかりと保持し，一人あるいは水牛1頭で引く．面を進行方向に向けて引くと土を削る．
>
> > 「剗土具也，用木板一葉，闊二尺許，長則倍之，或煅鐵為舌，板後釘直木二莖，高出板上，桀以橫柄．板之兩傍係二鐵鐶，以鐶拽索，兩手推按，或人或畜輓行，以剗壅脚土．」

この削平板は苗床の平滑化作業以外に，'堤修理，干拓地の堀上げ，排水路の掘削，土盛り，畔作り，脱穀床の盛り上げ，穀物のかき集め，フスマ集め，土

---

450) とりわけ，Cuthbert Clarke (1), Fussell (2), p. 67-68 を見よ．
451) John Randall (1)．有歯ローラーは実際，1600年に Olivier de Serres (1) が述べているが，de Serres が述べたのは地中海農業だった．
452) Leser (1), p. 451.
453)『王禎農書』14/18*a*〔「農器圖譜杷朳門」〕．
454)『王禎農書』14/18*a*〔同上〕．
455)『王禎農書』14/19*a-b*〔同上〕．
456)『王禎農書』14/30b〔同上〕．

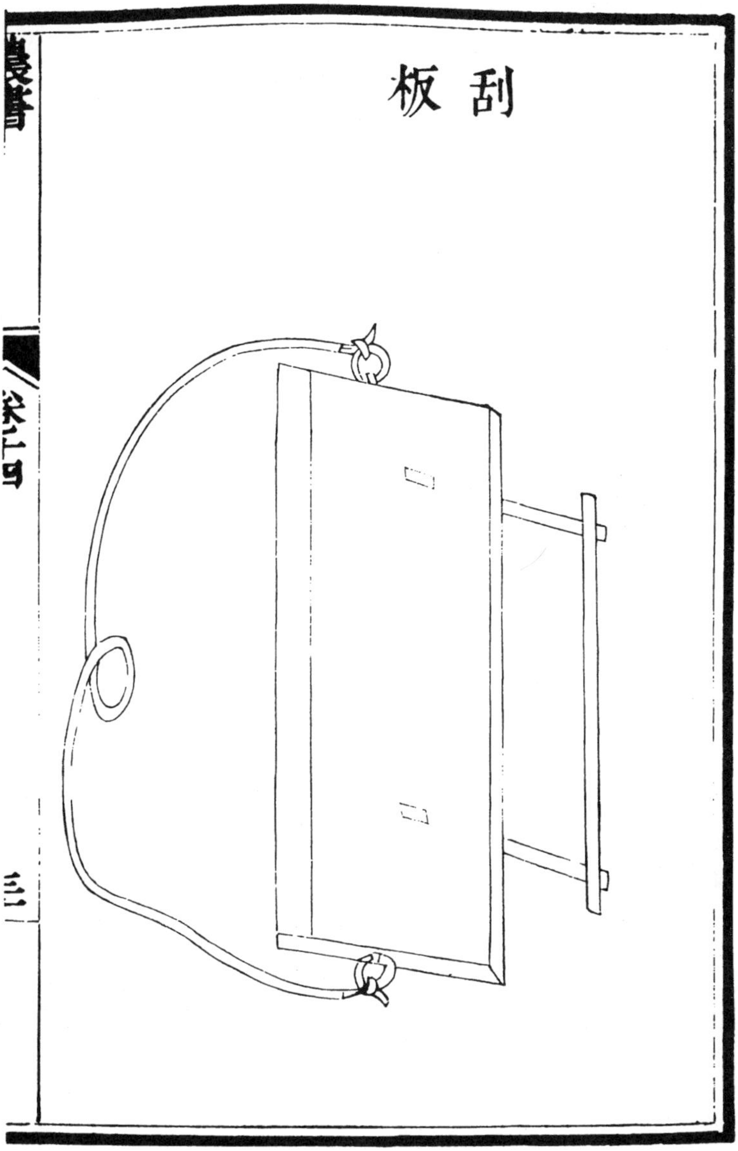

図 90 '削平板'(「刮板」 *kua pan*). 苗床の均平に使う.『王禎農書』14/30*a*〔「農器圖譜 杷朳門」〕.

の石礫除去'にも使用した．王禎は，農民が非常によく使う道具だったと言う．同様の均平具多数が今日の中国でいまだに使われ，その中には車輪付き'削平板'もあり，その名前はもっと散文的な'土平滑器'（「平地器」*phing ti chhi*）だ．[457]

華北の旱地では，面の平滑なローラーを使って畑を仕上げるが，その眼目はこぶを押さえつけ，粗鬆な土を固めて浸食を防ぎ，土の水分を保持することだ．このようなローラーはすでに前漢時代に使っていたかもしれない．『氾勝之書』の次の二節はローラーに触れている可能性がある．[458]

　　冬，雪が止めば直ちに［一字抜ける］を使って雪を押さえ（「藺」*lin*），地を覆う雪が風で飛ばされるのを防ぐ．雪ごとに繰り返せば，春，土は水分を保つ（「保澤」*pao tse*）．冬，雪が止めば小麦を覆う雪を一つのもの（「物」*wu*）で直ちに押さえる……そうすれば旱魃に耐え，よい収穫をもたらす．

　　　　「冬雨雪止，輒以藺之，掩地雪，勿使從風飛去．後雪，復藺之，則立春保澤．」
　　　　「冬雨雪止，以物輒藺麥上，掩其雪……．則麥耐旱，多實．」

どちらの節も雪押さえに使う物の名が不幸にも欠落するが，「藺」（*lin*）[459]の字はふつう戦車の車輪に踏み砕かれた地を指すので，何らかの車輪かローラーが関与していると推定可能だ．耕地用のローラーは漢代の図像にまったく見当たらないが，回転ローラーはすでに周代から粉砕と磨砕にたぶん使っており，漢代には確かにあり，[460] また後代ではローラーを耕地でも脱穀床でも使ったので，氾勝之がこれらの節でローラーに言及している可能性はある．後代の文献でローラーをさす言葉はすでに見たように（本書 p. 264），「磟碡」あるいは「碌碡」だった．この用語の最も古い出現は，1 世紀の『四民月令』の一節[461]に付した『齊民要術』の次の注釈だ．'オート麦（これはからを取り難いので，夏の盛りに石ローラー「磟碡碾」（*lu thu nien*）でからを取る）'．『齊民要術』がローラーの使用に触れる箇所は他にない．そして王禎でやっと我々は華北の耕地でのローラー使用

---

457) 著者不詳（*502*), p. 172.
458) 『氾勝之書』1.8.1 を『齊民要術』1.16.2 に引用．『氾勝之書』4.3.3 を『齊民要術』10.11.6 に引用．
459) *lin* の同音異義語である藺草はこの場合，関係がない．
460) Needham, Vol. IV. Part 2, pp. 92, 199.〔思索社刊第 8 巻 p. 116, 242.〕西晉時代（268〜317 年）の壁画で臼やローラーを使って穀物を挽く図が 1964 年に中央アジアのトルファンから発見された．汪寧生（*2*), p. 28 を見よ．
461) 『齊民要術』10.16.1 に引用．

を明瞭に述べる文に会う(本書 p. 264). 今日, ローラーは北方に一般的で土の締め固めと水分保持に使う. 王禎の一般化とは逆に, 石製ローラー, 木製ローラーどちらも華北にあり, 形, サイズは多様で最も一般的な名前は「碾」(nien), または「碾子」(kun tzu) だ.[462]

本節で述べた道具が多数に上り多様であることからも, 中国農民が完全な地拵えを重視していることが分かる. 地拵えの際, 播種前にしばしば肥料を施す(本章第3節を見よ)が, 中国人は英国人タルと同様に細かくこなした土の栄養補給能力を確信しており, 作物の良い苗立ち確保のため骨折りをいとわなかった. ただしヨーロッパでは苗床の重要性はさほどではなかった. というのは農牧混合経済では休閑が可能で, 大量の堆厩肥を利用でき, 雨は平均して降るので, 骨の折れる土こなしをしなくとも養分と水分を補給できる条件があったからだ. しかし伝統中国同様に, 肥料と堆厩肥の不足, 低品質, また雨の不安定な条件下では, 徹底的な土こなしや注意深い輪作(本書 p. 478 以下を見よ)で補足が必要だったかもしれない.

2 播種

一つの種子がある. 思慮という. 農夫がこの種子を持ち, 他の穀物に混ぜれば生育は大いに良くなる. 何故というに, その種子はそれぞれの畑に何種類の穀物を植えるべきか農夫に教えるからだ. そして若い農夫や, 運勢によっては老いた農夫もこの種子が不足することがある. 不足する者は十分に持つ隣人から借りるがよい. もし隣人が若い農夫にこの種子を少しも貸さないなら, その隣人も気の毒というべきだ. 何故ならこの思慮という種子は不思議な性格があり, 使うほどあるいは貸すほどに増えるからだ.[463]

(i) 作付け暦と播種日の選定

播種と植え付けの仕事はそれぞれに時宜がある. [各作物の] 適時を知り, 決められた順序に従うなら作物は安定した順序で芽ばえ, 実り, 恵みと利益をもたらす. 何かを播かない日はなく, 何かを収穫しない月はない——収穫は年中次々と実る. 不足する者が誰かいようか?[464]

---

462) 著者不詳 (502), p. 163 以下.
463) Fitzherbert (1), 20.
464) 『陳旉農書』1/5〔「巻上六種之宜篇第五」〕.

表7 『齊民要術』による作付け暦 (李長年 (3), 93).

植え付け時期 \ 作物	最良	中	遅い
粟	2月初旬（旬は10日時節）麻の花咲く，柳芽吹く	3月初旬 陽暦清明，桃咲き始める	4月初旬 桑の花散る
黍	3月初旬	4月初旬	5月初旬
春大豆	2月中旬	3月初旬	4月初旬
小豆	夏至の10日後	戌の日の直前	戌の日の直後
麻	夏至の10日前	夏至	夏至の10日後
麻の実	3月	4月	5月
小麦	8月はじめ	8月半ば	8月末
大麦	8月半ば	8月後半	8月末
水稲	3月	4月初旬	4月中旬
陸稲	2月半ば	3月	4月
胡麻	2月，3月	4月初旬	5月初旬
瓜	2月初旬	3月初旬	4月初旬

「種蒔之事，各有攸紋．能知時宜，不違先後之序，則相繼以生成，相資以利用．種無虛日，收無虛月．一歳所資，緜緜相繼，尚何匱乏之足患？」

　農業暦が中国で果たす重要性はすでに論じた．それは様々な農作業の適切な時期と状態を指示する．中でも少なくとも漢代以降，播種時期が何よりも優先したことは注目に値する．これは偶然ではない，というのは穀物を収穫する時期や果物をもぐ時期は間違いようがないが，播種の適時を判断することは経験を必要とし，環境の状態を判定する複雑な配慮やまた大いに幸運も必要となる．播種は種子に生命が付与される象徴的な瞬間であり，そこで失敗を犯すと発育を妨げ収穫は惨めなものとなる．したがって最重要作物の播種適時の判定に思いを巡らしたのは当然だ．

　古代，この重大事は占いで決した．商代の卜辞には粟の播種儀礼に触れるものがある．[465] '婦姘 (Fu Ching) の粟の播種儀礼で酒を注ぐ神事はないだろう'，という甲骨文がある．キートリー (Keightley) は，[466] 'この事柄を占いで決した事実は経済活動と祭儀が不可分であったことを示す' と言う．周代には，暦文と

---

465) Keightley (1), 64.〔婦姘は箒に酒を注いで，宗廟を清める役を司った．〕
466) 同上．

生物気候〔物候〕の観察が国家による易断に替わった．このことは例えば『詩經』中の「豳風・七月」(Pin Feng Chhi Yüeh) や『夏小正』から見てとれる．これらの文献には播種に関する明瞭な言及がないが，それは単に断片しか残っていないからだろう．しかし『夏小正』は粟と大豆の豊作を確かなものにするための儀式を述べ，たぶん儀式ののち間をおかずに播種が行われただろう．[467]

漢代，播種日の決定は月齢，星の位置，様々な植物と木の発芽や開花によった．『淮南子』は例えば星座の位置が多くの作物の作付け時期を正しく示すことを述べる．[468] 加えて，陽暦のほうが陰暦より季節の指標として正確であることも農民は計算していた．氾勝之は種々の穀類を播種する正確な時期を次のように指示する．[469]

> もちキビ（「黍」shu)……は夏至の 20 日前，雨があるときに播く．
> 冬小麦（「宿麦」su mai) は夏至の 70 日後に播く．早く播くと穂は健康に，茎は強くなるだろう．しかし播種が遅すぎると穂は小さく，実は少ないだろう．
> 稲（tao) は冬至の 110 日後に播く．
>
> 「黍者……．先夏至二十日，此時有雨，彊土可種黍．
> 「夏至後七十日，可種宿麥．早種則穗實而稭強，晚種則穗小而小實．
> 「冬至後一百一十日可種稻．」

これらの時期限定は厳格すぎて実際的でないと見えるが，氾勝之は農民が自らの判断で調節することを期待していたようだ．それは例えば豆の播種は楡の実がつく時期，ヒラマメの播種は桑の実が熟すころ [470] など，植物気候を指示することから判る．さらに最重要な作物について彼は次のように明言する．[471]
'粟（「禾」ho) の播種時期は固定していない．その時節は土の種類による（「因地爲時」)'．

現代人にはこれは程よく合理的で準科学的と見える．とはいえ氾勝之はその同時代人同様に占星術を堅く信じ，経験的指針と日の吉兆を混ぜていた．以下

---

467)『夏小正疏義』23, 34-5.
468)『淮南子』巻 9, 19a,『齊民要術』3. 16. 6 に引用．
469)『氾勝之書』4.2, 4.3, 4.5.2, 訳は石聲漢 (2), p. 15 以下を著者が修正．
470)『氾勝之書』4.6.1, 4.7.1.
471)『氾勝之書』4.1.

はその例だ.[472]

[播種を] 避けるべき日. 小さな豆類は卯 (*mao*) の日, 稲と麻は辰 (*chhen*) の日, 粟は丙 (*ping*) の日, モチ黍は丑 (*chhou*) の日, モチ粟 (「秫」*shu*) は寅 (*yin*) の日と未 (*wei*) の日, 小麦は戌 (*shu*) の日, 大麦は子 (*tzu*) の日, 大豆は申 (*shen*) の日と卯 (*mao*) の日. 9種の穀類はどれも禁忌の日がある. 播種の際これを守らなければ, 収穫は大きな害を受けよう. これは空言ではなく, 自然の避けるべからざる成り行きである.

「小豆忌卯, 稻麻忌辰, 禾忌丙, 黍忌丑, 秫忌寅未, 小麥忌戌, 大麥忌子, 大豆忌申卯. 凡九穀有忌日, 種之不避其忌, 則多傷敗. 此非虛語也, 其自然者」

ほぼ同じころ, ウェルギリウスは同じような信仰をもう少し優雅に要約していた.[473]

月は幸運と不運を播いた
その日々に. 5日を避けよ, その日に
蒼白きオルクスとエウメニデスが*1 生まれた……
17日を選べ
葡萄を植え, 雄の子牛を
馴らすには, 縦糸に皮ひもを張るには. 9日は
放れ馬にはいいが, 盗人には凶.

氾勝之の同時代人には無神論者もいた. 司馬遷は容赦なく, 次のように言う.[474]

陰陽学派の哲学者たちは偏狭で多くの禁忌を信じる. そのような理論の概要には通じても, 計略には従わないのみだ. 諺に言う'[播種時の] 最良の方針は季節と土の水分に従うことだ(「以時及澤爲上策也」)'.

「陰陽之家, 拘而多忌, 止可知其梗概, 不可委曲從之. 諺曰, 以時, 及澤, 爲上策也.」

---

472)『氾勝之書』2.1, 訳は著者. 中国の十干十二支について, Vol. II, p. 357 (思索社刊第 3 巻 p. 400) を見よ. 今日から見るとこうした信仰は単なる迷信と片付けることができるが, 漢代の思想家たちは周期的システムを使って宇宙の理法を占ったことは記憶すべきだ.
473) Virgil (1), *Georgics* I. 276-286.
474)『齊民要術』3.14.4 に引用.
*1 オルクスはローマ神話で冥界の神, エウメニデスはギリシア神話で復讐の女神.

しかしこの懐疑主義にもかかわらず，漢代とそれ以降もすべての書が真偽取り混ぜた著作となることは止まなかった．その中に『雜陰陽書』(*Tsa Yin Yang Shu*)，『四時纂要』，『種藝必用』[475] を挙げておこう．これらの著書から引いた計算や勧告が偉大な農業書にも必ず顔を出す．[476] 漢代後期の撰者崔寔は司馬遷と同程度に懐疑的だったようで，『四民月令』として残る書を見るかぎり播種時を陰暦でのみ指示するが，6世紀の賈思勰は禁忌や日の吉凶について多くの例を引用し続けている．

賈思勰は播種の日あるいは時期を薦める場合ほとんど陰暦を用い，それを慣用の10日時節「旬」(*hsün*) に分ける．ここで彼の述べ方が興味を引く．[477] '五穀を月の初旬に播くと収穫は完全なものとなり，中旬に播くと収穫は中ぐらい，下旬に播くと収穫はわるい'．ここには植物の生育が月の満ち欠けに影響されると言う思い込みが明らかにある．この共感マジックは，播く時期によって作物苗の受ける虫害度合いが違うといった観察経験に由来するのかもしれない．ローマの農民は新月の直前に播いた穀物は蛆虫の害を受けにくいと信じていた [478] が，幾分かの真実はあるかもしれない．この時期に播くと苗はほぼ満月のときに芽を出し，現代の農学者の観察では満月の夜に虫は少ない．[479] したがってこうした時期の調節により，作物が最も弱い状態にあるときの虫害を防ぐことはたぶんありうるだろう．

賈思勰はふつう播種時期を単に陰暦で述べる (表7) が，陰暦が季節の進行を必ずしも正確に反映しないことは知っていた．次の文はそれを示す．[480]

> 閏月のある年，陽暦の時節 (「氣節」*chhi chieh*)[481] は遅れるので，[陰暦では] 播種を遅らせよ．しかし早く播いた作物は遅い場合より収量がよいので，一般に播種は早めにする．(早く播くと草が少なく手入れがたやすいが，遅く播くと草が増え手入れが難しい．実際の収穫は播種時期よりもその年の状況による．とはいえ早播きの穀物はからが薄く，実が多く実入りもよいが，遅播きの穀物はからが厚く，実は少なく，しい

---

475) 胡道静 (4), p. 63 は宋代の『種藝必用』と元代の『種藝必用補遺』の242節のうち，植え付けの吉凶占いを扱う34の節を挙げている，これは15パーセントに達する．
476)『農桑輯要』2/1a 以下．
477)『齊民要術』3. 14. 1.
478) Pliny (1), XVIII. xlv. 158.
479) K. D. White (2), 197.
480)『齊民要術』3.7.2.
481) Needham, Vol. III を見よ．〔思索社刊第5巻〕．

なが多い.)

> 「有閏之歲, 節氣近後, 宜晚田. 然大率欲早, 早田倍多於晚. (早田淨而易治, 晚者蕪穢難治. 其收任多少, 從歲初宜, 非關早晚. 然早穀皮薄, 米實而多, 晚穀皮厚, 米少而虛也.)」

賈思勰はまた陽暦と陰暦を正確に関連づけている. 例えば, 粟の播種に触れて3月の始めから清明節までとする.[482] この習慣は現在まで続いている. フェイとチャン〔費孝通・張子毅〕は雲南の村で行った人類学調査で次のように言う.[483]

> 陽暦による季節は……[十分な]区分がない. そこで日付の方式として陽暦と関連させながら陰暦を使わねばならない. 農民は……例えばこう言う. '今年の「春分」は2月の1日になり,「清明」は2月の16日になる'.

賈思勰は, 生物気候, 暦日, 占星術など播種日計算の基礎となる基準を幅広く読者に提供するが, 最終的な選択は天候で決めねばならないと次のように言う.[484]

穀類は雨の直後に播くのが常に最もよい. 小雨の場合, 土がまだ湿っている間に直ちに播くべきだ. 大雨の場合, まず草が芽立つのを待て. (少雨ですぐに播かない場合, 種子の芽立ちを助ける水分がなくなる. しかし大雨の後, 土が白くなるまで待たない場合, 湿気が土中に閉じ込められており, 根を病弱にする.)

> 「凡種穀, 雨後爲佳. 遇少雨, 宜接濕種, 遇大雨, 待薉生. (少雨, 不接濕, 無以坐禾苗. 大雨, 不待白背, 濕輾則令苗瘦.)

次のように言うプリニウスは, 賈思勰に間違いなく同意しただろう.[485]

ことを急いで為し, こう言う人々がいる. 急いだ播種はしばしば失敗するが, 遅い播種は必ず失敗すると. ……天候の適時を無視し, 期限を暦で決める人々がいる……

---

482)『齊民要術』3.4.2.
483) Fei & Chang (1), 28.
484)『齊民要術』3.6.1.
485) Pliny (1), XVIII, lvi, 204-6.

かくて，これら後代の撰者は，前代の人々と違って自然に注意を払わない．その結果，理論は精巧でもすべては闇の中だ……これらの事柄は主に天候に依存すると認めねばならない．

もちろん氾勝之が先に指摘したように，土の種類も選択を左右する．[486] '肥えた土はやせた土より後に播く．肥えた土は早く播いてもよい収穫を生むが，やせた土に遅く播くと収穫は必ずわるい'．

後代の農書は『氾勝之書』，『四民月令』，さらに典拠の疑わしい『雜陰陽書』のような本も引用して，植え付け時期を述べねばならず，また普通は対象地域に合う時期を指示した．しかし『農桑輯要』，王禎の『農書』，それに『農政全書』といった著作は全中国の読者を意図したので，特定の植え付け時期の正確な指示はとても無理で，著者たちは時期を示すより播種の実際的な技巧に大きな注意を払った．後代の農書撰者たちの態度は次の言い方が典型的だ．[487]

　作物が何であれ，枢要はどの季節に播種すべきか，早くか遅くか，暑いときか寒いときかを知ることだ．適時に播種すれば成功は保証される．天候がまだ寒い間にひまを見つけて土を十分にこなすべきだ．その後，温暖な天候を待つのがよく，仕事を急いで不注意であってはならない．今日しばしば見かけるが天候が暖かくなるまで播種準備をしない人がいる．その後に熱波や寒波が突然来ると，収穫の10分の3ないし4の損失は免れない．

　　　「凡種植，先看其年氣候早晩，寒暖之宜，乃下種，卽萬不失一．若氣候尚有寒，當從容熟治苗田，以待其暖，則無窘迫滅裂之患．多見今人纔暖便下種，忽爲暴寒所折，失者十常三四．」

(ii) 種子の準備

春，前年に注意深く選び貯蔵した種子を取り出し（本書 p. 435 以下），状態を調べた後，播種の準備を行った．『齊民要術』に言う．[488]

　種子を播く20日ばかり前に……種子を取り出し水中で洗う．（表面に浮いたからは

---

486)『齊民要術』3.2.1.
487)『授時通考』34/2b が『陳旉農書』からとして引用するが，現存の『陳旉農書』にこの文章はないので，たぶん他の農書からの引用．
488)『齊民要術』2.4.1.

すべて捨てる．こうすると雑草の種子を絶やすことができる．）それから日に干し，播種する．

「將種前二十許日，開出，水淘，（浮秕去則無莠．）卽曬令燥，種之．」

種子を水に漬ける理由は明白だ．『農政全書』はこう引用する．[489] 'すべて種子はいつも水に漬け，浮くものは捨てる．浮く種子はからで，また腐っているからだ'．初期の種子選択には純水を使ったが，もっと後には塩水を普通に使った．それは比重が大きく，選択がより正確になるからだ．知るかぎりでは，塩水の使用を初めて述べた例は徐光啓の短文にあり，彼は塩水選が華北の慣行だと言う．[490] より詳しい方法を今世紀始めに傅増湘〈Fu Tseng-Hsiang〉が述べている．[491]

まず，2ガロン入りの深いバケツを作る．（別に，目の細かい竹の籠をバケツより少し小さめに作る．）1ガロンの水を入れ，塩を加える．普通の米には塩120オンス，モチ米には塩100オンスとする．竹の筆で5, 6分かき混ぜ，塩を溶かす……そうして籠をバケツに挿入し，4, 5パイントの種子を少しずつ入れる．表面に浮いたからの籾を小さな竹のざるですくう．浮いた籾がなくなるまで数回繰り返し，籠を取りだして水桶に移し，塩を洗う．

この作業はすばやく行う．種子を塩水に長く漬けすぎると，からの籾も沈むからだ．

傅増湘は塩水の濃度を暫くして試験することを薦める．その方法は先に除かれた籾が沈むか（その場合は塩を追加する）浮くか（その場合は水を足す）を見る簡単な便法である．節約のためうるち米をまず試験し，次いで塩水を薄めてもち米に合う濃度に薄めるよう彼は薦める．

種子の塩水選，あるいは水より重いほかの液体を使う選別法はアジアに広い．日本ではふつう比重1.13の塩水を使う．[492] マレーではアヒルの卵を浮かして塩水濃度を検査し，[493] 革命後の中国では新しい鶏卵で塩水代わりの粘土懸濁液を検定した．現代の農学者は塩や硫安あるいは石灰溶液の特定の濃度のほう

---

489)『農政全書』25/9a.
490)『農政全書』6/15b.
491)『農學纂要』1/18b–19a〔原典見つからず，原文掲載できず〕．
492) Grist (1), 145.
493) 著者の観察．

がより正確だと薦める.⁴⁹⁴⁾ これは，収穫時にすでに穀粒が選別されているので凝りすぎに見えるが，中国の稲の権威である丁穎（Ting Ying）の指摘では，同じ穂の穀粒でも発芽と出穂に大きな差があり，重い籾は軽い籾より出穂と登熟の信頼性が高いという.⁴⁹⁵⁾ このことは稲のように年に二作ないし三作できる熟期の早い作物の場合重要なことだ．

もっと判りづらいことは，洗う水が種子に利益をもたらすという中国人の根深い信念だ．例えば『氾勝之書』はこう言う.⁴⁹⁶⁾ '雪水は五穀を多産（「精」 *ching*）にし，穀粒を旱魃耐性にする．冬の雪水をいつも貯蔵せよ．容器に一杯満たし，地中に埋めよ．種子をこれで洗うと，収穫は 2 倍になるだろう'．このような信念は根強く生き残り，17 世紀にも宋應星のような権威が繰り返す.⁴⁹⁷⁾

> ［早稲米］を昼，日照のもとで直ちに小屋にしまいこむと，熱が貯蔵箱に運び込まれ，米粒は天候の火質を保つ［その結果，春に苗がしぼむ］……［だから］夕方の冷気を待って穀粒を貯蔵箱に入れよ．あるいは，冬至に雪と氷水を甕一杯に集め（初春に集めた水は効果がない），清明の播種期にそれを石当たり数椀，穀粒に振りかけよ……この水は穀粒の熱気を速やかに溶かし，若苗は異常なほど美しくなる……

> 「凡早稻種，秋初收藏．當午晒時烈日火氣在内．入倉廩中關閉太急，則其穀粘帶暑氣（勤農之家，偏受此患）……大壞苗穗．……若種穀晩涼入廩，或冬至數九天，收貯雪水冰水一甕（交春卽不驗）．清明濕種時，每石以數碗激灑，立解暑氣．……而此苗清秀異常矣．……」

こうした信念はたぶん芽出し種子の利点を発見したことに由来するだろう.⁴⁹⁸⁾ この処理は水稲に付き物だが，中国では他の多くの作物にも応用する．氾勝之は紀元前 1 世紀に雪水の徳を称賛したが，芽出し種子の記述は 6 世紀の賈思勰が初めてだ．彼は芽出し種子を水稲，陸稲両方に勧める.⁴⁹⁹⁾ '［種子を洗った後］それを五夜，水に漬け，水をきって草籠に入れ，暖かく湿りを保つ．さらに三

---

494) 著者不詳（*519*），丁穎（*1*），p. 311.
495) 丁穎（*1*），p. 310.
496) 『氾勝之書』．『齊民要術』3.18.5 に引用．
497) 『天工開物』1/7-8〔巻上乃粒第一，稻害〕，訳 Sung Ying-Hsing (1), pp. 8-11. また同時代の『羣芳譜』「穀譜」17*b* でも粟の処理法として述べられる．
498) Shih Sheng-Han (2), p. 61 は華北の川水と井戸水に多量の鉱質塩類が混入するため，雪水のほうが純水で有利だと示唆するが，江西出身の宋應星の熱心さがこれで説明できるだろうか？
499) 『齊民要術』11.3.1.

夜で芽が出始める．種子が2寸に伸びたとき，ばら蒔く……'．水稲の場合，芽出し種子の利点は大きい．何故なら野生種，栽培種ともに水中で発芽するが，深水過ぎたり，泥水に過ぎると発芽は大いに損なわれるからだ．芽出し種子のもう一つの利点は稲の生育を促進できることだ．乾燥籾から始めるより雑草との競争を助けるし，若苗が良く揃い，密になり，少ない種子量で済むからだ．もっとも現在の専門家は，発芽したばかりで，幼根の長さが2インチにもなる前に播くよう薦める．[500] 事実，稲が主要作物となった直後の農業書は，小根が白く出たら直ちに播くよう助言する[501]（図91）．

芽出し種子法を他の作物，特に種子の小さい野菜に応用する利点はヨーロッパでも最近に知られ，市場向け生産農民は発芽してゲルに懸濁した種子を播くことがしばしばある．この点で6世紀の賈思勰の助言，すなわち耕地が非常に湿っている場合播種する麻を予め発芽させることは興味を引く（麻は盛夏，雨季のさなかに播種し，そのため芽出ししない種子は腐りがちだった）．賈思勰の助言はこうだ．[502]

> 雨水に浸けると麻の種子は早く発芽する．しかし井戸水に浸けると発芽は遅い．方法．種子を水中に浸け，1ブッシェルの炊飯に必要な時間の2倍，置く．そして水を切り，取り出す．筵の上に，3, 4寸の厚さに広げて，何回もかき混ぜ，すべての種子を等しく地の生気に当てる．一夜後，芽が現れる．もし種子を水中に長く置きすぎると，10日過ぎても芽生えないだろう．

> 「取雨水浸之，生芽疾．用井水則生遲．浸法．著水中，如炊兩石米頃漉出．著席上，布令厚三四寸．數攪之，令均得地氣．一宿，即芽出．水若滂沛，十日亦不生．」

稲以外の畑作物の芽出し予措は後代に消えてしまったが，麻の芽出しの賈思勰の指示は後の作品が引用[503]する．宋代の作家沈括は極上麻の生産地，海東の例を述べている．そこでは種子を袋に入れて熱水に浸し，水が冷えると井戸のつるべに吊って水面すれすれに一夜おき，そののち日に干す．[504] 野菜種子の

---

500) Grist (1), pp. 141, 218.
501)『王禎農書』2/11b〔「農桑通訣墾耕篇」〕,『羣芳譜』「穀譜」25b,『授時通考』34/5a に引用される．
502)『齊民要術』8.2.6.
503) 例えば，『農蠶經』．李長年 (2), p. 176 に引用．
504)『夢溪筆談』．李長年 (2), p. 176 に引用．

図91　籠に入れた種籾の浸漬．からの龍骨水車場が灌漑水路と水田の間の堤に立つ．『耕織圖』．Franke (11), pl. XII.

芽出し予措は王禎の『農書』,『三農紀』,『農學纂要』などの作品に記録されて伝統は続き，今日も行われている．[505]

陽光は種子に有益だと考えられた．これまで触れたほとんどの著者は，種子を洗った後，あるいは浸漬した後，日に干すことを勧める．賈思勰はアオイなどの野菜種子を播種前に日光に干すよう勧めており，[506] この慣行は後まで続いたが，18世紀の四川の作家張宗法（Chang Tsung-Fa）ほど熱中した者は少ない．[507]

> 野菜の発芽促進法．夏の最暑月，種子を日に干す……1年日に干した種子は1寸伸び，2年続けて干した種子は2寸に伸び，数年干した種子は数寸に伸びる．

---

[505]　『王禎農書』2/13a〔農桑通訣墾耕篇〕,『三農紀』9/1b,『農學纂要』2/23a, 新疆農学院（1）, pp. 390–391.
[506]　『齊民要術』17.2.1.
[507]　『三農紀』9/2a〔巻之四〕.

>「菜子三伏中晒乾,……晒一年即長一寸,晒過二年即長二寸,若幾許年,即長幾許寸.」

我々にとって,最も興味のある中国の種子処理は若苗を肥やし,虫,病気から守るため種々の物質を使う方法だ.手の込んだ方法は種子を団子にすることだが,単に肥料や殺虫剤と混ぜるだけのことも多かった.ヨーロッパで科学的農法以前の唯一の処理は,篩って一番大きい粒を選ぶことだった.種子の殺虫剤処理は西洋では最近の考えだし,種子団子は今世紀後半のことだ.それに対して漢代初期には手の込んだ種子団子の方法が発展していた.種子処理を述べる最も古い文書は『周官』にあり,次の通りだ.[508]

>植物官(「草人」 *tshao jen*)は土の改良法(「土化」 *thu fua*)を司る.彼は〔特定の〕土の不足を調べ,その結果に合わせて種子に肥料を施す(「糞種」 *fen chung*).種子の豊饒化は,硬い赤土(「騂剛」 *hsing kang*)[509]には牛〔の骨〕を,赤橙色の土(「赤緹」 *chhih thi*)には羊を使う.

>>「草人,掌土化之法.以物地,相其宜而爲之種.凡糞種,騂剛用牛,赤緹用羊.……」

これに続いて多種の土と適切な改良法が列挙される.『周官』が挙げる手の込んだ煎じ汁には,アナグマ,狐,さらにはトガリネズミといった動物の骨が必要だ.[510] この考えは全体に空想的だが,『周官』の編集後間もない頃,氾勝之は詳細な方法を確信的に書く.[511]

>馬の骨をとって砕き,1石に対し3石の水で煮る.煮立つと3度濾してかすを捨てる.5個のトリカブト塊(「附子」)を煎じ汁に漬ける.3,4日後,トリカブト塊を捨て,煎じ汁に蚕糞と羊の糞を等量加え,粥状になるまでかき混ぜる.播種20日前に種子にこれを振りかける.この混合物は煮た小麦のような手触りになる.暑く乾いた天候ならばいつでも種子に振りかけ,外に出して干す.6,7回振りかけ,止める.直ちに日に干し,注意深く貯蔵し,再び湿らせてはならない.播種適時になると,播種前に煎じ汁

---

508)『周官』4/32*b*〔「地官司徒下」,草人の条〕.訳は著者.
509) Needham. Vol. VI. Section 38 の土壌分類を見よ.〔Vol. VI, Part 1 *Botany*, 1986,和訳未刊〕.
510)『齊民要術』2.6.1.
511)『齊民要術』3.18.4 に引用.『氾勝之書』3.2 の本文はもっと複雑だが,たぶん後代の挿入がある.

の残りを振りかける．この種子はイナゴや他の虫の害を受けない．

> 「取馬骨，剉一石以水三石煮之．三沸，漉去滓，以汁漬附子五枚．三四日，去附子，以汁和蠶矢羊矢各等分，撓令洞洞如稠粥．先種二十日時，以溲種，如麥飯状．常天旱燥時，溲之，立乾，薄布，數撓，令則乾．……六七溲而止．輒曝，謹藏，勿令復濕．至可種時，以餘汁溲而種之，則禾稼不蝗，蟲．」

馬の骨のスープの代わりに氾勝之は蚕の糞と雪水あるいは酢を混ぜることも勧め，[512] どちらも種子を虫から守り旱魃耐性を強めるという．石聲漢[513] の指摘によると，蚕の糞は吸湿性で，交換性のカリウム，窒素，燐酸を含み，さらに含まれる微生物の活性が栄養のあるコラーゲンで高まって，種子周りの温度が高くなり発芽を促進するという．李長年[514] の報告では南京の植物研究所で1958年に実験を行ったところ，氾勝之の団子法による収量増は大抵はごくわずかだったが，小麦の発芽と生育は顕著に増進した．しかし団子にする作業に時間がかかり，そのため播種がかえって難しくなるので行われなくなったと李長年は言う．

種子のコラーゲン団子作りに手間をかけた中国農民は少なかっただろうが，種子を何らかの肥料や虫忌避材で処理することはごく普通だった．徐光啓は氾勝之の方法を引用して論評する．[515] '今日，[四川の]成都近くの彰明郡で農夫は大量のトリカブトを栽培するが，その目的は唯一，種の処理だ'．トリカブトを含む〔きんぽうげ〕科の植物はすべて毒性の高いアルカロイドのアコニチンを含み，これは'今まで発見されている……最も厄介な毒の一つで……アコニチン1粒の50分の1は数秒で雀を殺す'．[516] アコニチンはメデアがテーセウスのために準備した毒である（もっとも，ジェラード（Gerard）[517] は，寄生虫駆除効果があるとして，それを勧める——もちろん十分ごくわずかに摂取すればだが）．[518]

その他次のような処理がある．メロンの種子に塩をまぶすと病気を防ぎ，[519]

---

512) 『氾勝之書』3.1.1, 『齊民要術』10.11.2.
513) Shih Sheng-Han (2), p. 60.
514) 李長年 (3), p. 99.
515) 『農政全書』6/15a.
516) M Grieve (1), p. 9.
517) John Gerard (1), p. 976.
518) Grieve (1), p. 10 は，1930年代，四川で年間5万5000ポンドの *Aconitum wilsoni* が薬用に生産されたと注を加えている．

また Sophora evanescens (「苦参」 khu tshan)〔S. flavescens, クサエンジュ〕の根を石灰と混ぜて野菜種子を処理する,[520] うなぎの頭の煎じ汁で大根とキャベツの種子を処理する,[521] 砒素あるいは灰で小麦を処理すると,殺虫剤となる.[522] 徐光啓は綿実油で大麦種子を処理すると虫を抑え旱魃抵抗性を増すが,大抵の農民は種子を灰と混ぜるだけと言う.[523]『農學纂要』[524] は種子のケロシン浸漬を勧め,発芽が早まると言う.実際のところありえそうな効果はねずみや鳥による種子食害を抑えることだろう.

種子処理の長期の伝統は,連続的作付けに関連するだろう.18世紀までのヨーロッパのように1年ごとあるいは2年ごとに休閑するところでは,土中に作物の病害虫が増える機会は少ないが,毎年作付けを行う耕地ではそうはいかない.中国の農学者は氾勝之以来,病害を減らせそうな作物輪作方式を提案したが,多くの小農は主食作物の植え付けを毎年行わざるを得なかった.種子の更新や違う品種を植えるといった対策を講じても,休閑を行う場合より作物病害は頻繁だっただろう.氾勝之が疲弊した土地の最後の手段として休閑を語っている[525] ことを考えると,漢代初期のこの手の込んだ種子処理法は土地利用の高い集約化を語るものと考えられ,興味をそそる.

(iii) 播種法

西洋では,18世紀まで播種は手で行うのが常だった.穀類は散播し,野菜やその他の小規模な栽培作物はドリルで播いた.中国の播種法はもっと精巧で,しかも作物,耕地の広さ,土あるいは水条件によって異なる方法をとった.一般則は次のようだった.『農學纂要』の記述を例に挙げよう.[526]

> 播種の際,種子の種類以外に土と気候条件に注意を払う必要がある.旱地あるいは石灰地では[種子の]覆土は厚く,湿った土あるいは粘土地では覆土を薄くする.砂地

---

519)『齊民要術』14.4.1.
520)『王禎農書』2/13a〔「農桑通訣墾耕篇」〕.
521)『陳旉農書』1/5〔巻上六種之宜篇第五〕.
522)『天工開物』1/14〔巻上乃粒第一,麥工〕.
523)『農政全書』26/11a.
524)『農學纂要』1/21b.
525)『氾勝之書』1.7.
526)『農學纂要』1/21a〔原典見つからず,原文を掲載できず〕.

では［種子は］さらに浅くせねばならない．冬は深く播き，夏は浅く，春は秋よりもわずかに深く播かねばならぬ．何故かというと［冬から］残る冷気が［土中に］まだあるからだ．

中国人自身は三種の播種法を区別した．散播，条播，点播（マルカムが'セッティング'と呼ぶ方法）だ．

散播

散播は「撒種」(*sa chung*),「撒播」(*sa po*),「漫擲」(*man chih*), あるいは「漫種」(*man chung*) と呼んだ．『王禎農書』はこう言う．[527]

> 散播の際，種子の入った桶を左脇に抱え，右手で桶から種子を取り，撒く．3歩進むごとにまた一摑みを撒く．種子がむらなく広がり，苗立ちが混みすぎないよう，まばら過ぎないよう注意を払う．
>
> 「漫種者，用斗穀盛種，挾左腋間，右手料取而撒之．隨撒隨行，約行三歩許，即再料取．務要布種均匀，則苗生稀稠得所．」

王禎のこの短い記述は十分いきとどいてはいないが，散播の複雑さをうまく述べた人は少ない．プリニウス[528]が心もとなげに'種子をむらなく播く方法は確かにある'と結論するように，この技術は実践して初めて会得できる．播種量の調整が作物や土によって異なるので，ことさらそうだ．唯一の目安は種子桶が空になる速度だ．普通，播き手は歩きながら大きく手を振って一摑みの種子を投げる（図92）．[529]'投げるとき，腕と同時に手を開かねばならない．より高く遠くへ穀種を投げるほど，強い風がないかぎり広がり方はよい'．

穀類の散播は劣った方法と華北では考えられていたようで，ドリルによる条播のほうが種子量を節約でき，土の水分を有益に使う点でもっと好まれた．散播は麻や胡麻，あるいはコリアンダーなど種子が小さすぎてドリルでは適切に播けない場合に行い，これらの覆土はすべてごく浅くした．まず耕地に畝を立てて種子を播き，軽い枝条ハローで覆土するのが普通だった．[530]こうすると，

---

527)『王禎農書』2/7*b*–8*a*〔「農桑通訣播種篇」〕．
528) Pliny (1), XVIII, p. 197.
529) Fitzherbert (1), p. 19.

286

図92 種子の散播. 14世紀のヨーロッパ (Lutrell Psalterによる)と, 南方中国(『耕織圖』, Franke (11), pl. XXII).

---

530)『齊民要術』8.2.7, 13.2.3, 24.3.3.

図 93　種子を散播し，杵槌で覆土．内モンゴル和林格爾の魏晋壁画．林 (4), 6-34.

条播とほとんど同じ効果があった．種子をばら撒いてそのまま生育させる場合もあったが，これは飼料作物，緑肥，あるいは新開墾地に限られた．[531)] ただし初期の西部地方では大抵の穀類もこの方法で播種し (図 82)，ハローではなく杵槌で覆土した (図 93) ようだ．

　南方では，旱地作物の粟，豆，麻，小麦はほとんどすべて散播[532)] し，種子は単に足で土中に踏み込むことが多かった[533)] (図 94)．水稲は華北でも華中，華南でも散播[*1] したが，これは種々の問題を生んだ．多くの場合，種子は泥の表面に放置した[534)] が，この場合，発根するまで鳥追いの必要があった．[535)] 別の方法は籾を浅い湛水状態で播き，生育を早め鳥害を抑えることだが，この場合，風が強いと苗が一隅に吹き寄せられる．そこで風の強い天候では播種前に苗代を排水する必要があった．[536)] 時に苗床に山砂か灰をまいて籾の定着を助長することもあった．[537)]

---

531)　李長年 (3), p. 100.
532)　『王禎農書』2/12a〔「農桑通訣播種篇」〕.
533)　『天工開物』1/14〔巻上乃粒第一，麥工〕, Sung Ying-Hsing (1), p. 14.
534)　『農桑輯要』．『授時通考』34/4a に引用．
535)　『齊民要術』11.3.2.
536)　『陳旉農書』．『授時通考』34/4a に引用されるが，現存の『陳旉農書』にはない．『天工開物』1/8〔巻上乃粒第一，稻害〕もこの問題に触れる．
537)　『農學纂要』2/3b.
*1　著者は苗代について述べている．

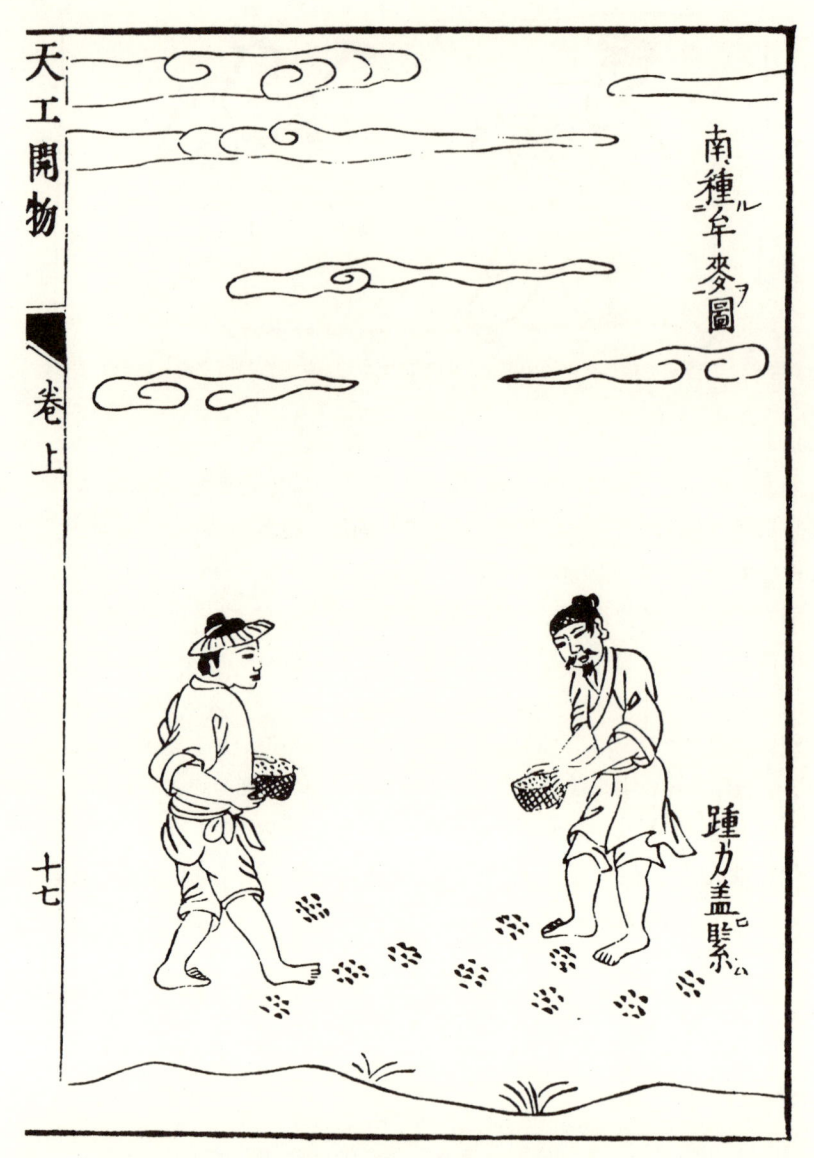

図94　南方の小麦栽培．散播と足による覆土．『天工開物』明版の挿絵，1/17a〔「巻上乃粒第一，麥工」〕．

条播

　まっすぐ列状に播種すること（「行種」 *hang chung* あるいは「条種」 *thiao chung*）は中国では古代からある方法で，先に(p.118)見たように少なくとも周代に遡る．紀元前3世紀の『呂氏春秋』にいう．[538] '作物を列に播くと，お互いの生育を妨げないので早く実る．横列は適度な間隔が要り，縦列はまっすぐな道筋でなければならぬ．列がまっすぐだと穏やかに風が通る'．この書はまた，作物の間隔は半尺にすべきこと，そして深く狭い畝間で分けた広畝に播くことを勧める．[539] この方式は根の伸びる十分な空間があり，水，養分の競合をなくし，除草と鍬耕を容易にし，大雨の際に排水できる利点がある．実際これは華北の春播き作物にとって理想的だった．

　始めの頃，小さい種子は畝に沿って数粒ずつ播き，大きい種子は等間隔で一粒ずつ穴播き（「掩」 *yen*）したと推定される．第一の方法は野菜種子，[540] 第二の方法は分蘖が盛んな穀類で定着した．賈思勰はこの方法が分蘖を促進すると言い小麦，大麦，陸稲に勧めた．[541] ところが漢代以降，最もありふれた条播法は播種ドリルを使うことに変わった．王安石がその情景を詩に描く．[542]

　　　　豊かな人々は1石を播き，
　　　　貧しい人々は数斗を播く．
　　　　だが時を合わせて一緒に播くべきである，
　　　　むらのない，よどみのない流れで．
　　　　数千の畝に列が何とまっすぐに立つことよ，
　　　　数台の播種器で数ムーを了える．
　　　　牛に引かれるだけだが，恥じる必要はない
　　　　播種器は名声を誇るべし．

　　　　「富家種論石，貧家種論斗．
　　　　　貧富同一時，傾瀉應心手．
　　　　　行看萬壠間，坐使千箱有．
　　　　　利物博如此，何慚在牛後．」

---

538)『呂氏春秋』67〔「巻二十六，辯土」，「莖生有行，故遬長，弱不相害，故遬大．衡行必得，縱行必術．正其行，通其風．」〕

539) 同上 65, 72〔同上〕．

540)『陳旉農書』5〔「巻上六種之宜篇第五」〕．

541)『齊民要術』10.2.2, 12.2.3.

542) 宋代の宰相で王荊公として知られた王安石の詩．『王禎農書』12/17b〔「農器圖譜耒耜門」〕に引用．

播種ドリルは「耬」(lou), 「耬車」(lou chhe) v, 「耬犁」(lou li), 「耩子」(chiang tzu), 「種蒔」(chung shih) など多様な呼び名があった．これは華北全域に普及し，今も使用する．王禎が述べる．[543]

> 耬の作りは様々で，あるものは1脚，あるものは2脚，あるものは3脚である．現在の燕，趙，齊，魯〔華北および西北中国〕では，2脚耬が普通である．関の西，〔甘粛と中央アジア〕には4脚耬がある．そこでは，牛をもう1頭足すだけで仕事はより速くなる．耬は中原全域で使うが，他の地方では見たこともない人々がいる．
>
> 造作はあいにくだが難しい(図95)．2本の柄は頭が曲がり，高さ3尺である．2本の脚は中空で，犁溝の幅に合う．4本の丸棒を水平に〔柄の間に〕嵌める．中央に種粒を入れる種子箱(「耬頭」(lou tou)) を置き，種子は一個ずつ中空の脚を通って播かれる．両側に牛につなぐ2本の長柄がある．一人が牛を誘導し，一人がドリルを御する．御者は歩くたびに揺すり，種子は自ずと落ちる．
>
> 「耬種之制不一，有獨脚，兩脚，三脚之異．今燕，趙，齊，魯之間，多有兩脚耬，關以西有四脚耬，但添一牛，功又速也．夫耬，中土皆用之，他方或未經見，
> 「恐難成造．其制兩柄上彎，高可三尺，兩足中虛，闊合一壠，橫桄四匝，中置耬斗，其所盛種粒各下通足竅．仍旁挾兩轅，可容一牛．用一人牽，傍一人執耬，且行且搖，種乃自下．」

これが中国の播種ドリル「耬」の原理である．

播種ドリルの歴史は長く，複雑で，不可思議でもある．最古の播種ドリルはその画像が紀元前3千年紀のシュメールの印章にあり(図96)，双柄犁の単管種子チューブが犁先の後ろに口を開き，二番目の男が種子チューブに種子を落とし込む．この播種ドリルは長い轅があり，数頭の牛をくびきでつなぐ．このメソポタミアの器具は前サルゴン時代に apin と呼び，11月と12月の播種と覆土作業に使った．これは機能も名前も本来の犁 numun とまったく異なり，numun は9月と10月の耕起に使った．[544] 似た状況はヴェーダ時代のインドにもある．そこでは耕起用の犁は lāngalam と呼び，播種用の犁は sīram と呼んだ．リグ・ヴェーダでも歌われる．[545] 'sīrā〔複数形〕を付け，くびきを並べ，準備の整った子宮に

---

543) 『王禎農書』12/18a-b 〔「農器圖譜耒耜門」〕．
544) Salonen (1), Puhvel (1)．
545) Rig-Veda 10. 101. 3-4, 訳 Puhvel (1), p. 187. この違いに最初に注目したのは Jules Bloch (2)．

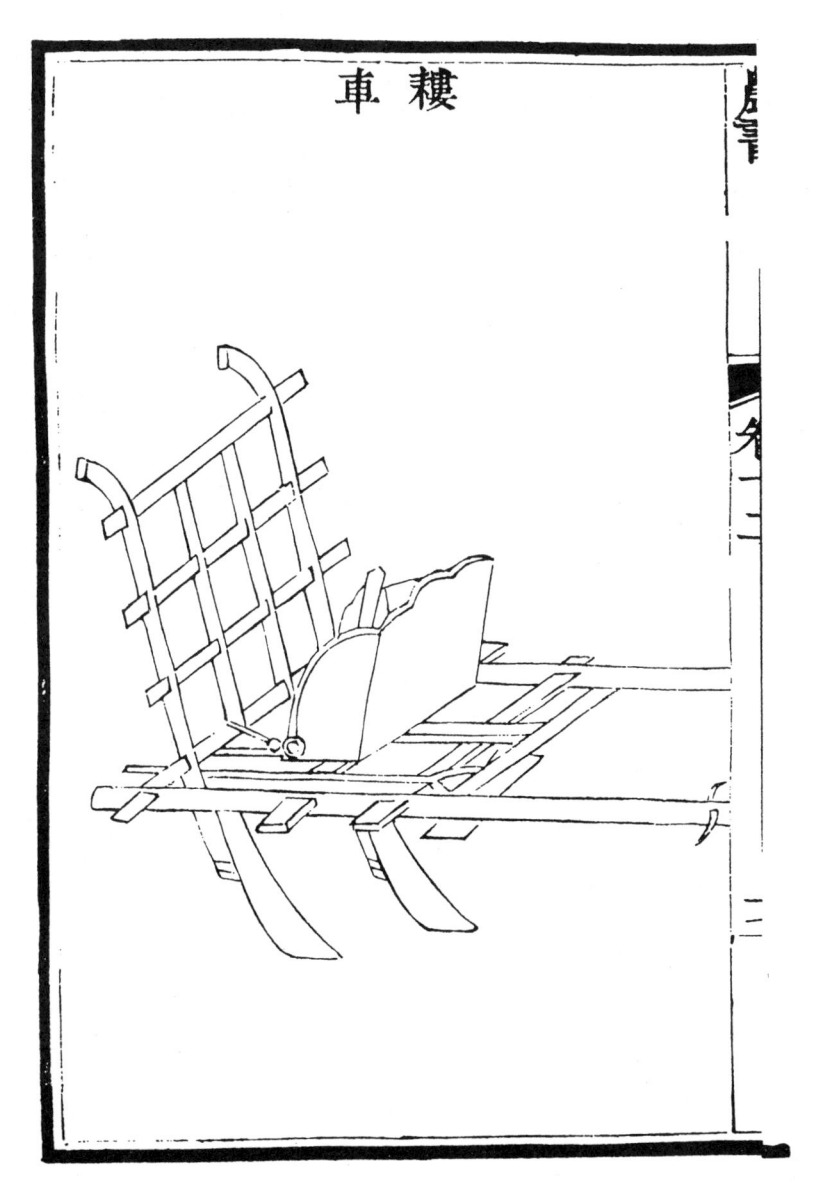

図 95　中国の播種ドリル（「耬車」）．『王禎農書』12/17b〔「農器圖譜耒耜門」〕．

図96 バビロニアの単管播種ドリル．Anderson (2).

種子を播け'．パーリ語とサンスクリット語の文書は，一度に数列の播種が可能な *sīrā* を述べる．[546] シュメールの単管タイプドリルはイラク，イラン，インダス渓谷，北西インドで今も使用し，[547] 複数犂先タイプはマラバール，マイソール，そしてインドの南部諸藩王国にあった[548]（図97a）．複数犂先タイプの種子容器は普通1個で，そこから数本の竹管がおのおのの犂先へつながるが，混作を行う場合，違う種子はそれぞれ違う管を通して播いた．[549] 種子は播種器の脇を歩く女性が少しずつ容器から落とし，播かれた種子の覆土は播種器の後からオランダの広鍬に似た，播種ドリルと同じ幅の道具を牛で引いて行った

---

546) Puhvel (1), p. 88.
547) H. E. Wulff (1), p. 265, A Memon (1), figs. 7-9, 14-15, D. G. Graham (1), p. 52, fig. 3.
548) Francis Buchanan (1), fig. 73, Thomas Halcott (1), Alexander Walker (1).
549) Alexander Walker (1), p. 187.

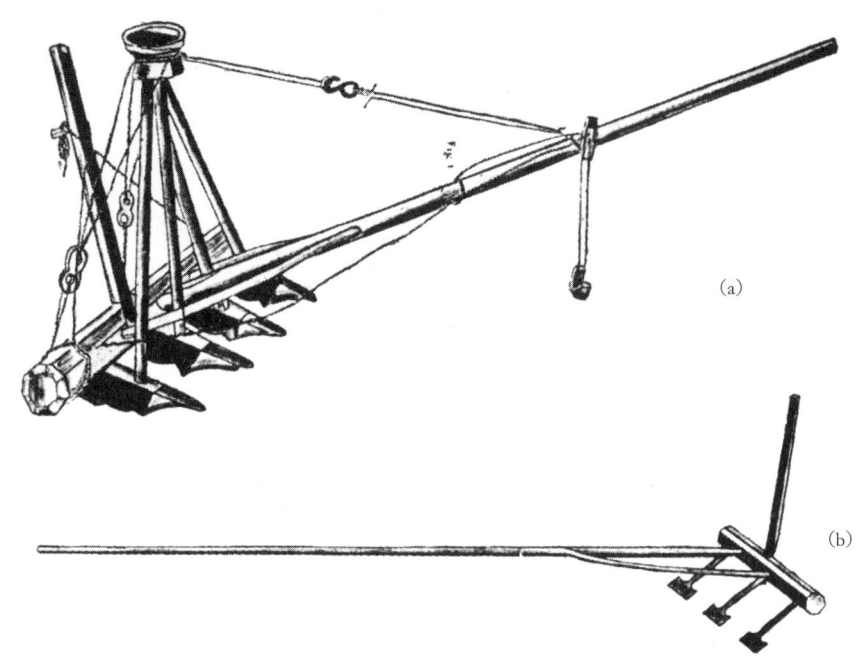

図97　南インドの多管播種ドリルと覆土器. Halcott (1).

(図97b). これはハルコット (Halcott) によると，'土をかき混ぜ，ドリル溝の脇の土を落として穀粒を覆土し，きわめて手際よく作用してドリル跡をほとんど残さない'.[550] 18世紀末のカルナタカ州でこの播種器は水稲と畑作物に使用し，成功を収めていた．ただ，使用できる農民は，ぬかるんだ泥で犂とドリルを引ける少なくとも3頭の頑健な牛を持ちうる富裕層に限られた.[551] 英国からの訪問客は，こうした'原始的な'インドの播種ドリルが彼らの最新式機械ドリルよりはるかにむらなく播種するのを見て仰天した.

　ヨーロッパで播種ドリルは16世紀まで知られていなかった．播種器の最初の特許は1566年，トレロ (Camillo Torello) がヴェネチア王国で取得したが，説明が残っている最古のドリルはボローニャのカヴァリーニ (Tadeo Cavalini) が作ったものだ．これについて1602年セグニ (Canon Battista Segni) の記述がある.[552]

---

550) Thomas Halcott (1), p. 210.
551) 同上, p. 214.

図 98　タル (Jethro Tull) の播種ドリル復元図. Anderson (2).

　その構造は，粉篩いを小さな簡単な荷台に置き，二つの車輪と 1 本の竿を付けた形だ．本体の一部は播種する種子の容器，一部は篩の下にある装置で多数の穴がある．各穴には地面に向かう鉄の管が嵌められ，その先端の長いナイフが溝を切り，篩を通った種子は管の中を落ちて何も傷を受けずに完全に土中に落ち込む．その後，種子はもう一つの鉄部品で覆土される．

　ファッセル (Fussell) が指摘するように，西洋の近代播種ドリルの要素はこの装置にすべて組み込まれているが，農学者や農民が実際的で効率的と認めて受け入れるまで長い道のりがあった．多くの発明家が播種ドリルの改良にとりかかり，[552] その中で最も有名な人は，実際に使える播種ドリルを初めて設計したイギリス人タルだった（図 98）．タルの『馬鍬中耕農業』(Horse Hoeing Husbandry) はドリルの絵と説明を載せた初版が 1733 年に出版された．それは彼の有名なドリルの製作から 33 年を経ていた．その主要な長所は落とし込み装置にあった．これはファッセルによると，

---

552) Fussell (2), p. 94 に引用．本書の第 6 章, p. 643 以下で，ヨーロッパとアジアの播種ドリルの間に関連があったか，詳しく述べる．
553) 多数の発明家に関する記事は，Fussell (2), 3 章を見よ．

種子箱の底にある函と，それを貫く刻み回転軸から成った（図98a）．軸は円周上に刻み目と空洞があり，車輪とともに回転し，上の箱から種子を受けて下の溝へ落とした．穀粒が落とし込み装置を通過する際，真鍮製蓋と調節バネでその流れを調整した．[554]

　この装置は播種量を調節する装置として最高だったが，1880年代にチリンガム（Chillingham）のベイリー（John Bailey）が'ホッパーの入口の溝を大小調節が可能なように一枚の鉄片を加えることで，ドリルをさらに完成させた'．[555] しかし種子送り装置をいかに精巧にしても，落とし込み装置の穴がしばしば詰まり，かくてヨーロッパの播種ドリルは19世紀に入っても誤作動と非効率が続いた．[556]

　先に見たように，インドを訪れる英国人は一見原始的な播種ドリルの効率性にいたく感銘を受けた．他方，英国では1860年代まで播種ドリルを使う農民はごくわずかだった．代わりに彼らは条播の利点を活かす別の方法，例えば，'畝間播種'（種子を散播してから畝を犂耕して覆土する方法），[557] あるいは'種子定置'つまり特別あつらえの板や有歯ローラーを使って畑に等間隔で穴を開け（図99），手で種子を入れる方法などを行った．[558] 時として穴あけは単に二股の'点播鉄棒'を片手に持ち後ろ向きに畝沿いに歩きながら行い，子供たちが穴を覆土した．[559] 進んだ農場だけは機械式播種ドリルが19世紀末までに標準装備となっていた．

　ここで中国の播種ドリルに戻ろう．それらしき道具の最古の絵は山西平陸の1世紀の墓から出土した壁画にある（図100）．また播種ドリルの部品らしき小さな鉄製犂先が河北と甘粛の前漢遺跡から出土している（図101）．北京出土のつば付き犂先は河南の宋代遺跡から発掘された犂先[560]によく似ているだけでなく，今日の中国で使用する多種の耬の犂先ともほとんど同じだ[561]（図102）．

　前漢の官吏趙過は武帝の時代に穀物供給官〔捜粟都尉〕に任ぜられ，播種ドリ

---

554) G. E. Fussell 同上, p. 102.
555) 同上, p. 109.
556) Arthur Young がタルの播種器に加えた批判は，A. Young (1) を見よ．
557) Gervase Markham (2), p. 47.
558) 穀物の定置について，Hugh Plat (1), Edward Maxey (1), Gervase Markham (2), p. 100 以下を見よ．
559) こうした点播棒は Suffolk の小百姓が 1950 年代でもまだ使用していた．George Ewart Evans (1), p. 119.
560) 劉仙洲 (8), p. 32, fig. 59.
561) 著者不詳 (502)『農具圖譜』, p. 250, 255 など．

A NEW INSTVCTION OF PLOWING AND SET-TING OF CORNE, HANDLED IN MANNER OF A DIALOGVE betweene a Ploughman and a Scholler.

Wherein is proued plainely that Plowing and Setting, is much more profitable and lesse chargeable, than Plowing and Sowing.

By EDVVARD MAXEY. Gent.

He that withdraweth the Corne, the people will curse him: but blessing shall be vpon the head of him that selleth Corne. Prou.11.26.

Imprinted at London by *Felix Kyngston*, dwelling in Pater noster Rowe, ouer against the signe of the Checker. 1601.

図99 種子定置板. Maxey (1) の表紙絵.

第4章　耕作体系　297

図100　漢代の播種ドリル．山西平陸出土，明らかに2管ドリル．長い轅と柄の堅固な作りに注目．著者不詳．(512), pl. 6.

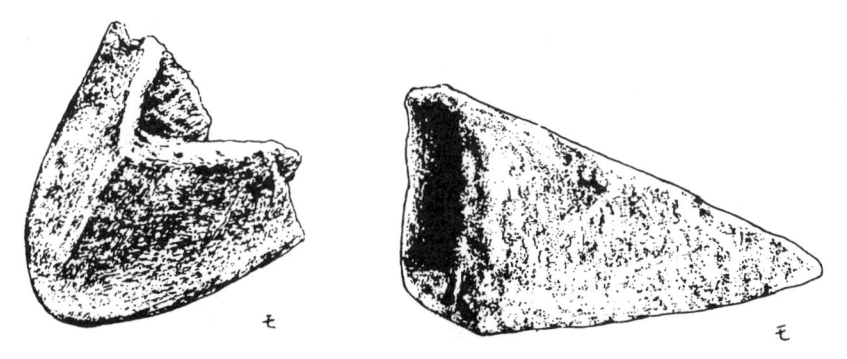

図101　漢代の播種ドリル．左の北京のドリルはつば付き，右の陝西のドリルは王禎が述べ，図103に示す「劐」(huo) に類似する．林 (4), 6-22, 23.

ル耬を首都圏〔三輔〕地域に導入して功績を挙げた．『齊民要術』に引用がある．[562]

　3本の犂先 (〔犁〕li) を1頭の牛に引かせ，一人がこれを誘導し，播種とドリル「耬」(lou) の操作すべてが同時に行われた．かくて1日に1頃 (chhing)〔100ムー「畝」〕を播種することができた……（私見では，[563] 1頭の牛で引く犂先は今の3管ドリル（「三脚

---

562)『政論』11a，『齊民要術』1.19.1 に引用．
563) これは文体から見て，賈思勰の6世紀の注らしい．

図102　山東の現代の播種ドリル．はっきりした袖付き犂先のある2管ドリル，背後の曲がった竹竿で土を寄せて種子を覆土する．Hommel (1), fig. 66.

耬」*san chüeh lou*) と同じである．今日，濟州［現在の山東］から以西は，今も……2脚耬を……使う……しかし，2脚耬では播種畝が接近しすぎて，1脚耬ほど功を奏していない．)

「三犂共一牛，一人將之，下種，挽耬，皆取備焉，日種一頃．……（按，三犂共一牛，若今三脚耬矣，……今自濟州以西，猶用……兩脚耬．……兩脚耬種，壟概，亦不如一脚耬之得中也．」)

趙過が官についた直後，氾勝之の農書が出たが，『氾勝之書』は耬について特に何も触れていない（作物の他の播種法についても触れていない）．しかし『氾勝之書』と『齊民要術』の播種量を比較すると，氾勝之は耬の使用を想定していたと思われる．564)

王禎は耬犂先の機能を次のように述べている．565)

---

564) 播種量は李長年 (*3*), p. 106 を見よ．
565) 『王禎農書』13/16*a*〔「農器圖譜钁臿門」〕．

「劐」(huo)……つまり播種用犂先（「種金」chung chin）は……耬跡を辿り，三角形犂先（「鑱」chhan）に似るが小さく，高い稜が中央に走る．長さ4寸，幅4寸である（図103）．耬脚底の二穴に嵌め，横木に堅く固定する．「劐」の先端は土中3寸ばかり入り，種子は耬脚から少量ずつ落ちて土中深く播種され，収量は上がる．劐をかけた土は小犂が通過した如くに見える．

　　　　「劐……謂之種金，耬足所搆金也，如鑱而小，中有高脊，長四寸許，闊三寸，插于耬足，背上兩竅，以繩控于耬之下桄．其金入地三寸許，耬足隨瀉種粒．其種入土既深，田亦加熟．劐所過，猶小犂一遍．」

　初期の中国資料は播種機の仕組みをほとんど示さないが，耬が華北全土で使用されたことから見て，ヨーロッパの装置と違い，単純でかつ信頼性があり効率的だったにちがいない．王禎は，耬を操る者がそれを左右に傾け，'種子は自ずと落ちる'という以上には詳述していない．しかし種子箱の中に種子の中空脚への流れを制御する装置がないと，種子の流れは速くなりすぎるだろう．たぶん15世紀の原著に基づく1783年版の挿絵（図95）には，種子箱から突き出る柄か棒の先端が見えており，これがおそらく制御装置の一部で，また最後の数粒をはじき出す役割も果しただろう．

　もう少し解明に役立つ記述が17世紀の『天工開物』に次のようにある．[566]

　　　小麦の種子は小箱に入れ，その底に梅花形［つまり五稜星型］に穴があけてある．牛が歩むと揺すられた種子は穴から地に落ちる．農夫が厚播きを目指すなら，牛に鞭をくれて落ちる種子を多くする．薄播きを目指すなら，牛の手綱を絞って播く種子を少なくする．

　　　　「盛一小斗，貯麥種于内，其斗底空梅花眼．牛行搖動，種子即從眼中撒下．欲密而多，則鞭牛疾走，子撒必多，欲稀而少，則緩其牛，撒種即少．」

　宋の記述はやや判りにくいが，種子の流れを種子箱と中空脚の間にある篩で制御したことは明らかだ．もし王禎が言うように耬を左右に傾けるのなら，一群の種子が初めは一方の管から次に他方の管から落ち，小麦は自動的に斜めに並ぶことになる（図104）．

---

566)『天工開物』1/13〔巻上乃粒第一，麥工〕，訳は著者．Sung Ying-Hsing (1), p. 15 も見よ．

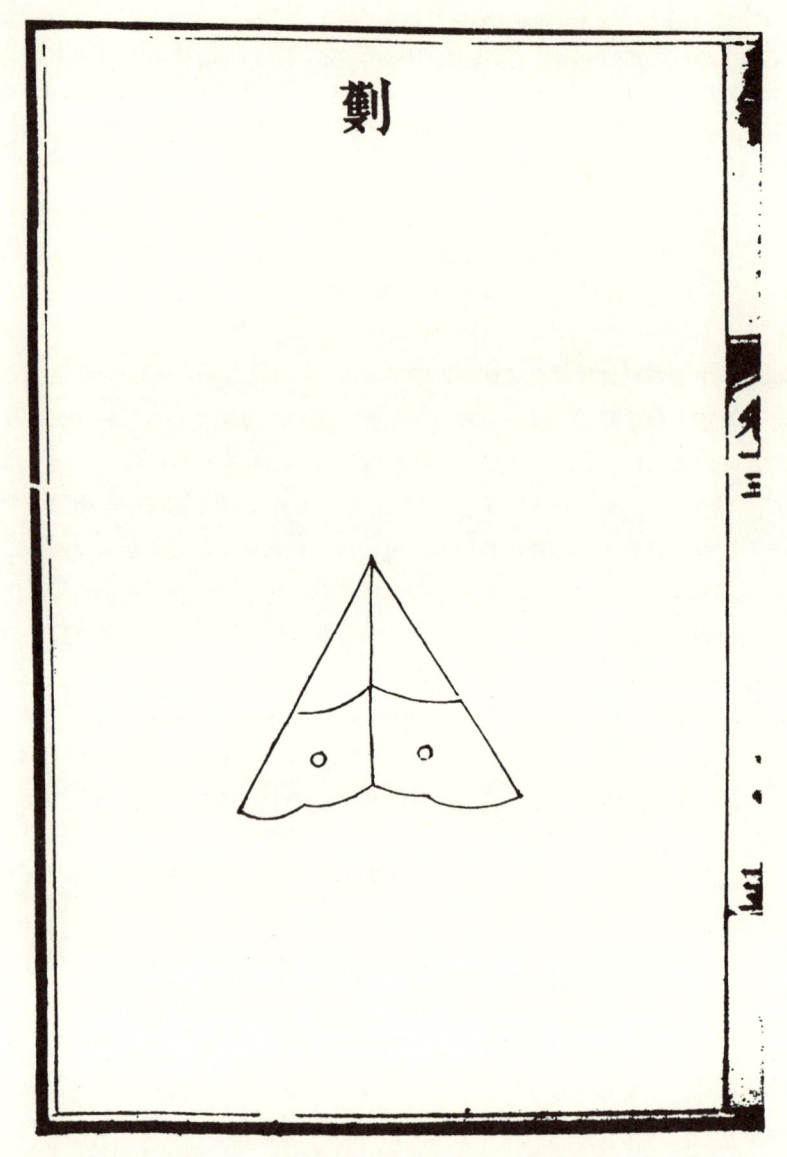

図103 耬の犂先「劐」(huo). 明版『王禎農書』13/15b〔「農器圖譜钁臿門」〕. 王禎は「劐」を三角形の犂先「鐴」(図56)に同じと述べるが，上図の絵は袖つき犂先に見える．二穴は多分この犂先を耬の中空脚に結ぶか，あるいはピンで留めるためのもの．

図 104 標題は，このドリルを小麦，大麦，あるいは粟の播種に使うとある．『天工開物』1/15b〔「巻上乃粒第一，麥工」〕．

それでもなおどちらかといえばこの簡単な装置が，明代播種技術の最高峰を示したものか信じ難い．実際，『農書』の挿絵（図 95）はもっと巧妙な仕掛けの存在を暗示している．1930 年代にホンメルが述べた類の仕掛けがたぶんそれだ（図 105a, b）．[567]

　種子箱は前室があり，その底の二つの落とし樋から種子を下の犂先へ導く……種子箱は一つの通路で前室と連絡し，前室には石がぶら下がっている．石は弾力性のある竹竿に結ばれていて，農夫が柄を持って犂を左右に緩く揺すると，吊り下がった石が揺れ，竹竿に前後の動きを伝え，竹竿は種子箱から前室左右の落とし樋穴のうち片方への種子の移動を塞ぐ．竹竿の役割は種子の流れを遅らせ，同時に左へ向かった種子を左の落とし樋へ，右の種子を右の落とし樋へ振り分ける．その動きは吊り下がった石のリズムに従う．
　種子が種子箱から前室へ動く通路の大きさは，滑り板か楔で留めた戸板で変えられる……この戸板は一端に半円の切り欠きがあり，他端により大きな切り欠きがある．小粒種子には小さな切り欠きを種子箱の通路穴に当て，小麦，大麦の大粒種子には戸板を反転して大きな切り欠きを当てる．

単純だが効率的だ．そして中国で万能用途の竹がこの装置に必須の部品だ．ホンメルの記述を周到に敷衍して劉仙洲[568]はこの装置が標準的な制御装置だとするが，天野[569]は中国の伝統的耬に普通の制御装置をさらに二つ図示している（図 105c, d）．また脚数が変わっても流れを制御できるごく簡単な方法は，耬の背に車軸の歯車に嚙み合った小歯車を装着することだ．この歯車が種子箱と落とし樋の間の戸板の開閉を調節する（図 105e）．これは今日ごく普通の装置だが，[570]革命前の中国にこの装置があったかどうか確証はない．
　中国の耬は多くが種子だけでなく，肥料も播く．この考えはヨーロッパでは播種ドリル自体と同程度に古いし，インドでも一般的だった．中国でもこの方式はたぶん古いだろうが，最初の記述はやはり王禎にある．[571]

　［単純な耬に］似た造りのものに糞撒き耬車（「糞耬」*fen lou*）がある．種子箱の後ろに

---

567) Hommel (1), pp. 45–47.
568) 劉仙洲 (8), pp. 34–35.
569) 天野 (4), p. 792.
570) 著者不詳 (502) は p. 223 に単純な單管タイプを，p. 257 にもっと複雑な 3 管タイプを示す．
571)『王禎農書』12/18*b*〔「農器圖譜耒耜門」〕．

第 4 章　耕作体系　303

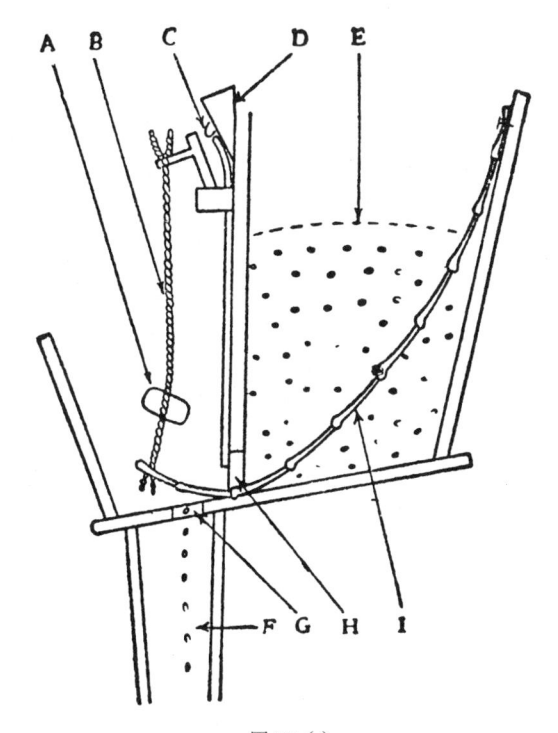

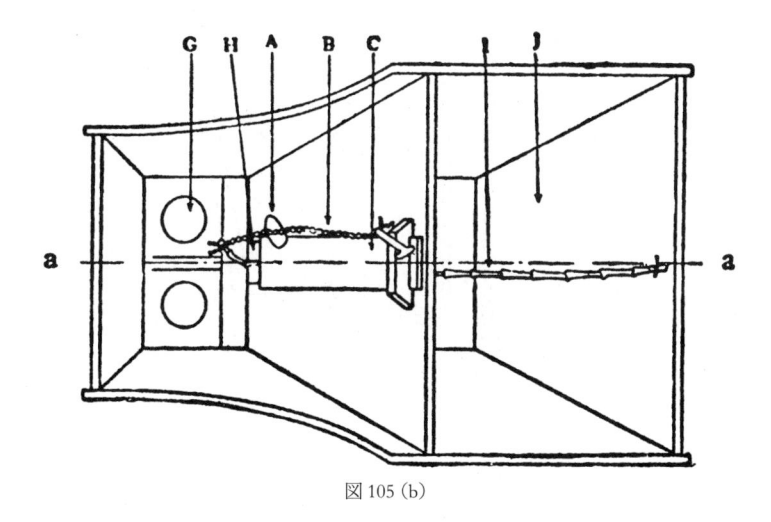

図 105 (a)

図 105 (b)

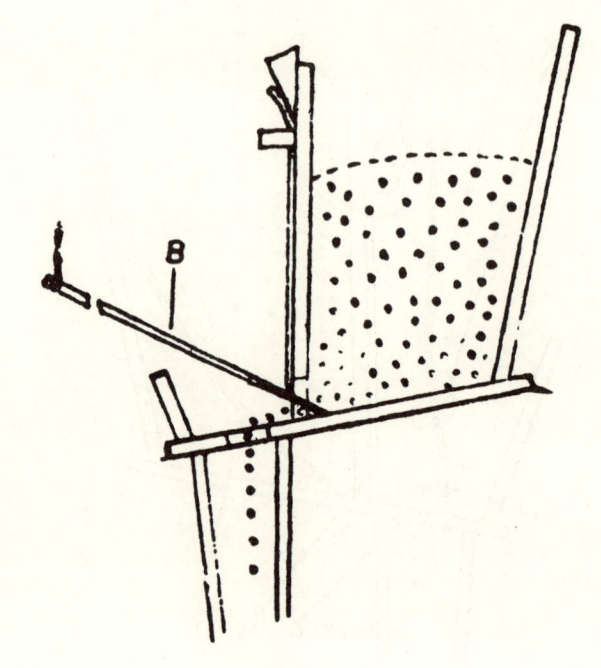

図 105 (c)

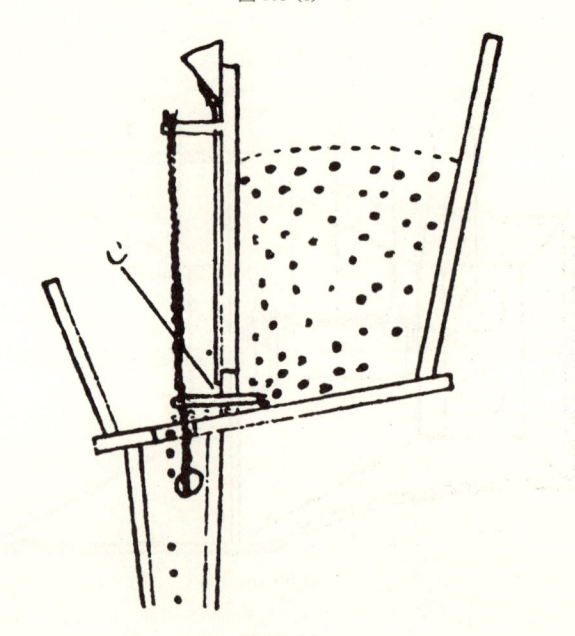

図 105 (d)

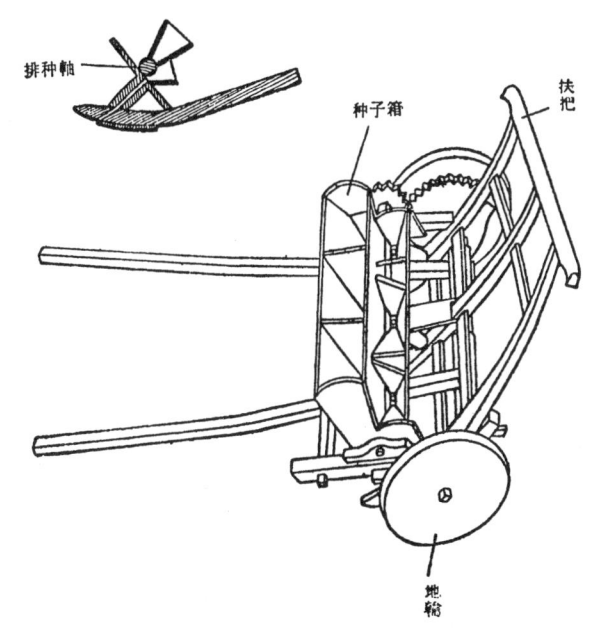

図 105 (e)

図 105　中国播種ドリルの種子送りの仕組み．(a, b) 劉 (*8*), p. 35. (c, d) 天野 (*4*), p. 792. (e) 著者不詳 (*502*), p. 257.

別の篩があり，中に細かくした糞を容れ，ときに蚕糞を混ぜる．耬が進むと糞が種子を覆う．普通のものよりさらに巧みで便利である．

> 「近有創制下糞耬種，於耬斗後別置篩過細糞，或拌蠶沙，耩時隨種而下，覆於種土，尤巧便也.」

別の巧みな改良は耬に水桶を置くことで，播種時に種子に灌水をする．これも最近の進歩と思われ，たぶんケロシン缶などの軽くて細工のしやすい容器が出回るようになってからだろう．[572] 種子を覆土する装置もしばしば耬に組み込む．ホンメル[573]（図 102）によると耬脚の後ろに曲がった竹竿が地面に接してあり，これが溝に播かれたばかりの種子に土を寄せる．近代の耬は時に一対の

---

572) 著者不詳 (*502*), p. 251 以下, 270 以下.
573) Hommel (*1*), p. 45.

「砘車」(tun chhe) に似た車輪を装着する (本書 p. 308 を見よ).

さて，中国の播種ドリルの起源問題がある．最近に漢代の播種ドリルが実際の考古遺物で発見されるまで，多くの学者は，趙過が播種ドリルを都城域に導入したという『政論』の記事は解釈を誤っており，播種ドリルは皇甫隆が敦煌の太守に任命された250年頃に中央アジアから中国へもたらされたのだと信じていた．この説の根拠は『齊民要術』が引用する次の文にある.[574]

> 燉煌の人々は「耬犁」(lou li) を知らず，そのため種子と人，牛の労力を無駄にし収穫は貧弱だった．皇甫隆は人々に耬を作ることを教え，これによって労力は半減し，収穫は5割増加した．

> 「燉煌不曉作耬犁，及種，人牛功力既費，而收穀更少．皇甫隆乃教作耬犁，所省庸力過半，得穀加五．」

しかしこの文の意味は，皇甫隆が敦煌で発見した中央アジアの目新しい装置を中国の他の地域へ伝播したということではなく逆で，彼が伝統的中国の道具を辺境の技術的に遅れた地方へ導入したということである．考古学的および文献的証拠は播種ドリルが前漢時代の中国にあったことを明瞭に示している．

知られるかぎり最古の播種ドリルはメソポタミアの紀元前3千年紀のものだ．漢代の字典『説文解字』は，播種ドリルを指すととれる言葉を三つ述べ，その中にはすでに馴染み深い「耬」もある．[575]

> 楎 (hui) 六股の犁 (「六叉黎」liu chha li)
> 㭄 (hsi) 播種耬 (「種樓」chung lou)[576]

用語が多様であることは，漢代にすでに中国の耬が年月を経ていた証拠と考えてよい．耬は中国で多種の作物の播種に使ったが，とりわけ小麦，大麦と関係が深く,[577] これはどちらも西アジア起源である．さらに中国の単管播種ド

---

574) 『齊民要術』0.7〔「序」〕，『魏略』から引用.
575) 林 (4), p. 272. 最初のものの定義は天野 (4), p. 744 を見よ.
576) 樓 (lou) の偏が異なることに注意.
577) 『天工開物』卷上〔「乃粒第一，麥工」〕を見よ.

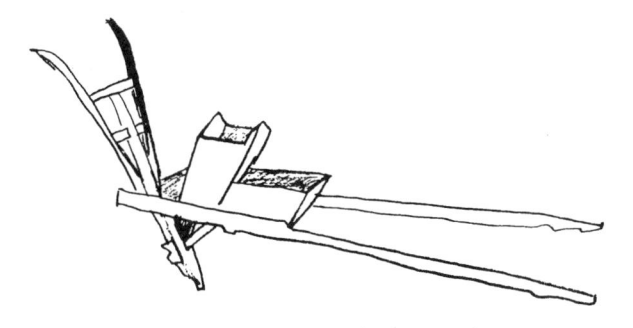

図106　中国の一脚耬．現在の山東のもの．著者不詳 (502), p. 224.

リル (図106) は古代メソポタミアの播種器 (図96) と，柄，犂先の組み立て方が酷似する．反証がなければ私はあえてこう考えたい．単管播種ドリルは小麦，大麦の栽培と密接に関係しており，それはこれらの作物の最初の栽培地メソポタミアと肥沃な三日月地帯に起源し，それらの作物とともに南のイラン，インド亜大陸へ，東の中央アジア，そして最終的に中国へ伝播した，その伝来は漢代以前であったと．[578)] 漢代に播種ドリルを指す名前がすでに多数あることは伝来の古さを証拠立てる．中国でもインドと同様に複数の管のある複雑なドリルがその後に発展し，2管あるいは3管ドリルが漢代にすでに珍しくはなくなり，今日まで使用が継続することとなったのだ．

ヨーロッパの播種ドリルはそれが大航海時代直後の16世紀に現れたことから，中東かインドか中国かどこと確定はできないが東から考えを借りたと思われる．最初の製品の特許をとったヴェニスは，旧世界全域から商人や旅行者が来ていたところだ．しかしヨーロッパの初期の道具は複雑，稚拙で，その製作者はオリエントの原型の仕組みをまったく知らなかっただろう．根本的な誤りは，ヨーロッパ人がその機械の製造を大規模にしすぎたことで，その結果製品は非実際的で信頼性に欠け，たやすく壊れた．とはいえ職人気質より工業技術に頼ったことは，囲い込みや大規模農業へ向かっていた情勢から当然だった．初期の播種ドリルで最も効率がよく，東洋の装置にたぶん最も近かったものは，

---

578) この解釈が正しいとしても，3世紀の敦煌に播種ドリルがなかったことを説明する必要がある．そこが危急の時期にあり，農業知識が戦争と遊牧民の侵入のために消失したか，別の可能性は小麦やそれと関連した技術が北方ルートでズンガリアと蒙古を通って入ったかである．はじめの可能性のほうが高そうだ．

18世紀のシャープ(James Sharp)の1列播種犂だった.[579] これは申し分なく仕事をこなしたが,対象規模が小さすぎ,注意を引かなかった.

ところで,播種ドリルで種子を播いた後は,『齊民要術』が述べるように,種子の覆土と鎮圧が必要だった.[580]

> 春の播種は深播きがよく,播いた後,重しを加えた枝条ハロー(「撻」*tha*)をかける.夏の播種は浅播きがよく,播いた後そのままにしてひとりでに生えてくるに任せる.(春は土が冷たく,発芽が遅い.重しを加えた「撻」を使わないと,根は[土中の]隙間に伸び,発芽してもすぐ死ぬ.夏は空気が熱く,発芽は速い.重しを加えた「撻」をかけた後に雨が来ると,土が締まってしまう……)

> 「凡春種欲深,宜曳重撻.夏種欲淺,直置自生.(春,氣冷,生遲,不曳撻,則根虛,雖生輒死.夏,氣熱而生速,曳撻遇雨必堅. ……)」

「撻」は王禎の記述では,長さ3, 4尺,幅2尺の枝束を重石で押さえたものだ[581](図107).丸太で重しを加えるヨーロッパのトゲ枝条ハロー[582]がこれに似ており,これは17世紀にマルカムが新しい発明だと賞賛した[583]が,すでに相当古くからあるものだった.元代の少し前にもう少し洗練された土の鎮圧具,「砘車」(*tun chhe*),「砘子」(*tun tzu*)あるいは「滾子」(*kun tzu*)が作られており,これは耬の管数に見合う数の石ローラーが正確に播き溝の幅と同じ間隔で固定されていた[584](図108).これらの石ローラーは華北で今もごく普通だが,[585]しばしば耬自体に組み込まれる.[586]「撻」の使用は元代には消えかけていたようだ.その使用法は当時の農学者の勧告では,耬を操る者が腰に「撻」を結びつけて引き,「砘車」をかける前に種子を確実に覆土するよう勧めていた[587]が,こんなやりにくい方法では消えるのもやむをえまい.結局,王禎が言うように「砘車」の利点はその実用性とすっきりした単純さにあった.

---

579) Fussell (2), p. 104.
580)『齊民要術』3.5.1-2.
581)『王禎農書』12/12*b*〔「農器圖譜耒耜門」〕.
582) Fussell (2), p. 68.
583) Gervase Markham (1), p. 70.
584)『王禎農書』12/19*b*〔同前〕.
585) Wagner (1), p. 204, J. L. Buck (1), pl. 12, 著者不詳 (*502*), p. 165-168.
586) 著者不詳 (*502*), p. 241.
587)『王禎農書』12/19*b*〔同前〕.

図107　重石をのせた覆土用の枝条「撻」（tha）．『王禎農書』12/12a〔「農器圖譜耒耜門」〕．

図 108　種子覆土用の車輪ローラー．『天工開物』1/16*a*〔巻上乃粒第一，麥工〕．

王禎はもう一つの代替品として，労力と牽引家畜が不十分な農家に，播種用瓢箪（「瓠種」hu chung）を勧める[588]（図109）．これは大きな中空の瓢箪で，容量は1ガロンほどあり，長い木管を挿してその一端は柄とし，他端は中空の草茎を挿入してそこから種子を播いた．播種用瓢箪は賈思勰も述べ，[589] その文はとても明瞭とは言えないが，犂き手が腰紐で瓢箪を引きずるよう勧めた．しかし王禎はぎごちない方法だとけなしている．

点播，移植

個体植え付け，つまり種子の点播，「掩種あるいは稯種」（yen chung），「單稯種」（tan yen chung），あるいは「點種」（tien chung）は移動焼畑耕作と関係した原始的植付け法[590]と考えられがちだが，中国ではむしろ条播の一変形だった．小麦や陸稲など分蘖の多い作物,[591] あるいはショウガなど形や大きさのため「耬」で播きづらい作物は，犂き起こした畝の上に「耬」で掘った溝に一つずつ植えることがしばしばあった．賈思勰はこの操作を「耬構稯種」（lou chiang yen chung）という．[592] この方法は18世紀陝西の山腹にまだあり，[593] 小麦用の点播棒は今日の中国でも見受ける．[594] 「區田」つまりピット栽培（本書 p.144 を見よ）も点播の一方法で，碁盤目の小ピットに細心の注意を払って肥料を施し，一種あるいは数種の種子を少しずつ植える．賈思勰はこの方法で育てた小麦は普通の百倍の収量を上げたと言い，[595] マルカムも17世紀イングランドで小麦を植える同様の方法を述べていた．[596]

> この穀物植え付け法がもたらす利益について簡単に言うと，何倍にも増え，正直ものすごく驚くばかりである．一般に，1エーカーの穀物が9エーカー播種した場合と同じ利益を生むことで有名だが，私独自の方法の場合，はるかに大きな増加を得た．

---

588)『王禎農書』12/20b〔「農器圖譜耒耜門」〕．
589)『齊民要術』21.2.3.
590) 例えば，D. Freeman (1) は，サラワクのイバンがこの方法で陸稲を植えることを述べる．
591) 陸稲はマレーのある地方では永年耕作地に掘棒で植えて分蘖を促進する．その方法は *menugal* という．A. H. Hill (1)，Bray & Robertson (1).
592)『齊民要術』10.2.2, 12.2.3.
593)『知本提綱』p. 9.
594) 著者不詳 (502), p. 209.
595)『氾勝之書』7.3.1.
596) Gervase Markham (2), p. 101.

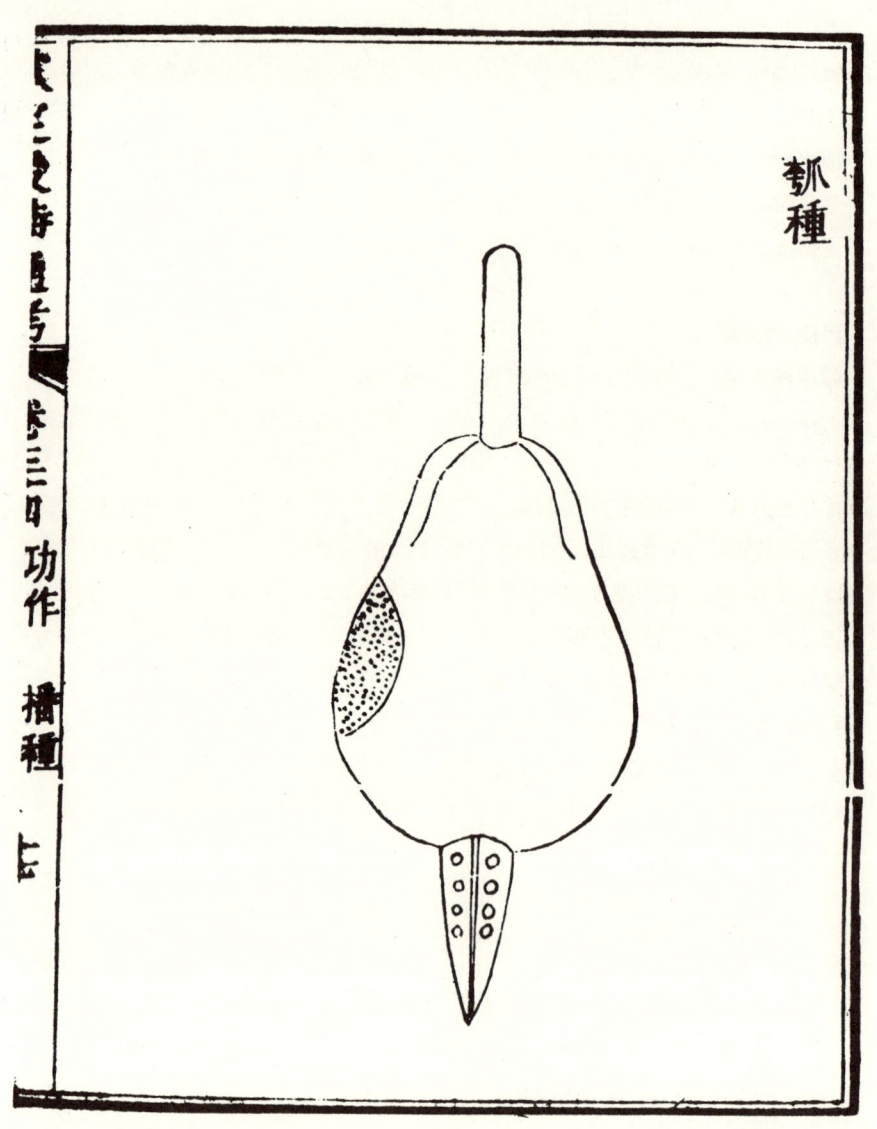

図109 播種用ひょうたん「瓠種」(hu chung). 清代の描画.『授時通考』34/17a. 左側の種子入り口と下の嘴状管にある種子流調節用小孔に注意.

古代中国のピット栽培法が条播法の発展なのか，あるいは東アフリカのチテメネ法〔周囲の林から集めた枝葉を積んで焼き，雑穀を散播する方法〕やニューギニア高地のヤムガーデンに似た園芸的焼畑技術の名残りなのか，[597] 断言は難しい．

個体植え付けは種子作物だけでなく，とりわけ栄養生殖の根菜作物に適し，稲の苗や他の若い作物の移植はこの方法からの発展だと考えてもたぶんそれほど突飛ではないだろう．移植は一般に稲と関係するので，この技法は植え付け技術の中に含めるより稲の章に入れるほうが適切かもしれないが，二つの理由からそうはしない．第一に移植は稲だけに限定しない．例えば染料植物の藍 (*Polygonum tinchtoreum*) も中国では灌漑作物として栽培し，藍を移植することの言及は稲と同様に古い．[598] 第二に移植はとりわけ種子を節約する技術だ．数パイントの籾を播いた1ムーの苗床は25ムーの灌漑田に十分な苗を供給する．[599] かくて移植は中国人的な節約播種法を論理的に敷衍した技術と言える．

ここで移植の原理について簡単に触れたほうがアジアの稲作に馴染みのない読者にはいいだろう．稲籾はふつう芽出しをして，様々な型の苗床に播き（詳しくは稲の節，本書 p. 560 以下を見よ），品種によるが2ないし8週間後に苗を本田に移植する．[600] 中国で移植は「栽」(*tsai*)，「插」(*chha*) あるいは「蒔」(*shih*) と呼ぶ．苗の移植はふつう成長速度が最大となった時期に行い，丈は15〜18センチメートルになっている．[601] 丈夫な苗を苗床から手で引き抜いて[602] 小束に束ね，直ちに本田へ運んで同日に移植せねばならない[603]（図110）．ふつう苗の根は洗い，先端数インチの葉は蒸散と作業害を減らすため切る．そして数本の苗を一株とし，株間隔10〜30センチメートルで本田に植える．苗は浅く泥中に直立するよう植える．グリストはこう説明する．[604]

> 移植は浅いほうがよい．苗の植え方が深すぎると，根は通常の生育ができない……

---

597) W. Allan (1), p. 77, Jim Allen (1).
598)『四民月令』5.5,『齊民要術』53.2.4. 藍の灌漑について『夏小正』にある文献も見よ，『齊民要術』53.2.4 に引用がある．
599)『天工開物』1/3〔巻上乃粒第一，稻〕．
600) Grist (1), p. 149, 丁穎 (*1*), p. 344 以下．
601) 陳良佐 (*1*), p. 540.
602) 香港や華南の諸所でこの目的で特別にあつらえた鍬を使う，Grist (1), p. 155, Herklots (4).
603) マラバールでは苗の根をさらして3, 4日放置する．目的は根に産み付けられた虫の卵を殺すことである．
604) Grist (1), p. 156.

図110　苗取り後，稲束を本田へ運ぶ．『耕織圖』．Pelliot (24), pl. XVIII.

地表近くの根は日中温度が上がり，夜，温度が下がり，これが分蘖を促す……インドでの研究によると，斜めに植えた苗は分蘖が妨げられる．斜めに植えた苗の根は地表から25ないし35ミリメートルの土中で生育するので短く，傾いた根茎は植物体の発育を遅らせ，分蘖数の減少を招く．

移植の持つ生理学的な諸要因はまだ十分判っていない．[605]

　　多数の実験に基づいて現時点で結論すると，移植は根を切り詰めるのと同様の作用をする．根系の損傷は空気と水の境界直下の部分の生育を促進し，分蘖の増加をもたらす．移植された稲は根系が茎の下位節から順次伸張し，最初のつまり苗の始めの根系は完全に死ぬ．

　移植は分蘖を促進するだけでなく，雑草押さえと病害虫抑制，作物管理を容易にする．さらに移植稲は一般に直播よりも相当収量が高い．[606] だがそれは簡単な直播法よりはるかに時間と労力がかかる複雑な過程であり，こうした集

---

[605] H. W. Jack (1).
[606] Grist (1), p. 149 以下.

約的なシステムを促した最初の条件は何だったのか興味をそそる．残念ながら移植の歴史は中国以外ではほとんど分からず，したがって中国の資料を解明しようにも，比較しうる材料がない．

中国で移植に触れた最古の資料は2世紀の『四民月令』の一節で，著者の崔寔はこう述べる.[607] '5月に稲と藍を移植（「別」*pieh*）する'．「別」を'間引く'と解釈する他の意見もあるが，崔寔の記述を移植とする学者がほとんどだ.[608] その作業を稲の播種後6週間目に行うが，それは今日アジアで晩稲種を移植する苗齢でもある．また他に稲の移植は漢代以前にあったと信じる学者もおり,[609]根拠として『淮南子』や『呂氏春秋』が生育中の稲田での除草や作物の条播に触れることを挙げる．『呂氏春秋』が稲作の有用な情報を提供するとは思えず，『淮南子』の一節はとても明瞭とはいえないが，漢代に移植が行われたことを示す証拠はもっと有力なものがある．四川で出土した後漢の水田模型には「插秧孔痕」の刻文がある．この意味は'挿苗を移植する孔'であり，さらに言うと，「插秧」（*chha yang*）はふつう苗を棒で泥に挿す操作をいう言葉である.[610] 最近発見されたたぶん後漢初期の墓は，一つが秦嶺山脈南の陝西と四川の州境，もう一つが雲南と広西の州境に近い貴州南西部にあるが，灌漑水田を詳細にかたどった保存のよい模型が出土し，どちらにも間隔の揃った稲苗が直線に並ぶ[611]（図111）．これは当時の華南で稲を移植したことを示す強力な証拠だ．

6世紀の『齊民要術』は稲の栽培法について二つの方法を述べる．一つは「歳易」（*sui i*）[612]で，田を2年に1度休閑すること,[613] 他の方法では苗が7, 8寸になると引き抜いて移植する.[614] 原文は，「既生七八寸抜而栽之」である．同書はまた陸稲も列に条播して分蘗を増やすことを勧め，若苗が混みすぎるなら，強雨の後に苗を少し抜いて他のところへ移し植えると言う.[615] それに続けて，次

---

607)『四民月令』5.5.
608) 天野(*4*), p. 183 以下.
609)『淮南子』20/18*a*,『呂氏春秋』, p. 76, 陳良佐(*1*), p. 542.
610) 天野はしかし插の文字が不明瞭だとして，実際は稲の誤りの可能性を指摘している．天野(*4*), p. 185. 岡崎(*1*)も見よ．
611) 秦中行(*1*), 著者不詳(*520*), p. 31 以下.
612)『齊民要術』11.2.1.
613) 石聲漢(*3*), p. 116, 天野(*4*), p. 194.
614)『齊民要術』11.2.1.
615)『齊民要術』12.2.3, 12.3.3. 抜かれた苗は水田へ移されたのか？ これはマレーシアのクランタンで普通のことで，陸稲と水稲は相補的に扱われていた．(Raymond Firth 私信).

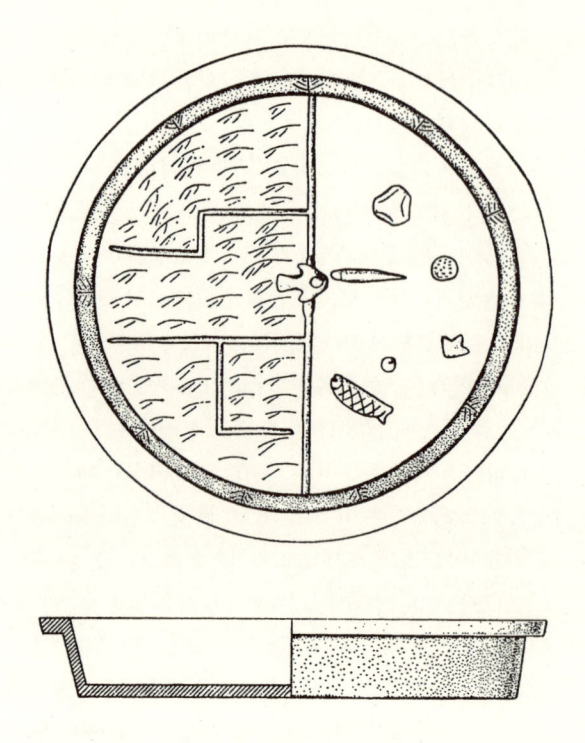

図111 貴州出土の漢代水田模型. 苗は列条に並び, 右半分は灌漑タンクを表し, 中に魚, 菱, 他の水性植物がある. 著者不詳 (*520*), fig. 17.

の注釈がある.[616]

移植の際, 苗は浅く植えるのがよい. 根毛が十分四方に伸び, 稲体が厚く良く茂る. もし植え方が深すぎると根はまっすぐ下へ伸び, 分蘖が生育不良となる. 苗が伸びすぎているなら上端数寸を切れ. その際, 芯を傷つけないよう注意する.

「栽法欲淺, 令其根鬚四散, 則滋茂. 深而直下者, 聚而不科. 其苗長者, 亦可揃去葉端數寸, 勿傷其心也.」

したがって浅い移植と苗の切り詰めを初めて提唱した栄誉は『齊民要術』のも

---

616)『齊民要術』12.3.3.

図112　稲苗の移植.『耕織圖』. Pelliot (24), pl. XIX.

のだ．直立植えはとりたてて記述がなかったが，1504 年の『樹畜部』に初めて出た．[617] とはいえ移植をする人はずっと昔から苗をまっすぐ植えることに注意していただろう．こうすると後の除草が容易になるからだ．事実，漢代模型は規則正しい列を見せているが，明瞭な記述は『耕織圖』の作者樓璹が初めてで，1145 年初版の次の詩にある（図112）．[618] 'まっすぐな列にし，左右に乱れない（左右無亂行）'．14 世紀初期の『農桑衣食撮要』[619] も列をまっすぐにするよう農民に強く勧める．

　田植えには補助具'苗馬'（「秧馬」yang ma）があり，これはおのずとまっすぐに動き，規則正しい移植を助けたという．直接経験がないとこの利点は理解しがたいが，それでも四川の詩人蘇東坡が 11 世紀に初めて詩に取り上げた「秧馬」（図113）は，今日の中国でまだ使うことを見ても，明らかな利点があるにちがいない．現代の変形版'田植え船'（「插秧船」chha yang chhuan）はしばしば日傘を備えて機能が良くなっているが，他の点では蘇東坡が詠んで以来 900 年間，大きな変化はない（図114）．[620]

617)『樹畜部』11/1b, 陳良佐（1），p. 543 を見よ．
618)『耕織圖』1/10b.
619)『農桑衣食撮要』1/16.

図113 「秧馬」(*yang ma*).『王禎農書』12/23*b*〔「農器圖譜耒耜門」〕.

第 4 章　耕作体系　319

図114　現在の苗取り馬．1958年，広東でのスケッチが人民日報に発表された
　　　もの．天野，(4), p. 239.

　武昌［今の湖北］を旅したとき，農夫が誰も秧馬に跨ることに気づいた．その胴体は滑らかな楡か棗の木で作り，その背中は軽い楸［*Mallotus japonicus* アカメガシワ］か，梧［*Firmiana platanifolia* 青桐］で作る．胴体の形は頭と尾が上がった小船のようであり，背は押さえ瓦のように［凸型に］なっている．この馬に跨ると，泥の中を雀のように活発に動き回れる．その頭には苗束が藁縄で縛り付けてある．日中，数千の秧馬が水田をあちこちと動き，乗り手は背中を丸めて働く．私は秧馬に詩を寄せた．

　　　春の雲，低く雨の帳をたれる．
　　　春の苗，高く鮮緑の刃となる．
　　　父，子を呼び泥と水を滑る，
　　　朝，一壠に分れ，暮，千畦を離る．
　　　腰は縦琴の如く，首は鶏の嘴の如し，
　　　筋曲がり，骨痛み，声かすれ，
　　　我，木馬を片手に提げる．
　　　頭と尻は高く跳ね，胸と腹は低く這い，
　　　背の曲がりは棟木瓦の如し．[621]

---

620) 秧馬哥，蘇東坡全集 II, 巻 4, p. 499,『王禎農書』12/24*a–b*〔「農器圖譜耒耜門」〕に引用．
621) すべて良馬のしるし，『齊民要術』56.12 以下を見よ．

　　　　我が両足はその四蹄となり，
　　　　木馬は鴨となって跳び滑る……
　　　　錦の鞍掛けに跨り，公子館門を出，
　　　　犂後を辿る我が人生を笑う．
　　　　彼知らず，我もまた木の汗馬を持つを．

　　　　「春雲濛濛雨凄凄，春秧欲老翠剡齊．
　　　　 磋我父子行水泥，朝分一壟暮千畦．
　　　　 腰如箜篌首啄雞，筋煩骨殆声酸嘶．
　　　　 我有桐馬手自提，頭尻軒昂腹脅低，
　　　　 背如覆瓦去角圭，以我両足爲四蹄．
　　　　 聳踊滑汰如鳧鷖……
　　　　 錦韉公子朝金閨，笑我一生蹋牛犂．
　　　　 不知自有木駃騠．」

　'苗馬'は骨の折れる田植仕事を軽減し，同時に早める．「秧馬」を使うと一人1日，15分の1ヘクタールの田植えが可能で，これは普通より20パーセント多い．[622] しかし想像すると分かるが，'苗馬'に跨って苗をまっすぐに植えるのは立って植えるより難しいだろう．『羣芳譜』の著者によると，普通の方法でも，'手を伸ばせば1回に6株を植えられるので，足はあまり動かさない．まっすぐな列になるよう注意しながら徐々に後へさがればよい'．[623] たぶんこのため，多くの農書は'苗馬'をそれほど勧めない．例えば『農桑輯要』は，[624]'田植えは遅くて念入りなほうが早くて粗雑よりよい'と指摘する．

　実際，最近の移植技術の進展はすべて何よりも正確さを目指す．農業マニュアルは畦間にロープを張り渡してまっすぐ植えるよう助言し，[625] 株当たりの苗数や株間の間隔を指示する（表8）．[626] 現代中国と日本では田植え機も発展してきているが多くは高価だし，能率を上げるには籾を特別の容器に播種する必要がある．[627] そこで間隔や線を描く道具，例えば一定の間隔で歯をつけた幅広のローラーに人気がある（図115）．[628]

---

622) 著者不詳 (502), p. 389.
623) 『羣芳譜』「穀譜」26a を見よ，『授時通考』34/5a に引用．
624) 『農桑輯要』2/4b.
625) 『王禎農書』14.21b 〔『農器圖譜杷朳門，秧弾』〕，『農學纂要』2/4a.
626) 例えば，『農桑衣食撮要』1/16，『授時通考』34/5a に引用の『羣芳譜』「穀譜」26a．
627) Grist (1), p. 221 以下に指示表と詳細がある．

表8 『農桑輯要』(2/4b) が指示する移植間隔.

	よい土			中位の土			やせた土		
	早稲	中手	晩生	早稲	中手	晩生	早稲	中手	晩生
一坪当たり株数	45	40	35	55	50	45	65	60	55
一株当たり苗数	5	4	3	6	5	4	7	6	5

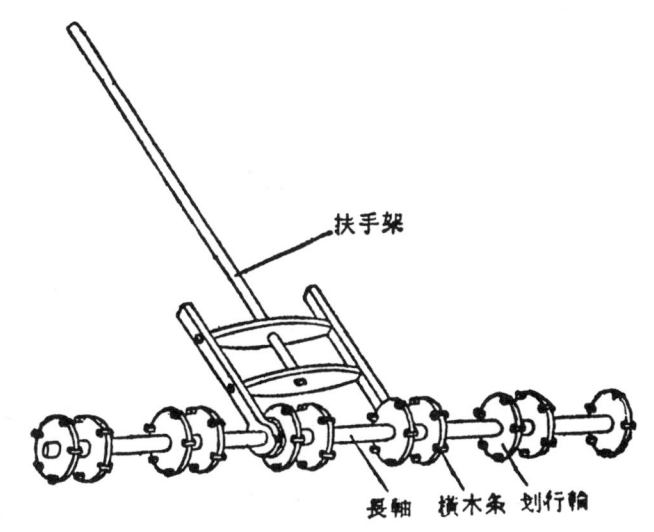

図 115　稲の田植え用マーカー，調節可能．江西．著者不詳 (502), p. 386.

　ここまで簡単に中国での移植技術の発展段階を述べたが，どこで移植が始まったか，あるいはどのような刺激で波及したのか依然疑問は残る．その始まりを説明しようと様々な要素が挙げられてきた．例えば雑草を減らすこと，夏雨到来前の播種期に節水の必要があること，土地が少なくなって水田の隔年休閑ができなくなったこと，そして最後に二毛作の開始で苗を本田で育てる時間の余裕がなくなり，絶対的な必要性が強いられたことなどである．[629] 私はこれに加えて収量増と種子の節約を挙げたい．

---

628) 著者不詳 (502), pp. 384-388.
629) これらはすべて天野 (4), pp. 198-201 で議論されている．

広く認められた結論は，移植はすでに漢代にあったが，土地の人口圧のため休閑ができなくなった時代になってやっと一般化したというものだ．この説によると移植は最初華北で始まったが，そこには水田に適した土地が少なく，[630] 淮河地方やさらに南の人口密度が高まるにつれて次第に広がり，裏作に冬麦が導入されて普及が進んだ．[631]

この説は魅力的だが完全に納得したとは言いかねる．移植が漢代に華中，華南の一部で行われていたことを示す証拠が増えつつある．華北では水田栽培に向いた土地が少ないことは事実だが，比較的最近まで北方諸省では米は主食と言うより贅沢品だった．一方，南方では米は主食で，灌漑可能な土地への人口圧はもっと強かっただろう．漢代にコーチシナ（交趾）で稲を年に二回収穫するという記述[632]があり，さらに嶺南や他の東南アジア大陸部で灌漑技術と水稲技術が発展していた相当数の証拠がある（本書 p. 256 を見よ）．そこで私は暫定的だが，移植は東南アジアの稲に依存する文化で発展し，嶺南，雲南，四川の漢族がそれを借用したと考えたい．この技術は華北の稲栽培農民も速やかに借用するところとなった．彼らは集約的栽培技術に慣れていたが，人口密度の薄かった淮河周辺の華中ではこの技術は無視され，黄河流域から大量の移民が南へ向かった唐代後期と宋代までその状態が続いたのではないだろうか．

(iv) 播種量

すべての中国農民が持っていた原則は，遅い播種は播種量を多くし，やせた土では肥えた土より少なくすること[633]だった．あとのほうの原則は注意深い作物の手入れが前提だった．したがって例えばきちんと除草していない場合は，やせ土でも肥えた土地より厚播きをして生き残る作物を増やし，[634] またすべての作物に手入れが行き届いている場合は，肥えた土はやせ土より多数の作物を育てられる．これが播種量選択の前提になる．他方，播種時期が遅れると種子の発芽率が下がり，そこで早播きの場合より播種量を増やす必要がある．

---

630)『齊民要術』は，移植を自然の稲作適地がない北の技術とする口ぶりである．『齊民要術』11.6.1–2.
631) 西山武一 (1)，天野 (4), p. 201.
632)『異物志』および『兪益期牋』，ともに『齊民要術』92.2.1, 92.2.2 に引用．
633) 李長年 (3), p. 102,『齊民要術』21.2.3, 8.2.4.
634) K. D. White (2), p. 180.

播種量や収穫量の正確な数字は中国の文書に少なく，両方の数字の入手は作物を限定してもさらに困難なので，収穫倍率の計算は難しい．そうはいってもほんの目安だが数字はあり，それによると中国農民は伝統農業としては高い収穫倍率を達成していた．これは，粟や稲の一個体当たり粒数が例えば小麦や大麦より多いことを考えると不思議ではない．穎の黒い粟（「秠」phei）3, 4粒を播いて39ガロン（「斗」tou）*1 を収穫した後漢の農夫の話は疑わしい[635]が，中国の作物特性と，中国農民の経済的な播種，それに作物にかける手入れが一体となり，農業革命以前のヨーロッパに比べて収穫倍率ははるかに高かった．

　一つ，二つ，粗い計算をしてみよう．魏の政治家李悝（Li Khuei）は，農民の畑で主食の粟の平均収量をムー当たり1.5石（shih）と計算する．[636] 現在の単位に変換すると約700キログラム〔1600リットル〕毎ヘクタールである．『齊民要術』が勧める粟の播種量はムー当たり5升（sheng）で，換算すると2キログラム〔20リットル〕毎ヘクタールである．[637] これは1対300〔1対80．播種量も収量もヘクタール当たりの換算に問題がある〕を超える収穫倍率だが，現代の倍率は1対100[638]前後なのでこの播種量は低すぎよう〔ほぼ妥当〕．

　徐光啓は17世紀半ばに農民の稲播種量がムー当たり1「斗」（tou）で，多すぎると不満を述べていた．[639] ほぼ同じ頃，宋應星は1ムーの苗は25ムーの水田に移植するに十分だと言っていた．[640] 稲の収量は地方ごとに大きく異なるが，16世紀初期の上海近傍では中位の土地で玄米1.5「石」，籾に換算すると2「石」ほどだっただろう．[641] 播種量がムー当たり1「斗」として，収穫倍率は約1対500*2になり，現在の値とほぼ並ぶ．[642] *3

　小麦と大麦は，その生理機構を考えると収穫倍率はもっと低かったと思われ

---
635)『圖經本草』．胡錫文（3），p. 411-2に引用．
636)『前漢書』24A/6b〔「食貨志第四上」〕，Swann (1), p. 140．
637) 李長年（3），p. 106．
638) Purseglove (2), p. 258．
639)『農政全書』25/10b．
640)『天工開物』1/3〔巻上乃粒第一，稲〕．
641) 明代の米収量は天野（4），p. 332, E. Rawski (1), p. 39を見よ．籾から精米への換算率は変異が相当大きい．ここでは70パーセントとしているが，50パーセントでも驚きではない．Grist (1), p. 432．
642) Purseglove (2), p. 181以下．
*1　後漢の1斗は1.98リットル，ガロンは4.55リットルで，等置はできない．
*2　1対20．これはやや小さいが，1対500は計算間違い．
*3　戦前の天野の調査では50倍を超えることは稀．

る．12世紀後期の『救荒活民書』(*Chiu Huang Huo Min Shu*) は小麦と大麦を揚子江地域の冬作物に奨励しようとして，これらの作物の収穫倍率は10倍(「十倍全収」)[643] という『四時纂要』の記述を引用する．これは今日アジアの伝統的栽培で普通の値だ．[644]

中国の粟，稲，小麦の収穫倍率は正確な数字とは言い難いが，ヨーロッパの中世以降のより正確な数字と比較すると興味深い．例えば8世紀のアナプ(Annapes)のフランス王室領で，収穫量のうち種子に使う割合はスペルト小麦で54パーセント，小麦で60パーセント，ライ麦と全大麦で62パーセントだった．[645] 13世紀のイングランドで最も効率的だった経営者ウオルター・オブ・ヘンリー(Walter of Henry)も，収量は播種量の3倍が普通だと言う．[646] 小麦と大麦の収量対播種量比は，オランダとイングランドで18世紀に改良輪作が行われるまで，全ヨーロッパで1対10を下回っていた．[647]

(v) 結論

調査から明らかになることは，中国の播種技術が西洋よりはるかに念入りだったことだ．中国の農民は種子の節約に努力を傾け，フィッツハーバートが説教した'思慮'を実践していた．種子を注意深く選び，しばしば播種前に肥料や農薬で処理し，播種技術は作物一本一本を全生育期間中念入りに手入れできるように組み立てた．中国の穀類作物はどれも着粒数が比較的多く，結果的に種子に取り分けねばならない量はごく少なくて済んだ．

北方と南方の播種技術は明瞭に違う．乾燥的な北方では，播種技術は耕耘方法同様個々の作物が土の水分を最大限利用できるように組み立てた．種子をまっすぐに播種し，注意深く間隔を保つ一連の作業はアジアに古くからあるありふれた播種ドリルで可能となった．しかし西洋では播種ドリルはごく最近まで完成しなかった．

南方では水分を保つ必要はそれほどではなく，旱地穀類は単に散播すること

---

643) 胡錫文 (*3*), p. 82 に引用．
644) Purseglove (2), p. 294.
645) G. Duby (1), p. 38 以下．
646) Walter, 1259年頃, Oschinsky (1), pp. 324–325.
647) もっと詳細な記述とすばらしい表が Slicher van Bath (1) にある．

がしばしばだった．しかし主食の稲にはもっと高度な方法が開発された．移植技術である．移植は土地と水の有効利用度を高め分蘖を増やすので，散播よりも収量が増す．移植を注意深く行うと条播の利点はすべて生かせるし，特に除草が簡単になる．

北方と南方の播種技術は同時代のヨーロッパの単純な散播と比べて労働集約的で，前近代でも中国の高い収量をもたらし，自給を支えた．この注意深い姿勢は決して最近だけの現象ではない．'作物の間隔が程よくなるように種子を育てよ'，また'横列は必ず適度な間隔，縦列は必ず道筋が要る，そうすれば，作物は互いの生育を妨げない'．この二つの格言は2000年以上前の著作『呂氏春秋』に述べられたものなのである．

3　施肥

作物を栽培すると土のミネラル量は減り，土の構造は悪くなる．その悪影響を直し，収穫をもっと多くもっと良くするためには養分を何らかの形で土へ戻さねばならない．ごく初期から農民はそのことを知っていた．肥料や堆厩肥を作り施肥することは，時間がかかりまた高くつく．そこで土地の余裕さえあればこうした苦労の要らない焼畑が好まれた．しかし大多数の定着農民は肥料問題を真剣に考えざるを得なかった．ファッセルは述べる．[648]

> ［ヨーロッパの15世紀から17世紀の］農民は，高地でも低地でも一つの問題に頭を悩ました．肥料である……彼らは肥料作りの材料をわずかでも見逃さなかった．作物の首尾は集められる肥料の量に大きく左右されたからだ．十分な糞の山を盛り上げることはヘラクレス並みの仕事が必要だったが，彼らはそれをいとわなかった．

中国の農民もこれと同じく，土の力（「土力」 *thu li*）を維持することに注意を払い，身を粉にして肥料になるものを探し出し，肥料にした．キング (F. H. King)[649] が記録する通りで，'それには膨大な肉体労働と深慮が必要だった'ことは明らかだ．しかし，中国農民が使った肥料の種類はヨーロッパ人に馴染みのも

---

648) Fussell (3), p. 61.
649) F. H. King (1), p. 161.

のと相当異なった．ヨーロッパの営農は家畜飼養に大きく依存し，家畜は肉，羊毛，畜産品を生むとともに厩肥をもたらし，これがヨーロッパ農民の使う主要な肥料源となった．さらに補足的に野菜屑，マール〔泥質石灰岩〕，沿岸地方ではさらに海藻と砂を使った．[650] 他方，中国の農業生産では動物の役割はかなりマイナーで，厩肥はもちろん捨てはしなかったが，使用肥料の中で小さな割合にとどまった．中国人の使った材料はヨーロッパの伝統よりも広範囲だったが，その中には外人客が嫌がるものもあった．人糞尿だ．[651]

　私の話を全部ご披露する必要を省けますので，お話しますが，それはそこで見たことで，彼ら自身がその利益，いや強欲で困っていることなので戸惑わせるのですが，ともかく知っていただきたいことは，あの国では人糞の商売がありまして，人糞は商品というわけではありませんが，ともかくそれで金持になる者がたくさんいまして，いい取引になります．この人糞は新しい開墾地を肥やすのに役立つようで，普通の家畜糞よりはるかに良いようなのです．それで商売する者たちは，町を行き来するのに拍子木を鳴らしながら行くのですが，丁度我々の唾吐き人夫のようにですね，そうすることで言わなくても汚いものだと判るようにです．さらに付け加えますと，この品物は大変貴重とされてまして，盛んに交易され，ある海港では一時に300隻もの帆船がそれを満載してやって来ます．しばしばそれは取り合いになりまして，土地の知事が介入してこの品物の分配を円滑にするのです．そしてこの肥料で肥やした土地は1年に作物が3回とれるのです．

'ナイトソイル'つまり人糞の使用は，中国農業と言うと我々がすぐ思い浮かべるもので，我々にとっては怖気を起こさせるものだが，中国人にとってそれは土に肥沃度を戻すうえで根拠のあるかつ簡単な方法だった．その正しさは近代の化学分析からも明らかだ．キングが述べている．[652] 'ヨーロッパでウルフ (Wolff) が行い，日本でケルナー (Kellner) が行った人糞尿の分析から，平均して2000ポンド中に窒素が12.7ポンド，カリウムが4ポンド，燐が1.7ポンド含まれる……'．中国の多くの農地はこれらの要素が不足するが，[653] 長年人糞尿を肥料にすることで，不足を相当軽減してきたことは間違いない．[654] キングの記

---

650) Fussell (3), 諸所．
651) Pinto (1), ch. 31, § 1.
652) King (1), p. 171.
653) 本書 p. 29 を見よ．

述では，中国人は人糞尿を容量が 500 から 1000 ポンドの高温焼成磁器に蓄える．[655] 宋代の農書の著者陳旉はこう言う．[656]

> 各農家の脇に低い軒と柱で作った風雨をしのぐ肥料小屋（「糞屋」fen wu）を立てる．雨ざらしにすると堆厩肥は肥えがなくなる．小屋に深い穴を掘り，穴の壁を磚で覆ってもれないようにする．そこにごみ屑，灰，篩った籾殻のかす，ふすま，落ち葉を入れ，穴に溜めて焼き，液肥（「糞汁」fen chi）[657] で濃くする．［使用前に］できるだけ長期間熟成させる．

> 「凡農居之側，必置糞屋，低爲簷楹，以避風雨飄浸，且糞露星月，亦不肥矣．糞屋之中，鑿爲深池，甃以磚甓，忽使滲漏．凡掃除之土，燒燃之灰，簸揚之糠粃，斷藁落葉，積而焚之，沃以糞汁．積之既久，不覺其多．」

「糞汁」は始めに家と別の場所，たぶん屋外便所「厠」（tshe）から取り出した．厠は便利と効率のため家族の飼う豚小屋と一緒になっている場合が多かった（図116）．これらの場所で糞汁は使用前に'熟成'あるいは'調整'（「熟」shu）した．新鮮な糞尿は（人間，豚を問わず）植物を過剰に刺激し，有害であることが分かっていたからだ．熟肥化過程に発生する熱は糞尿中の有害な微生物を殺し，人糞尿の農地施用は想像するほど健康に有害ではない．[658] 液肥部分は養分，特にカリウムを豊富に含む強力な肥料となり，[659] 固体部分は籾殻，灰，落ち葉など陳旉の言う'屋外便所'で液肥と混ぜる有機物が主成分で，土の構造の改良と水分の保持に効果がある．南方では，液肥が好まれ，'ナイトソイル'は単独で用いることが多く，水田に施す前に水で薄めた．北方ではナイトソイルは陳旉が述べるような他の有機物と混ぜるので，熟成した有機肥料はできるだけ乾燥して貯

---

654) この習慣がヨーロッパにまったくなかったわけではない．ウァロは召使の糞を堆肥に加えよと勧めていた（Varro (1) I, 13.4, K. D. White (2), p. 133 を見よ）．もっと最近，人糞尿はフランスで商品作物生産者が肥料にした．西洋で下水は単に海へ流すのが普通だったが，水不足となるにつれ下水処理場で処理し，処理粕は微生物を加えて汚泥として農業肥料とすることが進められてきた．E. J. Russell (1), p. 208 以下．

655) King (1), p. 175.

656) 『陳旉農書』「糞田之宜篇第七」．

657) また「清汁」（chhing chih）あるいは「金汁」（chin chih）とも呼んだ．これは堆肥積みから沁みだしたり，排水される液体を指す．フランス人はこれを purin と呼んだ．もっと潔癖なイギリス人は相当する語を持っていなかった．

658) J. C. Scott (1) を見よ．Scott と彼の同僚が病原菌の除去法を改良した結果が，今日の中国で盛んに利用されている．

659) 著者不詳 (535).

図116　漢代陶製模型の豚小屋と屋外便所．Laufer(3), fig. 12. Laufer は屋外便所を穀倉と誤解している．

め置いた．[660]

　中国で人糞尿肥料の使用がどれほど昔に遡るのか，答えるのは難しい．しばしば中国では動物と人間の糞を単に「糞」というだけで区別しないからだ．（屋外便所と豚小屋がつながっていることが理由だ（図116）．）たぶん古い慣習だろう．商殷時代にその存在を示す傍証はある．[661]'[商の卜辞に] 排便行為を指す文字（後に「屎」shih になった）があり，これは文脈から見て'土地を肥やす'と解釈できる'．

---

660) T. H. Shen (1), p. 36.
661) Lu Gwei-Djen (3) が胡厚宣 (5) に加えた注釈．

家畜，例えば牛，羊，豚の糞も手許にあれば肥料にした．蚕の糞（「蠶矢，蠶尿」tshan shih あるいは「蠶沙」tshan sha）はとりわけ有用な肥料で，早くも紀元前1世紀の『氾勝之書』にしばしば出てくる．[662] 羊，牛を小屋で飼うところでは，その排泄物を注意深く集めた．『齊民要術』は言う．[663]

　敷き藁（「踏糞」tha fen）の作り方．農地を秋に収穫すると，そこに残った刈り藁とくずは集めて一緒に貯蔵する．毎日その少しを取り，家畜小屋に3寸の厚さに敷く．毎朝早くこれを集め，堆厩肥にする．次いで，さらに続けて前回同様に広げて夜を越すと，積んだ堆厩肥に加える．私の計算では一冬に牛は30束の敷き藁を使う．12月あるいは1月にそれを車で農地に運び，肥料に使う．1ムーに車5杯が要るとして，1頭の牛は6ムーを肥やすに足る．

　　「其踏糞法．凡人家秋收治田後，場上所有穰，穀穢等，並須收貯一處．毎日布牛脚下，三寸厚．毎平坦收聚堆積之，還依前布之，經宿卽堆聚．計經冬一具牛，踏成三十車糞．至十二月，正月之間，卽載糞糞地．計小畝畝別用五車，計糞得六畝．」

堆厩肥を熟成させる操作は複雑な過程だ．明代後期の科学者徐光啓は肥料と堆厩肥に強い関心を持ち，その草稿が上海市立図書館に残るが，それにはこの問題を書いた数頁がある．一節は古代のピット栽培（「區種」ou chung）を述べている．

　古い「區種」法は1区に1パイント[*1] の'調整した'〔あるいは〕'処理した'（「熟」syu）糞肥を使うとあるが，その作り方を述べたものがない．私が見つけた方法によると，糞を火にかけ煮て用意すれば，〔作物が〕旱魃に耐える．『周禮』の注釈にこれに関して次の指示がある．煮た糞肥はよく処理して農地に施すと，〔普通の糞肥に比べ〕効果は100倍すると．糞肥は種類に応じて，牛の糞肥には牛の骨，馬の糞肥には馬の骨，人糞には人の髪の毛を添加する．区の土は旱魃に耐えるためにまず良く乾かし，次いで，三種の香草，'鷘鳥腸'（「鵝腸」o chhang）〔Stellarium media〕〔Stellaria media，コハコベ〕，黄色よもぎ（「黄蒿」huang hao），そして「蒼耳」（tshang erh）〔Xanthium strumarium〕[664]〔オナモミ〕の灰を入れ，処理した糞肥を加えて灌水し，区が乾けば種子を播いて，糞肥少しを加えた土で覆う．私は自分でこの播種法を試してみたところ，1ムーから30

662）例えば，『齊民要術』10.11.2.
663）『齊民要術』00. 12-13〔雑説〕．
*1　0.55リットル．『齊民要術』には1升とあり，今の0.2リットル．

「石」，糞肥に香草灰を加えない場合，20「石」ばかりを得た．処理しない糞肥を使って香草灰を加えない場合，収量は普通で増加はなかった[ことが判った]．したがって古代の方法を軽視すべきでない．

　私見では，'煮た'糞肥はその強さにおいて液肥（「金汁」 *chin chih*）に匹敵する．しかも液肥は効果を見るまでに数年施用を続けねばならぬが，煮た糞肥は直ちに効く．

中国に古くからあるもう一つの肥沃化法は緑肥の利用だ．この作物の栽培目的は，唯一，次の作物のために土を肥やすことだ．つまり緑肥作物は生育中に吸収した要素を土に返すだけでなく，取り込んだミネラルや他の要素，有機物を添加して土の構造を改良する．中国で緑肥の呼び名は，初め適切にも'修景物'（「美」 *mei*）だったが，後には「緑肥」（*lü fei*）となった．これらを使った最初のきっかけは，農地で雑草を切り，放置して腐ったものを犂き込むと収量が改善すると判ったことだろう．このような自然の緑肥は商代後期にすでに知られていた可能性がある．『詩經』の最古の部分にある，ヤナギタデ（「荼蓼」 *thu liao*）が農地で腐っているという記述を正しく解釈するとそうなる．周代後期の『禮記月令』にも腐った草の肥沃化効果に触れた部分がある．[665] しかし栽培緑肥を使う慣習は西よりも始まりが遅いようだ．ギリシアでは緑肥作物の価値がすでによく知られていたし，ローマの諸権威たちも言及し，ルーピンやヴェッチなどのマメ科植物が好まれた．[666]

緑肥作物の栽培について中国で最も古い言及は6世紀の『齊民要術』にあり，メロン，アオイ科植物その他の野菜を植える前にアズキ（「緑豆」 *lü tou*）を犂き込むよう勧めている．[667] 清代の学者馬國翰（Ma Kuo-Han）は，『齊民要術』のこの部分が漢代初期の『尹都尉書』から取ったものだと唱えていた．また近代の学者陳良佐（Chhen Liang-Tso）(2)はこの意見に賛成し，初期中国の文書に現れる緑肥作物について多数にのぼるリストを掲げている．これらには小麦，大麦，エンドウ，ムラサキウマゴヤシ，アブラナ属の作物やハツカダイコンも含まれたが，主要な緑肥作物は窒素固定能を持つマメ科だった．マメ科の肥沃化効果は

---

664) これらの植物はどれも中国全土にあった．ヨモギと *Xanthium* は穀物の播種と貯蔵に虫の忌避剤としてよく使われた．そのため灰が種子の防虫に利くと想像したのだろう．
665) 陳良佐 (2)．
666) K. D. White (2), p. 135.
667) 『齊民要術』17.5.10 など．

まだ若いうちに犂き込むのが最良だが，成熟させて豆を収穫してから茎葉を犂き込んでも，土の肥沃度を大いに増す．マメ科と輪作が一般的に土の肥沃度を維持する働きについては，作物体系の節（本書p. 478以下）で議論する．

ここまで述べた肥沃化法は，播種に関する節で述べた種子団子法と同様に中国で相当古い時代から始まる．しかし人口が増大し，栽培法が集約的になるにつれ，まったく新しい種類の肥料が宋代，明代に中国人の知識に加わった．そのいくつかは農民がごく簡単に自分で作れるものだった．『陳旉農書』はこう述べる．[668]

　　［稲の苗床に］最良の肥料は麻の絞りかす（「麻枯」ma khu）だが，「麻枯」は使い方が難しい．搗いて細かくし，焼肥と穴に埋める．発酵を始めると熱を放散して毛を発するまで待ち，取り出して熱い肥を中央から端へと広げ，冷たい肥を端から中央へと置き，次いで再び穴に積み戻す．これを3，4回繰り返し，熱が出なくなれば使うことができる．このように処理しないと植物を熱で枯らす．人糞肥も使うべきではない．それは根を腐らせ，人の手足を害し，治しにくい傷を生む．すべての中で最良は表面を焦がした豚の毛と穴で腐らせたふすまを焼肥に混ぜたものだ．

　　「若用麻枯尤善，但麻枯難使．須細杵碎，和火糞窖罨．如作麴樣，候其發熱生鼠毛，卽攤開，中間熱者置四傍，收斂四傍冷者置中間，又堆窖罨．如此三四次，直待不發熱乃可用．不然，卽燒殺物矣．切勿用大糞，以其瓮腐芽蘖，又損人脚手，成瘡痍難療．唯火糞與燖豬毛及窖爛麤穀殻最佳．」

他の肥料例えば油粕（「油餅」yu ping あるいは「菜餅」tshai ping）や豆腐の絞りかす（「豆餅」tou ping）は産業の副産物で，買わねばならなかった（図117）．小さな油粕でも使いでがあり（細かく搗き砕き種子と播くと，一個の油粕は優に早苗田1ムーを肥やすに足りた），[669] 効果は長持ちした[670] ので，購入費用を出し惜しむことはなかった．肥料販売が伸び，それは油粕など産業副産物の肥料以外に石灰，貝（石灰含量が高い），[671] 河泥，蚕糞，人糞尿などにも及び，時には遠距離を運搬した．[672]

668）『陳旉農書』「巻上善其根苗篇」．
669）『沈氏農書』，p. 106．
670）『呉興掌故集』．陳祖槼 (2)，p. 106 に引用．
671）King (1), p. 155, Wagner (1), p. 233, 天野 (4), p. 309．この種の石灰肥料は宋代から重要となった．楊旻 (1)．

図117　円盤に固めた豆かす肥料．King (1), fig. 137.

　明代になると中国人は広範囲の材料を肥料に使用した．徐光啓は通常の肥料と油粕，麻の搾りかす，豆腐絞りの残り汁，家畜の骨やひずめ，鶏の羽などの廃棄産物，計80種をノートに記している．地方ごとの変異も相当なものだった．例えば，次は『廣東新語』が述べる17世紀広東の例だ．[673)]

　　上廣東では牛の骨を肥料にし，下廣東では茶種子の殻や麻の殻を肥料にする．他の山岳地方では石灰を使う．石灰の火の要素から出る熱が冷水の悪影響を消すからだ．[674)] また，蛙を塩水に漬けて殺し，肥料にする．しかしこの場合，穀はいつも疎らである．これらの肥料は潮汐田(「潮田」)では使用しない．ここは低い土地ほど肥沃度が高く，なかんずく砂地の新開地が最も肥えている．満潮時に溜まる海の泥とシルトが砂を覆うからである．

　　　「上番禺之糞以牛骨．下番禺以茶子麩，麻麩．他山糞以石．石以火之熱去水

---

672) Pinto (1) を見よ．King (1) の諸所も見よ．金肥の普及はこの時代の農業生産増加をもたらした重要な要因だった (Perkins (1), Golas (1), Elvin (2), (3))．徳川時代の日本でもそうだった (T. C. Smith (1), Pauer (1))．
673)『廣東新語』, p. 375〔巻十四食語，穀〕
674) 一般的な信念．『耕織圖』1/8a，天野 (4), p. 228 を見よ．水田に石灰を施すと粘土を凝集し，水中でコロイド溶液になるのを防ぐ．Buck (2), p. 156.

之寒．其禾苗乃長．又能醃死䖝蛤以爲肥，然其穀未免稀少．潮田則不然．愈低則愈肥．新生之沙則更肥．以海上淤泥，隨潮而積．」

　中国人はむやみに肥料を使用しなかった．土が違うと必要も違い，肥料も種類により効果が違うし，種類や量が適切でないと施肥は効果より害が大きいことを知っていたからだ．[675] できるかぎり肥料は犂耕時に施した．こうすると土の肥沃度も構造も改善したからで，[676] 普通は種子を堆肥や糞肥と混ぜて播種し，初期成育を良くすることに努めた．小麦には河泥などの肥料がよく効き，生育に合わせて根株の周りに盛り上げた．[677] 稲は灌漑作物なので対処が難しく，肥料の大部分は苗立ち期に施した．図118は肥え桶の肥料，たぶんよく熟させて薄めた人糞尿を今日も使う長い柄杓で若苗に施す様子を示す．朱子学の朱熹（Chu Hsi）（1130〜1200年）は，江西の知事だった1170年代，その地方の農民に教えて，稲苗の初期成育が良くなるよう種子を肥料団子に入れて播種させた．朱熹は言う．[678] '秋と冬の農閑期に団子を作れ．まず（荒地から）草と根を集め，日に干し，人糞肥を混ぜて団子を作る．団子の真ん中に種子を押し込み，団子を播け'．異なる肥料をうまく組み合せると，稲の全生育期間を通して養分を切らさないで済む．その方法はこうだった．[679]

　　肥を下ろすのが早すぎると，その力が続かない……播種時だけは河泥を元肥に施す．その力は続くが，徐々に消えるので，盛夏までにカリウムあるいは油粕少量を施用せよ．これも徐々に消えるが，長持ちする．夏の終わりあるいは秋の初めだけ人糞肥を施せ．この時期までであれば効果は倍増し，穂は非常に長くなる．

　　　「下糞不可太早，太早而後力不接，……初種時必以河泥作底，其力雖慢而長，伏暑時稍下灰或菜餅，其力亦慢而不迅疾．立秋後交處暑，始下大肥壅，則其力倍而穗長矣．」

　中国人は肥効の実際的な知識を経験からよく把握し，有機肥料を施用すると

---

675)『陳旉農書』「巻上糞田之宜篇第七」．
676) 例えば，『齊民要術』00. 13〔雑説〕，『陳旉農書』「巻上耕耨之宜篇第三」など．
677)『農政全書』26/13a,『補農書』2/31．
678)『朱文公文集』99「公移」．天野 (4), p. 228 に引用．訳 Philippa Hawking．
679)『呉興掌故集』．陳祖槼 (2), p. 106 に引用．

図 118　稲苗の施肥．内府本『耕織圖』1/8b．

作物の栄養に良いだけでなく，土の構造を改良し，水分保持能を増大することを理解していた．しかしそれ以上の知識は進まず，実際，植物学と分析化学が最近2世紀に発達して初めて，植物の栄養過程と土の化学組成が判るようになった．

　17世紀から18世紀のヨーロッパでも，多くの自然科学者が植物は小さな土の団粒を吸収して栄養を取っていると信じていた．ベーコン（Bacon）やボイル（Boyle）などの著名な科学的権威すら，植物に必須の肥料は水だけだというギリシアの自然哲学者ターレス（Thales）の説を支持していた．[680] この時期の農業書撰者は少し違う意見を抱き，植物はその栄養を'地の塩'から得ていると次のように信じていた．[681] '地の果汁は植物の根に入る．雨水が水を加えて地の塩を溶かす．これは果汁に動きを与え，地下の熱がこれを上昇させ，この後に太陽の熱が来ると植物の孔隙を広げ，通路が開いて地の果汁が茎と枝に登る'．塩類に関するこの考え方は現在の植物栄養の理解とほぼ同じだが，当時の化学的知識は未発達で，植物の栄養にミネラルが果たす役割を詳しく識別することはできなかった．18世紀後期はヨーロッパの植物科学の転機となった．キャヴェンディッシュ（Cavendish）が水素を単離し，プリーストリー（Priestley）が酸素を発見し，ラヴォアジェー（Lavoisier）が水と空気の組成を明らかにし，ドゥ・ソシュール（de Saussure）(1)が，緑色植物は二酸化炭素なしに生きられないこと，植物の生命は土中の窒素に依存することを示した．これらの発見が農芸化学の祖リービッヒ（Liebig）の道ならしを行った．彼の『有機化学と農業及び生理学への適用』(*Organic Chemistry in its Applications to Agriculture and Physiology*) (1)は1840年にドイツとイギリスで最初に出版された．この分析的な科学手法を作物の肥培に適用する態度から，アンモニア化合物や過燐酸肥料の大規模な工業的合成法が生み出されたのだ．これらの肥料は現在世界中で大量に生産され消費されている．[682]

　中国で化学肥料は西洋から輸入するまで未知のものだったが，20世紀初期に姿を現すと急激に普及した．[683] それまで中国の農民はたぶん他のどこよりも

---

680) Fussell (3), p. 83.
681) Anon. (161).
682) 農業化学の発展は Fussell (3) と Rossiter (1) が詳しく扱っている．
683) T. H. Shen (1), pp. 32–39.

大量に施肥していたが，数世紀にわたる集約的な耕作のため，窒素，カリウム，燐，それに他のミネラルが一般的に不足していた．[684] その不足は伝統的な肥料では解消できなった．とはいえ伝統的な施肥はそれなりの効果を発揮したし，新しい化学的肥料が出現した後も捨てられることはなかった（これは他所でもそうである）．それは有機物含量の少ない化学肥料を補う必須の補足物と考えられ，今も中国で一般的に使用する．事実，伝統的中国の肥料の中には合成肥料の値が高くなるにつれ，またその長所と効果を科学的方法で高めた結果，重要度がさらに高まっているものすらある．[685] '肥え車' が中国で町の通りから消えることはありそうにない．

4 除草と中耕

第一次大戦の相当後まで，一群の女性と子供が手で除草をし石を拾う光景はイングランドの畑で普通だったが，今日の西洋の農民は多くが飛行機で強力な除草剤や殺虫剤をまいて除草する．このような資本集約的方法に慣れてしまっている今，作物を草から守るのにどれだけ経費がかかり草の根絶がどれだけ大変な仕事か，このことに注意を払う農民は大農園主だけだろう．16世紀英国の農民詩人が歌っている．[686]

> 5月の草は燃え，あざみは招く．
> 鎌の歯はライと小麦を倒す．
> ぎしぎしと羊歯ばかり，穀物は少ない．
> だが大麦は束になり，そこは草が消える．

当たり前のことだが，生育期間に繰り返し除草や手入れをした植物は，捨ておかれて生き残るのが精々という植物よりもはるかによい結果になる．事実，よく言われるようにある種の有用野生植物を雑草から守り手入れをすることが

---

684) 同上．
685) 著者不詳 (535) を見よ．この研究の面白い副産物がバイオガスの特に人糞による生産が発展したことだ（同上，p. 72 以下）．バイオガスに関する UNESCO の会議が 1979 年に成都で開かれ，今や成都盆地のほとんどの村人は調理と読書をバイオガスで行っているという．
686) Thomas Tusser (1), § 80.

栽培化の第一段階だった．雑草は作物の生育を妨げ，水分，光，養分を奪う．推定によると，例えばトウモロコシ畑の雑草を除草すると，水が最も必要なときに完全な灌漑をするに等しいという．[687] また灌漑水田の手除草で，収量が45パーセント増えた例がある．[688] 雑草はまた害虫と病気の巣[689]となり，時に有毒な実をつけて作物を汚染する．[690]

　農民が雑草を不愉快な競合者と見なし，一掃するために時間とエネルギーを傾ける理由は明白だ．しかしある種の雑草には一，二のよい点もある．'埃は場所を外れているもの'[691]と言う言葉があるように，雑草は畝を間違えた植物である．現在の作物も多くが元来は他の作物の雑草だったことを思い起こす必要がある．栽培種のカラスムギは穀物畑のありふれた雑草だったし，栽培稲はタロ・ガーデンの雑草から発展したという意見もある．[692] 農民にとって根絶が一番難しい雑草，つまり似た環境で勢いよく伸びる野生類縁種は作物と交配可能で，作物形質を退化させると思われがちだが，特定の遺伝形質を濃縮して伝える役割も大きく，作物の開発や適応性，競合性を生み出す点では，実験室で育成，保存される'純系種'より有用だ．[693] 世界のいくつもの地方で，伝統的農民はこのような異種交配の価値を知っているようだ．例えばメキシコでテオシント植物（*Euchlaena mexicana* あるいは *Zea mexicana*）を'トウモロコシの父'と呼び，また西アフリカでは野生ソルガムを同様に貴重に扱い，除草しない．中国，この根気よく除草をする人々の土地で，農業試験場においてすら野生粟 *Setaria viridis* L.（名は「狗尾草」*kou wei tshao*，「谷莠子」*ku yu tzu* など様々）〔エノコログサ〕の小さな穂が揺れているのを今も見受ける．周りには穂のもっと大きな栽培種となった子孫，つまり受け入れられた侵入者 *Setaria italica* が広が

---

687) P. C. Mangelsdorf (4).
688) International Rice Research Institue (1).
689) 悪名高い例はセイヨウメギ *Berberis vulgaris* で，小麦の茎赤錆病（stem-rust）の宿主となる．メギはアラブ人が中世期に地中海地域一帯にはびこらせ，彼らのメギは薬やジャム作りに使われたが，この灌木の拡大が小麦収穫に壊滅的打撃と頻繁な飢饉をもたらし，これがその時代の特徴となったことはほぼ確実だ．Carefoot & Sprott (1), p. 34.
690) ムギセンノウ *Agrostemma githago* L はイギリス人に馴染みの深い例である．もう一つの例はドクムギ *Lolium temulentum* で，近代に除草剤がもたらされるまで小麦畑のありふれた雑草だった．ドクムギの種子が0.5パーセント混入しただけでその小麦粉は有毒になることが分っている．L. J. King (1).
691) Mary Douglas (1), p. 40.
692) Haudricourt (13), p. 95, (14), p. 41.
693) Haudricourt, 1980年の私信.

る.[694]

こうは言っても大抵の雑草は除くに越したことはない.手で,鍬であるいはもっと精巧な装置でもよい.そして結果的に土がかき回されることは作物に有益だ.旱地での鍬を使った中耕や撹拌は水分保持を改善し,植物の根をよく発達させる.タルはこう言う.[695]'植物は中耕をしないと栄養不良になる.丁度,動物の体に五倍子と膵液がないと同じだ.何故なら根は土を通り過ぎ,土は腸を通り過ぎるからだ……'.華北のような乾燥地帯では,乾燥気候のため数世紀にわたる施肥が土の表面に硬い塩の硬盤を作っている.雨の直後に毎回中耕を行わないと植物は水分の恩恵にあずかれない.[696] 適切に植物の中耕をしないと植物は枯れ,穀類は藁だけになり実がつかない.『齊民要術』はこう述べる.[697] '中耕は……土をよくこなれた状態に保ち,穂を一杯にし,実の殻を薄く割れなくする.農地を10回中耕すれば,"八分の実"[つまり,籾10に対し,実が8の穀粒]が穫れる'.生育中の作物の中耕は雑草を除き,土の易耕性を好転させるばかりか,その機会に農民は作物を間引き,病気のものを除き,空いた土地に間引き苗を植え戻すことができ,穀類作物に土を寄せて根張りを良くし,分蘖を増やし,糞肥や他の肥料を掘り入れることができる.農民が除草と中耕を怠ることはないばかりか,中国や日本の労働集約的栽培システムではそれは芸術の域に達している.中国でこの作業を指す言葉は数多い.最初の記録は『詩經』にあり,[698]「耘耔」(yün tzu)(字義通りには'除草と土寄せ')という.ほかによく使う言葉は,「薅耘」(hao yün),「鋤治」(chhu chih),[699]「中耕」(chung keng)で,どれも今日まだ一般的だ.用具と方法は旱地農業システムと灌漑地域で当然異なるので,次にそれらを分けて述べる.

(i) 旱地農業

除草と中耕は華北の旱地地域でとりわけ重要で,土の水分保存は農民が何よ

---

694) G. Métailié, 1980年の私信.
695) Jethro Tull (1), p. 118.
696) W. Wagner (1), p. 265.
697)『齊民要術』3.10.2.
698) Legge (8), vol. II, p. 583 を見よ.
699) これらはそれぞれ陳旉と王禎の農書で節の題名となっている.『陳旉農書』1/p. 6〔「巻上薅耘之宜篇第八」〕,『王禎農書』3//1a〔「農桑通訣鋤治篇」〕.

りも関心を払う事柄だ．古い中国の諺は'鍬頭に3寸の水分'と言う．[700] 小さな尖った鍬で若い植物を間引き，空き地に植え戻し[701] が終わると，穀類の株間の中耕，除草，小麦や豆の土寄せ（「耔」 *tzu* あるいは「培」 *phei*），蒸発を防ぐ砕土マルチといった長期にわたる仕事が始まる．『齊民要術』に言う．[702] '何回中耕を行ったか気遣う必要はない．農地を一巡すれば再び始めよ．雑草がないからといって暫くの間も止めてはならない'．最初期の除草鍬はたぶん貝か骨に木の柄を取り付けた道具だった．戦国時代には刃に鉄枠を嵌めるか全体が鉄製の道具となった．簡単な卵型の刃を持つ種類は「鋤」，「劓」，「鉏」（*chhu*），「耨」（*nou*），「欘斸」（*chhu chu*），あるいは「定」（*ting*）などと言い，大きさは野菜畑で使う小さな手鍬（図119）から，大きくて重い打ち鍬（図120, 121）まで様々だ．これらの単純な鍬は数十世紀にわたって中国農民の基本的装備だった．

早い時代に生じた変形は引き鍬だ．最初期のものは六角形の鋳鉄製で，鋭角に柄を付けた．その最初の出現は戦国時代で，使用は漢代全期間を通して続き少なくとも隋代に及ぶ[703]（図71）．しかし考古発掘資料によると，漢代には鳥首型の鍬，「鎛」（*po*）あるいは「耰鉏」（*yu chhu*）（図123）で置き換えられつつあった．この鍬は植物一本ずつの周りを中耕しても他を傷つけず，さらに刃は互換性でどれも長い管状の柄に取り付けることができた（図124）．[704] 王禎は鳥首型鍬の熱烈な支援者で，荊州（主に今の湖北）や揚州（揚子江デルタ）のやせ土が高収量を上げた功はこの鍬にあるとした．彼によると鳥首型鍬は華北の旱地全域にあったが，淮河地方と華南にはなく，王禎はその原因が低い農業水準にあると思ったようだ．[705]

引き鍬の他の変異種は撹拌鍬（「鐙鋤」 *teng chhu*）（図125）で，王禎はこれがどのような土でも利用できる利点を上げた．その単純化した形の草削り器（図126）は現在中国全域の水田，旱地両方で使用する．[706]

一種の鉄鋤で「鏟」（*chhan*），「銚」（*yao*）あるいは「錢」（*chien*）[707] というものは地

---

700)『齊民要術』00. 24〔「雜說」〕．
701)『呂氏春秋』, p. 86〔巻第二十六, 辯土」〕,『齊民要術』3.8.1–2, 3.9.2．
702)『齊民要術』3.10.2．
703) 著者不詳（*508*）, p. 49．
704)『王禎農書』13/23*a*〔「農器圖譜錢鎛門」〕, F. H. King (1), p. 214, W. Wagner (1), p. 263．
705)『王禎農書』13/20*a*, 23*a*–*b*〔同上〕．
706) 著者不詳（*502*）, vol. 2, p. 16 以下, 98 以下．
707)『王禎農書』13/19*a*〔同前〕．

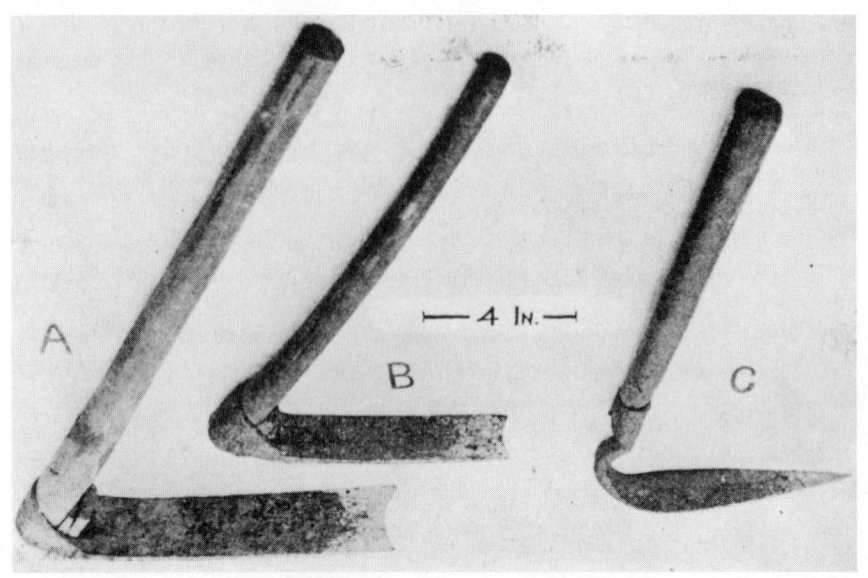

図119　近代の手鍬. Hommel (1), fig. 91.

図120　漢代の重い鉄鍬. 林 (4), 6-29.

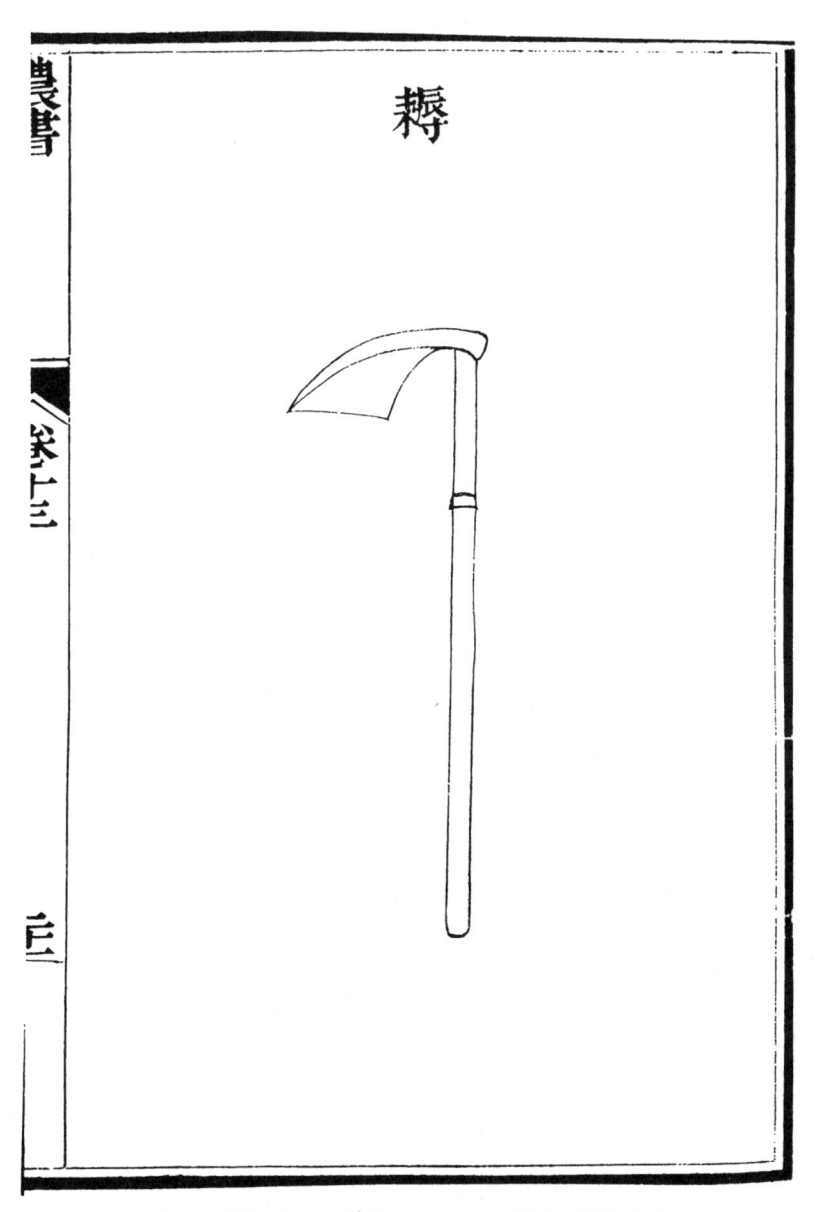

図 121 明代の鍬.『王禎農書』13/21a〔「農器圖譜錢鎛門」〕.

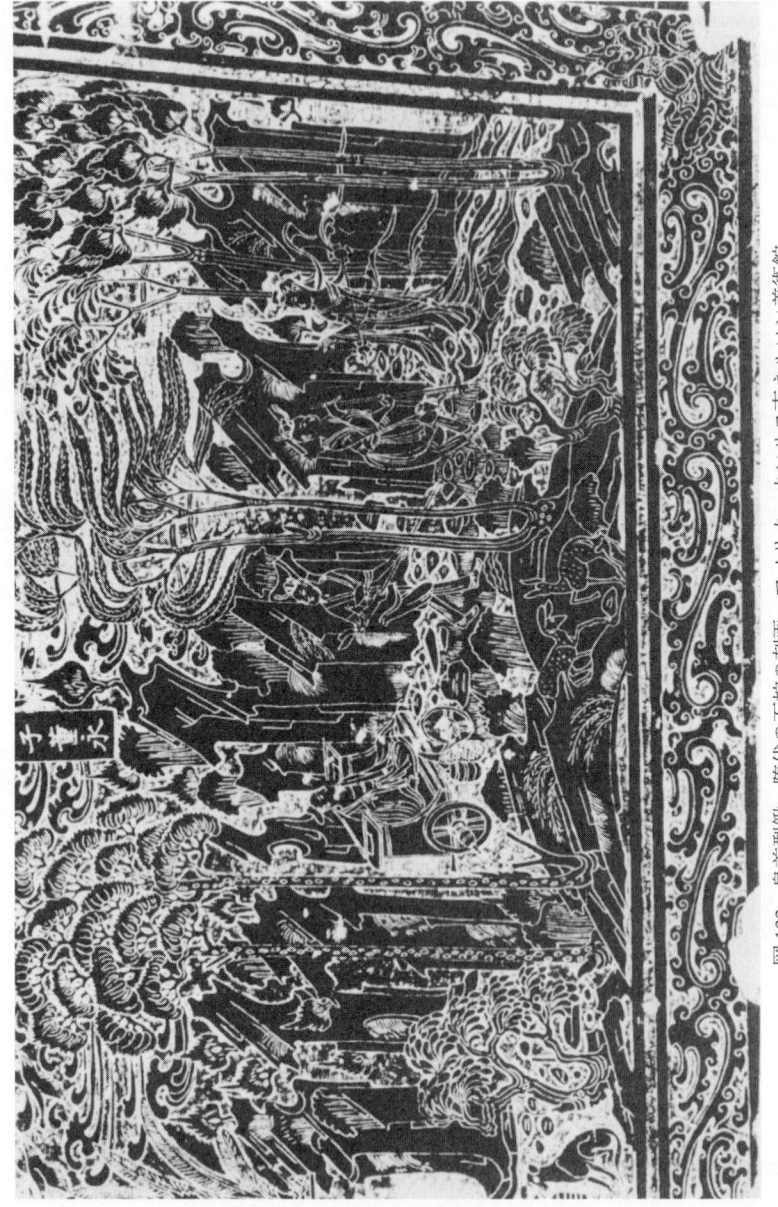

図122. 鳥首犂鏵. 隋代の石棺の刻画. アメリカ, カンサス市ネルソン美術館.

第 4 章　耕作体系　　343

図 123　漢代鳥首型鍬. 林 (4), 6-24.

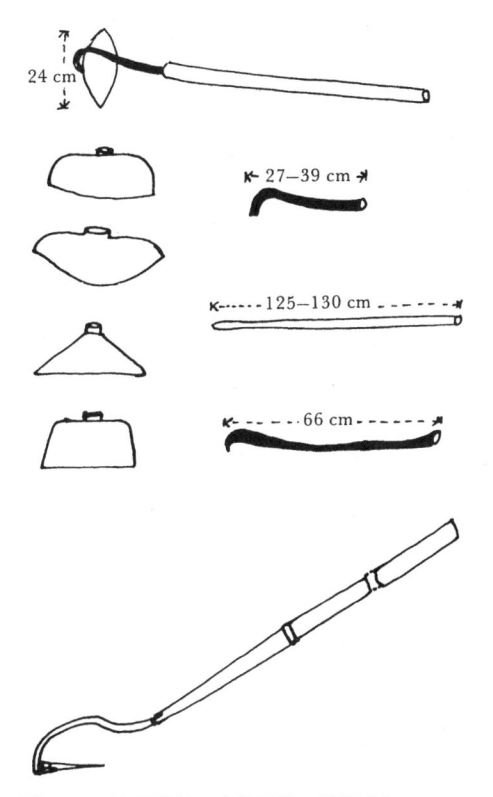

図 124　刃が互換性の鳥首型鍬. 天野 (7), fig. 50.

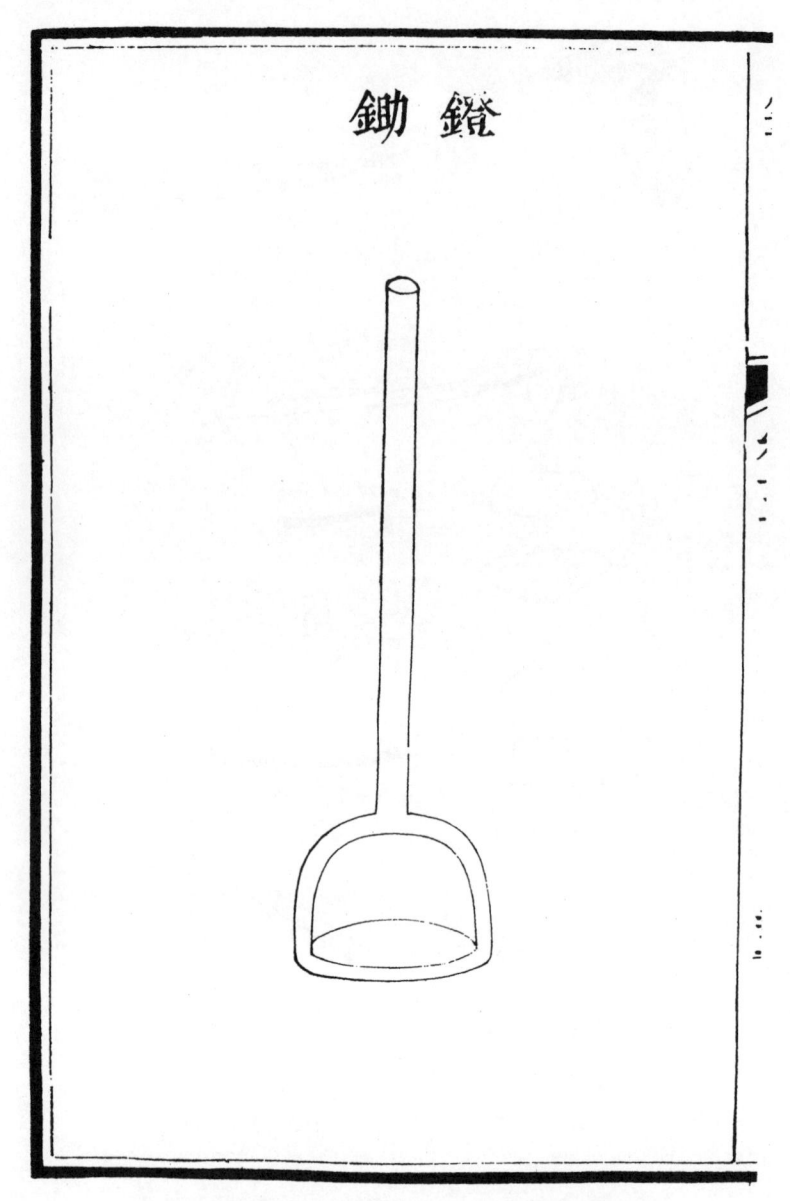

図 125　撹拌鍬.『王禎農書』13/25*b*〔「農器圖譜錢鎛門」〕.

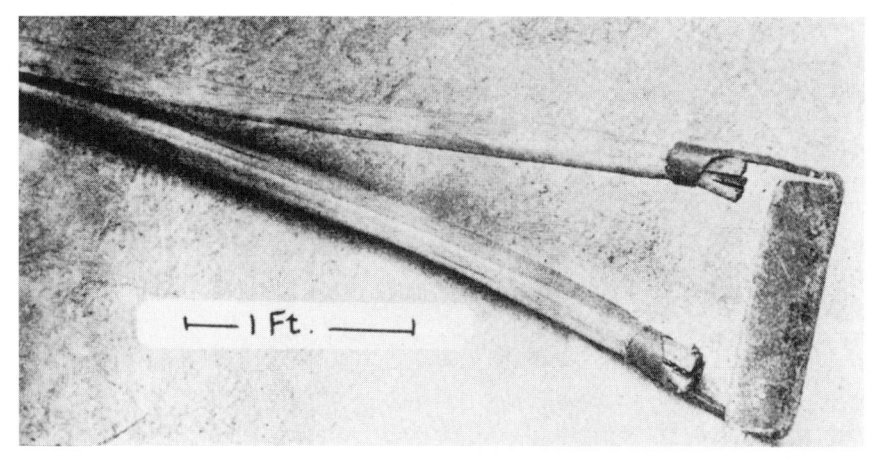

図 126　草削り器. Hommel (1), fig. 98.

表直下で草を切るために使用した．これは効率が高く唐代まで評価が高かった708)が，王禎がその記述で当時の分布や地方呼称を挙げていないので，王禎の時代までにそれは廃れたようだ．もっと多目的で分布も広かった道具は，掘起にも使える万能鍬の「鐡搭」あるいは「鋒」だった．耕耘具としてのこれらの機能はすでに論じたが（本書 p. 235 を見よ），水田でも旱地でも作物の手入れと肥育によく使用した．709)　日本で特に評判が高いようだ．710)

中耕の仕事は重労働であり，面白いものではなかった．そこで農夫たちは少しでも楽しく，退屈を紛らせようとよく集団で鍬耕を行った．『王禎農書』に描写がある．711)

　　北方の村では，ふつう 10 家族ほどの鍬組を作ることがしばしばある．まず，一家族の田地の中耕を行い，その家族は他の仲間に食事と飲み物を供する．次いで他の家族の田地を順次めぐり，10 日で終わる．……これは早く楽しく中耕の仕事を行う方法だ．もし一家族が病気にかかるとか事故にあうと，他の家族が手伝って完成させる．農地

---

708)『纂文』で称揚され（『王禎農書』13/19a〔同前〕に引用），賈思勰はピット栽培での使用を勧めている（『齊民要術』3.19.13）．
709) 例えば，『齊民要術』3.10.4,『王禎農書』13/7b-8a〔同前〕．
710) 飯沼・堀尾 (1), p. 124 以下．
711)『王禎農書』3/3b〔「農桑通訣鋤治篇」〕．

は雑草の姿が消え，収穫はいつも実り多い．秋の収穫後，[組の会員は]酒と豚足を持ち寄ってねぎらいの宴を開く．

> 「其北方村落之間，多結爲鋤社，以十家爲率，先鋤一家之田，本家供其飮食，其餘次之，旬日之間，各家田皆鋤治．自相率領，樂事趣功，無有偸惰，間有病患之家，共力助之．故田無荒穢，歲皆豐熟．秋成之後，豚蹄盂酒，遞相犒勞．」

(ii) 馬鍬中耕農業

18世紀初期，イギリスの農業家タルは有名な'馬鍬中耕農業'を進めた．その原理は，作物に十分な中耕を行うことが土の持つ栄養を最大限に引き出す唯一の方法ということだ．タルはこう述べる．[712]

> 土は自らの子孫である作物に不条理に接し，作物の求めに比例して土はその倉庫を閉じる．つまり作物が栄養を欲するほど栄養供給を減らす．そこで人は土を自分の用途に合わせるために，それ相当の手伝いをして作物を助け，土の倉庫を鍬でこじあけねばならぬ．そうすれば土はいつでも十分に作物の必要を満たし，作物を侵入者，つまり偽の親類の雑草から守る．これらはそうでなくても少ない手当てを作物から奪うのだ．

中耕と除草をヨーロッパ農業も無視したわけではないということだ．これらの仕事は定期的に小作人に課せられ，地主農民は除草鉤，除草鋏などの作業道具を提供した．[713] それでも草を寄せつけまいとすると文字通り一軍団の草取り人（14世紀サフォーク（Suffolk）州の荘園では一時に60人）が必要だった．[714] 播種が散播でなく条播の場合には植物一本ずつの繁茂に必要な手入れと注意が可能で，植物を良く生育させられるが，ヨーロッパでは条播は19世紀まで稀だった．タルはよくわかっていたのだ．作物にもっと有効に手入れをするには最初の播種を列にし，その間隔を均等にすること，そうすればその後の除草と中耕を完全に行えると，'馬鍬中耕農業'でタルが行った提案は播種ドリルで播種し，そののち馬牽引鍬を用いて中耕を効果的に素早く繰り返すことだった．馬牽引鍬は

---

712) Tull (1), p. 118.
713) Markham (2), p. 92.
714) Ernle (1), p. 11.

馬が引く犂体に多数の鍬刃先を畝間間隔に合わせて装着した装置だ．タルの提案は広く知られたわけではなかったが，相当な反対を受けた．反対は彼の説に対してではなく，ヨーロッパの初期の播種ドリルが不十分だったことに対して向けられた（本書 p. 648 以下を見よ）．システム自体は適切と受け止められ，したがって播種ドリルの改良が進むと同時に馬牽引鍬（英語で horse-hoe, cultivator, tormentor などと呼んだ）[715] も進展した．この道具は北西ヨーロッパと新世界の機械化農場で特に根菜用の標準装備となり，その後も引き続いたが，1950 年代，1960 年代に化学除草剤が導入されると不要品になった．[716] タルのシステムが英国で正当に認められるまで一世紀を要したのだ．もし彼が，その革命的なシステムは極東ですでに 6 世紀に芸術的な高みに達していた [717] と知ったなら，喜んだか不機嫌になったかどちらだろう．

先に（p. 289）すでに見たように，条播は漢代より相当以前に行われ，漢代の中国は播種ドリルを使い，北魏時代には穀類はすべてドリルで播種するよう賈思勰が勧めていた．作物を条播すると中耕が速く能率的になり，さらに家畜牽引の培土器や中耕器が発展する余地もあった．（播種ドリルと家畜牽引鍬が密接に関連していることは，中国のみならず例えば南インドでもそうだ（図 127）．）この発展の第一段階はたぶん培土犂で，これは作物の中耕を行った後の土寄せに使った．前漢時代，氾勝之は大麦を中耕した後，'枝条播種ドリル'（「棘柴耬」 *chi chhai lou*）を使って根の周りに土を寄せよ（「雍」 *yung*）と言う．[718]「耬」は単独で使い，あるいは組み合わせて「耬車」，「耬犂」に使う播種ドリルを指し，それを別の組み合わせで「耬鋤」（*lou chhu*）（下を見よ）として使うこともできる．この場合は播種ドリルの犂体と同様のものを牛に引かせ，それに鍬刃あるいは培土板を装着すればよい．そうすると，「棘柴耬」は牛牽引の培土犂だった可能性がある．その構成は犂体とそれに枝条束を装着した形で，粗鬆な中耕したばかりの土をかき集めて大麦畝に寄せ戻したのだろう．

2 世紀の『釋名』は「鎨」(こう)（*chiang*）という道具に触れるが，その用途は林による

---

715) 商品の説明図は，Malden (1)，Watson & More (1) などの著作で見ることができる．
716) これによって起こった急激な技術変化を見ようとするなら，雑草防除法について Watson & More (1) 1942 年版と Fream (1) 1977 年版を比較するとよく分かる．後者では耕作はごく補助的な役割に過ぎず，雑草は選択的除草剤を組み合わせて散布して除去される．
717) 例えば，天野 (7)，萬國鼎 (6)，李長年 (3)，p. 68 以下．
718) 『齊民要術』10.11.4 に引用．

図 127 南インドの馬牽引鍬．写真は Axel Steensberg．〔南インドでは牛で引く〕．

と，畝上の雑草を切り去り，同時に植物根の周りに土を寄せて畝間に灌漑溝を作ることだった．[719] その字は金偏なので，林は鎌をある種の鋤と推定する．しかし，『釋名』が説明する機能によると，この字は金属刃を持つ培土具あるいは牽引鍬にも当てはまる．約4世紀後に賈思勰はやはり「耩」(*chiang*) と呼ぶ道具に触れるが，これは耒偏であり，土を盛り上げて韮葱など白化の必要な作物を覆うのに使った．[720] 王禎は後に同じ語「耩」を'犁へらのない犁'と注釈し，賈思

---

719) 林 (*4*), pp. 275-276 に引用．
720)『齊民要術』20.3.3.

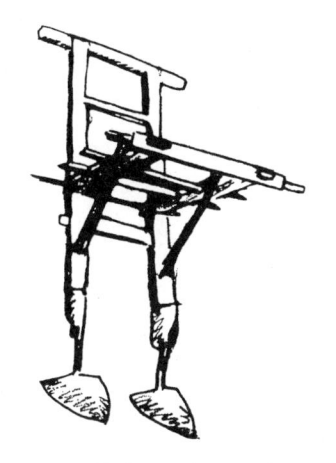

図 128　現代中国の牽引鍬．著者不詳 (502), p. 52.

鍬が触れた道具は土を硬くし易く，その後の犁耕が難しくなることから相当重かっただろうと言う．したがって漢代と後代の文献でいう「耩」は鋤ではなく，下に述べる「劐子」(hu tzu) に似た培土犂の可能性が高い．王禎の時代にはこういった道具は犂体が共通で，牽引鍬や播種ドリルの部品を替えて使うことが可能だったようだ．これはそれ以前も同じだったかもしれない．王禎は当時の「耩」がしばしば双脚だと述べ，「耩子」(chiang tzu) は播種ドリルの「耬車」と同じとも言う．簡単に判ることだが，中国の播種ドリルは狭く尖ったドリルを幅広の刃で替えれば牽引鍬になる (図128).[721] 事実，王禎は牽引鍬を「耬鋤」と名づけ，次のように説明する.[722]

　　これは「耬」によく似ているが種子容器がなく，[鍬の]金属柄は枠の横支柱を突抜ける．鍬の刃は杏葉形で下に向き草を削る．最近は轡をはめたロバに引かせるが，以前は人一人で引いた．しかしこれは今は行わない．柄を持つ者は[枠に]軽くもたれ，刃を 2, 3 寸土中に入れる．普通の鍬より 3 倍深く，作業は 1 日に 20 ムーを超える．

　　　「耬車制頗同，獨無耬斗，但用耰鋤鐵柄中穿耬之横桄，下仰鋤刃，形如杏葉．撮苗後，用一驢帶籠觜輓之，初用一人牽，慣熟不用人，止一人輕扶．入土二三寸，其深痛過鋤力三倍，所辨之田，日不啻二十畝．」

721)　劉仙洲 (8)，fig. 87 も見よ，今日の中国で刃が一枚と二枚の馬鍬の使用を示す．
722)　『王禎農書』13/24b〔「農器圖譜錢鎛門」〕，『種蒔直説』を引用．

王禎の挿絵（図129）は刃が1枚の牽引鍬を示すが，先に見たように刃が2枚の種類も一般的だった．彼によると燕と趙（河北地方）で牽引鍬は「劐子」(*hu tzu*) と呼び，培土犁に替えることもできた．初めの作業でそれを単に鍬として使うわけは植物の根がその時にまだ深く張っていないからだが，2回目にはV字型の'ガチョウ翼'（「雁翅」*yen chhih*) を鍬刃の上に装着し，刃で溝を深く切り土を植物の根まわりに寄せるようにした．[723] 'ガチョウ翼'の現代の実例は図130にある．今日の培土装置は牽引鍬にではなく犁体に固定するのが普通で，図131の培土犁は王禎のいう'犁へらのない犁'とほぼ同じだろう．培土犁を指す現代の言葉は「劐子」(*hu tzu*) あるいは「䎫子」(*ho tzu*)，他方，刃が2枚の牽引鍬は今も華北で一般的で，「耬鋤」あるいは「䟫頭もしくは蹚頭」(*thang thou*) と呼ぶ．[724]

牽引鍬や培土犁が手鍬に勝る利点は人力を節約できることだ．王禎が述べるところでは，1頭の動物で引き一人で操る牽引鍬は1日に10ムー以上を耕し（これは現在，同様の道具での作業量と合うようだ），手鍬で一人が行う場合の数倍に上る．[725] 最後に残る草を中耕するには手作業が必要だが，牽引鍬で一巡すると手鍬による作業数回分に匹敵する．[726] こうした道具は畜力を利用しうる場合明らかに有利で，中世の全期間北方で一般的だっただろう．しかし華中，華南では家畜が不足し，その旱地は手耕具で中耕したと思われる．近世になると保有地に対する家畜の比は一般的に低下し，全中国で手耕具への依存度が高まった．[727]

(iii) 灌漑農業

灌漑水田にはびこる雑草は旱地より種類が少ないものの，しつこさにおいて種類の少なさは帳消しになる．たぶんアジアの水田に最もはびこる雑草は'稗' *Echinocloa crusgalli* Beauv. だが，多くの藺草の類や沼沢植物も分布の広い雑草だ．[728] これらの雑草が一旦水田にはびこると，それを根絶するのはほぼ不可能だ．これが稲は移植するのが最良と『齊民要術』が言う理由の一つだ．[729] '稲苗を苗床

---

723) 『王禎農書』13/24b〔「農器圖譜銭鎛門」〕．
724) 劉仙洲 (8), p. 43.
725) 『王禎農書』3/2a–b〔「農桑通訣鋤治篇」〕，著者不詳 (502), vol. 2, p. 52 以下．
726) 『王禎農書』3/2b,〔「農桑通訣鋤治篇」〕．
727) F. H. King (1), fig. 115, W. Wagner (1), p. 263 以下．
728) 完全なリストは Grist (1), p. 278 以下を見よ．

鋤耬

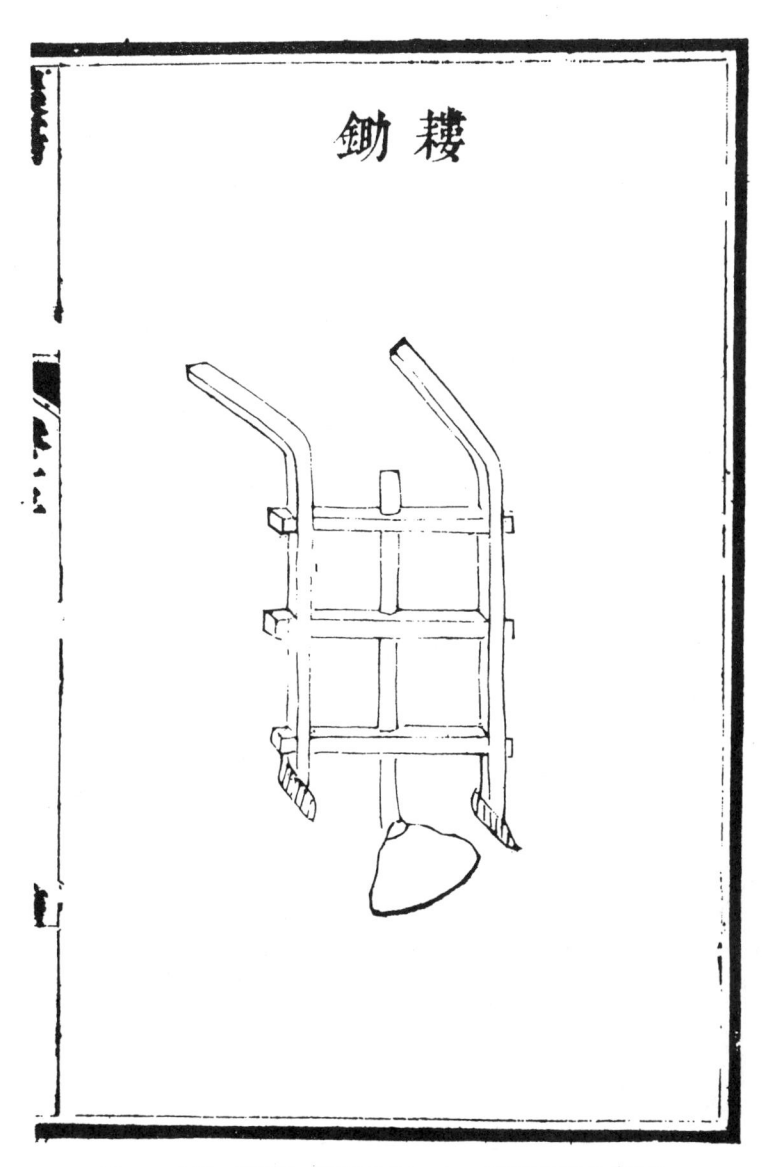

図129　明代の牽引鍬．『王禎農書』13/24a〔「農器圖譜錢鎛門」〕．

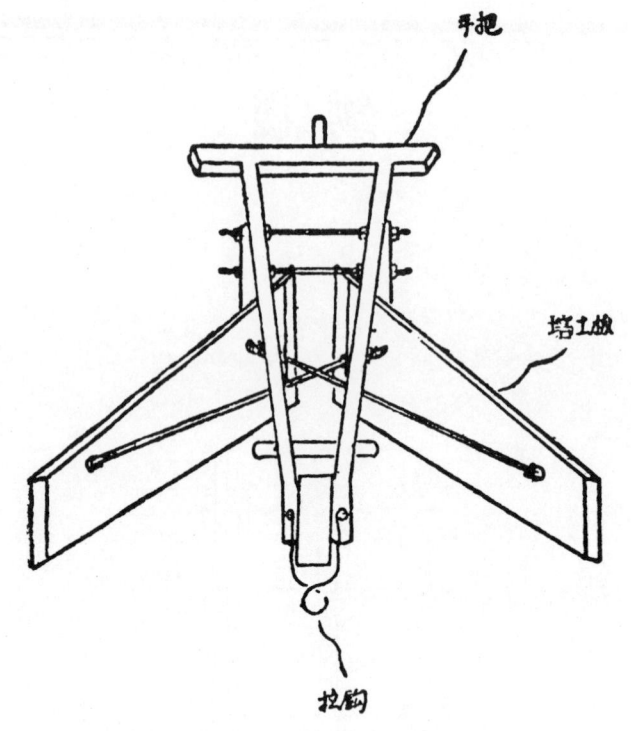

図 130　培土用の'ガチョウ翼'. 著者不詳 (502), p. 80.

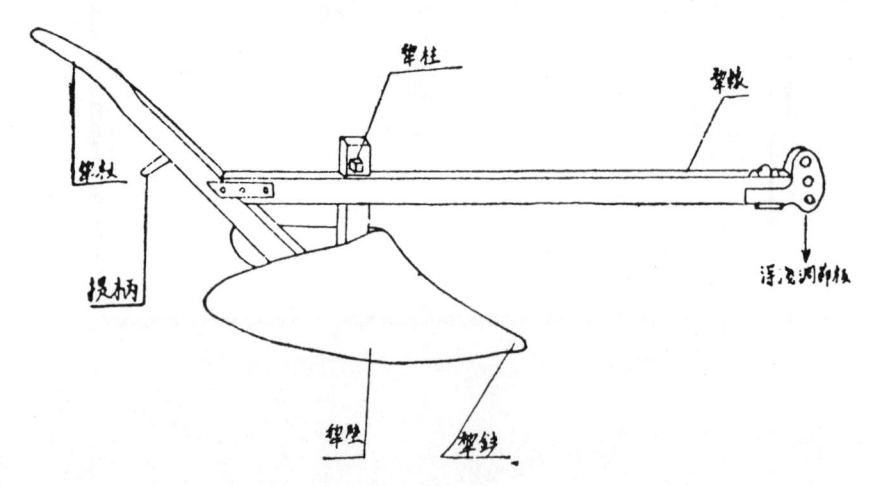

図 131　培土犂. 著者不詳 (502), p. 82.

から移植する方式でないと，雑草と稗が同時に生育を始め，切っても殺せない．そこで稲は移植し，雑草を手で抜けるようにする'．[730] 灌漑水田の手除草は中国で一般的な作業だったし，今もそうだ．『耕織圖』は移植から収穫までの間に3回の除草を勧める(図132).[731] 施肥前の除草は普通だったが，これは自明のことだろう．除草する人は指を'除草爪'(「耘爪」yün chao)あるいは'烏除草具'(「烏耘」wu yün)という竹のサックで保護するのが普通で，雑草を根ごと掘り出した(図133).[732] こういった爪は今世紀初期にもまだ中国や日本で地方的に使っていた．[733]

手除草は骨の折れる仕事で，中国農民の中には雑草を指でとる代わりに足のつま先でとる技術を好む者もおり，この場合は杖を使って体を支えた．その最も早い図像は漢代後期の四川から出土した画像磚にあり(図134)，王禎に記述もある．[734]

中国の農民はしばしば雑草を稲根の下の泥に踏み込み，腐らせて一種の堆肥にするうまい利用法を行った．宋代の農学者陳旉は，彼の時代この方法がないがしろにされていることに不満を述べたが，[735] 実際は今世紀でもまだ普通だった．王禎は雑草を泥に埋め込む面白い方法を次のように述べている．[736]

> 「輥軸」(kun chu)(図135)は雑草と若い稲をともにローラーで均すのに使う……江淮地方では水田はすべて散播し，稲と雑草がともに芽立ちする．そこでこのローラーを使って雑草と稲苗を両方とも泥に均して埋める．二晩後，稲苗は起き上がるが，雑草が再び伸びることはない．

> 「輥軸，輥碾草禾軸也……江淮之間，凡漫種稻田，其草禾齊生並出，則用此輥碾，使草禾俱入泥内，再宿之後，禾乃復出，草則不起．」

「輥軸」が王禎の言うほど雑草を有効に根絶したか疑問だが，ローラーをかけ

---

729)『齊民要術』11.6.2.
730) 手除草は薅(hao)と言った．雑草苗は稲苗より数インチ低いので見つけて引き抜くのは容易だ．しかし稲株中で生える雑草は除草できなかった．
731)『耕織圖』1/11b–14a, O. Franke (11), P. Pelliot (24).
732)『王禎農書』13/30a〔「農器圖譜錢鎛門」〕.
733) F. H. King (1), p. 258.
734)『王禎農書』3/3a〔「農桑通訣鋤治篇」〕.
735)『陳旉農書』1/p. 6〔この記述は「巻上薅耘之宜篇第八」にある〕, F. H. King (1), p. 258.
736)『王禎農書』14/20b–21a〔「農器圖譜杷朳門」〕.

図132　漢代の水田除草.『耕織圖』. Pelliot (24), pl. XXI.

ることは若い稲の分蘗を促す利点があっただろう.

　移植後に水田を一，二度排水することも有効な雑草抑制法として知られ，それはまた土に空気を入れ，健全な根茎の発達を促した．稲を栽培する諸国では生育期間に二，三度水田を排水することが普通だ.[737] 賈思勰はこれを初期の段階で行い，根を強めるよう勧めている.[738] また陳旉は除草時に水田を完全に干して亀裂が入るまで泥を乾かすと，肥えを施すと同じ効果があると勧めている.[739]

　移植水田で除草の手間を減らす装置は，揚子江デルタで初めて発展したようだ（稲二期作の導入で除草に必要な労力が大幅に増加した結果，労力節約法が進展した）．王禎は「耘盪」(yün thang)という道具が浙江で新たに作られたことに触れる．彼の挿絵[740]はレーキを示すが，記述は明らかにホンメルが'手持ちハロー'（図136）と呼ぶ道具に当たる．王はこう述べる.[741]

---

737) Grist (1), p. 41.
738) 『齊民要術』11.4.1.
739) 『陳旉農書』1/p. 7〔この記述は「卷上薅耘之宜篇第八」にある〕.
740) 『王禎農書』13/28a〔「農器圖譜錢鎛門」〕，本書図 18.
741) 『王禎農書』13/28b-29a〔同上〕.

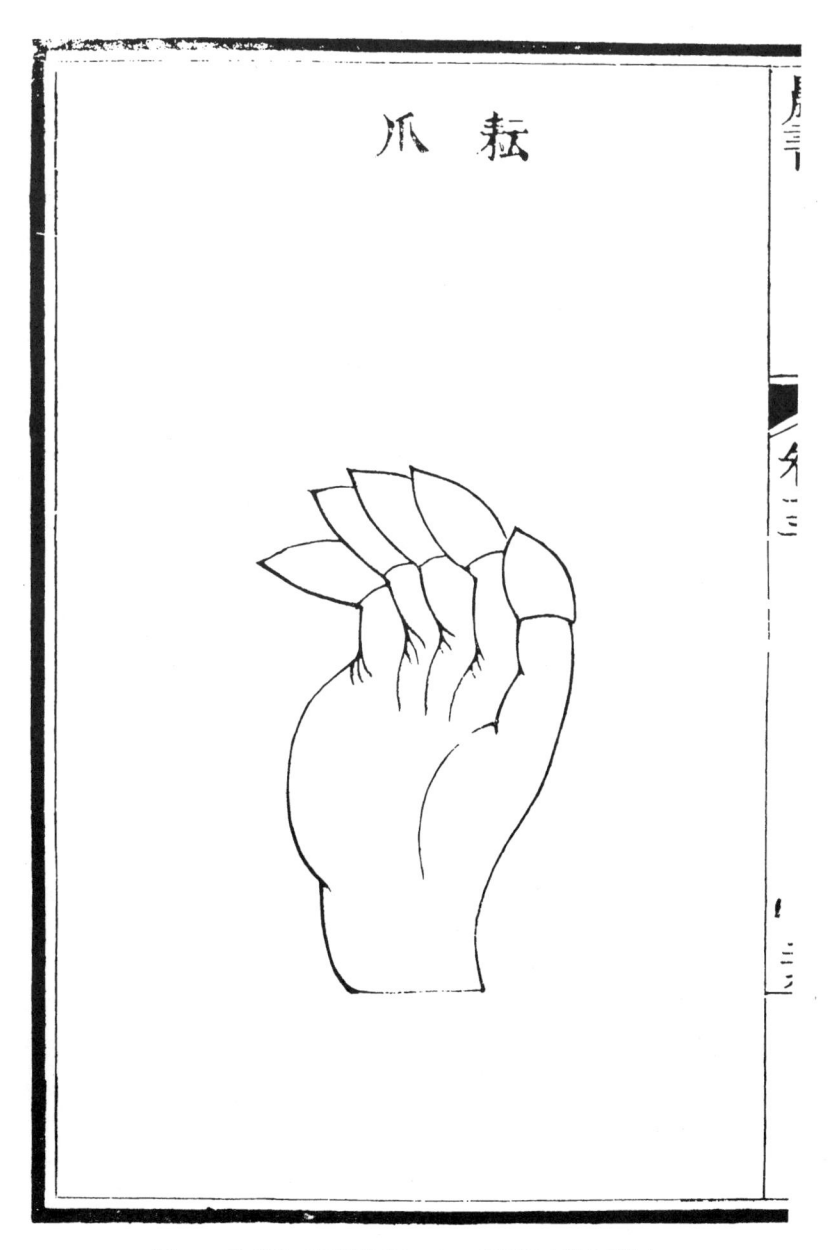

図133　除草爪.『王禎農書』13/29b〔「農器圖譜錢鎛門」〕.

図 134　四川の足除草．著者不詳 (*524*), fig. 2.

「耘盪」は……木靴に似た形で，長さ 1 尺ほど，幅は約 3 寸で，底面に 20 本ほどの釘が一列に打ちこまれ……農夫は稲間の泥と草をかき混ぜ，草を泥に埋める．水田はきれいになりよく熟し……江東その他の地方で手除草をする農民をよく見るが，彼らは作物の間に手と膝で這いつくばり，背を陽に焼かれ，体は泥まみれになる――まことに哀れな運命だ（図 132）……そこで私は「耘盪」をここに述べ，仁者がその使用を普及してくれることを望む．[*1]

「耘盪，……形如木履，而實長尺餘，闊約三寸，底列短釘二十餘枚，……農人執之，推盪禾壠間草泥，使之漚溺，則田皆精熟．……嘗見江東等處農家，皆以兩手耘田，匍匐禾間，膝行而前，日曝於上，泥浸於下，誠可嗟憫…….茲特圖錄，庶愛民者播爲普法．」

[*1] p. 69 での引用と英訳が少し異なる．

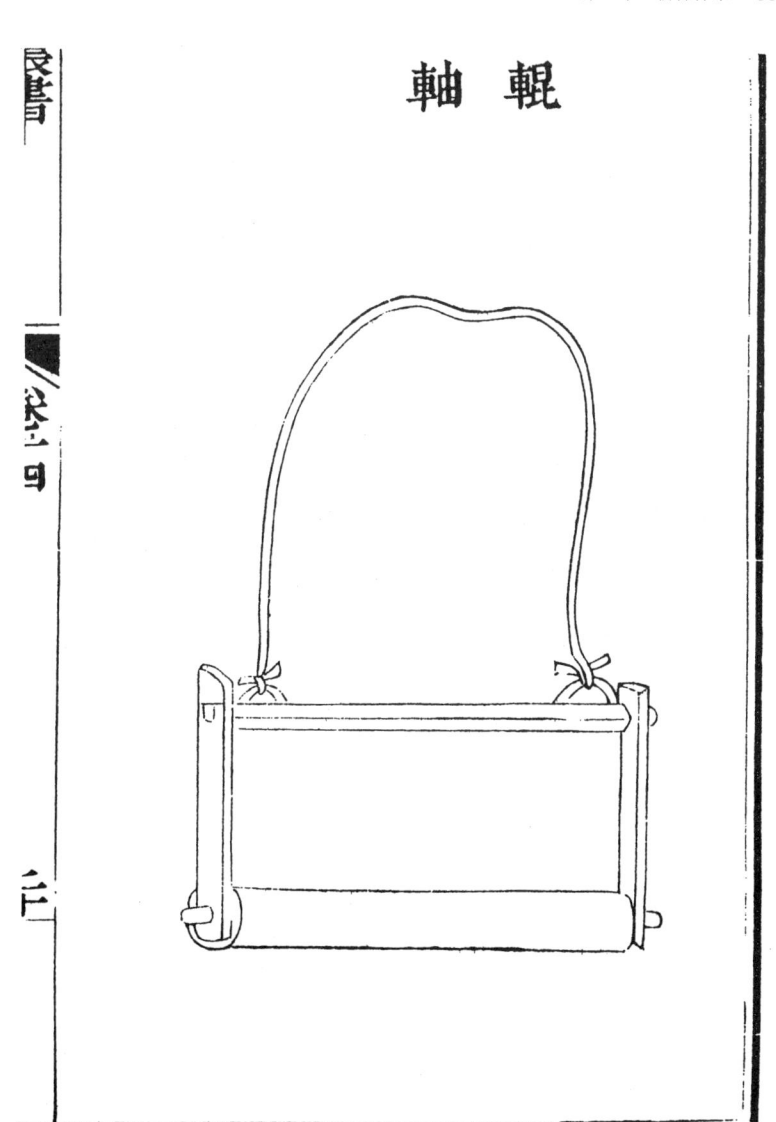

図 135 除草ローラー（「輥軸」*kun chu*）.『王禎農書』14/20*a*〔「農器圖譜杷朳門」〕.

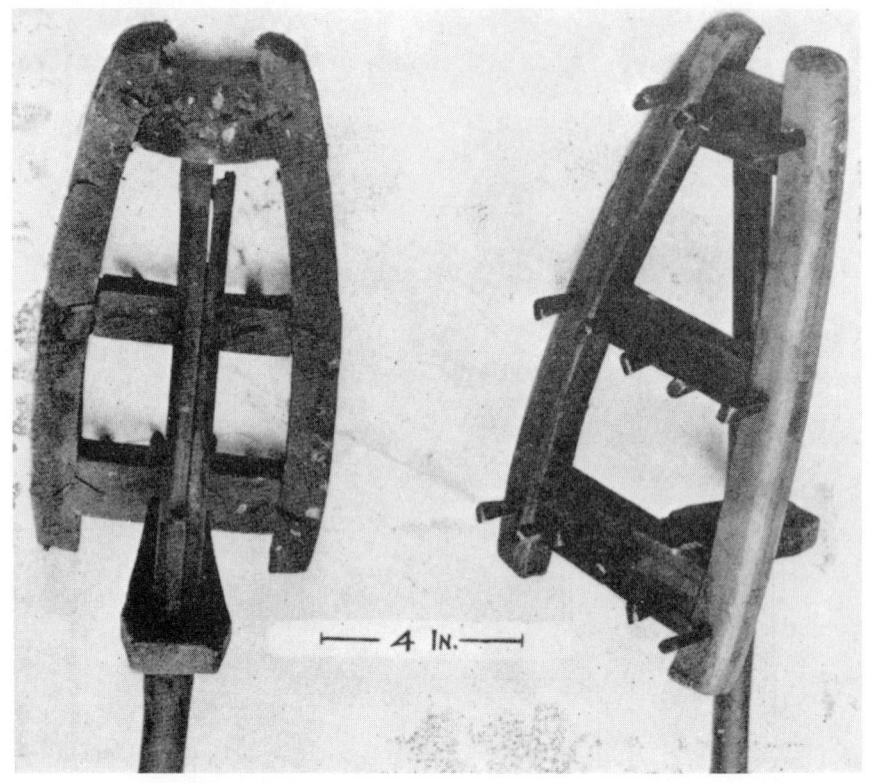

図136 現代中国の手持ちハロー．Hommel (1), fig. 97.

　こうした手持ちハローは今も中国の水稲地帯にきわめて一般的だ．揚子江下流部で，「稲耥」(tao thang) と呼び，[742] 西南部では単に'除草ハロー'(「秧耙」yang pa)という．[743] 今日，歯は平たい枠にではなく，一つもしくは複数のローラーに付ける．[744] 手持ちハローの元の形が日本へ入ったのはたぶん18世紀だが，車輪型が急速に普及したようだ（除草器（図137）の名で1900年の農事教科書に現れる）．[745] この車輪型はたぶん今世紀の初めに日本から中国へ逆輸入された．

---

742) あとの漢字はたぶん王禎の言う「盪」(thang) を置き換えたものだろう．
743) 著者不詳 (502) vol. 2, p. 90 以下．
744) 同上, p. 104 以下．
745) Pauer (1), p. 143.

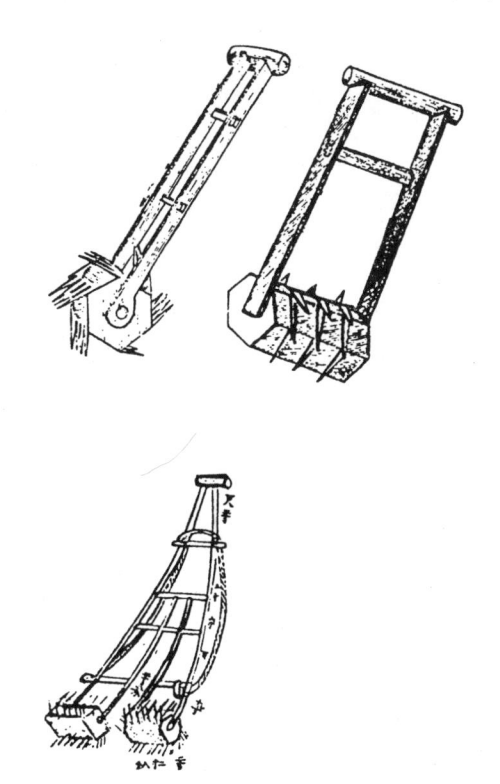

図 137　日本の除草車．Pauer (1), fig. 71.

5　収穫，脱穀，風選

(i) 収穫

　　　　収穫のとき，農夫は，
　　　　鎌の上に低く屈み，穀倉をはやく満たさんと競う．
　　　　濃霧に透けて手はおぼろに隠れ，
　　　　長き日が果てると，脊は折れて困憊す．
　　　　落ち穂を束ねる子らの列，
　　　　弊衣をつらぬく風に凍える．
　　　　暖かき房に至りて，歓声，
　　　　満月は高く，家と山並みを照らす．[746]（図138）

　　　　「田家刈穫時，腰鎌競倉卒．

図 138　鎌で稲の収穫.『耕織圖』. Pelliot (24), pl. XXIV.

　　　　霜濃手龜坼, 日永身罄折.
　　　　兒童行拾穗, 風色凌短褐.
　　　　歡呼荷擔歸, 望望屋山月.」

　収穫は，マルカムの言葉では[747]'労働の終わり，希望，成就であり，その充足とはげましで苦労は振り払われる'．実った穀物が鳥に食われたり，夏の嵐で倒される前に安全に運び込むこともまた時間との競争である．穀物の収穫を急ぎすぎると湿っていて長持ちしないし，農地に長く置きすぎると過熟になった穂ははじけて穀粒を失う．西の農民は最古の時代から収穫作業を速く効率よく行う道具を使って苦労を減らすことに努めた．初めは鎌，次いで大鎌，最後は機械化収穫機だ．東アジアでは以下に見るように発展の方向は少し違った．

　穀類の栽培化のずっと以前から，収穫に使った最古の収穫具はもちろん人間の手だった．事実，それは世界各地の狩猟採集民だけでなく，定着農民も今日なお使う．[748] 有名なアメリカの人類学者で生物学者のハーランが，アナトリア

---

746)　樓璹が『耕織圖』の収穫に寄せた詩，1145 年頃の作．〔Bray の英訳は原文と少し異なる〕．
747)　G. Markham (2), p. 112.

図 139　ナトゥフ期の鎌. Singer, Holmyard & Hall (1), vol. 1, p. 503.

の野生小麦で実験して判ったことによると，手で穂をもぎ取る速度は石鎌か鉄鎌で刈るのと同程度に速かった.[749] 手で収穫する別の方法は単に植物体を根ごと引き抜くことで，これは植物体がまばらな乾燥地で時々行い,[750] 中国の混作をする地方で今も見受ける.[751] しかしナイフや鎌で行う収穫は手収穫より苦痛が少ない.

　知られるかぎり最古の鎌は，ナイル河谷で野生の禾本科を収穫するのに用いた紀元前1万2000年から1万年のものだが，出土例ではヨルダンの新石器時代ナトゥフ期遺跡群（紀元前約8000年から7000年）より古いものはどこにもない．その初期の鎌は骨か木の柄に小さな石刃もしくはフリント刃を埋め込む（図139）．その形からこれらの鎌は動物の下顎骨を模していると考えられた.[752] こうした鎌はナトゥフ期遺跡の特徴で，中東の初期遺跡のすべてとは言わずとも多くから発見された．またヨーロッパの紀元前2000年頃の遺跡からも出土する.[753] しかし西アジアと地中海地域でこれらの鎌はすぐに焼成粘土や青銅，そして最後は鉄の鎌に置き換わった.[754] 鎌は世界中どこにでもある収穫具だと思いがちだが，実際は多くのところで新石器時代も遅くなるまで，あるいは金属器時代まで出現しなかった．コロンブス以前のアメリカ文化に鎌はなかったし，マレーシアやインドネシアで鎌が穂刈り用収穫ナイフに取って代わった

---

748) 例えば，粟を栽培する台湾中央山地の部族. Fogg (1).
749) B. Bender (1), p. 127.
750) Kraybill (1), p. 127.
751) 北京―天津地域の小麦収穫について F. H. King (1), p. 300 を見よ.
752) Curwen & Hatt (1), p. 107.
753) Singer, Holmyard & Hall (1), vol. I, p. 503.
754) K. V. Flannery (1), p. 90.

のはここ数十年である．こうした違いの理由は技術的能力の差ではなく，栽培作物の性格にある．初期西アジアの栽培種小麦と大麦は穂が小さく，粒数も少ない．麦粒の大きさは他のミレットや米に比べて大きいが，一本の穂につく全粒重はそれらより軽い．これが初期の鎌を生み出した一つの要因だろう．鎌を使うと一時に多くの穂を刈ることができるからだ．別の要因は，初期の栽培化された品種の枝梗が野生祖先種と同じく非常に折れ易く，穂が実るとすぐにはじけて粒を落とすことだ．したがって収穫は非常に急ぐ必要があった．'収穫は盗人に追われるが如し'と，中国の古い諺は言う．[755]

中国と東南アジアの最初の栽培化穀類，稲，粟，ハトムギは，穂あるいは花序が大きく，飛散傾向も小さい．小麦，大麦同様，稲と粟は自然分蘖性があるが，野生種に近い品種では分蘖の成熟にむらがある．[756] この状況では穂をすべて一時に刈るのは望ましくない．むしろ実った穂を一本ずつ集めるほうが良く，その目的だと小さいナイフのほうが鎌より適している．かくしてこの地域では鎌がごく最近に導入されたことも不思議はない．エジプトと中東の考古学的証拠に基づいて，リード（Reed）[757]は'収穫作業と鎌は文化的に一体で，大粒のイネ科草本（大麦と小麦だろうか？）が北方［エジプトから西アジア］へ後期洪積世に自然に移動するのに伴って，伝播したのだろう'と言う．さらに論を進めて，もっと遠くインドや中国への西アジアの鎌の導入は，小麦や大麦栽培の受容に伴ったという意見もある．事実，インドでは小麦栽培と無関係な鎌の発見例はない．他方中国で最古の鎌は山東と江蘇北部にある龍山期遺跡で出土し，[758] その時期にこれらの地方では小麦と大麦をたぶんすでに栽培していた．[759]

穂刈りナイフ

中国新石器時代最初の刈り取り具は穂刈りナイフだった．これは簡単だが実

---

755)『前漢書』24a/3b〔「食貨志第四上」〕.
756) Fogg (1).
757) C. A. Reed (1), p. 548.
758) 劉仙洲 (8), p. 61.
759) 新石器時代の小麦，大麦遺物の発見は数例あるが，その信頼性は低い．事実，安徽の龍山期と推定された小麦粒（金善寶 (1)）が，最近のC14年代測定で東周代と判った（著者不詳 (522)）のはその例だ．これは陶器専門家による土器編年に対してかねてからある疑念を強めた（楊建芳 (1)）．しかし小麦が商代の甲骨文に出現する頻度から見て，中国でそれ以前に栽培されていたと思われる．何炳棣 (5), p. 74 は小麦伝来は新石器時代末と示唆する．

第4章　耕作体系　363

図140　石製穂刈りナイフ．樋口 (1), p. 107.

際に役に立つ道具で，東アジアから東南アジア一帯にある．小さな平たいナイフは刃がしばしば緩い曲線を描き，掌に持って中指と薬指で固定する．穂の直下に刃をあて，穂首を人差し指で引き寄せて切る(図140)．穂刈りナイフは今日も存続し，ジャワ (*ani-ani* と呼ぶ)，マラヤ (*tuai*, ケランタンでは *ketaman*)，サラワク (*ketap*)，フィリピン (*yatab*) だけでなく，華北の一部にもある．

　民族誌学者は穂刈りナイフの使用と稲栽培を結びつけることが多い．確かに稲作農民はその使用に儀礼的な意味づけをすることが多い[760] が，しかし粟[761]

や黍[762]などの雑穀を栽培する農民も穂刈りナイフは使う．粟栽培はたぶん東アジア広域にわたって稲に先行し，[763]野生種に近い粟を収穫する際，脇の分蘗は中心部より穂の成熟が相当遅れる[764]のでナイフが丁度よかったのだろう．私の推論では穂刈りナイフの使用は，アジアの多くの地方で稲の栽培よりかなり古い．他方日本では，穂刈りナイフ（「石包丁」）は弥生時代の稲作の導入（紀元前300年）を待って初めて出現したようだ．[765] ただし中期から後期の縄文時代経済に焼畑の蕎麦や粟といった穀類もあったことが分かりつつある．[766] これらの穀類は，他の文化では穂刈りナイフで刈り取っていた．

穂刈りナイフは，石製，貝製，陶製が中国全土の新石器遺跡で出土し，形は様々だ．安志敏(3)は主要三種を'欠状'，'半月形'，'方形'（むしろ'台形'とする方がもっと適切だろう）と区別する．他方，日本の学者飯沼と堀尾[767]は機能をより重視する姿勢をとり，'欠状'，'長方形'，'半月形直線刃'，'半月形外湾刃'，'紡錘形'の5種類に分類する（図141）．違う種類の地理的分布を地図におとして文化接触を推論する試みがあるが，こうした一般化はふつう結果が矛盾する．[768] 資料を注意深く再評価し，炭素14年代を利用して時代変遷と地理的分布を明らかにすれば興味ある結果になるだろうが，しかしそれはこの本の範囲外だ．

穂刈りナイフの形以外にもう一つの重要な区別はその持ち方である．指を紐，毛皮，あるいは金属の輪に通して保持するか（図142），あるいは刃に垂直に立てた柄でナイフを保持するかの違いだ．中国新石器の欠状石ナイフと2穴のタイプは前者，1穴のタイプは後者だろう．

2穴のナイフは中国全土で新石器時代にあり，商周時代までその使用が続いた．最初の鉄製は戦国時代（図144）に現れたが，石製，貝製も漢代にまだ普通に使っていた．[769] これらのナイフの輪は，今の河北，遼寧のものと同様の皮製

---

760) A. H. Hill (1), p. 70.
761) Fogg (1).
762) 『王禎農書』14/6b〔「農器圖譜銍艾門」〕.
763) Kano Tadao (1), vol. I, p. 291, Barrau (1), p. 6.
764) Fogg (1).
765) 樋口清之(1), pp. 13, 107.
766) 古島敏雄(2), p. 6, 佐々木高明(1), p. 34 以下.
767) 飯沼・堀尾(1), pp. 33-34.
768) Watson (6). Figs. 13-15 は安志敏(3)，佐々木(1), figs. 21, p. 296 を使っている．
769) 劉仙洲(8), p. 58.

第4章　耕作体系　365

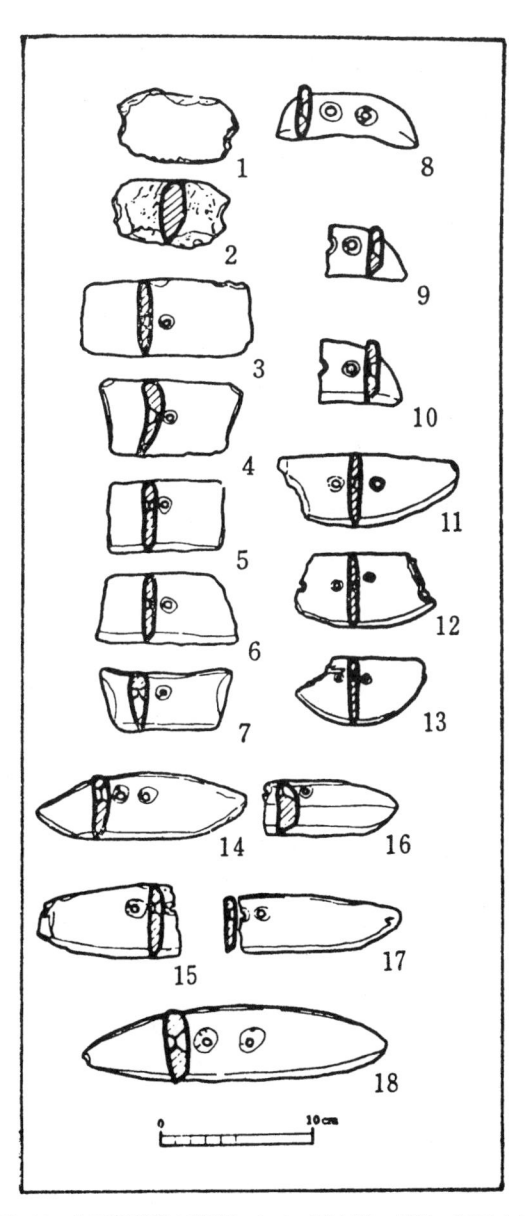

図141　中国新石器の穂刈りナイフ基本形．飯沼・堀尾 (1)，
　　p. 34〔石毛, 1964 の引用〕．

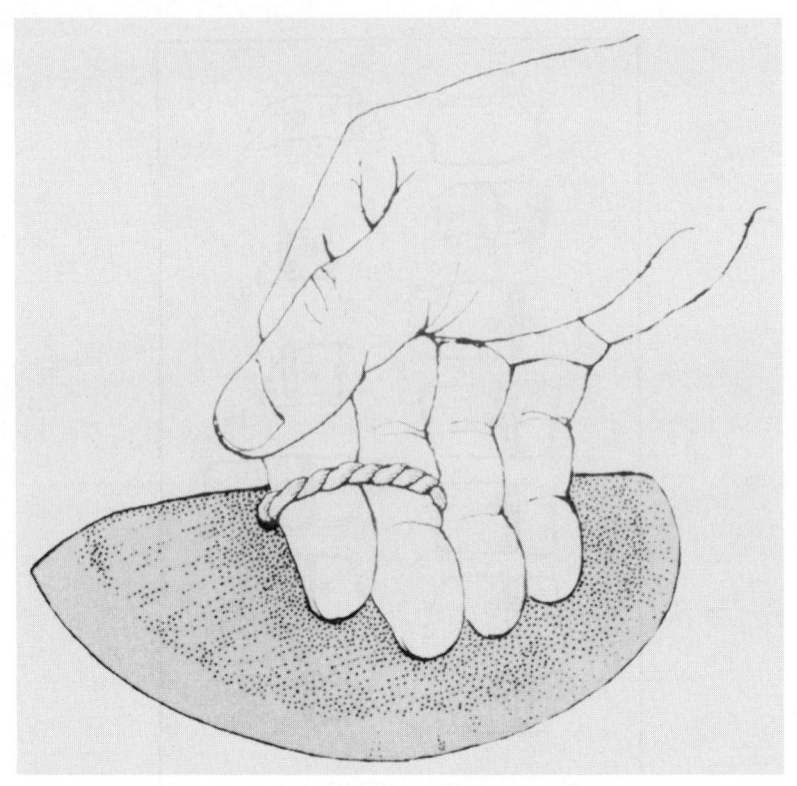

図142　紐輪付き穂刈りナイフ．樋口 (*1*), p. 107.

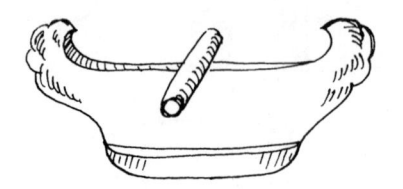

図143　柄付き穂刈りナイフ，西マレーシアの例．A. H. Hill (1), fig. 5.

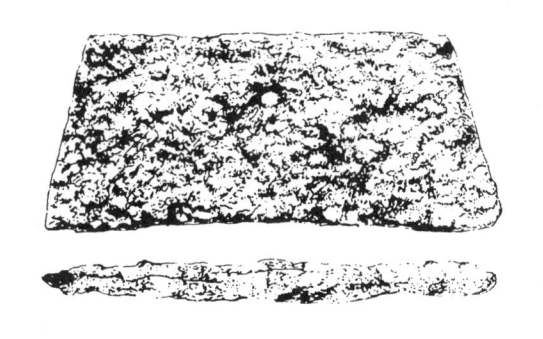

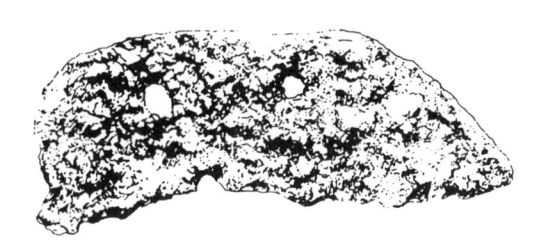

図 144　漢代の鉄製穂刈りナイフ．林 (4), 6-42b.

だっただろう．[770] しかし元代までに新しい型が発達し，それは人差し指をナイフ上部の金属の輪に通す．[771] これは今もなお華北で使う (図 145).

　柄付き穂刈りナイフは新石器時代に仰韶地域にのみあったようだが，漢代の鉄製品は河北以外に遼寧でも出土している．[772] 中国でそれ以降の出土品はないが，東南アジア全域で目的に適った使い方が今も行われる．現代の形式は木と竹で作り，軽く経済的で，小さな鉄刃は取り外して研ぐことも替えることも簡単だ (図 143). 中国でなぜ柄付きの穂刈りナイフは姿を消し，輪付きの穂刈りナイフは残っているのか，特別の理由はないようだが，『王禎農書』は形の違う二種類に触れる．[773] それらは輪付きタイプともう一つの「銍」(chih) で，これは'古代から必須の道具であり，今日もそうだ'[774] という．しかし挿絵画家が

---

770)　同上．
771)　『王禎農書』14/6b〔「農器圖譜銍艾門」〕.
772)　林 (4), 図 6-42, 6-43, 144.
773)　『王禎農書』14/2a, 6b「「農器圖譜銍艾門」」.

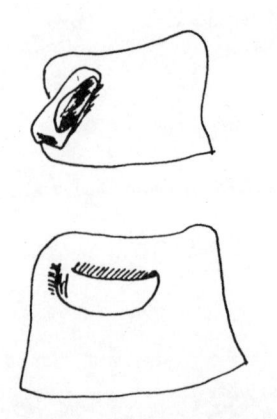

図 145　現代中国の鉄製穂刈りナイフ．劉 (8), p. 116.

まったく実物を知らないことは確かで，挿絵[775]はまったく役に立たない．

「銍」という言葉で指すものが柄つきタイプであれ，穂刈りナイフ一般であれ，それは間違いなく相当古い言葉だろう．というのは『禹貢』と『詩經』の両方に出ているからだ．[776] その語は漢代の大辞典類に出現し，[777] さらにそれより1000年後の王禎が生きた時代にも通用していた．ただしこの時代には，輪付きタイプには'粟ナイフ'（「粟鑒」ぞくかん *su chien*）の語を当てた．[778] 現在は輪付きタイプは'指爪鎌'（「爪鎌」*chao lien*，遼寧では「捻刀」*nien tao*）という．[779]

穂刈りナイフがこれほど長期間生き残っているのは何故か，疑問が出よう．鎌があるところで残るのだから疑問はなおさらだ．マレーシアで生き残る理由はその儀礼的性格に帰されている．鎌と違い，穂刈りナイフは完全に掌中に隠すことができる．このためそれなしでは稲粒が育たない[780] '稲魂' *semangat padi* が驚き逃げ去らなくて済む．これは一つの重要な要因だろう．もっとも，アジ

---

774)『王禎農書』14/2*a*〔同上〕．
775)『王禎農書』14/1*b*〔同上〕．
776)『王禎農書』14/2*a*〔同上〕に引用．Legge (8), vol. II, p. 583 も見よ．
777) 林 (*4*), p. 280.
778)『王禎農書』14/6*b*〔同前〕．
779) 劉仙洲 (8), p. 59.
780) E. H. G. Dobby (1), p. vii, A. H. Hill (1), p. 70, D. Freeman (1), p. 154.

アの農民が儀礼を盲信しているか疑問も投げられている.[781] 中国人が穂刈りナイフに儀礼的性格を重ねることは決してない[782]が，それでも数千年紀にわたって鎌と一緒に生き残っている．たぶんきわめて実用性が高いのだろう．

穂刈りナイフは成熟が不均一な作物を刈り取る際，理想的だ．穂のすぐ下で切るので，刈る人は低く屈まなくて済む．藁はほとんどが農地に残され，後で飼料に刈り取りもするが，普通は犂き込んだり焼いて肥料にでき，多くの場合それが農地に施せる唯一の肥料だ.[783] この方法で刈った穀物は貯蔵前に脱穀せず，穂束（図146）にして穂で蓄える．こうすると脱穀したものより長く保存できる．しかしたぶん穂刈りナイフで刈り取る最も大きな利点は，穂を1本ずつ確認できるので新しい形質を伸ばしやすいことだろう．フォッグ（Fogg）（1）が述べているが，台湾中央山脈の原住民は普通と違う粟の株を見つけると細心の注意を払ってその種子を取り分け，それを次の季節に別の畑に播く．実りが良く，あるいは特別に望ましい形質を持っていると，原住民はそれを継続して栽培する．このようにして彼らは広範な粟の栽培種を獲得してきた．

個体差を確認できる取り扱い方は新品種の意図的な育種が可能なだけでなく，本来の系統を維持し易くする．種子の選抜に関する章で，6世紀の農学者賈思勰はこう書いている.[784]

> 粟と黍はもち種もうるち種も，種子用は毎年別々に収穫せねばならぬ．色にむらのないきれいな穂を選び，ナイフ[?]（「劁刈」chhiao i）で刈り取り,[785] 高所に吊るす．春，穀種を準備し，別々に播種し，翌年の種子にあてる．

---

781) Raymond Firth (1).
782) その種の記述は『詩經』にも見当たらないが，もちろん儒者が編集に際して削除した可能性もある．
783) 例えば，Bray (2).
784)『齊民要術』2.3.1.
785)「劁」(chhiao) は稀な用語だが，一般に「切る」と定義され，'穂刈りナイフ'とする注はどこにもない．他方，鎌で収穫することを言う際，賈思勰は単に「刈」(i) という語を使うので，「劁刈」(chhiao i)は明らかに特定の収穫法を指す．『齊民要術』で「劁」を使う唯一別の例は大麦の章 (10.4.5) で，賈が tsamba つまり煎り大麦作りを述べているところだが，彼はこれを'切った大麦'（劁麥 chhiao mai）と呼んでいる．(Tsambaを指すもっと普通の中国語は'炒り粉'（「炒麵」chhao mien）である (Trippner(1)).）今日の tsamba の作り方はまだ穂のままの穀粒を煎るか焦がすかする．したがって，「劁」(chhiao) という語で賈が意味したものは，個々の穂を刈ることだったと推定してもそれほど無理はない．アストリアでは，グルジア，ネパールの一部と同じく，スペルト小麦など芒のある穀物の穂を時に一対の棒で茎から引き抜く（本書 p. 395 を見よ）．殻竿で脱穀する前に穀物の穂をさっと焦がして芒を取り除く．Sigaut (1).

図146 穂刈りナイフと大鎌を使った稲の収穫. 四川省博物館所蔵の画像磚.

「粟, 黍, 穄, 粱, 秫, 常歲歲別收. 選好穗純色者, 劁刈, 高懸之. 至春, 治取, 別種, 以擬明年種子.」

このように細心な種子の選択は, 穀物を鎌で刈る方法では不可能だ. 鎌を使う地中海地方では, 脱穀後に最もよい種子を細心の注意で選んでも小麦や大麦の形質が劣化すると, ローマの農書撰者がしばしば不満をもらしていた.[786] 彼等が区別した小麦の種類は, 主食であるにかかわらず10数種を超えない.[787] これは賈思勰の挙げる粟の品種が98種に達することと比較にならない. (当時, 華北で栽培が少なかった稲についてすら, 賈思勰は37種を挙げる.)[788] 賈思勰のリ

---

786) K. E. White (2), p. 188.
787) 同上, p. 189, Moritz (3), (4).

ストでは粟のタイプの違いを，旱魃抵抗性，早熟，晩熟，香りの良さ，耐病性で区分する．アジアの農民はふつう一季節に播く主食穀物の品種を数種類持ち，別の農地か同じ農地の別の部分に播く．こうすると天候がどうであれどれかは収穫が保障できるし，また一品種だけを栽培する場合より播種と収穫を長い期間に分散できる．したがって穂刈りナイフによる刈り取りでも十分な時間がある．このゆったりと安定した方式は，しかし一旦収穫が緊急を要することとなると破られる．例えば一種類を大規模に栽培する，あるいは多毛作を導入するといった場合だ．そうなるともっと早い刈り取り法を取らねばならず，穂刈りナイフは捨てられる．例えば東南アジアのある地方ではこの変化が'緑の革命'の衝撃の下に進行中だ．[789]

穂刈りナイフが中国のいくつかの地方，特に粟栽培地方で今も使われることは述べた．他の地域ではそれを落穂刈りの道具に使い続けるところがある．例えば王禎は'採集ナイフ'「捃刀」(*chün tao*) についてこう述べる．[790]

> 刃の長さは5寸ぐらいで幅2寸ちかく，穴を開けて紐を上下に通し，手首に取り付ける．手を動かして穂を簡単に切れる．時に小麦と大麦が成熟後すぐに収穫されないことがある．茎と穂がもつれて作物の刈り取りを鎌でできない．そうすると貧しい人々が打ち捨てられたものをこのナイフで切る．[791]

> 「捃刀……，刃長可五寸，濶近二寸，上下竅，繩穿之，繋于指腕，隨手芟穂，取其便也．麥禾既熟，或收刈不時，莖穂狼藉，不能淨盡，單貧乏人得以取其遺滯．」

こうした特殊な例は別にして，華北の大部分の地方で鎌が穂刈りナイフに置き換わっていった．それは早くも戦国期に始まる農業集約化によって進み，より南の地方では冬夏輪作の進展によって宋代までに優勢となった．

---

788)『齊民要術』3.1.3, 3.1.5, 11.1.2, 11.1.6.
789) もっと詳細な記述は Bray (2) を見よ．労働組織ももちろん影響を受けている．Bray & Robertson (1), I. Palmer (1).
790)『王禎農書』19/24*b*〔「農器圖譜麰麥門」〕．
791) 1920年代に，Wagner (1, p. 270) は貧しい人々が中国全土で残り穂を集める権利を認められていたと報告している．穀物畑に残る穂や藁だけでなく，綿の落ちた莢を拾い，株を掘り起こすこと，傷んだ野菜や豆，甘藷の葉を拾うことも許された．F. H. King (1), p. 300 は直隸〔清代の省名，現在の河北省の北京，天津地方〕で見た奇妙な光景を述べている．刈手が収穫する前に女たちが倒伏した小麦から折れた部分を持ち去ったのである．

図 147　平均のとれたイタリアの鎌
(*falx messoria*). K. D. White(1), p. 54.

鎌と大鎌

　上述のように鎌は比較的遅く中国へ伝来し，その導入は小麦，大麦の伝来と関連する可能性がある．初期の鎌は石か貝製でわずかに湾曲し，柄に直角に取り付けたぶん紐でしっかり巻いて固定した．[792] 後に青銅と鉄が石と貝にとって代わったが，中国鎌の形は基本的に今日まで変わらない．

　ヨーロッパの大多数の鎌とアジアの多くの鎌とりわけ大型のものは重さの平均がとれている．つまり鎌の刃は強く湾曲して柄より前方へ延び，また後方にも延びる．こうして柄の前後の重さを平均し，使用時の疲れを軽くする(図147, 148)．ところが平均のとれた鎌は中国と日本にはない(図149, 150)．その合理的な説明はなさそうだ．

　鉄器が戦国期と漢代に初めて一般的になると，大量の鎌が鋳鉄で作られた(図151)．それは緩く湾曲し，後縁は強度のため厚い稜をもち，刃は滑らかだった．その構造は刃渡り部後端の薄い鉄先をなかごとし，刃渡りは普通20〜30センチメートルだった．安価で製作は簡単だったが，これら鋳鉄製鎌は耐久性と切れ味に欠け，錬鉄製の鎌が漢代にはすでに普通となった．[793]

　漢代に通用していた名前は「鎌」あるいは「鐮」(*lien*)だが，方言名もたくさんあり，[794] その中には'刈り取り鉤'に当たる「刈鉤」(*i kou*)もあった．王禎の記述[795] では筒袖型，鉤型，折りたたみ型，また'ベルト鎌'(「佩鎌」*phei lien*)(たぶん普通の種類を指し，刃の後端の出っ張りで柄を巻き込むもの)があり，'両刃の

---

792) 劉仙洲(*8*), figs. 121, 122.
793) 林(*4*), figs. 6-35 から 6-38.
794) 同上, p. 279.
795) 『王禎農書』14/4*a*〔「農器圖譜銍艾門」〕.

図148 平均のとれたイランの鎌. Lerche (3), fig. 12.

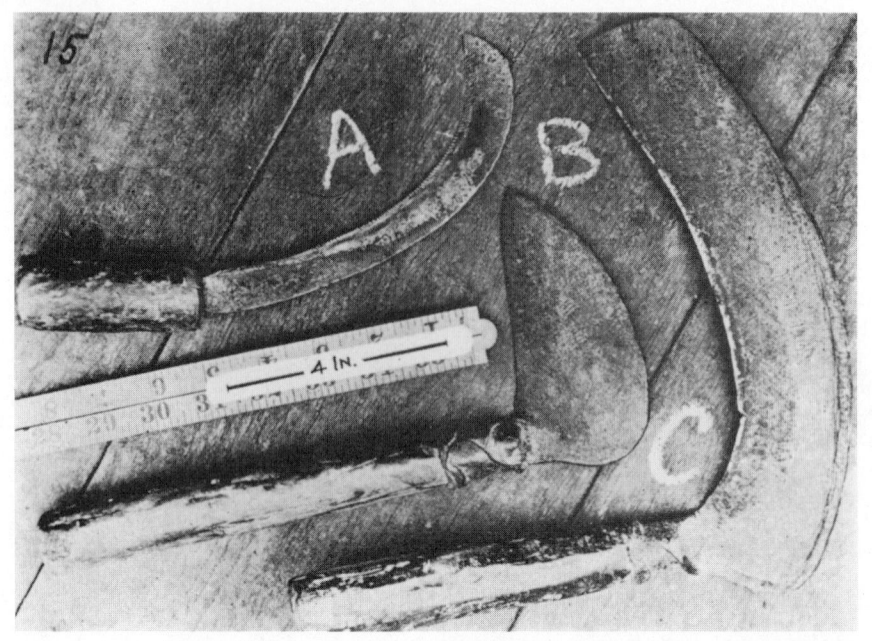

図149　平均のとれていない中国の鎌. Hommel (1), fig. 103.

鎌'(「兩刃鎌」*liang jen lien*) という面白いものもあった．これはたぶん柄の短い大鎌だろう（下を見よ）．それ以上の詳細を王禎は述べていない．ともあれ鋳鉄の鎌と異なり，錬鉄製あるいは鋼鉄製鎌は工夫を凝らす余地が大きかった．特に日本でそうした精製品の生産が進んだ（もっとも，刀鍛冶の神秘的芸術の域には達しなかったが）．陶弘景 (Thao Hung-Ching) が5世紀末に書くところによると，騎兵刀と同様に鎌を鋼鉄で作ったという．錬鉄と鋼鉄を継ぎ合わせて象嵌模様の浮き出る刃を作る試みは，中国，日本両国の刀作りで早くから行われたことだ．[796] 1684年の『百姓傳記』は象嵌操作を鎌と鍬にも施したことを明確に述べるし，他の日本の資料はこれらの道具を毎年鍛造し直したと述べている．[797]

　鋼鉄あるいは錬鉄製の鎌は研いで剃刀のように鋭利にできるし，たがねで鋸刃も刻める．中国の文献は平滑刃と鋸刃の鎌を区別しないが，[798] 漢代の鋸刃鎌が安徽で出土している[799] ので，たぶん両方が長期間並存したと思われるが，

---

796) Needham (32), pp. 42–43.
797) 古島敏雄 (*1*), p. 304.
798) 英語では鋸刃鎌 ('sickle') と平滑刃鎌 ('reaping hook') を用語の上で区別できる．

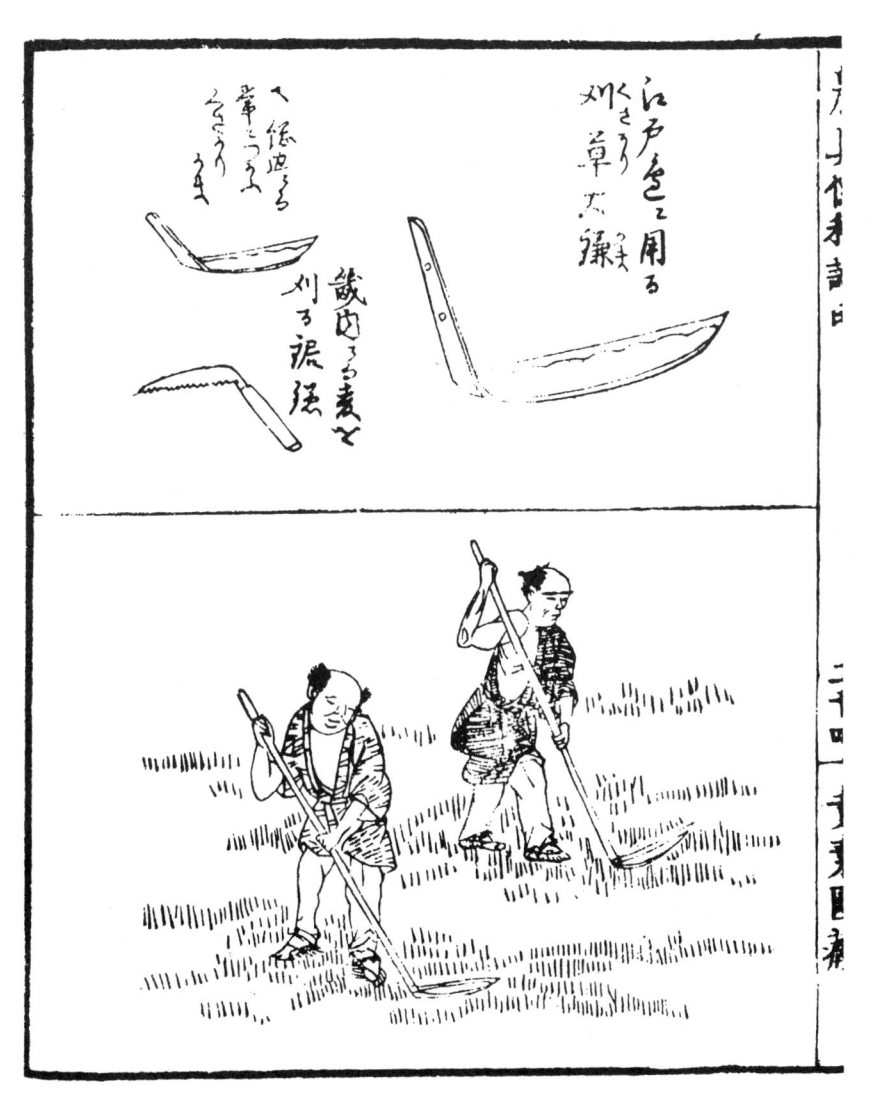

図150 平均のとれていない日本の鎌.『農具便利論』2/24a.

詳しくは分からない.ホンメルによると,鋸刃鎌はふつう稲の刈り取りに使い,平滑刃鎌は草刈りと飼料刈りに使う.[800] しかし異論もある.ローマ農業に関

---

799) 林 (4), fig. 6-38.

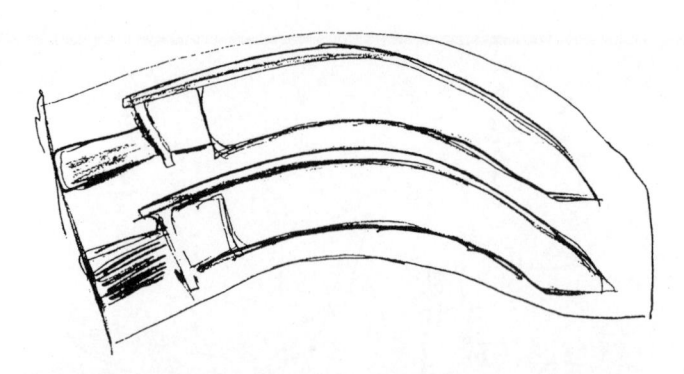

図151　鋳鉄製鎌の鋳型．漢代，河北出土．劉 (*8*), fig. 125.

する権威，ホワイト (K. D. White) は言う．[801]'よく知られるように，平滑な刃は……作物が露で濡れているとき最も有効だ．これは刃が茎に食い込み表面を滑らないからだ．二つのタイプの分布を調べると，鋸刃鎌は地中海域のより乾燥した地方とサブ・サハラ地方に卓越する……'．中国の稲作地域は収穫時期でもなお湿っているので，もしホワイトが正しければそこは平滑刃の鎌を使うはずだが，ホンメルの記述は例外的なものか情報が不足だ．

鎌を使う時刈り手は一束の作物を左手で摑み鋸刃で引く，あるいは切り下ろす動作で切る（鋸刃か平滑刃かによる）．手の保護あるいは一時に摑める茎を増やすため，刈り手は時に皮製あるいは竹製の籠手を着用する[802]（図152）．しかし中国ではこれは除草時に用い，収穫時には使わなかったようだ（本書 p. 353 を見よ）．むしろ彼らは'かき寄せ棒'（「禾鉤」*hou kou*）を使い，切る茎を小さな束にまとめた．[803] 華中，華南ではふつうこの束を脱穀前に干したが，それには小さな竹の三叉（「喬扦」*chhiao kan*）か，'竹と木の梁を屋根型に組んだ'大きなはざ架け（「兊」*hang*）を使った[804]（図153）．鎌であらゆる状況に対処するわけにはいかず，散播した作物とりわけ小麦と飼料作物は大鎌（「鑀」*pho*）で刈ることがしばしばあった．

ヨーロッパの大鎌は初めローマ時代に発展した．たぶん，家畜飼養が増え飼

---

800) Hommel (1), p. 67.
801) K. D. White (1), p. 80.
802) Lerche (3), Rasmussen (1).
803)『王禎農書』14/26*a*〔「農器圖譜杷朳門」〕．
804)『王禎農書』14/24*a*〔同上〕．

図 152　かがり縫い皮製の籠手を着けたイランの刈り手. Lerche (3), fig. 13.

料需要が高まったことへの対応だろう.[805] 単純な直柄の干草刈り大鎌は 12 世紀，柄に横棒を付ける改良がなされ，より円滑に大きく振り回すことができるようになった．大鎌の用途は干草刈り以外に，たぶん中世には刈り取りにも広がり,[806] 刈った茎を集めるための木製湾曲かせ(図 154)あるいは枠に張った袋を刃の後ろに装着した．18 世紀末にはもっと精巧な金属の湾曲かせが現れた[807] (図

---

805) K. D. White (1), p. 102.
806) Steensberg (5), Lynn White (7), p. 155. Fitzherbert (1), pp. 35-36 と Markham (2), p. 112 以下の両者とも，小麦は鎌で，大麦とオートは大鎌で刈れと言う．
807) L. J. Jones (1), p. 105.

図153　貯蔵前のはざ架け（「笐」hang）．『耕織圖』，Pelliot (24), pl. XXV.

図154　大鎌を使った収穫．小ブリューゲル．

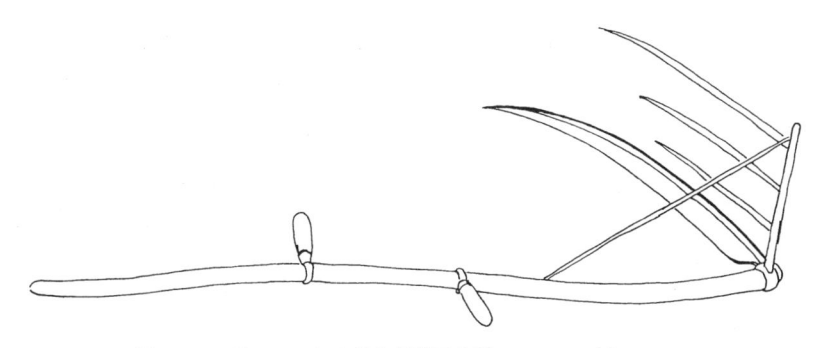

図155　イギリスのかせ付き収穫用大鎌. Partridge (1), p. 135.

155)．18世紀までにフランダースでは大鎌が刈り取り具の鎌に取って代わり，19世紀には北西ヨーロッパの大部分で鎌を置き換えた．

　中国でも大鎌は干し草（あるいは雑草）刈りの道具として始まった．『説文解字』が述べる．[808]　'大鎌（「鐅」pho）は両刃で木柄を付け，草刈りに用いる（「鐅，兩刃木柄可以刈艸」）'．中国の大鎌はヨーロッパのものと相当違い，その使い方は切り下ろしで振り回しではない（図146, 156）．また錬鉄の刃は短く両刃の剣にやや似ており，長い柄に鈍角で固定する．大きさは様々だ．漢代の一例は長さがわずか9センチメートルだが，王禎が述べるものは刃が'長さ2尺を超える'．[809]　中国の大鎌は稲と雑穀類の刈り取り具である鎌の位置を奪うことはなかったが，小麦を栽培する地方では大鎌が重要さを増し，工夫が進んだ．華中の諸省では他の一連の道具とともに，大鎌[810]を小麦の収穫に使用した．王禎によるとそこは[811]'土地広く，穀豊かで，［小麦農民は］収穫を簡単にする特別な道具を作らねばならぬ'．王禎はこうした道具に特別の節を割き，その使用が他の地方に及ぶことを願ったが，彼の願いは空しかった．20世紀でもその使用は主に河南に留まっている．

　刃の形と装着法から見て中国の大鎌は切り払い動作で使うもので，西洋の大鎌の振り回しと違う．しかし王禎が述べる刃の長いかせ付き大鎌（「掠草杖」liao

---

808)『説文解字』．林 (4), p. 279 に引用．
809) 林 (4), p. 279,『王禎農書』14/8a〔「農器圖譜銍艾門，鐅」〕．
810)『王禎農書』19/25b〔「農器圖譜麰麥門，拖杷」〕．
811)『王禎農書』19/21a〔「農器圖譜麰麥門」前書き〕．

図156 中国の大鎌．切り払う動作で使う．Hommel (1), p. 106.

tshao chang) は，彼の挿絵が信頼できるならヨーロッパの普通の大鎌に似ている（図157）．この大鎌はたぶん小麦収穫に使用したものだろう．もう一つのもっと複雑な大鎌に「麥釤」(*mai hsien*) があった．これは現在の河南で「長柄鎌」[812] (*chhang ping lien*) あるいは '収穫刀'（「刪刀」[813] *shan tao*) と呼ぶ．王禎とワグナー (Wagner)

---

812) Wagner (1), p. 268.

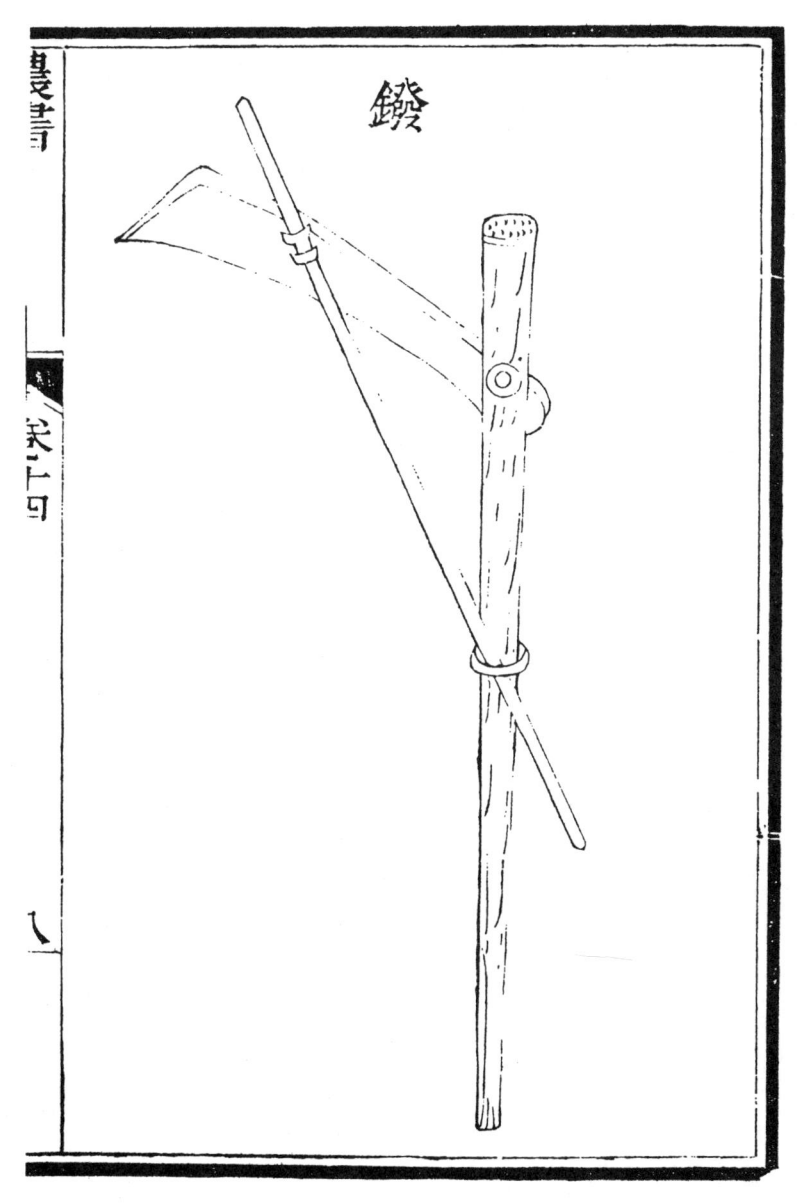

図157　中国のかせ付き大鎌（「䥥」*pho*）．『王禎農書』14/8*a*〔「農器圖譜銍艾門」〕．

の両者がこの道具にほぼ同じ説明をしている[814](図158). 棒を曲げて弓に長い木柄を付けた形の枠を作り, 木柄の腹縁に横向きに鋭利な剃刀のような刃を装着し, 木柄と弓で作る半円状の枠に浅いかせ籠(「麥綽」 mai chho)を置いてこのかせ籠に刈った穀物を集める. 刈り手は右手で柄の取っ手を摑み, 左手に紐巻き器を持ち, そこから出る2本の紐は一方が弓の握りに, 他方が刃の背に結ばれている. 小麦は高刈りされて短いので束にせず, かせ籠から刈り手が後ろに引く軽い車輪籠(「麥籠」 mai lung)に空ける[815](図159).

機械収穫

収穫の機械化は一連の要因が重なった時に必要となる. ローマ時代, 大穀類市場と労力不足がローマ領ガリアで収穫機械 vallum[*1] を発明する誘因となり, これは紀元後の数世紀間使用が続いた.[816] プリニウスによると,[817] 'ガリア州の広大な農場では, 端に櫛状の歯を付けた大きな枠を二輪車に載せ, 一群の牛で押して穀物の間を進め, 折れた穂は枠に落ち込む'(図160).[818] ガリアがフランク族侵入者の手に落ちると vallum は数世紀間忘れ去られ, 18世紀末, 大農場の統合とその後の'農業合理化'の波で, 収穫機械化への関心がヨーロッパでやっとよみがえった. イングランドや他のヨーロッパ諸国の工業都市で小麦需要が高まるとアメリカとオーストラリアの小麦ベルトが開かれ, そこの広大で人手不足の農場は収穫機械の発展にとってまたとない実験場となった. その契機は英国の保護主義的な穀物法が1846年に廃止されたことで, 農民の投資意欲を強く刺激して彼らを新しい機械に向かわせ, 19世紀後半にはオーストラリアとアメリカ全土で収穫機械が人手による収穫にとって代わった.[819]

中国で宋代とそれ以後に穀物市場は大きく発展したし, 中国人の機械発明の才を考え合わせると, 中国式収穫機械が発明されたと想像したくなる. 例えば

---

813) 著者不詳 (502), p. 163. 1930年代の陝西での使用状況写真が天野 (11), p. 188 にある.
814) 『王禎農書』19/26b 〔「農器圖譜麰麥門, 麥釤」〕, Wagner (1), p. 268.
815) 『王禎農書』19/22b 〔「農器圖譜麰麥門, 麥籠」〕, Wagner (1), fig. 87.7.
816) J. Merthens (1), K. D. White (1), p. 183, L. J. Jones (1), p. 111, J. Kolendo (1).
817) Pliny (1), vol. v, p. 375.
818) もっと詳しい記述が Palladius (1), 7.2.2 にあり, 現代の復元が L. J. Jones (1), fig. 6 にある.
819) 様々な機能(刈り取り, 穂切り, こき取り)を備えた近代的収穫機について, 優れた記述が L. J. Jones (1) にある.
*1 集合名詞形. 単数形は vallus.

第 4 章　耕作体系　383

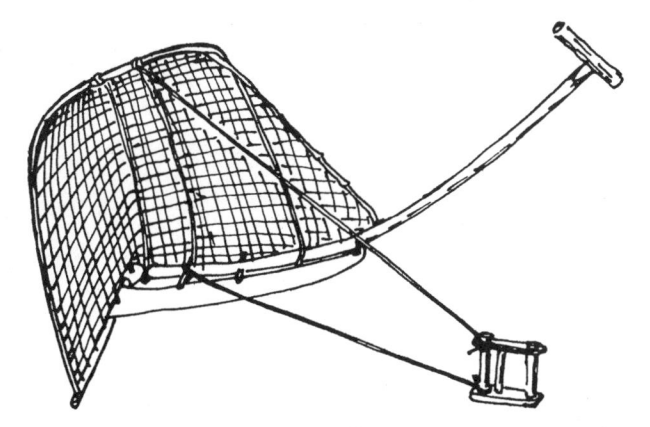

図 158　現代のかせ籠付き大鎌. 王禎の「麥銛」(*mai hsien*) に相当.
Hopfen (1a), fig. 89.

図 159　明代の「麥籠」(*mai lung*) の図.「麥銛」(*mai hsien*) の構造を画家は明らかに誤解している.『王禎農書』19/21b-22a〔「農器圖譜麨麥門」〕.

図 160　*Vallus* 収穫機を示すローマ時代の石刻レリーフ．ベルギーのモントーバン・ブゼノル (Montauban-Buzenol)．White (*1*), pl. 15．

　vallum のような装置は中国の村大工の能力を超えるものではないし，経済的な投資もたいしたものではない．犂耕用の牛を持つ農民なら誰でも，その牛を使って収穫時に機械を押させれば済むことだ．しかし文書に現れる収穫機械はただ一例があるのみだ．王禎が述べた'押し鎌'(「推鎌」*thui lien*)[820] (図 161) で，原始的な干し草刈り器に似て固定した1枚の刃があり，華北の数箇所で蕎麦収穫に用いたようだ．これを記述するのは王禎だけで，伝統的な農書に現れた機械化収穫機の唯一の例だ．[821]

　なぜ中国で機械収穫が発展しなかったのか，至極当然な理由がある．第一に労働力が豊富で安価だった．第二に最も重要な作物は灌漑水稲だった．土地が

---

820)『王禎農書』14/5*a–b*〔農器圖譜銍艾門〕．
821) 著者不詳 (*502*), vol. 2, p. 162 は，単輪で，中央の柄の両側に刃を2枚V字状に配した小さな器械を示す．これは現代の河南で使用し，2条の小麦を同時に刈り取る．たぶん推鎌が生き残ったものだろう．王禎の記述は不明瞭だがそれに合致するようだし，農書の挿絵画家が自分の知らない道具を描き間違えることは先刻承知である．

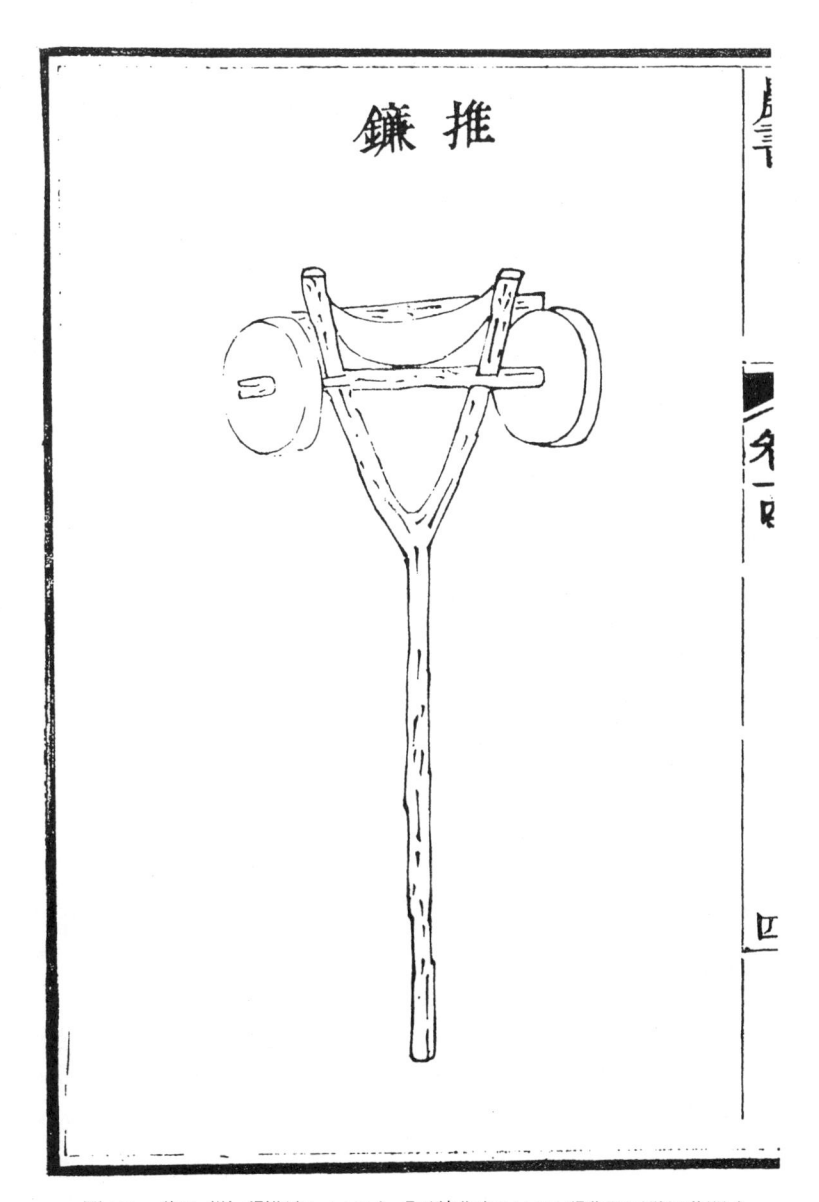

図 161 '押し鎌'(「推鎌」*thui lien*).『王禎農書』14/4*b*〔「農器圖譜銍艾門」〕.

十分なだらかでそこに大きな灌漑地を造成したとしても相当部分は機械が接近できず，機械化収穫は経済的に合わない．[822] 起伏の激しい土地ではほとんどの水田は必然的に小さく，機械化が難しい．中国の小麦畑はふつう水田よりもっと大きくもっとなだらかで，一見，機械化にもっと適し，さらに小麦と小麦粉は常に大きな需要があった．しかしかせ籠付き大鎌以上に工夫した収穫機は20世紀以前には発展しなかった．19世紀の農書撰者傅増湘は西洋の鉄犂やウインチ犂などの熱烈な支持者だった[823]が，西では当時すでに広く普及していた機械収穫について著作の中で何も触れていない．不思議に見えるが，その鍵は中国の農民（そしてアジアの農民一般）は広大な単作を行わず，集約的な多毛作を行っていたことにある．農民は毎季節，数種の稲と小麦あるいは雑穀を植え，この多様化は収穫がごっそり失敗する危険の保険となっただけでなく収穫期間を分散させ，（長期の苦しい労働は承知の上で）実りを損なうことなく人手による収穫を可能にした．現代中国でも実際に機械化している地域が満州のみという事実は意味深い．そこはアメリカ風に広大な小麦単作を行う．他の地方ではコンバイン・ハーベスターは不経済とされ，地方的需要に合うべく開発された収穫機はローマ時代の *vallum* 類似物で結束収穫機ではない．[824]

(ii) 脱穀

脱穀床，桶，筵

脱穀は藁と穀粒を分けることで，便宜上，穀物貯蔵前に脱穀することが普通だ．しかし必ずということではなく，穀物の保存には穂のほうが好く，例えば種子用は脱穀せずに貯蔵した．穂刈りナイフで刈り取った穀物（穂の間近で短い茎をつけて切る）も穂束で貯蔵し，必要に応じて脱穀できる．

脱穀は様々な方法があるが，ほぼどの場合もまず必要なのは滑らかで平坦な，きれいに掃いた脱穀床である．脱穀床の中国語は「場」(*chhang*) である．『詩經』の「豳風」(ひんぷう)の節にある '七月' の詩は収穫の前月，野菜園に「場」を作ることに触れる．[825] '9月，脱穀場を野菜園に設けて平らに堅く搗く．10月，収穫を運び込む

---

822) 隅や畦の近くなど．灌漑事業地に住むマレーの農民は著者に1977年，収穫機械は無駄が多いし，畦を壊すばかりか土をも害すると不平を述べた．
823) 傅増湘 (*1*), 1/28a-31b．
824) 著者不詳 (*502*), p. 164以下．最近作られた *vallum* 様機械が四川，河南，安徽，陝西から報告されている．黒龍江で使用されるコンバイン・ハーヴェスターはロシアの手本に基づいている．

図 162　漢代脱穀場模型．近くに唐臼と石磨用の台がある．Laufer (3), fig. 7.

(「九月築場圃，十月納禾稼」)'．「場」で野菜を栽培したことは『詩經』のもう一つの詩から判り，[826] その詩はすばらしい白い子馬が「場」に芽生えた春のやわらかい新芽を食むと語る．こうした一時的脱穀床は今も見かける．例えばバンガロールでは脱穀床を毎年シコクビエ(ragi)畑に準備し，モンスーンの雨が始まると床は再び犂き起こして穀物を播く．[827] ホンメル[828]は現代の安徽でも同様の慣行があると報告する．しかし農地や野菜園をコンクリートさながらに搗き固めるのは具合がいいとは言えなかった．それで漢代までに常設の脱穀場が出現することとなり，それはふつう野小屋の庭に設け，便宜のため唐臼と精白用石磨を近くに保管した（図 162）．

　好い脱穀場作りには細心の注意が要る．バンガロールでは表面を水に溶いた牛糞で塗りこめるし，[829] イタリア半島つま先のカラブリアでは泥の表面がツルツルの滑らかさになるまで磨く．[830] 16 世紀の『農園と館』(Maison Rustique) は床に牛の血とオリーブ油を混ぜて吹きつけること，その前にローラーをかけて蟻を残らず殺すよう勧めていた．[831] 中国人の方法はこれほど絵画的ではなかっ

---

825) Karlgren (14), p. 99.
826) 同上，p. 128.
827) Steensberg (6), p. 248.
828) Hommel (1), p. 73.
829) Steensberg (6), p. 248.
830) Rasmussen (1), p. 99.

図163　二股殻竿を使って莚上で脱穀.『耕織圖』. Franke (11), pl. XLIII.

たようだが，次の記述がある．[832]

　　広東周辺の脱穀場は砂と石灰を混ぜ，傾斜させた地表に敷いて井桁で囲み，よく搗く．最後にセメントを少し加えると雨水は浸透しない．うまく管理すると数年もち，稲，エンドウ，カラシ菜，カブラ菜その他の実の脱穀は，殻竿もしくは蹄鉄を打たない牛を用いて村人全員がここで行う．霜，雪があると表面は毎季節修理が要る．ふつう農民各自も自分の場を持っている．

　脱穀に家畜や重い脱穀そり，ローラーを使う場合，専用の脱穀場が確かに必要だが，他の方法の場合は目の細い莚(むしろ)でもよい．これは中国で普通の方法だったし，今もそうだ(図163)．王禎はこう指摘する．[833]　'[莚は]穀粒に塵や砂が混入するのを避け，穀粒の損失を防ぐ．莚は穀物を干すのにも使えるし，巻いて円筒籠(「笛」thun)にすることもでき，[834] はなはだ便利である'．莚はもちろん風

831) Stephens & Liebault (1), p. 546.
832) S. Wells Williams (1), vol. II, p. 9.
833)『王禎農書』15/33b〔「農器圖譜簅蕢門」〕.

図 164　風選籠と鋤を使って筵の上で風選.『耕織圖』. Franke (11), pl. XLIX.

選にも有用だった.

　今日のアジア各地では，水田で桶に受けて脱穀する．この方法は簡単で実際的だが，私の知るかぎり脱穀桶の最初の記述は『天工開物』[835]に現れる．1637年の挿絵（図165）では，男が稲束を重そうな丸い木桶（「桶」 *thung*）の縁に打ち付けているが，風覆いがない．現在の桶は丸や四角もあり，メコンデルタではそり代わりの木のころの上に置いたりする[836]が，何らかの幕で風を防ぐ．[837] 最近はプラスチックの肥料袋を幕にする（図166）が，桶の中に梯子を置き（図167）その桟に穂束を打ちつけることは変わらない．

---

834)「苊」（*thun*）は穀物の貯蔵にもしばしば使用した．本書 p. 432 と, D. Kuhn (1) を見よ.
835)『天工開物』1/53*b*〔「卷上粹精第四，攻稻」〕, Sung Ying-Hsing (1), p. 81.
836) Hickey (1), p. 146.
837) Grist (1), p. 165, Hommel (1), p. 70.

図 165　脱穀桶.『天工開物』1/59a〔「巻上粹精第四，攻稻」〕.

図166　脱穀桶．プラスチックの肥料袋を幕にしている．ブレイ撮影．

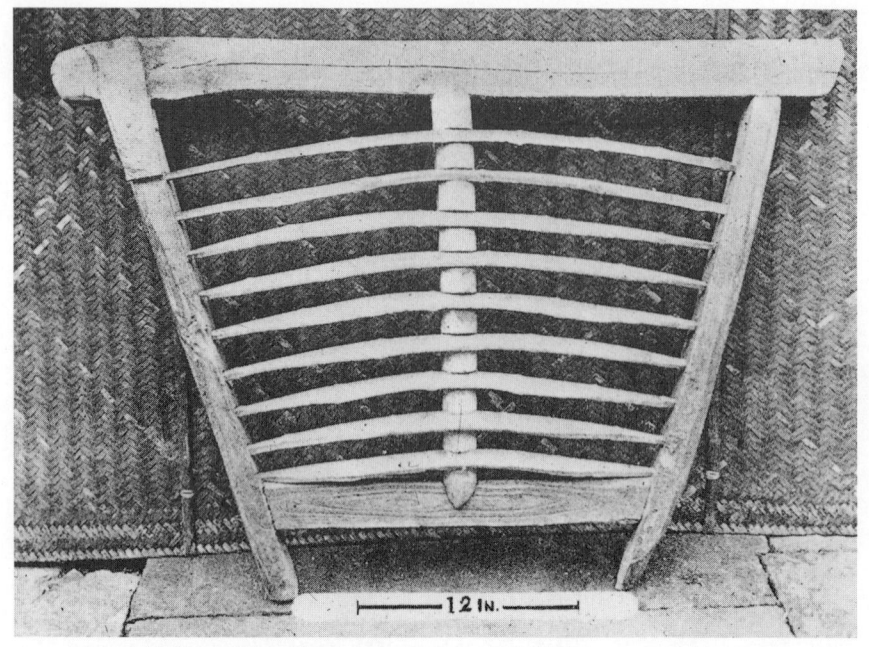

図167　脱穀粒を桶内に落とすための叩きつけ用木製梯子．Hommel (1), fig. 108.

足踏み脱穀，脱穀杖

マレーシアのクランタンでは，脱穀桶の使用は籾の硬い新品種が導入されて以来で，ごく最近だ．マレー人農民に言わせると，そのような荒っぽい方法では籾が損なわれやすいので，もっと砕けやすい伝統品種の場合は足で踏む古い方法 (*mengirek*) を行う．[838] これは極東で古くからどこにもある方法だ．この方法を示す最古の中国語 (「蹂」*jou*) は『詩經』「大雅・生民」(*Sheng Min, Ta Ya, Shih Ching*) に現れる．その年代は言語的証拠から紀元前9ないし8世紀だ．[839] '穀をあるいは搗き，あるいは揄き，あるいは挽き，あるいは篩い，あるいは踏む (「或舂或揄或簸或蹂」)'．「蹂」は漢代の注釈ではキビ (「黍」*shu*) の足踏み脱穀を指し，[840] 一方，唐代の注釈は臼で搗く前に穀粒を踏む (「踐蹂」*chien jou*) ことと説明する．『齊民要

---

838) Bray (2).
839) Karlgren (14), p. 201. 『大雅』の年代はW. A. C. H. Dobson (1) が引証する言語的証拠に基づく．
840) しかし，西周代の詩にある「蹂」に対して漢代に注を加えるのは難しさもある (本書第5章, p. 488 を見よ)．

図168　ベトナムの足踏み脱穀．Huard & Durand (1), p. 129.

術』はキビに関する章で，その脱穀は'まだ湿っている間に踏め'（「即淫踐」*chi shih chien*）と言う．[841] 穀粒が湿っている間に踏むと，足を傷つけないので確かに好ましい．米や雑穀の足踏み脱穀は牛を持たない貧しい農家ではごく最近まで普通で，通常それは女性の仕事だった（図168）．コープランド（Copeland (1)）はフイリッピンのレイテ島で脱穀と風選を一緒に行ううまい方法を述べている．

　　高さ8から10フイートの高床を建て，床は隙間を空けて割り竹を置く．高床の上にロープを張り，足で稲を踏んで作業する人はその間，ロープに摑まって支える．籾は隙間から落ち，風で選別されて地上の筵に集まる．うまい働き手は一人で1日に50 cavan［約2250キログラム］をこの方法で選別する．

　穀粒の足踏み脱穀よりさらに簡単な方法が，中国と日本に最近まであった．1822年に江戸で出版された『農具便利論』の挿絵は，指で藁から籾をしこぎ取る女たちを描く（図169）．さらに1462年の『耕織圖』明版を1676年に再版した日

---

841)『齊民要術』4.5.1. 石聲漢 (*3*), vol. I, p. 71 は，「蹂」をローラーでの脱穀と解してその理由を説明するが，これは明らかに誤りだ．

図169 指で籾をしごき取る.『農具便利論』巻末図.

本のものにも，指で籾をしごき取るらしい女たちの図がある[842]が，文中に言及はない．これを少し改良した方法では，細い2本の杖の頭を短い紐で縛った道具でしごき取った．日本でこの道具は「こき箸」と呼び，稲や畑作物のしごき取りに18世紀まで使った（図170）．中国の農業文書にはこの方法の記述がない

---

842) O Franke (11), pl. XLVIII.

図 170 こき箸で籾を削ぎ取る.『農業全書』1/5a.

が,『耕織圖』の Sémallé scroll 挿絵には類似の箸を使う女たちが見える (図 171).[843]

打穀, 殻竿

中国でもっと一般的な脱穀法は穀物束を単に打つことだった. 上述のような桶の中でか, 筵に大きな石を置いてそれに打ちつけるか,[844] 低い木枠に立てかけた石板あるいは木の板 (「床」 chuang) に打ちつける[845] (図 172). ベトナムでは 2 本の杖 (こき箸に似る) の間に張った紐で穂束を捻じり, 打ちつけのモーメントを高める.[846] 打穀作業は重労働でふつう男の仕事だ.

---

[843] このような箸で脱穀するところを私は他に知らない. たぶんこれは食事に箸を使うところに限定されるだろう. ただし, 類似の道具はアストリア, グルジア, ネパールでもスペルト小麦やその他皮のある穀粒に使用する. Sigaut (1).
[844]『王禎農書』15/33a〔「農器圖譜簆蕢門, 搥稻簧」〕.
[845]『天工開物』1/53a〔「巻上粹精第四, 攻稻」〕.『松江府續志』(劉仙洲 (8), p. 67 に引用) によると, 板に割り竹で段をつけた.
[846] Huard & Durand (1), p. 128.

図171 『耕織圖』に描かれたこき箸脱穀。風選場面の手前右。Pelliot (24), pl. XXVII.

　また，穂束の上で石ローラーを牛に引き廻らせて穂を脱穀することも可能だ．石ローラーは円筒形や溝を刻んだもの，また円を描きやすいように一端を細くしたものがある[847]（図173）．ローラーを使うと労力は人力で打つ場合の3分の1で済むが，与える損傷も大きい．例えば胚種が飛び出ることも多く，種子用では決して行わない[848]が，ローラー引きは飼料にするふすまの質を高める[849]．他方，西アジアや地中海地方の脱穀板（重い木板の底面にフリントや鉄歯を埋め込んだもの）や脱穀車（木枠に3, 4本の軸を嵌め，鉄輪あるいは鉄のコロを装着したもの）は藁を細塵にまで砕いてしまう[850]．こうした道具は中国あるいは

---

847) Hommel (1), p. 74.
848) 『天工開物』1/53b〔「巻上粋精第四，攻稲」〕．
849) Hickey (1), p. 145.
850) Weulersse (3), p. 148. 脱穀車はローマ時代に北アフリカの機械 *plostellum poenicum* として知られていた (K. D. White (1), p. 155) が，たぶんカルタゴ人が中東から運んだものだろう．何故なら預言者イザヤがこれに触れていた（イザヤ 41.15, '……汝らに，鋸歯のある新しい脱穀板を作り与えた'）．脱穀車も脱穀板も地中海地域と西アジアではローマ時代にすでに普及していたし (K. D. White (1), pp. 150-156)，現在もなお使用する．Weulersse (3), p. 148 は，脱穀車で巻き上がる金色のわら屑がシリア人の村を覆う情景を生き生きと描く．H. E. Wulff (1), p. 274 以下はイラン全域の脱穀車と脱穀板を記録する．

第 4 章 耕作体系 397

図 172 打穀板.『天工開物』1/59b〔「巻上粹精第四,攻稲」〕.

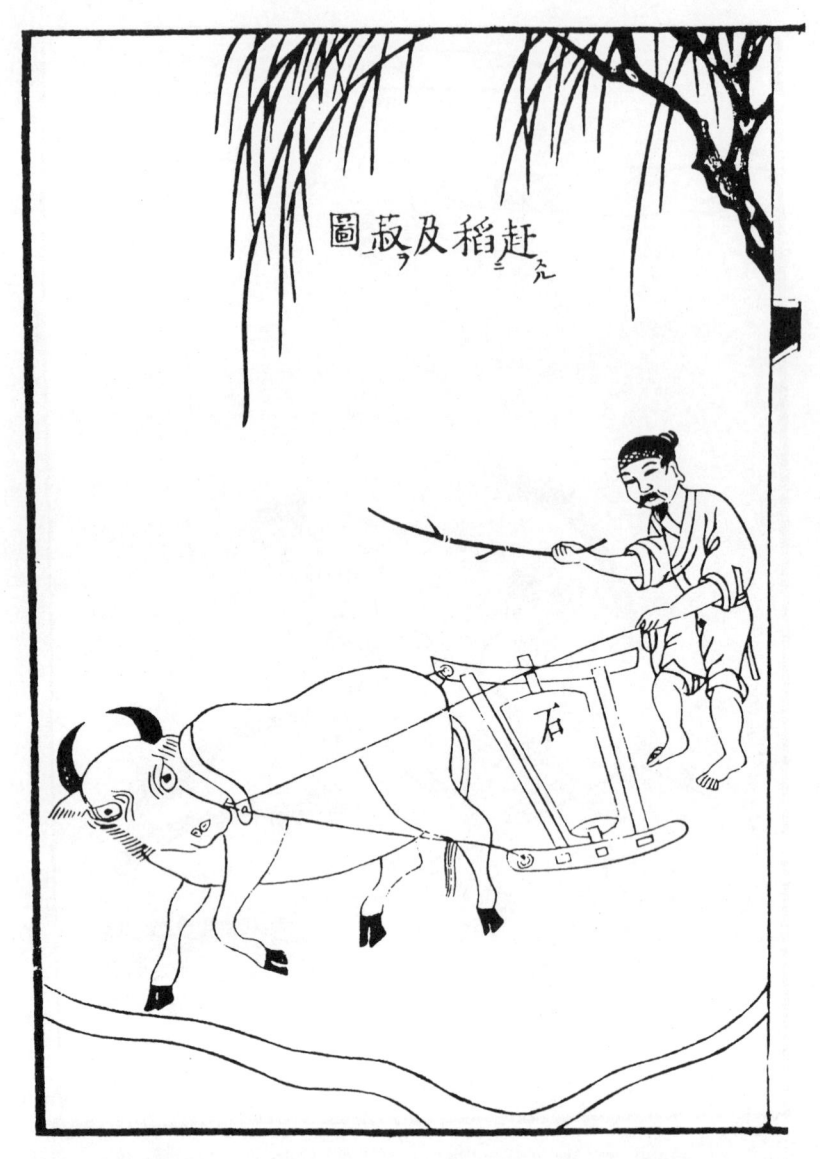

図173 石の脱穀ローラー．円周を行くため一端が細くなる．『天工開物』1/63b〔「巻上粋精第四，攻稲」〕．

極東にないようだ.

殻竿(「連枷」lien chia)は, ヨーロッパ同様, 中国でも脱穀にしばしば使った. 樓璹の詩がある.[851]

> 霜を置く晴れた朝,
> 烈風は木の葉を飛ばし,
> 脱穀に最適の時.
> 乱れた殻竿の音が響き,
> チャボは落ちた穀をついばみ,
> 鳥は大喜びで囀る……

>「霜時天氣佳, 風勁木葉脱,
> 持穗及此時, 連枷聲亂發,
> 黄雞啄遺粒, 鳥鳥喜眂眂……」

殻竿を漢代に中国全土で使用したことは『方言』に広範な地方語があることで判る.[852] 王禎は元代にその使用は南方に限られたと言う[853]が, 今日の事例は北方の諸省にも及ぶ.[854] ヨーロッパの殻竿の頭つまり回転部は一片の木片だが, 中国の回転部はふつう数本からなる(Vol. IV. Part 2, p. 70 の図374a).[*1] 漢代には連枷(「丫」ya), 3本枷(「羅枷」lo chia)と言ったが,[855] 回転部の木片数は1本から7本, 8本まである(図175). 木片が数本の場合それらは紐か革ひもで結ぶが, 『耕織図』の挿絵にある殻竿の2本枷は結んでいない(図163). 中国の殻竿の竿の長さは約90センチメートル, 回転部の長さは30センチメートルで,[856] 連結方法は回転部の頭から直角に突き出た木の心棒を竿の端の輪に通す, 言い換えると関節連結だ. ヨーロッパのほとんどの殻竿は回転部を革ひもか金属環で竿に留める外環連結だ.[857] 中国で外環連結は戦闘用具にあったが,[858] 農具

---

851)『耕織圖』の脱穀に付した樓璹の詩, 訳は著者.
852)『王禎農書』14/29a〔「農器圖譜杷朳門」〕を参照せよ.
853) 同上.
854) 甘肅, 陝西, 遼寧の殻竿の図が著者不詳(502), p. 188 にある.
855) 定義が『釋名』にある. 林(4), p. 281 を見よ.
856)『王禎農書』14/29a〔同前〕, Hommel (1), pp. 73–74.
857) Partridge (1), p. 160.
858) Needham, Vol. IV. Part 2, p. 70〔思索社刊第8巻 p. 84〕, Needham, Wang & Price (1), p. 5.
*1 思索社刊第8巻 p. 84.

図174　一本枷の殻竿．甘粛出土の魏晋時代の彩絵磚．林 (4), 6-44.

の殻竿でこれがあるのは金代の壁画（図174）が唯一だ．関節連結は中国殻竿の回転と打撃力を弱め，ワグナー [859] はこれをドイツの殻竿と比べて不器用で非実際的と片付けている．ホンメル [860] はさらに強く不平を言う．'中国人が一緒に脱穀するとき，ヨーロッパの農夫が殻竿で脱穀する際の聞きなれたリズムはない．中国人の殻竿振りは人数の多少にかかわらず必ず他に遅れて打つ者がいる'．これはホンメルのヨーロッパ的感覚に合わないのだが，中国人はたぶん樓璹が言う'乱れた殻竿の音（「亂聲」luan sheng)'（前頁を見よ）に魅力を感ずるのだろう．

千歯扱きと脱穀機

もう一つの脱穀装置で日本に起源するものは，現代の脱穀機発展の基となった考えを実現していた点で興味を引く．それは脱穀用の櫛，「稲扱き」で，最初の記述は1684年の『百姓傳記』にある．その構成は一列の歯を架台に固定した板にはめこみ，歯は45度の角度で上を向き，穂束を歯の間に引き通して籾を落とす（図176）．この千歯扱きの発明は1680年以前にちがいなく，18世紀までに日本全土で使用が広がった．稲を脱穀する櫛は鉄あるいは鋼鉄の歯を密に植えるが，小麦や他の畑作穀類の脱穀には竹歯で間隔のもっと広いものを使った．[861] これらの千歯扱きはきわめて効率的で，そのため「後家倒し」と言う別

---

859) Wargner (1), p. 274.
860) Hommel (1), p. 73.
861) 千歯扱きについてのこの短い記述は，Pauer (1), p. 148以下の詳細な記述に基づいている．

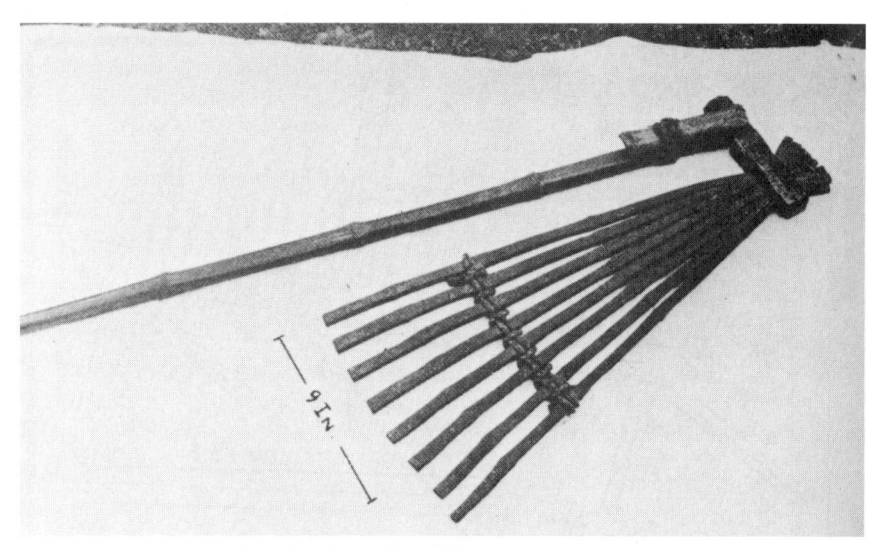

図 175　八本枷の現代の殻竿．Hommel (1), fig. 113.

称があった．というのは以前，脱穀とりわけ小麦の脱穀は，主作期の直前に年寄りの婦人あるいは未亡人が「こき箸」で行い，そのつつましい生活を支えていた．ところが彼女らは力が弱くて「稲扱き」を使えず職を失った．そこからこの別称が生まれたという．中国人が千歯扱きを見知っていた気配はない．どの古典農書にも記述はないし，西の旅行者の記述にもまったくない．[*1] 機械化後に初めて中国で使用が始まった．

　ヨーロッパで機械脱穀の着想は 18 世紀に初めて取り上げられた．[862)] 1735 年の少し前にスコットランドの機械工メンジース (Michael Menzies) が発明した機械は，数個の殻竿を水車の軸に取り付けたものだった．しかし高速で回ると殻竿がすぐ壊れ，その後の発明は亜麻絞りミルの方式を基にした．つまり穀粒をローラーの間で磨った．19 世紀半ばまでに脱穀機械は信頼性が高く安価になり，スコットランド，イングランドのほぼ全域で殻竿に置き換わった．その頃の脱穀機械は次の二種類のどちらかだった．第一の種類はビーターで，その代表例は 1851 年の大博覧会に展示された馬牽引の機械だった．次の記述がある．[863)]

[862)] ヨーロッパでの機械脱穀機の詳細な歴史と発展は Fussell (2), ch. 5 にあり，この記述はそれに基づく．
[*1] 古代エジプトの新王朝時代，エル・カブの壁画に千歯扱きの絵がある．

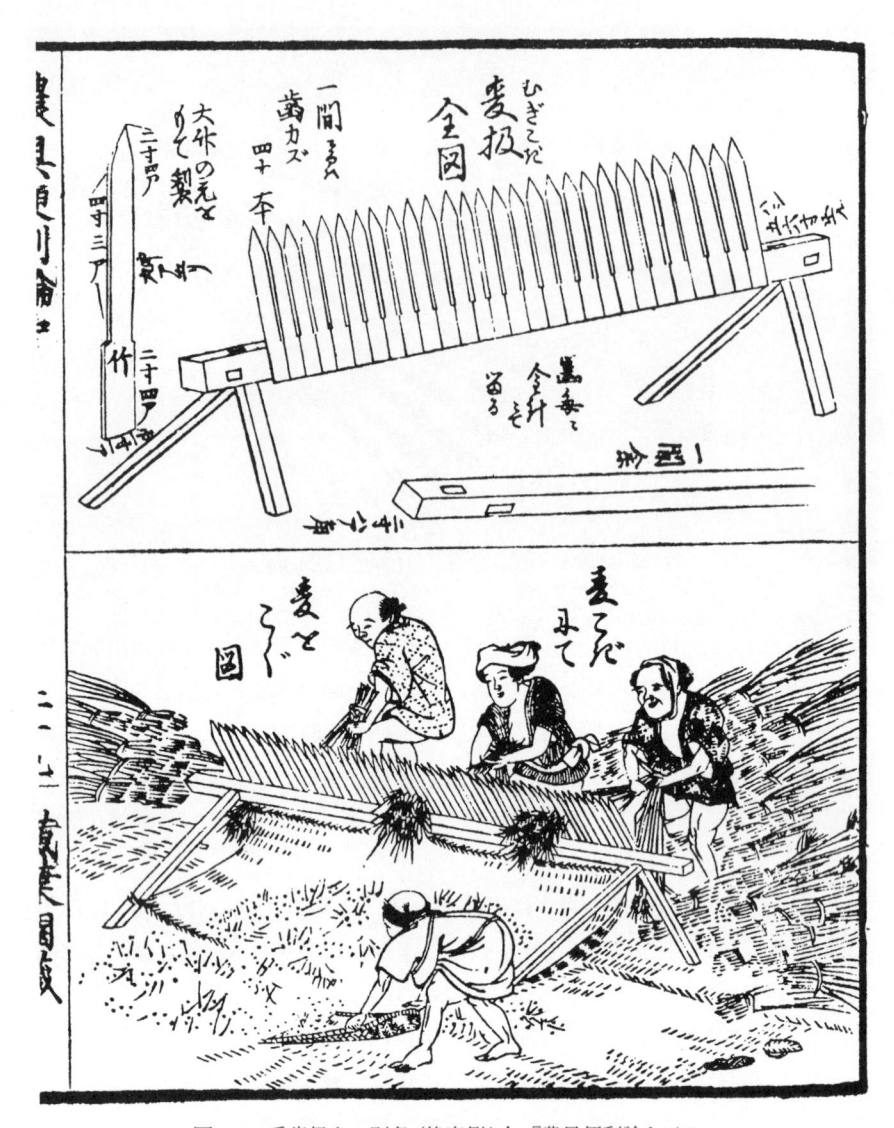

図176 千歯扱き，別名'後家倒し'．『農具便利論』2/29a．

---

863) Spencer & Passmore (1), p. 69.

ドラムにつけた5本の直刃がビーターとなり，隙間で隔てた金網覆いの鉄板が'受け'である．穂の穀粒は高速回転するビーターで藁から脱穀される．その際ビーターはドラムと受けの間の狭い間隙に巻き込まれる藁から穀粒を叩き出し，空になった藁はドラムの底から排出する．脱穀済みの穀粒は受けの間を通って機械の底に落ち，一定時間毎に脇扉から取り出す．

ビーターと受けの間隔は大抵のビーター・ドラム脱穀機で調節可能だ．しかしその調節は微妙で，この機械は穀粒を損ない藁を細かくしすぎる傾向があった．

第二の種類は釘・ドラム脱穀機で，ビーターと円筒の構造が異なった．穂束は一種の圧搾ローラーの間に入れそこでしっかりと保持し，穀粒は高速回転する円筒の釘で叩き落した．釘・ドラム脱穀機はビーター・ドラム方式より穀粒の分離効率が低かったが，気軽に使え安全で，多くの農民はこちらを好んだ．しかしビーター・ドラムが次第に発展し，19世紀末の脱穀機と風選機の結合型に取り込まれ，そこから今日馴染みのエレベーター型脱穀機が出現した．風選の節でこれらの結合型機械にもう一度触れる．

これらの方式はどれも極東の脱穀機にはない．明治時代末に日本で発展した脱穀機は西洋の見本から刺激を受けた結果だ．極東で今日使う脱穀機は大抵が18世紀日本の「後家倒し」つまり千歯扱きに直接由来する．簡単な千歯扱きは19世紀の日本全土で使用が続き，明治の終わり1911年，足踏み式回転脱穀機が本州西部の山口県で初めて発明された[864] (図177)．これらの脱穀機は日本全国に急速に普及し，たぶん少し遅れて日本の台湾と満州領有時に中国へ導入された．その最初の(断定はできないが)証拠はワグナーの1926年の本にある絵[865]だが，不幸にもどこでいつ彼がこの機械を見たか書いていない．最も単純な形，つまり足踏み式回転ドラムに鋼鉄製歯あるいは環の列が平行に並ぶものは今日，中国全土に行き渡っている．[866] いくつかの地方には家畜あるいは水車を動力に利用するタイプもある．[867] 東南アジアで広く利用する機械は日本の「みのる脱穀機」(図178)で中国のものと同類だが，小さな扇風機を組み込んで穀粒

---

864) 飯沼・堀尾 (*1*), p. 196.
865) W. Wagner (1), p. 272, fig. 91/13.
866) 著者不詳 (*502*), pp. 190–219.
867) 同上, pp. 210–217.

図 177　日本の初期の脱穀機．飯沼・堀尾 (1), p. 197.

を風選する．

　これら東洋の脱穀機は西洋のものと比べると原始的に見える．それにもかかわらず効率的で脱穀能力は籾1日1トンから6トン，[868] 安価と単純さが利点である．西洋の農民は一般に脱穀機やコンバイン・ハーベスターを賃借りするか請負人を雇ってこれらの仕事を任せる．機械の普及以来これが普通だ．[869] 中国や日本の小型脱穀機は安価で農民個人やグループでも購買でき，構造も簡単で維持は容易，運転経費は安く，小規模の集約農業に申し分なく合っている．丁度，

---

868) 同上, p. 190 以下.
869) Fussell (2), p. 173.

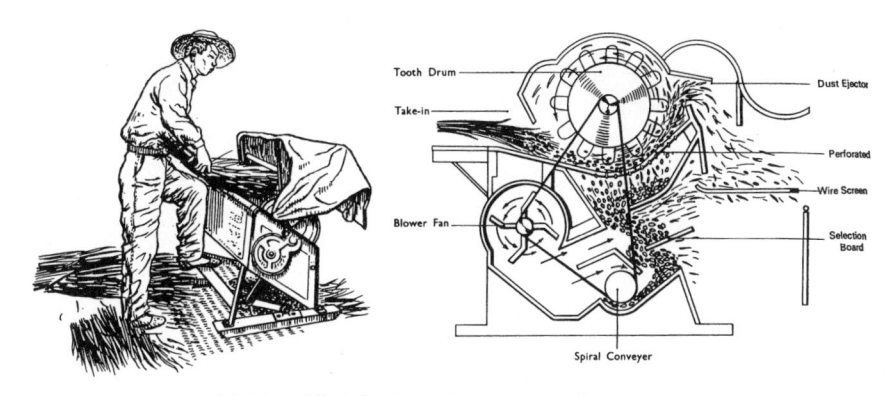

図178　現代の「みのる脱穀機」. Grist (1), p. 166.

巨大なコンバイン・ハーベスターがアメリカ大平原の粗放小麦栽培に付き物であると同じだ.

(iii) 風選

箕, 盆, 篩

　穀粒の風選に箕や篩を使うことはたぶん穀類の栽培化より古く,[870] 箕を中国の新石器時代に使ったことは確実だ.[871]「箕」もっと古くは「其」(*chi*)という字は風選用の籠を意味し非常に古い文献に出る.[872] 他方『説文』は箕を「簸」(*po*)と呼ぶ.[873] しかし文字での記述は周代や漢代の文献にも多いのだが, 挿絵の出現はずっと後だ(図179, 164). これらの挿絵を見ると, 予想されるとおり形や大きさの変異が著しい.

　箕や盆は手先の器用さが要る. 手首をひょいひょいと律動的に動かして重い粒を籾殻とより分け, 次第に盆の端から弾き飛ばす.'この方法は混ざりのない標本を作るようなものだ……困難ではない. しかしきわめて遅い, 平均1時間に45キログラムだ'.[874]

　箕の代わりに大きな篩(「篩」あるいは「籭」*shai*)を使うと作業は速くなる(図180).

---

870) 例えば, オーストラリアその他での狩猟採集民の風選について, Kraybill (1) を見よ.
871) D. Kuhn (1).
872) Karlgren (1), 1952, a-f, Keightley (2), table 26, no. 5, Legge (8), vol. II, pp. 356-471.
873)『王禎農書』15/25*a*〔「農器圖譜簁簀門」〕に引用.
874) Hopfen (1), p. 126.

図 179　箕で風選，竹臼で籾摺り．『耕織圖』．Pelliot (24), pl. XXVIII.

図 180　風選用篩．『耕織圖』．Franke (11), pl. XLVII.

篩を三又か適当な枝に吊るす（「篩穀筷」shai ku kuai）[875]と，さらに改良できる（図181）．三又を立てる方法は中国でも東南アジアでも今もよく見る．[876] もっと最近の改良は揺り子の上に篩を乗せる遼寧の例で，1958年に北京で展示された．[877]

フォーク，シャベル

箕と篩の利点は風のない天候でも可能なことだが，もし収穫の後も安定した風があるなら，農民はたぶん穀粒をフォークかシャベル（「竹揚枕」chu yang hsien あるいは「颺籃」yang lan）で放り上げて風選する方を選ぶ（図164, 171, 182）．『王禎農書』に描写がある．[878]

> 穀を軽く風に投げる，
> 青空から突然雨音が来る，
> 風は殻と藁を吹き飛ばした，
> 唐箕で生活を煩わすには及ばない．
>
> 「竿頭擲穀一箕輕，忽作晴空驟雨聲，
> 已向風前穅粃盡，不勞車扇太忙生．」

唐箕

王禎が農民に代わって唐箕を揶揄する言葉は，農民の気持ちというより経済を反映しているだろう．実際にはどんな簡単なものでも扇があれば風選を助け，まったく風がなくても穀粒と殻の選別ができる．中国最初の唐箕はたぶん機械工学の巻で記述する二重扇だろう．[879] その方法は竹葉で編んだ方形マットを2枚垂直柱に載せて一人が前後に動かし，もう一人がその前で一定速度で穀物を落とす（図183）．[880] この扇は中国の農書でとりたてて述べられないが，少なくとも南方では20世紀まで使用が続き，日本，ベトナムでも盛んに使った．少し後の形は竹を編んだものではなく，ひだをつけた紙製団扇だ（図184）．[881] 時に

---

875)『王禎農書』15/29b〔同前〕．
876) W. Wagner (1), p. 276, Hommel (1), p. 76, Loofs (1), p. 20.
877) 著者不詳 (18), fig. 9, D. Kuhn (1) は各種の籠と篩をやや詳しく論議している．
878)『王禎農書』13/10a〔「枕」は「農器圖譜钁鑺門」，「颺籃」は「農器圖譜蓧蕢門」に記述がある〕．
879) Needham, Vol. IV. Part 2, p. 154〔思索社刊第8巻, p. 206〕．
880) 扇風機を操る男たちの髪型に基づいて，劉志遠 (3), p. 52 は彼らが奴隷とされた部族民の可能性があるという．Vol. IV で漢代の扇風機が回転式か振動式か議論したが，それ以後，回転式の可能性は否定した．仕事と装置の性格はともに振動式を示す．民俗的資料もこの見方を強める．

図 181　木枝に吊るした風選篩.『王禎農書』15/29a〔「農器圖譜簁蕢門」〕.

図 182　風選用フォーク．甘粛嘉峪関の魏晋時代の彩絵磚．著者不詳 (*512*), pl. 144.

扇どころか筵の端で扇ぐこともあった (図 185).

　以前の巻 (Vol. IV. Part 2, p. 151 以下)*1 で機械風選をやや詳しく論議しているが，ここで再びそれを取り上げて中国での風選の進展を少し詳しく考え，他の世界への波及も検討したい．

　機械工学の巻 (Vol. IV. Part 2, p. 154)*2 が述べるように，回転扇式唐箕を中国の前漢代に使用した可能性がある．その記述は言語上の証拠を引用し，漢代明器にあるクランク操作の唐箕様の道具を示す (図 415)*3．当時，言語上の証拠はあやふやかもしれず，明器の情報も詳細ではなく論争の余地があったが，その後，漢代の実例が多数出土した．1969 年，河南済源の前漢墓で二つの明器が出土し，[882] 1971 年には洛陽の後漢墓で陶製模型 (図 186) が出土し，[883] これは回転扇を除く他の木製部分の形をすべて保存していた．したがって回転扇式唐箕 (「扇䭔」 shan tui あるいは 「扇車」 shan chhe[884] と呼んだ) を紀元前 1 世紀の中国で使用した決定的な証拠があるわけだ．

　漢墓明器は中庭の壁に作りつけた唐箕を示し，唐臼と磨り臼も便宜のためすぐそばに設けてある．比較的小さなクランク操作の回転扇はすぐ後ろに大きな

---

881) 華南と日本でのこれらの使用は W. Wagner (1), p. 277, F. H. King (1), p. 268, Pauer (1), p. 156, ベトナムでの使用は Truong Van Binh (1) が言及する．
882) 著者不詳 (*523*).
883) 徐扶危・賀官保 (*1*), pp. 57–59.
884) Needham, Vol. IV. Part 2, p. 154 を見よ〔思索社刊第 8 巻 p. 203〕．
*1　思索社刊第 8 巻，p. 201 以下．
*2　思索社刊第 8 巻，p. 202．
*3　思索社刊第 8 巻．

図183　漢代の風選用二重扇．林 (4), 6-54. 元の写真は四川省博物館．

図 184　近代日本の二重扇. King (1), fig. 159.

空気口があり，傾いたトンネルの後端つまり穀類の注入ホッパーのすぐ前に置く．重い穀粒はホッパー直下の篩を通るが，軽い籾殻（「糠」*khang*）とさらに軽いぬか（「秕」*sai*）はトンネルの下方へ吹き飛ばされる．トンネルを十分長くすると，ぬかと籾殻も分離できる．[885］漢代明器の一つ（図 415）[*1] は，後代の機械によくある大小二種類の篩に通じる出口がある．

　風選機は漢代から元代の間に重要な改良が何度かあるが，そうした改良が初めてかどうか断言は難しい．顔師古（Yen Shih-Ku）の『急就篇』（*Chi Chiu Phien*）序に関する簡単な注解[886］や作業中の唐箕を歌った宋代の王安石[887］や梅聖兪

885）同上．
886）Needham, Vol. IV. Part 2, p. 154〔思索社刊第 8 巻, p. 204〕．
887）『王臨川集』巻 2, p. 73.
*1　思索社刊第 8 巻．

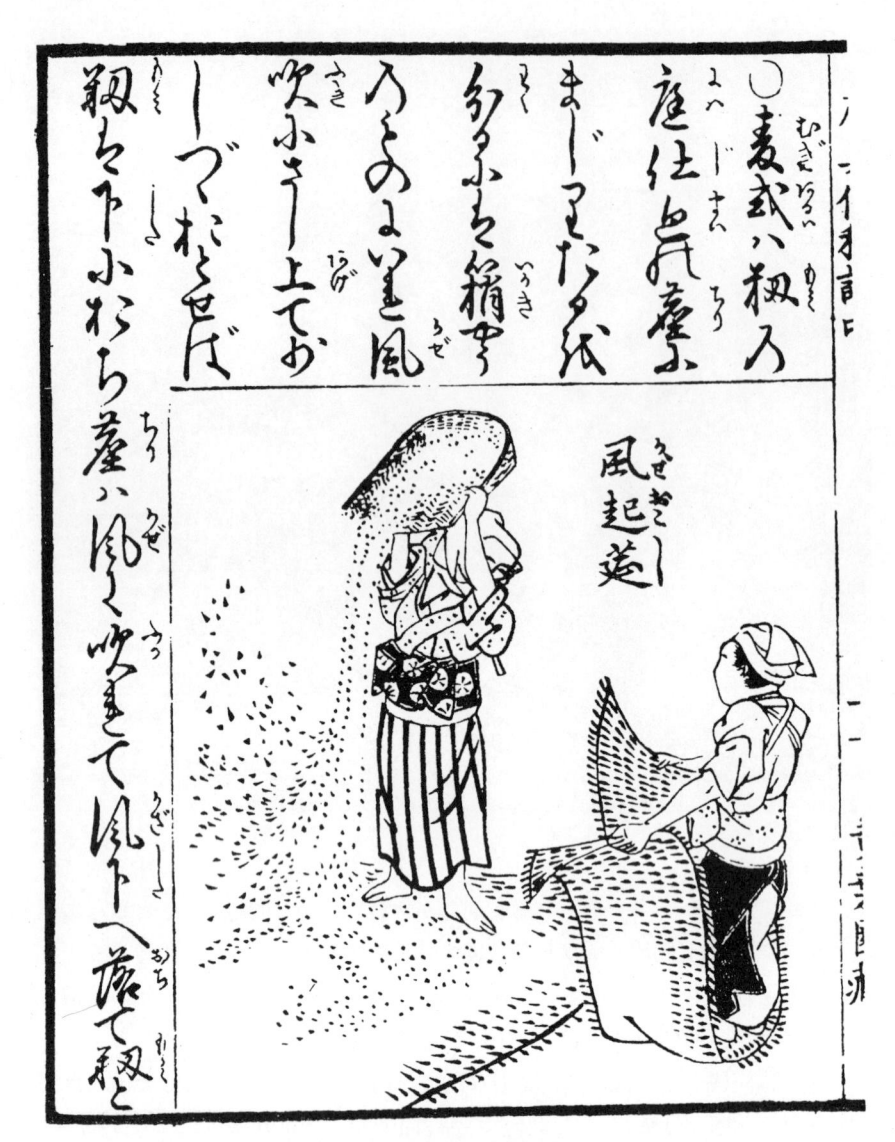

○麦或ハ穀入
庭仕舞塵
まじつてたゞ穀
引ふき稲中
入るのよ風
吹ふき上てか
しづにむと
穀を下ふるち塵ハ風く吹きて風下へ廣て穀と

風起し

図185　筵で扇ぐ.『農具便利論』, 2/11b.

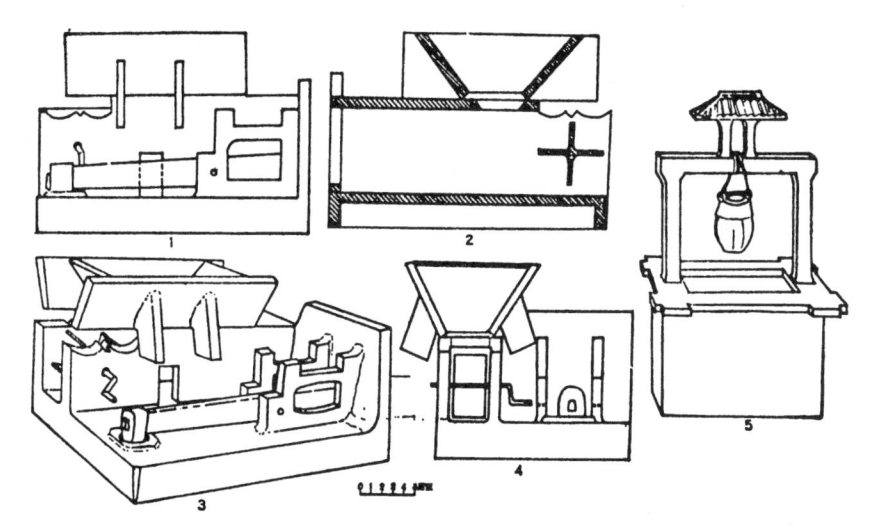

図186　回転扇式唐箕を示す漢代明器．扇はクランクで動かす．徐扶危・賀官保(*1*), fig. 4.

(*Mei Sheng-Yü*)[888] の詩は別にしても，唐箕の記述や絵は王禎の『農書』1313年の出版を待ってやっと手に入る（図188）．『農政全書』[889]と『授時通考』[890]はどちらも王禎の記述を引用し，『天工開物』[891]と『農具記』[892]などの文献も唐箕に触れる．『農書』の明版の挿絵（図188）と『天工開物』[893]の挿絵にある機械では，大きな回転扇が閉じた円形天蓋の中にある．このような機械は今も中国全土と極東全域で使用している．『授時通考』[894]や日本の種々の文献[895]（図189）からも，同様の機械を清代に使用したことが判る．

しかしよく見ると不一致がある．『農政全書』は記述では王禎を忠実に引用するが，挿絵では回転扇は明らかにむき出しで（図187），そしてこの図が『授時通考』[896]や『天工開物』の清代版挿絵に複製されている（図435, Vol. IV. Part 2, p.

---

888) 梅堯臣, 1060年没．彼の詩は王禎が引用している．『王禎農書』にある詩は Vol. IV, Part 2, p. 153〔思索社刊第8巻 p. 204〕に訳がある．
889) 『農政全書』23/11*b*.
890) 『授時通考』40/14*b*.
891) 『天工開物』ch. 1, sect. 4, p. 53*b*〔巻上粹精第四，攻稲〕．
892) 『農雅』4. 89 に引用．
893) 『天工開物』ch. 1, sect. 4, p. 61*a*〔巻上精粹第四，攻稲〕．
894) 『授時通考』40/15*a*.
895) Pauer (1), figs. 53, 55 を見よ，『日本永代蔵』と『私家農業談』の挿絵が復刻されている．
896) 『授時通考』40/14*a*.

颺扇

図187　見かけは開放型の唐箕.『農政全書』23/11*a*.明代の絵は実際は閉鎖型回転扇式唐箕の断面図を示す.回転扇は右下の足踏みペダルで動かす.

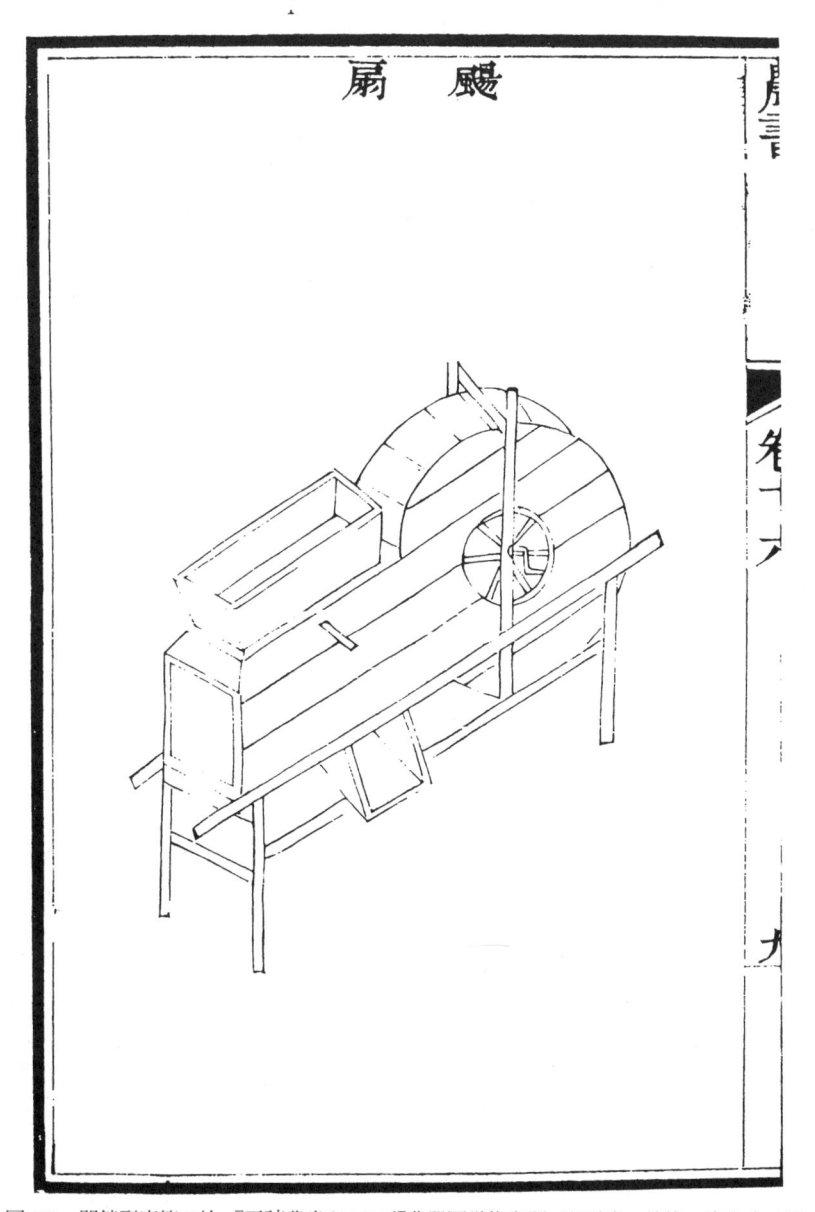

図188 閉鎖型唐箕の絵.『王禎農書』16/9b〔「農器圖譜杵臼門, 颺扇」〕. 前後に突き出る運搬用取っ手に注意.

図189　日本の閉鎖型唐箕（左上部）．口が2箇所ある．1688年の『日本永代蔵』．Pauer (1), fig. 53 に収録．

152)．*¹ この挿絵は長年の混乱の原因となり，中国中世には開放型と閉鎖型二種類の唐箕があり，そのうち後者だけが現在まで残ったと（私たちも他の人たちも[897]）結論することになった．（開放型唐箕は上記の『農政全書』を複製した挿絵を除いて実物はない．）この考えはしかしいわゆる'開放型'唐箕の挿絵の解釈を誤っているのだ．図187を注意深く見ると，画家は普通の唐箕の透視断面図を描こうとしたことが判る．上の2本の円弧は回転扇を収める円形天蓋の側面を表し，手前で操作する二人はホッパーの中の穀粒の流れを分離板（「區縫」pien feng）で調節している．[898] 穀粒は左の滑り板から落下し唐箕の外へ出て籠の中へ入り，籾殻は唐箕の端（絵では底部）へ吹き出る．『授時通考』などは唐箕の挿絵を付録で説明し，[899] これが'開放型'唐箕の正しい説明であると，何の疑いも

---

897) Needham, Vol. IV. Part 2〔思索社刊第8巻, p. 203〕, W. Wagner (1), p. 277, O. Franke (11), pp. 156-157, T. Thilo (1), p. 148, (2)．Thilo はこの解釈に疑問を投げかけた唯一の学者である．劉仙洲 (7), p. 39 はこの問題を議論していない．
898)『王禎農書』16/9b〔農器圖譜杵臼門〕．穀粒流の分離板あるいは制御装置は Hommel (1), fig. 118 と Grist (1), fig. 8.8 にはっきり見える．
*1　思索社刊第8巻, p. 202.

持っていない.[900]

　かくて,私は『農書』の一節について以前加えた解釈を少し変更せねばならない.以前はこう訳した.[901] 'ある人々は(覆いをはずして)回転扇を上にあげて風選をする.これは「扇車」(shan chhe)という'.この訳は次のように変える.'竿(「舁」yü)で持ち運んで,脱穀場で使用可能な唐箕もある(「又有舁之場圃間用之者」).これは「扇車」(shan chhe)という'.別の場合,私の以前の訳は変えない.

　そこでもう一度,宋代以後の唐箕(「扇車」あるいは「颺扇」)の特徴を見てみよう.まずこれらは漢代のものより効率が高い.風扇はより大きく,中心に空気口があり,円形の天蓋で閉じ,これによって風を穀粒の流れへ向けて絞ることができる.第二に全体は木製で,唐箕の普通の挿絵は屋内での使用を示唆するが,王禎が言うことから明らかなようにある種の「扇車」は移動可能で脱穀場へ運ぶことができた.いくつかの唐箕はまだ手動クランクがある(図188)が,足踏みのもの(図187)もあった.中国の挿絵では選別済みの籾の滑り出口は一つだけだが,日本へ中国から導入された直後の唐箕の絵は二つの滑り出し口を描く(図189).[902] これは1773年に広東を訪れたスウェーデン人旅行者が,中国の風選機は穀粒を二種の等級に選別すると述べることと合う.[903] たぶん穀粒が落ちるときに篩を通しただろう.『農書』や『授時通考』が記述する器械と同じものが20世紀の中国にもまだある.[904]

　宋應星が1637年に唐箕の使用は稲が主作物の南方でのみ普及すると書いていることは注意を引く.彼によると華北では小麦や雑穀同様,少しばかり栽培する米もシャベルで放り上げる(「颺」yang).しかし放り上げ法は米に向いていないと宋は感じていたらしい.[905] ヨーロッパで中国の唐箕を導入した地方は大麦あるいはライ麦地域(例えばスウェーデンやオーストリアの一部)なので,シゴー(Francois Sigaut)は芒や殻の大きい穀類には唐箕が最適と言う.[906] しかし唐

---

899)『授時通考』40/15b.
900) 挿絵がもし本当に開放型唐箕を表しているとすると,回転扇と穀粒流の配置が奇妙となり,その操作法が理解できなくなる.
901) Needham, Vol. IV. Part 2, p. 153〔思索社刊第8巻, p. 204〕.
902) 前出の,1788年『私家農業談』を引用した Pauer (1), fig. 55 を見よ.
903) Barchaeus (1), p. 19 以下, G. Berg (3), pp. 27-28 に引用.
904) Hommel (1), p. 74 以下.
905)『天工開物』, ch. 1, sect. 4, p. 53b〔「巻上粹精第四」〕.
906) 1978年の私信.

箕はヨーロッパの小麦地帯，例えばフランダースなども導入し，[907] 中国でも王禎はそれを小麦と粟の風選に特定して述べている．[908] さらに先に見たように唐箕の漢代模型は粟と小麦が主作物である河南で出土する．したがって'芒種'対'裸種'という説明は合わないようだ．たぶん答えは単に経済の問題だろう．唐箕はシャベルや箕よりはるかに効率が高い[909] が，経費も嵩む．例えばホンメル[910] は南方のある地方を訪れたとき，裕福な農民だけが唐箕を所有し，貧しい農民は箕かシャベルを使うと報告している．ここから推測すると，唐箕は漢代の後もしばらくは華北の大農場で使用したが，この地域が唐代以後貧窮化して後進地域となる[911] につれ農民は労力はかかるがより安い風選法に逆戻りし，17世紀に唐箕は華北でほとんど姿を消したと思われる．

唐箕の利点は所有できる人たちには明らかで，次第に他のアジア諸国へ広がった．日本で'唐の箕'（唐箕）の名前が最初に登場するのは，井原西鶴の『日本永代藏』1688年で，それは2枚の穀物滑り出口を描く（図189）．その後，唐箕は多数の農書が絵入りで説明した．[912] 18世紀初期にはほぼ日本全土に波及し今も田舎で見受けるが，今は豆類を主とし，穀類以外への使用が多い．[913] 唐箕は東南アジアでも使用が広く，たぶん17世紀初期に華僑がジャワやその他の場所に定着して稲を栽培したとき導入したものだろう．[914]

ここで西での風選の歴史を簡単に見よう．古典文書が触れる唯一の道具はシャベル（*pala lignea* あるいは *ventilabrum*）[915] と風選籠（*vannus*）[916] で，籠は柳細工で作り，形も中国の「箕」（*chi*）と違った（図190）．上記二つの道具はヨーロッパの風選具として19世紀まで続き，ある地方では今も使う．[917] 中国で広く普及す

---

907) G. Berg (3), p. 32.
908)『王禎農書』16/19*b*〔「農器圖譜杵臼門」〕.
909)『王禎農書』16/10*a*〔農器圖譜杵臼門〕. 18世紀，中国からスウェーデンへ輸入された機械に関する報告では，1日に17バレルの穀物が処理できると述べる．Hårleman (1), p. 63, G. Berg (3), p. 27 に引用．
910) Hommel (1), p. 76.
911) Bray (3).
912)『耕織圖』と『三才圖會』の日本語訳，また，1788年の『私家農業談』など日本の著作.
913) Pauer (1), p. 156 以下.
914) V. Purcell (1). 比較的最近に導入された所もあるが，長期にわたって使用している地方もある．マラッカ博物館で重々しい硬木製の唐箕を見たことがあるが，それは優に18世紀に遡るだろう．
915) K. D. White (1), p. 31 以下.
916) K. D. White (3), p. 75 以下.

第4章　耕作体系　419

図190　風選籠（*vannus*）を使うローマ人．モグンティアカム（Moguntiacum）（マインツ）の石刻レリーフ．マインツ中央博物館．

図191　ウェールズの風選扇．Spencer & Passmore (1), pl. IX.

る三脚支柱から大きな篩を吊るす方法は，19世紀初期の南ヨーロッパでラステイリー（Lasteyrie）の報告があるが，風選過程に使ったというよりも最後の仕上げに篩ったに過ぎない．[918]

風扇の使用はどのようなものも18世紀末まで稀だったようだが，1523年のフィッツハーバートの『農業書』[919]や，『農園と館』の英国版[920]は，イングランドのある地方で穀物を扇ぐことに触れる．フィッツハーバードは詳細を述べないが，『農園と館』は二種の扇を述べる．一つは'大きな丸い柳細工で，角のない単純な半円と角ばった深さ1フィートの半円からなり，作業者が穂をその方向の前後に放ると，殻を粒から吹き飛ばす'．もう一つは'帆布様の目の粗い布製扇を速く回転して風をおこし，粒を殻から取り分ける'．後者のタイプはイングランドに普及し，その僻地では19世紀の終わりまで使った（図191）．[921]『農園と館』によると，これらの扇は風の通り道で篩う古い方法より効率は低いが，こうした物の存在は中国式唐箕がヨーロッパへ伝来した後も英国では普及が遅かったことを示すものだろう．

中国式唐箕の最初のモデルは18世紀初期にイエズス会士がフランスへ持ち込んだもののようで，[922] 1720年までに実際にフランダースとシレジアで稼動した．スウェーデンにも広東を訪問した科学者たちが相当数持ち帰り，器械をヨーロッパの穀類風選用にノーベルグ（Jonas Norberg）など企業的技術者が調整した．ノーベルグは1722年に改良型を作り，こう言う．'中国からもたらされた3台の器械から……着想を得た……それはこちらの穀物に合わず，3台とも重要な働きが欠けており，穀粒をむらなく出す装置が要る'．[923]

上記の通り初期のスウェーデンの唐箕は南中国から直接輸入した証拠があるが，1700年から1720年頃にフランダースへ導入した器械の発送元は論争がある．ベルク（Berg）[924]はその頃までにオランダが長崎を通して交易関係を確立して

---

917) 例えば，カラブリアに関してRasmussen (1).
918) Lasteyrie (1), Leser (2), p. 437に引用．
919) Fitzherbert (1), p. 41.
920) Stephens & Liebault (1), p. 548.
921) G. Berg (3), p. 37以下，Spencer & Passmore (1), p. 68, G. Jekyll (1), p. 231.
922) Hårleman (1), p. 63.
923) Berg (3), p. 40に引用．この装置の全ヨーロッパでの採用について，Bergが徹底的な報告を書いている．
924) 同上，p. 37.

いた日本から来たと信じている．ベルクの印象ではワトソンの報告[925] つまり唐箕が蘭領東インドからオランダへ導入されたという話は不確な推察に過ぎないというが，私自身はこのほうがありそうだと思う．何故なら先に見たように，中国の唐箕は17世紀の終わりに日本へ導入されたがそこでの使用は18世紀半ばまで一般化しなかったからだ．一方，ジャワにはオランダの到着以前に華南出身の稲作華僑がすでにいたし，1619年のバタヴィア建設後，華僑は城壁の周りに水田を開き始めていた．[926]

中国および東アジアで唐箕は脱穀後と脱稃後，穀粒のより分けに使った．穀粒の乾燥に使うことすらあった．[927] しかし脱穀装置を唐箕に組み込む考えを中国人は思いつかなかった．使える装置としてわずかに日本の千歯扱きがあっただけなので，無理からぬところだ．他方ヨーロッパでは，唐箕が来たとき丁度農業機械への関心が高まっていた．フランダースやフランス，スコットランドの発明家たちは脱穀機械を作り始めており，彼らは風扇を組み込んで脱穀と同時に穀粒を選別する利点にすぐ気づいた．英国で1870年代までに多段通風の脱穀選別機が普及し，さらにこれらの機械に昇降機を組み合わせて脱穀・風選後の藁を積み上げる機械の製作も始まった．[928] もとの中国製で行える風選度合いはこの頃には製粉業者の要求に合わなくなっていた．だが，中国式の唐箕が西洋で完全に廃れてしまったのに，第三世界の諸国では今も普及し続けていることは面白い．その経済性と操作上の利点のため，技術的にもっと進んだ機械と十分競合しうるのだ．[929]

6　穀物貯蔵

(i) 貯蔵法の重要性——資料に見る位置づけ

西洋でも東洋でも農書の撰者たちは増収法に過剰とも見える注意を払ったが，増収に勝るとも劣らず重要な収穫後の効率的貯蔵法を時に軽視した．今日でも

---

925) J. A. S. Watson (1), p. 47.
926) V. Purcell (1), p. 395.
927)『農具記』．『農雅』4. 89 に引用．
928) Fussell (2), p. 173 以下．
929) Grist (1), p. 168.

野小屋で起こる米の損失は 50 パーセントに上る.[930] プリニウスは風変わりな小麦の貯蔵法を多数挙げているが,ヒキガエルの後ろ足を縛って穀物搬入前に野小屋の入口に吊るす例などは,ローマ時代の貯蔵法がはたして本当に有効なものだったか疑わせる.[931] 17世紀のイングランドでマルカムは,穀物を野外で地表に直接積むことを非難し,その方法では,'ふつう積み上げた穀物の下部1ヤードは腐り,無駄になってしまう' と言う.[932] 作物の収量と播種量の比は10対1以下で,ヨーロッパのどこも農業革命の前はこの状態だった[933] ことを考えると,貯蔵法の劣悪さのため,農民は飢えるか貴重な種子用穀物を食うかどちらかの選択を強いられる状態だった.[934] したがってローマやヨーロッパの農書が倉庫の建設と維持について,詳細な助言を載せていることは驚くに当たらない.[935]

初期中国の政治家は全員,大量の穀物を貯蔵することの重要性を認めていた.それは国家を効率的に運営し,また大軍を維持するために重要だったのみならず,飢饉の際の人民救済にも重要だった.例えば『淮南子』は言う.'平均的に,国家は3年の収穫から1年分の余剰を貯えねばならぬ……自然災害の際にも人民が困窮せず,破滅しないためである.[少なくとも]9年分の貯えを持たない国家は食料不足というべく,6年分の補給を持たない国家は危険な状態にあり,3年分の食料を持たぬ国家は絶望の瀬戸際にあるというべし'.[936] しかし,穀物の貯蔵は遅くとも戦国期には相当な規模に達した[937] にもかかわらず,『氾勝之書』や『齊民要術』など初期中国の農書に,穀物貯蔵技術について詳細な記述がない.穀倉の建設と維持管理について十分な記述を見るのは宋代が初めてとなる.

後代の文献はどれも公共穀倉で行う大規模な穀物貯蔵を述べ,同様の方法を

---

930) Grist (1), p. 401.
931) K. D. White (2), p. 189, Pliny (1), XVIII, 301.
932) Markham (1), p. 83.
933) Slicher van Bath (1), tables 328–33.
934) Duby (1), W. Abel (1), p. 95 を E. R. Wolf (1), p. 5 に引用.
935) Varro (1), I, lvii, Columella (1), I, vi, Stephens & Liebault (1), pp. 14–18, 547–548, G. Markham (1), pp. 83–86, 101–117, など.ローマの穀倉について G. Rickman (1) を見よ.
936) 『淮南子』9/18a〔「主術訓第九」〕.
937) 例えば,紀元前7世紀の法家の政治家管仲の穀物貯蔵に関する政策を見よ.『管子』巻24〔「軽重乙第八十一」〕に記述がある. Than Po-Fu et al. (1),特に p. 187.

寺院や道教寺院，宗族や大家族が行ったことは疑いない.[938] 小農の貯蔵法を推測する手立ては，考古資料,[939] また辞典や百科全書にある貯蔵に関する用語の定義，そうした用語を含む歴史書や地理書，農書や農業辞典にある挿絵や説明などだ．

効率的な穀物貯蔵について，初期の中国文献が同時代の西ほど関心を示さない理由は，たぶん初期中国の穀物(北方のミレット，南方の稲)が一個体当たり大量の粒数をつけ，したがって収穫対播種の比(収穫粒数を播種粒数で割った値)が西洋の主要穀物の小麦や大麦より高いことにあるだろう．西洋では20世紀後半でも，収穫対播種比は小麦で20対6から20対1の間にあり,[940] さらに中世のヨーロッパでは収穫が辛うじて播種量を超える程度だった.[941] これに対して華北の初期の主要作物だった粟は，20世紀に100対1程度である．6世紀の著作『齊民要術』に見るその比は誇張だとしても,[942] 当時の実際は少なくともヨーロッパの10倍以上だったことは間違いない．今日の稲での平均値は50対1で，これも小麦や大麦の今日の比より相当高い.[943] 初期中国文献に貯蔵技術の記述が少ないもう一つの理由は，華北の気候と土が乾燥していることで，これは穀物の貯蔵に都合がいい．さらにミレットや稲はカビ，虫害に対する抵抗性が比較的大きい．

大量の穀物貯蔵が中国の首都や大きな省都でごく初期から行われたが，穀倉の建設と維持管理に当たったのはたぶん訓練を受けた専門家で，彼らは知識を家来や弟子に文書でなく口承で伝えたようだ．「倉人」(*tshang jen*)(‘穀倉人’)，「廩人」(*lin jen*)(‘穀屋人’)，「舍人」(*she jen*)(‘[蔵]家人’)の地位は『周官』に記され，漢代以前にこうした専門官職があった可能性を示す.[944] 『漢書』には倉主任(「倉長」*tshang chang*)，副主任(「倉丞」*tshang chheng*)，長官(「倉令」*tshang ling*)といった官職が皇后の宮廷にあり，ほかに省の倉監察官(「倉農監」*tshang nung chien*)や倉局官

---

938) ここでも正確な情報は少ない．穀物管理に関してある程度の記述が宗族文書にある(例えば，Twitchett (9))．また中国の大荘園は貯蔵と穀倉に相当な面積を当てている(劉敦楨 (4))．
939) 漢代の陶製明器と画像石・磚は特に情報が多い．例えば，Finsterbusch (1), vol. II の随所．
940) Purseglove (1), vol. I, p. 291.
941) Slicher van Bath (1), table II, pp. 328-329.
942) 『齊民要術』3.19.12 など．
943) Purseglove (1), vol. I, Grist (1), p. 458.
944) 『周禮』4/37*b*, 26*b*, 27*a* [地官司徒下，倉人，廩人，舍人の条]，訳 Biot (1), vol. I, pp. 390, 384, 388.

吏(「倉曹史」tshang tshao shih)⁹⁴⁵⁾ があるが，これらの官吏の任務規定には記載がなく，たぶん執行ではなく監察的なものだっただろう．

　宋代までに首都と省の穀倉は大きさも数も増え，さらにもっと小さな穀倉を村に置き穀物不足と飢饉に備える慣行も一般化した．これらの小さな穀倉を有効に運営するためには政府の穀倉の技術を公表し，小規模穀倉を無駄なくかつ汚職から守る管理法を発展させる必要があった．南宋の政治家富弼(Fu Pi)(1004～83年)は郡と村の官営穀倉を運営する方法について一連の覚書と勧告を執筆している．⁹⁴⁶⁾ また朱子学の有名な政治家で思想家でもある朱熹は村の穀倉管理に関する小論を1182年に著している．⁹⁴⁷⁾ この二つの著作は後代の人が広く引用するが，正史や他の多くの文書中の穀倉と穀物管理を扱う記述と同じく，建設や管理，維持方法の技術的情報に欠ける．

　穀倉の建設を特に取り上げた文書で残存する最古のものは，『營造法式』(Ying Tsao Fa Shih)の該当する節で，1097年の初版が建設技法を述べる．実際はそのほとんどの部分が建築書というより調査用便覧で，必要な石材，木材の種類と数を羅列するが，それらの組み立て方の詳細は記述がない．⁹⁴⁸⁾ 王禎の『農書』1313年は農書として初めて穀物貯蔵を特に扱う節を置く．古典の辞書から定義を引用するだけでなく，小規模穀倉を中心に当時の建設法，用途と分布を述べるが，官営穀倉の記述は少ない．⁹⁴⁹⁾ 技術面で最も詳細な文書は明代の官吏張朝瑞(Chang Chhao-Jui)(1570年頃活躍)が書いている．彼の著述は郡の太守の行うべきこととして，公共穀倉の場所の選択，事業の財政，命令文書，穀物購入の財政と貢納金の徴収，事業全体の管理について行き届いた記載を行った．⁹⁵⁰⁾ 宋代，明代，清代の行政官も穀倉管理について多数の詳しい記述を論説や覚書に残し，明代後期の徐光啓と『授時通考』の編者たちも様々な種類の官営穀倉について，その歴史的経過，建設技術，管理法に相当の紙面を割く．その中で，彼らはそれ以前の作品を詳細に引用し，徐光啓の場合は個人的な経験から得た適切な注を加えている．徐光啓は飢饉防止と救援の重要性に深い注意を払い，『農政全

---

945) de Crespigny (1), p. 27 を見よ．
946) 『農政全書』43/12a 以下に引用．
947) 『朱子社倉法』．『授時通考』56/4a-6b に引用．
948) 『營造法式』19/4b-7a．
949) 『王禎農書』巻16〔農器圖譜倉廩門〕．
950) 『倉廒議』．『授時通考』57/2a-5b に引用．

書』に飢饉救援（「荒政」）の章を設けて，その前半は官営穀倉に振り当て，後半は穀物供給が尽きたとき採集して食用にできる野生植物の分類と列挙に割いている．[951]

(ii) 貯蔵技術

穀物貯蔵の基本は穀物を乾燥，低温に保つことである．貯蔵前に穀物を適切に乾燥しなかったり湿った場所に貯蔵すると，湿度のため'自然発熱'が生じ，'生育力の消失，量の損耗と，蛋白質，炭水化物と脂質の化学変化が生じる'．[952] 微生物と害虫も穀物を冒すとともにまた温度を上げる．穀物を乾燥低温状態に保つと，これらの病虫害被害を受けにくい．[953] '穀倉は……北側の小孔から通気を行う．北は最も冷たく，湿度が最も低く，この留意は貯蔵穀物の保存に役立つ'とコルメラは言う．[954] 他方，管子はもっと簡潔に言う．[955] '穀物は漏れのない倉に貯蔵することが必須である'．

ほとんどの穀物も籾で貯蔵するともちがよくなり，穂だとさらによい．唐代の穀倉法令は，籾（「穀」ku）の貯蔵は9年，籾摺りしたもの（「米」mi）と「雑穀」（tsa ku）は3年を許容期間とする．[956] 南宋の著述家舒璘は米の貯蔵期間について，籾摺りしたものは4，5年，籾は8，9年と同様の期間を認めた．[957] 農民の保存方法は世界中どこでも穀物を籾で貯蔵し，必要に応じて一時に少量ずつ籾摺りと精米をするのが普通だ．さらに長期の保存には穂貯蔵もしばしば行う．ヨーロッパでこの方法は特に雑穀とスペルト小麦（*Triticum spelta* L.）に付きものだったようだ．東南アジアの特に穂刈りナイフを今も使う地域では米が，中国では雑穀および小麦がこの方法だ．[958] 穂束あるいは籾は昆虫や微生物に冒されにくいがもちろん嵩高くなる．したがって大量の貯蔵ではふつう貯蔵前に籾殻を取り，時には精米し，粉に挽くこともある．中国ではほとんどの穀物を貯

---

951) 『農政全書』巻45–60．
952) Grist (1), p. 386.
953) 例えば，日本での試験によると，15℃以下では貯蔵米の虫害はまったくない．Grist (1), p. 400.
954) Columella (1), I, vi. 10.
955) 『管子』「乗馬篇」を見よ．〔この句は「牧民篇第一」にある．〕
956) 『唐六典』19, Twitchett (4), p. 191 は *ku* を粟，*mi* を米と解釈するが，ここの文脈ではそれぞれ'未脱穀'と'脱穀済み'の穀物とする解釈のほうがよいだろう．*Tsa ku* は胡麻や豆類など穀物以外の収穫物を指すのだろう．
957) Shiba Yoshinobu (1), p. 55.

蔵前に精米，精白した．これは農業百科全書が貯蔵法の前に精米の記述を置く[959]ことからも判る．米は籾摺りをしても精米してないともちが悪くなる．これは糠の脂質が急速に匂いを帯びるからだ．インド，アフリカ，西インド諸島で米は事前にパーボイルするのが普通で，こうすると籾摺りが容易になり，砕米率を下げ，未精米の保存性を良くする．[960] 中国の米はふつうばらで貯蔵する前に十分精白した[961]のでパーボイルは不要となる．事実，パーボイル過程で付く特有の匂いは東アジアで嫌われる．しかし『齊民要術』は粟の穂を貯蔵前にパーボイルするとカビを防ぎ籾摺りが容易になることに触れ，[962] 小麦は虫害を受けやすいので[963] まだ籾の状態で焦がしてカビ抵抗性を高めるよう助言している．[964]

パーボイルなど大抵の事前処理は中国で嫌われ，官立穀倉に納めた籾摺り穀物（普通は米）は貯蔵の回転を早くして品質を維持した．官立穀倉の古米は一般に下層階級に売り払い，毎秋新米で置き換えた．[965] それでも貯蔵米はしばしば劣化した．唐代の穀倉令は3年で2パーセント，あるいは5年で4パーセントの減耗を許容した[966]が，これらの数字は楽観的すぎる．貯蔵米は泥棒や不正な管理人を別にしても，鳥，ネズミ，コクゾウムシ，カビに冒されたようである．18世紀の行政用語便覧である『六部成語』(Liu Pu Chheng Yü)は官立穀倉で普通に起こる様々な劣化の一覧表を次のように数え上げる．'ネズミ害'(「鼠耗」shu hao)，'赤腐り'(「紅朽」hung hsiu)，'湿気腐り'(「浥爛」i lan)，それにカビ(「霉濕」mei shih)，さらにいうまでもないが穀倉管理人が米を膨らまそうとして行う

---

958) イベリア半島北部では，ミレットを穂で貯蔵する高床穀倉は，*espighieros* と呼んだ．この名は'倉'を意味するラテン語 *spicarium* に由来した（これからドイツ語の *Speicher* も由来）．Gomez-Tabanera (1). *Spicarium* は古典形ではない．その初出はフランクの一派サリ支族の6世紀の法典にあり，語源学的な根拠から穀物を穂で貯蔵することを指したとされる．この習慣は普通小麦よりスペルト小麦の栽培が一般的だったゲルマン部族の地方で顕著だった．F. Sigaut (2). 東南アジアの穂摘みナイフをまだ使用する地方では米は必ず穂で蓄えるが，鎌を導入したところでは貯蔵前に米を脱穀するのが普通だ．
959)『王禎農書』巻16〔農器圖譜倉廩門〕，『農政全書』巻23，など．
960) Grist (1), p. 425.
961)『天工開物』1/4〔「巻上粹精第四，攻稻」〕, Sung Ying-Hsing (1), p. 81.
962)『齊民要術』4.5.2.
963) プリニウスは小麦の重さで熱くなるためだと言う．現代の専門家はこの説明を退けるが，代替説明はない．K. D. White (2), p. 196.
964)『齊民要術』10.4.5. スペルト小麦もアストリアでは同様に処理する．F. Sigaut (1).
965) Shiba Yoshinobu (1), p. 57, E-Tu Zen Sun (1), 項目787, 788.
966) Twitchett (4), p. 191.

石灰や化学薬品の混入があった.[967] それ以前の文献が嫌悪感もあらわに述べるのは,種類はふつう特定しないが'虫'(「虫」chhung),それに齧歯類,小鳥,腐朽,そしてカビである.齧歯類を寄せつけない方法は高床の穀倉を建築することだった.鳥はすべての明り窓に細かい格子をはめて簡単に防ぐことができた.[968] カビについては賈思勰の勧告によるとうるち種のキビは蒸すこと,もち種のキビと小麦はよく日に干すことが特効薬であるという.[969]

しかし中国では一般に防止が薬剤に優ると考え,穀物が過熱や湿害を受けて虫や微生物に蚕食されないよう最大の注意を凝らした.穀倉の防水と通気を保つためのこまごまとした注意を後代文献は詳述する.中国と西洋では二つの点でこれらの問題に取り組む姿勢が違う.第一に,ヨーロッパでは穀倉の通気は冷たい外気を直接取り込み循環させればよかったが,中国では穀物が発する暖かい蒸気を屋上の塔(「氣樓」chhi lou,字義は通気塔)から対流で放出する方法をとった.対流過程を助長するため,「穀虫」(ku chung)あるいは「氣籠」(chhi lung)という名の巧みな通気装置をしばしば使った.この道具の由来は分からないが,最初の言及は1037年の『集韻』にあり,当時すでに一般的に使用したようだ.竹を編んで作った円筒とされ,周囲30センチメートル,長さ6メートル,底部がわずかに幅広く穀物中に埋もれるのを防ぐ.この円筒を3,4本連結することもあった(図192).数本の「穀虫」を穀倉の各隅に置き,穀物から出る暖かい蒸気を吸い上げて放出し,腐朽やカビを防いだ.[970]

第二に,中国人は葦莚や草莚の吸湿性を大いに利用し,これらを穀倉や窖穴に置いた.穀物が壁のレンガや土に直接触れることは決して許さず,少なくとも莚1枚を間に挟み,[971] 穀物から放出される湿気や壁を伝う水漏れを吸収させた.船で穀物を運ぶ際に莚が有効であることは西洋も学んだ[972]が,陸上での使用は稀だった.マルカムは穀倉や屋根裏の壁に'少なくとも2インチの漆喰を内外に塗る'ことを勧め,漆喰は穀物を乾燥低温状態に保つが,'板は暑くな

---

[967] E-Tu Zen Sun (1),項目 757-60, 790.政府はもちろん穀物への混ぜ物を嫌ったが,農民はしばしば反対の見方だった.フランス人の著作は穀物に'硝酸塩とその粕を粉にして細かい土と混ぜて'散布し,嵩を増やす方法を勧める.Stephens & Liebault (1), p. 547.
[968] 『授時通考』57/6a-b.
[969] 『齊民要術』4.5.2, 10.4.4.
[970] 『王禎農書』16/21b〔農器圖譜倉廩門〕.
[971] 『農政全書』27/8a-b〔この記述は「巻45 荒政備荒考下」にある〕,『授時通考』57/5b 以下.
[972] 例えば,G. Markham (1), p. 134.

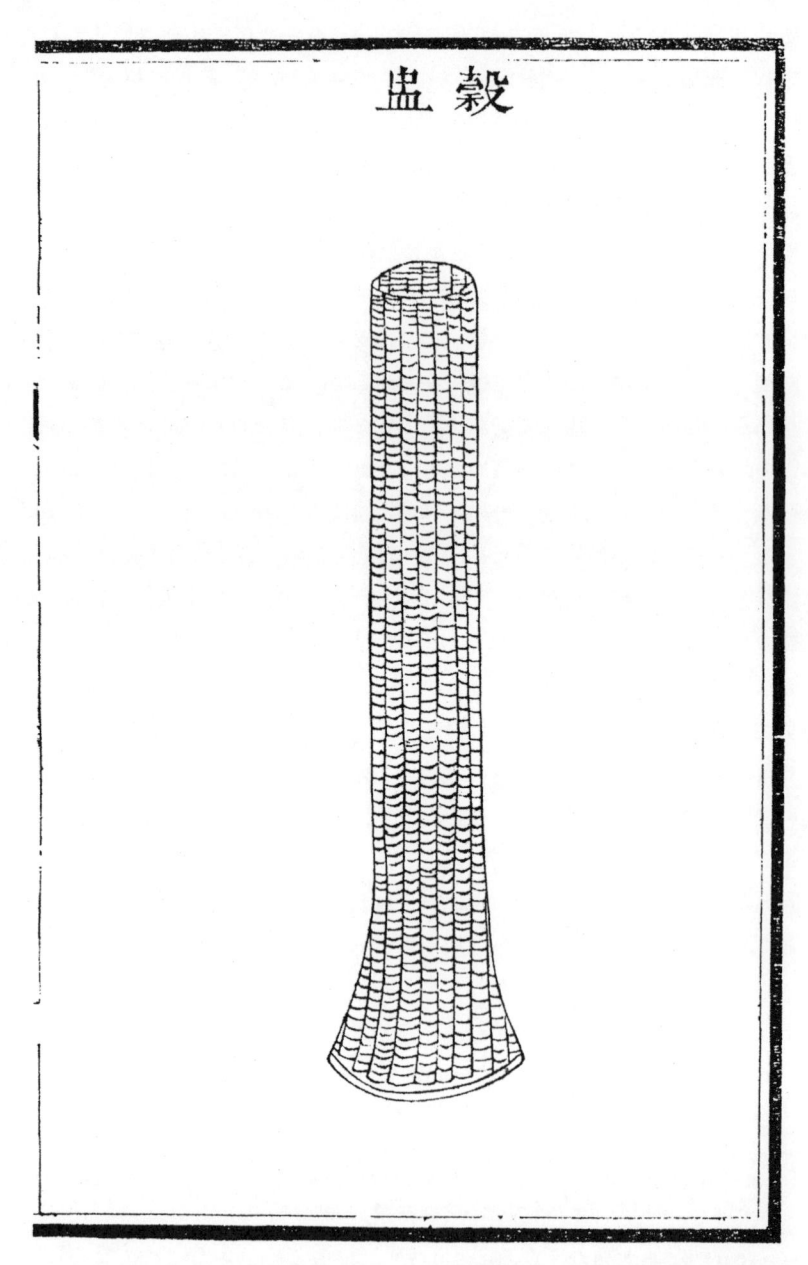

図 192　枝条編みの通気筒(「穀𧯆」 *ku chung*).『王禎農書』16/21*a*〔「農器圖譜倉廩門」〕.

りすぎ，粘土は害虫を増やしやすい'と述べる．しかしこれは完全主義の要求というべく，大抵のヨーロッパ人は壁を単に石灰で塗るだけだった．これはコクゾウムシ対策には効果的だったが，'吸湿性がなく，そのためどんな穀物も劣化させた'．[973] 穀物貯蔵の効率性を例えば1600年の時点の中国と英国で比較できればずいぶん面白いと思うが，不幸にして情報は定性的なものばかりだ．

米や粟などそのまま消費する穀物の貯蔵は，ほとんどすべての穀物を粉に挽くヨーロッパに比べて強い乾燥状態を保つ必要がなく，大きな問題は少なかった．中国の文献にヨーロッパのような穀物乾燥炉[974]の言及がないのはたぶんこのためだろう．普通は天日乾燥で十分だった．天日乾燥はカビ防止策になるし回復策でもあった．中国の官立穀倉の穀物がカビに冒されると，水で洗い，蒸気を当て，再び天日で乾燥すれば済んだ．[975]

どの文化にも害虫忌避の独自の方法がある．セネガルのセレール族が持つライン・バスケット (line basket) は，彼らの雑穀を守るため特別な香りのする葉で作る．[976] 現代のナイジェリア人は唐辛子を使う．[977] ローマ人は穀物倉の壁と床をオリーブの滓 (*amurca*) とエウボイア島〔西エーゲ海の島〕のオリュントスかコリントスにある特別の土あるいはニガヨモギで覆えば安心していた．[978] フランス人は穀物を守るため脱穀床に'酢を撒き，壁は……野生きゅうりの根と葉を浸した水を混ぜたモルタルや，さらには羊の尿で薄めた石灰を塗った．これは穀物を食い荒らす悪賢い動物すべてを撃退するのに有効だった'．[979] 穀物を脱穀して穀倉に入れると，それをコクゾウムシや害虫から守ったのは，'野生のハナハッカかザクロもしくはニガヨモギの乾いた葉，あるいは南欧のニガヨモギの干したもの'だった．一番いいのはきれいな粟1に小麦10を混ぜることだったが，これは粟の冷たさが虫を撃退するのによく，また小麦と簡単に篩い分けられるからだった．[980]

---

973) 同上，p. 107 以下，p. 113.
974) Markham (1), p. 103, Stephens & Liebault (1), p. 546.
975) E-Tu Zen Sun (1), 項目 461. Markham はカビ，黒穂病，いもち病害の小麦に同様の処理を勧める．(1), p. 104.
976) De Garine (1).
977) K. D. White (2), p. 197.
978) Varro (1), vol. I, lvii, 2, Columella (1), vol. I, vi, 14.
979) 同上．
980) Stephens & Liebault (1), p. 547.

マルカムの語るところでは，甘いオリーブ油の滓を彼の時代にフランスとスペインでまだ使用していた．これらはコクゾウムシを殺すばかりか，'もし穀物がたまたま腐ったり傷んだ場合，それを回復して元の甘さに戻した'と言う．彼はまたチョークの粉が余計な湿気を吸うこと，それにニガヨモギについて述べる．[981]

こうした特効薬に共通の特徴は強い香りだ．オリーブ滓は'きわめて強い，いやな匂いがする'，[982] 唐辛子は強い辛さで悪名高いし，ハナハッカは強烈な芳香がある．中国人は一般にヨモギ属（「艾」*ai* あるいは「蒿」*hao*）に頼った．これはすべて香りが強く，穀倉に置いて虫の忌避剤とした．ヨモギを内服した際の駆虫効果は，*Artemisia vulgaris* を英語で'虫草'ということにも明瞭だ．その苦い味はアブサンの味付けで有名だし，中国ではその薬効と別に蚊取り線香の添加物にする．[983] 芳香以外にヨモギは中国全土で野生する利点があり，しなやかな茎は籠作りにもよい．穀倉で虫の忌避剤に使う最初の記述は，紀元前1世紀に氾勝之が一握りの干した「艾」を小麦1石に加えるよう勧めた文にある．[984] また賈思勰は小麦をヨモギで編んだ籠に貯蔵するよう勧める．[985] その後数世紀にわたり穀物を貯蔵する袋や籠はヨモギで作る習慣が続いた．[986]

カビや害虫以外に，穀倉で防ぐべきもう一つの災害は火事である．焼失の危険は気密な窖穴の場合きわめて低いが，木造建物では危険は大きい．中国の農民はその穀倉を火事から守るために粘土と石灰で塗ることが多かった．[987] 大規模な例は宋代の杭州の商人たちが作ったもので，彼らは正方形石塔の倉を作り，「塌坊」（*tha fang*）と呼んで四周を水で囲んだ．[988] さらに用心のため，大きな穀倉はどれも炎の出るランプの使用を厳禁し，代用品は小さな柴ストーブだった．[989]

---

981) Markham (1), p. 110.
982) K. D. White (2), p. 197.
983) Burkill (1), vol. I, p. 244.
984) 『齊民要術』2.8.2. に引用．
985) 『齊民要術』10.4.4.
986) 『王禎農書』15/18*b*〔農器圖譜蓑蕢門，笵〕．
987) 『王禎農書』16/16*a*〔農器圖譜倉廩門〕．
988) Moule (11)，また (5)，(15) も見よ．Needham, Vol. IV. Part 3, p. 90 も見よ〔思索社刊第10巻，該当する記述なし〕．
989) 『授時通考』57/6*b*.

(iii) 貯蔵施設

籠，陶壺，木箱

　この種の容器は非常に古くから使う．安価で製作が簡単，持ち運びに便利で，貯蔵対象は穂，籾，白米，あるいは粉でもよいが，大量の貯蔵には向かず，また長期の保存はできない．

　最も古い穀物貯蔵容器は籠だ．陶器破片に付いた籠編みの圧痕は新石器時代の最古期からも出土する．旧石器や中石器時代に籠を製作した痕跡は残っていないが，籠編み技術が陶器や農業の進展以前にあったことは間違いない．何故なら新石器時代の圧痕から判る籠編み技術は，その種類と精巧さにおいてすでに相当古い様子を示すからだ．[990] 事実，現存するどの狩猟採集社会でも籠は必須の品物だ．籠の記述が中国の多くの農業百科全書にあることは，中国全土で農民レヴェルの穀物貯蔵に籠が広く使われたことを示す．世界の他の多くの地方でも同様だ．[991]

　多様な種類の籠を『詩經』が述べている．特に多いのは「筐」(khuang)と「筥」(chü)である．[992] 後代の農業書が描く籠の種類は，そのほとんどが漢代の辞典，例えば『方言』や『説文解字』に説明があり，そこには同時に地方ごとの書き表し方や発音の変異が記述され，ほとんどすべての種類が相当古いことを示す．中国で籠の最古の絵は，その一つが雲南石寨山遺跡から出土した青銅鼓の見事なレリーフにある．村人が半球形の籠を頭に載せて行列し，穀倉を籠の中身で満たし，後代の種子用のものに似た円形の籠で少量持ち帰る様子を刻む(図196).[993] 現存する宋代以前の農書は籠あるいはその他の穀物貯蔵に関して明瞭な記述がないが，『齊民要術』は次のように述べる．[994] '米は「水穀」(shui ku)なので籠に蓄えねばならぬ．もし窖穴に埋めると，土の蒸気「氣」(chhi)の作用で腐る'．[995]『齊民要術』は籠に関して他の記述がなく，このことは当時大多数の華

---

990) シリーズ第31部を見よ〔Vol. V. Part 9, *Textile Technology*, 1986, 和訳未刊〕，D. Kuhn (1).
991) 例えば，ハンガリーでは Füzes (1)，セネガルでは de Garine (1).
992)『詩經』2/10b〔「召南・摽有梅」〕，Legge (8), p. 25.
993) 本書 p. 435 を見よ．
994)『齊民要術』11.7.1.
995) 土の「氣」は湿であり，同類のもの，つまり湿った土と水穀である米の相互作用は必ず災いをもたらした．

北農民が穀物を窖穴に蓄えることを好んだためと考えられるが，あるいは賈思勰の記述が大農場の条件を反映して，貯蔵量が普通の農民家族より大量だったためかもしれない．初期の辞典類は貯蔵籠が齊[996]や華北の他の地方由来と述べるが，貯蔵籠を指す方言が多いことから，籠の使用は当時も宋代以降と同程度に一般化していたと思われる．

穀物貯蔵に一節を割いた最初の農書は王禎の『農書』1313年で，[997] これは中世中国で使用された多様な籠を包括的に取り扱う．今日の用語はほとんどが漢代の辞典類にすでにある．『農書』の記述はほとんど宋代の辞典『集韻』に基づくが，さらに王禎はそれぞれに調子のよい詩を付け加えている．次はその例だ．[998]

　　　　今ある籠は形も年代もの，
　　　　四角い「筐」と丸い「筥」は昔も今も同じまま．
　　　　流れのクレッソン採りにも，
　　　　黄金の粟粒を蓄えるにも．

　　　　「古今制器同，方圓曰筐筥，
　　　　是用采蘋蘩，于以盛稷黍．」

後代の百科全書，例えば『農政全書』や『授時通考』は王禎の説明を再録するが，詩は省いている．

中国で最も人気のあった貯蔵籠は「芚」（*thun*），あるいは時に「篅」（*shuan*）や「䉛」（*chu*）ともいう大型の種類だった．[999] 王禎によると，「芚」はしばしば戸外に置いて食事用の穀物を入れ，「篅」と「䉛」は屋内に置いて種子用穀物を蓄えた．もっとも，この区別が厳密だったとは思えず，実際，多くの本の挿絵で「芚」，「篅」，「䉛」は相互に入れ替わる．『集韻』はしかし重要な構造の違いを述べている．それによると，「芚」は華北では丸くて行李柳（「荊柳」*ching liu*）かヨモギで作り，[1000] 他方南方では竹編み細工か，粗い竹の筵を丸める．[1001] その挿絵（図193）はしばしば底が四角で口が丸く，堅牢で安定性が良く，今日も極東で使用する

---

996) 山東．
997) 『王禎農書』15〔「農器圖譜蓧蕢門」〕，随所．
998) 『王禎農書』15/16*a*〔同上〕．「筐」も「筥」も『詩經』に現れ（本書 p. 431 の注 c を見よ），ミズガラシや粟を入れるのに使うとある．
999) 漢代，これらの名前は陶製の瓶にも当てられた．本書 p. 437 を見よ．
1000) 華北でごくありふれた植物であり，ヨモギはまた先に見たように虫を除ける功もあった．

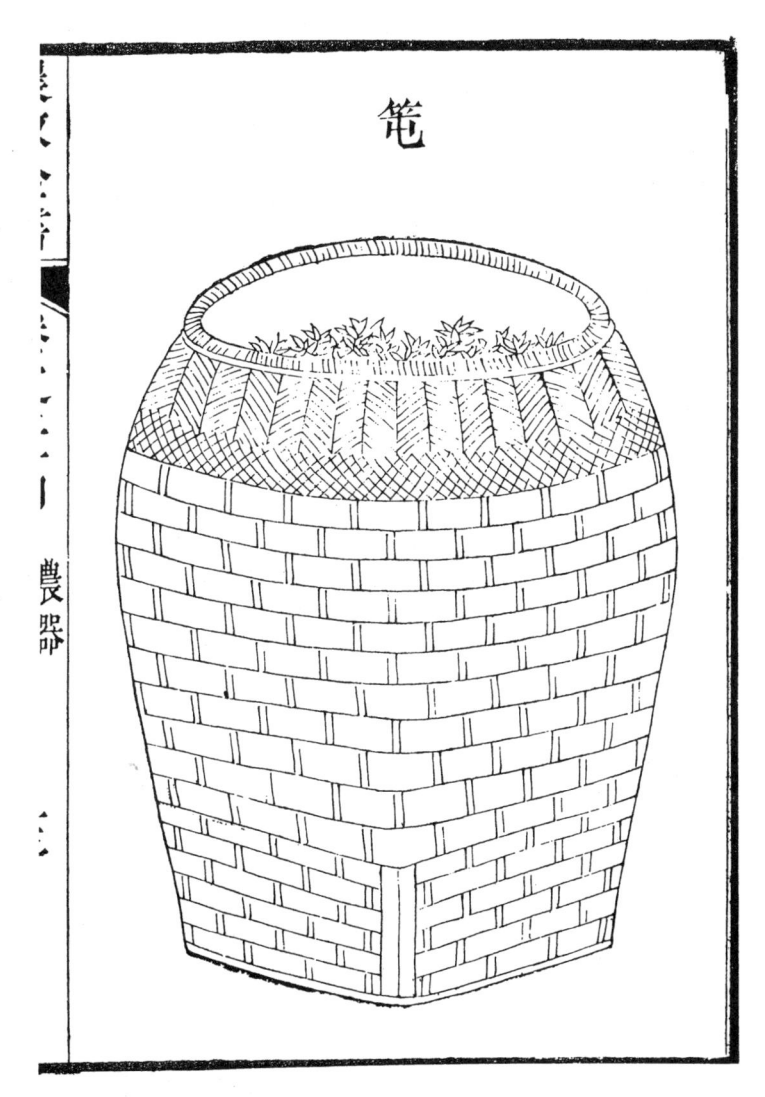

図193 貯蔵籠(「笐」thun).底が四角く,頭が丸い.『農政全書』24/13a.

1001) 非常によく似た種類の編み籠 cista をローマで使ったが,用途は大きく違い,果物貯蔵だった.
K. D. White (3), p. 63 以下.

図194　現代の籠に見る筤と同様の形. *Eastern Horizon* (1978), XVII, 3, p. 27.

形だ (図194). この形は文面では「筤」に限らないが,「籮」(*lo*) という別種の籠に「筤」の字を当てることがある.「籮」の形は奇妙なことにいつも丸底に描かれる.

　王禎は,「筤」に籾を蓄えるので農家では必須のものと述べる. 籾を蓄える他の籠は上記の「籮」があり, ほかに「篠」(*thiao*) と「𧰼」(*khuei*) がある. この二つはそれぞれ円形と円筒形の藁あるいは竹の籠で, どちらも「筤」より小さい. これらの籠は特定の用途を振り当てられていないが, 白米を入れる籠は数「升」から数「斛」の容量があるとの記載が普通だ. 王禎のざれ歌にある「筐」は四角く蓋のない籠で, 雑多な品物入れに使った. 白米を入れる籠は大きさが二種あり, 大きい方は 5「斛」(大雑把に言って 50 ガロン[*1]), 小さいほうは 5「升」(元代で約 10 ガロン[*2]) だった. 王禎によると「筐」は農家にごく普通にあり, 穀物貯

---

*1　宋・元代の 5 斛は約 500 リットルなので約 100 ガロン.

蔵だけでなく，婚礼用のご馳走運びにも使った．この儀礼的用途があるため後代の挿絵で念入りな形に描いたことが判る．[1002]「筥」あるいは「籚」(chü)も『詩經』に現れるが，宋代までに卵形の竹籠で5「升」入りが定型となり，「籚」は白米と籾を入れるのに使い，容量は1「斛」が定形となった．

籠の最後の範疇は種子穀を入れる種類だ．氾勝之は小麦を穂のまま陶製か竹製の容器にヨモギと入れてよく混ぜるよう勧めるが，[1003] 使う籠の種類を述べていない．王禎は「種簞」(chung tan)という竹籠を特に種子入れに使うことに触れ，その形は'丸い壺に似，密に編んだ蓋がある'[1004] と言う．それに付けた挿絵は上の図で穀物の茎が突き出し，下の図では蓋を閉じており，穀物を穂で貯蔵した明らかな証拠だ（図195）．「種簞」は雲南の紀元前200年の滇文化で使ったものと明らかに同じ種類の籠だ．石寨山の青銅鼓はまったく同じ種類の籠を示し，しかも穀物の茎が突き出している（図196）．[1005] 王禎は「種簞」には数「斗」(tou)（元代の斗は約2ガロン）が入り，通気もよいので種子が湿ったり腐ることがなく，このため窖穴貯蔵より望ましいという．[1006]

陶製の壺はもう一つのきわめて古い貯蔵具で，固体以外に液体にも使用可能な点で籠より用途が多い．様々な形の大きな貯蔵用壺が中国の大多数の新石器時代遺跡から出土する．遺物や圧痕が残るものがあることから，たぶん穀物貯蔵に使っただろう．[1007] 現代の考古学者は普通これらの大きな壺を「罐」(kuan)と呼ぶが，漢代には多数の名前があった．中心地域で最も普通の用語は「甖」もしくは「罌」(ying)だったが，もっと南の河南，安徽では「㼱」(yu)と呼び，他方，山東ではより小さい2「斛」（後漢では約9ガロン）入りのものは「儋」もしくは「䄈」(tan)，揚子江地方では「瓺」(yü)あるいは「瓨」(shu)，他方北部朝鮮では「瓾」(chhang)だった．[1008] 山東の言葉「儋」(tan)が後に標準用語となった．王禎によると「儋」は元代の江淮地方で特に貧しい階層の間で白米貯蔵に使うように

1002)『王禎農書』15/14b–15a〔農器圖譜蓧蕢門〕,『農政全書』24/11a．
1003)『齊民要術』2.8.2．
1004)『王禎農書』15/35b〔農器圖譜蓧蕢門〕．
1005) 著者不詳 (28)．
1006)『王禎農書』15/35b〔農器圖譜蓧蕢門〕．
1007) K. C. Chang (1), p. 95，著者不詳 (501)，呉山菁 (1)，著者不詳 (503)．
1008)『王禎農書』15/23a〔農器圖譜蓧蕢門，儋〕にある『方言』,『爾雅』などからの引用を見よ〔『爾雅』でなく『漢書』〕．
*2 5升は約5リットルなので，約1ガロン．

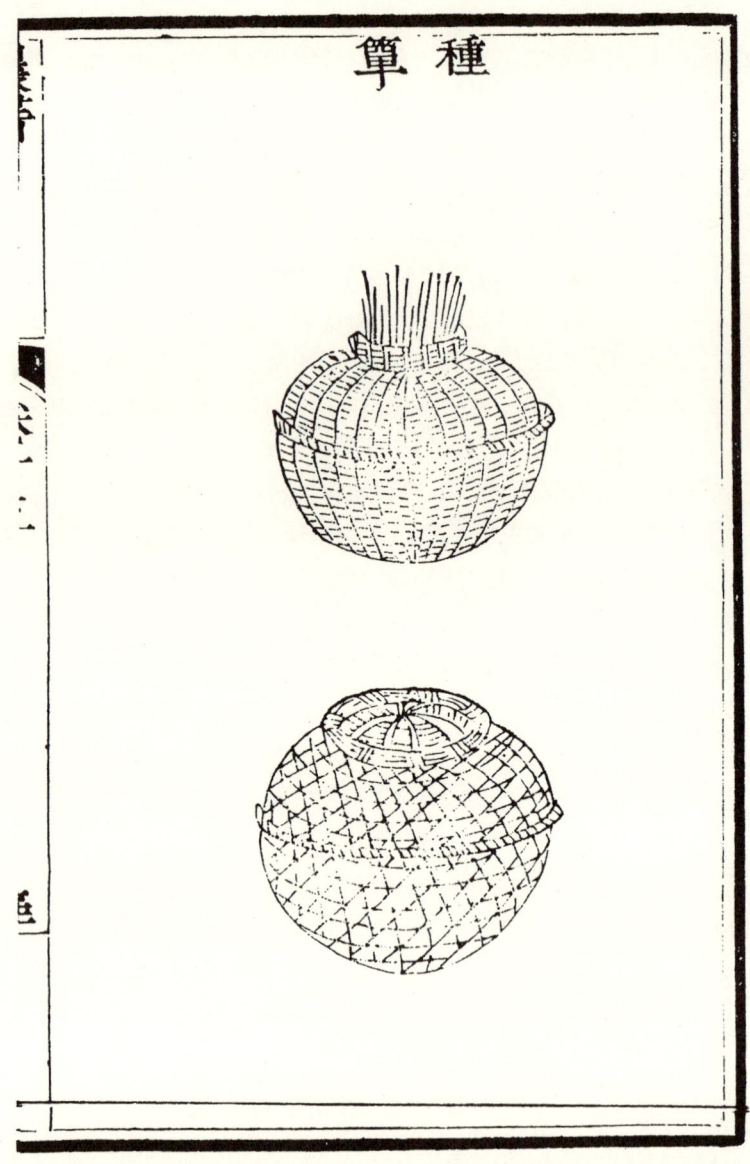

図195　種子容器(「種簞」*chung tan*)．上図は種子を穂で蓄え，茎が突き出る様子を描く．『王禎農書』15/31*a*〔「農器圖譜篠蕢門」〕．

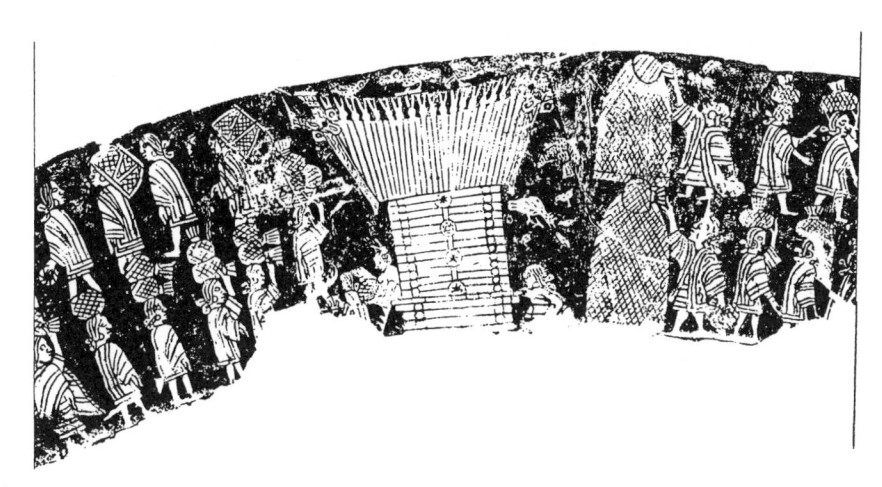

図 196　滇文化の高床穀倉．穀倉を満たす穂束は小さい丸籠で運ぶ．雲南石寨山の青銅鼓装飾．著者不詳 (28), pl. 21.

なった．[1009] 農業百科全書の挿絵は標準的な壺をどれもぱっとしない形で示す（図 197）が，漢代の壺の記述は膨らんだ腹部と狭い口縁を指摘し，それは新石器時代の仰韶陶壺（図 198）に近いようだ．もちろん形と大きさはいつも大きな変異幅があっただろう．[1010]

漢代は円筒形の陶製瓶も一般的で，見事な例が多数残る（図 199）．[1011] これらの瓶は籠細工の瓶と同様に「笔」(thun) あるいは「篅」(shuan) と呼び，白米の貯蔵に使った．『淮南子』は，これの頭部には穀物を入れるため広く開いた口があり，底には取り出し口の小さな穴があると述べるが，[1012] 図では頭部に蓋があり，腹に栓をする小さな穴，丁度ビール樽の栓穴に似たものが見える．この陶製「笔」には，「粟萬石」あるいは「小麥萬石」といった文字が書かれるが，もちろんこれは容量を示すわけではなく豊作祈願だ．清代の学者段玉裁 (Tuan Yü-Tshai) (1735 年〜1815 年) は数ブッシェルを容れるこの型の瓶が江蘇省からの報告にあるという．[1013] これらの瓶は漢代以降ほとんど使わなくなり，農業百科全書に記載はない．

1009)『王禎農書』15/22b–23a〔農器圖譜賁門〕．
1010) しかし，Laufer (3), pl. XII, fig. 1 は 14 世紀の「儋」に酷似した漢代の壺を示す．
1011) 林 (4), pl. 3 and figs. 4–15.
1012)『淮南子』7/9b．
1013) 林 (4), p. 164.

図 197　陶製貯蔵壺 (「甔」 *tan*).『王禎農書』15/22*b*〔「農器圖譜篠蕢門」〕.

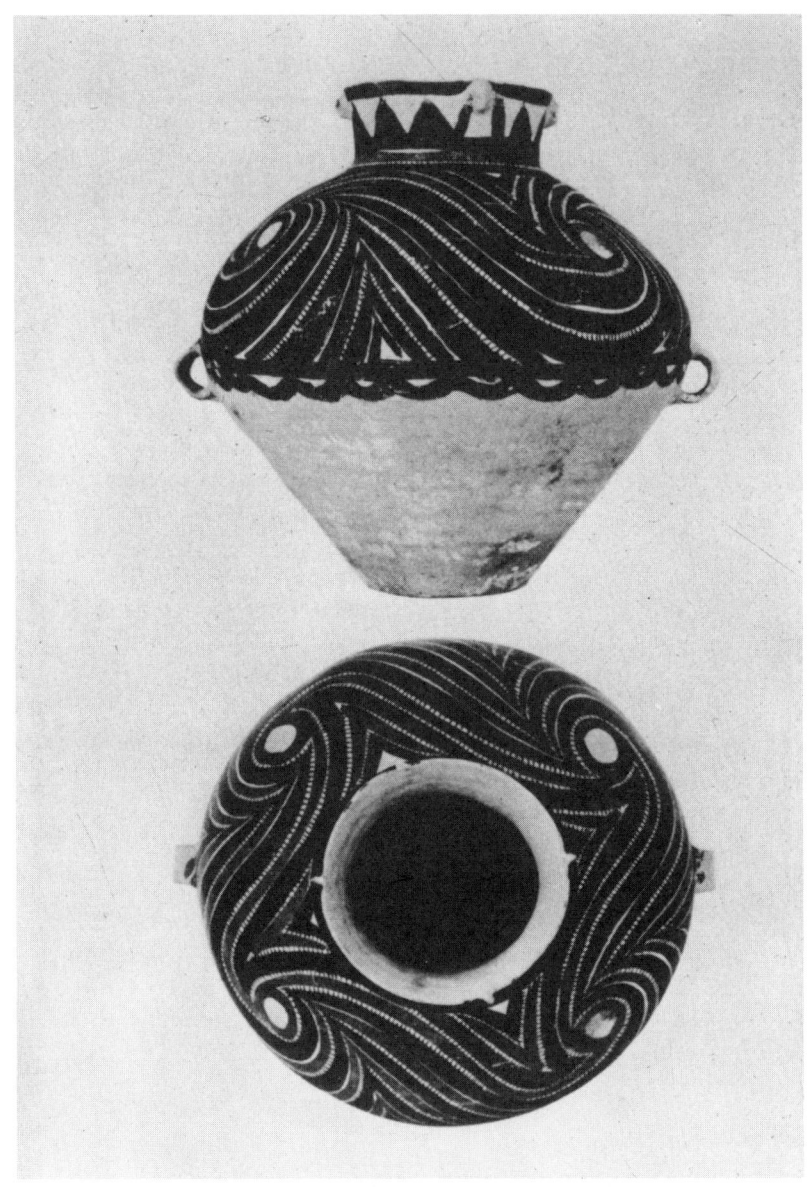

図198　仰韶の貯蔵壺. Medley (3), fig. 8. ストックホルム極東古代博物館.

図 199　漢代の陶製貯蔵瓶. 林 (4), pl. 3. 陝西省博物館.

ヨーロッパでよく使ったもう一つの穀物貯蔵具は木製箱あるいは大桶だった。それは入手が簡単で耐久性があり，さらに（たぶん最大の利点は）運搬の容易さだった。マルカムはアイルランドや'戦争が猛威を振るう国々で'穀物を穂のまま木箱，瓶，あるいは櫃に貯蔵したことに触れる。[1014] 他方，運搬の便のためモルタルで水漏れを止めた塩水樽も使った。[1015] 中国ではヨーロッパよりも木製容器の使用が顕著に少なかった。その最大の理由はたぶん大抵の地方で木材がきわめて少なく，貴重だったからだ。しかし例外的な道具は『農書』の絵にある巧妙な作りの'穀物引き出し'（「穀匣」ku hsia）だ（図200）。それは正方形枠を四本の支柱で作り，底上げ台に据付けて屋根をかぶせ，数段の引き出しを枠に差し込みその中に穀物を蓄えた。屋内でも戸外でも（この場合，屋根に瓦をのせた）使用可能で，どの貯蔵具よりも運搬性があり，籠細工より容量が大きく，カビ，ねずみに対して耐久性があった。[1016] この発想はハンガリーの遊牧民が20世紀にすら使用していたころ付きの小さな貯蔵具に似る。これは冬季家中に運び，また火事の際速やかに運び出しが可能だった。[1017]

地下貯蔵穴

　北方の乾燥レス台地では新石器時代の最古期から貯蔵穴を掘り，これは数千年紀にわたって穀物貯蔵の最も重要な方法だった。事実，いくつかの省で今も見ることができる。貯蔵穴は土が十分多孔質か壁を塗って防水をすると穀物貯蔵の方法として大変有効で，現代の小麦生産国の'サイロ'として復活している。

　最も原始的なものを除くと，穴貯蔵法は気密容器の原理に則っている。貯蔵穴に穀物を満たしてしっかり封じ込むと，穀物から放出される炭酸ガスが虫も幼虫も殺し，穀物が過熱することもない。[1018] 現代のサイロはふつうコンクリートあるいは溶接金属板さえ使って壁を張るが，単に土を焼いただけの穴は数千年紀にわたり多くの国で十分有効だった。

　貯蔵穴は世界中の乾燥地帯にある。ウァロは地下穀倉 siri がカッパドキア，

1014) Markham (1), p. 106.
1015) 同上, p. 135.
1016)『王禎農書』15/19b–20a〔農器圖譜蕆蕢門〕.
1017) Füzes (1), p. 591.
1018) Grist (1), p. 403.

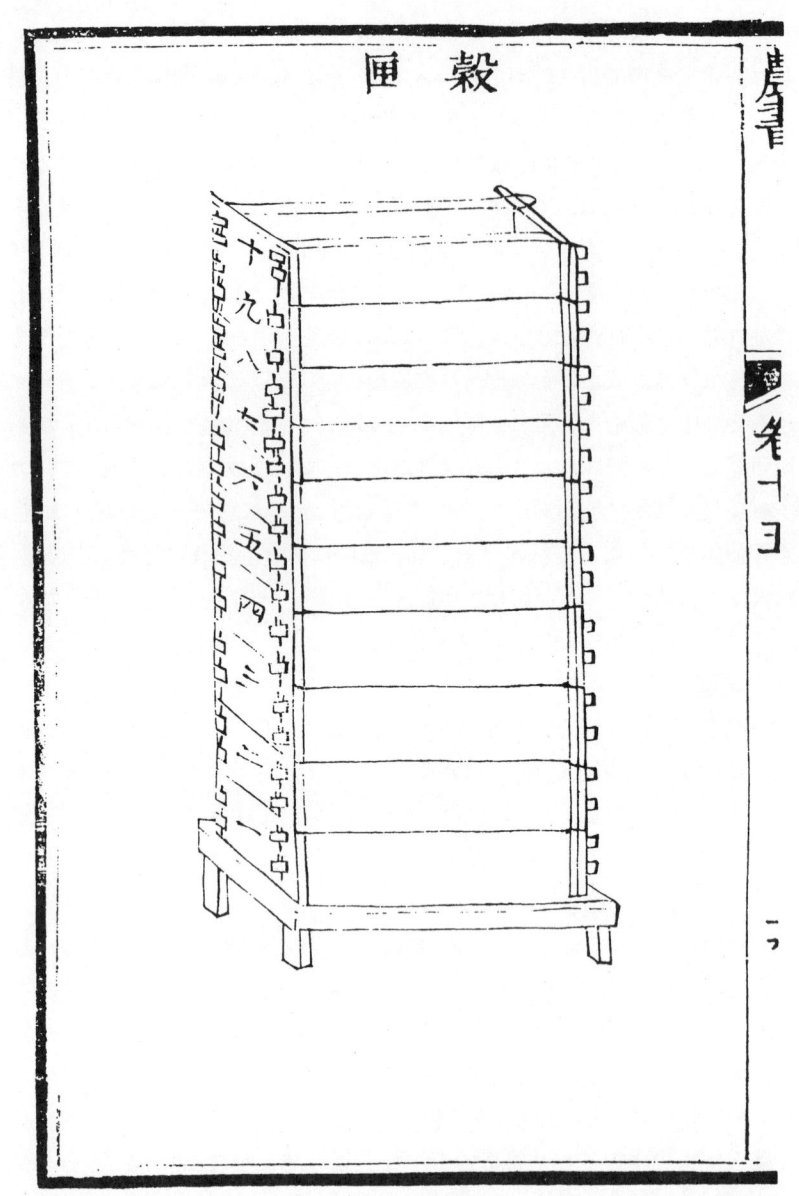

図 200 '穀物引き出し'(「穀匣」*ku hsia*).『王禎農書』15/19*b*〔「農器圖譜葆蕢門」〕.

トラース，北アフリカにあることを述べ，[1019] プリニウスは地下穀倉の中なら小麦は50年，粟は100年保存できると主張する．[1020] 穀物貯蔵穴は中央ヨーロッパのレス地帯全域で常時使用されてきた．アゾレス諸島でそれを見たマルカムは，イングランドでそれに倣うとしても気温の高い高地で砂質か礫質地方，例えばノーフォーク，ミドルエセックス，ケント以外は勧めようとしなかったが，粘土地帯でも穴壁を6インチのタイル層と3インチのモルタル層で十分塗るなら有効だろうと主張した．[1021] 事実，壁を塗らない貯蔵穴を鉄器時代に使用したところは，ブリテン島南ダウンズのチョーク質高地である．[1022]

華北ではタイルやモルタル塗りはまったく不要だった．陝西の半坡村で出土した最古の貯蔵穴はほぼ紀元前5000年に遡る．遺跡最下層の或る横断面は家22戸，貯蔵穴43個を出土し，穴の形は茶碗型で比較的浅く，たぶん藁か蓋で覆っていた．[1023] 龍山期に貯蔵穴は精巧なものとなり，K. C. チャン〔張光直〕によると，'その特徴は袋状で……口は瓶状にすぼまり，内部は直径が約4メートルと膨らんでいた'．[1024] この形はチェコスロヴァキアで第二次大戦まであった穀物貯蔵穴とまったく同じだ(図201)．商代になると貯蔵穴の形は再び変化した．例えば安陽の発掘で姿を現した貯蔵穴は，半地下式家屋の床を円形や方形に掘りこみ，大抵は数メートルの深さがあった．[1025] 同様の形は周代の遺跡でも発見された．[1026] だから，漢代の学者鄭玄(127～200年)が『禮記』月令篇の中の用語「竇」(tou)と「窖」(chiao)にそれぞれ'円形'と'方形'の穴と注釈を付けたことは，中国人学者にありがちな対聯癖が出たというわけではない．[1027] 円形穴も方形穴も実際に存在したのだが，ただ，その用語が実態に即していたとは言い難い．後に王禎は「窖」と「竇」の違いを，前者が地面に垂直に掘った口の大きなもの，後者が龍山期の貯蔵穴同様に袋状でしばしば崖に横穴状に掘ったものと解した(図202)．王禎は，穀物貯蔵穴が主に北方に適するが，江淮地方でも

1019) Varro (1), vol. I, lvii, 2.
1020) Pliny (1), XVIII, 306.
1021) Markham (1), p. 112.
1022) P. Reynolds (1).
1023) Needham, Vol. IV. Part 3, p. 121〔思索社刊第10巻, p. 153〕, K. C. Chang (1), p. 99.
1024) K. C. Chang (1), p. 174.
1025) 同上, p. 247.
1026) 同上, p. 300.
1027) 中国建築での円形と方形の二分法は, Needham, Vol. IV. Part 3, p. 122を見よ〔同上〕.

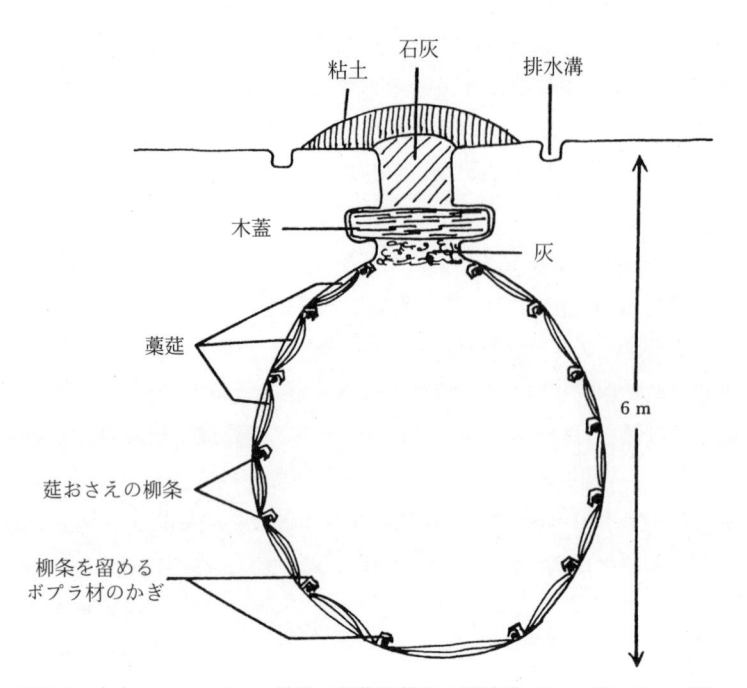

```
                粘土  石灰  排水溝
                 ↓    ↓    ↓
            [図: 穀物貯蔵穴の縦断面]
            木蓋
            灰
            薬莚
            莚おさえの柳条
            柳条を留める
            ポプラ材のかぎ
                                6 m
```

図 201　中央ヨーロッパレス地帯の穀物貯蔵穴の縦断面. Kunz (1), Füzes (2).

高い場所，とりわけ表土が深いところは適すると言う.[1028]

　元代の穀物貯蔵穴の使用は村段階に限定されたが，初期には大商人が莫大な量の穀物を貯蔵穴に蓄えた．有名な例は『史記』にある．秦王朝を崩壊させた内戦時代に任氏が貯蔵穴に穀物を買いだめし，他の供給源が尽きたときに 1 石数十万金で売って富を築いた話だ.[1029] 貯蔵穴は官立の穀倉にも広く用いられた．漢代の歴史書はこのことにとりたてて触れないが，『玉海』は，隋帝煬帝（604〜617 年）が作った穀倉はすべて貯蔵穴であり,[1030] 唐代の主要な穀倉も穀物を貯蔵穴に保存し，時に巨大なものだったことを語る．例えば洛陽の含嘉の貯蔵穴は天宝時代（742〜756 年）に合計容量が 600 万石に及んだ.[1031] しかしその後，中国の国家経済が北の粟から揚子江流域の米に依存度を移すにつれ，穴貯蔵は

1028)　『王禎農書』16/22a-24a〔「農器圖譜倉廩門」〕.
1029)　『史記』129〔「貨殖列傳第六十九」〕.
1030)　『授時通考』54/8b に引用.
1031)　著者不詳 (525), 洛陽博物館 (1).

図202 河堤に掘られた貯蔵穴.『王禎農書』16/22a〔「農器圖譜倉廩門」〕.

衰退した．米は粟と違って地下での保存が合わなかったからだ．

唐王室の含嘉倉の発掘が進むにつれ，技術的水準は王禎が述べる水準よりはるかに高いことが判ってきた[1032]が，これは当然予期すべきことだった．含嘉倉では259個の貯蔵穴が発見され，その大きさは広さ8メートル深さ6メートルのものから，広さ18メートル深さ12メートルまで変異がある．それらは間隔約5メートルをおいて列に並び，1キロメートル四方の範囲に及ぶ．各貯蔵穴を穀物で満たした後，磚碑文をそれぞれの中に置き，穀倉の標識名，貯蔵穴の位置，年，税の地域と種類，穀物の量，搬入の日付，そして担当官たちの名前を明記した．まさに会計システムの複雑さを証言するものだ．これらの貯蔵穴は茶碗型，掘削面は滑らかで，床面は7から30センチメートルの厚さに版築した．さらに地表は焼いて防水し，いくつかの貯蔵穴では焼いた粘土片と炭，灰の混合物からなる不透水層を追加している．側面と床は木板を張りその多くが今も残り，草あるいは藺草筵で覆う．一杯に満たした貯蔵穴は放射状の梁を打ちつけた木枠で蓋をし，筵と草束で覆い，全体をモルタルで封じた．穀物を低温乾燥に保つためにはこれだけ念の入った裏打ちが必要だった．木板と筵は穀物と壁面の間に層を作り，穀物から出る湿気と熱を吸収し腐敗を防ぐ．吸収筵の似た使用法は紀元前4800年から4000年とされるファイユーム(Faiyum)〔ナイル河谷西岸の海面より低い盆地〕の穀物貯蔵穴でも出土し，その裏打ちは巻いた編み藁を使う．[1033]また20世紀でも中央ヨーロッパの穀物貯蔵穴で見受ける．[1034]

王禎は村の貯蔵穴についての記述で，穀物を満たす前に単に籾殻を使って裏打ちすることを言うだけだが，[1035]この簡単な方法は十分有効だったようだ．ただし次の例と同じように籾で蓄えた．[1036]

　　……穀物長と徴集人は，穀物を入れる場所が必要になると一番古い貯蔵穀物を脱穀し，したがって穀粒を使うまでは籾のまま保存する……籾であるかぎり，穀粒は甘さを保つ．これが最も確実な方法だ．穀物を保存するのに自らの籾殻よりいいものはな

1032) 著者不詳 (525)，発掘は1971年に始まった．
1033) Caton-Thompson & Gardner (1)．
1034) Kunz (1), (2). Füzes (1), (2)．
1035) 『王禎農書』16/22b〔農器圖譜倉廩門〕．
1036) Stephens & Liebault (1), p. 546.

い，穂のままで置く以外は．

　事実，王禎はこのやり方で貯蔵した粟は数年もつと主張するが，貯蔵穴はミレット類以外の貯蔵には不適当だと言う．[1037] これはそれ以前の『齊民要術』も同意見で，米は籠に保存すべきだが小麦と大麦はヨモギで編んだ瓶に貯蔵するほうがよいと言う．[1038] しかし賈思勰は米以外の穀物をすべて壺よりも貯蔵穴で保存せよとも勧めている．[1039] この方法はハンプシャーにあるブッツァー(Butser)鉄器時代農場で行った最近の実験でも証明されている．それによると，裏打ちがなくても貯蔵穴で保存した種子は90パーセント以上の発芽率を示した．[1040] 賈思勰はまたブドウ，梨，その他の果物を冬の数ヶ月保存するのにも貯蔵穴を勧める．[1041]

　6世紀に賈思勰は貯蔵穴が穀物貯蔵の最も効率的な方法だと考えたが，14世紀に王禎が貯蔵穴を勧める最大の理由は，穀物を盗賊や匪賊の目から隠せることにあった．貯蔵穴の口を草の茂みで封じておけば，不審者が気づかないというわけだ．もっとよい方法は貯蔵穴の上に1本の灌木を植えておくことで，こうすれば地下の穀物を隠せるだけでなくその状態も判る．[1042] もし穀物が腐り始めると，木の葉が黄色く枯れるからだ．穴貯蔵の重要性が低下したのは粟から他の穀物へ重点が移った結果だった．実際，唐王朝でもすでに多くの人が粟より米を好むようになり，宋代には華北の多くの地方で小麦が粟に置き換わった．これらの穀物は地下ではうまく保存ができず，穴貯蔵が生き残ったのは貧農が生計を粟に頼った乾燥地帯の西北部だけだった．

穀倉建築

　『王禎農書』に次のようにある．'穀倉（「倉」tshang）は穀物の倉である……国家の穀倉は通気塔（「氣樓」chhi lou）が上にあり，通気を行う……正面には縁台がある．農民が穀物を貯蔵する建物はより小さいが，呼び名と建築の原理は同じで

1037)『王禎農書』16/22b〔同前〕．
1038)『齊民要術』10.4.4., 11.7.1.
1039)『齊民要術』2.3.3.
1040) P. Reynolds (1).
1041)『齊民要術』34.27.1, 37.8.1.
1042)『王禎農書』16/22b〔「農器圖譜倉廩門」〕．

ある'.[1043] 莫大な量の穀物が中国では官営穀倉に保存されたが，比率的には民間穀倉の保存量のほうが多かった．それらは揚子江の商人の巨大倉庫から，貧農の簡単な藁小屋まで様々だった．王禎は農民の小さな倉庫が政府の大きな穀倉を真似たものと思っているようだが，事実は逆だ．政府の最大の倉庫ももとは，太古から田舎にある簡単な形を精巧にしたに過ぎない．王禎はこう続ける．[1044]

> 穀倉は円形と方形の区別がある．北方では土地が高燥なので，木杭を土に直接打ち込み［が可能であり］，柳条細工を回りに置くと穀物倉となる．このようにすると「囷」(chün) という円形構造になる．しかし南方では土地は低湿で，そこで地表から離して木材を組むこと［が必要］で室となる．この工作の結果，「京」(ching) という構造になる．
>
> 「夫囷京有方圓之別. 北方高亢, 就地植木, 編條作笆, 故圓, 即囷也. 南方墊溼, 離地嵌板作室, 故方, 即京也.」

方形，円形穀倉の地理的境界は王禎が言うほど明確ではないが，名称の違いと形および材料の違いが関連しあっているという意見は誠に妥当であり，今後の研究に値する．

円形穀倉

円形貯蔵庫が華中や華南よりも華北で多いこと，またそれは藁や柳条で作ること，さらに直接地表に接して立てることは確かにその通りだ．この構造物の名称や実例は最も古くても漢代以降だが，その形自体は疑いなくきわめて古く，今日までほとんど変化なく続いてきた（図203）．

穀物貯蔵の最も古い形は，たぶん穀物を地上に積み重ねることだろう．これは貯蔵の形式としては非常に非効率的（鳥，ネズミ，その他の害虫による損耗の危険は明らか）だが，何も作る必要がなく，この魅力ゆえに長らく続いた．マルカムは17世紀のイングランドでこの慣行を嘆き，せめてネズミの届かない高さまで上げること，穀物の穂を内側に向けて風雨の害を少なくすることを熱心に勧めた．[1045] 古代中国で粟積みは「庾」(yü) と呼んだ．この言葉は『詩經』に初

1043)『王禎農書』16/6a〔同上〕．
1044)『王禎農書』16/20b〔同上〕．
1045) Markham (1), p. 83.

図203 華北の村の藁縄で作った円形穀倉．J. ニーダム撮影．

出し，[1046]‘無数の穂積みが列を成す’あるいは‘高みや山のように盛り上がる’と，豊かな実りを歌った．これらの「庾」は単に稲むらを干すだけで，その後にもっとしっかりした穀倉に蓄える途中だったかもしれない．というのは，『詩經』はまた穀物倉庫の「倉」(*tshang*) と「廩」(*lin*) にも言及するからだ．実際，元代以降は脱穀と籾摺りの前に穂積みで短期間貯蔵することが普通だった．[1047] 王禎は「庾」に関して『詩經』の頌とそれに付けられた漢代の注釈を引用し，短い詩を付け足すだけだが，挿絵画家が描く絵にはたぶん穂積みを守るための円錐形の蓋が見え，それは枝条縄か藁縄で作っている．[1048]

穂積みから進んだ次の段階は「囷」(*chün*) と呼び，円形の屋根付き柳条編み穀倉だった．王禎の言うところでは，「囷」はふつう一本柱の骨組みを直接地上に建てたものだったが，図203に見る現在の形は石とセメント台の上に立つ．骨組みに筵か藁縄を被せ，泥を塗って藁屋根あるいは縄で覆った．[1049] 扉は筵か

1046) 『詩經』8/20*a*, 20/37*a*〔「小雅・楚茨，甫田」〕．Legge (8), pp. 157, 368．
1047) 『耕織圖』1/16*a*–17*a*．
1048) 『王禎農書』16/18*a*–*b*〔「農器圖譜倉廩門」〕．

板で拵え，地上高くに設けた（図204）．こうした穀倉は華北全域で常にごくありふれたものだった．漢代にはもっとしっかりと築き，屋根は瓦を載せ，壁はたぶんレンガや粘土で作ったようだ．この推察の根拠は明器の陶製模型にそのような建物があることだ．[1050] ただし，後代の農業百科全書には瓦を載せた円形穀物倉庫は記述がない．華南では漢代の円形高床穀物倉庫の模型が多数出土し，同じものが今も使われる．これらも大抵は藁か筵で作ったもののようだ．[1051]

円形穀倉は造作が安価で簡単だが，齧歯類や虫の害から守るには十分とは言えない．その構造が円形であることから改善や拡大の余地が少なく，基本的に農民の貯蔵庫に留まった．大規模化に適していたのは方形枠構造だけである．

方形穀倉

穀倉の総称「倉」(*tshang*)は幾何学で正方形面のない平行六面体を指す場合にも用い，[1052] このことは方形貯蔵庫が不可欠な重要さを持つことに通じる．構造の土台を材木で方形に作り，その上にどのような大きさと形の穀倉でも作ることができ，すでに漢代に農民の小さな貯蔵庫と富裕層の巨大で精巧な穀倉は違いが顕著だった．

円形の藁作りの穀倉に対して方形の穀倉を指す言葉はふつう「京」(*ching*)を用いた．[1053] 漢代の模型遺物は木製，陶製，さらには青銅製もある．[1054] ほとんどが揚子江地域，広東，広西の出土で，高床穀倉だ．高床柱は太く高く，4本以上で，柱の頂部にはねずみ反しの石を置く（図205）．屋根はふつう単純な切妻だが，一方に小屋根が突き出してベランダを設けることもある．屋根は必ず瓦葺きの形だ．壁は板か格子，筵，あるいはレンガの場合もあり，大きな扉を一つ備え，換気用に一つあるいはいくつかの通気塔を備えることが多い．扉あるいはベランダには，今日の東南アジアの *tangga* に似た丸太の梯子を架け，全体の形は今もマレーの村に見る稲倉を思わせる．漢代以前の西南中国で滇族が使っ

1049)『王禎農書』16/19*a–b*〔同上〕，『授時通考』57/9*b*–10*a*.
1050) Laufer (*3*), fig. 12.
1051) 林 (*4*), figs. 4–14, Anon. (*160*), pl. 104, 著者不詳 (*42*), pls. 57–60.
1052) Needham, Vol. III, p. 98〔思索社刊第4巻，p. 109〕.
1053)『王禎農書』16/20*b*〔農器圖譜倉廩門〕.
1054) 著者不詳 (*42*), p. 59以下は粘土製と木製模型を示す．広西出土の意表をつく青銅製模型が著者不詳 (*527*), pl. 3にある.

第4章　耕作体系　451

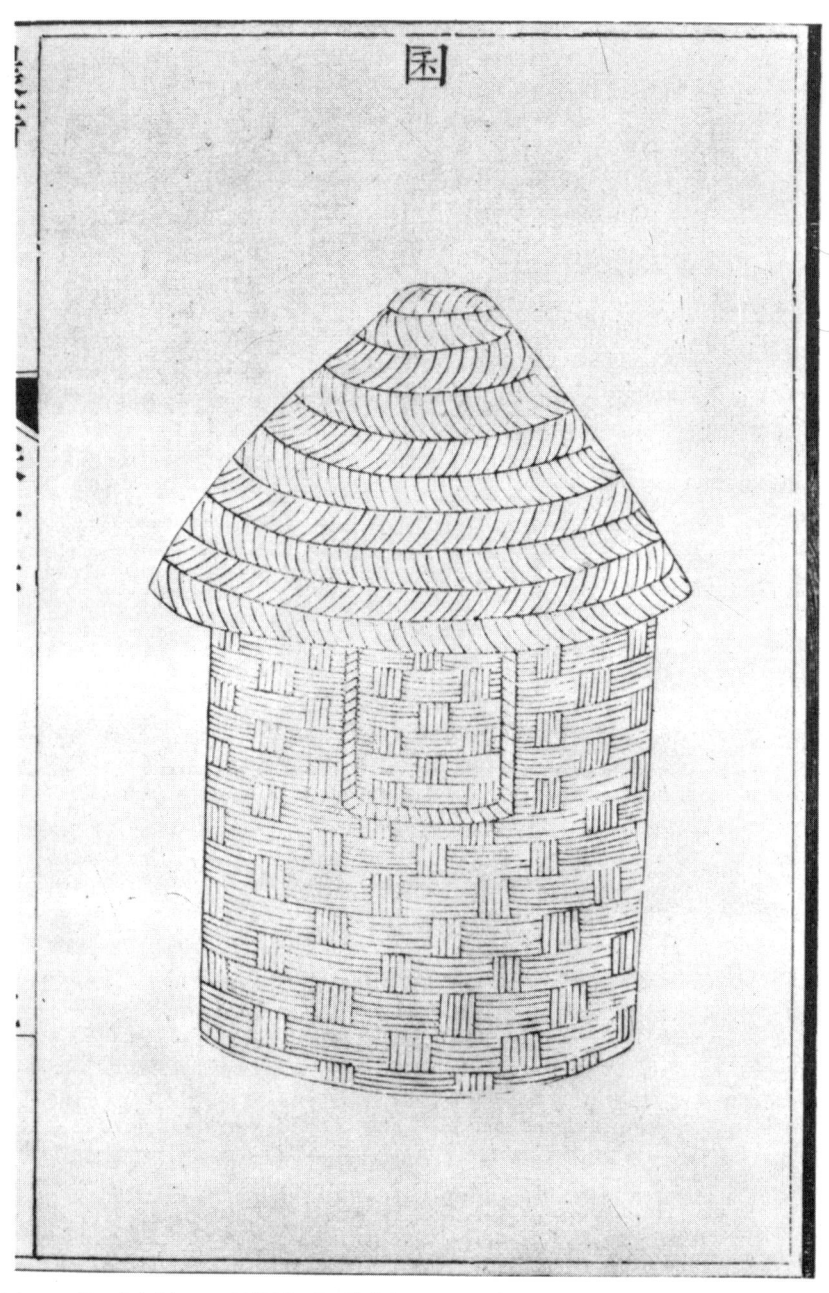

図204　筵と柳条編みの円形穀倉.『王禎農書』16/19a〔「農器圖譜倉廩門」〕.

図205　広東出土の漢代高床穀倉模型．著者不詳 (*42*), pl. 48.

た高床穀倉は水平に丸太を積み，大きな転び破風の屋根で，アメリカ西部の幌馬車の形だ（図196）．[1055]　まったく同じ穀倉が今日のセレベスにある．[1056] 1200年以上後の王禎の「農器圖譜」は，低い高床の小さな方形穀倉を描き，それらは長さより丈が高く，精巧に組み合わせた板で作り，瓦屋根を葺く．王禎によるとこうした「京」は南方に分布が広く，もっと大きな穀倉「倉」と類似の構造だという．

「倉」は漢代までに中国全土で高度の技術的完成度に達していた．それは地主の館や倉を描いた多数の画像石・磚，絵画から明らかで，そこに描かれた穀

1055) Von Dewall (2), fig. 7.
1056) Ronald Lewcock, 私信. 似た様式の屋根が日本の弥生時代の絵と5世紀の埴輪家屋にある. W. Alex (1), pls. 3, 5.

倉は 1 メートル以上も土やレンガを積み上げた土台の上に築き，大きなどっしりした建物で，一条の階段あるいは一対の階段を備えることすらある (図 206)．建物の骨組みは太い柱で作り，屋根は瓦で密に葺き，がっしりした扉——しばしば 2 箇所にある——は 2 枚扉で，重い木のかんぬきで締める．それは匈奴の攻撃にすら難攻不落のように見える．換気は屋根上にひときわ目立つ小振りの塔のような氣樓で確保し，氣樓の作りは時に二階家と見まがうほど精巧だ．穀倉の前庭には臼で穀粒を搗く料理番や，籾殻をついばむ鶏がしばしば描かれる．

漢代と宋代の間には，絵画や文献資料で見ると相当の落差があるが，1097 年の『營造法式』や王禎の『農書』，さらに後代の著作の文や絵にある穀倉は漢代の描画と正確に符号する．ほぼ確実にいえることは，『農政全書』その他にある技術が詳細にいたるまですでに漢代によく知られていたということだ．[1057] 漢代の穀倉の見事な絵や模型からは内部構造あるいは建築の詳細が分からないが，『農政全書』や『授時通考』[1058] から下記に引用する技術ははるか漢代以前にあったものと考えてよかろう．

以下に引用する技術指針は，大規模な官営穀倉 (1 万 5000 石，つまり 4 万 5000 ブッシェル相当[*1] を収納する平均的な郡立穀倉) を念頭に置いたものだ．[1059] 宗族農場や寺領，荘園の貯蔵庫はやや小型だが，建築と運営方針はほぼ同様だっただろう．それに比べると農民の小さな穀物小屋や貯蔵室ははるかに小さく，使用する材料もつつましいものだったが，それでも防水と換気に同様の注意を払ったことは間違いない．最高級の穀倉はよい材木ときれいな切石や磚を大量に使い建築費は非常に高くついたが，その初期投資は長期的には金銭と労働に見合う利益を生み出し，したがって穀倉にかける費用は邸宅同等を前提とすることが当然と考えられていた．[1060]

穀倉で避けるべきは，湿った床，壁の漏り，鳥とネズミだ．[1061] 可能なかぎり

[1057] 中国建築意匠の最重要な原則と技術は少なくとも紀元前 13 世紀から普及していた．Needham, Vol. IV. Part 3, p. 126 以下〔思索社刊第 10 巻，p. 160 以下〕．
[1058]『農政全書』45,『授時通考』巻 57．
[1059]『農政全書』45/8a–b．
[1060] 呂坤『積貯條件』．『授時通考』57/6a に引用．
[1061] 以下の注は『倉廒議』から取った．『授時通考』57/2a–5b に引用．
[*1] 明代とすると 7 万ブッシェル相当．

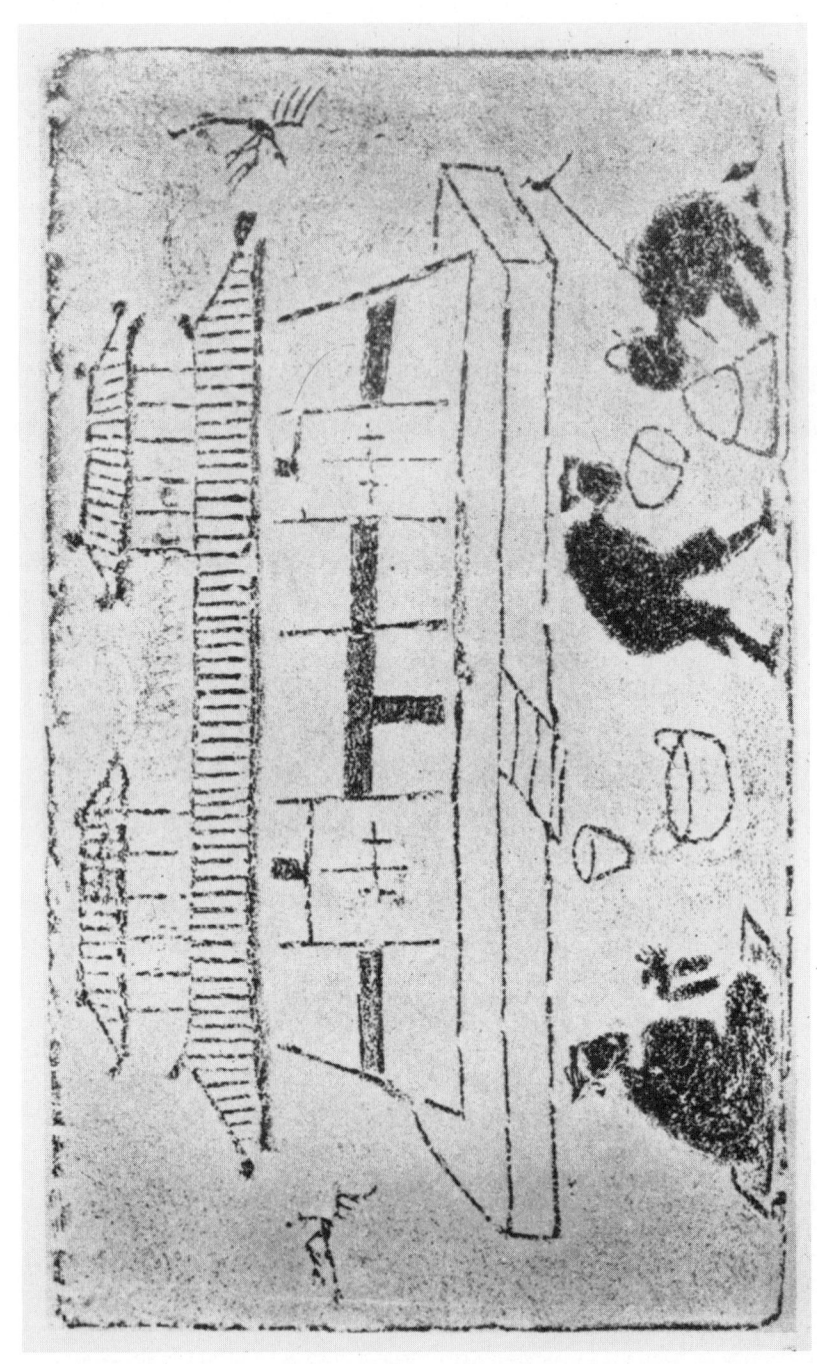

図206 漢代四川の裕福な農家の穀倉. 通気塔, 重いかんぬきをかけた扉, がっしりした土台の上に立つ建物に注意. Finsterbusch (1), vol. II, fig. 188.

穀倉は高燥な土地に建てる必要があり，まず土地を整えて平らに均し，排水を施した．中国で穀倉はすべての重要な建築がそうであるように南面すべきものだった．他方，ヨーロッパでは穀倉を北面ないし北西に面して立てる方針が一般的だった．これは'その向きが最も冷涼で湿気が少ないから'[1062] で，また霜害も最も少なかった．[1063] このような注意は空気の直接流入で換気する場合重要だったが，中国では熱対流で換気したので，気象的な配慮より祭儀に留意して建物の方向を決めることが重要だった．[1064]

　用地を均して準備を終えると，3フィートに及ぶ土台を築いた．建築材料は石板，端を磨いてきっちり合うようにした磚，あるいは版築土を用い，ベランダには石板を敷き，穀倉内部はレンガを敷くことになっていた．柱と梁は厚くがっしりした見事な材木を用い，内装は松(sung)と杉(shan)の厚い板を張り，竹筵を懸けた．隅柱と棟木は板材で覆い，竹枠で増拡し，枠内には土を詰めて断熱した．屋根葺きには明礬溶液（「白礬水」pai fan shui）に浸して防水した瓦をきっちりと並べた．(村の穀倉は藁葺きが多かった（図207）が，通気塔と棟は特別に瓦で保護した．) 空気口（「風窻」feng chhuang）はすべて竹へぎで蓋をし，雀が入らないようにした．

　乾燥地帯で穀倉を作る場合は四周の外壁をレンガで造り，内装にアカシア(「相思」hsiang ssu)の板を張ればよかった．湿った土地の場合前面の外壁は丸太で作り，その前に6フィートのベランダを設ける必要があった．レンガ壁が乾くと直ちに穀倉の床を仕上げたが，その方法は6インチの石炭灰，さらに同じ厚さの小麦殻を敷き，厚いレンガを1層敷いて覆い，その上にモチ米と石灰の混合物で突起を施した厚いレンガ，最後に板材を1層敷くか，木材が不足なら厚い筵を敷いた．扉は漢代以来特徴の変化が著しいものの一つだった．漢代は重い材木でがっしりした2枚の板扉を作り，穀倉が一杯になると閉じた．元代以降は入り口を横切って板を水平に積み，中の穀物のかさが増すにつれ積み上げた．板の枚数を数えると穀倉内の穀物量が一目で計算できるようにした（図208）．大きな官営穀倉では一箇所に数棟の穀倉が離れて立ち，勘定小屋や他の補助的小屋とともに12フィートの厚い塀で囲んだ．棟間の空間は石を敷き，穀

[1062] Columella (1), vol. I. vi, 9.
[1063] Stephens & Liebault (1), p. 547.
[1064] 同様に，東南アジアのモスレム国では，米倉は家と同じくメッカの方向を向く．

図207 藁葺きの村の穀倉．雨を防ぐためのベランダと低い建築土台，その端をレンガで囲むことに注意．『耕織圖』内府本，1/22b.

図208 板を水平に積んで穀倉の扉を閉じる．これは前図のSemallé Scroll版で，ここに描かれた穀倉ははるかに大規模で，図206の漢代の穀倉を想起させる．『耕織圖』．Pelliot (24), pl. XXXI.

物を広げて日で干すに便宜を図った．

『農政全書』や『授時通考』は穀倉の建築を相当詳しく，レンガや瓦の寸法，色，それらに押印する字まで述べるが，[1065]「氣樓」(chhi lou) の構造は残念ながら述べていない．この言葉は王禎の『農書』[1066]と『耕織圖』[1067]に関する清代の注釈書にも現れるが，ほかには『授時通考』が'風口'（「風窓」）に触れるぐらいでそれ以外には見えない．「氣樓」は漢代と同様に元代，明代，清代にも続き，穀倉内部の構造に欠くことのできない特徴的な付属物で，穀物の換気を極力進める意図を表している．建物の内部は格間に分かれ，その間は入口のまぐさ梁と同じ高さの壁で仕切る．一つの格間は4000石（約12000ブッシェル）[*1]を収納し，高さ4.25メートル，幅3.5メートル，奥行き5メートルで，それぞれに扉があった．官営穀倉はふつう7個の格間があり，中央の格間は3室に分かれているこ

1065) 『農政全書』45/10a–12b.
1066) 『王禎農書』16/16a〔「農器圖譜倉廩門，倉」〕．
1067) O. Franke (11), p. 125.
*1 明代とすると1万8700ブッシェル相当．

ともあった．少なくとも端の格間一室は常に空けておき，6, 7 ヶ月に一度，穀物を一室ずつ移動させ，その際に穀物の冷却と通気を行った．[1068] 移動の機会に，穀物が害を受けないよう穀倉各辺に多数の「穀蛊」(ku chhung) を差し込んだ．[1069] この筒に目盛を付けておくと，各室の穀物の深さをチェックして穀物在庫量を測る役割も果たした．[1070]

すべての穀倉がこのように精巧で，その分，高くついたわけではない．棟に分かれていない穀物貯蔵庫も多数あった．中国の家庭の建物はふつう一階建てで，西欧と違って屋根を平たい天井で隠さない．そのため中国農民はヨーロッパのように天井裏に穀物を貯蔵できない[1071]が，ヨーロッパの穀物置き場に似た部屋や小屋は普通だった．[1072] 時に穀物を家の延長部に貯蔵することもあった（図 209）．また大きな農場や中庭のある町家では，別棟の一部や全体を穀倉にすることもよくあった（図 210）．使う材料も官営穀倉ほど贅沢ではなく，王禎によると農民の穀倉は粘土と石灰の混合物を塗った材木を使うことで火災とキクイムシを避けた．[1073] 華北では粟，小麦，大麦が主作物で，農民は穀物を藁屋根で葺いた台，「廩」(lin) に蓄えることもしばしばあった．この言葉はきわめて古く，『詩經』に現れ，漢代の注釈家は'粟の穂の貯蔵庫'とする．[1074]『唐韻』(Thang Yün) はこれを敷衍し，「廩」を屋根はあるが壁のない穀倉とする．この型の構造物は華北で遅くとも周代以来普及していたようだ．明代の挿絵を見ると，石積み土台の上に太い木柱を立てた頑丈な構造物で，屋根は切妻に厚く藁を葺き，穂束や籠で穀物を収納する（図 211）．[1075]

(iv) 官営穀倉

中国の官営穀倉は三種類あった．第一は収税穀物を貯蔵するもの，第二は価

1068) 『積貯條件』．『授時通考』57/6b に引用．
1069) 本書 p. 427 を見よ．
1070) 『王禎農書』16/21a–b〔農器圖譜倉廩門〕．
1071) Markham は漆喰を塗った天井裏に，穀物を薄く広げ，2, 3 日に 1 回，木製シャベルでかきまぜるよう勧めた．こうすると穀物は完全な状態に保てるという．
1072) 著者不詳 (42), p. 39，劉敦楨 (4)，随所．
1073) 『王禎農書』16/16a〔同前〕．
1074) 『詩經』27/13a〔「周頌・豊年」〕．Legge (8), p. 586．
1075) 顏師古は『前漢書』7/8a に注を加えて，「廩」は救荒穀物を置く政府の貯蔵場だったと言う (Swann (1), p. 56 に引用) が，この用法はあまり見ない．

図209 農家の延長部を穀倉にする．広東出土の漢代模型．著者不詳 (*42*), fig. 31*b*.

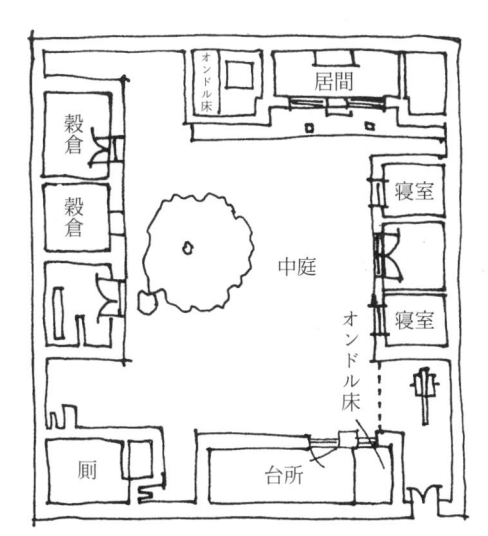

図210 穀倉棟のある河北の農家の平面図．劉敦楨
(Liu Tun-Chen) (*4*), fig. 94.

図 211　開放穀倉（「廩」*lin*）．『王禎農書』16/17*a*〔「農器圖譜倉廩門」〕．

格変動と不足を調整するための備蓄庫（有名な常平倉），そして第三に国および地方の飢饉救済に関わるものだった．

収税穀物

殷代の卜辞に，武丁帝が家臣の王たちから受けた紀元前14世紀の貢納穀物リストがあり，[1076] それほど古い時代から中国人は封建地代と国家租税を主として穀物と織物で納めた．[1077] 皇帝支配の下，農民が村レヴェルで支払う租税は郷鎮官吏が徴収し，彼らはその一部を地方行政の費用に保留し，残りを省中央へ送付した．省はさらにその一部を省政府の経費として取り，残りを朝廷へ送付した．[1078] 穀物は朝廷と首都および辺境に駐屯する軍隊に糧食を提供するだけでなく，それはまた通貨として重要だった．政府の給料は首相から最下級の衙門の飛脚に至るまで，ふつう穀物で支払われた．[1079] その総量は巨大だった．唐代の天寶時代(724〜756年)にすでに地税と人頭税の総額は4年間で籾約2500万石（約4500万ブッシェル）[*1] に達したと推定される．[1080] さらに11世紀半ば，宋政府は予算を通貨換算で計算していたが，年間銅銭1億2500万ないし1億5000万束に達し，それは穀物3億7000万ないし4億5000万ブッシェルに相当した．[1081] 付言すると，明代に国家予算は低下し，1578年，朝廷政府は全省の租税割り当て総額を26,638,642石，約8000万ブッシェル[*2]と見積もった．[1082] ともあれ，朝廷政府は巨大な穀倉を建築してこの莫大な量の穀物を蓄え，穀倉の数と大きさは王朝を追って増大した．前漢代，首都長安の郊外に蕭何によって建築された巨大な穀倉〔太倉〕は，各壁面に120本の柱が並んだという．[1083] 607年，隋

1076) 胡厚宣 (*3*), 83a-89b.
1077) 穀物は農夫の貢納物，布はその妻が納めたものだった．租税は時に現金に切り替えられた（Ray Huang (*3*), p. 46, 王志瑞 (*1*), p. 135）が，穀物貢納の体系は今日まで続く．中共の人民公社が支払う租税の大部分は現物である (Aubert, Maurel & Pairault (*1*), p. 10).
1078) R. Huang (*3*), fig. 3, p. 83 を見よ．
1079) 俸給は一定数の農家が払う租税穀物で計算した．したがって，例えば500戸の官位から1000戸の官位へ昇進といった表現だった．
1080) 著者不詳 (*525*).
1081) 王志瑞 (*1*), p. 135.
1082) Ray Huang (*3*), p. 46.
1083) 『三輔黄圖』．『授時通考』54/6a に引用．
*1 唐代の1石を59.44リットルとすると，約4100万ブッシェル相当．
*2 明代の1石170.37リットルで換算すると，約1億2000万ブッシェル相当．宋・元代の1石94.88リットルで換算すると約7000万ブッシェル相当．

の皇帝煬帝は首都近くに二つの穀倉を建築し、その一つの洛口(Lou-khou)穀倉は壁の周囲12里に及び、3000の貯蔵穴を持ち、もう一つの洛回(Lo-hui)穀倉は壁周囲10里、300の貯蔵穴を持ち、各穴は800石を収納した。洛回穀倉はしたがって24万石、35万ブッシェル〔約39万ブッシェル〕相当の穀物を収納した。[1084] 唐王朝の巨大な含嘉倉は約600万石、つまり900万ブッシェル〔約980万ブッシェル〕以上の穀物を納めた。[1085] この穀倉は東中国から集めた収税穀物を一時的に蓄えるために使用し、その穀物は最終的に中央の實京穀倉へ転送した。[1086] 『宋會要』(Sung Hui Yao)の記録では、北宋の首都開封には合計23個の穀倉があった。[1087] 1189年、戸部尚書(農業大臣)と他の閣僚が会合して豐儲(Feng-chhu)穀倉の問題を相談しているが、この穀倉は最大容量が初めて150万石(約275万ブッシェル)〔約390万ブッシェル相当〕に達した。[1088] 明史の記録では、1370年以前に首都北京には20に満たない穀倉があったに過ぎないが、1450年までに85を数えるに至った。さらにその他の穀倉が全省と辺境に建築された。[1089]

収税穀物はほとんどが河と運河を船で運んだので、効率的な水路網の建設と維持が秦代以来国家の主要な関心だった。唐代以前は首都も主要穀倉地帯もともに華北にあったので、問題は対応可能な範囲だったが、中国の国家が華中と華南の稲作地帯へ依存を強めるにつれ、穀物の輸送業務が飛躍的に複雑化し、途中で大量の穀物が失われ、また損傷盗難被害を受け、明代には'損耗米'(「耗米」hao mi)、'運賃米'(「脚米」chiao mi)その他、首都へ運ぶ途中の損失を補填するための徴集量が収税穀物自体よりも大きくなる事態すら生じた。[1090]

常平倉

ヨーロッパ同様中国でも穀物価格は大きく変動し、年々だけでなく季節ごとにまた地域ごとに変動した。[1091] しかし中国では政府は早くから穀物価格を調整する必要を感知していた。特に不足時にはインフレーションが急速で、実際

1084)『玉海』、『授時通考』54/8bに引用。
1085) 著者不詳 (525)。
1086)『唐六典』、『授時通考』54/8bに引用。また、著者不詳 (525)。
1087)『宋會要』53/1a-5a、『授時通考』56/10bに引用。
1088)『續文獻通考』、『授時通考』54/10b-11aに引用。
1089)『明史』「食貨志三」79/11b、『授時通考』54/13a-bに引用。
1090) Hoshi Ayao (1), pp. 54-61。
1091) 穀物価格は Twitchett (4), Shiba Yoshihiro (1), Ray Huang (3) などを見よ。

の供給量の不足もあったが，買入れ資金の不足のために多数の人口が餓死の危機にさらされた．これを解決する方法は「常平倉」(*chhang phing tshang*) という名で知られ，この言葉は中国史の全時代を通して有名だが，西ではウオーレス (Henry A. Wallace) がこの制度を 1938 年に米国へ紹介[1092]（かなり変えているが）するまで知られていなかった．しかし名は別にしてもこの考えが西洋社会になかったわけではない．ウオーレスは先行例として中国だけでなく，エジプトのヨセフの政策を引用したが，同様の方式は例えばプロシアのフリードリッヒ・ウイルヘルム 1 世（在位 1713～40 年）や，植民地時代のメキシコでも実施例がある．[1093] とはいうものの，政府による価格統制がこれだけ大規模かつ長期間行われたのは中国だけだ．

穀物価格を政府が調整すべきだという提案は，最古のものが『管子』(*Kan Tzu*) にある．この提案を齊の桓公に行った宰相管仲は，紀元前 710 年から 645 年まで存命と推定されるが，『管子』として知られる著作はふつう紀元前 300 年頃の作品とされる．管仲は，政府が穀物税を削減し，有り余って安価なときに大量に買い付け，不足して高価になると人民に売却すべきだと建議した．『管子』に次のようにある．

> 安価なときに穀物を集め，高価なときに配布するこの方法を用いれば，君主は支出の 10 倍を利益として収めることができ，また経済は安定する……［君主は］穀物貯蔵量を加減することによって，穀物価格が他に対して上下することを止めさせ，変動幅を縮小できる．そうすれば（この方法で君主は収入を得られるので）人民の租税を免除することができる．[1094]
>
> 「斂積之以輕，散行之以重．故君必有十倍之利，而財之横可得而平也．……故人君御穀物之秩相勝，而操事于其不平之間．故萬民無籍，而國利歸于君也．」

もっとも，この政策を齊で実施したと述べる歴史記録は見当たらない．

次に価格統制政策を取ったとされる政治家は李悝 (Li Khuei) で，魏の文侯（在位紀元前 403～387 年）の大臣の一人であり，彼は不作の年には穀物が高価となって人民は飢え，豊作の年には安価となって農民が破産すると指摘した．した

1092) D. Bodde (24).
1093) 同上，p. 426, Chester L. Guthrie (1).
1094)『管子』，ch. 22〔この文は「國蓄篇第七十三」にある〕，訳 Than Po-Fu *et al.* (1), pp. 118-19.

がって国家は豊作年に収穫穀物の一部を買い，買い入れ量は収穫の多寡に応じて変え，不作年に穀物を人民に売るべきだと論じた．この政策の目的は物価統制と飢饉防止にあり，直接課税に代えることは意図になかった．『漢書』(Han Shu) は魏でこの政策が実際に実施され，ある程度の成功を収めたことを示唆する．[1095]

漢の武帝 (在位紀元前 140～86 年) の法家経済学派は政府が多くの重要物資について価格統制することを勧めた．桑弘羊 (Sang Hung-Yang) (紀元前 152～80 年) は「均輸」(chün shu) 方式と「平準」(phing chün)（'均等化と標準化'）方式をそれぞれ紀元前 115 年と 110 年に導入した．これは各地域の重要経済産物を政府が買い入れ，他の地方に定価で再分配する方式だ[*1]．残念ながら，政府の扱った品物の中に穀物が含まれたか記述がない．[1096] しかしその後まもなく，最初の常平倉が耿壽昌 (Keng Shou-Chhang) によって紀元前 54 年に確立された．彼は農務省のナンバー 2 の官吏〔大司農中丞〕だった．この常平倉は辺境省に置かれ，穀物の値が下がったときに買い入れて貯蔵し，値が上ったときに安値で売り払った．地方住民は常平倉を非常に有益と歓迎したようだが，宮廷の儒家が一連の自然災害に際して，法家の進める政府独占と価格統制を廃止するよう働きかけ，最初の常平倉は設置後わずか 10 年で廃止された．[1097]

常平倉は後漢時代，晉代，齊代，隋代，多くの事態に際して首都と辺境に再び設置された [1098] が，唐代に至ってこの制度は初めて成功を収めた．唐の高祖 (在位 618～627 年) は治世の最初の年に常平倉監察使を指名した．貞觀時代 (627～650 年) 常平倉は主に華北の 8 省に設置され，[1099] 655 年，東と西の首都に置かれた．[1100] 750 年代後半の安禄山の反乱の時代，制度全体が混乱に陥り，人民は飢死するか人肉食に走るかの恐ろしい状況に直面した．德宗 (在位 780～805 年) の治世になって，価格統制のために貯蔵穀物にくわえ貨幣資金も使って，新しい基礎の上に常平倉を再建する施策建議が行われた．首都，揚子江地域，そして四川の常平倉に必要な貨幣資金は，銅貨 10 万束から 100 万束と見積もられた．必要資

[1095]『前漢書』24A/6a–7b〔「食貨志第四上」〕. Swann (1), pp. 136–144 も見よ．
[1096] Swann (1), pp. 314–316,『前漢書』24B/17b–18b〔「食貨志第四下」〕, Bodde (24), p. 414.
[1097]『前漢書』24A/17b–18a〔「食貨志第四上」〕, Swann (1), pp. 195–197.
[1098]『後漢書』,『晉書』, 及『文獻通考』の引用を『授時通考』55/1a–3a に見よ．
[1099]『舊唐書』「食貨志下」49/11b.『授時通考』55/11a に引用．
*1 この説明は均輸に当たる．平準は時間的な物価安定策．

金は地方商人への課税から捻出することとなり，すべての貨幣取引に対して2パーセントの税が，また竹，木材，茶，漆器の取引に対して10パーセントの税が課された．[1101] 施策は了承されたが，間もなく非実際的として廃止の憂き目にあった．当時，軍事費用がすべての国家資産を食い潰していたからだ．それにもかかわらず貨幣資金と穀物の備蓄を維持する考えは続き，宋代とそれ以降の時代に通常の施策となった．[1102]

常平倉が効率的に機能するには，収穫直後の安価な穀物を購入することが必須だった．宋代の政治家で歴史家でもある司馬光は次のように嘆いた．

> 官吏やその部下は収穫時に［安価な］米を買うことを厭い，穀物を溜め込んでいる商人や［富裕］農民から買うことを好む．その結果，早く売りたい農民は安価で売らざるを得ず，遅れて買う官吏は高価で買い入れねばならぬ．利益を得るのは中間商人である．[1103]

> 「又官吏厭糴糶之煩，不肯收糴．又有官吏不能察知在市實賈，憑行人與蓄積之家，通同作弊．當農人要錢急糶之時，故意小估賈例，令官中收糴不得，盡入蓄積之家．」

常平倉について最も詳細な情報を提供してくれるのは明代の官吏張朝瑞 (Chang Chhao-Jui)（1570年頃活躍）で，彼は『議常平倉廠申文』(*I Chhang Phing Tshan Ao Shen Wen*)[1104] と題した長い論文の中で，穀倉の立地と建設法について述べ，さらに資金確保と管理についても方針を具申する．

> 資材は，地方巡察使が査定した罰金と司法処理によるすべての収入（「無礙官銀」*wu ai kuan yin*）を合わせたものから購入する．毎年，巡察使と府県裁判所に支払われた罰金および贖罪金の半分で穀物を購入し，また廃寺および「無礙官銀」を集めた資金を使うのもよい……上県は穀物5000石［約1万5000ブッシェル］*¹ を買い，中県は4000石，下県は3000石を買うのがよい．しかし［穀物の売り渡しを］平民に強制また命令すべきではない．各地区は近隣から富裕で所掌能力のある者2人を選び，穀倉管理を

1100)『唐會要』88, p. 1612.『授時通考』55/10b に引用．
1101)『舊唐書』「食貨志下」49/12a.『授時通考』5/2a に引用．
1102)『宋史』「食貨志上四」176/14a.『授時通考』55/3a に引用．
1103)『文獻通考』「常平倉」．『授時通考』55/4b に引用．
1104) 常平倉に関する議論，『授時通考』55/6b–10a に引用．
*1 明代の石を170リットルとすると，約2万3000ブッシェル相当．

行わせ……100石の売買に対して管理人に各3石を仕事に対する報酬として給する．管理人は毎年交代させ，どのような理由があろうと重任はしない．[1105]

「合同工料．本道査發贓罰，並該府縣查處無礙官銀，轉合陸續備辨建造．每歲將守巡道及府縣所理罪犯紙贖實，將一半糴穀入倉．或查有廢寺田産及無礙官銀，聽其隨宜糴買．……上縣糴穀五千石，中縣糴穀四千石，下縣糴穀三千石，不許逼抑科擾平民．各擇近倉殷富篤實居民二名掌管，……每收穀一百石，待後發糶之時，每名准與平糶三石，以酬其勞．糴完即換掌管，勿使重役．」

地方住民は普通10家族単位（「保甲」pao chia）に組織され，政府買入価格で穀物を売り渡すことを求められた．官は各家族から可能な範囲内で厳格に規制した量の穀物を順次買い入れた．張朝瑞の方式は役所の持つ現金資金を使って1農業年内の穀物価格を制御するもので，この方式だと穀物の回転は速く，貯蔵施設が少なくて済み，現金の代わりに長期の貯蔵穀を使う場合に比べて損耗も少ない利点があった．常平倉運営に官有現金を使うことは明代，清代を通して普通だったようだが，[1106] 相当量の穀物備蓄も続いた．官営穀倉は価格安定だけが目的ではなく飢饉救済のためでもあったからだ．

飢饉救済──「義倉」と「社倉」

飢饉年に飢えた人々を救済することは中国政府の基本的任務の一つだったが，初期の飢饉救済はごく行き当たりばったりだったようだ．例えば地方の供給が尽きたとき，穀物を他地域から輸入できる場合は輸入穀物で救済したが，できない場合は倒れて自分の意思でもはや動けない農民を政府は流刑にすることもあった．[1107] 漢代に救済は組織的なものになり，飢饉のとき官営穀倉は無償供与か利子を軽くした貸付けか，あるいは買える者には販売によって穀物を配布した．また特別官を派遣して種子穀物を被害地域に配布し，地方の富裕層に個人の倉から穀物を寄進するよう呼びかけた．

しかし地域の備蓄や供給は深甚な災害に対応するにはしばしば不十分だった．可能な場合は穀物を他地域から輸入したが，人口稠密の華北から人口希薄な淮

1105)『授時通考』55/7a．
1106)『授時通考』(55/10b, 11a など) は明の宣徳5年 (1430年) と清の康熙43年 (1704年) の例を引用する．
1107) 例えば，『孟子』IA/3〔「梁惠王上」〕．

河，揚子江地域へ住民移住が必要な場合もあった．例えば紀元前 115 年，黄河平原全域が洪水に襲われたときはそうだった．[1108] 数千人の飢える農民が食料を求めて移動する現象は冷酷な規則正しさで繰り返し，共産主義革命まで続いた．しかし朝廷政府の官僚組織は救済装置を完成していたので，悲劇的な脱出は外国の侵入か国内戦争の時期に限定された．平和の時代には辺境の入植地を除いて政府は大規模な人口移住業務を回避することができた．[1109]

常平倉は価格制御以外に，飢饉救済のためごく最近まで継続した．例えば『清會典』(Chhing Hui Tien) によると，毎年常平倉に備蓄した穀物は不足に苦しむ貧困層に貸し付けられた．[1110] しかしすでに隋代に常平倉は中央集権化が進みすぎ，地方の危機に効率よく対処できなくなっていた．必要なことは飢饉救済の倉を地方に網羅することだった．

> 585 年 5 月，工部尚書の長孫平 (Chang-Sun Phing) は，全国の平民と軍人を鼓舞して社を作り義倉を設立させるべきであると次のように奏上した．収穫のとき彼らを励まして粟 (su) と小麦 (mai) を収穫に応じて寄付させねばならない．また彼らが穀倉あるいは貯蔵穴を作り，穀物を貯蔵するよう，管理人 (「社司」 she ssu) を任命して管理に当たらせる．収穫の備蓄は毎年行うべきで，少しでも無駄に損なってはならぬ．もし収穫が実らないとき，食料を必要とする社人には誰でも社の穀物が分配される．[1111]

> 「開皇五年五月，工部尚書長孫平奏，令諸州百姓及軍人，勸課當社，共立義倉．收穫之日，隨其所得，勸課出粟及麥，於當社造倉窖貯之，即委社司執帳檢校．每年集積，勿使損敗．若時或不熟，當社有飢饉者，即以此穀賑給．」

596 年，奏上された倉は 13 省以上に設置され，首都圏では郷鎮にも置いた．寄進量は次のような三段階に決められた．富農から 1 石（約 2 分の 1 ブッシェル），[*1] 中農から 7 斗（3 分の 1 ブッシェル）〔約 1.1 ブッシェル相当〕，貧農から 4 斗．[1112] 隋代の穀倉は省，郷村を問わず'慈善倉'（「義倉」i tshang）と呼んだが，後にこの言葉は町の救済倉を指し，村鎮の救済倉は一般に'共同倉'（「社倉」she tshang）と

[1108]『前漢書』24B/15b–16a〔「食貨志第四下」〕，Swann (1), pp. 60–61, 301–302.
[1109] 韓國磐 (1), p. 73.
[1110]『清會典』卷 191.『授時通考』55/10b に引用．
[1111]『隋書』24/15a〔「卷二十四食貨志」〕．『授時通考』56/1 以下．
[1112] 同上．
[*1] 隋・唐代の 1 石を 59.4 リットルとすると，約 1.6 ブッシェル相当．

呼んだ。[1113]

　義倉の際立った特徴は，第一に救済にのみ用いたこと，第二にそれを満たすのに使った穀物は，標準的な税額を超える裕福な地方農民が寄進したものだったことだ．寄進の量は時代によって変わった．唐代初期 (628年)，尚書左丞の官吏戴冑 (Tai Chou) は，隋代の3階層の賦課を均一寄進に変え，耕地1ムーにつき2升 (およそ 0.22 ブッシェル毎エーカー) とすべきだと建議した．これはたぶん全収穫量の2パーセントを超えない率だった．[1114] この数字は基礎数字で，土の肥沃度によって地方ごとに変え，さらに，'作物の10分の4が実らない場合は半量のみ賦課し，10分の7が実らない場合百姓は全額免除された'．[1115] 商人も9階層に分けて相応の寄進を求め，極貧層と外国人のみが完全に免除された．困難の時期，備蓄穀物は供与するか種子として貸し付け，秋に返させる方式で配付した．[1116] 義倉は特別な位置を占めるはずだが寄進穀物はやがて本来の用途から逸れ，朝廷政府は当面の出費に使用することとなった．その結果，寄進は'土地税'(「地税」*ti shui*) と呼ばれることとなり，8世紀半ばまでに政府の最も重要な収入源となった．[1117] この不幸な前例にもひるまず後代の官吏たちは，引き続き各王朝で機会をとらえては義倉を復活した．常平倉と同様，初めは成功しても管理の失敗あるいは汚職でやがて崩壊するのだが，それでもこのような制度が必要なことは明らかで，確実に再び復帰した．

　宋代初期 (963年)，義倉を各県，郷村に設立する詔勅が発布され，毎年2回，収穫の10パーセントが賦課された．『宋史』によると，'この方式は管理に手間がかかりすぎるとして後に放棄された'．[1118] しかし，1035年には再び復活し，隋代の方式同様，農民を5階層に区分して相応の寄進を定めた．この方式はその後900年間，ほぼ規則的に出現と消滅のサイクルを続けることとなった．

　1182年，朱子学派の偉大な哲学者朱熹は『社倉法』[1119] と題する長い論文を著して，その制度を公正かつ効率よく運営する方法を相当詳しく述べた．彼の理

1113) E-Tu Zen Sun (1), §740 と随所.
1114) 唐初，穀物租税は同程度で，100ムー当たり2石ほどだった. Twitchett (4), p. 25.
1115) 『新唐書』「食貨志一」51/4*a*, 『授時通考』56/13*a* に引用.
1116) 『新唐書』「食貨志一」51/4*a*, 『授時通考』56/13*a* に引用.
1117) Twitchett (4), p. 33.
1118) 『宋史』「食貨志上四」176/27*a*, 『授時通考』56/13*a* に引用.
1119) 社倉の管理. 『授時通考』56/4*a*–6*b* に引用.

論は後代の作品に恭しく引用されたが，実行された形跡はない．明代には救済倉の管理は人民自身の手に移管していた．1530年の布告は次のように宣言している．

> 社倉の建設は各地方監察官（「安撫」 *an fu*）が行い，20ないし30人の百姓で構成する社（she）を作らせ，各社は商業をよく理解した富裕な百姓を社主に選び，ことを処するに正直で知られた者を主事に選び，書算を良くする者を会計に選ぶ．各月はじめ，社の会合を開く．メンバーは3階層に分け，1斗から4斗［およそ4分の1から1ブッシェル］*1 の米[1120]をそれぞれに応じて寄進する（損耗分として5パーセントを加える）．上戸が寄進を監督する．[1121]

> 「令各撫按設社倉．令民二三十家爲一社，擇家殷實而有行義者一人爲社首，處事公平者一人爲社正，能書算者一人爲社副．毎朔望會集．別戸上中下，出米四斗至一斗有差，斗加耗五合，上戸主其事．」

官による干渉は毎年一回の帳面検査に限り，もし相違を発見すると主事に重い罰金を課した．困難のとき穀物は下層，中層農民には無料で，上層農民には低利貸付けで配付した．

地方の救済倉が取り扱う穀物量は理屈の上では大きいものだが，もちろん首都の収税穀倉の保管量とは比較にならなかった．州県の平均的な義倉は，宋代でたぶん5000〜8000石（約9000〜1万5000ブッシェル）*2 だった．[1122] しかしこの制度は汚職と管理ミスの害を受け易く，倉が一杯になることは稀だった．義倉制度が始まった直後，『隋書』（*Sui Shu*）は次のように嘆いている．'百姓は倹約を怠り，［救済倉の穀物の］無駄と変質を防ぐことに注意を払わず，ために供給は不足する'．[1123] 責任を百姓に任せる明代の方式は，'きわめてうまく行っている……しかし後に［管理組織］は実行力を失った'．[1124] 西北部だけは長い内戦の混乱と乏しい収穫の経験から，百姓は自助だけを信頼することとなり，ここだけ

1120) この時代までに，「米」という用語はふつう脱稃した穀粒を指し，籾（「粟」）に対置したが，この場合は，重量でなく容積で計っているので，籾を指すと思われる．
1121) 『明史』「食貨志三」79/13*a*．『授時通考』56/8*a* に引用．
1122) 『宋史』「食貨志上六」178/25*a* にある明道2年（1033年）の数字．『授時通考』56/13*a* に引用．
1123) 『隋書』「巻二十四食貨志」24/15*b*．『授時通考』56/12*b* に引用．
1124) 『明史』「食貨志三」79/13*a*．『授時通考』56/8*b* に引用．
*1 宋・元代の1斗を9.49リットルとして妥当な換算．
*2 宋代の1石は94.88リットル，5000石で1万3000ブッシェル相当．

は制度がより有効に機能したようだ．早くも隋代にこういう声があった．

> 北境地区は他地域と異なる……人々は［粟のほかに］様々な穀物[1125]を義倉に蓄え，穀物の分配は自分たちの地区内だけに限る．旱魃で穀物が不足すると，雑穀と長期保存の古い粟をまず配分する．[1126]

> 「北境諸州，異於餘處……所有義倉雜種，并納本州．若有旱儉少量，先給雜種及遠年粟．」

明代にも同様の声があった．つまり今日の百姓は倹約せず浪費しているが，'汾と晉[1127]'だけは全住民が各自の穀物を備蓄する習慣があり，苦難や飢饉の際も食料を求めてさまようことはない'．[1128] ここでは百姓は政府支援を諦め，自身の持てる資源に依存する決意を固めていたのだ．

1125) 例えば，大麦，豆類あるいは麻種子〔たぶん胡麻〕．
1126)『隋書』24/15b〔「巻二十四食貨志」〕．『授時通考』56/12b に引用．
1127) 山西，河北地域．
1128)『王禎農書』4/8b〔「農桑通訣蓄積篇」〕．

第 5 章
作物体系

472

*

　中国の作物体系は穀物栽培に大きな比重を置き，その度合いは西のどの営農システムに比べても大きい．序で述べたように家畜が中国の農業経済で果たす役割はごく小さく，耕地の中で牧草地の占める割合は微々たるものだ．[1] さらに耕地のほとんどは穀物に当てる．例えば20世紀初期の数十年間，全作物栽培面積の70パーセントは穀物を植え，10パーセントが豆科，3.6パーセントが油脂糧，3.6パーセントが繊維作物，(棉を含む)，3.3パーセントが根茎作物，1パーセントが果実，1パーセントが野菜だ．[2] 面積割合は世紀を経る間に変化しただろうが，重要度の比重が変わらないことは中国の農書の章見出しを一見すれば判る通りだ．穀物は中国の伝統的食事の必須要素であり，北方ではミレット類と小麦で，南方では米で炭水化物のほぼ全量と蛋白質の一部を補給してきた．豆類特に大豆とその加工品は蛋白質の不足を補い，またその栽培は土の窒素含量を回復する利点も大きかった．加えて豆類は根茎類とともに，穀物が実らない場合の救荒食ともなった．料理油（多くは野菜種子から）と豊富な緑葉野菜[3]とあいまって，中国の伝統的食事は釣合いのよい望ましい食事であり，中国人は特に宋代のような経済発展の時代，世界で最も恵まれた食事をする人々という定評があった．[4]

　本書でも中国の作物の取り上げ方は伝統的中国経済に占める重要性を反映して何よりも穀物が中心となり，豆類，油脂糧その他は簡単に扱うことになる．私がこの方針に従うことにしたのは，穀類作物が中国の食事と経済の両方で重

---

1) 1920年代に1パーセント以下．Buck (2), p. 173.
2) Buck (2), p. 209.
3) 蔬菜栽培用の土地は小さかったが，栽培法がきわめて集約的で，数ヶ月間に数回，作物を収穫した．
4) Perkins (1), Mote (4). 篠田 (6) の記載によると，平均的な中国の主婦は元代の戯曲が描くように7種類の買い物，つまり燃料，米，油，砂糖，醤油，酢それに茶を欠かさなかった．毎日の食物にはその他，酒，砂糖，椒，などが普通だった．Perkins は一人当たり農業生産は1800年まで維持した（本書 p. 679 を見よ）と考えるが，彼の計算は穀物生産の数字に基づくので，穀物消費のレヴェルはともかく，食事の多様性はないがしろにされただろう．また増大する人口を養うに十分な主食を生産するため，野菜やその他のマイナーな作物は軽んじられただろう．この指摘をした Peter Nolan 博士に感謝したい．

第 5 章　作物体系　473

要であり，[5] また穀物特に稲の栽培，技術が農場管理全体を左右する傾向が強いからだ．[6]

　中国の作物体系の全般的な様式と構成は新石器時代にまで遡る．北方の新石器時代遺跡は粟，麻，野菜の栽培を証拠立て，南方の新石器時代遺跡では米と菱のような水生野菜が出土する．[7] 商の甲骨文と『詩經』の農業詩は，当時，中国で穀物作物が重要だったことを十分証明するし，周代後期や漢代の政治経済学者の著作も同様の意味がある．中国の地域による作物体系の差異は『周禮』に簡単だが記述があり（本書 p. 25 を見よ），本書の序章でも中国各地域農業の特徴的作物を述べた．稲，粟，麻など最重要作物は新石器時代から栽培するが，時代を経るにつれさらに多くの作物が加わった．中国内部から来たものには，例えば大豆（たぶん周代に栽培化），茶（唐代後期に初めて重要になった）がある．ほかに中国のある地方から他の地方へ導入されたものがある．例えば，冬小麦は宋代に華北から揚子江流域へ導入され，また多くの果実や野菜は原生地から移されたが，成功の度合いは様々だった．『羣芳譜』に次の記述がある．[8]

　　　北に生息する植物を南へ移すと一般によく生育するが，南の植物を北へ移植すると
　　変わってしまう．例えば［有名な例では］淮河の南で育つ「橘」（chü）は，北へ移すと「枳」
　　（chih）（実は酸っぱい）に変わる．［逆に］カブ「菁」（ching）は北で旺盛に生育するが，南
　　へ移すと［大きな］根はできなくなる．
　　　また，「龍眼」（lung-yen）と「茘枝」（li chih）は福建や広東でよく生育し，他方，ハシバ
　　ミの木（「榛」chen），ナツメの木（「棗」tsao），そして［あらゆる種類の］ヒョウタンとウ
　　リ（「瓜蓏」kua lo）は河北と山東でよく実る．植物は［普通の生育をするには］適切な
　　季節のめぐりが要る．植物に［不可能なことを］強制できようか？

　　　　　「北者移之南則盛，南者遷之北則變．如橘踰淮則爲枳．菁在南則無根．龍眼
　　　　荔枝之類盛于南方，榛松栗屬蕃于北土，……瓜蓏仍産燕齊，……此物性之固然，
　　　　非人力可強致也」

　しかし人間は植物をだまして不可能の実現に成功することもしばしばあり，

5）大量の穀物を自給用でなく販売目的で栽培し，明代までに著しく商業化した地方は，必要な穀物のほぼ全量を輸入することすら珍しくなかった．
6）この点は結論部で詰めたい．
7）例えば，K. C. Chang (4), 李璠 (1) を見よ．
8）『羣芳譜』「果譜・順性」1/2b．訳 Joseph Needham．本シリーズ第 38 部〔Vol VI. Part 1, Botany, 1986, 和訳未刊〕は中国の植物地理に関して述べ，そこに橘と枳の場合の考察がある．

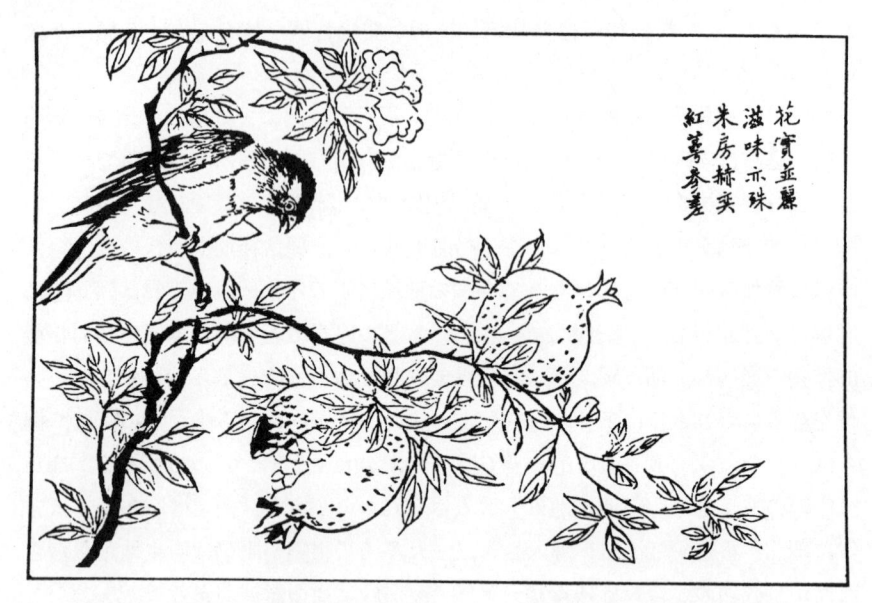

図212　石榴.『芥子園畫傳』, vol. III, p. 175. 夏侯延玉（965年以降没）の絵.

注意深く選抜と品種改良を行って，逆境で生育する品種を生み出した．'ザクロ（「石榴」 shih liu）は東へ移植すると嘆きの種だ'と『淮南子』は断言する[9]が，数世紀後に『齊民要術』はこのペルシアの果実の栽培にまるまる一章を割いている．[10]今日，これは華北のどこでも目にするし（図212），しばしば小麦畑に植わる木立の様子は丁度イタリアやギリシアのオリーブと似る．秦始皇帝の陵は石榴の木が密に植え込まれ，5月，それは金色の小麦畑から立ち上がる火のピラミッドに変貌する．

　中国人は数世紀にわたって中央アジアと西アジアから多数の有用植物を受け入れてきた．その多くは紀元前2世紀，漢の将軍張騫（Chang Chhien）が西戎〔匈奴〕による長期の捕囚から帰国を果たしたとき導入したと以前は推定されていた．この幻想的な物語は主要部が作り話であることが判ってきたが，張騫はたぶん葡萄とアルファルファ，[11]また上に見た石榴を長安へ持ち帰っただろう．[12]

---

9)　『羣芳譜』「果譜」1/16はこの点で『淮南子』を引用するが，伝本には該当する文章の断片だけしかない．本シリーズ第38部〔Vol. VI. Part 1, *Botany*, 1986, 和訳未刊〕を見よ．
10)　『齊民要術』41.

しかしエンドウ，ソラマメ，ゴマなど多くの有用植物が西から中国へ伝来したのは，漢代あるいはその直後だろう．西アジア起源の作物のうち中国人が帰化に成功した最も重要な作物はたぶん小麦で，この西アジアの冬作物を夏雨の地で育つように中国農民が変えたのは新石器時代のことだろう（本書 p. 515 を見よ）．

中国の作物のもう一つの重要な源は，中国自体の南部諸省からインドネシアまで延びる東南アジア気候帯だったが，中国の農業はこの地域で起源した可能性すらある．例えば粟や稲，ヤムイモ，タロイモといった重要な作物の栽培化はこの地帯だと思わせる事例がある．[13] 後にもこの地域から中国へ伝来した重要なものにはチャンパの二期作稲，ほかに甘蔗，バナナ，ショウガ，ミカン科のいくつかの種（図213, 214）がある．

ほかに，インドから（直接あるいは東南アジアを経由して）伝来した作物がある．その最も重要なものは棉で，8世紀までに広東で栽培されたが，それより北への進出は蒙古の王朝以降だった．[14]

有用植物のもう一つの源にアメリカ大陸があった．アメリカの作物は1492年の発見後，驚くほど速く中国へ伝播した．ほとんどのものは初め東部諸省特に福建省へ導入されたが，これはたぶんフィリピンや他の太平洋諸島に定着した中国人が仲介し，その後，海岸から内陸へ急速に波及した．別のルートはミャンマーから雲南への内陸ルートだった．ピーナッツはすでに1538年に蘇州近くの常熟郡の物産として挙がり，甘藷は福建と雲南で16世紀半ばまでに栽培していた．[15] ピーナッツは普通は役に立たない砂土でよく茂り，油（と蛋白質）の給源として重用され，他方甘藷は主食の補助食に重用された．両方とも中国広域に急速に波及し，他のアメリカ由来作物のトウガラシ，タバコ，トマトなどもそうだった．アメリカの主要穀物トウモロコシは中国農民の人気をなかなか得られなかったが，西南部の山地民は焼畑の常用作物としてそれをさっさと取り込んだ．[16]

---

11) Laufer (1), Schafer (13) を見よ．
12) 第38部を見よ〔同前〕．
13) 本書，農業の起源と，pp. 485, 542, 589 を見よ．
14) H. L. Li (15), Table 1 の植生帯（と栽培植物）の区分は異なり，南アジア帯がインドと東南アジア大陸部と南の島嶼帯を含む．いづれにしてもどちらの植物も中国への伝播は安南山脈を通った．
15) Ho Ping-Ti (1).

図 213　甘蔗.『授時通考』66/8b.

　中国は有用植物を受け取るだけではなかった．中国土着の植物はたぶん世界で最も豊かである．ヴァヴィロフはかつてこう言った.[17]　'特有植物および栽培可能植物の属と種数において，中国は植物起源のセンターの中でも抜群である．そればかりかそれらの種には無数の変種と伝統品種がある'．土着植物の

---

16) 本書 p. 508–512 を見よ，また Ho Ping-Ti (1), (4) を見よ．
17) Vavilov (2), p. 26.

第 5 章 作物体系　477

図 214　華南のバナナ，どこにもある庇陰樹．そよ風に揺らぐことが好まれ，果樹としての利用は少なかった．『耕織圖』内府本，2/11b．

数をヴァヴィロフは過大評価気味だが，中国が世界に貢献した作物は間違いなく多数にのぼる．その中には中国起源のものもあるが，東南アジアその他から伝来した後に中国から他国へ伝播したものもある．その最も重要な例はたぶん稲だ．稲は南部中国のどこかで栽培化され，たぶん揚子江下流地域から韓国や

日本へ歴史時代の初期に伝播し,[18] フィリピンへはおそらく新石器時代に伝播した．大豆は北部中国で栽培化されて日本と東南アジアへ及び，最後にはアメリカとヨーロッパへ伝播した．中国は果実も豊富で，じつに多くのリンゴとナシ，サクラ属の種類，柑橘の種類がある．杏と桃を西の初めはペルシアへ（紀元前2ないし1世紀に），そこからアルメニア，ギリシア，ローマへ（紀元前1世紀に）もたらした[19]のはたぶん絹商人だった可能性がある．これらは華北の土着種だ．他方南部の代表は柑橘で，オレンジ，ポメロ，レモンを中世に地中海へ運んだのは華南の港に寄港するアラブ商人だっただろう．[20] 中国から世界へ貢献した作物でたぶん最も有名なものは茶だ．茶は初め四川で漢代に栽培化された可能性があるが，それが中国の他地域でも好みの飲物となったのは唐代後半だ．南東沿岸の良質茶は後に西洋との交易で主要な輸出品となった．アッサムや南インド，セイロンに開かれた茶プランテーションが西洋市場で中国産と競合するようになったのは，やっと19世紀後半のことに過ぎない．[21]

1 作物輪作

中国農業の一つの特徴は土地利用の集約度が著しく高いことだ．中国の人口密度はその数地域ではごく初期から高く，[22] 土地保有面積を制限する因子は労力や家畜の不足ではなく，伝統的に耕地の少ないことだった．これに対して中世ヨーロッパの農場の生産性は家畜が堆厩肥の給源だったので家畜の数に依存した．堆厩肥供給が不足のため，収量は低く，土地は2, 3年に1年の休閑が必要で，その結果一人を養うに必要な土地は2, 3ヘクタールに及んだ．[23] 中世ヨーロッパに似た休閑輪作は中国でも周代初期には行われたようだが，当時でも最も肥沃な土地は休閑しなかった．『前漢書』は聖帝たちが始めたとされる土地配

---

18) 佐々木 (*1*), 古島 (*2*).
19) Laufer (1), p. 539.
20) 本シリーズ第38部〔Vol. VI. Part 1, *Botany*, 1986, 和訳未刊〕，また, Lefebvre (1), Cameron & Soost (1) を見よ．
21) 茶産業の起源と発展は第42部で詳論する〔Vol. VI. Part 3 *Agroindustries and Forestry*, 1996, 和訳未刊〕．
22) Ho Ping-Ti (4).
23) Slicher van Bath (1), p. 18 以下．

分制度について，次のように述べる。[24]

> 人民への土地配分は次のようだった．最良の土地は各家長に 100 ムー，中位の土地は各家長に 200 ムー，最貧の土地は各家長に 300 ムー．毎年犁き起こして播種する土地は不易の土地と呼ばれ最良，1 年間休閑する土地は単易の土地と呼ばれ中位，2 年間[列で]休閑する土地は両易の土地と呼ばれ最貧の土地だった……百姓家族へ土地の[基礎]配分が完了すると，家族の他の成人男子にも追加配分が行われた．かくて配分地は家族の人数に比例した．
>
> 「民受田．上田夫百畝，中田夫二百畝，下田夫三百畝．歳耕種者，爲不易上田，休一歳者，爲一易中田，休二歳者，爲再易下田．……農民戸人已受田，其家眾爲餘夫，亦以口受田如比．」

戦国期まで，孟子や荀子といった著者は，一家族 8 人（夫婦，その両親夫婦，子供 4 人）の生計は 100 ムー，つまり 2 ヘクタール弱の配分地で可能と推定した．[25] 漢代初めには首都圏の諸省で土地の不足は厳しい状況に陥っていたにちがいない．というのは『氾勝之書』に，休閑は収量を上げるための最後の手段で普通は行わないと述べられ，またこの頃，多数の農民が強制的ではないにしても華北平原を離れて北西部や揚子江デルタの土地を開くことを勧奨されているからだ．[26] 西洋の基準から見ると中国の土地保有は漢代にすでにごく小規模だった．ヨーロッパとの対比で一つの目安となる事件は，宋代に 100 ムー（当時，約 15 エーカーあるいは 6 ヘクタール）以上を所有する太湖地域の地主がその農場の一部を没収されたことだ．生産性の高い水稲地域での，実際の所有規模はわずか 1 エーカー程度だったようだ．もっとも，1930 年代の平均保有面積は北方で 5.5 エーカー，南方で 3 エーカーだった．[27] 中世ヨーロッパで最も豊かな人口最稠密地域の例えばフランダースや東部イングランドでは，1300 年頃，3 ヘクタールつまり 7.5 エーカー以下の土地保有では小さすぎて家族を養うことはできなかった．[28]

中国の農場が小面積でも可能だったのは高い生産性があればこそだった．ま

---

24)『前漢書』24A/2b–3a〔「食貨志第四上」〕，訳は著者．Swann (1), p. 118 も見よ．
25) Hsü Cho-Yün (1), p. 9. 東漢時代の 1 畝（ムー）の大きさは，例えば宋代よりも小さかった．
26) Hsü Cho-Yün (1), (2), F. Bray (3).
27) Buck (2), p. 272. 湖南あるいは雲南の農民の耕地所有面積は，もちろん福建あるいは浙江よりもっと大きかった．

た逆も真なりだった．農具・農法の章で，土の耕耘と作物手入れがいかに念入りだったか見た通りだ．作物の間隔に注意を払い，稲を移植し，生育作物の中耕と除草を繰り返して高い収量を確保した．入念な種子選択も寄与した．収穫物のうち，種子に必要な部分はごくわずかだったし，牽引家畜にはまったく不要だった．何故なら家畜は藁と採草で養えたからだ．かくて収穫物のほとんど全量を人間の消費に当てることができた．農地の肥沃度維持は，家畜を休閑地に放牧する(そしてその糞で肥やす)方法ではなく，人糞肥料や河泥，油粕の施与，またマメ科やその他の肥料作物を輪作することだった．

継続的作付けは漢代までに多くの地方で確立したようだ．[29] 作物輪作に関する最も早い体系的記述は6世紀の『齊民要術』にあり，それは種々の作物について前作(「底」ti)は何が最もよいか述べている(表9)．[30]

緑肥は早くも周代に[31] 作物輪作に重要な役割を果たし，『齊民要術』やその後の農書が繰り返し述べている．土の肥沃度維持と，早熟あるいは強健な品種の育成が注意深く進められ，栽培期間の延長と多毛作栽培を実現してきたのだ．北方諸省では冬の寒さが厳しく，気候条件のため1年に一作以上は困難なことが多かったが，四川や広東などより温暖な地方では，1年に二，三作はごく普通，加えて野菜や早く実る作物の間作も可能だった．[32] 『廣東新語』に次の記述がある．'[17世紀の広東で]早場米地帯では稲の二期作を行い，その後アブラナ(tshai「菜」)を蒔いて油を絞り，あるいは藍を蒔いて染料を作り，あるいはウコン，大麦，菜種か甘藷を生育する……平たい丘や高い岡には，よし［籠作り用］，甘蔗，棉，麻，豆，香草，果実，メロンも多く栽培する'．この一節が述べる栽培様式は広東近くのもので，ここにはこれら物産の市場があった．市場への接近の難易は，当然，農民の作物選択に影響した——野菜のような腐りやすい品物を大量に植えることは町近くの農場でないと無意味だった．逆に近郊農地の場合，穀物栽培を止めて市場作物に専念するほうが利益が上がることもしばしばだっ

---

28) Slicher van Bath (1), p. 134. 13世紀末，このサイズが高い比率(半分まで)に達した．耕地面積の小さな貧農で封建制荘園に属さなかった者は，労働者として働いて生計をつないだが，餓死の恐怖を免れなかった．この時期はいうまでもなく，多数の農夫が土地を去って町へ出た時代だった．
29) 友于 (3), Hsü Cho-Yün (1), p. 13.
30) 天野 (7), p. 482 を見よ.
31) 陳良佐 (2).
32) 『廣東新語』14, p. 372 [「巻十四食語，穀」].

表9 『齊民要術』の作物輪作

播種作物	推奨前作(「底」)(よい順)
アワ　Setaria italica (「穀」ku)	リョクトウ　Phaseolus aureus ([緑豆] lu tou) [32]
	アズキ　P. angularis ([小豆] hsiao tou) [32]
	ウリ類 (「瓜」kua あるいは「瓝」lou)
	アサ　Cannabis sativa ([麻] ma)
	キビ　Panicum miliaceum (「黍」shu)
	ゴマ　Sesamum indicum (「胡麻」hu ma)
	カブ　Brassica rapa (「蕪菁」wu ching)
	ダイズ　Glycine max ([大豆] ta tou)
キビ　Panicum miliaceum (「黍」shu)	ダイズ,アワ,新開拓地
アズキ　Phaseolus angularis (「小豆」hsiao tou)	小麦あるいは大麦 (「麥」mai),アワ
アサ　Cannabis sativa (「麻」ma)	アズキ
ウリ類　(「瓜」kua)	アズキ,晩生のアワ,キビ
小麦あるいは大麦 (「麥」mai)	キビ
カブ　Brassica rapa (「蕪菁」wu ching)	小麦あるいは大麦
コリアンダー　Coriandrum sativum (「胡荽」hu sui)	小麦あるいは大麦
ムラサキ　Lithospermum officinale (「紫草」tzu tshao)	小麦あるいは大麦,うるち種のキビ (「稷」chi),新開拓地

た.6世紀の『齊民要術』は近郊の地主に市場用野菜の大規模栽培を勧め,例えば蕪100ムーの場合を計算し,こうした投機で大きな利益が上がることを示している.[33] 他方,このような多様化を制限する要因があり,それは地域の農業全般の生産レヴェルだった.気候が厳しくて穀物収量が低いと,農民は自給用の穀類栽培に集中せざるを得ず,商品作物に土地を割く余裕はなかっただろう.事実,バック(Buck)は1930年代に北方の春小麦地帯の条件は誠に厳しく,栽培作物の90パーセント以上が種子作物(穀物,豆類,油糧種子)つまり主食作物だと報告している.[34]

---

32) この二種のマメは最近分類が変わり,Phaseolus aureus Roxb. と Phaseolus angularis (Willd.) W. F. は,それぞれ Vigna radiata (L.) R. Wilczek と Vigna angularis (Willd.) Ohwi & Ohashi となった.Maréchal, Mascherra and Stainier (1) を見よ.
33)『齊民要術』18.5.1.
34) Buck (2), p. 208

中国の作物輪作は様々な変異があり，一地方ですら分類が困難なほどだ.[35] 例えばバックと協同者が数え上げた中国のごくありふれた輪作方式は574個に上った.[36] さらに複雑にするのが中国独特の間作だ．例えば，早生稲の間に晩生稲の列を栽培し,[37] 小麦列の間の溝にソラマメ,[38] 大麦の間にカボチャ,[39] 稲列の間の塚にサツマイモ，砂土に甘蔗とピーナッツといった具合だ.[40] 大多数の伝統的輪作は穀物，豆類，油糧作物からなり，その変異は複雑で5年に及ぶ輪作方式すら多い.[41] 表10は中国の輪作を手当たりしだい取り上げたものだ.

さて，中国農業の基本的な作物種を考えるに当たり，手始めに穀物を取り上げよう．穀物を表す中国語「穀」(*ku*) は主要穀類だけでなく，その実を目当てに栽培する麻や豆も含む．したがって，古典でよく見る「五穀」(*wu ku*) という表現は，「稷」(*chi*)（アワ），「黍」(*shu*)（キビ），「稻」(*tao*），「麥」(*mai*)（小麦，大麦），そして「菽」(*shu*)（豆類）から成るという理解が普通だが，稲の代わりに「麻」(*ma*) を入れた注釈家もいる.[42] 他の方式では「六穀」(*liu ku*)，あるいは「九穀」(*chiu ku*) という表現もあり，その場合は小麦，大麦や大豆，小豆と種類を細分して加える.[43] まず重要な穀物をとりあげよう．

2 ミレット，ソルガム，トウモロコシ

'ミレット'は小粒穀物の総称で，アワ (*Setaria italica*)，キビ (*Panicum* spp.)，シコクビエ (*Eleusine coracana*)，トウジンビエ (*Pennisetum* spp.)，イヌビエ (*Echinocloa* spp.)，その他の穀物を含む．大きな穂に多数の小粒種子をつけることが共通し，さらにミレットはどれも耐熱性と耐乾性が大きい．熱帯で広く栽培されるが，温帯域でもよく栽培でき，最も古く世界のはるか離れた多数の地方で栽培化された

---

35) '一般的な輪作方式が一体あるのか，発見しようと努めたが，3年輪作の長いリストを得るのが精々だった'と，Gamble (1), p. 219 は調査した河北地区について言う．
36) Buck (2)，統計巻，Table 8.
37) この慣行に触れた最初の記述は14世紀の『農田餘話』に出るようだ．1930年代の中国でもまだ一般的だった．本書 p. 567 を見よ．
38) 『農政全書』26/13*a*.
39) Gamble (1), p. 219.
40) Food and Fertilizer Technology Center (1), pp. 27, 47.
41) これから中国の小作農民が保有期間を確保していたことが判る．
42) Bretschneider (1), vol. II, p. 137.
43) 同上，p. 139.『九穀考』と劉寶楠 (*1*) も見よ．

第 5 章　作物体系　483

表 10　中国の作物輪作の代表例

地域	時期	年数	冬／初春作物	夏作物
揚子江デルタ[44]	宋代	1	小麦，豆類あるいはナタネ	稲
揚子江デルタ[45]	17世紀	1	小麦あるいはナタネ	稲
広東地方[46]	17世紀	1	ナタネ，甘藷，野菜，香辛料	早生稲／晩生稲
台湾[47]	18/19世紀	1	種々の野菜	早生稲／晩生稲
直隷（低地）[48]	20世紀	1	小麦	藍
		2	小麦	キャベツ
陝西（棚畑）[49]	20世紀	1	ジャガイモ	—
		2	春小麦	—
		3	粟	—
		4	高粱	—
		5	ミレット	—
冬小麦地帯[50]	20世紀	1	冬小麦	大豆
		2	—	高粱
		3	冬小麦	大豆あるいは黒豆
		4	—	ミレット
		5	—	高粱
安徽（中位地）[51]	20世紀	1	小麦	タバコ
		2	大麦	ササゲ
		3	小麦	蕎麦
		4	野菜	野菜
江蘇（高地）[52]		1	小麦あるいは大麦	大豆とゴマ
		2	ソラマメあるいはエンドウマメ	甘藷
		3	棉	—
雲南[53]	20世紀	1	ソラマメ	稲
華南[54]	20世紀	1	小麦にエンドウマメを間作	棉にカブを間作

---

44) 『陳旉農書』1/3〔「巻上耕耨之宜篇第三」〕と他の宋代資料，天野 (4), p. 232 を見よ．
45) 『沈氏農書』, p. 225.
46) 『廣東新語』14/p. 372〔「巻十四食語」〕.
47) Food and Ferttilizer Technology Center (1).
48) Buck (1), p. 170.
49) 同上, p. 173.
50) T. H. Shen (1), p. 145.
51) Buck (1), p. 169.
52) 同上, p. 175.
53) Fei & Chang (1), p. 21.
54) Wagner (1), p. 261.

穀物だ．ミレット類は一般に栄養のバランスがよく，蛋白質が相対的に多く，[55] 小麦，トウモロコシ，稲など大粒穀物の改良種に圧されてその栽培はほとんど姿を消した後も，農村の人々は子供用にまた育児中の母親や老人向きの食料として重用する．アワとキビ，*Setaria italica*(L.)Beauv. と *Panicum miliaceum*(L.)Beauv.[56] は中国で新石器時代から栽培し，華北地方では明らかに住民の主食だった．特にアワは今日も華北で経済的に重要だ．中世以来，中国のミレット類はソルガムとトウモロコシから厳しい挑戦を受け，両方とも環境と栽培条件がミレットとよく似ており，そのため中国の農民も学者もこれらをミレット類として分類する．そこで中国のミレットとソルガム，トウモロコシを同じ節で取り上げるが，植物学的にはアワとコムギあるいはトウモロコシとサトウキビぐらいの違いがある．

(i) アワ (*Setaria italica*) とキビ (*Panicum miliaceum*)

アワは陝西省半坡の初期仰韶遺跡（紀元前5000年）から，またその他の多くの北部の新石器遺跡から大量に出土し，華北の初期農業社会の主食であったとの見方が一般的だ．[57] キビはこれまでのところ報告がただ一つの新石器遺跡，山西南部の荊村のみで，唯一の出土に疑問が残る．[58] キビもアワも商代および周代中国で大変重要で，甲骨文，『詩經』，その他の文献に無数の言及がある．『詩經』はこう詠う．[59]

> 子孫の稲むらは
> 崖，丘と同じほど高い．
> 数千の荷車が必要だろう
> 数千の倉が必要だろう
> 黍，粟，米，粱をいれるには．

---

55) 通常，10～12パーセント以上（Pursegove (2)）で，トウモロコシ，米，根菜に優り，小麦とほぼ同じ（Whyte (1), p. 38, table 13）．
56) これは現在一般に了承されている学名だ．イネ科の特に穀物の命名は時代によって，また方式によって大きく変化してきた．その複雑さは Ames(1) を見れば判る．彼は重要な作物の異なる学名をいくつかリストにしている．
57) K. C. Chang (1), (4), Ho Ping-Ti (5), 李璠ほか (*1*) など．
58) K. C. Chang (1), p. 95 が C. W. Bishop (4) に加えた論評．
59) 『詩經』「小雅・甫田」．訳 Waley (1), p. 170 を著者が調整．

「曾孫之庚，如坻如京.
乃求千斯倉，乃求萬斯箱.
黍稷稻粱，農夫之慶.」

　歴史を通して，粟と黍は南方というより北方の作物と考えられた．'北方人は日々の食料を粟に頼る'と明代の作者王象晉（Wang Hsiang-Chin）は言い，[60] 嶺南には粟も黍もミレットはほとんどないと 17 世紀の『廣東新語』は述べている．[61] ミレットが北方で重要で南方には乏しいこと，半乾燥環境に適していることから，近代の学者たちは粟も黍も黄河地方で栽培化されたという説をたてることとなった．ドゥ・カンドル（1）は *Panicum miliaceum* をエジプト起源としたが，*Setaria italica* の起源センターの一つは中国にあると考えた．他方ヴァヴィロフ（2）は両方とも栽培化センターは中国北部にあったと信じた．何炳棣（Ho PingTi）(5), (6) は中国のミレットの耐乾性を強調して，この仮説を支持した．

　興味ある反論をフォッグ（Fogg (1)）が提出している．彼の指摘によるとアワもキビも他の多くの穀物より耐乾性が高いが，最もよく生育するのは南部中国や東南アジアあるいは中南米のような亜熱帯で，中南米ではトウモロコシより前に栽培化していた可能性があると言う．[62] フォッグは，現代の台湾原住民が行うアワ栽培の容易さに対して，中国中核地域のレス台地では水分保持のため労働集約的技術が必要となることを対比し，こう結論する．[63] '粟の栽培はレス地方では困難で，高度に分化した *Setaria italica* の品種群がそこで栽培化されたとは論理的に考えにくい'．その仮説を支持する事実をさらに次のように指摘する．[64]

　　S. italica はほぼ 100 パーセント自家受粉し，異系交配はきわめて少ない．通常，異系交配率は 0.59 パーセントから 1.11 パーセント（Li, Li & Pao (1)）である．しかし Li, Meng & Liu (1) の研究は 7.63 パーセントと相対的に高い異系交配率を報告している．彼らは，開封近くの試験地が半乾燥地であり，湿潤地域よりも花粉が風で他の植物の柱頭に運ばれやすいと考えた．つまり，*S. italica* の異系交配率は生息地が乾燥条件の場

---

60) 『羣芳譜』「穀譜」，15b.
61) 同上, p. 98.
62) E. O. Callen (1). Charles A. Reed (4), p. 927 も見よ.
63) Fogg (1), p. 20.
64) Fogg (1), p. 27.

合高く，湿潤の場合低いと結論した．そうだとすると粟の最初の栽培化は，新たな安定した遺伝形の選択と維持が容易な湿潤地で成功し，華北ではなかったことになる．華北では交雑が起こり，遺伝的形質浸透が野生種と栽培種の間に生ずるので，なにかそれを防ぐ栽培方法が必要だ．

後述するが，後に中国農民は乾燥地域でミレットの交雑可能性が高いことを十分に利用して，多数の品種を発展させた．この事実は初期栽培化に最適な環境を論じたフォッグの議論と矛盾しない．鹿野忠雄 (Kano Tadao) (1) (図 215) によるとアワは東アジアで栽培化された一年生穀物の中で最古のもので，それにイヌビエ (*Echinocloa crus-galli*)，そしてキビが続いたようだ．フォッグは，アワそしてたぶんキビも，東南アジアでタロイモを主食とするホアビニアンの園芸栽培民がはじめて栽培化したと考え，次のように示唆する．ホアビニアン農民は徐々に北中国へ移動し，乾燥気候のためタロイモ栽培が不適となり，その不都合な環境の中で食料を補充するためミレットの開発に努めることになったと．

フォッグの仮説は魅力的だが，作物伝播に文化接触でなく人の移動が必要かどうかは議論が分かれよう．[65] 植物学者や考古学者の主張は，伝統的な食料が不足して初めて栽培化が起こるというもので，この見方だとミレットの栽培化が始まったのは中国南部ではなく，中国北部だということになる．他方，当時の中核地域の気候はフォッグや何炳棣 (Ho Ping-Ti) (5), (6) の信ずるところでは半乾燥気候だった．紀元前 8000 年から同 500 年までの時期，華北の気候は今日より相当暖かく湿潤だったという意見があり，たぶん，フォッグが調査した台湾の気候条件に近いものだっただろう．[66] アワの一年生の祖先種 *Setaria viridis* 〔エノコログサ〕は東アジア全域に北から南まで分布し，[67] このことから演繹するとこの地域のどこでも栽培化は可能だっただろう．稲や小麦といった作物では，考古遺物の中から祖先野生種と栽培種の中間種を同定することも（ある程度）可能だが，この同定はふつう穀粒の大きさと形，頴の変化に基づく．アワで

---

65) Ammerman & Cavalli-Sforza (1) が初期ヨーロッパでの農業進歩について，その刺激と伝播の数学モデルを試みているが，今のところどのモデルも伝播の各形態のどれが相対的に重要か，明らかにしていない．
66) K. C. Chang (5)，著者不詳 (*530*)，竺可楨 (*11*)．
67) Fogg (1), pp. 4–5.

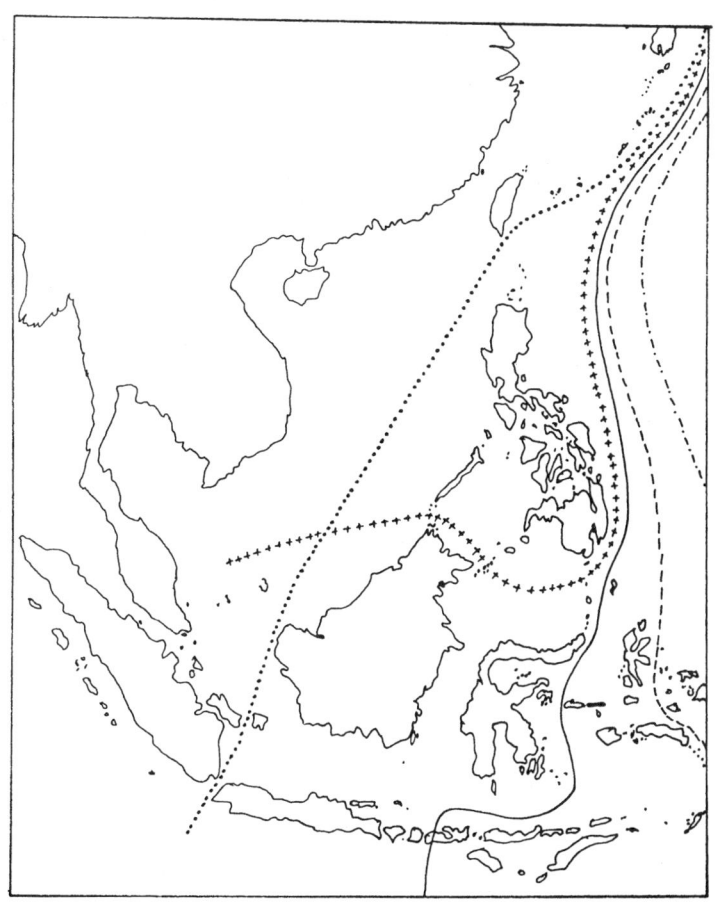

- ‥‥ : *Eleusine coracana*, シコクビエ
- ＋＋＋ : *Panicum miliaceum*, キビ
- ——— : *Echinocloa crus-galli*, イヌビエ
- ----- : *Setaria italica*, アワ
- -・-・- : *Coix lacryma-jobi*, ジュズダマ

図215　ジュズダマ，アワ，キビの東アジア，東南アジアでの分布．Kano Tadao(1)．

は野生種と栽培種の違いは種子の寸法，形ではなく，穂の寸法にある．[68] このために栽培化過程の正確な解明がいっそう難しくなる．

---

68) 台湾の野生粟は穂長が3～6センチメートル，他方，栽培種は40～60センチメートルある．Fogg (1), p. 39.

さてもう一つの困難な問題，つまり名称の問題に行き当たった．混乱は商代の甲骨文に始まり，歴史時代も変わることなく続き，今日もそのままだ．中国人はアワとキビが異なる種であることは明確に意識しているが，両者の間に名称の混乱と不一致があり，またそれぞれの総称とモチ種およびウルチ種の間にも同じ問題があり，この混乱は漢代以前からとは言わずとも漢代以降一貫して続き，さらに地方的変異と時代的変異が混乱に輪をかけた（図216, 217）．例えば，「稷」(chi) は周王室の始祖，后稷を表す際にはアワを指すという同意がある．この意味での用法は『詩經』に現れ，『齊民要術』や『農政全書』でも同じで，『齊民要術』によると華北全域で共通してアワを指す言葉だったが，[69]『本草綱目』は5世紀の陶弘景の言葉を引用し，「稷」はキビ「黍」に似たものという定義に分があると見ている．[71] 陶弘景の言及は『齊民要術』が書かれる数十年前のことだった．現在の植物学の著作では，「稷屬」(chi syu) はキビ Panicum 属を指す．中国のミレット類にまつわる言語的混乱を少しでも整理しようとした結果が表11だ．ミレットの脱穀したもの，穂のままのもの，モチ種，ウルチ種などの名称を表のように整理すると，ミレットの変異を論ずることが少しは容易になると考えたい．

数世紀，数十世紀にわたって，中国人は膨大な数のミレット品種群を進化させ，選抜してきた．それらは収量，香り，旱魃や洪水耐性，生育期間などが異なり，どんな環境であれ適した品種が必ずあるほどだ．よく引用される諺は，八十歳の経験豊かな農夫でもミレットのすべての品種を数えることはできないと言い，また王禎はそれを控えめに次のように言う．'ミレットは名前が一つではない（粟之爲名不一）'．[72] したがって，生育環境に合わせて植えるべき品種を選ぶのはごく自然だった．『齊民要術』は次のように言う．[73]

> あらゆる種類のミレットがある．熟期が違い，草丈と収穫量が違い，茎の強さ，香り，粒のはじけ易さが違う．（早生品種は茎が短く，収量がよい．晩生品種は茎が長く，

---

69) 『齊民要術』3.1.1.
70) 主に，天野 (4), pp. 3–52, 胡錫文 (3), pp. 3–9, Pèrnes, Belliard & Métailié (1), 中の議論に基づく．また『王禎農書』巻7〔「百穀譜」〕，『通志』第75章，『農政全書』第25章も参照．
71) 『本草綱目』23/2a.
72) 『王禎農書』7/1a〔「百穀譜穀屬，粟」〕．
73) 『齊民要術』3.2.1–2.

第 5 章　作物体系　　489

図 216　アワ.『授時通考』23/5b.

収量が低い．茎の強い品種は茎の短い黄色いミレット，茎の弱い品種は丈の高い，緑，白，黒のミレットである．収量の低いものは味がよいが，穀粒がはじけやすい．収量の多いものは，味はまずいが生産は多い．)土の肥沃度は様々だ．(肥えた土地は遅く撒き，やせた土地は早く撒く．肥えた土地は必ずしも遅く撒く必要はないし，早く撒いても害はない．しかしやせた土地は早く撒かないと作物は実らないだろう．)山地と沼沢地は適する品種が違う．(山地は，風，霜に耐えられる強い品種を撒き，沼沢地は穂が大きくなるよう，弱い品種を撒く．)

　自然の季節に従い，土地の潜在力を正確に知るなら，少ない労力で大きい収穫を上

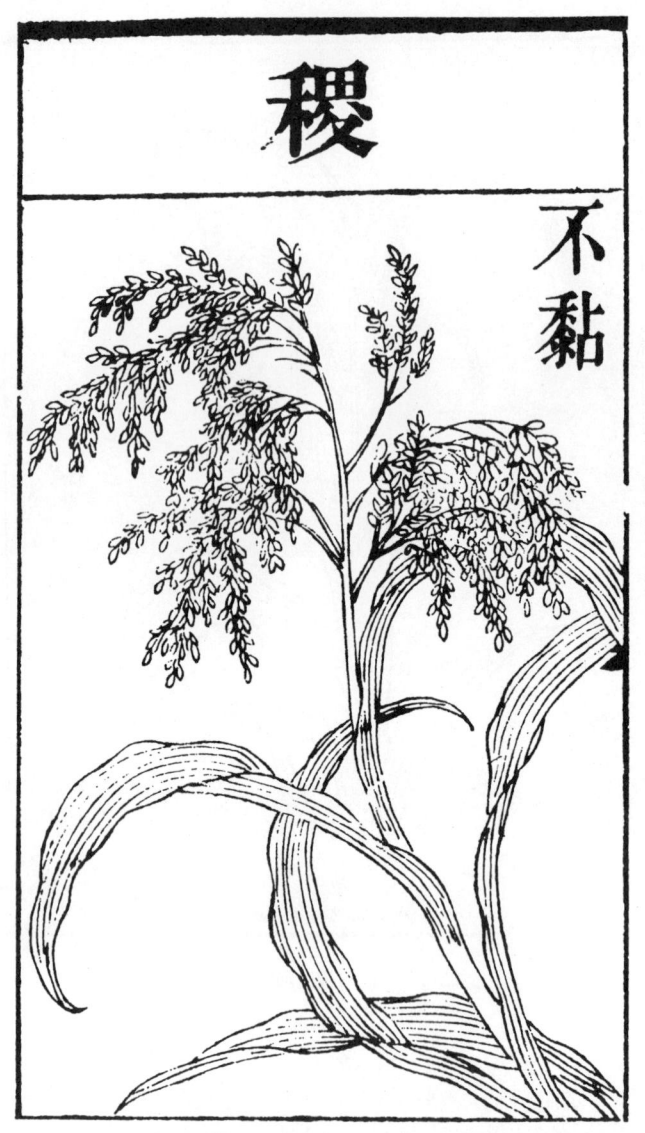

図217　キビ．『本草綱目』(1885年版)2/24a．本図も前図も同じ漢字「稷」(*chi*) が使われていることに注意．

表11　中国のミレット類を表す語彙[70]

総称	禾 *ho*　甲骨文でたぶんミレットを指す総称．『説文』,『授時通考』など後代の文書で一般に用いる． 穀 *ku*　『農政全書』などで使われ，穀類，あるいは未脱稃粒の総称． 粟 *su*　『説文』などで未脱稃粒の総称に用いる．
Setaria italica (L.) Beauv.　アワ（粟）	穀／谷 *ku*　『齊民要術』,『農政全書』などで用いる．今日の華北でアワを指す言葉は「谷子」（*ku tzu*）． 粟 *su*　『氾勝之書』,『廣志』,『王禎農書』で用いる． 稷 *chi*　『詩經』や多数の古典,『農政全書』,后稷の名ではアワを指すのに用いる．他ではキビを指す（下を見よ）． 梁 *liang*　『詩經』に最古の出現．大粒で芳香のあるアワの亜種を指したと推定（『齊民要術』「梁秫第五」参照），多分'ドイツミレット'に当たる． 秫 *shu*　『爾雅』,『説文』など初期の語源学文献ではモチ種のアワ，しかし時にモチ種穀物の総称に用い，後にはソルガムやトウモロコシにも組み合わせる．モチ種アワを指すのに現代は黏谷（*nien ku*）を用いる．
一般性の低い用語	粢 *tzu*　『爾雅』でアワを指す． 虋 *men*　『爾雅』で茎の赤いアワを指す． 芑 *ssu*　『爾雅』で茎の白いアワを指す．
脱稃した穀粒	小米 *hsiao mi*
Panicum miliaceum (L.) Beauv.　キビ（黍）	黍 *shu*　ふつうモチ種のキビを指すが，キビの総称にも用いる．最古の用法は甲骨文に出現，今日も用いる． 穄 *chi*　ウルチ種のキビ，『齊民要術』4章，『王禎農書』7章などで用いる．この語は次と同音で，両者は絶えず混同される． 稷 *chi*　ウルチ種のキビ，その意味での使用は5世紀以来で，現代のキビの分類学上の用語に組み込まれる．しかし，アワを指す場合にもしばしば用いる．
一般性の低い用語	秬 *chü*　『爾雅』で黒いモチ種のキビを指す．初期の金文が述べる酒，鬯（*chhang*）を作るのに使う． 秠 *phei*　『爾雅』注釈で，黒いモチ種の，一個の殻に二粒入るキビを指す． 穈 *mei*　梁代の作品『玉篇』(*Yü Phien*) が秦代の書『倉頡篇』(*Tshang Hsieh Phien*) を引用してウルチ種のキビと定義するが，1世紀の『四民月令』は最も粘いキビと定義する．今日は，陝西など華北の一部でキビを指すのに *mei tzu* 穈子（ふつう *mi tzu* と発音）を用いる．
脱稃した穀粒	黄米 *huang mi*

げられる．しかし我を張り，自然に従わないなら，どんなに苦労しても収穫を得られないだろう．（木を求めて泉に潜っても，魚を求めて山に登っても，常に空手で帰ることになろう．風に逆らって水を撒き，坂道で球を押し上げようとしても無理である．）

「凡穀，成熟有早晩，苗稈有高下，收實有多少，質性有強弱，米味有美惡，粒實有息耗，（早熟者，苗短而收多，晩熟者，苗長而收少．強苗者短，黃穀之屬是也，弱苗者長，青，白，黑是也．收少者美而耗，收多者惡而息也．）地勢有良薄，（良田宜種晩，薄田宜種早．良地非獨宜晩，早亦無害，薄地宜早，晩必不成實也．）山，澤有異宜．（山田，種強苗以避風霜，澤田，種弱苗以求華實也．）

「順天時，量地利，則用力少而成功多．任情返道，勞而無獲．（入泉伐木，登山求魚，手必虛，迎風散水，逆坂走丸，其勢難．）」

中国人は注意深い選抜技術を発展させて，早い段階からミレット品種の好ましい形質を固定し，維持することができるようになった．例えばモチ種のキビから醸した酒は商の儀礼で重要だったが，モチ種の胚乳はウルチ種の劣性変異形質で，1個の劣性遺伝子が引き起こす．[74] フォッグ (1) は，モチ種を維持できる農民は進歩した栽培段階にあり，どのような形質の品種でも遺伝的変化を安定的に固定して維持できると結論する．したがって商代の農民は広範なミレット品種を手許に置いていたと推定できる．『詩經』の '后稷' の頌は歌う．[75]

……彼は黄色の苗を植えた……
それは揺れ，首を垂れた……
黒いミレット，二粒生の
ミレットが桃色に，白色に芽生えた．

「種之黃茂．……
誕降嘉種，
維秬維秠，
維穈維芑．」

6世紀の『齊民要術』は，ウルチ種のアワだけでも約100種を挙げる．赤ミ

---

74) Watabe (1), p. 5.
75) 『詩經』「大雅・生民」，訳 Waley (1), p. 242.

レット（「朱穀」 *chu ku*），高地黄（「高居黄」 *kao chu huang*），百日粒（「百日粱」 *pai jih liang*），民の繁栄（「民泰」 *min thai*），山塩（「山嶬」 *shan tsho*），竹根黄（「竹根黄」 *chu ken huang*），かわうそ尾の暗緑（「獺尾青」 *tha wei chhing*），慈愛黄（「可憐黄」 *kho lien huang*）などだ．その中には，早生で耐旱性，虫害抵抗性の 14 品種，芒があり，風に耐え，鳥害を受けない 24 品種，洪水耐性の 10 品種，そのほか香りのよいもの，香りのないもの，皮のむきやすいものなどが挙がる．[76] 賈思勰は注意深く種子を選ぶことを強調する．'種子選びには特別の注意が必要で，いい加減ではいけない'．[77] 19 世紀末の飢饉防止の論文，郭雲陞（Kuo Yün-Sheng）の『救荒簡易書』（*Chiu Fuang Chien I Shu*）[78] は各種のアワを網羅した誠にすばらしい表を挙げ，年間を通したアワの播種期を示し，その中には 60 日，50 日，あるいは 40 日で実る品種があり，また耐塩，耐洪水，耐虫害，耐霜性の品種も挙がる．キビも『天工開物』が言うように多くの品種があるが，アワには及ばない（「粱粟種類名號之多視黍稷獨甚」）．[79] 1950 年代と 1960 年代，山東省だけでアワ 2000 種が収集され，その後 600 の品種に再分類されたが，山東省でアワは今日重要な穀物ではない[80] のでこれは驚くべき数だ．アワの伝統品種が驚くべき数に上るのはたぶん雄蕊不稔も与るところがある．このため同型接合的なこの植物で交雑の機会が増えるのだ．

中国農民はどのような土，気候であれ，適したキビ，アワの品種を手許に持っていた．春作物がすべて失敗するような緊急時でも，夏雨の後に 50 日種を撒いて災害を回避できた．また，塩類土で，沼沢地で，あるいは山腹で育つ品種があった．かくてありとあらゆる困難も適した品種を賢明に選べば克服できた．しかしどんなに注意深く選んでも，中国の特に華北の天候の気まぐれを勘定に入れておかねばならなかった．気候のとてつもない変異に対抗することは，2 品種以上植え，播種期をずらすことである程度可能だった．[81] 例えば北部陝西の寒冷で乾燥した山地の場合，農民は伝統的に数種類のアワを同時に同じ畑

---

76)『齊民要術』3.1.5.
77)『齊民要術』2.2.2.
78)（*1*），胡錫文（*3*），p. 279 以下．
79)『天工開物』1/18*b*〔巻上乃粒第一，黍稷，粱粟〕．郭雲陞（*1*）中のキビ品種のリストも比較するとよい．胡錫文（*3*），pp. 463-465 に引用され，アワのリストも同，pp. 279-285 にある．
80) Pernès *et al.* (*1*), p. 29.
81) 例えば，『齊民要術』3.7.1.

に蒔いたが，キビは 1 品種のみ蒔いた．次の諺はこの状況を指す．'赤い黍，斑状の粟(「紅穄子花谷子」)'．[82] たぶんすべてのアワが同時に成功することは厳しい条件下ではありえなかったし，同じ畑で成熟時期が異なるので収穫に問題はなかった．他方，黍は強かったのでこうした注意は不要だった．『王禎農書』に次の記述がある．[83]

華北の遠隔地ではモチ種のきび (「黍」 *shu*) だけが稔る．それは暑いさなかに蒔いて，暑いさなかに収穫する．[84] 茎は短く，穂は小さく (地方の人はそれを「秫子」 *shu tzu* という)，酒を醸すに用い，粥作りに用いる．ねっとりとして，甘い……

「北地遠處，惟黍可生，所謂當暑而種，當暑而收，其莖穗低小 (土人謂之秫子). 可以醸酒，又可作饡粥，黏滑而甘．……」

キビの品種はアワに比べ少なくまた強いにもかかわらず，栽培頻度は少なく，面積も小さかった．ワグナー(1)は 1930 年代の状況を報告して，アワは中国全土の特に山地で栽培するが，キビの栽培は山東に限定されると言う．そこでの用途は主に酒精作りだった．稲作地域ではどちらのミレットも実際上なく，マイナーだと彼は言う．[85] 一般にキビは旨いとされ，酒作り材料として知られたが，アワの特にウルチ種は毎日の食料で，脱穀した粒を粥にして食した (図 219)．

ミレット類はよく茂る植物で，土の養分を多量に吸収し，しばしばマメ科作物の後に播種する．[86] しかし『齊民要術』によると，モチ種のアワ (「秫」 *shu*) と香りはよいが収量の低いドイツミレット (「粱」 *liang*) (図 218) はやせ土を好む．[87] 種子は薄くドリルで蒔くのが普通で，時期は春から初夏の間いつでもよく，種子の周りを軽いローラー (「砘車」) で固める (本書 p. 308 を見よ) か，種子を単に溝に踏み込む．キビの播種にまつわる面白い信仰を『齊民要術』が記録している．[88]

---

82) G. Métailié，私信．
83) 『王禎農書』7/10a〔「百穀譜穀屬，黍」〕．
84) つまり，生育期間が非常に短い，たぶん小暑と處暑の間の約 6 週間．
85) Buck の調査 ((2), p. 211) がこれを確認している．北方で粟は耕地の 19.4 パーセント，黍は 7.7 パーセントを占めるが，南方では，粟が 1.6 パーセント，黍が 0.3 パーセントに過ぎない．
86) 『齊民要術』3.3.1, W. Wagner (1), p. 305．
87) 『齊民要術』5.3.1．
88) 『齊民要術』4.3.3．

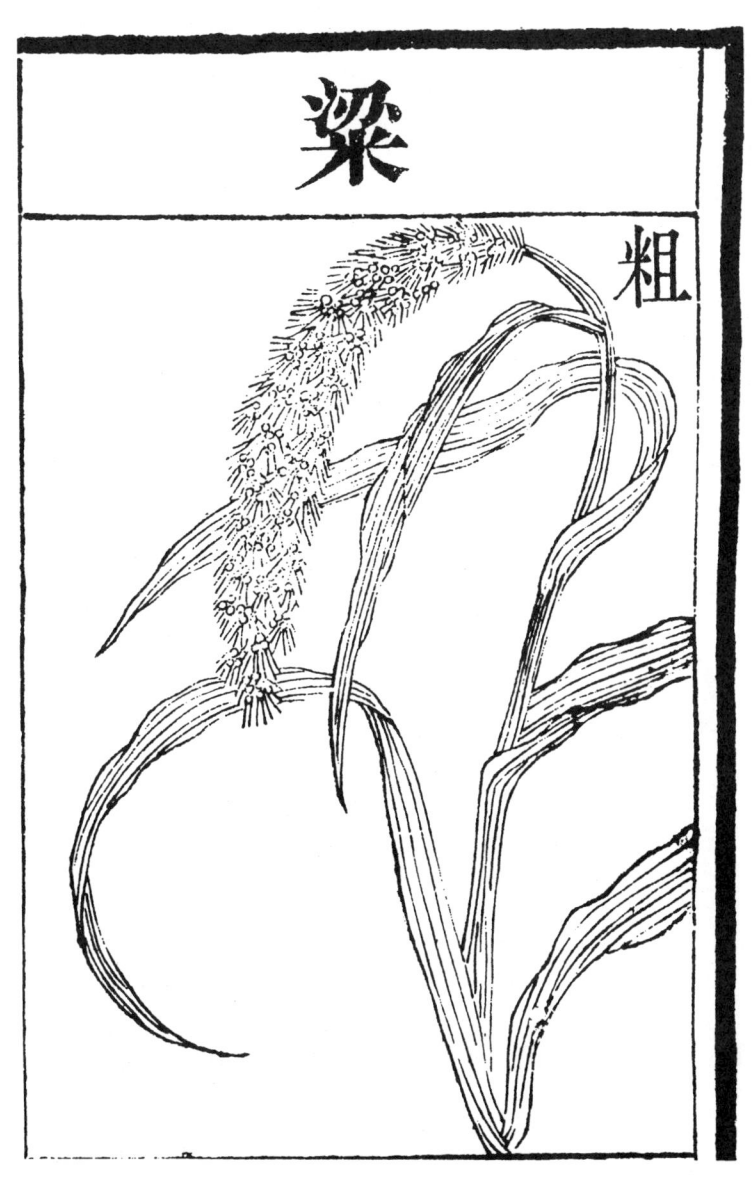

図218　大粒種のアワ，「粱」．『本草綱目』2/25a．

小碾圖

梁粟
此皆稷黍
碾用

図 219 手持ちローラーでミレットを脱穀する.『天工開物』1/65a〔「卷上粹精第四」〕.

'凍った木の日'（「凍樹日」）を覚えていて，その日に黍を蒔けば収穫が失敗することはない．（「凍樹日」は霜が固く樹枝を覆う日である．この［冬］月の三日が「凍樹日」となるなら，相当する［春］月の三日に黍を播種するがよい……）

「常記十月，十一月，十二月凍樹日種之，萬不失一．凍樹者，凝霜封著木條也．假令月三日凍樹，還以月三日種黍……」

播種日を計算するこの方式はやや込み入っているが，驚くほどよく似た方法がローマの古典世界にあり，プリニウスが書きとめている.[89]

注意深く観察すると，指示した期間［7月下旬から8月下旬］の初めの日から，昨冬初雪のあった日の月齢を数えて播種すれば，［根菜は］すばらしい収穫となる．

この類似例は一段と分かりにくい．どちらにしてもこれらの計算に何の根拠もありそうにない．

ミレットが苗立ちすると，注意深く間引く．『齊民要術』はアワの間隔を肥えた土では1フィートにするよう勧める.[90]『氾勝之書』は，キビの場合アワより間隔を少しあけるよう勧めるが，『齊民要術』はその意見に疑問を呈する.[91]

私の意見では，黍の間隔をあけると植物体は大きくなるが，穀は黄色く半熟あるいはシイナが増える．今の密植法では植物は小さくなるが，穀は白くむらなく稔り，半熟やシイナがなくなるので，疎植に勝る……

「按疏黍雖科，而米黃，又多減及空．今穊，雖不科而米白，且均熟不減，更勝疏者．」

ミレットの株間を適切にあけると，収量が上がるだけでなく，土の収奪も減る．『羣芳譜』は次の諺を引用する．'粟を疎植すると穂が大きくなり，またその跡地は翌年小麦によい（「稀穀大穗來年好麥」）'.[92] 作物は生育期間中，注意深く中耕した．こうすると収量が増えるだけでなく，籾摺り度合いも高まった．『齊

---

89) Pliny (1) XVIII. XXXV. 132.
90) 『齊民要術』3.9.2.
91) 『齊民要術』4.8.4.
92) 『羣芳譜』「穀譜」16b.

民要術』に言う.[93]

> 中耕は多ければ多いほどよい.畑を一巡すれば再び始め,草がないからといってしばしも休んではならない.（中耕は草を除くだけではなく,土を良くこなれた状態に保ち,穂を十分に太らせ,その殻は薄くはじけることがない.畑を10回中耕すれば,'八分の穀粒を得られる'.）

> 「鋤不厭數,周而復始,勿以無草而暫停.（鋤者非止除草,乃地熟而實多,糠薄,米息.鋤得十徧,便得八米也.）」

ミレット畑を10回も好んで中耕する農民が多かったとは思えない,その作業は収穫の20パーセントに影響するに過ぎないのだから.それでも18世紀の著述家蒲松齢（*Phu Sung-Ling*）はできれば6, 7回中耕せよと言い,地主は小作人との借地契約の際,ミレット畑の中耕を義務づけたと指摘している.[94] '八分の穀粒'は稀としても,'六分の穀粒'は漢代に普通だったようだ.[95]

作物が土着植物由来の場合の通例として,中国のミレットは広範な虫害や病害を受けた.中でも主要なものはヨトウムシの幼虫（*Cirphis unipuncta*）（「虸蚄」*tzu fang*）,黒穂病（*Ustilago crameri* Körn.）（「粟奴」*su nu*）,'緑穂'ベト病（*Sclerospora* spp.）（「老穀穂」*lao ku sui* あるいは「粟白髪病」*su pai fa ping*）だった.[96] ヨトウムシ幼虫は単に踏み潰す方法で除去可能だった.『農蠶經』（Nung Tshan Ching）は言う.[97]

> 地虫は光を恐れ,日中は地中に潜み,夜出歩く.多くの者を雇って夜に地虫を踏み潰させよ.そうすれば涼しく,暑さで閉口することはなく,[日中]人を雇った場合[提供せねばならない]三食を節約でき,さらに地虫を簡単に除去できる.

> 「虸蚄蟲畏日,半伏地中,夜則俱出.宜僱多人乘夜打之.夜涼即不苦熱,工人亦省三餐,而蟲亦易盡.」

ミレットの病気に対して中国伝統の対処法はなく,今日も多数の地方でミ

---

93)『齊民要術』3.10.2.
94)『農蠶經』.胡錫文（*3*）, p. 219 に引用.
95) Yang Lien-Sheng (7), p. 154, Yu Ying-Shih (1), p. 73. 中国の伝統的精搗法は Needham, Vol. IV. Part 2, p. 183 以下を見よ〔思索社刊第8巻, p. 236 以下〕.現代の精搗率は入手しがたいが,漢代の数字は Purseglove (2), p. 200 にある7から10という数字にかなり近い.
96) 胡錫文（*3*）, p. 15.
97)『農蠶經』.胡錫文（*3*）, p. 250 に引用.

レットの収穫は被害を受け続けている．[98]　栽培種を抵抗性のもっと強い野生近縁種と交配すると，耐病性を少しは高めることができる．したがって中国全土にある雑草で粟の野生祖先種 S. viridis（「狗尾草」kou wei tshao）は，伝統栽培種の強勢に貢献した可能性がある．[99]

　収穫は夏の終わりから秋に行った．アワとウルチ種のキビは早く収穫し，風雨による穀粒の落下を防ぐ必要があった．『氾勝之書』は言う．'芒が長く伸び，葉が黄色くなれば，直ちに粟を収穫せよ．粟は半分が熟せば直ちに収穫せねばならぬ'．[100]　収穫間近に雨が来た場合は，完全に熟していなくても穂を直ちに刈らねばならない．『農蠶經』はこう言う．'粟が3分の1から半分熟したときに突然嵐が来た場合，雨が止んだら直ちに刈る．2, 3日ですべてを刈らねばならない，何故ならそれ以上長く置くと，粟は倒れて褐色になり，一粒も残らないだろう'．[101]　逆に，モチ種のキビは完全に熟してから収穫すべきだった．'ウルチ種は緑の首，モチ種は頭が垂れねばならぬ（「穄青喉黍折頭」）'という諺を，『齊民要術』が引用している．[102]

　ミレットの平均収量は，数字が少なく推定は難しい．戦国期の政治家李悝（りかい）は粟の平均収量を1.5石毎ムーと述べるが，現代の数字に換算すると 600〜700 キログラム毎ヘクタール[*1] 相当で，やや低い値だ．バックによると20世紀初めの中国でミレット収量は 400 から 1200 キログラム毎ヘクタール，他方，ワグナーは穀粒が 800 から 1000 キログラム毎ヘクタール，藁が 1300 から 1600 キログラム毎ヘクタールという値を報告する．[103]　藁は栄養価の高い飼料として重要だった．現代の改良種は試験圃場で 5000 キログラム毎ヘクタールの収量を挙げ，農家圃場では 2200 から 4500 キログラム毎ヘクタールの間にある．[104]　稲あるいは小麦，大麦と比べて粟の伝統的収量は低かったが，種子用の保留分がごく少量で済んだ．穂1本当たり数千粒の穀をつけ，中国の諺は粟の穂が三千

---

98) Pernès et al. (1), p. 6 は 1977 年山東でのベト病の猛烈な発生を報告する．
99) 現代の導入交配種は伝統変種より，病気に弱く．S. viridis や中間種「谷莠子」（ku yu tzu）が中国の粟の伝統品種を発展させる上に果たした役割は，Pernès et al. (1) に議論がある．
100)『氾勝之書』．『齊民要術』3.21.1-2 に引用．
101)『農蠶經』．胡錫文 (3), p. 250 に引用．
102)『齊民要術』4.5.1.
103) Buck (2), p. 222 以下，W. Wagner (1), p. 306.
104) 山西省農業科学院 (1)，山西省晉東科技局 (1)，甘肅省農業科学院 (1).
*1　容量換算は 1600 リットル毎ヘクタールとなり，重量への換算が低すぎるようだ．

粒に及ぶと言うが,[105] 実際はもっと多い．1834年の奇跡の収穫について『馬首農言』は，灰色粟(「灰穀」 *hai ku*)の穂についた枝梗が76本，穀粒は全部で8989個に及んだこと，また小さな黄粟(「小黄穀」 *hsiao huang ku*)は全部で9835個の穀粒を数え，1本の穂でこれだけの数の穀粒は凌駕されたことがないと言う．[106] 普通は，空や不稔の籾があるので播種粒数と収穫粒数の比は1対50から1対100の間にある．[107]

今やミレットは貧乏人の食料とされ，華北でも豊かな人々は小麦のパンや米を好む現状だが，その好ましい香りと栄養価は評判がよく，高粱やトウモロコシとの競合に耐えてごく最近まで北方全域で栽培が継続した．トウモロコシが競合に加わったのは今世紀以降と思われるが，高粱は元代以降華北でその重要性を増し，多くの地域でミレットに置き換わった．両者の収量はほぼ同レヴェルだが，ミレットに比べて高粱の魅力は洪水に対する高い抵抗性と燃料用の葉が大量にとれることだ．この大量の葉のために，中国人農民はもっと好ましい伝統的食料作物をやむなく放棄してきた．

(ii) 高粱(ソルガム)

栽培ソルガム(*Sorghum bicolor* あるいは *Andropogon sorghum*)〔現在は前者が普通〕はアフリカの栽培作物だ．[108] 考古学的証拠によると，それは紀元前2000年頃にインドに達した[109]が，中国への伝来時期は不明だ．ソルガムの遺物は華北の新石器時代，および周代，漢代遺跡から報告があるが，ソルガムとする同定がすべて認められているわけではなく，[110] また初期文献での言及は不確かだ．

中国のソルガムは今日一般に「高粱」(*kao liang*)と呼び，文字通りには'背の高いミレット'の意味で，この名称は1313年の『王禎農書』に初めて出現する[111]が，近代前期は「蜀黍あるいは蜀秫」(*shu shu*)，つまり四川のミレットという名

---

105)『羣芳譜』「穀譜」16*a*.
106) 胡錫文 (*3*), p. 265.
107) Purseglove (2), Wagner (1), p. 306.
108) 野生ソルガムはアフリカ全体に分布するが，栽培化はたぶん東アフリカのサバンナで生じた (Harlan (1), p. 374, de Wet, Harlan & Price (1)). ただし，アフリカを横断するもっと広い地帯あるいは非中心だった可能性もある (Doggett (1), p. 114).
109) Doggett (1), p. 115.
110) 天野 (*4*), pp. 23, 927, Ho Ping-Ti (5), p. 380.
111)『王禎農書』7/13*b*〔「百穀譜穀屬，蜀黍」〕.

図 220　ソルガム．『授時通考』24/11*a*．

称が普通だった（図 220）．この名称は中国の南部や西部で今も使う．[112]「蜀黍」という語は 3 世紀の『博物志』（*Po Wu Chib*）に初出し，それにはこうある．'畑に蜀黍を 3 年間植えると，その後 7 年間蛇が増える（「地三年種蜀黍其後七年多蛇」）'．[113]　文献が典拠を踏まえているとしても（『博物志』は引用以外は失われて長

---

112) Wagner (1), p. 298.
113) 胡錫文 (3), p. 531 に引用．

年を経，後代の挿入が多い），「蜀黍」をソルガムと確かに同定するのは難しい．[114]

『齊民要術』は外国植物の節で，「大禾」(ta ho) つまり'大きいミレット'と呼ぶ穀物に触れた3世紀の『廣志』を引用する．それによると，「大禾」は中国へ「粟特國」(Su-the-kuo)（たぶんソグディアナ）から伝来し，丈は10フィートを超え，種子は緑豆の如くであるという．『廣志』はまた'柳ミレット'（「楊禾」yang ho）と呼ぶ穀物に触れ，それは蘭草ほどの高さで'四川のミレット'（「巴禾」pa ho）と同じと言い，あるいは中原の'木ミレット'（「木稷」mu chi）と同じと言う．[115] こうした記述は確かに高粱と似ており，10フィートもの高い茎，大きな穂，比較的大きな種子が特徴だ．王禎が1313年に記述した「蜀秫」は明らかにソルガムを指す．彼は言う，'茎は10尺を超え，箒のように大きな穂をつける．穀粒は漆のように黒く，また蛙の目のようである'．[116] ソルガムは中国へ伝来するずっと前にインドとアラブ世界に知られており，どこから来るにしても四川は入境地点となった可能性が大きい．「蜀秫」という名称は'四川のミレット'を意味し，『廣志』の「巴禾」と同じで，「楊禾」や「巴禾」をソルガムとする王毓瑚の意見を強める．[117] 南宋以前にソルガムが中国本体部へ入ったことはないと考えるハガティー（Hagerty）も，四川の一部ではかなり早い時期にあった可能性を認める．[118]

ハガティーは，ソルガムを指す明瞭な記述が元代の文献に初出すると言うが，言語的証拠から華北への導入は南宋時代の可能性をとる．他方，何炳棣は植物学的に確かな最初の記述は『新安志』(Hsin-An Chih) の1175年版にあると言う．これは安徽南部の徽州県の地誌で，有名な自然史家の羅願(Lo Yuan)が執筆した．[119] 他方，天野と王毓瑚の両者は北宋の文献『北夢瑣言』(Pei Meng So Yen) に触れている．そこに次の逸話がある．朱温将軍が910年ごろ華北作戦を行っていたとき，部隊は深い水路にやってきた．前方の道が閉ざされていると見えたが，「蜀黍」の茎を水路の上に積み上げた一本の通路を見（「忽見溝内蜀黍秆積以爲道」），将軍

---

114) Hagerty (17) がとりわけこの解釈に反対し，ソルガムの栽培が中国で発展したのは元代に間違いないと確信している．
115) 『齊民要術』92.3.3-4.
116) 『王禎農書』7/13b〔「百穀譜穀屬，蜀黍」〕．
117) 王毓瑚 (6), p. 12.
118) Hagerty (17), p. 259.
119) Hagerty (17), p. 259, Ho Ping-Ti (5), p. 382.

と部隊は水路を馬で越えることができた．この通路の「蜀黍」が高粱であることはほぼ間違いない．高粱の茎はしばしばこうした目的に使用するからだ．そこで王禎は 10 世紀の華北で高粱がすでに栽培されていたと推論する．[120] 中国でもとりわけ国境地帯への導入はもっと早いことを示唆する事実がある．高粱が形態的に Sorghum bicolor に近いことで，bicolor はソルガムの初期の主要な，最も原始的かつ特化が最も抑えられた系統であり，高粱は初期の bicolor 系統の中国変異種であるように見える．[121]

ともあれ，ソルガムが中国本土へ何時導入されたにせよ，元代，明代の著述家がそれをよく知っていたことは確かだ．王禎はその用途を次のように述べる．[122]

> 穀粒は皮をとって食し，残りは家畜飼料にする．これは飢饉時の食料である．茎の端は箒にするによく，藁は織って盆にでき，編むと塀になり，燃料にもなる．植物全体どこも捨てるところがない．

> 「其子粒去売出米，可以吃，餘及牛馬，又可濟荒．其梢可作洗箒．稭稈可以織箔，夾籬，供爨．無有棄者．」

先に見た通り，王禎はその穀粒が'漆の如く黒い'と述べたが，現代の中国で赤，褐色，あるいは黒など暗色のソルガムは人間が食うには苦く，飼料用にのみ用いる．他方，白や黄色のソルガムは口に合い，甘い．[123] ソルガムは『王禎農書』，『農政全書』その他の元代以後の文献も取り上げるが，その栽培法を詳しく述べたのは 1760 年に出た四川の農書『三農紀』が初めてだ．栽培法はミレットによく似ており，[124] 思うに，18，19 世紀に人口圧が高まるまでソルガムの栽培はごく小面積だっただろう．ソルガムはやせ土でも収量が良く，そこでふつう小麦やミレットに適さない土地に植えた．[125] 徐光啓はその洪水耐性と低地での適性に注目し，8 月に畑を 10 フィートの水が覆ってもこの作物は被害を受けないと言う．[126] ソルガムはかくて限界地の植え付けに理想的で，主食として

---

120) 天野 (4), p. 22, 王毓瑚 (6), pp. 12–13.
121) Harlan & Stemler (1).
122) 『王禎農書』7/13b〔「百穀譜穀屬，蜀黍」〕．
123) Wagner (1), p. 302.
124) 『三農紀』7/18b.
125) 『農政全書』25/14b.
126) 同上．

は下等だが食えるし，飼料用，燃料，手工芸に大量の藁を供給するし，穀物はまた酒造りや蒸留酒に使える．ワグナーは雲南と四川では高粱の90パーセントはこの用途に用いたと主張する．[127] 穀物収量は中国在来のミレットと同程度，800から1000キログラム毎ヘクタールの範囲[128]にあり，18世紀初期の『農蠶經』は2石[*1]毎ムー，[*1] つまり1900キログラム毎ヘクタールに及ぶと主張するが，[129] それ以上に藁が種実の2倍，1500から3000キログラム毎ヘクタール[130]も取れることが貧困地域では重要だ．

そういう具合で，ソルガムは元明代の中国であまり普及しなかったが，清代に人口圧が高まって栽培面積が大きく増えた．それは限界地でミレットも小麦もできないところを開拓する際に使えるし，結局多くの地域でミレットに置き換わった．食料としてはあまり喜ばれなかったが，藁の量が多いことに高い価値があったからだ．呉其濬 (Wu Chih-Chün) のように，西北部でミレットが高粱に置き換えられていくのを嘆く声はすでに19世紀半ばにあった．[131] 実際には，高粱栽培の中心は湿地が広く気候も西北部ほど厳しくない東北の諸省にあり，西北部の乾燥と低温に耐える点ではミレットのほうが勝った．[132] ともあれ，バックが1920，1930年代に農業調査を行ったとき，中国全体で高粱の栽培面積は4.7パーセントに過ぎず，ミレットは9.4パーセントだった．[133] 最近，特に1960～76年の期間，高粱が華北で伝統的ミレットを大規模に置き換えた．たぶん政策的に人間用には稲作を，家畜飼料には高粱とトウモロコシを拡大した結果だと思われるが，華北人は食料としては高粱よりミレットをはるかに好む．[134]

(iii) トウモロコシ

'トウモロコシはアメリカ起源で，新世界の発見以降，初めて旧世界へ導入さ

---

127) Wagner (1), p. 303.
128) Wagner (1), p. 302, Buck (2), p. 222 以下.
129) 胡錫文 (3), p. 535 に引用.
130) Wagner (1), p. 302.
131) 呉其濬 (2), p. 134.
132) Buck (2), p. 27 は西北諸省を'冬小麦―高粱地帯'に分類する.
133) Buck (2), p. 213.
134) Pernès et al. (1), p. 20.
*1 この石は重量の単位，59.7キログラムを使っている.

れた．私はこの主張を支持するが，反対意見の著者たちもいる'，とドゥ・カンドルは1855年に書いた．そして，現代のトウモロコシに関する有名な専門家が指摘する通り，彼の結論は今も正しい．[135] とはいえこの個別の見解も多数に上り，それらを無視するつもりはない．小麦の起源が中東であり，ソルガムの起源がアフリカであることを否定する人は少ないだろうが，トウモロコシの起源と伝播は，アメリカの発見がごく最近で証拠は十分あり疑問の余地はないと考えるのが普通だが，なぜか16世紀以来論争の的で，その論争は今日も続いている．

論争の最初の問題はトウモロコシの地理的起源だった．栽培化されたトウモロコシ(*Zea mays*)は高度に進化した形を持ち，他のアメリカのイネ科でこれに似たものはまったくない．他方，旧世界の非常に古い栽培植物ハトムギ(*Coix lacryma-jobi*)に一見似ている．この事実から，数人の植物学者はトウモロコシも旧世界に起源したにちがいないと推論した．それ以来トウモロコシの二つの近縁種，テオシント(*teosinte*)と*Tripsacum*がアメリカで注目された．一部の植物学者は，テオシントは栽培化されたトウモロコシの祖先種と考え，他の学者(特にマンゲルスドルフ(Mangelsdorf))は，祖先種は野生トウモロコシだったが消滅したと信じている．いずれにしても栽培化トウモロコシのアメリカ起源は論争の余地がない．[136]

次に生じる第二の疑問はトウモロコシが旧世界へ導入された時期だ．コロンブス以前に導入されたという見方が多くの人々を捕えた．ストノールとアンダーソン(Stonor and Anderson) (1) は1949年にアッサムの山岳民族が栽培する'原始的トウモロコシ'を述べ，彼らはこの起源がコロンブス以前だと考えた．他方タパ(Thapa) (1) は『本草綱目』の初期の版にある挿絵(図221)と，収穫前にトウモロコシの軸を神に奉納する儀礼が東部ヒマラヤに広く分布することを根拠に，トウモロコシはコロンブス以前にアジアにあったと考えた．トウモロコシがアジアに古くからあったことを示す疑わしい考古学的証拠もある．

---

[135] De Candolle (1), p. 388, Mangelsdorf (5), p. 201.
[136] 栽培化の正確な過程はしかしまだ論争中だ．Mangelsdorf (5) はトウモロコシの歴史とそれをめぐる様々な論争をまとめているが，これは遺伝的，考古学的な知識の現状を詳細に述べ，完全な文献集ともなっている．Mangelsdorfの仮説は栽培トウモロコシが(消滅して久しい)野生種から由来したというものだが，Beadle (1) はこれを強力に批判し，テオシントが現在のトウモロコシの祖先だとする遺伝的な議論を進めている．Harlan (5) も参照せよ．

植物名實圖考(1848)　　　初版本草綱目
　　　　　　　　　　　　　(1590)

承應和刻本草
綱目 (1653)

図221　『本草綱目』の三つの版 (1590年, 1653年, 1848年) にあるトウモ
　　　ロコシの挿絵．最初の挿絵の早い年代がコロンブス以前のトウモロコ
　　　シのアジア起源を示すと一部の学者は考えた．

　トウモロコシの起源について，あるいは旧世界への導入時期について，混乱を招く原因の一つはそれを例えば'トルコの小麦'といった名前で呼ぶことだが，ドゥ・カンドルは，そうした名前は事実にもとづくものではなく，よくある誤りだと次のように言う．

　　すべての現代ヨーロッパ言語でトウモロコシをトルコの小麦(またインドの穀物)の名で呼ぶこと(図222)は，東洋起源の証明にならない．Incisa の巻物はなおさらだ．[137] こうした名前は，アメリカの鳥にフランス語でインドの鶏，英語で七面鳥(turkey)という名前をつけるのと同じぐらい誤解を生みやすい．トウモロコシはロレーヌと

図 222 'トルコの小麦'（トウモロコシ）．Fuchs (1)．

ヴォージュでローマの穀物と呼び，他にもトスカナではシシリアの穀物，ピレネーではスペインの穀物，プロヴァンスではバーバリーあるいはギニアの穀物などと呼ぶ．トルコ人はエジプトの穀物と呼び，エジプト人はシリアのドゥラと呼ぶ．この最後の例は少なくともその起源がエジプトでもシリアでもないことの証明にはなる．トルコの小麦という名前が広がった時期は16世紀からだ．その植物の起源について一つの

---

137) 13世紀の文書で，トウモロコシに似た金色の穀物をアナトリアから十字軍が持ち帰ったという．この巻物はその後近世の贋作であることが露見した．de Candolle (1), p. 388.

誤りが始まり，誤りはトウモロコシの穂の端にある毛の房で助長された．それがトルコ人の顎鬚に似ているというわけだ．あるいはその旺盛な成長力も誤りを助長し，フランス語でトルコの城のようなという言い方に似た表現を生んだわけだ．トルコの小麦という名前を最初に使った植物学者はリュエリウス（Ruellius）で，1536年のことだ．*Frumentum turcicum* と呼ぶ植物の絵をボック（Bock）あるいはトゥレイガス（Tragus）が描いた．これはドイツで言うイタリア小麦だが，その後商人からそれがインドから来たと聞き，彼らはそれがバクトリアのある種のガマだという不幸な考えを抱くことになった．バクトリアは昔の作家たちが漠然とした気分を抱くところだ．ドゥーデンス（Doedens）が1582年に，カメラリゥス（Camerarius）が1588年に，そしてマッティオール（Matthiole）がこの誤りを正し，アメリカ起源だとはっきり主張した．彼らは *mays* という名前をつけたが，それがアメリカでの呼び名と知っていたからだ．[138]

しかしトウモロコシを指す非アメリカ名称が世界各地に多数あるため，語源学者を悩まし続け，今は彼らも栽培トウモロコシのアメリカ起源を受け入れているが，ジェフリース（Jeffreys）などは複雑な言語学的議論を進めて，トウモロコシが1492年以前にアフリカ，ヨーロッパにあったことを証明しようとしている．マンゲルスドルフ（Mangelsdorf）(5) はこれらの議論を一括して処分しており，私はこの処置を妥当と思う．[139]

私が大きな関心を持つ問題はもちろんトウモロコシの中国への導入であり，初めにどこへ入ったのか，普及の速さ，そして中国経済での重要性などの問題だ．中国人はトウモロコシをいろいろな名前で呼ぶ．「御麥」(*yü mai*)，つまり'貢納麦'，これは「玉麥」(*yü mai*) という方がよく通じる．また「玉米」(*yü mi*)，「包穀」(*pao ku*)，「玉蜀黍」(*yü shu shu*) などもすべてトウモロコシを指す．[140] 16世紀の著作『本草綱目』や，少し早い時期に杭州の学者田義蘅（Thien I-Heng）が書いた1572年の『劉青日札』(*Liu Chhing Jih Cha*) は，中国本体部でトウモロコシの最初の呼び名は西からきたので「番麥」(*fan mai*) つまり'西夷麦'だったと指摘する．このことを根拠にラウファー（Laufer (36)）は，トウモロコシがインドおよびミャンマーから陸路で中国へ導入されたと考えたが，何炳棣（Ho Ping-Ti）

---

[138] De Candoll (1), p. 389.
[139] Carter (2) や Heyerdahl (7) など伝播論者の著作に簡単にでも触れておこう．彼らはコロンブス以前の時代に環太平洋の接触があったと確信している．H. L. Li (1) はさらにコロンブス以前にアラブとアメリカの交易が発展していたとすら考える．
[140] 唯一の例外だが，18世紀初頭の雲南の地方誌が言及する玉麥 (*yü mai*) はソバを指した．Ho Ping-Ti (1), p. 199.

(1)によると，16世紀の雲南の多くの地方誌にトウモロコシの記述があることをラウファーは知らなかった．事実，『大理府志』(Ta-Li Fu Chih)と『雲南通志』(Yün-Nan Thung Chih)[141]は雲南の北部と西部，揚子江，メコン河，サルウィン河上流地域6県，2鎮でのトウモロコシ栽培を記録している．

他方，トウモロコシに関するもっと早い時期の言及が東部諸省，安徽，河南，江蘇，浙江，福建の地方誌に現れる．[142] 最古の言及は1511年で，『潁州志』(Ying-Chou Chih)にある．潁州は安徽北部だ．萬國鼎[143]はトウモロコシが安徽へ海から来たにちがいないと考え，天野[144]はこれを支持するが，王毓瑚[145]はこの証拠をはねつける．その根拠は安徽の別の地方誌で，潁州からわずか200ないし300マイルの場所にある地域の『乾隆霍山縣志』(Chhien-Lung Huo-Shan Hsien Chih) 1776年の記述にあり，トウモロコシが40年前にその地域へ初めて偶然に伝来し，野菜畑で栽培したとある．王毓瑚はトウモロコシが潁州から霍山へ伝わるのに200年もかかるはずがないと言うのだが，私は下記のいくつかの事実を根拠に同意しない．

ラウファー(36)は，トウモロコシが中国へ伝来後全土に急速に波及し，重要な経済作物になったと考えた．彼は大量のトウモロコシが16世紀末に租税として支払われたことを示すスペイン語文献を引用している．[146] 他方，この時期の重要な農業文献はトウモロコシにほとんど注意を払っていない．『農政全書』[147]は脚注で扱うだけだし，『天工開物』はまったく触れていない．その栽培技術をいくらか詳しく述べるのは，1760年の四川の作品『三農紀』が初めてで，こうある．[148]

---

141)『大理府志』1563年版, 2/24a,『雲南通志』1574年版, 巻2, 3, 4の随所, Ho Ping-Ti (1)を見よ．
142) 中国の地方誌で1720年以前にトウモロコシに言及するものについて，天野(4), p. 930の完全なリストを見よ．
143) 萬國鼎(9), pp. 29-34．
144) 天野(4), p. 929．
145) 王毓瑚(6), p. 18．
146) Laufer の情報源はアウグスティヌス派の僧 Martino de Herrada で, 1577年, 3000万ブッシェルのトウモロコシが税として貢納されたと言う．Ho Ping-Ti(1)は明代の公式租税収入から見て Herrada の数字はナンセンスと指摘する．他のヨーロッパ人著作家例えば Gonzales de Mendoza (1), I, p. 15は中国の山地の松林の下でトウモロコシ栽培が広いと言うが，Lach (5), I, Part 3, pp. 742-794は Gonzales の作品を検討して，その情報の正確さに問題があると指摘する．
147)『農政全書』25/14a．
148)『三農紀』7/12b．

これは山斜面に植える．3月に種子を穴蒔きし，株間は3尺，各株2,3粒を蒔く．苗が6ないし7寸になれば中耕除草し，弱いものを除き，各株に強健な苗1本を残す．3月に播種したものは8月，9月に収穫できる．穂軸を野小屋へ運び，木柵にかけて干す．できれば屋内で扉と窓を閉じるのがよい．打ちつけても液が出なくなるまで干し，貯蔵前にもう一度日に干す．

「御麥植藝種宜山土。三月點種毎科須三尺，詩種二三粒。苗出六七寸耨其草，去其苗弱者留壯者一株。三月蒔八九月穫。穫歸苞以木架透風令乾。宜在室中閉戸塞窓。敲之不致耗澱，再晒乾收貯。」

著者の張宗法はトウモロコシを山斜面に植えるよう勧める．事実，トウモロコシは深い直根を出し，雨で流される心配がないので斜面や焼畑に適している．また同じ理由から低地農民の犂より焼畑民の手耕具で土を深耕するほうが，トウモロコシはよく繁る．[149] さらに斜面での栽培はトウモロコシの受けやすい霜害を軽減する．[150] 華南山地の主要な住民はミャオ（苗），ヤオ（瑤），イ（彝）など非漢族で，そのほとんどは焼畑栽培で暮らし，彼らにとってトウモロコシの導入は高い収穫をもたらし，[151] カミの贈り物だった．トウモロコシの蛋白質含量が低いこと[152]は食事を狩の獲物で補う山地民にとってたいしたことではなかったが，低地の中国人は蛋白質摂取を穀物に頼るのでそうはいかなかった．これら山地民はかなり多種類のトウモロコシ品種群を育成し（『三農紀』は黒，白，赤，暗緑色の品種とほかにモチ種，ウルチ種を述べる），調理法も多様だった．[153] モチ種はたぶん食用に好まれ，醱酵にも重用された．東南アジアの山地民は一般に谷住みの住民と異なりウルチ種よりモチ種の穀物を好む．[154] ストノールとアンダーソン（1）はアッサム高地の（'蠟質の'）モチ種をとらえて独立起源の証拠と考えたが，マンゲルスドルフは次のように言う．[155]

---

149) 南西フランスでトウモロコシ栽培が始まって，鋤の生産が顕著に増えた（F. Sigaut, 私信）．被征服後のメキシコで，インディアン人口は戦争と病気のため以前に比べてわずかなものとなり，労力不足のため原住民はトウモロコシ栽培に犂の使用を余儀なくされた．この結果，栽培面積は拡大したが，単位面積当たりの収量は大きく減少した（A. Warman, 私信）．
150) これが南アメリカでトウモロコシを山地斜面でのみ栽培した理由の一つで，他の理由はテラスでは水の有効利用が可能だったからだ．Donkin (1).
151) トウモロコシは単位面積当たりの炭水化物カロリーが最大となることで有名だ．
152) トウモロコシの総蛋白質含量は6から15パーセントの範囲にあるが，トリプトファンとリジンが不足する．Purseglove (2), p. 316.
153) 天野 (4), p. 937, fig. 2.
154) Moerman (1).

蠟質のトウモロコシは世界各地にあり，また蠟質の稲，ソルガム，ミレットもあり，これらは人為的な選抜による．アジアの民族はこれら蠟質穀物になじんでおり，それを特別な用途に使うことに慣れていたので，トウモロコシがアメリカで発見されてアジアへもたらされたとき，蠟質品種に気づき，その品種を意図的に蠟質胚乳を得るために固定した．しかし蠟質胚乳にすぐ気づいた背景には，たぶん遺伝子の偏りがあったのだろう．アメリカのトウモロコシでは少ない蠟質胚乳の遺伝子は，アジアのトウモロコシで高い頻度を獲得したようだ．ストノールとアンダーソンが報告する単一種のトウモロコシだけを栽培する方法ではかなりの自家受粉が生じ，蠟質遺伝子を持つ系列ではごく短期間に純粋の蠟質品種群が確立し，他の穀物で蠟質に慣れた人々がそれを見逃すことはありえなかった．

　漢族は他の穀物（イモ類ですら）のほうがトウモロコシより優ると思うばかりか，トウモロコシを嫌う．ワグナーが指摘しているが，1930年代，四川西部，雲南，広西の山地民が卓越する地方はトウモロコシ粉を主食に消費したが，他の地方ではトウモロコシ粉の料理はなく，トウモロコシは野菜として半熟の穂軸を焼いて食った．[156]『羣芳譜』は少量のトウモロコシ粉を小麦粉に加えると白さと嵩を増すと勧めるが，他の点では『本草綱目』を引用し，トウモロコシの葉と根を煮出したスープを尿道の薬とすることに触れるだけだ．[157] 今日，トウモロコシ粉は「窩頭」(wo thou)というロールパンの材料の一つだが，食べなくてもいい場合は誰も「窩頭」を食べようとしない．最近中国を訪問したメキシコの農業使節団は，トウモロコシのパンケーキの匂い（メキシコ人の食欲をそそるトルティラの香り）を消すにはどうするのかと問われてびっくりした．平均的中国人はその匂いで気分が悪くなるからというのだ．[158]

　漢族にとってトウモロコシはなるだけ食べたくないものだった．このことが最初の導入以来300年経っても農業文献に記述の少ない一つの理由だろう．その栽培は主に少数民族に限られ，[159] 李時珍はその栽培が'稀'と言う．[160] 初期の地方誌での言及は多くが非漢族による栽培で，彼らと漢族の接触は限られていた．王毓瑚が注目した安徽での最初のトウモロコシの年代差はこのことで説

---

155) Mangelsdorf (5), p. 143.
156) Wagner (1), p. 310.
157)『羣芳譜』「穀譜」11a,『本草綱目』23/8a.
158) A. Warman, 私信.
159) 今も少数民族の中で栽培は広い．私自身，1980年に西南雲南の焼畑で広大なトウモロコシ栽培を見たことがある．

このようにトウモロコシ栽培はラウファーの仮説と反対に，中国での普及は遅々たるものだった．中国でのトウモロコシの広大な栽培は18世紀に，過密な揚子江河谷から漢族移民が四川，雲南，漢水上流（陝西南部，湖北西部，河南西南部）へ避難したときに始まる．トウモロコシは甘藷と同じくこの地方の条件で最もよく生育する作物で，何炳棣によると，'漢水全域は中国のトウモロコシ生産で首位を占め，甘藷も栽培したが，トウモロコシが第一だった'．[161] 現代中国人がトウモロコシ消費に対して見せる態度を考えると，何炳棣教授には失礼ながら，これらの遠隔地では甘藷のほうが好まれただろう．しかしトウモロコシは生産力の高い有用な飼料作物であり，[162] 栽培面積は19世紀末から20世紀にゆっくり増え，特に粗放な生産技術が利用可能だった満州で増えた．[163] それにもかかわらずバックの調査が示すところでは，1930年代の全栽培面積のうち，トウモロコシは3.7パーセントと穀物の中では最低で，[164] 収量は400から4000キログラム毎ヘクタールの間にあった．[165] 1949年以来，トウモロコシ栽培面積は飛躍的に増え，高収量交雑種の生産に努力が注がれた．[166] この結果，生産数字は大寨のように半ば奇跡的な増加を遂げたが，平均的中国人はトウモロコシの消費を嫌い，家畜飼養に必要な量を生産が上回り，中国政府は今や余剰処理の問題に直面している．

3 小麦と大麦

小麦と大麦は中国でまとめて「麥」(*mai*) と呼び，wheat は'小さい'「小麥」(*hsiao mai*)，barley は'大きい'「大麥」(*ta mai*) だ．どちらも中国土着ではないが経済的に重要な役割を果たし，ついにはもっと中国的な作物の粟や黍を多くの地域で凌駕するに至った．漢代以前，小麦は貴族の間の贅沢品だった．17世紀半ば，

---

160) 『本草綱目』23/7*b*.
161) Ho Ping-Ti (4), p. 188.
162) 北米と北ヨーロッパでトウモロコシは今や大量に生産され，ほぼ例外なく家畜飼料にする．
163) Ho Ping-Ti (4), p. 189.
164) Buck (2), p. 213.
165) 同上, p. 222 以下．
166) Harlan (4), p. 309.

宋應星の推定では北方人の主食の50パーセントは小麦だが，南方の農民でそれを栽培するものは5パーセントに過ぎない．今日，中国で小麦は稲に次ぐ二番目に重要な穀物で，華北平原の穀物全生産量の3分の2，華中で3分の1を占める．[167]

小麦，大麦ともに近東に起源する．それらの祖先種は中東全域にあり，特にレヴァント，タウロス，ザグロス地域に分布密度が高い（図223, 224）．栽培化はこの地域で紀元前8000年までに始まり，栽培化された小麦，大麦の最古の例はジェリコ（Jericho）の先土器新石器遺跡（約9000年前）から出土した二条大麦（*Hordeum vulgare*）と一粒小麦（*Triticum monococcum*），イラン南部のアリ・コシュ（Ali Kosh）（約9500～8750年前）から出土した一粒小麦，エンマー小麦（*T. dicoccum*）と大麦，トルコ南部のチャヨヌ（Çayönü）（約9500～8500年前）から出土した一粒小麦とエンマー小麦などがある．両作物の栽培は急速に中東全域に波及してエジプト，北アフリカ，クレタ，バルカンに及び，南はアフガニスタンを経てパキスタンにたぶん5000年前までに達した．初期インダス文明のモヘンジョダロとハラッパはともに小麦と大麦に依存した．[168]

中国の小麦と大麦の系譜について様々な仮説がある．今に至るもこれらの先史遺物で認証されたものはないが，商代後期の甲骨文には麦に触れたものがあり，一説には紀元前1500年頃に初めて中国へ伝来したという．[169] 1キログラムもの炭化穀物が安徽の龍山期遺跡から発見され，*Triticum antiquorum* と同定されたことは大きな関心を巻き起こしたが，早くも1963年に楊建芳（Yang Chien-Fang）(*1*)が，それを入れていた壺が典型的な周様式であることから，たぶん新石器以降の混入物であろうと示唆した．後にこのことは炭素年代で確認され，それによるとその小麦は紀元前500年つまり戦国期のものだった．[170] 天野 (*4*) の仮説は，大麦が小麦より先に中国へ伝来し，そこで独立に栽培化した可能性もあるが，小麦を多少とも栽培し始めたのは漢代だという．天野の議論は食品を根拠

---

167) 『天工開物』1/13*b*〔「巻上乃粒第一，麥」〕，R. Myers (*2*)．今日の栽培面積と収量は萊陽農業学校 (*1*)，R. O. Whyte (*1*) を見よ．
168) 小麦，大麦の栽培化過程は，Feldman (*1*)，Jack R. Harlan (*1*)，(*2*)，(*3*)，Zohary (*1*)，(*2*) など大部の著作がある．Harlan (*1*) はユーラシアにまたがる伝播の詳細と年代を述べている．ヨーロッパを西へ，インドを南へと進んだ伝播のさらなる詳細は R. Tringham (*1*)，F. R. Allchin (*1*)，Vishnu-Mittre (*1*)，(*2*) にある．
169) 何炳棣（Ho Ping-Ti）(*1*)，(*5*)．
170) 著者不詳 (*522*)．

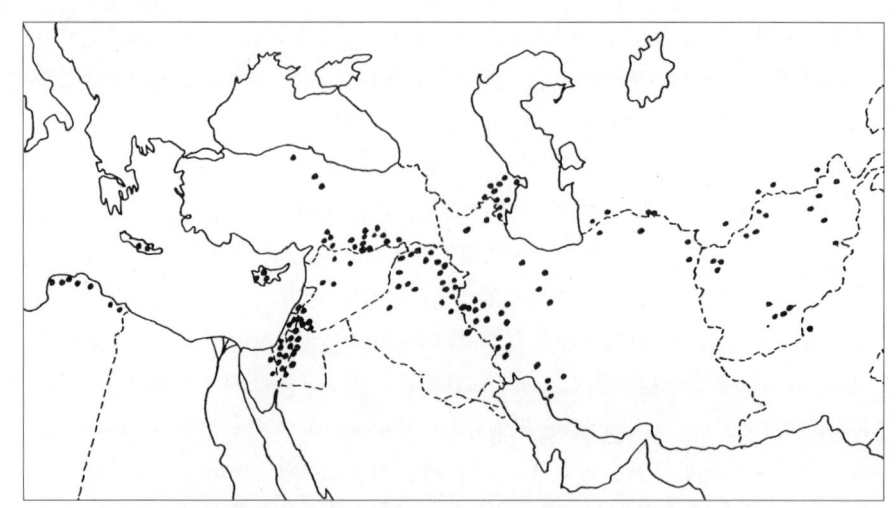

図 223　野生雑草型大麦の分布図. Harlan & Zohary (1).

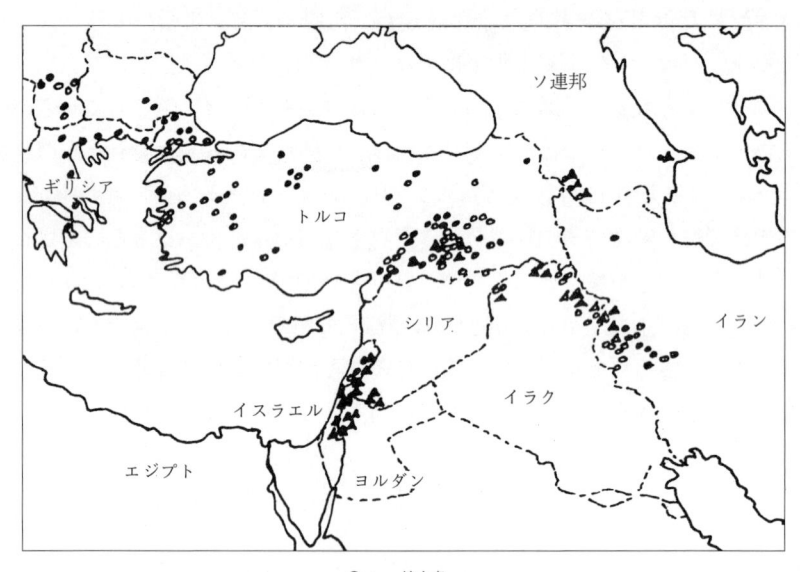

○：一粒小麦

△：エンマー小麦

図 224　野生雑草型一粒小麦と雑草型エンマー小麦の分布図. Harlan (1).

にしている．彼の言うには，大麦は小麦より柔らかく伝統的に粥で食し，調製用の道具をとりたてて必要としない．他方，小麦は硬い穀物で，知られる通り中国人はパン，麺など粉製品の形で食することを好む．そこで彼は，小麦の栽培は手廻し臼や大型の動物牽引あるいは水力臼の発達と密接に結びついていると考え，しかもこれらはすべて漢代にやっと一般化したに過ぎないと見ている（第 27 部 *1 を見よ）．[171]

この説に反対する多数の中国人学者は，商代の甲骨文に「來」あるいは「秾」(lai) という名の秋蒔き穀物の記述が多いことを挙げる．これは漢代の辞典編纂者が「小麥」(hsiao mai) と同定しており，したがって小麦は商代に栽培があったことになる．しかし，例えば于省吾 (Yü Hsing-Wu) の甲骨絵文字を「來」あるいは「秾」(lai) とする同定に対して，陳夢家 (Chheng Meng-Chia)，松丸道雄 [172] など他の専門家は反論している（図 225）．ともあれ，商代の甲骨文が秋蒔き春収穫の穀物に言及していることは疑いなく，それは小麦あるいは大麦を意味する以外にはありえない．古代中国人が小麦を食べるのに粉に挽いたと考える必要はない．初期ローマ時代，小麦の食べ方は粥 puls[173] で，中国でも麺やパンが一般的になる前は同じ状況だっただろう．他方，古代中国人は小麦をツァンバ (tsamba) の形で調理した可能性がある．つまり穀粒をまず炒り，後に搗くあるいは粉に挽く方法だ．ツァンバはチベット語で，ふつう炒った大麦の粉を水，茶あるいは蜂蜜と混ぜ，遊牧民はこれを主食とした．チベット，青海，西北中国で今も広く利用し，中国人はチベット語を借用して中国語化し，「糌粑」(ツァンパ) と書いた．しかしまたこれを指す伝統的な中国語，「糗」(chhiu)，「炒麵」あるいは「麨麵」(chhao mien) などもある（これらは『説文』の注釈にあることから，漢代以前に遡る）．トリップナー (Trippner) (1) は 1940 年代，1950 年代の西北中国と中央アジアについての著述で，ツァンバはこの地域ではふつう大麦から作るが，小麦のツァンバも時々作り，これははるかに高価だという．『齊民要術』は小麦をツァンバにして虫害を防ぐことを勧める．[174]

大麦は中国で独立に栽培化されたこともありうる．というのは多数の野生大

---

171) 天野の意見は日本の著名な学者篠田統 (1), (7) や北村四郎 (1) などが支持する．
172) 陳夢家 (4), p. 528. 松丸道雄 1960 年の私信，天野 (4), p. 70 に引用．
173) J. R. Harlan (1), (3). 大麦も通常この方法で食事に供した．A. Moritz (2).
*1　思索社刊第 8 巻．

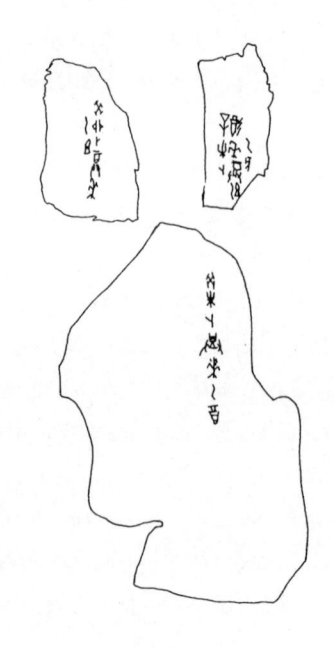

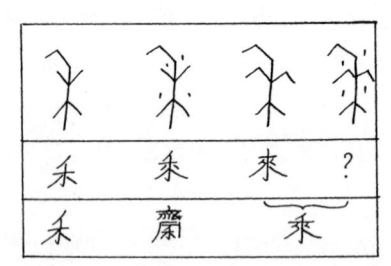

図225 小麦を表すと思われる甲骨文字. 上段はもとの
象形文字, 中段は陳夢家の解釈, 下段は于省吾の解釈.

麦が雲南高原やチベットで発見されているからだ. 1930年代, 野生の六条大麦が西康で発見され,[175] 大麦はこれらの品種からここで栽培化した可能性が浮かび上がった. 植物分類学者の北村四郎は言う. '大麦が西康で野生していたと考えると, それが山地から四川盆地へ, そしてそこから華北, 華中へ広がっ

---

174) 『齊民要術』10.4.5. ここでは,「剉麥」(chiao mai), 文字の意味は'切り麥', を使う(本書 p. 369 を見よ)が, これは他の用語と同音異義語である. 小麦はまた煎ったり, ツァンパにし, この慣行はイェーメンまで及んでいる. R. B. Serjeant (1), p. 42.
175) 日本でも発見されている.

た可能性がある'.[176) その後，遺伝学の研究によるとこの野生六条大麦は栽培種の祖先にはなりえないことが明らかとなった[177)]が，近年，中国とチベットの植物学者は野生二条大麦（*Hordeum spontaneum*）も四川とチベットで発見した．したがって大麦が極東で独立に栽培化されたと考える幾分かの根拠はある．[178)] 他方，ユーラシアとアフリカのどこでも小麦と大麦は一体の作物'複合'として伝播した[179)]ので，中国だけが例外とする必要はない．中国で二つの作物を指す違った言葉は多数あるが，すべて結局は「麥」（*mai*）という語に由来し，それは小麦も大麦もまとめて呼ぶのに使い，またライ（*Secale cereale*）やカラスムギ（*Avena sativa*）など中東の他の秋蒔き作物も指す．[180)] したがって栽培小麦と大麦が一緒に西から中国へたぶん新石器時代の末に来たと我々は考えるべきだろう．秋蒔き作物（小麦，大麦あるいは両方）を商代中国の多くの地域で栽培することに甲骨文が言及し，これはそれらの導入が新しくはないことを示唆し，その年代は先にすでに述べたが（本書 p. 362），比較的大きな株に小さな穂が夏につくこの作物の導入を収穫道具の鎌の出現と関連づけると，仮にだが時代は龍山期，紀元前3千年紀ということになる．この年代は例えばエジプトやヨーロッパで起こった中東の作物複合の導入に比べて遅いが，中国の小麦はほとんどすべて六倍体で，高度に進化したパン小麦（*T. aestivum*）であることと符合する．[181)]

　小麦，大麦が中国土着の穀物と異なる最大の特徴は，冬作物ということだ．つまり秋あるいは冬に蒔き，晩春に収穫する．春蒔きの小麦，大麦ももちろんあるが，これらは中国で比較的最近に生じた発展で，栽培面積も大きくはない．冬小麦や大麦が中国の農民にとって大きな魅力となったのは，それらが伝統的作物を置き換えるのでなく，補完的な点にあった．その収穫は作物の乏しい夏，ミレットや米の蓄えが底を突きかける頃だ．麦は秋に実る作物と畑空間を取り

---

176) 北村四郎（*1*）．訳 Philippa Hawking.
177) '穂の脆い六条大麦の遺伝子型を持つ品種群は知られているが，本当の野生植物とは見えず，たぶん栽培品種の六条大麦に由来するのだろう'．Harlan (2), p. 94.
178) 邵啓全・李長森・巴桑次仁（*1*）．
179) Harlan の用語．
180) Barley は大麥（*ta mai*）以外に，「麩」あるいは「牟」（*mou*）（古形），「穬麥」（*keng mai*）とも呼ぶ（中国人でも大麦の皮付き，あるいは裸と解釈が分かれる．天野（*4*），p. 60 を見よ）．カラスムギは「雀麥」（*chhiao mai*），「燕麥」（*yen mai*），あるいは「青稞麥」（*chhing kho mai*）などとも言い，ライは「黒麥」（*hei mai*）と言う．著者不詳（*109*），B. E. Read (1), G. A. Stuart (1) を見よ．
181) 小麦の六倍体の発展は比較的最近のことのようだ．しかし少数の三倍体（*T. turgidum*）は中国西部にある．Vavilov (2), T. H. Shen (1), p. 181, Harlan (3), p. 7.

合うことがなく，小麦，大麦を取り入れることで生産力の高い輪作が可能となった．早くも北魏時代には華北で2年に三作の輪作体系が広がった．『齊民要術』の著者はこう言う．[182]'小豆はふつう小麦，大麦の跡地を使う（「小豆大率用麥底」）．しかし，これでは少し遅くなる'（豆類は夏至の直後に蒔くほうがよい，と彼は言う）．彼はまた，コリアンダーやカブは6月に小麦の跡地に蒔くよう勧める．[183] こうしたことは2年に三種の作物を植えることが当時の華北ではごく普通だったことを示唆する．[184]

小麦と稲を代わるがわる植えることに触れた最初の文書は，860年ころの樊綽（Fan Chho）の『蠻書』（Man Shu）[185] がその一つだ．雲南高原の昆明の西にいる稲作民を述べる中で，樊綽はこう言う．'水田は1年に [稲を] 一作する．稲を収穫した8月から11月，12月ころまで，水田に大麦を蒔き，それは3月，4月に実る．大麦を収穫し終わると再び稲を蒔く．小麦は稲株に植える'．雲南は常春の国として知られ，ほぼ年中いつでも作物は育つが，南でも条件が不適な他の地方で小麦，大麦を輪作に組み込むのは宋代で，当時早生チャンパ米が導入されたことに伴い水田の排水と冬作物の準備が早まって以来だ．加えて，北から小麦食の難民数百万人が南へ移り，冬穀物の需要が高まった．『雞肋編』に言う．[186]

> 北宋の滅亡後，西北部から多数の難民が揚子江地方，デルタ，洞庭湖や東南沿岸に至り，紹興の治世（1131〜63年）に小麦1ブッシェルの価格は1万2000銭に達した．利益は稲作の二倍にもなり，農民は大もうけをした．さらに，小作人は借地料を秋作物で返せばよかったので，小麦栽培の利益はすべて小作人の得るところとなった．誰もが競って春取り作物を栽培し，淮河の北に劣らぬほどどこにも広がった．

> 「建炎之後，江，浙，湖，湘，閩，廣西北流寓之人徧満，紹興初，麥一斛至萬二千錢．農獲其利，倍於種稻．而佃戸輸租，只有秋課．而種麥之利，獨歸客戸．於是競種春稼，極目不減淮北．」

---

182)『齊民要術』7.1.1.
183)『齊民要術』18.4.2, 24.6.3.
184) 米田賢次郎 (4) はそうだったと考えるが，西嶋定生 (1), pp. 235-253 は多数の反論を挙げている．
185) 胡錫文 (2), p. 61.
186)『雞肋編』. 胡錫文 (2), p. 75 に引用.

この後，小麦や大麦は稲と必ず連作し，時には灌漑稲を二作した後の三作目すら植えた.[187]『難肋篇』はまた，冬作物は地租と借地料を免じられたと示唆するが，これは事実か論争がある．加藤繁と天野元之助の示唆によると，16世紀福建の農民は稲の二期作から小麦と稲の二毛作へ転換したが，これは小麦が米と違って借地料を免じられたからだという（宋代の華南では事実だったようだし，加藤によると前近代の日本で事実だったという）．しかし，現存する明代，清代の借地契約にこの仮説を肯定する証拠はない.[188]

華中，華南で小麦や大麦を稲と輪作したが，大麦のほうが早く熟し，また湿潤気候と難排水地に向いていたので小麦より好まれることが多かった.[189] 華北では，麦はミレットあるいは高粱との輪作が多く，さらにこれらを完全に置き換えた地方もあった.[190] 華北の輪作は大豆や他の豆類も多かったが，元代，明代からは棉が加わった．徐光啓は，冬の犂耕後直ちに畝に小麦を穴蒔きし，初春になって棉を小麦の間に穴蒔きする方法を勧める.[191] 小麦と棉のこうした間作は華北で今も行う（図226）．

小麦，大麦は春に育つので，稲やミレットがしばしば襲われた夏の洪水を避けることができた．『農政全書』に言う.[192]

> 北で最悪の土地は湛水地である．住民はそこにソルガムを植え，平均して数年に一度収穫できる程度である．このため住民は貧しさから抜けられない．私は彼らに小麦を育てるよう教えた．これは［毎年の洪水］害を受けないだろう．何故なら洪水はふつう夏の終わりか秋の初めに来るからで，小麦に害を加えることはない．排水が可能な場所では洪水が引いた後，秋に土地は乾き，そこは秋蒔き小麦に適する．排水が難しいところでは，冬に土地が乾くと春蒔き小麦に適する……この方法で10年に九作を確保できる．

>> 「北土最下地，極苦潦．土人多種薥秫，數歲而一收，因之因敝．余教之多蓻麥，當不懼潦，潦必於伏秋間，弗及麥也．潦後能疏水，及秋而涸，則蓻秋麥．不能疏水，及冬而涸，則蓻春麥．……此法可令十歲九稔．」

---

187) Rawski (1), p. 201.
188) 加藤繁 (2), 天野 (10), また傅衣凌 (1), pp. 60-62. 米を麦が置き換えた，あるいはその逆の理由について, Rawski (1), pp. 32-38 に議論がある.
189) T. H. Shen (1), p. 208.
190) R. H. Myers (1), pp. 178-179.
191)『農政全書』35/10b.
192)『農政全書』25/15b. 訳 Ho Ping-Ti (4), p. 179.

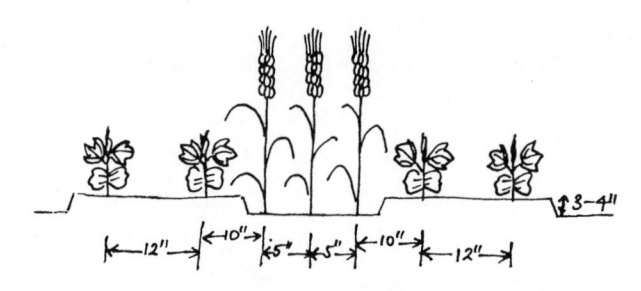

図 226　小麦と棉の間作．北京農業大学 (1), p. 330.

　小麦と大麦は明らかな利点があるが，中国農民が新来作物を受容する過程は遅々たるものだった．中国のある地方ではそれらは新石器時代から栽培しだろうし，商代，周代の作物に入っていたことは間違いない．それにもかかわらず小麦，大麦は長らく山東や安徽といった地方に限られた．この地方はその栽培に特別に適しているらしい．例えば，漢代初期の文献『范子計然』(Fan Tzu Chi Jan) は'五穀'について言う．'……東では「麥」と米を多く植える'．[193] しかし著者は麦栽培が他にどこで盛んか触れていない．新しい作物は漢代にわずかに普及した．紀元前 1 世紀の政治家董仲舒 (Tung Chung-Shu) は関中の首都圏で麦栽培拡大を促し，[194] 同時期の農学者氾勝之は麦栽培を詳細に述べた．その序は次のような前向きの文で始まる．[195] '麦の播種を適時に行えば，常によい収穫を得る'．小麦と大麦は後漢時代，西北部の軍事駐屯地で大面積の栽培を行ったようだが，[196] その普及振りを示す最もよい目安は，たぶん製粉の拡大と麦粉食品の種類が増えたことだろう．[197]

　麦の人気は高まったが，米やミレットに比べると利用できる品種の数は多くなかった．例えば『齊民要術』は，北で当時一般的な作物でなかった米について十数種を掲げるが，小麦の品種については 3 世紀の『廣志』を引用するのみで，他の穀物の場合必ずさらに多くの品種を揚げるのにそうはしていない．[198]

---

193) 胡錫文 (2), p. 29 に引用．
194)『漢書』24A/16a〔「食貨志第四上」〕．
195)『氾勝之書』．『齊民要術』11.1 に引用．
196) Hsü Cho-Yün (1), p. 85
197) Yü Ying-Shih (1), pp. 73, 81.

「虜小麥」(*lu hsiao mai*)（'捕虜小麦'）は穂が大麦と同じ形で房がある．「䅯麥」(*wan mai*)［意味不明］は大麦に似，涼州［重慶の地方］〔正しくは甘粛武威地方〕から来る．「旋麥」(*hsuan mai*)（'速い小麦'［つまり春小麦］）は3月に蒔き8月に実り，これは西から来る．「赤小麥」(*chhi hsiao mai*) は真紅で，油っぽく，鄭州［現代の陝西］〔正しくは河南地方〕から来る．湖の豚肉と言い［たぶん浙江の湖州〔河南の靈寶縣〕から］，また鄭小麥〔「鄭稀熟」〕とも言う．「山提」(*shan-ti*) 小麥［成都地方から］は大変粘く，やわらかく，朝廷に貢納される……また'盛夏小麥'（「半夏小麥」*pan hsia hsiao mai*），'坊主大麥'（「禿芒大麥」*thu mang ta mai*），黒い大麥 (*hei keng mai*「黒穬麥」) がある.

> 「虜小麥, 其實大麥形, 有縫. 䅯麥, 似大麥, 出涼州. 旋麥, 是三月種, 八月熟, 出西方. 赤小麥, 赤而肥, 出鄭縣. 語曰'湖豬肉, 鄭稀熟'. 山提小麥, 至黏弱, 以貢御. 有半夏小麥. 有禿芒大麥. 有黑穬麥.

春蒔き小麦について『廣志』を引用するほか，『齊民要術』は春蒔きの大麦（「春種穬麥」）も種々挙げる．[199] この記述は中国文献で春蒔きの小麦と大麦に触れた最初の例だろう．これらは今は冬が厳しくて冬小麦を蒔けない最北の諸省でわずかに役割がある．[200] その他の地方では輪作によく合う冬小麦を好んだ．『廣志』は'坊主大麥'「禿芒大麥」(*thu mang ta mai*) と「穬麥」(*keng mai*) を区別する．たぶん前者は芒がなく，後者にはあるからだろう．[201] 小麦も大麦も芒を持つものと持たないものがあるが，芒種が中国では伝統的に好まれ，事実，初期の文献では「麥」は「芒種」(*mang chung*) と定義することが多かった（図227, 228）．[202] 同様に初期文書で「穬麥」(*keng mai*) は芒のある大麦を指したようだが，後代になるとこれは無芒品種を指すようになった．[203] 今日，最北の小麦，大麦は芒があり，最南の品種は芒がない．芒は乾燥地域の特徴で，乾燥と風への抵抗性を強め，雨水が花に直接当たって受粉の妨げになるのを防ぐ．[204]

中国人は麦の有芒と無芒，春蒔きと冬蒔きを区別したが，その他の変異はミレットや米に比べて少ない．これは麦が夏に実る作物であるからにほかならな

---

198)『廣志』．『齊民要術』10.1.2 に引用．
199)『齊民要術』10.1.4．
200) J. L. Buck (2) は'春小麥地帯'を区別した．それは甘粛，陝西，河北の乾燥して峨峨とした辺境山地，さらに蒙古と満州のある部分も含む．
201) 陶弘景はその注釈書で，「禿芒大麥」を「裸麥」，字義は'裸麥'と注釈している．
202) 例えば，『周禮』「地官・稻人」の注釈，『周禮』4/33*b*.
203) 天野 (4), pp. 60–62 を見よ．
204) 陝西武功西北農學院のスタッフ，私信．

図227　小麦.『本草綱目』2/22b.

麥大

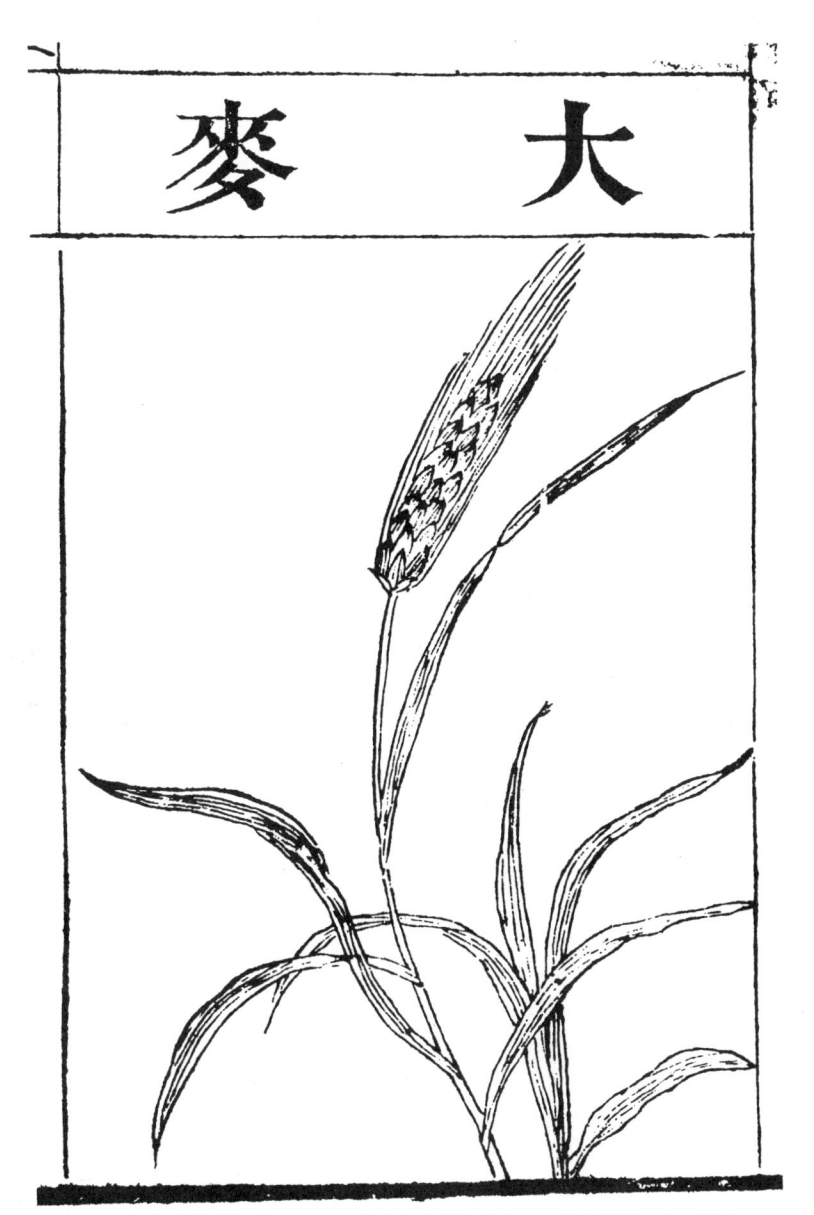

図228 大麦.『本草綱目』2/22b. 小麦も大麦も密生した芒を描くことに注意.

い．つまり大急ぎで収穫せねばならず，夏の嵐の危険を避けること，次作の稲やミレットに間に合うよう圃場をあけねばならないこと，過熟で穂から粒がはじけないようにすることなどがその理由だった．'麦の収穫は火事場だ(「収麥如救火」)'と諺に言う．

麦は最初期から鎌で刈り取ったようだ．宋代までに華北農民は小麦収穫の迅速化に特別の大鎌とトロリー〔麥綽と麥籠〕とを発明しており，これらは今日まで使用が続く．(本書 p. 382 以下)．この発達した技術をもってしても小麦の収穫期は一年で一番忙しい時期だった．張舜民の詩が情景を歌う．[205]

> 小麦の脱穀だ，脱穀だ，殻竿は鳴り響き，
> こだまは峰を越えて遠く飛ぶ．
> 晩春の陽は東北に上り，
> 海岸の峰を染めるとき，小麦は緑鮮やか
> 天頂に至るや，穀は金色となる．
> 雉の声は暁に目覚めさせ，
> 夜まで休む暇もなし，
> ヤマウズラがこつこつと雨を告げ，黒雲は墨を広げる．
> 女は鎌の上に身をかがめ，娘は籠を持って後ろにあり．
> 山畑に緑の茎を引き抜き，
> 麓の畑は藁束を稲むらに積む．
> 苦労と共に農夫は喜びを刈り，
> 垂れた頭を非情の陽が焦がし，顔を黒く焼く．

> 「打麥，打麥．彭彭魄魄．
> 聲在山南應山北．四月太陽出東北．
> 纔離海嶠麥尚青．轉倒天心麥已熟．
> 鶻旦催人夜不眠．竹雞叫雨雲如墨．
> 大婦腰鎌出．小婦具筐逐．
> 上壠先抒青．下壠已成束．
> 田家以苦乃爲楽．敢憚頭枯面焦黒．」

この状況では種子穀の選抜は慌ただしい仕事だっただろう．これが麦の変異を比較的少なくした一つの理由だ．18 世紀でも『圖書集成』引用の地方誌にある

---

205) 北宋の詩人張舜民の詩．胡錫文 (2)，p. 73 に引用．

小麦，大麦の種類はどこでもわずかで，麦が最も重要な地方でもそうだった．河北の邢台の地方誌はその地区の小麦品種 5 種，黄色皮，赤，白，坊主，紫茎白穀を挙げ，ほかは春小麦，春大麦というに過ぎない．さらに続けて麦は邢台の西北部で最も早く実り，東南部がこれに次ぎ，最後が西方の山，熟期の差は全部で 10 日に過ぎないという．陝西の咸陽の地方誌は白小麦，紫小麦，三月黄という名前の早生品種を挙げるのみ．安徽の太平府は今日の中国で最大の小麦生産地帯だが，その地方誌は小麦 7 種，大麦 5 種を挙げるのみだ．[206] もっとも，小麦，大麦が何より重要な西洋でも，前近代の文献が名前を挙げる品種はわずかだ（本書 p. 370 も見よ）．

小麦地帯に関する近代の分類は次の通りだ．[207]

　春小麦地帯，長城の北と黄河河谷の冬小麦地帯は硬質小麦ベルトと言えよう．そこの小麦粉はパンと中国麺に最良の品質だ．その品質はカナダあるいは米国の高級小麦粉と比肩しうる．淮河河谷，四川北部，陝西南部の小麦は中級硬質小麦で，硬質小麦ほどパンと麺作りに良くはない．揚子江河谷とその南の小麦は軟質小麦である．グルテン含量が低く，吸水量は少なく，粉の収率も低く，色は少し灰色を帯びる．パンと麺作りには低級品だがケーキとビスケット作りに向いている．

12 世紀の『雞肋編』が陝西の小麦に触れている．[208]

　陝西の省境地方は寒さが厳しく，どんなに長く置いても小麦は程よく実らない．歯にくっつき，嚙めない．例えば熙州の粉は 1 斤に石灰を一握り加えないと，うまく練って，麺に切ることができない．羊肉もいやな味だ．両方ともよいのは原州だけだ．そこの麺は紙で包装し，あちこちに特別の贈物として発送する．

　　　「陝西沿邊地苦寒，種麥周歲始熟，以故黏齒，不可食．如熙州斤麪，則以搊灰和之，方能捍切．羊肉亦羶臊．惟原州二物皆美．麪以紙嚢送四旁爲佳遺．」

こうした例外はあるものの，華北の気候は南方より小麦栽培にはるかに適している．比較的温帯的な雲南の気候でも結果は散々だった．『蠻書』に言う．[209]

---

206)『圖書集成』23/15*a*, 17*a*, 18*a*.
207) T. H. Shen (*1*), p. 181.
208) 胡錫文 (*2*), p. 134 に引用．
209)『蠻書』．胡錫文 (*2*), p. 61 に引用．

‘地方の小麦粉で作った麺は粥のようになり，味がない．大麦はふつうツァンパ（「麨」）にするが，その他の用途はない’．食欲はそそらないが，雲南の麺は少なくとも食べることができた．17世紀末の『廣東新語』は次のように言う．[210]
‘嶺南は暑く，それゆえ麦の栽培は少なく，大麦より小麦を植える……その小麦粉はしばしば毒がある’．小麦粉は熱帯ではしばしば腐ったような悪臭がし，カビが生える．16世紀の著述家王濟（Wang Chi）は，稲を植えられない未耕地に小麦を植えるよう橫州（現在の広西）の農民を説得したことを述べている．彼は何とか説得に成功して，小麦を試しに植えることとなったが，農民は穀物が乾く前にしまいこみ，すぐにカビが生えて味がなくなり，それを食ったものは病気にかかった．それ以来小麦を植えようとしなくなったのは無理もない．農民は土が合っていないと感じたのだ．小麦栽培と貯蔵に関する正しい方法の輪読学習会を村むらで繰り返し，熱心な啓蒙活動を行ってやっと小麦栽培に挑戦しようという農家が再び現れたが，数戸に過ぎなかった．[211] シェン（T. H. Shen）の指摘では，20世紀でも，中国の伝統的石臼で挽いた小麦粉は水分含量が高く，貯蔵性が悪いという．[212]

かくて，麦の南方諸省への普及は遅々たるものだったが，その気候に根本的に適さないうえに稲の二期作が可能なので，これは不思議ではなかった．[213] 華北では小麦，大麦栽培の利点はもっと明瞭だった．それでも6世紀の『齊民要術』がその栽培を述べる順番は，ミレット，豆類，麻の後（とはいえ稲とゴマの前）の第10章に置いている．小麦と大麦が実際に経済的に重要となったのは唐代だ．[214]

華北でも小麦と大麦はある種の不利な点があった．麦は比較的収量が低く，そのうえ耕作には注意が欠かせず手間がかかり，生育中も貯蔵後も虫害と病害を受け易かった．また実がはじけ易かったので，収穫作業は急いで済ます必要があった．しかし少なくとも華北では，麦のための地拵えは一直線の簡明さがあった．畑に犂をかけて畝（「壟」lung）を立て，麦を畝に沿ってばら撒くか，もっ

---

210) 『廣東新語』ch. 14, p. 377〔卷十四食語，麥〕．
211) 『君子堂日詢手鏡』．胡錫文 (2), p. 122 に引用．
212) T. H. Shen (1), p. 194.
213) Ho Ping-Ti (4), p. 179 は，小麦が今日非常に重要な湖北省などでもその普及が非常に遅れ，18世紀でもまだ旱地の作物であったことを指摘する．人口圧の増大と抵抗性の品種が発展して，やっと風向きが変わった．
214) R. H. Myers (1), p. 178.

図229 春小麦を播種ドリルで蒔く．華北．『授時通考』34/13b．

と普通にはドリル〔耬〕で蒔いた(図229).[215] 作物には全生育期間中，中耕と土寄せを行って水分を補給し，穀粒の質を高めた.『齊民要術』に言う：'よく中耕した小麦は収量が二倍になる．籾殻は薄く，挽くと大量の粉が得られる'.[216] '諺に言う，"金持ちになろうとするなら，大麦を金に埋めよ."つまり，秋の中耕時，大麦の根を土でよく覆うことを言う'.[217]

麦を水稲と輪作する南方では圃場の地拵えは厄介だ．大麦そして特に小麦は土が十分排水されていないと生育がよくない．王禎は水田を小麦向きに地拵えする方法を述べ(本書p. 126)，後の著者たちは高い畝(「塎」lun)の必要性をたくみに説いた．「塎」(lun)は亀甲のようにやや丸く，深い排水路(「溝」kou)で囲み，水溜まりや滞水しない工夫を施した．[218] これは今日も小麦栽培成功の秘訣である．ただし現在のものは面積を最大化するため，畝幅は 4 ないし 8 フィートだ．[219] 畝間の排水路は生育期間中きれいに保たねばならなかった．『農政全書』に言う．[220]

> 冬月の間，溝はきれいにし，修理して深くまっすぐにし，春雨が容易に流れ，麦の根を浸すことのないようにする．溝の修理には，一人が鋤で溝の土を柔らかくし，続くもう一人がシャベルで土を畝に掘り上げる．溝の土は肥えているので麦の根に大変よい．

> 「冬月，宜清理麥溝，令深直瀉水，卽春雨易泄，不浸麥根．理溝時，一人先運鋤將溝中土耙墾鬆細，一人隨後持鍬．鍬土，勻布畦上．溝泥旣肥，麥根益深矣．」

南方ではふつう種子は単に散播した(図94)が，[221] 明代，清代になると稲作の技術を時に麦にも応用した．つまり種子を水に漬けて発芽させ，苗床に蒔いてそののち畝に移植した．'各株は 15 から 16 本の苗を植えよ'と『沈氏農書』は言う．[222] 移植は明らかに収量を増加させ，この慣行は後に北方の諸省にも伝わっ

---

215)『齊民要術』10.2.2,『天工開物』1/14b〔「卷上乃粒第一，麥」〕.
216)『齊民要術』10.4.3.
217)『氾勝之書』.『齊民要術』10.11.4 に引用.
218)『農政全書』26/13a,『沈氏農書』1/8,『補農書』2/31.
219) 胡錫文 (2), p. 3.
220)『農政全書』26/13a.
221)『天工開物』1/17a.〔「卷上乃粒第一，麥工」〕.
222)『沈氏農書』1/9.

た．その記述が陝西の農業慣行を述べた『知本提綱』にあり，移植によって収量が倍増したと主張している．[223] 小麦の移植は今日も中国の地方によっては標準慣行だが，手間がかかりすぎると止めたところもある．[224]

小麦も大麦も土の養分を多量に必要とする作物だ．'畑が肥えていないのなら，大麦を植えないほうがよい'と，『齊民要術』は言う．[225] そこで麦は頻繁に豆類など肥料作物と輪作し，生育前と生育中，肥料をたっぷり施した．排水した水田で麦を栽培する場合，溝からさらえた泥は有効な肥料源となった．17世紀，張履祥（Chang Lü-Hsing）は麦の根系の発達と施肥上の注意について所見を述べている．[226]

> 麦の根はまっすぐ下に伸びるが深くはなく，したがって株張り期の初期だけは肥料[227]を根の周りに置くと効果がある．溝の泥も掘って同様に初期に施す．初冬に溝を掘るのは金，真冬に掘るのは銀，初春に掘るのは単に水路を作るのみと言う．……紹興を訪れたとき，誰もが油粕（tshai ping「菜餅」）を，1ムー当たり10カティー，[*1] 畝に施すのに気づいた．小麦が土から顔を出すころ，一株に一摑みずつ置く．その後雨があるたびに小麦は少しずつ伸びる．私の地方では，豆粕を尿と混ぜたもの[*2]を土寄せのときに施すが，これはもっと効果的だ．種子1パイント[*3]に豆粕2パイントの率で，種子と同じように摑んで施す．だが，播種前に種子を発芽させるほうが望ましい．もし乾いた種子を蒔くと豆粕が忽ち腐り，小麦の種子も腐ってしまうからだ．

>「麥根直下而淺．灰糞倶要著根而早壅，方有益．壅泥亦然．墾溝揪泥亦宜早．俗謂，冬至墾，爲金溝，大寒前墾，爲銀溝，立春後墾，爲水溝．……余至紹興，見彼中倶壅菜餅，每畝用餅末十觔．俟麥出齊，每科撮小許，遇雨一次，長一次．吾郷有壅豆餅屑者，更有力．每麥子一升，入餅屑二升．法與麥子同撮．但麥子須浸芽出者爲妙．若乾麥，則豆速腐，而并腐麥子．」

---

223)『知本提綱』p. 22.
224) この方法は文化大革命の時代以来，多くの著作が勧めてきた．例えば萊陽農業学校（1），pp. 168-181, 北京農業大学（1），pp. 287-291. 今はその熱意が薄れていて，1980年，私が陝西武功の西北農業大学を訪れた時，実験圃場に移植小麦は見当たらなかった．
225)『齊民要術』10.3.1.
226)『補農書』2/31.
227) 張はカリ肥料と堆肥の混合を勧める．
*1 1カティーは1斤で600グラム．
*2 下記の原文中に尿の字は見えない．
*3 清代の1升は約1リットルなので2パイント相当．

他方『天工開物』は，小麦畑は播種前に施肥せねばならぬ，後ではできないと言う．[228) またこうも言う．[229) '小麦の受ける災害は稲の3分の1に過ぎない．種子を蒔いた後は雪が降ろうが，乾燥しようが雨が降りすぎようが関係ない'．たぶん宋應星は小麦栽培をまったく知らず，除草，水やり，作物と収穫物の病虫害防止など必要な気遣いをまったく知らない．中国の文献が小麦，大麦の特定の病気を述べることは稀だが，これはたぶん化学殺菌剤や殺虫剤が出現する前，農民ができる防止策はほとんどなかったからだ．言及されている病気「麥奴」(*mai nu*) つまり'麦の奴隷'，「薄茹」(*po ju*) つまり'薄いカビ'，「黄疸瘟」(*huang tan wen*) つまり'流行性黄斑'は，それぞれ黒穂病 *Ustilago carbo*)，胴枯れ病 (*Gibberella* あるいは *Fusarium spp.*)，そして黄錆び病 (*Puccinia striformis*) と同定できる．どれも一般的で世界中で今日も小麦，大麦に壊滅的打撃を与える病気だ．[230) 中国の小麦大麦は土着の野生種がないため，栽培種が戻し交雑で耐性を獲得することができず，二重に病気に罹り易かった．[231) しかし虫害はある程度制御可能で，情況は異なった．『論衡』に言う．[232)

虫は温暖で湿った環境でのみ出現する……どうして判るか？　コクゾウムシ（「蠱蟲」*ku chhung*）から判る．穀物を乾燥［して貯蔵］すると，コクゾウムシは出ないが，もし湿っているとカビが生え，コクゾウムシの出現を止める手立てはない．冬小麦（「宿麥」*su mai*）を貯蔵する際，暑い日によく乾かして乾いた箱に貯蔵するとコクゾウムシは一匹も出ない．しかし陽によく干さないと，コクゾウムシが食い尽くす．コクゾウムシは小麦に雲のように湧く……コクゾウムシを観察すると，虫が暖かく湿った環境で湧くことは明瞭だ．

「蟲時生者，温濕甚也．……何知蟲以温濕生也？　以蠱蟲知之．穀乾燥者蟲不生．温濕饐餲，蟲生不禁．藏宿麥之種，烈日乾暴，投於乾器，則蟲不生．如不乾暴，閘喋之種，生如雲煙．……准況眾蟲，温濕所生明矣．」

小麦と大麦はすべての穀物の中で保存が最も難しく，その点で悪名高いもの

---

228)『天工開物』1/15*a*「「巻上乃粒第一，麥」」．
229)『天工開物』1/17*b*〔「巻上乃粒第一，麥害」〕．
230) 胡錫文 (*2*), p. 6，また，浙江農業大学 (*2*), Gair, Jenkins & Lester (1), Leonard & Martin (1) も見よ．
231) この問題については，Feldman & Sears (1) を見よ．
232)『論衡』「商蟲」16/4*b*．

だった．貯蔵中の虫害対策には「蒼耳」(tshang erh) (Xanthium strumarium)〔キク科のオナモミ〕，麻の葉の粉，石灰ともぐさなどがあり，それらを貯蔵穀物に振り撒いた．[233] もぐさやその他の香草あるいは化学薬剤が小麦の香りを損なう懸念もあるが，ほかに保存の妙案もなく，中国の添加物は実際それほど気にならない．もっとひどいものは 14 世紀末のイェーメン人作家アル・マリク (al-Malik al-Afdal al-'Abbās bin Ali) が述べた方法だ．[234] '小麦その他の穀物を壺に入れてハイエナの皮で覆い，皮の匂いが穀物にしみ込むようにすると，虫が付かずに保存できる'．――この小麦で作ったパンはたえなる香りがするにちがいない．中国で小麦保存がうまくいったのは，例外的な条件，例えば陝西のレス台地などに限られた．『雞肋編』に言う．[235]

> 陝西の土地は高く冷涼で，堆積層理は水平である．官営穀倉で保存剤を使ったことはかつてない．小麦はふつう長期の保存がきわめて難しいが，ここでは 12 年〔原文は 20 年〕間貯蔵しても，一粒たりとも虫に害されることがない．農夫は畑の中に，井戸のように単に穴を掘るだけである．

> 「陝西地既高寒，又土紋皆豎．官倉積穀，皆不以物藉．雖小麥最爲難久，至二十年，無一粒蛀者．民家只就田中作窖，開地如井．」

生育中の作物も虫害を受けやすい．[236] 特にコメツキムシの幼虫や線虫などの地虫が根に害を加える．中国人農民がよく行った対策は，種子穀を蚕の糞，綿実油あるいは砒素で処理する方法だった．[237]

中国人が麦栽培に払った努力は報われただろうか？　西洋では小麦と大麦は農牧営農体系に組み込まれ，多数の家畜を飼養し，同時にその糞を畑の肥培に用いた．それでも改良輪作体系の導入前，その収量は非常に低いものだった．[238] 中国での収量について 20 世紀以前の数字はほとんどなく，手許にある

---

233) 胡錫文 (2), p. 7 が多数の古典原文を引用する．
234) 訳 R. B. Serjeant (1), p. 40．その作品 *Bughyat al-Fallāḥīn* は 1370 年頃に完成した．
235)『雞肋編』．胡錫文 (2), p. 74 に引用．
236) Gair, Jenkins & Lester (1), pp. 29-32 は英国の生育中の小麦を襲う 40 種ほどの害虫を数え上げている．
237) 胡錫文 (2), p. 7.
238) 例えば，Duby (1), Oschinsky (1) を見よ．収穫の 30 ～ 50 パーセントを種用に保管する例が多い．

ものは信頼できる類ではない．パーキンス (Perkins)[239] は明代，清代の陝西の小麦収量を半ダースほど上げるが，それは借地料が常に収穫の半分だったという論争の余地の大いにある推定に基づいている．例えば彼が挙げる1600年から1900年までの期間の収量はすべて500キログラム毎ヘクタール以下で，同じ期間の同じ地域の米収量よりはるかに低く，ミレットよりも低い．しかしもしパーキンスの数字が正確だとしても，陝西は中国全省の中で最も低く，他の例えば山東や河北の収量ははるかに高かったと見るのが妥当だろう．バックの挙げる20世紀初頭の小麦収量[240] は250から3500キログラム毎ヘクタールの間にあり，平均400キログラム毎ヘクタールだ．また，マイヤース (Myers)[241] は1917〜57年の期間，650から1100キログラム毎ヘクタールの範囲という数字を挙げ，1930年代に中国の達成していた小麦収量は世界の標準からすると，前近代的技術に頼りながら相当高かったと評価している．事実，1934〜36年の中国は平均収量1090キログラム毎ヘクタールを挙げ，小麦収量世界第4位に位置した．

　中国と西洋どちらもデータが不足しているので，役に立つ比較は難しいが，収量と種子量の比，つまり収穫粒数と播種粒数の比は比べられる．近代以前のヨーロッパだとその比は一般に3対1あるいは4対1ほどだが，[242] 宋代の著者が小麦生産を増大するよう促した文では，収量は10倍という数字を挙げている．[243] これは明らかに計画を念頭においた数字だが，いずれにしても小麦と大麦は穀粒が大きく穂が小さいので倍率は米より小さくなる．米では50対1ないし100対1の比が十分期待できた．よい年のミレット収量は一般にもっと高かったが，収穫の信頼性は小麦と大麦のほうが高い．というのはこれらは春蒔き作物と違って，生育初期の早魃や洪水に見舞われることがなかったからだ．

　最近，中国は小麦の育種に努力を傾けている．メキシコ品種と中国の系統の交配種や，春蒔き小麦と冬蒔き小麦の交配種が普及している．狙いは日長に比較的鈍感な高収量交雑種を育成することだ．[244] 収量は今や高い．例えば，陝西

---

239) D. H. Perkins (1), p. 330, Table G 13.
240) J. L. Buck (2), p. 233 以下.
241) R. H. Myers (2), Table 1.
242) Slicher van Bath (1), Table II, p. 328 以下.
243) 『救荒活民書』．胡錫文 (2), pp. 81–82 に引用.
244) Harlan (4).

武功の西北農学院の試験場で1980年に聞いたところ,新品種の一種「矮豊」(Aifeng)-3の収量は4500キログラム毎ヘクタールという.[245] 小麦が中国経済の中で地歩を占めるまで多くの世紀を要したが,今やこれは華北の最重要作物であることに疑問の余地はない.

4 稲

稲は世界で小麦に次ぐ最重要な食料作物だ.それはアフリカ,アジアの多くの国と極東ではほぼ全域の主食であり,中国経済の中で少なくとも唐代以来決定的な役割を担ってきた.[246] 米の栄養価は種類,環境そして調理の方法によって相当変化するが,一般的に言って,その胚乳の消化率は高く,栄養に富む.玄米は小麦その他の穀物と比べて蛋白,脂質,ヴィタミン,ミネラル含量が相当高いが,西洋では玄米を健康食品店以外ほとんど売っていない.それは調理にひまがかかり,咀嚼に難があるので,米食の人々も脱穀(殻を取る)だけでなく,磨って精白した米(色の付いた果皮を糠として取り去ったもの)を好む.この操作で穀粒は白く輝くが,精白すると米の栄養価は大きく下がる.例えば単に脱穀しただけの米は10パーセントの蛋白を含むが,精白度の高い米は蛋白含量が7パーセントに下がる.[247] 洗米と炊飯で栄養分はさらに減り,他の栄養源で蛋白質とヴィタミンを補わない米食民には,脚気のような栄養不足症も珍しくない.[248] ヨーロッパ人が白パンを褐色パンより贅沢品として好むのと同じよ

---

245) 1974年にフランスが得た世界最高の平均収量は4500キログラム毎ヘクタール強だった.Myers (2), Table 3. 野生種の遺伝物質を組み込んでもっと生産が高く,抵抗力も強い小麦品種を開発できる可能性については,Feldman & Sears (1) を見よ.
246) 米の栽培と消費は最近の西洋で増加傾向にあり,またアフリカでも同じで,そこでは湿地に稲作を普及する努力がガンビア,セネガル,リベリアなどの諸国で強力に進んでいる(K. Hart (1), Buddenhagen & Persley(1)).この過程では伝統的な根菜や早地穀物を稲で置き換えるだけでなく,伝統的にアフリカ稲の栽培地域でアジア稲が取って代わり,アジアの方法で栽培する(西アフリカの巨額の稲作計画は中国人スタッフが運営する.もっとも,本土からか台湾からかはその国の政治的状況による).面白いことに,米消費はアジア外で伸びているのだが,多数のアジア諸国ではパンや麺などの小麦製品が高階層の食品と考えられ,富裕階層では主食の米を置き換えつつある.最も顕著な例は日本で,国は大きなコストを払って稲作農民に補助金を出して誰も欲しくない米を生産させ,他方で大量の小麦を輸入している.
247) これらの数字は Grist (1), p. 451 から取ったもの.R. O. Whyte (1), p. 38 はもっと低い数字を挙げる.
248) Grist (1), ch. 19, R. O. Whyte (1), (2).

うに，多くのアジア人もできるだけ精白した米を好む．栄養不足の問題は効率的な機械精米が普及して悪化した．その理由は今やほとんどの米は，村でも精白度がきわめて高いことにある．伝統的生活だとアジアの貧困層は自分の臼で精米したり精白度の低い安い米を買ったので，本意ならずも栄養不足に対抗措置を講じていたのだ．彼らはまた米飯に大豆製品や魚醬，野菜を副えたので，全体としてヨーロッパの農村や都市のプロレタリアートよりもずっと健康な食事をとっていた．[249] したがって米の栄養価の分析値は多くの点で小麦や他の穀物より低くとも，実際にはアジアの米飯を基礎とする食事は栄養的に十分以上だった．

　稲は人間が手に入れた作物の中で，最も多様かつ適応力の高いものだろう．乾いた山地斜面でよく茂る栽培品種があり，一方には水位の上昇に合わせて1日に10センチメートルも伸び，5, 6メートルの洪水に耐える品種がある．[250] 実るまでに7ヶ月かかるものがあり，他方には2ヶ月で実るものがある．日長に対して感光性の品種があり，感温性のものがあり，あるものは著しく耐塩性で海岸の塩性湿地に育つ．香り米があり，'モチ'米があり，色も赤や白があり，伝統的な稲作地域はどこでも，数百とは言わずとも数十種の栽培品種を持っている．稲の変異はきわめて大きく，1914年にヴァレンシアで開かれた稲会議が'栽培稲の植物学的分類を樹立すること'を強く促して以来，分類体系について多くの試みがあるが，国際的に認められた分類はいまだにない．[251] しかし広義の区分はあり，それを糸口に極東での稲の伝播と栽培の起源をまず論じよう．

　栽培稲には二つの種がある．アフリカの稲 *Oryza glaberrima* とアジアの稲 *Oryza sativa* だ．両方ともゴンドワナランドに生息した共通の祖先種から由来したという見方が一般的だ．[252] ここでは，アジア稲 *O. sativa* のみを考える．というのはアフリカ稲はアフリカ大陸の外では栽培せず，アジア稲の発展に何ら影響を及ぼさなかったからだ（図231）．アジアの栽培稲はふつうインディカとジャポニカ二つの亜種を区別する．どちらもモチ種とウルチ種があるが，'モチ

---

249) R. Fortune (4), p. 42.
250) Grist (1), p. 141.
251) Grist (1), p. 101 以下に，形態その他の分類基準に基づいたもっと有用な分類がいくつか述べられている．
252) T. T. Chang (2).

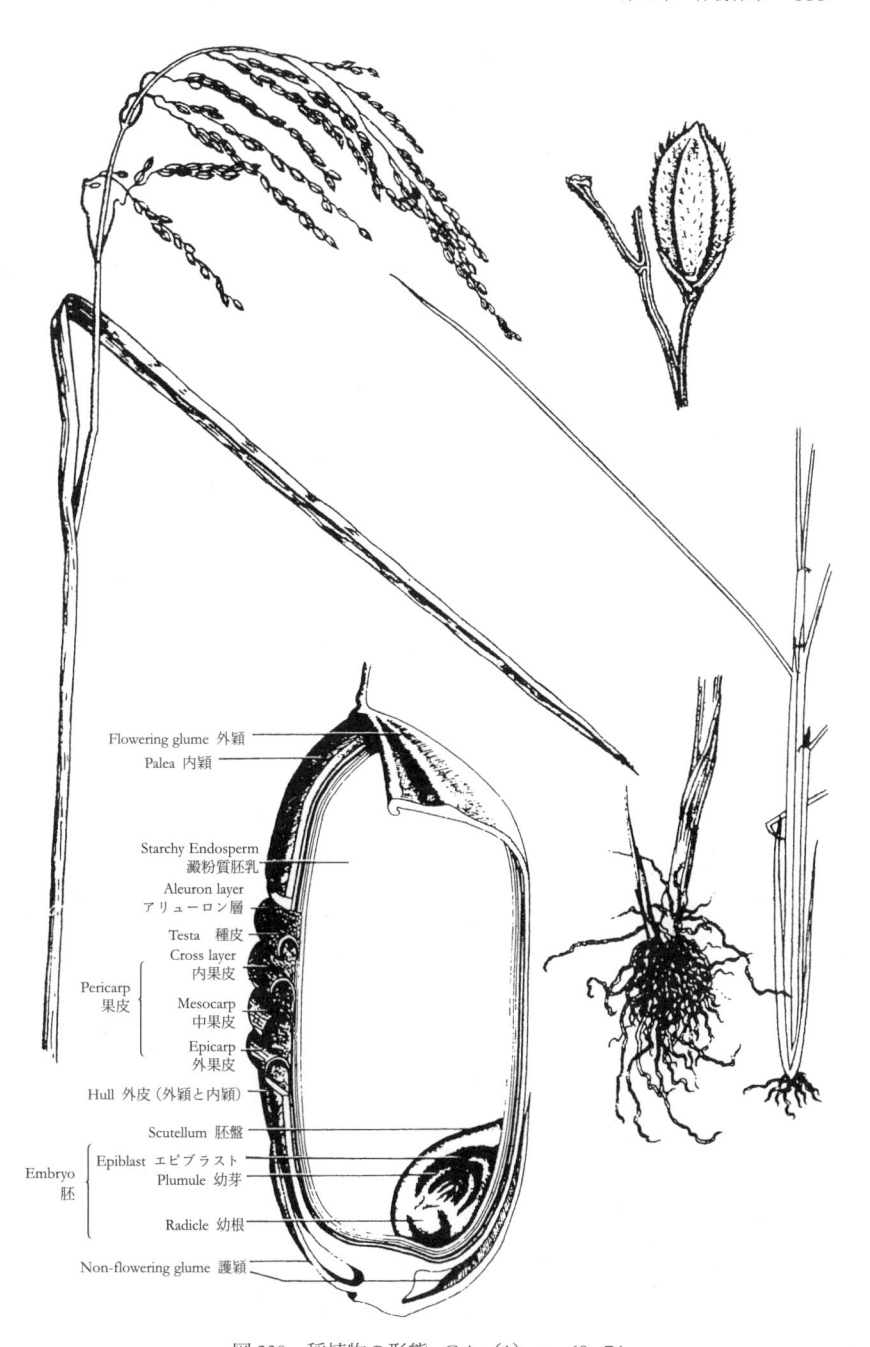

図 230　稲植物の形態. Grist (1), pp. 69, 74.

種'にもグルテンはなく，炊いた飯のねばさは胚乳中の澱粉以外にデキストリンと少量のマルトースに由来すると考えられている．[253] 'モチ性'が一つの劣性遺伝子に支配されることは，他の穀物の場合と同じで（本書 p. 511 を見よ），また人為選抜の結果である．モチ米は儀礼食に重用し，また米の'酒'やアルコール飲料作りの主要な材料となる．例えばモチ米で作った餅はアジア全域で結婚式や祭礼の際に配る．[254] 普通のアジア人はモチ米を儀礼用にとっておくが，山地民の多くはこれを主食にし，ウルチ米よりもっと栄養があると思っている（心の動きをのろくする作用はあるにしても）．[255]

インディカとジャポニカの最も重要な違いをグリスト（Grist）は次のように明瞭に述べる．[256]

> ジャポニカ品種は多くは北で（また南で）栽培する稲に典型的で，長い日長条件でよく育つ．日長の短い熱帯地域で育てると，短い日長に反応して生育期間が大幅に短縮され，早熟のあまり役に立たなくなる．冷水耐性のジャポニカ品種群は，土や水の温度が低い条件でインディカ品種群より早く育ち，充実する．この二つの亜種を区分する別の理由は，ジャポニカ×インディカ交雑種の子孫が部分的に不稔化することだ．二つの亜種は染色体の数が同じで形状の違いもないが，二つの遺伝子の間には何らかの非受容性が明らかにある．またこれらの亜種には，必ずではないがしばしば見られる性格の違いがある．例えばジャポニカの穀粒は普通のインディカより短く，幅が広いし，またジャポニカはふつう葉が幅広く，穎に微毛があり，胚乳が半透明だ．しかしこれらの違いは決して常にあるわけではなく，個々に取り上げても互いを区分することはできない．もう一つの重要な違いは飯の性格にある．ジャポニカはある時間炊くと急速に柔らかくなり，わずかに炊きすぎただけでも'かゆ状'になる傾向があるが，インディカはこれに対してある程度炊きすぎても崩れず，飯粒が分離してねばらない．米を常食とする人々は米の特定の形質への嗜好性が強く，各地方で受容する米の種類が決まってくる．これらの違いは'モチ種'，'ウルチ種'の違いとは別で，モチ，ウルチはジャポニカにもインディカにもあるが，上記の違いはウルチ型の中での違いだ．

---

253) Adair *et al.* (1), Grist (1), p. 100.
254) 中国の最も有名な例は「粽子」(*tsung tzu*)で，蒸したもち米の団子を幅広の竹の葉に包んだ餅で，爬龍船の祭日に交換し合う．マレーの結婚式では花嫁に赤，黄，紫に色づけ，卵と花で飾った大きな餅を進呈し，多産を祈る．
255) Moerman (1) の記述では，北タイの少数民族はこの食事の違いから，国が違っていても民族的一体感を掴むので，周りはその習慣を羨むという．ウルチ米を食うのは特徴を失った南部人，軍人，官吏だけで，農民は販売用に高収量のウルチ米を作るが，自分の飯米は低収量のモチ米を必ず栽培する．
256) Grist (1), p. 94. 丁穎 (*1*), p. 185 も同様の区別を行う．

不幸にも問題はグリストが述べる以上に複雑だ．というのはジャポニカ，インディカの中間型があり，さらにジャポニカ，インディカという言葉自体を認めない専門家もいるからだ．何が問題なのかを理解するには，アジアでの稲の栽培化に関する様々な理論を整理する必要があるだろう．

(i) アジアの栽培稲起源

ドゥ・カンドルは，伝説的な皇帝神農が育てた穀物の一つは稲だったという伝説を文字通りに受け取って，稲は中国で紀元前2800年までに栽培化され，インドでの栽培よりずっと早いと結論した．[257] しかしこの伝説に証拠としての信頼性がないことは疑うべくもない．ドゥ・カンドルの仮説を最近まで支持した考古学的証拠は，1920年代初期に二人のスウェーデン人植物学者が行ったもので，河南仰韶の新石器遺跡から出土した壺にある圧痕の同定だった．その圧痕は栽培稲によるものだと彼らは信じた．[258] しかし最近まで，仰韶文化が栄えた年代は比較的遅く紀元前約2000年とされ，またいずれにしても圧痕の同定には疑いが投げかけられた．その後の植物学的研究は，野生 $Oryza$ 種の主な分布地域が東部ヒマラヤと大陸部東南アジアにあるとした（図231）が，他方，栽培稲の考古遺物がハラッパやインド文明の他の遺跡で発見され，それらは中国の稲の遺物より古いと推定された．[259] その結果，ヴァヴィロフは次のように結論した．[260]

> インドは疑いもなく稲の生地である……熱帯インドの植物種数は中国に次ぐにしても，その稲は中国にもたらされ，そこで過去数千年間主食作物となり，その故に熱帯インドの世界農業における重要性をいや増した．インドが稲の故郷であることは，普通稲同様に多数の野生稲が雑草として自生し，野生種に特有の性格，つまり実った穀粒をばら撒いて自生を確実にする性格を持つことで証明される．ここにはまた野生稲と栽培稲を結ぶ中間型がある．インドの品種群の多様性は世界最高で，大粒の原始的品種がとりわけ典型的に見られる．インドが中国やアジアの他の二次的栽培地域と異なるのは，稲品種の主要遺伝子の多さである．

---

[257] De Candolle (1), p. 385.
[258] Andersson (1), p. 366.
[259] Vishnu-Mittre (2)，特に p. 572. これらは後に小麦を誤って同定したことが明らかになった．
　　 Charles A. Reed (4), p. 918.
[260] Vavilov (2), p. 29.

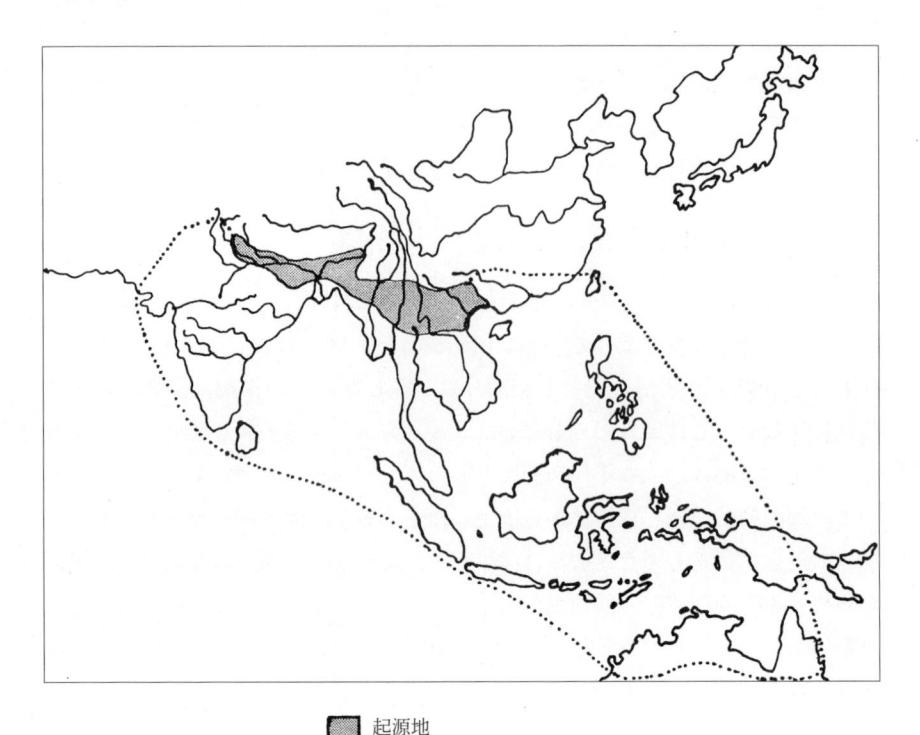

■ 起源地
⋯ 野生類縁種の分布範囲

図231　野生アジア稲の分布図．T. T. Chang (2)．

　栽培稲がインドに起源したというヴァヴィロフ説は，最近までほとんどの植物学者が同意していた．そして1920年代末に日本人の研究者グループがアジア稲をその地理的分布，形態，雑種稔性に基づいて二つの亜種に区分したとき，日本に最も一般的な亜種を'ジャポニカ'とし，より広域に分布する他の亜種を想定起源地にちなんで'インディカ'と名づけた[261]のはごく自然だった．しかしいくつかの変種，特にインドネシアの変種はどちらの分類にも合わず，1958年に第三の亜群，*O. sativa* の亜種ジャヴァニカが提案され，インドネシアのブル (*bulu*) 稲とグンディル (*gundil*) 稲を指すことになった．[262]

　二つの主要亜種を分ける基準は上に引用した通りで，一般に受け入れられて

---
[261] 加藤茂苞ほか (*1*)．

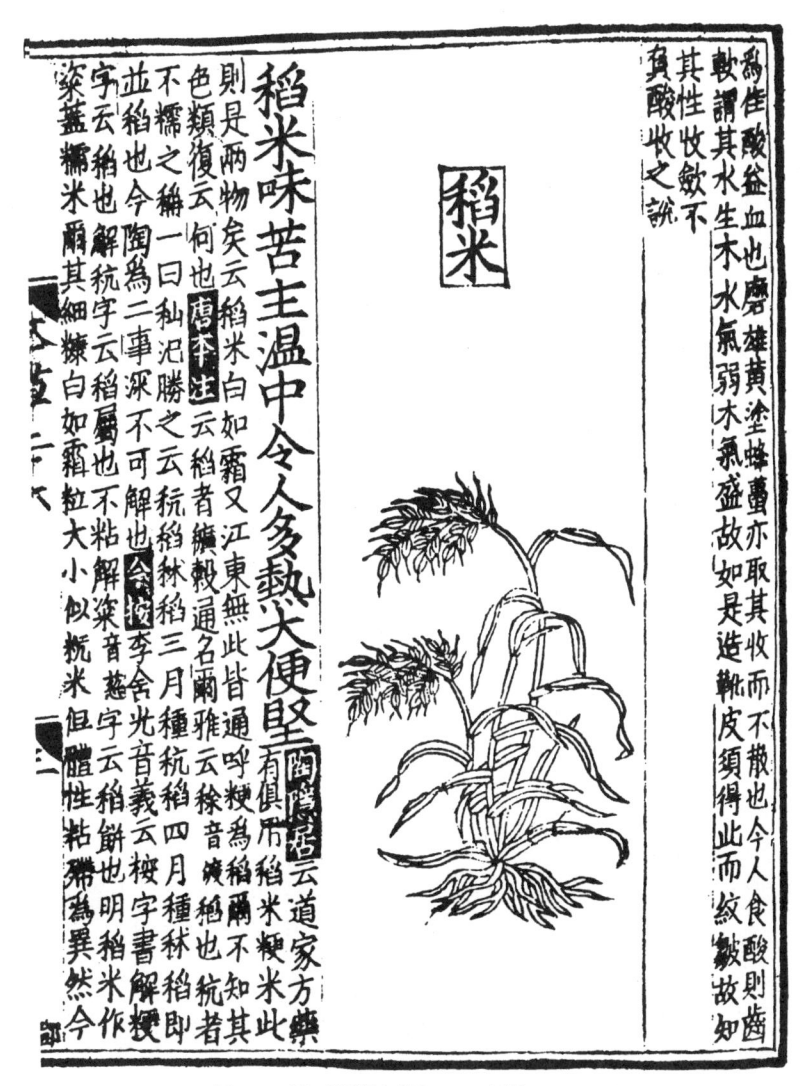

図 232　稲.『證類本草』, 1249 年版, 26/3a.

いるが，中国の植物学者はインディカ，ジャポニカの命名にいい気持ちはしなかった．この命名では稲栽培化の起源も亜種分化の過程もあいまいになると彼

---

262) Grist (1), p. 93.

らは思っている.²⁶³⁾ 彼らの指摘は, 加藤茂苞の分析の基礎になった材料が実際は主に中国で採集した稲品種群であり, 中国には主要な二つの亜種が（'ジャヴァニカ'に類似する中間型も）ともに存在するということだ. 中国語は二つの亜種を語義的に区別してきた.「粳」「粳」あるいは「秔」(keng)²⁶⁴⁾ は'ジャポニカ'稲に相当し,「籼」あるいは「籼」(hsien) は'インディカ'稲に相当する. さらに1950年代, 1960年代の発掘で, 揚子江流域の栽培稲が以前の想定よりはるかに古いことが明らかとなり,²⁶⁵⁾ しかも稲作が中国から日本へもたらされたのは紀元前4世紀を遡らないのに対し, 中国南部では野生稲が多数発見同定され, そのいくつかは栽培稲の祖先となった可能性がある. 中国で発見された野生稲は三種, *O. rufipogon*, *O. officinalis*, *O. meyeriana* で, それらは海南島から台湾と, 広西北部から雲南のメコン河上流部の景洪にいたる地帯にある.²⁶⁶⁾ 栽培稲の正確な系統について, それが多年生の品種 *O. rufipogon* から直接に進化したのか, *O. spontanae* のような野生一年生の中間品種を経て進化したのか, 植物学者の間にいまだ意見の一致はない.²⁶⁷⁾ しかし稲が南部中国あるいは西南中国に土着する野生種から栽培化された可能性を, アプリオリに否定する根拠はない. 1961年に中国の稲に関する偉大な専門家丁穎(Ting Ying) は, 中国に野生稲が広範に分布すること, また栽培化された稲品種群の形質が広範であることを考えると, 稲が中国南部で栽培化されたと考えるのが妥当だと述べた. そして二つの亜種の名称は, インディカを「籼」(hsien), ジャポニカを「粳」(keng) と変更すべきだと示唆した. ただし彼は他の栽培化化センターの存在を否定していない.²⁶⁸⁾

中国初期の栽培稲が1960年代, 1970年代に相継いで出土し, その多くの炭素年代がインドの遺物より古いことが判るにつれ, 中国と日本の学者, それに事実上ほとんどの中国学学者は中国の稲が中国で栽培化されたことを当然とみなすようになった. こうして次に重要となった問題は, 稲が栽培化された一つあるいはそれ以上の地域を特定すること, 栽培化した人々を特定すること, そし

---

263) 梁光商ほか (1).
264) 時に ching と発音する.
265) Ho Ping-Ti (5), p. 61 以下, 何炳棣 (1), pp. 140–145.
266) 游修齡 (1).
267) T. T. Chang (2), H. Oka (1) を見よ. Chang や多数のインド人研究者は, *O. spontanae* を多年生種と栽培化された種間の交雑品種と考える. 中国の野生稲について, 最新の包括的な記事は華南農學院農學系 (1) を見よ.
268) 丁穎 (1), p. 13.

て亜種「粳」と「秈」の分化過程を明らかにすることだった.

初期稲の遺物は揚子江地域とそれ以南で多数出土した．いくつか主要な遺跡を挙げると，上海に近い崧澤(すうたく)文化の青蓮崗遺跡(紀元前約 4000 年)では稲は「秈」亜種と同定され，太湖に近い浙江北部の錢山漾 (Chhien-shan-yang) の良渚 (Liang-chu) 遺跡(紀元前約 3300 年)では，「粳」と「秈」の両方が同定された．その他，揚子江下流部の多くの遺跡，また湖北のいくつかの屈家嶺 (Chhu-chia-ling) 期遺跡で稲遺物が出土した.[269] これらの遺跡は早い時期ではあるが，すべて後の'龍山期'文化に入るものとして，多くの考古学者は次のように考えた．最初期の中国農民は黄河地域の仰韶文化のミレット栽培者であり，中国稲を栽培化したのはこうした北からの移民で，彼らが人口圧を受けて急速に拡大した時期に，南方地域へ優れた文化をもたらした．そして穀物食に慣れているが，亜熱帯地方でミレット栽培が叶わず，彼らは稲を完全な野生種からか，あるいは未開な南方人のタロ畑に雑草として生えていた品種群から栽培化した.[270] かくて稲の栽培は長期間主に揚子江地域に限定され，広東，広西，安南の嶺南地域には秦代，漢代に中国人移民が導入するまで及ばなかった.[271]

この気難しい仮説に重大な一撃を加えたのは，1976 年に寧波近くの河姆渡遺跡で出土したおびただしい栽培稲遺物の発見だった．河姆渡遺跡は新石器時代の稲作民が数千年紀にわたって居住し，最も多くの稲遺物は紀元前約 5000 年の年代を示す最初期の文化層から出土し，それは黄河地域の最初の農耕集落と同じ古さだった.[272] 河姆渡の村は沼沢地の縁に建てられた杭上高床家屋の集落で，最古の文化層すら相当な技術的洗練を示し，作りのよいきれいな装飾土器や複雑な木工作業があり，大量の稲だけから成る遺物は住民が旧農民ではなく，食料供給を栽培稲に大きく依存していたことを示す．水稲栽培に大きく依存した進んだ新石器文化の発見，しかもそれが紀元前 5000 年までに中国東南沿岸に確立していたことは，おのずからその起源の探究へ我々を向かわせる．河姆渡文化は同時代の黄河流域の文化と類似点がほとんどないからだ．このことをう

---

269) Ho Ping-Ti (5), pp. 61–63, 呉山菁 (1), 牟永抗・宋兆麟 (1).
270) 例えば，K. C. Chang (1), (6), また Ho Ping-Ti (5) を見よ．稲をタロ畑の雑草と見ることは本書 p. 50 を見よ．北方からの移民が栽培化したという仮説は，中国のミレット類が熱帯条件でよく生育する事実を便宜上無視している．本書 p. 485 を見よ．
271) 文献紹介は Bray (3) を見よ．
272) 河姆渡遺跡の報告は，著者不詳 (503), (504) にある．

まく説明する仮説は，今や洋の東西を問わず多数の考古学者が承認しているが，大陸部東南アジアが初期東アジア文化の発展に決定的な役割を果たしたというものだ．

図231に見るように，稲の栽培化の可能性が最も大きい地域は，上アッサム，タイ，ミャンマー，雲南を含み，北ベトナムと華南沿岸を含む広い地域だ．この地域はホアビニアン文化を画する境界の中にあり，この文化は磨製石器と縄蓆文土器を持ち，新石器時代以前あるいは原新石器時代文化で，多くの考古学者はこれを東アジアと東南アジアの共通の基層とし，その上に顕著に異なる新石器時代の諸文化が発達したと考えている（本書 p. 46 を見よ）．

東南アジア山麓部，とりわけ東北タイを含む地帯が，東アジアの最早期農業センターだという主張は 1960 年代に初めて提出された．それはスピリット・ケーヴ遺跡での植物遺物の目覚しい発見を受けたものだった．[273] 年代決定や同定に問題があるとして，多数の考古学者はその主張を証拠がないと初めは拒否したが，初期遺跡が近辺でさらに多数発見されるにつれ，この地域が以前の想定以上に早くから農業を開始し，そして植物栽培化の一つのセンターであった可能性を受け入れることとなった．東北タイの二つの遺跡，ノン・ノクターとバン・チェンはそれぞれ約紀元前 5000 年と 4500 年に遡り，'東北タイ高原に紀元前 4500 年より前に稲作が存在した可能性を強く示唆する'[274] と考えたゴーマン（Gorman）(1) は，稲の栽培化は自然の沼沢地域で紀元前約 7000 年に始まり，技術の増大とともに，農民はノン・ノクターやバン・チェンのような非沼沢地遺跡まで拡大が可能となったと示唆する．より後期のタイの遺跡の出土品は，人口圧増大と鉄器技術の発達によって稲作が紀元前 2 千〜1 千年紀に低地平野へ波及したことを証拠づける．

稲の栽培化が紀元前約 7000 年の東南アジアの山麓部にあるというゴーマンの枠組みは，タイとベトナムの証拠（発達した水稲農業は紅河デルタに遅くとも紀

---

273) 紀元前 7000 年に年代づけられた北タイのスピリット・ケーヴは *Piper*, *Areca*〔コショウ属，ビンロウ属〕，果実や豆など多種の植物遺体を出土した．スピリット・ケーヴのデータに基づいて，Solheim (1) は東南アジアでの植物栽培化が紀元前 1 万年の早期という説を出した．しかし，年代測定，植物遺体の同定，さらに栽培化の性格などすべてが論争の的となり，今は大多数の東南アジア考古学者，例えば，Gorman (1) は，スピリット・ケーヴの植物遺体を植物の手入れや初期栽培の証拠と見，新石器以前のホアビニアン期自給様式を特徴づけるものとする．

274) Gorman(1), p. 344. しかしこれらの年代には多くの問題がある．Charles A. Reed(4), pp. 911–917, Muhly (1), p. 134 を見よ．

元前3000年に到達していた)[275] と矛盾しないし，また河姆渡や揚子江下流の諸遺跡の水稲栽培が紀元前5千年紀までによく発達していたこととも合致する．栽培稲遺物はまた華南でも出土する．例えば広東の石峡 (Shih-hsia) 遺跡は紀元前2000年あるいは3000年に遡るだろう．[276] 興味を引くのは，雲南つまり山麓部の最早期稲遺物がわずか紀元前1300年に過ぎないことだ．もっとも，地元の考古学者はもっと古い農業遺跡がこの地域でまもなく発見されることに自信を示す．[277]

稲が東南アジアの広大な山麓地帯で栽培化されたことを支持する別の証拠は，言語学的な考察からも得られる．ミャオ，日本語，そして多数の東南アジア語の稲の名称は - *n* - あるいは - *ni*" - 音声を含む．古代の呉で稲を表す方言 (「暖」 *nuan* そして「稬」 *nuo*) にその例がある．[278] ベネディクト (Benedict) は中国語の中のオーストロ・タイ起源借用語を検討し，稲に関する多くの言葉を含むことに注目した．例えば，飯のほかにも，犂，杵と臼，種子，播種，箕等がある．[279] エーベルハルトは中国の地方文化を分析し，中国の水稲栽培を揚子江下流地方に原郷があったタイ Thai 族と結びつけた．[280] またベネディクトはオーストロ・タイ語族を南中国に起源すると示唆している．しかし中国の民俗学者は文献と考古学的証拠を例証に挙げて，タイ族は西洋の学者の考えとは異なり，揚子江地域から南と西へ移動したのではなく，雲南，北タイ，ミャンマーの辺境地域に起源したとする．[281] いずれにしても稲作は南方中国で (そしてたぶん東南アジアの他の山麓地帯で) 発達したか，西の山麓地帯からそこへもたらされたことは明瞭で，どちらにしても北の関与は含まれていないだろう．

考古学的証拠，生物学的，また言語学的証拠をもってしても，上述のように栽培化センターは東南アジア山麓地帯にあるという以上に正確な同定はできない．*O. sativa* の確実な系統が判らないために問題は複雑になる．著名な遺伝学

---

[275] J. Davidson (1).
[276] 楊式挺 (1)，蘇秉琦 (1)，広東博物館 (1).
[277] 昆明の少数民族研究所考古学部門の汪寧生の 1980 年の私信．
[278] 春秋時代の発音は，二つとも *i'nuán*; これは日本語の *ine*，安南語の *n'ép*，チャム語の *ñóp*，セダンの *ñ'ian*，バナールの *bānān* に関係が深い．安藤廣太郎 (1)，天野 (4), p. 93，佐々木 (1), p. 288 を見よ．
[279] Benedict (2), p. 316.
[280] Eberhard (2).
[281] 汪寧生の 1980 年の私信．

者 T. T. チャン（Chang Te-Tsu, 張慈徳）の, アジアとアフリカの栽培稲はゴンドワナランドの共通の祖先に由来するという見解に反対する人は少ないだろうが, その後の発展を見極めることが不可能なのである. チャンはこう述べている. '細胞遺伝学的証拠から, アジアの多年生野生稲, 一年生野生稲, 一年生栽培稲の品種が親密な近縁関係にあることは判っているが, どれか一対の近縁性と他の一対の近縁性についてその関係を決定できない［ママ］. 特定の交雑に関わった両親を明かし, 特定するには材料不足だからだ'.[282] 考古学的証拠も, 栽培化の歴史という点では状況証拠に過ぎず決定的ではない. ベネディクトと丁穎 (2) はアジア栽培稲の南方中国起源説を唱え, ソルハイムと東南アジア研究者は北タイ起源説を唱え, 柳子明(2)は雲南高原に起源して華南, 東南アジア, インドへ伝播したと信じ, 渡部忠世 (1)(1) は稲がアッサムに起源しそこから雲南と東の諸地点へ伝播したと考える. 昆明の国立少数民族研究所でこの問題を議論中に中国の民俗学者で自身も少数民族である人が言ったことだが, 論争は科学的正確さよりも国の誇りが懸かっているようだ.[283] そこでこれからはインディカ, ジャポニカと言わずに,「粳」,「籼」という中国的区分を使うことにするが, それはアジアの栽培稲が中国起源だと確信したからではない.

T. T. チャンの言う, 純粋な分類単位の同定と定義づけが不可能なことは,「粳」と「籼」の亜種分化を理解する上にも障害となる. この用語の分化は西暦100年の『説文解字』に最も早い記録があり, それは「粳」あるいは「秔」(*keng*) を稲の一種とし,「穬」(*hsien* あるいは *lien*) をねばくない稲として区別しており, 今日 *hsien* に当てる「籼」「籼」が初めて現れるのは3世紀の『広雅』である. しかし考古学的記録はこの分化がはるか昔に生じたことを示す. 中国の考古学者は穀粒の長さと幅の比を使って「粳」(円粒) と「籼」(長粒) を区別し, この方法は無謬というわけではないが炭化穀粒に応用できる唯一のもので, これを基礎にすると, 寧波近くの河姆渡遺跡（紀元前約5000年）出土の最古の栽培稲は,「籼」亜種と同定され,[284] 上海近くの崧澤 (Sung-tse) 遺跡（紀元前約4000年）[285] と広東の稲遺物[286] も「籼」だった. 他方, 浙江南部の草鞋山 (Tshao-hsieh-shan) 遺跡（たぶん紀元前4000年）と揚子江中流, 下流の紀元前3000年から2000年の遺跡

---

282) T. T. Chang (2), p. 429.
283) 馬耀の1980年の私信.

出土の稲遺物は円粒の「粳」タイプと同定された.[287]

「粳」稲は日長反応が敏感で,熱帯地方ではうまく育たない.最近では日本と韓国での栽培が広い[288]が,中国でも山東から北の地方,また江蘇,湖南,福建,広東,広西でも海抜500から2000メートルの高地ではこれを栽培する.[289]華中,華南の平野での稲の栽培は「籼」タイプがほぼ全面的だ.雲南の栽培稲の研究によると,1750メートルまでは「籼」稲が,2000メートル以上では「粳」稲が卓越し,1750から2000メートルの地帯では中間変種が存在する.[290]

「粳」と「籼」の分化過程について二つの学派がある.一方の学派は両亜種が独立に進化したと考え,「粳」は揚子江の北の地域で進化した,そこには「粳」によく似た,地方的に'自生稲'(「穭稲」*lu tao*)あるいは'池稲'(「塘稲」*thang tao*)と呼ぶ野生稲がある.また「籼」は華南で進化し,そこには「籼」に似た,'幽霊稲'(「鬼禾」*kuei ho*)あるいは'帰らず'(「不帰家」*pu kuei chia*)の名で呼ぶ野生稲があると言う.他の学派は稲作が高緯度地方と高海抜の地方へ広がるにつれて「籼」から「粳」が進化したとし,論拠として考古資料で「粳」が後に出現すること,「籼」は「粳」より実が落ちやすいが野生種ほどではないこと,また *O. spontanea* ×「籼」の交雑種の不稔の頻度が *O. spontanea* ×「粳」の交雑種より少ないことを挙げる.[291] はじめの学派の仮説に対しては,そこで挙げる野生稲がたぶん確実に野生種と栽培品種の交雑結果と考えられるので,反対意見が出るだろう.二番目の仮説は,「粳」×「籼」の交雑種がほぼ必ず不稔である[292]ことを考えると賛成しかねる.ンドのジャイプールで行われた実験は,「粳」も「籼」も同じ野生系統から栽培化過程で出現することを示し,さらに *O. perennis* を *O. sativa hsien* と交配したところ,その稔実種の中に「粳」の性格を持つ植物が発見され,また逆も生じた.[293] これらの現象は二つの亜種の単系起源を示すが,分化過程の問題を解くことにはならず,また第三の亜種 *O. sativa javanica* を考慮していない.中国

---

284) 著者不詳 (*503*), p. 20, 游修齢 (*1*).
285) 呉山菁 (*1*).
286) 楊式挺 (*1*).
287) 游修齢 (*1*),牟永抗・宋兆麟 (*1*).
288) また,1895年の下関条約で台湾が日本に割譲されたあとの台湾.
289) 天野 (*4*), p. 108.
290) 丁穎 (*2*).
291) 游修齢 (*1*).
292) Grist (*1*), p. 115, 岡 (*1*), p. 26.

の多くの学者はこれを関係ないと無視している[294]が，T. T. チャン (1), (2) は重要だと考えている.

さて，ここまで長々と中国栽培稲の起源という難物に取り組んで苦闘してきた．ここでしっかりした地盤へ戻り，記録資料から中国稲作の歴史的発展を検証しよう.

(ii) 中国の稲品種群と名称

稲は自家受粉がほとんどだが他家受粉も起こり，その程度は1パーセント以下から30パーセントまで変動する.[295]「粳」「籼」両亜種間の交雑群はほぼ必ず不稔だが，栽培稲と野生稲の交雑群はいくらか稔性を示す.[296] 野生稲は多くの稲栽培地域に相当あるので，自然の条件下で稲の栽培品種が進化しまた絶えず変化することは予想できる．望ましい系統を固定したり，新しい栽培品種を選抜する上で人為選抜が決定的役割を果たしてきたことは明らかだ．先に述べたが (本書 p. 369)，アジアの収穫技術，例えば穂刈りナイフを使う収穫は作物を多様化するのに有効だ．また水稲栽培では，移植が選抜と制御のもう一つの機会となる．多くの伝統的稲作社会は注意深い世話と種子選択の結果，少なくとも十数種から二十種の栽培品種を維持することができ，それらは適応する土のタイプや栽培法，気候条件が異なり，成熟期間，色，香りが異なる．しかし，ある一時期に一体どれぐらいの品種が存在するのか総数を数えることはほぼ不可能だ．同じ品種でも地域が異なると名前が違い，逆に同じ名前でも地域によっては違う品種といった事情がある．さらに名前は時とともに変わってしまうのだ.[297]

中国の稲作が最古の時代から莫大な数の栽培品種群を持っていたことは疑いない．『齊民要術』(華北でこれが書かれたとき，淮河以北で稲作は稀だった) は，それ以前の文献が触れる栽培品種も引用し，12種のウルチ稲 (「稲」 *tao*) と 11 種のモチ稲 (「秫」 *shu*) の名前を挙げる.[298]『授時通考』[299] になると 3000 種以上の名

---

293) Oka (1), p. 25.
294) 梁光商ほか (1), p. 252.
295) Grist (1), p. 72.
296) 同上, p. 115. 遺伝物質の交換も雑草的な多様な稲の形成に関わっている．'最近収集した雑草的稲標本から，遺伝子浸透的な交雑が相当にあり，遺伝子が栽培系統から野生型へ流れるほうが大きいことが判っている' (T. T. Chang (2), p. 428).

前を挙げ，現代の専門家はこの中に 1000 種ほどの異なる栽培品種を認める[300] が，中国栽培稲の生態環境が広域にわたることを考えると，『授時通考』の記録よりはるかに多数の種類が存在した可能性がある．「粳」あるいは「籼」亜種の中で区分を行う際，農民はその成熟期間，形態，水分要求度，耐病性のほか，モチかウルチか，香り米か，色米かなどに注目する．例えば早生種は晩生タイプより収量がふつう低いが，旱魃害を受けにくい．水が不足の場合は水稲でなくて陸稲が望ましい．長稈種は短稈稲より洪水害を受けにくいが，倒伏しやすい．これらは農民がどの田にはどの種類を育てるべきか決める際，考慮する事柄のほんの一部に過ぎない．[301]

風変わりな中国稲，例えば香り米（「香稲」*hsiang tao*）については詳細に立ち入らないが，その一粒はふつう米一握りに匹敵する香りを発する．また，餅，酒，酒精作りに用いるモチ米（「秫稲」*shu tao*,「稬あるいは糯」*nuo* あるいは *lo*）も詳細は立ち入らない．[302]「赤米」（*chhih mi*）は塩性地の開拓に触れる際に立ち戻る．また水稲と陸稲の違いは栽培技術を述べる際に触れよう．詳細を知りたい読者は，広範な取り扱いについてはコープランド（Copeland）(1)，アングラデット（Angladette）(1)，グリスト（Grist）(1) を参照されたい．天野 (4) は中国の非常に風変わりな多種の稲について長文を書いている．彼が材料に使う文献は陳祖槼（Chhen Tsu-Kuei）(2) にもある．丁穎 (1) の著作は現代中国の稲に関する古典となっている．

中国の農民にとって最も重要な区分は，「粳」稲と「籼」稲の区別である．両者は香りが異なり，適する自然条件も違う．また早生稲と晩生稲の区分も重要で，収量においては後者が勝るが，多毛作には前者がよい．先に述べたように「粳」あるいは「秔」（*keng*）と「䄺」（*hsien*）の区別に最初に触れたのは『説文解字』だ．

---

297) 宋代の『會稽志』17 草部は稲 56 種を挙げ，そのほとんどは『紹興府志』によると，清代まで地方の農民に馴染みがなかった．天野 (4), p. 213.
298)『齊民要術』11.1.6-7.
299)『授時通考』巻 21.
300) 游修齡，1980 年の私信．
301) 今日，アジア農民は大体この判断の重荷から逃れることができる．何故ならどの品種を植えるべきかは政府あるいは地方の農業開発局が指示するからだ．この結果生じる均一さはまた，結果をあいまいにしてしまっている．
302) 最も変わった稲の一種浮稲は，数週間に 5, 6 メートルも伸びる．これは丁穎 (1), pp. 545-545 が述べているが，中国にはほとんどない．浮稲はベンガルやミャンマーの深水地帯に典型的だ．

他方、hsien に当てる現代の文字「秈」は『広雅』に初めて現れる。全体に、「秈」は「粳」より早く実るので、「秈」稲のカテゴリーは早生稲（「早稲」tsao tao）のカテゴリーにまとめる傾向がある。ただし実際には晩生の「秈」稲も早生の「粳」稲もごく普通にある。303) しかし「粳」と「秈」の区別は単に成熟期間だけでないこともほとんどの中国人は知っていた。安徽の新安出身で12世紀の学者、舒璘（Shu Lin）は次のように書いた。304)

> 粒の大きい穀物「大禾穀」（ta ho ku）は今日「粳」と呼ぶ。その粒は大きく、芒があり、肥えた土にのみ生育する。小粒の穀物「小禾穀」（hsiao ho ku）は今日、チャンパ米（「占稲」chan tao あるいは「秈」）と呼ぶ。その粒は小さく、芒がなく、肥えた土地、やせた土地、どのような土地でも生育する。「粳」という穀は収量が低く、値が高い。租税の支払いに使うほか、富裕層だけがこれを食する。小粒の米〔「秈」〕は収量が多いが値は安く、中流以下の者は誰もがこれを食する。
>
> 「大禾穀今謂之粳稻、粒大而有芒、非膏腴之田不可種。小禾穀今謂之占稻、亦曰山禾稻、粒小而穀無芒、不問肥瘠皆可種。所謂粳穀者得米少、其價高、輸官之外、非上戸不得而食。所謂小穀得米多、價廉、自中產以下皆食之。」

羅願が同じ新安の地方誌を1175年に出版し、彼によると新安は「粳」の栽培にはきわめて不適で、305) 低収量と高値はそのためだと思われる。「粳」と「秈」の粒形と栽培条件の違い、また葉の形、色それに芒の有無も違うことはよく知られていた。「秈」と早生稲の混同は、早生のチャンパ米（すべて「秈」だった）が中国の経済史に大きな位置を占めたことを考えると、納得がいく。306)

初期中国の稲品種は「粳」「秈」を問わず（周知のように両者とも新石器時代から栽培）、（旧暦の）9月頃に実った。『詩經』の「七月」の詩は、10月に稲を収穫すると語る307) が、この米は春の酒作りに用いるのでモチ種でなければならず、そこで普通より少し実りが遅い。『齊民要術』は、稲を9月の'白く霜の降りたとき'（「降霜」shuang chiang）に刈るべしと言う。308) 300年ころの『廣志』は、南から

---

303) 早生稲は、例えば、天野 (4), p. 212 あるいは李延章 (1) を見よ（陳祖槼 (2), p. 403 以下に引用）。
304) 天野 (4), p. 105 に引用。
305) 『新安志』ch. 2. 天野 (4), p. 105 に引用。
306) Ho Ping-Ti (7) はこの問題を探るための唯一の英語文献だ。
307) 『詩經』15/3a〔豳風・七月〕。Karlgren (14), no. 154.
308) 『齊民要術』11.5.1.

来た早生稲と四川の益州からの早生稲が6月あるいは7月に実ることに触れ，また陶淵明(Thao Yuang-Ming)は410年に江西の農作業を詠ったが，その題は'西の田で早生稲を収穫する'(「於西田穫早稻」)だった．9世紀の陸龜蒙も「刈穫歌」と題する詩で揚子江デルタの早生稲に触れている．[309]『廣志』も陶淵明も揚子江の南の地域について語っているので，この場合の早生稲はたぶん宋代初期に江淮地方に導入されたチャンパ米に似た「秈」だったろう．チャンパ種の導入まで中国での早生稲の役割は小さなものだったし，多毛作も少なかった．熟期の短いチャンパ米の新品種が入ったのは，丁度南方中国の伝統的な農業が急速に限界に近づいていたときで，その導入は南方の営農法に根本的な変革を生み出し，農業生産性を大きく進展させることになった．

　五代と宋代初期，華北の不安定状況は，国家をして南方の農業に依存を深めさせ，さらに多数の北方人が安全を求めて揚子江の諸省へ遷移する事態を招いた．中国経済の重心移動は人口全体を養う農地全面積の減少をもたらし，南方での穀物生産に国家がますます依存することとなり，南方諸省に集まった人口の増大で飢饉の恐れが募った．この国家危急のときに，国家の関心はもてるかぎりの方法で農業生産を高めることにあった．そして一連の方策が連携してこの目的に向かって発動された．この運動を長期的に成功させた鍵は，揚子江下流部へ早熟のチャンパ米を導入したことだった．

　チャンパ(Champa)，「占城国」(また「戰城」，「金城」，「京城」とも書く)は安南の南にあるインドシナ国家で，旱魃抵抗性の早生稲系統で有名だった．後漢の時代にすでに中国人は風の伝えでそこに早熟稲があり，年に二回収穫が可能であることを知っていた．『異物志』(*I Wu Chih*)はそれがコーチシナ(「交趾」Chiao-chih)にあることに触れ，『水經注』(*Shui Ching Chu*)は安南(「九眞」Chiu-chen)で栽培すると言う．安南人は多様な種類の水稲と陸稲，また早生と晩生の稲品種を持ち，年中，稲の栽培が可能だったが，早熟種は収量がきわめて低くてかかる手間は他の種類と同じだった．[310]しかしこれら南方の稲は必要水分量がわずかで済み，水の乏しい土地でも無灌漑山地でも育ち，旱魃抵抗性がきわめて高かった．こうした種類を主作物としてでなく保険として栽培する農民も多かっ

---

309) ともに天野 (*4*), pp. 126-127 に引用．
310) 天野 (*4*), p. 193.

たにちがいない．このチャンパ米は中世時代を通してたぶんゆっくりと，農園から農園へと北へ広がって行っただろう．宋の皇帝眞宗は中国東南部でチャンパ米栽培を広げる決意をすると，3万ブッシェル〔斛〕のチャンパ米種子を福建から揚子江下流部と淮河の諸省へ送った．311) これは1012年だった．種子は役所から地方農民，とりわけ旱地の農民へ配布され，同時に適切な栽培法の指示書も配られた．312) 運動は決定的な成功を収めた．12世紀半ばまでに江西で栽培する稲のうち70パーセントはチャンパ稲との報告があり，12世紀末までに揚子江下流部の水稲の80～90パーセントはチャンパタイプになった．313)

元来のチャンパ稲は早生で耐乾性だったが，伝統的品種より収量が低かった．1192年の陸九淵 (Liu Chiu-Yuan) の書簡には，揚子江下流部の農民はその水田を早生稲と晩生稲に分け，早生のチャンパ稲が大半を占めたが，晩生稲の水田は収量の高い「粳」を蒔いたとある．314) 中国の農民は急速に仕事を進めて新しい様々なチャンパ品種を発展させた．宋代の間にもより晩生で収量の多いタイプを開発し，忽ちのうちに種類の幅は他種の稲と同じになった．特に成功した地方品種は時として中国全土に普及した．例えば'河南早生'という名の品種は17世紀初頭に福建南部まで達していた．315)

チャンパ稲の生育期間は多くが移植後60から120日だった．316) 確実な水利を持つ農民は収量の低い早熟稲を植えなかったが，317) 何炳棣によると，早熟稲がこの上もなく貴重な価値を発揮する場面は，

> 限界稲作地域で，そこはできるだけ早く実る品種や，異常なまでに厳しい自然条件に耐える品種を必要とした．揚子江の北にある江蘇の沼沢平野は夏の盛りに水が溢れ，そののち年の大半湛水が続く地方で，そのような災害地域の一つだった．このため，

---

311)『宋史』巻173,「農田」〔食貨志上〕．14世紀の『王禎農書』(7/7a〔「百穀譜穀属，早稻」〕) と17世紀の『廣東新語』(p. 374)〔「巻十四食語，穀」〕も，チャンパ米の揚子江流域への導入はチャンパからではなく福建からだと言う．しかし宋の撰者釋文瑩が語る話は異なり，皇帝がチャンパから直接20ピクル〔1ピクルは約63キログラム〕の種子を求めたという（『湘山野録』ch. 2).

312)『宋會要稿』「食貨一」は湛水田に播く前に長期の発芽前措を注意して行うよう指示している．チャンパ米は旱地でもしばしば栽培されたので，旱地作物としての栽培もたぶん指示が行きわたっただろう．

313) 天野 (4), p. 106, 加藤繁 (3), Ho ping-Ti (7), 于景譲 (1) を見よ．

314)『象山文集』ch. 16, 章徳茂への手紙．天野 (4), p. 106に引用．

315) Ho Ping-Ti (4), p. 173.

316) 李彦章 (1).

317) 天野 (4), p. 214.

表 12　中国の稲の分類

総称	稲 tao　周代文書以降．商代刻文での存在は，示唆は多いが証拠は不足
	稌 tu　『雅爾』の注釈によるとこれは淮河地方の用語
	暖 nuan　南方中国古代の用語，多分オーストロ・タイ語根由来
水稲	水稲 shui tao
旱稲	旱稲 han tao
	陸稲 lu tao
	山稲 shan tao
早生稲	早稲 tshao tao
晩生稲	晩稲 wan tao
モチ稲	稬，糯，糯 nuo/lo
	秫稲 shu tao
粳(ジャポニカ)稲	粳，粳，秔 keng
	大禾 ta ho
籼(インディカ)稲	穇，籼，あるいは籼 hsien
	小禾 hsiao ho
チャンパ稲	占，粘あるいは粘稲 chan tao
	粘あるいは黏稲 nien tao　後者はオーストロ・タイ語根に由来する南方での用法と思われる．

　江蘇平野の真中にある高郵と泰州は実際上，極早生稲の実験場となった．毎年の夏の洪水に打ち勝つため，高郵の農民は 16 世紀に 50 日稲を開発した．浙江南西部の内陸地方と江西の湖岸地方もこの 50 日稲を独立に開発した可能性がある．1720 年から 21 年の全面的不作から農民を救ったのはこの 50 日稲だった．40 日稲も 18 世紀に高郵と湖南南部の衡州でたぶん独立に選抜された．1834 年から 35 年に江蘇がひどい洪水害を蒙ったとき，湖北で開発されたという 30 日稲が奪い合いとなり，江蘇平野の農民に配布された．[318]

　また遅く蒔いて早く収穫可能な品種も必要だった．こうした稲は春作の後，あるいは正規の輪作で早生稲の跡に植え付けが可能だったし，また夏の洪水が引いた後の低地に植えつけた．これらの稲は年末に収穫したので，'寒チャンパ'あるいは'冬チャンパ'と呼んだ．こうした品種は浙江，福建，江西，湖南

---

[318] Ho Ping-Ti (何炳棣) (4), p. 173. ただし，現代の専門家は移植後 2 ヶ月以内に実る品種がありうるか疑問を投げる（浙江農業大学の游修齢，1980 年の私信）．

の地方誌にしばしば記録がある.[319) たぶん最も有用なチャンパ稲の一つは'赤い'(「赤」chhih あるいは「桃花」thao hua) チャンパ稲だった. これは宋代にすでにあった. 羅願の 1175 年の記載によると, 安徽に少し栽培があり, 非常に早く熟し, 収穫前の端境期を乗り切るのに使った.[320) これはまた耐塩性が有名で, その点が最も貴重な性質だった.『羣芳譜』が述べている.[321)

> 濃赤色［稲］(「臙脂赤」yen chih chhih) は柔らかく, 香りがよく, 甘い. 炊くと均一な赤色になる. 最良の晩生稲の一つである. ある品種は塩性条件に耐え, 湖畔や河口近くの汽水をかぶる田に理想的である.

> 「臙脂赤, 香柔而甘. 舂煮之, 作純赤色, 晩稲上品. 有一種, 性不畏鹵, 可當鹹湖近海口之田, 不得不種.」

13 世紀から 14 世紀に香港の深水湾〔今の后海湾〕で Man 氏が干拓地に使ったのはこれと同様の赤米だった.[322) かくて, 幅広い適合度をもつチャンパ米の導入は 11 世紀中国の稲作生産に革命的な飛躍をもたらした. それは水供給が不十分で在来種が栽培できなかった地域, とりわけ山地に稲作拡大をもたらし, また洪水や塩害地帯など限界地の開拓を可能にし, さらに早熟稲の在圃期間は 3, 4 ヶ月に過ぎないので多毛作が可能となった. 稲と冬小麦の輪作あるいは稲の二期作が明代, 清代に揚子江下流の諸省で急速に普及し, 内陸の湖北, 湖南さらに沿岸を南へ広がり, 最南部の諸省では稲の年三期作すら可能となった.[323)

チャンパ米は異なる地域ごとに呼び名が異なった. 揚子江デルタと淮河地域では単に「秈」(hsien) と呼んだが, 湖南, 江西では占城国におけると同様に「占」(chan) あるいは「粘」「黏」(chan/nien), 華南と四川では「黏」(nien) と呼んだ. 現在,「粘」,「黏」という用語は稲以外の穀物では'モチ'を意味するが,「粘」稲はすべての稲タイプの中でモチ性の最も少ないことはよく知られている. 于景譲 (Yü Ching-Jang)(1)の考えでは, 識別のため禾偏をつくりの占に加えただけだと

---

319) Ho Ping-Ti (4), p. 174.
320)『新安志』. 天野 (4), p. 116 に引用.
321)『羣芳譜』8/26b.
322) J. L. Watson (1), p. 30 以下, また本書 p. 139 を見よ.
323)『廣東新語』, p. 371〔「巻十四食語, 穀」〕.

いう．しかしそれなら chan と発音するはずだが，「粘」，「黏」どちらも nien と発音するのが普通で，これは音声学的にオーストロ・タイ語，さらに東南アジアや古代中国南部で稲を指した言葉と推定され，どれも少なくとも -n- の一音を含む．したがって中国南部諸省でチャンパ米を指す言葉 nien は，稲そのものと同様，起源がインドシナ語だと私は考える．

(iii) 栽培法

ある特定の稲作法の生産性は結局は必要労力に比例し，どの栽培法を選ぶかは人口圧と供給可能労力で決まる．一般に水田は旱地より生産性が高く，移植は直播より生産性が高い．そして水供給の制御が正確になるほど，収量も上がる．肥料使用の増加，稲の多期作，あるいは他作物との輪作，稲作と養蚕や養魚の組み合わせ，こうしたことはすべて全産出量を増やすが，投入必要労力も増加する．しかし労力をわずかに増やすと収量はわずかでも増え（これはどの作物でもそうなるとは言えない），このため水稲農業は他のいかなる営農法より人口扶養力が大きい．[324] とはいえ必要以上に頑張って働く人間は少なく，'進歩した'技術を一旦知った農民は楽な方法を選び，経済的に迫られるか，あるいは今日多々見るが，役所から圧力を受けるまでは変えない．

稲は水田でも旱地でも栽培できる．水田栽培と旱地栽培の区別は簡単だし，灌漑施設で常時取水できる畦囲いの移植田と，畦がない天水依存の直播旱田の区別も簡単だ（図233）．しかし様々な中間形態があり，両者の間にどこで線を引くか簡単ではない．特に陸稲品種の多くは水田でも栽培可能だし，逆も可能だ．[325] 両者を区別するのに最も有効で，かつ中国人の利用法に最も密着した定義は，水稲を畦囲いの灌漑地で栽培する稲とすることだろう．こう定義すると，古代中国では旱地稲の栽培はなかったようだ．例えば周代の金文で稲を指す文字はすべて湛水状態で栽培する植物を指す．[326] かつては，旱地稲がその技術の簡単さゆえに水稲に先行したと考える人が多かった[327] が，ほとんどの植物学

---

324) 悪名高いまでに顕著な例はバングラデシュとジャワで，膨大な人口が小さな耕地で辛うじて生活をつないでいる．水稲農業の大きな人口吸収力は，Geertz (1) が '農業内旋'（agricultural involution）を論ずる際の基礎になっている．
325) 陸稲の様々な栽培法の分類については，栽培法とともに，Grist (1), R. D. Hill (2), (3), (4), J. E. Spencer (4) などを見よ．
326) 丁穎 (1), p. 25.

図233　サラワクの山地陸稲畑．撮影 A. F. Robertson.

者は生態的根拠からこの考えを退け，あらゆる証拠から見て稲は野生稲も栽培稲も水生植物だと言う．少なくとも中国の歴史資料は植物学者の見方を支持するようだ．『管子』と『周禮』にたぶん旱地稲に関するごく簡単な記述があるが，そこでも水田栽培に関する記述のほうがはるかに詳細だ．いくつかの少数民族，例えば苗（ミャオ）族や黎（リー）族は華南の山地に開いた焼畑で他の作物と一緒に陸稲を栽培する[328]が，焼畑は漢代以前は稀だった（本書 p. 113 を見よ）．水稲品種の栽培に水が不足する場合，中国農民は旱地稲を植えたが，旱地稲も良好な栽培には湿潤条件が必要で，生育期間中の十分な降雨が必要だ．旱地稲を指す言葉に「山稲」（*shan tao*），「陸稲」（*lu tao*）があるが，はるかに一般的な言葉は「旱稲」（*han tao*）で，これは「早稲」（*tsao tao*）と横棒が一本あるかないかの違いに過ぎず，中国語の文書で誤記は頻繁だろう．したがって中国の旱稲の歴史をいくらか詳細に辿ることは難しい部類に属する．

　中国の旱稲栽培は主に山地と，北方の灌漑が不可能だった地方に限られた．『齊民要術』は滞水しやすい低地に旱稲の栽培を勧めるが，それはその場所が稲作に適するというより，そこで何とか生育しうる作物は稲だけだからだ．他方，旱地では大麦かミレットの栽培を勧める．[329] 低地旱稲の方法は種子を水に漬けて発芽させ，土をよく耕してドリルで蒔くか直播し，生育中，中耕と除草を繰り返す．[330] 『齊民要術』が述べる一連の過程はあまりに手間がかかるので，華北の農民は普通，代わりにミレットか大麦を植えるほうを選んだ．『王禎農書』によると，6世紀の『齊民要術』が述べる旱稲栽培法は14世紀の華北でまだ行っていたし，王禎は旱稲の栽培が福建の山地で広いことにも触れる．[331] 旱稲は今日の中国でもまだしばしば栽培する[332]が，トウモロコシや甘藷のほうが同じ条件では生産性がはるかに高い．

　中国で栽培する稲はほとんどすべて水稲で，畦囲いの水田に植え，そこは生

---

327) 例えば，R. D. Hill (1), (2).
328) '農業を行う際，苗族は男女が一緒に働く．彼らは灌漑田よりも，山地の畑のほうが広い．トゲのある木を焼き，植物を腐らせて，胡麻，粟，稲，小麦，豆類を植える……'（嚴如煜(2), ch. 8/8b，訳 Geddes (1), p. 32）．苗族は畑の作物を列で数年間栽培してから新たな畑へ移るが，黎族は『廣東新語』(p. 376) によると，焼畑の灰で稲を一作すると次に移った．
329) 『齊民要術』12.1.1-2.
330) 『齊民要術』12.2.2-3.
331) 『王禎農書』7/7a（「百穀譜穀屬」）．17世紀の『羣芳譜』8.23bに逐語的に引用．
332) T. Matsuo (1), W. Wagner (1), p. 284.

育期間の大部分，湛水する（図234）．水を十分に供給することが水稲栽培の鍵で，これは土の質や施肥量よりはるかに重要である．'土地の良し悪しは問わず，水さえ清ければ稲の収穫はよい'と『齊民要術』は言い，水田は常に川の上流に近いほうがよいと付け足す．[333] この点は現代の権威グリストがさらに詳細に述べる．[334]

> 稲の収量は灌漑する水の質に少なからず依存する．灌漑水は栄養ミネラルを含み，相当な肥料価値があり，また有毒物質や間接的な有害物質を含む場合は害を加えることになる．
> 　水質は水源によって変わる．一般に河水が他の水源よりも望ましい．それは溶存栄養成分に加えて，シルトや粘土を含む．大量のシルトは避けねばならないが，適量の粗いシルトが水田に堆積することは土に好ましい効果を生む．非常に細かいシルトが水田に流れ込むことは同様にしばしば稲の生育に好ましくない影響を及ぼす．

注目に値することは，一般に水田の分類が土のタイプによらず，水供給の性格によることだ．マレーシアのケランタン平野で水田がすべて天水田だったとき，水田の借地料は高地，中間地，低地（*tanah darat, sederhana, dalam*）によって決まり，もちろん低地が最良地だったが，1970年代に灌漑施設が設置されてからは水田の高低よりも灌漑水路の近さがより重要になった．[335] メコン河沿いのヴィエンチャン平野では，水田（*na*）の分類は水源によった．*Na nam phon* は天水依存の田，*na nam houey* は洪水時の川水に依存の田，*na nong* は池の溢水による水田だ．[336] 中国では先に見た（本書 p. 120 以下）ように水田は構造と水供給によって7, 8種類に分類した．一般的に言って，斜面の水田は等高線に沿う水路や河流，タンクから重力灌漑水を得，他方，谷底や平野の水田は主要河川から取水する溝や運河の水をポンプ施設で灌漑した（必要ならこれらで排水もした）．中国の揚水施設は Vol. IV. Part 3[*1] が中国の灌漑史とともに詳細に述べているので，ここでは稲作に関係する二点だけを取り上げよう．

中国最早期の水田は，河姆渡を取り巻く湿地のような天然の沼沢地だった可

---

333) 『齊民要術』11.2.1.
334) Grist (1), p. 38.
335) Bray (2), Bray & Robertson (1).
336) C. Taillard (1), p. 131.
*1 思索社刊第10巻．

図 234　龍骨車による水田の灌漑.『耕織圖』. Pelliot (24), pl. XXIII.

能性が最も高い．後に畦を作って水田を囲むようになったが，これは水を溜めるだけでなく，水田の大きさを抑えるためでもあった．稲は水深にきわめて敏感で，一筆の水深は均一でなければならず，これは水田が普通ごく小さい理由の一つだ．畦囲いの水田は華中，華南で周代後期までに知られ（本書 p. 128 を見よ），それを基礎としてより複雑な灌漑体系が発展した．灌漑体系が高度になるにつれ維持運営に必要な労力は増加し，そこで労力不足が栽培の制限要因となった．ポッター (Potter) の計算によると，例えばタイ農民は年間労力の 10 分の 1 を灌漑体系の維持に直接向け,[337] 他方，揚子江デルタの低地水田では灌漑，排水作業が全農業労働の 30 パーセントにも達した.[338] 機械化や家畜労力で人力を置き換えることは豊かな農民だけが可能だった（図 235）．南インドでは井戸から灌漑水を揚げるのに頑健な雄牛 2 頭と屈強な男一人が必要で，貧しい自作農は自分で水田を耕作せずに貸すことがしばしばあり，三作が可能でも一作しかしない農民が多いのは家族労力の不足によるものだ.[339]

---

337) Potter (1), p. 92.
338) Fei Hsiao-Thung (2), p. 161.
339) Nakamura (1).

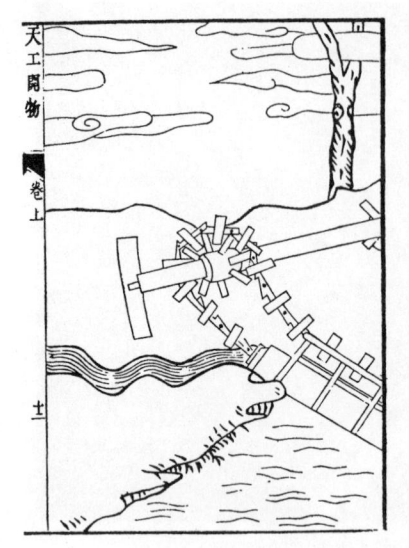

図235　牛で龍骨車を回す.『天工開物』1/11*b*–12*a*〔「巻上乃粒第一，水利」〕.

　灌漑体系確立の難易は何よりも自然条件に支配される．華中，華南では河川は数多く，土は溶脱が進み，灌漑用のよい水はどこでも手に入るが，華北での灌漑は困難が多い．基本的な一つの問題はこの地方の塩類土，加えて華北の大河のシルト含量が大きいことだ．この条件下で灌漑を続けると，古代メソポタミアや現代のパンジャブと同様の塩害を起こす可能性があった．事実，1957年に日本の農学者が報告したところでは，天津近くに新しく開かれた灌漑地を別にして，華北で水稲の栽培が可能なのは清水が利用できる地方に限られていた（具体的には，水源近辺の山地）.[340]　さらに加えて，華北では平野と河川の規模がとてつもなく大きいことだった．高度の中央管理と制御が華北灌漑網の維持には必要だったが，それは数年と続かなかった．中央政府が十分強力かつ豊かでそうした計画を始めたとしても，地方豪族が干渉に激しく怒り，反対することがしばしばだったからだ．彼らは官営の灌漑事業を人気取りと見なし，自分たちの農場生産の封建的運営が脅かされると考えたのだ.[341]

---

340) 天野 (*4*), p. 195.
341) 漢代華北の灌漑をとりこんだ農業計画の崩壊は，本書 p. 671 を見よ．T. Brook (1) は明代，清代に起こった同様の失敗を検討している．

華北で稲作の発展を阻害したものは，何よりも灌漑を行うことの困難さだった．気候はやや乾燥気味だが本質的に不適ということはなく，また華北の気候は，過去の長期間，現在より温暖で雨も多かったことが判っている（本書 p. 27 を見よ）．一方，華北の多くの地方より緯度が高い日本と韓国で米は主要食料作物だが，両国の地勢は山地的で谷が多く，多くの河流があって華南の多くの地方に似る．結局，こちらのほうが小規模灌漑網による水田造成に適している．

　学者の中には，華北の農民が商代あるいはもっと早くに，灌漑水田[342]や天然の湿地で稲を栽培した[343]と考える者もいる．しかし結論を出すには証拠不十分で，天野[344]のような経験深い学者はこの問題の判断を保留している．秦代以前の文献が華北諸国の灌漑稲作に触れていることは確か[345]だが，これが農業生産の中で大きな割合を占めたとは考え難い．『周禮』の「夏官」の文章[346]は主要な稲作地域が南の揚子江沿いにあったことの確証だ．前漢から今日まで，黄河沿岸や首都圏，河北，河南，あるいはずっと北の長城地帯まで灌漑計画を建設する試みは繰り返されたが，1949 年までどれも成功したためしはなく，長期継続はしなかった．[347] バックが 1937 年に中国農業の調査報告を出版したとき，北方の農地で稲の占める面積はわずか 1.3 パーセント，これに対し南方の農地では 59.8 パーセントだった（その多くは年に稲二作，さらに三作すらあった）．[348] したがって進歩した稲作道具や技術はほとんどすべてが華南で発展したことに不思議はない．

　南方の典型的な水田の種類はすでに詳細に取り扱った．またそこの稲作農業に典型的な農具複合，反転犂や二種の有歯ハロー（「耙」と「耖」），一連の除草具，鎌，風選用唐箕（「扇車」），また脱穀，精米，篩い分けに用いる多くの臼，篩についても述べた．それらは Vol. IV. Part 2[*1] の機械工学でも扱っている．水田の人力と牛による築造と準備は述べたが，この微妙な作業における魚の役割には

---

342) 胡厚宣 (*3*).
343) Ho Ping-Ti (5), p. 72.*a*
344) 天野 (*4*), pp. 128–138.
345) 天野 (*4*), p. 177 以下.
346) 『周禮』8/25*a*〔「夏官司馬下」〕.
347) 漢代について本書 p. 665 を見よ．その他，『隋書』「食貨志」24/7*a*,『舊唐書』「玄宗本紀」8/20*a*,宋代，元代，明代，清代の例は T. Brook (1) に引用．
348) Buck (2), p. 211.
*1　思索社刊第 8 巻．

まだ触れていなかった.『嶺表録異』はこう述べる.[349]

　　新州や瀧州の地方(現在の広東)では水田はすべて山地にある.未開地の平坦地を選び,畦囲いの水田を作る.降雨を注意深く観察し,山地に水が溜まるとまず「鯇」(*huan*)[350]魚を買い,水田に放つ.2, 3年後に小魚は大きく育ち,草の根を食い尽くすので,水田は植える準備が整う.農民は魚を売り,草のない水田に稲を植える.この広く普及した方法はまことにすばらしい.

　　　「新,瀧等州山田,揀荒平處,鋤爲町畦.伺春雨,丘中聚水,卽先買鯇魚子,散于田內.一二年後,魚兒長大,食草根竝盡,旣爲熟田,又收魚利.及種稻,且無稗草.乃齊民之上術.」

幼苗を育てる苗床(「秧田」*yang thien*)は注意深く準備をした(図236).これは土が肥え,水利が良く,通路や小道から少し離れて家畜が迷い込まないところに選んだ.できればしっかりした柵で囲い,二重に安全を確保した.[351] 陳旉は『農書』の一節すべてを苗代準備の重要な作業に当て,'根と苗の世話'(「善其根苗篇」)と題した.[352]

　　何の作物であれ第一は,根と苗の世話をし,植物がよい生育を始めるようにすることだ,作物が悪い生育で始まるとよい収穫になることはない.健康な根と強い苗を望むなら,適時に播種し,選んだ土地に必要な手当てを施し,肥料をうまく使わねばならぬ.この三つの要件をすべて満たし,熱心な注意を続けるなら,心配は少なくて済み,災害は少なく,収穫は常によいだろう……

　　今日,稲を植える初めの仕事は苗代の準備である.秋あるいは冬,2, 3回深く犂き起こすと,雪と霜で土が凍って細かく割れる.腐らせた藁,落ち葉,刈り草,乾かした根で覆い,次に火をかけると,土は速く暖まる.初春,再び2, 3回犂耕し,ハローをかけ,土を反転する.苗代に肥を撒く(図118).

　　最良の肥は麻粕だが,麻粕は使うのが難しい.細かく搗いて穴に焼肥と埋める.麹を作るときと同様に熱と毛が出るのを待ち,次いでそれを広げるが,熱い肥は中心に,冷たい肥は端に置き,その後,穴に戻して積む.熱が出なくなるまでこれを2, 3回繰り返す.これで使用準備が終わる.このように処理しないと熱で植物は死ぬ.糞尿肥を使うのは良くない.それは幼苗を腐らせ,人の手足を損ない,癒しがたい痛みをも

---

349)『嶺表録異』.陳祖槼(2), p. 54に引用.
350) *Orthorhynchus* の一種,体の丸い淡水魚種.〔鯇〕は草魚で,学名は *Ctenopharyngodon idellus*〕.
351)『梭山農譜』, pp. 6, 7.
352)『陳旉農書』, pp. 5–6〔「巻上善其根苗篇」〕.

図 236　稲の苗床.『耕織圖』. Franke (11), pl. XXIII.

たらす．すべての肥の中で最良は焼いた堆肥，焦がした豚の剛毛，穴の中で腐らせた粗い糠，これらを混合した物である．

　苗代は湛水し，土の肌理を細かくし，籾殻と堆肥を撒く．これらを土中に踏み込み，表面を均し，種子をばら撒く……尿を直接灌漑水に注ぐ農民をしばしば見るが，その害は直ちに現れる．

　一般に苗代には新鮮な動いている水が好く，冷たい停滞水は嫌う．青浮き草の薄い層すら，稲の生育を妨げる……

　　「凡種植，先治其根苗，以善其本，本不善而末善者鮮矣，欲根苗壯好，在夫種之以時，擇地得宜，用糞得理，三者皆得，又從而勤勤顧省脩治，俾無旱乾水潦蟲獸之害，則盡善矣，……」
　　「今夫種穀，必先脩治秧田，於秋冬卽再三深耕之，俾霜雨凍冱，土壤蘇碎，又積腐藁敗葉，剗薙枯朽根荄，徧鋪燒治，卽土暖且爽，於始春又再三耕耙轉，以糞壅之，
　　「若用麻枯尤善，但麻枯難使，須細杵碎，和火糞窖罨，如作麴樣，候其發熱生鼠毛，卽攤開，中間熱者置四傍，收斂四傍冷者置中閒，又堆窖罨，如此三四

> 次，直待不發熱乃可用，不然，卽燒殺物矣，切勿用大糞，以其瓮腐芽蘗，又損人腳手，成瘡痍難療，唯火糞與爊豬毛及窨爛鸜穀殼最佳，
> 「亦必渥漉，田精熟了，乃下糠糞，踏入泥中，盪平田面，乃可撒穀種，……多見人用小便生澆灌，立見損壞，
> 「大抵秧田，愛往來活水，怕冷漿死水，青苔薄附，卽不長茂……」

陳祖槼の記述は完全と見えるが，後代の作家はさらに付け加えた．例えば，『沈氏農書』と『齊民四術』は稗（*Echinocloa spp.*）の種子を絶滅する必要を強調する．これは水田の最もしつこい雑草で，稲との区別がほとんど不可能なため，とりわけ厄介者だ．[353]

> あらゆる努力を払って，稗の種子を苗床から除く必要がある．まず表面の土1寸ほどを削り取り，集めてきれいにする．播種の前に泥を籠に入れて運び，苗床の表面に撒き，それから種子を蒔く．古い方法では油粕の層を作り，細かく搗いて1ムーごとに種子を蒔いた．それから種子に灰をかぶせ，根の張りを緩くして苗取り（移植用の）をたやすくする．今日の農民は種子を密播し，［そうでないと］雑草が間に密に生えると言う．しかし実際は，表面の泥を削り取るとすべての雑草の種子は除かれ，種子をもっと薄播きにしても害はなく，強い苗が望みどおりに生える．

> 「秧田最忌稗子．先將面泥刮去寸許，掃淨去之，然後墾倒．臨時篼泥鋪面，而後撒種．舊規，每秧一畝，壅餅一片，細舂與種同撒．卽以灰蓋之，取其根鬆易拔．今人密密佈種，曰恐草從間生耳．果能刮盡面泥，草種已絕，不妨少疏，欲其粗壯．」

以上，種子の選別，発芽，播種について述べ，移植，それに施肥の問題も扱った．いくつか落ちこぼれを拾っておこう．本田は理想的には移植前に河泥や焼いた堆肥，麻や大豆粕，あるいは他の肥料を土のタイプに応じて施しておくが，[354] 時に緑肥も用いた．緑肥の最も早い記述は『廣志』にあり，それは匍匐植物の *Bignonia grandiflora*（「苕草」tiao tshao）*1 を冬，水田に蒔くことを勧める．[355] 16世紀の著述家〔徐獻忠〕は江蘇の古い農業格言を引用している．[356]

---

353)『沈氏農書』, p. 236. また包世臣（*1*）を見よ，陳祖槼（*2*），p. 459 に引用．
354)『沈氏農書』, p. 235.
355) 陳祖槼（*2*），p. 35 に引用．
*1 この学名はノウゼンカズラに相当するが，緑肥としてはベッチが妥当で，中国語は Vicia 属の「苕子」となる．

第 5 章　作物体系　563

肥を早く施してはならない．早すぎるとその力が続かないだろう……播種時に河泥を元肥とし，その力は続くが徐々に失われ，盛夏までに少量のカリあるいは油粕を施与する．それも徐々に消えるが残効は続く．夏の終わりあるいは秋の初めにのみ人糞尿を施す．そのときにはその効力は二倍になり，稲の穂は非常に長く伸びよう．

「下糞不可太早，太早而後力不接……初種時必以河泥作底，其力雖慢而長，伏暑時稍下灰或菜餅，其力又慢而不迅疾．立秋後交處暑，始下大肥壅，則其力倍而穗長矣．」

　もちろん，本田を肥やす最も簡単な方法は収穫後の切り株を焼くことだった．この方法は今日も東南アジアの多くの地域で普通に行い，中国では非常に古い時代に遡るようだ．「火耕水耨」（火で耕し，水で草切る）の語句は，『史記』が南方の農業を述べる際に初めて用い，一般には木を切って土地を開く焼畑を指すと解釈されてきた．私はこれは水稲栽培を述べたものと考えている．つまり稲は水を一杯に張って雑草の生育を抑えた水田で育ち，収穫後刈り株を焼いて土を肥やしたのだろう（本書 p. 111 を見よ）．広東について述べた 17 世紀の著作はこのことを明確に言っている．[357] '高低を問わずすべての水田は火で耕やして肥えている．'火'は稲株の灰を指し，それを土に返して穀粒を肥やすのだ'．

　稲はほぼ全生育期間中，灌漑をした（図 234）が，生育半ばで短期間水田を排水して根の張りを強めた．水田を陽に干して土に亀裂を入れるのだが，干す期間は 2 日から 10 日だった．[358] この慣行は『齊民要術』が初めて述べ，[359] その後の農書もほぼすべてがこれに触れる．『王禎農書』はそれを '水田を焦がす'（「爁田」khao thien）と呼び，『農桑衣食撮要』は '水田の水を汲みだす'（「戽田」hu thien），『沈氏農書』は '水田を干す'（「乾田」kan thien），そして『致富全書』は '稲を棚に置く'（「閣稲」ko tao）と呼ぶ．[360]

　中期の排水つまり中干しは稲の根張りを強めるだけでなく，肥培効果も認められ，[361] またくまなく除草する機会ともなった．[362] 稲作が集約的になるにつ

---

356)『呉興掌故集』．陳祖槼 (2), p. 106 に引用．
357)『廣東新語』, p. 376〔巻十四食語，穀〕．
358) 奚誠 (1),『致富全書』．それぞれ，陳祖槼 (2), p. 479 と 199 に引用．
359)『齊民要術』11.4.1.
360)『致富全書』．
361)『陳旉農書』, p. 7〔巻上薅耘之宜篇第三〕，Grist (1), p. 44.
362)『陳旉農書』, p. 7〔同上〕．

れ，除草にかける世話と注意も増えた(図132)．宋代の官吏たちは，蘇州や杭州近郊の水田は少なくとも3回除草し，[363] それも手，鍬のほか有歯車輪といった巧みな道具（本書p.358を見よ）を工夫して，骨の折れる仕事をこなしているのに，広東や湖南の人口希薄地帯の農民が除草を行わず，水田を肥やさない[364]と容赦なく叱責を加えていた．

稲は生育中，旱魃，根張り前あるいは収穫直前の豪雨，強風による倒伏など多くの障碍に見舞われた．『天工開物』は八つの'稲災害'を数え上げたが，どれも祈るほかないものだった．[365] 『梭山農譜』はこうした苛酷な変転に面した農夫が感じるやるせなさを述べている．[366]

> 山地で水田を襲う災害は二つある．それは洪水でも旱魃でもないが，どちらも災禍を一層強める……農夫は災害をどうしようもないと諦めざるを得ない，泣いても呪っても何もできない．嗚呼，その運命の何と苛酷なことか．第一の災害は中秋に襲う．稲がよく育ち，すでに花が咲き，出穂間際となる．突然，寒気が数夜連続で襲う——地方民が'キンモクセイの花を凍らす'と言うものだ——稲の穂は寒気で枯れ，しわくちゃになり，黒くなって斑点だらけになる……これは'暗風'（「青風」*chhing feng*）と呼ばれる．もう一つは盛夏に襲う窒息しそうなほど湿った天候がある．暑い空気が地面を押さえつけ，山に雲が湧く．大抵は強い南風の到来とともに雨となり，雨が風と一緒になって進み，退く．この天候は必ず湿潤から乾燥へと変わり，水田の稲を翻弄する．ヨコバイ（「螣虫」*the chhung*）が出現し，バリバリと葉をすべて貪りつくす．農夫たちはこの二つの災害は天から落ちてくると言う．

> 「山郷田有二大患，不在水旱災内，而其災更甚於水旱．……羣郷人受其災者亦遂若安於固然，哭之無庸，訴之無由者．噫！是眞苦也．一，中秋前後，禾氣完好，揚花吐穗時，忽暴寒連夕，土人曰凍桂花．穗觸寒氣，叢房頓黑，遍麻斑杪．……是曰『青風』．一，中伏間，酷暑薰蒸，熱氣逼地，山雲應焉，往往生雨．雨之去來，隨大南風，風來，雨來，風去，雨去，以故晴濕不常．不正之氣，田禾感之而螣蟲生，食葉竟，咥咥有聲．老農曰：兩災俱自天降」

中国の気まぐれな天候と闘う方法はないが，虫害を減らす方法はあった．稲の栽培は中国で少なくとも7000年を経るが，主要な虫害と病害は慢性的となり，

---

363) Shiba (1), p. 53.
364) 『耕織圖』の挿絵が証言する通り．
365) 『天工開物』1/4*b*-6*a*〔巻上乃粒第一，稲害〕，訳宋應星(1), pp. 8-12. 章楷(1)も見よ．
366) 『梭山農譜』p. 21.

収量に甚大な影響を与えることは周知の事実だった.[367]『梭山農譜』[368]は竹の櫛で稲をしごいて潜んでいる虫を殺すよう勧め,他方,16世紀の『農説』(*Nung Shuo*)[369]は当時開発された害虫対策の石灰か桐油を稲の葉に撒く方法を述べている.他の著者が進める防止法には,冬に水田を犂き起こして霜で土中の虫を退治するといったものもあった.[370] 除草を欠かさないこと,また稲を絶えず見て回ることも虫害抑制に役立ったが,化学殺虫剤の登場まで中国の農民が作物を守る手立ては実際上ほとんどなかった.[371]

実った稲は鎌で刈り,水田で直接脱穀するか,はざ木にかけて乾燥した(本書 p. 376 を見よ).アジアのあちこちで,芒種の稲を穂刈りナイフで刈ることは今も普通だが,無芒種はそうはせず鎌で刈り,その場で脱穀する.[372] 初期の中国で穂刈りナイフの使用と有芒の「粳」品種の間に関係があったかどうか,判れば面白いのだが,その追跡は容易ではなさそうだ.穂刈りナイフの利点は収穫した穂を個々に選抜できることだが,それ以外に稲の穂貯蔵が容易なことだった.このほうが脱穀籾の貯蔵より保存性がよい.籾は適切に乾燥を保てれば長期間保存できるが,精米は保存期間が短くなり,悪臭を帯びる傾向がある.[373] 宋代の撰者舒璘が言うところでは,籾は8,9年もつが,精米は4,5年後には腐る.[374]

昔の中国の収量は推定が難しい.数字は宋代以降にはあるが,決定的な一つの要件が判らない場合が多い.つまり,稲収量の数字が一筆地の一年全期間のものか(二,三作の収量かもしれない),一作の収量かである.中国の文献はこの点を明らかにしないものが多い.今日の人民公社は一年全期間の累積数字を発表する.古い時代の収量記録も伝統的なこの方法だった可能性が高い.

---

367)'中国の主な病虫害は,稲イモチ,茎腐れ,バクテリアによる白葉枯れ,芯食い虫,イナゴである.華南で深刻な病虫害は稲イモチ,稲芯食い虫,華中ではイモチ,白葉枯れ,茎腐れ,芯食い虫である……'(Matsuo (*1*), p. 166). Shen (*1*), p. 200 も見よ.
368)『梭山農譜』p. 21.
369)『農説』p. 9.
370) 奚誠 (*1*).陳祖櫐 (*2*), p. 296 に引用.
371) 化学農薬は近代中国の稲作でたぶん最大の改革で,生産量に与えた影響は高収量品種の導入よりも大きいものがあった.夏の数ヶ月間,成都や揚子江デルタの広大な平野は稲の若緑の海となり,腿まで水に漬かって,背負った殺虫剤の白い噴霧を水田に撒く姿がチラホラと見える.病虫害防除に関する文章は近代中国の稲作文献の中で際立っている.丁穎 (*1*), pp. 603-624,魏景超 (*1*),著者不詳 (*532*), (*533*) など.
372) H. T. Lewis (*1*), p. 55, Bray (*2*).
373) Grist (*1*), p. 386.
374) Shiba (*1*), p. 56 に引用.

世界を見ると，稲の収量は変異がきわめて大きく，籾で700キログラム毎ヘクタールという熱帯の低収地域から，オーストラリアのように7000キログラム毎ヘクタールまで及ぶ．[375] 収量はふつう温帯のほうが熱帯（日長が短い）より高く，水稲が陸稲より高く，全体に「粳」つまりジャポニカ亜種（日長と肥料に強く反応する）が「籼」のインディカ亜種より高い．[376] 1937年の調査でバックは，中国の稲収量が1000から8000キログラム毎ヘクタール強の範囲にあると報告した．[377] 現代の数字は改良品種一作が3500から7000キログラム毎ヘクタールの間にある．[378]

表13は中国の著作が記録する稲収量を示す．精米からの換算は天野の計算[379]に基づき，2石の籾が精米1石に相当する．これはグリストの挙げる籾摺りおよび精米後の数字（白米50パーセント，屑米と砕米17パーセント，ぬか10パーセント，あら粉3パーセント，籾殻20パーセント）とも合う．[380] 中国の数字は租税査定のために算出したので，白米を表すと考えるのが妥当だ．伝統的な中国の籾摺りは現代の機械による方法より穏やかだったので，前近代中国の白米と籾の比は天野の推定より少し高かった可能性もある．現代のメートル法への換算は呉承洛（Wu Chheng-Lo）(2) に基づくが，天野[381]の考察では宋代のムーは一般の推定より少し大きかった可能性があり，宋代の収量は下方修正の必要があるだろう．

二期作の生産量は一作の収量の2倍とは決してならないし，三期作は収量の3倍より相当低くなる．年に稲三期作の試みを中央部の多くの省が1970年代に行ったが，これは中止された．農民が日夜働いても二期作の収量より低いことが分かったからである．これは最近だけの現象ではなく，例えば17世紀の広東は稲を年に二作したが，二作目の収量は'これは二作目だから'と一作目の3分の2に過ぎなかった．[382] 旱地作物と水稲を輪作すると全体の収量はしばしば向上し，[383] このことがたぶん淮河，揚子江地域で稲―小麦輪作に人気がある理由

---

375) Grist (1), p. 485.
376) このことは，最近の高収量品種にはもちろん当てはまらない．それはすべてインディカである．
377) Buck (2), p. 222 以下．
378) 著者不詳 (532) と他の農業ハンドブックを見よ．
379) 天野 (4), p. 256.
380) Grist (1), p. 432.
381) 天野 (4), p. 256.
382) 『廣東新語』, p. 374〔巻十四食語，穀〕．

表13 中国の稲収量. 石/ムー

年代	地方	籾（穀）	精米（米）	米 kg/ha 換算
1050年ころ[385]	蘇州		2～3[386]	2500～4000
南宋[385]	紹興		2[386]	2500
1175年[385]	安徽	最良地で2		1300
		中位地で1.5		1000
南宋[385]	揚子江デルタ，福建	5～6[386]		3200～4000
16世紀[387]	漳州，福建南部	4～7[386]		4000～7000
	建寧，福建北西部	1.2～3[388]		
1511年[389]	上海		最良地で3[386]	6000
			中位地で1.5[386]	3000
17世紀末[390]	広東		良年で4[386]	3800

だろう．別の方法として，農民が時に好んで行ったのは，早生稲と晩生稲を同じ水田で同時に栽培することだった．『農田餘話』に言う．[384]

> 蛮東地方（広東沿岸）〔閩廣の地〕では稲を二回収穫する．一作目を収穫すると直ちに二作目を植える．これは失策である．
>
> 私は永嘉［浙江］の学者の忠告に従った……言うには，彼の地方では清明節の前に稲を蒔き，2ヶ月後に単一種を列で移植する．その際，株間を広く取り，1株に植える苗は多くする．先ず早生稲を植え，次いで10日後に晩生稲を早生稲列の間に植える．早生稲は4ヶ月後に実り，それを刈って運び出した後，中耕して晩生稲に土寄せをすると晩生稲は旺盛に育ち，実をたくさんつける．そののちに二作目を収穫する．

> 「閩廣之地，稲收再熟．人以爲穫而栽種，非也．予嘗識永嘉一儒者．……言其郷以清明前下種，芒種蒔苗．一墾之間，稀行密蒔．先種其早者，旬日後，復蒔晩苗於行間矣．立秋成熟，刈去早禾．乃鉏理培壅其晩者，盛茂秀實．然後收其再熟也.」

---

383) 今の中国の輪作は，大抵が灌漑作物2回，旱地作物1回である．
384) 『農田餘話』．陳祖槼(2), p. 95 に引用．この慣行は揚子江デルタや華南の他の地方に広いことが Buck (2), p. 78 に見える．
385) 出典．天野 (4), pp. 255-256．石を重量単位とすると，米 kg/ha 換算値に合う．他も同様に．
386) たぶん，二作の累積数字．
387) 出典．Rawski (1), pp. 79-80.
388) たぶん一作地域．Rawski (1), p. 33 を見よ．
389) 出典．天野 (4), p. 332.
390) 出典．『廣東新語』, p. 374〔「巻十四食語，穀」〕.

稲は手をかけるとそれに応える作物で，特に労力の増投に応える．一般的に，中国の稲作法は生産性が数世紀にわたって高まるにつれ，労働集約的になってきた．新石器時代の農民はたぶん湿地で稲を育てただろう．しかし周代後期には農民は畦を追加し，その水田に灌漑をした．移植（骨の折れる点では名うての仕事）は漢代に最初の記述がある．唐代，宋代は水田造成技術と灌漑施設の面で多くの改良と工夫を成し遂げ，栽培面積が拡大した．他方，11世紀に早生稲がチャンパから導入されて二期作が華南全体に広がった．明代，清代の生産性増大は主に肥料補給と水制御の進歩に因ったが，再び仕事は増えた．

栽培技術と一年の栽培回数は，投入可能労力，米需要，代替経済活動の可能性に応じて選ばれた．市場に近い地方では，市場作物の栽培や手工業製品の生産にエネルギーを割くほうが有利と判断することもままあり，役人は，余剰米生産の余地が大きい地方だのに，外からの輸入米で補給せねばならないと頻繁に不満を述べた．[391] わずか数マイル離れるに過ぎない地方が，作物や業種の選択は大きく異なった．例えば，『廣東新語』を見よう．[392]

今日，霊山と安南では土地が余り，人が少ない．どこを見ても肥沃な土地がある．高地の水田も低地の水田もよく灌漑されている．住民は農業と家畜飼養に専念し，富を家畜の多さで計る．彼らは食える以上の穀物を生産し，代八車で横州［現在の広西省南寧］の市場へ運ぶ．商人がそれを買い，烏，蛮，灘の諸川を下って広東へ運ぶ．省の西部も東部と同じ状況だ．穀物が豊富にある原因は……これら南部地方の気候が温暖で年に三作できるからだ……彼らは始め水田に稲を二作し，その後アブラナの野菜を植えて油を作るか，染料の藍，あるいはウコン，あるいは大麦，菜種あるいは甘藷を育てる．水田収穫後は藁を海水に浸し，焼いて塩を取る．平坦な丘や尾根には葦，甘蔗，棉，麻，豆，香草，果実，メロンが豊富に育つ．人民はすべてはなはだ勤勉で，農業に熱心に従事し，不生産の地は一筆もなく，遊んでいる手はない．

「今靈山亦交趾地也．土廣而人稀．美田彌望．無分高下．皆有水澤沮洳之潤．民務耕耘．尚畜牧．以牛之孳息爲富．穀多不可勝食．則以大車載至橫州之平佛．而賈人買之．順烏蠻灘水而下．以輸廣州．蓋西粤之穀．亦卽東粤之穀也．東粤自來多穀．志稱南方地氣暑熱．一歲田三熟．……早禾田兩穫之．餘則蒔菜爲油．種三藍以染紺．或樹黄薑，麰麥．或蔓菁，番藷．大禾田既穫．則以海水淋稈燒鹽．其平皐高岡．亦多有荻，蔗，吉貝，麻，豆，排草，零香，果

---

391) 例えば，Shiba (1), p. 50 以下．
392) 『廣東新語』，p. 371 〔「巻十四食語，穀」〕．

疏之植. 民皆纎嗇筋力. 以本業爲孳孳. 亦可謂地無廢壞. 人無游手者矣.」

しかし著者は，その地方の農民の勤勉さとともに，南部諸省の富は主に極東全域で取引された市場向けの贅沢品生産（香料，砂糖，蠟，ロタン，胡椒，など）によると指摘する．富は港に偏り，貧しい農民は商品を広東へ運び，わずかな商売で収入を補うよう心がけた．

稲作と商業活動の関係は結論部分でもう少し詳しく取り上げる．利用できる土地の広さもまた栽培法を決める決定的な要因だった．例えば，新開地で土地が豊富に手に入るところでは，人口稠密地より農業の集約度は低かった．宋代の著述家周去非はそうした贅沢な方法を，やや非難の意を込めて記録する.[393]

> 欽州（広東最南部）の農民は不注意である．耕す際，土塊を砕くだけだ．そして播種技術は種子を点播するだけだ．これほど種子の無駄はない！ さらに，播種後，農民は除草も灌漑もせず，ただ自然に作物を委ねている．
>
> 「欽州其耕也僅取破塊, 不復深易乃就田點種, 更不移秧. 旣種之後旱不求不澇不疏, 決旣無糞壤又不耔耘, 一任於天.」

宋代の湖北，湖南のなおざりな方法は，揚子江デルタや福建で行う細心な農業技術と著しい対照を見せた．とりわけ福建の，わずかなやせた土地で挙げるよい収穫との対照は驚くばかりである.[394] しかし清代には湖北と湖南の稲作は，全国市場に米を供給するところまで発展した．それでもなお，内陸の広大かつ豊かな平野で行う農業技術は揚子江デルタの集約的農業技術の域には達しなかった．その必要がなかったのだ.[395] 揚子江デルタのような人口密集地で必要になった技術の精細さは8世紀の詩人杜甫の詩にも明らかだった.[396]

> ……江の北
> 水田数百頃, 平坦な卓を成す.
> 6月, 緑の稲は満ち,

---

393)『嶺外代答』. 陳祖槼 (2), p. 69 に引用.
394) Shiba (1), p. 53.
395) Rawski (1).
396) '巡察使張望補の田を潤す'「行官張望補稲畦水歸」. 陳祖槼 (2), p. 47 に引用.

千圃に碧水は行き交う．
苗は既に植わりてまさに整然，
川水は導かれてさらに田を潤す．
僕，方形の池堤に至るや
水路の流れ込むくぼみあり．
君の田地，すべて明らかに見ゆ．
流水に旱魃の気配なし．
水番，君の用人に告げて言う
水路と流れの巡見や如何と．
矢のごとく直に，かわせみの羽の如く鮮やかに
流れは輝き，きらめき，銀漢を映す如し．
かもめの破り入る鏡は，
国境の雪山を映す．
秋草は稔りて黒き実を熟し，
内部の精は雪白の饗宴．
薄碧き穀は夕餉を満たし，
紅色も新鮮に，虹を広げる．*1

「……大江北，百頃平若枝．
六月青稻多，千畦碧泉亂．
插秧適云已，引溜加溉灌．
更僕往方塘，決渠當斷岸．
公私各地著，浸潤無天旱．
主守間家臣，分明見溪畔．
芊芊燗翠羽，剡剡生銀漢．
鷗鳥鏡裏來，關山雲邊看．
秋菰成黑米，精鑿傳白粲．
玉粒足晨炊，紅鮮任霞散．」

---

*1　原詩は，湯気は夕焼けを写す，とすべきか．

5 豆類

'豆（「菽」あるいは「尗」shu）の種類は稲や黍と同じほど多い．その播種と収穫は四季を通じて続き，人間が栄養の必要性に気づいた古代以来ずっと豆を日々の食料としてきた'．[397] 豆類はマメ科 Leguminosae（顕花植物の中で最大の科の一つ），ソラマメ亜科（Papilionoideae）に属す．その定義は，一枚の心皮からなる果実が下面または上面の縫合線に沿って裂開し，二つの弁に分離する[398]——このやや専門的描写からすぐ分かるように，エンドウ，ダイズ，ヒラマメ，ピーナッツなどが含まれる．豆類の特徴で注目すべきは，土に窒素を付加して土の肥沃度を高めることだ．緑肥作物としての価値は知られて長いが，窒素固定の過程と機構が発見されたのは19世紀だ．豆類の根は根瘤バクテリア Rhizobium 属を誘引し，これが根毛を通って中に入り，細胞分裂を引き起こして特徴的な根瘤を作る．根瘤の中のバクテリアが大気中の窒素を固定する能力があり，その一部は宿主植物に利用され，他は根瘤が落ちると土に入って分解される．[399] この窒素固定の現象によって豆類は土を肥やす緑肥作物や輪作作物として価値があり，また蛋白質含量が多く栄養価が高い．[400]

豆類は西アジア，南北アメリカで最古の栽培化植物に属する[401]が，面白いことに中国の先史時代に豆類を栽培した確かな証拠はない．中国に土着の種が多く，豆類が周代後期以来中国農業で重要な役割を果たしたのにかかわらずである．マメ科植物の遺物は二，三の中国新石器時代遺跡で出土するが，それらはソラマメ（*Vicia faba*）やピーナッツ（*Arachis hypogaea*）と同定されている．前者は漢代に西アジアから中国へ伝来し，後者はアメリカの土着種なので，これらの

---

397)『天工開物』1/20a〔巻上乃粒第一，菽」〕．訳 Sung (1), p. 21 を著者が調整．
398) Purseglove (1), p. 199.
399) *Rhizobium* には多くの異なる系統が知られ，どの系統もマメ科のこのグループの根に共生できるが，他のマメ科のグループとは共生しない．同上，p. 200.
400) Whyte, Nilsson-Leissner & Trumble (1).
401) 栽培種と見なされるエンドウやヒラマメの炭化物は，近東とヨーロッパの紀元前7000年の農業遺跡で同定されている．D. Roy Davies (1), Zohary (4), Zohary & Hoph (1). *Phaseolus*〔インゲン属〕の豆類は，ペルーとメキシコで紀元前6千年紀に栽培化されていたようだ．Alice M. Evans (1), Pickersgill & Heiser (1). ピーナッツは紀元前3000年より以前にアマゾン上流地域，ボリヴィア南部，アルゼンチン北部で栽培化したとされる．Gregory & Gregory (1).

同定の正しさはありえないとは言わずとも疑わしい.[402]

　商代の甲骨文に豆類の記述はないようで，中国の豆類栽培の疑いない最古の証拠は，周代の青銅器金文と『詩經』にある．どちらの典籍も「菽」(*shu*) と呼ぶ作物に触れ，初期の字の形は明らかに根に付着した根瘤を描く（図237）．「菽」という用語は豆類一般にも用いるが，第一には大豆 (*Glycine max* (L.) Merrill) を表し，これらの記述にこの字があることは大豆の栽培化を意味すると考えられている.[403] 後の語源学文献では「菽」の用語はふつう大豆を指す場合に限定されるが，「戎菽」(*jung shu*)，「荏菽」(*jen shu*)，「大菽」(*ta shu*) などの言及があり,[404] このことは漢代以前でも「菽」を大豆に限定せず，豆類の総称として用いたとも思われる．大豆を指す現代の用語は「大豆」(*ta tou*)，つまり'大きな豆'で，この用語の初出は紀元前1世紀の『氾勝之書』だ.[405] 古典時代,「豆」(*tou*) という用語は'供犠あるいは祭りの際の肉汁を入れる木製容器あるいは皿'の一種に限定したが,[406] 漢代までにそれは豆類作物一般を指すことになったようで，その用法が今日も続いている．

　初期文献や金文の「菽」という用語が大豆を指すのか豆類一般を指すのか，それはともかくとして，大豆が周代始めに栽培化されたことは疑いない．紀元前7世紀の出来事を述べる文献が大豆（「戎菽」）に触れて，関中に導入された新しい作物と述べ，さらに孟子の時代にはそれは庶民の主食食物の一つになっていた.[407] 大豆の野生祖先種, *Glycine ussuriensis* Regl. & Maack あるいは *G. soja* L. は東北中国とその近接地域の満州，韓国，日本に土着する植物で,[408] 栽培化した大豆を「戎菽」と呼ぶのは意味がありそうだ．というのは,「戎」は東北中国のツングース族を呼ぶのに周代に広く使われた言葉だからだ．『管子』は紀元前7世紀に齊の桓公[409] が戎山の領域へ遠征隊を率い,'諸国に広めようと，冬ねぎと大豆（「戎菽」）を持ち帰った'と述べている.[410]「戎」(*jung*) とその（当時の）同音異

---

402) K. C. Chang (1), p. 181，また，ピーナッツに関する下記の記述を見よ．
403) 胡道静 (*14*) はその栽培化がもっと早いと考えている．Ho Ping-Ti (5), p. 70 は栽培化を紀元前1000年頃と考えている．
404)『爾雅』とその注釈に例がある．
405)『齊民要術』6.6.1 以下を見よ．
406) Bretschneider (1), vol. II, p. 162.
407) Ho Ping-Ti (5), p. 79.
408) Hymowitz (1), (2).
409) 齊は現代の山東省ほぼ全域を占めた．

図 237 豆類を指す甲骨文字.
Ho Ping-Ti (5), p. 80.

義語「荏」(jen) について別の注釈は，それが単に'大きくて多産な'の意味であると言う.[411] たしかに大豆は 6 フィートにもなる大きなよく茂る植物で，現代の名前「大豆」は植物体のこの特性に由来すると思われ，その豆の大きさに由来するのではないだろう．豆自体はヒラマメ程度の大きさに過ぎない（図238）.

大豆は周代中国を急速に席巻したが，これはその優れた特性の賜物である．実際その特性はしばしば現代作家の叙情に訴え，次の詩がある．'かの奇跡，かの気高き作物，かの驚くべき植物，大豆'．[412] 古代中国人の賞賛の仕方は明らかにもっと中庸を得ていた．彼らにとって大豆は単に'豆類の一種'だった.[413] しかし彼らの慎みには失礼ながら，近代栄養学の分析がなかったなら，大豆が今日高い評価を受ける多くの特性に中国人は気づかなかっただろう．例えば，普通の大豆 1 ポンドがビフテキ 1 ポンドの二倍の蛋白質を含むこと，ヴィタミン A，カルシウム，チアミン，リボフラヴィンとその他の B- 複合ヴィタミンが豊富に含まれ，カロリーとコレステロールは低いことを知らなかっただろう.[414] 中国人にとって大豆の主要長所はやせ土でも収穫が良く，土を疲弊させず，不作年でも収穫がよいことにあり，したがって飢饉作物として有用なことだった．大豆は確実に 1 ムー当たり 5 から 10 ブッシェル〔原文では石〕の収量があると強調され，[415] これは黍の収量の三，四倍になった．『氾勝之書』は，昔[416]の農夫は一人当たり 5 ムーの大豆を植えて，飢饉に備えたと言う.[417] それほど大豆は有用

---

410)『管子』10/4a〔「戒第二十六」〕．訳 Ho Ping -Ti (5), p. 78.
411) Bretschneider (1), vol. II, p. 164.
412) Anderson & Anderson (1), p. 346.
413)『天工開物』1/20a〔「巻上乃粒第一，菽」〕.
414) Anderson & Anderson (1), p. 347, Shurtleff & Aoyagi (1), p. 6.
415)『氾勝之書』．『齊民要術』7.5.5 に引用．ほぼ 2000 〜 4000 キログラム毎ヘクタールに相当し，今日の中国や米国の収量に並ぶ数字（黒龍江農業研究所 (1), Purseglove (1), p. 270) で，誇張があるかもしれない．
416) 多分周代後期．
417)『齊民要術』6.5.1.

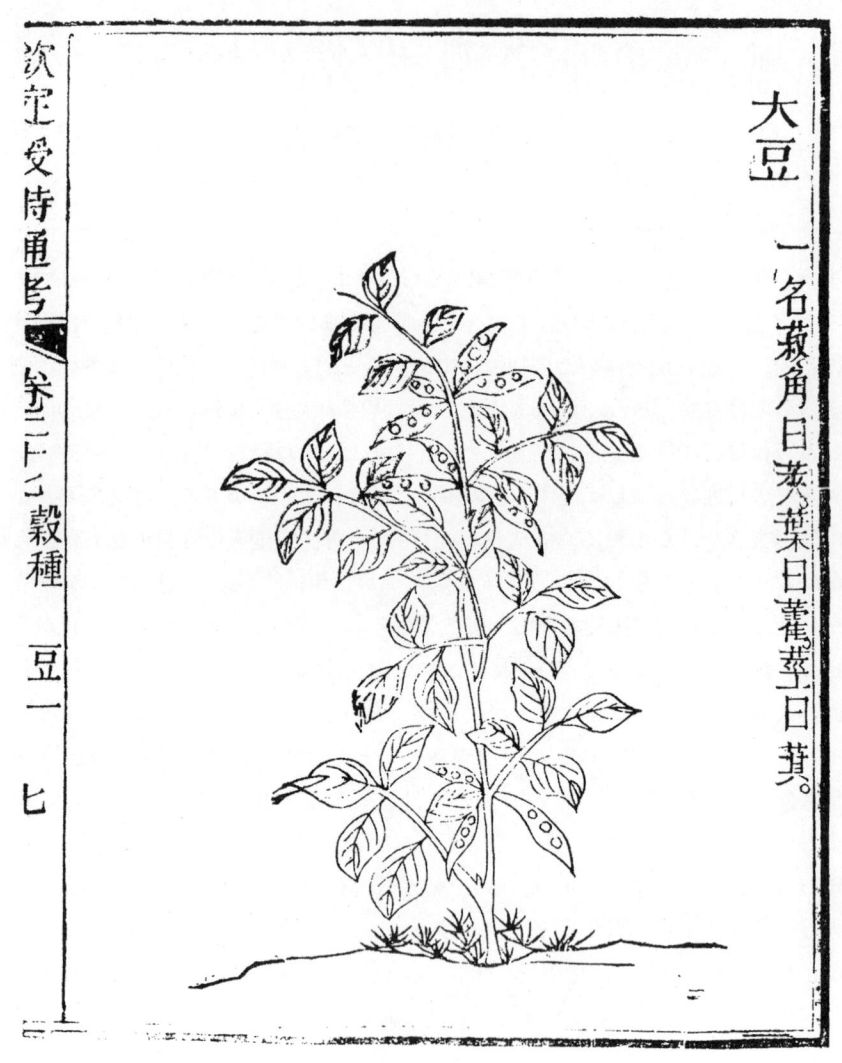

図238 大豆植物.『授時通考』27/7a.

であり，中国で周代以降広く栽培した．しかし大豆は美食家向きの点では大して評価されなかった．汝南(現在の安徽〔正しくは河南省〕)で紀元前1世紀に灌漑施設が破れたとき，地方民は不満を訴える歌を作ったが，それは食い物は大豆とヤムイモだけだというものだった．[418] また14世紀に王禎も書いている．[419]

'黒い大豆は死に瀕したときの食い物だ．それは不作年に［穀物を］補い，豊作年には牛馬の飼料に使える'．

とはいえ，大豆は多数の種類があり，[420] いく種類かは飢饉時を除き飼料になるのみと見なされたが，その他の種類は粥やオートミールを作るのに適すると評価された．[421] 中でも中国人が大豆を最も重用した用途は，大豆を発酵させて醤油（「醬」chiang），調味料（「豉」shih），あるいは豆腐（tou fu）にすることだった．これらは一般に黄色い大豆品種から作った．[422] 種々の発酵法の発見は非常に古い．「醬」は『論語』が言及し，漢代には大量の生産があり，[423]「豉」も同じだった．[424] 最古の豆腐は漢代に製造の報告がある．[425] 大豆製品の詳細な論議は第40部（Vol. VI. Part 5, *Fermentations and Food Science*, 2000, 和訳未刊）で扱っているのでここでは触れない．一点だけ付け足すと，種々の発酵法は大豆の味をよくするほか，栄養特性を大幅に改良することだ．

大豆は中国で栽培する豆類の中で，たぶん最も重要だった．しかしそれが唯一ではなかった．'小さい豆'（「小豆」hsiao tou あるいは「荅」ta）[426] があり，それは，『齊民要術』によると，赤，緑，白の三種があった（図239）．[427]「小豆」の用語はたぶんアズキ豆 *Phaseolus angularis* (Willd.) Wight[428] を指し，これは中国と日本の土着種だ．[429]'緑豆'（「綠豆」lü tou）は土を肥やす性質のため輪作に重用されるが，学名上の同定は様々だ．*Phaseolus radiatus* L., とする同定があり，これは *Phaseolus mungo* L., つまりムンゴに似たインドの土着種，とし，[430] また *Phaseolus aureus* Roxb., つまりリョクトウとする同定がある．[431] この'緑豆'は華北での栽

---

418)『前漢書』84/22a〔翟方進傳第五十四〕. Yü Ying-Shih (1), p. 76 を見よ.
419)『王禎農書』7/11b〔百穀譜穀屬，大豆〕.
420)『齊民要術』6.1.1-5,『天工開物』1/20a〔巻上乃粒第一，菽〕，李長年 (4) の随所.
421)『王禎農書』7/11b〔同前〕.
422) ただし，『齊民要術』は黒豆を勧める．70.1.3.
423) Shih Sheng-Han (1), p. 84.
424) 同上, p. 87.
425) 篠田統 (7), p. 110 は最古の文献記録が『淮南子』にあると認めるが，Yü Ying-Shih (1), p. 81 はその文章が証拠として弱いとこれを退ける．
426)『廣雅』．『齊民要術』6.1.2 に引用．
427)『齊民要術』6.1.5.
428) Purseglove (1), p. 289.
429) 同上, Vavilov (2), p. 21.
430) Bretschneider (1), vol. II, p. 166.
431) 西山・熊代 (1), p. 5, Herklots (3), p. 245.

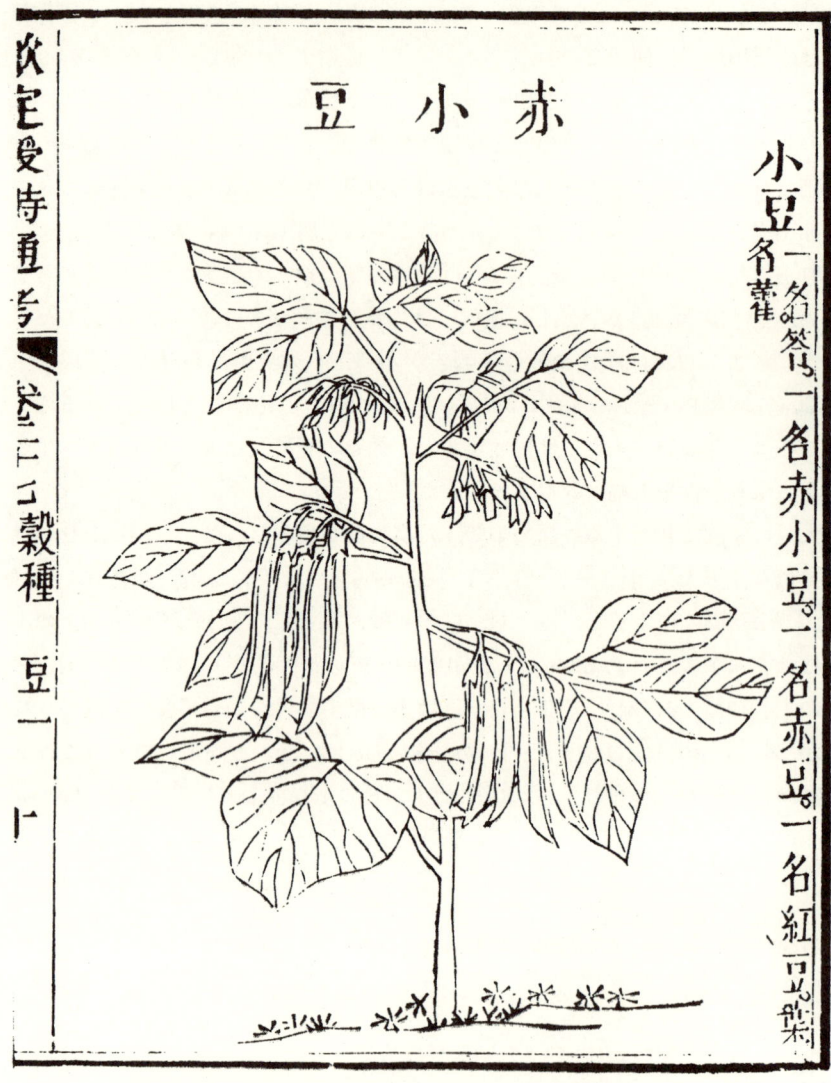

図 239　赤いアズキ豆 (*chhih hsiao tou*). 『授時通考』27/10*a*.

培が広く, 挽いて粉にし, 麺やケーキ作りに使う[432]（ササゲ類の粉をインドで同様に使う）.[433]

432)『齊民要術』6.5,『王禎農書』7/12*b*〔「百穀譜穀屬, 豌豆」〕.

重要な豆類は多くが西アジアから中国へ来た．その中にソラマメ(*Vicia faba* L.)とエンドウ(*Pisum sativum* L.)があり，どちらも漢の使節張騫が中央アジアから中国へ帰国した紀元前126年にもたらしたとされる．[434] 両者を指して「胡豆」(*hu tou*)つまり'西の豆'と言うことがあるが，エンドウは「豌豆」(*wan tou*)，[435] ソラマメはその形から「蠶豆」(*tshan tou*)[436]（図240）と言うのが普通だった．エンドウとソラマメのどちらも麵，ケーキ，団子作りに用い，また全体を食し，[437] 保存のよいことが利点だった[438]（ヨーロッパでもそうで，農夫の伝統的食料として重要だった）．[439] エンドウは西北中国に栽培が広く，ソラマメは華南，特に西南部で広かった．[440] 今日ソラマメは雲南で稲に次ぐ食料作物だ．[441]

中国で栽培するもう一つの重要な豆類はササゲ，*Vigna sinensis* (L.) Sair ex Hassk あるいは *Vigna unguiculata* と，その亜種のジュウロクササゲ *V. sesquipedalis* (L.) Fruw.（「豇豆」あるいは「醬豆」*chiang tou*）だった．この作物は熱帯アフリカに起源し，インドではサンスクリット時代までに知られていた．[442] しかし中国への導入はたぶん中央アジア経由だろう．というのはこれも初期文献が「胡豆」(*hu tou*)つまり'西の豆'と呼ぶからで，[443] 北宋の『圖經衍義本草』には中国の西北諸省での栽培が多いとある．[444]

ピーナッツについて簡単にでも触れないと，中国の豆類の記述が完成したとは言えない．ピーナッツまたは落花生(*Arachis hypogaea*)は南アメリカの土着種で，中国文献での初出は16世紀，蘇州出身の黄省曾(1490〜1540年)の『種芋法』にある．[445] '[一種の根茎作物があり]その花はつる性の茎につく．花が落ちた後，

---

433) *Phaseolus angularis*, *P. radiatus*, *P. aureus*，そして *P. mungo*（これらはインゲン属）の分類は最近，（ササゲ属の）*Vigna angularis* (Willd.) Ohwi & Ohashi〔アズキ〕, *V. radiata* (L.) R. Wilczek〔リョクトウ〕，そして V. mungo (L.) Hepper〔ケツルアズキ〕と分類が改訂され，*Phaseolus aureus* と *P. radiatus* は今同じ種に分類する．Maréchal, Mascherra and Stainier(1).
434) しかし，Laufer (1), p. 305 を見よ．
435) この言葉は3世紀初頭の『廣雅』に初出．『齊民要術』6.1.2，また『王禎農書』7/12b〔同前〕，『農政全書』26/5b などを見よ．
436) この言葉は宋代以前の文書には出ない．李長年 (4), p. 351 を見よ．
437)『王禎農書』7/13a〔同前〕．
438)『農政全書』26/6a．
439) Markham (2), (3), K. D. White (2), p. 190, Ames (1), pp. 49, 52.
440)『王禎農書』7/13a〔同前〕，『本草綱目』24/20-1.
441) Fei & Chang (1).
442) Purseglove (1), p. 324.
443)『廣雅』．『齊民要術』6.1.2 に引用．それによると，「胡豆」は「醬䜴」と同じという．
444) 李長年 (4), p. 294 に引用．

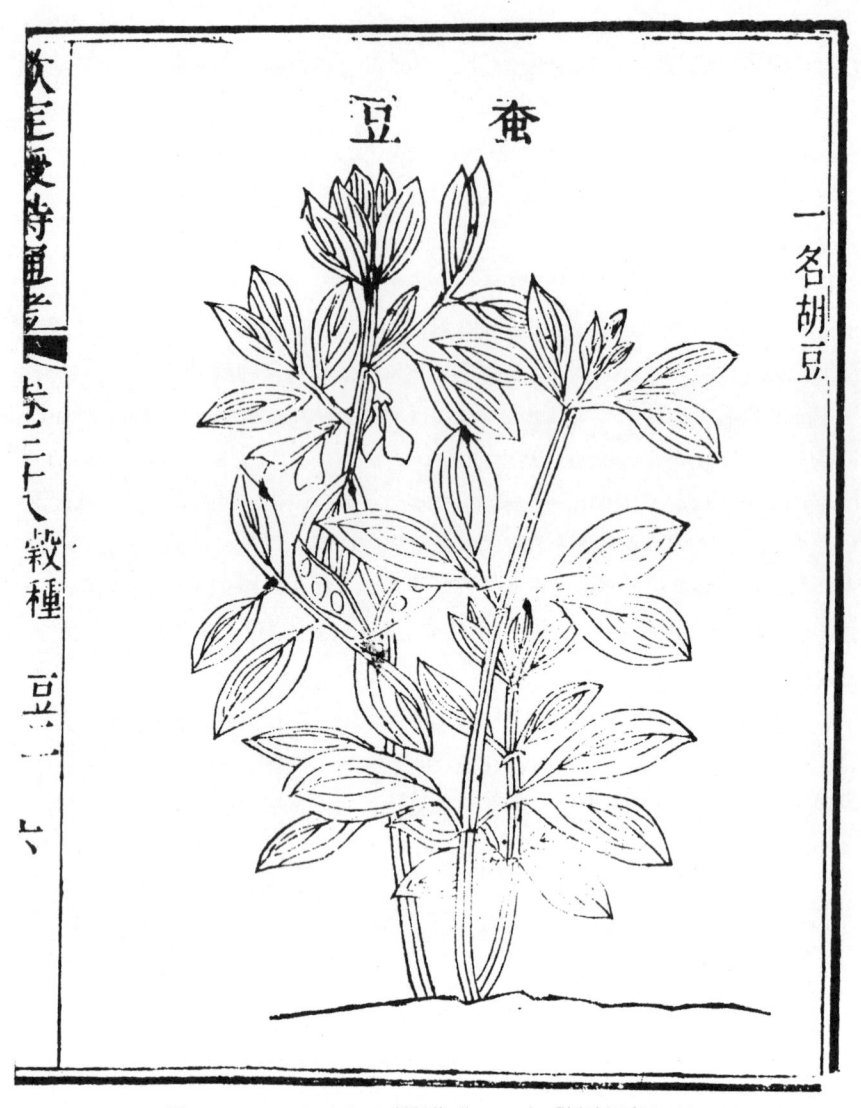

図240　ソラマメまたは'蠶豆'(*tshan tou*).『授時通考』28/6a.

[莢が土中で]発育を始める．これは「落花生」(*lo hua sheng*)と呼び，嘉定県[上海近傍]に産する'．「落花生」は字義通りには，種子が地に落ちた花から生まれることを意味し，この植物独特の生態を正確に指摘する．後に中国人は名前をよく「花生」(*hua sheng*)と省略した．非常に古い時代の炭化遺物もしくは化石化し

たピーナッツの遺物が華南沿岸に出土して，ピーナッツの中国起源を謳う学者も現れた[446]が，ピーナッツは疑いもなくコロンブス以後にアメリカから中国へもたらされたもので，たぶんポルトガル人が16世紀初期に福建へ運んだものだろう．[447] 中国でピーナッツははじめ美味とされ，1700年までに華南の諸地方は輸出用に栽培するようになり，18，19世紀にはその栽培が南部と西南部の未開地方へ波及した．Ho Ping-Ti (1) が述べている．'おかげで，以前は未開だった広西と雲南の多くの地方が，この貴重な新作物を専門に栽培する豊かな農業地帯に変換［した］'．[448] ピーナッツは他の作物には不適なやせた砂土でよく育つので，中国の作物リストが増えたことは歓迎された．北方諸省への栽培の波及は遅々たるものだったが，20世紀までに山東と河南東北部は主要なピーナッツ産地になった．[449]

ほかに多くのマメ科植物も中国で栽培するが，豆を食うのでなく野菜としてである．ここで述べた豆類は畑で栽培し，[450] 窒素固定特性によって中国の作物輪作に重要な役割を果たした．大局的に見ると，中国の農民が土の肥沃度を壊滅的に破壊することなく，周代から今日まで集約的栽培体系を維持しえたのはこれらの豆類植物による．

6　油糧作物

　私が思うには，自然が時を日夜に分けるのに，人は日をわざと延ばして仕事を行う．これは人が仕事を好み，安逸を嫌うからではない．もし例えば織り手が薪を燃やして明かりとし，学生が雪の光で書を読むとしたら，この世界でどれほどのことが成し得ただろうか！

　草木の実は中に油を蓄えているが，それはおのずから流れるわけにはいかず，液体となって流れ出るには，水と火，木と石［の道具］で圧搾して手助けせねばならぬ．［隠れた油を得ることは］計ることのできない，人の技巧である．

---

445) 訳 Ho Ping-Ti (1), p. 191.
446) 彭書琳・周石保 (1). K. C. Chang (1), p. 181 も新石器時代遺物のピーナッツに言及するが，注意を引く結論は出していない．
447) Ho Ping-Ti (1), (4), p. 184.
448) Ho Ping-Ti (4), p. 185.
449) 同上．
450) 栽培法は他の旱地穀物と非常に似通っていた．詳細は李長年 (4)，黒龍江農業研究所 (1)，王金陵 (1) などを見よ．

人は品物を運び，遠隔地へ旅行するのに，船と車に頼らざるを得ない．[車軸に注した]一滴の油は車を転がし，一石の膏で隙間を詰めて船は旅の準備が整う．かくて，車も船も油がなくては動き得ない．のみならず野菜を料理するに油を使わないのは，泣き叫ぶ嬰児にミルクを与えないのと同じである．油の用途はまことに様々で多い．[451)]

「宋子曰，天道平分晝夜，而人工繼晷以襄事，豈好勞而惡逸哉．使織女燃薪，書生映雪，所濟成事也．
「草木之實，其中韞藏膏液而不能自流．假媒水火，馮藉木石，而後傾注而出焉．此人巧聰明，不知于何稟度也．
「人間負重致遠，恃有舟車．乃車得一銖而轄轉，舟得一石而罅完．非此物之爲功也，不可行矣．至蔬蔬之登釜也．莫或膏之，猶啼兒之失乳焉．斯其功用一端而已哉．」

北ヨーロッパでは油脂は伝統的にほとんど動物起源だった．照明用は獣脂と蜜蠟，料理用はラードとバター，潤滑用は鯨油を使った．地中海諸国ではオリーブオイルがこれらすべてを一つでこなしたが，中国でもある種の料理でラードを重用する以外ほぼすべての油は植物起源で，しかも原料とする植物は，麻の実，ゴマ，種々のアブラナ，大豆，ピーナッツ，棉実，茶実など広範囲にわたった．[452)] 中国の搾油法について，初期の歴史はほとんど判っていない．中国の搾油機「榨」(cha) は宋代以前の文書に記述がないが，その構造と操作は，くり抜いた太い木の容器の中で油質の種子をくさびで締めるごく簡単なものであり，起源は非常に古いだろう．[453)] また，もっと簡単な搾油法は油質の種子を煮るか，臼と杵で搗くものだった．[454)] これは古代エジプトや他の古代文化でも行い，[455)] 中国でも非常に古い時代に遡るだろう．陝西の半坡遺跡で出土したアブラナ種子は油作りに用いた可能性もある．[456)] ところが，農業と割烹の他の面では豊富な情報をもたらす漢代の考古および図像の資料も，油の作り方につ

---

451)『天工開物』12/63a〔巻中膏液第十二〕，訳 Sung Ying-Hsing (1), p. 215.
452) より詳しいリストは『天工開物』2, section 12〔巻中膏液十二，油品」〕，訳 Sung (1), pp. 215–221, 張偉如 (1), 著者不詳 (534) を見よ．最重要な油糧作物の一つ，セイヨウアブラナ Brassica napus L. var. oleifera はごく最近に中国へ導入されたが，すでに広く栽培されている．四川農業科学院 (1) を見よ．
453) 詳しくは Needham, Volume IV. Part 2, p. 205 以下を見よ〔思索社刊第 8 巻, p. 263 以下〕．
454)『天工開物』12/64b〔巻中膏液第十二，法具」〕．
455) Schmauderer (1).
456) K. C. Chang (1), p. 121.

いては何の情報ももたらさない．ただし，油質の種子を得るために麻が栽培されたことは判っている．[457] 6世紀の『齊民要術』が，アブラナや他の種類を油用に大面積栽培して'搾油家'(「壓油家」 *ya yu chia*)に売るよう勧めるが，油の抽出法は何も記述がない．[458]

中国で栽培した最古の油糧植物はアブラナ類とアサらしい．「麻」(*ma*) *Cannabis sativa* L., は背が高く叢生する一年生植物で，時に6ないし8メートルに達し(図241)，中国人はその繊維を重用した(本書p. 596を見よ)．麻の実は約30パーセントの油を含み，[459] 伝統中国で非常に広く利用されたようだ．いやな臭いがあるので料理用油では最低ランクだった[460] が，ランプ油としては良質で，煙が出ず目を傷めなかった．[461] 麻は中国で新石器時代に繊維用として栽培したが，油としていつ利用するようになったか情報はない．麻は雌雄異体の植物で，実をつけるのはもちろん雌株である．実を付ける麻の中国語は「苧」(*tzhu*)あるいは「苴」(*chü*)だったが，[462] 『四民月令』と『齊民要術』の著者らは，白い種子が雄株(「雄麻」 *hsiung ma*)に実り，黒い種子が雌株に実る傾向があると信じていた．[463] この主張は科学的根拠がなく(ただし現代の遺伝的な雌雄異体系統が利用できる場合は別)，種子から育てた植物は雌雄がほぼ同数となる．[464] 初期中国の著述家は品種の違いを性の違いと誤解したのかもしれない．というのは繊維をとる麻の品種と実をとるタイプは相当異なり，前者は背が高く，枝分かれが少なく，実はできるだけつけないようにするが，油用品種は背が低く，枝が多く，沢山の実をつけるからだ．どちらも雄株は雌株に劣る．[465]

麻は今の中国でも油用に時に栽培するが，伝統的にその主な価値は繊維作物にあった．油糧作物としては同様に系統の古いアブラナ属 *Brassica* の植物がはるかに人気があり，中国で長らく植物油の主な原料だ．[466] 種々のアブラナ種の

---

457) 『氾勝之書』，『四民月令』，『齊民要術』に引用．
458) 『齊民要術』18.6.1.
459) Purseglove (1), p. 42.
460) 『天工開物』12/63b〔同前〕．また Shiba (1), p. 81 を見よ．宋代の作品『雞肋編』が引用されている．
461) Shiba (1), p. 82.『居家必用』を引用．
462) 『齊民要術』8.1.1, 9.1.1.
463) 『齊民要術』9.2.1.-2.
464) Simmonds (2).
465) 同上．

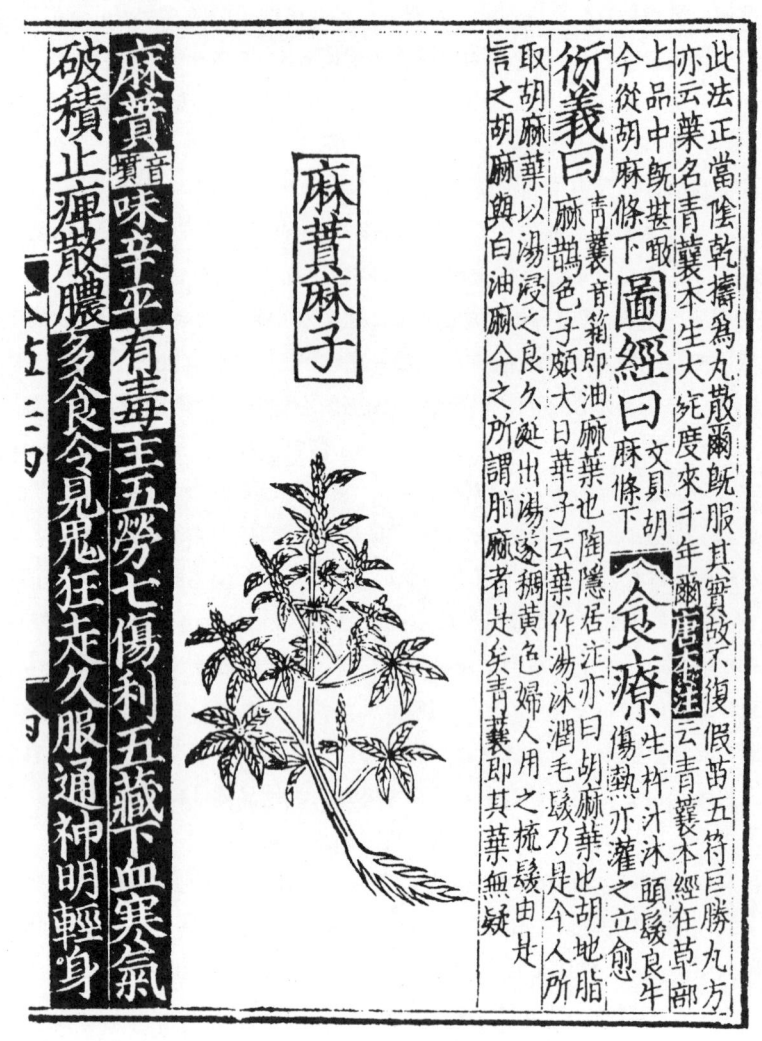

図241 実をつけた麻.『證類本草』24/4a.

名前は混乱している．これは大きな属で，多様な利用法を示す多くの品種がある．正確な植物学的同定は異なる品種に十数個の地方名があるためはっきりしない．中国の油用のアブラナで最も多いのが B. campestris L.〔アブラナ〕である．カブあるいはナタネ B. campestris var. rapa は，一般には「蕪菁」(wu ching) (図242) もしくは「蔓菁」(man ching)，「萊菔」(lai fu)，時に「菘」(sung) と呼び，根菜と緑葉

それに油用に栽培する．その近縁種 B. rapa var. oleifera DC も時に「菘」と呼んだが，ほかに「蕓薹」もしくは「芸苔」(yün thai)（図243），つまり'大きな油糧植物'（「大油菜」ta yu tshai）もしくは'白い菜'（「白菜」pai tshai）（広東語では pak choi）という名前もあった．この品種群は緑葉野菜としてよく栽培される有名な'中国キャベツ'だが，種子用にも栽培し，菜種油に似た良質の油を産する．中国人はまたカラシナ B. juncea Coss. を油用に栽培した．これは'四川カラシナ'（「蜀芥」shu chieh），'葉カラシナ'（「芥菜」chieh tshai），あるいは'小さい油料植物'（「小油菜」hsiao yu tshai）と呼んだ．『齊民要術』がこれらすべての植物の栽培を記述する[467]ことから見て，その栽培規模は相当なものだったようだ．[468]

> 一頃［100 ムー］の菜種（「蕪菁」）から 200 ブッシェルの種子が取れる．この種子を搾油所に持参すると，三倍の重さつまり 600 ブッシェルの籾米をくれる．この量は 10 頃から得られる米よりよい収穫になる．
>
> 「一頃收子二百石，輸與壓油家，三量成米，此爲收粟米六百石，亦勝穀田十頃．」

アブラナの油は味がよく，比較的高収である．胡麻は重量の 40 パーセントの油が取れるが，ナタネでは『天工開物』[469]によると収率 27 パーセント，甘くて味がよく，健康によいという．白菜では普通は収率 30 パーセントだが，肥えた土で注意深く育てると 40 パーセントになる．シソ科植物の Perilla ocimoides L.（「荏」jen もしくは「蘇」su）〔エゴマ〕も珍重され，多くの用途があった．『齊民要術』に記述がある．[470]

> エゴマは本来，栽培がきわめて簡単……どこでも育つ．庭の一隅に蒔いておけば，ひとりでに年々成長する……エゴマを大量に蒔くつもりなら方法は黍と同じだ（しかし雀がこれを好み，したがって家の近くで栽培せねばならぬ）．種子を収穫し，油を絞る．これは菓子作りに使える．（きれいな緑色で，快い芳香がある．[471] 菓子作りに胡

---

466) Wagner (1), p. 333 は，20 世紀初頭，中部および西部で全植物油の 4 分の 3 をアブラナ油が占めたという．
467)『齊民要術』18, 23.
468)『齊民要術』18.6.1.
469)『天工開物』12/64a〔巻中膏液第十二〕．
470)『齊民要術』26.2.2–3.2.
471) Burkill (1), p. 1694 によると，アマニ油に非常に似ている．

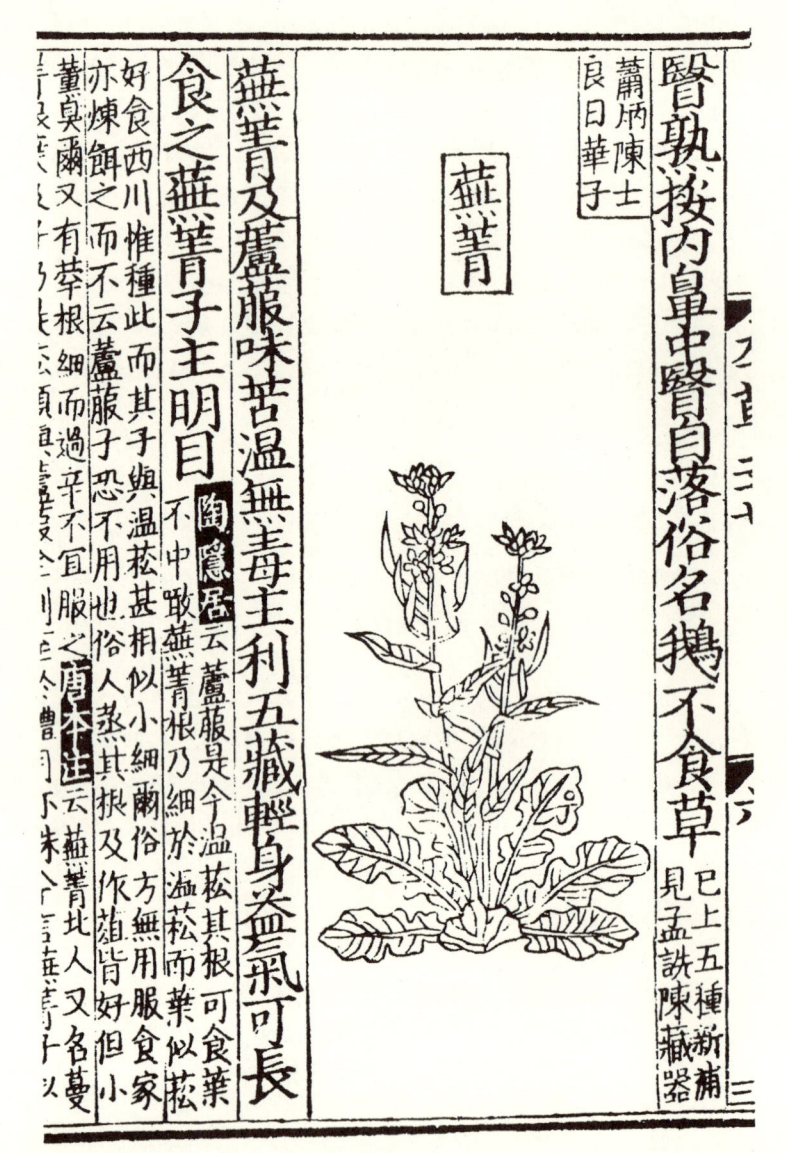

図242　油質種子をつけたナタネ(「蕪菁」wu ching)，Brassica campestris.『證類本草』27/6b.

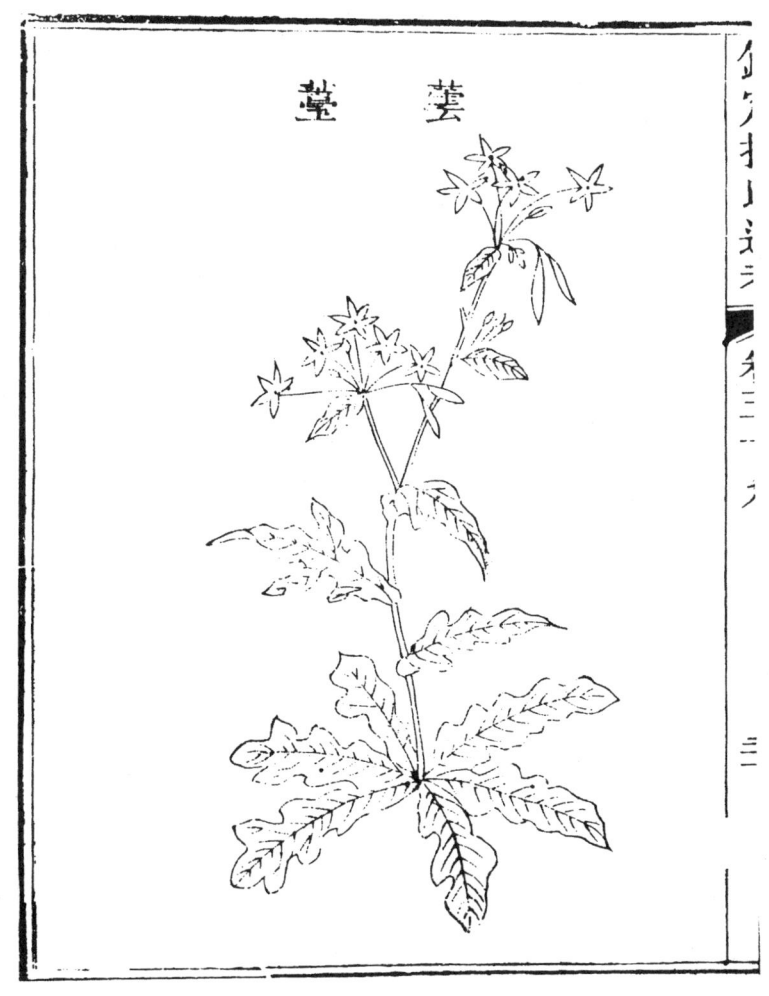

図243　油質種子をつけたナタネカブ(「薹薹」yün thai), Brassica rapa. 『授時通考』59/21b.

麻油ほどよくはないが，不快な臭いのする麻実油よりずっといい．しかしエゴマは整髪には使えない．髪を乾かすからだ．肉スープの味付けには麻実よりよいし，また灯油にもなる……）エゴマ油は布の防水にはうってつけだ．

「荏, 性甚易生. ……隨宜, 園畔漫擲, 便歲歲自生矣. ……其多種者, 如種穀法. (雀甚嗜之, 必須近人家種矣.) 收子壓取油, 可以煮餅. (荏油色綠可愛,

其氣香美,煮餅亞胡麻油,而勝麻子脂膏.麻子脂膏,並有腥氣.然荏油不可爲澤,焦人髮.研爲羹臛,美於麻子遠矣.又可以爲燭.……)爲帛煎油彌佳.」

油質種子の王は,中国人の考えではゴマだった(図244).しかしゴマ *Sesamum indicum* L.の起源地に関する説はどれも疑わしい.非常に古い時代から,インド,エジプト,西アジアで知られ,アッシリアの粘土板に記録がある.他方,サンスクリットで油を指す言葉 *taila* はゴマを指す *til*[472] とほぼ同音異義だ.ドゥ・カンドルは言語学的根拠から,ゴマはスンダ諸島からインドへ先史時代にもたらされたと示唆したが,この意見は今では誤りと判っている.[473] ヴァヴィロフ(2)はゴマには二つ以上の起源中心があると考えた.エチオピア,中東,中央アジア,またインドだ.最近の研究で,ナヤールとメーラ(Nayar and Mehra)(1)は中央アジアと中東に野生種がないことを指摘し,ゴマの起源地はエチオピア地方か半島部インド,もしくは両方で独立に起源したと唱えている.

ゴマはどこの栽培地でも,すばらしい品質が高い評価を受ける.『天工開物』はこう讚える.[474]

ゴマは味がよく,栄養があり,まことにすべての穀物の王といっても誇張ではない……数摑み[の種子]で空腹を永く鎮めるに足るし,ケーキやパン,砂糖菓子にゴマを少し振ると,香りと値打ちが増す.油にすると養毛剤となり,腸に良く,臭いの強い肉を爽やかにし,毒を溶かす.農民がこの作物に割く土地を増やせば利益は大きいだろう.

「胡麻味美而功高,卽以冠百穀不爲過.……胡麻數龠充腸,移時不餒.粔,餌,飴,餳,得黏其粒,味高而品貴.其爲油也,髮得之而澤,腹得之而膏,腥羶得之而芳,毒厲得之而解.農家能廣種,厚實可勝言哉.」

中国人はゴマ油を'香油'(「香油」*hsiang yu*)と呼ぶ.『天工開物』が言う通りの性質があるばかりか,絞り粕は蛋白質に富む家畜飼料(インド,ジャワでは発酵させて時に人間も食べる食料)になり,[475] 中国では優れた肥料として認められた.[476]

---

472) Nayar (1).
473) De Candoll (1), p. 422, Laufer (1), p. 290, Nayar (1).
474) 『天工開物』1/19a(「巻上乃粒第一,麻」),訳 Sung (1), p. 24.
475) Purseglove (1), p. 431.
476) 『農政全書』26/14b.

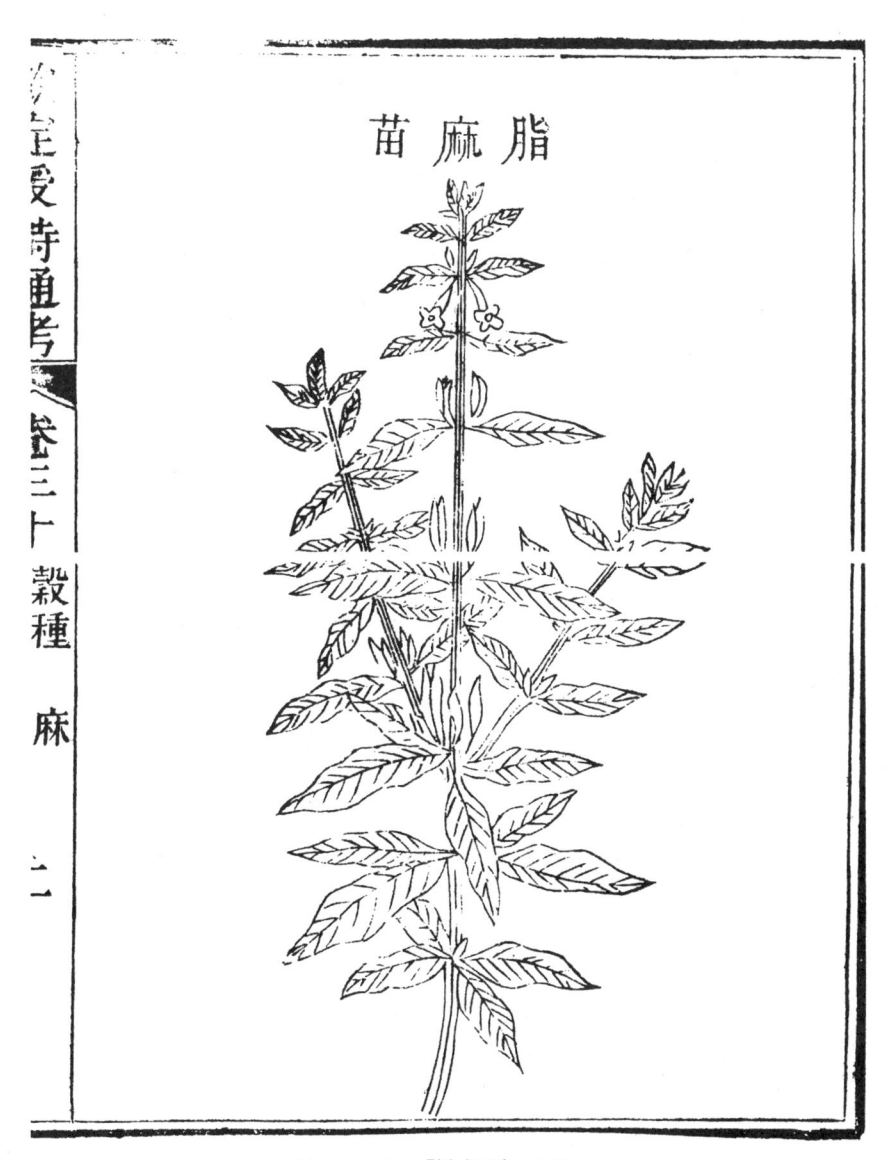

図244 ゴマ.『授時通考』30/2a.

これが受けた高い評価と中国全土での栽培を考えると，中国の植物学者の意見がこの作物について混乱していたのは不思議だ．たぶん問題はそのはじめの名前'ペルシアの麻'（「胡麻」*hu ma*）にあった．アマ（「亞麻」*Linum spp.*）も同じ名前がつけられ，また初期の薬草誌では中国固有の湿地植物，たぶん *Mulgedium siberiacum*,*1 にも同じ名前がつけられた．初期の植物学や医学文献，それに『本草綱目』すらゴマの記述は著しく混乱しており，これらの文献は，紀元前2世紀の使節張騫がフェルガナから中国へもたらしたと考えた．'*Sesamum* と *Linum* の混乱は共通の名前 *hu ma* から生じたが，不幸にも，中国の植物学者あるいはむしろ薬学者が本の虫で観察者ではないことの証明になった．これほど違う植物を一度でも見た者がどうして混同しうるのか，理解を超える'と，ラウファーは述べ，[477] 両方とも中央アジアから中国へ伝来したことは確かだが，張騫が関係する証拠はほんの少しもないと指摘する．

同定の混同をさらに拡大したのは，中国でアマをゴマ同様，種子用にのみ栽培したことで，アマは布にはしなかった．[478] ゴマもアマも栽培条件は類似し，日当たりと排水のよい土を好むので，農書も当てにならないことは植物学文献と同じだ．2世紀の『四民月令』も6世紀の『齊民要術』も *hu ma* の栽培に触れる[479]が，ゴマとアマのどちらを指すのか判らない．宋代にゴマを指す用語「指麻」もしくは「芝麻」（*chih ma*）が一般化して，初めて混乱が正された．[480] とはいえ中国人はゴマをアマよりはるかに広範囲に栽培し，その油をアマニ油より好み，他方アマニ油の生産は西北部に限られ，いやな臭いで食用にならなかった[481] ので，初期の農書が指すのはアマではなくてゴマだと推論するのが妥当だ．

油糧作物の栽培は油の品質がまず関心事だが，その副産物も重要だった．*Camellia sinensis* L.（「茶子」あるいは「樣子」*chha tzu*）の種子から取る油はラードのような旨さがあるが，粕は薪か魚毒にしかならない．他方，大豆粕は豚の餌になった．[482] アブラナ油を絞った粕（「菜餅」*tshai ping*）や大豆油の粕（「豆餅」*tou ping*）は，明

---

477) Laufer (1), p. 293.
478) 同上．
479) 『齊民要術』13．
480) 『雞肋編』．Shiba (1), p. 80 に引用．また，『王禎農書』7/14*a*．
481) 『天工開物』12/63*b* 〔「巻中膏液第十二」〕, Sung Ying-Hsing (1), p. 216.
482) 同上．
*1 この学名は見当たらない．

代には金肥として広く市場に出回るようになっていた.[483] 通例の如く,中国農民は何も無駄にしないよう,またよい粕は土に戻すようできるかぎりの努力を払った.

7　根菜作物

ヤムイモやタロイモなどの根菜は種子でなく栄養生殖で育つので,人間が栽培化した最初の植物だとよく言われる.単にタロイモの地上部やイモの一片を土に植えればまもなく新たな植物が育つ.ヤムイモ(*Dioscorea* spp.)は野生種の多くが(また栽培種の一部も)多量のアルカロイドを含むので,元々の用途は食物でなく毒として使った可能性がある.それは東南アジアの部族が魚毒として今も使う.多くのヤムイモは食べる前に摺って水に漬ける長い準備が必要だ.[484] 他方,タロイモ(*Colocasia* spp.)は毒はないが,劣性の種類はイモや葉にかゆみのもとになる針状結晶を含む.[485]

タロイモ(図245)は半水生植物,ヤムイモ(図246)は水をあまり必要としない植物だが,どちらも熱帯に起源する.タロイモはたぶん南アジア起源だが,ヤムイモは様々な種類がアジア,アフリカ,熱帯アメリカで独立に栽培化されただろう.[486] これら根菜の栽培化は穀物よりはるかに古いという説がよく唱えられ,稲はタロイモ田に雑草として生える野生種から栽培化したという意見もある.[487] 根菜作物の栽培化が早いことは有力な状況証拠(民族誌,言語,その他)があるが,不幸にもその仮説は実証されそうにない.根菜は考古学的遺跡に痕跡を残さないからだ.したがって,中国で根菜栽培の最古の証拠は考古学遺物でなく文献だ.

面白いことに,水生のタロイモ(「芋」*yü*)が華北で旱地ヤムイモ(「蕷,藉,薯」

---

483) 本書4章の施肥の節を見よ.
484) Purseglove (2), Burkill (1). 南米の栽培品種キャッサヴァ *Manihot utilissima* Pohl, またの名マニオックあるいはタピオカは未処理状態でもっと大量の青酸を含むので,さらに注意深く処理せねばならない.
485) Burkill (1).
486) Plucknett (1), Coursey (1), (2), Purseglove (2).
487) Sauer (2), K. C. Chang (6), 佐々木 (1), Meacham (2) など.稲とタロイモの関係が推定されているが,『農政全書』27/14b が水田の木陰や堤近くで稲が開花しない恐れのあるところにタロイモを植えることを勧めているのは注意を引く.

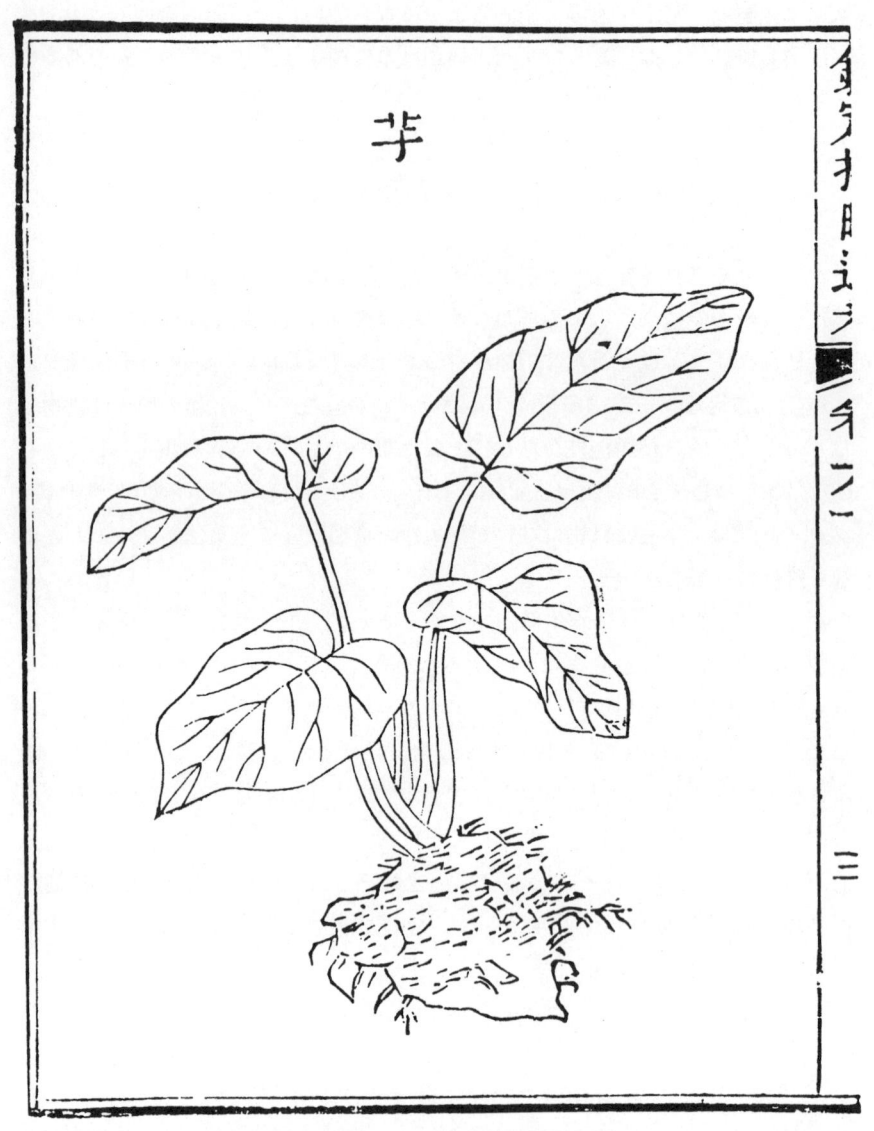

図 245　タロイモ(「芋」 yü).『授時通考』60/3b.

図 246　ヤムイモ(「山藥」 *shan yao*，より一般的には「蕃」,「藷」,「薯」 *shu*). 『授時通考』60/2*a*.

shu)より栽培が早かったようだ．紀元前1世紀の『氾勝之書』はタロイモ栽培の新しい栽培法に数節を割いている．[488]

> タロイモは，大きさ，深さともに3尺の穴に植えるとよい．乾いた豆の茎を穴に入れ，踏み込んで1尺5寸の厚さに積む．穴から掘り出した土に肥を混ぜ，それを豆の茎の上に置き1尺2寸の厚さに積む．よく水を注ぎ，踏み込んで水分を保つ．
> タロイモの地上部5本を取り，穴の四隅と中心に植える．周りを踏み固める．乾く地方では何度も灌水する．豆の茎が腐るとタロイモが芽生え，芋はすべて長さ3尺に育つ――各穴は3ブッシェルの収量を挙げる．

> 「種芋，區方，深皆三尺．取豆萁内區中，足踐之，厚尺五寸．取區上濕土與糞和之，内區中萁上，令厚尺二寸．以水澆之，足踐令保澤．
> 「取五芋子置四角及中央，足踐之．旱，數澆之．萁爛，芋生，子皆長三尺．一區收三石．」

3世紀後期の『廣志』は，タロイモを商品作物として蜀漢つまり四川東北部と陝西南部で栽培したと述べ，14種の異なる変種を挙げる．[489]

> ……「談善芋」($than\ shan\ yü$)は芋が壺のように大きくなるが数は少ない．葉は雨傘のようで，赤みを帯びる．茎は紫で10尺も伸びる．収穫はよく，良い匂いがあり，タロイモの中で最良である．その茎を使って旨い肉スープを作ることができ，それは栄養があって人を太らせ，また二日酔いに効く……'空気タロ'（「象空芋」$hsiang\ khung\ yü$)は大きいが栄養はなく，それに頼ると飢える……

> 「……談善芋，魁大如瓶，少子，葉如傘蓋，紺色，紫莖，長丈餘．易熟，味長，芋之最善者也．莖可作羹臛，肥澀，得飲乃下．……象空芋，大而弱，使人易飢．……」

タロイモの栽培は漢代までに華北で広がったが，ヤムイモは南方からの外来植物とする考えが続いたようだ．6世紀の『齊民要術』は「藷」(shu)もしくは「甘藷」($kan\ shu$)を非在来植物に関する最後の節で挙げ，それが安南と西南中国で栽培されると述べ，また『博物志』を引いて南方人が穀物の代わりにヤムイモを食

---

[488] 『齊民要術』16.2.1-2．『齊民要術』16.3.1-2が引用する氾勝之の文は，水の便がある場合のタロイモの栽培法を述べている――これはもっと簡単な方法だ．
[489] 『齊民要術』16.1.3．

うことを述べている.⁴⁹⁰⁾ これは多くの山地民で本当だっただろう. 今日の
ニューギニア高地人や太平洋諸島の民族にも当てはまる.

　根菜作物それ自体はカロリー以外に特別な栄養はない. 蛋白質含量は非常に
低く, ほとんどは2パーセント未満だ⁴⁹¹⁾ が, 収量は大きく,⁴⁹²⁾ また芋は豚の
いい餌になる.⁴⁹³⁾ したがって根菜の炭水化物と豚肉の蛋白質からとるヴィタ
ミンを結合すると, 十分以上の食事となる. 穀物栽培民は根菜を主食でなく副
食として好み, スープやシチューを旨くする材料に使うのが普通だ. 死者の魂
を現世の楽しみに呼び戻す「招魂」(Chao Hun) 祭の美食リストには, '亀のシ
チューと子山羊の焼肉にヤムのソースをかけたお供え' がある.⁴⁹⁴⁾ 中国のいく
つかの地方, 例えば上海近傍の太倉 (Thai-tshang) は香りのよいタロイモを専門
に栽培し, 全国に輸出していた.⁴⁹⁵⁾

　根菜はまた飢饉食として貴重だった. 穀物よりも洪水, 蝗害その他の災害に
強いからだ.⁴⁹⁶⁾ 唐代にヤムイモはタロイモとともに中国のほぼ全土で栽培し
た. 『本草衍義』にヤムイモの別名「山藥」(shan yao) の説明があり, これは旧名の
「藷蕷」(shu yü) を唐の太宗 (治世は763～780年) が禁じたという話にまつわる.⁴⁹⁷⁾
17世紀, 徐光啓は山東地方がヤムイモ生産に特化していると言う.⁴⁹⁸⁾

　ヤムイモとタロイモは中国で伝統的に普及していたが, 甘藷がアメリカから
導入されると急速に姿を消した. 甘藷 Ipomea batatas (L.) Lam (図247) は16世紀
半ば以前にインドおよびミャンマーから陸路で, また福建の多くの港から中国
へ導入された. それは '外国のタロイモ' (「番芋」fan yü), 白ヤム, 赤ヤム, 金ヤ
ム (「白薯」pai shu, 「紅薯」hung shu, 「金薯」chin shu) という名で知られ, もしくは普
通のヤムイモ同様に単に甘いヤム (「甘藷」kan shu) と呼んだ. この最後の命名は
植物史家の間に混乱を引き起こし, 例えばブレットシュナイダー (Bretschneider)

---

490) 『齊民要術』92.31-32 [「卷第十, 藷」].
491) Purseglove (2), これらはしかしヴィタミンCとある種のミネラルを含む.
492) メラネシアでタロイモの収量30トン毎ヘクタール以上の報告がある. Purseglove (2), p. 64. 徐
　　光啓によると, タロイモは1ムー当たり2000個以上の芋が取れ, 1個は2カッティ [原文は2斤
　　で1200グラム相当. 1カッティは約600グラム] になる. 『農政全書』27/14b.
493) 『廣志』. 『齊民要術』16.1.3に引用. Jim Allen (1), p. 173 など.
494) 『楚辭』, 訳 Hawkes (1), p. 107.
495) Ho Ping-Ti (4), p. 186.
496) 『齊民要術』16.4.1, 『農政全書』5/3b.
497) 『農政全書』27/21aに引用.
498) 同上.

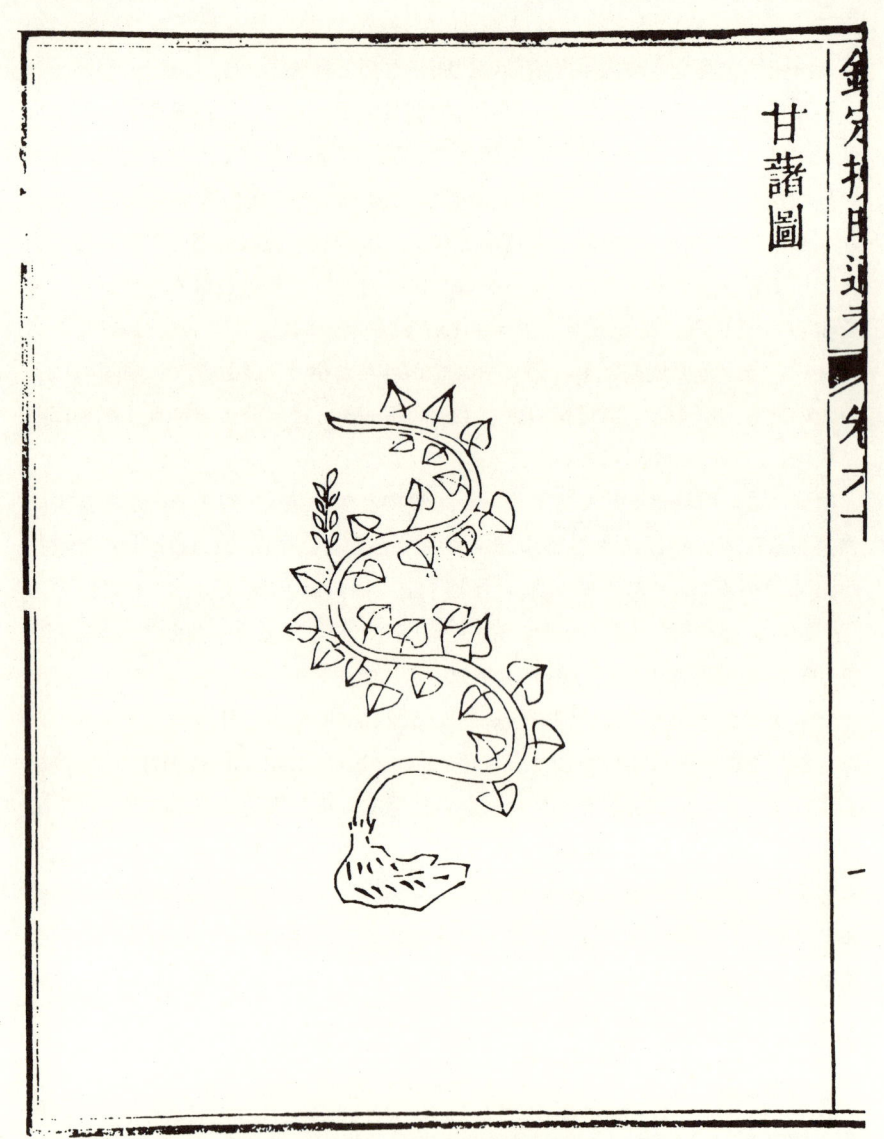

図 247　甘藷 (*kan shu*).『授時通考』60/7b.

(6)は甘藷がコロンブス以前に華南にあったと推定した.[499] しかし17, 18世紀に甘藷が中国全土に普及したその速さは,それが最近の導入であることを十分に証明する.[500] 実際,甘藷は多くの利点があった.収量が高く,栄養があり,気持ちのいい香りがあり,中国土着の根菜より旱魃に耐え,やせ土でもよく生育した.[501] 18世紀には揚子江諸省すべてで栽培し,四川は筆頭生産地になった.1800年には山東で貧困層の年間食料は半分が甘藷となったほどだ.[502] 甘藷が稲と小麦に次いで中国第三位の重要食料となるのにひまはかからなかった.[503]

8 繊維作物

中国ですぐ連想する繊維は絹だが,絹布は富裕層だけが着る贅沢品だった.貧しい階層は植物繊維で作った布を着た(羊毛布は西とちがって稀だった).ここでは中国の主要な繊維作物を取り上げ,起源を論じよう.織物生産に関連した特性と技術は第31部[*1]に詳述する.

アサ(麻) *Cannabis sativa* L. はイラクサ科 Urtiaceae に属し'暖温帯アジアの最も特徴的な繊維'だ.[504] 古代に旧世界のいたるところで広く利用し,数箇所の起源中心が提唱されてきた.最近の研究でシュルテス(Schultes)は,カスピ海からヒマラヤ,中国,シベリアにいたる広い地域のどこかで分散的に起源したという説を述べている.[505] 麻(*ma*)はたぶん中国で栽培した最古の繊維作物だろう.麻布らしき圧痕が陝西の半坡遺跡から出た壺にあり,麻布と同定され,それはたぶん紀元前5000年に遡る(図248).布の最古の断片は西周に遡り,[506] 麻の植物とそ

---

499) 丁穎・戚經文 (*1*) は用語混乱の整理に貢献している.石聲漢 (*3*), vol. IV, pp. 748–749 もこの点で非常に有用だ.中国で栽培される普通の根菜の名前を挙げ,さらに珍しい種類も挙げている.
500) Ho Ping-Ti (1), (4).
501) 『農政全書』27/23*b*,『閩書』(1629年版), 130/6*b*–4*b*, 梁家勉・戚經文 (*1*).
502) Ho Ping-Ti (4), p. 187.
503) アイルランドイモ(ジャガイモ)(「馬鈴薯」*ma ling shu*) の中国への導入は19世紀末のことで,成功しなかった.もう一つのアメリカの根菜キャッサヴァも,アフリカや東南アジアでは広く栽培されるが,中国では成功しなかった.
504) Burkill (1), p. 437.
505) Schultes (2). Simmonds (2), Kirby (1), pp. 46–61 も見よ.
506) H. L. Li (6), p. 440, 葛今 (*1*). 1960年に甘粛の永靖で齊家文化の遺跡が発掘された折,遺物の中に,壺の中にこびりついた麻布の破片があった.遺跡の年代は紀元前2150年から同1780年である.著者不詳 (*539*), pl. 6, K. C. Chang (1), p. 488.
*1 Vol. V. Part 9, Textile Technology, 1986, 和訳未刊.

れから作った布は『詩經』,『周禮』,『禮記』などの古典が繰り返し言及する.[507]

　麻の繊維は植物を水に漬け茎を腐らせて得る(つまり皮と髄が微生物作用で溶解するまで水に漬ける).麻の繊維は非常に長く,10ないし15フィート以上になることもしばしばあり,柔らかくて強い.今日では麻の繊維はふつうヤーンやロープ作りにあてるが,伝統中国ではそれを織ってやや粗い布にした.麻布は庶民の衣服だが,上流階層も喪や特別な祭礼には着用した.それは「布」(*pu*)と呼び,対して絹は「帛」(*po*)と呼んだ.しかし後には布という用語を植物繊維から作ったすべての布に用いた.

　麻は先に見た通り繊維とともに油質種子を産し,中国では油用の麻と繊維用の麻はふつう別々に栽培した(図249).[508] 繊維用の麻は夏作物で,よく耕やした肥沃な土地を必要とした.[509] 過去にその栽培は全土に及んだが,特に華北に盛んで,栽培法の詳細を紀元前1世紀の『氾勝之書』,[510] 紀元後6世紀の『齊民要術』[511] が述べ,他方,『王禎農書』は調製と紡織に特別に一節を割く.[512] しかし棉が伝来するとその布のほうが良質で,麻の人気は急速に落ちた.例えば明代末期の『農政全書』は麻について新しいことは何も書いておらず,20世紀までに麻は完全に(布用の)棉と(袋,ロープ用の)ジュートに凌駕された.[513]

　華南ではもう一つの固有繊維作物を栽培した.ラミー(「苧麻」*chu ma*) *Boehmeria nivea* Gaudich はアサと同じくイラクサ科に属するが,熱帯アジアの土着種だ.[514] 繊維の質は優れている.麻ほど繊維は長くはない(6から8フィート)が,非常に強い.'これは最良の麻糸を産し,あらゆる種類のひもを紡ぐことができ,その網は長期間の使用に耐える'[515] と言われる.――実際ラミーは強すぎて良さが分からないとすらバーキル(Burkill)は言う.[516]

　　普通の生活用にはラミーは強すぎる.あらゆる染料より長持ちするので,衣料用織

---

507) Bretschneider (1), II, pp. 205-207 に文献リストがある.
508)『齊民要術』8 と 9.
509)『齊民要術』8.2.4-5.
510)『齊民要術』8.5.1-3 に引用.
511)『齊民要術』8.
512)『王禎農書』22〔「百穀譜雜類」〕.
513) 著者不詳 (*536*),陳錫臣 (*1*).
514) ラミーの名はマレー語の *rami* に由来.
515) De Loureiro (1), p. 559.
516) Burkill (1), p. 343.

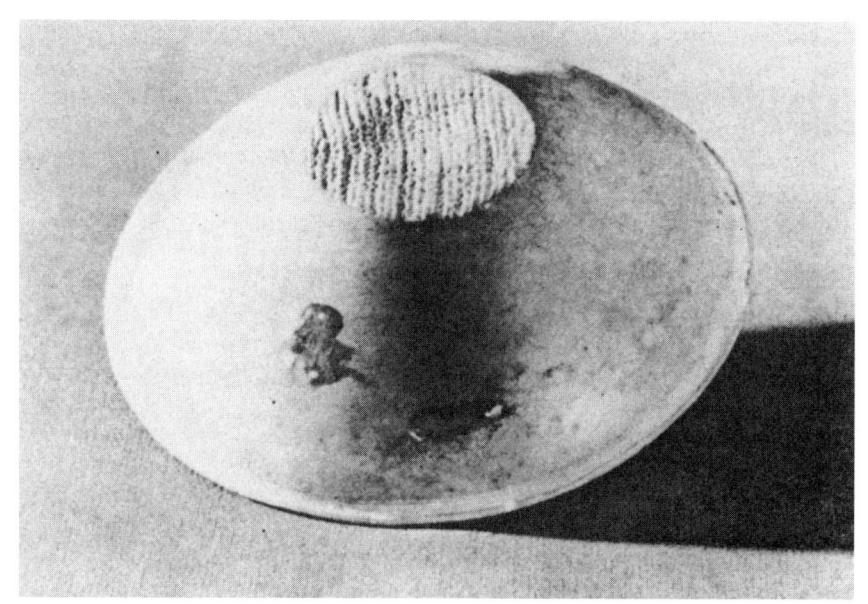

図 248　半坡出土の土器に付いた麻布の圧痕．Li (6), fig. 2.

物の場合，染めると良くない．またアマの手触りに比べて粗く，糸を紡ぐと繊維が堅いので端が毛羽立つ．

　耐久性は皮革に次ぐという響きがあるが，実際，ラミー布は良質で軽く，暑い気候にも気持ちのいい織物として中国で名声を博していた．19 世紀，最良品を産した広東からヨーロッパへの輸出は盛況だった．[517] ラミー布は華南のほとんどの庶民が着用したが他方華北では馴染みが薄く，人々は作り方も知らなかった．[518] 他の多くの繊維と処理が違ったので無理もない．やはりバーキルの説明がある．[519] 'この繊維はアマ，アサ，ジュートその他すべてと異なり，特殊なペクチン質が撚り糸全体を保持し，水に漬けて腐らせても簡単にほぐれないので，他の方法が要る'．その処理法を 3 世紀の学者陸璣が『詩經』に付けた注釈で述べている．[520]

---

517) Fortune (4), p. 259.
518) 『王禎農書』22/1a〔同前〕．
519) Burkill (1), p. 341.

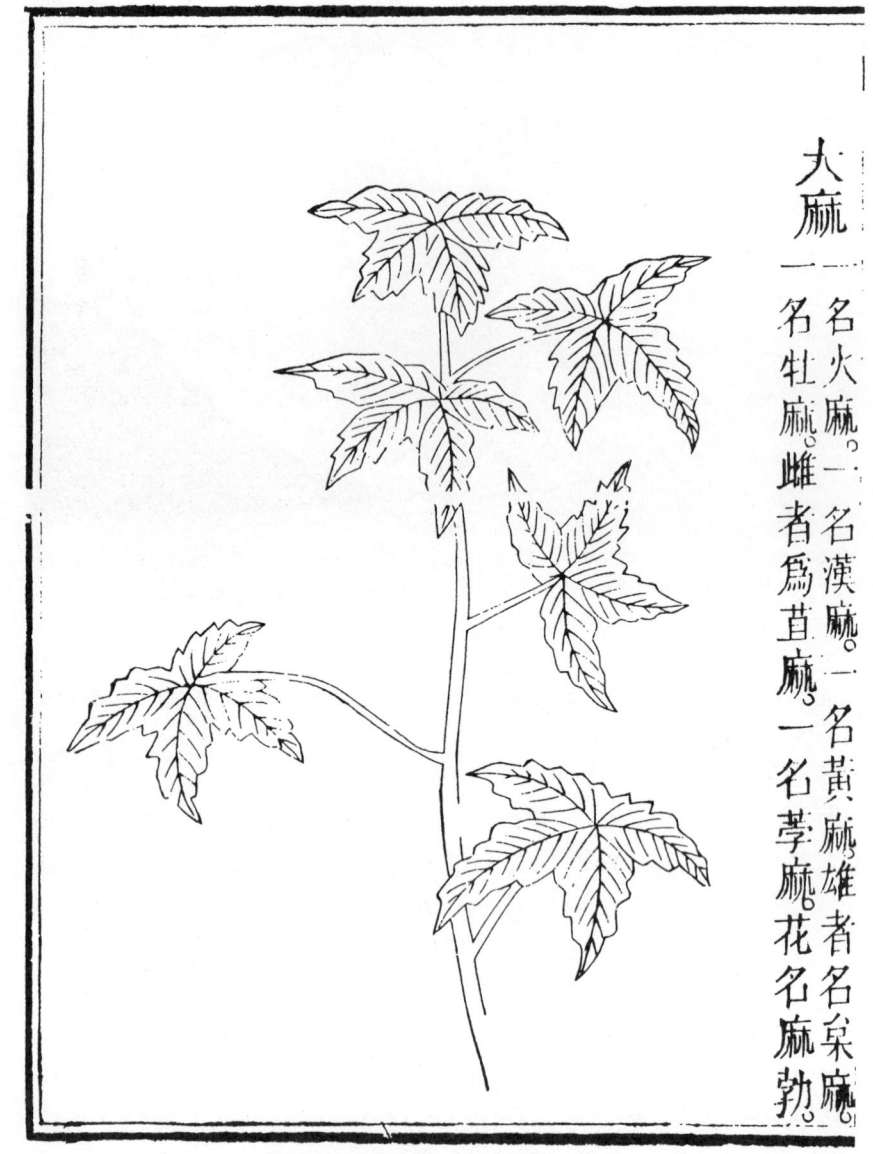

大麻。一名火麻。一名漢麻。一名黃麻。雄者名枲麻。一名牡麻。雌者爲苴麻。一名荸麻。花名麻勃。

図249 繊維用の麻.『授時通考』30/8b.

鉄か竹のナイフを使って皮を剥く．厚い外側の皮を剥ぐと内側の柔らかいが強靭な繊維が現れる．これを煮て，捻じり，布にする．中国南［端］部（「南越」Nan Yüeh) 全域でこの布は外套に使う．

「割便生剥之．以鐵若竹刮其表，厚皮自脱．但得其裏，靭如筋者，煮之用緝，謂之徽紵．今南越紵布，皆用此麻．」

ラミーの強靭な皮の処理に必要な特別な道具は『王禎農書』に挿絵がある．[521)] 繊維の調製は大変だが，栽培は簡単という利点があり，陸璣はこう述べる．[522)] '多数の茎が多年生の同じ根から生え，種子から育てなくても春に若い植物が再び芽生える'．

麻や棉と異なりラミーは大規模な植栽はされず，繊維の調製に手がかかるのでいつも少量を植えるだけだ．[523)] 元朝の政府はその栽培を華北に導入しようとし，1273年に出版された官撰の『農桑輯要』はラミーを種子から育てる方法を詳細に記述するが，[524)] ラミーは華北の乾燥気候に合わず，試みは失敗した．しかし華南ではラミーの独特の特性があずかって棉との競争を生き抜き，今日も栽培は広い．[525)]

中国土着のもう一つの繊維作物は蔓性のクズ（「葛」ko) *Pueraria thunbergiana* Benth. 〔*P. lobata* Ohwi〕で，このマメ科植物はその繊維のみならず，重さが時に80ポンドにもなる澱粉質の根のため重用される．[526)] 葛は古代に麻より良質な布作りに用いたが，絹ほど良くはなかった．[527)] 葛布は中国でまだ珍重されるが，広大な栽培はない．

中国土着の繊維作物に外から加わった最重要なもの，それはもちろんワタ *Gossypium* L. である．*Gossypium* 属の様々な種の関係はきわめて複雑で，細胞分類学的な背景はフイリップス（Phillips)(1)を参照してほしい．簡単に言うと，ワタは熱帯の多年生植物で，二倍体種 *G. herbaceum*（シロバナワタ）と *G. arboreum*（キ

---

520) 陸璣 (Lu chi). 〔『毛詩草木鳥獣蟲魚考』〕. Bretschneider (1), II, p. 210 に引用．
521)『王禎農書』22〔「百穀譜雜類」〕．
522) 陸璣．〔『毛詩草木鳥獣蟲魚考』〕. Bretschneider (1), II, p. 210 に引用．
523) Burkill (1), p. 343.
524)『農桑輯要』2/9b.
525) 陳錫臣 (1), pp. 14, 18.
526) Burkill (1).
527) Bretschneider (1), II, p. 208.

ダチワタ）は旧世界で栽培化された．シロバナワタはたぶんアラビアとシリアで栽培化されてからインドへ伝播し，そこでキダチワタが栽培型として発展した．キダチワタはその後アフリカとアジア全域で優越種となったが，最近の数百年は新世界から来た四倍体のワタがインドを除いてそれにとって代わった．

　棉*1はインド〔パキスタン〕のモヘンジョダロとハラッパの両方から出土するので，紀元前2300年より以前にそこで栽培したにちがいない．528) インドから棉の栽培と織物技術が（紀元前4世紀のアレクサンダー侵入の少し前に）ペルシアへ伝播し，さらにマラヤとインドネシア（織物と織機の用語はすべてサンスクリット語だ）へ伝わった．棉は短繊維の繊維作物で（繊維の長さは種によって1から1.5インチの範囲），紡ぎ方は他の植物繊維とまったく違う技術が要る．このために旧世界での棉栽培の普及は遅くなった．技術と一体でないと棉だけでは役に立たないからだ．綿布が中国で知られ称揚されるようになったのは遅くとも唐代だが，棉栽培が中国の王国に到達したのはさらに数世紀後だった．中国人商人はインドのキャラコやモスリンをインドネシアのパレンバンで唐代に買っていたが，529) そのとき棉栽培はインドシナまで到達していた．唐代文献は7世紀の『南史』以降，南の地方で「古貝」(*ku pei*) もしくは「吉貝」(*chi pei*) という名の植物の栽培にしばしば言及する．530) この植物はきれいな柔らかい白布を産した．『南史』はこう述べる．531) '林邑〔カンボジア〕から「古貝」が来る．「古貝」はガチョウの産毛のような花をつける木の名前である．花を摘み，紡いで布を作るが，それはラミーの布と変わらない'．532) このようにして作った布は「木綿」(*mu mien*) と呼んだ．「綿」もしくは「緜」(*mien*) は元々良質の絹布を指す言葉だが，同音異義語「棉」(*mien*)（糸偏の代わりに木偏を持つ）は後には棉植物そのものを指すのに使うようになり，木と綿の合成語で，使用はたぶん唐代後期あるいは宋代初期に始まる．533)

　綿布は中国の初期王朝へ頻繁に輸入されたが，棉の栽培は宋代までなく，宋

---

528) Vishnu-Mittre (1).
529) Burkill (1), p. 1103.
530)「吉貝」は筆が滑ったものだ．趙雅書 (*1*), p. 226.
531)『南史』．趙雅書 (*1*), p. 226 に引用．
532) 木の描写だけなら，東南アジアの土着種カポック樹 *Bombax malabarium* DC を指すようにとれるが，カポックの繊維は紡げない．Burkill (1), p. 345.
533) 趙雅書 (*1*), p. 222.
*1　訳語は植物を棉，繊維を綿と書き分ける．

代に二つの異なるルートでほぼ同時期に辺境省へ到達した.[534] 第一はインドシナからの南方ルートで，棉栽培を広東と福建へもたらし，そこで商品作物として急速に普及した．'閩嶺の南に棉[「木綿」 *mu mien*]が多く，地方人は生産を激しく競う'と 1086 年の『文昌雑録』は述べる.[535] 南の棉は木性らしく，明らかにキダチワタ，つまりインドワタだった.[536] 他方，甘粛，陝西へトルキスタンを越える西ルートで同じ頃に来た棉は草むらのようになると述べられており，古い二倍体のワタ，シロバナワタだった.[537] シロバナワタの栽培は西北辺境から遠くへ広がることはなかったが，キダチワタは全中国に栽培が広がった（図 250）.[538]

　中国国境で一旦根付くと，棉栽培はまことに急速に拡大した．13 世紀後期もしくはその少し前に棉は揚子江地方へ到達した[539]が，中国の綿産業が実際に確立したのは元代だった．元朝政府は綿生産の増大を熱望し，綿振興庁（「木綿提挙司」）を福建，浙東，江東，江西および湖廣等（東南沿岸と揚子江中下流の諸省）に 1289 年に設置した．この役所は地方農民に棉栽培と織物技術を指導する責任を負っていた.[540] 官撰委員会が 1273 年に編纂した『農桑輯要』は棉栽培法の記事を初めて中国語で次のように書いた．高畝に播種し，生育初期に注意深く灌水し，植物が 2 尺になると中心の芽を摘み，木をよく茂らせると.[541] 後代の著述家，例えば徐光啓は摘心や他の記述を詳細に磨き上げた[542]が，念入りな栽培法は元代の初めの記述以来ほぼ変わっていない.[543] 棉は灌水を好むので華中，華南ではよく稲と間作し，他方華北では小麦との間作が普通だった（今もそうだ）.[544]

　江南の農民に棉栽培を勧奨する最後の策として，1296 年の布告で元朝政府は，

---

534) 趙雅書(*1*) および天野(*4*), p. 482 以下は文献証拠を相当集めている.
535) 趙雅書(*1*), p. 231 に引用.
536) 天野(*4*), p. 487.
537) 同上, p. 494. 両種の違いは李時珍の『本草綱目』36/71b に明確な描写がある.
538) 馮澤芳(*1*), p. 21.
539) 趙雅書(*1*), p. 232.
540) 『元史』15,「世祖紀」, 天野(*4*), p. 496, 馮澤芳(*1*), p. 20.
541) 『農桑輯要』2/10b.
542) 『農政全書』35/7 以下. 徐光啓は前に『吉貝疏』もしくは『種棉花法』と題して棉の本を書いていた．この作品はその後失われたが，大部分は『農政全書』中の棉の項に組み込まれていると見てよい．王毓瑚(*1*).
543) 『王禎農書』は『農政全書』の棉栽培法にほとんど何も追加していないが，綿の処理具や機械を述べた点で中国最初の作品だ．『王禎農書』22〔百穀譜雑類〕.
544) 食糧・肥料技術中心（Food and Fertiliser Technology Center）(*1*), 著者不詳(*537*).

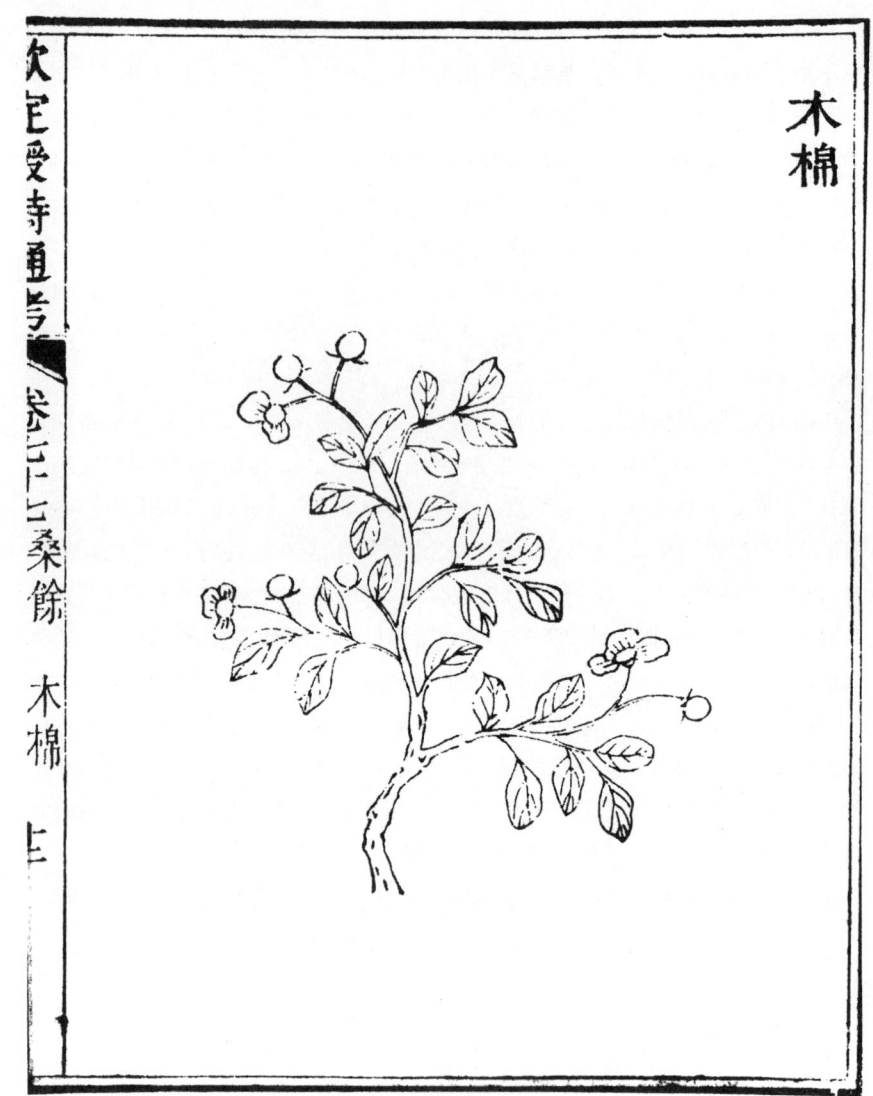

図 250　中国の棉植物.『授時通考』77/12a.

綿布の税金を以前の麻布や絹布の場合と同様, 綿布で支払うことを認めた. [545] 明代末に綿花生産は揚子江デルタと上流の諸省および山東で確立し, 河北にも栽培を普及させる努力が展開していた. [546] すでに棉は中国最重要の繊維作物となっていた.

9 蔬菜と果実

……緑の子孫を親 [である土] は冠とし,
髪の毛を飾り, 巻き毛を整える.
さあ, 花の土をパセリの緑で
巻き毛にし, ねぎの長い髪で
もじゃもじゃ頭にして喜ばそう
ボウフウは自分の胸に影を投げ, ……
海キャベツは来る, 健康な果汁とともに
レタスは急いで来て, 和らげよ
長引く病の悲しい不和を.
一つは厚く緑に育ち, 別のは輝く
黄褐色の葉で, ともにメテルス[*1] に因んで
カエキリウスと名づけらる. もうひとつは青白く
頭は厚く滑らかで, 今もとどめる名は
生地カッパドキアのもの.
また我自身のもの, タルトゥッススの浜に
カディスが育てるもの (巻いた葉は青く,
茎は白く), また, キプロスが育てるもの
パフォスの肥沃な畑に, その紫の巻き毛は
良く梳られている, しかし茎はミルクの白さ……[547]

ローストビーフとランカシャー・ホットポットで育った私どもは, 一片のレタスにこれほどの叙情を注ぐとは信じられないことだ. それでも, 野菜はつつましくも強い魅力があり, 節制と長所が匂い立つ. それには肉食獣も時に屈す

---

[545] 『元史』15,「世祖紀」, 天野 (4), p. 499.
[546] 『農政全書』35. 天野 (4), p. 506 以下は, 明代に各地方へ波及した棉栽培技術を詳論する.
[547] Columella X. 165 以下 (1), vol. III, p. 21.
[*1] メテルスはクレタ島の海賊退治を行ったローマの執政官クイントゥス・カエキリウス・メテルスか. 地名はレタスの原産地の地中海地方各地のもの.

るだろう．'焼豚に関する論文'の著者ラム (C. Lamb) は書いている．548) 'コールリッジ (Coleridge) は，リンゴ入り蒸し団子を食わない人間はきれいな心になれないという意見だ．私は確信がないが彼はいつも正しい'．

'穀物は飢えをしのぎ，野菜は風味を増す'と言うように，また肉が古典時代のローマでお祭り用か豊かな階層の贅沢品であったように，549) 中国では歴史を通じて，貧しい者の葱すら詩において光栄ある場所を占める．馬致遠は詠う．550)

　　　　　緑門わきにメロン畑を持つ幸せ，
　　　　　侯爵の数万町歩を誰か羨もう？551)
　　　　　井戸の灌水で，ねぎの芽は厚く広く伸び，
　　　　　樊遲552)は庭園術を学んで何と意気盛ん！
　　　　　梨下に三杯の酒，
　　　　　柳蔭に一枚の筵を敷けば——
　　　　　何と限りなき自由！
　　　　　吾が食事，教師の貧しい粥，
　　　　　貧しき友の黄色い葱．

　　　　　「召平出青門，妒煞百里侯．
　　　　　漑田枝粗健，樊遲種圃藝．
　　　　　梨下三杯酒，柳陰一笠翁．
　　　　　閒適何所爲，葱芥果枵腹．」

ネギ，ラッキョウ，洋ネギは貧者の美味で年中利用できるが，キャベツ，ダイコン，ナスビ，カラシナ，その他多くの野菜はどこの市場でも季節が限られた．中国人は野菜もそうだが果実を使って粥に風味を加えた．例えばリンゴ，ナツメを使ってふりかけスープを作り，長旅で食うツァンパに加えた．『齊民要術』に記述がある．553)

---

548) Charles Lamb (1), 'Grace before Meat'.
549) K. D. White (2), p. 246.
550) 元代の詩人馬致遠の詩，訳 S. S. Sherwin. Liu and Lo (1), p. 422 所収.
551) 邵（召平）は秦代の東陵公．秦滅亡の際，平民に下げられ，家族は非常に貧しくなった．そこで彼は長安の東門外にメロンを植えた．メロンは美味な実をつけ，それ以来，[旨いメロンを]東陵のメロンと呼ぶ習いとなった．『史記』53/4a〔「蕭相國世家第二十三」〕．
552) 孔子の弟子．

酸っぱい干しなつめ（「酸棗麨」suan tsao chhao）の作り方．柔らかく赤いナツメを大量に摘む．藺筵に広げてよく日に干し，大鍋に入れて水を加え，とろ火で煮る．穴あきスプーンですくい上げ，鉢の中で磨る．その濃い汁を粗い絹布で濾して大皿か鉢で受ける．暑い天気を選びなつめ汁を日で干し，そののち塊を指で砕き，粉にする．方形のひしゃくでこの粉を水鉢に入れる．十分酸っぱければよいソースになる．長旅の際これを粉焦がしに混ぜると，空腹を満たし渇きをいやす．

> 「作酸棗麨法．多収紅軟者，箔上日曝令乾，大釜中煮之，水僅自淹．一沸即漉出，盆研之．生布絞取濃汁，塗盤上或盆中，盛暑，日曝使乾，漸以手摩挲，取爲末．以方寸匕投一椀水中，酸甜味足，即成好漿．遠行用和米麨，飢渴倶當也．」

米あるいは黍の粥に好んで添えられた嗜好品には，塩漬けの「梅」(mei)(Prunus mume Sieb.)つまり日本の「梅干」があった．時に塩水に漬けただけのものや，燻製にしたものもあった．[554] あらゆる種類の果実と野菜は干して塩を加え，漬物にして保存し，付け合わせとして使ったし，今も使う．成都では初夏の雨の始まる前はどの窓も紐を張って干すキャベツの葉で一杯である．中には天津の干し野菜のように全国的に有名な保存食もある．中国の多くの地方で，花嫁選びは美貌より漬物技術が重要だった．

野菜と果実は穀物の食事の単調さを破る風味以上のものがあった．『齊民要術』に言う．[555]

> 史游の『急就篇』に言う．'園地の野菜と果実は穀食を補う'．『嵩高山記』に言う．'東北に牛山がある．この山は杏が多い．5月，それは金色に輝く．中央の諸国家が混乱に陥り，庶民は飢えていたのでこの杏の木を天の贈り物とし，果実を腹いっぱい食った'．
>
> 私見だが，ただ杏一種が貧民を助け，飢えをいやせるなら，すべての五果と種々の野菜は飢餓を防ぐにより有効であるにちがいない．単に穀食を補うだけではない．諺に言う．'木偆も千人おれば，不作年は生じない'，種々の果実で穀物を買えるの意味だ．

> 「史游急就篇日．園菜果蓏助米糧．」

---

553)『齊民要術』33.13.1，39.4.1 も見よ．
554)『齊民要術』36.4.1-3．
555)『齊民要術』36.13.1-2．

「嵩高山記曰．東北有牛山，其山多杏，至五月，爛然黃茂．自中國喪亂，百姓
飢餓，皆資此爲命，人人充飽．」
「按杏一種，尚可賑貧窮，救飢饉，而況五果，蓏，菜之饒，豈直助糧而已矣．諺
曰．木奴千，無凶年．蓋言果實可以市易五穀也．」

『史記』は紀元前2世紀に果樹園と野菜畑が富を生むと論じている．[556] また6世紀の『齊民要術』は園芸を専門にする利点を繰り返し述べる．[557]

> 町に近い土地一頃に蕪を蒔け……一頃から荷車30杯の葉がとれる．1月と3月に漬物用に売れよう．荷車3杯で男奴婢一人の値に当たる．

「多種蕪菁法．近市良田一頃，七月初種之．……一頃取葉三十載．正月，二月，
賣作虀菹，三載得一奴．」

宋代の杭州は，その頃の大都市がなべてそうだったように，野菜園にほとんどくまなく囲まれていた．数種類の有名な地方特産品（例えば竹の子，メロン，茸，ショウガ，ライチやオレンジ）は帝国の全域へ輸出された．[558] 園芸作物の地方交易市も盛んだった．項安世の詩がその様子を詠う．[559]

> 明け方の市場——
> 豊富な果物,
> 箱に溢れる枇杷，梅
> その一点は赤い
> 杏はすべて黄色.
> 西洋すももは夏の暑さを待ち，
> まるめろは霜を呼び出す.
> 行商人は大忙しで
> 旬の品物を売る

「曉市衆果集，枇杷盛滿箱．
梅施一点赤，杏染十分黃．

---

556) 『史記』129/31〔「貨殖列傳第六十九」〕，訳 Swann (1), p. 432.
557) 『齊民要術』18.5.1–2.
558) Shiba (1), p. 85.
559) 宋代の撰者項安世の詩（1208年没），訳 Mark Elvin, Shiba (1), p. 87 所収．

> 青李下待暑，木瓜寧論霜．
> 年華緣底事，亦趁販夫忙．」

盗人を締め出すため，果樹園（「園」yuan）は土壁や，柳か茨を密に編んだ厚くて高い生垣で囲んだ．よく茂った手入れのよい柴垣はほとんど芸術作品だった．『齊民要術』が述べる．[560]

> 悪人が恥ずかしげに笑って引き返すだけでなく，狐，狼も思わず立ち止まり，柴垣を見て戻る．道行く人は柴垣を見て皆賛美のため息を漏らす．陽が西へ動くのに気づかず，行かねばならぬ遠さを忘れ，行きつ戻りつして貴方の柴垣を褒め，長く立ち去りがたい．
>
> 「非直姦人慙笑而返，狐狼亦自息望而廻．行人見者莫不嗟嘆．不覺白日西移，遂忘前途尚遠．盤桓瞻矚，久而不能去．」

野菜園地は「圃」（phu）と呼んだ．できるだけ肥えた土地を選び，盛り上げた植え床（「畦」chhi）の列を配置し，肥をやり頻繁に灌水した（図251）．『王禎農書』が述べている．[561]

> 「圃田」(phu thien) は野菜と果樹を植える農地である．『周禮』はそれを「場圃」(chhang phu) もしくは「任園」(jen yuan) と呼ぶ……壁で囲むか，垣と濠を巡らす．囲みの中の面積は10ムーを超えてはならぬ．これは数人を養うに足る．町からやや遠い場合は圃の広さを半頃（50ムー）に増やしてもよい．しかしそれ以上はだめだ．高みに小屋を立て，周りに蚕の桑を植えよ．圃のすべての場所に野菜を植えよ．まず，100か200の畦に多年生の韮と20種か30種の早生野菜（「時新菜」shih hsin tshai）[562] を植え，注意を怠らず肥を十分に施して畦を肥やす．早魃を防ぐには，［圃田を］川の脇に作るのがよい．それができなければ土地を調べて井戸を掘れ（図252）．
>
> 「圃田，種蔬果之田地也．周禮以場圃任園地，……其田繚以垣墻，或限以籬塹．負郭之間，但得十畝，足瞻數口．若稍遠城市，可倍添田數，至半頃而止．結廬於上，外周以桑，課之蠶利．内皆種蔬．先作長生韮一二百畦，時新菜二三

---

[560]『齊民要術』31.2.1.
[561]『王禎農書』11/13b〔「農器圖譜田制門」〕．
[562] やはり野菜に詳しいフランス人が'初物の野菜'と呼ぶもの（英語にはもちろん相当する言葉がない）．裕福な中国人は茄子やアスパラガスなど季節の初物野菜に高値を払うことをいとわなかった．M. Freeman (2), p. 155.

図 251 野菜園. 沈周 (1427-1509 年) の庭園譜から. 米国カンサス市 Nelson 美術館.

十種. 惟務多取糞壌, 以爲膏腴之本. 慮有天旱, 臨水爲上, 否則量地鑿井, 以備灌漑.」

畝の代わりに小さな穴を掘ることもあった (本書 p. 144 のピット栽培「區種」を見よ). 園芸技術は非常に集約的で, 大量の労力と肥料を投入した. 漢代でも技術は集約的で, 寸土も無駄にしなかった. 『氾勝之書』はピットにメロンをワケギ, アズキと一緒に植えることを勧め,[563] 『齊民要術』は各ピットに 5 パイントの肥〔糞五升〕を加えよと付け足す. 野菜園全体では相当な量になる.[564] 市場向け園芸農業に投入された仕事振りは 14 世紀の『王禎農書』から窺える.[565]

野菜を播種するときまず種子を陽に干せ. 土はどんなに肥やしても肥沃に過ぎることはなく, やせておればよく肥を施す. よく中耕を行い, 乾いた天候には常に灌水せよ. 労力は大きいが, 利益は十倍になる.

規則として, 葉菜 (「菜」 tshai) は畦 (chhi) に蒔き, ツル植物 (「蓏」 lo) はピット (「區」

---

563)『齊民要術』14.14.2-3.
564)『齊民要術』14.11.3.
565)『王禎農書』2/12b-13a〔「農桑通訣播種篇」〕.

第 5 章 作物体系 609

図 252 野菜畦（*chhi*）に井戸の水をやる．『天工開物』，清代版の挿絵．

ou) に蒔け．畦は長さ10尺ばかり，幅3尺にする．播種の数日前，土を切り返して藁灰と混ぜる．藁は焼くと虫を除き，肥料にもなる．播種前に他の肥を加え，種子を準備した畦に蒔く……

　穴は深さ，幅ともに1尺．播種前に堆肥と土を等量混ぜ，そこに播種する．発芽すれば間引いて望みの密度にする．

　発芽種子を使ってもよい．どの種子であれ瓢箪に入れ，ぬれた布で覆う．3日後，種子は発芽する．指幅の長さになれば植える．まずよく耕した畦の土に灌水し，発芽種子を均等に広げ，細かく篩った土と肥をばら撒き，種子が日で乾かないようにする．こうすれば野菜はすべて同時に生えそろい，雑草は生えない．

　野菜が虫害を受けたら「苦參」(*khu shen*)〔*Sophora flavescens* Ait.〕〔クサエンジュ〕の根を搗いて石灰水と混ぜ，これを植物に撒けば虫は死ぬ．[566]

　　「凡種蔬菰，必先燥曝其子．地不厭良，薄卽糞之，鋤不厭頻，旱卽灌之．用力既多，收利必倍．
　　「大抵蔬宜畦種，菰宜區種．畦地長丈餘，廣三尺．先種數日，翩起宿土，雜以蒿草，火燎之，以絶蟲類，併得爲糞．臨種益以他糞，治畦種之．」
　　「區深廣可一尺許．臨種以熟糞和土拌勻，納子糞中，候苗出，料視稀稠去留之．
　　「又有芽種．凡種子先用淘淨，頓瓠瓢中，覆以濕巾，三日後芽生，長可指許，然後下種．先於熟畦內以水飲地，勻摻芽種，復篩細糞土覆之，以防日曝．此法，菜既出齊，草又不生．
　　「凡菜有蟲，擣苦參根併石灰水潑之卽死．」

　市場向け園芸農業は一年を通して多忙だった．6世紀の『齊民要術』はアオイを3本植えれば年に3回の収穫があると述べ，[567] 実際，多くの作物は年中露地栽培を行った．[568] 温室は漢代に発明されたようだが，その産物は宮廷用のものだった．[569] 華南の諸省では冬野菜の栽培に何も特別な注意は必要なかった．事実，野菜や香草は華南の水田で標準的な冬作物だった．[570]

　一般的な農書はすべて園芸に関する長い章を置き，王毓瑚の中国農書の文献集(*1*)は，園芸もしくは個々の果実や野菜に関して65種の専門書を挙げ，その

---

566)「苦參」の根は中国の有名な薬で，ものすごく苦いが無毒である．Bretschneider (1), III, p. 85.
567)『齊民要術』17.3.1.
568)『齊民要術』17.5.1 と 24.7.1 は，それぞれアオイとコリアンダーの冬季栽培に言及する．宋代の冬野菜について M. Freeman (2), p. 155 も見よ．
569) Yü Ying-Shih (1), p. 76. 清朝宮廷のすばらしい温室について，詳しい記述は Amiot (10), pp. 423–437 を見よ．
570)『廣東新語』14/372「卷十四食語，穀」, Food and Fertilizer Technology Centre (1).

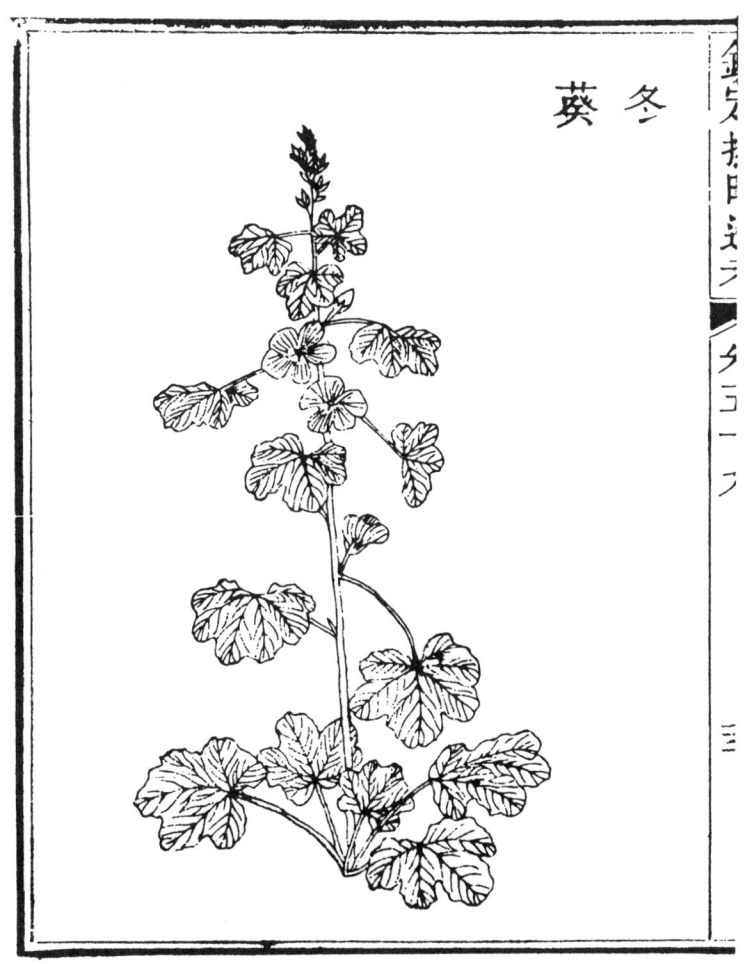

図 253 アオイ(「葵」khuei). かつて中国で人気のあった野菜.『授時通考』59/15b.

リストは漢代の作品『尹都尉書』から始まる.[571] 園芸農業から大きな利益が上がることを考えると, この冊数は決して驚くにはあたらない. 必要な投資額は相当なものだったので, 園圃は小さいものがほとんどだった. 太湖周辺では良質の柑橘が有名で, 裕福な家族のテラス果樹園は木を本数で数えず, ムーで数えた[572]——つまり, 大きな果樹園は数エーカーの広さがあったが, 西洋の標

---

571) 王毓瑚の文献集は『羣芳譜』のような要約集を含まない.

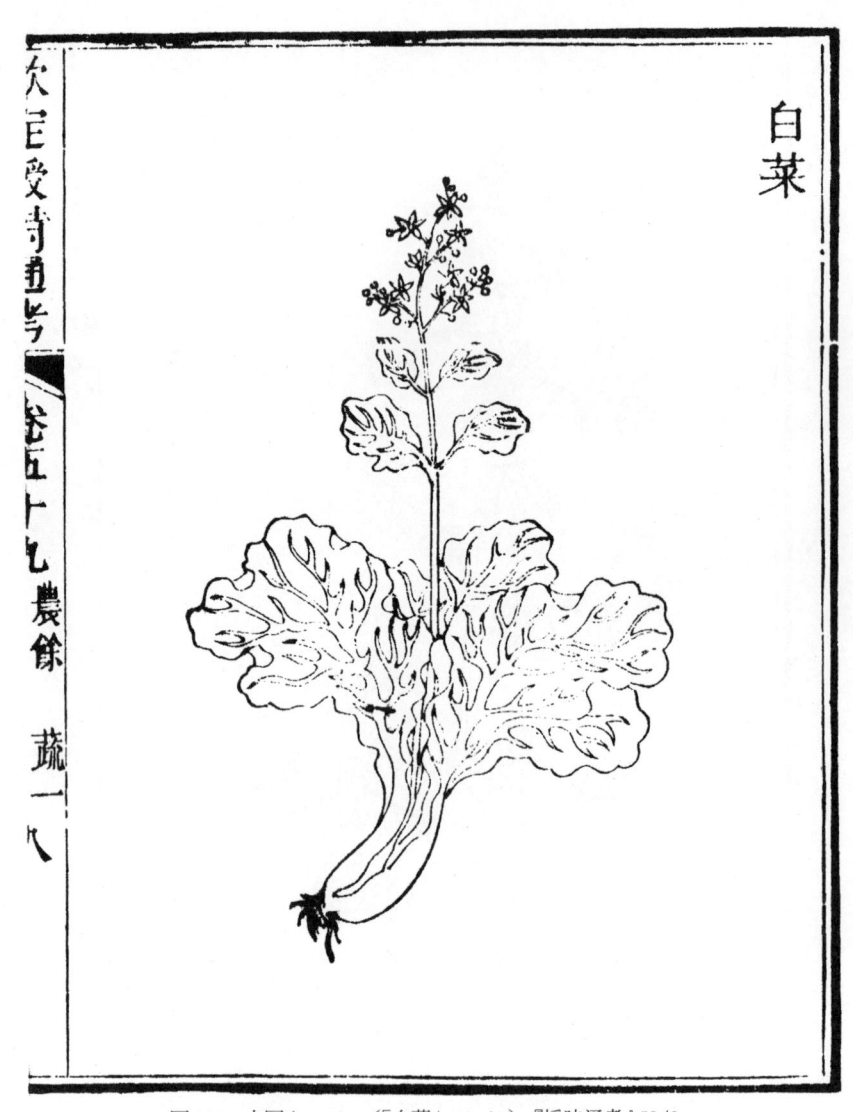

図 254　中国キャベツ（「白菜」*pai tshai*）．『授時通考』59/8a．

図 255　スイカ．中央アジアから中国へもたらされた．India Office 収集品．Archer (1), pl. 12

準では決して法外な大きさではなかった．野菜園はさらに小さかった．1930 年代，果樹と野菜の栽培面積は全耕作面積の 2 パーセントに過ぎなかったが，[573] この小面積で大多数の中国人に少なくとも夏の数ヶ月，緑の野菜を補給するのに十分だった．

園芸とその技術は第 38 部[*1] にあり，したがってここでは中国の重要な果実と野菜を簡単に述べるに留めよう．その種類は長い世紀の間に絶えず変わってきた．昔好まれた野菜が雑草に戻っていることもあるし，新種がそれらを置き換えることもいる．例えばアオイ（「葵」 *khuei*) *Malva verticillata* L. は粘液質の葉菜（図 253）で，初期中国で大変人気があったが，[574]　その後，白菜 *Brassica chinensis* L.

---

572) Shiba (1), p. 89.
573) Buck (2), p. 209.
*1　Vol. VI. Part 3, *Agroindustries and Forestry*, 1996, 和訳未刊．
574)『齊民要術』17, H. L. Li (14).

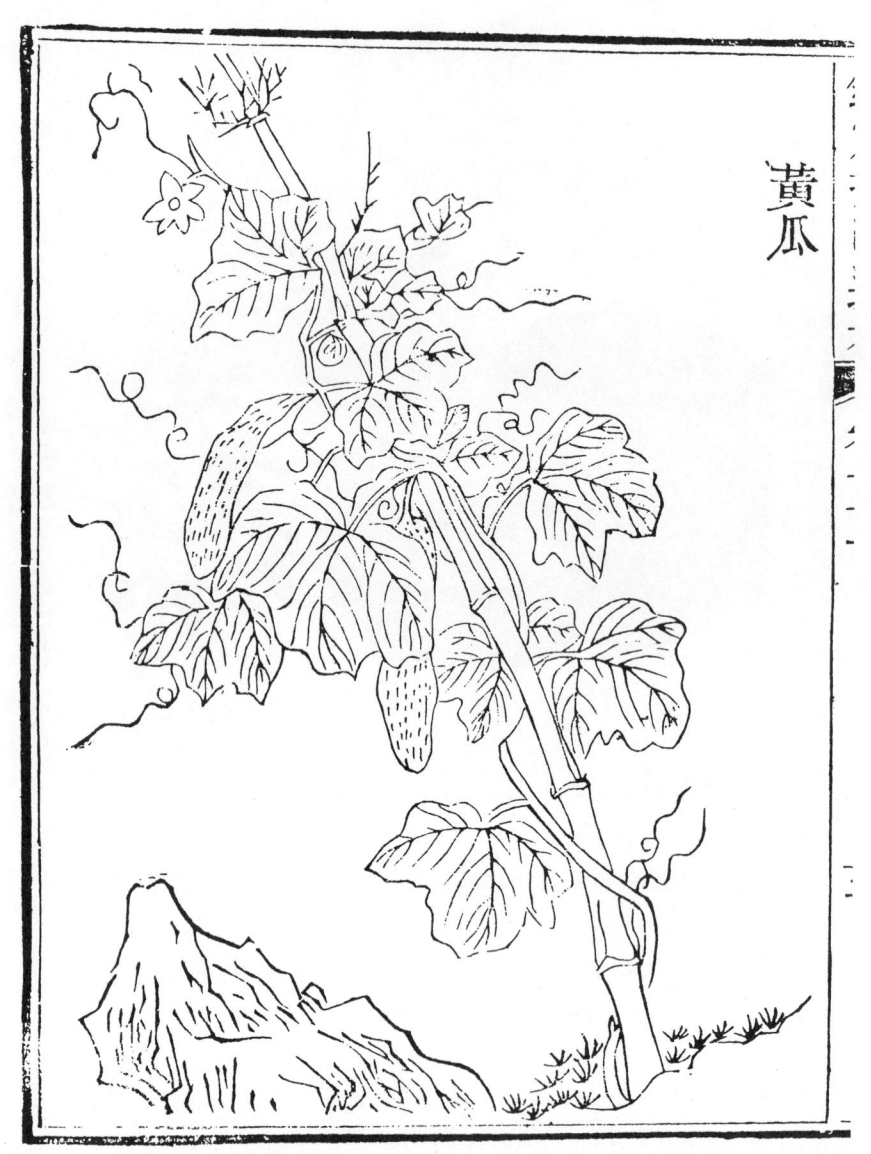

図 256　キュウリ（「黃瓜」 *huang kua*）．竿に巻いて登る．『授時通考』61/3*b*.

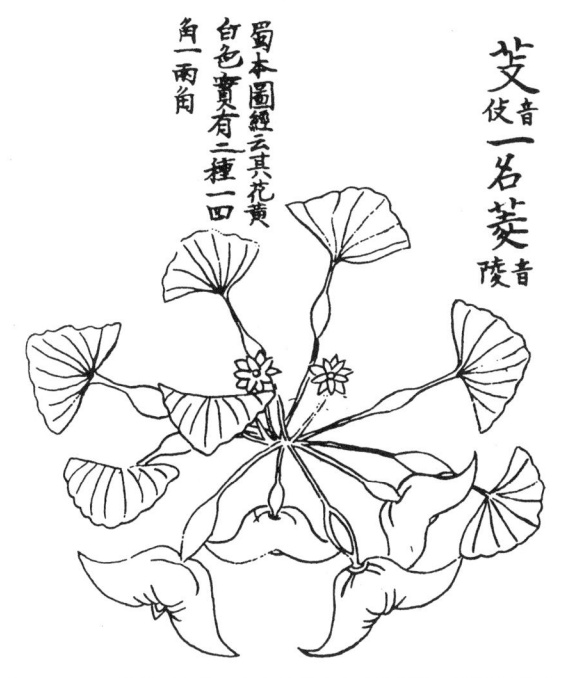

図257 ヒシ（「芰，菱」）．広く分布する水生植物．『紹興本草』1159年版の挿絵（Karrow (2), p. 55）．

（図254）などの野菜で完全に置き換えられてしまった．人気が引き続いているのは，種々のメロンとウリ類（「瓜」*kua*）（図255, 256），ネギ属のニンニク（「蒜」*suan*, *Allium sativum* L.），ネギ（「葱」*tshung*），[575]そして中国レーキ（「韭」もしくは「韮」*chiu*, *A. odorium* L.）だ（これらはニンニクを除いて，すべてその緑の地上部が肉質の塊茎とともに重用された）．中国にはまた多くの水生野菜もあった．オニバス（「芡」*chhien*, *Euryale ferox* Salis），これは一般に「雞頭」（*chi tou*）と言うもの，またヒシ（「菱」*ling*, *Trapa bispinosa* Roxb.）（図257）があり，美しいハス（「蓮」*lien*, *Nelumbium speciosum* Willd.）がある．これは花を愛でるだけでなく，中国人はその種子や茎そして根（「藕」*ou*）を食し，根は粉に挽いてゼリーを作った（図258）．[576] コリアンダー，バジル，花椒〔サンショウの実〕，ショウガ（図259）などの香草と香辛料も広く

---

575) 中国土着のネギはウェールスネギ，あるいはシャロットと呼ぶ *A. fistulosum* L. である．もっと大きなヨーロッパネギ *A. cepta* L. はごく最近まで中国に伝来しなかった．
576) Bretschneider (1), II, p. 217. ハスのゼリーは今も杭州人の好きな食べ物だ．

図258　ハス．食用になる根と種子のさやを示す．『證類本草』23/3a．

栽培された．

　中国土着の果実は次のものがあった．桃（*thao*, *Prunus persica* Batsch.），梅（*mei*, *Prunus mume* Sieb.），スモモ（「李」*li*, *Prunus triflora* Roxb.），アンズ（「杏」*hsing*, *P. armeniaca* L.），この核はアーモンドのように使う．ナシ（「梨」*li*, *Pyrus sinensis* Lind.），ヤマリンゴ（「奈」*nai*, あるいは「棠」*thang*, *Malus pumilla* Mill.），ナツメ（「棗」*tsao*, *Zizyphus vulgaris* Lamb.），柿（*shih*, *Diospyros kaki* L.），（図260, 261）．南方の果実はとまどうばかり多様だ．北方の梅や桃以外に，多数の柑橘類，ヤマモモ，ビワ，ロンガン〔龍眼〕，有名なライチ〔荔枝〕（図262），そしてバナナがあった．[577]　中国人は多くの果樹を珍重したが，その美味同様に美しさを愛した．梅は春最初に咲き，多くの詩

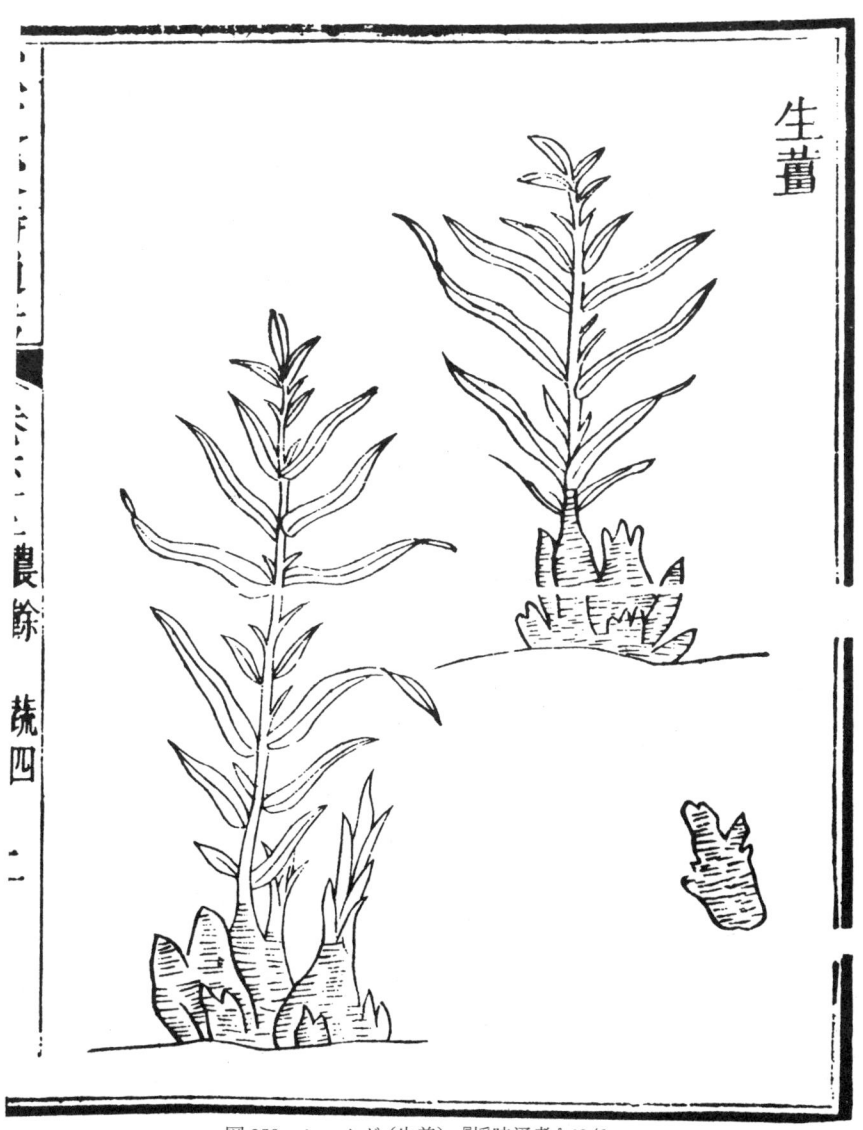

図 259　ショウガ (生姜).『授時通考』62/2*a*.

図 260　ナツメ（棗）．華北の代表的果実．『證類本草』23/7a．

人はその勇敢な青白い花に霊感を見出した．王安石の詩はこう讃える．[578]

　　　壁の一隅に数本の梅
　　　堅い霜の中ひとり咲く
　　　遠望すれば雪と見まがう

577) 中国の蔬菜と果実についてさらに詳細を求める読者は，第 38 部〔Vol. VI. Part 1. *Botany*, 1986, 和訳未刊〕のほか，次を参照されたい．Bretschneider (1), Buck (2), Herklots (3), H. L. Li (14), 中国農業科学院 (1), (2), 著者不詳 (538), 河北農業大学 (1), 李來榮 (1), 孫云蔚 (1).
578) 宋代の宰相王安石の詩．『羣芳譜』「果譜」1/18*a* に引用．

第5章 作物体系　619

図261　柿．牧谿の墨絵（13世紀）．京都大徳寺．

されど闇に漂う甘い香り

「牆角數枝梅，凌寒獨自開．
　遙知不是雪，爲有暗香來．」

図262　ライチとクチナシに鳥．北宋皇帝徽宗（在位1101〜26年）作とされる絵巻．大英博物館収集品．

　野菜と果実は中国人の食事の必須要素だったが，同時に，清浄と節制を象徴するものだった．庶民の食料であるだけでなく，敬虔な仏教徒，魔力を持つ隠者，田園に引きこもる学者の食物，そして俗界の価値を捨てる合図だった．『齊民要術』にある．[579)]

　　'精霊と妖精の物語'（『神仙伝』）は言う．'董奉は廬山に住み，人間と接触を持たなかった．誰かの病を癒しても金を受け取らなかった．しかしそれが重い病だった場合，彼は患者に石の〔石の字は原文になし〕杏を五本育てるよう告げた．また軽い病を癒したときは一本の枝を植えるよう告げた．数年の間に数十万本の杏の木が茂り，林となった．杏が実ったとき彼は森じゅうに杏の店を作り，杏を買いに来た人々にこう説明した．"私のところに来て来意を言う必要はない，自分でやりなさい．穀類を壺一杯持参すれば，杏を壺一杯取りなさい．"ある男が持参した穀類より多くの杏を取った．すると突然五頭の虎が現れ，追いかけた．男はあわてて逃げ出し，運んでいた杏がこぼれ始めた．持参した穀物と同量になると，虎は向きを変えて向こうへ行った．この

---

579)『齊民要術』36.12.1.

出来事の後，杏を買いに来た人はすべて林で重さを計り，持って行く分が多すぎないようにした．奉は得たすべての穀物を使って貧しいものを助け，飢える者を救った'．

「『神仙傳』曰．"董奉居廬山，不交人．爲人治病，不取錢．重病得瘉者，使種杏五株，輕病愈，爲栽一株．數年之中，杏有十數萬株，鬱鬱然成林．其杏子熟，於林中所在作倉．宣語買杏者．'不須來報，但自取之，具一器穀，便得一器杏'．有人少穀往，而取杏多，卽有五虎逐之．此人怖遽，擔傾覆，所餘在器中，如向所持穀多少．虎乃還去．自是以後，買杏者皆於林中自平量，恐有多出．奉悉以前所得穀，賑救貧乏．"」

第6章

結　論
農業の変化と社会—停滞か革命か？

*

　最も偉大な農業技術史家の一人レーザー（Paul Leser）は，18世紀ヨーロッパに生じた農業の変貌を極東から注入された新しい考えに起因すると考え，次のように述べた.[1]

　　私は確信するが，[犂の]曲面発土板〔犂へら〕は，ヨーロッパの農業技術に生じたその他のきわめて重要な進歩と同様，東アジアに起源したものだ……これらの伝来物はさらに革新を進める契機となり，農業に進歩と発展の精神をもたらした．その後のすべての発見と改良はこの基礎なしに考えることはできないほどだ．18世紀までヨーロッパの農業は伝統に固く縛りつけられていた．その合理化と集約化は究極的には東アジアの刺激に負っている．18世紀初期に始まった[農業組織と技術の]革命なくして過去2世紀の人口増加，そして同時期のすべての発展は不可能だっただろう．我々は現在の文化の基礎を東アジアに負っていると言うべきである．

　レーザーは，東アジアの諸国とりわけ中国が西洋よりはるか以前に進歩した農業形態を発展させており，ヨーロッパはその様子をイエズス会士やその他の旅行家の報告を通して，18世紀に知ったと主張した．18世紀当時，ヨーロッパの土着農業は停滞していたとして，彼は次のように結論した．ヨーロッパ農民を数世紀にわたる休眠から揺り起こし，農業革命にまた結果的に経済および産業の革命に突き進ませたのは東洋の目も眩むばかりの農業知識だったと．
　イエズス会士が明の宮廷に到着したとき，中国の農業知識はその他多くの知識分野におけると同様，西洋の知識と肩を並べ，凌駕すらしていた．初期の旅行者は中国農業の高い生産性，独特の作物輪作，精巧な揚水施設やその他の装置，そして中国農民の合理性と勤勉さに仰天した．また，中国の政治経済で農業の持つ卓越した位置にも衝撃を受けた．中国で農業は'根本'（「本」pen）とされていた．これはフランスの政治経済学派の重農主義者に決定的な影響を与え

---

1) Leser (1), p. 456. 訳筆者. Leser (2) も見よ.

ることとなった．彼らは中国の哲学者同様，永続的な富の本当の根源は商業や産業ではなく，唯一，農業にあると主張したのだ．国家の統治は中国式方法，つまり絶対的権力を持つ君主が開明的独裁者として主導せねばならぬと考え，主な投資は交易や産業に（フランスのコルベール内閣はそうした）でなく農業に集中することを主張した．彼らの考えでは，資本と労働が正味の余剰を生むのは農業のみだった．'農業生産と農業投資の増大は投資全体の鍵となった'と，ある論評は言う．[2] 重農主義者の影響は18世紀ヨーロッパで広範なものだった．ケネーと彼の同僚たちはディドロとダランベールの有名な『百科全書』に重要な項目「農民，穀物，耕作」を執筆するにとどまらず，[3] フランス以外にもロシア，スウェーデン，ドイツの経済政策に重要な影響を及ぼした．[4] 農業が経済発展に与える根本的重要性について，彼らの見方は近代経済学の創始者アダム・スミスと多くの点で考えを一にしていた．スミスは次のように述べている．[5]

　　大多数の人はその資本を，産業や外国交易よりも，安定もしくはほぼ安定した利益を生む土地の改良と耕作に振り向けるだろう．資本を土地に費やす人は自分の考えで容易にそれを制御できる．彼の富は商人に比べて事故の害を受けにくい．商人は波風のみならず，人間の犯す愚行や不正義に関わらざるを得ないことが頻繁にある……戦争や政府の通常の転変のため，商業のみに由来する富はその根源が容易に干上がる．農業の改良はより堅実で，そこから生じる富はより永続性があり，それが損なわれることは，敵対的で野蛮な国家の侵略行為が1, 2世紀続くといった荒々しい動乱の場合以外はない．

スミスと重農主義者が執筆を行った時期，北ヨーロッパは経済が急速に変化していた．新しい農具と機械や改良輪作と新品種の採用は，農場管理の根本的な再編とあいまって農業生産を著しく（特にオランダと英国で）増加させた．それは非常に顕著だったので，往々にして'農業革命'と呼ばれてきた．[6] 経済史家は，その中にマルクスももちろん入るが，この農業革命の刺激がなければ19

---

2) Winch (1), p. 519.
3) Brandenburg (1), p. 98.
4) Winch (1), p. 52.
5) A. Smith (1), pp. 156, 172. スミスも当時の中国の様子を知って強い印象を受けた．中国では農業が卓越した役割を果たしており，それが商業や産業の発展を阻害していないと彼は思った．(1), pp. 282-283.
6) この言葉のもっと正確な定義と意味は，Mingay (1) の序を見よ．

世紀の産業革命（そして世界資本主義の発展も）ありえなかっただろうとほとんどの者が考えた．産業革命と農業革命の関係は様々な議論があるが，レーザーの仮説を正しいとするなら，中国の技術がヨーロッパ経済の変革に重要な役割を果たしたことになる．そこで，次節でレーザーの主張を検討し，（大方の意向に適うと思うが）彼は基本的に正しかったことを見たい．

しかし，もし中国技術の導入がヨーロッパの急速な経済的，社会的変革に貢献したとするなら，我々は一つの逆説に直面する．同じ要素が中国自体では何故同じ変革を引き起こさなかったのか？　私はこれまでの部分で，中国に典型的な農業体系つまりその農地様式，作物輪作，そして農業技術が環境と実際上の制約に対応しつつ発展したことを示そうとしてきた．中国の主要な二つの農業伝統，つまり北方の旱地穀物栽培と南方の水稲農業を区分し，両者が特徴的な作物，道具，農地様式において異なること，気候と地形がこれらの農業体系の原理を決定する様子を明らかにし，また人口増加と新しい道具や作物の導入にそれらがどう反応したかを見た．しかし思い起こさねばならないが，中国農業は社会的真空の中で発展したのではない．社会の問題は，便宜上，また本書の分量を制限するため扱ってこなかった．課題を手ごろな量にまとめるため農業を社会状況から切り離して扱い，農業と他分野の技術の間に働く複雑で緊密な関係や，農業生産性と社会組織そして政治構造との関係，商業から受けた刺激と市場の成長といった問題もできるかぎり無視してきた．また絶えず政府が行った干渉や徹底的な土地改革，これらは中国史を通して繰り返したことだが，その形と因果関係も詳しくは扱わなかった．しかし簡単にでもこれらの事柄を考えるべきところに来た．何故なら中国農業を広い文脈の中で検討して初めて，それが辿った発展の仕方を理解できると思うからだ．

中国の国家は，歳入の大部分を農業生産に直接依存した農業国家だった．中国の人民は人頭税とともに，塩や茶などの商品に付加税を支払ったが，国家歳入の主要部分は地租（「租」 *tsu*）から来た．これはすべての土地所有者が所有地の広さに比例して支払ったが，税率は土地の等級によって変わった．中国国家をこの方式で組織する必要は何だったのか，それは単に富裕な地主支配階層の利益に奉仕する機構に過ぎなかったのか，あるいはもっと博愛的な（少なくともある時期にはそうだ），私心のない，自治的な，農民が多数を占める国民全体の利益に奉仕する制度だったのか？　これらの疑問は技術に関する本の締めくく

りで取り上げるには複雑かつ重要に過ぎる．それはそうだが，関係があることははっきりしている．中国国家の特異な財政的編成を前提とすると，農業を奨励し農業生産を改良すること，さらにそれにとどまらず強力な豪族間の余剰産物の競合を最小化することは国家の利益に適っていたと言える．豪族はある条件下では，国家から税の相当部分を奪う立場に立つやも知れないからだ．

中国に多数の公文書があるおかげで，中国の土地政策とその帰結をかなり詳細に復元することは往々にして可能だ．以下に，中国国家が農業生産増加のため行った二つの重要な運動を検討しよう．一つは漢王朝で，他は宋王朝で起こったものだ．二つの事例は示唆にとむ対照を示し，北方中国と南方中国の農業体系の本質的違いをよく示し，また技術発展がいかに社会変化と切り離しえないかも示す．漢代の事例では技術変化は大地主と国家の間に摩擦を引き起こし，結局は行き詰まりになる類のものだった．宋代の事例は南方中国が経験した'農業革命'と呼ぶべきものだった．エルヴィン (Elvin) (2) がたぶん初めてその解明に踏みこんだ．彼はその変化を当時のやはり革命的な科学，技術，経済進歩と結びつけたのだが，その後の中国で生じた'停滞への移行'，つまり 18, 19 世紀のヨーロッパと同様の変革を示さなかったことの説明を迫られた．この節で私は中世の南方中国に生じた変化は巨大で遠くまで及んだが，革命的ではなかったことを示したい．その農業進歩は 18 世紀の英国同様，経済全体を刺激したが，中国農業体系の性格はこの変化が生産関係を強化こそすれ，それを覆す性質ではなく，そのため根本的な再出発は期待すべくもなかったのである．[7] これは'停滞'と呼べるだろう．ただし，この体系は総生産（一人当たりではないとしても）が数世紀にわたって増加し続け，人口も着実に増加する性格を持っていた．しかし 1800 年頃に至ってついに生産の拡大は余力がなくなったのである．

1 中国はヨーロッパの農業革命に貢献したか？

レーザーはその仮説を 1931 年に初めて提起した．当時，東西間交渉についての書は少なく，豊富な文献資料（主に中国語）が極東の技術史に関して利用できることは，ごく少数の西洋人以外知るものはいなかった．レーザーの仮説が主に推測によることはやむをえないことだったが，50 年後の今，その問題の詳細な再検討は可能だし，再検討するに相応しい課題だ．[8]

レーザーの議論は，主に18世紀ヨーロッパの曲面鉄製犂へらの発展過程に基づいていた．ヨーロッパの犂は伝統的にまっすぐな木製犂へらを装着するのが普通で，曲面鉄製犂へらがヨーロッパで発達したのは東アジアや東南アジアとの接触が確立した後だった．他方，極東ではそれははるか以前から馴染みのものだった（図263）．もう一つのもっと衝撃的な類似がある．レーザーが仮説を提唱したとき彼は知らなかったが，紀元後数世紀に華北で完成していた穀物の条播体系と，タルが1731年に名づけた北西ヨーロッパの馬鍬中耕農業が酷似することだ．タルは旱地穀物の総合的条播栽培を定型化した初めてのヨーロッパ人で，この方法は西洋の我々が今日馴染みの機械化農法の基礎となったものだ．タルは基本原理を次のように述べた．[9]

　中耕は，穀物あるいは他の植物の生育中に，耕耘によって土を砕くあるいは土を寄せることである．
　これは普通の耕耘（穀物や作物の播種前，植え付け前に行うもの）と作業時期が異なる．これはもっと利益が大きく，道具も違う……
　土は自らの子孫である作物に不条理に接し，作物の求めに比例して土はその倉庫を閉じる．つまり作物が栄養を欲するほど栄養供給を減らす．そこで人は土を自分の用途に合わせるためにそれ相当の手伝いをして作物を助け，土の倉庫を鍬でこじあけね

---

7) ここで，中国は農民に根ざした共産主義革命を経験していると，反論が当然出る．しかしこれは私の議論を覆すことはない．技術発展がある場合には社会の不安定化を招き，他の場合には現状維持に働くと私は考える．何故なら当然のことだが，根本的な社会変化がしばしば技術以外の原因によって生ずることを否定できないからだ．確かに中国の共産革命は焦点となる事柄だ．しかし技術的な基盤がこの変化の過程を大きく左右した可能性はある．
　農民反乱は中国の王朝時代を通して頻繁にあったが，多くの指摘があるように王朝時代末の農村の不穏な形勢は，農民が一致して地主を攻撃する形にはならなかった．農民暴動や反乱は，1930年代には大抵が政府の役人に向けられ，往々にして地主階層の一員が指導した（Chesneaux (1), K. C. Hsiao (6), Wakeman & Grant (1)）．'中国革命での農民の役割を見ると，フランスやロシアの農民と違って，革命的エリートの指導に動かされた状況がある'（Scocpol (1), p. 154）．さらに最初の中国革命評議会は1931年に南の江西で確立したが，1930年代の共産党の最も堅固な根拠地は西北部にあり，初期の土地改革も華北で最も成功を収めた．南の諸省では社会階級差は不明瞭だった．そこでは農村地域の経済的搾取はより多様な形を取り，地主と小作の間に単純な境界を引くことは不可能だった（Philip Huang (2)）．Moise (1) は言う．'例えばある種の社会では確かに地主が小作人の生活を最小限であれ配慮し，その結果，小作人は地主を敵と見なさず，彼らを一撃で除去するような飛躍をしなかった．1949年以降の華中と華南，1954年以後の北ベトナムで地主に反抗するよう村々の農民を説得する際，共産党幹部が直面した困難を見れば判ることだ'．

8) 本シリーズ第1部〔思索社刊第1巻〕の議論はJoseph Needhamの80歳誕生日を記念する『中華文史論叢』特別号に書かれた論文が基になっている．Bray (7)．

9) Tull (1), p. 117以下．

第6章 結論 629

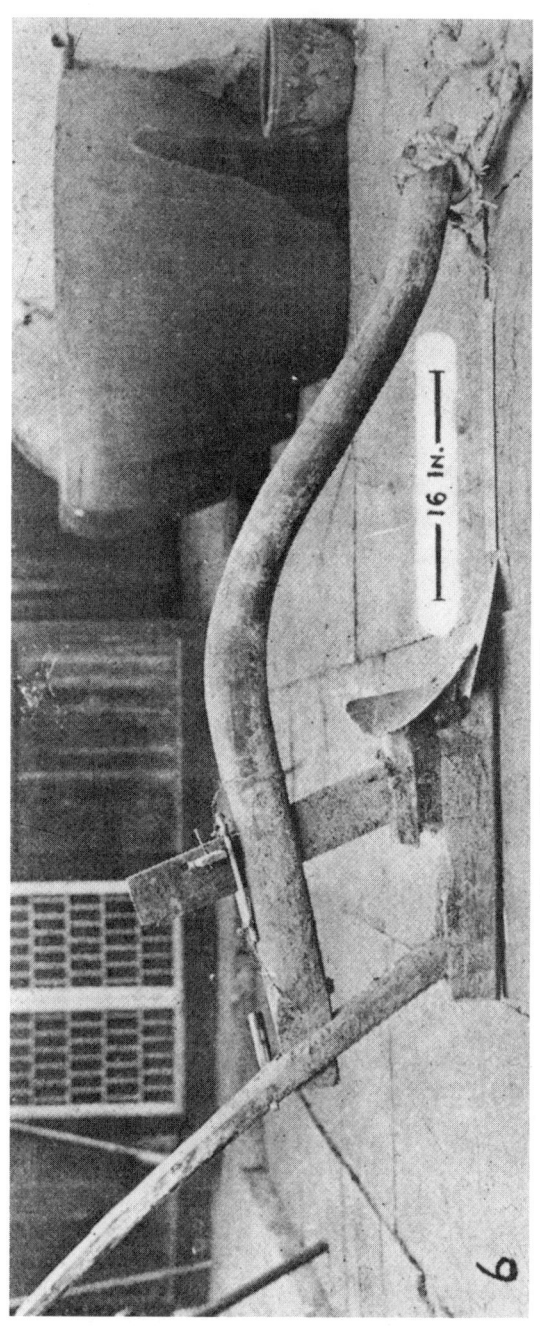

図263 浙江の現代の中国犂。Hommel (1), p. 41.

ばならぬ．そうすれば土はいつでも十分に作物の必要を満たし，作物を侵入者つまり偽の親類の雑草から自由にする．雑草は作物からそうでなくても少ない養分を奪うのだ……

種子をどれぐらいの深さで植えれば埋めてしまう恐れがないか知らねばならぬ．何故なら生えて来うる深さに置く必要があるからだ……

ドリルで蒔くと，1エーカー当たりの種子の適量は普通の方法よりずっと少なく済む．これは中耕法が他の方法ほど多数の作物を世話できないからではない．経験的には逆で，他の事情が同じならもっと多くの作物を育てられる．その違いは多くの事情にかかる．例えば手蒔きではドリルほど均等に蒔けない……

列間隔は最も大切なことの一つで，これに関しては真実に反する意見が多い．十分な経験が最も確実な頼みであるのに，世間の人はまちがった考えに頼り……列間隔を広くすることに反対する．

タルが1731年に発表した原理は，中国ではすでに紀元前3世紀の文献に最初の記録があった．そして後の農業文献が示すところでは，タルが18世紀のイングランドで開発しようとしていた播種器と中耕馬鍬は，華北の列栽培に付き物の伝統的な農具とまったく同じだった．中国農書の記述を思い出してみよう．

　条播しないと穀物の茎は強く育たず，若い苗は互いに［栄養を］取り合う．[10]

　　「既種而無行，耕而不長，則苗相竊也．」

　農民が農地の輪作を知りながら，作物間隔のあけ方を知らないとは不似合いだ．[11]

　　「農夫知其田之易也，不知其稼之疏而不適也．」

　種子を蒔く際，近すぎず離れすぎないよう，また覆土の土を多すぎず少なすぎないよう注意せよ．[12]

　　「慎其種，勿使數，亦無使疏．於其施土，無使不足，亦無使有餘．」

　植物が列で育つと実りが早い．まだ弱い間たがいに邪魔をせず，したがって植物は速く高く育つ．[13]

---

10)『呂氏春秋』, p. 65〔「巻二十六」,「辯土」〕．
11)『呂氏春秋』, p. 71〔同上〕．
12)『呂氏春秋』, p. 73〔同上〕．
13)『呂氏春秋』, p. 76〔同上〕．

「莖生有行，故遬長．弱不相害，故遬大．」

横列は適度な間隔が要り，縦列はまっすぐな道筋でなければならぬ．列がまっすぐだと穏やかに風が通る．[14]

「衡行必得，縦行必術．正其行，通其風．」

耬を用いて小麦を蒔くと，土の深さは発芽に丁度良いだけでなく，中耕にも便である．[15]

「凡耬種（小麥）者，匪直土淺易生，然於鋒鋤亦便．」

小麦を中耕すると収量は倍する，殻は薄く，粉は多くなろう．[16]

「鋤麥倍收，皮薄麵多．」

馬鍬（「耬鋤」 lou chhu）は手鍬より数倍効率が良く，1日に作業できる広さは20ムー〔約3エーカー〕を下らないだろう．[17]

「耬鋤，其功過鋤功數倍，所辨之田，日不啻二十畝．」

かくて，レーザーの仮説を検討することは大いに意味がある．他方，1700年までヨーロッパは技術的に停滞していたと彼は示唆したが，それは事実ではない．停滞どころか北ヨーロッパの経済は沸き立ち，発展していた．農民は生産性増大に懸命で，進展を阻む多くの根本的問題を見極めていた．様々な解決法が熱心に印刷物で比較され，また実地に試され，科学的方法が実際経験同様に求められた．明らかに農業革命の機は熟していた．したがって，東西の技術的発展に在る明らかな類似はレーザーの伝播仮説に力を貸したが，技術の類似は環境の類似を反映するだけかも知れぬ．類似の課題（つまり自足経営から商業的経営へ動く中で，旱地穀物の収量を増大すること）は類似した技術的解決を生むと考えられないだろうか？　そうではなく独立の発明でないとしても，技術伝播と刺激伝播を区別する注意は要る．後者は，具体的なものでなく考えが文化間

---

14)『呂氏春秋』, p. 76〔同上〕.
15)『齊民要術』, 10.7.3.
16)『齊民要術』, 10.4.3.
17)『王禎農書』, 3/2a〔「農桑通訣鋤治篇」〕.

で伝播したと考える．

(i) ヨーロッパ前近代の農業技術

　北ヨーロッパの伝統的農業が低い生産性に留まったことには，封建的な土地保有システムと結びついた社会経済的問題以外に，厳密に技術的な二つの要因があった．一つは重くて貧弱な構造の犂で，これは土の反転効率が低くかつ手間どり，多数の牽引家畜を必要とした．二つ目は散播播種の非効率性で，このため大量の作物が種子として必要になり，かつ収量は非常に低かった．犂の構造と播種法さえ改良されれば，ヨーロッパの農民はコストを下げ，収量を上げることができただろう．

　伝統的なヨーロッパ反転犂の非効率性は，主にその巨大な摩擦に原因があった．これはまず広くて重い犂床に由来した．[18] 広い畝間を作るのにこの犂床が必要と考えられたのだ．また重い木製車輪とそして大きな木製犂へらにも原因があった．犂へらは犂先と軸がずれていて，そのため土が犂へらの上で円滑に反転しなかった（図40）．ヨーロッパの犂へらは多くが平面で，土の反転は犂へらを長くして犂き起こされた土が自重で転倒するようにしたに過ぎなかった．わずかに曲がっているほかの犂へらもあったが，効率はごく低かった．さらに犂へらと犂先がぴったりと合っておらず，草と土がその隙間に詰まるので犂き手は家畜を数分おきに止め，犂に付いた泥を杖で落とさねばならなかった．犂は重く，摩擦は大きく，これを引くには数対の牛か馬が必要だった．実際の牽引頭数は犂のタイプと土の性質で変わったが，平均的に4頭から8頭に上った．例えば中世エセックスのある農場で，4頭の牛と2頭の馬を使って耕せる広さは1日1エーカーに過ぎなかった．状況を描写する例を挙げよう．[19]

　　古い伝統的な犂の首尾はこれら多数の家畜を使えるかどうかにかかった……力は強くても［牛は］ふつう非常にゆっくり歩いた．犂き手が耕深を適切に維持できるよう，土がうまく反転するようにゆっくり歩いたからだ．犂の構造が不細工であろうと，また空で進んだり深く掘ったり，土がごろりと溝に倒れたりしようと，犂き手はそれを直す余裕と暇があった．しかし犂き手にかかる仕事量はもちろん大きくなった．[20]

---

18) ヨーロッパの犂の発展と種類について，詳細は Leser (1) と Haudricourt & Delamarre (1) を見よ．
19) Fussell (2), p. 36.
20) F. G. Payne (1), p. 80.

犂の形を摩擦が減るように少しでも改良すれば，必要な牽引家畜は少なくて済み，速い犂耕が可能となるだろうが，同時に犂が自身でまっすぐ水平に進むようその力学的構造を改良せねばならなかった．何故なら，犂耕速度が上がれば上がるほど犂の制御はむずかしくなるからだ．

ヨーロッパでは 16 世紀まで，穀物の播種法は散播法が唯一だったが（図 92），種子を無駄にすること甚だしかった．タルがその難点を述べている．[21]

> ［手で］種子を蒔いても正確にはいかない（ある種の種子では，特に風の強い日はむずかしい）．さらに地面の凹凸が種子の状態に影響する．多くの種子は穴や最も低いところに入り込み，あるいは覆土ハローかけの際にさらに深みに落ち込む．その結果，低いところは 10 倍も多すぎるのに，高いところは少ないかまったく種子がない．この不均一性のため，実際上の播種量は少なくなる．ある場所の 50 粒は他の場所の 1 粒にも生産量が劣る．それに厚蒔きのところでは苗の栄養を良くすることができない．中耕で土に空気を入れられないので，根が適切な範囲に広がらない．種の幾分かは埋め込まれ（深く入りすぎて芽を出すことができない）……幾分かは地面の上でむき出しのまま横たわり，最初の雨でさらに露出して鳥や虫に食われる．

タルの描写は散播法の無駄をかなり的確に指摘している．かくて，収穫物の半分から 3 分の 1 を種子として保存せねばならず，[22] 発芽した穀物もでたらめに伸びるので十分な除草はほぼ不可能だった．この問題は種子をハローでなく犂で覆土することである程度軽減できた．'畝間播種'[23] という方法だが，これも種子の無駄はあった．

中世ヨーロッパの農業を後進的で生産性を低くした問題は他にもある．ほぼ唯一の肥料は厩肥だったが，飼料不足のため冬を越せる家畜はわずかだった．したがって耕地を肥えた状態に保つのが困難だったし，多くの場所で三圃制（耕地を 3 年に 1 年休閑）は二圃制（耕地を 2 年のうち 1 年のみ耕作）に替わった．収量は低く，その理由は営農法の貧弱さと，よい系統の種子が少ないことにあった．また封建制度の下，耕地は時に幅数フィートの細長い地片に細分され，個

---

21) Tull (1), p. 120.
22) 13 世紀のイングランドでヘンリーのウォルターは，播種量の 3 倍が普通の収穫だと述べていた．Oschinsky (1), p. 324. 収量と播種量の比は，農業革命以前の全ヨーロッパで 10 対 1 をはるかに下回ることが普通だった．Slicher van Bath (1), pp. 172-177.
23) Markham (2), p. 47, Sigaut (4).

人の所有地は広域に分散していた．このことも非効率な営農と低収の原因だった．

　封建経済は利益よりも自給が関心の的なので，技術的発展が少なかったことに不思議はない．[24]　一部の歴史家が指摘するが，学問のある修道僧がかなりの資本を自由に利用して運営した北ヨーロッパの僧院農場は，封建貴族の荘園よりはるかに発展し，企業性に富んでいた．[25]　しかし，修道僧は多くの場合，数世紀前に書かれた地中海地域の農法に関するラテン語の農書を参考にして営農したので，彼らの知識はしばしば進歩よりも障碍となった．この時期，ヨーロッパでは刷新をもたらす農業著作はまったくなかった（本書 p. 95 を見よ）．

　しかし封建制が崩壊し始め，都市が成長して製造業者が勃興し，食品や原材料の市場が成長し始めると，北ヨーロッパの農業に新しい潮流が見え始めた．農奴は奴隷的身分を失い，土地の個人所有が封建関係にとって代わることとなり，土地の自由市場が発展した．[26]　また多くの地方で商品生産が自給農業を凌駕した．すでに12世紀に一部の封建領主は，開放草地と混在する農地よりも統合所有地のほうが営農に有利であることに気づき，彼らは'村の農地からその領地を引き上げ，整理統合して囲い込み，所有権を明らかにして営農を始めた'．[27]　14世紀までにこの過程はイングランドで十分確立していた．農夫すら機会さえあればより貧しい隣人から土地を買い上げようとした．ここには資本家的小作農民の萌芽があり，彼らはその所有地を自由だが土地を持たない労働者に耕作させた．[28]　羊毛市場が発展した時代になると，羊飼育のための土地囲い込みがチューダー時代のイングランドで深刻な問題を生むこととなった．[29]

　　　　羊が川べりの草地も岡の草地も食ってしまった，
　　　　我々の穀物も，林も，村も，町も．

　しかしすべての土地が羊飼育のために囲い込まれたわけではなかった．

---

24) Kula (1), p. 34.
25) Duby (1), p. 22.
26) この過程はイングランドで13世紀末までに明瞭となった．Ernle (1), p. 39; Macfarlane (1).
27) Ernle (1), p. 38.
28) 同上，p. 48. ヨーロッパの他の地域で起こった同じ過程を Duby (2) が文献で調査している．
29) Bastard の *Chrestoleros*, 1598年．Ernle (1), p. 63 に引用．

チューダー時代のフイッツハーバートやタッセルなど経験ある農民は，穀物と家畜の両方を生産できる所有地を統合する有利さに気づき，17世紀後半までにほとんどのエンクロージャーは改良混牧農法を行い，穀物と家畜をともに生産するようになった．それらの統合農場では排水，施肥，作物輪作の改良が可能となり，家畜労力と人力をより効率的に配置することが可能だった．エンクロージャーは多数の小土地農民を落ちぶれさせ，土地なし労働者の農村プロレタリアートを生み出したが，エンクロージャーの弁護者はこう言った．囲い込み地で高い収量を達成した結果，国全体の利益は負の社会コストをはるかに上回ったと．[30]

封建関係が消滅してエンクロージャーが一般化し，新しい富裕農民階層が出現した．彼らは自分の職業に誇りを持ち，農場の改良に熱心で，新しい方法や道具に投資するだけの資力を持っていた．彼らは学問があり，計数に明るかった．多くの者が自分の経験や新しい考えを雑誌に投稿し，印刷技術の16世紀半ばからの急速な発展で出現していた多数の印刷会社は，農業書の需要が大きいことを見て取った(本書 p. 97 を見よ)．これらの農業書は農法を単に一般的に述べたものが多かったが，時としてもっと専門的取り上げ方を試み，作物輪作や肥培といったテーマで専門書を出版する著者もいた．[31] 時代の科学的精神は，

---

[30] 社会的理由からするエンクロージャへの反対は15世紀に初めて出現した (Ernle (1), p. 63)．反対者はトーマス・モーア卿のような著名人もいた．17世紀にはエンクロージャの得失を論争するパンフレットが多数現れ，流布した (例えば，John Moore (1) や Joseph Lee (1))．18世紀，19世紀に農学者は，開放耕地の保存は農学的理由から擁護できないと断じた (Arthur Young (2), Ernle (1), p. 190以下, (2), p. 68)．ただし最近，Dahlman (1) は，反対者が否定したがるほどには，開放耕地体系が経済的に不利なものでなかったことを示そうとしている．後代のエンクロージャには確かに無用で無駄なものが多く，1870年の Dartmoor の広大な土地囲い込みはその例だ (Torr (1), vol. II, p. 30)．耕地の囲い込みは別にしてもウッドランドや普通放牧地の囲い込みは，農村労働者の生計に有害な影響を与えた (Cobbett (1), 随所)．経済史家の中には，共用権の取り上げはゆっくりと進んだので，農村の貧困層にほとんど影響を及ぼさなかったと言う者もいる (Mingay (1) や Hammond & Hammond (1) の序) が，教区保有地を経済的自立のために転換したことが最後の砦を壊し，多数の農場労働者を暴力に向かわせ，その失敗後に土地から追い払われることになったと考える人々もいる (Hammond & Hammond (1))．

[31] 新しい農業潮流の最初の作家は英国人の Fitzherbert で，その *Book of Husbandry* (1) を 1523年に出版した．それを手本にすぐ次の作品が続いた．Tusser (1), 1557, (2), 1573, Gallo の *Dieci Giornata* (1), 1556, Estienne & Liebault の *Maison Rustique*, 1567, Olivier de Serre の *Théâtre d'Agricultre* (1), 1600, そして Grosser のドイツ語の作品 *Kurze Anleitung* (1), 1590 など．これらはどれも一般的内容だった．もっと特定分野の著作は次のものがあった．Markham の *Inrichment of the Weald of Kent* (4), 1625, Sha (1), 1657 の肥沃化と施肥に関する本，Yarranton (1), 1663 のクローヴァーを含めた輪作に関するエッセー．

ブリス(Walter Blith)の1653年に出た『英国改良法の改良』(*English Improver Improved*)といった本に明瞭に表れている．彼は本の題表紙で，自分の方法は'すべて理性の精神と独創と，最新の最も実際的経験から導いた'と宣言している．一方，技術者や機械技師は様々な農業機械の実験を行っていたが，大抵は実らなかった．この発展と実験の雰囲気の中で新しい道具と方法が初めてヨーロッパで採用されることとなったが，それらはすでに見たように中国で数世紀も前に，均等間隔で列状に作物を育てる原理に基づいて磨き上げられた体系だった．この体系は華北の旱地農業に典型的だったもので，曲面の鉄製犂へら，種子の流れを制御した多管播種ドリル，そして若苗の間を早く効率よく除草できる多様な馬鍬や培土器を使用し，効率性の高いものだった．これらの方法と道具はたぶんすべてが6世紀までに完成し，当時，華北の農場で基本的な装備となり（本書p.663を見よ），『齊民要術』がこれについて述べ，1313年の『王禎農書』が記述に挿絵を加え，華北で今日も使っているものだ．

18世紀のヨーロッパで馬鍬中耕農業が発展するまで，華北の農具複合（上述）は唯一のものだった．播種ドリル馬鍬はアジアの他地域にもあるが，すべてをそろえた一連の農具は華北にだけあった．その体系の部分的な要素は漢代後期にはすでに出現していたが，完全な開花は漢代後期から唐代（100年から800年まで）の典型的な大農場の成長によって生じたようだ．漢代に生じた中国の発展は，近代初期に英国で起こった変換状況と共通点があった（本書p.668を見よ）．農産物需要の拡大は技術的改良を普及させ，それが土地生産性を増大させ，地価を押し上げ，富農は小土地農民から土地を取り上げて大農場に統合し，市場向け作物を生産するようになった．土地所有の集中によって富農は経営を合理化し，規模の経済を実行した．例えば人力に替えて家畜牽引農具の使用が可能となった．王禎は一人が操る1頭引きの馬鍬を用いると1日に数エーカーの作業が可能と言っていた．[32] 華北の大農場が畜力に大きく依存した様子は図264に明らかだ．

反転犂やそれ以外にも華北にあった精巧な農具は華中，華南にはなかった．これは知らなかったのではない．王禎などの撰者は南の農民に北の農具を普及する努力を系統的に行っていた．[33] しかし，小麦や大麦などの旱地作物を南の

---

32)『王禎農書』3/2*a*〔「農桑通訣鋤治篇」〕

第 6 章 結 論 637

図 264 モンゴルの大農場. 和林格爾の 2 世紀の壁画. 著者不詳. (512), pl. 34.

諸省も宋代以降は栽培するようになったものの，農具普及の努力は実らなかった．これは灌漑稲作が南方の経済で卓越し，技術的発展を違う方向へ向けていたからだ．これは後に触れる．

(ii) ヨーロッパが探索したアジアの農業技術

　18世紀ヨーロッパ農業の変革の鍵は，曲面鉄製発土板を装着した犂，播種ドリル，そして馬鍬の導入もしくは発展だった．これら三つが以前から揃って使用されていた唯一の地域は華北だった．しかしこの体系の個々の要素はアジアの他の地域にも存在した．例えば単管播種ドリルは西アジアに，多管ドリルと馬鍬は南アジアに，曲面鉄製発土板を装着した犂は華中，華南，日本，そして中国人移民が導入したジャワとフイリピンにもあった．これらの地域すべてについて，あるいは一部分についてでも16世紀から18世紀のヨーロッパ人がどれだけの情報を持ちえただろうか？

　マルコ・ポーロやリュブルックのウイリアム（William of Rubruck）〔ラテン名 Wilhelmus Rubruquis〕といった東洋への初期の旅行家は，訪れた地方の科学や技術について信頼できる情報をほぼまったく入手していない．結局，商人や宣教師を通して接触が常態化して初めて，正確な報告が西洋へ洩れ出てくるようになった．16世紀にポルトガル人が交易拠点を中国，インド，マラッカの沿岸に築き，スペイン人がアメリカの領土から太平洋を西に横断してフイリピンを17世紀に併合し，オランダ人は1619年にバタヴィアを築き，数年後にポルトガル人をマラッカから追い出し，台湾を明代末の短期間占領した．彼らはまた長崎に商館の設置を許された．英国とフランスの政府は17世紀にともに中国との交易があったが，エネルギーを大部分インドに集中したこの二つの東インド会社は17世紀，18世紀を通して影響力を競った．英国は18世紀には東南アジアにも拠点を求めていた．スウェーデンの東インド会社は中国沿岸のほか，インドネシアと大陸東南アジアの沿岸でも動いていた．

　ヨーロッパの中国交易の窓口は主に広東と福建に限られた．キリスト教伝道師はイエズス会の伝道拠点が北京に17世紀初頭に確立された後，内陸深く旅行することが可能となり，イエズス会士の出した多数の出版物や書簡は，17, 18世

---

33) 『王禎農書』12/17〔「農器圖譜耒耜門」〕, 13/24〔「農器圖譜錢鎛門」〕, 19〔「農器圖譜麩麥門」〕の随所．

紀のヨーロッパ人に巨大で豊かな進んだ文明を持つ帝国の像を伝え，それを真似たいとすら思わせた．イエズス会士たちは科学的訓練を受けた鋭い観察者であり，中国文化のプラス面と同時にマイナス面の報告も怠ることはなく，その点，他のキリスト教諸宗派の説伏師たちと異なっていた．天文学の専門家がおり，工学や植物学の専門家がいたが，全員が知的に多才で正確な観察者だった．彼らは精神的な伝道意欲をもちろん優先したが，彼ら自身とそして後援者たちも中国との接触に物質的利益があることを知っていた．例えばフランスのルイ14世は1658年に科学使節として6人のイエズス会士を送った．[34] その出発に際してフランスの科学アカデミーが要請した調査テーマの一覧表には，歴史，地理，科学，植物相，動物相，食料生産に関する質問があり，ほかに宗教組織および政治組織が挙がっていた．ライプニッツは北京のイエズス会士と広く書簡を交わしたが，当時の他の有名な哲学者多数も同じだった．書簡内容の報告がある．[35]

　　　［イエズス会士グリマルディへの1689年の書簡で，ライプニッツは］中国で手に入る情報が注意深い観察者にとって大きな意味を持つと強調し……有用な植物や薬がヨーロッパに持ち込めないかどうか［尋ねた］．彼はマイケル・ボイム神父の『中国の植生』(*Flora Sinensis*) を研究してこの考えを抱いていた．ライプニッツはまた金属の製造，茶，紙，絹，'真の'磁器，日本の刀 (*laminarum*) とガラス製品についてより詳しい情報を求めた．極東の島嶼地域についてもっと詳細な地理が判れば，地図を訂正できるとも思っていた．中国の農業機械や陸軍，海軍の機械についてもヨーロッパのものの改良を進める視点から，注意を払うよう促した．またより多数の中国の本，特に歴史や自然史に関する本で，ラテン語に翻訳する価値のありそうなものを探すよう求めていた．

イエズス会士は教養ある中国人にヨーロッパのほうが進んでいた科学の諸分野（数学や天文学など）を喜んで伝えた．しかしライプニッツや民間の同時代人は情報の向きを逆にして，ヨーロッパの製造業（特に絹産業）が中国に対抗できることを願っていた．ライプニッツの書簡はこう述べる．[36] '私はグリマル

---

34) Huard & Wong (5), p. 140.
35) Lach (1), p. 29. Leibniz の手紙原本はハノーヴァーの下ザクセン図書館に保存されている．
36) Lach (1), p. 31.

ディに，ヨーロッパのものを中国人に渡すことよりも，中国の注目すべき発明を我々に渡すことを心がけて欲しい旨懇願した．そうでないと中国へ送った使節団から利益が得られない'．北京伝道団への 1707 年の手紙でライプニッツは，学者の書いた中国の農業，産業に関する本だけでなく，中国の動物，機械，模型そして学者を送ることすらイエズス会士たちに示唆している．[37] イエズス会士たちは実際に中国の多くの神学生をヨーロッパに連れて帰り，さらに中国の本多数をフランスや他の国へ発送した．[38] その中には中国農業や製茶法その他の農村の仕事を描いた一連の絵画集があった．これは今，国立図書館の収集品に入っている．その一つに小麦栽培を描いた 12 枚の絵があることは意味深い．[39]

　中国の農業と農業政策についてどの程度の情報が入手できたか，ケネーなど重農主義派の著作から推論できよう．ただしその情報源は必ずしも明確でない．[40] とはいえ中国の農業著作は，ヨーロッパへ持ち帰られた中国コレクションの中で確かに群を抜いていた．また中国の百科全書も大多数は農業について長い記述があり，中国語を読めなくとも挿絵を参考にすることはできた．この流れの中でイエズス会士が得た最も重要な改宗者が宰相のポール徐（徐光啓，1562～1633 年）だったことは意味深い．その著書『農政全書』[41] は中国の農具や農業機械のおびただしい挿絵がある．徐光啓は当時の指導的イエズス会士と密接な関係を持ったが，ヨハン・テレンツ（Johann Terrenz）（鄧玉函 Teng Yü-Han, 1576～1630 年）はその一人で，中国人の王徴（Wang Cheng）と共同で中国の機械に関する図集を出版した．[42]

---

37) 同上，p. 65.
38) 1679 年作成のベルリン図書館所蔵中国書籍に関する Andreas Muller のカタログは中国書 25 題目，300 巻を収め，パリ，ウイーン，もちろんローマにも収集があった．Lach (1), p. 46. 不幸にも多数の収集品がその後に分散し，またそのほかは一般閲覧に供されない．
39) Huard & Wong (5), p. 180.
40) ケネーは中国の政体に関する長編の本を『中国の独裁制』（*Despotisme de la Chine*）(1) として出版した．彼は情報を例えばデュ・アルドの出版物などイエズス会士から得たと述べたが，またスペイン，イタリア，ドイツ，ロシア，英国などの旅行者から直接に得たり，報告から得たとも言っている（本書 p. 638）．ケネーが持っていた情報源が直接かどうか，実際は問題だ（Cummins (1), Marverick (2)）．
41) 水管理に関する項の最後の章に，ヨーロッパの灌漑法を述べた短い論文「泰西水法」がある．これは Sabatino de Ursis（熊三抜，1576～1620 年）が書き，はじめは 6 巻本として 1612 年に北京で出版された．
42)『諸器圖説』．鄧玉函のもっと有名な作品は西洋の機械に関する『奇器圖説』で，北京で 1627 年に 3 巻本が出版された．

北京のイエズス会伝道団は17世紀中，情報を求めるヨーロッパの学者に悩まされた．18世紀にヨーロッパの出版社はデュ・アルド (Du Halde) の『イエズス会士書簡集──教訓と好事家』(*Lettres Édifiantes et Curieuses*)(2)といった作品集だけでなく，イエズス会士の個人的備忘録の出版を一つの産業に仕立てた．そればかりかイエズス会士は中国の模型と機械の本だけでなく，それ自体を送り始めた．

1720年に中国の風選具の唐箕がフランスへ送られてそこでかなりの注目を集め，[43] ピエール・ドゥ・アンカルヴィーユ (Pierre d'Incarville)(湯執中, 1706～57年) は中国の播種ドリルの模型を送り，農学者のデュアメル・ドゥ・モンソー (Duhamel de Monceau) がそれを試作した．[44]

この頃までに教団以外の世俗的接触経路が作られ，中国と極東についての飽くことを知らない好奇心を満たすことになった．フランスの科学アカデミーは広東に居るフランス商人の中に通信員を置いていたし，[45] スウェーデン・アカデミーはスウェーデン王立東インド会社と緊密な連携を育て上げた．議事録に次の記録がある．[46]

> ［乗客，］水夫，船長，その他の会社の従業員は過去数年間，中国から帰るときに，王立科学アカデミーに似つかわしい品物の持ち帰り競争をしていた．自然史の標本，発見品，観察報告，機械の絵図，模型，あらゆる種類の品物の報告である．それらはアカデミーの……模型博物館を充実拡大するだけでなく……中国民族の習慣，交易，経済の管理，手工芸……について有用な情報をもたらす．

1740年代に中国を三回訪れ，広東に計15ヶ月滞在したエークベルグ船長の『中国農業の報告』(*An Account of the Chinese Husbandry*)といった作品がドイツ語と英語に翻訳され，[47] スウェーデンの科学者も中国の農業百科全書を数冊持ち帰った．[48] 他のヨーロッパ諸国については情報は断片的だが，例えば18世紀初期にオランダ人が中国式唐箕をたぶんジャワからオランダへ持ち帰った（本書 p. 420

---

43) Hårleman (1), p. 63.
44) Gösta Berg (3), p. 37.
45) Huard & Wong (5), p. 11.
46) *Proceedings*, 1754年, p. 233, 訳 Berg (3), p. 26.
47) Osbeck (1).
48) Berg (3), p. 27.

を見よ)ことは判っているし，ほかに多くの珍しいものをインドネシアから旅行者が持ち帰ったにちがいない．

東南アジアの政治的，経済的状態は中国とずいぶん違った．西洋人は中国と比較して彼らを原始的で，興味を持つに足りないと思った．数人の博物学者が地方的植生や動物相を報告したほかは，19世紀初頭以前のヨーロッパ人による詳細な出版物はごくわずかだ．まして土着の文学を収集する余地はほとんどなかったが，ラッフルズ (Stamford Raffles) の1817年出版の『ジャワ誌』(*History of Java*) (1) はインドネシアに関して，イエズス会士の中国報告に比肩できる初めての作品だった．また西洋人は日本文化に興味を持ち感銘を受けたが，徳川時代 (1615〜1867年)，外国人との通交は厳しく禁止され，その国について表面的な知識以上のものは得られなかった．

インドを訪れた初期の旅行家はムガール宮廷の華麗さに幻惑されたが，インドの農業政策から感銘を受けることはなかった．農夫の勤勉さと農地がよく手入れされてきちんとしていることは多くが賞賛したものの，中国の農業に向けたようなお世辞は言わなかった．インドの農具は原始的だと相手にされないのがふつうだった．理由は，(19世紀初期の観察者が指摘するように)，'インドの農民は飾るためには労を惜しまないからだ．つまり，絵に描いた道具と鉋で削った実際の道具とでは価値が変わる'というものだった．[49] それにインドの農具について詳細な記録がヨーロッパへ届き始めたのは18世紀も末だった．ブキャナン (Buchanan)，ハルコット (Halcott)，ウォーカー (Walker) の3人ともインドの播種ドリルを報告し，ウォーカーはそれを'農業に見る最も素晴らしい有用な発明の一つ'と述べている．[50] ハルコットは'つい最近まで播種犂は近代ヨーロッパの発明品と思っていた'[51] ので，インドの犂，播種器，馬鍬セットにいたく感銘を受け，一揃いをロンドンの農業庁に送り，『農業省通信』(*Communications of the Board of Agriculture*) 第1巻 (1797年) にそのスケッチを発表した (図97)．しかしこのときヨーロッパの播種器設計者はまったく違う方針で相当の進歩を実現していたので，インドの播種器はほとんど注意を引かなかった (本書 p. 648 を見よ)．

---

49) Alexander Walker (1), p. 186.
50) 同上, p. 185.
51) Halcott (1), p. 210.

16世紀から18世紀, ヨーロッパ人がアジア農業の情報をまったく利用できなかったわけではない. そしてヨーロッパの科学者や発明家は東から知りうることは何であれ熱心に学んだ. 中国農業や中国の農場施設の細部まで点検するためそれらを送らせることすらあった. しかし, 製作品がそれらの影響を受けたと彼らが公認した例を探してもがっかりするだけだ. 西洋の著作家や発明家は互いの考えを恥知らずにも剽窃し合っていた. ごく近い隣人さえそのように愚弄する以上, 世界の向こう側から来た考えを自分の考えとして通用させるのに遠慮をするはずがなかった.[52] こういう情況だからこそ16世紀から18世紀の農業発展を技術の詳細に即して仔細に検討し, もしあるとすれば何を東に負っているのかはっきりさせる必要がある.

(iii) ヨーロッパ農業の変貌

播種ドリル

　先に見たようにタルが提唱した馬鍬中耕農業は華北の農法によく似ており, タルはどれもこれも中国から借用したとすら思えるほどだ. アーサー・ヤングが指摘した[53]ように, タルは非常に広く本に目を通した人である. 彼はまた実際に機能した播種ドリルを発明した最初のヨーロッパ人だ. しかしタル以前にも西洋の発明家は播種器について長らく工夫を重ねていた. そして彼らの最初の考えは, 16世紀に周知の'穀物を置く'という方法に刺激された可能性は認めねばなるまい.

　穀物を'置く'もしくは点播する方法は, 単に杖で列状に穴を開けてそこへ種子を落とすことだった. この方法は菜園でにんじんや大根など根菜の植え付けに長らく行われており, ヒュー・プラット卿 (Sir Hugh Plat) は穀物点播法の発明が, 穀物種子を誤ってにんじんの植え穴に落とした'馬鹿な女中'によるものだとする.[54] この方法は穀物点播法の改良に関するパンフレットが1600年,

---

52) 例えば, 17世紀イギリスの最も多産な作家 Samuel Hartlib の作品はほとんどが他の著者の作品を剽窃したものだ. *Samuel Hartlib, His Legacie* (1) は, 実際は Weston (1) の草稿を逐語的に写したもので, 標題でそれを増補したと言っていることともまったく事実に反する (Ernle (1), p. 426). アメリカ人 Jefferson は犂へら製作の数学的原理を発見した, オランダ犂やロザラム犂はそれを基にして作られたと公言したが, 犂そのものがアメリカへ導入される以前にオランダと英国で開発されてすでに数年を経ていた (Fussell (2), p. 45).

53) A. Young (1), p. 314.

54) H. Plat (1), ch. 1.

1601年と立て続けに出ている[55] ことから，16世紀のイングランドでかなり通用していた方法だ．プラットが提唱した方法は，播種速度を上げられるよう列状に穴を開けた板を使うことだった（図99）．しかしその後の発明家は目標を高くし，点播機械に取り組んだ．[56] これらの播種機械については役に立たなかったこと以外何も判らない．とはいえ穀物点播法は後のヨーロッパの播種器が発展する基礎だった可能性もあり，この場合アジアの影響あるいはそれによる発想は関係なくなる．

　他方，ヨーロッパで発明した初の播種ドリルは点播パンフレットより前のことだった．それはあるイタリア人の作品だが，点播法をイタリアで行った証拠はない．1566年，トレロ（Camillo Torello）は穀物粒を蒔く方法の特許をヴェニス議会から得た．それは種子を節約し収量を増加すると大いに勧奨された．[57] トレロのシステムは何らかの方法で穴を開けたにちがいないが，詳細は判らない．その数年後の1580年，カヴァリーニ（Tadeo Cavalini）が播種ドリルの特許をボローニャに申請し，これについてはセグニ（Batista Segni）の次の記述がある．[58]

　　この方法では種子は蒔くというより置くのであり，播種時に種子を大いに節約できる．その構造は小さい簡単な台に置いた粉篩いを二つの車輪と竿に載せた形を思わせる．装置の一部は種子容器，一部は篩いの下に置いた穴開き板で，各穴から鉄の管が地面に向かって取り付けられ，その端は長いナイフになっていて溝を切った．そこへ篩を通った種子が管から1個ずつ落ち，完全に覆土されるので食害を受ける種子は一つもない．

　カヴァリーニの播種ドリルについて後の学者の解釈はさまざまだ．アンダーソン（Anderson）の解釈はこうだ．'その造作は銃の射出装置を穴のあいたカバーで覆ったような構造で，カバーの回転に合わせて種子が穴から落ちたか，六角形のプリズムにあけた穴の列から種子が落ちたか，もっと可能性が高いのは空隙のある円筒を穴開き板の下で回転させ，種子箱から種子を空隙に落したかだ'．[59] 問題はすべてセグニが粉篩いと表現しているものに関わる．上記アン

---

55) Plat (1), Maxey (1).
56) 例えば，Gabriel Plattes, Otwell Worsley ほか．完全な記述は Fussell (2), pp. 95-98 を見よ．
57) Russell H. Anderson (2), p. 162.
58) 訳 Fussell (2), p. 94.
59) Anderson (2), p. 163.

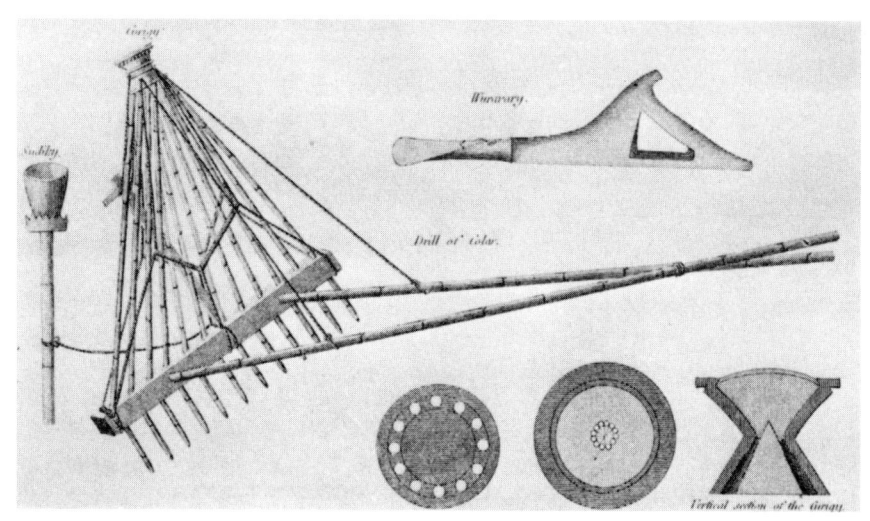

図265 南インドの播種ドリルと種子送り装置. F. Buchanan (1), pl. 11.

ダーソンの引用する最初の解釈はセグニの言う粉篩いに意味をもたせるが，他の解釈はセグニの記述を無視し，カヴァリーニの種子送りの機構を後のヨーロッパのドリルに見られるタイプに近いとするものだ．それらの解釈は三つとも送り機構は車輪の回転によって働くと見る．別の解釈として私が指摘したいのは，車輪の機能は装置の運搬のみ，そして'粉篩い'でセグニが意味したのは台所の粉通しのように多数の穴が開いた板か金属板で，これは動かなかったというものだ．つまり各穴には播種管が通じ，ドリルの振動で種子をゆすって穴に自動的に落としたと考える．その場合カヴァリーニのドリルは南インドのドリルに似たものとなるか，『天工開物』が述べる穴あきドリル（本書 p. 299 を見よ）を車台に乗せた形になる（図265と104）．

カヴァリーニのドリルをこう解釈するのは，その記述に送り機構が回転したと見なす根拠がないからだ．[60] 南インドのドリルでは播種量は手で調節したが，カヴァリーニのドリルが同様の方法を使わなかったのなら，種子は種子箱から直接くるので播種量を調節できない——これがカヴァリーニのドリルが普及しなかったことの説明になる．他方，もしそれに回転種子送り機構があったとす

---

60) だが不幸にして，私はイタリア語の原文を見ることができなかった．

ると，アンダーソンが指摘するように[61] それはうまく働くための三つの基本要素（溝切りの犂先，種子の流れを導く管，それを制御する送り機構）すべてを取り込んでいたことになり，どうしてそれがもっと熱狂的に受け入れられなかったのか理由が判らなくなる．

したがってヨーロッパの最初期の播種ドリル，とりわけ東洋と盛んな交易関係をまだ保持していたイタリアで発明されたものは，アジアモデルに基づいたと考えられる．しかしその後のヨーロッパの播種ドリルはアジアのものとまったく違う原理に基づいて作られた．それはふつう車輪をつけた堅固な方形の枠に漏斗状の瓶を置き，土の溝切りに1本ないし2本以上の鉄の足を備え，見合った本数の管で溝に種子を落とした．種子の管への流れは諸種の回転送り装置で制御した（図266）が，この装置は車輪軸の一部とするか，鎖あるいは歯車で間接的に動かした．回転送り装置を一貫して使うことが西洋とアジアの播種ドリルの基本的相違点だ．18世紀のフランスの発明家デュアメル（Duhamel de Monceau）が中国播種ドリルの構造に完全に通じていたことは，彼が『農書』の挿絵（図95）とほぼ同じ中国播種ドリルの絵を，『土地耕作論に関する経験と考察』（*Expériences et réflexions relatives au traité de la culture des terres*）(1)と題する長い著作に発表していることから判る．しかし彼はその装置に不満を感じていたことは明らかだ．というのは彼が開発した播種ドリルはタルとほぼ同じ原理に立って作製したからで，それは19世紀以前のヨーロッパのドリルの中でたぶん最も成功したものと言えよう．アンダーソンがこれについても述べている．[62]

　　　［タルの］ドリルは3列の種子を蒔き，1頭の馬で引いた．3個の溝切り刃あるいは鍬は幅が狭く土に切り込みやすい形にした．溝切り刃の後ろの管は後ろ向きに開き，漏斗から来る種子を地面の溝に導いた．これらの溝切り刃，それらを支える枠，それに梶棒の重さは地面で支え，機械の車輪にはかからなかった．つまり，前方の大きな二つの車輪は真ん中の溝切り刃に補給する種子箱と落下装置を1.75インチの心棒で支えた．後部の小さな二つの車輪は他の2個の溝切り刃（14インチの間隔で並べている）に種子を補給する種子箱と落下装置を支え，この溝切り刃は真ん中のものよりも少し後ろにずらして互いに妨害しない（これは前の世紀からよく行われた工夫）ようにした．落下装置は種子箱の底の筒とそれに通した歯車軸で構成した．この歯車刻みあるいは

---

61) Anderson (2), p. 163.
62) Anderson (2), pp. 169–170.

第6章 結論　647

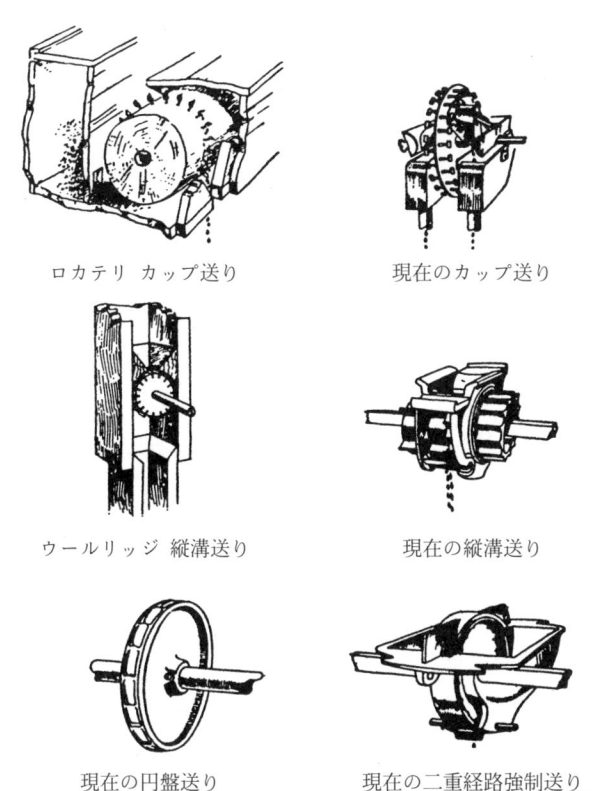

ロカテリ カップ送り	現在のカップ送り
ウールリッジ 縦溝送り	現在の縦溝送り
現在の円盤送り	現在の二重経路強制送り

図266　ヨーロッパ播種ドリルの種子送り装置．Anderson (2), fig. 10.

斜段をもつ軸は車輪とともに回転し，上の箱から穀粒を受けて下の漏斗へ落とし込んだ．刻み落下装置の中を通る穀粒は真鍮の蓋とばねで制御し，その方式はオルガンの舌に倣ったものだった（図98）．

デュアメルが手に取った中国模型は，たぶん小さすぎて送り装置がなかったか，あるいは，たぶん単純さと見かけの稚拙さのため印象が弱かったのだろう．確かに伝統的な中国播種ドリルは現代の機械式播種器と正確さの点で比肩しえないが，ある範囲内ではきわめて有効で信頼でき，安くて堅固，誰でも使える利点がある．デュアメルが中国の本の1頁から手本を取っていたら，もっとうまくできただろう．事実，ヨーロッパの回転送り機構は見かけの精巧さと裏腹

に19世紀に入っても不具合が続いた．ヤングはこう批判した．[63]

　ごくわずかでも注意すれば，播種器の進歩をかくも遅くしている原因を発見できるはずだ．熱心な支持者は多くの長所を挙げるが，それにしても進歩が遅い．まず第一に，実物であれ考案中のものであれこれまで発明された播種犂は，この種の機械が当然果たすべき複雑な仕事をこなすには不十分である……
　考えてもみよ……普通の犂はその能力を出そうにも構造が複雑で，それを単純にするのが難しい．部品の種類が多すぎ，堅固さと一体性がなく，全体が弱くなるのを避けられない．複雑で弱いという欠点のため修理が困難かつ高価である．こうしたあれこれの欠陥を10分の1にしないことには，普通の犂はこれら三つの不足をかかえたままとなり，これでは農業を直ちに幼年期に戻す決意をせざるを得ない．
　播種犂にはほかにも多くの不足がある．例えばそれは高価だし，入手が難しいし，発明された種類は多いのにどれ一つとしてこれというすばらしさを持っていない．こういう状況で播種ドリルが活躍できるのか？

　先に見たように，西洋人はインドの播種ドリルも18世紀の末に持ち帰った．その一人ハルコットはこう書いた．[64]'[インドの]播種犂は簡単だが，それの備える利点が特許を受けた播種犂にはないと確言できる．ある出版物で読んだことを思い出すが，特許播種犂が穀粒を均一に落とせないのなら特許不履行だ．インドのものはそのような不履行品ではない'．批評家は東洋の播種ドリルの有効性に注目したが，それにもかかわらず西洋の技術者はこれらのドリルにもの珍しさを感じるだけだった．自分たちの複雑なドリルの欠陥をよく知っていたが，回転送り装置を組み込んだ機械式ドリルに後戻りできないところまで踏み込んでいたからだ．
　英国とフランスの富農層は新しい農業の理論に好意的だったが，それを実践する者は少なかった．多くの技術者の努力と才能にもかかわらず，播種ドリルが一般の使用に十分な信頼性，効用，経済性を獲得するには19世紀半ばまで待たねばならなかった．[65]ヨーロッパ最初の播種ドリルの発明からその完成まで

---

63) Arthur Young (1), pp. 122–123.
64) Halcott (1), p. 211.
65) カブラや飼料作物用の播種ドリルは穀物用より成功を収めた．英国とアメリカは1860年代と1870年代に穀物播種ドリルの開発に成功した初めての国となった．他のヨーロッパ諸国は製造技術に遅れをとり，フランスの農民は1890年代末でも播種ドリルを使うものは少なかった．Anderson (2), p. 196.

に2世紀が経過したが，その期間は理論刷新のためというより，全般的な産業技術の進歩に必要だったのだ．現代の播種ドリルは初期の原型より大きくて複雑だが，基本的な分類は17世紀の二種類に落ち着く．その一種'サフォーク'ドリルはカップ送りと振動ホッパーを採用したもので，ドイツ皇帝から1663年に免許証を得たロカテリ (Locatelli) ドリルの原理に基づく．もう一種の強制送りドリルは英国人ウールリッジ (Worlidge) が1669年に発表し，発展させた装置に基づいている（図266）．[66]

以上すべての事柄は，西洋の播種ドリルがアジアの対比物と基本的に異なることを示す．アジアのものは機械的な原理が大きく違い，西洋人は農業雑誌でそれを賞賛したが，ヨーロッパの播種ドリルにまったく影響を及ぼさなかった．

曲面鉄製犂へら

伝統的ヨーロッパ犂の欠点はすでに述べた．つまり重くて巨大な摩擦を発生し，したがってそれを引くには多数の家畜チームが必要だったことだ．16世紀に農学者は改良法を探し求めていた．当然，伝統的犂は様々な地方型があった．イングランドでフィッツハーバート (1) もマルカム (2) も犂の適否は土によって変わることに注目した．マルカムは広範なタイプの土に適合できる犂構造の法則を細かく規定し，例えば白い土では後ろが'広く開いた'犂でなければならず，こうすれば犂き起こした土を反転して畝を作れると述べた．[67] 多くの同時代人と同じく，マルカムは重い土を効率よく反転するには広い犂床が要ると考えたが，こうすると摩擦が増え，犂はいよいよ重くなった．ブリス (Walter Blith) はよい犂の基本的原理を1649年の出版物で述べ，犂床の広い犂に強く反対した．[68]

> 第一に，土地の上で動くものあるいは土地に働きかけるもの，そして多少とも土あるいは重量物を運ぶものは何であれ動き易く動かし易くなければならぬ．車輪は触れる面積が小さいほど容易に回転し，車輪が小さいほど回転はさらに容易になる．同様に，犂は動かす土あるいはその自重が大きくなるほど必要な力も大きくなる．犂がわだちを刻むのは当然だが，わだちが浅く短いほど犂は容易に進む．

---

66) Spencer & Passmore (1), p. 19.
67) Markham (2), p. 57.
68) Blith (1). Fussell (2), p. 41 に引用.

第二に，何かの動きは自然であるほどより容易であり，人工的であるほどより難しい．

　第三に，道具は鋭く薄いほど貫通がより簡単になり，必要な力は小さくなる．逆に道具が分厚く鈍いほどそれを動かすのに大きな力が必要になる．

　第四に，最も単純な原理に最も忠実に従い，仕事を最小にすれば様々な必要を最小までそぎ落とせる．

ブリスの原理から見て取れるように，すでに農学者は課題を科学と考え始めており，技術者が彼らの課題に解答を与えるか見ようとしていた．ハートリブの記述にそれを見て取れる．[69]

　多くの優れた機械技師が永久運動や他の珍奇なものについて頭脳を働かせ，あらゆる運動を軽やかにする最良の方法を見つけているだろうに，犂(世界で最も必要な道具である)を称えることなく，それについて何の研究もないことは不思議だ．もし4頭か6頭で引く代わりに1頭か2頭で犂を引けるようにするなら，この国にとって途方もない恩恵となる……この最も必要であるのに軽蔑されている道具の製作法とそのすべての部分を正確に書きとめる者は，間違いなく国民の称賛を受けるにちがいない．なぜなら，造船やそのほかの事柄と同じく，犂の作製に正確な法則が要ることは疑問の余地がないからだ．

犂き起こした土を効率よく反転するのに，犂を広くする以外の方法は犂へらをわずかに曲げることだった．木製で曲がった最初の犂へらは14世紀にフランダースで現れ，[70] 18世紀には北西ヨーロッパでかなり普及した．[71] しかし木製犂へらでは可能な曲面に限界があり，さらに，犂へらと犂先をぴったりと結合して土や草が食い込む隙間をなくすことは難しかった．鉄製犂へらが革命的である理由はそこにあった．鉄なら簡単な曲面でも複雑な曲面でも可能だったし，犂先にぴったりと合わせられた．17世紀に様々な英国の犂を調べたブリスは，泥炭地用に特別に作られたいわゆるバスタード・ダッチ(Bastard Dutch)犂にいたく感銘を受けた．それは犂へらの鉄板と鉄の犂先が一体になっており，

---

69) Hartlib (1), pp. 5-7. Fussell (2), p. 39 に引用．
70) F. Sigaut, 私信．
71) Andreas Berch(1)は例えばスウェーデンの例を1750年に述べ，Fussell(2), p. 49 が引用する James Small (1) はイギリスの例を1784年に述べる．

隙間はなかった．バスタード・ダッチ犂は名前から判るようにオランダで作られ，東アングリアの泥炭地排水のため英国政府に多数雇われていたオランダ人技術者がイギリスへ持って来たものだ．[72] ブリスはこの犂が普通の旱地で使えるとは信じなかったが，オランダと東アングリアの農民は違う風に考えた．1707 年にモーティマー（John Mortimer）は，東アングリアの犂は '発土板 [犂へ
・・・・・・・・・・・・・
ら] が鉄で作られ，そのおかげでより丸みを帯びる（傍点は著者），土であれ芝土であれその反転を助け，他のどんな犂よりも良い' と述べている．[73] 西洋の文献で曲面の鉄製犂へらを述べた最初の記録だ．

　1730 年にオランダの形を基に作られたダッチ犂あるいはロザラム（Rotherham）犂がイギリスで特許を得た．[74] これは進んだ犂が備えるべきすべての要素を取り込んでいた（図267）．それは非常に軽い揺動犂（つまり車輪のないもの）で犂床は細く，草切り刃と犂先は鉄製，犂へらは鉄板が覆っていた．これはイングランドからスコットランドへ，オランダからアメリカとフランスへ導入され，1770 年代にも当時の汎用犂の中で最も軽く安価と言う評価を受けた．[75] ロザラム犂はその後のヨーロッパの犂設計に深い影響を与え，さらに犂体の軽量化と強化を進め，犂へらの効率改良を目指した．1770 年代に鉄製の犂が初めて導入され，19 世紀初頭までに進んだ農家は全体が鉄製の犂を使うようになった．木を鉄で置き換えた結果，大幅に柔軟な設計が可能となった．例えば犂体は一体鞍型の鉄製となり（図268），犂先あるいは犂へらは互換可能でボルトで留めることができた．

　犂へらを必要な形に正確に鋳込むことが可能となり，設計を数学的原理に従って行うことができるようになった．スモール（Scot James Small）は 1784 年の『犂と車両論究』（*Treaties of Plows and Wheel Carriages*）でその定式化を初めて試み，次のように述べている．

---

72) Fussell (2), p. 41 はバスタード・ダッチ犂を詳細に描写している．東アングリアの泥炭湿地は計画的な開拓が 17 世紀に始まった．'長さ 70 マイル，幅は 10 から 30 マイルで，泥炭地の面積はほぼ 70 万エーカーだった．今は肥沃で耕地率の高い地域だが，17 世紀にそこは泥炭と水溜りと葦洲の荒地だった'．Ernle (1), p. 115. 泥炭地の開拓は Vermuyden (1) など主にオランダ人技術者が行ったが，彼らは地方政府と契約を結んで雇用され，また開拓地の入植者は多くがフランスもしくはオランダのプロテスタント難民だった．Ernle (1), p. 119.

73) Fussell (2), p. 44 に引用．

74) J. Allen Ransome (1), p. 13.

75) Matthew Peters (1). Fussell (2), p. 46 に引用．

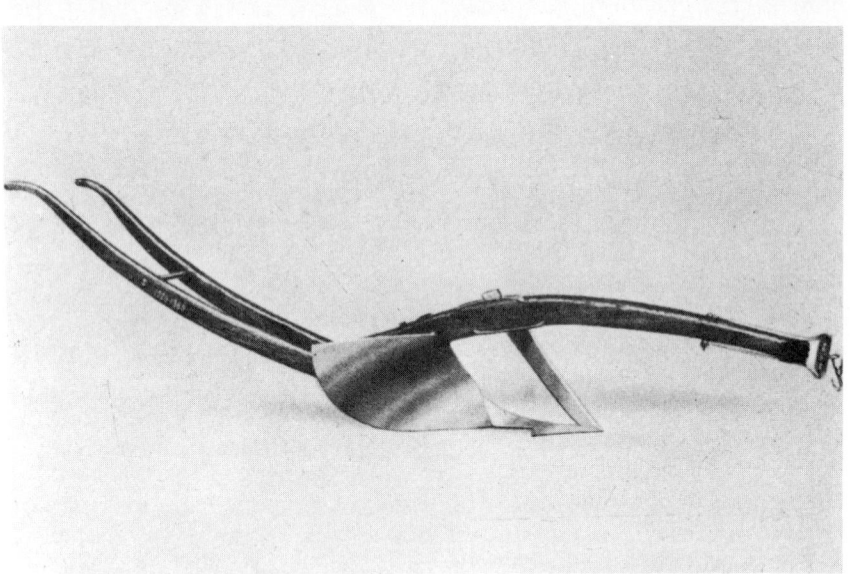

図267 ロザラム犂とジェームズ・スモールの犂. Spencer & Passmore (1), pl. 3.

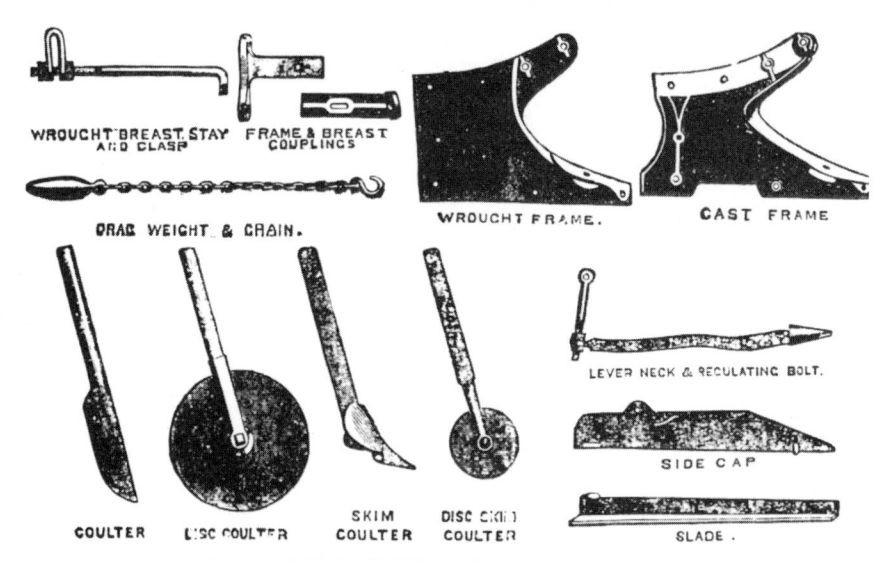

図 268　犂部品．鞍型犂体を含む．Malden (1), p. 119.

'ソックス[犂先]の背と犂へらが一つの連続したきれいな面をなすように犂へらを作るべきで，途中で途切れたり急変してはならない．曲がりは従ってソックスの先端のどこからとなく始まり，ソックスと犂へらは同じ方式で作らねばならない'．[76)] 次の50年間，犂へら設計の数学的原理を発見すべく大きな努力が払われた．しかしランソム(J. Allen Ransome)が1843年に述べたことだが，彼自身多くの改良犂を設計し，例えば軽い砂土と重い粘土は必要な犂へらの形がまったく反対で，したがって普遍的な規則は出現しようがなかった．[77)] しかし鋼鉄の犂体を使うと，様々な用途の犂へらを互換しうる設計ができるようになった．例えば緩い曲面の長い犂へらは，犂き起こした土をつぶさずに溝に沿って並べるので秋耕によく，強く曲がった犂へらは土塊を砕土するので春耕によい．[78)]

現代の犂を論理的に導き出した技術的発展は，すべて17, 18世紀のダッチ犂の設計に由来する．かくて東アジアの影響を言うレーザーの仮説は完全に正当

76) Small (1) . Fussell (2), p. 49 に引用．
77) Ransome (1), p. 25.
78) Spencer & Passmore (1), p. 10.

と見える．東アジアの反転犂と同じではないが，17世紀ダッチ犂は同じ特徴的要素をすべて備えていた．車輪はなく，犂体は軽く，曲面の鉄製犂へらが犂先とぴったり合った．このすべての特徴は伝統的ヨーロッパ犂になかったものだ（表6を見よ）．以前のヨーロッパ犂はほぼすべて車輪があったし，犂体は重く，犂床は幅広く，このうち最後の二つの条件は土を反転するのに必須と考えられ，また犂へらは木製の巨大な方形で犂先と直接つながっていなかった．他方，典型的な中国の反転犂は17世紀までに中国全土ばかりか東アジア，東南アジアの稲作地域のほぼ全体に広がっていた．それは車輪を持たず，犂体は軽く犂床は細く，鋳鉄製の曲がった犂へらは犂先にぴったりと嵌まって滑らかな一つの曲面をなすよう設計されていた．新型のダッチ犂の重要な特徴はまさに中国犂の特徴そのもので，それはヨーロッパの伝統的な形にないものだったが，これは偶然とは言えない．新型ダッチ犂は東アジアの犂の形から強い影響を受けたにちがいない．

　オランダで新しい犂を初めて使用したところが湿地の泥炭質だったことは意味があろう．オランダ人はアジアの水田で中国式の反転犂の作業を見て，これはオランダ沿岸州（および東アングリアの泥炭地）の手に負えない湿地で使えると即座に気付いたにちがいない．オランダ人旅行者はこの犂をジャワで見ただろうし（バタヴィア周辺に定着した中国人農民が水田に使った），たぶん日本でもあるいは華南でも見た可能性があり，犂の実物をオランダへ持ち帰って主要な特徴を伝統的な形式のものに取り入れたと思われる．結果として，17, 18世紀の新型ダッチ犂が生まれ，はるか遠方まで技術的発展が及ぶ基礎を作った．

(iv) **ヨーロッパ農業革命へのアジアの寄与**

　17世紀までヨーロッパ農業の生産性は，犂耕，播種，中耕法の非効率さが障壁となって著しく低かった．17世紀から19世紀は，北ヨーロッパの農業技術が鉄製曲面犂へらをつけた反転犂，播種ドリル，馬鍬の進展によって変革を遂げた時期だった．ところがタルがヨーロッパ人として初めて定式化した総合的な馬鍬中耕農業は，まったく同じ要素で組み立てた農業体系が華北では漢代以来存在したし，個々の要素なら極東の多くの地域にもあった．ヨーロッパ農業の変革は西洋の知識人が極東とりわけ中国の文明を知悉していく過程と平行的に起こったのだ．中国の農業政策は重農主義者が取り上げるところとなったし，

中国と東南アジアの農具の個々の技術情報や農書を宣教師，科学者，商人がヨーロッパへ大量に持ち帰った．それでは，ヨーロッパ農業革命の鍵となった技術要素は中国からそのまま引き写したものだったのか？

馬鍬中耕農業に関しては，西洋の播種ドリルの発展を検討するかぎり引き写しはありえない．ヨーロッパのドリルは中国の対応物と異なるばかりではなく，それはアジアの播種ドリルのどれとも作動の原理が完全に異なっていた．イタリアで16世紀に特許を取ったヨーロッパ最初の二種の播種ドリルはアジア模型を手本にしたが，その後ヨーロッパ型は非常に違う方向へと進み，そのため中国とインドのドリルの実物を見せられても，ヨーロッパの発明家は自分たちの意匠をまったく変えようとはしなかった．馬鍬は複雑な道具ではなく，その形と用途は播種ドリルから論理的に決まる．東西での発展の関係を辿るのは無駄なことだろう．

しかし現代のヨーロッパ犂の軽い犂体と鉄製の曲面犂へらは，中国犂から直接影響を受けた証拠が十分にある．その犂は華北の旱地でも華中，華南の水田でも使っていた．自身は灌漑作物を栽培しないのに，皮肉にもヨーロッパ農民が真似したものは灌漑地で使う犂だったようだ．そのいきさつを推察すると，オランダ人が中国犂の作業を華中，華南あるいはジャワか日本の水田で見て，オランダ沿岸の湿地でそれが使える可能性に思い至ったのだろう．彼らは中国犂の主要特徴を取り入れて新しい犂を作り，オランダ西部と東アングリアの泥炭地で初めて使った．そしてそののち旱地でも使えるよう手直しされた犂は大きな成功を収め，しかも人力畜力両方の経済に有効なことが判った．

かくて農業革命はその最も重要な要素である効率的な反転犂を中国に負うていることはたぶんそのとおりだろう．華北ではなく華中，華南にだ．他方，ヨーロッパの馬鍬中耕農業が華北の農法にきわめてよく似るのは，単に偶然の一致なのか，それとも似た環境が基本的な課題に同じ解法を生んだのか．私は後者の可能性が高い感じを受ける．ヨーロッパの播種ドリルは点播という以前の園耕技術の論理的発展だと主張はできる．しかし数列の穀物を一時にまっすぐ播種する機械をヨーロッパの発明家たちが突然作り始めたのは偶然ではありえない．それは中国の機械に似ているし，時期的にも中国農業の情報が入手し易くなりつつあった．そこで私が示唆したいのは，これは刺激伝播ではないかということだ．ヨーロッパ人は華北の農法を読み，書かれている効率の高さや

経済性に強い感銘を受けたが，その資料は西洋と中国を問わず詳細さに欠け，ヨーロッパ人機械工が中国の道具を直接真似ることはできなかった．中国の農業百科全書にある記述は，先に見た通り（本書 p. 299）設計図とするには正確さが不足していたし，実物見本を西洋へ送ることもはじめの頃は難しかった．使用地域が広東や東南沿岸の港から遠すぎたのだ．それで西洋の機械工は独自の製作へ向かって工夫を重ねた結果，西洋と中国の播種ドリルは似ても似つかぬこととなったのだ．反転犂の場合は条件が大きく異なった．それは華北の農法に欠かせない要素だったが，華南沿岸や東南アジアなど接近の容易な地方でも広く使っていたので，見本を西洋へ送るのに何の困難もなく，ヨーロッパで地方の大工や鍛冶屋が真似たり変更を加えたりすることができた．（同じような地域から唐箕などの農具もヨーロッパの多くの国々，オランダ，フランス，スウェーデンなどへ直接導入された．）アジアでも比較的接近しやすい場所で，効率的な中国の鉄製曲面犂へらをつけた反転犂を主に水田で使っていた．オランダ人が海岸地方の湿地を耕作する必要に直面していなかったなら，中国犂の利点に感銘を受けることはなかったかもしれないが，その必要があったためオランダ人はその潜在的能力に気づき，ヨーロッパへ輸入した．そしてそこの地方農民はそれを旱地に応用すると良いとすぐ気づいた．かくて新しいヨーロッパ犂は元来華南の見本に基づいたが，播種ドリルを使う華北の農法と非常によく似た旱地農法に組み込まれたのだ．

　17世紀以降，ヨーロッパの農業発明家は道具という考え方から機械という概念へ移り始めた．1838年に女王の夫君が創立したイギリス王立農業学会のモットーが，'科学的に実践せよ'であったことは偶然の一致ではない．[79] 科学的に農業に取り組む姿勢は中国と際立った対照を示す．中国では数学や科学の観念は，19世紀後半に西洋の農業科学が到来するまで農業に応用されなかった．西洋の取り組みのほうがもちろん進歩していると私は考えるが，多くの困難，例えば農業機械の製作や植物育種，肥効を数式化する際の困難はうぬぼれを禁ずる信号だ．今日なお，農業がどこまで職人技でなくて科学か，論争の余地が大いにある．

　ヨーロッパの農業機械発明家は始めから野心的すぎたことを責められても仕

---

79) Copeland (1), p. 118.

方がない．新しい道具の最初の導入あるいは発明から機械の完成まで長い時間があった．事実，播種ドリルの場合十分役に立つ製品の開発まで 2 世紀以上を要した．製作の意匠がもっと単純だったなら，解決はもっと早かっただろう．しかし西洋の発明家の科学的取り組みは，アジアのもっと単純な装置では不可能な完成度，改良そして拡大へと扉を開いたのだ．

　ヨーロッパの発明は時間と労力を節減することだけでなく，人力を機械で置き換えることが目標だった．それは当時のヨーロッパでの生産関係を反映していた．資本家的農民は農村の土地なし労働者から時間賃金で労力を買ったので，人力を最大限機械で置き換えることは，明らかな経済的利点があった．一般に，農業の機械化は労働生産性を引き上げることによって次の三種の効果を生む．(i) 同じ労力で栽培面積を拡大できる，(ii) 栽培面積が同じなら労力を節約できる，(iii) 仕事の遂行に必要な時間を短縮できる（つまりもっと多くの仕事ができる）．人口希薄な北米やオーストラリアのような国では第一の要因が機械化を進める上で決定的だった．ヨーロッパでは他の二つの要因がもっと重要だった．19 世紀英国をとると，農民の第一の願望は機械を使ってコストを下げることだった．例えばピュージー (Pusey) [80] の計算では，平均的な農場で当時利用できた機械を使うと，運営コストをほぼ半分に削減可能だった．そしてたった一つの簡単な過程を機械化するだけでも，相当な節減が可能だった．例えば 19 世紀イングランドの 730 エーカーの農場で，脱穀機 1 台を 500 ポンドで購入して年間労賃を 200 ポンド節約しえた例がある．[81] 蒸気エンジン犂や収穫機械といった機械が人気を博したもう一つの点は，すぐに動かせることだった．ピュージーが述べている．[82]

　　機械は農業に，それが最も欠いていたものを付与した．絶対的とは言わなくとも比較的確実であることだ．
　　[蒸気エンジン犂の] 主要な利点は，労力調達の制約から農民をかなり解放したことだ．農民はいつでも巨大な力をすぐに動かせることになり，かくて耕作に適切な状態の時点で農地の作業ができるのである．

---

80) Pusey (1), p. 192.
81) Slicher van Bath (1), p. 306.
82) Pusey (1), p. 193, John Scott (1), p. 46.

ヨーロッパで機械化の過程は緩慢で複雑だった．しかし農業の生産関係を考えると機械化の進行は動かしえないものだった．イングランドで農業革命のもたらした最初の効果が労力需要の増大だったことは興味を引く．条播といった新しい方法は結果的により集約的な作物栽培を可能にし，改良輪作体系の土地利用率を高めた．また深耕や作物管理の効率が進んだ結果，収量が増大し，かくして収穫労力の需要が増大した．英国でも生産のこのような集約化は農村での就業機会を高め，農村人口は1860年にピークに達するまで増大し続けた．[83]

機械化が始まった頃，それによる利益幅は小さなものだった．そして投入労力が高水準の集中度に達して，初めて機械化の価値が生まれたのだった．レイヴンストン（Ravenstone）の分析がある．[84]

> 機械を使っても個人の労働を短縮することにはほぼ効果がない．その組み立てに長時間かかるので機械の使用は節約よりも損失が大きい．それが真に効果を発揮するのは，大量の仕事を行うとき，1台の機械が数千人の仕事に匹敵しうるときだ……機械の使用が必要となるのは人数不足のためではない，多数の人力に匹敵する仕事を易々とこなせるから必要とされるのだ．

19世紀初頭までに英国の多くの農場はこの状況に達した．その大多数は100から1000エーカーで，機械の購入あるいは賃借に大きな投資をしても利益が上がる規模だった．[85] 自暴自棄になった農業労働者の反対で，農場主たちが機械を採用する経過は遅れた[86] が，農業機械を作る技術者たちの熱気を湿らせることはなかった．彼らは風の吹く方向をはっきりと見定めていた．農業ショーや展示会での競争が彼らの発明意欲を刺激していた．1849年には脱穀・篩い・選別の'コンバイン'機械を製造する会社が英国で少なくとも18社に達した．[87]

---

[83] 1851年の人口調査によると，農業労働人口は男が178万8000人，女が22万9000人だった．Mingay (1), p. 10. これは全労働人口の21.5パーセントにすぎず，19世紀始に比べて5パーセント減少したが，絶対数では増加を示した．マルクスその他の経済史家は，エンクロージャが英国の農村地域から人口を奪って産業に安い労力を供給し，労力不足となったため農業の機械化を引き起こしたと考えた．しかし実際は，都市人口も農村人口も1860年頃までともに拡大していた (J. D. Chambers (1))．そして1850年以降に農業機械化が急速に進行した結果，農村人口がはっきり減少した．かくて英国では，農業機械化が農村の人口減少を起こした原因であって，結果ではない．
[84] Ravenstone (1), 1824年の著述．Karl Marx (1) (1976年ペンギン版 vol. I, p. 556) に引用．
[85] Ernle (2), p. 156.

さらに，蒸気エンジン犂，播種ドリル機械，収穫機械も様々なものが生産された．そして機械会社間の競争が強まると，性能向上と価格低下が生じた．[88] 19世紀後半，英国では農業機械化が明瞭な流れになっていた．農業雇用人口は1851年に労働人口の5分の1だったが，1900年までにそれは10分の1以下となった．[89] 今日の数字は2パーセントに近い．

ヨーロッパの耕耘と播種の機械化は，元を辿ると17, 18世紀にヨーロッパへ導入された中国の技術に由来したものだ．しかしそれらを直接真似たところでも，現代西洋の農場にある精巧で洗練された装備や，19世紀後期の農機具会社の製品のなかにアジアの原型を見あてることはできない．多条犂（図269）あるいは洗練された播種犂（図270）と，華北の農地で見る木製農具を誰が結びつけうるだろうか？ 今日，西洋の農業機械は中国農業近代化の一環として中国へ導入されつつある．この新式で見慣れない機械類が，実際は彼ら自身の文化遺産に結びついていることをどれだけの中国人が知っているだろうか？

2 中国に農業革命はあったか？

すでに触れたように，中国農業に生じた変化は17, 18世紀ヨーロッパと同程度に根本的で，遠くまで影響を及ぼしたが，それが'革命'と呼ぶに価するかどうかは議論の余地がある．農業は社会の状況と切り離せない．何故なら農業技術の性格は生産関係と複雑に絡み合っているからだ．ヨーロッパの農業革命の場合のように農業変化が社会変革とともに進むのでなければ，そうした変化を

---

86) 農業労働者の反乱は1830年の悪名高いSwing暴動で生じた．これは脱穀機械の導入におびやかされたことが契機だった．Hammond & Hammond (1). 反乱は苛酷に弾圧され，その後暴力の発生は稀となった．それでもなお失業問題を恐れて，多数の地域で農民は機械の採用を手控えた．というのは19世紀の英国貧民法は教区の失業者救済のため，豊かな雇用者に多大の拠出を義務づけていたからだ．教区の救援を農園労働者はわずかな補いで貧困を進めるものと見なし，他方農園所有者は怠け者の浮浪者を助けるために財布に空いた穴と見なしていた．こういう次第で貧民法が強力だった所では，多くの農園所有者が機械化を見合わせた．E. J. T. Collins (1), p. 30.
87) E. J. T. Collins (1), p. 19.
88) 例えば，英国農業協会展示会で受賞の汎用播種器は，1849年の価格53ポンドがわずか2年後には35ポンド12シリング6ペンスに下がった．Vamplew (1), p. 204. S. Nielsen (1) は，19世紀のデンマークで収穫機械の価格と信頼性がその採用を大きく左右したことを示す．次の大きな進展は高価な機械を貸す会社の誕生だった．技術改良や価格低下はあったものの，小型の機械は一般に不経済で非効率だったからだ．E. J. T. Collins (1), p. 26.
89) Mingay (2), p. 29.

図 269 多条犂. Scott (1), fig. 36.

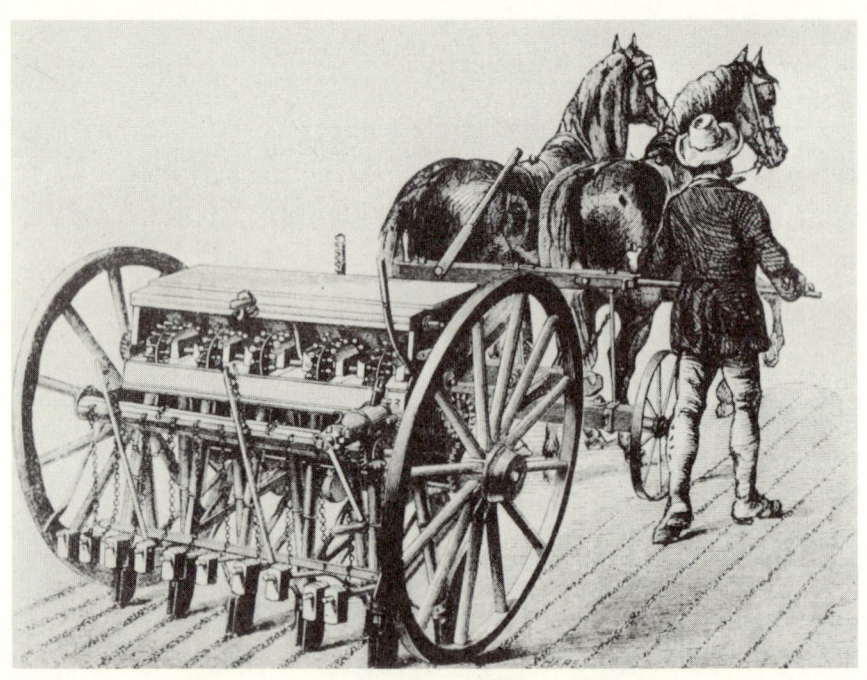

図 270 ノンパレル (Nonpareil) 播種器. Scott (1), fig. 69.

'革命的'と呼べるだろうか？　以下で検討する漢代の華北の場合，技術変化に伴って農業生産の方法と社会組織が変革する可能性はあったと思うが，国家の財政需要と，効率的生産に必要な労力編成との間に本質的な矛盾があったためそうはならなかった．

(i) 漢代華北の農業発展と農地制度の変化[90]

漢帝国の経済は主に関中と中原，つまり渭水河谷と黄河下流域に基礎を置いた．国家は，肥沃度によって広さは変わるが土地を個々の農家に配分し，彼らが払う土地税と人頭税が国家歳入となった．農戸はこの土地に縛り付けられ，土地の使用権のみを所有したと思われる．[91] 貴族と官吏階層はより大面積の土地を授与され，農戸がそれを耕作した．貴族と官吏階層は農戸から地代を物納で取り立てる権限を認められていたが，それは政府に納めるべき地租分（前漢代で30分の1から15分の1）だけだった．これは政府にそのまま渡すことになっていたが，自身の取り分として農戸から小額の現金を取り立てる権限も認められていた．[92] しかし政府は大地主が小作人から収穫物の半分やときにはそれ以上もの法外な地代をとりたてるのみならず，[93] 地代を大規模に押領していることもよく承知していた．かくて漢代初頭，土地所有階層の力を抑え，農民を直接支配する試みが絶えず行われた．[94]

漢代政府にとって農業生産（とその結果としての税収）の増加は緊急事だった．人口増加だけでなく，南の国境沿いや西北部や中央アジアで特に武帝の時代は戦役が続き，戦費が高くついたからだ．したがって農法改良と農地拡大のための事業が集中的に展開された．事業の目的は絞られており，それは小地主に利益を与えること，また必要な技術を投入し基盤整備を行って小農農業を改良することだった．事業に関わったなかで最も有名な官吏は趙過で，武帝によって紀元前87年，捜粟都尉つまり軍の穀物調達を行う主任官[95]に任命された．趙過が関中首都圏（陝西）の農業を変えたことは明瞭だが，改革を進める下準備は

---

90) 本項は Early China 5, Bray (3) で初めて出版され，ここに編集者の許可を得て転載する．
91) 賀昌羣 (1)，第1章．
92) Duman (1).
93) 『前漢書』24A/15a, 19b〔「食貨志第四上」〕．
94) 『前漢書』14/3b〔「諸侯王表第二」〕, 24A/14b-15b〔「食貨志第四上」〕．
95) Swann (1), p. 184.

それより数年前に敷かれていた．秦朝政府が紀元前3世紀に相当大きな灌漑二計画すなわち秦自体(陝西)の鄭国渠と四川灌県の運河を建設し終わっており，秦の急速な進展をこれら運河の成功に帰すこともできよう．[96] 武帝は統一中国の皇帝の中では水利の重要性を初めて認識した人物で，河南と山西で無数の運河建設を実施し，それらは数百万エーカーの農地を灌漑した．また少し小さいが西北部と渭水と淮河の河谷でも灌漑計画を実現した．[97] 黄河下流部から国庫に入る穀物は，漢代始めの数十万ブッシェルから武帝の治世の半ばまでに600万ブッシェルに達し，[98] 西北部乾燥地帯でも生産性は相当に増大した．これら灌漑事業の完成で，小農の小土地所有者が大きな利益を得たことは疑いないが，運河建設のため彼らが強制労働を課されたことは記憶する必要がある．

政府はまた小農農民に穀物種子や道具と牽引家畜を時に信用貸し，時にまったくの贈与として与えた．[99] 紀元前117年に政府は製鉄産業を独占し，一人の製鉄王の支配下に置いた[100]が，その意図は製鉄業者や中間商人の利益を排して鉄製農具の価格を引き下げ，すべての者が入手できるようすることだった．[101] 独占反対論者は政府のそのような広範な介入が農具の基準化を過度に進め，地方的な必要にそぐわなくなると反論した[102]が，各地方で出土する漢代鉄製品の多様さを見るとこの議論は事実にそぐわないものだったし，またその量の莫大さから見て実際上ほぼ全員が鉄製農具を利用し得ただろう．また趙過の事蹟に関する記事は，地方条件に合う農具の生産に相当の努力を注いだことを示す．[103] もっともそれらは必ずしも農民が馴染んでいる農具ではなかったが．

趙過は具体的には関中と西北辺境へまったく新しい栽培法つまり代田法を導入する責任を課せられた．[104] 代田法の性格が実際にどうだったか多くの議論があるが，[105] 漢書はそれが古代の方法だったと述べる．[106] その記述や代田法

---

96) Chi Chhao-Ting (1), p. 75.
97) 『前漢書』24B/9a-b〔「食貨志第四下」〕．
98) Chi Chhao-Ting (1), p. 77.
99) 『西漢會要』48.
100) 『前漢書』24B/11a, 12a〔同前〕．
101) E. M. Gale (1), p. 35.
102) 同上，p. 35.
103) 『前漢書』24A/16a〔「食貨志第四上」〕, Swann (1), p. 186.
104) 『前漢書』24A/16a-b〔「食貨志第四上」〕, Swann (1), pp. 184-187.
105) 論争のまとめが原(1)にある．
106) 『前漢書』24A/16a〔同前〕．

に付き物の農具（つまり反転犂と播種ドリル）[107] が古代に遡ることなどから，それは周代後期の『后稷書』に記述される「畎畆」つまり畝と溝に分ける体系そのものと思われる。[108] それは黄河下流部から関中へ導入したものだ（本書 p. 118 を見よ）．畝と溝に分ける方法は主に粘土質の土に合うが，より軽い土に適用しても良い効果がある．[109] ただし西北中国のレス土では灌漑を行って土を湿潤で結持力のある状態に保たないと，急速に浸食を引き起こす．紀元前1世紀の関中で，代田法は1ムー当たり少なくとも1ブッシェル〔原文は1石〕の収量増，時には倍増をもたらしたとされる．[110] それはすぐに大成功を収め，関中だけでなく西北辺境沿いの軍事移民地（「屯田」），ほかに黄河のさらに下流でも行われた．[111] 漢代の貯蔵品や他の資料の数から判断すると，代田法とそれに付き物の反転犂と播種ドリルは西北部と関中でしばらく普及していたと思われ，[112] 灌漑と合わせて実施したところでは浸食もたぶん最小限だっただろう．しかし灌漑システムがない所や荒廃地では，比較的深い犂耕のため浸食速度が危険範囲に入ったにちがいない．ある推察によると，代田法は中央政府の力が衰えるやいなやすぐに放棄されたのではないかという．畝立てと反転犂の使用は西北諸省の近世農業で行われなくなったが，[113] 播種ドリルの使用は続いた．条播は種子量と水分を節約しただろうから，乾燥レス台地で明らかに有利だっただろう．そうだとすると趙過やその同僚は西北部の農民に少なくとも一つの永続的な恩恵を残したことになる．

土地への人口圧

土地配分の基本的考え方は，やせた土地が3年のうち2年休閑，中位の土地が2年のうち1年休閑を措定し，最もよい土地のみ継続的に作付けたと推定される．しかし土地は次第に不足し，関中では早くも漢代初頭に休閑は最後に取る方法となったことは明らかだ．[114] したがって土の養分枯渇を防ぐため，肥料

---

107)『齊民要術』1.19.1.
108)『呂氏春秋』26/8a, 9b〔巻二十六，辯土」〕.
109) 注意深い研究の後，この方法は黄金海岸北部とナイジェリアに1930年代に導入された．Charles Lynn, 私信．
110)『前漢書』24A/16b〔同前〕.
111) 同上．
112) Hsü Cho-Yun (2), p. 262.
113) 著者不詳 (502).

特に豚と人間の糞尿を広範に使用したにちがいない.[115] 首都圏の省では人糞尿が十分にあり，農民は大多数の土地を連続して作付けできた．漢代初頭には蚕の糞，堆肥，それに雑草も犂込んで肥料とした.[116]

漢代政府はより集約的な栽培法を奨励した．例えば関中での冬小麦栽培[117]だが，これは気候に合わず失敗に終わったと言う者もいる.[118] またピット栽培（「區種」）の実験も行った.[119] ピットは注意深く灌水と施肥を行い，動物牽引は不要で人力のみが必要だった.[120] これは慢性的な疫病のため家畜を頻繁に失う時代にあっては，普及を促す大きな要因となっただろう．ピット栽培はやせた土地や辺境地，あるいは急傾斜のため普通の栽培が考えられない土地でも可能だった.[121] しかし収量は顕著に増大したものの,[122] ピット栽培を実施したのは郷紳農民や将軍など労力を徴収できる人々に限定され，小土地所有者ではなかった．たぶん最初の労力と肥料の投入が大多数の小農の資力を超えていたからだろう.[123]

こうした集約化にもかかわらず，既耕地の生産量では増大する人口を養い，大きな官僚組織を維持し，長引く軍役を支えるのに不足だった．中央の諸省では土地不足（そしてその結果，貧農の搾取）が高まり，一作でも失敗すると少数だが恒常的にいる浮浪者の群れが難民の大群になる恐れがあった.[124] ここには新しい土地を開墾するための予備軍が常時いたわけで，政府は時として一挙に数十万人の難民を人口希薄な江蘇や揚子江沿岸に再定住させた.[125] 中央諸省にある王室地や政府所有地（「公田」 kung thien）も利用された[126]が，前漢半ばまでにその余地は底をつき，政府は難民の再定住を辺境地域特に西北部で広範に

---

114) 『氾勝之書』1.7.
115) Hsü Cho-Yun (2), p. 260.
116) Shih Sheng-Han (2), p. 57.
117) Hsü Cho-Yün (2), p. 260.
118) J. L. Buck (2), p. 27. ただし，漢代の中国の気候は今日よりも温和だった．
119) 『氾勝之書』7.
120) 『前漢書』24A/16b〔「食貨志第四上」〕.
121) 『氾勝之書』7.1.1.
122) 『氾勝之書』7.3.1.
123) Hsü Cho-Yün (2), p. 262 は，この方法は特に小農に向いていると考えているが，資料に基づくと，この方法を実施したのは労力を十分持っている農民だけだった．『齊民要術』3.19.2.
124) 『西漢會要』48.
125) 『前漢書』24B/15b〔「食貨志第4下」〕.
126) Hsü Cho-Yün (2), pp. 257-258.

行った．とりわけ武帝の軍事作戦の期間，陝西，蒙古，寧夏，甘粛で広大な領域を匈奴から奪還し，中央アジアの広域が中国の統治下に入った．[127] 漢人による植民はその領土に対する所有権を主張する上で，またそこに駐屯軍隊を維持するためにも好都合であり，したがって軍事屯田が西北部全域に設置された．元々，これらの屯田は軍人と囚人が入植しただけだが，すぐに大量の流民がそれに加わった．[128] 灌漑もしばしば整え，黄河大屈曲の朔方地方はその一例で，入植者は政府から食料，穀物種子，家畜それに農具を供与あるいは貸し与えられ，数年間は税を免じられた．屯田は生産性も効用も大きく，この制度はその後の王朝が規則的に復活した（本書 p. 106 を見よ）．

漢代政府はまた'熱帯への行進'を奨励し，華北の農民を送って揚子江流域やさらに遠く安南にまで定着させた．漢代の著述家たちはふつう南方の農法を軽蔑し，新たな臣民に自分たちの親しんだ北の方法を行わせようとした．[129] しかしすでに見たように南方には水稲栽培に基づいたまったく別な伝統が漢代までにすでに十分発展していたことは明らかだ．

小農経済の崩壊

南方のいくつかの地方では稲作農業が高度に発展していたが，漢代経済の基礎は華北平原とその収穫物に置いたままだった．いくつかの新しい作物品種が地方で進展したり，新しい栽培種が多数中央アジアから漢代に導入されたが，漢代初期ではその効果はまだ小さいものだった．小農民が相変わらず栽培し続けたのは主に粟と小麦あるいは大麦（税はこれらで払った），種々の豆類（穀物が不作の場合の税支払い用），繊維品用の麻（自身の用途以外に税支払い用）[130] だった．作物の範囲が限定されたのは不思議ではない．標準の配分土地 100 ムーでは，税を支払うと辛うじて農民一家族に足る大麦が残るだけだったから．[131] 土地生産性は多くの地域で増大したものの，人口増による土地への圧力も高まり，政府が配分する農地は間違いなく急速に減少し（これは資料には明確な記述がないが），小農の生計は次第に不安定化した．小農の標準的な収穫では市場へ売

---

127)『史記』110, 123〔「衛將軍・驃騎列傳第五十一」，「大宛列傳第六十三」〕．
128)『西漢會要』56．
129) Schafer (16), pp. 9–17,『齊民要術』0.7〔雑說〕．
130)『氾勝之書』4.6．
131) Chhü Thung-Tsu (1), p. 109．

る余剰はまず見込みがなかったし，新しい作物を試す余裕はもちろんなかった．いずれにしても漢代初期の政府は交易を国家資源の流出に導く有害物と見なし，商人や小さな行商人を差別する規制を多数導入し，その中には荷車や小船に課す重税があった．かくて決心の固い者以外すべてを阻喪させた．[132]

新しい農法は装備と家畜にきわめて大きな投資が必要で，政府のローンを受けても小農の資材を間違いなく枯渇させるものだった．とりわけ，貧しいうえに犂耕や収穫のため労力を雇用せねばならぬ小家族ではそうだった．政府は自営農民を守るため価格を統制し，[133] 収穫がなかった場合に援助物資を供与したが，[134] それでも多くの農民が急速に負債に落ち込み，[135] やむなく土地を売って行商人や小作人あるいは農業労働者となった．[136] 土地の価格は急速に上がったが，それは人口圧に由来するだけでなく，新しい技術の下で生産性が増大したからでもあり，しかも喜んで土地を買う者に事欠かなかった．前漢の末には王莽の改革努力も効なく，土地を授与された大農場が華北における主要な生産単位として卓越し，小土地所有の零細農民を駆逐してしまった．

専売論者や桑弘羊など'法家'の政策は，価格と貨幣の統制のほかに有名な(あるいは悪名高い)塩と鉄の専売があり，農村の郷紳層の激しい反対を呼んだ．[137] その言い分は，干渉主義的政策は非効率のうえに強奪的であり，人民に平穏な繁栄を与えるのでなくて無駄な戦争に金を流すというものだった．そして彼らは戦時の暴利に責任のある大臣たちを告発した．[138] 実際には'法家'主義的政策の推進は人民の福祉を重んじたからではなく，国家歳入を最大化することがその関心であり，戦時の暴利を貪る者と人民の困難がともに生じたにちがいない．しかしそれでも'法家'の関心には自立生産農民層を育成することも確かに含まれており，その政策は貪欲な商人や地主から小農民をわずかでも保護することを最小限約束した．他方，儒家の政治家は小農民が受けるべき名誉を説き，干渉主義政策を放棄すれば全体の平和と繁栄が自然に現れると尤もらしい論説

---

132) Chhü Thung-Tsu (1), p. 118.
133) 『前漢書』24B/17b–18a〔「食貨志第四下」〕, Swann (1), p. 314.
134) Swann (1), p. 57.
135) 同上, p. 392.
136) 『前漢書』24B/19b〔同前〕, Swann (1), p. 322.
137) Swann (1), p. 24 以下.
138) E. M. Gale (1), p. xxix.

を述べ,その点で地方郷紳層と一体だった.彼らは'人民の悲しみ'に共感すると主張した[139]が,当然彼らは自身の利益も考えていた.そして一旦'法家'が人気を失うと道筋は明らかで,郷紳層は土地の自由市場とその他の機会から利益を得た.富を商業から引き出すことも可能だった[140]が,土地への投資が独自の魅力を持っていた.生産性は今や高く,労力を得るのは簡単だったし,政府統制の崩壊で農産物市場は賑わっていた.さらに加えて儒家の倫理では,'郷紳'は農業で暮らしを立てるのが望ましく,そうすることで'根本の'追求に一身をゆだね,'人民の生計に貢献'することになるのであり,対して商業は卑しく,実際に有害ではないとしても'二次的'と考えられた.

紀元前44年,一連の洪水と凶作が続き,儒家は政府が'人民を儲けに走らせている'と非難を強め,こうして干渉主義的方策と政策は廃止され,[141]小農の運命は儒家の倫理と地方郷紳の手にゆだねられた.紀元前7年師丹は宮廷で,'富裕な官吏や富豪の他を圧する富は推定数億[の多き]に達し,他方貧しく弱き者の窮乏はさらに強まっている'と訴えた.[142]土地所有を制限するため様々な施策案が立てられ,あるいは(王莽の下)土地と奴隷の国有化すら計られたが,すべて失敗した.こうした凶兆の下で地価は急速に下落し,豪族は抗議をし,施策案は永久に棚上げされた.[143]土地の'均等配分'(「均田」)が渭水北部で行われて,一時的にだが小農はかろうじて土地を回復し得た.[144]

大農場の成長

政府が小農援護のために普及した新しい農業技術や農法は,少なくとも潜在的には,小農よりも大地主層に大きな利益を与えるものとなった.大地主層は大農場と多大な労力を手にして相当な合理化を行い得たからだ.他方,小農民が調達できるのは家族労働のみで,1頭の牛すら飼育は難しく,いわんや漢代の犂耕に必要だった2頭の牛(本書 p. 204 を見よ)はまず無理だった.彼らは家畜

---

139) 同上,p. 1.
140) Swann (1), pp. 425-460.
141) 『前漢書』24A/18a〔「食貨志第四上」〕,Swann (1), p. 197.
142) 『前漢書』24A/18b〔「食貨志第四上」〕,Swann (1), p. 201.
143) 『前漢書』24A/19a〔同上〕,Swann (1), p. 203.
144) 韓國磐(1),3章.北魏を治めた異民族支配者は土地を下賜された郷紳や官僚の力をひどく恐れた.その力を削ぐ一つの方法として行ったのが土地再配分だった.

を隣人から借りるか共有し，労力を雇用するか借りる状況もしばしばで，そのため農繁期に困難を抱えることとなった．これに反して大農場は，蒙古その他の漢代後半の壁画に見るように牽引家畜の不足に苦しむ状況にはなく，畜力不足のために犂耕や播種の適期を遅らす必要もなかった．同様に労力配分もより効率よく行えた．地主は税支払いのうち相当な部分を逃れることがしばしば可能で，すべての農地を自給用や租税用作物の生産に当てる必要もなかった．このことは適切な作物輪作が可能だったことを意味した．土を枯渇させる小麦と大麦の後に，大豆やアルファルファなど窒素固定作物の播種が可能となり，全体収量の向上に役立った．[145] 限界地は念入りな世話をしてわずかな穀物を得るより，材用樹種と竹を植えて放置すればよかった．[146] 小農は収支の範囲内で生活することに追われ，新しい作物を試す余裕はなかったが，穀倉を穀物で満たし財布を金で膨らませた裕福な地主は，新しい作物を試す余裕があり，かつ儲かるとなれば新しい作物を大規模に産出する余裕もあった．中央アジア由来の多くの作物，例えばソラマメ，ゴマ，アルファルファなどが漢代後期に普及し，[147] また藍などの商品作物も大量に栽培された．[148] 米は華北では主食というよりまだ贅沢品だったが，モチ品種（これで酒や餅を作った）はウルチ米と同程度に広く栽培したようだ．かくて，技術的進歩が大農場で出現した．移植について最初の言及は2世紀の『四民月令』にある．[149] 小麦粉で作るウドンや団子が特に都市部で急速に普及し，[150] 漢代後期に大農場はこの流行に乗じて多くの土地を小麦栽培に振り向けただけでなく，粉引き用の水車や他の施設に投資を振り向けた．[151]

　後漢時代になると大農場は明らかに市場作物生産に舵をきった．ある種の取引，例えば崔寔(さいしょく)が主張したような穀物の季節的投機はたぶん地方的にすぎなかっただろう．[152] しかしある種の作物はもっと大きな市場を当てにした．例

---

145) 『齊民要術』はそうした輪作を系統的に述べた初めての書である．
146) 『四民月令』1.6.
147) 『四民月令』1.8, 2.4, 7.3.
148) 『四民月令』5.5, Hsü Cho-Yün (2), p. 266.
149) 『四民月令』5.5.
150) Yü Ying-Shih (1), p. 81.
151) Needham, Vol. IV, Part 2, p. 189 以下, 391 以下〔思索社刊第8巻, p. 236 以下, 第9巻, p. 535 以下〕.
152) Herzer (1), p. 51.

えば半径200キロメートルを超えるネットワークを考える学者もいる.[153] 許倬雲（Hsü Cho-Yün）の考えでは，この市場ネットワークに組み込まれたのは小農企業であり，自給的な'荘園経済'は防御機構が必要な不安定時にのみ出現したと言う.[154] しかし私はその逆が本当だったように思う．漢代初期の自営小農は資金的にも市場生産のリスクをとることなど無理だったし，さらに必須食料以外の生産は政府から強く戒められていた．他方，大農場は市場で利するに最適の立場におり，政治状況が許す場合は事実いつもそうした．そして国内動乱のときは角を引っ込めて自給農業に戻り，農業部門から引き上げた労力の一部を自衛のための民兵組織に回せば済むことだった.[155] この方法は柔軟で，平和が戻るとすばやく市場生産に向きを変えた．

　疑問は残る．これらの大農場で労力をどう組織したか，そしてその配置の詳細だ．地主の財産形成方法が貧窮小農の土地を買い取るだけだとしたら，その農場はパッチワークになってしまう.[156] しかし数百エーカーの大きな下賜地から始めたのだとすると，事実大抵の漢代の貴族や官吏はそうだったが，農場は次第に増大しながらも連続した土地に広がることになる（囲い込み後のイングランドの農場がそうだった）．華北で牽引家畜と多数の装置を使って効率的営農を行おうとすると，この状態がより望ましい．漢代資料が示すように，大多数の大農場は大きな土地を統一的に組織したが，辺縁部に散在する畑は行き着くのも困難なので小作人に貸して営農はその意志に任せただろう．

　漢代大農場の労力の性格は多くの議論がある．労力は奴隷に依ったとする意見,[157] 農奴あるいは負債農民に依ったとする意見,[158] あるいは自由な小作農に依ったとする意見がある[159]が，どれも肯定的な証拠は乏しい．漢代資料には刈り分け小作[160]や雇用農業労働者[161]に関する言及があり，それ以外に奴

---

153) 宇都宮 (1), pp. 349–353.
154) Hsü Cho-Yün (2), p. 268.
155) 漢代資料にある'客'（「客」）と私兵（「部曲」）の役割を簡単に述べたものは，Chhü Thung-Tsu (1), p. 132 を見よ.
156) Fei & Chang (1), p. 154.
157) 楊聯陞 (1), 西嶋定生 (1).
158) 賀昌羣 (1), Duman (1).
159) 宇都宮 (1), Ebrey (1), (2).
160) 『前漢書』24A/19b〔「食貨志第四上」〕, 99B〔「王莽傳第六十九中」〕.
161) Chhü Thung-Tsu (1), pp. 347, 356, 368 など.

隷への言及も頻繁にあるが，ふつう義務の規定がなく，農業生産で大きな役割は果たさなかったと一般に想定されている.[162] また，漢代前期，君侯の農場で小作人は君主に定額金納を行ったという言及がある[163]が，後代の資料で金納地代に触れたものはない．

　大農場の労力組織はいろいろな可能性が考えられるが，絞り込むにはその経済的役割を考えることが早道だ．私の考えは，大農場は多様な市場作物生産に向かったというものだ．営農は少なくとも一部では厳重な組織的監視の下に行ったにちがいなく（土地管理人，「任田者」jen thien che[164]への言及がある），また自給用でない作物も多数あった．農場のこの種の作物は刈り分け小作による耕作は考えにくい．何故なら第一に，刈り分け小作は自分で作る自給用産物に依存しており，商品作物を栽培する余裕はなかった．第二に，商品作物用の土地を小さな別々の畑に細分すると管理が複雑になる．他方，刈り分け小作の制度が漢代の広い地域にあったことを示す資料は多く，したがってたぶん農場内のやせた土地や辺縁地は刈り分け小作に貸し，その現物地代を農場の食料に当て，一方，中央部や肥えた土地は地主の直接管理下に置いて農奴や雇用労力で耕作させたと考えられる．

　資料が少ないので，これらの労力形態の中でどれがより代表的かは明らかにできない．漢帝国は4世紀の間継続し，その領土はほぼヨーロッパに相当した．したがって農業労働力の性格と地位は場所と時期で大きく異なっただろう．例えば，新たな入植地域では部族民が奴隷化され，農地で働かされたことは論を待たないだろう．[165] しかし，負債奴隷制は漢代の中央部では普通だったものの，漢朝廷政府は漢人の奴隷化を自然に反する退廃と見なし，負債奴隷を解放する朝廷布告を頻繁に発した．[166] 漢代はいくつかの点で明らかに過渡期であり，奴隷，農奴，小作人の区分は言葉の上では区別しても，実際上必ずしも明瞭でない．[167] しかしたぶん漢代後期の農村住民は漢代前期よりも，個人的自由や経済的自由をより制限されただろう．そしてもっと確実に言えることだが，技術レ

---

162) Duman (1).
163) 『西漢會要』34.
164) 『四民月令』12.3.
165) Schafer (16), pp. 33-34.
166) Chhü Thung-Tsu (1), p. 158.
167) Weber (4). Yeh Hsien-En (1) は中国資料にある用語上の混乱から来る問題を論じている．

ヴェルと生産レヴェルは，中央部の荘園のほうが小作人農地や独立小農の土地より一般に高かっただろう．

固有の矛盾

許倬雲は漢代農業を体系的に研究した人だが，農業進歩と人口増を密接に関係づけて論じた．[168] マルサス理論を逆転させたボズラップの説[169] を採って彼はこう言う．漢代の農業技術改良はその多くがすでに以前から知られていたのだが，それが広く普及するのは人口増のため政府が農業改良運動をやむなく迫られたときだけだったと．しかし彼はまた漢代の4世紀にわたって続いた主要生産単位は個々の小農経営だったとも考えている．彼の主張によると，漢代の小農は通常時は大規模な市場経済に組み込まれているが，動乱期に農村社会は自給経済に戻り，そうしたときには'小さな社会はしばしば地方指導者の支配下に置かれ，自給経済が荘園体制の特徴を示すことになった……しかしこの孤立と自給は一時的な現象に過ぎなかった'．[170] すでに述べたが私の考えは異なり，主要な生産様式は漢代を通して根本的に変わったと見る．漢代前期，政府は独立小農の農地を基本生産単位として扱い，その上に租税体系の基礎を置き，大農場を消し去る努力を行った．政府は独立小農に生産増大のための施設を供給し，併せてその独立と安全保障を狙って一連の干渉主義的方策を取った．この体系は必須食料と繊維作物の生産を奨励した．事実，小農の市場参加は強く戒められた．しかし漢代後半の豪族の興隆とともに，独立小農の農地は基本生産単位としての位置を'荘園'によってとって代わられた．国家が技術的な基礎をすでに与えていたので，荘園農場は商業生産に好都合な営農の統合整理を進めることが可能だった．その結果，華北農業は漢代後期と北朝時代に技術的な最高点に達した．

前漢時代，政府の中央集権的権力は極点にあり，華北の小農の生産性は公の投資と援助を受けて前例を見ない域に達したにちがいない．しかし体系の成功自体がその没落を引き起こした．つまり土地生産性が増大すると，裕福で力のある者は直ちに小農農地をつぶして大農場を建設することとなった．北部の農

---

168) Hsü Cho-Yün (1), (2).
169) Boserup (1), p. 11.
170) Hsü Cho-Yün (2), p. 268.

業技術は本質的に規模の経済を推進する性格があり、その頂点に位置するのが6世紀の『齊民要術』の記述する入念な商業的農業である。引き続く政府が独立小農の農業を再建すべく繰り返し努力したにもかかわらず、大農場が数世紀にわたって華北経済の基礎であり続けた。国内の動乱で大農場が商業的農業を止めて自給体制に戻ったときでもそうだった。しかしこれらの大農場が成功するには熱心で効率のよい監督が必要だった。大農場の衰退は文献にほとんど述べられないので衰退過程は不明瞭だが、経済中心が唐代半ばに揚子江地域に移り、生産性の低い華北への関心が官民ともに薄れたことが、華北地域を荒廃させた原因だろう。多くの戦火や侵入と同罪だ。

大農場経営と同じく、華北の小農農業も後代の王朝で衰えた。漢代と北朝時代に達した高いレヴェルは、集団農場の創設まで凌駕されることはなかった。6世紀の『齊民要術』、あるいは紀元前1世紀の『氾勝之書』を18世紀、19世紀の華北の農書と比較すると、[171] 後代の衰退は顕著だ。北方の貧困と豊かな南方の対照は、今世紀前半のバック(2)の統計的証拠があるが、すでに15世紀の外国人訪問者に強い印象を与えていた。[172] 華北に地主を魅了する材料がほとんどなくなった状況悪化の時代こそ、華北の小農が独立を相当に回復する時機だったことは驚くにはあたらない。例えば1920年代、所有者が耕作せずに賃貸しに出す土地は華北で6分の1に過ぎなかったが、華中、華南では耕地のほぼ半分に及んでいた。[173] ともあれ、華北農業の拡大初期に旱地農業のもつ技術的制約から、華北にイングランドの囲い込み過程を想起させる社会組織の変化が生まれるかと見えた。イングランドでは小農農地が大農場に奪われ、土地なし労働者がそこで働くことになった。華北で外国の侵略や南との経済的競争がなかったと仮定した場合、華北の支配地主層が政府との利益の衝突を解決して国家構造の変革に成功しただろうか。その間には'均田'土地改革やその他の政府施策など、小農層に少なくともある程度の経済的自立を回復しようとする努力があったのだが、それにもかかわらず華北の支配地主層が階級関係の変化を永続的に実現しえたかどうか、考えてみることは興味深い。

---

171) 例えば、王毓瑚(2).
172) Meskill (1), p. 15.
173) J. L. Buck (2), p. 195.

(ii) 華中，華南の'緑の革命'

　南方農業の最も顕著な発展期は宋代に始った．当時の政府の始めた一連の開発政策は視野と結果においてきわめて網羅的で，今日のアジアのいわゆる'緑の革命'[174]　にも比すことができよう．類似性は非常に顕著だ．'緑の革命'という名前は，（小麦や稲の高収量品種と肥料，灌漑施設の設置などからなる）一つの技術パッケージに与えられたものだ．農業生産性の急速な増大を狙って，1960年代，1970年代に国際科学組織が開発し，アジアの非社会主義国の大多数が採用した．各政府は小農が新技術を受け取るよう奨励し，新しい灌漑事業を遂行し，農業開発センターを設置して種子と肥料を配布し，教育と信用便宜を与えた．驚いたことに，宋代の中国は現代アジア諸国の類似の問題に直面しただけでなく，まことによく似た方法でそれに取り組んでいた．

　中国の経済中心が北の旱地平原から揚子江地方へ移動し始めたのは，唐代後半だった．契丹や他の遊牧侵略者を恐れて，数千単位の農民が華北の故郷を捨て，宋王朝までに人口の大半は南方諸省に住むことになった．[175] 朝廷政府は増大した人口を著るしく減少した面積で養うことと，国境を守る大軍を維持せねばならぬという二つの問題に直面した．[176] 朝廷政府は南方諸省で米生産量を増大する必要性を速やかに諒解し，多方面で一斉に問題に取り組んだ．

　最も有名な対策の一つは，眞宗が1012年にチャンパから揚子江デルタへ導入した早生稲品種群の採用だった．これは稲の二期作あるいは夏稲と冬小麦の二毛作を可能にし，生産様式を大きく変えた．これはすでに見た通りだ（本書 p.

---

[174] 渦中の機関や政府はこの政策が純粋に技術変革を目指したものと見るが，'緑の革命'という言葉の社会的な波及効果はしばしば深刻で，不安定をもたらしており，実際，緑の革命は赤信号に転じたといわれる場合もある．F. Frankel (1) や，新技術の導入から生じた社会的分裂と階級間の緊張激化を研究した報告を見ると，その影響はアジアの小麦地帯に顕著．稲を主作物とする地方では技術変化は緩やかだし，新政策による社会的分化も目立たない．その理由はこの節の後ろのほうで明らかにしたい．

[175] 宋代の人口数字は人数でなく戸数で表示されているので，正確な解釈は難しい．1080年，つまり女真や契丹に追われて人口が南へ移る前の人口統計は，人口を1450万戸とし，そのうち1000万戸は華南の諸省に居た．女真金王朝が華北を支配した1173年に，宋と金を合わせた全戸数は1875万戸で，うち1200万戸は華南の宋朝治下に居た．Lewin (1), p. 45 以下．

[176] Golas (1), p. 295 の推定では，1100年頃の耕地総面積は 700万頃〔約4000万ヘクタール〕，他方，755年唐代の数字は1400万頃〔約8100万ヘクタール〕で，約2倍を超えていた．唐代の数字は Twitchett (4) が指摘するように明らかに大きすぎるが，それにしても相当大面積の耕地が北方の侵入者に奪われたことは明らかだ．

549).新品種の種子は地方官衙を通して農民に配布され,栽培法を書いた指示書が回覧された.これはたぶん農民向けを意図したものではなかっただろう,多くは文盲だろうから.むしろ宋代の農村普及員に当たる官吏の「農師」(*nung shih*)に向けたものだろう.「農師」は技術と経験で選ばれた地方農民で,わずかな官職の席を埋め,自村の農業技術を改良することを義務とした.彼らは同輩に改良播種法,施肥法あるいは作物選択など新技術を指導するだけでなく,また相互扶助の組織化などに努めた.彼らは義務を怠った農民を地区役所に報告する権利を持ち,自身は賦役や他の義務を免じられた.[177] 新しく編纂されたり政府命で復刊された農業書にある情報を普通の農民に伝えたのはたぶんこれらの「農師」だっただろう.かくて『齊民要術』や『四時纂要』は10世紀初頭の朝廷命令で印刷された最初の農書となった.公式に配布された他の宋代作品には『耕織圖』や陳旉の『農書』が含まれ,それ以外に多くのあまり知られていない本がある(本書第2章文献資料,p. 55以下を見よ).これらは改良栽培法,新農具,機械,肥料,それに灌漑法を取り上げている.

宋代政府は農民が改良に投資するよう財政刺激を加えた.最も有名なものは王安石の青苗法で,実効力を持ったのは短期間だったが,農民に他のどこよりも低利でローンを提供した.[178] ゴーラス(Golas)(1)が指摘するように,'その多難な歴史にもめげず,この改革は中農と小農民にほかでは入手できない土地改良資金を提供し,農業生産性を相当押し上げた'.政府はローンを提供しただけでなく,より重要なことは過重課税を控えたことだった.ゴーラスはこう述べる.[179]

> 多数の租税政策は農業生産を刺激するか,少なくともその邪魔をしないよう特定の工夫がほどこされた.農産物と農具は商業税を免じられた.政府は時に穀物による税支払いの振り替えを拒否した.その理由はこれが人民の営農意欲を弱めるというものだった……新しい農地あるいは放棄農地の開拓を奨励する際には,課税は頻繁に中断された.課税目的で土地の肥沃度を評価する際も,土地の天然肥沃度と,農民が努力と出費で創出した肥沃度とを区別し,農地の改良に努めた農民は高い税金を恐れなく

---

177)『宋史』173/4*a*,吉岡義信(*1*).Lewin (1), p. 73 は,このような制度の前例は漢代文献にあると指摘するが,馬端臨はこの役職が982年に創設されたと言う.

178) 東一夫(*1*), James T. C. Liu (2), H. R. Williamson (1) などが王安石の改革の命運とその意義を論じている.

179) Golas (1), p. 311.

ても済んだ……

　少なくとも東南部で両税法の下での公式課税率は，政府が理想的と見なしたもの，つまり収穫の10分の1程度と同率か，それより低いことさえあった．もちろんこれらの率に様々な雑税と補足賦課（その率は容赦なく次第に上昇していった），賦役義務，そして徴税吏のあらゆるごまかしが加わった．それでも宋代は近代以前の中国で，土地税からの収入が中央政府総収入の50パーセント以下に下がった唯一の時期だ．このことは他の王朝に比べ，宋代の農業課税が総体として農業生産性の増進に寄与したことを意味しよう．

　宋朝政府はまた，灌漑技術と水利の進展に大いに助けられて，大規模な土地開拓を進めた．[180] 多数の農業入植地を設置し，新しい改良技術を実施した．ある場合は辺境に軍事入植地（「屯田」）を設置し，ある場合は公有地に民間人入植地（「営田」）を設けて，難民あるいは土地なし農民を定着させた．こうした計画の大多数に灌漑施設が建設され，新しい設備や新品種が入植者に無料あるいは非常に安い価格で提供された．例えば988年から1万8000人以上の兵士が各集落200人ずつ河北の入植地に定住し，灌漑水路の堤が600里にわたって建設され，米の高収穫をもたらした．同様の屯田が陝西の辺境に設置されたが，そこでは農地も城砦で守らねばならなかった．かくて1021年までに4200頃の屯田が建設されたと言われる．この数字は非常に大きいように見えるが，実際は全耕地の1000分の1以下に過ぎない．[181] 同程度の土地が営田にも当てられた．[182]

農業発展への小農の対応

　宋代政府は農業改良を鼓舞する上で決定的役割を果たしたが，主要な成功はたぶん農村部の人々が新技術の利益で活気づき，自ら自発的に実験し改良する意欲を持つようになったことだろう．しかし刷新に対していくつか反対のはしりがあった．例えば二期作に反対した農民たちは，仕事の増加が収穫の増加と見合わない恐れを挙げ，他方地主は二期作で地力が枯渇しないかと恐れた．[183] だが

---

180) 宋代の水利の進展に関して汗牛充棟の完備した文献集を Golas (1), p. 298 が提供している．
181) 『欽定續通志』153/1．
182) 1002年から民間，軍事の区別はなくなり，ともに屯田と呼ばれるようになった．Lewin (1), p. 81．
183) 周藤吉之 (4), pp. 278–279．

金肥が出回り，品種の改良が進むと，こうした反対は消えていった．小農は稲や他作物の改良新品種を地方的に育成し，そのうちのいくつかの品種は手から手へ渡ってはるか遠方まで波及した（本書 p. 550 を見よ）．地主や宗族が囲田や圩田を造成して湖辺の湿地を開拓し，他方土地を求める小農は斜面に棚田を開き，あるいは人口過疎の揚子江中流部の広大で豊かな平原へ移住し，その際に改良種子と進んだ技術を携えて行った．

宋代の'緑の革命'は，人口稠密で農業も経済も進んでいた揚子江下流の江蘇，浙江，沿岸省の福建に中心があった．元代，明代には変化はおのずから弾みが加わり，新技術は後進地域の安徽，黄河平原，南部の深奥部まで拡大した．清代初期には農業の刷新と集約化は，それまで人口の少なかった湖北，湖南，西南諸省でも進行し，今や先進農業地帯の過密な東南部や華中の平野から多数の移民を引き寄せた．1800 年に拡大は地理的限界に達し，人口増加が農業生産を追い越し，農村部の貧困化が生じた．その状況はキング (F. H. King) (1)，バック (J. L. Buck) (1), (2)，ヒントン (W. Hinton) (1) など 20 世紀の著者たちが伝えている．

上述のような刷新の結果，宋代中国では農業生産性が明らかに急増した．収量の増大と主穀の多毛作化は前例のない余剰を生み，その結果，商業的栽培と農村工業が未曾有の規模で発展可能となった．米は全国の村市場で炭，茶，油，酒，その他の地方産物と交換可能だった．またこれらの商品の国内交易も盛んとなり，地方ごとの特化も生じた．[184] 事実，ある地域は穀物栽培をやめる余裕さえ手にした．長距離米交易の発展で十分な供給があったからだ．例えば陳旉は 12 世紀の蘇州近傍で養蚕の占めた重要性を述べている．[185]

> そこのかなりの人々は生計を蚕だけで立てている．十人家族なら枠 10 枚の蚕を飼う．枠 1 枚から繭 12 カッティ[*1] が得られ，1 カッティから絹糸 1.3 オンス[*2] が得られる．絹糸 5 オンスで 1 枚〔1 匹，これは 2 反〕の小さな絹布を織り，これは米 1.4 ピクルス[*3] と交換できる．絹の価格は米の価格で決まるのが普通だ．かくて食料と衣服

---

184) Shiba (1)，斯波 (1) は宋代商業に関して傑出した著作である．
185)『陳旉農書』, p. 21〔「巻下種桑之法篇第一」，訳 Elvin (2), p. 168.
*1 原文は 12 斤．宋代の 1 斤は約 600 グラム．1 カッティは 150 グラム．
*2 原文は 1 両 3 分．1 両は 37 グラム．1 オンスは 28 グラム．
*3 1 ピクルは約 63 キログラム．

をこの手段で調達することは高い安定性を保証する．

> 「彼中人唯藉蠶辨生事．十口之家，養蠶十箔．毎箔得繭一十二斤，毎一斤取絲一兩三分，毎五兩絲，織小絹一匹，毎一匹絹，易米一碩四斗，絹與米價常相侔也．以此歳計衣食之給，極有準的也．」

一大商品作物に甘蔗があり，これは福建，四川，広東で特に栽培が広かった．『糖霜譜』(Thang Shuang Phu)[186] の記録によると，12世紀四川のある地方で40パーセントもの農民が甘蔗栽培に従事した．砂糖産業が福建では宋代までに確立し，明代には多くの地方で米を完全に置き換えた．福建の砂糖の販売は中国国内だけでなく，全東南アジアに及んだ．[187] 他の商品作物には，茶，野菜，果実，木材，油料種子，藍と繊維作物，竹，（1500年以降の）タバコがあった．また工場生産が顕著に増加し，その大部分は'コッテージ産業'だった．農民の妻は伝統的に紡織を担当し，織物は家族の使用分だけではなく布で徴収される紡織税の支払いに当てた．絹産業は以前は小さなもので，主に都市に拠点があって官の支配を受けたが，宋代にとりわけ東南諸省と四川で急速に拡大した．ある地方は蚕飼育あるいは桑葉栽培に特化し，ある地方は特定の絹布生産に特化した．[188] 絹布は大部分が農民の屋敷で織られ，ブローカーが絹糸を供給し，農家の女性に労賃を払って織らせた絹布を市場に売った[189]（図271）．ラミーと綿，とりわけ綿は元代，明代に初めて重要産物となった．綿産業も絹産業と同様の方式で運営された．綿の原材料は国内全体が一つの市場となり，地方市場で商人から農村女性が買って紡いで織り，たぶん材料綿を買った市場の同じ商人に売る方式だった．『上海縣志』を見よう．[190]

> 糸紡ぎは田舎の村だけでなく，県城や交易都市でも行われた．朝，村の女性は紡いだ糸を持って市場へ行き，材料綿と交換して持ち帰る．翌朝，彼女らは糸を持って家を出る．一時も休むことがない．

---

186)『糖霜譜』3a.
187) E. S. Rawski (1), p. 48.
188) D. Kuhn (3) は宋代の紡織技術の詳細を述べ，当時の南方諸省で絹生産が急速に拡大した裏にはたぶんペダル操作の織機の採用があり，これは山東に早くからあったが，南方では北からの難民が到来するまでなかったと言う．
189) Shiba (1), pp. 111-121.
190)『上海縣志』，1750年版，1/21a，〔原典見れず，原文掲載できない〕訳 Elvin (2), p. 273.

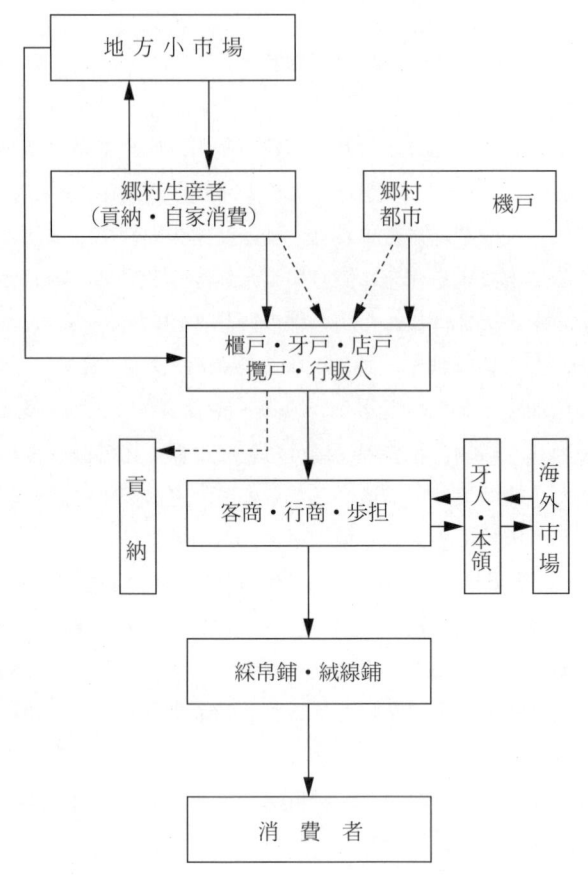

図 271　宋代絹産業の構造. Shiba (1), p. 121〔斯波 (1), p. 291〕.

　16世紀，福建商人は砂糖と交換に浙江から綿を輸入する綿交易を盛んに行った(福建は棉栽培に不適だった)．福建で使用した綿糸の一部ははるかフィリピンからも輸入した.[191]

　他の産業には，製紙（主に竹から），漆器の生産，金属製品，炭，酒，酒精，

---

191) E. S. Rawski (1), p. 74.

豆腐，醤油，漬物などの食品生産があった．ほとんどすべての製品は家内工業規模の生産物で，生産者は大多数が農民家族だった．

社会変化と経済変化の関係

　水稲の土地生産性増大を，近代的な化学肥料や殺虫剤，機械化などに依らずに行う場合，一般に必要投入労力は顕著に増大し，よく言われるように土地生産性が上がるにつれて労働の報酬は低減する．事実，稲の直播から移植へ，あるいは単作から二期作へといった変化は投入労力を必然的に増大させる．しかしこれは労働生産性の低下を必ずしも意味しない．収量増が労力増を上回る速度で進む可能性はある．品種や灌漑技術，施肥法などの改良によって労力増加なしに収量が増加しうる．この場合同じ生産を挙げるのに必要な農地をより小さくできるので，耕耘や除草の仕事も削減できる．しかしもちろん，やがて報酬が低減し始める段階に至る．ギアツ（Geertz）(1) が植民地期ジャワの極端な例を述べているが，食料生産に使える農地がきわめてわずかになると，農民はやむを得ず植物を一本ずつ世話して，小さな農地の産物で家族を養う破目になる．ギアツはその過程を'農業的内旋'（agricultural involution）と名づけた．これはジャワの人口が増えるにつれて収量増は次第に低下する一方で，稲作技術の精緻化につぎ込む精力はどんどん増えることを指す．エルヴィン（Elvin）(2) は同様の内旋過程が中国にもあり，中世に経済と技術の精緻化があったにもかかわらず，中国が'離陸'できなかった主要な要因だと見ている．

　しかし 1000 年から 1800 年までの期間，中国は経済関係あるいは階級構造の歴史的変化を経験せず，ヨーロッパで見るような家内手工業から産業への急激な飛躍も経験しなかったとはいえ，この期間が技術的，経済的停滞の時代だと片付けてしまうことはまったく間違いだろう．農業生産性と急速な人口増は歩調をあわせばかりか地方産業や交易が拡大し，中国経済の繁栄と安定性はマルコ・ポーロから 18 世紀のイエズス会士まで外国の訪問者に強い感銘を与え続けた．この 8 世紀間続いた経済の拡大は，宋代農業の技術革新でさらに大きく飛躍した．

　私の見るところ，宋代経済について二つの基本的な疑問があり，その後の中国の発展方向を理解するにはこれに答えねばならない．第一に，宋代の'農業革命'の曙に飛躍した産業と商業はどのように組織されたのか．第二に，生産

と経済活動の急激な増大が，他のところでよくあるように既存の経済関係を破壊することにどうしてならなかったのか，生産関係の変革つまり真の経済革命にどうしてならなかったのか．宋代に結晶化した経済組織の形がどうしてそれほどまでに動的かつ強靭だったのか？　エルヴィンの言う'高位平衡の落とし穴'[192] という考えは，私の意見ではこの社会の安定性を十分に説明していない．急速な経済拡大と多様化が生じたのに生産関係に大きな変化は生まれず，むしろそれを安定化させることになった．この現象は中世の中国に限らない．私の考えでは，中国の中世経済の性格は水稲栽培（国家経済はこれに依存した）の独特な特性と関係している．そして中世中国の経済的な編成と趨勢の間にある平行関係は，同じものが米を経済的主食とした（あるいはしている）国々にもあると思う．

　水稲農業は土地生産性を増大する点で巨大な可能性を持つ．すでに見たが，その改良法はほとんどが規模に関係せず，相対的に安いものか（種子の改良，油粕や河泥などの肥料），あるいは投入労力の増大かである（直播の代わりに移植，多毛作か，より注意深い除草あるいは灌漑など）．技術的理由から灌漑水田の最適サイズは非常に小さく，6分の1エーカーより小さい（本書 p. 120 を見よ）．畦で仕切られ，旱地の穀物農業と違って家畜の引く機械やその他の規模の経済を導入する余地は少ない．生産が集約化して，自給に必要な保有地が小さくなると，典型的な農民の農具はわずかな鍬と鎌だけになる．[193] しかしこれはその技術が原始的というわけでは決してないし，必ずしも貧困を反映するものでもない．そのような小規模の高度に熟練した農業技術は，単に家畜で引く道具に適していないだけだ．効率は装備の多少にはよらず労働の質に依存するので，熟練した経験ある小農あるいは小作農民も自分の土地の生産性を増大しうる点では，富裕な地主と変わらない立場にいる．事実，生産性が挙がると，水田農業の多くのこまごました仕事を十分に監督するコストは高くなる．例えば灌漑水田で

---

[192] Elvin (2) の議論，特に彼が説明装置として使う'高位平衡の落とし穴'論には反対が多い．彼は，中世後期の高度に発達した中国の農業および製造業では，どのような技術改良も報酬が急落するので，革新や改良の意欲を失わせると言う．Sivin (17), J. S. & D. C. Major (1) を見よ．私の考えでは，Elvin のこの説明がかかえる主要な欠陥の一つは，拡大限界に接近しつつある社会の経済様式には当てはまっても，その状況を生む根本原因に取り組んでおらず，1000 年から 1400 年までの時期にどうして歴史的な変化が生じなかったのか説明していない．その時期，Elvin 自身が，南方中国はまだ急速な技術的拡大と進展をしていたと認めている．

[193] Fei Chang (1).

雑草を見て回ることは，除草自体と同じほど大変だ．したがって水田1筆の価格は生産が集約化するほど，また収量が上るほど高くなり，集約的な水稲栽培を行う地方で小作料はしばしば非常に高くなる．効果的な監督が困難であることは，小作人を追い出して中央管理の大農場を経営しても（旱地作物を栽培する場合のような）地主の経済的利得は小さいことを意味する．地主はむしろ小作人に小さな農地をまかせて独立管理させるほうを選ぶ．資料の示すところでは，新技術が中国南部の諸省に波及するにつれて小作人の対地主関係は改善した．小作人は管理の面でも経済の面でも独立性を獲得し，小作契約も有利に変更されたのである．

宋代の経済拡大期，多くの大農場が農地蓄積によって生まれた．そのような農園の管理がどうだったのか，農地は整理統合されたのか分散していたのか多くの論争があるが，結局，分散保有地は宋代に優勢であっただけでなく，時代が進むほどさらにその度を増した．一般に受け入れられている見方では，統合所有地は人口密度の低い地方に広く，他方，広く分散した農園は揚子江デルタのように人口密度が大で農業技術が進んだ地方に典型的だったとされる．[194] 小作人にとって条件は農業技術が進歩するにつれて着実に改善したようだ．いまだに一部の間で声高く支持されている仮説に，宋代の農場は本質的に封建制で，宋代の小農民の大多数は農奴の状態にあったというものがあるが，[195] 経済的に発展していた地方でこれが真実だったとは信じがたい．実際的な状況を考えると，エルケス(Erkés)(22)が言うように農奴制と精緻な水稲栽培の両立はありえなかったと思う．レヴィン(Lewin)(1)も宋代に農奴制の存在を示す証拠は何もないと考えている．宋代初期，土地所有者の圧倒的大多数は独立小土地保有者，それに次いだのは「半自耕農」(*pan tzu keng nung*)と呼ばれた人々，つまり'半分は自らの土地を耕す農民'であり，余分の土地は収支を合わせるため貸した．これらの農民が農奴でなかったことは明らかだ．[196]

宋代の中国に農奴が存在したとしても，それは土地登記に反映されなかっただろう．華北にまだ存在した大農場の労働者の身分[197] は不明だが，彼らが農

---

194) Golas (1), p. 304 は主に宮崎市定 (*1*), pp. 87-129 と柳田節子 (*1*) を引いている．
195) 日本人の問題のある学派について，Golas (1), p. 306 以下と Grove & Esherick (1) を見よ．
196) 宋代の土地所有階層5種類の地位や相対的な規模について，Lewin (1), p. 71 以下，Golas (1), p. 299 以下を見よ．

奴か，雇傭労働者か，刈り分け小作か，いずれだったにしてもその待遇条件が南方諸省の小農よりも良かったとは思えない．辺境地方やその他人口希薄な地方についても同じことが一般に言えよう．そこでは裕福な者が大面積の土地を所有でき，役所の干渉に邪魔されることはなかった．労力は不足していたが，経済的な選択がほかにないためにそうした大農場で働くこれら不運な小農は，ほとんど権利がなく義務のみが多かった．[198] 劉師道の自伝によると，10世紀の四川と陝西で豪族がほとんどすべての土地を支配し，もとの土地所有者はその小作人にされ，あらゆる種類の役務を強制された．反乱によってのみ小農はその権利を回復しえたのである．[199]

宋代の間，後代同様の借地契約つまり刈り分け小作，定額物納，定額金納の三種すべてがあったことは判っている．重要なことは，刈り分け小作地代が衰退しつつあったことだ．穀物での定額地代が例えば揚子江下流部の分散大農場で普及していた．刈り分け小作地の監督にかかるコストが不相応に大きかったからだ．[200] 刈り分け小作制は自給経済で最も典型的な契約，定額地代制は小作人の企業家精神を育む契約と一般には考えられている．[201] 明代の福建では華中や華南の大部分と同じく定額物納がきまりで，地主は生産過程にまったく何の役も果たさず，監督すらしなかった．ラウスキーは言う．[202] '福建の地主は華北の地主と違って耕作者に道具も種子も与えなかった．彼は営農過程に参加せず，土地との唯一のつながりは小作人から受け取る地代だけだった'．地主が自分の土地の営農方法に関心を持たなくなるにつれ，小作人の所有権保全は強くなり，小作年季は永続的とすらなった．すでに宋代に恣意的な解雇から小作人を守る方策が採られていた．ゴーラスによると，[203] '宋代の小作期間は規

---

197) 王安石の1072年の土地調査および均等税（「方田均税」 *fang thien chün shui*）はそれら農園での酷使を監督し，減らすことを狙いとした．James T. C. Liu (2), p. 5.
198) Golas (1), p. 305. 河原由郎 (*1*), p. 25, James C. Scott (1) も見よ．
199) 『宋史』304/11*a*. Lewin (1), p. 77 に引用．辺境地の開拓に宗族が関わる場合，宗族の一員である農民は貧しくても特権的位置を占めた可能性がある．M. Freedman (3), (4). もっとも，宗族が辺境を開いたのか，辺境の開拓が宗族を作ったのかは議論がある．Freedman (3), (4), Potter (2) は前者の見解，B. Pasternak (1), (2), James L. Watson (1) は後者の見解を取る．
200) Golas (1), p. 308, J. P. McDermont (1), p. 208.
201) 刈り分け小作その他の借地関係の形態とその経済的役割に関しては，Bray & Robertson (1) を見よ．
202) E. S. Rawski (1), p. 18.
203) Golas (1), p. 312.

定がなく，慣行では小作期間は半永久的ないし永久的だったようだ．我々の知る例では，小作家族が同じ農地を数世代あるいは数世紀借りていた'．明代の福建で小作人の権利は非常に強く，「糞土銀」(*fen thu yin*) と呼ばれる手数料を払えば小作人は耕作権を譲渡ないし貸すことができ，地主の同意なしにその権利を転貸あるいは売却できるほどだった．この'一つの農地の二重所有'（「一田兩主」*i thien liang chu*) 制度は華中，華南の多くの地方で1949年まで普通だった．204) 小作人は非常に強い慣習権を持っていたのである．事実，地主は小作人の同意を得ないと地代を上げられないことがしばしばあり，小作人が地代支払いを一時的に止めたり，永久的に払わないことすらあった．不在地主は契約不履行の小作人を差し替えようにも方法がほとんどなかった．最後の手段として地主は暴力団を雇って受け取るべき地代を取りたてることもあった．ムーア (Barrington Moore) 205) はこれを地主の搾取の凶暴性を示すものと見るが，これはまた強固な村の連帯の前に地主に打つ手がなかったことの証拠でもある．206)

小作人が経済的な自治を行う一方で，地主は政府への地租（「租」）支払いの直接責任を負い続けた．各筆の面積，等級（と税額），所有権を正確に記録した土地登録簿が宋代に編纂され，続く王朝でも維持された．207) 土地の売買を行う者は誰であれその取引を地方役所へ報告する義務があり，その都度土地登録簿は改訂されるようになっていた．208) しかし多くの地主が支払うべき租税の少なくとも一部をうまくごまかしたことは疑いない．地方の郷紳の誰かが徴税責任者になった期間はとりわけそうだった．とはいえその義務をまったく消し去ることが難しかったことは，明代以来'一つの農地の三重所有'（「一田三主」*i thien san chu*) という言葉が広がったことで判る．209) この場合，地主は税支払い義務を第三者に回し，支払人は代わりに地代の一部を受け取った．『龍巖縣志』に一文がある．210)'富戸は所有地が多く，税が重くなる．彼らは土地の名義を他人に

---

204) Fei (2), E. S. Rawski (1), pp. 18, 190 は有用な文献集だ．
205) B. Moore (1), p. 180.
206) 1930年代の上海でも地主は困難をかかえていた．Fei (2), p. 184 を見よ．Ash (1), p. 43 は同地域で借地料不払いに対して地主がとった苛酷な対策の例を集めている．しかし地代を暴力で取り立てねばならない事態は，彼らが制度的に弱い位置にいたことを示す．
207) Golas (1), p. 313, James T. C. Liu (2), p. 4, Ray Huang (3), pp. 38-43.
208) Golas (1), p. 299.
209) E. S. Rawski (1), pp. 191-192.
210)『龍巖縣志』，1558年版，1/46*a–b*，訳 E. S. Rawski (1), p. 192.

書き換え，税額を計算してこの偽の所有者に税額相当分の地代を渡す'．

正確な土地登録を維持することで政府は大農場の成長過程を追うことができ，所有地上限の枠をはめることすら可能だった．多くの場合，政府はある上限を超える土地を没収し，土地無し農民にそれを分配した．例えば1260年の公田法 (kung thien fa) の下，政府は揚子江デルタの太湖周辺の6県で，100ムー以上の土地を持つすべての家族から土地の3分の1を強制的に買い取った例がある．[211] 100ムー（約15エーカー）という上限は，この豊かな生産力の高い地方でも大きすぎるとは思えないが，いずれにしても大農場が経済的先進地方で長期間生き延びることは稀だった．商業活動のリスクと報酬のため，土地の所有権移転が速かったからだ．定額地代制では，熟練した小作農民は貯金して自分の土地を買う見込みが十分にあった．費孝通（Fei Hsiao-Thung）は20世紀の上海近くの人口稠密な村でも，一生涯土地無しだった人間は見たことがないと報告している．[212] ある農地で同じ家族が数世代にわたって営農をすることはよくあるが，しかしその間に実際の所有権は何度も変わっている可能性がある．

定額地代制は小作人に都合がよい反面，地主は地税を払ったあと自分の土地から何も受け取っていないことも往々にしてあった．地主であることで財を成したわけではなく，財を成した人が地主になったのだ．土地は安全で貴重なものだったが，交易や金貸し，あるいは砂糖や果実，材木の商業的プランテーションはもっと儲けが大きかった．多くの富裕な家族はこれら他の収入源を投資先として選んだのだ．[213] 他方独立小農民や小作人も仕事に努め，市場で賢明に立ち回れば土地から高い利益を上げることを期待できた．そしてその利潤を投資して土地を買うこともできた．土地所有規模は相当の変動があったが，経済的に進んだ地方で大多数の土地は平均100ムー前後の中流地主の所有か，小農や部分小作の所有だった．11世紀，あとの二者が登録人口の50パーセントを占め，土地の4分の1を所有した．[214] 17世紀の揚子江デルタをとると実際の大地主は稀で，たぶん土地の4分の3は中流地主か小農が所有した．[215] 彼らが教育の恩恵を受けられなかったり，政治権力への道を閉ざされたことはなかった．

---

211) Golas (1), p. 302, Ray Huang (3), p. 159 も見よ．
212) Fei Hsiao-Thing (2), p. 177 以下．
213) 例えば，M. Cartier (1), p. 83 を見よ．
214) Golas (1), p. 303.
215) Ray Huang (3), p. 158.

例えば宋代の宰相王安石は小農の出身で，2, 3代前に地主となった階層だ．彼の同僚の多くも同様で，たぶん宋代以降の官僚は大多数が同様の経歴を持つ人々から引き抜かれた．[216]

水稲耕作社会の安定性

上述したような強い地位を小作人が獲得したことは，社会の相当に流動的な状況とあいまって，地主層と小作層の摩擦や敵対関係を減らす方向に働いたと思われる．つまり農業技術と経済発展が最も顕著な所でこそ階級闘争を緩衝し，生産関係を変革するよりもそれを強めるのである．この現象は中世中国に特有ということではない．ギアツ (Clifford Geertz) (1) はジャワの'農業内旋'が持つ社会的効果について述べ，ジャワでは土地所有体系が入り組んでくると協同労働の調整がより複雑となり，富の（ほとんど富はなかったが）配分機構が練り上げられ，広い範囲に及んだと言う．ジャワ人社会は決して平等主義的ではなかったが，その極端な条件下でも社会が大地主層と農奴的階層に分極する兆候はなかったと言う．もちろん，ギアツの述べる植民地期ジャワは，中世中国に典型的だった類の経済拡大を享受していたわけではないし，宋代の'緑の革命'のような社会変化をせきたてる技術的進歩もなかった．しかし水稲耕作社会は一般に，近代科学技術の導入がもたらす圧力に対しても顕著な抵抗力があるように見える．私自身がマレーシアの水稲耕作地域で行った調査では，大規模灌漑事業が建設され，地方の農業開発局が近代的施設を投入した（地方農民はこれを熱心に取り入れた）が，その刷新に由来する社会分極の兆候はほとんど見られなかった．逆に，（例えば）小作契約は地主よりも小作人が利する方向へ改訂された．[217] 徳川期日本 (1615〜1868年) の場合もこの点で顕著である．

徳川期日本は多くの点で宋代中国に似た農業と経済の拡大を経験した．たぶん農業革新の多くは中国の先例に倣ったものだろう．国家権力を固め封建諸侯の力を弱める狙いで16世紀末から徳川幕府の将軍たちは，地租に対する支配権強化のために詳細な農地測量を組織した．[218] 彼らは通信網を開き，農業，産業，

---

216) Ho Ping-Ti (2). このような幹部官僚が華北の世襲的封建貴族出身の官僚にとって代わった．後者の力は究極的には所有地の規模に依存していた．
217) Bray & Robertson (1).
218) 以下の記述は主に，T. C. Smith (1), Shimpo (1), Pauer (1) と古島 (1) に拠る．

商業の発展を奨励し，そのため小農に勤勉に働き，水を呑むのも控え，手工芸に努めるよう布告を出して勧奨した．その結果，17世紀末までに変化と革新に対して新しい態度が生まれたことは明らかだ．農業改良の著作として1697年に『農業全書』，その後に『農具便利論』が出版された．これらの著作は広い経験と徹底的な実践に基づいていたが，古典的な中国農書に多くを負うていることは明らかで，これらの著作は日本の広範な農民に読まれた証拠があり，自分自身で農業に関する小冊子を書く者も多かった．それ以前，日本の小農は米を主に税と封建地代の支払い用に生産し，自身の食料は畑の産物（大麦と蕎麦）だけだったが，今や灌漑作物の栽培面積を広げて米の生産を自家用と市場向けに行うようになり，作物品種の数は劇的に増加した．ある計算が挙げた17世紀前期の稲品種の名前は177だったが，19世紀半ばに2363に増え，また19世紀の農業日記が述べるところでは，1808年から1866年までに改良稲品種の育成によって生育期間が17日延びたという．[219] 大規模，小規模両様の新しい灌漑施設が建設され，新しい農具や金肥が広範に利用され，生産性の増大に伴って著しい社会変化が生じた．

　中世日本の家族は血縁親族だけでなく，世襲的奉公人や年季奉公人，農奴と小作人の身分の間にある種々の従属的生活者を含んでいたが，農業改良が徳川幕府の下で進み，農業が拡大して商業的になると農村の従属階層の身分は社会的，法的に急速に改善し，奉公人階層の数は減って下級地主が増え，以前は地主にあらゆる賦役を納めさせられていた小作人が，大きな経済的独立を獲得した．典型的な生産単位は今や核家族となり，個々に所有地を管理する責任を負い，収入を補うために絹や綿織物，酒の醸造，豆腐あるいは漬物などの家内産業を行った．スミス(T. C. Smith)は小作人身分のこの改善が徳川時代の農業技術進歩を導いた心理的源泉と考え，こう付け加えた．[220] '動機は個人的な利得ではなく，家族が富むことだった．この時期の技術的刷新は大多数が核家族の紐帯を強める方向に働いた'［傍点は筆者］．小作人身分の改善は日本で19世紀から20世紀前期まで続き，地主層は灌漑組織やその他の改良に行った投資が小作人の家計を安定させたのに，村内で自分たちの威信や影響力が増えるどころ

---

219) 庄司吉之助 (*1*), p. 40.
220) T. C. Smith (1), p. 92.

か減ったことを見てうろたえた.[221]

　徳川期日本で農業が進むにつれ，他の分野でも経済が拡大した．その局面で織物や他の商品生産が急速に拡大したが，これも小農家族が小規模製造業に参加の度を強めたことに大きく因っていた．ある種の高度に専門化した伝統産業，例えば京都の絹錦織元たちは，畿内の農村に今や強力な競争相手が出現したことに気づいた．何故ならそこの人件費は算定法がまったく違うものだったからだ．中世中国と同様に商人や仲買は大きな儲けを得た[222]が，日本では製造業の大部分は国内レヴェルに留まった．

　徳川期日本の例から明確に言えることは，水稲技術の進歩が大きく寄与した結果，荘園農場は家族経営の小農地所有に置き換わったことだ．華中，華南の宋代以前の土地所有関係はよく分からないが，それが'荘園的'（主要な生産単位が組織的な監督下にあったという意味）だったか否かに関係なく宋代の農業刷新がもたらした決定的な結果は，独立経営の小土地所有が農業生産の基礎単位として確立したことだ．土地所有の集中は中国で生産性の高い水稲地帯に生じたが，それにもかかわらず一元的管理の大農場はほとんどなかった．

些少商品生産の役割

　宋代中国と徳川期日本の平行的な類似から判ることは，水稲農業の技術進歩と生産性の増大が些少な商品生産の発展に強く結びつくことだ．事実，同様な関連は今日のマレーシアやインドネシアでも観察される[223]（ただし，これらの国の場合は非農業セクターの急速な拡大と国家経済が世界経済へ組み込まれている事態のために，事は複雑だ）．すでに見たように，水稲農業は小規模な独立の生産単位で運営され，家族労働と低い資本コストが特徴である．技術進歩は大規模な機械化農業のような資本集約的形態に向かわない．機械化農業は個々の家族の手に負えず，さらに最適サイズが半エーカーを下回るところでは灌漑ポンプを除いて，長期の経済的利点は得られない．水稲農業では大多数の改良は相

---

221) Waswo (1). 地代は19世紀日本で事実上次第に低下した（Yamamura (1), p. 297）．しかし19世紀末から20世紀初頭に日本が近代化するにつれ，地主対小作人の敵対関係は次第に激しくなった（Ilse Lenz (1)）．
222) この時期の商人層の成長，その富，贅沢な生活様式，さらに演劇や浮世絵版画を支援したことはいまさら言うまでもなくよく知られている．
223) Malaysian Government (1), I. Palmer (1), (2), J. S. Kahn (1).

対的に安い（種子や，除草具，肥料の改良）か，大きな投資が必要としてもそれは資本ではなく労力だ（新しい水田や運河の建設，灌漑施設の維持）.[224] 旱地農業と異なり，水稲地帯での営農の成功は装備よりも技術，資本投下や規模の経済よりも労力の賢い運用法に依存する．

　水稲栽培の必要労力は大きいが，大部分が二つの繁忙期に集中する（犂耕と移植，そして収穫）．この二つの時期には家族全員が水田に出る必要があり，労働交換やできれば追加労力も雇い入れて対処する必要がある.[225] 除草や灌漑といった途中の仕事は必要だが時間はそれほどかからず，暇をみて他の稼業も行える．しかしほぼ自給的な経済では，利益の挙がる余剰労力の振り向け先はごくわずかに過ぎない．農民は収穫期が地方ごとに異なることを利用して収穫の出稼ぎを行う．この場合は町で季節的な職につくなど，時に長距離の外出となることがある.[226] 幸運だと村や村の近くで利益の挙がる仕事が見つかることもあるが，そうした仕事は自給状況では一般に稀だ.[227] しかし成長経済だと家族の収入を以前はわずかに補うに過ぎなかった手工芸品や商品作物生産が，次第に重要な役割を果たすようになる．こうした些少な商品の生産は水稲耕作とぴったりと合う．まず，この種の家族企業を起こすのに資本はほとんど不要だし，重要な時期に水田から労力を奪うことなく余剰労力の利用が可能.[228] しかも市場の需要に合わせて拡大，多様化，あるいは契約が可能であり，水稲栽培と結びつけることで家族の自給は保証できる．また，産物は手近な方法で地方市場あるいは国内市場へ商人が運び，商人は村人に労働の対価を支払い，また原材料を供給するとともに市場の状況について情報を流す．したがってこうした状況下での農業の集約化は，土地無し無産階級を生むことにはならず，余剰

---

[224] 玉城哲（*I*）の指摘によると，既存耕地より生産性の高い水田を開くことは大きな労働投下が必要となるので，農民は新しい耕地を開くより，既存耕地の栽培技術を高めるほうを取る．

[225] 水稲栽培地域での互助的労働交換は，Embree (1), A. H. Hill (1), Liefrinck (1) を見よ．雲南の漢族農民は頻繁に少数民族を雇って労力不足に対応できる．少数民族が山地畑で暇をかかえ，労賃も非常に安いからだ．Fei & Chang (1).

[226] クランタンの農民はしばしばマレー半島の山脈を横断して，モンスーンが1, 2ヶ月遅い西岸の水田収穫に赴いた．今日，彼らは農閑期の収入増加の方法として，数百キロメートル南のシンガポールの工場や建設現場へ行くほうを好む．ジャワではどの地域にも必ず稲の収穫仕事があり，多数の農民特に女性が村から村へと鎌を持って出歩き，生計を立てる．I. Palmer (2).

[227] ラオスでは多数の稲作農民が農閑期に伐採，狩猟，魚取りを行う．Taillard (1). クランタンの村では，副業はレンガ作り，土方，人力車引き，茣蓙編み，そしてイマムを務めることだった．

[228] 時間配分は当然，工場労働者より柔軟である．

労力を農村家内産業の中に吸収する可能性がより大きい．

　些少な商品生産を小規模な個人所有企業で行うと，資本投下は強い制約を受け，そのため機械化がもたらすような改善は阻まれる．しかしこれら分散した小資本企業は必ずしも非効率ではない．宋代，明代の中国や，徳川期および明治初期の日本には組織的かつ大規模な資本集約的産業はほとんどなかったが，それでも中世もしくは近代初期のヨーロッパと比べて消費物資は大量にあり，そのいくつかはきわめて高級で，しかも大多数は一般消費に向けられた．商人や仲買いはこうした商品の集散から相当な富を蓄積した．中国，日本での些少な商品生産の根は，生産関係を支える農業技術の中にあったのだ．

　私の議論は，華中，華南と日本の田舎の生活が平等主義的で，幸福な家族中心主義であるといった農村田園詩の印象を与えるかもしれないが，これはもちろん真実ではない．商業が栄え企業家が隆盛をきわめるところで，臆病者やばか者は一夜にして破滅し，その貧困は隣人の豊かさと比べるとひときわ哀れだ．中国の経済的最盛期ですら多くの者は絶望的な困窮に生き，外国の観察者は目ざとく指摘した．ケネーは述べている．[229] '中国人の器用さ，簡潔さ，その土地の肥沃さ，手にする豊穣さに反して，その庶民がかくも貧困な国は少ない'．当然だが，農業生産の増加が頭打ちとなりしかも人口増が続いた結果，状況は悪化の途を辿った．Ho Ping-Ti（何炳棣）(4)，パーキンス（Perkins）(1)，エルヴィン（Elvin）(2)らはその時点が1800年だったことで意見を同じくする．利用可能地はすべてその時までに耕作され，しかも伝統的生産法では土地生産性の大きな増加はなしえなかった．19世紀から20世紀初頭へかけて中国経済の衰退は西洋の軍事的，経済的干渉によって速められ，[230] たぶんそのために伝統的経済の強靱さと可能性は明らかに否定的な様相を呈した．しかし，南方を中心とした中国経済が繁栄と拡大を続け，国は栄えて企業家精神が躍動していたその時にも，水稲農業の性格そのものが，'進歩'という言葉で我々西洋人が連想するような経済的，技術的革新を実際上不可能とする要素を内包していた．エルヴィン(2)の'高位平衡の落とし穴'といった説明は，上限に近づいた体系で典型的に起こる報酬低減が技術的停滞の原因とするが，宋代，明代の中国経済が

---

229) Quesney (1), p. 579.
230) 西欧の工場産品の中国市場への侵入は，植民地期インドほど破壊的ではなかったが，それでも多数の農民生産者，特に織物産業で働く農民の生計を脅かした．Fei (2) を見よ．

いまだ急速な拡大を行っていた時点では当てはまらない．私の見方では，水稲耕作の持つ基本的制限要因（技術的，社会的）こそ，中国の独特な発展経路に大きく影響したのだ．

水稲生産を効率よく行うに適した生産単位が（個々の農地も）小さいことは規模の経済にとって障碍であり，かくてヨーロッパの農業革命，産業革命，つまり機械化と労働報酬の改善を目指す我々の技術的発明の才にとっても障碍となる．労働の専門化は機械化に必要な前提条件とふつう考えられるが，これも生産単位が小さいところでは限定される．このことは最近の事態の進み方からも証明される．今日でもアジアの水稲耕作の機械化は，困難で微妙な課題をもたらしており，旱地農業と大きく異なる必要条件と制約をかかえているため，機械化の技術的利点は必ずしもすぐに明瞭とはならない．[231] 同じことは伝統的水稲耕作に結びついた産業組織，つまり些少な商品生産についても当てはまる．伝統的な南方中国社会でこの種の家内企業の労働コストは無視しうるほどのものだったので，機械製造を魅力的な投資先にするため大きな生産単位を作るとなると，社会的コストは誰が行うにしても大きなものとなる．中国人が労働節約の利点を知らなかったわけではない．小さな労力軽減の装置なら多数あり，ほぼ全戸にあったほどだ．[232] しかし必要な新機軸は機械ではない．真の機械化は不連続な飛躍をもたらし，労働の集中だけでなく分業が必須要件となるが，些少な商品生産で分業を言うことは言語矛盾となる．今日のそうした経済組織を支えている小規模だが効率的な機械は[233] ごく最近の精緻な発展によるもので，工学的技術の巨大な進歩と電気，内燃機関といった動力源の使用によってのみ可能となった．

ここで日本の産業化と農村機械化の間に生じた時差が興味を引く．日本の産業化自体は19世紀後期に始まったが，農業と農村家内産業の機械化は戦後の現象だ．日本の19世紀の産業化運動は主に重機械産業に向けられた．それは西

---

231) 例えば北タイで，地方農民は土地開拓にトラクターを喜んで賃借りしたが，一旦新しい水田が完成すると，彼らはさっさと元の水牛犂耕に戻った．Moerman (1).

232) Hommel (1), Elvin (3) その他を見よ．中国の農村経済で機械化の可能性がきわめて小さいことをうまい事例で D. Kuhn (4) が詳述している．

233) たぶん最良の例は，今や多くの稲栽培地域で必須の道具となっている手押し小型耕耘機だろう．普通のトラクターの何番目かのこの子孫が生まれるまでに，高価で非効率な手に負えない中間機が多数作られた．

洋の事例に刺激され，伝統的な日本の技術から多くの要素を組み込みはしたが，西洋を手本にすること大であった.[234] 産業化のはじめの資金は政府支出によるもので，農業に重税を課して得た資金が主だった．日本の農民は市場の増大と道具，肥料を改良して最終的には利益を取り戻した.[235] しかし注目に値するが，日本の田舎の農業および家内産業の生産組織は，今日もまだ水稲農業の制約に縛られている.[236]

この事態を生み出した原因は，戦後日本の農地改革が土地を耕作者に配分し，個人の土地所有に上限を設けて小土地所有制の枠をはめ，規模の経済を締め出したことにあるかもしれない．他方中華人民共和国では，土地改革に引き続いて相当な規模で土地所有の統合が行われた．合作社や生産大隊が生産の基礎単位として，個人の土地所有に置き換わった．その労力と資金は人民公社に頼っているようだ．人民公社は大体昔の県（「縣」hsien）に相当する行政単位である．したがってこれは大規模な統合であり，農業技術の根本的な変化を期待しえたはずだ．灌漑施設などの改良で努力と資源を統合することは確かに可能となった．しかし中央が組織する農業機械化運動にもかかわらず，水稲耕作の装備に目立った変化はこれまでのところ少ない．

この原因の一部は農村の労力余剰と資金不足に因るものかもしれない．そうした状況ではもちろん機械化は阻害される．しかし主要な問題は，中国の伝統的水稲耕作の複雑で労働集約的な技術を変更することの難しさにある．もし変更すると，少なくとも最初の段階で収量の大きな低下を招く．南方中国の多くの人民公社は人口密度が高いにもかかわらず，移植や収穫など重要な時期に労力不足が深刻で，しかも移植機や除草機の効率を人間並みに高めることは難しい．たぶん最も重要な技術改良は灌漑分野で生じた．水路網は延長され，動力ポンプが人力に大きく取って代わった．しかし，土地改革と灌漑技術の改良が行われてもなお，華南の水稲栽培景観はほとんど変わっていない．技術者はいまだに6分の1エーカーを水田一筆の最大限として勧めており，このことは大型トラクターや除草機の有効性を妨げている.[237] 土地と労働の生産性増大は

---

234) 例えば，T. Nakaoka (1) を見よ．
235) T. C. Smith (1).
236) Shimpo (1), Bray (6).
237) 華南でトラクターと耕耘機は，耕耘よりも運搬目的に使うほうが多い．

達成されたが，それは土地統合や機械導入による成果よりも，水供給の改善や作物の新品種と殺虫剤，労力投下の注意深い調整による効果のほうが大きい．水稲耕作に必要な労働様式が最近の農村産業化の性格にも影を落としている．[238] 南方中国では徹底的な社会革命すら，水稲耕作の長い伝統的特徴を消し得ていないようだ．[239]

かくて，経済を水稲耕作に依存する社会は機械化と産業化が不可能ではないとしても，これらの過程を自分自身の意志で生み出す可能性が少ない．これが私の主張だ．加えてこうした社会で起こる農業技術の精密化と刷新は，家族単位の生産組織を強化する傾向があり，このことがさらに根本的変化を阻んでいる．

3 発展か変化か？

結論の最初部分で私は，中国のある種の農具が巨大な変革を起こす可能性を持ち，それが近代ヨーロッパ農業の技術と社会の徹底的な変革を誘起したことを述べた．しかし中国の歴史的経験は，農具だけでは技術体系を変革するに不十分であることを示している．変革が実際に生じるのは，技術発展と経済拡大が利益の鋭い対立を生み，既存の生産関係を不安定化してより以上の技術変化を引き起こす場合に限られる．

農業の基礎を広大な旱地穀物耕作に置くところでは，発展の方向は水稲社会と非常に異なる．技術革新によって経済が拡大相に入り，地価と生産性が上ると地主は一元的管理の統合された農場を集積しようとし，小作人を追い出して

---

238) この点の議論を深めたものは，例えば，T. G. Rawski (1), Stiefel & Wertheim (1) を見よ．

239) 人民公社の崩壊と1981年以来の責任請負制（「責任制」 tse jen chih）の公式発表は経済成長の新たな時期を画すものとなり，期待通り華南および東南各省で特に人気を博し，効率がよい（その制度は安徽省で始まったのだが）．以来，公社単位で組織された主穀生産は顕著に変化し，最も劇的な結果は文化革命時期に西北の貧窮諸省で生まれた．今日，管理の主要単位は再び生産隊（それは Wong (1) が指摘するように，制度的な先輩の「互助組」同様，南方の村々の伝統的共同グループにしっかりと根ざしている）と家族である．一般的に言って，個々の家族は基本的農業生産に責任を負い，棉やタバコなど地方的な作物を主とした軽産業は隊もしくは大隊の組織で行う．この状況は多くの点で宋代に生じた農業改革とそれに付随した農村産業の成長を想起させる．商品作物と商品の生産は全体として非常に急速に伸びているが，地域的な（僻遠の地と都市近郊，そしてもっと明瞭に北方と南方の間の）格差はますます顕著となっている（小島麗逸，1982年10月の私信）．

雇用労働に変えるほうが効率的だと気づく．最終的には労力規模を削減して生産コストを引き下げる試みが生じ，かくて労力節減装置に投資する傾向が生ずる．ここにこそ機械発明を生む誘因がある．英国の場合，農業革命，囲い込み，土地無し労働者の出現，統合された農場あるいは産業都市への人口集中，そして結果的に労力節減装置つまり産業機械と農業機械への大きな資本投下へと展開し，これら一連の現象が最終的に技術変革にとどまらない徹底的な社会的，経済的関係の変革をもたらしたのだ．華北で紀元後初期に生じた土地問題の経過は，広い意味で英国の場合と類似性を示す．その階級分化がこうした技術発展と関連しているなら，その時期の華北の大農場は'原資本家'といい得よう．[240] 中世の華北がもっとよい状況にあれば，独自の農業革命と産業革命を生み出したかもしれないとは決して思わないが，それでもなお，もし政治的その他の理由で，南方の水田地帯への軸足移動がありえなかったなら何が起こっただろうか，その推測は興味を引く．[241]

　水稲社会では逆の過程が認められる．自然な発展の方向は資本主義へ向かわず，些少な商品生産様式とでも呼べる社会形成へ向かうことだ．一旦この段階へ到達すると，水稲耕作の生産関係が持つ内的力学は農業生産性の相当な増加を維持するばかりか，急速な経済の多様化にも耐え，しかも歴史的変化を起こさない．宋王朝の下，中国の南方諸省に些少な商品生産様式が発生し，これはほぼ8世紀にわたって強化された．この期間，経済拡大は生産力の漸進的な発展とともに持続し，改良された農業技術と製造技術が磨かれていき，その過程は地方から地方へと拡大していった．しかし，生産関係の変化は取るに足りないものだった．小土地所有の家族を管理単位とする特徴はそのまま続き，地主と商人はこれら家族単位以外に生産手段を持たなかった．結局，水稲農業体系は急速な技術的，経済的発展を生み，それを持続できるが，我々が真の社会的変革と歴史的変化を求めねばならないとするなら，我々はより苛酷な旱地農業体系に目を向けねばならぬ．

---

240) 華北経済の解体に寄与したことを考えると，我々は今やチンギス・ハーンを資本主義の危機と考えねばならぬ．
241) 土地の営農を雇用労力に頼った'管理農民'が，20世紀前半の華北農村で富裕戸の最も普通のあり方だったことは意味がある．Philip Huang (1), Hinton (1), Crook & Crook (1) を見よ．この現象は南方にはなかった．Escherick (1) を見よ．

参考文献

A　1800年以前の中国語および日本語文献
B　1800年以後の中国語および日本語文献
C　西欧語文献

　　参考文献Cに中国語の旧式なローマ字表記や通例見ない形が入っている場合，本書で採用した標準的表記法をできる限り後ろに挿入する．表題中に挿入する際は［　］で囲み，表題の後ろに挿入する際は（　）で囲む．中国語単語や文節のローマ字表記がウェード＝ジャイルズ方式や類似の方式でされている場合は，特にことわることなく，本書で採用している方式に変え，付記があれば（　）に入れた．著者名の後ろの文献番号は，本書に必要なものだけを収めたので，必ずしも(1)あるいは(*1*)から始まらず，連続してもいない．

文献略号

AAAA	*Archaeology*
AAN	*American Anthropologist*
AGHR	*Agricultural History Review*
AGHST	*Agricultural History*（Washington DC）
AGT	*Agronomie Tropicale*
AHES / AESC	*Annales; Economies, Sociétés, Civilisations*
AHES / AHS	*Annales d'Histoire Sociale*
AHOR	*Antiquarian Horology*
AHR	*American Historical Review*
ALTOF	*Altorientalische Forschungen*（Berlin）
AM	*Asia Major*
AMA	*American Antiquity*
AMBG	*Annals of the Missouri Botanical Garden*
AN	*Anthropos*
AQ	*Antiquity*
ARES	*Annual Review of Ecology and Systematics*
ARLC / DO	*Annual Reports of the Librarian of Congress*（Division of Orientalia）
ARS	*Arabian Studies*
ARSI	*Annual Report of the Smithsonian Inst., Washington*
ASP	*Asian Perspectives*
BEC	*Bulletin de l'Ecole des Chartes*
BEFEO	*Bulletin de l'Ecole Française d'Extrême-Orient*
BGSC	*Bulletin of the Geological Survey of China*
BHS	*Bulletin of the Historical Society*
BLSOAS	*Bulletin of the London School of Oriental and African Studies*
BSN	*Behavior Science Notes*
BT	*Bulletin of Tibetology*
CBOT	*Chronica Botanica*
CG	*China Geographer*
CJ	*China Journal of Science and Arts*（Shanghai）
CQ	*Classical Quarterly*
CQR	*China Quarterly*
CUA	*Cuadernos Americanos*
CURRA	*Current Anthropology*
DEC	*Developing Economies*（Tokyo）
DWAW / PH	*Denkschriften d. Akad. d. Wissenschaften Wien*（Vienna）: *Phil. Hist. Kl.*
EC	*Early China*
ECB	*Economic Botany*

EH	*Economic History*
EHR	*Economic History Review*
ERDB	*Erdball*
ERU	*Etudes Rurales*
ESEA	*Essays and Studies of the English Association*
EUP	*Euphytica*
FEQ	*Far Eastern Quarterly*
FEL	*Food and Flowers*（Dept. Agric. Hong Kong）
GPO	*Geographica Polonica*
H	*History*
HCCC	皇清經解
HEC	*Human Ecology*
HJAS	*Harvard Journal of Asiatic Studies*
HT	*History of Technology*
IEA	*International Ethnographic Archives*
IEJ	*Israel Exploration Journal*
IRRIR	*International Rice Research Institute Review*
IS	*Islamic Studies*
ISIS	*Isis*
JA	*Journal Asiatique*
JAS	*Journal of Asian Studies*
JASAG	*Journal of the American Society of Agronomy*
JATBA	*Journal d'Agriculture Tropicale*（*Traditionelle*）*et de Botanique Appliquée*
JCP	*Journal of Chinese Philosophy*
JESHO	*Journal of the Economic and Social History of the Orient*
JHKAS	*Journal of the Hong Kong Archaeological Society*
JOSHK	*Journal of Oriental Studies*（Hong Kong University）
JRAGS	*Journal of the Royal Agricultural Society*
JRAI	*Journal of the Royal Anthropological Institute*
JRAS / MB	*Journal of the Royal Asiatic Society*（Malay Branch）
JRCAS	*Journal of the Royal Central Asiatic Society*（London）
JSSI	*Journal of the Shanghai Science Institute*
LH	*L'Homme*
MAST	*Modern Asian Studies*
MCHSAMUC	*Mémoires Concernant l'Histoire, les Sciences, les Arts, les Moeurs, et les Usages, des Chinois, par les Missionaires de Pékin.*
MIOF	*Mitteilung des Instituts für Orientforschung*（Berlin）

MJTG	*Malay Journal of Tropical Geography*
MODC	*Modern China*
MRDTB	*Memoirs of the Research Dept. of Tōyō Bunka* (Tokyo)
NCR	*New China Review*
NSN	*New Statesman and Nation* (London)
O	*Observatory*
OAZ	*Ostasiatische Zeitschrift*
OE	*Oriens Extremus* (Hamburg)
PHNB	*Peking Natural History Bulletin*
PP	*Past and Present*
PPHS	*Proceedings of the Prehistoric Society*
PSAS	*Proceedings of the Society of Antiquarians* (Scotland)
PTRSB	*Philosophical Transactions of the Royal Society* (Series B)
PV	*Pacific Viewpoint* (New Zealand)
RBS	*Revue Bibliographique de Sinologie*
S	*Sinologica* (Basel)
SAM	*Scientific American*
SC	*Science*
SCISA	*Scientia Sinica* (Peking)
SJA	*Scottish Journal of Agriculture*
SKCS	四庫全書
SSCH	*Social Sciences in China*
SSKTS	守山閣叢書
SWAW / PH	*Sitzungsber. d. preuss. Akad. d. Wissenschaften* (Phil.Hist.Kl)
TAPS	*Transactions of the American Philosophical Society*
TCULT	*Technology & Culture*
TH	*Thien Hsia Monthly* (Shanghai)
TP	*T'oung Pao*
TSCC/IW	古今圖書集成 (遺誤)
TT	*Tools & Tillage*
TT	道藏
VFIDMGNWT	*Veröffentlichungen d. Forschungsinstituts der deutschen Museum für die Geschichte der Naturwissenschaften und der Technik*
W	*Weather*
WARC	*World Archaeology*

YCCC	雲笈七籤
ZAGA	*Zeitschrift für Agrargeschichte und Agrarsoziologie*
ZDMG	*Zeitschrift der deutschen morgenländischen Gesellschaft*
ZFE	*Zeitschrift für Ethnologie*

A. 1800 年以前の中国語および日本語文献

記載事項は次の順による.
(a) 表題. 日本語読みと本書原著者によるローマ字表記を( )内に付す.
(b) もしあれば別名.
(c) 本書原著者による表題の英語訳.
(d) 関係の深い関連書があれば,参照を記載.
(e) 成立王朝.
(f) 成立年代(できるだけ正確に).
(g) 著者または編者の姓名. 本書原著者によるローマ字表記を( )に付す.
(h) 当該文書が他の本に再録の形でのみ残る場合は,その本の表題. また研究文献.
(i) 西欧語翻訳がある場合は,参考文献 C に出る翻訳者名.
(j) 索引もしくは引用索引がある場合は,その指摘.
(k) ウイーガー(Wieger) (6) の『道藏』目録記載の場合は,その番号.
(l) 南條(Nanjio) (1) の『大明三藏聖教』目録,および高楠と渡邊(Takakusu & Watanabe)の『大正新脩大藏經』目録記載の場合は,その番号.
表題部分の( )は理解のための補足.
[ ]は表題の別名あるいは補足説明.
〔J. Needham, *Science and Civilization in China* の〕Vol. I から Vol. V までの文献目録の記載と異同がある場合は,本書の記載がより正確なものとしてよい.

『逸周書』(いっしゅうじょ, *I Chou Shu*).
 [=『汲冢周書』(きゅうちょうしゅうじょ, *Chi Chung Chou Shu*)]
 Lost Records of the Chou (Dynasty).
 周,紀元前 245 年,真本部分はそれ以前. 紀元後 281 年に魏の太子安釐王(An Li Wang)(在位紀元前 276–245 年)の墓より発見.
 撰者不詳.
『異物志』(いぶつし, *I Wu Chih*).
 『南裔異物志』(なんえいいぶつし, *Nan I I Wu Chih*)を見よ.
『尹都尉書』(いんといしょ, *Yin Tu-Wei Shu*).
 The [Agricultural] Treatise of Marshal Yin.
 前漢,たぶん紀元前 2 世紀.
 尹都尉(Marshal Yin).

『玉函山房輯佚書』69/43a 以下.
『雲笈七籤』(うんきゅうしちせん, *Yün Chi Chhi Chhien*).
 The Seven Bamboo Tablets of the Cloudy Satchel[an important collection of Taoist material made by the editor of the first definitive form of the 『道藏』(*Tao Tsang*) (1019), and including much material which is not in the Patrology as we now have it].
 宋,1022 年.
 張君房(Chang Chün-Fang).
 『道藏』/1020.
『雲南通志』(うんなんつうし, *Yün-Nan Thung Chih*).
 Historical Records of Yunnan.
 李元陽(Li Yuan-Yang).

『潁州志』(えいしゅうし, *Ying-Chou Chih*).
    Gazetteer of Ying-Chou (N. Anhwei 安徽北部).
    明, 1511 年刊本.
    李宜春 (Li I-Chhun).
『營造法式』(えいぞうほうしき, *Ying Tsao Fa Shih*).
    Treatise on Architectural Methods.
    宋, 1097 年, 刊行 1103 年, 復刊 1145 年.
    李誡 (Li Chieh).
『永樂大典』(えいらくたいてん, *Yung-Lo Ta Tien*).
    Great Encyclopaedia of the Yung-Lo Reign Period [only in manuscript].
    11,095 冊, 22,877 章に上るが, 現存は 370 冊のみ.
    明, 1407 年.
    編輯, 解縉 (Hsieh Chin).
    袁同禮 (*1*) を見よ.
『易經』(えききょう, *I Ching*).
    The Classic of Changes [Book of Changes].
    周, 前漢の付加あり.
    編者不詳.
    李鏡池 (*1*, *2*), 呉世昌 (*1*) を見よ.
    訳, R. Willhelm (2), Legge (9), de Harlez (1).
『引得』(特刊) no. 10.
『越絕書』(えつぜつしょ, *Yüeh Chüeh Shu*).
    Lost Records of the State of Yüeh.
    後漢, 紀元後 52 年頃.
    袁康 (Yuan Khang) の作とされる.
『淮南子』(えなんじ, *Huai Nan Tzu*).
    The Book of (the Prince of) Huainan [Compendium of Natural Philosophy].
    前漢, 紀元前 120 年頃.
    淮南の太子劉安 (Liu An) の下に集まった学者が執筆.
    部分訳, Morgan (1), Erkes (1), Hughes (1), Chatley (1), Wieger (2).
    『中法通檢』no. 5, 『道藏』/1170.
『鹽鐵論』(えんてつろん, *Yen Thieh Lun*).
    Discourses on Salt and Iron [record of the debate of B.C.81 on state control of commerce and industry].
    前漢, 紀元前 80 年から同 60 年頃.
    桓寛 (Huan Khuan).
    部分訳, Gale (1).
『王氏書』(おうししょ, *Wang Shih Shu*).
    The [Agricultural] Treatise of Master Wang.
    前漢.
    王氏 (Master Wang).
『王禎農書』(おうていのうしょ, *Wang Chen Nung Shu*).
    『農書』(のうしょ) を見よ.
『王臨川集』(おうりんせんしゅう, *Wang Lin-Chhuan Chi*).
    『臨川先生文集』(りんせんせんせいぶんしゅう) を見よ.
『晦庵先生朱文公文集』(かいあんせんせいしゅぶんこうぶんしゅう, *Hui-An Hsien-Sheng Chu Wen-Kung Wen Chi*).
    The Collected Works of Chu Wen-Kung [Chu Hsi], Master of Hui-An.
    宋, 12 世紀後期.
    朱熹 (Chu Hsi).
『會稽志』(かいけいし, *Khai-Chi Chih*).
    Gazetteer of Khai-Chih [浙江].
    南宋, 1220 年編.
    編纂, 施宿 (Shi Su) ほか.
『芥子園畫傳』(かいしえんがでん, *Chieh Tzu Yuan Hua Chuan*).
    The Mustard Seed Garden Guide to Painting.
    清, 1679 年, 後代の増編あり.
    李笠翁 (Li Li-Ong) の序, 王概 (Wang Kai) の本文と挿絵.
『夏小正』(かしょうせい, *Hsia Hsiao Cheng*).
    Lesser Annuary of the Hsia Dynasty.
    周, 紀元前 7 世紀から同 4 世紀の間.
    撰者不詳.
    『大戴禮記』に転載, 参照せよ.
    訳, Grynpas (1).
    訳, R. Willhelm (6), Soothill (5).
『夏小正疏義』(かしょうせいそぎ, *Hsia Hsiao Cheng Su I*).
    Commentary on the Lesser Annuary of the Hsia Dynasty.
    清.
    洪震煊 (Hung Cheng-Hsuan).

『禾譜』（かふ，*Ho Phu*）.
  Monograph on Cereals.
  宋，11 世紀後期．
  曾安止（Tsheng An-Chih）．
『花傭月令』（かようがつりょう，*Hun Yung Yüeh Ling*）．
  Monthly Ordinances for the Flowers' Slaves.
  清初．
  徐石麒（Hsü Shih-Chih）．
『管子』（かんし，*Kuan Tzu*）．
  The Book of Master Kuan.
  周・前漢．主に Chi-Hsia（齊夏）学院（紀元前4世紀）で編纂，部分的にはより古い記事を含む．
  管仲（Kuan Chung）の作とされる．
  部分訳，Haloun(2, 5), Than Po-Fu *et al.*(1).
『顔氏家訓』（がんしかくん，*Yen Shih Chia Hsün*）．
  Mr. Yen's Advice to his Family.
  隋，590 年頃．
  顔之推（Yen Chih-Thui）．
『韓氏直説』（かんしちょくせつ，*Han Shih Chih Shuo*）．
  Master Han's Plain Words [on agriculture].
  たぶん金もしくは元初．
  著者不詳．
  引用以外は残存せず．
『甘藷疏』（かんしょそ，*Kan Shu Su*）．
  On the Sweet Potato.
  明，1608 年．
  徐光啓（Hsü Kuang-Chhi）．
『廣東新語』（かんとんしんご，*Kuang Tung Hsin Yü*）．
  New Descriptions of Kwangtung Province.
  清，17 世紀．
  屈大均（Chhü Ta-Chün）．
『奇器圖説』（ききずせつ，*Chhi Chhi Thu Shuo*）．
  『遠西奇器圖説録最』（*Yuan Hsi Chhi Chhi Thu Shuo Lu Tsui*）．
  Diagram and Explanations of Wonderful Machines.
  明，1627 年．
  鄧玉函（Teng Yü-Han，(Johann Schreck)）・王徵（Wang Cheng）．
『議常平倉廠申文』（ぎじょうへいそうごうしんぶん，*I Chhang Phing Tshang Ao Shen Wen*）．
  A Report to the Emperor on the Institution of Ever-Normal Granaries.
  明，1570 年頃．
  張朝瑞（Chang Chhao-Jui）．
  『授時通考』55/6b-10a に収録．
『古貝疏』（きつばいそ，*Chi Pei Shu*）．
  Monograph on Cotton [also known as 『種棉花法』（*Chung Mien Hua Fa*)].
  明，17 世紀．
  徐光啓（Hsü Kuang-Chhi）．
  原典は残らないが，たぶん『農政全書』に転載されている．
『九家集注杜詩』（きゅうかしっちゅうとし，*Chiu Chia Chi Chu Tu Shih*）．
  Poems of Tu (Fu), Collected and Annotated by Nine Scholars.
  宋．
  郭知達（Kuo Chih-Ta）（編）．
『救荒活民書』（きゅうこうかつみんしょ，*Chiu Huang Huo Min Shu*）．
  The Resque of the People; a Treatise on Famine Prevention and Relief.
  南宋後期，12 世紀，あるいはさらに後代．
  編輯，董煟（Tung Wei）．
『救荒本草』（きゅうこうほんぞう，*Chiu Huang Pen Tshao*）．
  Treaties on Wild Food Plants for Use in Emergencies.
  明，1406 年，復刊 1525 年，1555 年など．
  朱橚（Chu Hsiao）（明の太子周定王（Chou Ting Wang））．
  『農政全書』巻 46 から巻 59 に転載（これも見よ）．
『九穀考』（きゅうこくこう，*Chiu Ku Khao*）．
  A Study of the Nine (Cereal) Grains.
  清，1790 年頃．
  程瑤田（Chheng Yao-Thien）．
  （『皇清經解』巻 551 に所収.）
『急就（篇）』（きゅうしゅう（へん），*Chi Chiu (Phien)*）．
  Handy Primer [orthographic word-lists intended for verbal exposition, connected with a continuous thread of text, and hav-

ing some rhyme arrangements].
前漢, 紀元前48年と同33年の間.
史游 (Shih Yu). 顔師古 (Yen Shih-Ku) による7世紀の注釈と王應麟 (Wang Ying-Lin) による13世紀の注釈あり.

『汲冢周書』(きゅうちょうしゅうじょ, *Chi Chung Chou Shu*).
The Book of (the) Chou Dynasty found in the Tomb at Chi.
=『逸周書』(いっしゅうじょ) を見よ.

『居家必用事類全集』(きょかひつようじるいぜんしゅう, *Chü Chia Pi Yung Shih Lei Chhüan Chi*).
Collection of Certain Sorts of Techniques Necessary for Households (encyclopaedia).
元, 1301年.
たぶん熊宗立 (Hsiung Tsung-Li).
明版, 1560年, 田汝成 (Thien Ju-Chheng).
一部, 篠田・田中 (1) に収録.
『四庫全書總目提要』巻130, p. 75aを見よ.

『玉篇』(ぎょくへん, *Yü Phien*).
Jade Page Dictionary.
梁, 543年.
顧野王 (Ku Yeh-Wang).
唐代 (674年) 孫強 (Sun Chhiang) が増補, 編輯.

『玉海』(ぎょっかい, *Yü Hai*).
Ocean of Jade [encyclopaedia].
宋, 1267年, 刊行は1337年/1340年もしくは1351年まで行われず.
王應麟 (*Wang Ying-Lin*).
参照, des Rotours (2), p. 96.

『玉函山房輯佚書』(ぎょっかんさんぼうしゅういつしょ, *Yu Han Shan Fang Chi I Shu*).
馬國翰 (1) を見よ.

『魏略』(ぎりゃく, *Wei Lüeh*).
Memorable Things of the Wei Kingdom (San Kuo).
三国 (魏) もしくは晉, 3世紀あるいは4世紀.
魚豢 (Yü Huan).

『欽定四庫全書總目提要』(きんていしこぜんしょそうもくていよう, *Chhin Ting Ssu Khu Chhüan Shu Tsung Mu Thi Yao*).

Analytical Catalogue of the Books in the Ssu Khu Chhuan Shu Encyclopaedia, made by imperial order.
清, 1782年.
編輯, 紀昀 (Chi Yün).
索引, 楊家駱, Yü and Gillis.
『引得』, no. 7.

『欽定續通志』(きんていぞくつうし, *Chhin Ting Hsü Thung Chih*).
『續通志』(ぞくつうし) を見よ.

『欽定續文獻通考』(きんていぞくぶんけんつこう, *Chhin Ting Hsü Wen Hsien Thung Khao*).
Imperially Commissioned Continuation of the Comprehensive Study of (the History of) Civilization (cf. 『文獻通考』(*Wen Hsien Thung Khao*) and 『續文獻通考』(*Hsu Wen Hsien Thung Khao*)).
清, 勅命1747年, 印刷刊行1772年 (1784年).
編輯, 齊召南 (Chhi Shao-Nan), 嵇璜 (Hsi Huang) ほか.
王圻の『續文獻通考』と類似するが, 同一ではない.

『臞仙神隱書』(くせんしんいんしょ, *Chhü Hsien Shen Yin Shu*).
Book of Daily Occupations for Scholars in Rural Retirement, by the Emaciated Immortal.
明, 1440年頃.
編纂者, 朱權 (Chu Chhüan) (寧獻王 (Ning Hsien Wang)).

『舊唐書』(くとうじょ, *Chiu Thang Shu*).
Old History of the Thang Dynasty [618 to 906].
五代, 945年.
劉昫 (Liu Hsü).
参照, des Rotours (2), p. 64.
節訳, Frankel (1) の索引を見よ.

『君子堂日詢手鏡』(くんしどうじつじゅんしゅきょう, *Chün Tzu Thang Jih Hsün Shou Ching*).
A Hand-Mirror of Daily Deliberations in the Gentlemen's Hall.
明, 1522年.

王濟（Wang Chi）.

『羣芳譜』（ぐんぽうふ, *Chhüan Fang Phu*）.
　The Assembly of Perfumes [thesaurus of botany].
　明, 1621 年.
　編輯, 王象晉（Wan Hsian-Chin）.

『計倪子』（けいげいし, *Chi Ni Tzu*）.
　[『范子計然』（はんしけいぜん, *Fan Tzu Chi Jan*）].
　The Book of Master Chi Ni.
　周（越）, 紀元前 4 世紀.
　范蠡（Fan Li）が主君計然（Chi Jan）の哲学を記録したとされる.

『荊楚歲時記』（けいそさいじき, *Ching Chhu Sui Shih Chi*）.
　Annual Folk Customs of the States of Ching and Chhu [i.e. of the districts corresponding to those ancient states; 湖北 Hupei, 湖南 Hunan, and 江西 Kiangsi].
　たぶん梁, 550 年頃, 但し部分的には隋, 610 年頃.
　宗懍（Tsung Lin）.
　参照, des Rotours（1）, p. cii.

『鷄肋編』（けいろくへん, *Chi Le Pien*）.
　The Chicken-Rib Registers.
　南宋, 1130 年頃.
　莊季裕（Chuang Chi-Yü）.

『元史』（げんし, *Yuan Shih*）.
　History of the Yuan (Mongol) Dynasty [1206 to 1367].
　明, 1370 年頃.
　宋濂（Sung Lien）.
　『引得』, no. 35.

『乾隆霍山縣志』（けんりゅうかくざんけんし, *Chhien-Lung Huo-Shan Hsien Chih*）.
　Gazetteer of Huo-Shan District (N. Anhwei) in the Chhien-Lung Period.
　清, 1776 年.

『廣韻』（こういん, *Kuang Yün*）.
　Revision and Enlargement of the *Dictionary of Characters arranged according to Their Sounds when Split* [rhyming phonetic dictionary based on, and including, the 『切韻』（*Chhieh Yün*）, and the 『唐韻』（*Thang Yün*）, qv.].
　宋, 1011 年.
　陳彭年（Chhen Pheng-Nien）, 丘雍（Chhiu Yung）ほか.
　Teng & Biggerstaff, p. 203.

『廣雅』（こうが, *Kuang Ya*）.
　Enlargement of the 『爾雅』（*Erh Ya*）; Literary Expositor [dictionary].
　三国（魏）, 230 年.
　張揖（Chang I）.

『廣羣芳譜』（こうぐんぽうふ, *Kuang Chhün Fang Phu*）.
　The Assembly of Perfumes Enlarged [Thesaurus of Botany].
　清, 1708 年.
　王灝（Wang Hao）（編）.

『考工記』（こうこうき, *Khao Kung Chi*）.
　The Artificers' Record [a section of 『周禮』（*Chou Li*）, qv.].
　周・漢, もとはたぶん齊国の官庁文書, 紀元前 140 年に集成.
　編者不詳.
　訳, E. Biot（1）.
　参照, 郭沫若（*1*）,（Yang Lien-Sheng）（7）.

『考工記解』（こうこうきかい, *Khao Kung Chi Chieh*）.
　The *Artificers' Record* Explicated.
　宋, 1235 年頃.
　林希逸（Lin Hsi-I）.

『考工記圖』（こうこうきず, *Khao Kung Chi Thu*）.
　Illustrations for the *Artificers' Record* (of the *Chou Li*) (with a critical archaeological analysis).
　清, 1746 年.
　戴震（Tai Chen）.
　『皇清經解』巻 563, 564 に所収, 上海で 1955 年に復刊.
　近藤（1）を見よ.

『考工創物小記』（こうこうそうぶつしょうき, *Khao Kung [Chi] Chhuang Wu Hsiao Chi*）.
　程瑤田（2）を見よ.

『恆產瑣言』（こうさんさげん, *Heng Chhan So Yen*）.
　Remarks on Real Estate.

清，1697年頃．
張英（Chang Ying）．
訳，H. Beattie（1）．

『廣志』（こうし，*Kuang Chih*）．
Extensive Records of Remarkable Things.
晉，4世紀後期．
郭義恭（Kuo I-Kung）．
『玉函山房輯佚書』74．

『交州異物志』（こうしゅういぶつし，*Chiao-Chou I Wu Chih*）
Strange Things（incl. plants and animals）in Chiao-Chou（District），[modern. Annam]．
後漢，90年頃．
楊孚（Yang Fu）．
たぶん同じ著者の『南裔異物志』を後に改題したもの，それも見よ．引用にのみ残存．

『后稷書』（こうしょくしょ，*Hou Chih Shu*）．
The Book of Lord Millet.
周後期．
著者不詳．
後代の書，例えば『呂氏春秋』などに転載された節以外は残存せず．

『耕織圖』（こうしょくず，*Keng Chih Thu*）．
Pictures of Tilling and Weaving.
宋，草稿が1145年に献呈され，始めはたぶん木版印刷．1210年に石版印刷，その後はたぶん木版印刷．
樓璹（Lou Shou）．
Franke（11）が出版した絵図は1462年及び1739年のもの．Pelliot（24）の出版は1237年の版に基づく．もとの絵図は失われているが，樓璹の詩賦を含む最後のものと大きくは変わらない．清代の初版は1696年の出版．

『皇清經解』（こうせいけいかい，*Huang Chhing Ching Chieh*）．
Collection of（more than 180）Monographs on Classical Subjects written during the Chhing Dynasty.
嚴杰（1）（編）を見よ．

『後漢書』（ごかんじょ，*Hou Han Shu*）．
History of the Later Han Dynasty [25 to 220]．
劉宋，450年．

范曄（Fan Yeh）．
志は司馬彪（Ssuma Piao）（305年没）の撰，劉昭（Liu Chao）の注（510年頃）．最初に材料を集成したのは劉昭．
訳，若干章 Chavanes（6, 16），Pfizmaier（52, 53）．
『引得』，no. 41.

『國語』（こくご，*Kuo Yü*）．
Discourses of the（ancient feudal）States.
周後期，秦・前漢，古代の叙述記録多数を含む．
撰者不詳．

『呉郡志』（ごぐんし，*Wu-Chün Chih*）．
Local Gazetteer of Wu-Chün [modern 蘇州 Suchou]．
宋，序1229年，本文はやや早い．
范成大（Fan Chheng-Ta）．
『守山閣叢書』卷48.

『呉興掌故集』（ごこうしょうこしゅう，*Wu-Hsing Chang Ku Chi*）．
The Collected Historical Records of Wu-Hsing（浙江 Chekiang）．
明，1560年．
徐獻忠（Hsü Hsien-Chung）．

『古今圖書集成』（ここんとしょしゅうせい，*Ku Chin Thu Shu Chi Chheng*）．
『圖書集成』（としょしゅうせい）を見よ．

『蔡葵書』（さいきしょ，*Tshai Kuei Shu*）．
The [Agricultural] Treatise of Tshai Kuei.
前漢．
蔡葵（Tshai Kuei）．
『玉函山房輯佚書』69/66a 以下．

『歲時廣記』（さいじこうき，*Sui Shih Kuang Chi*）．
Expanded Records of the Annual Seasons.
宋．
陳元靚（Chhen Yuan-Ching）．

『宰子書』（さいししょ，*Tsai Shih Shu*）．
The Treatise [on agricultural divination] of Master Tsai.
たぶん，『范子計然』（はんしけいぜん）と同一作品．
宰計然（Tsai Chi-Jan）作とされる．
参照，王毓瑚（1），p. 4.
『玉函山房輯佚書』69/17a 以下．

『梭山農譜』(さざんのうふ, *So Shan Nung Phu*).
　A Survey of the Agriculture of Shuttle Mountain.
　清，1717年．
　劉應棠（Liu Ying-Thang）．
　編輯，王毓瑚（7），農業出版，1960年．

『雜陰陽（書）』(ざついんよう（しょ）, *Tsa Yin Yang (Shu)*).
　A Miscellany of Divinations.
　漢．
　著者不詳．
　『齊民要術』などにある僅かな引用を除いて現存せず．

『左傳』(*Tso Chuan*).
　Master Tsochhiu's Enlargement of the Chhun Chhiu（春秋時代），[dealing with the period B.C. 722 to B.C. 468].
　周，紀元前400年から同250年だが，秦，漢の學者による付加あり．
　左邱明（Tsochhiu Ming）の作とされる．
　Karlgren (8), Maspero (1) を見よ．
　訳，Couvreur (1), Legge (1).

『三才圖會』(さんさいずえ, *San Tshai Thu Hui*).
　Universal Encyclopaedia.
　明，1609年．
　王圻（Wang Chhi）．

『三農紀』(さんのうき, *San Nung Chi*).
　Records of the Three Departments of Agriculture.
　清，1760年．
　張宗法（Chang Tsung-Fa）．

『纂文』(さんぶん, *Tsuan Wen*).
　Lexicography.
　5世紀．
　何承天（Ho Chheng-Thien）．

『三輔黃圖』(さんぽこうず, *San Fu Huang Thu*).
　Illustrated Description of the Three Cities of the Metropolitan Area(Chhang-An 長安 (modern Sian 西安), Feng-I 馮翊 and Fu-Feng 扶風)．
　晉，本文3世紀後期，もしくはたぶん後漢．現存する版はより古い材料を付加し，757年から907年までの間に定本となった．

苗昌言（Miao Chhang-Yen）著とされる．
参照，des Rotours (1), p. lxxxvi.

『驂鸞錄』(さんらんろく, *Tshan Luan Lu*).
　Guiding the Reins (a narrative of a three month jouney from the capital to 桂林 Kueilin).
　宋，1172年．
　范成大（Fan Chheng-Ta）．

『爾雅』(じが, *Erh Ya*).
　The Literary Expositor (dictionary).
　周の記事，秦もしくは前漢に定本化．
　編者不詳．
　300年頃郭璞（Kuo Pho）が増補・注釈．
　『引得』（特刊）no. 18.

『私家農業談』(しかのうぎょうだん, *Shika Nougyou Dan*).
　Remarks on Smallholding.
　江戸，1788年，
　宮永正行（Miyanaga Masayuki）．

『史記』(しき, *Shih Chi*).
　Historical Record (down to B.C. 99).
　前漢，紀元前90年頃．
　司馬遷（Ssuma Chhien）とその父司馬談（Ssuma Than）．
　部分訳，Chavannes (1), Pfizmaier (13-36), Hirth (2), Wu Khang (1), Swann (1), など．
　『引得』, no. 40.

『詩經』(しきょう, *Shih Ching*).
　Book of Odes [ancient folksongs].
　周，紀元前11世紀から同7世紀まで(Dobson の年代比定)．
　編者，撰者不詳．
　訳，Legge (8), Waley (1), Karlgren (14).

『四庫全書』(しこぜんしょ, *Ssu Khu Chhüan Shu*).
　欽定四庫全書（きんていしこぜんしょ）などを見よ．

『四時纂要』(しじさんよう, *Ssu Shih Tsuan Yao*).
　Important Rules for the Four Seasons.
　唐，750年頃．
　編纂，韓鄂（Han O）．

『四民月令』(しみんがつりょう, *Ssu Min Yüeh Ling*).

Monthly Ordinances for the Four Sorts of People.
後漢, 160 年頃.
崔寔 (Tshui Shih).
訳, Herzer (1).

『釋名』(しゃくみょう, *Shih Ming*).
Expositor of Names.
紀元後 2 世紀前期.
劉熙 (Liu Hsi).

『社倉法』(しゃそうほう, *She Tshang Fa*).
The Administration of Communal (Village) Granaries.
宋, 1182 年.
朱熹 (Chu Hsi).
『授時通考』56/4a-6b に収録.

『上海縣志』(*Shang-Hai Hsien Chih*).
Gazetteer of Shanghai County.
清, 1684 年.
史彩修 (Shih Tshai-Hsiu), 葉映榴 (Yeh Ying-Liu) ほか.

『集韻』(しゅういん, *Chi Yün*).
Complete Dictionary of the Sounds of Characters [cf. 『切韻』(*Chhieh Yün*) and 『廣韻』(*Kuang Yün*)].
宋, 1037 年.
編纂, 丁度 (Ting Tu) ほか.
司馬光 (Ssuma Kuang) が 1067 年に完成したと思われる.

『周官』(しゅうかん, *Chou Kuan*).
『周禮』(しゅらい) を見よ.

『周官義疏』(しゅうかんぎそ, *Chou Kuan I Su*).
Collected Commentaries and Text of the Record of the Institutions (lit. Rites) of (the) Chou(Dynasty)(imperially commissioned).
清, 1748 年.
方苞 (Fang Pao) ほか編.

『種芋法』(しゅうほう, *Chung Yü Fa*).
Treaties on Tuber Cultivation.
明, 1538 年頃.
黃省曾 (Huang Hsing-Tseng).

『種藝必用』(しゅげいひつよう, *Chung I Pi Yung*).
Everyman's Guide to Agriculture (lit. What one must Know and Do in the Art of Crop-Raising).
宋, 1250 年頃.
吳懌 (Wu I) あるいは吳懌欑 (Wu I Tsuan).
張福 (Chang Fu) による補遺 (元, 1275 年頃).
『永樂大典』巻 13, 194 に所収. 胡道靜の輯本あり.

『種藝必用補遺』(しゅげいひつようほい, *Chung I Pi Yung Pu I*).
An Expansion of Everyman's Guide to Agriculture.
元初, 1275 年.
張福 (Chang Fu).
輯本, 胡道靜 (4), 農業出版社, 1963 年.

『守山閣叢書』(しゅざんかくそうしょ, *Shou Shan Ko Tshung Shu*).
錢熙祚 (1) を見よ.

『朱子社倉法』(しゅししゃそうほう, *Chu Tzu She Tshang Fa*).
Master Chu [Hsi] on Managing Communal Granaries.
宋, 1182 年.
朱熹 (Chu Hsi).
『授時通考』56/4a-6b に収録.

『種蒔直説』(しゅしちょくせつ, *Chung Shih Chi Shuo*).
Plain Words on Agriculture.
たぶん金もしくは元初.
著者不詳.
引用以外は残存せず.

『授時通考』(じゅじつうこう, *Shou Shih Thung Khao*).
Compendium of Works and Days.
清, 1742 年.
勅命により, 鄂爾泰 (O-Erh-Thai) の下で編纂.
本書では, 1742 年の内府本の 1847 年復刊本を底本とした.

『種樹書』(しゅじゅしょ, *Chung Shu Shu*).
Book of Tree Planting.
明.
俞宗本 (Yü Tsung-Pen).

『樹畜部』(じゅちくぶ, *Shu Hsü Pu*).
The Division of Trees and Livestock.

明, 1504 年.
宋詡 (Sung Hsü).

『朱文公文集』(しゅぶんこうぶんしゅう, *Chu Wen-Kung Wen Chi*).
『晦庵先生朱文公文集』(かいあんせんせいしゅぶんこうぶんしゅう) を見よ.

『種棉花法』(しゅめんかほう, *Chung Mien Hua Fa*).
Cotton Growing.
明, 17 世紀.
徐光啓 (Hsü Kuang-Chhi).
『吉貝疏』も見よ.

『周禮』(しゅらい, *Chou Li*).
Record of the Institutions (lit. the Rites) of (the) Chou (Dynasty) [descriptions of all governmental official posts and their duties].
前漢 (たぶん, 周代後期の記事を含む).
編者不詳.
訳, E. Biot (1).

『商君書』(しょうくんしょ, *Shang Chün Shu*).
Book of the Lord Shang.
周, 紀元前 4 世紀もしくは同 3 世紀.
公孫鞅 (Kungsun Yang) (作とされる).
訳, Duyvendak (3).

『紹興校訂經史證類備急本草』(しょうこうていけいししょうるいびきゅうほんぞう, *Shao-Hsing Chiao Ting Ching Shih Cheng Lei Pei Chi Pen Tshao*).
The Corrected Classified and Consolidated Armamentarium; Pharmacopoeia of the Shao-Hsing Reign-Period.
南宋, 献呈 1157 年, 刊行 1159 年. 頻繁に, 特に日本で, 写本・復刊される.
唐愼微 (Thang Shen-Wei).
編輯, 王繼先ほか.
参照, 中尾萬三 (*1*, 1), Swingle (11).
和田利彦 (*1*), Karrow (2) が挿絵を転写.
原稿の転写本が京都の龍谷大学図書館にある.
編修, 岡西爲人が分析と史的検討を加えた紹介があり, 目次表と索引 (別冊) を示す (東京: 春陽堂, 1971 年).

『紹興府志』(しょうこうふし, *Shao-Hsing Fu Chih*).
Gazetteer of Sho-Hsing (Chekiang 浙江).
清, 1792 年.
李亨特 (Li Heng-The).
編輯, 平恕ほか.

『松江府續志』(しょうこうふぞくし, *Sung-Chiang Fu Hsü Chih*).
The Gazetteer of Sung-Chiang Prefecture (Kiangsu) Continued.
清, 序 1884 年.
博潤修 (Po Jun-Hsiu).
編輯, 姚光發ほか.

『招魂』(しょうこん, *Chao Hun*).
The Summons of the Soul [ode].
周 (楚), 紀元前 240 年頃.
たぶん景差 (Ching Chhai).
訳, Hawkes (1), p. 103.

『象山文集』(しょうざんぶんしゅう, *Hsiang-Shan Wen Chi*).
The Collected Works of Hsiang-Shan [Lu Chiu-Yuan].
南宋, 1190 年.
陸九淵 (Lu Chiu-Yuan).

『湘山野錄』(しょうざんやろく, *Hsiang Shan Yeh Lu*).
Rustic Notes from Hsiang-Shan.
宋, 1060 年頃.
文瑩 (Wen-Jung).

『小戴禮記』(しょうたいらいき, *Hsiao Tai Li Chi*).
『禮記』(らいき) を見よ.

『常平法』(じょうへいほう, *Chhang Phing Fa*).
On the Administration of Ever-Normal Granaries.
宋, 11 世紀.
司馬光 (Ssu-Ma Kuan).
『授時通考』55/4b 以下に収録.

『證類本草』(しょうるいほんぞう, *Cheng Lei Pen Tshao*).
『重修政和經史證類備用本草』(じゅうしゅうせいわけいししょうるいびようほんぞう, *Chhung Hsiu Cheng-Ho Ching Shih Cheng Lei Pei Yung Pen Tshao*).
Reorganized Pharmacopoeia.

北宋，1108年，増補1116年．女真/金，1204年に改訂．元，1249年に再版は確実．その後数回復刊，例えば，明，1468年．
最初の編纂者唐慎微（Thang Shen-Wei）．
参照，Hummel (13), 龍伯堅 (1)．

『諸器圖説』（しょきずせつ，Chu Chhi Thu Shuo）．
Diagrams and Explanations of a Number of Machines [mainly of his own invention or adaptation].
明，1627年．
王徴（Wang Cheng）．

『書經』（Shu Ching）．
Historical Classic [Book of Documents].
周，後代の付加あり．
撰者不詳．
訳，Medhurst (1), Legge (1, 10), Karlgren (12).

『新安志』（しんあんし，Hsin-An Chih）．
History of Hui-Chou（徽州）Prefecture in Anhwei.
南宋，1175年．
羅願（Lo Yuan）．

『沈氏農書』（しんしのうしょ，Shen Shih Nung Shu）．
農書（のうしょ）を見よ．

『新修本草』（しんしゅうほんぞう，Hsin Hsiu Pen Tshao）．
The New (lit. Newly Improved) Pharmacopoeia.
唐，659年．
（編輯）蘇敬（Su Ching）（＝蘇恭（Su Kung）），著作委員会は，始め李勣（Li Chi），于志寧（Yü Chih-Ning），次いで長孫無忌（Chhangsun Wu-Chi）の指揮下，22人．後代，この著作は一般に『唐本草』と呼ばれたが，正しくない．中国では敦煌に残る草稿残片以外は逸失したが，一人の日本人が731年に写本，日本に保存，ただし完本ではない．

『晉書』（しんじょ，Chin Shu）．
History of the Chin Dynasty [265 to 415].
唐，635年．
房玄齢（Fang Hsüan-Ling）．

訳，Pfizmaier（54-57），Ho Ping-Yü (1) が天文に関する章．節訳は Frankel (1) の索引を見よ．

『神仙通鑑』（しんせんつがん，Shen Hsien Thung Chien）．
『歴代神仙通鑑』（Li Tai Shen Hsien Thung Chien）．
General Survey of the Lives of the Holy Immortals.
明，1640年．
薛大訓（Hsüeh Ta-Hsün）．

『神仙傳』（しんせんでん，Shen Hsien Chuan）．
Lives of the Holy Immortals. (cf.『列仙傳』（Lieh Hsien Chuan），『列仙全傳』（Lieh Hsien Chhüan Chuan），『續仙傳』（Hsü Hsien Chuan）and『神仙通鑑』（Shen Hsien Thung Chien）．
晉，4世紀．
葛洪（Ko Hung）の作とされる．

『眞宗授時要録』（しんそうじゅじようろく，Chen-Tsung Shou Shih Yao Lu）．
Recorded Works and Days of the Reign of Chen-Tsung.
宋，1000年頃．
官撰．

『新唐書』（しんとうじょ，Hsin Thang Shu）．
New History of the Thang Dynasty [618 to 906].
宋，1061年．
歐陽修（Ouyang Hsiu）と宋祁（Sung Chhi）．
参照，des Rotours (1, 2), Phizmaier (66-74)．節訳は Frankel (1) の索引を見よ．
『引得』，no. 16．

『神農書』（しんのうしょ，Shen Nung Shu）．
The Book of the Heavenly Husbandman.
たぶん，周後期．
著者不詳．
原本は残らないが，後代の農書に広く引用される．とくに『呂氏春秋』に多し．
『玉函山房輯佚書』69/2a 以下に収録．

『神農本草經』（しんのうほんぞうきょう，Shen Nung Pen Tshao Ching）．
Classical Pharmacopoeia of the Heavenly Husbandman.

前漢．周と秦の材料に基づくが，最終的な形は紀元後2世紀以後．
撰者不詳．
独立した著作としては逸失するが，後代の概論的薬用博物誌はすべてこれを基礎とし，引用多し．
多数学者による再構成と分類注釈がある．
龍伯堅（Lung Po-Chien）(1), p. 2以下, p. 12以下を見よ．
最も良い再構成は森立之（1845年），劉復（1942年）．

『水經』（すいけい，*Shui Ching*）．
The Waterways Classic [geographical account of rivers and canals].
前漢とされるが，たぶん三国時代．
桑欽（Sang Chhin）作とされる．

『水經注』（すいけいちゅう，*Shui Ching Chu*）．
Commentary on the Waterways Classic [geographical account greatly extended].
北魏，5世紀後期/6世紀前期．
酈道元（Li Tao-Yuan）．

『隋書』（ずいしょ，*Sui Shu*）．
History of the Sui Dynasty [581 to 617].
唐，636年（本紀と世家），656年（列伝と志）．
魏徴（Wei Cheng）ほか．
部分訳，Pfizmaier (61-65), Balazs (7,8), Ware (1).
節訳，Frankel (1) の索引を見よ．

『嵩高山記』（すうこうさんき，*Sung Kao San Chi*）．
Descriptions of Lofty Mountains.
たぶん，北朝．
盧鴻（Lu Hsiu）．

『圖經（本草）』（ずけい（ほんぞう），*Thu Ching (Pen Tshao)*）．
Illustrated Treatise (of Pharmaceutical Natural History). 『本草圖經』（ほんぞうずけい）を見よ．
圖經という用語は，659年の『新修本草』（しんしゅうほんぞう）（これも見よ）の図集二冊のうち，一冊に付けた名前である．『新唐書』（しんとうじょ）59/p. 21a, もしくは『古今圖書集成遺誤』（こんとしょしゅうせいいご）p. 273を参照せよ．11世紀半ばまでにこれらの図集は失われ，蘇頌（So Sung）の整えた『本草圖經』を以ってこれに代えた．『圖經本草』の名はその後蘇頌の作品に当てられたが，（『宋史遺誤』のp. 179, 529によると）これは誤用である．

『圖經衍義本草』（ずけいえんぎほんぞう，*Thu Ching Yen I Pen Tshao*）．
Illustrations (and Commentary) for the Dilations upon Pharmaceutical Natural History. (An abridged conflation of the 『政和經史證類備用本草』 (Cheng-Ho Ching Shih Cheng Lei Pei Yung Pen Tshao) with the 『本草衍義』 (*Pen Tshao Yen I*)).
宋，1223年．
唐慎微（Thang Shen-Wei）・寇宗奭（Khou Tsung-Shih），編輯は許洪（Hsü Hung）．
道藏/761,『圖經集注衍義本草』も見よ．
参照，張贊臣 (2), 龍伯堅 (1), 38, 39.

『圖經集注衍義本草』（ずけいしっちゅうえんぎほんぞう，*Thu Ching Chi Chu Yen I Pen Tshao*）．
Illustrations and Collected Commentaries for the Dilations upon Pharmaceutical Natural History.
『道藏』/761 (Ong 索引 no. 767) を見よ．
『圖經衍義本草』も見よ．
『道藏』は二部の圖經があるが，『圖經集注衍義本草』は実際は始めの緒論部5章で，『圖經衍義本草』が同書の後続42章である．

『西漢會要』（せいかんかいよう，*Hsi Han Hui Yao*）．
History of the Administrative Statutes of the Former (Western) Han Dynasty.
宋，1211年．
編輯，徐天麟（Hsü Thien-Lin）．
参照，Teng & Biggerstaff (1), p. 158.

『齊民四術』（せいみんしじゅつ，*Chhi Min Ssu Shu*）．
包世臣 (1) を見よ．

『齊民要術』（せいみんようじゅつ，*Chhi Min Yao Shu*）．
Essential Techniques for the Peasantry.

北魏，535年．
賈思勰（Chia Ssu-Shih）．
本書では1957年の石聲漢（編）(3) を底本とした．

『政論』（せいろん，*Cheng Lun*）．
On Government.
後漢，155年．
崔寔（Tshui Shih）．
輯本，嚴可均（Yen Kho-Chun），1815年．
『玉函山房輯佚書』71/67a 以下に所収．

『積貯條件』（せきちょじょうけん，*Chi Chu Thiao Chien*）．
Desiderata for the Storage of Grains.
明，16世紀晩期．
呂坤（Lü Khun）．
『授時通考』57/5b-7a に収録．

『切韻』（せついん，*Chhieh Yün*）．
Dictionary of Sounds of Characters [rhyming dictionary].
隋，601年．
陸法言（Lu Fa-Yen）．
『廣韻』を見よ．

『説文解字』（せつもんかいじ，*Shuo Wen Chieh Tzu*）．
Analytical Dictionary of Characters (lit. Explanations of Simple Characters and Analysis of Composite Ones).
後漢，紀元後121年．
許愼（Hsü Shen）．

『世本』（せほん，*Shih Pen*）．
Book of Origins [朝廷系譜，宗族名，伝説的始祖]．
前漢（周代の材料を組み込む），紀元前2世紀．
編輯，宋衷（Sung Chung）（後漢）．

『山海經』（せんがいきょう，*Shan Hai Ching*）．
Classic of the Mountains and Rivers.
周と前漢．
撰者不詳．
部分訳，de Rosny (1).
『中法通検』，no. 9.

『前漢書』（ぜんかんじょ，*Chhien Han Shu*）．
History of the Former Han Dynasty [B.C. 206 to A.D. 24].

後漢（65年頃に始る），100年頃．
班固（Pan Ku）と（92年の彼の死後）妹の班昭（Pan Chao）．
部分訳，Duby (2), Pfizmaier (32-34, 37-51), Wylie (2, 3, 10), Swann (1).
『引得』，no. 36.

『全唐文』（ぜんとうぶん，*Chhüan Thang Wên*）．
董誥 (1) を見よ．

『宋會要稿』（そうかいようこう，*Sung Hui Yao Kao*）．
Drafts for the History of the Administrative Statutes of the Sung Dynasty.
宋．
徐松（Hsü Sung）(1809年) が『永樂大典』から集成．

『倉頡（篇）』（そうけつ（へん），*Tshang Hsieh (Phien)*）．
Book of Tshang Hsieh [legendary inventor of writing; an orthographic primer].
秦，紀元前220年．
李斯（Li Ssu）．編輯，張揖（Chang I）（三国魏の人）と郭璞（Kuo Pho）（晉の人）．
『玉函山房輯佚書』59/18a 以下に再構成．

『倉廠議』（そうごうぎ，*Tshang Ao I*）．
A Treatise on Granaries.
明，1570年頃．
張朝瑞（Chang Chhao-Jui）．
『授時通考』57/2a-5b に収録．

『宋史』（そうし，*Sung Shih*）．
History of the Sung Dynasty [960 to 1279].
元，1345年頃．
脱脱（Tho-Tho）・歐陽玄（Ouyang Hsüan）．
『引得』，no. 34.

『續仙伝』（ぞくせんでん，*Hsü Hsien Chuan*）．
Further Biographies of the Immortals.
五代（後周）．923年と936年の間．
沈汾（Shen Fen）．
『雲笈七籤』，巻113所収．

『續通史』（ぞくつうし，*Hsü Thung Chih*）．
The Historical Collections Continued (see 『通史』(*Thung Chih*) [to the end of the Ming Dynasty].
清，1767年撰，1770年頃刊行．
編輯，嵇璜（Hsi Huang）ほか．

『續博物志』(ぞくはくぶつし, *Hsü Po Wu Chih*).
: Supplement to the Record of the Investigation of Things. (cf.『博物志』(*Po Wu Chih*)).
  宋, 12 世紀半ば.
  李石 (Li Shih).

『續文獻通考』(ぞくぶんけんつこう, *Hsü Wen Hsien Thung Khao*).
: Continuation of the Comprehensive Study of (the History of) Civilization (cf.『文獻通考』(*Wen Hsien Thung Khao*) and 『欽定續文獻通考』(*Chhin Ting Hsü Wen Hsien Thung Khao*)).
  明, 1586 年, 刊行 1603 年.
  編輯, 王圻 (Wang Chhi).

『楚辭』(そじ, *Chhu Tzhu*).
: Elegies of Chhu (State) [or, Songs of the South].
  周, 紀元前 300 年頃, (漢代の追加あり).
  屈原 (Chhu Yuan) (と賈誼 (Chia I), 嚴忌 (Yen Chi), 宋玉 (Sung Yü), 淮南小山 (Huainan Hsiao-Shan) ほか).
  部分訳, Waley (23), 訳, Hawkes (1).

『泰西水法』(たいさいすいほう, *Thai Hsi Shui Fa*).
: Hydraulic Machinery of the West.
  明, 1612 年.
  熊三拔 (Hsiung San-Pa) (Sabatino de Ursis)・徐光啓 (Hsü Kuang-Chhi).

『大清會典』(だいしんかいてん, *Ta Chhing Hui Tien*).
: History of the Administrative. Statutes of the Chhing Dynasty.
  清初版 1609 年, 第 2 版 1733 年, 第 3 版 1767 年, 第 4 版 1818 年, 第 5 版 1899 年.
  編輯, 王安國 (Wang An-Kuo) ほか多数.

『太平御覽』(たいへいぎょらん, *Thai-Phing Yü Lan*).
: Thai-Phing reign-period Imperial Encyclopaedia [lit. the Emperor's Daily Readings].
  宋, 983 年.
  編輯, 李昉 (Li Fang).
  数卷訳, Pfizmaier (84-106).
  『引得』, no. 23.

『大理府志』(だいりふし, *Ta-Li Fu Chih*).
: Gazetteer of Ta-Li [W. Yunnan].
  明, 1563 年編.
  李元陽 (Li Yuan-Yang).

『大戴禮記』(だいらいき, *Ta Tai Li Chih*).
: Records of Rites [compiled by Tai the Elder]. (cf.『小戴禮記』 *Hsiao Tai Li Chih*; 『禮記』 *Li Chih*).
  前漢, 紀元前 70 年から同 50 年頃とされるが, 実際は後漢, 紀元後 80 年から同 105 年の間.
  戴德 (Tai Te) 作とされる. 実際はたぶん, 曹褎 (Tshao Pao) の編輯.
  Legge (7) を見よ.
  訳, Douglas (1), R. Wilhelm (6).

『多能鄙事』(たのうひじ, *To Neng Pi Shi*).
: Rustic Skills Surveyed.
  明, 現存最古版 1540 年.
  劉基 (Liu Chi).

『築圍説』(ちくいせつ, *Chu Wei Shuo*).
: Remarks on the Construction of Dyked Fields.
  清初.
  陳瑚 (Chhen Hu).

『築圩圖説』(ちくうぜせつ, *Chu Yü Thu Shuo*).
: Illustrated Remarks on the Construction of Poldered Fields.
  清, たぶん 17 世紀.
  孫峻 (Sun Chün).

『致富全書』(ちふぜんしょ, *Chih Fu Chhüan Shu*).
: The Complete Way to Wealth.
  明後期あるいは清初, 17 世紀.
  陳眉公 (Chhen Mei-Kung) の作とされ, 鍾山逸叟による追加があるが, 実際はたぶん書肆の編纂.

『知本提綱』(ちほんていこう, *Chih Pen Thi Kang*).
: Selected Guidelines to an Understanding of the Fundamental Occupation [Agriculture].
  清, 1747 年.
  楊屾 (Yang Tshui). 鄭世鐸 (Cheng Shih-To) の注釈. 王毓瑚 (2) 所収.

『茶經』(ちゃきょう, *Chha Ching*).
: The Manual of Tea (*Camellia* (*Thea*) *sinensis*).

唐, 770年頃.
陸羽 (Lu Yü).

『茶録』(ちゃろく, *Chha Lu*).
A Record of Tea (Camellia (Thea) sinensis).
宋, 1060年頃.
蔡襄 (Tshai Hsiang).

『茶論』(ちゃろん, *Chha Lun*).
宋, 11世紀.
沈括 (Shen Kua).
参照, 胡道静 (*8*).

『趙氏書』(ちょうししょ, *Chao Shih Shu*).
The [Agricultural] Treaties of Master Chao.
前漢, 正確な年代未詳.
趙過 (Chao Kuo) 作とされる.
引用以外は現存せず.

『兆人本業』(ちょうじんほんぎょう, *Chao Jen Pen Yeh*).
Fundamental Occupation of the Common People.
唐, 686年頃.
官撰.

『陳旉農書』(ちんふのうしょ, *Chhen Fu Nung Shu*).
『農書』(のうしょ) を見よ.

『通志』(つうし, *Thung Chih*).
Historical Collections.
宋, 1150年頃.
鄭樵 (Cheng Chhiao).
参照, des Rotours (2), p. 85.

『田家五行』(でんかごぎょう, *Thien Chia Wu Hsing*).
The Farmers Book of Five-Element (Natural Philosophy).
宋.
婁元善 (Lou Yuan-Shan).
参照, Ho Ping-Yü & Needham (1).

『天工開物』(てんこうかいぶつ, *Thien Kung Khai Wu*).
The Exploitation of the Works of Nature.
明, 1637年.
宋應星 (Sung Ying-Hsing).
訳, Sung Ying-Hsing (1).

『董安國書』(とうあんこくしょ, *Tung An-Kuo Shu*).
The [Agricultural] Treatise of Tung An-Kuo.
前漢.
董安國 (Tung An-Kuo).

『唐韻』(とういん, *Thang Yün*).
Thang Dictionary of Characters arranged according to their Sounds [rhyming phonetic dictionary based on, and including, the『切韻』(*Chhieh Yün*), qv]
唐, 677年, 改訂と再版 751年.
長孫納言 (Chhangsun No-Yen) (7世紀)・
孫愐 (Sun Mien) (8世紀).

『唐會要』(とうかいよう, *Thang Hui Yao*).
History of the Administrative Statutes of the Thang Dynasty.
宋, 961年.
王溥 (Wang Phu).
参照, des Rotours (2), p. 98.

『唐月令』(とうがつりょう, *Thang Yüeh Ling*).
Monthly Ordinances of the Thang Dynasty.
唐.
李隆基 (Li Lung-Chi).

『唐書』(とうじょ, *Thang Shu*).
『舊唐書』(くとうじょ), 『新唐書』(しんとうじょ) を見よ.

『道藏』(どうぞう, *Tao Tsang*).
The Taoist Patrology [containing 1464 Taoist Works].
全時代に集成, 最初は唐代 730年頃, その後 870年と確実に 1019年にも集成. 最初の刊行は宋 (1111年から 1117年). その後, 女真/金 (1168年から 1191年), 元 (1244年), 明 (1445年, 1598年, 1607年) にも刊行.
撰者多数.
索引, Wieger (6), これについては Pelliot の総説 (8), 翁獨健 (Ong Tu-Chien) (*1*) を見よ.
『引得』, no. 25.

『糖霜譜』(とうそうふ, *Thang Shuang Phu*).
Monograph on Sugar.
宋, 1154年.
王灼 (Wang Cho).

『稻品』(とうひん, *Tao Phin*).
The Varieties of Rice.

明, 1550 年頃.
黃省曾 (Huang Sheng-Tseng).

『唐六典』(とうりくてん, *Thang Liu Tien*).
Institutes of the Thang Dynasty (lit. Administrative Regulations of the Six Ministries of the Thang).
唐, 738 年もしくは 739 年.
編輯, 李林甫 (Li Lin-Fu).
参照, des Rotours (2), p. 99.

『唐律疏議』(とうりつそぎ, *Thang Lü Su I*).
Commentary on the Penal Code of the Thang Dynasty [imperially ordered].
唐, 653 年.
長孫無忌 (Chhangsun Wu-Chi).
参照, des Rotours (2), p. 98.

『圖書集成』(としょしゅうせい, *Thu Shu Chi Chheng*).
Imperial Encyclopaedia [or Imperially Commisioned Compendium of Literature and Illustrations, Ancient and Modern].
清, 1726 年.
編輯, 陳夢雷 (Chheng Meng-Lei).
L. Giles (2) の索引.

『南裔異物志』(なんえいいぶつし, *Nan I I Wu Chih*).
Strange Things from the Southern Borders.
後漢, 紀元後 90 年頃.
楊孚 (Yang Fu).
たぶん同じ著者の『交州異物志』の旧名, 参照せよ. 引用にのみ残る.

『南史』(なんし, *Nan Shih*).
History of the Southern Dynasties [南北朝時代 (Nan Pei Chhao period), 420 to 589].
唐, 670 年頃.
李延壽 (Li Yen-Shou).
節訳, Frankel (1) の索引を見よ.

『南方草木狀』(なんぽうそうもくじょう, *Nan Fang Tshao Mu Chuang*).
A Prospect of the Plants and Trees of the Southern Regions.
晉, 304 年.
嵇含 (Hsi Han).
訳, Li Hui-Lin (李惠林) (11).

『南方草物狀』(なんぽうそうもつじょう, *Nan Fang Tshao Wu Chuang*).
A Prospect of the Plants and Products of the Southern Regions.
晉, 3 世紀もしくは 4 世紀.
徐衷 (Hsü Chung).
とくに『齊民要術』と『太平御覽』に残存するが, 内容に問題がある.

『日本永代藏』(にっぽんえいたいぐら, *Nihon Eitai Gura*).
The Eternal Repository of Japan.
江戸, 1688 年.
井原西鶴 (Ihara Saikaku).

『農遺雜疏』(のういざっそ, *Nung I Tsa Su*).
Miscellaneous Remarks on our Agricutural Heritage.
明後期, 1620 年以前.
徐光啓 (Hsü Kuang-Chhi).

『農雅』(のうが, *Nung Ya*).
Agricultural Dictionary.
清, 1813 年.
編纂, 倪倬 (Ni Cho).
1956 年北京で復刊.

『農業全書』(のうぎょうぜんしょ, *Nōgyō Zensho*).
Collected Writings on Agriculture.
江戸, 1697 年.
宮崎安貞 (Miyazaki Yasusada).

『農具記』(のうぐき, *Nung Chü Chi*).
A Record of Agricultural Implements.
清, 1670 年頃もしくは以後.
陳玉璂 (Chhen Yü-Chi).

『農具便利論』(のうぐべんりろん, *Nōgu Benri Ron*).
Treatise on Useful Farm Tools.
江戸, 1822 年.
大藏永常 (Ōkura Nagatsune).

『農言著實』(のうげんちゃくじつ, *Nung Yen Chu Shih*).
Farming Sayings Set Forth.
清後期.
楊秀元 (Yang Hsiu-Yuan).

『農蠶經』(のうさんきょう, *Nung Tshan Ching*).
Classic of Agriculture and Sericulture.
清, 1705 年.

編纂,蒲松齢(Phu Sung-Ling).

『農書』(のうしょ, Nung Shu).
Agricultural Treatise.
宋, 1149年.
陳旉(Chhen Fu).

『農書』(のうしょ, Nung Shu).
Agricultural Treatise.
元, 1313年.
王禎(Wang Chen).
本書では, 1774年の序文がある1783年の22巻内府本を底本とした.

『農書』(のうしょ, Nung Shu).
Agricultural Treatise.
明後期.
沈氏(Master Shen).
陳恒力・王達(1), pp. 210-250, 1958年に現代中国語訳あり.

『農政全書』(のうせいぜんしょ, Nung Cheng Chhüan Shu).
Complete Treatise on Agricultural Administration.
明, 編纂1625年から28年, 刊行1639年.
徐光啓(Hsü Kuang-Chhi), 編輯は陳子龍(Chhen Tzu-Lung).
本書では内府本の1843年復刊本を底本とした. 石聲漢(8)が新注釈版を1979年, 上海から出版.

『農説』(のうせつ, Nung Shuo).
Agriculture Explained.
明, 16世紀.
馬一龍(Ma I-Lung).
編輯, 王雲五, 商務印書館, 1936年.

『農桑衣食撮要』(のうそういしょくさつよう, Nung Sang I Shih Tsho Yao).
Selected Essentials of Agriculture, Sericulture, Clothing & Food.
元, 1314年.
編輯, 魯明善(Lu Ming-Shan(ウイグル人)).

『農桑輯要』(のうそうしゅうよう, Nung Sang Chi Yao).
Fundamentals of Agriculture & Sericulture.
元, 1273年.
王磐(Wang Phan)の序. 勅命を受けた委員会が製作し, 司農司(農業普及局)より刊行.
編纂者はおそらく孟祺. 後の編纂者はおそらく暢師文(1286年頃), 苗好謙(1318年頃).
本書では内府本の1847年復刊本を底本とした.

『農田餘話』(のうでんよわ, Nung Thien Yü Hua).
On Farming for Abundance.
明, 14世紀, たぶん, 後代の付加あり.
長谷眞逸(Chhang-Ku Chen-I).

『農圃便覽』(のうほびんらん, Nung Phu Pien Lan).
Handy Survey of Agriculture & Horticulture.
清, 1755年.
丁宜曾(Ting I-Tseng).
編輯, 王毓瑚(Wang Yü-Hu)(3), 中華書局, 1957年.

『博物志』(はくぶつし, Po Wu Chih).
Record of the Investigation of Things. (cf. 『續博物志』(Hsü Po Wu Chih)).
晉, 295年(開始は270年).
張華(Chang Hua).

『馬氏通考』(ばしつこう, Ma Shih Thung Khao).
『文獻通考』(ぶんけんつこう)を見よ.

『馬首農言』(ばしゅのうげん, Ma Shou Nung Yen).
Farming Precepts of Horse-Head District[陝西Shensi].
清, 1836年.
祁寯藻(Chhi Chün-Tsao).
復刊, 王毓瑚(2).

『范子計然』(はんしけいぜん, Fan Tsu Chi Jan).
『計倪子』(けいげいし)を見よ.

『蠻書』(ばんしょ, Man Shu).
Documents Relating to the Man Tribes.
唐, 860年頃.
樊綽(Fan Chho).

『氾勝之書』(はんしょうししょ, Fan Sheng-Chih Shu).
[=『種植書』, しゅしょくしょ, Chung Chih Shu].
The Book of Fan Sheng-Chih on Agriculture.

前漢，紀元前1世紀（紀元前10年頃）.
氾勝之（Fan Sheng-Chih）.
『玉函山房輯佚書』69/50a 以下に所収.
訳，Shih Sheng-Han（石聲漢）（2）.

『百姓傳記』（ひゃくしょうでんき，*Hyakushō Denki*）.
Peasants' Chronicle.
日本，1684年.
著者不詳.

『閩書』（びんしょ，*Min Shu*）.
History of Fukien.
明，1629年.
何喬遠（Ho Chhiao-Yuan）.

『蕪菁疏』（ぶせいそ，*Wu Ching Su*）.
On the Rape Turnip.
明後期，1600年頃.
徐光啓（Hsü Kuang-Chhi）.

『文獻通考』（ぶんけんつこう，*Wen Hsien Thung Khao*）.
Comprehensive Study of (the History of) Civilization[lit. Complete Study of the Documentary Evidence of Cultural Achievements (in Chinese Civilization)].
宋と元，たぶん，1270年に始まり，1317年までに完成，1322年刊行.
馬端臨（Ma Tuan-Lin）.
参照，des Rotours（2），p. 87.
数章訳，Julien（2），d'Harvey St. Denys（1）.

『文昌雜錄』（ぶんしょうざつろく，*Wen Chhang Tsa Lu*）.
Things Seen and Heard by an Official at Court (during service in the Department of Ministries).
宋，1056年.
龐元英（Phang Yuan-Ying）.

『便民圖纂』（べんみんずさん，*Pien Min Thu Tsuan*）.
Everyman's Handy Illustrated Compendium; or, the Farmstead Manual.
明，1502年，復刊1552年，1593年.
著者不詳だが，廣璠（Kuang Fan）の可能性あり.

『方言』（ほうげん，*Fang Yen*）.
Dictionary of Local Expressions.

前漢，紀元前15年頃（より後代の書き込み多い）.
揚雄（Yang Hsiung）.

『北夢瑣言』（ほくぼうさげん，*Pei Meng So Yen*）.
Fragmentary Notes Indited North of (Lake) Meng.
五代（南平），950年頃.
孫光憲（Sun Kuang-Hsien）.
des Rotours（4），p. 38 を見よ.

『捕蝗考』（ほこうこう，*Fu Huang Khao*）.
A Treatise on Catching Locusts.
清，18世紀.
陳芳生（Chhen Fang-Sheng）.

『補農書』（ほのうしょ，*Pu Nung Shu*）.
Supplement to the Treatise on Agriculture by 沈氏（Mr. Shen）[『農書』（*Nung Shu*）].
明，1620年頃.
張履祥（Chang Lü-Hsiang）.
陳恒力・王達（1），251–80 に現代中国語訳あり.

『本草衍義』（ほんぞうえんぎ，*Pen Tshao Yen I*）.
Dilations upon Pharmaceutical Natural History.
宋，序は1116年，刊行1119年，復刊1185年，1195年.
寇宗奭（Khou Tsung-Shih）.
『圖經本草衍義』（『道藏』/761）も見よ.

『本草經集注』（ほんぞうきょうしゅちゅう，*Pen Tshao Ching Chi Chu*）.
Collected Commentaries on the Classical Pharmacopoeia (of the Heavenly Husbandman).
南朝齊，492年.
陶弘景（Thao Hung-Ching）.
敦煌，トルファン文書に残片があるだけだが，陶弘景著の記事が薬用博物誌に多く引用される.

『本草綱目』（ほんぞうこうもく，*Pen Tshao Kang Mu*）.
The Great Pharmacopoeia; or, the Pandects of Pharmaceutical Natural History.
明，1596年.
李時珍（Li Shih-Chen）.
簡易抄訳，Read and collaborators（1–7），

Read & Pak (1) に索引あり.

『本草圖經』(ほんぞうずけい, *Pen Tshao Thu Ching*).
Illustrated Pharmacopoeia; or, Illustrated Treatise of Pharmaceutical Natural History.
宋, 1061 年.
蘇頌 (Su Sung) ほか.
後代の薬用博物全書に残る多数の引用のみ残存.

『明史』(みんし, *Ming Shih*).
History of the Ming Dynasty [1368 to 1643].
清, 1646 年執筆開始, 1736 年完成, 1739 年初版刊行.
張廷玉 (Chang Thing-Yü).

『夢溪筆談』(むけいひつだん, *Meng Chhi Pi Than*).
Dream Pool Essays.
宋, 1086 年, 最後の補遺は 1091 年.
沈括 (Shen Kua).
編輯, 胡道静 (*1*), Holzman (1) 参照.

『夢溪忘懐録』(むけいぼうかいろく, *Meng Chhi Wang Huai Lu*).
Things Forgotten and Rememberred by the Dream Pool.
宋, 1090 年頃.
沈括 (Shen Kua).
参照, 胡道静 (*13*).

『棉業圖説』(めんぎょうずせつ, *Mien Yeh Thu Shuo*).
農業・産業・商業省 (Min. Ag. Ind. & Trade) (*1*) を見よ.

『孟子』(もうし, *Meng Tzu*).
The Book of Master Meng (Mencius).
周, 紀元前 290 年頃.
孟軻 (Meng Kho).
訳, Legge (3), Lyall (1).
『引得』(特刊) no. 17.

『文選』(もんぜん, *Wen Hsüan*).
General Anthropology of Prose and Verse.
梁, 530 年.
編輯, 蕭統 (Hsiao Thung) (梁の太子).
注釈, 李善 670 年頃.
訳, von Zach (6).

『野郎書』(やろうしょ, *Yeh Lao Shu*).
The [Agricultural] Treatise of the Old Countryman.
周 (齊あるいは楚).
著者不詳.
『玉函山房輯佚書』69/9a 以下.

『湧幢小品』(ゆうとうしょうひん, *Yung Chhuang Hsiao Phin*).
Bagatelles from the Billowing Screens.
明, 1622 年.
朱國禎 (Chu Kuo-Chen).

『俞益期牋』(ゆえききせん, *Yü I-Chhi Chien*).
The Memoranda of Yü I-Chhi.
東晉, 4 世紀から 5 世紀.
俞益期 (Yü I-Chhi).

『養餘月令』(ようよがつりょう, *Yang Yü Yüeh Ling*).
Monthly Ordinances for Superabundance.
明, 1633 年.
戴羲 (Tai Hsi).

『禮記』(らいき, *Li Chi*).
[『小戴禮記』(しょうたいらいき, *Hsiao Tai Li Chi*)].
Records of Rites [compiled by Tai the Younger].
(参照, 『大戴禮記』(だたいらいき).
前漢の紀元前 70 年から同 50 年頃とされるが, 実際は後漢の紀元後 80 年から同 105 年頃. 但し, 最古の記事は『論語』の時代 (紀元前 465 年から同 450 年) に遡る可能性がある.
戴聖 (Tai Sheng) 編とされる.
実際の編輯は曹褒 (Tshao Pao).
訳, Legge (7), Couvreur (3), R. Wilhelm (6).
『引得』, no. 27.

『耒耜經』(らいしきょう, *Lei Ssu Ching*).
The Classic of the Plough.
唐, 880 年.
陸龜蒙 (Lu Kuei-Meng).

『柳河東集』(りゅうかとうしゅう, *Liu Ho-Tung Chi*).
Collected Works of Liu Tsung-Yuan.
唐, 9 世紀前期.
柳宗元 (Liu Tsung-Yuan).

『龍巖縣志』（りゅうがんけんし，*Lung-Yen Hsien Chih*）.
　Gazetteer of Lung-Yen County ［福建（Fukien）］.
　明，1558 年.
　湯相修（Thang Hsiang-Hsiu）.
　編輯，莫亢（Mo Khang）ほか.

『劉青日札』（りゅうせいにっさつ，*Liu Chhing Jih Cha*）.
　Diary on Bamboo Tablets.
　明，1579 年.
　田藝衡（Thien I-Heng）.

『劉夢得文集』（りゅうぼうとくぶんしゅう，*Liu Meng-Te Wen Chi*）.
　The Collected Works of Liu Meng-Te.
　唐.
　劉禹錫（Liu Yü-Hsi）.

『呂氏春秋』（りょししゅんじゅう，*Lü Shih Chhun Chhiu*）.
　Master Lü's Spring and Autumn Annals［compendium of natural philosophy］.
　周（秦），紀元前 239 年.
　呂不韋（Lü Pu-Wei）の下に集まった学者たちによる執筆.
　訳，R. Wilhelm（3）.
　『中法通検』，no. 2.

『臨川先生文集』（りんせんせんせいぶんしゅう，*Lin-Chhuan Hsien-Sheng Wen Chi*）.
　The Collected Works of Master ［Wang］ Lin-Chhuan.
　宋，1140 年.
　王安石（Wang An-Shih）.
　編輯，詹大和（Chan Ta-Ho）.

『嶺外代答』（れいがいたいとう，*Ling Wai Tai Ta*）.
　Information on What is Beyond the Passes （lit. a book in lieu of individual replies on questions from friends）.
　宋，1178 年.
　周去非（Chhou Chhü-Fei）.

『茘枝譜』（れいしふ，*Li Chih Phu*）.
　Monograph on the Lichi（*Nephelium litchi*）.
　宋，1059 年.
　蔡襄（Tshai Hsiang）.

『嶺表録異』（れいひょうろくい，*Ling Piao Lu I*）.
　Strange Southern Ways of Men and Things ［on the special characteristics and natural history of Kwangtung］.
　唐・五代，895 年から 915 年の間.
　劉恂（Liu Hsün）.

『列仙全傳』（れっせんぜんでん，*Lieh Hsien Chhüan Chuan*）.
　Complete Collection of the Biographies of the Immortals.
　明，1580 年.
　王世貞（Wang Shih-Chen）.
　校訂と訂正，汪雲鵬（Wang Yün-Pheng）.

『列仙傳』（れっせんでん，*Lieh Hsien Chuan*）.
　Collection of the Biographies of the Immortals.
　晋，3 世紀もしくは 4 世紀.
　劉向（Liu Hsiang）の作とされる.

『六部成語註解』（りくぶせいごちゅうかい，*Liu Pu Chheng Yü Chu Chieh*）.
　The Terminology of the Six Boards, with Explanatory Notes.
　清，本文は 1742 年，注は 1875 年頃.
　撰者不詳.
　注釈者不詳.
　訳，E-Tu Zen Sun（1）.

『論語』（ろんご，*Lun Yü*）.
　Conversations and Discourses （of Confucius）［perhaps Discussed Sayings, Normative Sayings, or Selected Sayings］; Analects.
　周（魯），紀元前 464 年から同 450 年頃.
　孔子の弟子たちによる編纂（巻 16，17，18，20 は後代の挿入）.
　訳，Legge（2），Lyall（2），Waley（5），Ku Hung-Ming（1）.
　『引得』（特刊）no. 16.

『論衡』（ろんこう，*Lun Heng*）.
　Discourses Weighed in the Balance.
　後漢，紀元後 82 年もしくは 83 年.
　王充（Wang Chhung）.
　訳，Forke（4），Leslie（3）参照.
　『中法通検』，no. 1.

B. 1800年以後の中国語および日本語文献

青山定雄（あおやまさだお）（*12*）.
　「唐代の屯田と営田」,『史学雑誌』(1954年), 63編, **1**号, pp. 17-57.
天野元之助（あまのもとのすけ）（*4*）.
　『中国農業史研究』, 御茶ノ水書房, 東京, 1962年, 増補版1979年.
天野元之助（あまのもとのすけ）（*6*）.
　「天工開物と明代の農業」, 藪内清（*11*）所収, 東京, 1955年, p. 47.
天野元之助（あまのもとのすけ）（*7*）.
　「後魏の賈思勰"齊民要術"の研究」, 山田慶児（*3*）所収, 京都大学人文科学研究所, 京都, 1979, pp. 369-570.
天野元之助（あまのもとのすけ）（*8*）.
　『中國農學書録』（王毓瑚（Wang Yü-Hu）（*1*）の改訂版）, 龍溪書房, 東京, 1975年.
天野元之助（あまのもとのすけ）（*9*）.
　『中国古農書考』, 龍溪書房, 東京, 1975年.
天野元之助（あまのもとのすけ）（*10*）.
　「明代農業の展開」,『社会経済史学』(1958年), 23巻, **5-6**号, pp. 19-40.
天野元之助（あまのもとのすけ）（*11*）.
　『中国農業の地域的展開』, 龍溪書房, 東京, 1979年.
安志敏（あんしびん）（*3*）(An Chih-Min).
　「中国古代的石刀」,『考古學報』(1955年), **10**期, pp. 27-51.
安志敏（あんしびん）（*4*）(An Chih-Min).
　「中国的新石器時代」,『考古』(1981年), **3**期, pp. 252-260.
安藤廣太郎（あんどうひろたろう）（*1*）.
　『日本古代稲作史研究』, 東京, 1959年.
飯沼二郎（いいぬまじろう）・堀尾尚志（ほりおひさし）（*1*）.
　『農具』, 法政大学出版局, 東京, 1976年.
于景譲（うけいじょう）（*1*）(Yü Ching-Jang).
　「中國栽培占城稻的沿革」,『科學農業』(台北)(1956年), **4**期, p. 12.
于省吾（うせいご）（*2*）(Yü Hsing-Wu).
　「從甲骨文看商代的農田墾殖」,『考古』(1972年), **4**期, p. 39.
于省吾（うせいご）（*3*）(Yü Hsing-Wu).
　「商代的穀類作物」,『東北人民大學人文科學學報』(1957年), **1**期, p. 100.
宇都宮清吉（うつのみやきよし）（*1*）.
　『漢代社会経済史研究』, 弘文堂, 東京, 1967年.
袁同禮（えんどうれい）（*1*）(Yuan Thung-Li).
　「永樂大典現存巻目表」,『圖書季刊』(1939年)(NS), **1**期, p. 246.
王毓瑚（おういくこ）（*1*）(Wang Yü-Hu).
　『中國農學書録』, 農業出版社, 北京, 1964年; 第2版, 1979年; 日本語版, 天野元之助（*8*）.
王毓瑚（おういくこ）（*2*）(Wang Yü-Hu).
　『秦晉農言』.『知本提綱』,『農言著實』,『馬首農言』を含む. 中華書局, 北京, 1957年.
王毓瑚（おういくこ）（*3*）(Wang Yü-Hu).
　『農圃便覽』, 中華書局, 北京, 1957年.
王毓瑚（おういくこ）（*4*）(Wang Yü-Hu).

『農桑衣食撮要』, 農業出版社, 北京, 初版 1962 年, 復刊 1979 年.
王毓瑚（おういくこ）(5)（Wang Yü-Hu）.
　『區田十種』, 財政經濟出版社, 北京, 1955 年.
王毓瑚（おういくこ）(6)（Wang Yü-Hu）.
　『我國自古以來的重要農作物』, 原稿完成 1975 年, 北京農學院出版 1980 年.
王毓瑚（おういくこ）(7)（Wang Yü-Hu）.
　『梭山農譜』, 農業出版社, 北京, 1960 年.
王雲五（おううんご）編 (1)（Wang Yün-Wu）.
　『農説, 沈氏農書, 耒耜經』, 商務印書館, 上海, 1936 年.
王金陵（おうきんりょう）(1)（Wang Chin-Ling）.
　『大豆』, 科學出版社, 北京, 1966 年.
王志瑞（おうしずい）(1)（Wang Chih-Jui）.
　『宋元經濟史』, 台北, 1964 年.
王重民（おうじゅうみん）(編)(1).（Wang Chung-Ming）
　『徐光啓集』, 2 巻. 中華書局, 北京, 1963 年.
翁獨健（おうどくけん）(1)（Ong Tu-Chien）.
　『道藏子目引得』, ハーヴァード・燕京, 北平, 1935 年.
汪寧生（おうねいせい）(1)（Wang Ning-Sheng）.
　「耦耕新解」,『文物』(1977 年), 4 期, p. 74.
汪寧生（おうねいせい）(2)（Wang Ning-Sheng）.
　「漢晉西域與祖國文明」,『考古學報』(1977 年), 1 期, p. 23.
岡崎　敬（おかざきたかし）(1).
　「漢代泥象に現れた水田, 水池について」,『考古学雑誌』(1958 年), 44 巻, 2 号.
夏緯瑛（かいえい）(2)（Hsia Wei-Ying）.
　『「管子」地員篇校釋』, 北京・中華書局, 上海, 1958 年.
夏緯瑛（かいえい）(3)（Hsia Wei-Ying）.
　『呂氏春秋上農等四篇校釋』, 中華書局, 北京, 1956 年.
夏緯瑛（かいえい）(4)（Hsia Wei-Ying）.
　『夏小正經文校釋』, 農業出版社, 北京, （印刷中）.
夏緯瑛（かいえい）(5)（Hsia Wei-Ying）.
　『詩經中有關農事章句的解釋』, 農業出版社, 北京 1981 年.
夏緯瑛（かいえい）・范楚玉（はんそぎょく）(1)（Hsia Wei-Ying & Fan Chhu-Yü）.
　「夏小正及其在農業史上的意義」,『中國史研究』(1979 年), 3 期, pp. 141-148.
開封（かいほう）地区文物管理委員会ほか (1).
　「裴李崗遺址一九七八年發掘簡報」,『考古』(1979 年), 3 期, pp. 197-205.
開封（かいほう）地区文物管理委員会 (2).
　「河南開封地區新石器時代遺址調査簡報」,『考古』(1979 年), 3 期, pp. 206-208.
開封（かいほう）地区文物管理委員会 (3).
　「河南新鄭裴李崗新石器時代遺址」,『考古』(1978 年), 2 期, pp. 73-79.
郭雲陞（かくうんしょう）(1)（Kuo Yün-Sheng）.
　『救荒簡易書』, 1896 年.
郭沫若（かくまつじゃく）(1)（Kuo Mo-Jo）.
　『十批判書』, 均一出版社, 重慶, 1945 年.
郭沫若（かくまつじゃく）(12)（Kuo Mo-Jo）.

「古代文學之辨證發展」,『考古』(1972年), **3**期, p. 2.
賀昌羣(がしょうぐん)(1)(Ho Chhang-Chhün).
『漢唐封建土地所有之形勢研究』, 北京, 1964年.
華泉(かせん)(1)(Hua Chhüan).
「對河姆渡遺址骨制耕具的幾點看法」,『文物』(1977年), **7**期, pp. 51-53.
夏鼐(かだい)(6)(Hsia Nai).
「碳-14測定年代和中國史前考古學」,『考古』(1977年), **4**期, pp. 217-232.
葛今(かつこん)(1)(Ko Chin).
「經陽高家堡早周墓葬發掘記」,『文物』(1972年), **7**期, pp. 5-7.
加藤 繁(かとうしげし)(2).
「経済史上より観たる北支那と南支那」,『社会経済史学』(1943年), 12巻, **11-12**期, pp. 1-13.
加藤 繁(かとうしげし)(3).
『支那経済史考証』, 東洋文庫叢刊A第34巻, 東京, 1953年.
加藤茂苞(かとうしげもと)(1).
「雑種植物の結実度に見られる稲種の類縁について」,『九州大学農学部紀要』, (1928年), **3**, pp. 132-147. [英訳, Bulletin of the Agricultural Faculty of Kyushu University(1930) **9**, pp. 241-276].
華南農學院農學系(かなんのうがくいんのうがくけい)(1)(Huanan Agricultural College Agricultural Department).
「我国野生稻及其地理分布」,『遺傳學報』(1975年), **2**期, p. 1.
華南農學院農業歷史遺産研究室(1)(Huanan Agricultural College Historical Research Group).
『三種希見古農書合刊』, 華南農學院, 1978年.
何炳棣(かへいてい)(1)(Ho Ping-Ti).
『黃土與中國農業的起源』, 香港大学出版社, 香港, 1969年.
河北(かほく)地區文物管理委員会(1).
「河北武安磁山遺址」,『考古學報』(1981年), **3**期, pp. 303-338.
河北農業大学(かほくのうぎょうだいがく)(1).
『果樹栽培学』, 人民出版社, 北京, 1976年.
河原由郎(かわはらよしろう)(1).
「宋代土地所有の基本問題」,『福岡大学研究所報』(1964年), **5**, pp. 23-47.
韓国磐(かんこくばん)(1)(Han Kuo-Pan).
『北朝經濟試探』, 人民出版社, 上海, 1958年.
韓国磐(かんこくばん)(2)(Han Kuo-Pan).
「唐代的均田制與租傭調」,『歷史研究』(北京)(1955年), **5**期, pp. 79-90.
甘肅省農業科學院(かんしゅくしょうのうぎょうかがくいん)(1)(Kansu Agricultural Institute).
『甘肅省主要農作物優良品種』, 人民出版社, 甘肅, 1977年.
邯鄲(かんたん)地區文物管理委員会(1).
「河北磁山新石器遺址試掘」,『考古』(1977年), **6**期, pp. 361-372.
廣東省博物館(かんとんしょうはくぶつかん)(1)(Kwangtung Provincial Museum).
「廣東曲江石下墓葬發掘簡報」,『文物』(1978年), **7**期, pp. 1-15.
魏景超(ぎけいちょう)(1)(Wei Ching-Chhao).
『水稻病原手冊』, 科学出版社, 北京, 1975年(初版1957年).
貴州(きしゅう)地区文物管理委員会(1).
「桂縣興義興仁漢墓」,『文物』(1979年), **5**期, pp. 20-35.
北村四郎(きたむらしろう)(1).

「中国栽培作物の起源」,『東方學報』(京都) (1950 年), **19** 冊, p. 82.
曲直生 (きょくちょくせい) (*1*) (Chhü Chih-Sheng).
　『中國古農書簡介』, 経済研究社台湾省分社, 台北, 1960 年.
許倬雲 (きょたくうん) (*1*) (Hsü Cho-Yün).
　「兩周農作技術」,『国立中央研究院歴史語言研究所集刊』(台北) (1971 年), **42** 期, p. 803.
金善寶 (きんぜんぽう) (*1*) (Chin Shan-Pao).
　「淮北平原的新石器時代小麥」,『作物學報』(1962 年), 1 巻, **1** 号, pp. 67-72.
夏鼐 (けいせい) (*6*) (Hsia Nai).
　『耕心農話』, 1852 年.
嚴杰 (げんげつ) 編 (*1*) (Yen Chieh).
　『皇清經解』. 清朝時代, 古典典籍に関する (180 篇以上の) 論考を撰集したもの. 1820 年. 第 2 版は庚申補刊といい, 1860 年刊行.
嚴如熤 (げんじょいく) (*2*) (Yen Ju-Yü).
　『苗方備覽』, 1820 年.
嚴敦傑 (げんとんけつ) (*18*) (Yen Tun-Chieh).
　「故宮所藏清代計算儀器」,『文物參考資料』(1962 年), **3** 期, p. 19.
康成懿 (こうせいい) (*1*) (Khang Chheng-I).
　『農政全書徵引文獻探原』, 農業出版社, 上海, 1960 年.
黄展岳 (こうてんがく) (*1*) (Huang Chan-Yüeh).
　「近代出土的戰國兩漢鐵器」,『考古學報』(1957 年), **3** 期, pp. 93-108.
呉其濬 (ごきしゅん) (*1*). (Wu Chhi-Chün).
　『植物名實圖考』, 北京, 1848 年. 復刊, 商務印書館, 上海, 1919 年 (索引あり).
呉其濬 (ごきしゅん) (*2*). (Wu Chhi-Chün).
　『植物名實圖考長編』, 北京, 1848 年. 復刊, 商務印書館, 上海, 1919 年 (索引あり).
呉其昌 (ごきしょう) (*4*) (Wu Chhi-Chhang).
　「秦以前中國田制史」,『武漢大學社会科學集刊』(1935 年), **5** 期, p. 543 & p. 833. 抄訳, Sun & de Francis (1), p. 55.
黒龍江農業研究所 (こくりゅうこうのうぎょうけんきゅうしょ) (*1*).
　『大豆栽培技術』, 農業出版社, 北京, 1978 年.
胡厚宣 (ここうせん) (*3*) (Hu Hou-Hsüan).
　「卜辭中所見之殷代農業」,『甲骨學商史論叢』所収, 成都・香港, 1944 年.
胡厚宣 (ここうせん) (*4*) (Hu Hou-Hsüan).
　「殷代焚田説」,『甲骨學商史論叢』所収, 成都・香港, 1944 年.
胡厚宣 (ここうせん) (*5*) (Hu Hou-Hsüan).
　「殷代農作施肥説」,『歷史研究』(1955 年), **1** 期, pp. 97-106.
呉山菁 (ごさんせい) (*1*) (Wu Shan-Chhing).
　「略論青蓮崗文化」,『文物』(1973 年), **6** 期, p. 45.
胡錫文 (こしゃくぶん) (*2*) (Hu Hsi-Wen).
　『麥』, 中国農業遺産叢書第 2 巻, 中華書局, 北京, 1958 年.
胡錫文 (こしゃくぶん) (*3*) (Hu Hsi-Wen).
　『糧食作物』, 中国農業遺産叢書第 3 巻, 農業出版社, 北京, 1959 年.
呉承洛 (ごしょうらく) (*2*) (Wu Chheng-Lo).
　『中国度量衡史』, 第 2 版, 上海, 1957 年.
呉世昌 (ごせいしょう) (*1*) (Wu Shih-Chhang).

「密宗塑像説略」,『史學雜誌（国立北平研究所）』(1935 年), 1 期.
胡道静（こどうせい）(*1*) (Hu Tao-Ching).
　　『夢溪筆談校證』2 巻, 上海人民出版社, 上海, 1956 年. *RBS*, 1957, **10**, p. 182 にグエン・チャン・ファン (Nguyen Tran-Huan) の分析的論評がある.
胡道静（こどうせい）(*4*) (Hu Tao-Ching).
　　『種藝必用』, 農業出版社, 北京, 1963 年.
胡道静（こどうせい）(*5*) (Hu Tao-Ching).
　　「種藝必用中在中國農學史上的地位」,『文物』(1962 年), **1** 期, pp. 39-42.
胡道静（こどうせい）(*6*) (Hu Tao-Ching).
　　「山東的農學傳統」,『文史哲』(山東大學) (1962 年), **2** 期, pp. 48-9.
胡道静（こどうせい）(*7*) (Hu Tao-Ching).
　　「沈括在古農學上的成就和貢獻」,『學術月刊』(1966 年), **2** 期, pp. 48-53.
胡道静（こどうせい）(*8*) (Hu Tao-Ching).
　　「沈括的農學著作夢溪忘懷録」,『文史』(1966 年), **3** 期, pp. 221-225.
胡道静（こどうせい）(*9*) (Hu Tao-Ching).
　　「徐光啓農學著述考」,『圖書館』(1962 年), **3** 期, pp. 32-41.
胡道静（こどうせい）(*10*) (Hu Tao-Ching).
　　「徐光啓研究農學歷程的探索」,『歷史研究』(北京) (1980 年), **6** 期, pp. 117-134.
胡道静（こどうせい）(*11*) (Hu Tao-Ching).
　　「稀見古農書別録」,『圖書館』(1962 年), **4** 期, pp. 38-42.
胡道静（こどうせい）(*12*) (Hu Tao-Ching).
　　「我国古代農學発展概況和若干古農學資料概述」,『学術月刊』(1963 年), **4** 期, p. 22.
胡道静（こどうせい）(*13*) (Hu Tao-Ching).
　　「"夢溪忘懷録" 鈎沉」,『杭州大學學報』(1981 年), 11 巻, **1** 期, pp. 1-16.
胡道静（こどうせい）(*14*) (Hu Tao-Ching).
　　「釋菽篇」,『中華文史論叢』(1963 年), **3** 期, p. 111.
近藤光男（こんどうみつお）(*1*).
　　「戴震の考工記図について」.『東方学報』(東京大学) (1955 年), **11** 冊, p. 1. 要約, *RBS*, 1955, 1, no. 452.
佐々木高明（ささきたかあき）(*1*).
　　『稲作以前』, 日本放送出版協会, 東京, 1971 年.
山西省晉東地區科技局（さんせいしょうしんとうちくかぎきょく）(*1*) (Shansi (Chin-Tung) Technical Institute).
　　『谷子』, 科學出版社, 北京, 1976 年.
山西省農業科學院（さんせいしょうのうぎょうかがくいん）(*1*) (Shansi Agricultural Institute).
　　『谷子栽培技術』, 農業出版社, 北京, 1977 年.
竺可楨（じくかてい）(*8*) (Chu Kho-Chen).
　　『竺可楨文集』, 科學出版社, 北京, 1979 年.
竺可楨（じくかてい）(*9*) (Chu Kho-Chen).
　　「論論月令」, 竺可楨 (*8*) 所収.
竺可楨（じくかてい）(*10*) (Chu Kho-Chen).
　　「物候學與農業生産」, 竺可楨 (*8*) 所収.
竺可楨（じくかてい）(*11*) (Chu Kho-Chen).
　　「中國近五千年來氣候變遷的初步研究」,『考古學報』(1972 年), **1** 期, pp. 15-38.

四川農業科學院（しせんのうぎょうかがくいん）(1) (Szechwan Agricultural Institute).
　『中國油菜栽培』, 農業出版社, 北京, 1964年.
篠田　統（しのだおさむ）(1).
　「五穀の起源」,『自然と文化』(1951年), 2, p. 37.
篠田　統（しのだおさむ）(5).
　『中国食経叢書』, 2巻, 書籍文物流通会, 東京, 1972年.
篠田　統（しのだおさむ）(6).
　「明代の食生活」, 薮内 (11) 所収, pp. 74-92.
篠田　統（しのだおさむ）(7).
　『中国食物史』, 柴田書店, 東京, 1974年.
篠田　統（しのだおさむ）・田中静一（たなかせいいち）(1).
　『中国食経叢書』, 書籍文物流通会, 東京, 1973年.
斯波義信（しばよしのぶ）(1).
　『宋代商業史研究』, 風間書房, 東京, 1968年.
周本雄（しゅうほんゆう）(1) (Chou Pen-Hsiung).
　「河北武安磁山遺址的動物骨骸」,『考古學報』(1981年), 3期, pp. 339-348.
章楷（しようかい）(1) (Chang Chieh).
　「論天工開物中記述的水稻及其他」,『科學史集刊』(1966年), 9期, p. 56.
邵啓全（しょうけいぜん）・李長森（りちょうしん）・巴桑次仁（はそうじじん）(1) (Shao Chhi-Chhüan, Li Chhang-Shen, Pa-Sang-Tzhu-Jen).
　「栽培大麥的起源與進化—我國西藏和四川的野生大麥」,『遺伝學報』(1975年), 2期, pp. 123-128.
庄司吉之助（しょうじきちのすけ）(1).
　『明治維新の経済構造』, 東京, 1940年.
徐恒彬（じょこうひん）(1) (Hsu Heng-Pin).
　「簡談廣東連縣出土的西晉犁田耙田模型」,『文物』(1976年), 3期, p. 75.
徐中舒（じょちゅうじょ）(10) (Hsü Chung-Shu).
　「耒耜考」,『国立中央研究院歴史語言研究所集刊』(台北) (1930年), 2期 (no.1), p. 11.
徐扶危（じょふき）・賀官保（がかんほ）(1) (Hsü Fu-Wei & Ho Kuan-Pan).
　「洛陽東關東漢殉人墓」,『文物』(1973年), 2期, pp. 55-62.
新疆農業科學院（しんきょうのうぎょうかがくいん）(1) (Sinkiang Agricultural Insititute).
　『新疆農業技術手冊』, 人民出版社, 新疆, 1976年.
沈宗瀚（しんそうかん）・趙雅書（ちょうがしょ）(編)(1) (Sen Tsung-Han & Chao Ya-Shu).
　『中華農業史—論集』, 商務印書館, 台北, 1979年.
秦中行（しんちゅうこう）(1) (Chhin Chung-Hsing).
　「記漢中出土的漢代陂池模型」,『文物』(1976年), 3期, pp. 77-78.
沈文倬（しんぶんたく）(1) (Shen Wen-Cho).
　「戻與䅖」,『考古』(1977年), 5期, p. 335.
鄒樹文（すうじゅぶん）(1) (Tso Shu-Wen).
　「禮記月令辨偽」,『農史研究集刊』(1958年), 1期, pp. 183-213.
周藤吉之（すどうよしゆき）(1).
　『宋代経済史研究』, 東京大学出版会, 東京, 1962年.
石興邦（せきこうほう）(1) (Shih Hsing-Pan).
　『西安半坡』, 北京, 1963年.

石聲漢（せきせいかん）(2) (Shih Sheng-Han).
　『四民月令校注』，中華書局，北京，1965 年.
石聲漢（せきせいかん）(3) (Shih Sheng-Han).
　『齊民要術今釋』，4 卷，科學出版社，北京，1957 年.
石聲漢（せきせいかん）(4) (Shih Sheng-Han).
　『從齊民要術看中國古代的農業科學知識』，科學出版社，上海，1957 年.
石聲漢（せきせいかん）(5) (Shih Sheng-Han).
　『兩漢農書選讀』，農業出版社，北京，1979 年.
石聲漢（せきせいかん）(6) (Shih Sheng-Han).
　『輯徐衷南方草物狀』，西北農学院古農書研究室，古農書研究室，西安，1973 年.
石聲漢（せきせいかん）(7) (Shih Sheng-Han).
　『中國古代農書評介』，農業出版社，北京，1980 年.
石聲漢（せきせいかん）(8) (Shih Sheng-Han).
　『農政全書校注』，3 卷，古籍出版社，上海，1979 年.
關野　雄（せきのたけし）(1).
　「新耒耜考」，『東京大学東洋文化研究所紀要』(1954 年)，**19**.
浙江農業大学（せっこうのうぎょうだいがく）(1).
　『齊民要術及其作者賈思勰』，人民出版社，北京，1976 年.
浙江農業大学（せっこうのうぎょうだいがく）(2).
　『農業植物病理學』1 卷，科學出版社，上海.
錢熙祚（せんきそ）(編)(1) (Chhien Hsi-Tsu).
　『守山閣叢書』，1894 年. 博古齋復刊，上海，1922 年.
宋兆麟（そうちょうりん）(1) (Sung Chao-Lin).
　「西漢時期農業技術的發展」，『考古』(1976 年)，**1** 期，p. 3.
宋兆麟（そうちょうりん）(2) (Sung Chao-Lin).
　「河姆渡遺址出土骨耜的研究」，『考古』(1979 年)，**2** 期，pp. 155-160.
蘇秉琦（そへいき）(1) (Su Ping-Chhi).
　「石峽文化初論」，『文物』(1978 年)，**7** 期，pp. 16-22.
孫云蔚（そんうんうつ）(1) (Sun Yün-Yu).
　『西北的果樹』，科學出版社，北京，1962 年.
孫常敍（そんじょうじょ）(1) (Sun Chhang-Hsü).
　『耒耜的起源及其發展』，人民出版社，上海，1959 年.
大寨隊理論組（たいさいたいりろんぐみ）ほか (1) (Tachai Brigade Discussion Group).
　『齊民要術選釋』，科學出版社，北京，1975 年.
玉城　哲（たまきあきら）(1)
　『水の思想』，論争社，東京，1979 年.
中国農藝研究所（ちゅうごくのうげいけんきゅうしょ）(1) (Chinese Institute of Agronomy).
　『中國果樹志』，科学出版社，上海，1963 年.
中国農藝研究所（ちゅうごくのうげいけんきゅうしょ）(2) (Chinese Institute of Agronomy).
　『中国蔬菜優良品種』，農業出版社，北京，1959 年.
張偉如（ちょういじょ）(1) (Chang Wei-Ju).
　『中國植物油及其檢驗方法手冊』，中華書局，上海，1953 年.
趙雅書（ちょうがしょ）(1) (Chao Ya-Shu).
　「棉花傳入中國之經過」，沈宗瀚・趙雅書 (1) 所収，商務印書館，台北，1979 年，pp. 222-244.

張贊臣（ちょうさんしん）(2)（Chang Tsan-Chhen）.
　「我國歴代本草編輯」,『醫史雜誌』(1955 年), **7** 巻 (no. 1), p. 3.
張振新（ちょうしんしん）(1)（Chang Chen-Hsin）.
　「漢代的牛耕」,『文物』(1977 年), **8** 期, p. 57.
張政烺（ちょうせいろう）(1)（Chang Cheng-Lang）.
　「卜辭裒田及其相關諸問題」,『考古學報』(1973 年), **1** 期, p. 93.
張秉權（ちょうへいけん）(2)（Chang Ping-Chhüan）.
　「殷代的農業與気象」,『國立中央研究院歴史語言研究所集刊』(台北) (1970 年), **42** 期, p. 267.
著者不詳（Anon.）(*18*).
　『全国農具展覧会推薦展品』, 北京, 1958 年.
著者不詳（Anon.）(*28*).
　『雲南晉寧石寨山古墓羣發掘報告』, 文物出版, 北京, 1959 年.
著者不詳（Anon.）(*42*).
　『廣州出土漢代陶屋』, 文物出版, 北京, 1958 年.（穀倉, 井戸, 炉を含む）.
著者不詳（Anon.）(*43*).
　『新中國的考古收穫』, 文物出版, 北京, 1961 年. この報告集の著者 22 人の氏名は p. 135 に掲載されている.
著者不詳（Anon.）(*109*).
　『中国高等植物圖鑒』2 巻, 科學出版, 北京, 1972 年.
著者不詳（Anon.）(*501*).
　「長江下游新石器時代文化若干問題的探析」,『文物』(1978 年), **4** 期, p. 46.
著者不詳（Anon.）(*502*).
　『農具圖譜』4 巻, 通俗讀物出版社, 北京, 1958 年.
著者不詳（Anon.）(*503*).
　「河姆渡發現原始社会重要遺址」,『文物』(1976 年), **8** 期, p. 6.
著者不詳（Anon.）(*504*).
　「河姆渡遺址第一期發掘報告」,『考古學報』(1978 年), **1** 期, p. 39.
著者不詳（Anon.）(*506*).
　「陝西省發現的漢代鐵鏵和鏵土」,『文物』(1966 年), **1** 期, p. 19.
著者不詳（Anon.）(*507*).
　「河南澠池窖藏鐵器檢驗報告」,『文物』(1976 年), **8** 期, p. 52.
著者不詳（Anon.）(*508*).
　「澠池縣發現的古代窖藏鐵器」,『文物』(1976 年), **8** 期, p. 45.
著者不詳（Anon.）(*509*).
　「山東省萊蕪縣西漢農具鐵范」,『文物』(1977 年), **7** 期, p. 68.
著者不詳（Anon.）(*511*).
　「江西修水出土戰國青銅樂器和漢代鐵器」,『考古』(1965 年), **6** 期.
著者不詳（Anon.）(*512*).
　『漢唐壁画』, 北京外文出版社, 1974 年.
著者不詳（Anon.）(*514*).
　「上海馬橋遺址第一, 二次發掘」,『考古學報』(1978 年), **1** 期, pp. 109-137.
著者不詳（Anon.）(*515*).
　「廣西南部地區的新石器時代晩期文化遺存」,『文物』(1978 年), **9** 期, pp. 14-24.
著者不詳（Anon.）(*516*).

「廣東曲江石峽墓葬發掘簡報」,『文物』(1978 年), **7** 期, pp. 1-15.
著者不詳 (Anon.) (*517*).
「陝西臨潼發現武王征商簋」,『文物』(1977 年), **8** 期, pp. 1-13.
著者不詳 (Anon.) (*519*).
『農業知識手冊』, 人民出版社, 甘肅, 1972 年.
著者不詳 (Anon.) (*520*).
「貴州興義興仁漢墓」,『文物』(1979 年), **5** 期, pp. 20-35.
著者不詳 (Anon.) (*521*).
「燕下都第 22 號遺址發掘報告」,『考古』(1965 年), **11** 期, pp. 562-570.
著者不詳 (Anon.) (*522*).
「放射性碳素測定年代報告」,『考古』(1974 年), **5** 期, pp. 333-338.
著者不詳 (Anon.) (*523*).
「濟原泗澗溝三座漢墓的發掘」,『文物』(1973), **2** 期, pp. 46-54.
著者不詳 (Anon.) (*524*).
「四川新都縣發現一批畫象磚」,『文物』(1980 年), **2** 期, pp. 56-57.
著者不詳 (Anon.) (*525*).
「洛陽隋唐含嘉倉的發掘」,『文物』(1972 年), **3** 期, pp. 49 以下.
著者不詳 (Anon.) (*526*).
『洛陽燒溝漢墓』, 北京, 1959 年.
著者不詳 (Anon.) (*527*).
「廣西梧州市近年來出土的一批漢代文物」,『文物』(1977 年), **2** 期, pp. 70-71.
著者不詳 (Anon.) (*529*).
『徐光啓紀念論文集』, 中國科學院出版, 北京, 中華書局発行, 1963 年.
著者不詳 (Anon.) (*530*).
「遼寧省南部一萬年来自然環境之演變」,『中国科學』(中國科學院) (1977 年), **6** 期, pp. 603 - 614.
著者不詳 (Anon.) (*531*).
『中國古代農業科技』, 農業出版社, 北京, 1980 年.
著者不詳 (Anon.) (*532*).
『水稲基礎知識』, 人民出版社, 上海, 1976 年.
著者不詳 (Anon.) (*533*).
『怎樣種水稲』, 人民出版社, 上海, 1971 年.
著者不詳 (Anon.) (*534*).
『油料作物栽培』, 農業出版社, 北京, 1979 年.
著者不詳 (Anon.) (*535*).
『農家肥料』, 人民出版社, 洛陽, 1979 年.
著者不詳 (Anon.) (*536*).
『麻類栽培』, 農業出版社, 北京, 1962 年.
著者不詳 (Anon.) (*537*).
『棉花』, 科學出版社, 北京, 1977 年.
著者不詳 (Anon.) (*538*).
『廣州蔬菜品種志』, 人民出版社, 上海, 1974 年.
著者不詳 (Anon.) (*539*).
「甘肅永靖大何莊遺址發掘報告」,『考古學報』(1974 年), **2** 期, pp. 29-62.

陳久金（ちんきゅうきん）(1)(Chhen Chiu-Chin).
「曆法的起源和先秦的四分曆」,『科學史文集』(1978 年), **1** 期.
陳恒力（ちんこうりき）・王達（おうたつ）(1)(Chhen Heng-Li & Wang Ta).
『補農書研究』, 中華書局, 北京, 1958 年.
陳錫臣（ちんしゃくしん）(1)(Chhen Hsi-Chhen).
『中國的麻類作物』, 商務印書館, 上海, 1952 年.
陳祖槼（ちんそき）(1)(Chhen Tsu-Kuei).
『棉』, 中國農業遺産叢書第五卷, 中華書局, 北京, 1957 年.
陳祖槼（ちんそき）(2)(Chhen Tsu-Kuei).
『稻』, 中國農業遺産叢書第一卷, 中華書局, 北京, 1958 年.
陳登原（ちんとうげん）(1)(Chhen Teng-Yuan).
『中國田賦史』, 商務印書館, 發行年なし.
陳夢家（ちんぽうか）(4)(Chhen Meng-Chia).
『殷虛卜辭綜述』, 科學出版社, 北京, 1956 年.
陳良佐（ちんりょうさ）(1)(Chhen Liang-Tso).
「我國水稻栽培的幾項技術之發展及其重要性」,『食貨月刊』(1977 年), 7 卷, **11** 期, pp. 537-546.
陳良佐（ちんりょうさ）(2)(Chhen Liang-Tso).
「我國歷代農田施用之綠肥」,『大陸雜誌』(台北)(1973 年), 46 卷, **5** 期, pp.1-25.
丁穎（ていえい）(1)(Ting Yang).
『中國水稻栽培學』, 農業出版社, 北京, 1961 年.
丁穎（ていえい）(2)(Ting Yang).
「中國水稻品種的生態類型及其與生產發展的關系」,『中國農業科學』(1964 年), **10** 期.
丁穎（ていえい）・戚經文（せききょうぶん）(1)(Ting Ying & Chi Ching-Weng).
「中國之甘藷」,『中華農學会報』(1948 年), **186** 期, pp. 23-33.
程瑤田（ていようでん）(2)(Chheng Yao-Thien).
「考工創物小記」,『皇清經解』卷 536-9 所收, 北京, 1805 年頃.
董愷忱（とうがいしん）(1)(Tung Khai-Chhen).
『試論月令體裁的中國農書』, 北京農業大學圖書館, 1979 年 5 月. 訳, Tung Khai-Chhen (1).
唐漢良（とうかんりょう）(編)(1)(Thang Han-Liang).
『農歷及其編算』, 人民出版社, 江蘇, 1977 年.
董誥（とうこう）(編)(1)(Tung Kao).
『全唐文』, 1814. des Rotours (2), p. 97 參照.
董作賓（とうさくひん）(1)(Tung Tso-Pin).
『殷曆譜』, 李莊中央研究院, 1945 年. (準備ノート,『國立中央研究院歷史語言研究所集刊』(1936 年), **7** 期, p. 45; *SSE*, 1941, **2**, p. 1.)
董作賓（とうさくひん）(6)(Tung Tso-Pin).
「殷曆譜後記」,『國立中央研究院歷史語言研究所集刊』(1948 年), **13** 期, p. 183.
佟柱臣（とうちゅうしん）(1)(Thung Chu-Chhen).
「從二里頭類型文化試談中國的國家起源問題」,『文物』(1975 年), **6** 期, p. 29.
中尾萬三（なかおまんぞう）(1).
「食療本草の考察」,［孟銑 (Meng Sheng), 670 年頃］,『上海自然科學研究彙報』, 1930 年, **1** 卷, (no. 3), pp. 1-222.
長廣敏雄（ながひろとしお）(1)(編).
『漢代畫象の研究』, 京都大学人文科学研究所報告. 中央公論美術出版, 東京, 1965 年.

南京博物院（なんきんはくぶついん）(1)（Nanking Museum）.
　「長江下游新石器時代文化若干問題的探析」,『文物』(1978年), **4**期, pp. 46-57.
仁井田陞（にいだのぼる）(2).
　『唐宋法律文書の研究』, 東方文化學院, 東京, 1937年.
仁井田陞（にいだのぼる）(3).
　『中国の農村家族』, 東京大学出版会, 東京, 1952年.
西嶋定生（にしじまさだお）(1).
　『中国経済史研究』, 東京大学文学部, 東京, 1966年.
西山武一（にしやまぶいち）(1).
　「中国における水稲農業の発達」,『農業総合研究』(1959年), 3巻, **1**期, pp. 135-139.
西山武一（にしやまぶいち）・熊代幸雄（くましろゆきお）(1). (訳・註)
　『齊民要術』, 第2版, アジア経済出版会, 東京, 1969年（初版, 1957年）.
農工商部（のうこうしょうぶ）(1)（Min. of Agricultue, Industry & Trade）.
　『棉業圖説』, 8巻, 北京, 1911年.
馬國翰（ばこくかん）(1)（編）(Ma Kuo-Han).
　『玉函山房輯佚書』, 1853年.
林巳奈夫（はやしみなお）(4)（編）.
　『漢代の文物』, 京都大学人文科学研究所, 京都, 1976年.
原宗子（はらもとこ）(1).
　「いわゆる代田法の記載をめぐる諸解釋について」,『史学雑誌』(1974年), **85**編, p. 11.
萬國鼎（ばんこくてい）(1)（Wan Kuo-Ting）.
　『氾勝之書輯釋』, 中華書局, 北京, 1957年.
萬國鼎（ばんこくてい）(3)（Wan Kuo-Ting）.
　「區田法的研究」,『農史研究集刊』(1958年), **1**期, p. 5.
萬國鼎（ばんこくてい）(4)（Wan Kuo-Ting）.
　「齊民要術所記農業技術及其在中国農業技術史上的地位」,『南京農學院學報』(1956年), **1**期, p. 89.
萬國鼎（ばんこくてい）(5)（Wan Kuo-Ting）.
　「耦耕考」,『農史研究集刊』(1959年), **1**期, p. 75.
萬國鼎（ばんこくてい）(6)（Wan Kuo-Ting）.
　『陳旉農書校注』, 農業出版社, 北京, 1965年.
萬國鼎（ばんこくてい）(7)（Wan Kuo-Ting）.
　「廣譜便民圖纂」,『中國農報』(1962年), **11**期.
萬國鼎（ばんこくてい）(8)（Wan Kuo-Ting）.
　「韓鄂四時纂要」,『中國農報』(1962年), **11**期.
萬國鼎（ばんこくてい）(9)（Wan Kuo-Ting）.
　『五穀史話』, 中華書局, 北京, 1961年.
萬國鼎（ばんこくてい）(10)（Wan Kuo-Ting）.
　『中國田制史』, 正中書局, 南京, 1934年.
東　一夫（ひがしかずお）(1).
　『王安石新法の研究』, 風間書房, 東京, 1970年.
樋口清之（ひぐちきよゆき）(1).
　『弥生と邪馬台国』, 学習研究社, 東京, 1977年.
謬啓愉（びゅうけいゆ）(1)（Miao Chhi-Yü）.

「呉越銭氏在太湖地區的圩田制度和水利系統」,『農史研究集刊』(1960年), **2**期, pp. 139-158.
傳衣凌（ふいりょう）(*1*) (Fu I-Ling).
　『明清農村社會経濟』, 三聯出版社, 北京, 1961年.
馮澤芳（ふうたくほう）(*1*) (Feng Tse-Fang).
　『中國的棉花』, 財政經濟出版社, 北京, 1956年.
傅增湘（ふぞうしょう）(*1*) (Fu Tseng-Hsiang).
　『農學纂要』, 四川, 1902年.
古島敏雄（ふるしまとしお）(*1*).
　『日本農業技術史』2巻, 東京, 1959年.
古島敏雄（ふるしまとしお）(*2*).
　『日本農業史』, 岩波書店, 東京, 初版1956年, 16刷1973年.
北京農業大學（ぺきんのうぎょうだいがく）(*1*) (Pekin Agricultural College).
　『科學種田手册』, 人民出版社, 北京, 1975年.
牟永抗（ぼうえいこう）・宋兆麟（そうちょうりん）(*1*) (Mou Yung-Khang & Sung Chao Lin).
　「江浙的石犁和破土器―試論我國犁耕的起源」,『農業考古』(1981年), **2**期, pp. 75-84.
牟永抗（ぼうえいこう）・魏正瑾（ぎせいきん）(*1*) (Mou Yung-Khang & Wei Cheng-Chin).
　「馬家浜文化和良渚文化」,『文物』(1978年), **4**期, pp. 67-73.
彭書琳（ほうしょりん）・周石保（しゅうせきほ）(*1*) (Pheng Shu-Lin & Chou Shih-Pao).
　「廣西賓陽發現十萬年前的花生石化」,『農業考古』(1981年), **1**期, pp. 17-20.
方正三（ほうせいさん）(*1*) (Fang Cheng-San).
　『黃河中游黃土高原梯田的調査研究』, 科學出版社, 北京, 1958年.
彭世獎（ほうせいしょう）(*1*) (Pheng Shih-Chiang).
　「南方草木狀撰者撰期的若干問題」,『農史研究』(1980年), **1**期, pp. 75-80.
包世臣（ほうせいしん）(*1*) (Pao Shih-Chhen).
　『齊民四術』, 1849年.
牧野　巽（まきのたつみ）(*1*).
　『近世中國宗族研究』, 日光社, 東京, 1949年.
宮崎市定（みやざきいちさだ）(*3*).
　『アジア史研究』, 4巻, 東洋史研究会, 京都.
毛雝（もうよう）(*1*) (Mao Yung).
　『中國農書目錄彙編』, 金陵大學図書館, 南京, 1924年.
柳田節子（やなぎだせつこ）(*1*).
　「宋代土地所有性に見られる二つの型」, 東京大学東洋文化研究所紀要 (1963年), **29**期, pp. 95-130.
藪内　清（やぶうちきよし）(*11*).
　『天工開物の研究』, 東京, 1955年.
山田慶児（やまだけいじ）(編)(*3*).
　『中国の科学と科学者』, 京都大学人文科学研究所, 京都, 1979年.
友于（ゆうう）(*1*) (Yu Yü).
　「管子度地篇探微」,『農史研究集刊』(1959年), **1**期, pp. 1-15.
友于（ゆうう）(*2*) (Yu Yü).
　「管子地員篇研究」,『農史研究集刊』(1959年), **1**期, pp. 17-36.
友于（ゆうう）(*3*) (Yu Yü).
　「由西周到前漢的耕作」,『農史研究集刊』(1960年), **2**期, p. 1.

游修齡（ゆうしゅうれい）（1）（Yu Hsiu-Ling）.
　「從河姆渡遺址出土稻谷試論我国栽培稻的起源，分化與傳播」，『作物學報』（1979年），5巻，
　　3期，pp. 1-10.
楊家駱（ようからく）（1）（Yang Chia-Lo）.
　『四庫全書學典』，世界書局，上海，1946年.
楊寬（ようかん）（11）（Yang Khuan）.
　『古代新探』，中華書局，北京，1965年.
楊建芳（ようけんほう）（1）（Yang Chien-Fang）.
　「安徽釣魚台出土小麥年代商榷」，『考古』（1963年），11期，pp. 630-631.
楊式挺（ようしきてい）（1）（Yang Shih-Thing）.
　「談談石峽發現的栽培稻遺址」，『文物』（1978年），7期，pp. 23-28.
葉静淵（ようせいえん）（2）（Yeh Ching-Yuan）.
　『柑橘』，中国農業遺産叢書第14巻，中華書局，北京，1958年.
楊直民（ようちょくみん）・董愷忱（とうがいしん（1）（Yang Chih-Min & Tung Khai-Chhen）.
　「我國古代栽培植物起源方面的貢獻」，著者不詳（531），pp. 254-283 所収.
楊直民（ようちょくみん）ほか（1）（Yang Chih-Min）.
　『中國農書及其分類系統』，農學院図書館，北京，1979年5月.
楊旻（ようびん）（1）（Yang Min）.
　『古今事物科學雑談』，商務印書館，北京，1959年，再版1960年.
楊聯陞（ようれんしょう）（1）（Yang Lien-Sheng）.
　「從四民月令所見到的漢代家族的生産」，『食貨』（1935年），1巻，6期，pp. 8以下.
吉岡義信（よしおかよしのぶ）（1）.
　「宋代の勧農師に付いて」，『史学研究』（1955年），60期，pp. 43-49.
米田賢次郎（よねだけんじろう）（1）.
　「齊民要術と二年三毛作」，『東洋史研究』（1959年），17巻，4期，pp. 407-430.
萊陽（山東）農業學校（らいよう（さんとう）のうぎょうがっこう）（1）.
　『小麥』，科学出版社，北京，1975年.
洛陽博物館（らくようはくぶつかん）（1）（Loyang Museum）.
　「洛陽隋唐東都皇城内的倉窖遺址」，『考古』（1981年），4期，pp. 309-318.
羅香林（らこうりん）（6）（Lo Hsiang-Lin）.
　『中國族譜研究』，中国學社，香港，1971年.
李鏡池（りきょうち）（1）（Li Ching-Chhih）.
　「周易卦名考釋」，『嶺南學報』（1948年），9巻（no. 1），p. 197 と p. 303.
李鏡池（りきょうち）（2）（Li Ching-Chhih）.
　「周易筮辭續考」，『嶺南學報』（1947年），8巻（no. 1），p. 1 と p. 169.
李惠林（りけいりん）（1）（Li Hui-Lin）.
　『東南亞栽培植物之起源』，開会演説，香港中文大學，1966年.
李彦章（りげんしょう）（1）（Li Yen-Chang）.
　『江南催耕課稻編』，1834年，陳祖槼（Chhen Tsu-Kuei）（1），pp. 374-430 に収録.
李劍農（りけんのう）（3）（Li Chien-Nung）.
　『魏晋南北朝隋唐經濟史稿』，中華書局，北京，1958年；2版1963年.
李劍農（りけんのう）（4）（Li Chien-Nung）.
　『先秦兩漢經濟史稿』，中華書局，北京，1962年.
李劍農（りけんのう）（5）（Li Chien-Nung）.

『宋元明經濟史稿』, 三聯出版社, 北京, 1957 年.
李佐賢 (りさけん) (1) (Li Tso-Hsien).
『古泉滙』, 20 巻, 3 册, 利津, 山東, 1864 年.
李長年 (りちょうねん) (2) (編) (Li Chhang-Nien).
『麻類作物』, 中国農業遺産叢書第 8 巻, 農業出版社, 北京, 1961 年.
李長年 (りちょうねん) (3) (Li Chhang-Nien).
『齊民要術研究』, 農業出版社, 北京, 1959 年.
李長年 (りちょうねん) (4) (Li Chhang-Nien).
『豆類』, 中国農業遺産叢書第 4 巻, 中華書局, 北京, 1958 年.
李璠 (りはん) ほか (編) (1) (Li Fan).
『生物史』, 5 巻, 科學出版社, 北京, 1979 年.
李明啓 (りめいけい) (1) (Li Ming-Chhi).
「管子地員篇中的植物生理學知識」, 『農史研究』(1980 年), 1 期, pp. 71-74.
劉毓瑮 (りゅういくせん) (1) (Liu Yü-Chhüan).
「農桑輯要的作者版本和内容」, 『農史研究集刊』(1958 年), 1 期, pp. 215-226.
劉志遠 (りゅうしえん) (3) (Liu Chih-Yuan).
「四川漢代畫象磚反映的社會生活」, 『文物』(1975 年), 4 期, pp. 45-55.
劉志遠 (りゅうしえん) (4) (Liu Chih-Yuan).
「考古材料所見漢代的四川農業」, 『文物』(1979 年), 12 期, pp. 61-69.
柳子明 (りゅうしめい) (2) (Liu Tzu-Ming).
「中國栽培稻的起源及發展」, 『遺伝學報』(1975 年), 2 巻, 1 期.
劉仙洲 (りゅうせんしゅう) (7) (Liu Hsien-Chou).
『中國機械工程發明史』, 科学出版社, 北京, 1962 年.
劉仙洲 (りゅうせんしゅう) (8) (Liu Hsien-Chou).
『中國古代農業機械発明史』, 科学出版社, 北京, 1963 年. 初出, 『農業機械學報』(1962 年), 5 巻 (no. 1 & 2) (抄述).
劉仙洲 (8a) (Liu Hsien-Chou).
「中國古代在農業機械方面的發明」, 『農業機械學報』(1962 年), 5 巻 (no. 1), p. 1.
劉敦楨 (りゅうとんてい) (4) (Liu Tun-Chen).
『中国住宅概説』. 建築工程部建築科学研究院と南京工学院が合同で作った中国建築研究室の収集材料に拠る. 建築工程出版社, 北京, 1957 年. 挿絵のない抄訳, 廖宏榮 (Liao Hung-Yung) & R. T. F. Skinner, Collet, London 1957.
劉寶楠 (りゅうほうなん) (1) (Liu Pao-Nan).
「釋穀」, 北京, 1855 年. 『皇清經解』, 1075-8 巻所収.
龍伯堅 (りゅはくけん) (1) (Lung Po-Chien).
『現存本草書録』, 人民衛生出版社, 北京, 1957 年.
梁家勉 (りょうかべん) (1) (Liang Chia-Mien).
「我國動植物志的出現及其發展」, 華南農学院農史研究室第 8 回科学会議講演, 年代不明. 〔後に『科技史文集』第 4 輯, 1980 年に再録.〕
梁家勉 (Liang Chia-Mien) (2).
「中國農植物史證叙例」, 『金陵農刊』(1949 年), 1 巻 (no. 1), p. 17.
梁家勉 (りょうかべん) (3) (Liang Chia-Mien).
「農政全書撰述過程及若干有關問題的探討」, 著者不詳 (529), pp. 75-109 所収.
梁家勉 (りょうかべん) (4) (Liang Chia-Mien).

「齊民要術的撰者注者和撰期」,『華南農業科學』(1957年), **3**期, pp. 92-98.
梁家勉(りょうかべん)・戚經文(せきけいぶん)(*1*)(Liang Chia-Mien & Chhi Ching-Wen).
　「番薯引種考」,『華南農業科學』(1980), 1巻, **3**期, pp. 74-78.
梁光商(りょうこうしょう)(*1*)(Liang Kuang-Shang).
　「齊民要術中的生物學知識」,『農史研究』(1980), **1**期, pp. 81-88.
梁光商(りょうこうしょう)・戚經文(せきけいぶん)・呉萬春(ごばんしゅん)(*1*)(Liang Kuang-Shang, Chhi Ching-Wen, Wu Wan-Chhun).
　「我國籼粳的起源和分類的探討」, 著者不詳(*531*), pp. 249-253所収.
李來榮(りらいえい)(*1*)(Li Lai-Jung).
　『南方的果樹上山』, 科學出版社, 北京, 1956年.
和田利彦(わだとしひこ)編(*1*).
　『紹興校定經史證類備急本草』. 12世紀(おそらく1159年)の原稿の模写本が, 京都植物園の大森記念文庫に保存. 春陽堂, 東京, 1933年.
渡部忠世(わたべただよ)ほか(*1*).
　「稲作の起源とその展開をめぐって」,『季刊人類学』(1976年), 7巻, **2**号.

C. BOOKS AND JOURNAL ARTICLES IN WESTERN LANGUAGES

ABEL, WILHELM (1). *Geschichte der deutschen Landwirtschaft vom frühen Mittelatter bis zum 19. Jahrhundert.* Deutsche Agrargeschichte II, Eugen Ulmer, Stuttgart, 1962.

ADAIR, C.R. *et al.* (1). "Rice breeding and testing methods in the United States." In *Rice in the United States: Varieties and Production,* US Dept. Agric., Agric. Handbook no. 289, 1966.

AIGNER, J. (1). "Pleistocene remains from South China." *ASP* (1974), **16**, pp. 16–38.

ALEX, W. (1). *Japanese Architecture.* Prentice-Hall, London; Braziller, New York; 1963.

ALLAN, WILLIAM (1). *The African Husbandman.* Oliver and Boyd, Edinburgh and London, 1967.

ALLAN, WILLIAM (2). "Ecology, Techniques and Settlement Patterns." In Ucko, Tringham & Dimbleby (1), p. 211.

ALLCHIN, F. R. (1). "Early cultivated plants in India and Pakistan." In Ucko and Dimbleby (1), p. 323.

ALLEN, JIM (1). "The Hunting Neolithic: Adaptations to the Food Quest in Prehistoric Papua New Guinea." In J. V. S. Megaw (1), pp. 167–188.

ALLEN, J., J. GOLSON & R. JONES (ed.) (1). *Sunda and Sahel: Prehistoric Studies in Southeast Asia, Melanesia and Australia.* Academic Press, London & New York, 1977.

ALLEY, REWI and C. C. BOJESEN (1). "Agricultural Implements used in Southern Kiangsu." *CJ* (Feb. 1937), 26, **2**, p. 87.

AMANO, MOTONOSUKE (1). "Dry Farming and *Chhi Min Yao Shu*". Silver Jubilee Volume of The Zinbun-Kagaku-Kenkyusyo, Kyoto University, 1954, pp. 451–465.

AMES, OAKES (1). *Economic Annuals and Human Cultures.* Botanical Museum of Harvard University, Cambridge, Mass., 1939; repr. 1953.

AMIOT, J. J. M. (10). "Serres chinoises." *MCHSAMUC* (1778), **3**, pp. 423–437.

AMMERMAN, A. J. & L. L. CAVALLI-SFORZA (1). "The wave of advance model for the spread of agriculture in Europe." In Renfew & Cooke (1), pp. 275–294.

ANDERSON, E. N. Jr & M. J. Anderson (1). "Modern China, South." In K. C. Chang (3), pp. 317–382.

ANDERSON, RUSSELL H. (2). "Grain drills through thirty-nine centuries." *AGHST* (1936), 10, **4**, pp. 157–205.

ANDERSSON, J. G. (1). *Children of the Yellow Earth: Studies in Prehistoric China.* Kegan Paul, Trench, Trübner & Co, London, 1934; repr. MIT Press, Cambridge Mass., 1973. Tr. from the Swedish by E. Classen.

ANDERSSON, J. G. (3). "An early Chinese culture." *BGSC*, 1923, 5, **1**, pp. 1–68.

ANDERSSON, J. G. (4). "Preliminary report on archaeological research in Kansu." *BGSC* (1925), Memoirs, Ser. A, 5.

ANGLADETTE, A. (1). *Le riz.* G-P. Maisonneuve et Larose, Paris, 1966.

ANON. (160). *Historical Relics Unearthed in New China.* Foreign Languages Press, Peking, 1972.

ANON. (161). *Curiosities of Nature and Art in Husbandry and Gardening.* London, 1707.

ARCHER, M. (1). *Natural History Drawings in the India Office Library.* H.M.S.O., London, 1962.

ARNON, I. (1). *Crop Production in Dry Regions.* 2 vols, Leonard Hill, London, 1972.

ARNOTT, MARGARET L. (ed.) (1). *Gastronomy: the Anthropology of Food and Food Habits.* Mouton Publishers, The Hague & Paris, 1975.

ASCHMANN, H. (1). "Evaluations of Dry Land Environments by Societies at Various Levels of Technical Competence." In R. B. Woodbury (ed.), *Civilisations in Desert Lands*, University of Utah Press, Utah, 1962, p. 1.

ASH, ROBERT (1). *Land Tenure in Pre-Revolutionary China: Kiangsu Province in the 1920s and 1930s*. Res. Notes and Studies no, 1. Contemporary China Institute, School of Oriental and African Studies, London, 1976.

ASSOCIATION OF JAPANESE AGRICULTURAL SCIENTIFIC SOCIETIES (ed.) (1). *Rice in Asia*. University of Tokyo Press, Tokyo, 1975.

AUBERT, C., MAUREL, F. & PAIRAULT, T. (1). *Comptabitité rurale et Répartition du Revenu*. Centre de Recherche et de Documentation sur la Chine Contemporaire, Ecole des Hautes Etudes en Sciences Sociales, Paris, 1975.

BAKER, A. R. H. & R. A. BUTLIN (eds.) (1). *Studies of Field Systems in the British Isles*. Cambridge University Press, Cambridge, 1973.

BAKER, A. R. H. & R. A. BUTLIN (2). "Conclusion: problems and perspectives." In Baker & Butlin (1), pp. 619–656.

BALASSA, I. (1). "The Earliest Ploughshares in Central Europe." *TT* (1975), 2, **4**, p. 242.

BALASZ, E. (= S.) (7) (tr.). "Le traité économique du *Souei-Chou* [*Sui-Shu*] (Etudes sur la société et l'économie de la Chine médiévale). *TP* (1953), **42**, p. 113. Also sep. issued, Brill, Leiden, 1953.

BALASZ, E. (=S.) (8) (tr.). "Le traité juridique du *Souei-Chou* [*Sui Shu*]." *TP* (1954). Sep. pub. as *Etudes sur la société et l'économic de la Chine médiévale*, no. 2. Brill, Leiden, 1954 (Bibliotheque de l'Inst. des Hautes Etudes Chinoises, no. 9).

BARCHAEUS, A. G. (1). *Utdrag utur A.G.B.'s anteckningar 1–2*. Uppsala, 1828–29.

BARNARD, NOEL (ed.) (2). *Early Chinese Art and its Possible Influence in the Pacific Basin*. Proceedings of a Symposium Arranged by the Department of Art History & Archaeology, Columbia University, New York City, August 21–25, 1967; 3 vols; Intercultural Arts Press, New York, 1972.

BARRAU, JACQUES (1). "La région indo-pacifique comme centre de mise en culture et de domestication des végétaux." *JATBA* (1970), **17**, pp. 487–504.

BARRAU, Jacques (1a). "The Indo-Pacific area as a centre of origin of plant cultivation and domestication." Paper givenat a Symposium on Ethnobotany, Peabody Museum of Natural History, Yale, 1966.

BARRAU, JACQUES (ed.) (2). *Plants and the Migrations of Pacific Peoples*, 10th Pacific Science Congress; Bishop Museum Press, Honolulu, 1961.

BAYARD, D. T. (1). "On Chang's interpretation of Chinese radiocarbon dates." *CURRA* (1975), 16, **1**, pp. 167–169.

BEADLE, GEORGE W. (1). "The ancestry of corn." *SAM* (1980), **1**, pp. 96–103.

BENDER, BARBARA (1). *Farming in Prehistory: from Hunter-Gatherer to Food-Producer*. John Baker, London, 1975.

BEATTIE, HILARY J. (1). *Land and Lineage in China: a Study of Thung-Chheng Country, Anhwei, in the Ming and Chhing Dynasties*. Cambridge University Press, 1979.

BENEDICT, PAUL K. (1). "Austro-Thai." *BSN* (1966) **1**, pp. 227–261.

BENEDICT, PAUL K. (2). "Austro-Thai Studies, 3: Austro-Thai and Chinese." *BSN* (1967), **2**, pp. 275–336.

BERCH, A. (1). *Anmerkungen über die Schwedischen Pflüge*. Proceedings of the Royal Swedish Academy of

Sciences vol. 21 (1759), Stockholm.

BERG, GÖSTA (2). "Den Svenska Sadesharpan och dem Kinesiska" (on the coming of the rotary winnowing-fan from China to Europe). Art. in *Nosdiskt Folkminne; Studien tillagnade C. W. von Sydow*, Stockholm 1928.

BERG, GÖSTA (3). "The Introduction of the Winnowing-Machine in Europe in the 18th Century." *TT* (1976), 3, **1**, pp. 25–46.

BEUTLER, C. (1). "Un chapitre de la sensibilité collective: la littérature agricole en Europe continentale au XVIe siécle." *AHES/AESC* (1973), **5**, pp. 1280–1301.

BINFORD, LEWIS R. (1) "Post-Pleistocene adaptation." In R. S. Binford & L. R. Binford (ed.), *New Perspectives in Archaeology*, Aldine, Chicago, 1968, pp. 313–341,

BIOT, E. (1) (tr.). *Le Tcheou-Li ou Rites des Tcheou*. 3 vols., Imp. Nat., Paris, 1851 (photographically reproduced, Wentienko, Peiping, 1930).

BISHOP, C. W. (4). "The Neolithic Age in Ancient China." *AQ* (1938), **7**, p. 369.

BISHOP, CARL W. (9). "The Ritual Bullfight." *ARSI* (1926), pp. 447 – 55; repr. from *CJ* (1925), **3**, pp. 630–637.

BISHOP, C. W. (15). "The Origin and Early Diffusion of the Traction Plough." *AQ* (1936), **10**, p. 261.

BISHOP, T. A. M. (1). "Assarting and the growth of the open fields." *EHR* (1935-6), **6**, pp. 13–29.

BLITH, WALTER (1). *English Improver*. London, 1649.

BLJTH, WALTER (2). *English Improver Improved*. London, 1653.

BLOCH, JULES (2). "La Charrue Védique." *BLSOAS* (1936), **8**, pp. 411–418.

BLOCH, MARC (7). *Les caractères originaux de l'histoire rurale française*. 2 vols, A. Colin, Paris, 1952-6.

BODDE, D. (12) (tr.). *Annual Customs and Festivals in Peking, as Recorded in the Yen-Ching Sui-Shih-Chi by Tun Li-Chhen*. Henri Vetch, Peiping, 1936; 2nd ed. Hong Kong Univ. Press, Hong Kong, 1965.

BODDE, D. (24). "Henry A. Wallace and the Ever-Normal Granary." *FEQ*, (1946), **5**, pp. 411–426.

BODDE, D. (25). *Festivals in Classical China: New Year and Other Annual Observances During the Han Dynasty 206 BC-AD 220*. Princeton University Press/Chinese University of Hongkong, Princeton, 1975.

BOLENS, L. (2). *Les méthodes culturales au Moyen Âge d'après les traités d'agronomie andalous; traditions et techniques*. Inaug. Diss. Geneva (Médecine et Hygiène Publique), 1974.

BONEBAKKER, S. A. (1). *The Kitab Naqd al-Shi'r of Qudāma b. Ja'far*. Brill, Leiden, 1956.

BOSERUP, E. (1). *The Conditions of Agricultural Growth: The Economics of Agrarian Change under Population Pressure*. Allen & Unwin, London, 1965.

BOWEN, H. C. (1). *Ancient Fields: a Tentative Analysis of Vanishing Earthworks and Landscapes*. British Assocn. for the Advancement of Science, London, 1962.

BOURDE, ANDRÉ J. (1). *Agronomie et agronomes en France au XVIIIe siècle*. Série Les Hommes et la Terre, S.E.V.P.E.N., Paris, 1967, 3 vols,

BRAIDWOOD, ROBERT J. (1). *Prehistoric Men*. Chicago Natural History Museum Popular Series, Anthropology, no. 37, Chicago, 1961 (5th edn).

BRANDENBURG, DAVID J. (1). "Agriculture in the *Encyclopédie*: an essay in French intellectual history." *AGH* (1950), 24, **2**, pp. 96–108.

BRATANIĆ, B. (1). "Some Similarities between Ards of the Balkans, Scandinavia, and Anterior Asia, and their Methodological Significance." In A. F. C. Wallace (ed.), *Selected Papers of the Fifth International Congress of Anthropological and Ethnological Sciences, Philadelphia, September 1 – 9, 1956: Men and Cultures*, Philadelphia, 1960, pp. 221–228.

BRAUDEL, F. (1). *La Méditerranée et le monde méditerranéen à l'époque de Philippe II.* Colin, Paris, 1949.
BRAY, F. (1). "Swords into Ploughshares: a Study of Agricultural Technology and Society in Early China." *TCULT*, (1978), 19, **1**, pp. 1–31.
BRAY, F. (2). "Recent Changes in Padi Farming in Kelantan, Malaysia." Unpublished report for the British Academy & Royal Society, 1977.
BRAY, F. (3). "Agricultural Development and Agrarian Change in Han China." *EC* (1980) **5**, pp. 1–13.
BRAY, F. (4). "The Green Revolution: a new perspective." *MAST* (1979), 13, **4**, pp. 681–688.
BRAY, F. (5). "Essential Techniques for the Peasantry: an annotated translation of the 6th century Chinese agricultural treatise *Chhi Min Yao Shu*." In preparation.
BRAY, F. (6). "A slight technical hitch: universal theory versus specific applications in technological development, as seen in Asian agriculture." Paper presented at the United Nations University Symposium on Universality & Specificity, Tokyo, November 1981.
BRAY, F. (7). "The Chinese contribution to Europe's Agricultural Revolution: a technology transformed." In Li *et al.* (1), pp. 597–637.
BRAY, F. (8). "The evolution of the mouldboard plough in China." *TT* (1979), 3, **4**, pp. 227–240.
BRAY, F. and A. F. ROBERTSON (1). "Sharecropping in Kelantan." In G. Dalton (ed.), *Research in Economic Anthropology*, vol. 3, J.A.I. Inc., Greenwich, Conn., 1980, pp. 209–244.
BRAY, WARWICK (1). "From foraging to farming in early Mexico." In J. V. S. Megaw (ed.) (1), pp. 225–250.
BREEZE, D. J. (1). "Plough Marks at Carrawburgh on Hadrian's Wall." *TT* (1974), 2, **3**, p. 188.
BRETSCHNEIDER, E. (1). *Botanicum Simcum: Notes on Chinese Botany from Native and Western Sources.* 3 vols, Trübner & Co., London, 1882.
BRETSCHNEIDER, E. (6). *On the Study and Value of Chinese Botanical Works, with Notes on the History of Plants and Geographical Botany from Chinese Sources.* Foochow, 1870.
BRONSON, BENNET (1). "The earliest farming: demography as cause and consequence." In Charles A. Reed (2), pp. 23–48,
BROOK, TIMOTHY (1). "The social limits to technological transfer: the spread of rice cultivation into the Hopei region in the Ming and Chhing dynasties." In Li *et al.* (1), pp. 659–679.
BUCHANAN, FRANCIS (1). *A Journey from Madras Through the Countries of Mysore, Canara, and Malabar.* London, 1807.
BUCHANAN, K. (1). *The Chinese People and the Chinese Earth.* G. Bell & Sons, London, 1966.
BUCHANAN, K. (2). *The Transformation of the Chinese Earth: Perspectives on Modem China.* G. Bell & Sons, London, 1970.
BUCK, JOHN LOSSING (1). *Chinese Farm Economy: A Study of 2866 Farms in Seventeen Localities and Seven Provinces in China.* Publ. for the Univ. of Nanking & the China Council of the Inst. of Pacific Relations by the Univ. of Chicago Press, Chicago, 1930.
BUCK, JOHN LOSSING (2). *Land Utilisation in China.* Commercial Press, Shanghai, 1937.
BUDDENHAGEN, I. W. & G. J. PERSLEY (ed.) (1). *Rice in Africa.* Academic Press, London, 1978.
BURKILL, I. H. (1). *A Dictionary of the Economic Products of the Malay Peninsula.* 2 vols, published for the Malay Govt. by Crown Agents, London, 1935.
BYERS, D. S. (ed.) (1) *The Prehistory of the Tehuacan Valley, vol. 1: Environment and Subsistence.* University of Texas Press, Austin, 1967.

CALLEN, E. O. (1). "The first New World cereal." *AMA* (1967), 32, **4**, pp. 535–538.
CAMERON, J. W. & R. K. SOOST (1). "Citrus." In Simmonds (1), pp. 261–265.

DE CANDOLLE, ALPHONSE (1). *The Origin of Cultivated Plants*. Kegan Paul, London, 1884 (International Scientific Series, no. 49). Translated from the French edition, Geneva, 1883. Engl. 2nd ed. London, 1886 reproduced photolithographically, Hafner, New York, 1959.

CAREFOOT, G. L. and E. R. SPROTT (1). *Famine on the Wind: Plant Diseases and Human History*. New York, 1967.

CARO BAROJA, J. (1). *Los Pueblos del Norte de la Península Ibérica: Análisis Histórico-Cultural*. Editorial Txertoa, San Sebastian, 1973.

CARTER, GEORGE F. (2). "Movement of people and ideas across the Pacific." In J. Barrau (2), pp. 7–22.

CARTER, GEORGE F. (10). "A Hypothesis suggesting a Single Origin of Agriculture." In Charles A. Reed (2), pp. 89–134.

CARTIER, M. (1). *Une réforme locale en Chine au XVIe siècle: Hai Jui à Chun'an 1558–1562*. Mouton, Paris & The Hague, 1973.

CATO, MARCUS PORCIUS (1). *De Agri Cultura*. Tr. W. D. Hooper, revised H. B. Ash, Loeb Classical Library, Heinemann, London, 1954.

CATON-THOMPSON, G. & E. W. GARDNER (1). *The Desert Fayum*. 2 vols, Royal Anthropological Institute, London, 1937.

CHAGNON, N. A. (1). *Yanamamö, the Fierce People*. Holt, Rinehart and Winston, New York & London, 1968.

CHAMBERS, J. D. (1). "Enclosures and labour supply to the Industrial Revolution." In E. L. Jones, ed. (1), pp. 94–127.

CHANG, CHUNG-LI (1). *The Income of the Chinese Gentry*. University of Washington Press, Seattle, 1962.

CHANG, K. C. (1). *The Archaeology of Ancient China*. Yale University Press, 1st ed. 1963; 3rd revised ed. 1977.

CHANG, K. C. (2). *Fengpitou, Tapenkeng, and The Prehistory of Taiwan*. Yale University Publications in Anthropology no. 73, New Haven, 1969.

CHANG, K. C. (ed.) (3). *Food in Chinese Culture: Anthropological and Historical Perspectives*. Yale University Press, New Haven & London, 1977.

CHANG, K. C. (4). "Ancient China." In K. C. Chang (ed.) (3), pp. 25–52.

CHANG, K. C. (5). *Shang Civilisation*. Yale University Press, New Haven & London, 1980.

CHANG, K. C. (6). "The beginnings of agriculture in the Far East." *AQ* (1970), **64**, pp. 175–185.

CHANG, TE-TZU (1). "The Rice Cultures." In Hutchinson, Clarke, Jope & Riley (1), pp. 143–157.

CHANG, TE-TZU (2). "The origin, evolution, cultivation, dissemination, and diversification of Asian and African rices," *EUP* (1976), **25**, pp. 425–441.

CHATLEY, H. (1). MS. translation of the astronomical chapter (Ch. 3, Thien Wen) of *Huai Nan Tzu*. Unpublished. (Cf. note in *O* (1952), **72**, p. 84.)

CHAVANNES, E. (1). *Les Mémoires Historiques de Se-Ma Ts'ien [Ssuma Chhien]*. 5 vols. Leroux, Paris, 1895–1905. (Photographically reproduced, in China, without imprint and undated.)

    1895 vol. 1 tr. *Shih. Chi*, chs. 1, 2, 3, 4.
    1897 vol. 2 tr. *Shih. Chi*, chs. 5, 6, 7, 8, 9, 10, 11, 12.
    1898 vol. 3 (i) tr. *Shih. Chi*, chs. 13, 14, 15, 16, 17, 18, 19, 20, 21, 22.
          vol. 3 (ii) tr. *Shih. Chi*, chs. 23, 24, 25, 26, 27, 28, 29, 30.
    1901 vol. 4 tr. *Shih. Chi*, chs. 31, 32, 33, 34, 35, 36, 37, 38, 39, 40, 41, 42.
    1905 vol. 5 tr. *Shih. Chi*, chs. 43, 44, 45, 46, 47.

CHAVANNES, E. (6) (tr.). "Les Pays d'Occident d'après le Heou Han Chou." *TP* (1907), **8**, p. 149. (Ch.

118, on the Western Countries, from *Hou Han Shu.*)

CHAVANNES, E. (16). "Trois Généraux Chinois de la Dynastie des Han Orientaux." *TP* (1906), **7**, p. 210. (Tr. ch. 77 of the *Hou Han Shu* on Pan Chhao, Pan Yung and Liang Chhin.)

CHEN TSU-LUNG (1). "Note on Wang Fu's *Chha Chiu Lun.*" *S* (1953), 6, **4**, p. 271.

CHENG, SIOK-HWA (1). *The Rice Industry of Burma, 1852–1940.* University of Malaya Press, Kuala Lumpur and Singapore, 1968.

CHENG, TE-KHUN (17). "Metallurgy in Shang China." *TP* (1974), 60, **4–5**, p. 109.

CHESNEAUX, JEAN, ed. (1). *Popular Movements and Secret Societies in China, 1840–1950.* Stanford University Press, Stanford, 1972.

CHEVALIER, H. (3). "Les Anciennes Charrues de l'Europe." *IEA* (1912), **1**, p. 41.

CHHÜ THUNG-TSU (1). *Han Social Structure.* Washington University Press, Seattle, 1972.

CHI CHHAO-TING (1). *Key Economic Areas in Chinese History.* Allen and Unwin, London, 1936.

CHILDE, V. GORDON (2). *Man Makes Himself.* Watts, London, 1941.

CHILDE, V. GORDON (4). *What Happened in History.* Penguin, Harmondsworth, 1st ed. 1942; revised ed. 1954.

CHU K.HO-CHEN (9). "A preliminary study of climatic fluctuations during the last five thousand years in China." *SCISA* (1973), 14, **2**.

CIPOLLA, CARLO M. (ed.) (4). *The Fontana Economic History of Europe: The Industrial Revolution.* Fontana/Collins, London, 1973.

CLARK, GRAHAME (3). *World Prehistory: an Outline.* Cambridge University Press, Cambridge, 1961.

CLARKE, CUTHBERT (1). *True Theory and Practice of Husbandry.* London, 1777.

CLARKE, D, (1). *Analytical Archaeology.* Methuen, London, 1968.

CLARKE, D, V. (1). "A Plough Pebble from Colstoun, Scotland." *TT* (1972), 2, **1**, p. 50.

CLEMENT-MULLET, J.-J. (1) (tr.). *Le livre d'agriculture d'Ibn al-'Awwām.* Paris, 1864–7.

COBBETT, WILLIAM (1). *Rural Rides,* 1st ed. 1830; revised Penguin, Harmondsworth, 1967.

COEDÈS, G. (5). *Les états hindouisés d'Indochine et d'Indonésie.* Boccard, Paris, 1948. (*Histoire du monde,* ed. E.Cavaignac, vol. 8, pt. 2.)

COHEN, M. N. (1). *The Food Crisis in Prehistory: Overpopulation and the Origins of Agriculture.* Yale University Press, New Haven & London, 1977.

COHEN, M. N. (2). "Population pressure and the origins of agriculture: an archaeological example from the coast of Peru." In Charles A. Reed (2), pp. 135–138.

COLANI, MADELEINE (7). *Emploi de la pierre en des temps reculés. Annam--Indonésie--Assam.* Publication des Amis du Vieux Hué, Hanoi, 1940.

COLER, JOHANN (1). *Oeconomia ruralis et domestica, oder Hausbuch.* 6 vols, Silesia, 1591–1607.

COLLINS, E. J. T. (1). "The diffusion of the threshing machine in Britain, 1790–1880." *TT* (1972), 2, **1**, pp. 16–23.

COLUMELLA, LUCIUS JUNIUS MODERATUS (1) (Trs. H. B. Ash). *Res Rustica* (On Agriculture). Loeb Classical Library, Heinemann, London, 1948.

CONDOMINAS, G. (1). *Nous avons mangé la forêt.* Paris, 1957.

COPELAND, E. B. (1) *Rice.* MacMillan, London, 1924.

COPLAND, SAMUEL ["The Old Norfolk Farmer"] (1). *Agriculture Ancient and Modern: a Historical Account of its Principles and Practice exemplified in their Rise Progress and Development.* James S. Virtue, London, 1866.

COURSEY, D. G. (1). *Yams.* Longmans, Green, London, 1967.

COURSEY, D. G. (2). "The origins and domestication of yams in Africa." In Harlan, de Wet & Stemler (1), pp. 383–408.

COURSEY, D. G. (3). "*Yams.*" In Simmonds (1), pp. 70–74.

COUVREUR, F. S. (3) (tr.). '*Li Ki*' [*Li Chi*], *ou Mémoires sur les Bienséances et les Cérémonies*, 2 vols. Hochienfu, 1913.

CRESCENZI, PIETRO DE (1). *Opus ruralium commodorum.* Presented to Charles II, King of Sicily, in 1304; first printed ed. in 1471 (Augsburg).

DE CRESPIGNY, R. (1). *Official Titles of the Former Han Dynasty.* Australian National University, Canberra, 1967.

CRESSEY, G.B. (1). *China's Geographic Foundations; A Survey of the Land and its People.* McGraw-Hill, New York, 1934.

CROOK, ISABEL & DAVID CROOK (1). *Revolution in a Chinese Village: Ten Mile Inn.* Routledge & Kegan Paul, London, 1959.

CTARIKOV, V. S. (1). "K Istorii Zemledel" cheskix Orudii Hanizev na Cevero-vostokye Kitaya' [Towards a history of Han agricultural implements in Northeast China]. In *Iz Istorii Nauki i Texniki v Stranax Vostoka*, Moscow, 1960, pp. 81–126.

CUMMINS, J. S. (1). "Fray Domingo Navarrete: a source for Quesnay." *BHS* (1959), **36**, pp. 37–50.

CURWEN, E. C. (1). "The plough and the origin of strip lynchets." *AQ* (1939), **13**, p. 45.

CURWEN, E. C. & G. HATT (1): *Plough and Pasture: the Early History of Farming*, Henry Schuman, New York, 1953.

DAHLMAN, CARL J. (1). *The Open Field System and Beyond: a Property Rights Analysis of an Economic Institution.* Cambridge University Press, 1980.

DALTON, G. (1). "Economic Surplus, Once Again." *AAN* (1963), 65, **2**, p. 389.

DAVIDSON, JEREMY (1). "Recent Archaeological Activity in Vietnam." *JHKAS* (1975), **6**, pp. 80–100.

DAVIES, D. ROY (1). "Peas." In Simmonds (1), pp. 172–174.

DAVIES, NIGEL (1). *The Aztecs: a History.* Abacus (Sphere), London, 1977.

VON DEWALL, M. (2). "Decorative Concepts and Stylistic Principles in the Bronze Art of Tien." In N. Barnard (2), pp. 329–72.

VON DEWALL, M. (3). "The Tien culture of South-West China." *AQ* (1967), **40**, pp. 8–21.

DHARAMPAL (1). *Indian Science and Technology in the Eighteenth Century.* Impex India, Delhi, 1971.

DOBBY, E. H. G. (1). "Paddy landscapes of Malaya: Kelantan." *MJTG* (1957), **10**, pp. i–42.

DOBSON, W. A. C. H. (1). "Linguistic Evidence and the Dating of the Book of Songs." *TP* (1964), LT, pp. 322–34.

DOGGETT, H. (1). "Sorghum." In Simmonds (1), pp. 112–16.

DONKIN, R. A. (1). *Agricultural Terracing in the Aboriginal New World.* Viking Fund Publications in Anthropology, University of Arizona Press, Tucson, 1979.

DOUGLAS, MARY (1). *Purity and Danger: An Analysis of Concepts of Pollution and Taboo.* Routledge and Kegan Paul, London, 1966.

DOUGLAS, R. K. (1). *Orientalia Antiqua.* 1882.

DUHAMEL DU MONCEAU, H.-L. (1). *Expériences el réflexions relatives au traité de la culture des terres.* Paris, 1751.

DUBY, G. (1). *Guerriers et paysans* : *VIIe-XIIe siècle, premier essor de l'économie européenne.* NRF, Paris, 1973.

DUBY, G. (2). *L' économie rurale et la vie des campagnes dans l' Occident médiéval.* 2 vols., Aubier, Paris, 1962.

DUBY, G. & A. WALLON (eds.) (1). *Histoire de la France rurale.* 4 vols., Seuil, Paris, 1975–6.
DUMAN, L. I. (1). "On the Social and Economic System of China in the Western Han Period." Paper presented at the 24th International Congress of Orientalists, Moscow, 1957.
DUYVENDAK, J. L. L. (3) (tr.). *The Book of the Lord Shang; a Classic of the Chinese School of Law.* Probsthain, London, 1928.

EBERHARD, WOLFRAM. (2) *The Local Cultures of South and East China.* Brill, Leiden, 1968.
EBERHARD, WOLFRAM (26). *Das Toba-Reich Nordchinas.* Brill, Leiden, 1949.
EBERHARD, WOLFRAM (28). *Social Mobility in Traditional China.* E. J. Brill, Leiden, 1962.
EBREY, P. B. (1). *The Aristocratic Families of Early Imperial China: a Case Study of the Po-Ling Tshui Family.* Cambridge Studies in Chinese History, Literature and Institutions, Cambridge University Press, Cambridge, 1978.
EBREY, P. B. (2). "Estate & family management in the Later Han as seen in the *Monthly Instructions for the Four Classes of People.*" *JESHO* (1974), 17, **2**, pp. 173 ff.
ELVIN, MARK (2). *The Pattern of the Chinese Past.* Methuen, London, 1973.
ELVIN, MARK (3). "Skills and resources in late traditional China." In Dwight H. Perkins, ed. (2), pp. 85–113.
EMBREE, J. F. (1). *A Japanese Village: Suye Mura.* Kegan Paul, Trench, Trubner & Co., London, 1946.
ERKES, E. (1) (tr.). "Das Weltbild d. Huai-nan-tze" (tr. of ch. 4). *OAZ* (1918), **5**, p. 27.
ERKES, E. (22). *Die Entwicklung der chinesischen Gesellschaft von der Urzeit bis zur Gegenwart.* Berlin, 1953.
ERNLE, LORD (K. E. PROTHERO) (1). *English Farming Past and Present,* 1st ed. London 1917; reprinted Benjamin Blom, Inc., New York, 1972.
ERNLE, LORD (K. E. PROTHERO) (2). *The Pioneers and Progress of English Farming.* Longmans, Green & Co., London, 1888.
ESHERICK, JOSEPH W. (1). "Number games: a note on land distribution in prerevolutionary China." *MODC* (1981), 7, **4**, pp. 387–412.
ESTIENNE, CHARLES (1). *Praedium rusticum.* Paris, 1554.
ESTIENNE, CHARLES & LIEBAULT, JEAN (1). *Maison Rustique, or the Countrie Farme,* tr. Richard Surfleet, London, 1600; ed. by Gervase Markham, London, 1616 (1st French ed. Paris, 1567).
EVANS, ALICE M. (1). "Beans." In Simmonds (1), pp. 168–172.
EVANS, E. ESTYN (1). "Introduction." In Gailey & Fenton (1), p. 1.
EVANS, GEORGE EWART (1). *Ask The Fellows who Cut the Hay.* Faber & Faber, London, 1956.
EVANS, L. T. and W. J. PEACOCK (eds.) (1). *Wheat Science--Today and Tomorrow.* Cambridge University Press, Cambridge, 1981.

FEI, HSIAO-THUNG (2). *Peasant Life in China: a Field Study of Country Life in the Yangtze Valley.* George Routledge and Sons, London, 1939.
FEI, HSIAO-THUNG and CHANG, CHIH-I (1). *Earthbound China: a Study of Rural Economy in Yünnan.* Routledge and Kegan Paul, London, 1948; rep. Chicago University Press, Chicago, 1975.
FELDMAN, MOSHE (1). "Wheats." In Simmonds (1), pp. 120–128.
FELDMAN, MOSHE & E. R. SEARS (1). "The wild gene resources of wheat." *SAM* (1981), **1**, pp. 98–109
FENTON, A. (1). "Early and Traditional Cultivating Implements in Scotland." *PSAS* (1962–3), **96**, p. 312.
FENTON, A. (2). "The Cas-Chrom, a Review of the Scottish Evidence." *TT* (1974), 2, **3**, p. 131.

FENTON, A. (3). "The Plough-Song: a Scottish Source for Medieval Plough History." *TT* (1970), 1, **3**, p. 175.
FENTON, A. (4). Review of *Stone Shares of Ploughing Implements from the Bronze Age of Syria* by Axel Steensberg (4). *TCULT* (1978), 19, **3**, p. 514.
FINSTERBUSCH, K. (1). *Verzeichnis und Motivindex der Han-Darstellung.* 2 vols, Otto Harrassowitz, Wiesbaden, 1971.
FIRTH, RAYMOND (1). "Faith & Scepticism in Kelantan Village Magic." In W. R. Roff (1), pp. 192 ff.
FITZHERBERT, JOHN (1). *The Boke of Husbandrye Verye Profytable and Necessarye for Al Maner of Persons Newlye Corrected and Amended by the Auctor Fitzherbard.* Richard Kele, Lumbard St., London, 1523.
FLANNERY, KENT V. (1). "Origins and Ecological Effects of Early Domestication in Iran and the Near East." In Ucko & Dimbleby (1), pp. 73–100.
FLANNERY, KENT V. (2). "Archaeological systems theory and early meso-America." In Betty J. Meggers (ed.), *Anthropological Archaeology in the Americas*, Anthrop. Soc. of Washington, Washington D.C., 1968, pp. 67–87.
FLANNERY, KENT V. (3). "The cultural evolution of civilisation." *ARES* (1972), **3**, pp. 399–426.
FOGG, WAYNE H. (1). "The domestication of *Setaria italica* (L.) Beauv.; a study of the process and origin of cereal agriculture in China." In Keightley (4), pp. 95–115.
FOOD & FERTILISER TECHNOLOGY CENTRE FOR THE ASIAN & PACIFIC REGION (1). *Multiple Cropping Systems in Taiwan.* Taipei, 1974.
FORKE, A. (4) (tr.)."*Lun-Hêng*", *Philosophical Essays of Wang Chhung.* Vol. 1, 1907. Kelly & Walsh, Shanghai; Luzac, London; Harrassowitz, Leipzig. Vol. 2, 1911 (with the addition of Reimer, Berlin). Photolitho re-issue, Paragon, New York, 1962. (*MSOS*, Beibände, **10** and **14**.) Crit. P. Pelliot, *JA* (1912) (10ᵉ sér.), **20**, p. 156.
FORTUNE, ROBERT (4). *A Residence among the Chinese: Inland, on the Coast, and at Sea, Being a Narrative of Scenes and Adventures During a Third Visit to China, from 1853 to 1856.* John Murray, London, 1857.
FRANKE, O. (11). *Kêng Tschi T'u: Ackerbau und Seidengewinnung in China.* L. Friederichsen & Co, Hamburg, 1913.
FRANKEL, FRANCINE (1). *India's Green Revolution: Economic Gains and Political Costs.* Princeton University Press, Princeton, 1971.
FRANKEL, H. H. (1). *Catalogue of Translations from the Chinese Dynastic Histories for the Period 220 to 960.* Univ. Calif. Press, Berkeley and Los Angeles, 1957. (Inst. Internat. Studies, Univ. of California, East Asia Studies, Chinese Dynastic Histories Translations, Suppl. no. 1.)
FRAZER, J. G. (1). *The Golden Bough: A Study in Magic and Religion.* Abridged edition, Macmillan & Co. Ltd, London, 1923.
FREAM, W. (1). *Elements of Agriculture.* 15th ed., edited by D. H. Robinson, revised & metricated by Neil F. McCann; John Murray, London, 1977 (1st ed. 1892).
FREEDMAN, M. (3). *Chinese Lineage and Society: Fukien and Kwangtung.* University of London, Athlone Press, London, 1966.
FREEDMAN, M. (4). *Lineage Organisation in Southeastern China.* University of London, Athlone Press, London; 1st ed. 1958, repr. 1970.
FREEDMAN, M. (ed.) (5). *Family and Kinship in Chinese Society.* Stanford University Press, Stanford, 1970.
FREEMAN, DEREK (1). *Report on the Iban.* 2nd ed., University of London, Athlone Press, London, 1970.
FREEMAN, MICHAEL (2). "Sung." In K. C. Chang (3), pp. 141–192.

FUCHS, LEONHARD (1). *De Historia Stirpium* ... Isingrin, Basel, 1542. Repr. 1545. German ed. *Neu Kreüterbůch*, Isingrin, Basel, 1543.
FUKUSHIMA, Y. (1). Review of E. Pauer (1). *TCULT* (1975), 16, **4**, pp. 628–30.
FUSSELL, G. E. (1). *Farming Technique from Prehistoric to Modern Times*. The Commonwealth and International Library of Science, Technology, Engineering and Liberal Studies, Pergamon Press, Oxford, 1965.
FUSSELL, G. E. (2). *The Farmer's Tools: 1500–1900*. Andrew Melrose, London, 1952.
FUSSELL, G. E. (3). *Crop Nutrition: Science and Practice Before Liebig*. Coronado Press, Kansas, 1971.
FUSSELL, G. E. (4). "The Agricultural Revolution, 1600–1850." From *Technology in Western Civilisation*, vol. 1, ed. Melvin Kranzberg & Carroll W. Pursell Jr., University of Wisconsin Press, Madison, 1967.
FUSSELL, G. E. (5). *The Classical Tradition in West European Farming*. David & Charles, Newton Abbot, 1972.
FÜZES, E. (1). "Die Getreidespeicher im Südlichen Teil des Karpatenbeckens." *Akadémiai Kiadó*, Budapest (1972) pp. 583–619.
FÜZES, E. (2). "Die traditionelle Getreideaufbewahrung im Karpatenbecken." In Gast & Sigaut (1), vol. 2, pp. 66–83.

GABEL, C. (1). *Analysis of Prehistoric Economic Patterns*. Holt, Rinehart and Winston, New York & London, 1967.
GAILEY, A. (1). "Spade Tillage in South-West Ulster and North Connacht." *TT* (1971), 1, **4**, p. 225.
GAILEY, A. (2). "The Typology of the Irish Spade." In Gailey & Fenton (1), p. 45.
GAILEY, A. & A. FENTON (1) (eds.). *The Spade in Northern and Atlantic Europe*. Ulster Folk Museum Institute of Irish Studies, Queens University, Belfast, 1970.
GAIR, R., J. E. E. JENKINS & E. LESTER (1). *Cereal Pests and Diseases*. Farming Press, Ipswich, 1976.
GALE, E. M (1) (tr.) *Discourses on Salt and Iron*. Brill, Leyden, 1931.
GALLO, AGOSTINO (1). *La dieci giornata dell vera agricoltura*. Italy, 1556.
GAMBLE, SIDNEY T. (1). *Ting Hsien: A North China Rural Community*. Stanford University Press, Stanford; 1st ed. 1954, reissued 1968.
GARINE, I. DE (1). "Greniers à mil dans l'arrondissement de Thienaba, région de Thiès (Sénégal)." In Gast & Sigaut (1), vol. 2, pp. 85–97.
GAST, M. & F. SIGAUT (eds.) (1) *Les techniques de conservation des grains à long terme*. CNRS, Paris; vol. 1, 1979; vol. 2, 1981.
GEDDES, W. R. (1). *Migrants of the Mountains: the Cultural Ecology of the Blue Miao (Hmong Njua) of Thailand*. Clarendon Press, Oxford, 1976.
GEERTZ, C. (1). *Agricultural Involution: The Processes of Ecological Change in Indonesia*. University of California Press, Berkeley and Los Angeles, 1963.
GERARD, JOHN (1). *The Herbal or General History of Plants*. Complete 1633 ed. as revised and enlarged by Thomas Johnson, Dover Publications, New York, 1975.
GIBSON, MCGUIRE (1). "Population shift and the rise of Mesopotamian civilisation." In Colin Renfrew (2) pp. 447–63.
GILES, L. (2). *An Alphabetical Index to the Chinese Encyclopaedia (Chin Ting Ku Chin Thu Shu Chi Chheng)*. British Museum, London, 1911.
GILLE, B. (15). "Recherches sur les Instruments du Labour au Moyen Âge." *BEC* (1962), **120**, p. 5.

GILLE, B. (ed.) (16). *Histoire des techniques: technique et civilisations, technique et sciences.* Encyclopédie de la Pléiade, N. R. F., Paris, 1978.

GILLE, B. (17). "Les systèmes bloqués." In B. Gille (16), pp. 441–507.

GLOVER, I. C. (1). "The Hoabinhian: hunter-gatherers or early agriculturalists in Southeast Asia?" In Megaw (1) pp. 145–66.

GOLAS, PETER J. (1). "Rural China in the Song." *JAS* (1980), 39, **2**, pp. 291–325.

GOLSON, JACK (1). "No room at the top: agricultural intensification in the New Guinea Highlands." In Allen, Golson & Jones (1), pp. 601–638.

GOMEZ-TABANERA, J. M. (1). "El hórreo hispanico y las técnicas de conservación de grano en el N. W. de la peninsula iberica." In Gast & Sigaut (1), vol. 2, pp. 97–117.

GONZALES DE MENDOZA, PADRE JUAN (1). *The History of the Great and Mighty Kingdom of China and the Situation Thereof.* Tr. R. Parke, ed. Sir George Staunton, Bart., Hakluyt Society, London, 1853 (1st published in Rome in 1585).

GOODY, J. R. & S. J. TAMBIAH (1). *Bridewealth and Dowry.* Cambridge University Press, Cambridge, 1973.

GOODY, J. R., J. THIRSK & E. P. THOMPSON (eds.) (1). *Family and Inheritance: Rural Society in Western Europe 1200–1800.* Cambridge University Press, 1976.

GORMAN, CHESTER (1). "*A priori* models and Thai prehistory: beginnings of agriculture." In C. A. Reed (2), pp. 321–355.

GORMAN, CHESTER (2). "The Hoabinhian and after: subsistence patterns in Southeast Asia during the Late Pleistocene and early Recent periods." *WARC* (1971), 2, **3**, pp. 300–320.

GRAHAM, D. C. (1). *Statistical Report on the Principality of Kolhapoor.* Selections from the Records of the Bombay Government no. VIII, new series, Bombay, 1854.

GREGORY, W. C. & M. P. GREGORY (1). "Groundnut." In Simmonds (1), pp. 151–154.

GRIEVE, M. (1). *A Modern Herbal.* Edited & introduced by C. F. Leyel, 2nd ed., Jonathan Cape, 1974 (1st ed. 1931).

GRIGG, D. B. (1). *The Agricultural Systems of the World; an Evolutionary Approach.* Cambridge University Press, 1974.

GRIST, D. H. (1). *Rice.* 5th ed., Longman, London, 1975.

GROSSER, MARTIN (1). *Kurze und gar einfeltige Anleitung zu der Landwirtschaft.* 1st ed. 1590; new ed. Fischer Verlag, Stuttgart, 1965.

GROVE, LINDA & ESHERICK, JOSEPH W. (1). "From feudalism to capitalism: Japanese scholarship on the transformation of Chinese rural society." *MODC* (1980), 6, **4**, pp. 397–438.

GRYNPAS, B. (1). *Les Écrits de Tai l'Ancien et le Petit Calendrier des Hia:Textes Confucéens Taoisants.* Librairie d'Amérique et d'Orient, Adrien Maisonneuve, Paris, 1972.

GUTHRIE, CHESTER L. (1). "A Seventeenth Century 'Ever-Normal Granary', the Alhóndiga of Colonial Mexico City." *AGHST* (1941), **15**, pp. 37–43.

HAGERTY, M. J. (17). "Comments on writings concerning Chinese sorghums." *HJAS* (Jan.1941), 5, **3–4**, pp. 234–260.

HAHN, E. (1). *Von der Hacke zum Pflug.* Quelle & Mayer, Leipzig, 1914.

HALCOTT, THOMAS (1). "On the Drill Husbandry of Southern India." 1797; reproduced In Dharampal (1), pp. 210–214.

DU HALDE, J. B. (ed). (2). *Lettres édifiantes et curieuses écrites des missions étrangères par quelques missionnaires de la Compagnie de Jesus.* 18 vols, Paris, 1711–43.

HALOUN, G. (2). Translations of *Kuan Tzu* and other ancient texts made with Joseph Needham, unpub. MSS.

HALOUN, G. (5). "Legalist Fragments, I; *Kuan Tzu* ch. 55, and related texts." *AM* (1951) (n.s.), **2**, p. 85.

HAMMOND, J. L. & B. HAMMOND (1). *The Village Labourer*. 1st ed. 1911; new ed. introduced & edited by G. E. Mingay, Longman, London, 1978.

HANSEN, H.-O. (1). "Experimental Ploughing with a Døstrup Ard Replica." *TT*(1969), 1, **2**, p. 67.

HARLAN, JACK R. (1). "The origins of cereal agriculture in the Old World." In Charles A. Reed (2), pp. 357–83.

HARLAN, JACK R. (2). "Barley." In Simmonds (1), pp. 93–98.

HARLAN, JACK R. (3). "The early history of wheat: earliest traces to the sack of Rome." In Evans & Peacock (1), pp. 1–19.

HARLAN, JACK R. (4). "Plant breeding and genetics." In L. A. Orleans (1), pp. 295–312.

HARLAN, JACK R. (5). *Crops and Man*. American Society of Agronomy, Crop Science Society of America, Madison, Wisconsin, 1975.

HARLAN, JACK R. (6). "Agricultural origins: centres and noncentres." *SC* (1971), **174**, pp. 468–474.

HARLAN, JACK R. & ANN STEMLER (1). "The races of Sorghum in Africa." In Harlan, de Wet & Stemler (1), pp. 465–478.

HARLAN, JACK R., J. M. J. DE WET & ANN B. L. STEMLER (eds.) (1). *Origins of African Plant Domestication*. Mouton Publishers, The Hague & Paris, 1976.

HARLAN, J. R. & ZOHARY, D. (1). "Distribution of wild wheats and barley." *SC* (1966), **153**, pp. 1074–80.

HÅRLEMAN, C. (1). *Dagbok öfver en Resa 1749*. Stockholm, 1751.

DE HARLEZ, C. (1). *Le Yih-King, Texte primitif rétabli, traduit et commenté*. Hayez, Bruxelles, 1889.

HARRIS, D. R. (1). "Swidden systems and settlement." In Ucko, Tringham & Dimbleby (1), p. 245.

HARRIS, D. R. (2). The prehistory of tropical agriculture: an ethnoecological model." In Colin Renfrew (2), pp. 391–417.

HARRIS, D. R. (3). "Alternative pathways to agriculture." In Charles A. Reed (2), pp. 179–243.

HART, KEITH (1). "The development of commercial agriculture in West Africa." Discussion paper prepared for the United States Agency for International Development, 1979.

HARTLIB, S. (1). *His Legacie or an Enlargement of the Discourse of Husbandry used in Brabant and Flanders*. London, 1657.

HARTMANN, F. (1). *L'Agriculture dans l'Ancienne Égypte*. Librairies-Imprimeries Réunies, Paris, 1923.

HAUDRICOURT, A. (13). "Nature et Culture dans la Civilisation de l'Igname." *LH* (1964), 4, **1**, p. 93.

HAUDRICOURT, A. (14). "Domestication des animaux, cultures et plantes, et civilisation d'autrui." *LH* (1962), **2**, pp. 40–50.

HAUDRICOURT, A. & M. J-B. DELAMARRE (1). *L'Homme et la Charrue á travers le Monde*. 2nd. ed., Gallimard, Paris, 1955.

HAWKES, DAVID (1) (tr.). *Chhu Tzhu; the Songs of the South — an Ancient Chinese Anthology*. Oxford, 1959 (rev. J. Needham, *NSN*, 18 Jul. 1959).

HAWKES, JACQUETTA & SIR LEONARD WOOLLEY (1). *Prehistory and the Beginnings of Civilisations. History of Mankind*, vol. I, George Allen & Unwin, London, 1963.

HELBAEK, H. (1). "The plant husbandry of Hacilar." In Mellaart (1), pp. 189–244.

HERESBACH, CONRAD (1). *Rei Rusticae libri quatuor*. Cologne, 1570.

HERKLOTS, G. A. C. (3). *Vegetables in South-East Asia*. George Allen & Unwin, London, 1972.

HERKLOTS, G. A. C. (4). "Rice Cultivation in Hong Kong." *FFL* (1948), 2, pp. 1–20.

D'HERVEY ST DENYS, M. J. L. (1) (tr.) *Ethnographie des Peuples Étrangers à la Chine; ouvrage composé au 13ᵉ siècle de notre ère par Ma Touan-Lin.... avec un commentaire perpétuel.* Georg& Mueller, Geneva, 1876–1883. 4 vols. [Translation of chs. 324–48 of the *Wen Hsien Thung Khao* of Ma Tuan-Lin.] Vol. 1. Eastern Peoples; Korea, Japan, Kamchatka, Thaiwan, Pacific Islands (chs. 324–27). Vol. 2 Southern Peoples; Hainan, Tongking, Siam, Cambodia, Burma, Sumatra, Borneo, Philippines, Moluccas, New Guinea (chs. 328–32). Vol. 3. Western Peoples (chs. 333–9). Vol. 4. Northern Peoples (chs. 340–8).

HERZER, C. (1). "*Das Ssu-Min Yüeh-Ling* des Tshui Shi: ein Bauern-Kalendar aus der Späteren Han-Zeit." Ph.D. thesis, Hamburg, 1963.

HERZER, C. (2). "Chia Ssu-Hsieh, der Verfasser des *Chhi Min Yao Shu.*" *OE* (1972), 19, **1–2**, pp. 27–30.

HEYERDAHL, T. (7). "Plant evidence for contacts with America before Columbus." *AQ* (1964), **38**, pp. 120–133.

HICKEY, G. C. (1). *Village in Vietnam.* Yale University Press, New Haven & London, 1964.

HIGGS, E. S. (ed.) (1). *Papers in Economic Prehistory.* Cambridge University Press, Cambridge, 1972.

HIGGS, E. S. & M. R. JARMAN (1). "The origins of animal & plant husbandry." In Higgs (1), pp. 3–13.

HIGHAM, C. F. W. (1). "Initial model formation *in terra incognita.*" In D. L. Clarke (ed.), *Models in Archaeology,* Methuen, London, 1972, pp. 453–76.

HIGHAM, C. F. W. (2). "Economic change in prehistoric Thailand." In Charles A. Reed (2), pp. 385–412.

HILL, A. H. (1). "Kelantan Padi Planting." *JRAS/MB* (1957), 24, **1**, pp. 56–76.

HILL, R. D. (1). "On the origins of domesticated rice." *JOSHK* (1976), 14, **1**, pp. 35–44.

HILL, R. D. (2). *Rice in Malaya: a Study in Historical Geography.* Oxford University Press, Kuala Lumpur & Oxford, 1977.

HILL, R. D. (3). "Peasant rice cultivation systems with some Malaysian examples." *GPO* (1970), 19, pp. 91–98.

HILL, R. D. (4). "Note sur la culture du riz sec dans les états malaisiens de Kelantan et de Trengganu." *AGT* (1964), 19, pp. 499–504.

HINTON, W. (1). *Fanshen.* Penguin, Harmondsworth, 1972.

HIRSCHBERG, W. & A. JANATA (1). *Technologie und Ergologie in der Völkerkunde.* Bibliographisches Institut, Mannheim, 1966.

HIRTH, F. (2) (tr.). "The Story of Chang Chhien, China's Pioneer in West Asia." *JAOS* (1917), **37**, p. 89. (Translation of ch. 123 of the *Shih Chi*, containing Chang Chhien's Report; from § 18–52 inclusive and 101 to 103. § 98 runs on to § 104, 99 and 100 being a separate interpolation. Also tr. of ch. ? containing the biogr. of Chang Chhien.)

HO, PING-TI (1). "The introduction of American food plants into China." *AAN* (1955), 57, **2**, pp. 191–201.

HO, PING-TI (2). *The Ladder of Success in Imperial China: Aspects of Social Mobility, 1368–1911.* Science Editions, John Wiley & Sons, New York, 1964.

HO, PING-TI (4). *Studies on the Population of China, 1368–1953.* Harvard University Press, Cambridge Mass., 1959.

HO, PING-TI (5). *The Cradle of the East; an Inquiry into the Indigenous Origins of Techniques and Ideas of Neolithic and Early Historic China, 5000–1000 BC.* Chinese University Publications Office, Hong Kong, 1975.

HO, PING-TI (6). "The Loess and the Origin of Chinese Agriculture." *AHR* (1969), **75**, p. 1.

Ho, PING-TI (7). "Early ripening rice in Chinese history." *EHR*, 2nd series (1956), 9, **2**, pp. 200–218.

Ho, PING-YÜ (1). "The Astronomical Chapters of the *Chin Shu*, with Amendments, Full Translation and Annotations." Inaug. Diss., Singapore, 1957. Univ. Malaya Press, Kuala Lumpur, 1966; Mouton, Paris and the Hague, 1966. (Ecole Pratique des Hautes Etudes, VIe Section, Sciences Economiques et Sociales, "Le Monde d'Outre-Mer Passé et Présent", 2e série, Documents, no. 9).

Ho, PING-YÜ & JOSEPH NEEDHAM (1). "Ancient Chinese Observations of Solar Haloes and Parhelia." *W* (1959), **14**, p. 124.

HOLE, F., K. FLANNERY & J. A. NEELY (1). *Prehistory and Human Ecology of the Deh Luran Plain*. Mem. Mus. Anth., University of Michigan Press, Ann Arbor, 1969.

HOLZMAN, D. (1). "Shen Kua and his *Meng Chhi Pi Than*." *TP* (1958), **46**, p. 260.

HOMANS, G. C. (1). *English Villagers of the Thirteenth Century*. New York, 1941.

HOMMEL, R. P. (1). *China at Work: an Illustrated Record of the Primitive Industries of China's Masses, whose Life is Toil, and thus an Account of Chinese Civilization*. Bucks Country Historical Society, Doylestown Pa./John Day, New York, 1937. Repr. MIT Press, Cambridge Mass., 1969.

HOPFEN, H. J. (1). *Farm Implements for Arid and Tropical Regions*. F. A. O., Rome, 1963.

HOPFEN, H. J. (1a). *L'outillage agricole pour les régions arides et tropicales*. Revised ed., F. A. O., Rome, 1970.

HORIO, HISASHI (1). "Farm tools in the "Nōgu-Benri-Ron"; intensive hoe-farming during the Edo Period in Japan." *TT* (1974), 2, **3**, pp. 167–85.

HOSHI AYAO (1) (trsl. Mark Elvin). *The Ming Tribute Grain System*. Michigan Abstracts of Chinese & Japanese Works on Chinese History, no. 1, Ann Arbor, 1969.

HOWELL, CICELY (1). "Peasant inheritance customs in the Midlands, 1280 – 1700." In Goody, Thirsk & Thompson (1), pp. 112–56.

HSIAO, K. C. (6). *Rural China: Imperial Control in the Nineteenth Century*. University of Washington Press, Seattle, 1967.

HSÜ, CHO-YÜN (1), ed. JACK L. DULL. *Han Agriculture: the Formation of Early Chinese Agrarian Economy (206 B.C.-A.D. 220)*. University of Washington Press, Seattle & London, 1980.

HSÜ, CHO-YÜN (2). "Agricultural intensification and marketing agrarianism in the Han dynasty." In Roy & Tsien (ed.) (1).

HUANG, PHILIP (1). "Managerial farming and leasing landlordism in North China, 1890s to 1940s." Paper presented at the Annual Meeting of the Association for Asian Studies, Los Angeles, 1979.

HUANG, PHILIP (2). "Analysing the Twentieth-century Chinese countryside: revolutionaries versus Western scholarship." *MODC* (1975), 1, **2**, pp. 132–160.

HUANG, RAY (3). *Taxation and Government Finance in Sixteenth Century Ming China*. Cambridge University Press, 1974.

HUARD P. & M. DURAND (1). *Connaissance du Viêt-nam*. Ecole Française d'Extrême-Orient, Imprimerie Nationale, Hanoi & Paris, 1954.

HUARD, P. & M. WONG (5). "Les enquêtes françaises sur la science et la technologie chinoises au 18e siècle." *BEFEO* (1966), 13, **1**, pp. 137–226.

HUBER, LOUISA G. FITZGERALD (1). "The Relationship of the Painted Pottery and Lung-Shan Cultures." In Keightley (4), pp. 177–216.

HUGHES, E. R. (1) (tr.). *Chinese Philosophy in Classical Times*. Dent, London, 1942 (Everyman Library, no. 973.).

HUMMEL, A. W. (13). "The printed herbal of 1249." *ISIS* (1941), **33**, p. 439; *ARLC/DO* (1940), 155.

HUSĀM QAWĀM EL-SĀMARRĀIE (1). *Agriculture in Iraq during the 3rd Century A. H.* Librairie du Liban, Beirut, 1972.
HUTCHINSON, J. (1). "India: local and introduced crops." In Hutchinson, Clarke, Jope & Riley (1), pp. 129–42.
HUTCHINSON, J. (ed.) (2). *Evolutionary Studies on World Crops: Diversity and Change in the Indian Subcontinent.* Cambridge University Press, 1974.
HUTCHINSON, J., GRAHAME CLARKE, E. M. JOPE & R. RILEY (eds.) (1). *The Early History of Agriculture, a Joint Symposium of the Royal Society and The British Academy.* Oxford University Press, Oxford, 1977.
HUTCHINSON, J., GRAHAME CLARKE, E. M. JOPE & R. RILEY (eds.) (1a). "The Early History of Agriculture." *PTRSB* (1976), **275**, p. 1.
HYMOWITZ, T. (1). "On the domestication of the soybean." *ECB* (1970), **24**, pp. 408–421.
HYMOWITZ, T. (2). "Soybeans". In Simmonds (1), pp. 159–162.

IINUMA, JIRŌ (1). "The Nenohite karasuki of Shōsōin." *TT*(1969), 1, **2**, p. 105.
IMAMUDDIN, S. M. (1). "Al-Filāḥah in Muslim Spain." *IS* (1962), 1, **4**, pp. 57–89.
INTERNATIONAL RICE RESEARCH INSTITUTE (1). "Methods of Weed Control." *IRRIR* (1966), 2, **2**, pp. 1–4.

JACK, H. W. (1). *Rice in Malaya.* Dep. Agriculture, Malaya Bulletin no. 35, Kuala Lumpur, 1923.
JACOBS, P. & B. J. STERN (1). *Outline of Anthropology.* Barnes & Noble, New York, 1947.
JÄGER, F. (4). "Der angebliche Steindruck des Kêng-Tschi-T'u [*Keng Chih Thu*] von Jahre 1210." *OAZ* (1933), **9** (19), p. 1
JEFFREYS, M. D. W. (1). "Pre-Columbian maize in the Old World." In M. L. Arnott (1), pp. 23–66.
JEKYLL, GERTRUDE (1). *Old West Surrey.* London, 1904.
JONES, E. L. (ed.) (1). *Agriculture and Economic Growth in England 1650–1815.* Methuen, London, 1967.
JONES, L. J. (1). "The Early History of Mechanical Harvesting." *HT* (1979), 4, pp. 101–148.
JOYCE, C. R. B & S. H. CURRY, (eds.) (1). *The Botany and Chemistry of Cannabis.* London, 1970.
JULIEN, STANISLAS (2). *Mélanges de Geographie Asiatique et de Philologie Sinico-Indienne.* Paris, 1864.

KAHN, JOEL S. (1). *Minangkabau Social Formations: Indonesian Peasants in the World Economy.* Cambridge University Press, 1980.
KANO TADAO (1). "Cereals cultivated in Indonesia" (in Japanese). *Ethnological & Prehistoric Studies of Southeast Asia*, 1946, **1**, pp. 278–295.
KARLGREN, B. (1). *Grammala Serica Recensa.* Museum of Far Eastern Antiquities, Bull. no. 29, Stockholm, 1957.
KARLGREN, B. (8), 'On The Authenticity and Nature of the *Tso Chuan*.' *GHA*, 1926, **32**, no. 3 (crit. H. Maspero, *JA*, 1928, **212**, p. 159).
KARLGREN, B. (14). *The Book of Odes.* Museum of Far Eastern Antiquities, Stockholm, 1950.
KARROW, OTTO (2). *Die Illustrationen des Arzneibuches der Periode Shao-hsing (Shao-hsing pen-tshao hua-thu) vom Jahre 1159.* Leverkusen, 1956.
KATO, S., H. KOSAKA & S. HARA. 'On the affinity of rice varieties as shown by fertility of hybrid plants.' *Bull. Sci. Fac. Agric., Kyusyu Univ.* Fukuoka, Japan (1930), **9**, pp. 241-276.
KEESING, FELIX M. (1). *The Ethnohistory of Northern Luzon.* Stanford University Press, Stanford, 1962.
KEIGHTLEY, D. (1). "The Late Shang State: When, Where and What." Paper presented at the Confer-

ence on the Origins of Chinese Civilisation, University of California, Berkeley, 26-30 June 1978.
KEIGHTLEY, D. (2). *Sources of Shang History: the Oracle-Bone Inscriptions of Bronze Age China.* University of California Press, Berkeley, Los Angeles and London, 1978.
KEIGHTLEY, D. (3). "Public work in ancient China: a study of forced labour in the Shang and Northern Chou." PhD thesis, Columbia, 1969.
KEIGHTLEY, D. (ed.) (4). *The Origins of Chinese Civilisation.* University of California Press, Berkeley, 1983.
KENYON, K. M. (1). *Digging up Jericho.* Ernest Benn, London, 1957.
KING, F. H. (1). *Farmers of Forty Centuries, or Permanent Agriculture in China, Korea and Japan.* Jonathan Cape, London, 1926, 1st ed. 1911; repr. Rodale Press, Pennsylvania, 1972.
KING, L. J. (1). *Weeds of the World: Biology and Control.* Plant Science Monographs (ed. N. Polunin), Leonard Hill, London, and Interscience, New York, 1966.
KIRBY, R. H. (1). *Vegetable Fibres.* London, 1963.
KOLENDO, J. (1). "Pourquoi la moissonneuse antique était-elle utilisée seulement en Gaule?" In H. J. Diener, R. Günther & G. Schrot (eds.), Deutsche Historiker-Gesellschaft, *Sozialökonomische Verhältnisse im Alten Orient und im Klassischen Altertum*, Akademie-Verlag, Berlin, 1961.
KOUL, A. K. (1). "Job's tears." In Hutchinson (2), pp. 64 ff.
KRAYBILL, NANCY (1). "Pre-agricultural Tools for the Preparation of Foods in the Old World." In Charles A. Reed (2), pp. 485-521.
KU HUNG-MING (1) (tr.). *The Discourses and Sayings of Confucius.* Kelly and Walsh, Shanghai, 1898.
KUHN, DIETER (1). *Chinese Baskets and Mats.* Publikationen der Abteilung Asien Kunsthistorisches Institut der Universität Köln, no. 4, Franz Steiner Verlag, Wiesbaden, 1980.
KUHN, DIETER (2). "Die Darstellung des *Keng Chih Thu* und ihre Wiedergabe in populärenzyklopädischen Werken der Ming-Zeit." *ZDMG* (1976), 126, **2**, pp. 336-367.
KUHN, DIETER (3). "Silk technology in the Sung period (960-1278 AD)." *TP* (1981), 67, **1-2**, pp. 48-90.
KUHN, DIETER (4). "Harvesting ramie three times a year: an approach towards an understanding of the water-powered multiple spinning-frame." Paper presented at the First International Colloquium on the History of Chinese Science, Katholieke Universiteit, Louvain, Belgium, August 1982.
KULA, WITOLD (1). *Théorie économique du système féodal: pour un modèle de l'économie polonaise 16ᵉ~18ᵉ siècles.* Mouton, Paris & The Hague, 1970 (1st Polish ed. 1962).
KUMASHIRO, YUKIO (1). "Recent Developments in Scholarship on the *Chhi Min Yao Shu* in Japan and China." *DEC* (1971),9, **4**, pp. 422-448.
KUMASHIRO, YUKIO (2). "Empirical Principles of Dry-Land Farming in the *Chhi Min Yao Shu*, Compared with the Modern Experimental Principles." In Nishiyama & Kumashiro (*1*), pp. ii-xvi.
KUNZ, L. (1). "Subterranean grain stores in pre-war Czechoslovakia." Paper presented (with film) at the 2nd CNRS Seminar on *Les Techniques de Conservation des Grains à Long Terme*, Arudy, France, June 1978.

LACH, DONALD F. (1). *The Preface to Leibniz' Novissima Sinica.* University of Hawaii Press, Honolulu, 1957.
LACH, DONALD F. (5). *Asia in the Making of Europe.* 3 vols, University of Chicago Press, Chicago, 1965.
LAMB, CHARLES (1). *Essays of Elia.* 1st ed. London, 1823.
LAMB, H. H. (1). *Climate: Past, Present and Future.* 2 vols, Methuen, London & Barnes & Noble, New

York, 1977.
LAMBTON, A. K. S. (1). *Landlord and Peasant in Persia*. Oxford University Press, Oxford, 1953.
LANDÍVAR, RAFAEL (1). *Rusticatio Mexicana* [1781]. English prose translation by Graydon W. Regents, Middle American Research Institute, Tulane University, New Orleans, publicn. no. 11, 1948.
LASTEYRIE, GRAF (1). *Sammlung von Maschinen, Gerätschaften, Gebäuden, Apparaten usw. für landwirtschaftliche, häusliche und industrielle Ökonomie*. Stuttgart and Tübingen, 1821–3.
LATHRAP, D. W. (1). *The Upper Amazon*. Thames & Hudson, London, 1970.
LATHRAP, D. W. (2). "Our father the cayman, our mother the gourd." In Charles A. Reed (2), pp. 713–751.
LATTIMORE, OWEN (9). *Studies in Frontier History. Collected Papers, 1928–1958*. Oxford University Press, London, 1962.
LATTIMORE, OWEN (10). "The Chinese as a dominant race." *JRCAS* (1928), 15, **3**; repr. Lattimore (9), pp. 200–220.
LATTIMORE, OWEN (11). "On the wickedness of being nomads." *TH* (1935), 1, **2**; repr. Lattimore (9), pp. 415–426.
LATTIMORE, OWEN (12). "Herdsmen, farmers, urban culture." In Equipe écologie et anthropologie des sociétés pastorales: *Pastoral Production and Society*, Maison des Sciences de l'Homme & Cambridge University Press, Paris & Cambridge, 1979, pp. 479 ff.
LAUFER, B. (1). *Sino-Iranica: Chinese Contributions to the History of Civilisation in Iran, with Special Reference to the History of Cultivated Plants and Products*. Anthropological Series vol. XV, **3**, Field Museum of Natural History, Chicago, 1919.
LAUFER, B. (3). *Chinese Pottery of the Han Dynasty*. E. J. Brill, Leiden, 1909.
LAUFER, B. (36). *The Introduction of Maize into Eastern Asia*. Proc. XVth Internat. Congr. Americanists, Quebec, 1906 (1907), vol. 2, p. 223.
LEACH, E. R. (2). *Pul Eliya: A Village in Ceylon: A Study of Land Tenure and Kinship*. Cambridge University Press, Cambridge, 1961; repr. 1968, 1971.
LEACH, E. R. (3). *Political Systems of Highland Burma: a Study of Kachin Social Structure*. London School of Economics Monographs on Social Anthropology no. 44, Athlone Press, London, 1954.
LEE, JOSEPH (1). Εὐταξία τοῦ ἄγρου: *or a Vindication of a Regulated Enclosure*. London, 1656.
LEE, RICHARD B. (1). "What hunters do for a living, or how to make out on scarce resources." In Richard B. Lee & Irven DeVore (eds.) (1), pp. 30–48.
LEE, RICHARD B. (2). "Population growth and the beginnings of sedentary life among the !Kung bushmen." In B. Spooner (1), pp. 329–342.
LEE, RICHARD B. (3). "The intensification of social life among the !Kung bushmen." In B. Spooner (1), pp. 343–350.
LEE, RICHARD B. & IRVEN DEVORE (eds.) (1). *Man the Hunter*. Aldine, Chicago, 1968.
LEEMING, F. (1). "Official landscapes in traditional China." *JESHO* (1980), **23**, pp. 153–204.
LEEMING, F. (2). "New farmland terracing in contemporary China." *CG* (1978), **10**, pp. 29–41.
LEFEBVRE, L. (1). "Les surprises d'Hérodote, ou: les acquisitions de l'agriculture méditerranée." *AHES/AHS* (1940), **2**, p. 29.
LEGGE, A. J. (1). "Prehistoric Exploitation of the Gazelle in Palestine." In E. S. Higgs (1), pp. 119–124.
LEGGE, A. J. (2). "The origins of agriculture in the Near East." In Megaw (1), pp. 51–67.
LEGGE, JAMES (1)(tr.) *The Texts of Confucianism, translated. Pt. I, The 'Shu Ching', the Religious portions of the 'Shi Ching', the 'Hsiao Ching'*. Oxford, 1879. (*SBE*, no. 3; reprinted in various eds. Com. Press

Shanghai.)

LEGGE, JAMES (2) (tr.). *The Chinese Classics, etc.*: Vol. 1. *Confucian Analects, The Great Learning, and the Doctrine of the Mean*. Legge, Hongkong, Trübner, London, 1861. Photolitho re-issue, Hongkong Univ. Press, Hongkong 1960 with supplementary volume of concordance tables, etc.

LEGGE, JAMES (3) (tr.). *The Chinese Classics, etc.*: Vol. 2. *The Works of Mencius*. Legge, Hong Kong, Trübner, London, 1861. Photo-litho re-issue, Hong Kong Univ. Press, Hong Kong, 1960, with suppl. vol. of concordance tables, & notes by A. Waley.

LEGGE, JAMES (7) (tr.). *The Texts of Confucianism*, Pt. III. *The Li Ki*. 2 vols. Oxford, 1885; reprint 1926. (*SBE* 27 and 28.)

LEGGE, JAMES (8) (tr.). *The Chinese Classics, etc.*: vol. 4, pts 1 & 2: *The She-King, with a Translation, Critical and Exegetical Notes, Prolegomena, and Copious Indexes*. Lane Crawford, Hong Kong, Trübner, London, 1871. Repr., without notes, Com. Press, Shanghai, n.d.. Photolitho re-issue, Hong Kong Univ. Press, Hong Kong, 1960, with suppl. vol. of concordance tables, etc.

LEGGE, JAMES (9) (tr.). *The Texts of Confucianism*. Pt. II. *The "Yi King"* [*I Ching*]. Oxford, 1882, 1899, (*SBE*, no. 16.)

LEGGE, JAMES. (10)(tr.). *The Chinese Classics, etc.* Vol. 3, Pts. 1 and 2. *The Shu Ching*. Hongkong, and Trübner, London. 1865.

LENZ, ILSE (1). "The deformation of agricultural subsistence production during the initial phases of Japanese industrialisation (1880–1930)." Paper presented at the Seminar on Underdevelopment and Subsistence Production in Southeast Asia, Bielefeld University, W. Germany, 1978.

LÉON, PIERRE (ed.) (1). *Structures économiques et problèmes sociaux du monde rural dans la France du Sud-Est (fin du XVIIe siècle-1835)*. Bibliothèque de la Faculté des Lettres et Sciences Humaines de Lyon, Société d'Édition "Les Belles Lettres", Paris, 1966.

LEONARD, W. H. & J. H. MARTIN (1). *Cereal Crops*. Macmillan, London, 1963.

LERCHE, G. (1). "The Ploughs of Mediaeval Denmark." *TT*(1970), 1, **3**, p. 131.

LERCHE, G. (2). "Pebbles from Wheelploughs." *TT*(1970), 1, **3**, p. 150.

LERCHE, G. (3). "Observations on Harvesting with Sickles in Iran." *TT*(1968), 1, **1**, pp. 33–49.

LERCHE, G. & A. STEENSBERG (1). "Observations on Spade Cultivation in the New Guinea Highlands." *TT* (1973), 2, **2**, p. 87.

LEROI-GOURHAN, A. (1). *Evolution et Techniques; vol. I: L'Homme et la Matière; vol II: Milieu et Techniques*. Albin Michel, Paris, 1943, 1945.

LE ROY LADURIE, E. (1). *Montaillou, village occitan de 1294à 1324*. NRF, Gallimard, Paris 1975; English eds. Scholar Press, London, 1975; Penguin, 1980.

LE ROY LADURIE, E. (2). *Histoire du climat depuis l'an mil*. Flammarion, Paris, 1967; trs. into English as *Times of Feast, Times of Famine*, Doubleday, New York, 1971.

LESER, P. (1). *Entstehung und Verbreitung des Pfluges*. Aschendorff, Münster, 1931. (Anthropos Bibliothek, no. 3.)

LESER, P. (2). "Westöstlichen Landwirtschaft; Kulturbeziehungen zwischen Europa, dem vord. Orient n.d. Fern-Osten, aufgezeigt an Landwirtschaftlichen Geräten und Arbeitsvorgängen." In *P. W. Schmidt Festschrift*, ed. W. Koppers, pp. 416 ff. Vienna, 1928.

LESER, P. (3). "Vom Mittelmeer nach Südostasien." *ERDB* (1931), **5**, (no. 6), p. 1.

LESER, P. (5). "Plough Complex, Culture Change and Cultural Stability." Art. in *Selected Papers of the Vth International Congress of Anthropological and Ethnological Sciences, 1956*. Philadelphia, 1960, p. 292.

LESLIE, D. (3). "Contribution to a new translation of the *Lun Heng*." *TP* (1956), **44**, p. 100.

MAVERICK, L. A. (1). "Hsü Kuang-Ch'i, a Chinese Authority on Agriculture." *AGHST* (1940), **14**, p. 143.

MAVERICK, L. A. (2). "Chinese influences upon the Physiocrats." *EH* (1938), pp. 54–67.

MAXEY, EDWARD (1). *A New Instruction of Plowing and Setting of Corne.* Felix Kyngston, London, 1601.

MAXWELL, NEVILLE (ed.) (1). *China's Road to Development.* Pergamon Press, Oxford; 1st ed. 1976; 2nd enlarged ed. 1979.

MAYER, L. T. (1). *Een Blik in het Javansche Volksleven.* E. G. Brill, Leiden, 1897.

MAYERSON, P. (1). *The Ancient Agricultural Regime of Nessana and the Central Negeb.* British School of Archaeology in Jerusalem, Jerusalem, 1960.

MEACHAM, WILLIAM (2). "Continuity and local evolution in the Neolithic of South China: a non-nuclear approach." *CURRA* (1977), 15, **3**, pp. 419–440.

MEDLEY, MARGARET (3). *The Chinese Potter: a Practical History of Chinese Ceramics.* Phaidon, Oxford, 1976.

MEGAW, J. V. S. (ed.) (1). *Hunters, Gatherers and First Farmers Beyond Europe: an Archaeological Survey.* Leicester University Press, Leicester, 1977.

MELLAART. J. (ed.) (1). *Excavations at Hacilar.* Edinburgh University Press, Edinburgh, 1970.

MEMON, A. A. (1). *Indigenous Agricultural Implements in Bombay State.* Government Press, Baroda, 1955.

MERLE, LOUIS (1). *La métairie et l'évolution agraire de la Gâtine poitevine de la fin du Moyen Age à la Révolution.* Série Les Hommes et la Terre, S. E. V. P. E. N. Paris, 1958.

MERRILL, E. D. (2). "A commentary on Loureiro's *Flora Cochinchinensis*." *TAPS* (1935), **24**. p. 1. Repr. in abridged form as. "On Loureiro's *Flora Cochinchinensis*" in Merrill (5), p. 243.

MERRILL, E. D. (5). "Merrilleana; a selection from the general writings of Elmer Drew Merrill..." *CBOT* (1946), 10, **3-4**, pp. 127–394.

MERTENS, J. (1). "Eine Antike Mähmaschine." *ZAGA* (1959), 7, pp. 1–3.

MESKILL, JOHN (tr, & ed.) (1). *Ch'oe Pu's Diary: A Record of Drifting Across the Sea.* University of Arizona Press, Tucson, 1965.

MESKILL, JOHN, (ed.) (2). *Wang An-Shih, Practical Reformer?* D. C. Heath & Co., Boston, 1963.

MEUVRET, J. (1). "Agronomie et jardinage au XVIᵉ et au XVIIᵉ siècle," Cahiers des Annales 32, Paris, 1971, pp. 153–161.

MINGAY, G. E. (1). *The Agricultural Revolution: Changes in Agriculture 1650 – 1880.* Documents in Economic History, A. & C. Black, London, 1977.

MINGAY, G. E. (2). *Rural Life in Victorian England.* Futura Publications, London, 1979.

MOERMAN, M. (1). *Agricultural Change and Peasant Choice in a Thai Village.* University of California Press, Berkeley & Los Angeles, 1968.

MOISE, EDWIN E. (1). "The Moral Economy dispute." *Bull. Concerned Asian Scholars* 14, **1** (Jan.-Mar. 1982), pp. 72–77.

MONTANDON, G. (1). *Traité d'Ethnologie Culturelle.* Payot, Paris, 1934.

MOORE, BARRINGTON (1). *Social Origins of Dictatorship and Democracy.* Penguin, Harmondsworth, 1967.

MOORE, JOHN (1). *The Crying Sin of England of not Caring for the Poor, Wherein Inclosure is Arraigned, Convicted and Condemned by the Word of God.* London, 1653.

MORE, SIR THOMAS (1). *Utopia.* London, 1516.

MORGAN, E. (1) (tr.). *Tao the Great Luminant; Essays from "Huai Nan Tzu", with introductory articles, notes and analyses.* Kelly & Walsh, Shanghai, n.d. (1933?).

MORITZ, L. A. (2). " Ἄλϕιτα -a note" *CQ* (1949), 43, **3-4**, pp. 113–117.

MORITZ, L. A. (3). "Husked and "Naked" Grain," *CQ* (1955) 5, **3–4**, pp. 129–134.

MORITZ, L. A. (4). "Corn," *CQ* (1955) 5, **3–4**, pp. 135–141.

MORTIMER, JOHN (1). *The Whole Art of Husbandry*. London, 1707.

MOTE, FREDERICK W. (4). "Yüan and Ming." In K. C. Chang (3), pp. 193–257.

MOULE, A. C. (5). "The Wonder of the Capital" [the Sung books *Tu Chheng Chi Sheng* and *Meng Liang Lu* about Hangchou]. *NCR* (1921), **3**, 12, 356.

M[OULE], [A.] C. (11). "The Fire-Proof Warehouses of Lin-An [13th Century Hangchou]." *NCR* (1920) **2**, pp. 207–210.

MOULE, A. C. (15). *Quinsai, with other Notes on Marco Polo*. Cambridge, 1957. An extension of a number of previous papers, notably "Marco Polo's Description of Quinsai", *TP* (1937), **33**, p. 105.

MOULE, A.C. & YETTS, W. P.(1). *The Rulers of China, B. C. 221 to 1949; Chronological Tables compiled by A. C. Moule, with an Introductory Section on ht e Earlier Rulers, ca, B.C. 2100 to B.C. 249 by W. P. Yetts*. Routledge & Kegan Paul, London, 1957.

MUHLY, J. D. (1). "The origin of agriculture and technology-West or East Asia? Summary of a conference on *The Origin of Agriculture and Technology*: Aarhus, Denmark, November 21–25, 1978." *TCULT* (1981), 22, **1**, pp. 125–145.

MULVANEY, D. J. & J. GOLSON (eds.) (1). *Aboriginal Man and Environment in Australia*. Australian National University Press, Canberra, 1971.

MYERS, RAMON H. (1). *The Chinese Peasant Economy: Agricultural Development in Hopei and Shangtung, 1890–1949*. Harvard University Press, Cambridge Mass., 1970.

MYERS, RAMON H. (2). "Wheat in China—past, present and future." *CQR*, (1978), **74**, pp. 297–333.

NAKAMURA, HISASHI (1). "Village community and paddy agriculture in South India." *DEC* (1972), 10, **2**, pp. 141–65.

NAKAO MANZŌ (1). "Notes on the *Shao-Hsing Chiao-Ting Ting-Shih Cheng-Lei Pen Tshao* [The Classified and Consolidated Armamentarium; Pharmacopoeia of the Shao-Hsing Reign-Period]—the ancient Chinese Materia Medica revised in the Sung Dynasty (1131 to 1162)." *JSSI* (1933), Sect. III, **1**, 1. (English version of the introduction to Nakao (*1*).)

NAKAOKA, TETSURŌ (1). "Science and technology in the history of modern Japan—imitation or endogenous creativity?" Paper presented at the First International Seminar on Science and Technology in the Transformation of the World, United Nations University, Belgrade, October 1979.

NAYAR, N. M. (1). "Sesame." In Simmonds (1), pp. 231–233.

NAYAR, N. M. & K. L. MEHRA (1). "Sesame: its uses, botany, cytogenetics and origin." *ECB* (1970), **24**, pp. 20–31.

NEEDHAM, JOSEPH (32). *The Development of Iron and Steel Technology in China*. 2nd Biennial Dickinson Memorial Lecture to the Newcomen Society, 1956. Newcomen Society, London, 1958.

NEEDHAM, JOSEPH, WANG LANG, & PRICE, DEREK J. de S. (1). *Heavenly Clockwork; the Great Astronomical Clocks of Medieval China*. Cambridge, 1960 (Antiquarian Horological Society Monographs, no.1), Prelim. Pub. *AHOR* (1956), **1**, p. 153.

NIELSEN, S. (1). "The first reaping machines in Denmark." *TT*(1970), 1, **3**, pp. 166–74.

NIELSEN, VIGGO (1). "Iron Age Plough-Marks in Store Vildmose, Jutland." *TT* (1970), 1, **8**, p. 151.

NOPSCA, F. (1). "Zur Genese der primitiven Pflugtypen." *ZFE* (1919), **51**, 234.

NOY, T., A. J. LEGGE & E. S. HIGGS (1). "Recent excavations at Nahal Oren, Israel." *PPHS* (1973), **39**, pp. 75–99.

OATES, D. & J. OATES (1). "Early irrigation agriculture in Mesopotamia". In G. de G. Sieveking, I. H. Longworth & K. W. Wilson (eds.), *Problems in Social and Economic Archaeology*, Duckworth, London, 1976.

OATES, J. (1). "Prehistoric Settlement Patterns in Mesopotamia." In Ucko, Tringham & Dimbleby (1), p. 299.

OJEA, HERNÁNDO (1). *Libro tercero de la historia religiosa de la Provincia de México de la Orden de Santo Domingo* [c. 1610]. Mexico, 1897.

OKA, HIKO-ICHI (1). "The origin of cultivated rice and its adaptive evolution." In *Rice in Asia*, Univ. of Tokyo Press, Tokyo, 1975, pp. 21–34.

OLSON, LOIS (1). "Pietro de Crescenzi: the founder of modern agronomy." *AGHST* (1944), **18**, pp. 35–40.

ORLEANS, LEO A. (ed.) (1). *Science in Contemporary China*. Stanford University Press, Stanford, 1980.

ORME, BRYONY (1). "The advantages of agriculture." In J. V. S. Megaw (1), pp. 41–49.

ORWIN, C. S. & C. S. ORWIN (1). *The Open Fields*. Oxford, 1938; repr. 1967.

OSBECK, PETER (1). *A Voyage to China and the East Indies*, by Peter Osbeck, Rector of Hasloef and Woxtorp, Member of the Academy of Stockholm, and of the Society of Upsal; together with *A Voyage to Seratte*, by Olof Toreen, Chaplain of the Gothic Lion East-Indiaman; and *An Account of the Chinese Husbandry*, by Captain Charles Gustavus Eckeberg [sic]; translated from the German by John Reinhold Foster, F. A. S., to which are added, *A Faunula and Flora Sinensis*. 2 vols., London, 1771.

OSCHINSKY, D. (1). *Walter of Henley and Other Treatises on Estate Management and Accounting*. Clarendon Press, Oxford, 1971.

PALERIN, ANGEL (1). *Obras Hidráulicas Prehispánicas en el Sistema Lacustre del Volle de México*. Instituto Nacional de Antropología e Historia México, Sep Inah, Mexico City, 1973.

PALLADIUS, RUTILIUS TAURUS AEMILIANUS (tr. T. Owen) (1). *The Fourteen Books of Palladius Rutilius Taurus Aemilianus, on Agriculture* [*De Re Rustica*]. London, 1807.

PALMER, INGRID(1). *The Indonesian Economy Since 1965: A Case Study of Political Economy*. Frank Cass, London, 1978.

PALMER, INGRID (2). "*The New Rice in Indonesia*. United Nations Research Institute for Social Development, Geneva, 1977.

PARANAVITANA, S. (5). "Ploughing as a Ritual of Royal Consecration in Ceylon." *R. C. Majumdar Felicitation Volume*, Mukhopadhyay, Calcutta, 1970.

PARTRIDGE, M. (1). *Farm Tools Through the Ages*. Osprey, London, 1973; repr. 1976.

PASTERNAK, B. (1). *Kinship and Community in Two Chinese Villages*. Stanford University Press, Stanford, 1972.

PASTERNAK, B. (2). "The role of the frontier in Chinese lineage development." *JAS* (1969), **28**, pp. 551–561.

PASTERNAK, B. (3). "The sociology of irrigation: two Taiwanese villages." In W. E. Willmott (ed.), *Economic Organisation in Chinese Society*, Stanford University Press, Stanford, 1972, pp. 193–213.

PAUER, E. (1). *Technik, Wirtschaft, Gesellschaft: der Einfluss wirtschaftlicher und gesellschaftlicher Veränderung auf die Entwicklung der landwirtschaftlichen Geräte in der vorindustriellen Epoche Japans ab dem 17 Jahrhundert*. Beiträge zur Japanologie vol. 10, University of Vienna Press, Vienna, 1973. Review: Fukushima (1).

PAYNE, F. G. (1). "The British Plough: Some Stages in its Development," *AGHR* (1957), 5, **2**, p. 74.

PELLIOT, P. (8). 'Autour d'une Traduction sanskrite du Tao-tö-king' (Tao Tê Ching). *TP* (1912), **13**, 350.

PELLIOT, P. (24). *A propos du "Keng Tche T'ou"*. (from: *Mémoires concernant l' Asie orientals: Ind, Asie Centrale, Extrême-Orient*; publiées par l'Academie des Inscriptions et Belles-Lettres, Tome I). Leroux, Paris 1913.

PERCIVAL, JOHN (1). *The Roman Villa: an Historical Introduction*. Batsford, London, 1976.

PEREIRA, H. C. (1). *Land Use and Water Resources in Temperate and Tropical Climates*. Cambridge University Press, Cambridge, 1973.

PERKINS, DWIGHT H. (1). *Agricultural Development in China 1368–1968*. Edinburgh University Press, Edinburgh, 1969.

PERKINS, DWIGHT H. (ed.) (2) *China's Modern Economy in Historical Perspective*. Stanford University Press, Stanford, 1975.

PERNÈS, J., J. BELLIARD & G.MÉTAILIÉ (1). "Mission agronomique en Chine 'ressources génétiques'." Roneographed report, Paris, 1979.

PETERS, MATTHEW (1). *Agricultura or the Good Husbandman*. London, 1776.

PFIZMAIER, A. (13) (tr.). "Die Geschichte des Reiches U" (Wu). *DWAW/PH* (1857), **8**, p. 123. (Tr. ch. 31 *Shih Chi*; cf. Chavannes (1), vol. 4.)

PFIZMAIER, A. (14) (tr.). "Die Geschichte des Hauses Thai Kung" (of Chhi). *SWAW/PH* (1862), **40**, p. 645. (Tr. ch. 32, *Shih Chi*; cf. Chavannes (1), vol. 4.)

PFIZMAIER, A. (15) (tr.). "Die Geschichte des Hauses Tscheu Kung" (Chou Kung). *SWAW/PH* (1863), **41**, p. 90. (Tr. ch. 33, *Shih Chi*; Cf. Chavannes (1), vol. 4.)

PFIZMAIER, A. (16) (tr.). "Die Geschichte des Hauses Schao-Kung u. Khang-Scho" (of Yen and Wei). *SWAW/PH* (1863), **41**, p. 435, p. 454. (Tr. chs. 34, 37 *Shih Chi*; cf Chavannes (1), vol. 4.)

PFIZMAIER, A. (17) (tr.). "Die Geschichte des Fürstenlandes Tsin" (Chin). *SWAW/PH* (1863), **43**, p. 74. (Tr. ch. 39 *Shih Chi*; cf. Chavannes (1), vol. 4.)

PFIZMAIER, A. (18) (tr.). "Die Geschichte des Fürstenlandes Tsu" (Chhu). *SWAW/PH* (1863), **44**, p. 68. (Tr. ch. 40, *Shih Chi*; cf. Chavannes (1), vol. 4.)

PFIZMAIER, A. (19) (tr.). 'Keu-Tsien, König von Yue, und dessen Haus (Kou Chien of Yueh and Fan Li). *SWAW/PH* (1863), **44**, p. 197. (Tr. ch. 41. *Shih Chi*; cf. Chavannes (1), vol. 4.)

PFIZMAIER, A. (20) (tr.). "Geschichte d. Hauses Tschao" (Chao). *DWAW/PH* (1859), **9**, p. 45. (Tr. ch. 43, *Shih Chi*; cf. Chavannes (1), vol. 5.)

PFIZMAIER, A. (21) (tr.). "Das Leben des Feldherrn U-Khi" (Wu Chi). *SWAW/PH* (1859), **30**, p. 267. (Tr. ch. 65. *Shih Chi*; not in Chavannes (1).)

PFIZMAIER, A. (22) (tr.). "Der Landesherr von Schang" (Shang Yang). *SWAW/PH* (1858), **29**, p. 98. (Tr. ch. 68. *Shih Chi*; not in Chavannes (1), cf. Duyvendak (3).)

PFIZMAIER, A. (23) (tr.). "Das Rednergeschlecht Su" (Su Chhin). *SWAW/PH* (1860), **32**, p. 642. (Tr. ch. 69. *Shih Chi*; not in Chavannes (1).)

PFIZMAIER, A. (24) (tr.). "Der Redner Tschang I und einige seiner Zeitgenossen" (Chang I and Chhu Li Tzu). *SWAW/PH* (1860), **33**, pp. 525, 566. (Tr. chs. 70, 71, *Shih Chi*; not in Chavannes (1).)

PFIZMAIER, A. (25) (tr.). "Wei-Jen, Fürst von Jang." *SWAW/PH* (1859), **30**, p. 155. (Tr. ch. 72, *Shih Chi*; not in Chavannes (1).)

PFIZMAIER, A. (26) (tr.). "Zur Geschichte von Entsatzes von Han Tan" *SWAW/PH* (1859), **31**, pp. 65, 87, 104, 120. (Tr. chs. 75, 76, 78, 83, *Shih Chi*; includes life of the Prince of Phing Yuan; not in Chavannes (1).)

Pfizmaier, A. (27) (tr.). "Das Leben des Prinzen Wu Ki [Wu Chi] von Wei." *SWAW/PH* (1858), **28**, p. 171. (Tr. ch. 77. *Shih Chi*; not in Chavannes (1).)

Pfizmaier, A. (28) (tr.). "Das Leben des Redners Fan Hoei" (Fan Hui). *SWAW/PH* (1859), **30**, p. 227. (Tr. ch. 80 (in part), *Shih Chi*; not in Chavannes (1).)

Pfizmaier, A. (29) (tr.). "Die Feldherren des Reiches Tschao." *SWAW/PH* (1858), **28**, pp. 55, 65, 69. (Tr. chs. 80 (in part), 81, 82, *Shih Chi*; not in Chavannes (1).)

Pfizmaier, A. (30) (tr.). "Li Sse, Der Minister des ersten Kaisers" (Li Ssu), *SWAW/PH* (1859), **31**, pp. 120, 311. (Tr. chs. 83, 87, *Shih Chi*; not in Chavannes (1).)

Pfizmaier, A. (31) (tr.). "Das Ende Mung Tien's" (Meng Thien). *SWAW/PH* (1860), **32**, p. 134. (Tr. ch. 88, *Shih Chi*; not in Chavannes (1).)

Pfizmaier, A. (32) (tr.). "Die Genossen des Königs Tschin Sching" (Chang Erh and Chhen Yü). *SWAW/PH* (1860), **32**, p. 333. (Tr. ch. 89, *Shih Chi*, ch. 32, *Chhien Han Shu*; not in Chavannes (1).)

Pfizmaier, A. (33) (tr.). "Die Nachkommen der Könige von Wei, Tsi [Chhi] und Han." *SWAW/PH* (1860), **32**, pp. 529, 533, 542, 551, 562, 567. (Tr. chs. 90, 93, 94, 97, *Shi Chi*, ch. 33, *Chhien Han Shu*; not in Chavannes (1).)

Pfizmaier, A. (34) (tr.). "Die Feldherren Han Sin, Peng Yue, und King Pu" (Han Hsin, Pheng Yüeh & Ching Pu). *SWAW/PH* (1860), **34**, pp. 371, 411, 418. (Tr. chs. 90 (in part), 91, 92, *Shih Chi*; ch. 34, *Chhien Han Shu*; not in Chavannes (1).)

Pfizmaier, A. (35) (tr.). "Der Abfall des Königs Pi von U" (Wu). *SWAW/PH* (1861), **36**, p. 17. (Tr. ch. 106, *Shih Chi*; not in Chavannes (1).)

Pfizmaier, A. (36) (tr.). "Sse-ma Ki-Tschü, der Wahrsager von Tschang-ngan" (Ssuma Chi-Chu in the Chapter on diviners, *Jih Che Lieh Chuan*). *SWAW/PH* (1861), **37**, p. 408. (Tr. ch. 127, *Shih Chi*; not in Chavannes (1).)

Pfizmaier, A. (37) (tr.). "Die Gewaltherrschaft Hiang Yü's" (Hsiang Yü). *SWAW/PH* (1860), **32**, p. 7. (Tr. ch. 31, *Chhien Han Shu*.)

Pfizmaier, A. (38) (tr.). "Die Anfänge des Aufstandes gegen das Herrscherhaus Thsin" (Chhin). *SWAW/PH* (1860), **32**, p. 273. (Tr. ch. 33, *Chhien Han Shu*.)

Pfizmaier, A. (39) (tr.). "Die Könige von Hoai Nan aus dem Hause Han." (Huai Nan Tzu) *SWAW/PH* (1862), **39**, p. 575. (Tr. ch. 44, *Chhien Han Shu*.)

Pfizmaier, A. (40) (tr.). "Das Ereigniss des Wurmfrasses der Beschwörer." *SWAW/PH* (1862), **39**, pp. 50, 55, 58, 65, 76, 89. (Tr. chs. 45, 63, 66, 74, *Chhien Han Shu*.)

Pfizmaier, A. (41) (tr.). "Worte des Tadels in dem Reiche der Han." *SWAW/PH* (1861), **35**, p. 206. (Tr. ch. 51, *Chhien Han Shu*.)

Pfizmaier, A. (42) (tr.). "Die Heerführer Li Kuang und Li Ling." *SWAW/PH* (1863), **44**, p. 511. (Tr. ch. 54, *Chhien Han Shu*.)

Pfizmaier, A. (43) (tr.). "Die Geschichte einer Gesandtschaft bei den Hiung-Nu's" (Su Wu). *SWAW/PH* (1863), **44**, p. 581, (Tr. ch. 54 (second part), *Chhien Han Shu*.)

Pfizmaier, A. (44) (tr.). "Die Heerführer Wei Tsing und Ho Khiu-Ping" (Wei Chhing and Ho Chhü-Ping). *SWAW/PH* (1864), **45**, p. 139. (Tr. ch. 55, *Chhien Han Shu*.)

Pfizmaier, A. (45) (tr.). "Die Antworten Tung Tschung-Schü's [Tung Chung Shu] auf die Umfragen des Himmelssohnes." *SWAW/PH* (1862), **39**, p. 345. (Tr. ch. 56, *Chhien Han Shu*.)

Pfizmaier, A. (46) (tr.). "Zwei Statthalter der Landschaft Kuei Ki." *SWAW/PH* (1861), **37**, p. 304. (Tr. ch. 64 A (in part), *Chhien Han Shu*.)

PFIZMAIER, A. (47) (tr.). "Die Bevorzugten des Allhalters Hiao Wu" [emperor Hsien Wu Ti]. *SWAW/PH* (1861), **38**, pp. 213, 234. (Tr. ch. 64 A (second part), 64 B, *Chhien Han Shu*.)

PFIZMAIER, A. (48) (tr.). "Die Würdenträger Tsiuen Pu-I, Su Kuang, Yü Ting-Kue, und deren Gesinnungsgenossen" (Chien Pu-I, Su Kuang, Yü Ting-Kuo). *SWAW/PH* (1862), **40**, p. 131. (Tr. ch. 71, *Chhien Han Shu*.)

PFIZMAIER, A. (49) (tr.). "Tschin Thang, Fürst-Zertrümmerer von Hu" (Chhen Thang). *SWAW/PH*, (1862), **40**, p. 396. (Tr. ch. 70 (in part), *Chhien Han Shu*.)

PFIZMAIER, A. (50) (tr.) "Die Menschenabtheilung der wandernden Schirmgewaltigen" (*yü hsia*; Knights errant; soldiers of fortune). *SWAW/PH* (1861), **37**, p. 103. (Tr. ch. 92, *Chhien Han Shu*.)

PFIZMAIER, A. (51) (tr.). "Die Eroberung der beiden Yue [Yüeh] und des Landes Tschao Sien [Chao-Hsien, Korea] durch Han." *SWAW/PH* (1864), **46**, p. 481. (Tr. ch. 95, *Chhien Han Shu*.)

PFIZMAIER, A. (52) (tr.). "Zur Geschichte d. Zwischenreiches von Han." *SWAW/PH* (1869), **61**, pp. 275, 309. (Tr. chs. 41, 42, *Hou Han Shu*.)

PFIZMAIER, A. (53) (tr.). "Die Aufstände Wei-Ngao's und Kungsun Scho's" (Wei Ao and Kungsun Shu). *SWAW/PH* (1869), **62**, p. 159. (Tr. ch. 43, *Hou Han Shu*.)

PFIZMAIER, A. (54) (tr.). "Aus der Geschichte d. Zeitraumes Yuen-Khang von Tsin" (A.D. 292/299). *SWAW/PH* (1876), **82**, pp. 179, 205, 212, 223, 230, 232. (Tr. chs. 31 (in part), 40, 58, 60, 100, *Chin Shu*.)

PFIZMAIER, A. (55) (tr.). "Aus der Geschichte des Hofes von Tsin." *SWAW/PH* (1876), **81**, pp. 545, 561, 568. (Tr. chs. 31 (in part), 53, 59, *Chin Shu*.)

PFIZMAIER, A. (56) (tr.). "Über einige Wundermänner Chinas" (magicians and technicians such as Chhen Hsün, Tai Yang, Wang Chia, Shunyu Chih, etc.). *SWAW/PH* (1877), **85**, p. 37. (Tr. ch. 95, *Chin Shu*.)

PFIZMAIER, A. (57) (tr.). "Die Machthaber Hoan Wen und Hoan Hiuen" (Huan Wen and Huan Hsüan). *SWAW/PH* (1877), **85**, pp. 603, 632. (Tr. chs. 98, 99, *Chin Shu*.)

PFIZMAIER, A. (61) (tr.). 'Darlegungen a. d. Gesch. d. Hauses Sui., *SWAW/PH* (1881), **97**, pp. 627, 649, 653, 658, 686, 702. (Tr. chs. 36, 40, 45, 48, 79, *Sui Shu*.)

PFIZMAIER, A. (62) (tr.). "Lebensbeschreibungen von Heerführern und Würdentragern des Hauses Sui." *DWAW/PH* (1882), **32**, pp. 281, 301, 320, 351, 369. (Tr. chs. 37, 38, 39, 40 (in part), 41 (in part), *Sui Shu*.)

PFIZMAIER, A. (63) (tr.). "Fortsetzungen a. d. Gesch. d. Hauses Sui." *SWAW/PH* (1882), **101**, pp. 187, 201, 207, 230, 249. (Tr. chs. 41 (in part), 70, 73 (in part), 74, 85, *Sui Shu*.)

PFIZMAIER, A. (64) (tr.). "Die fremdländischen Reiche zu den Zeiten d. Sui." *SWAW/PH* (1881), **97**, pp. 411, 418, 422, 429, 444, 477, 483. (Tr. chs, 64, 81, 82, 83, 84, *Sui Shu*.)

PFIZMAIER, A. (65) (tr.). "Die Classe der Wahrhaftigen in China." *SWAW/PH* (1881), **98**, pp. 983, 1001, 1036. (Tr. chs. 71, 73, 77, *Sui Shu*.)

PFIZMAIER, A. (66) (tr.). "Zur Geschichte d. Aufstände gegen das Haus Sui." *SWAW/PH* (1878), **88**, pp. 729, 743, 766, 799. (Tr. chs. 1, 84, 85, 86, *Hsin Thang Shu*.)

PFIZMAIER, A. (67) (tr.). "Seltsamkeiten aus den Zeiten d. Thang" I & II. I, *SWAW/PH* (1879), **94**, pp. 7, 11, 19. II, *SWAW/PH* (1881), **96**, p. 293. (Tr. chs. 34 − 6, (*Wu Hsing Chih*) 88, 89, *Hsin Thang Shu*.)

PFIZMAIER, A. (68) (tr.). "Darlegung der chinesischen Ämter." *DWAW/PH* (1879), **29**, pp. 141, 170, 213; (1880), **30**, pp. 305, 341. (Tr. chs. 46, 47, 48, 49A, *Hsin Thang Shu*; cf. des Rotours (1).)

PFIZMAIER, A. (69) (tr.). "Die Sammelhäuser der Lehenkönige Chinas." *SWAW/PH* (1880), **95**, p.

919. (Tr. ch, 498, *Hsin Thang Shu*; cf. des Rotours (1).)

PFIZMAIER, A. (70) (tr.). "Über einige chinesische Schriftwerke des siebenten und achten Jahrhunderts n. Chr." *SWAW/PH* (1879), **93**, pp. 127, 159. (Tr. chs. 57, 59 (in part: *I Wen Chih*, agric., astron., maths., war, *wu hsing*), *Hsin Thang Shu*.)

PFIZMAIER, A. (71) (tr.). "Die philosophischen Werke China's in dem Zeitalter der Thang." *SWAW/PH* (1878), **89**, p. 237. (Tr. ch. 59 (in part: *I Wen Chih*, philosophical sect., incl. Buddh.), *Hsin Thang Shu*.)

PFIZMAIER, A. (72) (tr.). "Der Stand der chinesische Geschichtsschreibung in dem Zeitalter der Thang" (original has Sung as misprint). *DWAW/PH* (1877), **27**, pp. 309, 383. (Tr. chs. 57 (in part), 58 (*I Wen Chih*, history and classics Section), *Hsin Thang Shu*.)

PFIZMAIER, A. (73) (tr.). "Zur Geschichte d. Gründung d. Hauses Thang." *SWAW/PH* (1878), **91**, pp. 21, 46, 71. (Tr. chs. 86 (in part), 87, 88, (in part), *Hsin Thang Shu*.)

PFIZMAIER, A. (74) (tr.). "Nachrichten von Gelehrten China's." (Scholars such as Khung Ying-Ta, Ouyang Hsün, etc.) *SWAW/PH* (1878), **91**, pp. 694, 734, 758. (Tr. chs. 198, 199, 200, *Hsin Thang Shu*.)

PFIZMAIER, A. (84) (tr.). "Aus dem Traumleben der Chinesenen., *SWAW/PH* (1870), **64**, pp. 69, 711, 722, 733. (Tr. chs. 397, 398, 399, 400, *Thai-Phing Yü Lan*.)

PFIZMAIER, A. (85) (tr.). "Geschichtliches ü. einige Seelenzustände u. Leidenschaften." *SWAW/PH* (1868), **59**, pp. 248, 258, 271, 274, 289, 302, 315. (Tr. *Thai-Ping Yü Lan* chs. 469 (Furcht), 483 (Zorn), 489 (Vergesslichkeit u. Irrtum), 491 (Beschämung), 493 (Verschwendung), 498 (Hochmut), 499 (Dummheit).)

PFIZMAIER, A. (86) (tr.). "Reichtum und Armut in dem alten China," *SWAW/PH* (1868), **58**, pp. 61, 69, 84, 104, 110. (Tr. chs. 471, 472, 484, 485, 486, *Thai-Phing Yü Lan*.)

PFIZMAIER, A. (87) (tr.). "Die Taolehre v. den wahren Menschen u.d. Unsterblichen." *SWAW/PH* (1869), **63**, pp. 217, 235, 252, 268. (Tr. chs. 660, 661, 662, 663, *Thai-Phing Yü Lan*.)

PFIZMAIER, A. (88) (tr.). "Die Lösung d. Leichnam und Schwerter, ein Beitrag zur Kenntnis d. Taoglaubens." *SWAW/PH* (1870), **64**, pp. 26, 45, 60, 79. (Tr. chs. 664, 665, 666, 667, *Thai-Phing Yü Lan*.)

PFIZMAIER, A. (89) (tr.). "Die Lebensverlängerungen d. Männer des Weges" (*Tao Shih*). *SWAW/PH* (1870), **65**, pp. 311, 334, 346, 359. (Tr. chs. 668, 669, 670, 671, *Thai-Phing Yü Lan*.)

PFIZMAIER, A. (90) (tr.). "Über einige Kleidertrachten d. chinesischen Altertums." *SWAW/PH* (1872) **71**, pp. 567, 578, 588, 593, 605, 609, 616, 627, 636, 640. (Tr. chs. 690, 691, 692, 693, 694, 695, 696, 715, 716, *Thai-Phing Yü Lan*.)

PFIZMAIER, A. (91) (tr.). "Denkwürdigkeiten v. chinesischen Werkzeugen und Geräthen," *SWAW/PH* (1872), **72**, pp. 247, 265, 272, 275, 295, 308, 313, 315. (Tr. chs. 701 (screens), 702 (fans), 703 (whisks, sceptres, censers, etc.), 707 (pillows), 711 (boxes and baskets), 713 (chests), 714 (combs and brushes), 717 (mirrors), *Thai-Phing Yü Lan*.)

PFIZMAIER, A. (92) (tr.). "Kunstfertigkeiten u. Künste d. alten Chinesen." *SWAW/PH* (1871), **69**, pp. 147, 164, 178, 202, 208. (Tr. chs. 736, 737 (magic), 750, 751 (painting) and 752 (inventions and automata), *Thai-Phing Yü Lan*.)

PFIZMAIER, A. (93) (tr.). "Zur Geschichte d. Erfindung u.d. Gebrauches d. chinesischen Schriftgattungen." *SWAW/PH* (1872), **70**, pp. 10, 28, 46. (Tr. chs. 747, 748, 749, *Thai Phing Yü Lan*.)

PFIZMAIER, A. (94) (tr.). "Beiträge z. Geschichte d. Perlen." *SWAW/PH* (1867), **57**, pp. 617, 629. (Tr.

Thai-Phing Yü Lan, chs. 802 (in part), 803.)

PFIZMAIER, A. (95) (tr.). "Beiträge z. Geschichte d. Edelsteine u. des Goldes." *SWAW/PH* (1867), **58**, pp. 181, 194, 211, 217, 218, 223, 237. (Tr. chs. 807 (coral), 808 (amber), 809 (gems), 810, 811 (gold), 813 (in part), *Thai-Phing Yü Lan*.)

PFIZMAIER, A. (96) (tr.). "Zur Geschichte der alten Metalle." *SWAW/PH* (1868), **60**, pp. 7, 26, 44, 50, 67. (Tr. chs. 802 (in part) (gems), 804, 805 (gems), 812 (Hg, Ag, yellow Ag, Pb, Sn), 813 (in part) (Cu, Fe, brass), *Thai-Phing Yü Lan*.)

PFIZMAIER, A. (97) (tr.). "Alte Nachrichten u. Denkwürdigkeiten von einigen Lebensmitteln Chinas." *SWAW/PH* (1871), **67**, pp. 413, 418, 432, 441, 453, 459. (Tr. *Thai-Phing Yü Lan*, chs. 857 (honey), 860 (cakes), 861 (soups), 863 (meat dishes), 865 (salt), 867 (tea).)

PFIZMAIER, A. (98) (tr.). "Die Anwendung u.d. Zufälligkeiten des Feuers in d. alten China." *SWAW/PH* (1870), **65**, pp. 767, 777, 786, 799. (Tr. chs. 868, 869 (fire and fire-wells), 870 (lamps, candles and torches), 871 (coal), of *Thai-Phing Yü Lan*.)

PFIZMAIER, A. (99) (tr.). "Der Geisterglaube in dem alten China." *SWAW/PH* (1871), **68**, pp. 641, 652, 665, 679, 695. (Tr. *Thai-Phing Yü Lan*, chs. 881, 882, 883, 884, 887 (in part).)

PFIZMAIER, A. (100) (tr.). "Zur Geschichte d. Wunder in dem alten China." *SWAW/PH* (1871), **68**, pp. 809, 828, 844, 848. (Tr. *Thai-Phing Yü Lan*, chs. 885, 886, 887 (in part), 888 (quasi-biological metamorphoses).)

PFIZMAIER, A. (101) (tr.). "Denkwürdigkeiten aus dem Tier-reich Chinas." *SWAW/PH* (1875), **80**, pp. 6, 8, 17, 22, 35, 41, 51, 57, 68, 73, 79. (Tr. *Thai-Phing Yü Lan*, chs. 901, 902, 903, 904, 905, 909, 912 (mammals), 918, 919 (birds), 950 (in part), 951 (insects).)

PFIZMAIER, A. (102) (tr.). "Über einige Gegenstände des Taoglaubens." *SWAW/PH* (1875), **79**, pp. 5, 16, 29, 42, 50, 59, 61, 68, 73, 78. (Tr. *Thai-Phing Yü Lan*, chs. 929, 930 (dragons), 931, 932 (tortoises), 933, 934 (snakes), 984, 985, 986, 990 (miscellaneous stones).)

PFIZMAIER, A. (103) (tr.). "Denkwürdigkeiten von dem Insekten Chinas." *SWAW/PH* (1874), **78**, pp. 345, 356, 368, 378, 387, 397, 410. (Tr. *Thai-Phing Yü Lan*, chs. 944, 945, 946, 947, 948, 949, 950 (in part).)

PFIZMAIER, A. (104) (tr.). "Denkwürdigkeiten von den Bäumen Chinas." *SWAW/PH* (1875), **80**, pp. 191, 198, 205, 213, 220, 234, 240, 251, 264. (Tr. *Thai-Phing Yü Lan*, chs. 952, 953, 954, 955, 956, 957, 958, 959, 960 (in part).)

PFIZMAIER, A. (105) (tr.). "Ergänzungen zu d. Abhandlung von den Bäumen Chinas." *SWAW/PH* (1875), **81**, pp. 143, 160, 167, 177, 188, 189, 192, 196. (Tr. *Thai-Phing Yü Lan*, chs. 960 (in part), 961, 962, 963, 969 (in part), 972 (in part), 973 (in part), 974 (in part).)

PFIZMAIER, A. (106) (tr.). "Denkwürdigkeiten v. den Früchten Chinas." *SWAW/PH* (1874), **78**, pp. 195, 202, 214, 222, 230, 238, 244, 249, 260, 267, 274, 280. (Tr. *Thai-Phing Yü Lan*, chs. 964, 965, 966, 967, 968, 969 (in part), 970, 971, 972 (in part), 973 (in part), 974 (in part), 975.)

PHILLIPS, L. L. (1). "Cotton." In Simmonds (1), pp. 197–200.

PICKERSGILL, B. & C. B. HEISER (1). "Origins and distribution of plants domesticated in the New World tropics." In Charles A. Reed (2), pp. 803–836.

PINTO, FERNAŌ MENDES (1). *Peregrinaçam de Fernam Mendez Pinto em que da conta de muytas e muyto estranhas cousas que vio e ouvio no reyno da China, no da Tartaria* ... Crasbeec, Lisbon, 1614. Abridged Eng. tr. by H. Cogan: '*The Voyages and Adventures of Ferdinand Mendez Pinto, a Portugal, During his Travels for the space of one and twenty years in the kingdoms of Ethiopia, China, Tartaria, etc.* Herringman, London 1653, 1663, repr. 1692. Still further abridged edition, Unwin, London, 1891. Full French tr.

by B. Figuier: *Les Voyages Advantureux de Fernand Mendez Pinto*... Cotinet and Roger, Paris 1628, repr. 1645. Cf. M. Collis: *The Grand Peregrination* (paraphrase and interpretation), Faber and Faber, London, 1949.

PLAT, HUGH (1). *The Newe and Admirable Art of Setting of Corne.* London, 1601.

PLINY (trs. H. Rackham) (1). *Natural History.* Loeb Classical Library, Heinemann, London, 1950.

PLUCKNETT, D. L. (1). "Edible aroids." In Simmonds (1), pp. 10–12.

POSTAN, M. M. (2). *Essays on Medieval Agriculture & General Problems of The Medieval Economy.* Cambridge University Press, 1973.

POSTAN, M. M., E. E. RICH & E. MILLER (eds.) (1). *The Cambridge Economic History of Europe*, vol. II. Cambridge University Press, 1952.

POTTER, JACK M. (1). *Thai Peasant Social Structure.* University of Chicago Press, Chicago & London, 1976.

POTTER, JACK M. (2). "Land and lineage in traditional China." In M. Freedman (5).

POYNTER, F. N. L. (1). "Gervase Markham." *ESEA* (1962), **15**, pp. 27–39.

PRESCOTT, W. (1). *History of the Conquest of Peru.* Everyman, London, 1968 (1st ed. 1847).

PUHVEL, J. (1). "The Indo-European and Indo-Aryan Plough: A Linguistic Study of Technological Diffusion." *TCULT* (1964), 5, **2**, pp. 176–190.

PULESTON, D. E. & O. S. PULESTON (1). "An Ecological Approach to the Origins of Maya Civilisation." *AAAA* (1974), 24, **4**, p. 330.

PURCAL, J. T. (1). *Rice Economy: Employment and Income in Malaysia.* East-West Centre, University Press of Hawaii, Honolulu, 1972.

PURCELL, V. (1). *The Chinese in South-East Asia.* Oxford University Press (for the Royal Institute of International Affairs and the Institute of Pacific Relations), Oxford 1951; 2nd ed. 1965.

PURSEGLOVE, J. W. (1). *Tropical Crops: Dicotyledons.* Longman, London, 1968.

PURSEGLOVE, J. W. (2). *Tropical Crops: Monocotyledons.* Longman, London, 1972.

PUSEY, PHILIP (1). "Report on The Royal Agricultural Society's Show." *JRAGS* (1857), **12**, pp. 642–644; cited Mingay (1), pp. 191–194.

QUESNAY, FRANÇOIS (1). "Despotisme de la Chine." In Quesnay (2), pp. 563–660.

QUESNAY, FRANÇOIS (2). *Oeuvres économiques et philosophiques.* Frankfurt, 1888: repr. Scientia Verlag, Aalen, 1965.

RAFFLES, T. S. (1). *The History of Java*, 2 vols.; Black, Parbury & Allen, London, 1817. Facsimile ed., Oxford in Asia Historical Reprints, Oxford University Press, Oxford, 1978.

RAFTIS, J. A. (1). *Tenure & Mobility: Studies in The Social History of the Medieval English Village.* Toronto, 1964.

RAIKES, R. (1). *Water, Weather and Prehistory.* London, 1967.

RANDALL, JOHN (1). *Observations on The Structure and Use of The Spiky Roller in Museum Rusticum.* 1766.

RANSOME, J. ALLEN (1). *The Implements of Agriculture.* London, 1843.

RASMUSSEN, H. (1). "Grain harvest and threshing in Calabria." *TT* (1969), 1, **2**, pp. 93–104.

RAU, K. H. (1). *Geschichte des Pfluges.* Winter, Heidelberg, 1845; reprinted by Gerstenberg, Hildesheim, 1972.

RAVENSTONE, PIERCY (1). *Thoughts on The Funding System and its Effects.* London, 1824.

RAWSKI, EVELYN SAKAKIDA (1). *Agricultural Change and the Peasant Economy of South China.* Harvard University Press, Cambridge Mass., 1972.

RAWSKI, EVELYN SAKAKIDA (2). "Chinese and American Frontier Agriculture in The Eighteenth Century." Seminar paper, n. d.

RAWSKI, T. G. (1). *Economic Growth and Employment in China*. World Bank Research Publication, Oxford University Press, 1979.

READ, BERNARD E. (with LIU JU-CHHIANG) (1). *Chinese Medicinal Plants from the "Pen Ts'ao Kang Mu" A.D. 1596... a Botanical, Chemical and Pharmacological Reference List*. (Publication of the Peking Nat. Hist. Bull.). French Bookstore, Peking, 1936 (chs. 12–37 of *Pen Tshao Kang Mu*) (rev. W. T. Swingle, *ARLC/DO* (1937), p. 191).

READ, BERNARD E. (2) (with LI YÜ-TNIEN). *Chinese Materia Medica; Animal Drugs*.

		Serial nos.	Corresp. with chaps. of *Pen Tshao Kang Mu*
Pt. I	Domestic Animals	322–349	50
II	Wild Animals	350–387	51 *A* and *B*
III	Rodentia	388–399	51 *B*
IV	Monkeys and Supernatural Beings	400–407	51 *B*
V	Man as a Medicine	408–444	52

PNHB (1931), **5** (no. 4), pp. 37–80; **6** (no. 1), pp. 1–102. (Sep. issued, French Bookstore, Peking, 1931.)

READ, BERNARD E. (3) (with LI YÜ-THIEN). *Chinese Materia Medica; Avian Drugs*.

| Pt. VI | Birds | 245–321 | 47, 48, 49 |

PNHB (1932), **6** (no. 4), pp. 1–101. (Sep. issued, French Bookstore, Peking, 1932.)

READ, BERNARD E. (4) (with LI YÜ-THIEN). *Chinese Materia Medica; Dragon and Snake Drugs*.

| Pt. VII | Reptiles, | 102–127 | 43 |

PNHB (1934), **8** (no. 4), pp. 297–357. (Sep. issued, French Bookstore, Peking, 1934.)

READ, BERNARD E. (5) (with YU CHING-MEI). *Chinese Materia Medica; Turtle and Shellfish Drugs*.

| Pt. VIII | Reptiles and Invertebrates | 199–244 | 45, 46 |

PNHB (Suppl.) (1939), pp. 1–136. (Sep. issued, French Bookstore, Peking, 1937.)

READ, BERNARD E. (6) (with YU CHING-MEI). *Chinese Materia Medica; Fish Drugs*.

| Pt. IX | Fishes (incl. some amphibia, octopoda and crustacea) | 128–198 | 44 |

PNHB (Suppl.) (1939). (Sep. issued, French Bookstore, Peking, n.d. prob. 1939.)

READ, BERNARD E. (7) (with YU CHING-MEI). *Chinese Materia Medica; Insect Drugs*.

| Pt. X | Insects (incl. arachnidae etc.) | 1–101 | 39, 40, 41, 42 |

PNHB (Suppl.) (1941). (Sep. issued, Lynn, Peking, 1941.)

READ, BERNARD E. (8). *Famine Foods listed in the "Chiu Huang Pen Tshao"*. Lester Institute, Shanghai, 1946.

READ, BERNARD E. & PAK KYEBYŏNG (1). *A Compendium of Minerals and Stones used in Chinese Medicine, from the "Pen Tshao Kang Mu"*. *PNHB* (1928), **3** (no. 2), pp. i – vii, pp. 1 – 120. (Revised and enlarged, issued separately, French Bookstore, Peking, 1936 (2nd ed.)) Serial nos. 1 – 135, corresp. with chs. of *Pen Tshao Kang Mu*, 8, 9, 10, 11.

REED, CHARLES A. (1). "The Pattern of Animal Domestication in the Prehistoric Near East." In Ucko & Dimbleby (1), p. 361.

REED, CHARLES A. (ed.) (2). *Origins of Agriculture*. Mouton, the Hague, 1977.
REED, CHARLES A. (3). "A Model for the Origin of Agriculture in the Near East." In Charles A. Reed (2), pp. 543–567.
REED, CHARLES A. (4). "Origins of agriculture: discussion and some conclusions." In Charles A. Reed (ed.) (2), pp. 879–956.
RENFREW, C. (ed.) (2). *The Explanation of Culture Change: Models in Prehistory*. Duckworth, London, 1973.
RENFREW, C. (3). "Monuments, Mobilisation and Social Organisation in Neolithic Wessex." In Renfrew (2), p. 539.
RENFREW, C. (4). *Before Civilisation: the Radiocarbon Revolution and Prehistoric Europe*. Jonathan Cape, London, 1973.
RENFREW, C. & K. L. COOKE (eds.) (1). *Transformations: Mathematical Approaches to Culture Change*. Academic Press, New York, 1979.
REYNOLDS, P. (1). "A general report of underground grain storage experiments at the Butser ancient farm research project." In Gast & Sigaut (1), vol. 1, pp. 70–80.
RICHARDSON, H. G. (1). "The Medieval Plough Team." *H* (1942), **26**, p. 287.
RICKMAN, G. (1). *Roman Granaries and Store Buildings*. Cambridge University Press, 1971.
ROFF, W. R. (ed.) (1). *Kelantan: Religion, Society and Politics in a Malay State*. Oxford University Press, Kuala Lumpur, 1974.
DE ROSNY, L. (1) (tr.). *Chan-Hai-King; Antique Géographie Chinoise*. Maisonneuve, Paris, 1891.
ROSSITER, M. W. (1). *The Emergence of Agricultural Science: Justus Liebig and the Americans, 1840–1880*. Yale University Press, New Haven & London, 1975.
DES ROTOURS, R. (1). *Traité des Fonctionnaires et Traité de l'Armée, traduits de la Nouvelle Histoire des T'ang* (ch. 46–50). 2 vols. Brill, Leiden, 1948 (Bibl. de l'Inst. des Hautes Etudes Chinoises, vol.6). (Rev. P. Demiéville, *JA* (1950), **238**, p. 395.)
DES ROTOURS, R. (2) (tr.). *Traité des Examens* (translation of chs. 44 and 45 of the *Hsin Thang Shu*). Leroux, Paris, 1932. (Bibl. de l'Inst. des Hautes Etudes Chinoises, no. 2.)
DES ROTOURS, R. (4) (tr.). *Courtisanes chinoises à la fin des Thang, entre c. 789 et le 8janvier, 881; Pei Li Tche [Chih] (Anecdotes du Quartier du Nord) par Souen K'i [Sun Chhi]* ... Presses Univ. de France, Paris, 1968. (Bibl. de l'Inst. des Hautes Etudes Chinoises, no. 22.)
ROY, D. T. & T. H. TSIEN (eds.) (1). *Ancient China: Studies in Early Civilisation*. Chinese University Press, Hong Kong, 1978.
RUSSELL, E. J. (1). *A Student's Book on Soils and Manures*. Cambridge University Press, 1915, repr. 1951.

ŠACH, F. (1). "Proposal for the Classification of Pre-Industrial Tilling Implements." *TT* (1968), 1, **1**, p. 1.
SAHLINS, MARSHALL (1). *Stone Age Economics*. Aldine Atherton, Chicago, 1972.
SALONEN, ARMAS (1). *Agricultura Mesopotamica: nach sumerisch-akkadischen Quellen, eine lexikalische und kulturgeschichtliche Untersuchung*. Annales Academiae Scientiarum Fennicae, B. vol. 149, Helsinki, 1968.
SAUER, CARL O. (1). *Seeds, Spades, Hearths and Herds: the Domestication of Animals and Foodstuffs*. American Geographical Society, 1952; 2nd ed. MIT Press, Cambridge Mass., 1969.
SAUSSURE, [N.] TH. DE (1). *Recherches chimiques sur la végétation*. V. Nyon, Paris, 1804.
SCHAFER, E. H. (13). *The Golden Peaches of Samarkand: a Study of Thang Exotics*. University of California Press, Berkeley & Los Angeles, 1963.

SCHAFER, E. H. (16). *The Vermilion Bird: Thang Images of the South*. University of California Press, Berkeley & Los Angeles, 1967.

SCHAFER, E. H. (25). "Thang." In K. C. Chang (3).

SCHMAUDERER, E. (1). "Kenntnisse über Fette und Öle bei den alten Kulturvolken; II, Die Entwicklung technologischer Verfahren zur Herstellung von Butter und pflanzlichen Ölen im Altertum." *VFIDMGNWT* (1968), **40**, p. 1.

SCHULTES, R. E. (2). "Random thoughts and queries on the botany of *Cannabis*." In Joyce & Curry (1), pp. 11–38.

SCOTT, J. C. (1). *Health. and Agriculture in China*. Faber & Faber, London, 1952.

SCOTT, JAMES C. (1). *The Moral Economy of the Peasant: Rebellion and Subsistence in Southeast-Asia*. Yale University Press, New Haven & London, 1976.

SCOTT, JOHN (1). *The Complete Test-Book of Farm Engineering*. Crosby, Lockwood & Co., London, 1885.

SEKINO, TAKESHI (1). "New Researches on the Lei-Ssu." *MRDTB* (1967), **25**, p. 59.

SERJEANT, R. B. (1). "The Cultivation of cereals in mediaeval Yemen." *ARS* (1974), **1**, pp. 24–74.

SERRES, OLIVER DE, SIEUR DE PRADEL (1). *Le Théâtre d'Agriculture et Mesnage des Champs*. Paris, 1600.

SHA, J. (1). *Certaine Plaine and Easie Demonstrations of Divers Easie Wayes and Meanes for the Improving of Any Manner of Barren Land*. London, 1657.

SHAW, THURSTAN (1). "Hunters, Gatherers and First Farmers in West Africa." In J. V. S. Megaw (1), pp. 69–126.

SHEN, T. H. (1). *Agricultural Resources of China*. Cornell University Press, Ithaca N. Y., 1951.

SHIBA, YOSHINOBU (1) (trs. Mark Elvin). *Commerce and Society in Sung China*. Michigan Abstracts of Chinese & Japanese Works on Chinese History no. 2, Ann Arbor, 1970.

SHIH SHENG-HAN (1). *A Preliminary Survey of the book "Chhi Min Yao Shu", an Agricultural Encyclopaedia of the + 6th Century*. Science Press, Peking, 1958.

SHIH SHENG-HAN (2). *On the "Fan Sheng-Chih Shu", an Agricultural Book written by Fan Sheng-Chih in - 1st Century China*. Science Press, Peking, 1959.

SHIMPO, MITSURO (1). *Three Decades in Showa: Economic Development and Social Change in a Japanese Farming Community*, U. British Columbia Press, Vancouver, 1976.

SHURTLEFF, W. & A. AOYAGI (1). *The Book of Miso: Food for Mankind*. Ballantine Books, New York, 1976.

SICKMAN, L. & A. SOPER (1). *The Art and Architecture of China*. The Pelican History of Art, Penguin, Harmondsworth, 1956.

SIGAUT, F. (1). "Identification des Techniques de Récolte des Graines Alimentaires." *JATBA* (1978), 25, **3**, pp. 147–161.

SIGAUT, F. (2). "Identification des techniques de conservation et de stockage des grains." In Gast & Sigaut (1), vol. 2, pp. 156–181.

SIGAUT, F. (3). *L'agriculture et le feu: rôle et place du feu dans les techniques de préparation du champ de l'ancienne agriculture européenne*. Mouton & Co., Paris, The Hague, 1975.

SIGAUT, F. (4) "Possibilités et limites de la recherche, de l'interprétation et de la représentation des instruments agricoles dans les musées d'agriculture." Paper given at the 5th International Congress of Agricultural Museums, n.d.

SIMMONDS, N, W. (ed.) (1). *Evolution of Crop Plants*. Longman, London & New York, 1976.

SIMMONDS, N. W. (2). "Hemp." In Simmonds (1), pp. 203–204.

SINGER, C., E. J. HOLMYARD, A. R. HALL & T. I. WILLIAMS (eds.) (1). *A History of Technology*. 7 vols.,

Clarendon Press, Oxford, 1954–78.

SIVIN, N. (17). "Imperial China: has its present past a future?" [review article of M. Elvin (2)]. *HJAS* (1978), 38, **2**, pp. 449–480.

SKOCPOL, THEDA (1). *States and Social Revolutions: a Comparative Analysis of France, Russia and China.* Cambridge University Press, 1979.

SLICHER VAN BATH, B. H. (1). *The Agrarian History of Western Europe, A.D. 500–1850.* Edward Arnold, London, 1963.

SLICHER VAN BATH, B. H. (2). "Agriculture in the Low Countries (c. 1600 – 1800)." In *Relazione del X Congresso Internazionale di Scienze Storiche,* IV (1955), pp. 169–203; Florence, 1955.

SMALL, JAMES (1). *Treatise of Ploughs and Wheel Carriages.* Edinburgh, 1784.

SMITH, ADAM (1). *An Inquiry into the Nature and Causes of the Wealth of Nations.* (1 st ed. 1776); Nelson & Sons, London, 1901 (there have been many subsequent edns.).

SMITH, P. E. L. & J. C. YOUNG (1). "The evolution of early agriculture and culture in Greater Mesopotamia: a trial model." In B. Spooner (1), pp. 1–59.

SMITH, R. B. & W. WATSON (eds.) (1). *Early Southeast Asia.* Oxford University Press, Oxford, New York & Kuala Lumpur, 1979.

SMITH, THOMAS C. (1). *The Agrarian Origins of Modern Japan.* Stanford University Press, Stanford, 1959.

SOLHEIM, WILHELM G. II (1). "Northern Thailand, Southeast Asia, and world prehistory" *ASP*(1970), **13**, pp. 145–162.

SOLHEIM, WILHELM G. II (2). "Southeast Asia and the West." *SC* (1967), **157**, pp. 896–902.

SOLHEIM, WILHELM G. II (3). "Remarks on the neolithic in South China and Southeast Asia." *JHKAS* (1973), **4**, pp. 25–29.

SOOTHILL, W. E. (5) (posthumous). *The Hall of Light; a Study of Early Chinese Kingship.* Lutterworth, London, 1951. (On the Ming Thang; also contains discussion of the *Pu Thien Ko* and transl. of *Hsia Hsiao Cheng*.)

SOULET, J.-F. (1). *La vie quotidienne dans les Pyrénées sous l'Ancien Régime du XVIe au XVIIIe siècle.* Hachette, Paris. 1974.

SPENCE, JONATHAN D. (1) *The Death of Woman Wang.* Viking Press, New York, 1978; Penguin, 1979.

SPENCER, A. J. & J. B. PASSMORE (1). *Handbook of the Collections Illustrating Agricultural Implements and Machinery: A Brief Survey of the Machines and Implements Which are Available to the Farmer with Notes on their Development.* Science Museum, H.M.S.O., London, 1930.

SPENCER, J. E. (4). *Shifting Cultivation in Southeastern Asia.* University of California Publicns. in Geography no. 19, 1966.

SPENCER, J. E. (5). "The development and spread of agricultural terracing in China." In S. G. Davis (ed.), *Symposium on Land Use and Mineral Deposits in Hong Kong, Southern China and South East Asia,* Hong Kong, 1964, pp. 105–110.

SPENCER, J. E. & G. A. HALE (1). "The origin, nature and distribution of agricultural terracing." *PV* (1961), **2**, pp. 1–40.

SPOONER, B. (ed.) (1). *Population Growth: Anthropological Implications.* MIT Press, Cambridge, Mass., 1972.

ŠRAMKO, B. A. (1). "Der Hakenpflug der Bronzezeit in der Ukraine." *TT* (1971), 1, **4**, p. 223.

STEENSBERG, A. (2). "A 6,000 Year Old Ploughing Implement from Satrup Moor." *TT* (1973), 2, **2**, p. 105.

STEENSBERG, A. (3). "The Husbandry of Food Production." In Hutchinson, Clarke, Jope & Riley (1),

p. 43.

STEENSBERG, A. (4). *Stone Shares of Ploughing Implements from the Bronze Age of Syria: A Contribution to the Early History of the Ard-Plough.* Royal Danish Academy of Sciences and Letters, Copenhagen, 1977. Reviewed A. Fenton (4).

STEENSBERG, A. (5) (trs. W. E. Calvert). *Ancient Harvesting Implements.* Copenhagen, 1943.

STEENSBERG, A. (6). "Drill-Sowing and Threshing in Southern India Compared with Sowing Practices in Other Parts of Asia." *TT* (1971), 1, **4**, pp. 241–256.

STEENSBERG, A. (7). *New Guinea Gardens: A Study of Husbandry with Parallels in Prehistoric Europe.* Academic Press, London & New York, 1980.

STEIN, R. A. (6). *Tibetan Civilisation.* Faber & Faber, London, 1972.

STEPHENS, CHARLES & JOHN LIEBAULT, DOCTORS OF PHYSICKE (1). *Maison Rustique, or, the Country Farme.* Translated into English by Richard Surfleet; reviewed, corrected and augmented by Gervase Markham; London, 1616.

STERN, HAROLD P. (1). *Birds, Beasts, Blossoms, and Bugs: the Nature of Japan.* Harry N. Abrams, Inc., New York, 1976; in assoc. with the UCLA Art Council & the Frederick S. Wight Gallery, Los Angeles.

STIEFEL, M. & W. F. WERTHEIM (1). *Production, Equality and Participation in Rural China.* United Nations Research Institute for Social Development (Popular Participation Programme), Geneva, 1982.

STONOR, C. R. & E. ANDERSON (1). "Maize among the hill peoples of Assam." *AMBG* (1949), 36, pp. 355–404.

STUART, G. A. (1). *Chinese Materia Medica, Vegetable Kingdom.* American Presbyterian Mission Press, Shanghai, 1911.

SUN, E-TU ZEN (1). *Chhing Administrative Terms.* Harvard University Press, 1961.

SUNG, YING-HSING (1), tr. E.-T. Z. SUN. & S.-C. SUN. *Thien-Kung Khai-Wu: Chinese Technology in the Seventeenth Century.* Pennsylvania State University Press, University Park and London, 1966.

SWANN, N. (1) (trs). *Food and Money in Ancient China.* Princeton University Press, Princeton N.J., 1950.

SWINGLE, W. T. (11). "Chinese and other East Asiatic books added to the Library of Congress, 1926–27." *ARLC/DO* (1926–7), p. 245. [On editions of the *Pen Tshao Kang Mu*, the *Pen Tshao Kang Mu Shi I*, the *Shen Nung Pen Tshao Ching Su*, and the *Shao-Hsing Pen Tshao*.]

TANABE, SHIGEHARU (1). "Land reclamation in the Chao Phya Delta." In Y. Ishii (ed.), *Thailand: A Rice Growing Society.* Monog. of the Center for Southeast Asian Studies, Kyoto Univ.; Univ. of Hawaii Press, Honolulu, 1978.

TAILLARD, C. (1). "Les berges de la Nam Ngum et du Mekong: systèmes économiques villageois et organisation de l'espace dans la plaine de Vientiane (Laos)." *ERU*(1974), pp. 119–68.

TENG SSU-YÜ & K. BIGGERSTAFF (1). *An Annotated Bibliography of Selected Chinese Reference Works.* Harvard-Yenching Inst., Peiping, 1936. (Yenching Journ. Chin. Studies, monograph no. 12.)

THAN PO-FU et al.(1). *The Kuan-Tzu: Economic Dialogues in Ancient China.* Far Eastern Publications, Yale University, New Haven, 1954.

THAPA, J. K. (1). "Primitive maize with the Lepchas." *BT* (1966), **3**, pp. 29–31.

THILO, T. (1). "Die Kapitel 1 und 4 (Ackerbau und Weiterarbeitung der Ackerbauprodukte) des *Tiangong kaiwu* von Song Yingxing: Übersetzung und Kommentar." Unpublished doctoral thesis, Humboldt-Universität, Berlin, 1964.

THILO, THOMAS (2). "Eine problematische Darstellung einer chinesischen Windfege," *MIOF* (1966), 12, **3**.

THILO, THOMAS (3). "Die Schrift vom Pflug (*Leisijing*) und das Verhältnis ihres Verfassers Lu Guimeng zur Landwirtschaft." *ALTOF* (1980), **7**.
THIRSK, JOAN (1). "The common fields." *PP* (1964), **29**, p. 9.
TORR, CECIL (1). *Small Talk at Wreyland*. 1st published 1918; reissued by Oxford University Press, Oxford, 1979.
TREGEAR, T. R. (2). *China: A Geographical Survey*. Hodder & Stoughton, London, 1980.
TRINGHAM, R. (1). *Hunters, Fishers and Farmers of Eastern Europe, 6000–3000 BC*. Hutchinson University Library, London, 1971.
TRIPPNER, J. (1). "Das "Röstmehl" bei den Ackerbauern in Tsinghai, China." *AN* (1957), **52**, pp. 603–616.
TRUONG VAN BINH (1). "Vietnamese Feasts and Holidays (Customs of Viet Nam)." *Times of Vietnam Magazine* (1963), 5, **39**, pp. 11–12, 16.
TULL, JETHRO (1). *Horse Hoeing Husbandry*, 1st edition, London, 1733. (Page refs. are to Cobbett ed. of 1812; repr. in extract in Mingay (1), pp. 117–21.)
TUN LI-CHHEN. See D. Bodde (12).
TUNG KHAI-CHHEN (1) (tr. F. A. Bray). "A preliminary discussion of Chinese agricultural treatises in the style of "monthly ordinances" *yüehling*." *JATBA* (1981), 28, **3–4**.
TUSSER, THOMAS (1). *A Hundred Good Pointes of Husbandrie*. London, 1557.
TUSSER, THOMAS (2). *Five Hundred Good Pointes of Husbandrie*. London, 1573.
TWITCHETT, D. C. (4). *Financial Administration under the Thang Dynasty*. Cambridge University Press, 1st ed. 1963, 2nd ed. 1970.
TWITCHETT, D. C. (6). "Some remarks on irrigation under the Thang." *TP* (1961), 48, **1–3**, pp. 175–194.
TWITCHETT, D. C. (9). "Documents on Clan Administration, I: The Rules of Administration of the Charitable Estate of the Fan Clan; Annotated Translation of the I-Chuang Kuei-Chü 義 莊 規 矩 ", *AM* (1960), 8, **1**, pp. 1–35.
TWITCHETT, D. C. (10). "Lands under state cultivation during the Thang dynasty." *JESHO* (1959), 2, **2**, 162–203; 2, **3**, pp. 335–336.

UCKO, P. J., & G. W. DIMBLEBY (eds.) (1). *The Domestication and Exploitation of Plants and Animals*. Duckworth, London,1969.
UCKO, P. J., R. TRINGHAM, & G. W. DIMBLEBY (eds.) (1). *Man, Settlement and Urbanism*. Duckworth, London, 1972.

VALLICROSA, MILLAS & 'AZIMAN (ed. & trs.) (1). *Ibn Baṣṣal: "Kitāb al Filāḥa"*. Tetúan, 1955.
VAMPLEW, WRAY (1). "The progress of agricultural mechanics: the cost of best practice in the mid nineteenth century." *TT* (1979), 3, **4**, pp. 204–214.
VAN ZEIST, W. (1). "Reflections on prehistoric environments in the Near East." In Ucko & Dimbleby (1), pp. 35–46.
VARRO, MARCUS TERRENTIUS (1). *De Re Rustica*. Tr. W. D. Hooper, revised H. B. Ash, Loeb Classical Library, Heinemann, London, 1954.
VAVILOV, N. I. (1). "The problem of the origin of the world's agriculture in the light of the latest investigations." Address to the Second International Congress on History of Science & Technology, London, July 1931, KNIGA (England) Ltd., London.
VAVILOV, N. I. (2). *The Origin, Variation, Immunity and Breeding of Cultivated Plants*. Tr. K. Starr Chester,

Chronica Botanica vol. 13, Waltham, Mass., 1949–50.

VAVILOV, N. I. (4). *Studies on the Origins of Cultivated Plants.* Institut de Botanique Appliquée et d'Amélioration des Plantes, Leningrad, 1926.

VERMUYDEN, SIR CORNELIUS (1). *Discourse Touching the Draining of the Great Fennes.* London, 1642.

VINOGRADOFF, P. (2). *Villainage in England.* Oxford, 1892.

VIRGIL (trs. T. F. Royds) (1). *The Eclogues and Georgics of Virgil.* Everyman's Library, Dent, London, n.d.

VISHNU-MITTRE (1). "The beginnings of agriculture: palaeographic evidence from India." In J. Hutchinson (2), pp. 3–33.

VISHNU-MITTRE (2). "Changing economy in ancient India." In Charles A. Reed (2), pp. 569–88.

VITA-FINZI, C. & E. S. HIGGS (1). "Prehistoric Economy in the Mount Carmel Area of Palestine: Site Catchment Analysis." *PPHS* (1971), 36, pp. 1–37.

WAGNER, W. (1). *Die Chinesische Landwirtschaft.* Paul Parey, Berlin, 1926.

WAKEMAN, FREDERIC, JR. & CAROLYN GRANT (eds.) (1). *Conflict and Control in Late Imperial China.* University of California Press, Berkeley, 1975.

WALEY, ARTHUR (1). *The Book of Songs.* George Allen & Unwin, London, 1937.

WALEY, A. (5) (tr.). *The Analects of Confucius.* Allen & Unwin, London, 1938.

WALEY, A. (23). *The Nine Songs; a Study of Shamanism in Ancient China* [the *Chiu Ko* attributed traditionally to Chhü Yuan]. Allen & Unwin, London, 1955.

WALKER, ALEXANDER (1). "Indian Agriculture." *c.* 1820, reproduced in Dharampal (1), pp. 179–209.

WARE, J.-R. (1)."The *Wei Shu* and the *Sui Shu* on Taoism." *JAOS* (1933), **53**, p. 215. Corrections and emendations in *JAOS* (1934), **54**, p. 290. Emendations by H. Maspero, *JA* (1935), **226**, p. 313.

WASWO, A. (1). *Japanese Landlords: the Decline of a Rural Elite.* University of California Press, Berkeley & Los Angeles, 1977.

WATABE, TADAYO (1). *Glutinous Rice in Northern Thailand.* The Centre for Southeast Asian Studies, Kyoto University, Kyoto, 1967.

WATSON, J. A. S. (1). "Farm Implements in Scotland; Historical Notes, 2." *SJA* (1926), **9**.

WATSON, JAMES A. S. & JAMES. A, MORE (1). *Agriculture: the Science and Practice of British Farming.* 6th ed., Oliver and Boyd, Edinburgh, 1942.

WATSON, JAMES L. (1). *Emigration and the Chinese Lineage: the Mans in Hong Kong and London.* University of California Press, Berkeley, Los Angeles & London, 1975.

WATSON, WILLIAM (6). *Cultural Frontiers in Ancient East Asia.* Edinburgh University Press, Edinburgh, 1971.

WEBER, MAX (4). *The Agrarian Sociology of Ancient Civilisations.* Tr. R. I. Frank, NLB, London, 1976; 1st ed. entitled "Agrarverhältnisse im Altertum", in *Handwörterbuch der Staatswissenschaften*, 1909.

WEST, ROBERT C. & PEDRO ARMILLAS (1). "Las Chinampas de Mexico: poesia y realidad de los 'Jardines Flotantes'." *CUA* (1950), pp. 165–182.

WESTERMANN, W. L. (1). "Egyptian agricultural labour under Ptolemy Philadelphus." *AGHST* (1927), **1** (no. 2), p. 34.

WESTON, SIR RICHARD (1). *A Discours of Husbandrie used in Brabant and Flanders.* Manuscript bequeathed to his sons in 1645; piratically published by Hartlib (1) in 1651.

DE WET, J. M. J., J. R. HARLAN & E. G. PRICE (1). "Variability in *Sorghum bicolor.*" In Harlan, de Wet & Stemler (1), pp. 453–464.

WEULERSSE, J. (3). *Paysans de Syrie el du Proche-Orient.* NRF, Gallimard, Paris, 1946.

WHEATLEY, PAUL (2). *The Pivot of the Four Quarters: a Preliminary Enquiry into the Origins and Character of the Ancient Chinese City.* Edinburgh University Press, Edinburgh, 1971.

WHEATLEY, PAUL (4). "Agricultural terracing: discursive scholia on recent papers on agricultural terracing and on related matters pertaining to Northern Indo-China and neighbouring areas." *PV* (1965), **6**, pp. 123–144.

WHITE, K. D. (1). *Agricultural Implements of the Roman World.* Cambridge University Press, 1967.

WHITE, K. D. (2). *Roman Farming.* Thames & Hudson, London, 1970.

WHITE, K. D. (3). *Farming Equipment of the Roman World.* Cambridge University Press, 1975.

WHITE, LYNN (7). *Medieval Technology and Social Change.* Clarendon Press, Oxford, 1962.

WHYTE, R. O. (1). *Rural Nutrition in China.* Oxford University Press, Hong Kong, 1972.

WHYTE, R. O. (2). *Rural Nutrition in Monsoon Asia.* Oxford University Press, Kuala Lumpur & London, 1974.

WHYTE, R. O. (3). "The botanical Neolithic Revolution." *HEC* (1977), 5, **3**, pp. 209–222.

WHYTE, R. O., G. NILSSON-LEISSNER & H. C. TRUMBLE (1). *Legumes in Agriculture.* FAO Agricultural Studies no. 21, Rome, 1953.

WIEGER, L. (2). *Textes Philosophiques.* (Ch. and Fr.). Mission Press, Hsienhsien, 1930.

WIEGER, L. (6). *Taoisme.* Vol. I. *Bibliographie générale:* (1) Le Canon (Patrologie); (2) Les Index officiels et privés. Mission Press, Hsienhsien, 1911. (Crit. by P. Pelliot, *JA* (1912), **20**, p. 141.)

WILHELM, RICHARD (2) (tr.). *I Ging [I Ching]: das Buch der Wandlungen.* 2vols. (3 books, pagination of 1 and 2 continuous in first volume). Diederichs, Jena, 1924. Eng. tr. C. F. Baynes (2 vols.) Bollingen Pantheon, New York, 1950.

WILHELM, RICHARD (3) (tr.). *Frühling u. Herbst d. Lü Bu-We (the Lü Shih Chhun Chhiu).* Diederichs, Jena, 1928.

WILHELM, RICHARD (6) (tr.). *Li Gi,, das Buch der Sitte des älteren und jungeren Dai* (i.e. both *Li Chi* and *Ta Tai Li Chi*]. Diederichs, Jena, 1930.

WILL, P.-E. (1). *Bureaucratie et famine en Chine au 18ᵉ siècle.* Mouton/Ecole des Hautes Etudes en Sciences Sociales, Paris & The Hague, 1980.

WILLIAMS, S. WELLS (1). *The Middle Kingdom: a Survey of the Geography, Government, Literature, Social Life, Arts and History of The Chinese Empire and its Inhabitants.* 2 vols., Wiley, New York, 1848; later eds. 1861, 1900; London, 1883.

WILLIAMSON, H. R. (1). *Wang An-Shih, Chinese Stateman and Educationalist of the Sung Dynasty.* 2 vols., Arthur Probsthain, London, 1935.

WINCH, DONALD (1). "The emergence of economics as a science, 1750–1870." In Cipolla (4), pp. 507–573.

WISSLER, CLARK (1). *The Cereals and Civilisation.* Science Guide no. 129, American Museum of Natural History, New York, n.d.

WITTFOGEL, K. A. (9). *Oriental Despotism: a Comparative Study of Total Power.* Yale Univ. Press, New Haven; Oxford Univ. Press, London, 1957.

WOLF, ERIC R. (1). *Peasants.* Foundation of Modern Anthropology Series, Prentice-Hall, New Jersey, 1966.

WONG, JOHN (1). *Land Reform in the People's Republic of China: Institutional Transformation in Agriculture.* Praeger, New York, 1973.

WU KHANG (1). *Les Trois Politiques du Tchounn Tsieou interprétées par Tong Tchong-Chou d'après les principes de l'écote de Kong-Yang.* Leroux, Paris, 1932.

WULFF, HANS E. (1). *The Traditional Crafts of Persia*. MIT Press, Cambridge Mass., 1966.
WYLIE A. (2). "History of the Hsiung-Nu" (tr. of the chapter on the Huns in the *Chhien Han Shu*, ch. 94). *JRAI* (1874), **3**, p. 401; (1875), **5**, p. 41.
WYLIE, A. (3). "The History of the South-western Barbarians and Chao Sëen" [Chao-Hsien, Korea], (tr. of ch. 95 of the *Chhien Han Shu*.) *JRAI* (1880), **9**, p. 53.
WYLIE, A. (10) (tr.). "Notes on the Western Regions, translated from the "Ts'een Han Shoo" [*Chhien Han Shu*] Bk. 96." *JRAI* (1881), **10**, p. 20; (1882), **11**, p. 83. (Ch. 96 A and B, as also the biography of Chang Chhien in ch. 61, pp. 1–6, and the biography of Chhen Thang in ch. 70.)

YAMAMURA, KOZO (1). "Pre-industrial landholding patterns in Japan and England." In: Albert M. Craig (ed.), *Japan: a Comparative View*, Princeton University Press, 1979.
YANG, LIEN-SHENG (7). "Notes on N. L. Swann's "Food and Money in Ancient China"." *HJAS* (1950), **13**, p. 524. Repr. in Yang Lien-Sheng (9), p. 85 with additions and corrections.
YANG, LIEN-SHENG (9). *Studies in Chinese Institutional History*. Harvard-Yenching Institute Series no. 20, Harvard University Press, Harvard, 1961.
YARRANTON, ANDREW (1). *The Great Improvements of Lands by Clover*. London, 1663.
YEH HSIEN-EN (1). "The tenant-servant system in Huizhou Prefecture, Anhui." *SSCH* (1981), **1**, pp. 90–119.
YEN, D. E. (1). *The Sweet Potato and Oceania: an Essay in Ethnobotany*. Bernice P. Bishop Museum Bulletin, 236, Honolulu, 1974.
YEN, D. E. (2). "Sweet Potato." In Simmonds (1), pp. 42–5.
YOUNG, ARTHUR (1). *Rural Oeconomy: or Essays on the Practical Parts of Husbandry*, 1st published 1770; reproduced in part in G. E. Mingay (1), pp. 123–127.
YOUNG, ARTHUR (2). *Observations on The Present State of Waste Lands of Great Britain*. London, 1773.
YÜ PING-YAO & I. V. GILLIS (1). *Title Index to the Ssu Khu Chhüan Shu*. French Bookstore, Peiping, 1934.
YÜ, YING-SHIH (1). "Han." In K. C. Chang (3), pp. 23–52.

VON ZACH, E. (6). *Die Chinesische Anthologie; Übersetzungen aus dem "Wen Hsüan"*. 2 vols. Ed. I. M. Fang. Harvard Univ. Press, Cambridge, Mass., 1958. (Harvard-Yenching Studies, no. 18.)
ZOHARY, D. (1). "Notes on Ancient agriculture in the Central Negev." *IEJ* (1954), **4**, pp. 17–25.
ZOHARY, D. (2). "The progenitors of wheat and barley in relation to domestication and agricultural dispersal in the Old World." In Ucko & Dimbleby (1), p. 47.
ZOHARY, D. (3). "Centres of diversity and centres of origin." In O. H. Frankel & E. Bennet (ed.), *Genetic Resources in Plants— their Exploration and Conservation*, Blackwell, Oxford, 1970, pp. 33–42.
ZOHARY, D. (4). "Lentil." In Simmonds (1), pp. 163–164.
ZOHARY, D. & M. HOPF (1). "Domestication of pulses in the Old World." *SC* (1973), **182**, pp. 887–894.

解　題

　ここに訳出した本の原典は，Joseph Needham, *Science and Civilisation in China, Volume 6 Biology and Biological Technology, Part II: Agriculture* by Francesca Bray, Cambridge University Press, 1984 である．

　ニーダムが1954年に始めた大部の著作は，近代以前の科学と技術の場面で中国が行った貢献をくまなく洗い出し，さらにアジアとヨーロッパの交流を鳥瞰しようという壮大な目的のもとに開始され，現在も継続されている．発生の生化学という分野から中国の科学と文明という分野へ関心を大きく転換するや，彼は中国語の勉強から始め，資料を集め，1942年から46年，および1952年の中国滞在中に広く中国の典籍を渉猟し，広い範囲の学者と交流を深め，研究の人脈を作り上げて大部の著作の著述・編纂に取り掛かった．この大転換を決意させた動機は，世界の科学文明の発展をひとりヨーロッパにのみ帰す風潮に対する公憤だったようだ．第1巻の序文でニーダムは，科学の発展はどれか一つの民族や民族集団に帰されるものではない，世界的な同胞愛の手を握り合ってお互いの成果を認め合い，こだわりなく祝福し合ってゆくべきなのだと述べている．21世紀の今，この精神はひとり科学においてだけでなく，地球社会の平和と環境保全の基礎であることを再確認せずにはおれない．

　Vol. I から IV までは，ニーダムが中国の友人である国立中央研究院歴史研究所の王鈴の大きな協力のもとに著述したものだが，その後の巻は中国およびヨーロッパの各分野の研究者が協力し，あるいはその著述をニーダムが監修する形のものもある．しかし勿論ニーダムの著述も多いし，そうでないものも初めの構想とトピックはニーダムの創意に基づいている．東西の科学と文明の交流に関する該博な知識と大きな視野から中国の貢献を追究するこの著作は世界の多くの読者を魅了してきた．日本語への翻訳は，Vol. I から Vol. IV までが1974年から1981年にかけて，東畑精一・藪内清の監修のもとで，主に中国史の研究者により行われ，『中国の科学と文明』のタイトルで11巻が思索社から出版された．本訳書で思索社刊として訳注を加えているものはこれを指す．以

下に日本語各巻のタイトルと原著の巻号，出版年を掲げておこう．

第 1 巻　　序篇 (Vol. I, 1954)
第 2 巻　　思想史 (上) (Vol. II, 1956)
第 3 巻　　思想史 (下) (Vol. II, 1956)
第 4 巻　　数学 (Vol. III, 1959)
第 5 巻　　天の科学 (Vol. III, 1959)
第 6 巻　　地の科学 (Vol. III, 1959)
第 7 巻　　物理学 (Vol. IV. Part 1, 1962)
第 8 巻　　機械工学 (上) (Vol. IV. Part 2, 1965)
第 9 巻　　機械工学 (下) (Vol. IV. Part 2, 1965)
第 10 巻　　土木工学 (Vol. IV. Part 3, 1971)
第 11 巻　　航海技術 (Vol. IV. Part 3, 1971)

日本語訳はここで途切れてしまったが，ニーダム・シリーズは彼が 1995 年に亡くなった後も出版が続いている．彼の最初の大構想は第 50 部で結論に至る長大なもので，Bray 著の本書はその中の第 41 部にほぼ相当する．Vol. V 以後に出版された巻号のタイトルと協力者もしくは著者を以下に示す．

Vol. V. *Chemistry and Chemical Technology*

Part 1　　*Paper and Printing.* Tsien Tsuen-Hsuin (1985)

Part 2　　*Spagyrical Discovery and Invention: Magisteries of Gold and Immortality.* Joseph Needham, with the collaboration of Lu Gwei-Djen (1974)

Part 3　　*Spagyrical Discovery and Invention: Historical Survey, from Cinnabar Elixirs to Synthetic Insulin.* Joseph Needham, with the collaboration of Ho Ping-Yu and Lu Gwei-Djen (1976)

Part 4　　*Spagyrical Discovery and Invention: Apparatus and Theory.* Joseph Needham, with the collaboration of Lu Gwei-Djen, and a contribution by Nathan Sivin (1980)

Part 5　　*Spagyrical Discovery and Invention: Physiological Alchemy.* Joseph Needham, with the collaboration of Lu Gwei-Djen (1983)

解題　773

　　Part 6　*Military Technology: Missiles and Sieges.* Joseph Needham, Robin D. S. Yates, with the collaboration of Krzysztof Gawlikowski, Edward McEwen and Wang Ling (1994)

　　Part 7　*Military Technology: The Gunpowder Epic.* Joseph Needham, with the collaboration of Ho Ping-Yu, Lu Gwei-Djen and Wang Ling (1987)

　　Part 9　*Textile Technology: Spinning and Reeling.* Dieter Kuhn (1986)

　　Part 13　*Mining.* Peter Golas (1999)

Vol. VI. *Biology and Biological Technology*

　　Part 1　*Botany.* Joseph Needham, with the collaboration of Lu Gwei-Djen, and a special contribution by Huang Hsing-Tsung (1986)

　　Part 2　*Agriculture.* Francesca Bray (1984)

　　Part 3　*Agroindustries and Forestry.* Christian A. Daniels and Nicholas K. Menzies (1996)

　　Part 5　*Fermentations and Food S̶c̶i̶e̶n̶c̶e̶. H̶. T̶. H̶u̶a̶n̶g̶ (2000)

　　Part 6　*Medicine.* Joseph Needham and Lu Gwei-Djen, edited by Nathan Sivin (2000)

Vol. VII *The Social Background*

　　Part 1.　*Language and Logic.* Christoph Harbsmeier (1998)

　欠番のパートは著作が準備されていると想像できる．第1巻に掲載されている全体構想と比べると，金属器や陶磁器，塩業，生薬など，中国の有名な伝統技術がまだ尽くされていない感じもあり，重要な著作が今後も続くと思われる．

　記述のスタイルは本書でも随所に見られるように，先史時代から近代の始まりまで長期かつ広範囲にわたって中国の資料を収集吟味するだけでなく，インド，西アジア，ヨーロッパとの比較からユニークな考え方を打ち出して，従来の考えに変更と新たな展開を迫る．したがって，それぞれのトピックについて中国のみならず世界大の進化と発展を鳥瞰する上に好個の著作であり，世界的な評判を得る理由もそこにあると思われる．

　Vol. IV. Part 2. *Agriculture* を担当したフランチェスカ・ブレイについて訳者は個人的面識を持たないが，本書の執筆時，ケンブリッジ大学の東アジア科学史研究室に在籍し，現在はエディンバラ大学の社会文化人類学教室教授である．著

者は，序で述べているように，1976年マレーシアクランタン州の農村で1年間野外調査の経験があり，1980年日本，中国で文献調査を行い，多くの研究者と議論を交わしたようだ．日本では京都大学人文科学研究所に籍を置き，天野元之助，飯沼二郎，西山武一など，中国農業に詳しい学者を訪ね歩いている．訪日前後に彼女が書いた論文には，初期中国の犂先考古遺物に関する考察，中国での反転犂の発展過程，漢代中国の土地所有の変化，アジアでの農業伝播と技術変容，ヨーロッパ農業革命に果たした中国農業の貢献などがある．さらにその後，中国農書の白眉，6世紀の賈思勰による『齊民要術』の英訳を手がけたようだ．本書はこれら論文での考察を骨格とし，肉付けを行った成果と言えよう．

多数の漢籍を集め，テキスト・クリティクを心がけて読みこなし，考古遺物と対比してテキストを吟味し，発展の道筋から社会の特質を考え，さらに関連分野の知見を加え，地理的に広く西アジア，ヨーロッパと比較することで従来の説に批判を加えて新たな説を展開する手法は，このシリーズ全体に共通のものだ．ブレイの本書は新石器時代以来人間の最も重要な営みである農業について中国での展開を追い，新たな見方を打ち出す試みである．それ自体魅力的な課題だが，事柄の性格上どうしても世界の農業起源とその伝播にかかわる事実と見方の深い知識が必要になる．言い換えると，世界の農業の歴史について鳥瞰図を描き得る知識と吟味能力が要る．ブレイの本書がこうした課題にすべての面で成功しているとは言えないが，いくつか顕著な成功もある．他地域での常識や中国の遺物から，耒耜の構造について従来行われていた奇妙な復元や，中国の犂は紀元前500年までなかったという従来の見方を覆したこと，乾燥農法と水稲農法で世界の最高峰を行く技術の確立が既に漢代にあったこと，その技術が18世紀ヨーロッパの農業革命を誘発したこと，農業発展方策をめぐる儒家と法家の論争や，常平倉，義倉の設立と管理法の記述で，中国社会，さらには東アジア社会の特質が欲望実現に傾くヨーロッパ社会と大きく異なることを明示した点などを挙げることができよう．

本書が基本的にはヨーロッパの一般読者を相手に書かれていることを，われわれはおさえる必要がある．温暖化，異常気象，森林破壊といった環境悪化の懸念が深まっている現在から見ると，開発の時代であった1980年代の著作である本書には氣になる点もある．生産至上主義，そしてそれを推進したヨーロッ

パ的人間中心主義が色濃く現れていることだ．自然との共生が大きな関心となっている今，ブレイが視点をどう調節したか尋ねてみたいところだ．しかしそれはおいても，中国農業史を世界の農業史の鳥瞰のなかで位置づける本書のような地道な努力こそ，アジアとヨーロッパの相互理解を進める確かな基礎である．アジア人のヨーロッパ理解にしろ，ヨーロッパ人のアジア理解にしろ，書かれたものと現実の所業の間で実際的イメージは作られていく．ブレイの著作はヨーロッパ人によるアジアの技術の剽窃も隠さず触れており，チンギスハンについて一方的見方がもれ出たりはするが，全体に比較的率直公正なものだ．本書著述の努力を高く評価したい．

　もう一点，著作の際の勇猛果敢さについて触れておきたい．私のようなフィールド派から見ると，本書は紛れもない文献派の作品である．フィールド派はすべての感覚器官を使って体に現地の事実をしみ込ませ，多くの事実を整理できる視点がうまく浮かび上がると，その視点で全体を整理する勇猛果敢さを持ち合わせる場合が日本でも比較的多い．しかし日本の文献派は違う．原典理解の正確さ，集める文献の綿密さがきわめて重要な条件となり，全体的な把握は表に出さないのが専門家だと信じられている．例えば中国農業史という分野では，全期間を通して扱うのは天野元之助の著作ぐらいで，普通は漢代，宋代，明代などと切り分けられる．さらに歴史家は考古資料に首を突っ込むべきではない，あるいは技術や農具の進展に見られる地域的な特徴を自然環境とすり合わせて吟味することは，お付き合い程度は許されても歴史家は行うべきでないという不文律があるように見える．しかしブレイの姿勢は日本の文献派と違って，こうした異なる分野の知識を取り入れる点で，驚くほど勇猛果敢である．土や植生の違いと中国の北方と南方の農業を関連づけて論じ，周禮の地域区分を考証し，考古学発掘の成果に照らして中国での犂耕農業に関する旧説を改め，ミレットや稲の品種分化について遺伝学者の意見を取り入れるといった具合だ．

　日本の文献学派は自分が詳細な知識を持っている場面の考察にとどめるのが学者だと言う禁欲的姿勢が顕著だが，ブレイの論議では，全体像を把握するために他の分野からどんどん知識を仕入れて総合することが学者の務めだという前傾姿勢が顕著だ．前傾のあまりつんのめって，革命に関する有名な一節の出所を間違えたり，ポドゾル化や焼畑について誤った思い込みを吹聴したり，『齊

民要術』に関するいろいろな解釈の違いは瑣末なことだと一刀両断に切り捨てるなど，厳密な文献学派には許しがたいところもあるかもしれない．しかしこうしたことに拘泥すると，一般には非常に分かり難い訓詁学的な議論に陥る恐れがある．誰もがもつ知的関心に呼びかけて一般に判り易い中国農業史の全体像を描くという意図のもとに，諸学の成果を咀嚼し総合しようとする姿勢には，一種の爽快さが感じられ，異文化理解と学問の進歩を求める強い意図があることは間違いない．

解　説

　農業は様々な人間活動の中でも，自然環境を強く反映する文化の形であり，それ故に歴史的発展を辿る際にも自然地理的諸条件との重ね合わせを重視する本書は，私どものようなフィールド派にとって親近感の持てる作品だ．農業は先史時代からの長い伝統を引き継ぐ活動でもあるので，考古学的遺跡・遺物に基づいて先史時代の姿を透視しようとする姿勢にも同意を感じる．また，技術と農具，作物といった具体的なコト，モノについて地理的変異と歴史的変遷を追い，地域の独自性と文明伝播による変容を考える姿勢は私どもがアジア地域研究の中で主要な方法としてきたことと重なり，翻訳を思い立った理由でもある．西アジアやヨーロッパとの比較はその点で面白く読ませてもらえたし，有益な考察も多々ある．中国伝統農法の包括的な紹介という点でも，コト，モノをできるかぎり正確に伝える意図から多数の図を網羅し，見て楽しい本にもなっている．反面，序で著者も述べるように中国農村の社会的構造や経済発展を特徴づける主題は，記述が大幅に割愛されている．紙面の制約があること，また *The Social Background* の巻で扱う予定のためと思われる．畜産や水産も割愛されている．

　したがって厳密に限定するなら，本書は中国農業の特徴に則って穀物を中心とした中国農業技術史だ．しかし翻訳書のタイトルは中国農業史とした．これは，著者の視点が技術に限定されず，中国社会の特徴摘出に向けた記述が相当にあること，内容的に似ている天野元之助の作品が『中国農業史研究』であること，中国語訳書のタイトルが『中国農業史』であることにならったなどによる．

　本書は約20年前の総説的な著作だが，その考察は中国農業史の骨格について現在も変わらず有効なところが多い．これだけ包括的な主題を取り上げて，文献中心とはいえ広範な資料を渉猟し，中国農業史の全貌を描き出した著者の努力を讃えたい．しかしその後の発展が著しい分野では，時代遅れの部分もある．またフィールド派との協働作業がないため具体的なイメージを欠く場面もある．

そうしたギャップを埋めるのは訳者の責務かもしれない．以下に，訳者の仮説を交えて本書の内容のいくつかに立ち入ってみよう．

1 地域区分

　著者は初めに，自然環境とその上に展開した特徴的な 9 個の農業地域区分を示す．これは 1937 年出版の J. L. バックの著書にある 2 地帯，8 地域区分を下敷きとし，旧満州の東北部を加えたものだ．2 地帯とは北の小麦地帯，南の水稲地帯を指し，その境は秦嶺山脈と淮河を結ぶ線と指定する．著者の the North にはいわゆる華北以外に，西北部，東北部が含まれる．the South は揚子江流域の華中から嶺南，四川，雲南までを含む．この大区分は中国ではふつう北方，南方，あるいは北土，南土と表現することが一般的だが，時代や分野によって内容はさまざまだ．秦嶺山脈―淮河以北で長城以南を華北とすることは古代以来合意があるが，中部，南部，西南部のまとめ方はいろいろな方式がある．日本の用法では，大別山脈以南，南嶺山脈以北で三峡以東を華中と呼び，南嶺以南の嶺南を華南と呼ぶことが多い．本訳書では秦嶺・淮河を境とする大区分については北を北方ないし北方中国，南を南方ないし南方中国と呼称し，そこに含まれる地域を指す文脈では華北，華中，華南などの用語も用いた．

　秦嶺山脈と淮河を結ぶ線は中国を大別する重要な境界だ．気候は北が冷涼寡雨の温帯から冷温帯，南が温暖多雨の暖温帯から亜熱帯となり，北は畑作地帯，南は水稲地帯だ．作物分布の違いは気候以外に地形の影響が大きい．北はなだらかな起伏のレス地帯だが，南は起伏の大きい山地と沖積盆地地帯だ．この結果，地表水の賦存状態がまったく変わる．北のレス地帯では降水が厚いレス層に吸い込まれ，しかも起伏が小さいために河谷密度が小さく，わずかにある河谷への出水も少ない．これに対して南の山地・沖積盆地地帯では，降水が地表水となって流れ下り，多くの河谷に大量の水が集まり，湖沼に溢れる．農地の集水面積を見るなら，チベット高原から融氷水が流れ込む黄河デルタ下流部を除いて，黄土高原やレス台地はそこに降った雨だけが利用できるに過ぎず，集水面積ゼロの地帯だ．他方，南の山地・盆地地帯では山地の降水が盆地に集まるので，農地面積 1 に対して集水面積は 1 より大きく，普通 5 ないし 10 に達する．北方が畑作，南方が水稲作になるのはごく自然だ．水不足の華北が保水を

重視した乾燥農業で耐乾性のミレット，麦，雑穀を中心とし，水過剰の華中，華南が水のコントロールつまり水利を重視した灌漑水稲耕作を中心とする状況と，秦嶺・淮河の境界設定は実によく整合する．またこれを境にして人の気質もがらりと変わる．

　中国の農業史に枠組みを限定すると中国の地域区分はこれでいいのだが，ユーラシアの農業史のなかで考えることになると，掘り下げ不足の感もいささかある．中国でも甘粛から新疆の乾燥地帯は，中央アジア，西アジアの超乾燥平原とともに，灌漑のない農業はありえない．超乾燥平原の灌漑農業と華北の乾燥農業の関係はどうなるのか言及されていない．しかしこの問題は農業の起源や伝播を考える際に，たとえ仮説であれ何か具体的なイメージが必要な要の位置を占めると私には思える．華北初期農耕の作物がアワ，キビであることは確かだとして，中央アジアの古いアワ，キビ栽培とどういう関係になるのか．作物の章でアワ，キビは東アジア全域のどこでも栽培化可能だったと示唆しているが，中央アジアと中国のミレット栽培の関係は伝播か並行進化なのか立ち入っておらず，隔靴掻痒の感がある．

　同様の感じは水稲耕作についてもある．一例を挙げると，中国学学者の間でよく論議される火耕水耨の解釈がある．これは『史記』の簡単な記述が初めてだ．「平準書」では，山東に水害があって人肉食さえ起こる惨状となっているので，火耕水耨をしている江南の地へ飢えた民を移動させて住まわせ，巴蜀から粟を送らせようとある．また「貨殖列傳」では，民の習俗は物資の多少に影響される．楚越は土地が広大で人口は希薄，米を主食にし，魚を羹にして食べ，その農法は火耕水耨，食料は豊富で飢饉の心配はない．そのため住民は怠惰でその日暮らしだとある．どちらの文脈でも火耕水耨は過疎地方の原始的粗放農業の意味で語られている．後の学者はこの火耕水耨がどういう農法かといろいろな解釈を行い，日本では西嶋定生の，少なくとも1年の休閑をはさんだ直播水稲栽培法だという見解が歴史学者の合意に近い．これに対して著者は，これらの説のどちらかと言うと焼畑的な，休閑をはさんだ稲作という想定に反対し，ある時期の江南の水稲作そのもので，連作だと断定する．これは私もまったく同意見だ．またこれまでの想定が，水稲栽培に不慣れな畑作圏に住む華北人の偏見に助長されているという示唆もそうだと思う．しかし著者自身も畑作についてはなじみがあるのだろうが，水稲栽培についてはあまり詳しくない．水稲

栽培法は現在も例えば東南アジアに今もある湿地焼畑的な形からデカンやイラン高原の灌漑畑作的稲作まで変異は大きい．その変異が自然環境と関連付けて具体的に取り上げられておらず，火耕水耨や華北の水稲作の論議も文献比較の域を出ない．これは総説的著作としてやむを得ない限界で責めるつもりはないが，立論に迫力が欠ける感じは否めない．囲田，沙田や圩田について私どもフィールド派は，囲田，沙田が比較的新しい湖沼干拓や沿岸干拓，圩田は氾濫原の後背湿地の相当古い水田という見方だが，これも明確なイメージが出されていない．文献派とフィールド派の協働作業が望まれる一例だ．

2　黄河文明と長江文明

　中国の学者がもつ根強い史観に，華北平原から華夏系民族が南下するに伴って南方に華北の文明が広がった，そしてそれが長江流域にいた百濮（モンクメール系とされる）や百越の諸民族の南や東への遷徙，渡海を引き起こし，華北文明の拡大をもたらしたという考え方だ．従来この見方は華北が文化先進地帯，南方は後進地帯と単純化する傾向があった．中国で作物を栽培化したのは華北中核部の仰韶農民で，彼らが穀物栽培技術を携えて竜山文化期に南へ移動したのだと考えられていた．ところが作物の面でも家の作りでも仰韶文化とまったく違い，しかも成熟した稲作を示す河姆渡遺跡が銭塘江河口部に発見され，その年代が仰韶文化と同じ程度に古いと判ったことは，この見解に大きな打撃を与えた．これは著者が述べるとおりだ．

　その後，華北で磁山，裴李崗など先仰韶期のミレット農業遺跡の発見があい継ぎ，上記の仮説が復活するかに見えた．本書が執筆された頃の考古発掘情報はここまでだった．著者は華中，華南の稲作の起源をこれら古いミレット農業と結びつけることはせず，ベトナムのホアビニアン文化や，ソルハイム，ゴーマンが西北タイのスピリットケーブや，東北タイのバン・チェン，ノンノクター遺跡の発掘から唱えた稲の東南アジア起源説をどちらかといえば肯定的に扱っている．

　最近20年の発掘で，Brayの本書執筆当時より稲作遺跡の探索は一段階進んだ．その中心は揚子江中下流部で，湖南省澧縣彭頭山，城頭山遺跡，道縣玉蟾岩，江西省萬年仙人洞，吊桶環，浙江省浦江縣上山遺跡といった8000年前から1万

年近く前の古い稲作遺跡が相次いで報告され始めた．淮河上流部の河南省舞陽賈湖遺跡もそれらと同等の古さだ．揚子江流域だけでなく河北省や北京でも同程度に古い稲の証拠が出土している．この状況では稲遺物が出土していないホアビニアンを中国の稲作の起源とする必要はなくなったように思われる．また揚子江の文明が黄河の文明の影響で生まれたとする従来の考え方はあきらかに見直さねばなるまい．

　彭頭山や城頭山遺跡の現地を見ると，平らな平野から6，7メートル立ち上がった丘だ．それも小さな面積ではなく，相当の広い一帯がうねうねとした丘になる．これは西アジアで言うテルだろう．長期間，集落や城郭が作られてはつぶれ，また作る過程を繰り返すとテルができる．稲に依存した南方の文明はミレットに依存した華北の文明と同程度に古いのではないだろうか．華北のほうが先だという意見は，文字を作った華北の自負心のように思える．時代は下がるが，青銅器についても同様の状況が生まれてきた．中国の青銅器は従来，商代の殷墟が中心と思われていたが，最近は四川省の三星堆遺跡や金沙遺跡で殷墟平行期の青銅器文化が知られてきた．三星堆では青銅の巨大な人頭像や人面，高さ3.5メートルもの複雑な作りの神樹が出土する．さらに金の杖や虎，玉璋，玉戈，多量の象牙といった礼器，装飾器も多い．当時の環境を推定させる点で驚きは金沙遺跡だ．ここでは同様の遺物以外に，象の臼歯が大量に出土し，まぎれもなく当時の四川に象が居たことを示す．尤も，象の骨は殷墟でも出土し，さらに古くは河姆渡遺跡でも出土するようだ．山東省の兗州王因遺跡(約6千年前の大汶口文化)では食用にされたと推定される揚子江鰐の骨が報告されていることなどを考え合わせると，著者もふれているが，完新世高温期(約7000年前から4000年前まで)は相当暖かい気候だったようだ．

　玉器は商代以降になると多くの遺跡で出土し，新石器時代遺跡でもあちこちにあるが，新石器時代玉器の圧巻は揚子江下流部の良渚文化で，その一つは杭州市余杭反山遺跡だ．この地域はやはり多くのテルが分布する地帯で，遺跡は5千年前に遡る．その墓地から出る遺物は玉琮，玉璧，玉鉞，玉冠などの玉器があふれ，しかも注目すべきはそれに刻まれた人面文様の精細さと，デザインの斬新さだ．どちらかというと西アジアや中央アジアとの共通性を否定しきれない彩色土器が眼を引く華北の文化とことなり，精細で多彩な玉器を持つ良渚文化こそ，長江流域で花開いた中国独自の文化ではなかろうか．それを支えたの

がそこで長い歴史を持つ稲作農業ということだ．良渚の玉器から見ると，仰韶の彩陶や磁山のスケート型磨盤は田舎の生活用具だとすら見える．江南が開けたのは唐代だ，宋代だといった議論は華北中心の政治史観で，文明の実態には迫っていない．

　問題は文化出現の先後ではなく文化の性格の違いにあるように見える．一言でいうと，華夏系の文化は戦闘を辞さずまた実際強いのに対して，長江の文化は戦闘を避けまたその面では弱いのである．殷墟と三星堆の出土品の違いはこの点で誠に示唆的で，殷墟では戦車を埋めた車馬坑や殺人儀礼で斬首された人骨や剣や戈が出土する．三星堆では武器の類は玉製品に置き換えられ，殺人儀礼も面具，銅人になり，また神樹は後代の道教との関連を思わせ，技術も高度なものだ．殷墟の文化は草原の騎馬遊牧民の猛々しさを，三星堆の文化は森林地帯のアニミスティックな素朴さを反映しているように見える．もう一つの違いは，今知られるかぎりでは黄河文明が先に文字を手にしたことだ．戦闘と文字，この二つの剣が華北の文明支配者という自負心を生むことになった．

　二つの古代文明を支えた農業は，黄河文明では犂耙耕を伴うミレットと麦栽培，長江文明では手耕具による水稲栽培，所謂火耕水耨ということだが，作物も耕作法も時を移さず交流したと思われる．華北の古い遺跡に稲がでること（そこで栽培されたと仮定してだが），また長江流域の良渚文化に犂先に似た破土器がでることから推定できる．しかし農業地帯としての違いも早くに成立したに違いない．こう考える根拠は上記の自然環境の違いだ．華北で水稲を大面積に栽培することは困難だし，長江以南でミレットや麦を主作物として栽培する必要度は小さい．この違いに起因する耕作法や農具の体系は異なる伝統を生むこととなった．これに関する説明は著者が 3 章耕地体系, 4 章耕作体系で繁縟なほどに詳述するとおりだ．

3　耕作技術

(i)　旱地農業

　耕作技術については時代的変遷を踏まえながら 4 章耕作体系, 5 章作物体系で詳述されている．新石器時代から前近代まで，その時間的な発達過程を地理的な考察を交えながらまことに克明に追う記述は本書の主要な部分となってい

る．ただし記述が詳細にわたるあまり大筋が見えにくくなっている向きもあるので，大筋について私見を付け加えておこう．

　温帯の農業地帯に居る我われは，農業というと広い耕地を思い浮かべ，耕耘つまり土を鍬や犂で掘り起こしたり，水と土をかき混ぜる地拵え作業がつき物と思いがちだが，世界大で農業の長い歴史を考えるとそうした形の農業が常識となるのは，比較的最近のことだろう．耕耘を行わない代表例の一つは熱帯多雨林で播種栽培をする焼畑耕作だ．本書でも述べられるように，林の木を切り倒して焼き，そののち掘棒で穴をあけて穀物その他の種子を穴にいれ，簡単に覆土をする．耕耘はいっさいしないが，生育期間中の草取りは必須だ．林に開いた耕地の耕作はふつう一作するだけで放棄し，次の年は他の林分を開く．放棄地は10数年すると再び林が立つので再び焼畑耕作を行う．この方式の理由としてよく言われるのは，表土が浸食されて養分が少なくなった耕地は収穫がへるからと言う説で，著者もそれを挙げている．フィールド派から見るとこれは謬説で，森林休閑は旺盛にはびこる草を林冠の影で消すためのものだ．林の下で草が消える森林遷移の現象をうまく利用する生態的な方法だ．レス台地は初めから連続耕作で焼畑はなかったと言う何炳棣の意見は，乾燥気候では森林休閑の意味がない点から賛成できる．同様に，初めは移動焼畑，ついで休閑輪作そして連続耕作へという農業の発展段階説を疑問視し，耕作形式の違いは生態環境への適応で地域によってことなると見る著者に賛成できる．すべての農業が焼畑から始まったと考えるのはまちがっているということだ．私は永年耕作農業が伝わった辺境の地で適応変形した耕作法が焼畑だと考えている．

　超乾燥地帯のオリエントで6000年前の犂が出土することはまぎれもなく，犂が麦栽培に伴ってこの地帯で生まれたことは動かない定説だ．しかし犂の用途については注意が要る．超乾燥地帯の農業はオアシス農業だが，そこで必須の技術と道具は水の確保と灌漑地での水回しだ．イラクのチョガマミ遺跡で発掘された水路に似たものは，今もザグロス山麓でよく見る．谷川で堰き上げた水を灌漑耕地まで導く小さな浅い水路だが，木製アード犂の用途はそうした水路作りに関わる部分が重要だっただろう．また灌漑耕地での水回し用水路作りにも犂が使われたと思われる．尤もこうした作業は他の道具でも代替可能で，それは鍬である．現在のオアシス農業の耕地は畦で小さく区切られた少区画畑で，丁度，弥生から古墳時代（最近は縄文後期までさかのぼる）の小区画水田と同じ形

だ．畳2枚ほどのその灌漑畑で麦はもちろん，稲，イモ，ミレット，トウモロコシ，サトウキビ，それに家畜用のアルファルファなどあらゆる作物を栽培している．この様子を見ると，稲を取り込んだ灌漑畑と水田は系譜的に違うのか同じなのか，この関係は注意を要する問題である．現在のオアシス農業ではずらっと並んだ小区画の間の水路に水を導き，1筆ずつたっぷりと灌水する．この仕事には鋤が最適だ．実際，今でも唐古遺跡の櫂型鋤と同じ鋤が唯一の農具という場合も多い．エジプトの新石器時代などから多出する木製手鍬も園耕用という定説以外に，水路作りの可能性が大きい．オリエントの超乾燥平原でたっぷり灌水するオアシス小区画灌漑畑は生産性が極めて高く，降雨に頼る旱地の麦が1粒播いて2粒ないし5粒になる収穫倍率をはるかに超える．100倍，200倍という収穫倍率の高さがオアシス農業の穀物栽培を急速かつ広域に，多分ユーラシアにわたって伝播させることとなったと私は考えている．

犂の別の用途は，著者もふれるが，播き溝掘り，あるいは散播後の覆土である．散播後に犂をかけると条播したと同じ効果が生まれる．これは今もデカン高原で散播した麦や稲の芽立ち後によく行われる方法だ．犂はオアシスの灌漑耕地でも勿論使われただろうが，犂がとりわけ重要と成るのは乾燥農業だ．超乾燥平原でも年雨量が350ミリメートルを超えると，灌漑をしない農業，いわゆる乾燥農業が可能となる．肥沃な三日月地帯，インダスのポトワールレス台地，華北の黄河平原やレス台地はその典型だ．乾燥農業は年雨量500ミリメートル程度までの地帯で一般的だ．ここでは耕地全面の耕耘が必要となる．その理由だが，雨と干天が繰り返すと地表面に皮膜（クラスト）が生じる．こうなると折角の雨が地表を流れて失われる．クラストを破り，雨を土中に蓄え，またその水が毛管蒸発作用で地表から失われるのを防ぐうえで，アードによる犂耕，耙を使った鎮圧，そして頻繁な中耕が必須なのである．この耕作法は華北からジブラルタル海峡まで，ユーラシアを貫く乾燥地帯で共通だ．『齊民要術』や『呂氏春秋』に現れる犂耕，耙や撈の使用，土寄せ具や鋤犂を使った頻繁な中耕，そして播種ドリルによる条播は，乾燥農業地帯東端での露頭だ．中国で犂の存在を定説よりはるか古い時代に想定する著者の見解は誠に妥当だ．ただ，神農や后稷が携える二股の鋤が何の用途だったのか，疑問は残る．これは後で触れる．

(ii) 水稲農業

　稲は著者も指摘するように，水生植物である．水さえあれば相当な悪環境でも生育が可能だ．海岸の塩性湿地から内陸の沼沢地，高度3000メートル近い斜面の棚田まで，適応範囲はまことに広い．多雨地帯では焼畑の陸稲栽培も可能だ．勿論，今日の水稲農業は畦で囲んだ水田での栽培が卓越する．しかし稲作の系譜を考えるうえでは，天然湿地の水稲栽培におおいに意味がある．著者は揚子江中下流域の湿地に野性稲があった可能性を低いと見るが，中国の学者は丁穎以来，肯定的だ．野生稲があったとすると，穀物栽培が伝播してくるや否や，その栽培化が起こった可能性は高い．中国で今盛んな論議は華北のミレットと，揚子江中下流域の稲とどちらが先かということだが，遺物の年代を見る限り中国でのミレットも稲もほぼ同時代に始まったことになる．

　天然湿地での古い稲作の代表は河姆渡遺跡だ．ここの立地は杭州湾南岸の感潮地帯に位置し，文化層の下は海成ないし汽水成の粘土とされる．現在も潮汐の干満にしたがって姚江の川水が出入りする．河姆渡の水田はそうした潮汐湿地に立地するいわゆる潮汐灌漑田で，これは現在のインドネシア沿岸部の同じ状況に重ね合わせると，水は自然に出入りするので相当部分の水田は畦の必要がなかっただろう．しかしそうした水田はイネ科のスゲやカヤツリが猛烈に茂るので，水稲を栽培するにはそれらを刈り倒す必要がある．その種の湿地稲作につきものの道具は草を刈り倒す耨刀で，現在のインドネシアでは山刀やゴルフクラブに似た道具を使う．メコンデルタでも少し形が違うが，同様の道具を使う．本書の146図で大鎌とされる道具がまさにこの耨刀と同じだ．この図はふつう収穫を表わしていると考えられており，振り回す大鎌は収穫具とされている．これはフィールド派から見ると，耨刀を振り回して草を刈り倒す作業に相違ない．草の処理がすむと背の高い苗を掘り棒で植える．同図の刀を振り回す後ろに見える人間はこれも定説では穂刈りをしているとされるが，フィールド派から見るとこれはまさに掘り棒で大苗を植える様子が描かれているのだ．苗を担ぐ男も見える．要するに，この図は漢代の四川でもこの湿地稲作が行われていたことの証拠だ．現在の湿地稲作地帯で行う別の草処理法は，カヤツリ草の湿地草原を丸太でなぎ倒して山刀で芝土層に切れ目を入れ，倒れた草をロール状に巻き上げて腐らせて肥料にする．切れ目入れに使う道具を出土品の中に探すと，本書が触れている破土器や，紅河デルタから出土例の多い靴型石

器が使えるだろう．もう一つの草処理法は蹄耕だ．草はらのような水田に水牛や牛の一群を入れてグルグル歩き回らせる．家畜の蹄で草を泥に踏み込ませる方法だ．東南アジアの島嶼部ではあちこちで行われている．マダガスカルのバラ族は200頭以上の牛で傾斜水田の蹄を行って，稲籾を散播する．ここは稲作と牧畜が遭遇した地域である．古代エジプトの壁画にもある．蹄耕の場合は耕耘具を何も使わない．

　畦に囲まれた水田はなかったのだろうか．中国で水田遺構そのものの発掘はまだごく少ないが，ごく少数例がある．城頭山の水田は幅2ないし4メートルの細長い水田が低い畦で囲まれた様子が報告されている．彭頭山も同様らしい．現場を見るとどちらもレス土の上に作られている．これはたぶん湿地稲作ではないだろう．中国新石器時代の水田遺構について画期的な発掘は，江蘇省蘇州市東郊の草鞋山遺跡だ．宮崎大学の藤原宏志らが江蘇省農業科学院と共同で調査を始めたものだ．ここは太湖東のクリーク地帯で，厚さ1.5メートルばかりの青灰色土壌の下にやはり厚いレス土層がある．そのレス層に掘りこまれた数平方メートル程度の大小さまざまなヒョウタン型のくぼみ，それが水田だと判った．くぼみは水路と推定される細い溝でつながっている．文化層は約6000年前の馬家濱期とされる．現場を見せていただいたとき，すぐに思ったのは本書でいうピット栽培，區田に稲を栽培した形だということだった．草鞋山のピット栽培の状況はレス台地の旱地状態を推定させる．地質的な沈降でレス台地の文化層は海抜0メートル地帯の沖積土の下に埋没している．

　この発見後，従来の発掘で水田と同定されなかった遺構の見直しが始まっている．例えば淮河上流の舞陽賈湖遺跡でやはりレス土に掘りこんだ多数のくぼみがあり，そこから炭化米が出土していた．報告では何の穴か判らず，灰坑とのみ記載されていたものが，草鞋山のヒョウタン水田の発見を受けて，稲を栽培していたのではないかと見直されている．灰坑からは稲以外にさまざまな植物の種子や植物珪酸体が出る．本書にもあるように，區田は多量の堆厩肥を施し，灌水をして集約的な栽培を行う．その状況を想起させるものがある．

　ヒョウタン水田の発見は非常に面白い展開に導く可能性がある．一面にひろがるものという耕地についての既成概念に合わず，そのために出土しても耕地と同定されなかったのだが，その既成概念を打ち破る発見だ．これは區田と考えてまず間違いないと思うが，そうだとすると神農や后稷の携える二股や一木

作りの鋤の意味が判る．つまり，この鋤は區田作りに使われたのではないか．河姆渡遺跡の骨耜（本書図 67）もその用途は區田作りの可能性が高い．自然の潮汐灌漑地のまわりにある高みへ稲栽培を広げるためピットを掘るのに使ったと推定される．區田の集約的な栽培法で大きな収穫を上げられることが，中国における穀物栽培の伝播を瞬間的な出来事にした可能性は高い．區田の作物は稲に限らない．ミレットや麦，イモもあるが，私が注目するのは，穀物栽培の伝播を受け止める中国の装置が區田だったのではないかということだ．しかし今の所，農地遺構の発掘は限られている．湿地稲作，旱地の區田以外に別の形が出土する可能性ももちろんある．例えば現在のオアシス小区画灌漑畑のように一面に広がった耕地が出土する可能性を除外はできない．

ピット栽培はアフリカのサヘル地帯やマダガスカルに現在もある．どちらも乾燥が強い地域だ．アフリカで見た例はマリのモプティの南で，見渡す限りの大平原に広がっている．オアシスの少区画畑に似るが，浅く掘りこんでソルガムやトウジンビエを天水で栽培する．マダガスカルの例はバラ族の乾燥ステップにあり，草鞋山のヒョウタン水田さながらに細い水路でつながっていて，稲を植える．雨がもう少し多い別の地域では相当深いピットにタロイモを植える．ほかにも私は見ていないが，グレート・リフトヴァレーのマラウィ湖を見おろす高原に，雑穀を主とする別種のピット栽培があり，ナイジェリアの扇状地性低地には稲を植えるピット栽培があるようだ．研究者は比較的新しい始まりを想定しているが，断定はできない．これらの例は，オアシス農業の栽培化の始まりがピット栽培で生じた可能性を示唆するものかもしれない．

4　社会の性格

全編を通す著者の問題意識はヨーロッパで近代科学技術が生まれたのに，アジアで生まれなかったのは何故かというものだ．アジアのあらゆる分野の識者，とりわけ科学者，技術者にとって挑戦状とも言えるが，ヨーロッパの生み出した車や電氣，飛行機，コンピューターが我われの生活に浸透していることも再認識せざるを得ない．他方，世界各地の才能が貢献，融合している現代文明において，あえてこうした挑戦状を突きつけるヨーロッパ文化の性格を再認識させるものでもある．

ともあれ，この問題意識を農業に絞って詳細な検討を行った結果が本書を生み出した．5章までは技術のカタログ作りだが，6章結論は設定した問題に著者が出した答えということになる．前近代まで農業技術の面でヨーロッパよりははるかに進んでいた中国で農業革命とそれに導かれた産業革命がなぜ起こらなかったのか，中国やアジアの農業技術を学んだヨーロッパで，農業革命と産業革命がなぜおこったのか，その比較を見せてくれる．実際のところこの設問は著者も言うように中国農業史の課題を超えるものだ．産業革命を言うなら，陰鬱な暗くて長い冬を工作室で暮らす英国の風土を解剖せねばなるまいし，中南米でしこたま略奪した金銀が英国へ流れ込んだ経過と結果を，また製品売り込みのために植民地に課した強欲の術策を白日の下にさらさねばなるまい．自然と人を拷問にかけて新たな可能性を搾り出す功利主義の根を掘り起こさねばならない．いずれにしても本書の枠組みのなかでこの設問と可能な回答の間には相当の距離があると思うのが私どもの感覚で，その距離を埋めるには相当な勇敢さが必要だろうと思うが，この勇敢さが近代科学を生み出したこともまちがいない．

初めに著者は前近代のヨーロッパと中国の間に生じた技術の伝播過程を検討する．中国やインドの進んだ農業技術がそのまま伝わってヨーロッパの農業革命が生まれたのか．検討の結果，著者は反転用の犂へらを持つ揺動犂については完全に肯定するが，播種ドリルと馬鍬中耕農業については微妙な答えだ．播種ドリルは，ヨーロッパで開発されたものが回転送り機構を使うことを根拠に，ヨーロッパ独自の発明だと言う．馬鍬中耕も体系そのものが中国やインドのものであることは否定できない事実なのでこれは認めているのだが，その体系の中で回転送り機構の有無をいささか針小棒大に取り上げて，この二つはコピーではないと力説するが，いささか強弁の観がある．現代の特許制度ではこの判断になるのかもしれないが，文化の伝播を考える場面ではこの論理は無理がある．未知の考え方に接して受容する際，それを変えることは当然ある．西アジアの脱穀板が中国とヨーロッパの木枠有歯ハローになったし，同じくその播種ドリルが中国とインドに伝播したと私には見える．中国の耬は中国での変容の結果とするのが率直な見方だろう．インドの播種ドリルも同じだ．他方，ヨーロッパは前近代までそれを受容しなかった．前近代での受容を刺激伝播だ，似た要請があって似た装置が作られた，あるいは初めから野心的過ぎたのだと言

い代えに苦心しているが，率直に見ると鉄製曲面犂へらを持つ反転犂も，播種ドリルも，馬鍬中耕体系も，アジアの技術がヨーロッパの技術開発の素材となったことは否定しようがない．

次に著者は中国の国家体制と農業の特性のなかに，近代化が生まれなかった原因を求める．主な対象として漢代と宋代の農業を取り上げる．まず漢代の分析だが，国家財政の主要な部分を占める地租を確保するため，国家が技術改良と農具生産への介入によって小農支援の政策を進めた結果，むしろ豪族の大農場が発展し，小農は土地なし仮作となって没落した．農業技術は未曾有の発展をとげたが，大農場は商品生産に向かい，政府の基盤は掘り崩されてしまった．遊牧騎馬民の侵入，経済中心の江南への移動が協働して華北は衰退し，農業の発展が社会の革命的変化につながらなかったと言う．国家体制と地政学的環境に視点をおいた判りやすい分析である．

宋代農業の分析で著者は，水稲農業そのものの中に技術と社会の飛躍的発展を阻む性格があると指摘する．江南に軸足を移した宋代政府は，農業開発を強力に進めた．早生種のチャンパ米の導入，二期作，二毛作の奨励，灌漑事業と種子・肥料の配布，農業ローン制度（青苗法）の設置，こうした政策のもと揚子江中下流部の湿地干拓が進み，内陸地方の生産性増加，絹織物や糖業の拡大と，宋代農業は'緑の革命'とも呼べる発展を生んだ．しかしこうした生産の拡大は生産関係を変革することにならず，むしろそれを強化する方向に働いた．その原因は水稲農業そのものの中にあると著者は分析する．理由として，水稲農業は畑作とことなり生産の単位が小さいことを上げる．畑作農業の規模の経済に対して水稲農業は技術熟練を志向し，生産性増大の方向がまったく逆である．規模の経済ではコスト削減に機械化を発展させる必然性があるが，技術熟練を基礎にする小規模経済では機械化の契機がなく，自分の意志で機械化と産業化に踏み出す背景がない．生産関係の変化は対立へと転化せず，労働集約化のなかに吸収されてしまう．これが中国やまた水稲作に依存するアジアで産業革命が生まれなかった原因だと言う．

以上の分析は論として判り易いが，分析の前提として二つの論理がある．規模の経済が帰趨を決すると見る英国流現実主義と，唯物弁証法という観念論だ．さらに個々の現象は一般理論に統合されるべきだという信念が大前提としてある．この信念と二つの論理は近代ヨーロッパ文化を特徴付ける三位一体の存在

である．そこから中国農業史を見た産物が本書であり，魅力と違和感を同時に生むことになっている．

　個別と普遍の統合の仕方はさまざまな形がある．1対1の因果関係を積み上げるヨーロッパ的な形，1対1の因果関係の総体にある因果関係を直覚的に把握する素朴主義の形，人間が成しうる統合が完全なものと成ることはないとする不可知論的な形，などなど．分野による違いがまたある．生産力を第一とする資本主義や社会主義の価値観，それに付き物の個別科学と物理的時間観，対して，すべては一つ，すべての生命がつながりあっているとする唯生命主義の価値観，その根底にあるのは生命の循環で測る生物的時間観．科学的精神はどの文化にもある．素朴主義の諸文明でそれは個々の状況にあたって是々非々を判断する形で発揮されてきた．都江堰や霊渠の灌漑水利施設，自貢の塩井技術，漢代の唐箕や多数の鉄製農具，これらは的確な科学的観察と課題の解決に発揮された高い技術を証明している．中国に限らない．エジプトやメキシコのピラミッド，ギリシア，ローマの円形劇場や水道橋，その他無数の証明がある．全世界で開発されてきた無数の作物や農具，農法，これらのどれをとっても科学精神と技術の精華だ．

　生産力あるいは破壊力至上主義の僕としての科学を科学の唯一の形と絶対化してしまうと，近代文明は存立の基盤を失う場面にさしかかっている．場面は転換して，環境保全が現代文明の最大の課題となった．自然はミクロからマクロまで等しく系の生命を維持している．その精妙なシステムの維持が文明の持続的発展を可能にする鍵だ．中国農業史の全体像を広い視野から刻明に描いた本書を私はすばらしい実りの大きな著作だと高く評価する．だが私が辿りついた結論は著者とまったく逆だ．小さな環境に充満する無数の生命体に依存して数百億の人間を支えてきた小規模農業にこそ，我われは目を向けねばなるまい．

訳者あとがき

　日本語版への序にあるように，著者は本書の執筆に8年を費やしたと言う．中国，日本だけでなく欧米の膨大な文献を読み込み，考えを練りあげる作業を思うと無理もない．とはいえ必要な文献はファイルに整理され，必要な翻訳が準備されており，新たな文献を加えて執筆作業のロジスティックを積み上げる仕組みがある．研究者は読んで考える作業に専念し，思考の製品を世界に供給する．欧米の学術書出版システムは一種の流れ作業だ．翻訳書の出版には2年半を要した．翻訳は1年足らずで終わったが，頭痛の種は引用文献の漢文への復元だった．これは思索社刊の『中国の科学と文明』の方式を踏襲したものだ．著者が言うように，漢籍は版によって文や文字に異同が多く，また注釈書は文章の切り方がさまざまで，大変な苦闘を強いられることとなった．

　この間，多くの方々にお世話になりました．なかでも初校に朱筆を入れて頂いた渡部　武氏（東海大学文学部教授）には心よりお礼を申し上げます．また出版助成を頂いた日本学術振興会に感謝いたします．本書は独立行政法人日本学術振興会平成18年度科学研究費補助金（研究成果公開促進費）の助成により出版された．出版を進めて頂いた京都大学学術出版会の理事の方々，大変な実務をこなして頂いた編集長鈴木哲也氏，安井睦子氏，国方栄二氏に心よりお礼を申し上げます．

　平成19年2月

　　　　　　　　　　　　　　　　　　　　　　　　　　　　古川久雄

総　索　引

本書に出てくる人名，地名，事項を収録する．なお人名の後に付された（ ）の数字は，当該著者の文献番号を示す．例：天野元之助（4）84．文献番号については「参考文献」を見られたい．また，欧語文献は末尾に配した．

[ア行]

アード（作条犁）　151, 155, 158-9
　起源と伝播　158
　　新石器時代の　158
　　エジプトの象形文字　174
　　メソポタミアでの交差耕　159-60
　　土と作物による変異
　　西アジアと地中海地域のアード（弓型）　189
　　ギリシア，ローマのアードの犁先　186
　　華北と華中・華南での　159
　中国の弓型アードの伝来と発展　189
　　長床アード　189
　　木製アード　185
　　近世のアード　175
　耕作法
　　小麦，大麦，麻などの栽培に　189
　　弯轅アードと枝条ハロー　263
アイ（藍）　568
　藍と繊維作物　677
アイルランド（地名）　441
　の畝立て鋤（loy）　192
アオイ（「葵」）（khuei）, 610, 613
　『授時通考』の図　611
　栽培，『齊民要術』の記す　610
青山定雄（12）　107
赤腐り，貯蔵穀物の劣化　426
赤米　547, 552
アコニチン　283
アサ（麻）　568
　起源地　595
　　新石器時代のアサ（麻）　595
　　麻布の土器圧痕　597
　栽培　596
　　発芽処理，『齊民要術』の記す　280
　　作物輪作中の麻　481
　麻粕肥料　560
　麻繊維　596
　　麻布の用途と名称　596
　初期の油糧植物　581
　　麻の実　580
　　麻油　581

　農書中の記載，『授時通考』の繊維用アサの図　598,『證類本草』の図　582
アジア
　での多品種栽培の理由　371
　稲作社会の性格　659-93
　の農業技術がヨーロッパに与えた影響　624-93
　中国，日本，南アジア，西アジアも見よ
アズキ（小豆）　518, 575
　作物輪作中の　481
　農書中の記載，『授時通考』の図　576
　緑肥作物として　330
アストリア（地名）　369, 395
アスパラガス　607
アゾレス諸島（地名）　443
アダム・スミス（Smith, A.）　625,（1）625
アッサム（地名）　478
　アッサム高地　510
アッシリア（地名）　162, 586
　アッシリアの鋤（marr）　156
アナール派　100
アフガニスタン（地名）　513
油粕　331
アブラナ　568, 580
　アブラナ粕（「菜餅」）（tshai ping）　588
　初期の油糧植物　581
アフリカ（地名）　96, 140, 150, 224, 426, 600
　での人類の起源説　36
　の農業起源　35, 42
　の稲作　533
　　Oryza glaberrima　534
　の大麦，小麦　513
　ソルガムの栽培化　500，ササゲの　577
　キャッサヴァの普及　595
　の鋸刃鎌　376
アヘン　24
アマ（脂麻）（chih ma）　109
アマゾン（地名）
　アマゾン上流地域　571
　アマゾンの農業起源　42
天野元之助　（1）63,（4）84, 88, 124, 135, 161, 163, 171, 173, 175, 180, 188, 190, 198, 205,

208, 210-1, 214, 231, 235, 240, 242, 244, 302, 315, 319, 321-3, 331, 483, 488, 500, 503, 509-10, 513, 515, 517, 521, 543, 545, 547-50, 552, 558-9, 566-7, 601, 603,（6）84,（7）63, 65, 111, 343, 347, 480,（8）58,（9）58, 68, 79,（10）519,（11）382
アメリカ　41, 220, 478, 657
　トウモロコシの起源　505, ピーナッツの栽培化　571, 577　キャッサヴァ　595
　中国へ伝播した作物　475-6, ピーナッツ　579; 甘藷　593-4
　中国から大豆の導入　478
　コロンブス以前の接触　508
　北米の小麦ベルト　382
　北米の機械化収穫　382, 405
　中南米, 作物栽培化の中心として　39, 43
アリ・コシュ（地名）　513
アリストテレス（Aristotle）　247
アルゼンチン（地名）　571
アルド（du Halde, J. B.）（2）641
アルファルファ　474, 668
アルメニア（地名）　478
アワ（粟 Setaria italica）475, 482, 485
　栽培地域　13-7
　新石器時代北方の主食　484
　初期の栽培　485, 商代の　184, 漢代の　26, 今日の　500
　北方中国での栽培化　44, 南方での　485-6, ホアビニアンでの　486
　輪作に　65, 481, 表9, 表10
　抜開時に　109, 焼畑に　111, 113
　耐塩性　121, 乾燥旱魃耐性　184, 485, 熱帯条件に合う　485,
　台湾原住民のアワ栽培　485
　品種選抜　369, 492-3
　播種期日の選定　271, 497, 播種量　323
　除草　255-6, 中耕　497-8
　収穫　367-71, 499, 脱穀　392, 風選　417
　収量　144, 323, 423, 499, ヨーロッパとの比較　324
　貯蔵　429, 447, 458
　野生祖先種（狗尾草）499
　品種　493, 雄蕊不稔　493, ウルチ種　492, 494, モチ種（「秫」）（shu）494
　野生アワ　486-7
　アワの播種儀礼（商代の）272
　農書中の記載
　『授時通考』の図　489, 『斉民要術』の　323, 371, 497, 『農蚕経』, アワの収穫　499
　『氾勝之書』の　497, 499, 『本草綱目』の図

495
アンカルヴィーユ（d'Incarville, P.）641
アングラデット（Angladette, A.）（1）547
アンズ（「杏」）（hsing）478, 605-6, 616, 620
　救荒食としての杏　605
アンダーソン（Andersson, J. G.）（1）28, 43, 537
アンデスの踏み鋤タクラ　244
安藤廣太郎（1）543
安南（地名）549
安禄山の乱　464
飯沼二郎・堀尾尚志（1）345, 364-5, 404
伊尹, 商の湯王の伝説的宰相　144
イエズス会
　会士　72, 217, 420, 624, 639
　会士の出版物や書簡　638
　北京の伝道拠点　638
　『イエズス会士書簡集・教訓と好事家』(Lettres de ifiantes et Curieuses), ドュ・アルドによる　641
『居家必用事類全集』581
『イカルスの墜落』, ブリューゲルの　84
イギリス（英国／イングランド）420, 422, 443, 448, 479
　農地システム　104
　伝統的農具・農法の非効率性
　重い犂　632, 木製犂へら　650, 点播　295, 644, 播種ドリル　295
　19世紀における生産の集約化　658,
　ダッチ犂の導入　651-4, 鉄製曲面犂へら　651, 播種ドリル　646-7, 多条播種犂　659-60
　収穫機械　657, 多段通風の脱穀選別機, 421
　土地所有の規模　479
　封建制の崩壊　635-6, 救貧法　659
　穀物法　382
　機械化と農業労働人口　657-9
　17世紀の科学的精神の勃興　635, 650
　農書,『イングランドの農夫』(English Husbandman), マルカムによる　99, 248
　『英国改良法の改良』(English Improver Improved), ブリスによる　636
生垣　607
イザヤ（Isaiah）396
植民, 移民入植
　満州の　13
　徐光啓の計画　74
　国営計画
　　軍事的（「屯田」）106-7, 664-5, 民間の

　　　　　（「營田」）106, 675
　　飢餓農民の再定住　467, 664
　　華北からの移住　17, 322, 467
　　揚子江流域へ　10, 467, 549, 675-6, 広西へ
　　　　22, 雲南へ　512, 湖北, 湖南へ　10,
　　　　広東へ　10, 22,
　　　　淮河流域へ　467,
　　揚子江流域から　512, 西北部から　518
　　新石器時代の　45-6, 541, 漢代の流民　106
　　東南アジアへ　22
移植
　　に言及する最古の資料　315
　　根菜から発展した稲の移植技術　313
　　東南アジア起源説　322
　　初期の　315, 321, 漢代の移植　322, 藍の移
　　　　植313, 麦の移植　528
　　稲の栽培品種の形成と移植　546
　　技術
　　　　種子節約技術としての　313
　　　　苗の移植　313, 分蘖促進　314
　　　　雑草押さえと病害虫抑制, 作物管理　314-
　　　　　　5, 317, 322
　　　　最近の技術　320, 移植用のマーカー　321
　　農書中の記載
　　　　『耕織圖』の　317, 『齊民要術』の　350,
　　　　　　『農桑輯要』に記された移植間隔　321
渭水（地名）661-2
彝族　24, 510
一田三主（i thien san chu）, 一つの農地の三重所
　　　　有　683
一田兩主（i thien liang chu）, 一つの農地の二重
　　　　所有　683
一年生イネ科植物　34
一年生穀類　33
圍田（wei thien）, 干拓地　128-9
　　圍田と圩田, 『王禎農書』の説明　129
井戸　607
　　インドの井戸灌漑　557
稲倉, マレー農村の　450
稲作
　　労働集約的発展　568
　　稲作面積, 中国北方・南方の　559
　　「火耕水耨」, 『史記』による南方水稲栽培の
　　　　記述　563
　　チャンパ稲の導入による革新, 宋代南方中国
　　　　の　549-52
　　稲作と商業活動　569
　　アフリカの稲作　533
　　ジャワの稲作華僑　421
稲（イネ, 米）475, 533-70

総索引　795

　　稲植物の形態　535
　　起源　537, 544, 伝播　477, 534
　　インド起源説, ヴァヴィロフの　538
　　　　インド稲の主要遺伝子の多様性　537
　　タロイモ田の雑草からの稲の栽培化　50,
　　　　541, 589
　　栽培化　477, 534, 542
　　　　中国南部栽培化説　540
　　　　初期の稲栽培　44, 541
　　　　人口圧と稲の栽培化　541
　　　　栽培稲の遺物　541
　　　　初期の灌漑稲作　559, 栽培　44, 541
　　栽培法
　　　　旱地稲　555
　　　　水稲
　　　　　　灌漑　556, 種子の準備　277, 芽出し　280,
　　　　　　　　苗代　287, 560-1
　　　　　　移植　313-7, 移植具「秧馬」（yang ma）
　　　　　　　　317-20, マーカー　320-1
　　　　　　除草　353-9, 353-9, 施肥　331, 333, 563,
　　　　　　　　中干し　563
　　　　　　二期作　19, 548-1
　　　　　　混植, 早生稲と晩生稲の　567
　　　　　　間作, 稲とワタの　601
　　　　　　輪作, 冬麦と　552
　　収穫, 調製
　　　　穂刈りナイフ　370, 565, 鎌　360, 565
　　　　脱穀・風選　388-401
　　貯蔵, 穂貯蔵　565, 貯蔵施設　425-9, 431-
　　　　60
　　収量　323, 565-7
　　病虫害, 災害　564-5
　　　　農書中の記述, 『齊民要術』の　315, 『證類
　　　　　　本草』の　539
稲の分類と品種群
　　アジアの野性稲と分布　537, 538, 540, 545-6,
　　　　555
　　アジアの稲 Oryza sativa　534, アフリカの稲
　　　　Oryza glaberrima　534
　　中国稲の分類　551
　　「粳」（keng）稲　544-5, 547, 566
　　秈（hsien あるいは lien）稲　544-5, 547, 566
　　稲の名称, オーストロ・タイ起源の借用語多
　　　　い　543, 546
　　稲を指す周代の金文　553
　　浮稲　547
　　ウルチ種　534, モチ種　534
　　　　ジャワの稲　538
　　　　早生稲　549
　　　　チャンパ稲の導入　139, 549-53, チャンパ

稲の品種の発展　550
　　　チャンパの二期作稲　475
イフガオ（地名）　143
『異物志』　322, 549
イブン・アル・アッワムの『農業書』　95
移民
　漢族移民による焼畑　113
　気候の温暖期と漢族の農業移民
　江蘇への入植，前漢時代の　106
　朔方への入植，前漢時代の　106
　前漢時代の移民入植　106
　宋代の農業入植地　675
「芋」（*yü*）　589
　『授時通考』の記す　590
イラン／ペルシア　373, 513, 600
　の播種ドリル　292, 307，の脱穀車　396
　のアンズと桃　478，ザクロ　474
インカ式耕作　127
印刷技術
　16世紀ヨーロッパでの印刷技術の発展　635
　宋代に発展した印刷技術　56
インディカ　538, 540
インディカとジャポニカ　536, 538
『尹都尉書』　56, 611
インド（地名）　39, 426, 576-7, 586
　植物栽培化の中心として　39
　稲の主要遺伝子の多様性　537，ハラッパの稲遺物の年代　45
　の初期の犂耕　163，檜型犂先　186，東南アジアへの影響　215
　の枝条ハロー　263，播種ドリル　290-3, 307, 642, 645, 648
　の稲　314, 537，茶プランテーション　478，ソルガムの伝来　500，トウモロコシ　506，初期の麦　513，ササゲ　577，ワタ　600
　の井戸灌漑　557，タンク灌漑　124
　の脱穀床　387
　の播種ドリル　645，多管ドリル　293, 638, 642, 645
　の中耕用馬鍬　348
　インド農業，ヨーロッパ人の見方　642
インドワタ　601
「陰陽」　59
陰暦　59
ヴァヴィロフ（Vavilov, N. I.）　586，(2) 39, 476, 485, 517, 537, 575，(3) 39
ウァロの『農論』（*De Re Rustica*）　94
ウィットフォーゲル（Wittvogel, K. A.）(9) 122

ウイリアム（リュブルックの）（William of Rubrouck）　638
ウールリッジ（Worlidge）　649
ウェルギリウス（Virgil）　208, 274
　の『農耕詩』（*Georgics*）　94
ウォーカー（Walker, A.）(1) 292, 642
ヴォージュ（地名）　507
ウォーレス（Wallace, H. A.）　463
浮稲　547
浮き田　135-6
于景譲　(1) 550, 552
ウコン　568
于省吾　(1) 515，(2) 106
禹大帝
　漢代の画像石に描かれた禹大帝　170
宇都宮清吉　(1) 669
「圩田」（*yü thien*），湖成干拓地　125, 128, 134, 172
　囲田との違い　129
ウドン　668
「畦」（*chhi*），植え床　607-8
　畦立てした灌漑耕地　119, 126
馬　13
　馬の判断法　83
梅（ウメ）　605, 618
ウリ類（「瓜」）（*kua*）　615
　ウリ類と作物輪作　481
ウルチ種　488
　のアワ　492, 494，の稲　534，米　668，のトウモロコシ　510
ウルック（Uruk　地名）　161
運賃米（「脚米」）（*chiao mi*）　462
雲南（地名）　540, 542
　結いによる共同作業　190
　雲南省　24
　石寨山遺跡　431，の青銅鼓　435
　の棚田　141
　の土地利用　127
『雲南通志』　509
「永業」（*yung yeh*），相続できる財産　138
『英国改良法の改良』（*English Improver Improved*）　636
『イングランドの農民』（*English Husbandman*）　99
『穎州志』　509
『營造法式』　424, 453
「營田」（*ying thien*），民営屯田　106, 675
永年耕地／永年耕作　107, 113-47, 151
　移動焼畑と永年耕作　105
栄養価

根菜作物の　593
　　大豆の　573
　　米の　533
エウボイア島（地名）　429
エークベルグ船長（Captain Ekeberg）　641
　　の『中国農業の報告』（*An Account of the Chinese Husbandry*）　641
エゴマ　583
　『齊民要術』の記すエゴマの栽培と油　583
エジプト（地名）　162, 362, 507, 513, 517, 580, 586
　　エジプトの壁画　191
　　アードを表すエジプトの象形文字　174
エセックス（地名）　632
エチオピア（地名）　39, 586
『越絶書』　128
オリヴィエ・ド・セル，『農業の実践』（*Theatre d'Agriculture*）の著者　99
『淮南子』　240, 315, 422, 437, 474
　　作付け時期の記述　273
エルヴィン（Elvin, M.）　(*2*) 71, 332, 627, 676-7, 679-80, 689, (*3*) 332, 690
エルケス（Erkès, E.）　(*22*) 681
塩害　558
塩鹹地の開拓　137, 139
エンクロージャー　635
　　と混牧農法の改良　635
　　と富裕農民階層の出現　635
園芸専門書　83
円形貯蔵庫，華北の　449
園芸農業
　　漢代に発明された温室　610
　　市場向けの露地栽培として　610
　　『王禎農書』の記す　608
塩水選
　　種子の塩水選　278
　　徐光啓の記す　278
塩類土　493
　　塩類土化　17
「區」（*ou*），ピット　608
王安石　87, 289, 411, 674, 685
　　王安石の詩にうたわれる梅　618
王毓瑚　58, 611, (*1*) 54-6, 58, 60, 66, 82-3, 601, 610, (*2*) 66, 110, 117, 672, (*3*) 55, 60, 145, (*4*) 60, (*5*) 82, (*6*) 502-3, 509
王金陵　(*1*) 579
『王氏書』　56
王志瑞　(*1*) 461
王重民　(*4*) 86

鄒樹文　(*1*) 59
王象晉　485
王濟　526
王徵　640
王禎　55, 69, 71, 208-10, 223, 232, 239, 244, 264, 424, 667
　　の視点　69
　　の儒教的姿勢　71
『王禎農書』　5, 30, 55, 67, 69, 127, 130-1, 135, 137-8, 145, 163, 167-8, 204, 207, 209-11, 219-20, 223, 232, 235-6, 238, 240, 242, 250, 253-4, 257-8, 263-4, 268, 280, 287, 308, 319-20, 338-9, 364, 367, 372, 376, 395, 399, 405, 407, 413, 416, 418, 424, 426-8, 430, 435, 441, 444, 449, 457-8, 470, 488, 494, 550, 575-7, 588, 596-7, 601, 631, 636, 638
　　執筆意図　67，内容の重要性　71，目次　68
　　農業暦図　60-1，耤田　3，「農器圖譜」　69-70, 73，「備荒論」　68
　　異版の変異　71，犂の挿絵の変異　208-9
　　抜開・開墾について　108-9
　　干拓地について
　　　「圍田」と「圩田」　128-9, 134，「櫃田」　130，「沙田」　133，浮き田　135-6，「塗田」　138-9
　　水田の耕作法について　125, 127，代かき　264-5, 267，「磟碡」　265，「秧馬」　318，「礰礋」　264, 267，除草爪　355，耘盪　69, 354，中干し　563，裏作　126
　　犂について　115, 117
　　　犂先，「鑱」（*chhan*）と「鏵」（*hua*）　209
　　　犂へら　210，鋒，股鍬の古名　239，弯轅としりかせ　204，「䩞板」（*yang pan*）　204
　　　犂付属品，「劚刀」　221，「剗」（*chhan*），削刀　222，「劚刀」　220，「鐴」　220
　　手耕具について
　　　鋤　244，「長鑱」（*chhang chhan*），耕耘具　239，「耘盪」　69, 354, 356，明代の鍬　341, 351，明代の鋤　246，攪拌鍬　344
　　ハロー，中耕について
　　　「撻」　309，「耙」　251, 257，「杪」　252，「勞」　260-1，「刮板」　269，「輥軸」　353, 357，培土用具　350
　　播種ドリルについて
　　　「耬」　290，「耬車」　291，「耬」の犂先「劐」　298, 300，「糞耬」（*fen lou*），肥え播き「耬車」　302
　　種子容器「種簞」　435-6，播種具，「瓠種」

311
収穫・脱穀について
　穂刈りナイフ 367, 371, 大鎌 379, 「鐁」
　　381, アワナイフ 368, 「禾鉤」 376,
　　「殻竿」 399, 「唐箕」 415, 収穫機械
　　「麥籠」 383, 「推鎌」 384-5, 脱穀場
　　の筵 388
　穀物貯蔵 424
　　筵と柳条編みの円形穀倉 451, 「京」の分
　　　布 452, 「廩」 460, 「穀匣」 442,
　　　「廥」 438
　　穀倉 447-8, 貯蔵穴 445-6, 貯蔵籠の
　　　「籠」・「筐」・「笸」, 432
　園地 608, 圃田 607
　旱地稲 555
　北方南方技術対比 68
　鍬組 345
　高粱 500, 「蜀秫」 502, ソルガムの用途
　　503, 野菜種子の芽出し 281
　梯田（thi thien）, 棚田 142
　耒耜の復元図 164
區田（ou thien） 144, 146, 311
　『氾勝之書』の記す 144
　區田法（ピット耕作） 82
汪寧生（1） 190, 194,（2） 270
王磐 78
　王磐の『農桑輯要』 78
黄甫隆, 播種ドリルの発明者 177
王毓瑚の中国農書文献集 610
大鎌
　を使った稲の収穫 370
　『王禎農書』に描かれた 379
　現代のかせ付き 383
　中国の 379, ヨーロッパの 377, ローマの
　　376
オーストラリア（地名）
　の小麦ベルト 382
　の砂漠 34
オーツ（Oates, D. & J.）（1） 123
大槌
　「木榔頭」（mu lang thou） 250
　「榔頭」（lang thou） 250
　ヨーロッパの 250
大麦 512, 517, 568
　大麦と小麦の収穫倍率 324
　と作物輪作 481
　の栽培化 40, 515
　の種類 525
　アフリカの 513
　野生大麦 515, 517

野生大麦の分布図 514
『農政全書』の記す種子の処理 284, 『本草
　　綱目』の記す 523
岡崎敬（1） 315
岡彦一（Oka Hikoiti）（1） 545-6
屋外便所, 漢代の陶製模型に描かれた 328
落穂を集める権利 371
オニバス（「芡」, chhien） 615
斧型貨幣 172
オランダ（地名）
　オランダ人 641
　オランダ人のバタヴィア建設 638
　の中国式唐箕 641
オリーブ油 430
オレンジ 478
温室
　清朝宮廷の 610
　漢代に発明された 610
オンドル床 459

[カ行]
夏緯瑛（2） 55,（3） 118, 163, 173, 192, 247,
　　（4） 59
『會稽志』 547
開墾
　開墾を表す語
　　漢代以前 106, 「作田」（tso thien） 106,
　　　「田」（thien） 106, 「甸」（tien） 106,
　　　「裒田」（phou thien） 106, 「萊田」（rai
　　　thien） 106
　　中世以降 106, 「開荒」（khai huang） 106,
　　　「墾田」（khen thien） 106
　　開墾過程を指す用語 107, 「菑」（tzu） 107,
　　　「畬」（yü） 107, 「新田」（hsin thien）
　　　107
　開墾と開拓 105
　開墾のための賦役労働 106, 賦役労働者
　　「衆人」（chung jen） 106
　『王禎農書』の記す 109
　開墾技術 107
　　初期の稲籾の直播き 109
　　『齊民要術』の記す開墾技術 107
『芥子園畫傳』 474
階段畑 128
回転扇式唐箕 409
　漢代明器に模された回転扇式唐箕 413
海東（地名） 280
海南島（地名） 540
開封 CPAM（地區文物管理委員会）（1） 48,
　　（2） 48,（3） 48

総索引　799

開放耕地，草地，ヨーロッパの　104, 634
カヴァリーニ（Cavalini, T.）　293, 644-5
　　の播種ドリル　645
夏王朝　182
香り米　547
価格統制　666
　　均輸（chün shu）　464
　　平準（pʻing chün）　464
化学肥料　335
柿　616
柑橘類　616
郭雲陞（1）　493
郭璞（Kuo Phu）　135
郭沫若（12）　173
賈公彦　167
夏侯延玉　474
「火耕水耨」　203
嘉峪関の壁画，魏晋期の　204, 253, 256
賈思勰　55
果実　472, 478, 568, 677
　　土着の　616
果樹園　607
　　『史記』の記す果樹園　606
　　果樹と野菜の栽培面積，1930年代の　613
花椒　615
賀昌羣（1）　661, 669
『夏小正』　59-60, 273
『夏小正疏義』　273
『家政論』（Oeconomicus），クセノフォンの　94
華泉（1）　226
画像磚　85, 169, 171, 194, 253, 287, 353
夏翽（6）　47, 178
家畜
　　家畜飼養に依存のヨーロッパの営農　326
　　漢代大農場の家畜　254
　　家畜不足で手耕具へ依存　350
　　1930年代の調査，牛　14-5, 19, 21-2, 24，馬　14，水牛　19, 21-2, 24，羊　14-5，豚　21，
　　ポニー　24，ラバ　14-5, 17，ロバ　14-5, 17
　　牽引用の家畜　4, 15, 17, 19, 22, 668
家畜化
　　家畜化の拡大　182
　　牛と水牛の家畜化　182
花庁遺跡　228
カチン（地名）　143
「葛」（1）　595
河泥　333, 563
浮き田，「架田」（chia thien），135-6
加藤繁（2）519，（3）550

加藤茂苞ほか（1）538
大カトー（Cato the Censor）　94, 185
家内工業　679
　　漢代の労働集約的な　254
華南農學院（1）　58
華南農學院農學系（1）　540
鹿野忠雄（Kano Tadao）（1）486
『禾譜』　83
カブ，油糧作物　518
　　カブと作物輪作　481
夏秉（6）　178
何炳棣（Ho Ping-Ti）　45, 502, 550,（1）45, 475-6, 508-9, 513, 540, 579, 595,（2）685,（4）88, 107, 113, 128, 476, 478, 512, 526, 550-2, 579, 593, 595, 689,（5）44-5, 173, 184, 362, 484-6, 502, 513, 540-1, 559, 572-3,（6）45, 485-6,（7）485-6, 548, 550
可変犁
　　可変犁へら　653
　　ヨーロッパの可変犁　211
河北CPAM（地區文物管理委員會）（1）48
河北農業大学（1）618
河姆渡（Ho-mu-tu　地名）　543
　　河姆渡遺跡　46-7, 177-8, 224, 541, 544，の骨器（鍬や鋤）　226
鎌
　　鎌，農業の集約化で　371
　　鎌による稲の収穫　360
　　鎌の東アジアへの導入　362
　　漢代の鎌　372
　　鋼鉄あるいは錬鉄製の鎌　374
　　初期の鎌　361-2
　　「推鎌」（thui lien），押し鎌　384-5
　　中国最古の鎌，龍山期遺跡の　362，中国の鎌　374
　　戦国時代と漢代の鋳鉄の鎌　372，鋳鉄製の鎌　376
　　平均の取れていない中国と日本の鎌　374，日本の鎌　375
　　ナトゥフ期の鎌　361
　　鎌のタイプ，イタリアの falx messoria　372，ローマの鎌　375，イランの鎌　373，アフリカの鋸刃鎌　376，
　　イギリスの鋸刃鎌と平滑刃鎌　374，ヨーロッパの鎌　361，
カメラリゥス（Camerarius）　508
粥（puls），ローマ初期における小麦の食べ方　515
　　粥（米あるいは黍の）　604-5
唐臼　387

殻竿
　魏晋時代の　400
　現代中国の　400-1
　ヨーロッパの殻竿　399
　連枷（lien chia），による脱穀　399
　『王禎農書』の記す　399
カラシナ　583, 604
カラスムギ（Avena sativa）　517
カラハリ砂漠（地名）　34
カラブリア（地名）　387
唐箕　407
　初期の唐箕　407，漢墓明器の唐箕　409, 418
　回転扇式唐箕　409
　開放型と閉鎖型？　416
　ヨーロッパへの導入　417, 420
　東南アジアの唐箕　418
　日本の唐箕　416, 418
　『王禎農書』の記す　415，『農政全書』の
　　414
刈り分け小作　669-70, 682
カルスト地形　21
河原由郎（1）682
官営穀倉　424, 448, 453, 457-8
　と収税穀物　458
　含嘉倉　446, 462，實京穀倉　462，豊儲穀倉
　　462，洛回穀倉　462，洛口穀倉　462
灌漑　569
　灌漑棚田と湖成平野　22
　灌漑地比率の地域分布　33
　灌漑水田模型，漢代の　122
　苗代の水管理　561
　華北の灌漑，漢代以前の　122
　華中，華南のタンク，漢代の　124
　渠（chhü），黄河の灌漑システム　123
　初期の灌漑稲作　559
　秦漢の灌漑事業　662
　宋代における灌漑の進展　675
　「甜水溝」（thien shui kou），排水溝　138
　「塘」（thang），揚子江の灌漑システム　123
　「陂」（pho），淮河，泗水地域の灌漑システム
　　123
　「陂湖」（pho fu），大きなタンク　124　陂塘
　　（pho thang），タンクの作り方　124
　腰溝（yao kou），畝間溝　127
　龍骨車による水田の灌漑，『耕織圖』の　557
　日本の灌漑　123
　スパック，バリの灌漑システム　123
　インドやスリランカのタンク　124，インド
　　の井戸灌漑　557
　東アングリア泥炭地の排水　651

含嘉倉，唐王朝の　446, 462
柑橘　478
桓公，齊　572, 463
韓国（地名）　478, 545
　韓国のタビ（tabi），二股の耕転具　245
韓國磐（1）5, 89, 107, 467, 667，（2）107
間作　482
　稲とワタの間作　601
　小麦とワタの間作　520
顔師古　411
　顔師古の『急就篇』　411
『韓氏直説』　66
『管子』　55, 176, 422, 425, 463, 555, 573
　穀物価格の調整について　463
　大豆の伝来について　572
　『管子』「禁藏」5，「地員」55，「乗馬」
　　193，「軽重乙」422，「牧民」425，「國
　　蓄」463
甘蔗　475, 568
　中国への伝来　475
　宋代華南の糖業の発展　677
　『授時通考』の記す　476，『農桑輯要』の記
　　す　79
甘肅（地名）　665
甘肅省農業科学院（1）499
『漢書』　2, 190, 423, 464, 520
　『漢書』「藝文志第十」　56
　『漢書』「食貨志第四上」　190
甘藷　475, 568, 593
　甘藷の伝来　593
　『齊民要術』の「甘藷」（ヤムイモ）592，
　　『授時通考』の記す　594
『甘藷疏』，徐光啓の　73
完新世高温期　34
灌水　607
　野菜園の灌水　604, 608
漢代　459
　休閑の少なさ　9, 479，継続的作付け　480，
　　作物輪作の普及　105, 668
　移民・植民　664-5
　交易　666，九州の産物　26
　製鉄　662，専売　666
　進んだ早地農業体系　636，播種ドリル　297，
　　唐箕　409, 413
　犂　193-204，鉄製犂先　188, 195-6，画像石
　　の犂模型　194
　農具，鍬　231, 339-40，鋤　243-4, 247，ハ
　　ローの出現　249，鉄製穂刈りナイフ　367，
　　鉄製鎌　374
　栽培技術，種子処理　284，種子団子　282，

移植　322，小麦栽培　668，肥料　328
穀物貯蔵，穀倉　452-4，瓶　440，脱穀場　387
灌漑，漢代以前の華北の　122，漢代南方のタンク　124，灌漑事業　662
国家の農業振興策　627，開発政策の文献　78，灌漑事業　662，自営小農育成　662，666，
　　　地租率　661，飢饉救済　466
　　　土地配分　661，配分面積　665，土地不足　479, 663-4
　　　土地税・人頭税　665，国家歳入の基礎　661-2，生産単位　671
大農場，華北の，636, 666-9，収量向上　668，
　　　大規模な家畜所有　254，労力調達　669，集約的な家内工業　254，貧富の拡大　667，土地集中　671，小農の没落　665
画像石，模型　169
　　　神農と禹大帝　170，水田模型　122，犂の木製模型　194，脱穀場模型　387
干拓地　110, 128
　　　干拓地の拡大，元代の末の　134
　　　「圩田」（*yü thien*），湖成干拓地　125, 128, 134, 172
　　　「圩田」の構造　134
　　　「黄穋稲」（*huang lü tao*）　130
　　　「沙田」（*sha thien*）　130
　　　「穇稗」（*hsien pai*）　130
　　　政府事業としての干拓地　139
　　　宋代の干拓地　129
　　　太湖地方の干拓地，春秋時代の　128
　　　唐代の干拓地　129
　　　香港の干拓地　139
邯鄲 CPAM（地區文物管理委員會）(*1*)　48
旱地稲　555
　　　栽培法，『王禎農書』の　555，『齊民要術』の　555
旱地地域の中耕　338
旱地農業
　　　における機械化，水稲農業との違い　690
管仲　463
関中　661, 663
『鹽鐵論』　247
「旱稻」（*han tao*）　555
漢陶俑　85
カンドル（de Candolle, A.）(*1*) 38, 485-6, 505-8, 537
広東（地名）　545
　　　ヨーロッパの中国交易の窓口としての　638
『廣東新語』　9, 332, 483, 485, 526, 550, 552, 555, 563, 566-8, 610
　　　多毛作　480，肥料　332
広東博物館（*1*）543
旱魃　16, 570, 607
ガンビア（地名）　533
ギアツ（Geertz, C.）(*1*) 126, 154, 214, 553, 679
飢饉救済　466
　　　のための常平倉　466
　　　漢代の組織的な　466
　　　官僚の恒常的任務としての　93
　　　「義倉」（*i tshang*）と「社倉」（*she tshang*）467-9
　　　備蓄穀物の供与・貸し付け　468
　　　『農政全書』の「荒政」　424
　　　大豆で，『氾勝之書』の記述　573
『奇器圖説』　640
魏景超（*1*）565
気候
　　　温暖期に漢族の農業移民　14
　　　温暖湿潤期　14, 27
　　　気候変動　26-7
　　　主要農業地域の気候　13-5, 17, 19, 21-2
　　　年間降雨量変動率の分布　32
貴州省（地名）　24
技術体系の変革と社会変革　692
技術伝播　631
『議常平倉廠申文』　465
北アフリカ（地名）　443
北タイ（地名）　690
北ベトナム（地名）　542
北村四郎（*1*）517
『吉貝疏』，徐光啓の　601
契丹　673
木槌
　　　「椎」（*chhui*）　249
　　　「木斫」（*mu cho*）　250
　　　「稷」（*yu*）　249
絹　19, 21, 79
　　　産地　19, 21，華北で奨励，元代の　79
　　　「帛」（*po*），絹布　596
　　　税支払いに　603
　　　宋代の絹産業　677-8
キビ（黍 *Panicum* spp.）482, 485
　　　新石器時代の主食キビ　484
　　　と作物輪作　481，の品種 493，モチ種のキビ　492
　　　キビ酒作り　494
　　　農書中の記述，『齊民要術』によるキビの播種　494，『氾勝之書』の　497，『本草綱

　　　　　目』の　490
キプロス（地名）　603
客　669
「脚米」（chiao mi），運賃米　462
キャッサヴァ
　　アフリカでの普及　595
　　東南アジアでの普及　595
キャベツ　604
　　の漬物　605
キャラコ　600
『九家集注杜詩』　240
「韭」／「韮」（chiu），ニラ　615
『救荒活民書』　324, 532
『救荒簡易書』　493
「救荒本草」，『農政全書』の，　77, 82
九穀（chiu ku），基本作物種　482
『九穀考』　482
救荒食　472
　　救荒食としてのトウモロコシ　77，大豆
　　　　573，根菜　593，杏　605
『急就篇』　411, 605
『舊唐書』　464, 559
救貧と神仙　621
「渠」（chhü），黄河の灌漑システム　123
行商人　606
強制労働と運河建設　662
匈奴　453
『玉海』　444, 462
曲直正　（1）58
曲面の金属製犂へら
　　17世紀末のオランダと東アングリアの　217，
　　華中，華南・日本・ジャワ・フィリピン
　　　の　638
許倬雲　669, 671,　（1）163
「京」（ching），方形穀倉　448, 450
ギリシア（地名）　478
　　のアードの犂先　186
　　の緑肥作物　330
キリスト教の伝道師　638-9
「氣樓」（chhi lou），穀倉の通気塔　447, 453, 457
「氣籠」（chhi lung），穀物の通気・換気　427
「囷」（chün），円形穀倉　448-9
キング（King, F. H.）　（1）16, 119, 126, 325,
　　327, 332, 350, 361, 371, 409, 411, 676
欽州（地名）　569
「金汁」（chin chih），糞尿液肥　330
金善寶　（1）362
『欽定續通志』　675
「均田」（chün thien），均等土地割付　114, 667
近東（地名）　39

近東の農業起源　36
　　麥の起源地　513，エンドウとヒラマメの
　　　　571
　　の鎌　361
金肥　331-2, 589, 676
　　の普及　676
均平作業　268
　　平地器（phing ti chhi），均平具　270
　　平板（phing pan），均平具　268
「均輸」（chün shu），価格統制の方式　464
草切り刃　221
　　犂の必須部品，草地で　219
苦參（khu shen　クサエンジュ）　610
クセノフォン（Xenophon，『家政論』
　　（Oeconomicus）の著者　94
果物　606
屈家嶺遺跡　541
熊代幸雄（Kumashiro, Y.）　（1）63, 263，（2）
　　63
グリスト（Grist, D. H.）　（1）51, 120-1, 278,
　　280, 313-4, 320, 323, 350, 389, 405, 421, 425-
　　6, 441, 533-6, 539, 545-7, 553, 556, 565-6
グリマルディ（Grimaldi）　639
グルジア　369, 395
車を表す象形文字　176
クレセンツィ（Crescenzi, Pietro de）　95
クレタ（地名）　513
黒穂病　498
鍬　155, 158
　　鍬の起源　156
　　中国新石器時代の石鍬　227-30
　　河姆渡遺跡の骨器の　226
　　初期の金属製刃を付けた　钁（khuo），「釿」
　　　　（chu），「橷」（chüeh），「斫」（cho）　232
　　戦国時代の「斫釿」（chhu chu），除草用の
　　　　339，「鉏」（chhu）　339，「鋤」（chhu）
　　　　232，鍬の鋳型，戦国時代の　231
　　引き鍬　339，「長鑱」（chhang chhan）　241
　　「鐵搭」（thieh tha），鉄製股鍬　223, 235, 238
　　漢代の鍬　231, 339-40
　　の最も古い記述　232
　　後代のタイプ　除草鍬　339，鳥首型鍬
　　　　342-3，鉄製の引き鍬　235，万能鍬
　　　　（「鐵搭」）　345，「鐺鋤」　339, 344，明代
　　　　の　341, 351
　　近代の手鍬　340
鍬耕作　150
　　北方と南方の違い　235
　　アジアの　237，南アジアの馬鍬　638
『君子堂日詢手鏡』　526

総索引 803

軍事屯田 665
『羣芳譜』 279-80, 320, 473-4, 485, 500, 511, 552, 618
 ミレットの疎植 497
桑 19, 124, 133
グンディル（gundil）稲，ジャワの 538
奚誠 (1) 563, 565
継続的作付け
 継続的作付けと施肥 480
 底（ti），輪作での前作 480
『荊楚歳時記』 60
齧歯類 427, 450
「月令」，農業暦 58-9
ケネー（Quesnay, F.）(1) 640, 689
 『中国の独裁制』（Despotisme de la Chine）640
ケルト耕地 104
「甽」（chhüan），畝間 127
牽引家畜 4, 15, 17, 19, 22, 668
牽引鍬
 播種ドリルとの部品互換 349
 中国の中耕用馬鍬 349
 南インドの中耕用馬鍬 348
限界地の開拓 552
限界地の利用法 668
阮元 240, 242
『元史』 601, 603
嚴如熤 (2) 555
元代
 元朝政府によるラミーの華北導入 599
 綿振興庁 601
 干拓地の拡大，元代末の 134
 農地の再開発 128
 高粱がミレットを置きかえる 500
 飲茶の流行，華北で 79
 元代の犂先 196-7
ケント（地名） 443
絹布 677
現物地代 670
玄米 533
『乾隆霍山縣志』 509
「粳」（keng）稲，ジャポニカを指す用語 540, 544-5, 547, 566
 の栽培 545
項安世 606
 の詩に見る農易市場 606
『広雅』 544, 575, 577
紅河デルタ（地名） 542
 嶺南との親和性 22
黄河流域 25, 541, 661
 穀作地域の中核 10, 冬小麦・ソルガム地域 16-7, 硬質小麦 525, 生産の増大，漢代の 662, 新技術 676
 での再定住事業 106-7
 の代田法 118, 663
 の灌漑 122-3, 559, 665
 の「塗田」137-8,「淤田」139
 の耕耘具 159
 商文明の中心 184
 重粘な土 249
 から南への移住 322, 467
 ミレットの栽培化と 485-6
窖穴（貯蔵穴），『齊民要術』の記す 431
『考工記解』 203
『考工記圖』 167-8
「耦耕」（ou keng），2頭1対による犂耕 189
考古資料（明器，画像石・磚，絵画，古代農具） 84
甲骨文 169, 473, 484
 黍のト文 171, 牛犂耕の 177,
 小麦のト文 516, 豆類の 573
 「燒田」（shao thien）の甲骨文 172,「焚田」（fen thien）の 172
耕作権の転貸・売却，明代華南の小作人による 683
耕作適地比率 10
交差耕 151
 アードによる交差耕 159
『黃册』，労役調査表，所有土地登録 87
『廣志』 502, 520, 548, 562, 592-3
耿壽昌 464
后稷（農業神） 2, 163, 488, 492
『耕織圖』 55, 205, 210, 286, 332, 353, 360, 393, 395, 399, 418, 449, 564
 の異体 56
 図版
  「磟碡」，溝のあるローラー 266, 264
  移植 317
  水田除草 354
  稲の苗床 561
  龍骨車による水田の灌漑 557
  収穫 360
  「桁」（hang），貯蔵前のはざ架け 378
  脱穀 388
  こき箸で脱穀，風選 396
  筵の上で風選 389
  風選用篩 406
  箕による風選 406
  村の穀倉 456
  穀倉 457
  バナナ 477

香辛料 616
広西（地名）540, 545
「荒政」，飢饉救済策 77, 424
康成懿 (1) 73
黄省曾 577
広西の仙人洞 46
江蘇（地名）545
　江蘇の沼沢平野での極早稲の開発 550
　江蘇への入植，前漢時代の 106
高祖，漢の 464
香草 568, 615
耕地境界の永続性 115
耕地総面積，唐代 673，宋代 673
耕地配置に残る古代の帯状地の痕跡 116
公田（kung thien），政府所有地 664
耕耘具 150-359
　耕耘具の起源と伝播 154
耕耘複合 154-9
　南方中国の耕耘複合 159
　北方中国の耕耘複合 159
　揚子江下流域の耕耘複合 159
「秔」（keng）と「籼」（hsien あるいは lien）
　の亜種分化 544-5
皇甫隆 177, 306
高粱（ソルガム）500, 503
　がミレットに代わる 500
　の栽培面積，1930年代の 504
　の収量 504
　の魅力 500
　の用途 504
香料 569
肥 607
コーチシナ 549
コープランド（Copeland, E. B.）(1) 393, 547,
　656
ゴーマン（Gorman, C.）(1) 42, 542
ゴーラス（Golas, P. J.）(1) 5, 90, 332, 674-5,
　681-4
コーレル（Coler, J.）(1) 98
『後漢書』464
呉其濬 (2) 504
呉其昌 (4) 172
こき箸，脱穀用の
　日本の 394
　『耕織圖』の 396
　『農業全書』の記す 395
五行 59
『國語』107
「穀匣」（ku hsia），穀物引き出し 442
穀倉 447-70

の技術的完成度，漢代の 452
『王禎農書』の記載 447
円形の「囷」（chün）と方形の「京」（ching）
　448, 450
「氣樓」（chhi lou），穀倉の通気塔 427, 453
「倉」（tshang），方形の穀倉 450, 452
「廩」（lin），藁葺きの台 458
穀倉棟のある河北の農家 459
穀倉法令，唐代の 425
と害虫 426，穀物の劣化 426
と農民 458，と農家 459，漢代四川の農家
　の 454
の建設 424，の建築 447，の建築材料
　455，の扉 455
の構造 457
の通気筒 428, 458
の防水 427
の陶製模型 450
官営穀倉 448, 453, 457-8
　と収税穀物 458
漢代の高床穀倉の模型 452
小麦の保存，レス台地での 531
社倉（she tshang），救荒倉 466-7
首都（省，村の）穀倉 424
蕭何穀倉 461
セレベスの穀倉 452
張朝瑞の論じた穀倉管理 424
ヨーロッパの穀倉 455
農書中の記載，『耕織圖』の 457，『耕織圖』
　中の村の 456，『王禎農書』中の筵と柳
　条編みの円形穀倉
　451
『王禎農書』中の「倉」（tshang）447
コクゾウムシ 426, 429, 530
「穀蛊」（ku chung），通気筒 428, 458
穀物
　の重要性，中国農業の 4
　農民の産物中の割合，紀元前2世紀の 5
　1930年代全耕地面積中の 8
　地租，地税に 461
　穀物市場，宋代に発展 382
　糧食や通貨として 461
　穀物投機 668
　穀物輸送 462
　貯蔵 421-70
　の栽培化 33-6
穀物価格
　と常平倉 462
　の調整 463
穀物貯蔵 421-70

総索引　805

の重要性　422
に関する中国の文献　422
の技術　425, 427
施設，貯蔵穴，穀倉　431-70
小麦の保存，レス台地での　531
米やアワの貯蔵　429
穂貯蔵　425
最も古い形の穂積みの貯蔵　448
籾の形での貯蔵　425
初期の　423
壺による　435
天日乾燥で十分，中国での　429
東南アジアの　425
の劣化，石灰や化学薬品の混入による　427
新石器時代の　431
貯蔵具，ヨーロッパの　441
穀物貯蔵穴，中央ヨーロッパレス地帯の　444
ローマの編み籠, cista　433
ゲルマン部族の　426
穂貯蔵，ヨーロッパの　425
農書中の記載，『王禎農書』の　424,「籠」・「筐」・「筥」　432,『齊民要術』の　431, 籠，窖穴，穀粒　393
黒龍江農業研究所　(1)　579
穀類
　一年生穀類　33
　多年生穀類　33
コクゾウムシ,「蠱蟲」(ku chhung), 530
『呉興掌故集』　331, 333, 563
胡厚宣　(3) 107, 188, 212, 461, 559, (4) 107, 172
五穀 (wu ku)，基本作物種　482, 520
小作
　刈り分け小作　669-70, 682
　耕作権の転貸・売却，糞土銀　683
　自由小作農，漢代大農場の労力　669
　資本家的小作農民の萌芽，エンクロージャー時代の　634
小作人　661
　小作人と地主の関係，漢代の　628, 681-2
呉山菁　(1) 181, 541, 545
『恆產瑣言』　91
胡錫文　(2) 86, 518, 520, 524-5, 528, 530-2; (3) 86, 323, 488, 493, 498-501, 504
胡椒　569
呉承洛　(2) 192, 566
『后稷書』　192, 247, 663
互助的労働交換　688
湖成平野と灌漑棚田　22

古代の帯状地の痕跡　116
国家　627
　国家機構，定着農民対応の　7
　国家歳入,「租」(tsu)　626
　国家歳入，漢代の　662
　国家統治，開明的独裁君主による　625
　による農業増産のための改革，漢代と宋代の　627
　動乱　605
　南方農業に依存を深めた中国国家，五代，宋代以後の　549
「胡豆」(hu tou)，ササゲ　577
胡道静　(4) 66, 275, (5) 66, (6) 58, (7) 55, 58, 86, (8) 58, (9) 73, 86, (10) 72-3, 86, (11) 58, (12) 54, (13) 86, (14) 572
粉引き水車　668
湖南　545
古貝 (ku pei)，ワタ　600
ゴマ（胡麻）(hu ma)
　名称　宋代に「指麻」,「芝麻」(chih ma) 580, 588, 668
　ゴマの起源　586
　ゴマ絞り粕　586
　ドゥ・カンドルの記述　586
　起源地の考察，ナヤールとメーラによる　586
　アマと混同，初期文献で　588
　農書中の記述『授時通考』の　587,『天工開物』の　586
小麦（コムギ）　475, 512-33
　重要性，今日の中国での　513
　小麦の起源と伝播　40, 513
　中国への伝来　43-4, 189, 307, 362, 甲骨文にある小麦　516
中国での普及　517, 525-7
　小麦栽培，漢代の　668
　春小麦，栽培地域　14，最近の発展　517,『齊民要術』に最古の記述　521
　冬小麦，栽培地域　14-7, 輪作での価値　517
　小麦と大麦の収穫倍率　324
　収量　532, 高収量交雑種　532
　播種　285-7, 耬で　307, 528, 瓢箪で　311, 日の選定　273, 移植　311
　中耕　528
　収穫　379-82, 384
　脱穀　401, 風選　417
　貯蔵　425-6, 443, 459, 貯蔵中の虫害対策　531, レス台地での　531

輪作　481, 水稲との二毛作　24, 小麦とワタの間作　520
病虫害　530
肥料　333
小麦ベルト　アメリカ、オーストラリアの　382
アフリカの小麦　513
スペルト小麦　369, 425
野生小麦　360, 533, 野生小麦の分布図　514
農書中の記載,『齊民要術』、ツァンパについて　515, 品種について　520,『天工開物』、施肥について　530
『本草綱目』の　522
米　426
　の栄養価　533
　米食　533
　の粥　604-5
　の貯蔵　429
　パーボイル・ライス　426
　モチ米　547, 668
雇用農業労働者、漢代大農場の　669
雇用労力　670
コラニ（Colani, M.）（7）140
コリアンダー　518, 615
　輪作中の　481
　の冬季栽培,『齊民要術』による　610
コルメラ（Columella, L. J. M.）254, 259, 603, (1) 94, 422, 425, 429, 455
　の『農業論』（De Re Rustica）,『樹園論』（Arboribus）94
根茎作物　472
根菜作物　589
　の栄養価　593
　飢饉食としての　593
ゴンドワナランド　534
コンバイン収穫機械　658
混牧農法の改良　エンクロージャーの、635
根本（「本」）pen としての農業　624
「根本」を追求する儒家の倫理　667

[サ行]
サーリンス（Sahlins, M.）34, 151
「菜」（tshai），おかず、野菜　6
　野菜園、葉菜の　608
「菜餅」（tshai ping），油粕　331
『蔡葵書』　56
『宰氏書』　56
崔寔　249, 315, 668
栽培化、植物の
　栽培化センター　38-43

西アジア・近東の　36, 中南米　39, 東南アジア山麓部　42, 542, 中国の　43-51
　非中心　41-3
　栽培化と除草　337
　アワの　486,
　稲の　537-46, 589
　麦の，40, 513, 515, 中国での大麦栽培化の可能性　517
　稲の　537-46, 華北での人口圧で　541, タロイモ田の雑草から　589
　豆類の　571, 大豆の　478, 572, 大豆の野生祖先種　572
　タロイモの　589
　根菜から借用された稲の栽培技術　50
栽培面積　472
　果樹と野菜の、1930年代の　613
　高粱の、1930年代の　504
　トウモロコシの、1930年代の　512
サウアー（Sauer, C. O.）(1) 40-1, 589
魚（蛋白質の補給源）19
朔方（地名）665
　への移民入植、前漢時代の　106
作物　中国の　472-8
　伝来した　474-7
　外へ伝播した　477-8
作物体系　472-621
　新石器時代に遡る、中国の　473
作物育種
　穂刈りナイフ使用が効果的　369-70
　ミレットの　486, 488-92, 稲の　546
作物輪作　478, 571, 668
　周代の　105, 478-80
　病害を減らす　284
　漢代の初期発展　105
　作物輪作の代表例　483
　華北の麦を組み込む多毛作、北魏の　517-9, 華中・華南のチャンパ稲との多毛作　549-52
　麦の組み込み、宋代華中・華南の　518
　アサ　481, アズキ（緑豆）481, 575, アワ　481, ウリ類　481, カブ　481, キビ　481, 麦　481,
　コリアンダー　481, 麦と肥料作物との　529
　『齊民要術』中の　65, 480-1 518
サクラ　478
ザクロ　429, 474
酒　604, 678
　キビ酒作り　494

佐々木高明　(1) 51, 364, 478, 543
ササゲ　109, 577
　　アフリカ起源のササゲ　577
　　ジュウロクササゲ　577
'些少商品生産様式' と水稲農業　688, 693
『雑陰陽書』　275
「雑穀」の貯蔵期間　425
雑税　675
『左傳』　250
「沙田」(sha thien)　130
　　沙田の作物　133
　　揚子江と淮河の沙田　132
砂糖　569
サトラップの泥炭地　161
サラワクの山地陸稲　554
『山海經』　163
三期作 (稲の)　552
産業革命　626
『三歳圖會』　84, 418
「蚕豆」(tshan tou), ソラマメ　577
　　『授時通考』の記す　578
山西省晉東科技局　(1) 499
山西省農業科学院　(1) 499
「酸棗麬」(suan tsao chhao), 干しなつめ, 『齊民要術』の記す　605
『三農紀』　60, 503, 510
　　トウモロコシについて　509
　　野菜種子の芽出しについて　281
散播　285-8
　　散播後の覆土　285
　　南方の畑作物で　287
　　水稲苗代で　287
　　散播法
　　　16世紀までのヨーロッパの播種法　633
　　種子を無駄にする, タルの指摘　633
「糁稗」(hsien pai)　130
『篆文』　345
『三輔黄圖』　461
「山藥」(shan yao), ヤムイモ　591
　　『授時通考』の記す　591
『驂鸞録』　142
「豉」(shih), 調味料　575
「耜」(suu), 周代の主要な農具　169-70, 244
　　「耜」の復元　171
ジェームズ・スモールの犂　652
ジェフリーズ (Jeffreys, M. D. W.)　(1) 508
ジェリコ (地名)　177, 513
塩　568
　　塩と鉄の専売　666
『爾雅』　166, 572

『私家農業談』　413, 417
『史記』(Shih Chi)　111, 203, 444, 604, 665
　　の「火耕水耨」の解釈　111
　　の果樹園と野菜畑の記載　606, 播種の　274
　　「貨殖列傳第六十九」　111, 203
　　「平準書」　203
自給経済　671
自由小作農　669
『詩經』　6, 59, 106, 172-3, 185, 190, 273, 338, 431, 435, 448, 458, 473, 484, 488, 492, 548, 596
　　の穀物倉庫「倉」(tshang) と「廩」(lin)　449
　　の脱穀場　387
　　の豆類の栽培　572
　　の緑肥　330
　　の「新田」(hsin thien), 2年目の耕地　172
　　「大雅・生民」　392
　　「豳風・七月」　386, 548
竺可楨　(9) 25, 27 (10) 59, (11) 486
刺激伝播　631
シコクビエ (Eleusine coracana)　482
『四庫全書』　81
『仕事と日々』, ヘシオドスの　93
磁山 (Tzu-shan) 遺跡　47
『四時纂要』　54-5, 57, 60, 275, 674
市場作物
　　の栽培　568, の生産　670
枝条ハロー　260
　　と彎轅アードは一対　263, 中国への伝来　263
　　を指す言葉　263, 「蓋」(kai) 263, 「撻」(tha) 308-9, 「摩」(mo) 262-3, 「勞」(lao)　108
　　乾燥地帯で頻用される　262
　　農書中の記載, 『王禎農書』の「勞」(lao) 260-1, 『氾勝之書』の「摩」(mo) 262, 『齊民要術』の　262
「時新菜」(shih hsin tshai)　607
四川水稲地域　20
四川農業研究所　(1) 580
師舟　667
漆器　678
實京穀倉　462
湿地開拓
　　中国宋代の湿地干拓　676
　　東アングリアの泥炭湿地開拓　651
地主
　　と小作人の関係, 水稲農業の　681, 628, 682
　　の投機と土地購入　684

篠田統　(6) 5, 6, 472, (7) 5, 575
柴垣　607
　『齊民要術』の記す　607
司馬光　465
司馬遷　124, 274
斯波義信　(1) 676, 678
　Shiba Yoshinobu も見よ
資本家的小作農民の萌芽，エンクロージャー時代の　634
脂麻 (chih ma)，アマ　109
『四民月令』60, 254, 270, 313, 315, 581, 588, 668, 670
　の記す播種時期　275
シャープ (Sharp, J.)　308
ジャイプール（地名）　545
社会的流動性についての文献　86
社会発展の方向，水稲社会と畑作社会の違い　692
『釋穀』83
借地契約
　宋代の　682
　明代・清代の　519
『釋名』347, 399
「社稷」(she chi), 土地と穀物の霊　2
「社倉」(she tshang), 救荒倉　466-7
　明代の　469
　『社倉法』，朱熹による　468
ジャポニカ稲　538, 540
シャロット (Allium. fistulosum L.)，中国土着のネギ　615
ジャワ（地名）　553, 688
　『ジャワ誌』(History of Java), ラッフルズによる　642
ジャワの稲作華僑　421
ジャワの農業内旋　685
山東（地名）　16, 545, 603
『上海縣志』677
「叔」(shu)，豆　572
史游　605
蹂 (jou)，足踏み脱穀　392
獣医学専門書　83
『集韻』219, 427
戎菽 (jung shu)，大豆　572
収穫　359-86
　収穫技術と栽培作物の性格　362
　収穫具（最古の）360
　　ミレットの　368-9, 371, 稲の　370, 麦の　380-2
　はざ架け　376
　収穫機械　382

「麥籠」(mai lung)，『王禎農書』の　383
　18世紀末のヨーロッパの　382
　満州における　386
　中国で発展しなかった理由　384
　19世紀イギリスの収穫機械　657
　ローマ領ガリアの，vallum　382
収穫倍率　323, 423
　麦の，中国とヨーロッパの比較　324
　中国のアワの，秦代と現代の　323, 稲の　323
　ヨーロッパ農業の，前近代の　324
　13世紀イングランドの　633
『周官』423
『周官』「考工記」　167
　種子処理について　282
『周官義疏』135
周去非，『嶺外代答』の著者　569
『周書』166
「衆人」(chung jen), 土地開墾の賦役労働者　106
収税
　収税穀物　461
　　収税穀物と官営穀倉　458
　雑税　675
周代
　の食事　6, 183
　最初の農業暦　59
　焼畑か永年耕作か　110, 173, 183
　既に普及していた永年耕地　107
　の休閑輪作　478
　の土地配分　114
　周代の農具　229,「耒耜」(lei ssu) 163-71, 耒と耜　169-73, 人力牽から牛牽引牽へ　171
　　石製犂先　178-81, 木槌，大槌　249-50, ローラー　270, 穂刈りナイフ　364,
　　鍬鋤刃に金属の枠　231
　播種　条播　289, 播種儀礼　272, 日の選定　272
　　ミレット　485, 麦　520, 稲　553,
　　甲骨文に記された豆類の栽培　572
　緑肥の登場　480
重農主義者，ヨーロッパの　625
『種芋法』，黄省曾による　577
周本雄　(1) 48
『周禮』6, 473, 423, 521, 555, 559, 596, 607
　『周禮』の九州　25
　『周禮』「考工記」167, 190, 203,「車人」の節　167,「匠人」の節　190
　『周禮』の編纂　25

収量
　収量の向上，漢代大農場の　668
　二期作の　566，三期作の　566
　稲の　323, 565-7，ミレットの　499，小麦の　532，高粱の　504，ピット栽培の　145
　投入労力と収量増加の関係　679
　ヨーロッパ・中国比較　324, 423, 532，ヨーロッパの低い　632-3
『樹園論』(Arboribus)，コルメラの　94
朱温，北宋の将軍　502
儒家　464, 666
　「根本」を追求する儒家の倫理　667
　儒家と商業　667
朱熹　424
　朱熹の『社倉法』　468
　朱熹の記す種子団子　333
「菽」，豆類　572
叔均　163
『種藝必用』　66, 275
手工業製品　568
手耕具　223-46
朱國禎　235
『朱子社倉法』　424
『種蒔直説』　66, 258
『授時通考』　30, 60, 78, 80, 129, 131-2, 136, 167, 210, 220, 240-1, 277, 280, 312, 320, 413, 424, 427, 430, 444, 450, 453, 457, 461, 465, 467-9
　の内容と性格，儒教的配慮　80-1
　の記載，アオイ（「葵」khuei）611，アズキ豆（chhih hsiao tou）576，アワ　489，タロイモ「芋」（yü）590，甘藷（kan shu）594，甘蔗　476，キュウリ（黄瓜 huang kua）614，ゴマ　587，の栽培品種　59, 546，ショウガ　617，ソラマメ「蠶豆」（tshan tou）, 578, ソルガム　501，大豆　574，白菜（pai tshai）612，播種ドリル　527，ヤムイモ（「山藥」）（shan yao）591
　油質種子をつけた「蕓薹」（yün thai）585，ワタ植物　602，繊維用のアサ　598
種子
　の塩水選　278
　の準備　277
　の処理，『周官』の記す　282，野菜種子について『齊民要術』の　281
　の処理，トリカブトで　283，種子団子　333，の芽出し　279
種子選択　277-8
　『齊民要術』の記す　277, 369

朱楠，「救荒本草」の著者　77
酒精　678
『樹畜部』　317
『朱文公文集』　333
シュメール
　の鋤（marr）156
　の播種ドリル（apin）290
『種棉花法』，徐光啓の　601
狩猟採集者　32
『荀子』　185
春秋時代
　に拡大した鉄の使用　231
　の経済の拡大と方形枠型犂　191
　の太湖地方の干拓地　128
「黍」（shu），キビを見よ
商代　144, 362, 492
　商から周初期までの農業　172
　開墾　107
　耕作法と農具　163, 173-4, 183
　牛牽引犂　166-84
　の甲骨文　173，麦の卜文　513，秋蒔き穀物の　515
　の主要な農具「耒」　169
　商代の農具　229，除草用青銅鋤　244
　のミレット　484-5，稲　559，麦　513, 515
　の貯蔵穴　443
　の都市　183
　商とトンキンと商業／貢納関係　184
「場」（chhang），脱穀床　386
『象山文集』　550
荘園　90, 453, 671
　荘園管理　90，荘園視察　91
　荘園経営に関する文章の解釈　90
　荘園経済　669
　荘園農場，日本の　687
蕭何　461，蕭何穀倉　461
章楷　(1) 564
ショウガ　475, 615
　『授時通考』の記す　617
蒸気エンジン犂　657, 659
『商君書』　176, 192
邵啓全・李長森・巴桑次仁　(1) 517
象形文字
　アードを表すエジプトの　174
　牛犂耕を表すと推定される甲骨文　176
　車を表す甲骨文　176
　「耒」を表す甲骨文　171
『松江府續志』　395
『紹興府志』　547
『湘山野錄』　550

庄司吉之助 （1）686
常熟郡（地名）475
「匠人」（chiang jen），『周禮』「考工記」の 167
葉静淵 （2）86
商人 625
　商人の巨大穀倉 448
小農
　小農経済の崩壊，漢代の 665
　の労力不足 668
　の生計 665
　漢代の育成策 661，の小農作物栽培 665，と大地主層の利益 667
　宋代の農業発展と小農 675
条播 289-311
　条播法と播種ドリル 289
　陸稲の，『齊民要術』の記す 315
　ヨーロッパにおける条播 346
「小麥」（hsiao mai）512
召平 604
「常平倉」（chhang phing tshang）
飢饉救済の穀倉 461，464，466-7
　穀物価格の安定に 462
　に必要な貨幣資金 464
縄文時代の穀類 364
醤油 575，679
『證類本草』
　『證類本草』の記す，麻 582，稲 539，ナツメ 618，ハス 616，カブ「蕪菁」584
『諸器圖説』640
『書經』25，250
　『書經』「禹貢」25
「稷」（chi）109，488
「食貨志」87
食事 472
　中国の食事 5，574
　「飯」（fan）と「菜」（tshai）6
　ヨーロッパとの比較 534
「蜀黍」（shu shu），ソルガム 501-2
「稷屬」（chi syu），キビ属 488
「食譜」（shih phu）66
植物栄養学説，ヨーロッパの 335
植物学研究に関する文献 84
徐灝，耒耜について 169
徐光啓 55，72-4，76-8，86，278，323，329，332，424，503，601，640
　「荒政」の重視 77
　　飢饉対策 77
　　「救荒本草」77
　『農政全書』，73-4，77-8，播種量 323，塩水

選 278，ソルガム 503，屯田 74，ピット栽培・糞肥 329，肥料 332，肥料と堆厩肥 329，唐箕 413-7，穀物貯蔵 424-5，453，457，養蚕業と新しい織物産業 77
　の『甘藷疏』73，の『吉貝疏』601，の『種棉花法』601，の『農遺雑疏』73，の『蕪菁疏』73，の未刊原稿 86
徐恒彬 （1）205，254
女真 673
除草 569
　と栽培化 337
　と中耕の重要性 338
　と馬鍬中耕農業 346
除草具
　商代の除草用青銅鋤 244，
　旱地の「杷」250，254-5，鍬 339-46，ローラー 353-7
　水田の，「耘盪」69，356，「耘爪」353，除草車 358-9
　「耬耘」，一緒に除草する 190
　サフォークの除草 346
徐中舒 169，171，（10）163，169
徐扶危・賀官保 （1）409，413
舒璘 425 548，565
しりかけせ，「耕檾」，中国の 205
飼料
　ゴマ絞り粕 586
　飼料作物 5，ソルガム 503-4，トウモロコシ 512
　収穫法 376-9
シレジア（地名）420
「荏」（jen），エゴマ 583
滇王国 24
『新安志』548，552
『清會典』467
人口，人口密度
　戦国時代の 185，宋代の 673，人口増加 153，626，の増加と農業の拡大 214
人口圧 322，663
　と農業発展 151，と労働集約化 153，と稲の栽培化 541，と初期の集約的農業 106
任氏 444
『晉書』464
浸食 14
　レス台地の 118，143-4
　レス台地の浸食防止策 15，143
新石器時代
　農業革命とその伝播 40

の作物体系　473
　　の主食，北方のアワとキビ　484，南方の稲　541-3
　　に中国へ伝播した麦　517
　　のアサ（麻）　595
　　中国の石鍬　227，の石鋤，広西出土の　224, 228-9
　　の石製犁先　178-80
　　のアードの出現　158
　　から商周時代までの穂刈りナイフ　364
　　の柄付き穂刈りナイフ　367
　　の穀物貯蔵　431-44
　　夏王朝　182
新石器文化　181
　　中国農業の起源と伝播　44-5
　　中国新石器文化と時代層序　49
　　河姆渡文化，稲遺物　541
　　磁山文化　47
　　青蓮崗文化　47
　　大坌坑文化（Ta-phen-kheng）　47
　　裴李崗文化　47
　　仰韶文化　44，半坡の貯蔵穴　443
　　先仰韶期　47
　　龍山（Lung-shan）文化　44，牛犁　181-2, 188，初期の鎌　362
神仙
　　救貧と神仙　621
眞宗，宋の皇帝　550
清代
　　の農業文献　『授時通考』　80-2，『四庫全書』の利用　81
　　の稲作　569
　　のソルガム拡大，人口圧で　504
　　の借地契約　519
秦代の灌漑事業　662
秦中行　（1）124, 315
『新唐書』　468
人頭税　461, 661
神農　111, 166, 182, 537
　　の伝説　39, 182
　　の曾孫，犂の発明　166
　　犂の発明　166
　　漢代の画像石に描かれた　170
『神農書』　56
沈文倬　（1）106
人糞尿　326
　　肥料，商殷時代から　328
人民公社　691
　　の崩壊　692
森林休閑法　151

　　熱帯の　152
秦嶺山脈　21
スイカ
　　の伝播，中央アジアから　613
　　『農桑輯要』の記す　79
『水經注』　549
『隋書』　467, 469, 559
水田
　　の灌漑体系と労力　557
　　の最適サイズ　680
　　水田栽培と旱地栽培の区別　553
　　の多毛作　127
　　の灰色土　28
　　の魚養殖　560
　　の災害　564
　　地主と小作人の関係　681, 628, 682
水田除草　356
　　水田除草具　358-9
　　『耕織圖』の描く水田除草　354
　　日本の水田除草車　359
水田中干し　354, 563
　　農書中の記載
　　『王禎農書』の　563，『齊民要術』の　354, 563，『致富全書』の　563，『沈氏農書』の　563，『農桑衣食撮要』の　563
水稲耕作
　　定義　553
　　水稲・小麦地域　19，水稲・茶地域　19，四川水稲地域　20-1，水稲二期作地域　21
　　の人口扶養力　553
　　の経済学的特徴　687, 689
　　社会の安定性　680, 685
　　社会と‘些少商品生産様式’　688, 693
　　の制限要因　557
　　と水供給　55, 120
　　と機械化の阻害要因　691
　　と中国社会の発展の特徴　690
　　『史記』の記述，「火耕水耨」　563
炊飯　533
「水利」（shui li），水の制御　30
「推鎌」（thui lien），押し鎌　384-5
水路　570
鄒漢勛　169
『嵩高山記』　605
崧澤遺跡　541, 544
スウェーデン　420
　　スウェーデン・アカデミー　641
　　スウェーデン人　417
　　と中国との接触　641
鋤　155, 157, 242, 339

の用途 156-7
新石器時代の 224, 226, 229
　　骨製, 河姆渡の 226
　　石製, 広西出土の 229
と耒耜 169
商代の青銅製 244
の名称, 漢代以前の 「鍤」(chha),「鍬」,
　　「臿」(chhiao),「𨨏」,「銚」(yao),「鐳」
　　(wei),「梩」(ssu),「鏵」,「枲」(hua)
　　244
戦国時代の鉄製刃 244
漢代の 243, 鉄製刃 247
子日手辛鋤, 日本の 168
引き鋤 156
　　鎗犂 (chhiang li) 171
二股の鋤 169
農書中の記述
　　『王禎農書』の 244, 明代の 246, 牽引
　　鍬を「鋤」と 349
のタイプ
　　シュメールおよびアッシリアの marr 156
　　アイルランドの loy 192
　　曲がり鋤 caschrom 157
　　スコットランドの 156
　　ヘブリデス諸島の 168
犂 159-219
発明か発展か？ 154-5
起源と伝播 158, 初期の例 160-1, 188-9
古代中国の 163-85, 龍山期に 182, 戦国
　　時代の 185-92, 漢代の 193-204
『耒耜經』の, 構造と名称 206-8
発明の神農伝説 166
反転犂 160, 663
　　1600 年頃のヨーロッパとの比較 213
　　ヨーロッパの 212, 632, 中国の影響によ
　　る発展 649-54
弓型犂, 中国最初期の犂 212
方形枠型犂, 金属犂先を付けた 192-3,
　　による畝溝システム 192
　　揚子江デルタの 207
「耩」(chiang), 発土板をつけない培土犂
　　118, 347, 349
「耬犂」(lou li) 290
犂起こし単位「暢」(chhang) 115
　　アード, 犂先, 犂へら, 犂タイプも見よ
犂牽引
　　ヨーロッパの犂耕チーム 189-90, 202, 632
　　犂の人力牽引 162, 171
　　1 頭引きの犂 204, 唐代以降普及 205
犂先

新石器時代の 178-80
周代の青銅および鉄製の「冠」(kuan) 178
木製の 185
戦国時代の鉄製「冠」 185-6
漢代の「鏵」(hua) 188, 195-201, 203
方形枠型犂の 191
鋳鉄の使用続く 210
唐代の 196-7, 金元代の 197
現代中国の 198, の犂冠 187
「劐」(huo), 播種ドリルの犂先 299
農書中の記述 『王禎農書』, 『天工開物』の
　　209-10
互換可能な, ヨーロッパの 651
槍型犂先とその伝播 186
北方の「鏵」(hua), 南方の「鑱」(chhan)
　　209-10
ギリシア, ローマのアードの 186
初期ヨーロッパの鉄製犂先 186
土落とし役 201, ヨーロッパの 201
ヨーロッパの犂先 202
犂のタイプ 160
ロザラム (Rotherham) 犂 218, 651-2
ジェームズ・スモールの犂 652
Z 型犂 214
ダッチ犂 654
長床アード 188
バスタード・ダッチ (Bastard Dutch) 犂
　　650
弓型アード 188
方形枠型犂 188, 214
三角型 214
多条条, 英国の 659-60
可変犂
　　ヨーロッパの可変犂 211
犂複合 150
犂付属品
　　「劐」(chhan), 削刀 220
　　「鎊」(pang), 削刀 220
　　草切り刃 108, 180, 220, ヨーロッパの 219
犂へら
　　漢代の 198-203, 鉄製の 198
　　「耒耜經」の 206-7, 『王禎農書』の 209-
　　10
　　調節可能な 211
　　ヨーロッパの 木製平面の 202, 東アジア
　　由来の鉄製曲面の 211-2, 217, 624, 628,
　　651-4
　　左右可変の, ヨーロッパの 653
犂へらの種類 198
　　両側へ土を反転する「䴬」(fei) 198

「鐴」(pi) 206
農書中の記載
『齊民要術』の 211,『王禎農書』『天工開物』の挿絵の 210
スコットランド 421
ステップ 7
 ステップ地帯 13
周藤吉之 (4) 675
ストノールとアンダーソン (Stonor, C. R. & E. Anderson) (1) 505, 510
スバック,バリの灌漑システム 123
スピリット洞窟,北タイの 42, 542
スペイン人によるフィリピン併合 638
スペルト小麦 369, 425
スペンサーとヘイル (Spencer, J. E. & G. A. Hale) (1) 140
スペンス (Spence, J. D.) (1) 100
炭 678
スミス (Smith, T. C.) (1) 332, 685-6, 691
スモール (Small, S. J.) (1) 199, 217, 650-1, 653
スモモ (李) (li) 616
磨り臼 409
『西漢會要』 662, 664-5, 670
製紙 678
西戎 474
税 (shui), 地税 2
 税率 626
 税の免除 107
 雑税 675
 過重課税の低減策,宋代の 674-5
 綿布の税 603
製鉄産業,漢代の 662
「井田」(ching thien) 114
製糖産業,宋代の 677
「青苗錢」(chhing miao chhien) 87, 青苗法 674
精白用石磨 387
生物気候 58
『齊民要術』 5-6, 54, 62, 120-1, 166, 193, 203, 211, 249-50, 254, 263-4, 273-4, 276-7, 286-7, 289, 306, 308, 311, 322, 333, 339, 345, 347, 423, 426-7, 430-1, 435, 474, 488, 492-3, 499, 526, 528-9, 548, 556, 562, 572-3, 576-7, 588, 592, 596, 608, 613, 620, 631, 636, 663-5, 668, 674
 の内容と重要性 62-4
 ピット栽培について 144, 608
 播種ドリル「耬」について 177, 297-8
 犂について 211, 212, 有歯ハロー 254-6, ローラー 262-3, 270
 播種について 275-6, 289, 311, 種子準備 277, 280-1, 282, 369-70
 稲栽培について 315-6, 322, 350, 556, 早稲 555, 収穫 548, 中干し 354, 563, 品種 369, 546
  直播歳易と移植 315-6
 施肥について 329-30, 敷き藁の作り方 329
 中耕について 338-9, 349, 631
 脱穀について,足踏みの 392, 貯蔵について 426-7, 430, 447
 貯蔵穴について 447
 作物輪作について 65, 480-1
 市場用作物について 481, 605, 608, 610
 麦について 515, 518, 520-1, 528-9
 豆類について 575, アブラナ 583, 588, 根菜 592, 麻 596
 柴垣について 607
 作付け暦 272
 前近代の農業技術の頂点 66, 672
 割烹技術 66
青蓮崗 (Chhing-lieng-kang) 文化 47, 181, 541
『政論』 297, 306
セイロン 478
石峽遺跡 543
石興邦 (1) 44
赤紫色土,四川の 20
石聲漢 283, (1) 63, (2) 56, 59-60, 91, 273, (3) 62-3, 239, 393, 595, (4) 63, (5) 56, (6) 84, (7) 60, 67, 77, (8) 73
『積貯條件』,呂坤による 453, 458
「耤田」 2
「責任制」(tse jen chih), 責任請負制 692
ザクロ (石榴) 474
「斥鹵」(chhih lu), 塩類土 138
セグニ (Segni, C. B.) 293, 644
浙江農業大学 (1) 63, (2) 530
『説文解字』 166, 176, 198, 306, 379, 405, 515, 544, 547
セネガル (地名) 429, 533
施肥 325, 333
 稲の 333
 による継続的作付け 664
 麦の施肥 529
 『天工開物』の記す小麦の 530
『世本』 166
セル (de Serres, O.) (1) 99, 268, 635
セレベス (地名) 452
 の穀倉 452
「秈」(hsien あるいは lien), インディカ稲 540,

544-5, 547, 566
 の栽培 545
繊維作物 472, 595
 華南の繊維作物ラミー 67, 596
『前漢書』458, 467, 478-9, 575, 661-4, 666-7, 669
『前漢書』「食貨志第四上」323, 362
『前漢書』の農業文献 56
先仰韶期遺跡 47
宣公，魯の 2
戦国時代 177
 黄河支流の渠灌漑 123
 華北の灌漑 184
 の犂 185-92
 の人口密度 185
 の鋤 244，の鍬の鋳型 231，の鉄製穂刈りナイフ 364
 土地配分 479
全国農業展示会 259
「扇車」(shan chhe)，回転扇式唐箕 407, 409, 417
陝西（地名）665
占星術 273
『全唐文』129
「阡陌」(chhien mo)，均田法の格子状境界線 114
千歯扱き
 による脱穀 400, 403
 『農具便利論』の記す 402
洗米 533
租 (tsu)，地税 2
「葱」(tshung)，ネギ 615
草鞋山遺跡 544
宋應星 417, 513, 530, (1) 389
 宋應星の『天工開物』84
「插秧船」(chha yang chhuan)，田植えの補助具 317
『宋會要』462
『宋會要稿』550
『倉廒議』，張朝瑞による 424, 453
草魚 560
桑弘羊 464, 666
『宋史』465, 468-9, 550, 674, 682
「粽子」(tsung tzu)，餅 536
「草人」(tshao jen)，植物官 282
早生稲 549
 と晩生稲 547
 チャンパ米 518, 548，の導入 568, 673，と華中・華南の二期作 568，極早生稲の開発，江蘇の沼沢平野で 550

 と晩生稲の混植 567
宗族，辺境地の開拓 682
 宗族農場 453
宋代 6, 10, 25, 27, 56, 89-90, 322, 382, 568, 673
 の農業文献 54，印刷技術 56，技術記載の最高レヴェル 71
 の開発政策 87, 673-7
 の土地所有関係 90, 679-85
 の土地再開発 128, 675，入植地 675
 干拓地 128-34，灌漑の進展 675，耕地総面積 673，の人口 673
 の麦 518，がアワより増える 447，冬小麦 473，ソルガム 502，チャンパ米 549-50, 552, 673-4
 の犂 206, 219，ハローかけ 257，ローラー 264-5，除草具（「耘盪」) 69, 354
 の肥料 331, 353
 の穀物貯蔵 422, 424, 432, 453，国営穀倉 462, 465，義倉 468-9
 の税 穀物で 462，小麦作で免除 518，過重課税の低減策 674-5
 の穀物市場の発展 382
 の食事の良さ 472，冬野菜 610
 の所有地の規模 479
 の棉と綿産業 600-1, 677，絹産業 677-8，農村工業 676，製糖産業 677
 の華中・華南の'緑の革命' 673-91
 の市場向け生産 677-80, 689
 の大農場 681-5, 687
宋兆麟 (1) 190-1, 194, 203
「相馬」(hsiang ma)，馬の判断法 83
叢林休閑 151
「粟奴」(su nu)，黒穂病 498
「粟特國」(たぶんソグディアナ) 502
『續文獻通考』462
『楚辭』6, 593
ソシュール (de Saussure, T.) (1) 335
蘇東坡 135, 317, 319
蘇秉琦 (1) 543
ソラマメ 668
 の伝来，漢代に西アジアから 571
 『授時通考』の記す 578
ソルガム 503
 アフリカの 500
 の遺物 500，の導入 502
 野生種 337, 500
 『授時通考』の記す 501, 503
ソルハイム (Solheim, W. G. II) (1) 42, 542, (2) 46, 544
孫云蔚 (1) 618

孫常敍 （1）169, 190

［タ行］

ターレス（Thales）335
タイ（地名）542
　北タイ 543, 690, 東北タイ 43, 542
堆厩肥
　農書中の記載，『齊民要術』の 329, 徐光啓の 329, 『陳旉農書』の 327
太湖（地名）479, 611
　の干拓地，春秋時代の 128
ダイコン 604
「大菽」（ta shu），大豆 572
ダイズ（大豆）571, 580
　大豆粕 588
　大豆製品 575
　の栄養価 573
　の栽培化 478, 572, 野生祖先種 572
　の主要長所 573
　農書中の記載，『氾勝之書』の記す，救荒作物として 573, 『授時通考』の 574
『泰西水法』73
　の記す龍骨水車 75
タイ（Thai）族 24, 543
戴青 468
代田法（tai thien）662-3
　の農具，反転犂と播種ドリル 663
　「畮畂」118
大農場，漢代の 63, 667-9
　の営農形態 670
　の耕地形態 669
　の出現と成長 666-7
　の統合保有地と分散保有地 681
大農地営農システム，満州の 13
「大麥」（ta mai），大麦 512
大坌坑文化（Ta-phen-kheng）47
『太平御覽』84
太陽暦による季節 59
『大理府志』509
台湾（地名）540, 638
　原住民のアワ栽培 485
田植え
　田植え機 320
　の補助具，「秧馬」（yang ma），317-8, 320
高床穀倉，漢代の 450
竹 677
多条犂，イギリスの 659-60
脱穀 386-403
　床 386, 場 387-8, 桶 389, 足踏み（「蹍」）392-3, 手で 394, こき箸で 395, 打ちつけ 389-92, 397, ローラーで 270, 396, 398, 殻竿 399-401
　脱穀板・脱穀車，西アジアの 396, 千歯こき，日本の 400-3, 421
　脱穀機械，ヨーロッパの 401-3, 657, 脱穀風選機 403, 421, 658, 東洋の脱穀機 403-4
　農書，古典中の記載 『詩經』の記す「場」387, 『齊民要術』の「蹍」392, 『耕織圖』の 388, 『天工開物』の脱穀ローラー 398, 打穀板 397, 脱穀桶 389-90, ミレットの 496, 『農業全書』のこき箸 395, 『農具便利論』の千歯扱き 402
ダッチ犂 654
棚田 20, 140-2, 676
　『王禎農書』の記す「梯田」（thi thien）142
多年生穀類 33 →穀類
多年生イネ科草原 34
タパ（Thapa, J. K.）（1）505
タバコ 475, 677
玉城哲 （1）123, 688
多毛作 480, 552 二期作 21-2
　の拡大，チャンパ米の導入で 673
　二毛作 17, 19, 22
　水田の多毛作 127
　『廣東新語』の記す 480
　作物輪作を見よ
タル（Tull, J.）294, 346, 603, 628, 630, 633, 643
　播種器と中耕馬鍬の開発 630
　散播法について 633
　の播種ドリル 294
　の『馬鍬中耕農業』294, 346
タロイモ（「芋」 yü）111, 475, 589
　の栽培化 589
　の商品作物栽培と種類 592
　の雑草から稲の栽培化 50, 541, 589
　農書中の記載，『氾勝之書』の記すピット栽培 592, 『授時通考』の「芋」590
単管播種ドリル 292 →播種ドリル
「地」（ti），旱地耕地 114
地域研究，フランスの 101, 日本とアメリカの 100
『築圩圖説』82
竺可楨 （9）60
　Chu Kho-Cheng も見よ
地税（ti shui）・地租（ti tui）2, 461, 468
　土地税，漢代の地租率 661, 宋代の 674, 683-4, 明代の 92, 683
　入植者への猶予 133, 665, 開拓地の 146-

7, 674
社倉，義倉へ寄進米の地税化 468
徴収と配分 461-2, 92
収税穀物 461-2, 665，損耗補塡の追加徴収 462
人頭税 461, 626, 661
布税の 603, 665, 677，塩と茶の 626，荷車と小船の 665
現物で 1, 461
を逃れる 668, 683
地税免除，干拓地の 133
地租免除，冬作物の 519
地中海地方 39
植物栽培化の一中心として 39
の農業文献 95
の初期の犂 189, 263
のハロー 261-3，鎌 370, 376，脱穀板・車 396
へ柑橘の伝来，中国から 478
のオリーヴ油 580
「銍」(chih)，穂刈りナイフ 367
窒素固定 571
チテメネ法 313
『知本提綱』 66, 117, 311, 529
茶 478, 677
チャイルド (Childe, V. G.) (2) 36, (3) 36, (4) 40
茶実 580
『茶酒論』 83
チャヨヌ（地名，トルコの） 513
『茶録』 83
『茶論』，沈括による 86
チャン，K. C.（張光直） 46-7, 50, 181, 443
チャン，T. T.（張慈德） 544, (1) 541, 546, (2) 534, 538, 540, 544, 546
チャンパ（地名），占城 549
の早生稲導入 568
チャンパ米
の呼び名 552
旱魃抵抗性の早生稲 518, 548-50, 552
の導入と普及 549-50，稲作生産性の飛躍 552
二期作二毛作の拡大 475, 673
中央アジア（地名） 39, 577, 586
中央アメリカの農業起源 35, 41-2, 485
中央ヨーロッパ 443
虫害・病害 448
稲の 564，麦の 530-31，ミレットの 498，貯蔵中の 531
虫害忌避 429-30

抑制法としての移植 314-15, 317, 322
野菜虫害 610
中耕 347, 630
と除草の重要性，華北で 338
小麦の中耕 528
野菜園の中耕 608
ヨーロッパ農業の 346
農書中の記載，『氾勝之書』の 347，『齊民要術』の 338
中耕用馬鍬，中国の 349，南インドの 348
タルの馬鍬中耕農業 628, 630
中国 39, 425
の南北境界線，農業地域を分ける 29
文献資料 54-93，の継続性 54，性格と歴史解釈上の問題 88-93
農具についての体系的な図説 101
共産主義革命における農民の役割 628，人民公社 692
中国農業科学院 (1), (2) 618
鋳鉄／鋳造所，漢代の 194-5
中東（地名） 362, 586
長安（地名） 604
張偉如 (1) 580
張英，『恆產瑣言』の著者 91
趙過 163, 295, 661-3
による「耦犂」(ou li) の普及 190
趙雅書 (1) 600
張九齡 142
張騫 474, 588
長廣敏雄 (1) 170
張舜民 524
張振新 (1) 193-4, 203, 205
張政烺 (2) 106-7, 173
張宗法 281, 510
張朝瑞，『倉廒議』の著者 42
手斧 40
張秉權 (2) 178
張履祥 529
『趙氏書』 56
蠟質穀物 511
著者不詳 (18) 259, 407, (109) 517, (161) 335, (42) 450, 452, 458, (43) 180, 227, 231, (501) 181, (502) 175, 188, 198, 208, 212, 214, 217, 220, 250, 256, 264, 266, 270, 295, 302, 305, 307, 311, 320-1, 339, 349, 352, 358, 384, 386, 399, 403-4, 663, (503) 47, 165, 177, 181, 227, 541, 545, (504) 165, 177, 181, 541, (506) 195, 198, (507) 195, (508) 339, (509) 195, (510) 204, (511) 204, (512) 205, 297, 409, 637, (514) 178,

(515) 47, 227-9, 244, (516) 228, 244, (517) 231, (519) 62, 279, (520) 315, (522) 362, 513, (523) 409, (524) 356, (525) 444, 461-2, (527) 450, (529) 72, 86, (530) 486, (532) 565-6, (533) 565, (534) 580, (535) 327, 336, (536) 596, (537) 601, (538) 618, (539) 595
貯蔵籠 432
沈括, 『夢溪筆談』, 『夢溪忘懐録』の著者 86
陳久金 (1) 59
陳恒力・王達 (1) 60, 91
『沈氏農書』 60, 331, 483, 528, 562
　の記す水田中干し 563
陳錫臣 (1) 596, 599
沈周の庭園譜 608
陳子龍, 江南の学者 73
陳祖槼 (1) 86, (2) 86, 560, 562-3, 565, 567, 569
陳登原 (1) 90
陳夢家 515, (4) 515
『陳旉農書』 30, 124-5, 135, 142, 287, 289, 331, 333, 338, 353, 483, 563, 676
　苗代準備について 560
　堆厩肥について 327
　播種について 271
陳良佐 (1) 313, 315, (2) 330, 480
ツァンパ 515, 604
「椎」(chhui) 木槌 249
『通志』 488
漬物 605, 679
「底」(ti), 輪作での前作 480
丁穎 279, 544, (1) 120, 279, 536, 540, 547, 553, 565, (2) 545
丁穎・戚經文 (1) 595
庭園術 604
「梯田」(thi thien), 棚田 142
ディドロとダランベール (Diderot & d'Alembert), 『百科全書』 625
程瑤田, 耒耜について 168
テオシント (teosinte) 337, 505
テオフラストス (Theophrastus) 247
鉄歯ハロー, 「鐵齒鍋榛」(thieh chhih tou tshou) 108, 254
鉄製股鍬, 「鐵搭」(thieh tha) 223, 235, 238
手持ちハロー 354, 358
デュアメル (Duhamel, de M.) 641, 646
デュビー (Duby, G.) (1) 95-6, 100, 155, 422, 531, 634, (2) 634
テラス耕地 139-40, 143
　の作物 140

　の独立発生説 140
テレンツ (Terrenz, Johann.) (鄧玉函) 640
「碾」(nien), ローラー 271
「佃」 89, 92
田義蕙, 『劉青日札』の著者 508
『天工開物』, 宋應星による 84, 210, 279, 287-8, 306, 313, 323, 395-6, 413, 417, 426, 509, 513, 528, 564, 571, 573, 580-1, 583, 588
　その意義 84
　種子処理について 279, 285
　播種法 287, 301
　播種ドリルの種子送りについて 645
　ローラーについて　種子覆土 310, 脱穀 398
　脱穀桶について 389-90, 打穀板 397
　唐箕について 413, 417
　穀物貯蔵について 426
　龍骨車について 558
　麦について 530
　油糧作物について 579-80, アブラナ 583, ゴマ 586
　野菜畝について 609
伝播
　伝播説 44
　伝播論者 43, 140
　技術伝播 631, 刺激伝播 631
　文化接触か人口移動か 486
　伝播仮説, レーザーの 631
ドゥ・カンドル (de Candolle, A.) 38-9, 44, 485, 505-8, 537, 586
「塘」(thang), 揚子江の灌漑システム 123
ヤマリンゴ, 「棠」(thang) 616
『董安國書』 56
トゥイチェット (Twitchett, D. C.) (4) 88, 425-6, 462, 468, 673, (6) 123, (9) 87, 423, (10) 107
『唐韻』 458
ドゥーデンス (Doedens) 508
陶淵明 549
湯王, 商王朝の伝説的始祖 144
董愷忱 (1) 60
『唐會要』 465
トウガラシ 6, 23, 475
唐漢良 (1) 59
農具複合 150
『唐月令』 60
陶弘景 374, 488, 521
董作賓 (1), (6) 59
トウジンビエ (Pennisetum spp.) 482
『糖霜譜』 677

搗精法 498
有歯ハロー,「鐈榛」(tou tshou) 256
唐代 6, 10, 27, 55, 240, 322, 568
　灌漑水路の維持 123
　大農場 129, 636
　の農地開拓 129, テラス造成 142
　の犁 195, 205, 208
　の穀倉令 425-6
　の官営穀倉 444-6, 含嘉倉 446, 462, 實京穀倉 462, 常平倉 464, 義倉 468
　ミレットから米へ 447, 麦が重要に 526, ヤムイモ・タロイモの普及 593
　の茶 473, 478, ワタ 600
　の耕地総面積 673
　に経済中心は南へ移動 673
董仲舒, 紀元前1世紀の政治家 520
佟柱臣 (1) 182
洞庭湖 (地名) 19
東南アジア (地名) 141, 186, 217, 322, 371, 425, 478, 485, 510, 638, 677
　への漢人の移動 11
　栽培化中心として 24, 41-2, 45-6, 50, ミレットの 486-7, 稲の 542-4
　のテラス造成 141
　の犁 208, 草切り刃なし 219, 弓型アード 212, 三角型犁 214
　の縦型ハロー 256
　の唐箕 418
　の穀物貯蔵 425
　から中国へ伝播した作物 475, 477
　の野性稲 537, 稲の呼称 543, 553
　のキャッサヴァ 595
　に対するヨーロッパ人の見方 642
「豆餅」(tou ping), 金肥 331, 大豆粕 588
『稲品』 83
「豆腐」(tou fu) 575, 679
董奉 620
トウモロコシ 475, 504-12
　栽培地域, 北方の 13, 17, 満州の 119, 513, 南方山地の 21, 23, 510-2
　焼畑の 23, 113, 475, 510, モチ種 510-1
　救荒食に 77
　中国への伝来 111, 508-9, 遅い普及 475, 511-2, ミレットとの競合 484, 最近の増加 512
　の収量 512, と犁耕 510, 栽培面積, 1930年代の 512
　トテオシント, メキシコの 337
　の起源と伝播 505-8
　を指す中国語 508

農書中の記載,『三農紀』の 509,『本草綱目』の 506
『唐六典』 87, 425, 462
「踏犁」(tha li) 240
「土化」(thu fua), 土の改良法 282
特異な農地 128-47
徳川期日本 685, 687
ドクムギ Lolium temulentum 337
独立小農と大農場 671
都江堰 662
都市の扶養 183
土壌
　土壌の洗脱 19
　土壌の肥沃度維持 19, 480, 養分欠乏 28, の分布図 29
　塩類土化 17
　主要農業地域の土壌 13
　水田地帯の灰色土 28, 赤紫色土 20, 沖積土 17, ペドルファー 17, ラテライト質土壌 21
　レス 14
『圖書集成』 84, 524
トスカナ (地名) 507
土地囲い込み 634
土地管理人,「任田者」 670
土地所有
　一田三主 (i thien san chu), 一つの農地の三重所有 683
　一田両主 (i thien liang chu), 一つの農地の二重所有 683
　関係の定義の問題 90
　の移転 684
　の規模 684
　の上限設定 684
　面積の制限因子 478
　小規模土な 479
　ヨーロッパの統合所有地 634
土地登録 684
『黄册』(労役調査表, 所有土地登録) 87
　土地登録簿 683
土地の個人所有 (ヨーロッパ) 634
土地の自由市場 (ヨーロッパ) 634
土地の肥沃度評価 674
土地配分 115, 663
　土地配分制度 479
　周代の土地配分 114
　漢代の土地配分 661, 665, の標準配分面積 665, 土地不足 479, 663-4
土地への投資と商業 667
土地保有

保有地の統合と分散，大農場の　681
　　ヨーロッパ農業における　479
土地利用
　　雲南の土地利用　127
　　集約的な，揚子江デルタの，杜甫の詠う　569，華南の　567-8
　　野菜園の　607
「塗田」（thu thien），塩鹹地のシルト田　128，137，139
トマト　475
ドュ・アルドの『イエズス会士書簡集・教訓と好事家』（Lettres Édifiantes et Curieuses）　641
トラース（地名）　443
トリカブト　282
　　で種子の処理　283
トリップナー（Trippner, J.）（1）515
トルキスタン（地名）　601
奴隷　669
トレロ（Torello, C.）　293，644
ドンキン（Donkin, R. A.）（1）138，141，510
トンキン出土の青銅犂先　185
「屯田」，軍事移民地　663，665，675
　　営田（ying thien）の目的　106
　　徐光啓の論じる　74

[ナ行]

ナイジェリア（地名）　429
ナイトソイル，人糞肥料　327
ナイル（地名）
　　河谷での野生の禾本科の収穫　361
苗
　　苗の移植　313
　　苗取り馬　319
ナシ（「梨」）（li）　478，616
茄子　604，607
ナタネ（菜種）　568
　　『證類本草』の記す「蕪菁」（wu ching）584
ナツメ（棗）（tsao）　605，616
　　『證類本草』の記す　618
ナトゥフ期　37
　　の遺跡群　361，の鎌　361
ナヤールとメーラ（Nayar, N. M. & K. L. Mehra）（1）586
　　ゴマの起源地について　586
苗代／苗床
　　の水管理　561
　　の準備　560，の均平，「刮板」（kua pan）で　268-9，種籾の散播　287，稗抜き　562
　　の肥料　561

『耕織圖』の描く　561，『陳旉農書』の記す　560
『南史』　600
南方／華中，華南
　　農業地域区分　12，水稲地帯　12，626
　　農業地帯の特徴　30-1，耕耘複合　159
　　稲作　120，稲作面積　559
　　稲栽培　17，19-22，29，散播　287
　　稲の栽培化　542
　　灌漑　558
　　人口の増大，唐代後半以後の　673
　　チャンパ早生稲導入で二期作進展，宋代の　568
　　水田　120，ローラー（「礋碡」「磟碡」）での代掻き　263，縦型ハロー「耖」で　250，252，鉄歯ハローで　255
　　宋代に農業の隆盛　673
　　繊維作物ラミー　67，596
　　冬野菜の栽培，水田での　610
　　華南の陸稲　23
　　華南山地焼畑で栽培されるトウモロコシ　510
　　麦の地拵え，水田輪作の　528
　　漢代のタンク灌漑　124
　　鍬，南北比較　235
　　南北の農業技術対比，『王禎農書』の　68
　　南北比較，灌漑　123，1920年代の小作地帯　672，農地体系　113，播種技術　324
『南方草木状』　84
難民　664
　　難民の再定住　664
西嶋定生　（1）518，669
仁井田　（3）87
ニガヨモギ　429
二期作　21-2
　　稲の二期作　19，552
　　チャンパの二期作稲　475
　　二期作の拡大，チャンパ稲の導入で　568，673
西アジア（地名）
　　西アジアの農業起源　35-6，586
　　から中国へ伝来した作物　189，474，571，577
　　のアードの用途　160，の弓型アード　189
　　の播種ドリル　638，の脱穀板・車　396
　　のマメ類の栽培化　571，577，のゴマ　586
西インド諸島（地名）　426
西マレーシア（地名）　366
西山武一　（1）123，322
西山武一・熊代幸雄　（1）63，575
二十四節気　59

『日常生活』(*La Vie Quotidienne*), フランスの地域研究 101
二圃制・三圃制, 中世ヨーロッパの 633
日本 478, 545
  縄文時代の穀類 364
  の穂刈りナイフ 364
  の灌漑 123
  の産業化 690
  の脱穀機 404, 中国への導入 403
  の唐箕 416, 418, の二重扇 411
  徳川期 685, 687, の家内産業 686
『日本永代蔵』 413, 416, 418
尼雅 (地名) 250
ニューギニア高地 (地名) 150
入植
  入植奨励策 665
  入植地域 670
乳製品 6, 14
ニンニク (「蒜」) (*suan*) 615
寧夏 (地名) 65
ネギ 604, 615
  の井戸灌漑 604
  ウェールスネギ 615
  シャロット (*Allium. fistulosum* L.), 中国土着のネギ 615
  ヨーロッパネギ 615
根切り鍬
  「钁」(*chi khuo*), 根切り鍬 240
  の根切り鍬 236 →中国
ネゲヴ砂漠 (地名) 141
ネズミ 426, 448
  ネズミ害 426
子日手辛鋤, 日本の 168
ネパール (地名) 369, 395
『農遺雑疏』(*Nung I Tsa Su*), 徐光啓による 73
『農園と館』(*Maison Rustique*) 387, 420
『農學纂要』 218, 220, 278, 284, 287
  の記す, 播種 284, 野菜種子の芽出し 281
『農雅』 413, 421
「農器圖譜」『王禎農書』の 69-70, 73
農業革命 422
  新石器時代の, とその伝播 40
  中国の '農業革命', 宋代の 679
  ヨーロッパの 625, 643, 654, 659, 690, 693, ヨーロッパ前近代の農業技術 632-7, とアジア農業技術の探索 638-43, と中国の寄与 654-9
農業機械化
  阻害要因, 水稲耕作の 691, 旱地農業との違い 690
  収穫の機械化 382, 386
  蒸気エンジン犁 657, 659
  ヨーロッパの 656-9, 収穫機械 657-9
  農業機械化と農村の人口減少, 19世紀英国の 658
  農業機械化の効果 657
農業起源 30
  農業起源地の全般的仮説 38-43
  の中心・二次中心・非中心 39-43
  と人口圧の関係 37
  農業開始への刺激 31
  植物栽培の動機 41
  中国農業の起源と伝播 43-51
  西アジア・近東の 35-6, アフリカの 35, 42, 中央アメリカの 41, 43, 東南アジアの 35, 41-2, 45-6, 50, 542-4
農業社会の定義 35
『農業省通信』(*Communications of the Board of Agriculture*), 英国の 642
『農業書』, イブン・アル・アッワムの 95
『農業書』(*Boke of Husbandry*), フィッツハーバートの 99, 420
『農業書』(*Rei Rusticae*), ヘレスバッハの 99
『農業全書』徐光啓を見よ
農業地域区分, 中国の
  北方と南方 11-31, 二大農業地帯の境界と産物, 漢代以来の 12, 26, 30-1
  『王禎農書』に南北対比の記録 68
  9個の主要地域 12-24
    トウモロコシ-ミレット-大豆地域 13
    春小麦地域 14
    冬小麦-ミレット地域 14-6
    冬小麦-ソルガム地域 16-7
    揚子江水稲-小麦地域 17-9
    水稲-茶地域 19-21
    四川水稲地域 20-1
    水稲二期作地域 21-2
    西南水稲地域 22-3
  と土壌 13
  と気候 13-5, 17, 19, 21-2, 気候変動 25-7
  灌漑地比率の地域分布 33
  北方, 南方も見よ
農業内旋 553, 679
  ジャワの 685
『農業について』(*De Agricultura*), 大カトーの 94
生産性, 農業の 153, 689-91
  中国とヨーロッパの 65, 478-9, 632
  灌漑地の 127, 灌漑テラスの 142, ピット

総索引　821

　　栽培の　145，水稲栽培の　567-8, 679-80, 687
　チャンパ米と　552
　漢代の増大　636, 662, 667, 671，宋代の　674, 676, 679
『農業の実践』（Theatre d'Agriculture），オリヴィエ・ド・セルの　99
『農業園芸全書』（Opus ruralium commodorum），ピエトロ・ドゥ・クレセンツィの　9
農業革命，ヨーロッパの　691, 693
　中国の寄与　625-59，ヨーロッパ前近代の技術　632-6，アジア技術の探索　638-43
　変貌　643-54，アジアの寄与　654-9
農業比較，中国北方・南方の
　『王禎農書』に北方と南方の農業技術対比　68
　北方・南方の比較　12, 472
　　1920年代の小作地帯　672
　　北方旱地穀物栽培と南方水稲農業　12, 626
　　灌漑　123-4
　　手耕具，新石器時代の　224-31, 235，戦国時代以後の　231-47
　　犂　193-215，ハロー・ローラー　247-70
　　播種　285-291, 295-308
農業比較，ヨーロッパと中国の　4-11
　家畜の比重　4-5
　牽引家畜，一組の頭数　4, 5, 189, 202
　作物収量，播種量，生産性　9, 65, 324, 423, 532
　開拓　11, 105-6, 141
　農産物輸入　11
　農書　97-102
　ハローかけ　259-60
　種子処理　282，播種法　259-60
　肥料　325
　土地所有面積　479
　油糧材　580
　科学的手法　657
　技術変化への反応　625, 627, 692-3
農業暦　59, 272
　陰暦　59
　「月令」　58-61
　周代の　59
　『齊民要術』の記す　272，『王禎農書』の　60-1
農業暦図　60
農業労働者
　農業労働者の反乱，英国の　659
『農業論』（De Re Rustica），コルメラの　94
『農業論』（De Re Rustica），パラディウスの　95

農具　150-470
　犂，犂先，犂へら，手耕具，ハロー，ローラー，収穫，収穫機械，『齊民要術』，『王禎農書』などを見よ
『農具記』　82, 413, 421
『農具便利論』　237, 375, 686
　筵による風選　412
　手による脱穀　394
　千歯扱き　402
『農言著實』　66
『農耕詩』（Georgics），ウェルギリウスの　94, 176
『農蠶經』　498, 504
　の記すアワの収穫　499
「農師」（nung shih）　674
農場管理　63, 65, 129, 191, 418, 453, 473, 636
　の文献　63-4, 86, 91，ローマ・ヨーロッパの　95-6
　漢代の　254, 666-71，衰退　672
　宋代の　681-4,
農書　54-93
　の継続性　54，性格と歴史解釈上の問題　88-93
　　農具についての体系的な図説　101
　農書著作の伝統　54-6
　農書の官撰編纂書　78
　農書の著者像　55
　華北の農書　672
　ローマの農書　97, 370
　　と中国農書の共通性　98
　ヨーロッパ中世の農業文献　96-7，ラテン語農書の利用　634
　ヨーロッパの前近代農書の性格　98
　ムーア人スペインの農業書　96
『農政全書』徐光啓を見よ
『農政全書』「農器圖譜」　69
『農説』　565
『農桑衣食撮要』　60, 317, 320, 563
『農桑輯要』　55, 78, 80, 275, 287, 320, 601
　の内容と性格　79
　『農桑輯要』
　の記す，移植間隔　321，養蚕の重視　79，ラミー，ワタ，スイカ，甘蔗の普及　79
農村家内産業　689
農村工業の進展，宋代の　676
農地体系　103
　永年耕地／永年耕作　107, 113, 151
　開墾と開拓　105-10
　北方の旱地　113-20
　南方の水田　120-39

特異な農地　128-47
焼畑　110-3
農地タイプ
　畝立て畑，北方の「地」景観　115-9
　灌漑水田，南方の「田」景観　120-39
　　「圍田」（wei thien），干拓地　128-9
　　「圩田」（yü thien），干拓地　125, 128, 134, 172
　　「淤田」（yü thien），シルト田　139
　　「架田」（chia thien），浮き田　135-6
　　「沙田」（sha thien）　131-3
　　テラス耕地　139-40, 143，棚田　140-1
農地の再開発，宋代，元代以降の　128
『農田餘話』　482, 567
農奴　669-70
『農圃便覧』　60
農民反乱　628
ノーフォーク（地名）　443
ノーベルグ（Jonas Norberg）　420
ノン・ノク・タ（地名）　42, 542

[ハ行]
「陂」（pho），淮河，泗水地域の灌漑システム　123
パーキンス（Perkins, D. H.）（1）5, 332, 472, 532, 689
バース（van Bath, B. S.）　100
パーボイル・ライス　426
ハーラン（Harlan, J. R.）　360，（1）500, 513-5，（2）513, 517，（3）513, 515, 517，（4）512, 532，（5）38-9, 41-3, 50, 505，（6）42
バーロー（Barrau, J.）（1）364，（1a）45-6
梅聖兪　411
バイユー・タピストリー　219
裴李崗（Phei-li-kang）遺跡　47
馬家浜文化　181
パキスタン（地名）　513
「白菜」（pai tshai）　583, 612-3
バクトリア（地名）　508
『博物志』　501
「麥籠」（mai lung），収穫機械　383
馬牽引鍬　347
「陂湖」（pho fu），大きな灌漑タンク　124
馬國翰　330
箱庭耕地　153
はざ架け　376
『馬氏通考』　124
播種法　271-325
　種子節約的な，中国の　313, 324
　時期の選定　271-7，日の吉凶　274

種子準備　277-84
散播　285-8
条播，播種ドリルによる　289-90, 295-306，アードの犂溝に　159，「瓠種」（hu chung）による　312
点播・移植，稲の　311-22，トウモロコシの点播　510，小麦とワタの間作　520
播種技術　569，陸稲の　315，ミレットの　493-4
18世紀英国の散播　633，播種犂，19世紀英国の　659-60
播種量　322
農書中の記載，『呂氏春秋』の　289，『齊民要術』の　275-6, 311，『陳旉農書』の　271，『農政全書』の　323，『農學纂要』の　284
播種ドリル　289-311, 643-9
　メソポタミアの　290, 307
　インドの　290-3, 307, 642, 645, 648
　ヨーロッパの　293-5, 346-7, 643-9, 655，回転種子送り装置　646-7
播種ドリル　289-311
　中国の「耬」　295-307，漢代の　297，華北の　254-5, 299，起源　306，種子覆土装置　305, 308,
　　種子流制御　299-305，枝条播種ドリル　347，牽引鍬と部品互換　349
　インドの播種ドリル　293, 642, 645，ロンドンへ送られた見本　642
　アジアの播種ドリルがヨーロッパ農業に与えた影響　655
　ヨーロッパの播種ドリルと東洋　307 →ヨーロッパ
　農書中の記載，『齊民要術』の　297，『授時通考』の　527，『天工開物』の　301
『馬首農言』　66, 500
バジル，香草の　615
ハス（「蓮」）（lien）　615
　『證類本草』の記す　616
バスタード・ダッチ（Bastard Dutch）犂　650
パセリ　603
馬致遠　604
「鏺」（pho），かせ付き大鎌　381
バック（Buck, J. L.）　8，（1）676，（2）30, 676
破土器　179
ハトムギ（Coix lacryma-jobi）　505
バナナ　475, 616
花ハッカ　429
ハマ遺跡，シリアの　161
林巳奈夫（4）170, 195, 198, 203, 205, 231, 235,

243-4, 250, 253, 287, 297, 306, 348, 367-8, 372, 375, 379, 399-400, 410, 437, 440, 450
ハラッパ（地名）162, 513, 537, 600
パラディウス（Palladius）,『農論』（*De Re Rustica*）の著者　95
原宗子　(*1*) 118, 662
ハリス（Harris, D. R.）(1) 152, 182, (2) 42, (3) 36, 38
バルカン（地名）513
ハルコット（Halcott, T.）(1) 292-3, 642, 648
パレンバン（地名）600
ハロー　249-63
　手持ちハロー（「耘盪」）（*yün thang*）69, 356, 358
　家畜牽引ハロー，漢代に出現　203
　有歯ハロー，「耙」と「杪」漢代に出現　159, 250-6
　枝条ハロー，「勞」（*lao*）260-3, 285
　現代中国の　255
　ハローかけ　258
　イギリスの　255
　のタイプ，三角形平型有歯ハロー（irpex），ローマの　254, V字型　257,「鐹榛」（*tou tshou*「耙」型の有歯ハロー）256,「方耙」（*fang pa*）257
バン・チェン（地名）42, 542
「飯」（*fan*），主食　6
ハンガリー（地名）441
バングラデシュ（地名）553
萬國鼎　(1) 56, 121, (3) 82, (4) 63, 90, (5) 163, 190, (6) 54, 347, (8) 60, (9) 509, (10) 5
『范子計然』520
樊綽　142，による『蠻書』518
パンジャブ（地名）558
『氾勝之書』55-6, 63, 79, 82, 94, 121, 232, 249, 273, 283, 298, 311, 329, 422, 430, 479, 497, 520, 528, 572, 581, 596, 672
　ピット栽培,「區田」144, 592, 608
　休閑，最後の手段として　284, 479, 663
　地拵え，枝条ハローで　262, ローラーで　270
　中耕，培度具（「棘柴耬」）（*chi chhai lou*）で　347
　播種期　273, 日の吉凶　274, ミレットの播種間隔　497
　種子処理　279, 282
　大豆と飢饉救済　573
范成大　129, 139, 142
　海堰の建造　139

樊遲　604
反転犂　160, 663
　中国とヨーロッパの反転犂の比較，1600年ごろの　213
　方形枠型の反転犂　212
　代田法に必要な反転犂　663
　の伝播，中国から　656
　ヨーロッパの反転犂　212
半坡（Pan-pho）遺跡　46, 580
鄱陽湖（地名）19
ピーナッツ　475, 571, 577, 580
　の中国への伝来と普及　579
　アメリカの土着種　571
ヒエ（稗）（*Echinocloa* spp.）350, 562
　苗床の稗抜き　562
ヒエログリフ　174
東一夫　(*1*) 674
東アジアの農業起源　35
東アングリア
　の大農場　104
　の泥炭湿地開拓　651, 排水　651, 泥炭地での中国犂の使用　655
東インド会社，イギリスの　638
東インド会社，スウェーデンの　638, 641
東インド会社，フランスの　638
樋口清之　(1) 363-4, 366
費孝通　(2) 684
「備荒論」,『王禎農書』の　68
『梭山農譜』560, 565
　の記す水田災害　564
ヒシ（「菱」）（*ling*）615
ヒッグスとジャルマン（Higgs, E. S. & M. R. Jarman）(1) 41
ピット　608 →區
ピット栽培／「區種」（*ou chung*），區田（*ou thien*）／區田法　82, 144
　ピット栽培（區種）によるメロン，ワケギ，アズキの栽培　608 →區種を見よ
ピット栽培，144, 329, 664
　の収量　145
　の長所と制約　664, の労働集約技術　145, 普及を阻む理由　145
　漢代の區種の試み　664
　農書中の記載,『氾勝之書』の　592, 608,『齊民要術』の，608, 徐光啓による　144, 311, 329
非農業定着村　37
『百姓傳記』232, 374, 400
繆啓愉　(*1*) 128
肥沃度，土の

肥沃度維持　19, 480, の評価　674
ヒラマメ　571
肥料　560
　肥料作物，緑肥　562
　糞尿肥　326-7, 329, 560,「糞屋」(fen wu)，
　　　肥料小屋　327,「金汁」(chin chih), 液
　　　肥　330
　河泥　333, 563, 藁, 切り株灰　563, ゴマ絞
　　　り粕　586, 豆粕　331-2, 蚕の糞　329,
　　　苗代の　561, 小麦の　333, 野菜園の肥料
　　　610,
　ヨーロッパ農民の肥料源　325-6, 工業的合
　　　成　335, 化学肥料　335
　徐光啓が論じた　329,332,『廣東新語』の記
　　　す　332
ビワ（枇杷）　606, 616
『閩書』　595
ヒントン（Hinton, W.）（1）155, 676, 693
「豳風・七月」　59, 273
ファイユーム，ナイル河谷の低盆地　446
フィッツハーバート（Fitzherbert, J.）420,
　　（1）99, 211, 219, 260, 263, 271, 285, 377,
　　420, 635, 649
　の『農業書』(Boke of Husbandry) 99, 420
フィリピン（地名）　478
　スペイン人による併合　638
　フィリピンの風選脱穀　393
傅衣凌（1）519
風選
　「箕」による　405,「篩」あるいは「籠」
　　（shai）405,「篩穀筥」(shai ku kuai), 篩
　　を三叉につるす, 407
　シャヴェル, 颺籃（yang lan）407,「竹揚
　　枚」(chu yang hsien), フォーク　407,
　　409
　「唐箕」による, 漢代の回転扇式　409, 413,
　　「扇車」(shan chhe),「扇䭔」(shan tui)
　　409,「颺扇」（yang shan）417,
　唐箕の開放型と閉鎖型　416
　農書中の記載,『耕織圖』の　389, 396, 406,
　　『農具便利論』の　412
　近代日本の二重扇　411
　ローマのシャヴェル pala lignea, ventilabrum
　　418
　ヨーロッパの風選具　418
　ヨーロッパへ導入された唐箕　417
馮澤芳（1）601
フェイ（費孝通）とチャン（張子毅）(Fei &
　　Chang)（1）127, 276
フォッグ（Fogg, W. H.）（1）112, 361-2, 364,
　　369, 485-7, 492
フォンタンアルバ（Fontanalba　地名）, の洞
　　窟壁画　189, 191
ブキャナン（Buchanan, F.）（1）292, 642, 645
部曲（私兵）669
負債奴隷の解放　670
負債農民　669
「附子」, トリカブト　282
『蕪菁疏』(Wu Ching Su), 徐光啓の　73
豚小屋, 漢代の陶製模型　328
福建（地名）545
　の砂糖　677
　の集約的農業技術　569
　ヨーロッパの中国交易の窓口としての　638
「物候」(wu hou), 生物気候　58
ブッツァー（Butser）鉄器時代農場　447
武帝, 漢の　464, 661-2, 665
　による匈奴との抗争　665
武丁帝, 殷の　461
葡萄　474
傅増湘（1）278, 281, 386
富弼　424
プラット卿（Plat, Sir H.）643
フランス（地名）421, 429
　の科学アカデミー　639, 641, イエズス会士
　　へ調査依頼のテーマ　639
　の重農主義者　624
フランソワ1世, フランスの　99
フランダース（地名）418, 420-1, 479, 650
プリーストリー（Priestley, J.）335
フリードリッヒ・ウイルヘルム1世（Friedrich
　　Wilhelm I）463
ブリス（Blith, W.）214, 636, 649
　による犂改良の基本的原理　649
　の『英国改良法の改良』(English Improver Im-
　　proved) 636
プリニウス（Pliny）254, 259, 276, 285, 382,
　　422, 426, 443, 497
　による播種日の記述　276, 497
ブリューゲル（Brueghel）84, 378
　の『イカルスの墜落』84
　の大鎌を使う収穫画　378
ブル（bulu）稲, インドネシアの　538
古島敏雄（1）374, 685,（2）364, 478
ブレイ（Bray, W.）35
ブレットシュナイダー（Bretschneider, E.）
　　（1）482, 572-3, 575, 596, 599, 610, 615, 618,
　　(6) 593
プロヴァンス（地名）507
ブロック（Bloch, M.）（7）100

ブロンソン（Bronson, B.）（1）37
『文獻通考』 464
分蘖 314
　を促進する技術としての移植 314
　を促すローラーかけ 353
『文昌雜錄』 601
「糞土銀」（fen thu yin），耕作権の譲渡料 683
「平準」（phing chün），価格統制の方式
ベイリー，チリンガムの（Bailey John, of Chillingham） 295
ベーコン（Bacon, F.） 335
「壁」（pi），犂へら 198
北京農業大学（1）520, 529
ヘシオドス（Hesiod），『仕事と日々』 93
ペダルファー，南方中国の土壌 17
ベトナム（地名）
　の脱穀 393, 395
　北ベトナムと華南の親和性 22, 542
ベネディクト（Benedict, P. K）（2）543-4
ペルー（地名） 571
ヘレスバッハ（Heresbach, C.），『農業書』（Rei Rusticae）（1）99
『便民圖纂』 60, 210, 214
「圃」（phu），野菜園地 607
ホアビニアン文化 46, 48, 542
　での栽培化 486
ホイートリー（Wheatley, P.）（2）185,（4）140-1
ボイル（Boyle, R.） 335
牟永抗・宋兆麟（1）180, 541, 545
法家 55, 464, 666
　の政策 666
『方言』 250
「方志」 87
方正三（1）142
彭書琳・周石保（1）579
彭世奬（1）84
包世臣（1）562
ホークスとウーリー（Hawkes, J. & L. Woolly）（1）40, 44
穂刈りナイフ
　のタイプ，中国新石器時代の 364-5 364,
　　の分布 362，柄付き 366-7
　　２穴の 364，紐輪付き 366,
　　商周時代までの 364，戦国時代の鉄製の 364，漢代の鉄製の 367，「銍」（chih） 368
　の利点，品種選抜に有効 364, 546
　　日本の穂刈りナイフ 364，現代マレーシアの，368，現代中国の 368，落穂刈りに

371
畝間播種，ヨーロッパの 633
『北夢瑣言』 502
「保甲」（pao chia），村の自治単位 466
畝溝システム，「畝畎」（mu chhüan），118, 192, 203, 663
　と枠型犂 192
　『呂氏春秋』の記す 192
『捕蝗考』 82
蒲松齢 498
ポスタン（Postan, M. M.）（2）100, 189
ボズラップ（Boserup, E.）（1）105, 150-2, 671
　の農業発展段階説 152
保存食 605
「保澤」（pao tse），土壌水分の保持 30
卜骨甲骨文を見よ
北方／華北，西北部，東北部
　農業地域区分 12，旱地穀物地帯 12
　農業地帯の特徴 30-1，旱地農業体系 636，耕耘複合 159
　古代に進んだ農業 630，華北の貧窮化 66, 418，唐代に衰退 672
　華北の雨 118
　華北の畑作 113，中耕の重要さ 338，作物輪作 519，ミレット栽培 29，麦の地拵え 526,
華北の小麦栽培 29，灌漑の困難さ 558
　華北平原の犂耕技術 115，列栽培（2000年前の） 630，華北のローラー 271，華北平原の鋤耕起 16
　稲作発展の阻害要因 559，漢代以前の華北の灌漑 122，稲作面積 559
　華北の円形貯蔵庫 449
　華北のタロイモ 589
　華北の農書 672
　『齊民要術』に記された華北農業の高いレヴェル 65
　南北の農業技術対比，『王禎農書』の 68
　南北比較，灌漑 123，播種技術 324，鍬 235，1920年代の小作地帯 672，農地体系 113,
『補農書』 60, 528-9
ボフスラン（Bohuslān），洞窟壁画 162, 188
ポメロ 478
ボリヴィア（地名） 571
堀尾尚志（1）223
掘棒 155, 158
　掘棒耕作 150
和林格爾の壁画，モンゴルの大農場 287
ポルトガル人の交易拠点，16世紀の 638

ホワイト（Whyte, R. O.）(1) 484, 513, 533, (3) 33, 39
香港の干拓地　139
『本草衍義』593
『本草綱目』84, 488, 505, 508, 511-2, 577, 601
　記の記す，アワ 495 アワ，大麦 523, キビ 490, 小麦 522, トウモロコシ 506, 粱 495
ホンメル（Hommel, R. P.）354, (1) 175, 192, 194, 208, 210-1, 224, 232, 235, 240, 242, 247, 250, 257, 264, 266, 298, 302, 305, 340, 345, 358, 374, 376, 392, 396, 399-401, 407, 416-7, 629, 690

[マ行]
巻き枯らし，「罃」(weng) 108
牧野巽 (1) 87
馬鍬中耕農業
　ヨーロッパと中国の，比較　628
　ヨーロッパへアジアから刺戟伝播　655
マッティオール（Matthiole）508
松丸道雄　515
マトン　14
間引き移植，『齊民要術』の記す　316
豆／豆類　571-9, 472
　豆（tou）の古典時代の意味　571-2
　豆類の栽培化　571, 初期の栽培　572, 豆類を指すト文　573
　ダイズ　572-5, エンドウ　577, ササゲ　109, 胡豆（hu tou）577
　ソラマメ　577
　豆粕　332
　ローマのマメ科植物　330
　ダイズも見よ
マラッカ（地名）638
マルカム（Markham, G.）(1) 98, 250, 263, 308, 422, 429-30, 441, 443, 448, (2) 99, 248, 255, 259, 263, 295, 311, 346, 360, 377, 577, 633, 649, (3) 97, 577, (4) 98, 635, (5) 98
　の『イングランドの農民』（English Husbandman）99
マルキストによる土地所有の解釈　90
マルコ・ポーロ（Marco Polo）638
まるめろ　606
マンゲルスドルフ（Mangelsdorf, P. C.）(4) 337, (5) 505, 508, 511
満州（地名）13
　のトウモロコシ　512
ミカン科　475

緑の革命　673
南アメリカ　35, 39, 41, 43, 475
苗（Miao）族，ミャオ　24, 510, 555
宮崎市定 (1) 681
ミャンマー（地名）542
ミレット　108-9, 482 →アワ，キビを見よ
　の栽培化センター　485
　栽培の中核地域，中国の　45, 商文明の主作物　184
　の名称とその混乱　488, 491
　品種群の選抜　488, の播種　493-4, 畑の中耕　498
　の栽培頻度　494, の収量　499
　の病虫害　498
　ソルガムとトウモロコシとの競合　484
　から高粱栽培へ，元代の　500
　農書中の記載，『齊民要術』の　498, 『羣芳譜』の　497, 『天工開物』の　496
『明史』462, 469
明代　17, 74, 78, 327, 457, 470, 568
　移民入植　13
　農書　54, 84
　土地税制　92, 国家歳入　462
　屯田　107
　三角型犂　215
　播種ドリル　299
　肥料　332-3, 油粕　588
　国営穀倉　462, 運営資金　465, 義倉　469
　商品作物取引　568
　ソルガム　504, 砂糖　677, ワタ　519, 601, 677, ラミー　677
　新技術の普及　676
　土地所有関係　683
　些少商品生産　689
民兵組織　669
「畝」（mu），土地単位　115
　の変化　479
　宋代の　566
ムーア（Moore, B.）(1) 155, 683
ムーア人スペインの農業書　96
「麥」（mai）→小麦，大麦を見よ
『夢溪筆談』，沈括による　86
『夢溪忘懷録』，沈括による　86
筵
　『王禎農書』の記す，脱穀場の　388
　『耕織圖』の記す，風選に　389
　『農具便利論』の記す，風選に　412
ムラサキウマゴヤシ　5, 14
「梅」（mei），ウメ　605, 616, 618
メキシコ（地名）463, 571

メソポタミア（地名）558
　の偉大な水力組織　123
　の最古の播種ドリル apin　160, 290, 306
芽出し種子
　の利点　280
　『齊民要術』の記す　279
メロン　568, 615
綿花生産　603
メンジース（Menzies, M.）401
綿糸産業と綿交易　678
綿布
　綿布の中国への伝来　600
　「木綿」（mu mien）栽培の伝来　601
『棉業圖説』218
蒙古　665
『孟子』111, 114, 176, 466
　「盡心下」2
毛雕（Mao Yung）（1）56
モーア卿（More, Sir Thomas）635
木材　677
モスリン　600
モチ種　488, 548
　アワの（「秫」）（shu）494, 稲の　534, キビの　492, トウモロコシの　510
モチ米　547
　漢代華北の　668, 儀礼食としての　536, 山地民が主食にする　536
モヘンジョダロ（地名）513, 600
「桃」（thao）478, 616
モンテルー（Montaillou）、南フランスの農村　100

[ヤ行]

ヤオ（瑤）、中国の焼畑民　111, 510
焼畑　110
　の名称　110
　森林休閑焼畑（熱帯の）152
　中国新石器時代の　45
　商代から周代初期までの　110, 172
　焼畑技術　313, の掘棒　155
　と定着農業　105, 183
　山地民による　23, 24, 台湾の　50, 華南山地のトウモロコシ　510, 陸稲の　555
　漢族移民による　113,
　に関する文献　111
「軛」（o）、くびき　204, 207
野菜　472, 677
　水生の、615
　の播種　608, 610, の種子芽出し　281
　の病虫害　610,

野菜と果実についての文献　618
　『史記』の記す　606,『齊民要術』の記す、606,『天工開物』の　609
野菜園
　の「畝」（chhi）608
　の灌水　608, 野菜園の肥料　610 の堆肥　610, ピット栽培　608, の中耕　608, 土　610
　ツル植物の　608, 葉菜の　608
　沈周の庭園譜が描く　608
野生作物種
　野性アジア稲の、分布図　538, 野生稲　537, 540, 545-6, 555, 野性アワ　486-7, 野生大麦　515, 517, の分布図　514, 野生小麦　360, 533, の分布図　514, 野生ソルガム、西アフリカの　337, 500, 野生トウモロコシ　505
　野生類縁種と異種交配　337
柳田節子（1）681
ヤマモモ　616
ヤマリンゴ（「奈」）（nai）,「棠」（thang）616
ヤムイモ　475, 592
　ヤムイモの栽培化　589
　『齊民要術』の記す　592,『授時通考』の記す　591
飲茶，元代の流行　79
『野郎書』56
仰韶（Yang-shao）44
　遺跡　43, 期の貯蔵壺　439, の陶壺　437, の稲圧痕　537
仰韶文化　44-5, 367, 537
友于　(1) 84,（2）84,（3）107, 480
有歯ハロー　250
　「鐵歯鍋榛」（thieh chhih tou tshou）254
　家畜牽引の　250
　ヨーロッパの　263
　『齊民要術』の記す　254
游修齢　(1) 47, 540, 545
有歯ローラー　264
　ヨーロッパの、とその伝播　268
『湧幢小品』235
遊牧民　7
　の主食　515
　の侵入　673
『俞益期牋』322
「油餅」（yu ping）, 油粕　331
油糧作物　579-88, 472
　の搾油法　580
　の副産物　588
　アブラナ、アサ　581, エゴマ　583, カブ

582, ゴマ　583, 586, ナタネ　582, 白
　　菜　583
『齊民要術』の記す　581, 583
楊寬　(11) 105, 163, 169, 171, 173, 190, 192
楊建芳　(1) 362, 513
「腰溝」(yao kou)，畝間排水の方式　127
養蠶　5, 124
　　の専門書　83
　　蠶糞の利用　283, 305, 531
　　養蠶業と織物産業，徐光啓の論ずる　77
　　宋代の養蠶　676-8
楊式挺　(1) 543, 545
揚子江地域
　　へ経済中心の移動　10
　　稲-小麦地帯　17-9, の経済発展　19-20
　　の灌漑　123-4
　　の難民　128, 467, 578, 549, 664, 665
　　の浮き田　135
　　の初期稲作　540, 米遺物　541
　　の甘藷
揚子江デルタ／下流部　181, 478, 559
　　の農業起源　2, 45, 47, 51
　　からの移民　10，への移民　479, 519
　　の冬小麦　18, 25, 27, 伝来　473
　　の絹　19
　　の過剰人口　73
　　犂，下流部の　82, 206-7
　　の干拓地　129, 134,「沙田」133,「塗田」
　　　137-9
　　出土の石製農具　178-9, 188, 青銅製　244
　　の有歯ハロー　256, 鳥首型鍬　339, 手持ち
　　　ハロー　357
　　の初期の栽培稲　541, 稲・米遺物　543
　　のチャンパ米　549-53, 673, その後の多毛作
　　　551
　　の灌漑　556-7
　　の精緻な営農　569
　　の綿生産　601
　　の土地所有　681-2, 684
　　揚子江デルタの景観　18
楊直民　(1) 55, 58
楊旻　(1) 331
楊聯陞　(1) 669
吉岡義信　(1) 674
余剰産物をめぐる豪族と国家の競合　627
余剰米　19
　　余剰米生産　568
米田賢次郎　(1) 111, (4) 518
ヨモギ　430

[ラ行]
『禮記』59, 596
　　『禮記』「月令」篇　443
「耒耜」(lei ssu)，163, 166, 168
　　の発明，神農による　166
　　の復元図　164
『耒耜經』，陸龜蒙による，82, 167, 192, 205-6,
　　253, 256, 264
　　に記された犂の復元図　208
ライチ　616
「萊田」(rai thien)，開墾　106
ライプニッツ (Leibniz) 639-40
　　の手紙 (1707年)，中国での調査依頼　639-
　　40
ライ麦 (Secale cereale) 259, 517
　　ライ麦地域　417
萊陽農業学校　(1) 513, 529
「耒」(lei)，商代の主要な農具　167, 169-70, 174
　　を表す象形文字　171
ラヴォアジェー (Lavoisier) 335
ラウスキー (Rawski, E. S.) (1) 87, 323, 519,
　　567, 569, 677-8, 682-3, (2) 105, 113
ラウファー (Laufer, B.) (1) 475, 478, 577,
　　586, 588, (3) 328, 437, 450, (36) 508-9
羅願　502, 552
ラク（雒）族　142
洛回穀倉　462
洛口穀倉　462
洛陽博物館　(1) 444
羅香林　(6) 87
ラッキョウ　604
ラッフルズ (Raffles, T. S.) (1) 208, 212, 214,
　　237, 257, 642
　　の『ジャワ誌』(History of Java) 642
ラティモア (Lattimore, O.) (10) 7, (11) 8,
　　(12) 8
ラデュリ (Le Roy Ladurie, E.) (1) 100
ラテライト質土壌　21
ラテン語農書　634
ラミー，華南の繊維作物　596, 677
　　繊維のとり方　597
　　ラミー布　597
　　ラミーの華北導入，元朝政府による　599
　　『農桑輯要』の記す　79, 599
ランソム (Ransome, J. A.) 210, 651, 653
「李」(li)，スモモ　616
「犂」(li)，犂耕単位の広さとしての　193
黎族　555
リーフリンク (Liefrinck, F. A.) (1) 123, 126,
　　142, 688

リーミング（Leeming, F.）(1) 114, 116, (2) 128, 142, 144
李悝, 魏の文侯の大臣, 323, 463, 499
リグ・ヴェーダ 290
陸璣 597
陸龜蒙 82, 166, 208, 253, 256, 549
　　が記す揚子江デルタの方形枠型犂 207-8, その寸法 192
陸九淵 550
「陸軸」（lu chu）, ローラー, 263
陸稲 547, 553, 554
『六部成語』 426
李惠林（Li H. L.）(15) 50
李彥章 (1) 550
李劍農（Li Chien-Nung）(3) 89, 107, (4) 105, 107, (5) 128-9, 134, 138, 143, 147
犂耕技術
　　と耕地の形 104, 115-7
　　交差耕 104, 151, 159, 180, 191
　　開墾の 108-9
　　犂耕地の単位,「睗」(chiao), 115
　　高畝,「壟」(lung) を立てる 115
　　土壤水分の保持 118, 192
　　畝溝（「甽」）(mu chüan) 方式の 118-9
　　水田の 125
　　耕深の調節 193
李長年 (2) 86, (3) 63, 65, 272, 283, 287, 298, 322-3, 347, (4) 86, 575, 577, 579
リービッヒ（Liebig, J.）335
リベリア（地名）533
李明啓 (1) 84
劉毓琼 (1) 79
劉禹錫（Liu Yü-Hsi）111
『柳河東集』 86
『龍巖縣志』 683
龍骨水車, 揚水用の 134
　　『耕織圖』の描く, 水田の灌溉に, 557
　　『天工開物』の記す 558
劉志遠 (3) 407
劉師道 682
柳子明 (2) 544
『劉青日札』, 田義蕆による 508
劉仙洲 (7) 88, (8) 88, 178, 195, 203, 207, 224, 228, 231, 239, 244, 250, 262-3, 295, 302, 349-50, 362, 364, 368, 372, 376, 395
柳宗元 86
劉敦楨 (4) 423, 459
劉寶楠 83, (1) 482
『劉夢得文集』 112
リュエリウス（Ruellius）508

梁家勉 (1) 84, (2) 84, (3) 73, (4) 63
梁家勉・戚經文 (1) 595
梁光商 (1) 63
梁光商ほか (1) 540, 546
良渚文化 178, 541
兩稅法 675
「緑豆」(lü tou), ササゲ, アズキ 109, 575
緑肥 109, 480, 562
　　緑肥作物 571, の栽培 330
　　周代に出現 480
　　『詩經』の記す 330
　　ギリシアの 330
李來榮 (1) 618
蘭筵 605
林希逸 168, 203
リンゴ 478, 604
輪作→作物輪作, 多毛作
ルイ14世（Louis XIV）639
「流民」(liu min), 移住民 106
『嶺外代答』, 周去非による 569
『荔枝譜』 83
嶺南（地名）322, 526
　　嶺南と紅河デルタ 22
『嶺表録異』, 劉恂による 560
レヴィン（Lewin, G.）(1) 147, 673-5, 681-2
レーキ 250, 615
レーザー（Leser, P.）653, (1) 150, 154, 159, 161-2, 185-6, 188, 191, 199, 207-8, 211-2, 214-5, 217-9, 256-7, 263, 624, 632, (2) 624, (3), 186, (5) 150
　　の仮説 624, 653
レス 14
　　レス台地 14, 16, 28, 144, 663
　　レス台地の浸食 15
　　レス台地の特別な耕起方法 118
　　レス土の浸食防止策 663
レタス 603
劣性変異形質 492
レモン 478
「連枷」(lien chia), 殻竿 399
「耬」(lou), 播種ドリル 290
「勞」(lao), 枝條ハロー 260-1, 263
樓璹（Lou Shou）55, 317, 399
労役提供
　　の記録 87
　　強制労働 106, 662, 免除 674, 国家的 674
　　井田法での 114
　　大農場での 254, 681-2
　　ヨーロッパでの 346, 日本での 686

借地契約時の 498
労働交換 190
労働集約化 153
　人口圧と労働集約化 153
労働集約的技術 480
　ピット栽培の 145, 664, 苗代準備の 271, 移植の 314, 播種技術の 325, 除草と中耕の 339,
　水分保持の 485, 華北麦作の 526, 灌漑システムの 557, 水稲栽培の 567-8, 680, 687-8
　園芸栽培の 608
　人口圧と初期の集約的農業 106
　揚子江デルタの, 杜甫の詩に見る 569
　揚子江デルタや福建の 569
労働非集約的耕作法 153
労働力
　商代の 107
　漢代大農場の 254, 669-70
　宋代家内産業の 677-9, 農場の 681-2
　ヨーロッパの農業革命の 657-9
　水田地域の 688-9, 690
労働力投入
　焼畑の 111, 151, テラス造成 141, ピット栽培 145, 664, 灌漑 557, 水田 568, 679, 687-8,
　と英国の機械化 657-9
労働, 共同／村落 238 685
　井田法で 114
　灌漑の 122-3
　労働交換 189-91, 345-6
労働, 雇用の 498, 666, 668-9, 688, 692
ローマ農業
　関連文献 93-8, 大農場経営を対象に 95
　犂と犂部品 161, 186, 189, 213, 219, 耕深の調節 193
　股鍬 (rastrum) 235, 収穫機 (vallum) 382-4, 脱穀車 (plostellum poenicum) 396
　鉄をかぶせた犂先 244
　有歯ハロー (irpex) 254, 259, 枝条ハロー 259
　播種日の吉凶 274
　緑肥 330, 小麦, 大麦の劣化 370, 中国果樹 478
　大鎌 376-7
　風選シャヴェルと籠 418-9
　穀物貯蔵 422, 429, 441-2, 籠 (cista) 433
　麦粥 (puls) 515, 肉 604
ローラー 264-71
　牛牽引の,「磟碡」(thu nien) 108-9

脱穀用の,「輥子」(kun tzu) 109, 396, 398
　畝鎮圧用の 119, 159
　有歯の 159, 264-7, 間隔マーカー 320-1, ヨーロッパの 212, 268, 295
　平滑な 264, 270-1
　播種ドリルの後の 308
　水田除草用,「輥軸」(kun chu) 353
　農書中の記載,『氾勝之書』の 270,『耕織圖』の 266,『天工開物』の 310, 398
『積貯條件』, 呂坤による 453
ロザラム (Rotherham) 犂, 無床の揺動犂 218, 651-2
『呂氏春秋』 55, 118, 176, 247-8, 315, 325, 339, 630-1, 663
　播種について 289, 畝溝法について 192
ロレーヌ (地名) 506
ロンガン 616
『論語』 190, 250, 575
『論衡』 530
龍山文化 181, 362, 443, 513
　出土の鎌 362
　期の貯蔵穴 443
　の犂使用 182, 石製犂先 181
淮河流域 662
　の灌漑システム 123, の沙田 132
枠型犂 208
　犂先「冠」(kuan) 185-8
　弓型犂を駆逐 189, 192-3
　方形枠型犂 192, 犂へらをつけた反転犂 212, 漢代の 188, 193, 東南アジアの 212, 漢代とヨーロッパの 188, 193, 212
　陸亀蒙の記述 206-8
　三角型とZ型 208, 215
　春秋時代の経済の拡大と 191
綿 677
　元代, 明代の重要産物としての綿 677
　綿産業 601
棉 (ワタ)
　栽培の中国への伝播 600
　と小麦の間作 520 →間作, 小麦
　の栽培化と伝播 600
　の栽培法 (稲, 小麦との間作) 601
　の実 580
　アメリカの四倍体のワタ 600
　キダチワタ 600-1
　『農桑輯要』の記す 79,『授時通考』の記す 602
渡部忠世 (1) 544
ワトソン (Watson, J. L.) 139, 552, 682

欧語文献の著者名

［アルファベット］

Abel, W. （1）422
Adair, C. R. （1）536
Aigner, J. （1）46
Allan, W. （1）111, 152, 313, 452, （2）183
Allchin, F. R. （1）513
Allen, J., J. Golson & R. Jones （1）42
Allen, J. （1）35, 313, 593
Alley, R. & C. C. Bojesen （1）223, 238, 264
Amano, M. （天野元之助）（1）63
Ames, O. （1）484, 577
Amiot, J. J. M. （10）610
Ammerman, A. J. & L. L. Cavalli-Sforza （1）486
Anderson, E. N. Jr & M. J. Anderson （1）5, 573
Anderson, J. G. （1）28, 43-4, 537
Anderson, R. H. （2）294, 644, 646-8
Angladette, A. （1）547
Archer, M. （1）613
Arnon, I. （1）160, 184, 263
Aschmann, H. （1）184
Ash, R. （1）683
Aubert, C., Maurel, F. & Pairault, T. （1）461
Bacon, F. 335
Bailey, J. of Chillingham 295
Baker, A. R. H. & R. A. Butlin （1）101, 150, （2）104, 189, 191
Balassa, I. （1）186
Barchaeus, A. G. （1）417
Barrau, J. （1）364, （1a）45-6
Bastard 634
Beadle, G. W. （1）505
Beattie, H. J. （1）86-7, 90-1
Bender, B. （1）38, 361
Benedict, P. K. （2）543-4
Berch, A. （1）650
Berg, G. （3）417-8, 420, 641
Beutler, C. （1）95, 97
Binford, L. R. （1）35
Biot, E. （1）423
Bishop, C. W. （4）484, （13）154, （15）162
Bishop, T. A. M. （1）104
Blith, W. （1）214, 636, 649
Bloch, J. （2）290
Bloch, M. （7）100
Bock 508
Bodde, D. （24）463
Bolens, L. （2）95
Bonebakker （1）96

Boserup, E. （1）105, 150-2, 671
Bourde, A. J. （1）98, 102
Bowen, H. C. （1）104, 150
Braidwood, R. J. （1）36
Brandenburg, D. J. （1）102, 625
Bratanić, B. （1）213
Braudel, F. （1）100
Bray, F. （1）166, （2）369, 371, 392, 556, 565, （3）78, 111, 118-9, 418, 479, 541, 661, （4）78, （6）691, （8）206
Bray, F. & A. F. Robertson （1）90, 153, 191, 256, 311, 371, 556, 682, 685
Bray, W. （1）35
Breese, D. J. （1）185
Bretschneider, E. （1）482, 572-3, 575, 596, 599, 610, 615, 618, （2）593
Bronson, B. （1）37
Brook, T. （1）78, 89, 558
Brueghel 84, 378
Buchanan, F. （1）292, 642, 645
Buchanan, K. （1）128, （2）128
Buck, J. L. （1）90, 308, 483, （2）5-6, 8, 10, 12-3, 17, 28, 33, 90, 114, 472, 479, 481-2, 494, 499, 504, 512, 521, 559, 566-7, 613, 618, 532, 664, 672
Buddenhagen, I. W. & G. J. Persley （1）533
Burkill, I. H. （1）430, 583, 589, 595-7, 600
Byers, D. S. （1）182
Callen, E. O. （1）485
Camerarius 508
Cameron, J. W. & R. K. Soost （1）478
Candolle, A. de （1）38, 485-6, 505-8, 537
Carefoot, G. L. & E. R. Sprott （1）337
Caro Baroja, J. （1）156
Carter, G. F. （2）508, （10）43
Cartier, M. （1）684
Caton-Thompson, G. & E. W. Gardner （1）446
Cato the Censor 94, 185
Cavalini, T. of Bologna 293, 644
Chagnon, N. A. （1）111, 152
Chambers, J. D. （1）658
Chang, Chung-Li （1）90
Chang Te-Tsu.（張慈德）（1）541, 546, （2）534, 538, 540, 544, 546,
Chang Kuan-Chi.（張光直）181, （1）28, 44-6, 178, 181-3, 185, 227-9, 231, 435, 443, 484, 572, 579-80, 595, （3）5, （4）473, （5）486, （6）46, 50, 541, 589
Chen Tsu-Lung （1）83
Cheng Siok-Hwa （1）11, 256

Cheng Te-Khun (17) 173
Chesneaux, J. (1) 628
Chevalier, H. (3) 154
Chhü Thung-Tsu (1) 665, 669-70
Chi Chhao-Ting (1) 184, 662
Childe, V. G. (2) 36, (3) 36, (4) 40
"*China, Land of Charm and Beauty*" 18, 20, 23
Clark, G. (3) 162
Clarke, C. (1) 268
Clarke, D. V. (1) 214
Clemèt-Muller, J. -J. (1) 95
Cobbett, W. (1) 635
Coedés, G. (5) 215
Cohen, M. N. (2) 37
Colani, M. (7) 140
Colbert, J.-B. 625
Coler, J. (1) 9
Collins, E. J. T. (1) 659
Columella, L. J. M. 254, 259, 603, (1) 94-5, 101, 422, 425, 429, 455
Condominas, G. (1) 111
Copeland, E. B. (1) 393, 547, 656
Coursey, D. G. (1), (2) 589
Crescenzi, Pietro de 95
Crespigny, R. de (1) 424
Cressey (1) 13
Crook, I. & D. Crook (1) 693
Cummins, J S. (1) 640
Curwen, E. C. (1) 141
Curwen , E. C. & G. Hatt (1) 361
Dahlman, C. J. (1) 100, 104, 635
Dalton, G. (1) 183
Dartmoor 635 （地名）
Davidson, J. (1) 42, 51, 178, 543
Davies, D. R. (1) 571
Davies, N. (1) 138
Dewall, M. von, (2) 452, (3) 24
Dederot & d'Alembert 625
Dobby, E. H. G. (1) 368
Dobson, W. A. C. H. (1) 392
Doggett, H. (1) 500
Donkin, R. A. (1) 141, 138, 510
Douglas, M. (1) 337
du Halde, J. B. (2) 641
Duby, G. (1) 95-6, 100, 155, 422, 531, 634, (2) 634
Duby, G. & A. Wallon (1) 100
Duman, L. I. (1) 661, 669-70
Duyvendak, J. L. L. (3) 185, 192
E-Tu Zen Sun (1) 426, 429, 468

Eberhard, W. (2) 111, 543, (26) 89, (28) 86
Ebrey, P. B. (1) 86, 254, (2) 87, 91, 669
Elvin, M. (2) 71, 332, 627, 676-7, 679-80, 689, (3) 332, 690
Embree, J. F. (1) 191, 688
Erkès, E. (22) 681
Ernle, L. (1) 95, 98, 104, 150, 346, 634-5, 643, 651, (2) 635, 658
Escherick, J. W. (1) 25, 693
Estienne, C. (1) 99
Estienne, C. & Liebault, J. 98, 635
Evans, A. M. (1) 571
Evans, E. E. (1) 156
Evans, G. E. (1) 295
Fei Hsiao-Thung （費孝通） (2) 120, 134, 238, 557, 683-4, 689
Fei & Chang （費孝通・張子毅） (1) 24, 127, 235, 276, 483, 577, 669, 680, 688
Feldman, M. (1) 513
Feldman, M. & E. R. Sears (1) 530, 533
Fenton, A. (1) (2) 156, (3) 202, (4) 182
Finsterbusch, K. (1) 423, 454
Firth, R. (1) 369
Fitzherbert, J. 420, (1) 99, 211, 219, 260, 263, 271, 285, 377, 420, 635, 649
Flannery K. V. (1) 36-7, 361, (2) 35, (3) 38
Fogg, W. H. (1) 112, 361-2, 364, 369, 485-7, 492
Food and Fertiliser Technology Center (1) 483, 601, 610
Fortune, R. (4) 534, 597
Franke, O. (11) 56, 205, 264, 353, 388, 395, 406, 457, 561
Frankel F. (1) 673
Fream, W. (1) 347
Freedman, M. (3) 682, (4) 682
Freeman, D. 105; (1) 111, 152, 311, 368
Freeman, M. (2) 607, 610
Fussell, G. E. (1) 160, 189, (2) 118, 199, 202, 210, 218, 250, 263, 268, 294, 308, 401, 404, 421, 632, 643-4, 649-51, 653, (3) 247, 258, 325, 335, (5) 95
Fües, E. (1) 431, 441, 447, (2) 444, 447
Gabel, C. (1) 184
Gailey, A. (1) 156, (2) 119
Gailey, A. & A. Fenton (1) 156, 224
Gair, R., J. E. E. Jenkins & E. Lester (1) 531
Gale, E. M. (1) 662, 666-7
Gallo, A. (1) 635
Gamble, S. T. (1) 482

Garine, I. de, (1) 429, 431
Geddes, W. R. (1) 24, 111, 152, 555
Geertz, C. (1) 126, 154, 214, 553, 679
Gerard, J. (1) 283
Gibson, Mc. (1) 37
Gille, B. (16) 84, (17) 71
Glover, I. C. (1) 42, 46
Golas, P. J. (1) 5, 90, 332, 674-5, 681-4
Golson, J. (1) 42, 50
Gomez-Tabanera, J. M. (1) 426
Gonzales de Mendoza, P. J. (1) 509
Goody, J. R. & S. J. Tambiah (1) 165
Gorman, C. (1) 42, 542, (2) 46
Graham, D. G. (1) 292
Gregory, W. C. & M. P. Gregory (1) 571
Grieve, M. (1) 283
Grigg, D. B. (1) 111
Grist, D. H. (1) 51, 120-1, 278, 280, 313-4, 320, 323, 350, 389, 405, 421, 425-6, 441, 533-6, 539, 545-7, 553, 556, 565-6
Grosser, M. (1) 635
Grove, L. & J. W. Esherick (1) 681
Grynpas, B. (1) 59
Guthrie, C. L. (1) 463
Hagerty, M. J. (17) 502
Hahn, E. (1) 154
Halcott, T. (1) 292-3, 642, 648
Halde, J. B. du, (2) 641
Hammond, J. L. & B. Hammond (1) 635, 659
Hansen, H. -O. (1) 186, 189
Harlan, J. R. & A. Stemler (1) 503
Harlan, J. R. 360, (1) 500, 513-5, (2) 513, 517, (3) 513, 515, 517, (4) 512, 532, (5) 38-9, 41-3, 50, 505, (6) 42
Harlan, J. R. & D. Zohary (1) 514
Harlan, J. R., J. M. J. de Wet & A. Stemler (1) 42
Hårleman, C. (1) 418, 420, 641
Harris, D. R. (1) 152, 182, (2) 42, (3) 36, 38
Hart, K. (1) 533
Hartlib, S. (1) 98, 217, 650
Hartmann, F. (1) 184
Haudricourt, A. 337, (13) 50, 337, (14) 50, 165
Haudricourt, A. & M. J-B. Delamarre (1) 154, 156, 160, 162, 173, 177, 186, 188-9, 202, 214, 218-9, 632
Hawkes D. (1) 593
Hawkes, J. 43

Hawkes, J. & L. Woolley (1) 40, 44
Hawking, P. 121, 333, 517
Helbaek, H. (1) 38
Heresbach, C. (1) 99
Herklots, G. A. C. (3) 575, 618
Herrada, Marino de, 509
Herzer, C. (1) 87, 91, 668, (2) 63
Heyerdahl, T. (7) 508
Hickey, G. C. (1) 215, 256, 389, 396
Higgs, E. S. & M. R. Jarman (1) 41
Higgs, E. S. (1) 182
Higham, C. F. W. (1) 42, (2) 42
Hill, A. H. (1) 215, 256, 311, 364, 366, 368, 688
Hill, R. D. (1) 121, 555, (2) 553, 555, (3) 553, (4) 553
Hinton, W. (1) 155, 676, 693
Hirschberg, W. & A. Janata (1) 155-6
Hole, F., K. Flannery & J. A. Neely (1) 38
Homans, G.C. (1) 104
Hommel, R. P. 354; (1) 175, 192, 194, 208, 210-1, 224, 232, 235, 240, 242, 247, 250, 257, 264, 266, 298, 302, 305, 340, 345, 358, 374, 376, 392, 396, 399-401, 407, 416-7, 629, 690
Hopfen, H. J. (1) 405, (1a) 383
Ho Ping-Ti (何炳棣) (1) 45, 475-6, 508-9, 513, 540, 579, 595, (2) 685, (4) 88, 107, 113, 128, 476, 478, 512, 526, 550-2, 579, 593, 595, 689, (5) 44, 45, 173, 184, 362, 484-6, 502, 513, 540-1, 559, 572-3, (6) 45, 485-6, (7) 485-6, 548, 550
Horio, H. (堀尾尚志) (1) 232
Hoshi, A. (星斌夫) (1) 183, 462
Howell, C. (1) 101
Hsiao, K. C. (6) 628
Hsü Cho-Yün (許倬雲) (1) 78, 145, 479-80, 520, 671, (2) 479, 663-4, 668-9, 671
Huang, P. (1) 693, (2) 628
Huang, R. (3) 88, 92, 183, 461-2, 683-4
Huard, P. & M. Durand (1) 212, 256, 393, 395
Huard, P. & M. Wong (5) 639-41
Ḥusām, Q. El-S. (1) 96, 145
Hutchinson, J. 145, (1) 162, 185
Hymowitz, T. (1) 572
Ibn al-'Awwam of Seville 95
Iinuma, J. (飯沼二郎) (1) 169
Imamuddin, S. M. (1) 95
Incarville, P. d', 641
International Rice Research Institue (1) 337
Jack, H. W. (1) 314
Jacobs, P. & B. J. Stern (1) 150

Jäger, F. (4) 56
Jefferson, T. 643
Jeffreys, M. D. W. (1) 508
Jekyll, G. (1) 420
Jones, L. J. (1) 377, 382
Kahn, J. S. (1) 687
Kano, T. (鹿野忠雄) (1) 50, 364, 487
Karlgren, B. (1) 405, (14) 387, 392, 548
Karrow, O. (2) 615
Kato, S. (加藤茂苞) et al 538
Keesing, F. M. (1) 144
Keightley, D. (1) 272, (2) 405, (3) 2, 106
Kenyon, K. (1) 177
King, F. H. (1) 16, 119, 126, 325, 327, 332, 350, 361, 371, 409, 411, 676
King, L. J. (1) 337
Kirby, R. H. (1) 595
Kolendo, J. (1) 382
Koul, A. K. (1) 50
Kraybill, N. (1) 34, 361, 405
Kuhn, D. (1) 389, 405, 407, (2) 56, (3) 677, (4) 690
Kula, W. (1) 97, 634
Kumashiro, Y. (熊代幸雄) (1) 63, 91, 263, (2) 63
Kunz, L. (1) 444
Lach, D. F. (1) 639–40, (5) 509
Lamb, C. (1) 604
Lamb, H. H. (1) 26
Lambton, A. K. S. (1) 96, 160
Lasteyrie, G. (1) 420
Lathrap, D. W. (1) 42, (2) 42
Lattimore, O. (10) 7, (11) 8, (12) 8
Laufer, B. (1) 475, 478, 577, 586, 588, (3) 328, 437, 450, (36) 508–9
Le Roy Ladurie, E. (2) 26
Leach, E. R. (2) 105, 111, 124, (3) 141
Lee, J. (1) 635
Lee, R. B. (1) 34, (2) 34, (3) 34
Lee, R. B. & I. deVore (1) 34
Leeming, F. (1) 114, 116, 120, (2) 128, 142, 144
Lefebvre, L. (1) 478
Legge, A. J. (1) 38, 182, (2) 2, 38, (3) 114, (8) 59, 173, 338, 368, 405, 431, 458
Leibniz 639–40
Léon, P. (1) 101
Leonard, W. H. & J. H. Martin (1) 530
Lenz, I. (1) 687
Lerche, G. (1) 214, (2) 214, (3) 373, 376–7
Lerche, G. & A. Steensberg (1) 155–6
Leroi-Gourhan (1) 155–6
Leser, P. 653, (1) 150, 154, 159, 161–2, 185–6, 188, 191, 199, 207–8, 211–2, 214–5, 217–9, 256–7, 263, 624, 632, (2) 624, (3) 186, (5) 150
Lewin, G. (1) 147, 673–5, 681–2
Lewis, H. T. (1) 565
Lewis, B. C., C. H. Pellat & J. Schacht (1) 96
Liebig, J. F. von (1) 335
Li Hui-Lin (李惠林) (1) 508, (6) 595, 597, (11) 84, (14) 618, (15) 50, 475
Li Hsien-Wen, C. J. Meng & T. N. Liu (1) 485
Liefrinck, F. A. (1) 123, 126, 142, 688
Liu, H. C. W. (1) 87
Liu, J. T. C. (2) 78, 87, 674, 682–3
Liu, W. C., & I. Lo (1) 604
Loofs, H. H. E. (1) 407
Loureiro, J. de, (1) 596
Lu Gwei-Djen (魯桂珍) (3) 328
Macdonald, J. (1) 157
Macfarlane, A. (1) 634
Macfarlane, A., S. Harrison & C. Jardine (1) 100
MacNeish, R. S. (1) 38, 182, (2) 38, 182, (3) 38
Major, J. S. (3) 166
Major, J. S. & D. C. Major (1) 680
Al-Malik al-Afdal al-'Abbas bin Ali 531
Malaysian Government (1) 687
Malden, W. J. (1) 347, 653
Mangelsdorf, P. C. (4) 337, (5) 505, 508, 511
Maréchal, R., J. -M. Mascherra and F. Stainier (1) 481, 577
Marinov, V. (1) 186
Markham, G. (1) 98, 250, 263, 308, 422, 429–30, 441, 443, 448, (2) 99, 248, 255, 259, 263, 295, 311, 346, 360, 377, 577, 633, 649, (3) 97, 577, (4) 98, 635, (5) 98
Marverick, L. A. (2) 72, 640
Marx, K. (1) 625, 658
Maspéo, H. & E. Balasz (1) 107
Matsuo, T. (松尾孝嶺) (1) 555
Matthews, J. M. (1) 46, (2) 46
Matthiole 508
Maxey, E. (1) 295–6, 644
Maxwell, N. (1) 128
Mayer, L. T. (1) 208, 257
Mayerson, P. (1) 141
McDermont, J. P. (1) 682

McLennan, G. (1) 100
Meacham, W. (2) 43, 212, 589
Megaw, J. V. S. (1) 38
Memon, A. (1) 292
Menjies, M.　401
Merle, L. (1) 101
Merthens, J. (1) 382
Meskill, J. (1) 672, (2) 87
Meuvret, J. (1) 97
Mingay, G. E. (1) 102, 625, 635, (2) 659
Moerman, M. (1) 191, 510, 536, 690
Moise, E. E. (1) 628
Montandon, G. (1) 154
Moore, B. (1) 155, 683
Moore, J. (1) 635
Moritz, A. (2) 515, (3) 370, (4) 370
Mortimer, J.　578
Mote, F. W. (4) 472
Moule, A. C. (5) 430, (10) 430, (11) 430
Muhly, J. D. (1) 542
Mulvaney, D. J. & J. Golson (1) 34
Myers, R. H. (1) 519, 526, (2) 9, 513, 532-3
Nakamura, H. (中村尚志) (1) 557
Nakaoka, T. (中岡哲郎) (1) 691
Nayar, N. M. (1) 586
Nayar, N. M. & K. L. Mehra (1) 586
Needham, J. (32) 159, 374
Needham, J., Wang Lang & J. de S. Price (1) 399
Nielsen, S. (1) 659
Nielsen, V. (1) 185
Nolan, P.　472
Nopsca, F. (1) 154
Norberg, N.　420
Noy, T., A. J. Legge & E. S. Higgs (1) 38
Oates, J. (1) 184
Oates, J. & J. Oates (1) 123
Ojea, H. (1) 138
Oka, H. (岡彦一) (1) 540, 546
Olson, L. (1) 97
Orme, B. (1) 36-7
Orwin, C. S. & C. S. (1) 104
Osbeck, P. (1) 641
Oschinsky, D. (1) 96, 324, 531, 633
Palerin, A. (1) 138
Palladius, R. T. A. (1) 94, 382
Palmer, I. (1) 371, 687, (2) 688
Paranavitana, S. (1) 2
Partridge, M. (1) 399
Pasternak, B. (1) 682, (2) 682, (3) 123

Pauer, E. (1) 245, 332, 358-9, 401, 409, 413, 417-8, 685
Payne, F. G. (1) 153, 189, 191, 193, 218-9, 632
Pelliot, P. (24) 56, 264, 353-4, 360, 378, 457, 557
Percival, J. (1) 160
Perkins, D. H. (1) 5, 332, 472, 532, 689
Pernés, J., J. Belliard & G. Métailié (1) 488, 493, 499, 504
Peters, M. (1) 651
Philipps, L. L. (1) 599
Pickersgill, B. & C. B. Heiser (1) 571
Pinto, F. M. (1) 332
Plat, H. (1) 295, 643-4
Pliny (1) 18, 172, 189, 193, 202, 275-6, 285, 382, 497
Plucknett, D. L. (1) 589
Postan, M. M. (2) 100, 189
Potter, J. M. (1) 557, (2) 682
Poynter, F. N. L. (1) 98
Prescott, W. (1) 156
Priestley, J.　335
Puhvel, J. (1) 290, 292
Puleston, D. E. & O. S. Puleston (1) 42, 184
Purcell, V. (1) 214, 418, 421
Purseglove, J. W. (1) 423, 571, 575, 577, 581, 586, (2) 184, 323, 484, 498, 500, 510, 589, 593
Pusey, P. (1) 657
Quesnay, F.　625, (1) 640, 689
Raffles, T. S. (1) 208, 212, 214, 237, 257, 642
Raftis, J. A. (1) 101
Raikes, R. (1) 142
Randall, J. (1) 268
Ransome, J. A. (1) 210, 651, 653
Ransome, R.　210
Rasmussen, H. (1) 376, 387, 420
Rau, K. H. (1) 162
Ravenstone, P. (1) 658
Rawski, E. S. (1) 87, 323, 519, 567, 569, 677-8, 682-3, (2) 105, 113, 323
Rawski, T. G. (1) 692
Read, B. E. (1) 517
Reed, C. A. (1) 162, 362, (2) 31, (3) 362, (4) 37-8, 42, 48, 50, 485, 537, 542
Renfrew, C. (3) 162, 177, 185, (4) 45
Reynolds, P. (1) 443, 447
Richardson, H. G. (1) 189
Rickman, G. (1) 422
Rossiter, M. W. (1) 335

Ruellius 508
Russell, E. J. (1) 327
Šach, F. (1) 159
Sahlins, M. (1) 34, 151
Salonen, A. (1) 290
Sauer, C. O. (1) 40–1, 589
Saussure, T. de, (1) 335
Schafer, E. H. (13) 475, (16) 665, 670, (25) 6
Schmauderer, E. (1) 580
Schultes, R. E. (2) 595
Scott, J. C. (1) 327, 682
Scott, J. (1) 657, 660
Segni, C. B. 293, 644
Serjeant, R. B. (1) 516, 531
Sha, J. (1) 635
Sharp, J. 308
Shaw, T. (1) 36
Shen Tsung-Han (沈宗瀚) (1) 29, 328, 335, 483, 517, 519, 525–6
Serres, O. de, (1) 99, 268, 635
Sherwin, S. S. in Liu W.-C. & I. Lo (1) 604
Shiba, Y. (斯波義信) (1) 425–6, 462, 564–5, 568–9, 581, 588, 606, 613, 676–8
Shih Sheng-Han (1) (石聲漢) 575, (2) 56, 279, 283, 664
Shimpo, M. (1) 685, 691
Shurtleff, W. & A. Aoyagi (1) 573
Sigaut, F. (1) 369, 426, (2) 426, (3) 105, 111, (4) 119, 633
Simmonds, N. W. (2) 581, 595
Singer, C., E. J. Holmyard, A. R. Hall & T. I. Williams (1) 361
Sivin, N. (17) 680
Skocpol, T. (1) 628
Slicher van Bath, B. H. (1) 110, 160, 422–3, 478, 480, 532, 633, 657, (2) 212
Small, S. J. (1) 199, 217, 650–1, 653
Smith, A. (1) 625
Smith, P. E. L. & J. C. Young (1) 35
Smith, R. B. & W. Watson (1) 42
Smith, T. C. (1) 332, 685–6, 691
Solheim, W. G. II (1) 42, 48, 542, (2) 46, 544
Soulet, J. -F. (1) 101
Spence, J. D. (1) 100
Spencer, A. J. & J. B. Passmore (1) 402, 420, 649, 652–3
Spencer, J. E. (4) 111, 553, (5) 140
Spencer, J. E. & G. A. Hale (1) 140
Steensberg, A. (2) 154, 161–2, 179, (3) 162,
177, 242, (4) 179, (5) 377, (6) 387, (7) 42
Stein, R. A. (6) 217
Stephens, C. & I. Liebault (1) 388, 420, 422, 427, 429, 446, 455
Stiefel, M. & W. F. Wertheim (1) 692
Stonor, C. R. & E. Anderson (1) 505, 510
Stuart, G. A. (1) 517
Sung Ying-Hsing (宋應星) (1) 84, 279, 287, 299, 389, 426, 580, 586, 588
Swann, N. (1) 162, 323, 458, 464, 467, 479, 606, 661–2, 666–7
Tanabe, S. (田辺繁治) (1) 11
Terrenz, Johann (鄧玉函) 640
Taillard, C. (1) 556, 688
Than Po-Fu et al. (1) 422, 463
Thapa, J. K. (1) 505
Thilo, T. (1) 84, 416, (2) 416, (3) 206
Thirsk, J. (1) 104
Torello, C. 293, 644
Torr, C. (1) 635
Tragus 508
Tregear, T. R. (2) 7, 13, 32
Tringham, R. (1) 513
Trippner, J. (1) 515
Truong Van Binh (1) 409
Tull, J. (1) 247–9, 294, 338, 346, 603, 628, 630, 633, 643
Tung Kahi-Chhen (董愷忱) (1) 60
Tusser, T. (1) 259, 336, 635, (2) 635
Twitchett, D. C. (4) 88, 92, 425–6, 462, 468, 673, (6) 123, 129, (9) 87, 423, (10) 107
Ucko, P. J., & G. W. Dimbleby (1) 31
Ucko, P. J., R. Tringham & G. W. Dimbleby (1) 165
Ursis, Sabatino de (熊三拔) 73, 640
Vallicrosa, Millas & 'Aziman (1) 95
Vamplew, W. (1) 659
Van Zeist, W. (1) 36
Varro, M. T. 94–5, 97, (1) 422, 429, 443
Vavilov, N. I. 44, (2) 39, 476, 485, 517, 537, 575, 586, (4) 39
Vermuyden, Sir C. (1) 651
Vinogradoff, P. (2) 104
Virgil (1) 94, 176, 208, 262, 274
Vishnu-Mittre (1) 513, 600, (2) 513, 537
Vita-Finzi, C. & E. S. Higgs (1) 182
Wagner, F. (1) 175, 232, 235, 237, 255, 257, 308, 331, 338–9, 350, 371, 400, 403, 407, 409, 483, 494, 499–501, 503–4, 511, 555, 581

Wakeman, F. Jr., & C. Grant (1) 628
Waley A. (1) 484, 492
Walker, A. (1) 292, 642
Wallace, H. A. 463
Walter of Henry 96, 324, 633
Waswo, A. (1) 687
Watabe, T. (1) 492
Watson, W. (6) 183, 364
Watson, J. A. S. (1) 421
Watson, J. A. S. & J. A. More (1) 347
Watson, J. L. (1) 139, 552, 682
Weber, M. (4) 95, 670
West, R. C., & P. Armillas (1) 138
Westermann, W. L. (1) 184
Weston, Sir R. (1) 98, 643
Wet, J. M. J. de, J. R. Harlan & E. G. Price (1) 500
Weulersse, J. (3) 396
Wheatley, P. (2) 185, (4) 140–1
White, K. D. (1) 94, 161, 176, 185, 189, 193, 202, 224, 238, 244, 254, 259, 262, 372, 376–7, 382, 384, 396, 418, (2) 94–5, 193, 275, 327, 330, 370, 422, 426, 429–30, 577, 604, (3) 94, 433
White, L. (7) 104, 377
Whyte, R. O. (1) 484, 513, 533, (2) 533, (3) 33, 39
Whyte, R. O., G. Nilsson-Leissner & H. C. Trumble (1) 571
Will, P. E. (1) 77, 93
Williams, S. W. (1) 15, 388
Williamson, H. R. (1) 87, 674
Winch, D. (1) 102, 625
Wissler, C. (1) 154
Wittvogel, K. A. (9) 122
Wolf, E. R. (1) 422
Wong, J. (1) 692
Wulff, H. E. (1) 292, 396
Xenophon 94
Yamamura, K. （山村耕造）（1) 687
Yang Lien-Sheng （楊聯陞）（7) 498
Yarranton, A. (1) 635
Yeh Hsien-En (1) 670
Young, A. 202; (1) 295, 643, 648, (2) 635
Yü Ying-Shih (1) 6, 498, 520, 575, 610, 668
Zohary, D. (1) 141, 513, (2) 513, (3) 39, (4) 571
Zohary, D. & M. Hopf (1) 571

中国王朝表

	夏王國 Hsia （伝説的？）		紀元前 2000 年頃から紀元前 1520 年頃
	商（殷）王國 Shang (Yin)		紀元前 1520 年頃から紀元前 1030 年頃
	周王朝 Chou（封建時代）	周王朝前期	紀元前 1030 年頃から紀元前 722 年
		春秋時代	紀元前 722 年から紀元前 480 年
		戦国時代	紀元前 480 年から紀元前 221 年
第 1 次統一	秦王朝 Chhin		紀元前 221 年から紀元前 207 年
	漢王朝 Han	前漢（前期または西漢）	紀元前 202 年から紀元後 9 年
		新 (Hsin) による空位期間	紀元後 9 年から 23 年
		後漢（後期または東漢）	25 年から 220 年
	三國時代 San Kuo		221 年から 265 年
第 1 次分裂	蜀（漢） Shu (Han)		221 年から 264 年
	魏 Wei		220 年から 265 年
	呉 Wu		222 年から 280 年
第 2 次統一	晋王朝 Chin：西晋		265 年から 317 年
	東晋		317 年から 420 年
	（劉）宋王朝 (Liu) Sung		420 年から 479 年
第 2 次分裂	北朝と南朝（南北朝）(Nan Pei chhao)		
	齊 Chhi		479 年から 502 年
	梁 Liang		502 年から 557 年
	陳 Chhen		557 年から 589 年
	魏王朝	北（拓跋）魏 (Thopa)	386 年から 535 年
		西（拓跋）魏 (Thopa)	535 年から 556 年
		東（拓跋）魏 (Thopa)	534 年から 550 年
	北齊王朝		550 年から 577 年
	北周（鮮卑）王朝 (Hsienpi)		557 年から 581 年
第 3 次統一	隋王朝 Sui		581 年から 618 年
	唐王朝 Thang		618 年から 906 年
第 3 次分裂	五代 Wu Tai 後梁, 後唐(突厥), 後晋(突厥), 後漢(突厥), 後周		907 年から 960 年
	遼王朝 Liao（契丹韃靼）		907 年から 1124 年
	西遼（カラ＝キタイ） (Qarā-Khiṭāi)		1124 年から 1211 年
	西夏 Hsi Hsia（チベット系タングート）		986 年から 1227 年
第 4 次統一	北宋王朝 Northern Sung		960 年から 1126 年
	南宋王朝 Southern Sung		1127 年から 1279 年
	金 Chin（女眞韃靼）		1115 年から 1234 年
	元王朝 Yuan（蒙古）		1260 年から 1368 年
	明王朝 Ming		1368 年から 1644 年
	清王朝 Chhing（滿州）		1644 年から 1911 年
	民國 Republic		1912 年

注記 （ ）に民族の特定がされていない王朝は中国系である．王朝と独立国が共存して非常に混乱した時代については，Wieger (1) の図表が役立つだろう．そのような時代とくに第 2 次と第 3 次分裂の期間については，Eberhard (9) が最良の手引書となる．東晋時代，北方には少なくとも 18 の独立国家（匈奴，チベット，鮮卑，突厥など）存続した．「六朝」という呼び方は文学史家が多用した．これは 3 世紀の初めから 6 世紀の末にわたる南方の王朝，すなわち三国の呉，晋，(劉)宋，齊，梁と陳を指している．治世と諸王についてはモウルとイエッツ (Moule & Yetts (1)) を見よ．

ローマ字表記対照表

ロビン・ブリリアント

ピンイン（拼音）──変形ウェード＝ジャイルズ

ピンイン	変形ウェード＝ジャイルズ	ピンイン	変形ウェード＝ジャイルズ
a	a	chang	chhang
ai	ai	chao	chhao
an	an	che	chhê
ang	ang	chen	chhên
ao	ao	cheng	chhêng
ba	pa	chi	chhih
bai	pai	chong	chhung
ban	pan	chou	chhou
bang	pang	chu	chhu
bao	pao	chuai	chhuai
bei	pei	chuan	chhuan
ben	pên	chuang	chhuang
beng	pêng	chui	chhui
bi	pi	chun	chhun
bian	pien	chuo	chho
biao	piao	ci	tzhu
bie	pieh	cong	tshung
bin	pin	cou	tshou
bing	ping	cu	tshu
bo	po	cuan	tshuan
bu	pu	cui	tshui
ca	tsha	cun	tshun
cai	tshai	cuo	tsho
can	tshan	da	ta
cang	tshang	dai	tai
cao	tshao	dan	tan
ce	tshê	dang	tang
cen	tshên	dao	tao
ceng	tshêng	de	tê
cha	chha	dei	tei
chai	chhai	den	tên
chan	chhan	deng	têng

ピンイン	変形ウェード＝ジャイルズ	ピンイン	変形ウェード＝ジャイルズ
di	ti	guang	kuang
dian	tien	gui	kuei
diao	tiao	gun	kun
die	dieh	guo	kuo
ding	ting	ha	ha
diu	tiu	hai	hai
dong	tung	han	han
dou	tou	hang	hang
du	tu	hao	hao
duan	tuan	he	ho
dui	tui	hei	hei
dun	tun	hen	hên
duo	to	heng	hêng
e	ê, o	hong	hung
en	ên	hou	hou
eng	êng	hu	hu
er	êrh	hua	hua
fa	fa	huai	huai
fan	fan	huan	huan
fang	fang	huang	huang
fei	fei	hui	hui
fen	fên	hum	hun
feng	fêng	huo	huo
fo	fo	ji	chi
fou	fou	jia	chia
fu	fu	jian	chien
ga	ka	jiang	chiang
gai	kai	jiao	chiao
gan	kan	jie	chieh
gang	kang	jin	chin
gao	kao	jing	ching
ge	ko	jiong	chiung
gei	kei	jiu	chiu
gen	kên	ju	chü
geng	kêng	juan	chüan
gong	kung	jue	chüeh, chio
gou	kou	jun	chün
gu	ku	ka	kha
gua	kua	kai	khai
guai	kuai	kan	khan
guan	kuan	kang	khang

ピンイン	変形ウェード＝ジャイルズ	ピンイン	変形ウェード＝ジャイルズ
kao	khao	ma	ma
ke	kho	mai	mai
kei	khei	man	man
ken	khên	mang	mang
keng	khêng	mao	mao
kong	khung	mei	mei
kou	khou	men	mên
ku	khu	meng	mêng
kua	khua	mi	mi
kuai	khuai	mian	mien
kuan	khuan	miao	miao
kuang	khuang	mie	mieh
kui	khuei	min	min
kun	khun	ming	ming
kuo	khuo	miu	miu
la	ta	mo	mo
lai	lai	mou	mou
lan	lan	mu	mu
lang	lang	na	na
lao	lao	nai	nai
le	lê	nan	nan
lei	lei	nang	nang
leng	lêng	nao	nao
li	li	nei	nei
lia	lia	nen	nên
lian	lien	neng	nêng
liang	liang	ng	ng
liao	liao	ni	ni
lie	lieh	nian	nien
lin	lin	niang	niang
ling	ling	niao	niao
liu	liu	nie	nieh
lo	lo	nin	nin
long	lung	ning	ning
lou	lou	niu	niu
lu	lu	nong	nung
lü	lü	nou	nou
luan	luan	nu	nu
lüe	lüeh	nü	nü
lun	lun	nuan	nuan
luo	lo	nüe	nio

ピンイン	変形ウェード＝ジャイルズ	ピンイン	変形ウェード＝ジャイルズ
nuo	no	rong	jung
o	o, ê	rou	jou
ou	ou	ru	ju
pa	pha	rua	jua
pai	phai	ruan	juan
pan	phan	rui	jui
pang	phang	run	jun
pao	phao	ruo	jo
pei	phei	sa	sa
pen	phên	sai	sai
peng	phêng	san	san
pi	phi	sang	sang
pian	phien	sao	sao
piao	phiao	se	sê
pie	phieh	sen	sên
pin	phin	seng	sêng
ping	phing	sha	sha
po	pho	shai	shai
pou	phou	shan	shan
pu	phu	shang	shang
qi	chhi	shao	shao
qia	chhia	she	shê
qian	chhien	shei	shei
qiang	chhiang	shen	shen
qiao	chhiao	sheng	shêng, sêng
qie	chhieh	shi	shih
qin	chhin	shou	shou
qing	chhing	shu	shu
qiong	chhiung	shua	shua
qiu	chhiu	shuai	shuai
qu	chhü	shuan	shuan
quan	chhüan	shuang	shuang
que	chhüeh, chhio	shui	shui
qun	chhün	shun	shun
ran	jan	shuo	shuo
rang	jang	si	ssu
rao	jao	song	sung
re	jê	sou	sou
ren	jên	su	su
reng	jêng	suan	suan
ri	jih	sui	sui

ピンイン	変形ウェード＝ジャイルズ	ピンイン	変形ウェード＝ジャイルズ
sun	sun	xuan	hsüan
suo	so	xue	hsüeh, hsio
ta	tha	xun	hsün
tai	thai	ya	ya
tan	than	yan	yen
tang	thang	yang	yang
tao	thao	yao	yao
te	thê	ye	yeh
teng	thêng	yi	i
ti	thi	yin	yin
tian	thien	ying	ying
tiao	thiao	yo	yo
tie	thieh	yong	yung
ting	thing	you	yu
tong	thung	yu	yü
tou	thou	yuan	yüan
tu	thu	yue	yüeh, yo
tuan	thuan	yun	yün
tui	thui	za	tsa
tun	thun	zai	tsai
tuo	tho	zan	tsan
wa	wa	zang	tsang
wai	wai	zao	tsao
wan	wan	ze	tsê
wang	wang	zei	tsei
wei	wei	zen	tsên
wen	wên	zeng	tsêng
weng	ong	zha	cha
wo	wo	zhai	chai
wu	wu	zhan	chan
xi	hsi	zhang	chang
xia	hsia	zhao	chao
xian	hsien	zhe	chê
xiang	hsiang	zhei	chei
xiao	hsiao	zhen	chên
xie	hsieh	zheng	chêng
xin	hsin	zhi	chih
xing	hsing	zhong	chung
xiong	hsiung	zhou	chou
xiu	hsiu	zhu	chu
xu	hsü	zhua	chua

ピンイン	変形ウェード＝ジャイルズ	ピンイン	変形ウェード＝ジャイルズ
zhuai	chuai	zong	tsung
zhuan	chuan	zou	tsou
zhuang	chuang	zu	tsu
zhui	chui	zuan	tsuan
zhun	chun	zui	tsui
zhuo	cho	zun	tsun
zi	tzu	zuo	tso

変形ウェード＝ジャイルズ――ピンイン（拼音）

変形ウェード＝ジャイルズ	ピンイン	変形ウェード＝ジャイルズ	ピンイン
a	a	chhih	chi
ai	ai	chhin	qin
an	an	chhing	qing
ang	ang	chhio	que
ao	ao	chhiu	qiu
cha	zha	chhiung	qiong
chai	chai	chho	chuo
chan	zhan	chhou	chou
chang	zhang	chhu	chu
chao	zhao	chhuai	chuai
chê	zhe	chhuan	chuan
chei	zhei	chhuang	chuang
chên	zhen	chhui	chui
chêng	zheng	chhun	chun
chha	cha	chhung	chong
chhai	chai	chhü	qu
chhan	chan	chhüan	quan
chhang	chang	chhüeh	que
chhao	chao	chhün	qun
chhê	che	chi	ji
chhên	chen	chia	jia
chhêng	cheng	chiang	jiang
chhi	qi	chiao	jiao
chhia	qia	chieh	jie
chhiang	qiang	chien	jian
chhiao	qiao	chih	zhi
chhieh	qie	chin	jin
chhien	qian	ching	jing

変形ウェード=ジャイルズ	ピンイン	変形ウェード=ジャイルズ	ピンイン
chio	jue	hsiang	xiang
chiu	jiu	hsiao	xiao
chiung	jiong	hsieh	xie
cho	zhuo	hsien	xian
chou	zhou	hsin	xin
chu	zhu	hsing	xing
chua	zhua	hsio	xue
chuai	zhuai	hsiu	xiu
chuan	zhuan	hsiung	xiong
chuang	zhuang	hsü	xu
chui	zhui	hsüan	xuan
chun	zhun	hsüeh	xue
chung	zhong	hsün	xun
chü	ju	hu	hu
chüan	juan	hua	hua
chüeh	jue	huai	huai
chün	jun	huan	huan
ê	e, o	huang	huang
ên	en	hui	hui
êng	eng	hun	hun
êrh	er	hung	hong
fa	fa	huo	huo
fan	fan	i	yi
fang	fang	jan	ran
fei	fei	jang	rang
fên	fen	jao	rao
fêng	feng	jê	re
fo	fo	jên	ren
fou	fou	jêng	reng
fu	fu	jih	ri
ha	ha	jo	ruo
hai	hai	jou	rou
han	han	ju	ru
hang	hang	jua	rua
hao	hao	juan	ruan
hên	hen	jui	rui
hêng	heng	jun	run
ho	he	jung	rong
hou	hou	ka	ga
hsi	xi	kai	gai
hsia	xia	kan	gan

変形ウェード=ジャイルズ	ピンイン	変形ウェード=ジャイルズ	ピンイン
kang	gang	lei	lei
kao	gao	lêng	leng
kei	gei	li	li
kên	gen	lia	lia
kêng	geng	liang	liang
kha	ka	liao	liao
khai	kai	lieh	lie
khan	kan	lien	lian
khang	kang	lin	lin
khao	kao	ling	ling
khei	kei	liu	liu
khên	ken	lo	luo, lo
khêng	keng	lou	lou
kho	ke	lu	lu
khou	kou	luan	luan
khu	ku	lun	lun
khua	kua	lung	long
khuai	kuai	lü	lü
khuan	kuan	lüeh	lüe
khuang	kuang	ma	ma
khuei	kui	mai	mai
khun	kun	man	man
khung	kong	mang	mang
khuo	kuo	mao	mao
ko	ge	mei	mei
kou	gou	mên	men
ku	gu	mêng	meng
kua	gua	mi	mi
kuai	guai	miao	miao
kuan	guan	mieh	mie
kuang	guang	mien	mian
kuei	gui	min	min
kun	gun	ming	ming
kung	gong	miu	miu
kuo	guo	mo	mo
la	la	mou	mou
lai	lai	mu	mu
lan	lan	na	na
lang	lang	nai	nai
lao	lao	nan	nan
lê	le	nang	nang

変形ウェード=ジャイルズ	ピンイン	変形ウェード=ジャイルズ	ピンイン
nao	nao	phien	pian
nei	nei	phin	pin
nên	nen	phing	ping
nêng	neng	pho	po
ni	ni	phou	pou
niang	niang	phu	pu
niao	niao	pi	bi
nieh	nie	piao	biao
nien	nian	pieh	bie
nin	nin	pien	bian
ning	ning	pin	bin
niu	nüe	ping	bing
niu	niu	po	bo
no	nuo	pu	bu
nou	nou	sa	sa
nu	nu	sai	sai
nuan	nuan	san	san
nung	nong	sang	sang
nü	nü	sao	sao
o	e, o	sê	se
ong	weng	sên	sen
ou	ou	sêng	seng, sheng
pa	ba	sha	sha
pai	bai	shai	shai
pan	ban	shan	shan
pang	bang	shang	shang
pao	bao	shao	shao
pei	bei	shê	she
pên	ben	shei	shei
pêng	beng	shên	shen
pha	pa	shêng	sheng
phai	pai	shih	shi
phan	pan	shou	shou
phang	pang	shu	shu
phao	pao	shua	shua
phei	pei	shuai	shuai
phên	pen	shuan	shuan
phêng	peng	shuang	shuang
phi	pi	shui	shui
phiao	piao	shun	shun
phieh	pie	shuo	shuo

変形ウェード＝ジャイルズ	ピンイン	変形ウェード＝ジャイルズ	ピンイン
so	suo	tiu	diu
sou	sou	to	duo
ssu	si	tou	dou
su	su	tsa	za
suan	suan	tsai	zai
sui	sui	tsan	zan
sun	sun	tsang	zang
sung	song	tsao	zao
ta	da	tsê	ze
tai	dai	tsei	zei
tan	dan	tsên	zen
tang	dang	tsêng	zeng
tao	dao	tsha	ca
tê	de	tshai	cai
tei	dei	tshan	can
tên	den	tshang	cang
têng	deng	tshao	cao
tha	ta	tshê	ce
thai	tai	tshên	cen
than	tan	tshêng	ceng
thang	tang	tsho	cuo
thao	tao	tshou	cou
thê	te	tshu	cu
thêng	teng	tshuan	cuan
thi	ti	tshui	cui
thiao	tiao	tshun	cun
thieh	tie	tshung	cong
thien	tian	tso	zuo
thing	ting	tsou	zou
tho	tuo	tsu	zu
thou	tou	tsuan	zuan
thu	tu	tsui	zui
thuan	tuan	tsun	zun
thui	tui	tsung	zong
thun	tun	tu	du
thung	tong	tuan	duan
ti	di	tui	dui
tiao	diao	tun	dun
tieh	die	tung	dong
tien	dian	tzhu	ci
ting	ding	tzu	zi

変形ウェード=ジャイルズ	ピンイン	変形ウェード=ジャイルズ	ピンイン
wa	wa	yeh	ye
wai	wai	yen	yan
wan	wan	yin	yin
wang	wang	ying	ying
wei	wei	yo	yue, yo
wên	wen	yu	you
wo	wo	yung	yong
wu	wu	yü	yu
ya	ya	yüan	yuan
yang	yang	yüeh	yue
yao	yao	yün	yun

著者紹介

フランチェカ・ブレイ（Francesca Bray）

ケンブリッジ大学卒業．中国農業史，マレーシアの緑の革命を取り上げて研究生活を開始．パリの国立科学研究所，カリフォルニア大学ロスアンジェルス校人類学部，マンチェスター大学科学・技術・医学史研究センター，カリフォルニア大学サンタバーバラ校人類学部を経て，現在エディンバラ大学社会人類学部教授．技術史学会（Society for the History of Technology）常任理事，『東アジア科学技術研究』誌（台湾）の編集委員．これまで中国，台湾，マレーシア，カリフォルニアで現地調査．
著書：*The Rice Economies: Technology and Development in Asian Societies*, Oxford University Press, 1986, *Technology and Gender: Fabrics of Power in Late Imperial China*, University of California Press, 1997, *Technology and Society in Ming China, 1368-1644*, AHA, 2000. 2007年にはBrillから中国の技術挿絵に関して*The Warp and the Weft*を出版の予定．

翻訳者紹介

古川久雄（ふるかわ　ひさお）

1940年神戸生まれ．1963年京都大学農学部農芸化学科卒業．1968年京都大学大学院農学研究科中退，京都大学農学部助手，1978年京都大学東南アジア研究センター助教授，1988年同教授，1998年京都大学大学院アジア・アフリカ地域研究研究科教授．2003年退職．京都大学農学博士，同名誉教授．現在，NPO法人平和環境もやいネット理事長．
著書：『インドネシアの低湿地』（1992年頸草書房），『中国先史・古代農耕関係資料集成』（渡部武と共編著，1993年京都大学東南アジア研究センター），*Coastal Wetlands of Indonesia: Environment, Subsistence and Exploitation*, Kyoto University Press, 1994，『事典東南アジア：風土・生態・環境』（共編著，1997年弘文堂），『植民地支配と環境破壊』（2001年弘文堂），*Ecological Destruction, Health, and Development: Advancing Asian Paradigms*, co-edited, Kyoto University Press-Trans Pacific Press, 2004），『民族生態──從金沙江到紅河』（尹紹亭と共編著，2003年雲南教育出版社）．
訳書：『西側による国家テロ』（アレクサンダー・ジョージ編著，大木昌と共訳，2003年勉誠出版）．

中国農業史　　　　　　　　　　　　　　　© F. Bray, H. Furukawa 2007

2007年2月25日　初版第一刷発行

著　者	フランチェスカ・ブレイ
訳・解説	古　川　久　雄
発行人	本　山　美　彦

発行所　**京都大学学術出版会**
京都市左京区吉田河原町 15-9
京 大 会 館 内 （〒606-8305）
電　話（075）761-6182
F A X（075）761-6190
U R L http://www.kyoto-up.or.jp
振　替　01000-8-64677

ISBN 978-4-87698-690-3　　印刷・製本　㈱クイックス東京
Printed in Japan　　　　　定価はカバーに表示してあります

Science and Civilisation in China, Volume 6, Part 2
by Joseph Needham & Francesca Bray
Copyright © 1984 by Cambridge University Press

Japanese translation rights arranged with Cambridge University Press through Japan UNI Agency, Inc., Tokyo.